ELEKTROCHEMIE DER KOLLOIDE

VON

PROF. DR. **WOLFGANG PAULI** UND DR. **EMERICH VALKÓ**

VORSTAND DES INSTITUTES FÜR MEDIZINISCHE KOLLOIDCHEMIE DER UNIVERSITÄT WIEN

GEW. ASSISTENT AM INSTITUTE FÜR MEDIZINISCHE KOLLOIDCHEMIE DER UNIVERSITÄT WIEN

MIT 163 ABBILDUNGEN IM TEXT UND 252 TABELLEN

SPRINGER-VERLAG WIEN GMBH

1929

ISBN 978-3-7091-3236-4 ISBN 978-3-7091-3243-2 (eBook)
DOI 10.1007/978-3-7091-3243-2

URSPRÜNGLICH ERSCHIENEN BEI JULIUS SPRINGER IN VIENNA 1929

HERRN PROFESSOR DR. RICHARD WASICKY

DEM FÖRDERER DER NEUGESTALTUNG DES
WIENER INSTITUTES FÜR MEDIZINISCHE KOLLOIDCHEMIE

IN DANKBARKEIT GEWIDMET

Vorwort

Mit der fortschreitenden Entwicklung der Kolloidchemie sind deren Beziehungen zur physikalischen Chemie der molekulardispersen Systeme immer mehr hervorgetreten, ist der rein quantitative Charakter der bestehenden Unterschiede immer deutlicher geworden. Das gilt nicht nur für das Gebiet der molekularkinetischen Erscheinungen, sondern auch in besonderem Maße von einem ihrer wichtigsten Abschnitte, der Elektrochemie der Kolloide.

Wir haben in diesem Buche den Versuch unternommen, die Prinzipien der modernen elektrolytischen Lösungstheorie, welche vor allem durch die auf die Erkenntnis der interionischen Kräfte gegründete Theorie der starken Elektrolyte und den aus ihr hervorgegangenen Ausbau der Vorstellungen von der elektrischen Doppelschicht, sowie durch die Lehre von den Dipolen und von der Polarisier- und Orientierbarkeit der Moleküle eine mächtige Ausgestaltung erfahren hat, zu einer möglichst einheitlichen und geschlossenen Darstellung einer Elektrochemie der Kolloide zu verwenden. In hohem Maße wurde hierbei die Möglichkeit bedeutungsvoll, das Gleichgewicht der Oberflächenreaktionen als einen besonderen und durchsichtigen Fall des Massenwirkungsgesetzes zu behandeln. Die innigen Wechselbeziehungen zwischen der Elektrochemie der anorganischen Kolloide und Proteine, auf welche schon seit langen Jahren von dem einen von uns hingewiesen wurde und die die Methoden und Ergebnisse der letzteren vielfach auf die ersteren auszudehnen gestatteten, kommen auch in dem Buche in einer entsprechenden Berücksichtigung der Proteine zum Ausdruck. So hoffen wir, daß dasselbe nicht allein dem Chemiker, sondern auch dem Biologen von Interesse sein wird.

In knapper Form haben die hier verwendeten Prinzipien bereits teils in verschiedenen Vorträgen, teils in einer gemeinsamen Arbeit eine Darstellung gefunden, sie haben sich jedoch auch im Laufe der Jahre in einer größeren Zahl von Untersuchungen hinsichtlich ihrer aufklärenden und heuristischen Leistungsfähigkeit bewährt.

Das Buch gliedert sich in eine kurze Einführung in die neueren Ergebnisse der physikalischen Chemie, soweit sie hier Benützung fanden, und in die zwei Hauptabschnitte, die allgemeine und die spezielle Elektrochemie der Kolloide. Die Literatur wurde nach Tunlichkeit bis 1. Jänner 1929 berücksichtigt und jedem Kapitel am Ende beigefügt. Für kritische Hinweise auf Mängel sowie für die Überlassung von Sonderdrucken wären wir den Fachgenossen zu besonderem Danke verbunden.

Wien, im Mai 1929.

W. Pauli, E. Valkó

Inhaltsverzeichnis

Berichtigungen

Seite 19, Formel 27: statt k lies R
Seite 25, Zeile 7 von unten nach Lösungen lies: durch Zusatz.
Seite 30, Zeile 20 statt Atomkreise lies: Atomkerne.
Seite 43, Zeile 9 von unten nach Wassermoleküle lies: getrennten.
Seite 47, in Tabelle 11 statt Zr^{++} lies Zn^{++}.
Seite 65, Zeile 6 von unten statt Tuovila lies: Tuorila.
Seite 74, Zeile 25 statt: $\frac{n_k}{n_p}$ $\frac{n_p}{n_k}$
Seite 115, Zeile 17, 18 und 4 von unten statt: S_η S_n.
Seite 116, Zeile 2 statt; S_η S_n.
Seite 119, letzte Zeile statt: 6/K b/K.
Seite 134, Zeile 31 statt:

$$\frac{e^{\frac{\psi}{kT}}}{C_1} = \frac{e^{\frac{\psi}{kT}}}{C_2} = \frac{e^{\frac{\psi}{kT}}}{C_3} \quad \text{soll es heißen:} \quad \frac{e^{\frac{\psi}{kT}}}{C_1} = \frac{e^{\frac{2\psi}{kT}}}{C_2} = \frac{e^{\frac{3\psi}{kT}}}{C_3}$$

Seite 139, letzte Zeile statt LEWIS J. N. lies: LEWIS G. N.
Seite 165, Unterschrift Abb. 25 statt C. Z. A. SCHMIDT lies: C. L. A. SCHMIDT.
Seite 167, Zeile 20 statt (Formel) ließ: (Formel 53).
Seite 179, Zeile 12 statt Ba > Li > Ca > Mg lies: Ba > Sr > Ca > Mg.
Seite 192, Literaturverzeichnis statt derselbe u. G. E. CUNNINGHAM lies: H. B. WEISER u. G. E. CUNNINGHAM.
Seite 228, Fußnote, statt logophile lies: lyophile.
Seite 236, Zeile 33 statt H.-Atome lies: Anionen.
Seite 241, Zeile 19 in der Formel statt RTl. . . lies: RTdnl. . .
Seite 250, Zeile 27 soll heißen: „ist bei den Elektrokratoiden, wie bereits dargelegt.
Seite 256, Zeile 6 von unten statt Ribarik lies: Ribarič.
Seite 266, in Formel 168 statt π lies: η.
Seite 268, Zeile 7 von unten statt $^4/_3 \delta r^3 \varrho \pi$ lies: $^4/_3 r^3 \varrho \pi$.
Seite 282, Zeile 6 soll es heißen: A $\varkappa$.
Seite 345, Zeile 8 in der Formel statt k lies: $\varkappa$.
Seite 355, Tabelle 98 statt VM lies: MV.
Seite 367, Zeile 9 von unten „(Siehe J. M. KOLTHOFF und N. BJERRUM) gehört auf Seite 368, Zeile 3.
Seite 386 unter Tabelle 110 statt n^{II} lies: n^{I} ebenso in Tabelle 111, ebenso Seite 388 in Tabelle 113.
Seite 389, Tabelle 114, Gebundene Säure, statt in Mol. 10^{-3} lies: in n. 10^{-3}.
Seite 396, Fußnote statt Tabelle 117 lies: Tabelle 116.
Seite 439, Zeile 28 statt 5000 lies: 4000.
Seite 441, Zeile 2 von unten statt FITZENTscher lies: FIKENTscher.
Seite 442, Zeile 21, und 453, Literaturverzeichnis, statt BOTAZZI lies: BOTTAZZI.
Seite 463, Tabelle 158, statt pD lies: Membranpotential.
Seite 469, Zeile 5 von unten statt 0·2 molar lies: 2 molar.
Seite 487, Zeile 10 statt Tabelle 3 lies: Tabelle 165.
Seite 507, Zeile 7 statt 13 . 6 . 15^6 lies: 13·6 . 10^{-6}.
Seite 575, Zeile 2 statt MASTIN lies: MARTIN.
Seite 609, Zeile 19 statt Kationenraum lies: Kathodenraum.
Seite 609, Zeile 20 statt Anionenraum lies: Anodenraum.
Seite 616, Zeile 13 von unten statt Gelstruktur lies: Gitterstruktur.
Seite 609, letzte Zeile statt $Ba(OH)_1$ lies: $Ba(OH(_2$.

Berichtigungen

A. Einführung[1]

I. Die Lösungen und die elektrolytische Dissoziation

Die Lösungen. Homogene Mischungen von flüssigen oder festen Körpern mit Flüssigkeiten, festen Körpern oder Gasen nennt man Lösungen. Homogen nennt man ein System, welches auch in den kleinsten sichtbaren Raumteilen als vollständig gleichartig betrachtet werden kann (M. PLANCK). Als heterogen bezeichnen wir ein System, welches aus mehreren aneinander grenzenden, durch physische Trennungsflächen geschiedenen homogenen Systemen, Phasen, besteht. Nach der Atomtheorie besteht die Materie aus kleinen Bausteinen, aus Atomen oder Molekülen. Die einzelnen Moleküle chemisch einheitlich zusammengesetzter Körper sind untereinander gleichartig. Im Sinne dieser Auffassung sind in einer Lösung mindestens zwei Molekülarten anwesend. Die Raumelemente molekularer Dimension in einer Lösung sind also sicherlich nicht gleichartig. In dem Bereich der molekularen Größenordnung hat die Frage nach der Homogenität keinen Sinn mehr.

Diejenige Substanz, deren Masse in der Lösung am größten ist, wird gewöhnlich als Lösungsmittel, die anderen daneben vorhandenen Substanzen werden als gelöste Körper bezeichnet. Wir werden hauptsächlich Lösungen mit flüssigem Lösungsmittel, in erster Linie wässerige Lösungen betrachten.

Osmotischer Druck. Der osmotische Druck der Lösungen beruht auf ihrer Tendenz, in Berührung miteinander die bestehenden Konzentrationsunterschiede auszugleichen. Nur der Zustand der gleichen Konzentration entspricht einem Gleichgewicht, im Sinne der Thermodynamik dem Minimum an freier Energie des Systems (von Oberflächenerscheinungen und der Wirkung des Schwerefeldes abgesehen und bei Abwesenheit elektrischer Kräfte; gleicher Druck und gleiche Temperatur hier wie w. u. überall vorausgesetzt). Das Bestreben des Konzentrationsausgleichs wird sich im allgemeinen darin offenbaren, daß die gelösten Körper sich von den Stellen höherer Konzentration zu den Stellen niedrigerer Konzentration bewegen werden. Diese Erscheinung nennt man Diffusion. Man kann die Diffusion verhindern, indem man zwischen die Lösungen eine Trennungswand schaltet von der Eigenschaft, daß sie dem Lösungsmittel Durchlaß gewährt, den gelösten Stoff dagegen zurückhält. Solche Trennungswände nennt man semipermeable, halbdurchlässige Membranen. Ein Konzentrationsausgleich wäre sodann nur möglich, wenn das Lösungsmittel aus der verdünnten Lösung in die konzentrierte diffundieren würde. Dann bildet sich aber zwischen den beiden Lösungen eine hydrostatische Druckdifferenz aus. Diese Druckdifferenz stellt eine Kraft dar, welche das Wasser wieder aus der konzentrierten Lösung in die verdünnte Lösung treibt. Bei einer bestimmten Niveaudifferenz hält der hydrostatische Druck der Tendenz des Konzentrationsausgleichs das Gleichgewicht und diese kann durch die Druckdifferenz gemessen

[1] Diese Einführung will in knappen Zügen die modernen Fortschritte in der Ionentheorie wiedergeben, soweit sie für die Kolloidchemie besondere Bedeutung gewinnen und in den folgenden Ausführungen Anwendung fanden. Zur Erreichung einer geschlossenen Darstellung schien es den Verfassern zweckmäßig in diese die zugehörigen Begriffe nach der klassischen Theorie einzubeziehen.

werden. Die Größe des hydrostatischen Druckunterschiedes einer Lösung gegenüber dem durch eine semipermeable Membran getrennten neuen Lösungsmittel nach eingetretenem Gleichgewicht bezeichnet man als ihren osmotischen Druck.

Die wichtigste Gesetzmäßigkeit der Lösungen ist die zuerst empirisch festgestellte Abhängigkeit ihres osmotischen Druckes von der Konzentration und der Temperatur. Die Beziehung zwischen osmotischem Druck, Konzentration und Temperatur, welche auf Grund der Experimente von PFEFFER von VAN T'HOFF entdeckt wurde, ist der Zustandgleichung der Gase vollständig analog:

$$p\,v = R\,T \tag{1}$$

p bedeutet bei Gasen den Gasdruck, bei Lösungen den osmotischen Druck. v ist bei Gasen das Volumen eines Mols, bei Lösungen das Volumen der Lösung, welches ein Mol des gelösten Körpers enthält (Verdünnung), d. h. der reziproke Wert der Summe von den molekularen Konzentrationen sämtlicher gelösten Körper. T ist die absolute Temperatur, R die sogenannte Gaskonstante, welche bei der Wahl derselben Maßsysteme für Gase und Lösungen denselben numerischen Wert hat.

Ebenso wie das Gasgesetz nur für ideale Gase gilt, kann das Gesetz der Lösungen nur für verdünnte Lösungen Anwendung finden. Als verdünnt kann eine Lösung dann bezeichnet werden, wenn ihre Eigenschaften von den Wirkungen der gelösten Moleküle aufeinander nicht abhängen. Die Moleküle des Lösungsmittels können dagegen untereinander und mit den Molekülen der gelösten Stoffe in Wechselbeziehungen stehen. Vereinigen sich die Moleküle des Lösungsmittels mit dem gelösten Moleküle, so tritt eine Änderung in der Konzentration ein; die Gültigkeit der Zustandsgleichung, soferne man dieser Konzentrationsveränderung Rechnung trägt, wird dadurch nicht beeinträchtigt. Durch Verschiedenheiten der Größe der Moleküle erleidet die Gültigkeit der Gesetze der verdünnten Lösungen keinerlei Beschränkung.

Zwischen dem osmotischen Druck einer Lösung, ihrer Dampfdruckerniedrigung, Siedepunkterhöhung, Gefrierpunkterniedrigung und Löslichkeiterniedrigung gegenüber dem reinen Lösungsmittel bestehen enge Beziehungen, die auf thermodynamischem Wege abgeleitet werden können (VAN T'HOFF). Alle diese Größen sind in verdünnten Lösungen der molekularen Konzentration, also auch einander direkt proportional.

Die kinetische Theorie vermag die Zustandsgleichung der Lösungen aus atomistischen Vorstellungen abzuleiten. Diese Theorie faßt die Wärme eines Körpers als die kinetische Energie seiner Moleküle auf. Ebenso wie der Gasdruck durch die Bewegung der Gasmoleküle hervorgerufen wird, erscheint auch der osmotische Druck als eine Folge der Bewegung der Moleküle der Lösung. Der Betrag der mittleren kinetischen Energie eines Moleküls ist von seiner Größe vollständig unabhängig und hängt nur von der Temperatur ab. Mit Hilfe des MAXWELLschen Prinzips der Energieverteilung lassen sich die Beziehungen zwischen Druck und Anzahl der Moleküle, die als starrelastische Körper aufgefaßt werden, quantitativ feststellen. Die auf diese Weise bestimmte Anzahl der Moleküle pro Mol ($6{,}06 \cdot 10^{24}$ LOSCHMIDT-AVOGADROsche Zahl) zeigt mit den auf andere Weise für dieselbe bestimmten Werten befriedigende Übereinstimmung.

Die Gültigkeit der kinetischen Theorie haben A. EINSTEIN und M. v. SMOLUCHOWSKI auf die Suspensionen, d. h. auf die Zerteilung von festen oder flüssigen Körpern in einem flüssigen Medium ausgedehnt. Ihre Folgerungen wurden von J. PERRIN und THE SVEDBERG experimentell bestätigt. Die kinetische Theorie kennt also zwischen Lösungen und Suspensionen keine Unterschiede. In den letzteren spielen die suspendierten Teilchen die gleiche Rolle wie die Molekeln in Lösungen und besitzen denselben Betrag an kinetischer Energie. Nur die Erscheinungen der Schwere treten mit wachsender Teilchengröße mehr und mehr in den Vordergrund. Eine Lösung zeigt im Gleichgewichtszustand keine meßbaren örtlichen Konzentrationsunterschiede, bei den Suspensionen resultiert dagegen aus der Konkurrenz der kinetischen Energie der Teilchen, deren Betrag von der Größe der Teilchen unabhängig ist, und der Schwerkraft, die mit der Masse der Teilchen proportional steigt, ein Sedimentationsgleichgewicht.

Löslichkeit. Eine Lösung, welche in Berührung mit dem gelösten Stoff als zweiter Phase (Bodenkörper) ihre Konzentration nicht verändert, heißt gesättigt. Die Sättigungskonzentration wird Löslichkeit genannt. Entzieht man einer gesättigten wäßrigen Lösung bei konstanter Temperatur eine Wassermenge, z. B. als Dampf, so muß eine entsprechende Menge des gelösten Körpers ausscheiden. Fügt man zu der gesättigten Lösung, welche mit dem gelösten Stoff als Bodenkörper in Berührung ist, Wasser, so muß eine entsprechende Menge des Bodenkörpers in Lösung gehen.

In zwei Lösungsmitteln, welche miteinander in Berührung sind, verteilt sich eine Substanz derart, daß im Gleichgewicht das Verhältnis der Konzentrationen von deren absoluten Größen unabhängig bleibt. Das Verhältnis der Konzentrationen nennt man den Verteilungskoeffizienten der Substanz. Der Verteilungskoeffizient ist identisch mit dem Verhältnis der Löslichkeiten in den beiden Lösungsmitteln, da die zwei gesättigten Lösungen, welche mit demselben Bodenkörper im Gleichgewicht stehen, auch untereinander im Gleichgewicht sein müssen.

Was die Abhängigkeit der Löslichkeit von dem Lösungsmittel betrifft, so scheinen gewisse konstitutive Beziehungen zwischen Solvens und Solvendum die Löslichkeit zu begünstigen. So zeigen die Salze in dem salzartig aufgebauten Wasser ($H_2O = H^{\cdot} + OH'$; siehe weiter unten) im allgemeinen eine größere Löslichkeit als in indifferenten Lösungsmitteln, z. B. in Kohlenwasserstoffen. Geschmolzene Salze sind miteinander häufig mischbar. Metalle bilden oft miteinander feste und flüssige Lösungen, im Wasser sind aber alle praktisch vollständig unlöslich. Paraffine lösen sich ineinander, in Wasser sind jedoch nur die niedrigen, und zwar wenig löslich. Einführung der mit Wasser gemeinsamen Hydroxylgruppe erhöht die Löslichkeit im Wasser, je größer aber die Paraffinkette wird, um so mehr tritt der Paraffincharakter in den Vordergrund und die Löslichkeit der Alkohole in Wasser nimmt mit steigendem Molekulargewicht ab. Einführung des ionisierten Wasserstoffes in das Paraffinmolekül (Karboxyl- oder Sulfogruppe usw.) erhöht ebenfalls die Wasserlöslichkeit und auch hier ist zu beobachten, daß die höheren Homologen zunehmend unlöslich werden. Diese Beispiele lassen sich leicht vermehren.

Assoziation. Die Molekulargewichtsbestimmungen an gelösten Körpern (durch Messung der Gefrierpunkterniedrigung oder Siedepunkterhöhung) führen häufig zu größeren Werten als nach der Dampfdichte oder dem chemischen Verhalten des gelösten Stoffes zu erwarten wären. Die Erscheinung wird dadurch erklärt, daß zwei oder mehrere Moleküle des gelösten Stoffes miteinander unter Bildung eines komplexen Moleküls reagieren. In diesem Falle spricht man von Assoziation oder Polymerisation. Gemäß dem Massenwirkungsgesetz ist der Assoziationsgrad, bzw. Polymerisationsgrad, d. h. der Bruchteil der gesamten Moleküle, die miteinander in Reaktion getreten sind, von der Konzentration abhängig. Wie im allgemeinen die chemische Reaktionsgleichgewichte, so wird auch diese durch die Erhöhung der Konzentration im Sinne der abnehmenden Teilchenzahl verschoben. Der Assoziationsgrad nimmt daher mit wachsender Verdünnung ab. Wie jedes chemische Reaktionsgleichgewicht, so hängt auch dieses von der Temperatur ab. Entsprechend dem Anstieg der Geschwindigkeit der Wärmebewegung nimmt die Tendenz der Moleküle, sich miteinander zu verbinden, in den meisten Fällen mit steigender Temperatur ab. Temperaturerniedrigung wird also im allgemeinen die Assoziation begünstigen.

Auch die reinen Lösungsmittel bestehen häufig aus assoziierten Molekülen von verschiedener Komplexität.

Elektrolyte. Eine bestimmte Gruppe von Substanzen zeigt in der Lösung ein kleineres Molekulargewicht, als der Dampfdichtebestimmung und insbesondere dem chemischen Verhalten entspricht. Fast alle diese Lösungen zeichnen sich dadurch aus, daß sie ein elektrisches Leitvermögen aufweisen, und zwar ist der spezifische Widerstand der Lösung ihrem Gehalt an gelöster Substanz in erster Näherung umgekehrt proportional, während das Lösungsmittel selbst in reinem Zustand eine ganz geringe Leitfähigkeit besitzt. Es war also naheliegend, die gelösten Substanzen, die man in diesem Falle als Salze oder Elektrolyte bezeichnet, als Träger des elektrischen Stromes aufzufassen.

Um den hohen osmotischen Druck der Elektrolyte mit seiner Theorie formelmäßig in Einklang zu bringen, hat VAN T'HOFF die Konstante i eingeführt. In der Gleichung

$$p\,v = i\,RT \tag{2}$$

kommt also die Abweichung zwischen dem einerseits aus dem chemischen Verhalten, anderseits aus der Bestimmung des osmotischen Druckes (Gefrierpunkt, Siedepunkt) abgeleiteten Molekulargewicht bzw. der Konzentration zum Ausdruck.

Die erste klare Formulierung des Zusammenhanges zwischen der VAN t'HOFFschen Konstante i und der Größe der elektrischen Leitfähigkeit der Lösung stammt von ARRHENIUS. Nach seiner Lehre, der klassischen Theorie der elektrolytischen Dissoziation, sind die Moleküle der Elektrolyte der Lösung zu einem mehr oder weniger großen Bruchteil in elektrisch geladene Spaltprodukte, in Ionen, zerfallen. Auf die aus dem neutralen Molekül entstandenen, entgegengesetzt geladenen Ionen müssen sich die gleiche Anzahl positiver und negativer Ladungen verteilen (Gesetz der Elektroneutralität). Das Wesen des Stromtransportes durch die Lösung besteht darin, daß die positiven Ionen (Kationen) zum negativen Pol wandern, ihre Ladungen dort abgeben, während die negativen Ionen (Anionen) zur Anode bewegt und dort entladen werden.

Die Menge des ausgeschiedenen Ions ist der durchgeschickten Strommenge proportional. Eine große Anzahl von Elektrolyten scheidet bei dem Durchgang von 96540 Coulomb ein Mol an der Elektrode ab (FARADAYS Gesetz). Die Strommenge 96540 Coul. wird auch als 1 F (1 Faraday) bezeichnet. Man folgert aus diesem Gesetz, daß die Elektrizitätsmenge, welche in diesem Falle mit einem Ion verbunden ist, dieselbe ist. Diese Elektrizitätsmenge nennt man eine elektrische Elementarladung (e). Es gilt also

$$e = \frac{F}{N}\,\text{Coulomb}$$

(N ist die LOSCHMIDT-AVOGADROsche Zahl).

In manchen Elektrolyten wird mit einem Mol die Elektrizitätsmenge von 2 F ausgeschieden. Hier tragen die Kationen und Anionen, welche aus einem Molekül entstanden sind, zwei Elementarladungen. Es sind dabei drei Fälle möglich: a) Das Molekül wird in ein Anion und zwei Kationen gespalten (z. B. $H_2SO_4 \rightarrow 2\,H^+ + SO_4^{--}$). In diesem Falle trägt das Anion zwei Elementarladungen, es wird als zweiwertig bezeichnet. b) Das Molekül wird in ein Kation und zwei Anionen gespalten ($BaCl_2 \rightarrow Ba^{++} + 2\,Cl^-$). In diesem Fall ist nur das Kation zweiwertig. c) Das Molekül wird in ein Kation und ein Anion gespalten ($BaSO_4 \rightleftarrows Ba^{++} + SO_4^{--}$). Hier sind beide Ionen zweiwertig. In dem ersten Fall haben wir es mit einem 1,2-, in dem Fall b mit einem 2,1-, in dem letzten Fall mit einem 2,2wertigen Salze zu tun.

Im Sinne der kinetischen Theorie der Lösungen ist der osmotische Druck der Anzahl der gelösten Teilchen proportional. Moleküle, Ionen oder suspendierte Teilchen üben danach die gleiche osmotische Wirkung aus. Der Zerfall der Moleküle in Ionen, die elektrolytische Dissoziation, erhöht die Teilchenzahl und damit den osmotischen Druck.

Wird der Dissoziationsgrad, jener Bruchteil der Moleküle, welche in Ionen zerfallen sind, mit α bezeichnet, ferner mit n die Anzahl der Ionen, in welche ein Molekül zerfällt, so wird die Zahl der Moleküle in der Lösung infolge der elektrolytischen Dissoziation auf das $[1 + (n - 1)\,\alpha]$fache erhöht. Es gilt also

$$i = 1 + (n - 1)\,\alpha \tag{3}$$

Ein anderer von der Bestimmung des osmotischen Druckes unabhängiger Weg zur Bestimmung des Dissoziationsgrades ist in dem Zusammenhange zwischen Leitfähigkeit und Konzentration gegeben.

Spezifischer Widerstand ist der Widerstand des in der Richtung der Achse stromdurchflossenen Würfels von 1 cm Kantenlänge. Der Widerstand einer Säule $w = \frac{l}{\varkappa f}$, wobei l die Länge und f den Querschnitt bedeuten. $\varkappa$ ist die Materialkonstante, die als spezifische Leitfähigkeit bezeichnet wird. Die spezifische Leitfähigkeit ist also der reziproke Wert des spezifischen Widerstandes (l = 1, f = 1). Die Einheit des Widerstandes ist ein Ohm (Ω), der Widerstand einer in der Längenrichtung stromdurchflossenen Quecksilbersäule von 1,063 cm Länge und 1 cm^2 Querschnitt. Die Einheit der Leitfähigkeit ist 1 Ohm^{-1}. Die Äquivalentleitfähigkeit (λ) ist die Leitfähigkeit einer Lösung zwischen zwei Elektroden von je 1 cm Abstand und einem solchen Querschnitt, daß das von den Elektroden eingeschlossene Volumen eine Lösung von 1 Mol bzw. 1 Äquivalentgewicht Gehalt an Elektrolyt enthält. Es gilt also

$$\lambda = \varkappa \cdot V \tag{4}$$

wobei V die Äquivalentverdünnung, den reziproken Wert der Äquivalentkonzentration im Kubikzentimeter, bedeutet. Das Äquivalentgewicht ergibt sich aus der Division des Molekulargewichtes durch die höchste Wertigkeit der Ionen, in welche das Molekül zerfällt. Mit einem Äquivalentgewicht eines Elektrolyten ist also immer die Elektrizitätsmenge von 1 F verbunden. Die Äquivalentkonzentration wird gefunden durch Multiplikation der molekularen Konzentration mit höchsten Wertigkeit. Die Äquivalentleitfähigkeit wird immer aus der experimentell ermittelten, spezifischen Leitfähigkeit und der Äquivalentkonzentration nach Formel (*4*) berechnet.

Die klassische Dissoziationstheorie geht von der empirisch festgestellten Tatsache aus, daß das Äquivalentleitvermögen mit steigender Verdünnung zunimmt. Diese Erscheinung wird von ihr durch das Wachsen des Dissoziationsgrades mit der Verdünnung erklärt. Drückt man den Dissoziationsvorgang für einen 1,1wertigen Elektrolyt durch die Gleichung $AB = A^+ + B^-$ aus, wobei AB das undissoziierte Molekül, A^+ und B^- die positiven und negativen Zerfallsprodukte darstellen, so gilt im Sinne des Massenwirkungsgesetzes die Beziehung

$$[A^+][B^-] = k[AB] \tag{5}$$

wo die in Klammern gefaßten Ausdrücke die Konzentrationen der einzelnen Moleküle, bzw. Ionengattungen und k die Dissoziationskonstante bedeutet, welche für jeden Elektrolyten einen bestimmten Wert besitzt, und die noch von der Temperatur abhängt, da jedes chemische Gleichgewicht auch durch die Temperatur bestimmt wird.

Bei der Verdünnung V und dem Dissoziationsgrad α haben wir für die Konzentration die folgenden Werte $[A^+] = [B^-] = \alpha/V$ und $[AB] = (1 - \alpha)/V$. Das Massenwirkungsgesetz erhält also die Form:

$$k = \frac{\alpha^2}{(1 - \alpha)V} \tag{6}$$

(Ostwaldsches Verdünnungsgesetz). Aus dem Gesetz folgt $\lim_{V \to \infty} \alpha = 1$, d. h. bei unbegrenzter Verdünnung nähert sich der Elektrolyt dem Zustand einer vollständigen Dissoziation. In diesem Zustande würde der Stromtransport durch die Ionen besorgt werden, die durch Zerfall aller in der Lösung vorhandenen Moleküle entstanden sind. Bei endlicher Verdünnung wird sich dagegen nur der Bruchteil α der Moleküle im ionischen Zustande befinden, nur dieser Anteil besorgt dann den Stromdurchgang. Das Verhältnis des Äquivalentleitvermögens bei der Verdünnung V und bei unendlicher Verdünnung ist also gleich dem Dissoziationsgrade bei der Verdünnung V:

$$\frac{\lambda_v}{\lambda_\infty} = \alpha_v. \tag{7}$$

Die Berechnung des Grenzwertes des Äquivalentleitvermögens auf dem Boden der klassischen Theorie sollte sich auf einwandfreiester Weise mit Hilfe des Ostwaldschen Verdünnungsgesetzes ergeben. Durch Substitution des obigen Wertes für α_V in das Verdünnungsgesetz erhält man die Gleichung

$$\frac{\lambda_V^2}{\lambda_\infty(\lambda_\infty - \lambda_v) \cdot V} = k$$

Wenn man bei zwei verschiedenen Verdünnungen die zugehörigen Werte der Äquivalentleitfähigkeit bestimmt, erhält man zwei Gleichungen mit den zwei unbekannten λ_∞ und k, die man aus ihnen berechnen kann. Die nachfolgende Tabelle zeigt an dem Beispiel der Essigsäure die gute Übereinstimmung der Theorie mit der Erfahrung:

Tabelle 1. Essigsäure 25°

V	λ_V	$\frac{\lambda_V}{\lambda_\infty}$	$k = \frac{\alpha^2}{(1-\alpha)V}$
8	4,34	0,01193	1,80
16	6,10	0,01673	1,79
32	8,65	0,0333	1,82
64	12,09	0,0468	1,80
128	16,99	0,0656	1,80
256	23,82	0,0914	1,78
512	32,20	0,1266	
1024	46,00		
∞	364		

Häufig wird λ_∞ der Grenzwert der Äquivalentfähigkeit auch mit Hilfe einer Extrapolation bestimmt.

Die Übereinstimmung zwischen den Werten des Dissoziationsgrades, die einerseits aus der Leitfähigkeit, anderseits aus dem osmotischen Druck berechnet wurden, bildete die stärkste Stütze der Theorie der elektrolytischen Dissoziation.

Beweglichkeit. Aus der Theorie folgt die additive Natur des elektrischen Leitvermögens, welches sich danach aus dem Anteil der einzelnen Ionenarten zusammensetzt. In der Tat war dieses Verhalten schon früher experimentell festgestellt worden. Die Differenz zwischen den Äquivalentleitfähigkeiten verschiedener Elektrolyte mit einem gemeinsamen Ion bei unendlicher Verdünnung hängt nur von der Art der zwei differenten Ionen ab, nicht aber von der Art des gemeinsamen Ions (KOHLRAUSCHS Gesetz der unabhängigen Wanderung der Ionen).

Ein Beispiel möge das Gesetz erläutern:

Tabelle 2. Äquivalentleitfähigkeit λ bei 25° und Verdünnung = 1024

KCl	149	NaCl	126,3	$\Delta = \lambda K - \lambda Na = 22,7$
KJO_3	112,7	$NaJO_3$	90,2	$\Delta = \lambda K - \lambda Na = 22,5$
$\Delta = \lambda Cl - \lambda JO_3 = 36,3$		$\Delta = \lambda Cl - \lambda JO_3 = 36,1$		

Die letzte Spalte stellt die Differenz der Äquivalentleitfähigkeit von Kalium- und Natriumsalzen desselben Anions dar. Diese Differenz ist von der Natur des Anions unabhängig und entspricht dem Unterschiede der Äquivalentleitfähigkeit des Kalium- und Natriumions. Die letzte Reihe stellt die Differenz der Äquivalentleitfähigkeit der zwei Anionen dar.

Auf diese Weise konnten jedoch nur Unterschiede in den Äquivalentleitfähigkeiten der verschiedenen Ionen bestimmt werden, nicht aber die Äquivalentleitfähigkeiten der einzelnen Ionen selbst. Diese Größen, die auch als Beweglichkeiten bezeichnet werden, werden mit der HITTORFschen Methode der Überführungszahlen ermittelt.

Läßt man durch eine Salzlösung 96540 Coulomb (= 1 F) Elektrizitätsmenge durchgehen, so scheidet sich an den Elektroden ein Grammäquivalent des Salzes aus (FARADAYS Gesetz). Für die nachfolgende Betrachtung nehmen wir an, daß die Lösung in drei Teile geteilt ist, von denen der mittlere seine Zusammensetzung während dieses Stromdurchganges nicht geändert hat. n_k soll die Menge des Kations (in Äquivalentgewicht ausgedrückt) bezeichnen, welche während des Stromdurchganges aus dem Anodenraum in den Kathodenraum übergeführt wird, n_a die Anionenmenge, die gleichzeitig aus dem Kathodenraum in den Anodenraum gelangt. Das Verhältnis der beiden muß dem Verhältnis der Beweglichkeiten gleich sein, da diese den Anteil der einzelnen Ionen am Transport der gleichen Elektrizitätsmengen bestimmen. Wenn wir berücksichtigen, daß die Ionen pro Äquivalent denselben Betrag an Elektrizitätsmenge tragen, so sehen wir, daß ihr Anteil an dem Stromtransport, d. h. an der Leitfähigkeit der Lösung, umso größer sein wird, je schneller sie unter den Einfluß der gleichen Feldstärke zu den Elektroden gelangen. Je größer ihre Beweglichkeit ist, eine umso größere Elektrizitätsmenge wird durch sie unter sonst gleichen Umständen zu den Elektroden geführt werden. Bezeichnen wir mit u die Beweglichkeit des Kations, mit v die Beweglichkeit des Anions, so daß

$$u + v = \lambda \tag{8}$$

so gilt

$$n_k/n_a = u/v \tag{9}$$

Da die durchgegangene Strommenge einem Äquivalent entspricht, so gilt

$$n_k + n_a = 1 \tag{10}$$

Wenn wir n_a die sogenannte Überführungszahl des Anions einfach als n bezeichnen, dann ist $1 - n = n_k$ die Überführungszahl des Kations.

Die Beziehungen (*8*) und (*9*) geben uns also das Mittel in die Hand, die einzelnen Ionenbeweglichkeiten aus der Leitfähigkeit und aus den Konzentrationsänderungen an den Elektroden während des Stromdurchganges zu berechnen. Ihre Grenzwerte für unendliche Verdünnung, die ebenso wie die daraus durch Addition sich ergebenden Leitfähigkeiten in reziproken Ohm ausgedrückt werden, variieren für die verschiedenen Ionen zwischen 350 und etwa 25 (bei 25°). Die größte Beweglichkeit besitzt das Wasserstoffion (350), dann folgt das Hydroxylion (196), alle anderen Ionen haben Werte, die unterhalb 100 liegen. 25 ist die Beweglichkeit großer organischer Anionen. Die Beweglichkeiten nehmen mit steigender Temperatur um etwa 1,5 bis 2,5% pro Grad zu.

Tabelle 3. Beweglichkeiten bei 25° in Ω^{-1}

H = 350	Na = 51,2	$SO_4/_2$ = 80,0
OH = 196	Ag = 63,4	$Ba/_2$ = 65,2
K = 74,8	J = 76,5	$Ca/_2$ = 60,2
Cl = 75,8	NO_3 = 70,6	$La/_3$ = 72,0

Die Beweglichkeiten sind den absoluten Wanderungsgeschwindigkeiten der Ionen im elektrischen Strome direkt proportional. Definieren wir die Wanderungsgeschwindigkeit (W) eines Ions als den Weg in Zentimeter, welcher von dem Ion unter dem Einfluß der Feldstärke 1 Volt/cm in einer Sekunde zurückgelegt wird, so ergibt sich der Proportionalitätsfaktor zahlenmäßig zu 96540

$$96540\,W = u \tag{11}$$

Konzentrationsketten. Eine dritte Methode zur Ermittlung des Dissoziationsgrades bietet die Bestimmung der elektromotorischen Kräfte (EMK) galvanischer Ketten. Die Theorie der Elektrodenpotentiale verdanken wir HELMHOLTZ und W. NERNST. Denken wir uns ein Metall, welches in die Lösung eines Salzes taucht. Dieses Metall ladet sich gegenüber der Lösung auf. Die Ursache der Aufladung liegt in der Tendenz des Metalles, Metallionen in die Lösung zu senden oder aus der Lösung aufzunehmen. Ebenso, wie ein Bodenkörper mit einer Lösung nur dann im Gleichgewichte steht, wenn darin die Konzentration einen bestimmten Wert besitzt, so besteht auch zwischen der metallischen Phase und Lösung nur dann Gleichgewicht, wenn die Konzentration der Ionen in der Lösung einen bestimmten Wert hat oder die Differenz der freien Energie des Ions in den beiden Phasen durch ein elektrisches

Potential kompensiert wird. Gehen Metallionen in die Lösung, so ladet sich das vorher elektrisch neutrale Metall negativ auf, während die Lösung positiv wird, infolge der Reaktion, z. B.

$$Ag \rightarrow Ag^+ + \ominus$$

d. h. von dem neutralen Metallatom bleibt ein Elektron $\ominus$ an dem Metall haften, während in der Lösung die positive Elektrizität in Überschuß gelangt. Bei einer genügend hohen Konzentration von Metallionen in der Lösung werden dieselben dagegen am Metall ausgeschieden; dann wird es sich gegenüber der Lösung positiv aufladen. Taucht z. B. ein Silberstück in eine 0,1 n $AgNO_3$-Lösung, so wird seine Oberfläche mit Ag-Ionen bedeckt, während in der Lösung die NO_3-Ionen gegenüber den Ag-Ionen in Überschuß gelangen. Dieser Vorgang kann nicht unbegrenzt vor sich gehen, weil das entstandene elektrische Potential der Fortsetzung der Reaktion entgegenwirkt. Es genügt vielmehr eine analytisch nicht nachweisbare Reaktionsmenge, um den Prozeß zum Stillstand zu bringen. In dem ersten Falle wird nämlich das negative Elektrodenstück die auszusendenden Metallionen elektrostatisch festhalten, im zweiten Falle werden umgekehrt die sich anlagernden Ionen durch eine positive Ladung abstoßen. Das Gleichgewicht wird erreicht, sobald die Kraft, welche die Ionen in die Lösung sendet, ebenso groß wird, wie die elektrostatische Kraft, welche entgegenwirkt. Die Kraft, mit welcher die Ionen in die Lösung gesendet werden, hängt außer einer für jedes Ion charakteristischen Größe von der Konzentration des Ions in der Lösung ab, während die elektrische Kraft durch die Potentialdifferenz Elektrode/Lösung gegeben ist. Die thermodynamische Behandlung gestaltet sich sehr einfach.

Der Potentialunterschied, welcher zwischen Metall und Lösung entsteht, soll mit π bezeichnet werden. Da es sich um einen Gleichgewichtszustand handelt, muß die Summe der bei virtuellen kleinen Verschiebungen geleisteten Arbeiten (elektrische Arbeit = Produkt aus Strommenge und Potentialänderung; Verdünnungsarbeit = Produkt aus osmotischem Druck und Volumänderung) gleich Null sein. Für ein Mol erhalten wir

$$F\, d\pi = -p\, dv$$

und da $pv = RT$

$$F \,.\, d\pi = -RT \frac{dp}{p}$$

Integriert

$$\pi = RT/F \,.\, \ln p + C$$

wobei C die Integrationskonstante bedeutet.

Vergleicht man die Elektrodenpotentiale miteinander, die durch Eintauchen des Metalles in zwei Lösungen entstanden sind, welche ein Salz des Metalles in verschiedenen Konzentrationen enthalten (Konzentrationskette), so bekommen wir

$$\pi_1 - \pi_2 = EMK = \frac{RT}{F} \,.\, \ln \frac{p_1}{p_2}$$

Im Bereich der verdünnten Lösungen ist der osmotische Druck der Konzentration proportional, also

$$EMK = \frac{RT}{F} \,.\, \ln \frac{c_1}{c_2} \tag{12}$$

c_1 und c_2 bedeuten die Konzentrationen der Metallionen in den zwei Lösungen. Ist eine der beiden bekannt, so läßt sich die andere aus der EMK der Kette berechnen. Durch Vergleich mit der analytischen Konzentration erhalten wir den Dissoziationsgrad.

Die EMK einer Konzentrationskette hängt also von der absoluten Größe der einzelnen Konzentrationen nicht ab, sondern nur von ihrem Verhältnis zueinander. Sie stellt das Maß für die bei der isothermen, reversiblen Überführung von einem Mol Ion aus der konzentrierten in die verdünnte zu gewinnende maximale Arbeit dar.

Will man die EMK in Millivolt ausdrücken und den natürlichen Logarithmus durch den dekadischen ersetzen, so ist für 20° C $RT/F = 57{,}7$ zu setzen. Die EMK einer Konzentrationskette, welche für Wasserstoffionen reversibel ist und aus zwei Lösungen aufgebaut ist, von der Wasserstoffionenkonzentration 0,1 und 0,001, würde bei dieser Temperatur die EMK: $57{,}7 \log \frac{0{,}1}{0{,}001} = 115{,}4$ MV ergeben.

Löslichkeitsprodukt. Eine Elektrolytlösung ist dann gesättigt, wenn in der Lösung eine maximale Konzentration an undissoziiertem Salz erreicht ist. In der gesättigten Lösung ist also die Konzentration des undissoziierten Salzes konstant:

$$[AB] = k'$$

anderseits gilt das Massenwirkungsgesetz:

$$[A^{\cdot}]\,[B'] = k\,.\,[AB]$$

daraus folgt

$$[A^{\cdot}]\,[B'] = k'\,.\,K$$

Die zwei Konstanten können vereinigt werden $k'\,.\,K = L$, so daß

$$[A^{\cdot}]\,[B'] = L \qquad (13)$$

L heißt das Löslichkeitsprodukt. In der gesättigten Elektrolytlösung ist also das Produkt aus der Konzentration der Ionen des Elektrolyten konstant. Durch Erhöhung der Konzentration des einen Ions (infolge Hinzufügens eines gemeinionigen Salzes) wird die Löslichkeit verringert.

In einer gesättigten AgCl-Lösung, welche keine anderen Elektrolyte enthält, ist die Konzentration der Ag^+-Ionen gleich derjenigen der Cl^--Ionen. $[Ag^+] = [Cl^-]$. Da $[Ag^+]\,.\,[Cl^-] = L$, so folgt, daß $[Ag^+] = [Cl^-] = \sqrt{L}$. Da das Löslichkeitsprodukt von $AgCl = 1 \times 10^{-10}$ ist, ergibt sich die Sättigungskonzentration zu 1×10^{-5}, nachdem die Menge des undissoziierten gelösten AgCl daneben vernachlässigt werden kann. Gibt man 1×10^{-2} KCl zur Lösung, so gilt

$$[Ag^+]\,.\,1 \times 10^{-2} = 1 \times 10^{-10}$$

(Die Cl^--Konzentration, welche von der Dissoziation des gelösten AgCl stammt, kann man neben der Konzentration von KCl vernachlässigen.) Im letzten Falle ist also

$$[Ag^+] = 1 \times 10^{-8}\,n$$

d. h. es löst sich in der KCl-Lösung nur 1×10^{-8}n AgCl auf.

Tabelle 4. Löslichkeitsprodukte bei 25° (V. ROTHMUND)

AgCl	$1{,}99 \times 10^{-10}$	Hg_2Cl_2	$1{,}08 \times 10^{-10}$
AgBr	$7{,}7 \times 10^{-13}$	$BaSO_4$	$3{,}5 \times 10^{-18}$
AgJ	$1{,}1 \times 10^{-16}$	C_6H_5COOAg	$9{,}32 \times 10^{-5}$

Mehrwertige Elektrolyte. Da die bisherigen Betrachtungen teilweise auf einwertige Ionen beschränkt waren, wollen wir im folgenden die mehrwertigen besonders behandeln. Die Ladung der mehrwertigen Ionen beträgt ein Mehrfaches der elektrischen Elementarladung. Die Größe der Ladung wird auf Grund des FARADAYschen Gesetzes festgestellt.

Ein Elektrolyt vom Wertigkeitstypus p—r, dissoziiert nach der Gleichung

$$A_x B_y \rightleftarrows xA^{(p+)} + yB^{(r-)}$$

wobei im Sinne der Elektroneutralität $x\,.\,p = y\,.\,r$. Ist die Wertigkeit von Kation und Anion gleich groß ($MgSO_4$), also $p = r$, so gilt $x = y = 1$. In diesem Falle ist die Zerfallszahl, also die Anzahl der Ionen, in welche ein Molekül dissoziiert, $n = = p + r = 2$. Aus $p \lesseqgtr r$ folgt $x + y > 2$, d. h. bei ungleicher Wertigkeit ist die Zerfallszahl mindestens gleich 3 (Na_2SO_4). Für den Fall gleicher Wertigkeit beider Ionen besitzen die Beziehungen zwischen dem osmotischen Druck, der Äquivalentleitfähigkeit, der Dissoziationskonstante, dem Dissoziationsgrad in derselben Form Gültigkeit, wie für den bisher behandelten besonderen Fall, daß die Wertigkeiten gleich 1 sind. Dagegen bedürfen die Gesetze für ungleiche Wertigkeiten gewisse Umformungen.

Einfachheitshalber betrachten wir die Verhältnisse unter Gleichsetzen des Dissoziationsgrades mit 1, d. h. bei unendlicher Verdünnung. Der osmotische Druck regibt sich zu

$$p = RT\,c\,(x + y) \tag{14}$$

Der Druck wird also pro Mol um so mehr vergrößert, je größer die Zerfallszahl ist. Bleibt die Zerfallszahl 2, wie bei $MgSO_4$, so ist der molare osmotische Druck derselbe wie von NaCl. Der osmotische Druck pro Äquivalent ist jedoch in diesem Falle nur die Hälfte desjenigen eines 1-1-wertigen Elektrolyten, im Falle von $MgCl_2$ $^2/_3$ davon. Der äquivalente osmotische Druck von mehrwertigen Elektrolyten ist kleiner, der molare osmotische Druck größer oder gleich demjenigen der 1-1-wertigen Salze (für $\alpha = 1$).

Die Äquivalentbeweglichkeit der mehrwertigen Ionen ist häufig höher, im Durchschnitt jedoch nicht sehr verschieden von derjenigen der einwertigen. Sie bewegen sich somit unter dem Einfluß desselben Potentialgefälles im Durchschnitt annähernd gleich schnell. Sie haben in diesem Falle dieselben Überführungszahlen wie die einwertigen, welche aus der Änderung der Äquivalentkonzentration auf dieselbe Weise berechnet werden können wie bei den einwertigen. SO_4^{--} wandert z. B. nur wenig schneller als K^+. Die Überführungszahl in K_2SO_4 ist also nahe 0,5. Beim Durchgehen einer Strommenge von 1 F wandern aus dem Kathodenraum rund ½ Äquivalent (= $^1/_4$ Mol) SO_4^{--} fort und ½ Äquivalent K^+ zu, da die Anzahl der Kaliumionen doppelt so groß ist wie die der SO_4^{--}-Ionen.

Die Äquivalentleitfähigkeit der mehrwertigen Salze:

$$\lambda = u + v$$

ist bei unendlicher Verdünnung im Durchschnitt ebenso hoch wie der einwertigen, die molare Leitfähigkeit

$$\mu = pxu + ryv$$

höher. Die molare Leitfähigkeit von K_2SO_4 ist ungefähr doppelt so groß wie die von KCl.

Die elektromotorische Kraft einer Konzentrationskette, welche in bezug auf ein p-wertiges Ion reversibel ist, errechnet sich nach der NERNSTschen Formel:

$$\pi = \frac{RT}{pF} \ln \frac{c_1}{c_2}$$

(Bezeichnungen wie in Formel *12*), da der Stromtransport pro Mol pF beträgt. Dem Konzentrationsverhältnis von 10 wird nicht mehr die EMK = 57,7 MV (bei 20°), sondern nur 1/p-tel, im Falle einer Sulfatkette z. B. 28,8 MV entsprechen.

II. Die Wasserstoff- und Hydroxylionenkonzentration

Die Dissoziation des Wassers. Die Salze mit dem Kation Wasserstoff heißen Säuren, die mit dem Anion Hydroxyl Basen. Die Wasserstoffionen- und die Hydroxylionenkonzentration einer Lösung sind miteinander durch die Dissoziation des Wassers verknüpft. Das Wasser dissoziiert nach der Gleichung

$$H_2O \rightleftarrows H^{\cdot} + OH'$$

Im Sinne des Massenwirkungsgesetzes ist:

$$[H^{\cdot}]\,[OH'] = k\,.\,[H_2O]$$

Die Änderung im Dissoziationszustande des Wassers ruft bis in hohe Säure- bzw. Basenkonzentrationen hinauf keine meßbare Änderung der Wassermenge hervor. (Die Konzentration des Wassers in Abwesenheit einer gelösten Substanz beträgt 55,5 Mole im Liter [$^{1000}/_{18}$]. Bei der Neutralisation einer $^1/_{10}$ normalen Säure wird die Wassermenge nur um etwa 2‰ vermehrt.) Die Konzentration des Wassers kann also als konstant betrachtet und mit der eigentlichen Dissoziationskonstante des Wassers vereinigt werden.

$$[H^{\cdot}]\,[OH'] = k_W \qquad (15)$$

k_W heißt das Dissoziationsprodukt oder auch die Dissoziationskonstante des Wassers. Ihre Größe beträgt bei 20° 1,01 . 10^{-14}. Da die Dissoziationswärme von Wasser (die negative Neutralisationswärme) sehr groß ist, ist die Temperaturabhängigkeit der Dissoziationskonstante im Sinne der Thermodynamik sehr stark. Bei 100° C beträgt die Konstante 48 . 10^{-14}.

Aus dem Wert der Konstante folgt, daß vollständig reines Wasser, für welches also $[H^+] = [OH^-] = \sqrt{k_W}$ gilt, bei 22° C die H^+-Ionenkonzentration 1 . 10^{-7} n haben muß und ebensoviel wird auch die Hydroxylionenkonzentration betragen. In der Tat zeigte das von Kohlrausch und Heydweiller hergestellte reinste Wasser die entsprechende spezifische Leitfähigkeit von 0,4 . 10^{-7} rez. Ohm.

Durch die Anwesenheit von Basen und Säuren wird das Dissoziationsgleichgewicht des Wassers verschoben. Bringen wir in das Wasser eine Säure $HS \rightleftarrows H^{\cdot} + S'$, so können wir die Lösung als eine Mischung der Säuren H_2O und der Säure HS auffassen. Zwei Elektrolyte mit einem gemeinsamen Ion drängen ihre Dissoziation im Sinne des Massenwirkungsgesetzes gegenseitig zurück. Nehmen wir an, daß HS nicht zu verdünnt und zu schwach ist, so können wir diesen Einfluß des Wassers auf die Säure vernachlässigen. Die Wasserstoffionenkonzentration der Lösung dürfen wir dann derjenigen der Säure HS allein ($c_H = [HS]\,\alpha$) gleichsetzen. Durch Einsetzen in die Wassergleichung erhalten wir:

$$[OH^-] = k_W/c_H$$

Ebenso erhalten wir für den Fall einer Base:

$$[H^+] = k_W/c_{OH}$$

Bei schwachen Säuren, bzw. Basen und für kleine Konzentrationen ist auch die Beeinflussung der Dissoziation von Seiten des Wassers zu berücksichtigen.

Lösungen, in denen $[H^+] > 1 . 10^{-7}$ ($[OH^-] < 1 . 10^{-7}$) nennt man sauer, solche in denen $[H^+] < 1 . 10^{-7}$ ($[OH^-] > 1 . 10^{-7}$) heißen alkalisch. Mannigfache Vorteile bietet die Verwendung des negativen, dekadischen Logarithmus der Wasserstoffionenkonzentration, des Wasserstoffexponenten von S. P. L. Sörensen: $p_H = -\lg [H^+]$. Saure Lösungen haben also $p_H < 7$, alkalische $p_H > 7$, neutrale $p_H = 7$. (Diese Zahlen gelten für Temperaturen um 20° C.)

In jeder wäßrigen Lösung sind immer sowohl H^+-Ionen als auch OH^--Ionen anwesend. Wenn in einer stark sauren Lösung die Hydroxylionenkonzentration sehr gering ist, so ist sie dennoch genau definiert und ebenso die Wasserstoffionenkonzentration in starken Laugen.

Hydrolyse. Nach der Gleichung der Wasserdissoziation können Basen und Säuren nicht nebeneinander bestehen. Ihre Wasserstoffionen und Hydroxylionen müssen sich zum undissoziierten Wassermolekül vereinigen. Dieser Vorgang heißt Neutralisation.

$$H^+ + S^- + B^+ + OH^- = B^+ + S^- + H_2O$$

Nur die über die Äquivalenz vorhandenen H^+-Ionen oder OH^--Ionen bleiben frei.

Die Neutralisation verläuft nur dann vollständig, wenn Säure und Base stark sind. Die Salze von schwachen Säuren und Basen erleiden dagegen in wäßriger Lösung eine Zersetzung, welche Hydrolyse genannt wird.

Die Hydrolyse verläuft nach der Formel:

$$B^+ + S^- + H_2O = BOH + HS$$

Die Base des Salzes BS soll die Dissoziationskonstante K_B, die Säure die Konstante K_S besitzen. Das Gleichgewicht wird durch folgende Zusammenhänge bestimmt:

$$[H^+]\,[OH^-] = k_W$$
$$[B^+]\,[OH^-] = k_B . [BOH]$$
$$[H^+]\,[S^-] = k_S . [HS]$$

Führen wir jetzt die Konstante der Reaktion, die Hydrolysenkonstante, ein:

$$k_{Hydr.} = \frac{[BOH][SH]}{[B^+][S^-]} \tag{16}$$

(die Wasserkonzentration wird als konstant betrachtet) so erhalten wir

$$k_{Hydr.} = \frac{k_W}{k_b} \cdot k_s \tag{17}$$

Einfacher gestalten sich die Gesetze, falls die Base oder die Säure so stark ist, daß ihr undissoziierter Anteil vernachlässigt werden kann. Für Salze starker Säuren verläuft die Hydrolyse:

$$B^+ + S^- + H_2O = BOH + H^+ + S^-$$

Daraus:

$$k_{Hydr.} = \frac{[BOH][H^+]}{[B^+]}$$

In diesem Falle ergibt sich also:

$$k_{Hydr.} = k_W/k_B. \tag{18}$$

Für Salze starker Basen wird

$$k_{Hydr.} = \frac{[HS][OH^-]}{[S^-]}$$

definiert und ihr Wert ergibt sich zu

$$k_{Hydr.} = k_W/k_S. \tag{19}$$

Da die Wasserkonstante mit der Temperatur stärker zunimmt als die Dissoziationskonstante, die sogar in den meisten Fällen mit steigender Temperatur abnimmt, so folgt daraus, daß die Hydrolysekonstante, d. h. die hydrolytische Dissoziation der Salze mit steigender Temperatur stärker wird.

Falls die Säure und die Base nicht gleich stark sind, führt also die Hydrolyse zur Veränderung der Wasserreaktion. Die Lösungen der Salze schwacher Säuren sind alkalisch, diejenigen der schwachen Basen sauer. Durch Überschuß der Reaktionsprodukte, also der Base, bzw. der Säure, wird die Hydrolyse, wie bei jeder chemischen Reaktion, zurückgedrängt.

Dissoziationsrest. Von L. MICHAELIS wurde der Begriff des Dissoziationsrestes eingeführt. Als Dissoziationsrest (ϱ) bezeichnet man z. B. im Falle einer Säure das Verhältnis der Konzentration der undissoziierten Säuremoleküle zur Gesamtkonzentration der Säuregruppen (Summe der undissoziierten Säuremoleküle und der Säureanionen) in der Lösung:

$$\varrho = \frac{[HS]}{[S^-] + [HS]} \tag{20}$$

Vergleicht man diese Definition mit der des Dissoziationsgrades

$$\alpha = \frac{[S^-]}{[S^-] + [HS]}$$

so ergibt sich ihre Beziehung zueinander

$$\varrho = 1 - \alpha.$$

Kombiniert man die Definitionsgleichung (*20*) mit dem Massenwirkungsgesetze (*5*), so erhält man

$$\varrho = \frac{1}{1 + \frac{K}{[H^\cdot]}} \tag{21}$$

für die Abhängigkeit des Dissoziationsrestes von der H-Ionenkonzentration und der Dissoziationskonstante. Mit Hilfe dieser Gleichung kann der Dissoziationszustand, z. B. der Essigsäure von konstanter Säurekonzentration bei Variation der H^+-Konzentration sowohl durch Zusatz einer starken Säure als auch einer Base beschrieben werden.

Für diesen Fall läßt die Gleichung die folgenden Gesetzmäßigkeiten aussagen:

1. Der Dissoziationsrest ist eine hyperbolische Funktion der H^+-Konzentration mit den Asymptoten $1 - k$ und 1.

2. Mit wachsender H^+-Konzentration nimmt der Dissoziationsrest zu.

3. Besonders wichtig sind die Grenzfälle

$$\lim_{H \to \infty} \varrho = 1$$

Mit wachsender H^+-Konzentration strebt der Dissoziationsrest dem Wert 1 als oberem Grenzwert zu und

4. $$\lim_{H \to 0} \varrho = 0$$

Mit abnehmender H^+-Konzentration strebt der Dissoziationsrest dem Wert 0 als unterem Grenzwert zu.

5. In jener Lösung, in welcher die H^+-Konzentration denselben Wert besitzt wie die Dissoziationskonstante der Säure, beträgt der Dissoziationsrest (und damit auch der Dissoziationsgrad) 50%.

6. In dem Bereich, in welchem die Wasserstoffionenkonzentration viel kleiner ist als die Dissoziationskonstante, nimmt der Dissoziationsrest praktisch linear mit der Wasserstoffionenkonzentration zu.

7. In dem Bereich, in welchem die Wasserstoffionenkonzentration viel größer ist als die Dissoziationskonstante, bleibt der Dissoziationsrest praktisch konstant (= 1).

8. Der Differentialquotient im Origo ist gleich dem reziproken Wert der Dissoziationskonstante.

Die Gesetzmäßigkeiten werden bei der graphischen Darstellung anschaulich. Als Beispiel wurde eine Säure gewählt mit der Dissoziationskonstante $k = 1 \times 10^{-5}$. In dem Neutralpunkt ($[H^+] = 1 \times 10^{-7}$ n) ist der Dissoziationsrest rund 1%, der allergrößte Teil der Säure liegt in dissoziierter Form vor. Um diesen Punkt zu erreichen, muß man zu der Säure Lauge zufügen, da die reine Säure die H^+-Konzentration des Wassers erhöht. Die $[H^+]$-Konzentration dieses Punktes ist die Folge eines hydrolytischen Gleichgewichtes, z. B. von Na-Azetat. Der größte Teil der Dissoziationsrestkurve liegt im sauren Gebiet. Bei $[H^+] = 1 \times 10^{-5}$ beträgt der Dissoziationsrest 50%. In der Lösung von $[H^+] = 1 \times 10^{-3}$ ist der Dissoziationsrest etwa $^{99}/_{100}$. Wieviel man von einer starken Säure oder Lauge zu der Lösung zufügen muß, um diesen Punkt zu erreichen, hängt von der Konzentration der schwachen Säure ab, deren Dissoziation hier betrachtet wird. Ist die Säure z. B. in einer Konzentration von 1 n zugegen, so beträgt in $[H^+] = 1 \times 10^{-3}$ n der dissoziierte Anteil $\frac{1}{101}$ der gesamten Säure,

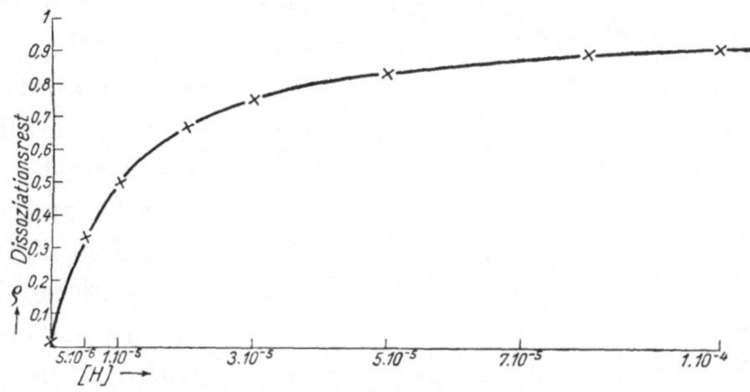

Abb. 1. Dissoziationsrestkurve einer Säure mit der Dissoziationskonstante 1×10^{-5}

d. h. rund 1×10^{-2} n. Es müssen daher Kationen einer Lauge anwesend sein, da mehr Säureanionen als H^+-Ionen vorhanden sind. Ist jedoch die betrachtete Säure in 1×10^{-3} n-Konzentration zugegen, so sind in der Lösung von 1×10^{-3} n H^+ rund 1×10^{-5} Säureanionen, der größte Teil der H^+-Ionen entstammt also der Dissoziation einer anderen anwesenden Säure. Die Dissoziationskurve sagt über die Wechselwirkung der anwesenden Säuren und Basen sozusagen nur summarisch aus: Sie enthält nämlich nur die Beziehung zwischen H^+-Konzentration und Dissoziationszustand der betrachteten Säure.

Bei niedriger H^+-Konzentration geht der Dissoziationsrest nahe linear mit der H^+-Konzentration (Tab. 5):

Tabelle 5

$[H^+]$	ϱ in Prozenten	$\frac{[H^+]}{\varrho} \cdot 10^{-5}$
1×10^{-7}	$\frac{100}{101} = 0{,}99$	1,01
2×10^{-7}	$\frac{100}{51} = 1{,}95$	1,02
3×10^{-7}	$\frac{100}{34{,}3} = 2{,}92$	1,03
4×10^{-7}	$\frac{100}{26} = 3{,}84$	1,05
5×10^{-7}	$\frac{100}{21} = 4{,}75$	1,05

Geht man zu noch niedrigeren H^+-Konzentrationen über, so wird die Konstanz deutlicher und die Größe $[H^+]/\varrho$ wird innerhalb der Fehlergrenzen mit der Dissoziationskonstante identisch.

Häufig wird die logarithmische Darstellung des Dissoziationsrestes gewählt: d. h. auf der Abszisse wird das p_H aufgetragen. Auf diese Weise erhält man eine S-förmige Kurve mit dem unteren Grenzwert Null, dem oberen Grenzwert 1 und einem Wendepunkt. Der Wendepunkt entspricht $p_H = -\log k$. Die Kurve ist bezüglich des Wendepunktes symmetrisch.

Betrachten wir nun eine sehr schwache Säure, deren Konstante 1×10^{-11} betragen soll. In neutralem Wasser $[H^+] = 1 \times 10^{-7}$ (22° C) beträgt der Dissoziationsrest bereits nur $\frac{1}{1{,}0001}$. Gibt man zu der Säure eine starke Lauge, so wird die H-Ionenkonzentration erniedrigt (d. h. die Lösung alkalisch) und dadurch der Dissoziationsrest verkleinert. Die Bildung der Säureanionen wird durch die Neutralisation bewerkstelligt: An der Stelle jedes verschwundenen $[OH^-]$-Ions tritt ein Säureanion auf. In diesem Sinne stellt die Dissoziationsrestkurve die OH^- Bindungskurve der Säure dar. Für diesen Fall gilt

$$[OH^-] \text{ geb.} = (1 - \varrho) \cdot c,$$

wobei [OH] geb. die $[OH^-]$-Menge angibt, welche verschwindet und c die Konzentration der Säure darstellt.

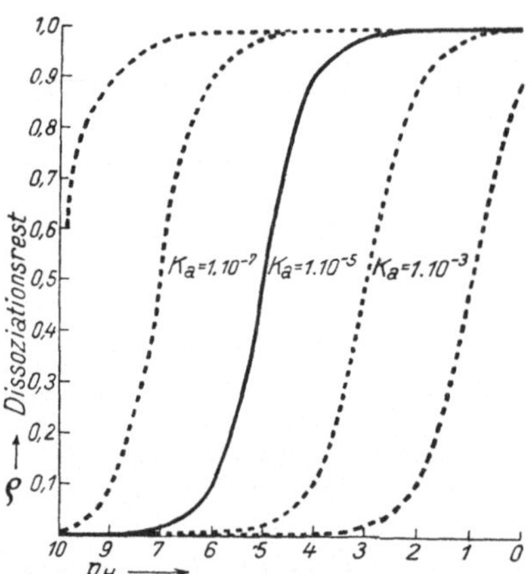

Abb. 2. Dissoziationsrest von Säuren verschiedener Stärke als Funktion der p_H (K_a bedeutet die Dissoziationskonstante)

Ampholyte. Verbindungen, die sich Basen gegenüber als Säuren, Säuren gegenüber als Basen verhalten, d. h. mit beiden unter Salzbildung reagieren, heißen amphotere Elektrolyte oder Ampholyte. Ihre typischen Vertreter sind die Aminosäuren. Die Aminogruppe funktioniert als Base, die Karboxylgruppe als Säure.

In der reinen Lösung eines Ampholyten sind die folgenden Ionen und Molekülarten anwesend: A, A·, A′, H·, OH′. Die Ampholyte besitzen eine saure und eine basische Dissoziationskonstante:

$$k_S = [A^-][H^+]/[A] \text{ und } k_B = [A^+][OH^-]/[A.]$$

Die einzelnen Konstanten lassen sich aus der Hydrolyse ermitteln, welche das mit einer Base, bzw. mit einer Säure gebildete Salz des Ampholyten erleidet. Ist die Säurekonstante größer, so reagiert die reine Ampholytlösung sauer, ist die Basenkonstante größer, so reagiert sie alkalisch. Im ersten Falle sind die negativen Ampholytionen im Überschuß gegen das Ampholytkation, im zweiten Falle sind umgekehrt mehr Ampholytkationen vorhanden als ampholytische Anionen. Durch Säurezusatz wird die saure Dissoziation des Ampholyten zurückgedrängt, die Ampholytkationen werden infolge der Salzbildung vermehrt. Umgekehrt wirkt ein Laugezusatz. Die Wasserstoffionenkonzentration, bei welcher in der Lösung Ampholytkationen und Anionen in gleicher Anzahl vorhanden sind, nennt man den isoelektrischen Punkt des Ampholyten (*J*). Unter Annahme der vollständigen Dissoziation des gebildeten Ampholytsalzes ergibt sich aus den Dissoziationsgleichungen (L. MICHAELIS):

$$I = \sqrt{\frac{ks \,.\, kw}{k_B}} \qquad (22)$$

Von F. W. KÜSTER und G. BREDIG wurde der Begriff der Zwitterionen eingeführt und von N. BJERRUM (5) wurde in der neuesten Zeit ihre Existenz bei den Aminosäuren als wahrscheinlich erwiesen. Die Zwitterionen tragen gleichzeitig positive und negative Ladung, sie entsprechen einem dissoziierten inneren Salz. Im Falle einer Aminosäure entsteht das Zwitterion, wenn sowohl die Karboxylgruppe als auch die Aminosäure dissoziiert ist.

$$NH_2 \,.\, R \,.\, COOH \rightleftarrows + \, {}^+NH_3.R.COO^-$$

An dem Stromtransport nehmen die Zwitterionen ebensowenig teil wie die neutralen Moleküle. Nimmt man die Existenz der Zwitterionen an, so muß man die Dissoziationsprozesse der Ampholyte anders darstellen wie im Falle ihrer Nichtexistenz. Das gewöhnliche neutrale Molekül liefert H^+-Ionen im Sinne der folgenden Gleichung:

$$NH_2 \,.\, R \,.\, COOH \rightarrow NH_2.R.COO^- + H^+$$

Dagegen verläuft die saure Dissoziation der Zwitterionen folgendermaßen:

$${}^+NH_3 \,.\, R\,COOH \rightarrow {}^+NH_3.R.COO^- + H^+$$

Analoges gilt für das Gleichgewicht mit den Hydroxylionen. Die Gleichgewichte lassen sich demnach sowohl für den einen wie für den anderen Fall darstellen. Doch haben die Gleichgewichtskonstanten eine andere Bedeutung, je nachdem man annimmt, daß die neutralen Moleküle in ungeladener oder in zwitterionischer Form anwesend sind. Die Dissoziationskonstante der Säure unter der Annahme ungeladener Neutralmoleküle ergibt sich zu

$$k_s = \frac{[A^-]\,[H^+]}{[A]}$$

unter der Annahme der Zwitterionen $[^{+}A^{-}]$ jedoch

$$k_s^{zw} = \frac{[H^+][^-A^+]}{[A^+]} = \frac{[^+A^-]\,k_w}{[A^+][OH]} = \frac{k_w}{k_B} \tag{23}$$

Der Wert der sauren Dissoziationskonstante unter Annahme der Zwitterionen ist gleich dem Wert der Hydrolysenkonstante der Base, welche man aus den beobachteten Gleichgewichtszuständen unter der Annahme berechnet, daß die neutralen Moleküle keine Ladung tragen. Umgekehrt gilt auch:

$$k_B^{zw} = \frac{k_w}{k_s}$$

Der allgemeine Fall wird jedoch sein, daß neutrale Moleküle sowohl in der einen wie in der anderen Form anwesend sein werden. Ihr Gleichgewicht untereinander ist gleich demjenigen einer monomolekularen Reaktion: Das Verhältnis der beiden Formen ist eine Konstante, d. h. unabhängig von der Verdünnung gilt

$$\frac{A}{^+A^-} = n$$

Auf direktem Wege läßt sich der Wert von n nicht berechnen; aus den Reaktionsgleichgewichten können wir nie feststellen, durch welchen Dissoziationsprozeß sie hervorgebracht sind. Nur daraus, welcher der Werte der Dissoziationskonstante der wirklichen Stärke der dissoziierten Gruppe entspricht, kann man wahrscheinlich machen, in welcher Richtung das Gleichgewicht der beiden Formen liegt. So hat Bjerrum gezeigt, daß die scheinbaren Konstanten der aliphatischen Aminosäuren unwahrscheinlich niedrig liegen. Auf Grund der bekannten Werte der Dissoziation von Aminen einerseits und von Fettsäuren anderseits muß man annehmen, daß diejenigen Werte an die wirklichen näherkommen, welche man unter der Annahme von Zwitterionen berechnet. Für die aliphatischen Aminosäuren ist also wahrscheinlich, daß sie in der neutralen Form vorwiegend aus Zwitterionen bestehen. Dagegen sind bei den aromatischen Aminosäuren vermutlich beide Formen in vergleichbarer Menge anwesend. Vgl. auch L. Ebert (1).

III. Die interionischen Kräfte in Lösungen

Abweichungen von der klassischen Theorie. Wir sind in der bisherigen Darstellung der klassischen Dissoziationstheorie gefolgt. Die Voraussetzung der klassischen Theorie ist die Gültigkeit der Gesetze der verdünnten Lösungen in Elektrolyten. Genaue Messungen haben ergeben, daß zwischen den aus Gefrierpunktsbestimmungen, Leitfähigkeitsbestimmungen und aus den Bestimmungen der EMK von Konzentrationsketten abgeleiteten Werten des Dissoziationsgrades schon in mäßig verdünnten Lösungen Abweichungen auftreten. Beim Kaliumchlorid nehmen z. B. die auf drei verschiedenen Wegen abgeleiteten „Dissoziationsgrade“ die folgenden Werte (Tabelle 6) an.

Hier zeigt es sich auch, daß die Anwendung des Verdünnungsgesetzes zu keiner Konstanten der Reaktion (Dissoziation) führt. Die Ursache dieser Abweichungen ist darin zu suchen, daß die Voraussetzungen der Theorie, die Gesetze der verdünnten Lösungen nicht erfüllt sind, d. h. daß zwischen den Ionen in der Lösung merkliche Kräfte wirksam werden. Während die zwischen den gelösten neutralen Molekülen tätigen Kräfte bis zu einer relativ hohen Konzentration hinauf keinen meßbaren Effekt haben, führen die Kräfte zwischen den freien Ionen schon in der Konzentration von 10^{-4} n zu meßbaren Wirkungen.

Tabelle 6. Abweichungskoeffizienten für KCl

Normalität	a aus osmot. Druck	a aus der EMK	a aus der Leitfähigkeit
$1 . 10^{-3}$	0,985	0,943	0,979
$1 . 10^{-2}$	0,969	0,882	0,941
$1 . 10^{-1}$	0,932	0,762	0,861
$1 . 10^{0}$	0,854	0,558	0,755

Da die Elektrolyte mit kleinen Dissoziationskonstanten, die schwachen Säuren und Basen, auch in konzentrierten Lösungen keine große Ionenkonzentration erreichen, konnten an diesen die Folgerungen der klassischen Theorie, insbesondere das Verdünnungsgesetz, ihre Bestätigung finden. Dagegen wurde schon frühzeitig erkannt, daß die starken Elektrolyte, die starken Säuren und Basen und fast alle Salze, dem Verdünnungsgesetz nicht gehorchen. Für diese wurden an Stelle des Verdünnungsgesetzes verschiedene empirische Gesetzmäßigkeiten aufgestellt. So für die Abhängigkeit der Leitfähigkeit von der Verdünnung das Quadratwurzelgesetz:

$$\lambda_\infty - \lambda_v = C . \sqrt{c}$$

und das Kubikwurzelgesetz

$$\lambda_\infty - \lambda_v = a \sqrt[3]{c}$$

(C bzw. a sind Konstanten, die von der Konzentration unabhängig, aber von Salz zu Salz verschieden sind). Ferner die OSTWALD-WALDEN-BREDIG-Regel:

$$\lambda_\infty - \lambda_v = m . A$$

wobei m das Produkt der Wertigkeiten beider Ionen, A eine für die verschiedenen Salze identische Konstante bedeutet, die von der Verdünnung abhängt und deren Werte empirisch bestimmt wurden.

Die neue Theorie. Das systematische Studium der Abweichungen von der klassischen Dissoziationstheorie führte zur Aufstellung der neuen Theorie der starken Elektrolyte. Wie die OSTWALD-WALDEN-BREDIGsche Regel zeigt, finden sich bei starken Elektrolyten von demselben Wertigkeitstypus, bei der gleichen Konzentration, dieselben Verhältnisse von Äquivalentleitfähigkeit und dem Grenzwert derselben. Man nahm auf Grund dieses Verhaltens neuestens an, daß alle starken Elektrolyte sich in dem gleichen Dissoziationszustande befinden, und zwar daß sie bei sämtlichen Konzentrationen praktisch vollständig in Ionen zerfallen (SUTHERLAND-BJERRUM). Ihre Leitfähigkeit unterscheidet sich von der Leitfähigkeit bei unendlicher Verdünnung deshalb, weil die Ionen infolge der interionischen Kräfte in ihrer Bewegung beim Stromdurchgang gebremst werden.

Die zwischen den Ionen wirksamen Kräfte sind elektrostatischer Natur.

Nach dem COULOMBschen Gesetz ist die zwischen gleichsinnig geladenen Körpern wirkende abstoßende und die zwischen entgegengesetzt geladenen Körpern wirkende anziehende Kraft

$$K = e_1 e_2 / D r^2$$

e_1 und e_2 bedeuten die Ladungen, r den Abstand der punktförmig gedachten Körper, D stellt die Dielektrizitätskonstante des Mediums dar. Die entgegengesetzt geladenen Ionen ziehen einander an, die gleichgeladenen stoßen einander ab. Daraus folgt, daß in einer wässerigen Salzlösung in der Umgebung eines Kations sich mehr Anionen als Kationen aufhalten und in der Umgebung eines Anions mehr Kationen als Anionen, da die Lagen der kleinsten potentiellen Energie bevorzugt werden. Diese Ionenverteilung ist ein stationärer Zustand, einer starren Ordnung wirkt die Wärmebewegung der Ionen entgegen.

Diese Ionenverteilung hat nun zur Folge, daß das Potential in der Umgebung eines Ions, welches durch das Ion allein erzeugt wird, durch ein Zusatzpotential, das durch die umgebenden Ionen hervorgerufen wird, eine Verringerung erfährt. Da diese Verringerung des Potentials von der Konzentration abhängt, folgt eine Veränderung der osmotischen Arbeit, eine Verminderung des osmotischen Druckes, der Gefrierpunktsdepression und der Siedepunktserhöhung.

Komplizierter als beim osmotischen Druck gestalten sich die Verhältnisse bei der Leitfähigkeit, wo die Ionenverteilung noch durch die Bewegung der Ionen im elektrischen Strome beeinflußt wird. Die Beweglichkeit der Ionen wird außerdem durch die in der Umgebung der Ionen entstandenen Flüssigkeitsströmungen gebremst. Im allgemeinen wird also der Effekt der interionischen Kräfte auf die osmotische und auf die konduktometrische Wirksamkeit der Ionen nicht derselbe sein. Von diesen beiden verschieden ergibt sich wieder der Einfluß auf das thermodynamische Potential der Ionen und dadurch vor allem auf die chemischen Gleichgewichtszustände. Alle diese Wirkungen muß man nach dem Vorschlage N. BJERRUMS somit durch verschiedene Abweichungskoeffizienten ausdrücken. Der osmotische Koeffizient (f_0) stellt das Verhältnis zwischen dem beobachteten osmotischen Druck und jenem osmotischen Druck dar, den man für eine vollständige Dissoziation, unter Nichtberücksichtigung der interionischen Kräfte, errechnet. ($\bar{p}$)

(24) $$f_0 = p/\bar{p}$$

Der Leitfähigkeitskoeffizient (f_λ) ist das Verhältnis zwischen Äquivalentleitfähigkeit und dem Grenzwert derselben:

(25) $$f_\lambda = \lambda/\lambda_\infty$$

Der Aktivitätskoeffizient f_a schließlich drückt den Einfluß der interionischen Kräfte auf die thermodynamische Wirksamkeit der Ionen aus. Nennt man hier die wirksame Konzentration der Ionen ihre Aktivität (a), zum Unterschiede von c, der analytischen Konzentration, so ist

(26) $$f_a = a/c$$

Die Abweichungskoeffizienten ersetzen also bei den starken Elektrolyten den früher benützten einheitlichen Dissoziationsgrad. Sie sind natürlich von der Konzentration abhängig. Bei unendlicher Verdünnung (großem mittleren Abstand der Ionen) hebt die Wärmebewegung die elektrostatische Wechselwirkung, die besondere Verteilung der Ionen, vollständig auf. Bei steigender Verdünnung nähern sich also die Werte aller drei Koeffizienten dem Werte Eins.

Für die annähernde Berechnung von Aktivitätskoeffizienten hat die folgende empirische Formel von BJERRUM gute Dienste geleistet:

$$-\ln f_a = A \,.\, \sqrt[3]{c}$$

wo A die Aktivitätskonstante bedeutet, deren Wert nur von dem Wertigkeitstypus des Elektrolyten abhängt.

Die Grenzgesetze von Debye. P. DEBYE und E. HÜCKEL gelang es dann, im Jahre 1923 die Koeffizienten in ihrer Abhängigkeit von der Konzentration, der Temperatur und den Ionenradien auf Grund rein theoretischer Überlegungen zu berechnen.

Es handelt sich in ihrer Theorie darum, die mittlere Ionenverteilung quantitativ festzustellen.[1] Zu diesem Zwecke wird der BOLTZMANNsche Satz verwendet. In einem Volumelement vom Potential ψ wird im zeitlichen Mittel die Konzentration der positiven Ionen $n e^{-\frac{\psi \varepsilon}{RT}}$ und $n e^{+\frac{\psi \varepsilon}{RT}}$ die Konzentration der negativen Ionen sein, wenn n die mittlere Konzentration der Ionen in der ganzen Lösung, d. h. die Konzentration der Ionen in dem Volumelement bei Abwesenheit der elektrischen Kräfte ($\psi = 0$) wäre. k ist die BOLTZMANN-Konstante $k = R/N$. Es ist nun das Potential zu berechnen, welches infolge dieser Verteilung an der Stelle eines herausgegriffenen Ions von den umgebenden Ionen erzeugt wird. Die Ladungsdichte an einer beliebigen Stelle ist:

$$\varrho = \varepsilon n \left(e^{-\frac{\varepsilon \psi}{kT}} - e^{+\frac{\varepsilon \psi}{kT}}\right) \qquad (27)$$

In der Elektrostatik gilt für den allgemeinen Zusammenhang zwischen Ladungsdichte und Potential die POISSONsche Differentialgleichung:

$$\Delta \psi = \frac{-4 \pi \varrho}{D} \quad (D = \text{Dielektrizitätskonstante}) \qquad (28)$$

Aus diesen beiden Gleichungen erhalten wir

$$\Delta \psi = \frac{8 \pi \varepsilon n}{D} \,.\, \mathrm{Sin} \frac{\varepsilon \psi}{RT} \qquad (29)$$

Unter gewissen Annahmen kann der Sinus durch das Argument ersetzt werden:

$$\Delta \psi = \frac{8 \pi n \varepsilon^2}{DkT} \cdot \psi \qquad (30)$$

Wir führen die Größe $\frac{1}{\omega}$ ein:

$$\frac{1}{\omega} = \sqrt{\frac{DkT}{8 \pi n \varepsilon^2}} \qquad (31)$$

und erhalten

$$\Delta \psi = \omega^2 \psi \qquad (32)$$

Die vorherige Ableitung gilt nur für einen 1,1-wertigen Elektrolyten. Wir erhalten aber analogerweise die letzte Gleichung für die Salze vom beliebigen Wertigkeitstypus, wenn wir

$$\frac{1}{\omega} = \sqrt{\frac{DkT}{8 \pi \varepsilon}} \,.\, \sqrt{\Sigma \gamma_i \,.\, z_i^2} \qquad (33)$$

---

[1] Im folgenden wird die Berechnung einiger wichtiger Beziehungen grob skizziert. Wegen der genauen Durchführung muß auf die Originalarbeiten und auf das zusammenfassende Referat von E. HÜCKEL verwiesen werden.

setzen. γ_i bedeutet die molare Konzentration der i-ten Ionensorte, z_i ihre Wertigkeit. Die Summe wird über alle anwesenden Ionensorten gebildet:

$$\Sigma \gamma_i \cdot z_i^2 = \Sigma \Gamma_i$$

und ionale Konzentration oder Ionalität der Lösung genannt. Für 1,1-wertige Salze geht der Wert von K in den zuerst abgeleiteten über.

Beim Einsetzen der Zahlenwerte ergibt sich für 0°

$$\omega = 0{,}229 \sqrt{\Sigma \Gamma}$$

Die ursprünglich gestellte Aufgabe lösen wir, wenn wir die Differentialgleichung durch die entsprechenden Grenzen integrieren. Wir erhalten für das Potential, welches an der Stelle des Ions von den umgebenden Ionen erzeugt wird,

$$\psi = -\frac{z\,\varepsilon}{D} \cdot \frac{\omega}{1 + \omega a} \tag{34}$$

wobei a den Durchmesser des betreffenden Ions bedeutet. Wenn man ωa neben 1 vernachlässigen kann (wenn $\frac{1}{\omega} \lneq a$, d. h. kleine Ionalität und großes Ion), erhalten wir den einfachen Ausdruck

$$\psi = -\frac{z\,\varepsilon}{D}\,\omega \tag{35}$$

Die umgebenden Ionen wirken so, als ob eine dem betreffenden Ion entgegengesetzte gleichgroße Ladung kontinuierlich in einen Abstand $\frac{1}{\omega}$ von dem Ion kugelförmig verteilt wäre.

Der Abstand $1/\omega$ hängt laut der Definition (33) von der Ionalität der Lösung ab; mit wachsender Konzentration wird er kleiner. Erst in der 1-normalen Lösung eines 1, 1,1wertigen Elektrolyten erreicht $1/\omega$ die molekulare Größe.

In einem reinen Medium von der Dielektrizitätskonstante D herrscht an der Oberfläche eines kugelförmig gedachten Ions das Potential

$$\frac{z\,\varepsilon}{D\,a}$$

In einer Salzlösung wird dieses Potential auf

$$\frac{z\,\varepsilon}{D\,a} - \frac{z\,\varepsilon}{D}\,\omega$$

bzw. wenn die Vereinfachung nicht gestattet ist, auf

$$\frac{z\,\varepsilon}{D\,a} - \frac{z\,\varepsilon}{D} \cdot \frac{\omega}{1 + \omega a}$$

herabgesetzt.

Dabei wurde angenommen, daß die Dielektrizitätskonstante durch die Anwesenheit der Salze nicht geändert wird.

Für die Änderung des Potentials ist also in erster Linie die reziproke Länge ω maßgebend, welche der Quadratwurzel der Ionalität (für 1,1-wertige der Quadratwurzel der Konzentration) proportional ist, in zweiter Linie die Ionengröße. Größere Ionalität, d. h. höhere Wertigkeit und höhere Konzentration, ferner geringe Ionengröße verringern den Abstand $\frac{1}{\omega}$ und steigern dadurch die interionischen Effekte.

Mit Hilfe des gewonnenen Ausdruckes läßt sich die Beeinflussung des osmotischen Druckes infolge der interionischen Kräfte auf thermodynamischem Wege ableiten. Der osmotische Druck steht zu der Arbeit, welche bei der Volumänderung gewonnen wird (sogenannte osmotische Arbeit),

$$dA = p\,dv$$

in naher Beziehung.

Der Vorgang unterscheidet sich bei den Elektrolyten von dem Verhalten der idealen Lösungen dadurch, daß bei den ersteren auch eine elektrische Arbeit geleistet wird, da bei der Volumänderung auch das Potential in der Umgebung der Ionen geändert wird. Wenn wir die osmotische Arbeit der neutralen Moleküle mit $d\bar{A}$, die elektrische Arbeit mit dW bezeichnen, so erhalten wir

$$d\bar{A} - dW = -p dv$$

oder

$$-p = \frac{d\bar{A}}{dv} - \frac{dW}{dv}$$

$\frac{d\bar{A}}{dv}$ ist der osmotische Druck der neutralen Moleküle der gleichen Konzentration

$$-p = \bar{p} - \frac{dW}{dv}$$

und daher nach der Definition für f_0 (24)

$$f_0 = \frac{p}{\bar{p}} = 1 - \frac{1}{\bar{p}} \frac{dW}{dv}$$

Den Wert für $\frac{dW}{dv}$ erhalten wir auf Grund der Abhängigkeit des Potentials von der Verdünnung nach *(35)* zu

$$\frac{dW}{dv} = \frac{z^2 \varepsilon^2 \omega}{3DkT}$$

und daraus zahlenmäßig den osmotischen Koeffizienten bei 0^0

$$1 - f_0 = 0{,}263\, w \sqrt{\nu \gamma}$$

wobei w den sogenannten Wertigkeitsfaktor auf Grund der Definition

$$w = \left(\frac{\Sigma \nu_i z_i^2}{\nu}\right)^{\frac{3}{2}}$$

darstellt und ν die Zerfallszahl des Moleküls bedeutet.

Für 1,1-wertige Salze ergibt sich

$$1 - f_0 = 0{,}263 \sqrt{2\gamma}$$

Einfacher ist die Ermittlung des Aktivitätskoeffizienten. Der Aktivitätskoeffizient kann auf Grund der Gleichung

$$A = RT \ln \frac{c_i}{c_0} + RT \ln f_i$$

definiert werden. A bedeutet die Arbeit, welche geleistet wird, wenn 1 Mol der i-ten Ionensorte aus der Lösung, in welcher ihre Konzentration c_i ist, in eine äußerst verdünnte Lösung, in welcher ihre Konzentration c_0 ist, gebracht wird. Für ideale Lösungen ist

$$A = RT \ln \frac{c_i}{c_0}$$

und somit $f_i = 1$, während für reale Lösungen $RT \ln f_i$ sich als die Differenz der elektrischen Energie des Ions ergibt, d. h. die Differenz der Arbeit, welche in der ersten Lösung bei der Entladung gewonnen und in der zweiten Lösung bei der Aufladung geleistet wird. Diese Differenz ist einfach die Entladungsarbeit gegen das durch die umgebenden Ionen erzeugte Potential (welches in der äußerst verdünnten Lösung verschwindet, während das von dem Ion selbst erzeugte Potential unverändert bleibt):

$$RT \ln f_i = \frac{-z_i^2 \cdot \varepsilon^2}{zD} \frac{\omega}{1 + \omega a} \frac{z_i \varepsilon}{2}$$

also

$$\ln f_i = \frac{-z_i^2 \varepsilon^2}{2DkT} \frac{\omega}{1 + \omega a}$$

oder in der vereinfachten Form

$$\ln f_i = \frac{z_i^2 \varepsilon^2}{2DkT} \cdot \omega$$

Durch Einsetzen der Zahlenwerte erhalten wir für 0°

$$\ln f_a = -0{,}816 \, z_i \sqrt{\Sigma \Gamma_i}$$

oder bei Berücksichtigung der Ionendimension

$$\log f_a = -0{,}816 \, z_i^2 \sqrt{\Sigma \Gamma_i} \frac{1}{1 + 0{,}232 \cdot 10^8 a \sqrt{\Sigma \Gamma_i}}$$

Die Änderung der Äquivalentleitfähigkeiten der starken Elektrolyte mit der Verdünnung führt die Theorie ausschließlich auf die Änderung der Beweglichkeiten, bzw. der absoluten Wanderungsgeschwindigkeiten zurück. Die Änderung erfolgt auf dem Wege der von der Ionenverteilung herrührenden Feldstärke. Die Ionenverteilung wird beim Stromdurchgang nämlich eine andere sein wie in ruhendem Zustande, da die positiven und negativen Ionen in entgegengesetzten Richtungen bewegt werden. Die Ladungsverteilung wird in dem elektrischen Felde asymmetrisch. In der Richtung, in welcher ein Ion bewegt wird, werden sich in der unmittelbaren Umgebung im Mittel weniger entgegengesetzt geladene Ionen befinden als in der anderen Richtung. Diese Asymmetrie der Verteilung erzeugt durch eine zusätzliche Feldstärke die Bremswirkung. Sie hängt von dem Reibungswiderstand sämtlicher Ionen ab. Außerdem tritt noch eine bremsende Kraft infolge der Flüssigkeitsströmungen auf, welche die Ionen infolge ihrer Reibung verursachen. Die Ionen nehmen infolge ihrer Reibung die Lösungsmittelmoleküle bis zu einem gewissen Grade mit. Da nun in der Umgebung eines positiven Ions die negativen überwiegen und umgekehrt, so werden sie gegenseitig die Flüssigkeitsströmung hemmen und dadurch einander in der Bewegung bremsen. Die Formel für den Leitfähigkeitskoeffizienten gestaltet sich demgemäß kompliziert. Sie liefert eine theoretische Bestätigung der empirischen Quadratwurzelformel.

Wie aus den Ableitungen hervorgeht, besteht zwischen osmotischem und Aktivitätskoeffizienten ein enger Zusammenhang, während der Leitfähigkeitskoeffizient von den beiden unabhängig ist.

Die Gesetze von Debye sind nur Grenzgesetze für große Verdünnungen. Da sie mit steigender Verdünnung die tatsächlich gefundenen Verhältnisse mit wachsender Genauigkeit wiedergeben, haben sie die moderne Auffassung von der physikalischen Konstitution der Salzlösungen wesentlich befestigt.

Mittelstarke Elektrolyte. Zwischen den starken und den schwachen Elektrolyten erstreckt sich das Gebiet der mittelstarken Elektrolyte. Diese kann man nicht wie die ersteren als vollständig dissoziiert betrachten, doch ist die Wirkung der interionischen Kräfte zu berücksichtigen, da hier schon eine erhebliche Ionenkonzentration vorliegt. Bei diesen Elektrolyten sind außer dem Dissoziationsgrad auch die Abweichungskoeffizienten in Betracht zu ziehen. Es ergeben sich also die folgenden Zusammenhänge:

$$\lambda/\lambda_\infty = \alpha . f_\lambda$$

$$pv = (1 - n) \, \alpha \, f_0 \, RT$$

Schließlich erhält das Massenwirkungsgesetz die folgende Form:

$$K = \frac{f_A[A^+] \cdot f_B[B^-]}{f_{AB} \cdot [AB]} \tag{36}$$

wobei die f die Aktivitätskoeffizienten der einzelnen Ionen, bzw. Molekülarten bedeuten. Wir können auch einfach unter Einsetzung der Aktivitäten schreiben

$$K = \frac{a_A \cdot a_B}{a_{AB}}$$

Die Aktivitätskoeffizienten werden zumeist durch die Messung der elektromotorischen Kräfte von Konzentrationsketten bestimmt. Die NERNSTsche Gleichung behält ihre Gültigkeit, falls die Konzentrationen durch Aktivitäten ersetzt werden:

$$EMK = RT/F \cdot \ln (a_1/a_2) \tag{37}$$

Streng genommen müssen die angeführten Gesetze auf alle Elektrolytlösungen angewendet werden. Während aber bei starken Elektrolyten, ohne einen in den Meßbereich fallenden Fehler zu begehen, $a = 1$ gesetzt werden kann, werden entsprechend den bei schwachen Elektrolyten vorliegenden kleinen Ionenkonzentrationen hier die Differenzen der Abweichungskoeffizienten gegenüber 1 vernachlässigt.

In den organischen Medien, welche eine kleine Dielektrizitätskonstante haben, sind die interionischen Kräfte besonders stark. Die DEBYEsche Theorie drückt diese Tatsache durch den Wert für ω aus, welcher nach Formel *(33)* der Quadratwurzel von D proportional ist.

Löslichkeit der Salze. Das Gesetz des Löslichkeitsproduktes gewinnt bei Annahme der 100%igen Dissoziation eine neue Bedeutung. Eine Lösung ist dann gesättigt, wenn die Aktivität der gelösten Substanz einen konstanten Wert (den Wert der Aktivität des Bodenkörpers) erreicht hat.

Die Aktivität eines Salzes ist gleich der Quadratwurzel aus dem Produkte der Aktivitäten seiner Ionen:

In der gesättigten Lösung eines Salzes ist also das Produkt der Aktivitäten seiner Ionen konstant:

$$a_A \cdot a_B = L \tag{38}$$

Führen wir den Aktivitätskoeffizienten des Salzes ein

$$\sqrt{f_A \cdot f_B} = f$$

so erhalten wir

$$[A^+]\,[B^-]\,f^2 = L$$

Diese Gleichung, welche den Zusammenhang zwischen Löslichkeit und Aktivitätskoeffizienten darstellt, diente als Unterlage für BRÖNSTEDs grundlegende Bestimmungen der Aktivitätskoeffizienten aus der Löslichkeitsbeeinflussung.

Abweichungen von der Debye-Theorie. Die Eigenschaft der Mehrwertigkeit offenbart sich bei den Salzen in der Verkleinerung der Abweichungskoeffizienten, entsprechend den mit den höheren Ionenladungen verbundenen stärkeren interionischen Kräften. Im Sinne der DEBYE-HÜCKELschen Grenzgesetze werden die Koeffizienten um so kleiner, je größer die Wertigkeit des

Ions und je größer die ionale Konzentration der Lösung $\Sigma z_i^2 . \gamma_i$ ist. Mit steigender Wertigkeit zeigt sich jedoch in erhöhtem Maße, daß die Vereinfachungen, welche DEBYE und HÜCKEL zwecks Gewinnung der Grenzgesetze gemacht hatten, schon bei geringer Konzentration zu deutlichen Abweichungen von der Wirklichkeit führen. Vor allem ergibt sich, daß die Hypothese von den unabhängigen Aktivitätskoeffizienten (G. N. LEWIS) nicht erfüllt ist. Nach diesem Gesetz, welches auch in den Grenzgesetzen von DEBYE und HÜCKEL zum Ausdruck kommt, hängt der Aktivitätskoeffizient eines Ions außer von seiner eigenen Natur nur von der ionalen Konzentration der Lösung ab. Im Sinne dieser Hypothese wäre es also gleichgültig, ob die Ionen, die eine höhere Wertigkeit haben, einen dem betrachteten Ion entgegengesetzten oder gleichen Ladungssinn haben. In der Tat wird aber die Ionenatmosphäre um das betrachtete Ion viel dichter, wenn Ionen von hoher entgegengesetzter Ladung vorhanden sind, als wenn die hochgeladenen Ionen den gleichen Ladungssinn besitzen. Die überragende Rolle der entgegengesetzt geladenen Ionen hängt mit dem Umstand zusammen, daß in der Umgebung jedes Ions die entgegengesetzt geladenen angehäuft werden. Insbesondere die Löslichkeitsversuche von J. N. BRÖNSTED (2) und V. K. LA MER haben gezeigt, daß die Wertigkeit und der Ionenradius der dem betrachteten Ion entgegengesetzt geladenen Ionen den Aktivitätskoeffizienten schon in verdünnten Lösungen viel stärker beeinflussen als die gleichgeladenen, und diese Tatsache findet in BRÖNSTEDS Theorie der spezifischen Interaktion der Ionen eine weitgehende Berücksichtigung.

BJERRUM (7, 8) hat später dargetan, daß in den Elektrolytlösungen unter Umständen auch eine Ionenassoziation zu berücksichtigen ist. Ein Teil der Ionen befindet sich infolge der interionischen Kräfte paarweise (Kation mit Anion) so nahe zueinander, daß diese sich als assoziiert, also als neutrale Moleküle, verhalten. Die Häufigkeit dieser Ionenpaare hängt von der Konzentration, den Radien und den Wertigkeiten der Ionen ab. Großionige, ein-einwertige Elektrolyte erleiden keine Assoziation, die das Ionisationsgleichgewicht wesentlich beeinflussen könnte, während Ionen mit kleinem Radius, die sich also stark einander nähern können, mehr zur Bildung von Assoziationen neigen. Mit steigender Wertigkeit nimmt die Assoziation sehr stark zu. Der Vorgang bleibt dann nicht bei paarweiser Assoziation stehen, sondern er führt zur Bildung von höher komplexen Ionen, insbesondere in Medien mit kleinen Dielektrizitätskonstanten, wo die starken elektrostatischen Kräfte die Assoziation besonders begünstigen. Da die Assoziationsprodukte sich als neutrale Moleküle verhalten, kann man ihren Einfluß auf die interionischen Kräfte vernachlässigen.

Die BJERRUMsche Auffassung der Assoziation nähert das moderne Bild der starken Elektrolyte wiederum dem der klassischen Lehre. Während aber die klassische Theorie undissoziierte und dissoziierte Moleküle voneinander scharf trennt, kennt die neue Theorie einen graduellen Übergang von freien Ionen in assoziierte, zwischen denen nur eine rein willkürliche Trennung möglich ist. In den Assoziationsprodukten bleiben die Eigenschaften der Ionen praktisch vollständig erhalten. Die elektrolytische Dissoziation des neutralen Moleküls wäre dagegen mit einer wesentlichen, sprungweisen Änderung der Ioneneigenschaften verbunden. Die Eigentümlichkeit der starken Elektrolyte würde darin bestehen, daß sich ihre Ionen einander stark nähern können (in den Assoziationsprodukten oder in den Kristallgittern), ohne sich miteinander chemisch umzusetzen.

Wegen der nahen Verwandtschaft der Begriffe — undissoziiert und assoziiert — gebraucht man statt des Ausdruckes „Hypothese der vollständigen Dissoziation" zweckmäßiger den Ausdruck „Hypothese der vollständigen oder 100%igen Ionisation".

Durch Messung der Verdünnungwärme konnte W. NERNST (2) in der neuesten Zeit wahrscheinlich machen, daß in den Lösungen der starken Elektrolyte auch undissoziierte Moleküle in merklicher Menge anwesend sind. Nach der DEBYEschen Theorie müßte bei der Verdünnung der Salze infolge der Veränderung der elektrischen Energie Wärme frei werden. Die Messungen ergaben jedoch (im Bereich 1×10^{1}—10^{-4} ausgeführt) durchwegs viel kleinere Werte der Wärmetönung als die berechneten, teilweise sogar negative Werte. NERNST erklärt die Abweichung durch die Annahme eines echten Dissoziationsgleichgewichtes. Durch die Verdünnung nimmt die Dissoziation unter Wärmeabsorption zu. Die Verdünnungswärme ist die algebraische Summe der beiden Effekte, der Dissoziationsabnahme und des DEBYEeffektes. NERNST errechnet unter dieser Annahme Werte für die Dissoziationsgrade, welche wesentlich kleiner sind als die in der Messung des osmotischen Druckes und der Leitfähigkeit beobachteten Bruttokoeffizienten. Das echte Dissoziationsgleichgewicht tritt also in bezug auf diese Größen hinter dem Einfluß der interionischen Kräfte zurück.

Andere Forscher dagegen, wie C. DRUCKER, halten an der klassischen Theorie fest und versuchen die Abweichungen teilweise auf die Bildung von komplexen Ionen und teilweise auf die Verminderung des Lösungsmittels infolge von Ionenhydratation zurückzuführen. Die Bildung des komplexen Ions etwa von KCl_2^- in Kaliumchloridlösung hätte z. B. einen anderen Einfluß auf die Leitfähigkeit und den osmotischen Druck und einen anderen auf die Chloraktivität und auf diese Weise könnte durch Annahme verschiedenartiger Komplexionen wenigstens ein Teil der Abweichungen erklärt werden.

Daß in den Komplexionen, wie z. B. Fe Cy_6^{----}, gewisse Ionen der ersten Sphäre (z. B. Fe^{++}) entgegen ihrem eigenen Ladungssinn, entsprechend der Überschußladung des Komplexes wandern, war lange bekannt. W. HITTORF hat festgestellt, daß in Cd J_2-Lösungen die Überführungszahl des Anions in konzentrierten Lösungen größer wird als 1, die des Kations daher negative Werte annimmt. Mit anderen Worten, es findet bei der Elektrolyse dieser Lösungen eine Anreicherung der Kadmiumionen an der Anode statt. HITTORF folgerte daraus, daß in diesen Lösungen komplexe $[Cd\ J_3]^-$-Ionen gebildet werden.

J. W. Mc. BAIN und P. R. van RYSSELBERGE haben in allerjüngster Zeit gefunden, daß die Überführung des Cd- und Mg-Ions in ihren 0,05 molaren Lösungen von 0,95 m eines anderen Sulfats (oder Chlorids), z. B. des Mg, NH_4, K, anodisch wird. Man muß also annehmen, daß auch in diesen Fällen in ausgiebigem Maße eine Bildung kationhaltiger, komplexer Anionen erfolgt. Wenn jedoch die Komplexbildung in diesen Lösungen so weitgehend ist, dann wird man wohl auch in den verdünnten Lösungen keine vollständige Dissoziation voraussetzen dürfen. Diese Komplexionen könnten vielleicht Produkte der von BJERRUM angenommenen Ionenassoziation darstellen.

IV. Die Theorie der chemischen Bindung

Die Wernersche Valenzlehre der Komplexverbindungen. Die Fähigkeit der Atome oder Atomgruppen, mit anderen Atomen oder Atomgruppen zu Molekülen zusammenzutreten, nennt man ihre chemische Affinität. Ein Atom (oder eine Atomgruppe) ist soviel wertig, als es Wasserstoffatome oder dem Wasserstoffatom gleichwertige, also einwertige Atome oder Atomgruppen zu binden vermag. Dies ist das Gesetz der chemischen Valenz, welches durch die Tatsache eine Lockerung erfährt, daß ein Atom in verschiedenen Verbindungen mit verschiedener Valenz auftreten kann.

Die klassische Valenzlehre vermag das ungeheure Tatsachenmaterial der organischen Chemie fast vollständig widerspruchsfrei zu ordnen und heuristisch zu verwerten. Bei einer großen Gruppe der anorganischen Verbindungen, den sogenannten Molekülverbindungen, führt sie jedoch zu Widersprüchen mit chemischen Tatsachen. Molekülverbindungen, Verbindungen höherer Ordnung oder Komplexverbindungen, sind solche Verbindungen, die durch Zusammentreten von Molekülen, in denen die Valenzen schon gegenseitig abgesättigt sind, entstanden gedacht werden können. A. Werner hat auf Grund eines reichen Tatsachenmaterials auf diesem Gebiete eine neue Theorie der chemischen Bindung begründet.

Ein einfaches Beispiel für eine Verbindung höherer Ordnung ist die Schwefelsäure:

$$(SO_3) + (H_2O) = (SO_3 \ldots H_2O)$$

Die valenzchemische Auffassung erklärt die Bindung durch den Übergang des einen Sauerstoffs in ein einwertiges Radikal infolge der Verbindung mit Wasserstoff zu einer Hydroxylgruppe und durch das dadurch bedingte Freiwerden einer Schwefelvalenz:

$$S\begin{matrix}=O\\=O\\=O\end{matrix} \xrightarrow{H_2O} S\begin{matrix}-OH\\-OH\\=O\\=O\end{matrix}$$

Diese Deutung reicht aber nicht mehr aus für das Verständnis des vollkommen analogen Prozesses der Wasseranlagerung an ein Chlorid.

$$(AuCl_3) + (H_2O) = (AuCl_3 \ldots OH_2)$$

welche ebenfalls zur Bildung einer Säure führt.

Die Unzulänglichkeit der alten Valenzvorstellungen wird besonders deutlich bei den Platin-Ammoniakverbindungen. Betrachten wir z. B. folgende Reihe von Molekülverbindungen des Platinchlorids:

1. $PtCl_4 + 2\,HCl$
2. $PtCl_4 + 2\,H_2O$
3. $PtCl_4 + HCl + H_2O$
4. $PtCl_4 + 2\,NH_3$

so leuchtet unmittelbar ein, daß zwischen ihnen eine enge konstitutionelle Verwandtschaft besteht. Diese Verwandtschaft kann aber durch die Formeln der starren Valenzlehre nicht ausgedrückt werden. Es ergibt sich z. B., daß die Analogie der zweiten Verbindung zu der vierten, der die Formel

$$\begin{matrix}Cl\\Cl\end{matrix}\!\!>Pt<\!\!\begin{matrix}NH_3Cl\\NH_3Cl\end{matrix}$$

zukäme, nur durch die Formel

$$\begin{matrix} Cl \\ Cl \end{matrix} > Pt < \begin{matrix} OH_2Cl \\ OH_2Cl \end{matrix}$$

ausgedrückt werden kann, die Tatsache, daß sie eine zweibasische Säure ist, jedoch nur durch

$$\begin{matrix} Cl \\ Cl \end{matrix} > Pt < \begin{matrix} Cl = OH_2 \\ Cl = OH_2 \end{matrix}$$

wiedergegeben werden kann. Eine neue Formel müßte der Analogie dieser Platinchlorwasserstoffsäure zu der Platinsäure $Pt(OH)_4 . 2\,H_2O$ Rechnung tragen und keine dieser Formeln würde die Ähnlichkeit mit den Additionsverbindungen des Schwefeldioxyds ausdrücken. Ähnliche Schwierigkeiten treten bei den anderen drei Verbindungen auf.

Eine befriedigende Systematik aller dieser Verbindungen ist nur durch Einführung neuer Begriffe möglich. Die Hauptrolle spielt dabei der Begriff der Koordinationszahl.

Als Zentralatom wird das (sehr häufig metallische) Atom bezeichnet, auf welches die Bindung aller anderen im Molekül anwesenden Atome bezogen werden kann. Die Anzahl der Atome, Radikale und Moleküle, die unmittelbar an dieses gekettet sind, nennt man Koordinationszahl, ihre Bindung ist koordinativ, sie sind gleichmäßig in der ersten Sphäre an das Zentralatom gebunden. Die höchste Zahl der Atome, Atomgruppen und Moleküle, die an ein Zentralatom in der ersten Sphäre gebunden werden können, ist eine für jedes Zentralatom charakteristische Größe. Es ist die maximale Koordinationszahl. Für sehr viele Elemente ist die maximale Koordinationszahl 6. Bei einigen beträgt sie 4, nur bei sehr wenigen begegnet man anderen Zahlen. Eine Verbindung, in der die Koordinationszahl die maximale ist, nennt man koordinativ gesättigt, die anderen ungesättigt. Der Koordinationsbegriff hat eine räumliche Bedeutung. Die Atome, bzw. Radikale, die durch die Zwischenlagerung der koordinativ gebundenen Atome und Atomgruppen von dem Zentralatom entfernt sind, befinden sich in der zweiten Sphäre, sie unterscheiden sich von den in der ersten Sphäre gebundenen durch ihre Austauschbarkeit, ihre größere Beweglichkeit, welche sich am deutlichsten als elektrolytische Dissoziation kundgibt. Aus der Größe der Äquivalentleitfähigkeit wird die Zerfallszahl der Moleküle und damit die Anzahl der ionogenen Atome oder Atomgruppen abgeschätzt. Die Messung des Äquivalentleitvermögens liefert also einen wichtigen Beitrag zu der Konstitutionsermittlung der Komplexverbindungen.

Mit Hilfe dieser Methode wurde z. B. die Konstitution der folgenden Verbindungen aufgedeckt:

1. $[Co(NH_3)_6]Cl_3$; 2. $\left[Co \begin{matrix} (NH_3)_5 \\ NO_2 \end{matrix}\right]Cl_2$; 3. $\left[Co \begin{matrix} (NH_3)_4 \\ (NO_2)_2 \end{matrix}\right]NO$;

4. $\left[Co \begin{matrix} (NH_3)_3 \\ (NO_2)_3 \end{matrix}\right]$; 5. $\left[Co \begin{matrix} (NH_3)_2 \\ (NO_2)_4 \end{matrix}\right]K$

Die in die eckige Klammer geschlossenen Atome gehören zu der ersten Sphäre, außerhalb der Klammer befinden sich ionogene Gruppen der zweiten Sphäre. In allen diesen Verbindungen hat Kobalt die Koordinationszahl 6. Bezüglich der Koordinationszahl sind Moleküle (NH_3) oder Atome und Atomgruppen (NO_2) gleichwertig, sie nehmen dieselben Koordinationsstellen ein. Die Valenz von Kobalt, welche man in diesem Fall als Hauptvalenz bezeichnet, ist 3. Die Verkettung der

Moleküle wird durch „Nebenvalenzen" erwirkt. In der vierten elektrolytisch nicht dissoziierenden Verbindung z. B. sättigen drei Nitritgruppen die Hauptvalenzen von Kobalt, drei Ammoniakmoleküle werden durch Nebenvalenzen, die vom Stickstoffatom ausgehen, an das Kobaltatom gebunden. Die letzte Verbindung enthält zwei Ammoniakmoleküle und ein Kaliumnitritmolekül, die durch die Nebenvalenzen, die zwischen dem Stickstoffatom des Ammoniaks und der Nitritgruppe einerseits, dem Kobaltatom anderseits wirksam sind, gebunden sind.

Es muß aber betont werden, daß die vier Nitritgruppen, von denen also drei durch Hauptvalenzen und die vierte durch Nebenvalenz gebunden ist, untereinander vollständig gleichwertig sind. Diese Tatsache zeigt, daß der Unterscheidung von Haupt- und Nebenvalenzen wenig Bedeutung zukommt, umso weniger, da es sich an vielen Beispielen dartun läßt, daß die Atome, die mit Vorliebe durch Hauptvalenzen aneinander gebunden werden, sich sehr gerne mit Nebenvalenzen verketten. Die Bedeutung des Nebenvalenzbegriffes besteht hauptsächlich darin, eine Brücke zwischen alter und neuer Valenzlehre in ihrem Übergangsstadium zu bilden.

In der zweiten Sphäre können nicht Moleküle, sondern nur Atome oder Radikale gebunden werden, die auch als Ionen auftreten können.

Die koordinativ gebundenen Ammoniakmoleküle nennt man Ammine. Die Wassermoleküle in koordinativer Bindung bezeichnet man mit dem Wort aquo, die Hydroxylgruppe hydroxo, die Säurereste acido. Die einzelnen Atome in der ersten Sphäre werden so bezeichnet, daß zu ihrem Namen die Endung o hinzugefügt wird. Die obigen Verbindungen erhalten also die folgenden Namen: 1. Hexamminkobaltichlorid, 2. Pentamminnitritokobaltichlorid, 3. Tetrammindinitritokobaltinitrat, 4. Triammintrinitrokobalt, 5. Kaliumdiammintetranitritokobaltiat.

Man unterscheidet Einlagerungsverbindungen und Anlagerungsverbindungen.

Eine Anlagerungsverbindung ist z. B. die Schwefelsäure $\begin{bmatrix} O & & O \\ & S & \\ O & & O \end{bmatrix} H_2$ oder die Platinchlorwasserstoffsäure $\begin{bmatrix} Cl & & Cl \\ Cl & Pt & Cl \\ Cl & & Cl \end{bmatrix} H_2$. Bei der Bildung von diesen hat die Aufnahme der Wasser- oder HCl-Moleküle keine Änderung, keinen Funktionswechsel der Atome, bzw. Atomgruppen des Schwefeltrioxyds, bzw. des Platinchlorids hervorgerufen.

Bei der Entstehung des Trichlorotriamminplatinchlorids durch Addition von Ammoniak an Tetrachlorodiaminplatin

$$\begin{bmatrix} Cl \diagdown & & \diagup Cl \\ Cl - & Pt & - NH_3 \\ Cl \diagup & & \diagdown NH_3 \end{bmatrix} + NH_3 = \begin{bmatrix} Cl \diagdown & & \diagup NH_3 \\ Cl - & Pt & - NH_3 \\ Cl \diagup & & \diagdown NH_3 \end{bmatrix} Cl$$

ist dagegen ein Chloratom aus der nicht ionogenen Bindung der ersten Sphäre in die ionogene der zweiten Sphäre übergetreten infolge der Einschiebung des Ammoniakmoleküls. Hier haben wir es mit einer Einlagerungsverbindung zu tun.

Die Hauptvalenzzahl stimmt mit der Zahl der Elektrovalenzen überein, welche anzeigt, wieviel Elektronen von dem Atom (bzw. Radikal) abgegeben oder aufgenommen werden können (vgl. das nachfolgende Kapitel). Ionogen wird die Hauptvalenzbindung jedoch nur infolge der Zwischenlagerung der Gruppen der ersten Sphäre.

Die Vorstellung von der Valenz als gerichteter Einzelkraft wird von Werner verworfen. Die Affinität ist nach ihm eine vom Zentrum des Atoms gleichmäßig nach allen Teilen seiner Kugeloberfläche wirkende anziehende Kraft. Die Valenzzahl bedeutet ein von den Valenzkräften unabhängiges, empirisch gefundenes Zahlenverhältnis, in welchem sich Atome miteinander verbinden. Sie ist nicht von einem Atom allein, sondern von der Natur sämtlicher Elementaratome, die sich mit ihm zum Molekül vereinigen, abhängig. Der bei gegenseitiger Bindung zweier Atome abgesättigte Affinitätsbetrag verteilt sich dann auf einen bestimmten kreisförmigen Abschnitt der Kugeloberfläche der Atome. Dadurch ergibt sich für die wechselnden Wertigkeitsverhältnisse der Elementaratome ein zweckentsprechendes Bild und die von ihrer Größe abhängige Anordnung der Bindeflächen führt ohne Hilfshypothesen zur räumlichen Gestaltung der Moleküle. WERNER nimmt an, daß, im Falle der Koordinationszahl sechs, die sechs koordinativ gebundenen Atome, bzw. Atomgruppen in den Ecken eines Oktaeders sitzen, dessen Mittelpunkt das Zentralatom bildet. Die auf Grund dieser Vorstellung vorausgesagten Stereoisomerien wurden experimentell aufgefunden.

Der Grund dafür, daß die alte Valenzlehre in der organischen Chemie fast alle Erscheinungen zu erklären vermag, liegt in dem Umstand, daß für das Kohlenstoffatom die maximale Koordinationszahl und die Hauptvalenzzahl denselben Wert vier hat. Unter dem Einfluß der organischen Chemie konnte der enge Valenzbegriff einer weiteren Fassung lange Zeit Widerstand leisten.

Die elektrostatische Auffassung der chemischen Bindung. Das Studium der beim radioaktiven Zerfall ausgesendeten (und von anderen) Korpuskularstrahlungen, ferner die Analyse der Röntgenspektren haben zu einem Einblick in die Feinstruktur der Materie geführt. Als Bausteine des Atoms wurden ein positiv geladener Kern und die ihn umkreisenden negativen Elektronen erkannt. Jedes Elektron trägt eine elektrische Elementarladung ($4{,}711 . 10^{-10}$), auf deren Existenz schon HELMHOLTZ auf Grund des FARADAYschen Gesetzes der Elektrolyse schloß. Die Masse der Atome wird durch den Kern getragen, die Masse eines Elektrons ist 1850mal kleiner als die des leichtesten Atoms, des Wasserstoffatoms. Der Radius der Atomkerne ist im Verhältnis zu den Atomradien ebenfalls verschwindend klein, der Radius der Atome ist durch die Dimensionen der kreisförmigen oder elliptischen Elektronenbahnen gegeben. Da das Atom elektrisch neutral ist, muß die Kernladung der Anzahl der Elektronen entsprechen.

Positive Elektrizität tritt nur auf in Verbindung mit Masse, dagegen kann negative Elektrizität frei auftreten in Form von Elektronen. Der Bau der Röntgenspektren in verschiedenen Elementen ist derselbe, sie zeigen alle dieselben scharfen Linien, nur die Lage derselben ist von Element zu Element verschieden. Zwischen der Verschiebung der Spektren und der Kernladung besteht eine nahe Beziehung, welche gestattet, die Kernladungszahl zu bestimmen. Ordnet man die Elemente nach steigender Kernladungszahl, so erhält man eine Reihe. Die Stelle eines Elementes in dieser Reihe bezeichnet man als Ordnungszahl. Kernladungszahl und Ordnungszahl haben denselben Wert. Die Reihe beginnt mit H(1) und endet mit U(92). Wasserstoff hat also die Kernladungszahl eins, er enthält ein Elektron, Uran hat die größte Anzahl von Elektronen, nämlich 92. Diese Reihe erweist sich im allgemeinen als identisch mit der Reihe, welche man durch Ordnung der Elemente nach steigendem Atomgewicht erhält. Die Atomgewichte sind ungefähr doppelt so groß als die Kernladungszahl.

Die gegenseitige Umwandlung der kinetischen Energie der Elektronen in Strahlungsenergie, welche sich in der Emission von Röntgenspektren kundgibt, kann nicht kontinuierlich, sondern nur sprungweise, quantenhaft erfolgen, nur bestimmte Elektronenbahnen sind stabil.

Die Erkenntnis der elektrischen Natur des Atomaufbaues hat den Weg für eine elektrische Deutung der Valenzkräfte geebnet. Der Versuch, den Zusammenhalt der Atome in den Molekülen auf elektrische Kräfte zurückzuführen, geht auf BERZELIUS zurück. Doch hat der wachsende Einfluß der organischen Chemie mit ihrer ungeheuren Anzahl von Kohlenstoffverbindungen, die einen elektrisch polaren Aufbau kaum erkennen lassen, die Entwicklung dieser Vorstellung lange gehemmt, bis sie von W. KOSSEL und G. N. LEWIS im Jahre 1916 in den Vordergrund gestellt wurde.

Nach der Theorie von KOSSEL besteht ein großer Teil der Verbindungen aus Ionen. Der Bindung der Atome geht ein Elektronenaustausch zwischen denselben voraus. Auf diese Weise werden die Atome zu entgegengesetzten Ionen aufgeladen. Das Atom, welches ein oder mehrere Elektronen abgibt, gewinnt eine oder mehrere positive Ladungen, das Atom, welches dieses (oder diese) Elektron aufnimmt, wird negativ. Die entgegengesetzt geladenen Ionen ziehen sich gegenseitig an und diese COULOMBsche Kraft ist es, welche die Atome in Molekülen dieser Art zusammenhält. Die so aufgebauten Moleküle bezeichnet KOSSEL als heteropolar. Eine andere Form der gegenseitigen Bindung von Atomen liegt vor in den homöopolaren Molekülen. Diese kommt wahrscheinlich so zustande, daß ein oder mehrere Elektronen zugleich zwei Atomen angehören, zwei Atomkreise umkreisen. Ein solcher Aufbau wird z. B. für das Wasserstoffmolekül angenommen. In den folgenden Betrachtungen werden wir einige Folgerungen der elektrostatischen Theorie der heteropolaren Bindung besprechen.

Aus der bekannten Anzahl der Elektronen in den neutralen Atomen (Ordnungszahl) läßt sich die Elektronenzahl der Elemente in ihrer ionischen Form berechnen, in welcher sie in den heteropolaren Verbindungen anzunehmen sind. Man erhält diese Zahl, indem man zu der Ordnungszahl die Elektrovalenzzahl des Atoms addiert, mit positivem Vorzeichen, wenn die Valenz gegenüber Atomen bestätigt wird, die dabei positiv aufgeladen werden, mit negativem Vorzeichen, falls die Valenzbestätigung gegenüber negativen Elementen erfolgt. Am sichersten geht man so vor, daß man die Wertigkeit der Elementionen, die bei der elektrolytischen Dissoziation der betreffenden Verbindungen entstehen, feststellt: KOSSEL gelangt auf diese Weise zu dem Satz, daß die Elemente, die ein Edelgas umgeben (in der Reihe nach der Kernladungszahl), in ihrer Elektrovalenzbetätigung stets die Elektronenzahl dieses Edelgases erreichen. Man findet z. B. in der Umgebung von Argon

Tabelle 7

Element	S	Cl	Ar	K	Ca
Ordnungszahl	16	17	18	19	20
Elektrovalenz	— —	—	0	+	+ +
Elektronenzahl des Ions	18	18	(18)	18	18

Wo die Beobachtung in dissoziiertem Zustand nicht möglich ist (etwa infolge Hydrolyse oder Unlöslichkeit), liefert die maximale Hauptvalenzzahl, z. B. in Verbindungen mit den Halogenen, den Wert der Elektrovalenz. Man kann sich auf diese Weise von der Gültigkeit des KOSSELschen Satzes für einen großen Bereich des periodischen Systems überzeugen.

Alle Beobachtungen sprechen dafür, daß der Konfiguration mit einer bestimmten Anzahl von äußeren Elektronen, der Edelgaskonfiguration, eine besondere Stabilität zukommt und daß die Atome bestrebt sind, durch Ionenbildung diese Konfiguration anzunehmen. So erhalten Ca und Cl bei der Bildung des $CaCl_2$-Moleküls durch Ergänzung, bzw. Abbau ihrer Elektronenschalen beide die Konfiguration des Argons. Da die Edelgase schon im elektrisch neutralen Zustande die stabilste Konfiguration haben, zeigen sie keine Tendenz einer Elektronenaufnahme oder -abgabe: sie sind chemisch träge. Der Hauptunterschied der Ionen gegenüber dem Edelgasatom ist die bei den ersteren bestehende Verschiedenheit zwischen der Kernladungszahl und der Elektronenzahl. Auf die daraus resultierende Überschußladung ist die Fähigkeit zur Bildung heteropolarer Verbindungen zurückzuführen und das Fehlen einer freien Ladung ist der Grund, weshalb die Edelgase keine Neigung zur Molekülbildung haben.

Eine weitere Folgerung der Theorie bezieht sich auf die Bildung von Komplexverbindungen. Für diese und für die anschließenden Überlegungen macht man zweckmäßig mit Kossel die vorläufige, vereinfachende Annahme, daß die Ionen starre Kugeln sind, deren Ladung im Zentrum gedacht werden kann. Wenn wir nun die Valenzkräfte mit den elektrischen Anziehungskräften identifizieren, so folgt daraus, daß die Anzahl der entgegengesetzt geladenen Ionen, auf welche diese Kräfte wirken können, nicht fest beschränkt sein kann, sondern daß von den Ionen eines in sich elektrisch neutralen, heteropolar aufgebauten Moleküls noch Kräfte ausgehen, die z. B. auf die entgegengesetzt geladenen Ionen eines anderen Moleküls einwirken können. Dies ist der Ursprung der Komplexverbindungen. Zum Beispiel in Ammoniak sind die drei negativen Hauptvalenzen von Stickstoff wohl durch die drei Wasserstoffatome abgesättigt, doch kann der Stickstoff noch ein Wasserstoffion anlagern, da die Kräfte, die von dem dreiwertigen Stickstoffion ausgehen, stärker wirken als die Abstoßung seitens der drei Wasserstoffionen. Die Bindung der vier Wasserstoffionen ist völlig gleichartig. Wenn man trotzdem davon spricht, daß drei Wasserstoffionen durch Hauptvalenzen, das vierte durch Nebenvalenz gebunden ist, so drückt man damit nur die Tatsache aus, daß die Bindung des vierten H^+ dadurch bedingt ist, daß das Stickstoffatom durch Elektronenaustausch mit drei Wasserstoffatomen eine entsprechende Aufladung erfahren hat. Da der Komplex eine positive Überschußladung gewinnt, bildet sich ein komplexes Kation:

$$NH_3 + H^+ + Cl^- = NH_4^+ + Cl^-$$

Als Zentralatome werden somit besonders solche geeignet sein, von denen starke elektrische Kräfte ausgehen, also Ionen von hoher Ladung und kleinem Radius (kleinem Atomvolumen). Eine Übersicht über die Komplexverbindungen überzeugt von der allgemeinen Richtigkeit dieser Folgerung. Die Gesamtladung eines Komplexions (d. h. des Zentralions mit den Ionen in der ersten Sphäre) ist gleich der Summe der Elektrovalenzen aller Atome, die darin enthalten sind, wobei die Valenzzahlen mit positivem oder negativem Vorzeichen zu addieren sind, je nachdem, ob die Valenzbetätigung in der Abgabe oder Aufnahme von Ionen besteht. Durch diese Auffassung gewinnt die in dem vorhergehenden Kapitel geschilderte Wernersche Theorie eine physikalisch anschauliche Grundlage, indem zu dem räumlichen Begriff der ersten Koordinationssphäre der elektrostatische Begriff des räumlichen Feldes um das Zentralion hinzutritt.

Eine Stütze erfährt die Kosselsche Theorie durch den Nachweis, daß die

Salze schon in der festkristallinischen Form keine Atome, sondern Ionen enthalten.

Unter den vorher erwähnten vereinfachenden Voraussetzungen erlaubt die Theorie, die Trennungsarbeit (negative Bildungsarbeit) von heteropolaren Verbindungen zu berechnen. Diese setzt sich zusammen aus der Arbeit, welche bei der Ionisierung der Atome zu leisten ist, und aus der elektrischen Arbeit, welche das Zusammenbringen der entgegengesetzt geladenen Ionen aus unendlicher Entfernung liefert. Die letzte ist der Dielektrizitätskonstante des Mediums umgekehrt proportional. Da die Dielektrizitätskonstante des Wassers besonders hoch (80) ist, ist die Aufspaltungsarbeit der Moleküle in Ionen in Wasser viel kleiner als im Dampfraum. Dieser Umstand erklärt, warum z. B. Salzsäure in Dampfform fast ausschließlich aus Neutralmolekülen, in der Lösung jedoch aus Ionen besteht. In letzterem Falle ist die bei der Trennung der Ionen geleistete elektrische Arbeit kleiner als die damit gewonnene kinetische Energie.

Die Konkurrenz der kinetischen Energie und der elektrischen Trennungsarbeit bestimmt die Dissoziationsverhältnisse der Komplexmoleküle,[1] deren Ionen in einzelnen Gruppierungen auftreten, und zwar so, daß ihre Bildung auf Grund der bestehenden Ladungsverhältnisse die größte elektrische Arbeit liefert. So könnte aus NH_4Cl eine ganze Reihe von Molekülen und Ionen entstehen (etwa NH_3 und HCl oder N^{---}, H^+ und Cl^- usw.), es kommt jedoch praktisch nur die Dissoziation in NH_4^+ und Cl^- zustande, da diese Gruppierung die größte elektrische Arbeit liefert und dadurch das Minimum der freien Energie vorstellt.

Die Auffassung der Ionen als starre Kugeln kann natürlich nur eine ganz grobe, erste Annäherung an die Wirklichkeit sein. Der nächste Schritt besteht darin, daß man die deformierenden Wirkungen der benachbarten Ionen auf die Elektronenhüllen berücksichtigt. Diese Erscheinungen werden wir in einem späteren Kapitel behandeln.

V. Die Struktur der festen Körper

Die Materie im festen Zustand tritt in zwei Formen auf, in kristallinischer und in amorpher. Im kristallinischen Zustand zeigen die Körper in verschiedenen Richtungen verschiedene Eigenschaften. Sie sind anisotrop. Bei den amorphen Körpern sind alle Richtungen gleichwertig, sie sind isotrop.

Gitterenergie. Der kristallinische Zustand beruht auf der regelmäßigen Anordnung der Bausteine (Moleküle, Atome oder Ionen). Ein im Raum regelmäßig geordnetes Punktsystem nennt man Raumgitter. Ein Raumgitter besteht aus periodisch wiederkehrenden Elementarzellen. Die Struktur der Elementarzellen und damit die makroskopische Struktur der Kristalle wird durch die möglichen geometrischen Gitteroperationen bestimmt.

[1] Die elektrische Arbeit liefert die Gesamtarbeit der Reaktion, für das Gleichgewicht ist jedoch im Sinne des II. Hauptsatzes der Thermodynamik nur die Änderung der freien Energie maßgebend. Nach dem III. Hauptsatz dürfen die beiden nur beim absoluten Nullpunkt einander gleichgesetzt werden. In den energetischen Überlegungen der Atom- und Molekülphysik pflegt man nur die Änderung der Gesamtenergie zu berücksichtigen, was dem Prinzip von Berthelot entspricht und, wie dieses, nur eine bedingte Gültigkeit besitzt. Auf diesen Umstand sei an dieser Stelle auch im Hinblick auf die folgenden Teile des Buches ausdrücklich hingewiesen.

Die Gittertheorie der Kristallstruktur hat durch die Entdeckung der Röntgenstrahleninterferenzen durch M. v. LAUE eine vollständige Bestätigung gefunden. Die gesetzmäßigen Zusammenhänge zwischen den Interferenzlinien und der Gitterstruktur gestatten aus der Röntgenaufnahme die gegenseitigen Abstände und die Anordnung der Bausteine zu berechnen. Benützt werden dazu außer dem Verfahren von v. LAUE die Methoden von W. L. BRAGG, ferner diejenige von DEBYE und SCHERRER. Bei der letzten, die deshalb auch für die Kolloidchemie von großer Bedeutung wurde, werden die Körper in feinpulverisierter Form benützt, während die beiden ersten Verfahren für die Untersuchung wohlausgebildete Kristallstückchen erfordern.

Die Ermittlung der Feinstruktur der Kristalle hat viele wichtige Tatsachen zutage gefördert. Es hat sich gezeigt, daß ein großer Teil der Salzkristalle weder die Moleküle noch die einzelnen Atome zu Bausteinen hat, sondern die Ionen. So besteht Kochsalz in fester Form aus Natriumionen und Chlorionen. Jedes Natriumion ist umgeben von sechs Chlorionen und jedes Chlorion von sechs Natriumionen. Daß die Gitterpunkte nicht durch Atome, sondern durch Ionen besetzt sind, zeigen die von den ionisierten Atomen ausgehenden Reststrahlen, das Auftreten von Pyro- und Piezoelektrizität und am sichersten der Zusammenhang der Amplituden der von den einzelnen Atomen ausgehenden Kugelwellen mit der Elektronenzahl der Atome. Das Ionengitter kann für sehr viele salzartige Verbindungen angenommen werden. Für den Diamant z. B. ist jedoch bewiesen worden, daß die Kohlenstoffatome darin nicht aufgeladen sind. Das Elementgitter der Metalle besteht möglicherweise aus Atomionen und Elektronen in den Gitterpunkten.

Die Dynamik der Ionengitter wurde von E. MADELUNG und M. BORN (1) eingehend behandelt. Die entgegengesetzt geladenen Ionen ziehen einander mit den COULOMBschen Kräften an, welche der zweiten Potenz des Abstandes der Ladungen umgekehrt proportional sind.

Nun bleibt noch die Tatsache zu erklären, daß die Ionen infolge dieser Kräfte nicht völlig ineinander stürzen. Man könnte so vorgehen wie KOSSEL, der die Ionen als starre Kugeln betrachtete. Dann könnten sich die Ionenmittelpunkte einander so lange nähern, bis ihre Peripherien sich berühren. So ließe sich aber z. B. die Tatsache, daß die Ionen unter großem Druck einander nähergebracht werden können, nicht erklären. Hier erweist sich die feinere Betrachtungsweise weiterführend, welche zwischen den Ionen auch eine Abstoßungskraft annimmt. Die Ionen haben gegenseitig eine Gleichgewichtslage in den Punkten, in welchen die anziehenden und abstoßenden Kräfte einander aufheben.

Die nicht COULOMBschen Abstoßungskräfte sind, wie die Berechnung der Kompressibilität der Kristalle ergab, der zehnten Potenz der Entfernung der Atommittelpunkte umgekehrt proportional, wirken also nur in unmittelbarer Nähe. Unter diesen Annahmen konnte M. BORN die Arbeit berechnen, welche zur Zerlegung von einem Mol des Kristalls in freie Ionen notwendig ist, die sich voneinander in unendlicher Entfernung befinden. Diese Arbeit trägt den Namen Gitterenergie und ist gleich der Abnahme der freien Energie bei der Bildung des Kristalls aus gasförmigen Ionen im absoluten Nullpunkt. Die Theorie wurde durch Vergleich der Wärmetönungen von Reaktionen zwischen festen Salzen, ferner der Lösungswärmen geprüft und bestätigt. Will man die KOSSELsche

Betrachtungsweise verfeinern, so muß man auch da die Abstoßungskräfte anführen.

Bemerkenswerte Resultate hat die Röntgenuntersuchung der Komplexsalze geliefert. Für die Verbindungen vom Typus $[PtCl_6]K_2$ hat sich gezeigt, daß darin das Zentralion Pt von sechs Chlorionen, welche die Eckpunkte eines Oktaeders besetzen, umgeben ist, während die Kaliumionen der zweiten Sphäre sich in einem weiteren Abstande befinden, und zwar ist jede $PtCl_6$-Gruppe von acht Kaliumionen gleichmäßig umgeben. Der Abstand zwischen dem Zentralion und den Ionen der ersten Sphäre ist verhältnismäßig sehr gering, was auf die hohe Ladung des Zentralions (4), also auf die starken COULOMBschen Kräfte zurückzuführen ist. Die Kaliumionen sind gleichmäßig von zwölf Chlorionen umgeben. Die Ausdehnung des Begriffes der Koordinationszahl auf die Kristalle führt zur Feststellung, daß in diesem Falle die Koordinationszahl des Platins sechs ist, während Kalium die Koordinationszahl zwölf hat. Im Kochsalzkristall haben Natrium und Chlor beide die Koordinationszahl sechs. Zu analogen Ergebnissen führte die Untersuchung anderer Komplexverbindungen.

Im Diamantgitter findet man die Kohlenstoffatome so angeordnet, daß jedes Atom den Mittelpunkt eines regulären Tetraeders bildet, dessen Eckpunkte alle besetzt sind, entsprechend der Koordinationszahl vier von C.

Bei der Einführung des Begriffes der Koordinationszahl für die Kristallgitter ergibt sich also eine Erweiterung in dem Sinne, daß nicht nur dem Zentralion, sondern auch allen anderen Atomen ein Koordinationsbestreben zugeschrieben wird. Die Art der Gitterstruktur ermöglicht die Betätigung der Koordinationskraft auch seitens der Außenionen, die in der Lösung meistens koordinativ ungesättigt sind. Die bloße Betrachtung der Gitterstruktur führt noch nicht zur Annahme eines Zentralions, sondern erst die Berücksichtigung der analytischen Molekülformeln.

Die Ergebnisse zeigen, daß die im Kristall zwischen den einzelnen Bestandteilen wirkenden Kräfte zu den chemischen Valenzkräften in naher Beziehung stehen, ja daß sie im Wesen mit denselben identisch sind.

Kristallochemie. An einem außerordentlich reichen, großenteils neu gewonnenen Tatsachenmaterial von Röntgenuntersuchungen konnte V. M. GOLDSCHMIDT die wichtigsten Zusammenhänge zwischen chemischer Zusammensetzung und Kristallbau zusammenfassend behandeln. Das Grundgesetz der Kristallochemie erblickt er in dem Satz, daß die Kristallstruktur eines Stoffes durch Größe und Polarisationseigenschaften seiner Komponenten bestimmt ist. Als Komponenten sind Atome (Ionen) oder Atomgruppen zu betrachten. Die Polarisationseigenschaften der Bausteine betreffen die sogenannte Deformation, die Verschiebung der Ladungen innerhalb der einzelnen Atome und der Atomgruppen. Der Einfluß dieser Erscheinung wird uns im nächsten Kapitel beschäftigen. Unabhängig ist die Kristallstruktur von dem Gewicht der Komponenten, von den Atomgewichten.

Als Ionenradius wird der Abstand vom Zentrum des Bausteines bis zur Grenze gegen den nächst benachbarten bezeichnet, wenn der ganze Kristall aus einander berührenden kugelförmigen Wirkungsgebieten aufgebaut gedacht wird. Es zeigt sich, daß die so definierte Ionengröße vom Ladungszustande des Ions abhängt. Positive Ladung setzt den Radius herab, negative vergrößert ihn.

Dieser Einfluß der Ladung auf den Ionenradius ist mit der Tatsache im Einklange, daß die positive Ladung auf einen teilweisen Abbau, die negative Ladung auf eine Ergänzung des Elektronengebäudes zurückzuführen ist. Die mit zunehmender Ladung wachsende COULOMBsche Attraktionskraft muß den Abstand der Ionen für alle Fälle verringern und so die Wirkung der positiven Ladung auf die Ionengröße noch verstärken, diejenige der negativen schwächen. Für die Abstände der Ionen gilt in vielen Fällen das Gesetz der Additivität, d. h. bei Bestimmung einer Ionengröße erhalten wir in den verschiedenen Kristallen denselben Wert für diese Größe unabhängig vom anderen Ion, also etwa denselben Wert für Chlor im $NaCl$, $BaCl_2$ oder $CaCl_2$ usw. Dies gilt aber nur innerhalb bestimmter Gruppen des Gittertypus, die deshalb von V. M. GOLDSCHMIDT als kommensurabel bezeichnet werden. Alle Gittertypen lassen sich in zwei Gruppen einteilen, jede Gruppe umfaßt die einander kommensurablen Strukturen.

Eine Zusammenstellung der wichtigsten Ionenradien findet sich in der folgenden Tabelle.

Tabelle 8. Ionengröße in Kristallen

Nach V. M. GOLDSCHMIDT

($r \times 10^8$ cm)

Halogene	F^-: 1,33; Cl^-: 1,81; Br^-: 1,96; J^-: 2,20.
Alkalimetalle	Li^+: 0,78; Na^+: 0,98; K^+: 1,33; Rb: 1,49; Cs^+: 1,65.
Erdalkalimetalle .	Be^{++}: 0,34; Mg^{++}: 0,78; Ca^{++}: 1,06; Sr^{++}: 1,27; Ba^{++}: 1,43.
Verschiedene	O^{--}: 1,32; S^{--}: 1,74; Al^{+++}: 0,57; La^{+++}: 1,22; Cr^{+++}: 0,65; Fe^{+++}: 0,83; Si^{++++}: 0,39; Sn^{++++}: 0,74; C^{++++}: 0,2; P^{+++++}: 0,3—0,4; S^{++++++}: 0,34; Ag^+: 1,13; Hg^{++}: 1,17; NH_4^+: 1,43.

Diese Ionenradien stellen also Grenzwerte der Annäherung von entgegengesetzt geladenen Ionen unter den Normalbedingungen dar. Da einer weiteren Annäherung sehr starke Kräfte entgegenwirken, können die Ionen als inkompressible Kugeln betrachtet werden.

Die Ionen sind bestrebt, sich mit möglichst vielen, entgegengesetzt geladenen Ionen zu umgeben. Um die positiven Ionen gruppieren sich die negativen, um die negativen die positiven. Unter dieser Bedingung hängt die Anordnung zunächst von der chemischen Zusammensetzung ab. Ist diese gegeben, so wird die Anordnung durch die Größenverhältnisse der Ionen bestimmt, da die Größenverhältnisse der Ionenradien (und nicht ihre absolute Größe) dafür maßgebend sind, wieviel Ionen in Berührung mit einander überhaupt Platz haben, d. i. die Koordinationszahl der Ionen im Gitter (R. STRAUBEL, G. F. HÜTTIG (2), A. MAGNUS). Über das Verhältnis der Koordinationszahlen entscheidet die chemische Zusammensetzung. Während in der Verbindung vom Typus AB die Koordinationszahl der beiden Ionen dieselbe ist, müssen sich die Koordinationszahlen in einer Verbindung AB_2 wie 2 : 1 verhalten. Ob die Koordinationszahlen

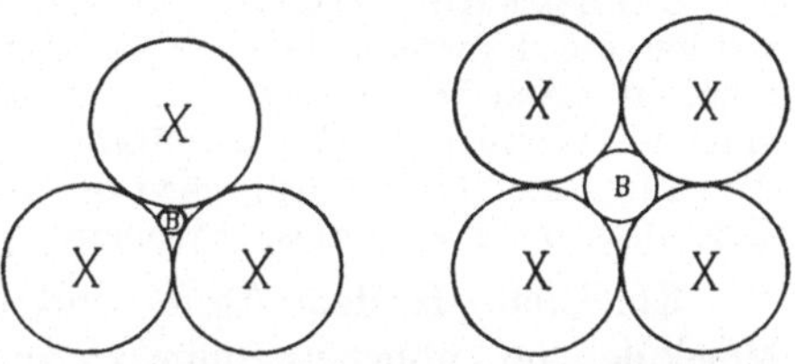

Abb. 3. Abhängigkeit der Koordinationszahl von dem Größenverhhältnis der Ionen. Um das größere Zentralion können mehr Ionen Platz finden als um das kleinere Zentralion

2 und 1 oder 4 und 2 oder 6 und 3 usw. sind, hängt von den Größenverhältnissen ab. Gewisse Möglichkeiten scheiden dabei aus Gründen der Symmetrie aus.

Auch die Erscheinungen der Isomorphie und der Mischkristallbildung wurden durch die röntgenographischen Untersuchungen der Erkenntnis näher gebracht. Mit Isomorphie bezeichnet man die Tatsache, daß chemisch analog zusammengesetzte Verbindungen Ähnlichkeiten der Kristallstruktur aufweisen. Isomorphie tritt dann auf, wenn die relative Größe der Kristallbausteine und die relative Stärke ihrer Polarisierbarkeit innerhalb gewisser Grenzen bei zwei Körpern gleich sind oder korrespondieren, vorausgesetzt, daß die chemischen Bruttoformeln beider Körper analog sind. Die Valenzverteilung spielt also nicht unmittelbar, sondern nur durch ihren Einfluß auf die Ionenradien eine Rolle. Die Isomorphie ist also eher in den physikalischen Beziehungen des Molekülbaues als in den chemischen Ähnlichkeiten der Zusammensetzung begründet.

Physikalisch einheitliche Kristalle, die mehrere Verbindungen in wechselndem Verhältnis enthalten, nennt man Mischkristalle. Lückenlos ist die Mischkristallbildung, wenn dieses Verhältnis nicht begrenzt ist, lückenhaft, wenn ein Ion das andere nur bis zu einem Bruchteil der Menge ersetzen kann. Die Mischbarkeit hängt von der Temperatur ab. Mit den Röntgenstrahleninterferenzen wurde in vielen Fällen festgestellt, daß die Verteilung der einander ersetzenden Ionen keine sich periodisch wiederholende, sondern eine wahllos unregelmäßige ist. Wie H. Grimm betont hat, beruht die Fähigkeit zur Bildung isomorpher Gemische auf der Ähnlichkeit der Kräfte, die von den einander ersetzenden Bausteinen ausgehen. Da die Ionenradien zugleich die Wirkung des elektrischen Feldes ausdrücken, hängt die isomorphe Mischbarkeit von den Radien ab, wieder den gleichen Typus der Gitterstruktur vorausgesetzt. Die Isomorphie führt also zu isomorpher Mischbarkeit dann, wenn nicht nur die Quotienten, sondern auch die absoluten Größen der Radien innerhalb gewisser Grenzen (bis etwa 15%) übereinstimmen.

In manchen Fällen führt die Isomorphie noch nicht zu Mischkristallbildung, sondern nur zum Fortwachsen des einen Kristalles in der Mutterlauge des anderen. In diesen Fällen reicht die Ähnlichkeit nur so weit, daß die Grenzflächen der beiden Körper von verschiedener Zusammensetzung, aber ähnlicher Gitterstruktur sich parallel lagern.

Denken wir die Atomarten einer Verbindung durch ähnliche ersetzt, so erhalten wir isomorphe Körper. Bei Überschreitung gewisser Grenzen der Ähnlichkeit wird die Gitterstruktur geändert (Morphotropie). Bei Änderung der Temperatur werden die Bausteine eines Kristalles bezüglich ihrer thermodynamischen Eigenschaften geändert. In diesem Sinne sind die Kristalle bei verschiedener Temperatur einander isomorph. Überschreitet die Änderung der Eigenschaften durch weitere Änderung der Temperatur gewisse Grenzen, so tritt Umwandlung in eine andere Kristallstruktur ein; diese Erscheinung bildet die Polymorphie.

Kohäsion. In dem Atom- und Ionengitter ist es nicht mehr möglich, von Molekülen im üblichen Sinne zu sprechen. Nachdem die Kräfte, die den Zusammenhalt bedingen, mit den chemischen Kräften wesensgleich sind, kann man in dem ganzen Kristall ein einziges Riesenmolekül erblicken, oder aber die begriffliche Zerlegung unmittelbar bis zu den einzelnen Bausteinen, also bis zu Atomen bzw. Ionen durchführen. Anders liegen die Verhältnisse bei den organischen Verbindungen. Hier hat die Untersuchung ergeben, daß die gegenseitige Lage der Atome durch die Kristallbildung keine Änderung erfährt gegenüber dem Zustande in Dampfform. Die Moleküle gehen aus der Lösung unverändert in den Kristall über. Die Kräfte, die zwischen den einzelnen Molekülen wirken, die Kohäsionskräfte sind von viel niedrigerer Größenordnung als die Kräfte, die die Atome zu Molekülen vereinigen (Molekülgitter). Diese Kleinheit der Gitterenergie erklärt den niedrigen Schmelz- und Sublimationspunkt und die Weichheit der festen organischen Körper.

K. H. Meyer verwendet neuestens die Verdampfungswärme der organischen Verbindungen als Maß für die Kohäsion. Die auf ein Mol bezogene Verdampfungswärme bezeichnet man als Molkohäsion. Die Molkohäsion mißt die Energie, die erforderlich ist, um ein Molekül der festen oder flüssigen Substanz von den übrigen Molekülen der Umgebung zu trennen und dadurch in den gasförmigen Zustand zu überführen. In diesem verschwinden die zwischen den Molekülen wirkenden Kräfte gegenüber der kinetischen Energie. Die Molkohäsion der organischen Verbindungen setzt sich additiv aus den Beiträgen der einzelnen Atomgruppen innerhalb der Moleküle zusammen. So ruft die Einführung jeder CH_2-Gruppe ein Anwachsen der Molkohäsion um 990 cal, die einer OH-Gruppe um 7250 cal, die einer Carboxylgruppe um 8970 cal, die einer NH_2-Gruppe um 3310 cal hervor. Man sieht aus diesen Werten, daß die Kohäsionskräfte von niedrigerer Größenordnung sind als die Hauptvalenzkräfte, da z. B. die Trennungswärme der Kohlenstoffbindung 75.000 cal beträgt. Dieser Unterschied in der Größenordnung der Kräfte, welche für den Zusammenhalt der Atome innerhalb der einzelnen Moleküle und derjenigen, welche für den Zusammenhalt der Moleküle innerhalb des Kristalls verantwortlich sind, berechtigt die Anwendung des Begriffs Molekül für die festen und flüssigen organischen Substanzen.

Amorphe Körper. Viele Körper, wie z. B. Ruß, die früher unter dem Mikroskop kein Anzeichen eines kristallinischen Zustandes zeigten und deshalb für amorph gehalten wurden, haben mit der Röntgenuntersuchung Interferenzen geliefert, die nur einer regelmäßigen Anordnung der Bausteine eigen sind. Diese Körper besitzen also eine Gitterstruktur, sie sind mikrokristallin oder kryptokristallin. Als wirklich amorphe Körper, die solche Interferenzen nicht liefern, hat die Röntgenuntersuchung die Gläser kennen gelehrt. Diese sind als unterkühlte Flüssigkeiten metastabile Systeme, deren Umwandlung in den kristallisierten Zustand durch Entstehung von Keimen ausgelöst werden kann (Entglasung).

Das Fehlen von Interferenzen kann im allgemeinen auf drei Ursachen beruhen: 1. Die Bausteine sind ungeordnet: wirklich amorpher Zustand. 2. Die einzelnen Kristallstücke sind sehr klein. Dieser Fall ist ein Mittelding zwischen wirklich amorphem und mikrokristallinem Zustand. 3. Der Stoff ist nicht einheitlich, sondern ein Gemisch von mehreren Körpern mit verschiedener Gitterstruktur. Welcher Fall vorliegt, ist oft schwer zu entscheiden.

An vielen amorphen Niederschlägen konnte mit Hilfe der Röntgenstrahlen keine Gitterstruktur festgestellt werden. Für die Bildung dieser Niederschläge hat F. Haber eine Theorie entwickelt. Ob ein Körper sich im kristallinischen oder amorphen Zustande ausscheidet, hängt nach dieser Theorie von dem Verhältnis der Häufungsgeschwindigkeit zur Ordnungsgeschwindigkeit ab. Die Häufungsgeschwindigkeit wird bestimmt durch das Bestreben der

Ionen aus dem Lösungszustand in die feste Phase zu übertreten, während die Ordnungsgeschwindigkeit das Ergebnis der Tendenz ist, die stabilste Konfiguration, welche die größte Abnahme der freien Energie bedeutet, zu bilden. Die Ordnungsgeschwindigkeit hängt hauptsächlich von den spezifischen Eigenschaften der sich vereinigenden Atom- oder Ionengruppen ab, während die Häufungsgeschwindigkeit durch äußere Einflüsse variiert werden kann. So ist die Häufungsgeschwindigkeit beim Auskristallisieren aus einer stark übersättigten Lösung größer als aus einer gesättigten Lösung durch langsames Verdunsten. Aus diesem Grunde wird die Neigung zur Bildung amorpher Niederschläge im ersten Falle größer sein. Ebenso kann man die Häufungsgeschwindigkeit durch schrittweises Ausfällen gegenüber der Häufungsgeschwindigkeit bei Anwendung einer größeren Menge von fällendem Reagens vermindern. In vielen amorphen Niederschlägen können mit der Zeit Interferenzen auftreten, die auf einen langsam verlaufenden Ordnungsprozeß in dem zunächst ungeordneten Haufwerk der Moleküle hinweisen.

Zum Teil verwandte Vorstellungen sind bereits früher von P. P. v. WEIMARN entwickelt worden.

Hauptvalenzketten. Bei einigen organischen Verbindungen, welche dem physikalischen und chemischen Verhalten nach lange Zeit hindurch als hochmolekulare Verbindungen angesehen worden sind, hat das Ergebnis der Röntgenstrahlenanalyse große Verwirrung hervorgerufen. Zellulose oder Seidenfibroin z. B. zeigten in ihren Interferenzen geringere Identitätsperioden, d. h. Elementarkörper niedrigeren Molekulargewichtes an. Man glaubte daher annehmen zu müssen, daß in diesen Substanzen verhältnismäßig kleine Moleküle (z. B. vom Gewicht 120) vorliegen, welche durch Nebenvalenzen miteinander verknüpft sind. Die hohe Verdampfungswärme und auch das Verhalten Lösungsmitteln gegenüber wiesen jedoch auf eine hohe Molkohäsion hin. Wegen der Additivität des Effektes der Bausteine bedeutet im allgemeinen hohe Molkohäsion ein hohes Molekulargewicht. K. H. MEYER und H. MARK sowie H. STAUDINGER lösten dieses

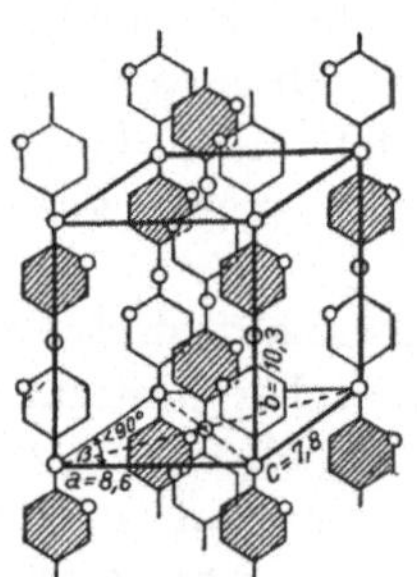

Abb. 4. Elementarkörper der Zellulose nach K. H. MEYER und H. MARK. Die Sechsecke stellen Glukosereste dar, die Kreise Sauerstoffatome

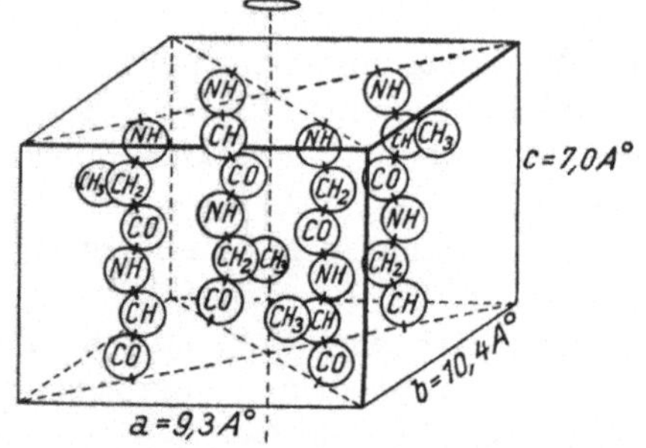

Abb. 5. Elementarkörper des Seidenfibroins nach K. H. MEYER und H. MARK

Problem durch den Nachweis, daß die Annahme langer Hauptvalenzketten, wie sie von E. FISCHER allgemein für derartige Substanzen eingeführt wurde, zu den Röntgenaufnahmen in keinerlei Widerspruch steht. Kleine Bausteine, die durch

Hauptvalenzen zu langen Ketten verknüpft sind, besitzen kleine Identitätsperioden. Die zwischen den einzelnen Bausteinen bestehende chemische Bindung, wie etwa bei Zellulose der die Zellobioosereste aneinanderknüpfende Brückensauerstoff, ist auf das Röntgenbild von keinem Einfluß. Die Ketten sind im Kristallit parallel gelagert und haften durch Assoziationskräfte aneinander. Infolge der Länge der Ketten sind diese Assoziationskräfte, d. i. die Molkohäsion sehr groß.

Jede Hauptvalenzkette würde einem Molekül in chemischem Sinne entsprechen. MEYER und MARK lehnen jedoch in diesem Falle den Molekülbegriff ab, da die Hauptvalenzketten von einer und derselben Substanz im allgemeinen nicht dieselbe Größe aufweisen müssen.

Hauptvalenzkettenstruktur besitzt außer der erwähnten Zellulose, welche aus Zellobiosenresten aufgebaut ist (Fig. 4), und dem Seidenfibroin, dessen kristallisierte Bausteine Glyzyl-Alanylreste (Fig. 5) sind, auch das Chitin, dessen Hauptvalenzketten aus ringförmigen Azetyl-Glykosaminresten in glykosidischer Bindung zusammengefügt sind, und der gedehnte Kautschuk.

VI. Die dielektrische Polarisation der Moleküle

Dipole. In einem freien Atom oder Ion fallen gewöhnlich die Schwerpunkte der positiven (Kernladung) und der negativen (Elektronen) Ladung in den Mittelpunkt des Atoms. Bringt man aber das Atom oder Ion zwischen die Belegungen eines Kondensators, so wird der Kern infolge der COULOMBschen Kräfte in die Richtung der negativen Belegung, die Elektronenbahnen werden in die Richtung der positiven Belegung gezerrt. Die Schwerpunkte der Ladungen fallen dann nicht mehr zusammen, ein solches Gebilde nennt man einen elektrischen Dipol. Das Produkt des Abstandes der Ladungsschwerpunkte mit den Ladungen bildet das elektrische Moment (p) des Dipols. Das Maß dieser Deformierbarkeit α wird auf Grund der Gleichung

$$p = \alpha E$$

definiert, in der E diejenige Feldstärke bezeichnet, durch welche die Deformation erfolgt. Die Deformierbarkeit ist also gleich der Größe des Dipolmomentes, welches unter dem Einfluß der Feldstärke 1 entsteht. Die Definitionsgleichung gilt jedoch nur annähernd.

Binäre Salzmoleküle im Dampfzustand oder in flüssiger Form stellen Dipole vor, deren Dipolnatur nicht durch ein äußeres elektrisches Feld erzeugt wurde, sondern durch den heteropolaren Aufbau bereits gegeben ist (permanente Dipole). Ebenso können Ionen zusammengesetzter Natur, wie OH, Dipole sein. Auch höherkomplexe Moleküle und Ionen können permanente Dipole darstellen. Zwitterionen besitzen immer ein Dipolmoment. Moleküle, die keine Dipole sind, sondern ohne äußeres Feld elektrisch-symmetrische Gebilde darstellen, können unter dem Einfluß eines elektrischen Feldes eine Verschiebung der Ionen oder Atome erleiden, die zur Entstehung eines Dipolmomentes führt. Eine besondere Rolle spielen darunter die Quadrupole, eine Art der elektrisch-symmetrischen Gebilde, welche deshalb diesen Namen trägt, weil sie aus zwei Dipolen entstanden gedacht werden kann.

Auch fertige Dipole können infolge der Atomverschiebungen im elektrischen Felde ihr Dipolmoment vergrößern.

Die permanenten und die induzierten Dipole haben die Tendenz, im elektrischen Felde ihre Dipolachse im Ausmaße ihrer Beweglichkeit in die Richtung der Stromlinien zu stellen (Orientierung oder Richteffekt). In gelöstem flüssigen und im Dampfzustand führt die Konkurrenz des Orientierungsbestrebens mit der Wärmebewegung zu einem statistischen Gleichgewicht.

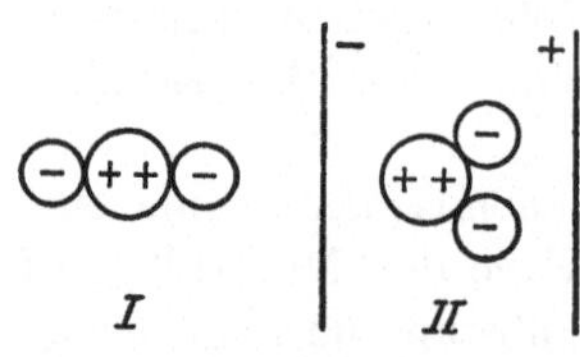

Abb. 6. I: Quadrupolmolekül frei; II: Quadrupolmolekül im elektrischen Feld durch Atomverschiebung zum Dipol polarisiert

Die Erscheinungen der Erzeugung und Orientierung von Dipolen faßt man unter dem Namen der elektrischen Polarisation zusammen. Diese kann in drei Arten geteilt werden: 1. Elektronenverschiebung (Ionendeformation), 2. Atomverschiebung innerhalb der Moleküle, Atomgruppen oder Ionen, 3. Orientierung oder Richteffekt der permanenten oder induzierten Dipole.

Die makroskopische Erscheinung der dielektrischen Polarisation von Isolatoren, ihre Influenzelektrizität, ihre elektrostatische Induktion beruht auf der Polarisation ihrer Moleküle. Die Dielektrizitätskonstante (D) ist mit der Polarisierbarkeit der Moleküle eng verknüpft. Betrachten wir etwa die Rolle der Dielektrizitätskonstante für die Coulombschen Kräfte. Zwei geladene Körper mit den Ladungen e_1 und e_2 n einem gegenseitigen Abstand von r üben aufeinander im Vakuum die Kraft $\frac{e_1 \cdot e_2}{r^2}$ aus. In einem Medium von der Dielektrizitätskonstante D ist diese Kraft $\frac{e_1 \cdot e_2}{r^2} \cdot \frac{1}{D}$. Diesen Einfluß des Mediums können wir dadurch erklären, daß die zwei geladenen Körper die zwischen ihnen liegenden Moleküle polarisieren. Die polarisierten Moleküle üben ihrerseits eine Kraft auf die Ladungen aus. Die Feldstärke, welche von der Polarisation herrührt, wird der ursprünglichen Feldstärke überlagert, so daß eine Schwächung der Kräfte eintritt, welche um so ausgiebiger ist, je größer die Polarisierbarkeit des Mediums, d. h. seine Dielektrizitätskonstante ist. Den zahlenmäßigen Zusammenhang zwischen Dielektrizitätskonstante und Polarisierbarkeit liefert die Gleichung $\alpha = \frac{3}{4\pi N} \frac{D-1}{D+2} \cdot \frac{M}{d}$, wobei N die Avogadrosche Zahl, M das Molekulargewicht, d die Dichte, M/d also das Molekularvolumen bedeutet.

Die elektrodynamische Theorie des Lichtes hat zu einem engen Zusammenhang zwischen Lichtbrechung und Dielektrizitätskonstante geführt. Der Brechungsindex ist gleich der Quadratwurzel aus der Dielektrizitätskonstante: $n = \sqrt{D}$. Die Lichtstrahlen polarisieren nämlich die Moleküle und dadurch wird ihre Fortpflanzungsgeschwindigkeit verringert. Die Polarisierbarkeit hängt jedoch von der Wellenlänge der Strahlen ab. Sehr kleine Wellenlängen, also sehr hohe Frequenzen von der Art der Röntgenstrahlen können überhaupt nicht polarisierend wirken, da die Umpolungen langsamer sind, als es dem raschen Wechsel der Felder entspricht. Aus demselben Grunde bewirken die gewöhnlichen Lichtstrahlen eine Polarisation nur innerhalb des Atoms, lediglich eine Elektronenverschiebung. Dieser Umstand führt zur Additivität der Atomrefraktionen in den organischen Verbindungen. Die Molekularrefraktion $\left(\frac{n^2-1}{n^2+2} \cdot \frac{M}{d}\right)$ ist also ein unmittelbares Maß für die Polarisierbarkeit infolge der Elektronenverschiebung. Die auf statischem Wege gewonnenen Werte der Dielektrizitätskonstante drücken dagegen summarisch alle Polarisationsarten der Stoffe aus.

Die Lehre von den Dipolen, die einen der bedeutungsvollsten Fortschritte in der Elektrochemie seit der Ionentheorie bildet, ist in erster Reihe von P. DEBYE in ihren Grundlagen entwickelt worden.

Polarisation und chemische Bindung. KOSSELS Theorie der chemischen Bindung nimmt als Ionenmodelle starre Kugeln an, doch hat er selbst schon darauf hingewiesen, daß dies nur eine Näherung darstellt. M. BORN (1) hat bei der Grundlegung der Gitterdynamik die Notwendigkeit der Berücksichtigung der Ionendeformation erkannt. K. FAJANS (1) hat dann systematische Untersuchungen über die Rolle der Ionendeformation bei der chemischen Bindung auf Grund der Werte der molekularen Refraktion als Maß der Deformation durchgeführt. Diese Untersuchungen haben gezeigt, daß die Deformierbarkeit der Atome mit wachsender Ordnungszahl entsprechend dem größeren Elektronengebäude zunimmt, während der erhöhten Gesamtladung eine Abnahme der Deformierbarkeit, also eine Verfestigung der Elektronenbahnen entspricht. Aus den Abweichungen von der Additivität der Atomrefraktionen folgert FAJANS, daß bei der Bindung nicht nur eine Deformation, sondern infolge der Deformation auch eine Änderung der Deformierbarkeit erfolgt. Diese Änderung kann als Folge einer Auflockerung oder Verfestigung der Elektronenbahnen angesehen werden. In Dampfform, wie auch in den Kristallgittern, ist die Wirkung der Kationen auf die Anionen eine verfestigende, und zwar um so stärker, je größer die ursprüngliche Deformierbarkeit der Anionen und je stärker das elektrische Feld der Kationen ist. Die Anionen wirken dagegen auf die Kationen im Sinne einer Auflockerung. Die Tatsache, daß die Vereinigung farbloser Ionen in vielen Fällen zur Bildung gefärbter Salze führt, legt die Folgerung nahe, daß in diesem Falle eine Deformation im Sinne einer Auflockerung der Elektronenbahnen stattgefunden hat.

Eine sehr weitgehende Deformation kann dazu führen, daß das Valenzelektron des Anions so stark in die Richtung des Kations gezerrt wird, daß es den beiden Ionen gemeinsam angehört. In diesem Falle hat die durch heteropolare Bindung bewirkte Deformation in die homöopolare Bindung übergeführt. Unter allen Umständen führt die gegenseitige Polarisation der Ionen zu einer Verkleinerung ihres Abstandes.

Bei der gegenseitigen Polarisation der Ionen wird eine Arbeit geleistet. Trägt man diesem Umstand Rechnung, so wird die Trennungsarbeit im Sinne von KOSSEL, wie auch die Gitterenergie im Sinne von BORN durch die Deformationsarbeit als Zusatzglied ergänzt.

Die Rolle der Polarisation der Ionen für die Kristallochemie haben V. M. GOLDSCHMIDT und F. HUND (3) untersucht. Im allgemeinen ist im Kristallbau die Lage der Ionen gegenseitig symmetrisch. Bei hoher symmetrischer Anordnung führt die Polarisation zu weniger ausgeprägter Wirkung. Mit niedrigerer Symmetrie wird die gegenseitige Herabsetzung der Ionenabstände von leicht polarisierbaren und stark polarisierenden Ionen merklich. Der kleine Abstand der ersten Sphäre in den Komplexgittern ist auf den stark polarisierenden Einfluß des hochwertigen Zentralions zurückzuführen. Von FAJANS wurde auch betont, daß die komplexbildenden Kationen durchwegs stark deformierend sind, während die Ionen der ersten Sphäre vorzugsweise aus leicht deformierbaren Anionen bestehen. Die zusammengesetzten Bausteine (Radikal- oder Komplexionen) können durch stark polarisierende benachbarte Bausteine gedehnt werden; diese Erscheinung wird von V. M. GOLDSCHMIDT Kontrapolarisation genannt. Der Extremfall der Kontrapolarisation ist die Aufspaltung der Komplexbausteine. Diese kann so weit gehen, daß ein Bestandteil des Komplexbausteines zum kontrapolarisierenden Ion näher kommt als zu seiner Sphäre im Komplexion, es bildet sich also eine neue Ionengruppe. Einen solchen Fall der Kontrapolarisation haben wir z. B. bei NH_4F vor uns. Eines der vier Wasserstoffionen wird durch das Fluor so stark angezogen, daß es ihm näher kommt als zum Stickstoff, dann liegen eigentlich die Gruppen NH_3 und HF vor. Die Kontrapolarisation in den Kristallen wird durch den Umstand begünstigt, daß die Ionen der ersten Sphäre bezüglich des Zentralions hochsymmetrisch liegen, bezüglich der Ionen der zweiten Sphäre niedrig symmetrisch.

Für die Polarisierbarkeit der Ionen haben M. BORN und W. HEISENBERG die folgenden Werte ermittelt:

Tabelle 9. Polarisierbarkeit der Ionen

$\alpha \cdot 10^{24}$

Alkaliion ..... Li^+: 0,067; Na^+: 0,197; K^+: 0,91; Rb^+: 1,90; Cs^+: 2,85.
Erdalkaliionen. Be^{++}: 0,028; Mg^{++}: 0,114; Ca^{++}: 0,57; Sr^{++}: 1,38; Ba^{++}: 2,08.
Halogenionen . F^-: 0,91; Cl^-: 3,06; Br^-: 4,04; J^-: 6,05.

Als Maß für die polarisierende Wirkung der Ionen verwendet V. M. GOLDSCHMIDT den Quotient von Ladung und dem Quadrat des Ionenradius. Sie wird nämlich um so größer, je größer die Ladungsmenge ist und von je größerer Nähe sie wirkt.

Tabelle 10. Polarisierende Wirkung der Ionen

Nach V. M. GOLDSCHMIDT

Ionenladung : Quadrat des Ionenradius

Li^+: 1,7; Na^+: 1,0; K^+: 0,6; Rb^+: 0,5; Cs^+: 0,4.
Be^{++}: 16; Mg^{++}: 3,3; Ca^{++}: 1,8; Sr^{++}: 1,2; Ba^{++}: 1,0.
Al^{+++}: 9,2.
F^-: 0,6; Cl^-: 0,3; Br^-: 0,3; J^-: 0,2.
O^{--}: 1,1; S^{--}: 0,7.

Die Elektronenverschiebung, die Deformierbarkeit einzelner Ionen, führt dazu, wie F. HUND (1,2) gezeigt hat, daß Moleküle wie H_2O oder NH_3, deren chemische Zusammensetzung eine (bezüglich der H-Ionen) symmetrische Konfiguration wahrscheinlich machen würde, asymmetrische Konfigurationen besitzen. So führt die Deformierbarkeit des Sauerstoffions dazu, daß die stabilste Konfiguration des Wassermoleküls nicht diejenige ist, bei welcher der Mittelpunkt des Sauerstoffions auf der Verbindungslinie der Mittelpunkte der beiden Wasserstoffionen liegt, sondern die sogenannte Dreieckskonfiguration. Die Mittelpunkte der Ionen im Wassermolekül bilden also ein gleichschenkliges Dreieck: Abb. 7. Analogerweise führt die Deformation des Stickstoffs in NH_3 zur Bildung einer Tetraederkonfiguration. Diese Moleküle haben also schon ohne die Einwirkung eines äußeren Feldes Dipolmomente, sie sind feste oder permanente Dipole.

Vergrößert wird das Dipolmoment des Wassers infolge der Atomverschiebung im elektrischen Feld. Mittels ihres starken elektrischen Feldes wirken die

Ionen einer Lösung sehr stark polarisierend auf die umgebenden Wassermoleküle. Die Rolle dieser Erscheinung soll im folgenden Kapitel ausgeführt werden.

Die Dipolmoleküle haben eine Neigung zur Assoziation. Wieweit diese Assoziation geht, hängt in erster Linie von der Lage der Dipolachsen im Molekül ab. Die Einführung von aktiven, polaren Gruppen wie OH, COOH, NH_2, NO_2 usw. vergrößert das Dipolmoment der Paraffinmoleküle.

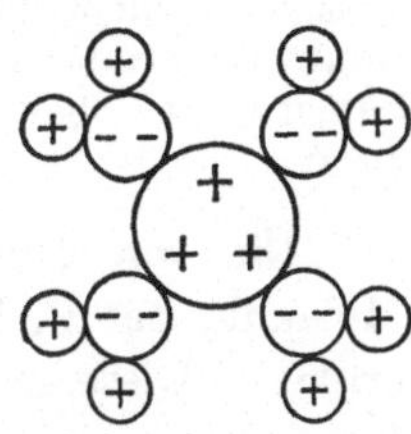

Abb. 7. Zentralion mit polarisierten und orientierten Wassermolekülen (Aquogruppen).

Die Assoziation der Dipole zu einzelnen Ionen spielt für die Komplexchemie eine große Rolle. Die Ionen der ersten Sphäre können nämlich nicht nur leicht deformierbare Atomionen, sondern auch Radikalionen mit großem Dipolmoment (CN, CNS usw.), ferner Moleküle, entweder mit fertigem Dipolmoment oder mit erheblicher Verschiebungspolarisierbarkeit (NH_3, H_2O) sein. Die Betrachtung der Polarisationswirkungen ergänzt also die elektrostatische Theorie der Komplexverbindungen.

Interionische Kräfte und Polarisation. Im Sinne der BJERRUMschen Auffassung führen die interionischen Kräfte in Lösungen von Elektrolyten unter Umständen zur Bildung von Assoziationsprodukten der entgegengesetzt geladenen Ionen. Diese sind häufig durch große Dipolmomente ausgezeichnet. P. WALDEN hat gefunden, daß die Erhöhung der Konzentration der Elektrolytlösungen im Wasser wie auch in organischen Medien eine Abnahme der Dielektrizitätskonstante bis zu einem Minimum bewirkt. Ein weiterer Anstieg der Konzentration hat dann eine Erhöhung der Dielektrizitätskonstante zur Folge. Der absteigende Ast kann damit erklärt werden, daß die Ionen die sie umgebenden Moleküle des Mediums polarisieren, so daß ein von außen angelegtes Feld diese Moleküle nicht zu deformieren und zu richten vermag. Der zweite, aufsteigende Ast kann durch die Wirkungder Ionenassoziation erklärt werden. Eine gewisse Bestätigung für diese Auffassung ist der Parallelismus in dem Gang der Äquivalentleitfähigkeit und Dielektrizitätskonstante der Lösung.

Die Anwesenheit von Zwitterionen mit großem Dipolmoment führt nach Messungen von O. BLÜH infolge der Orientierungspolarisation zu einer starken Erhöhung der Dielektrizitätskonstante der Lösung.

In den Fällen, wo keine Ionenassoziation zu berücksichtigen ist, ist der Zusammenhang der interionischen Kräfte mit den Polarisationserscheinungen verschieden, je nach der Polarisierbarkeit der Ionen. Da die Polarisierbarkeit von Wasser im allgemeinen größer ist als die der Ionen, bewirkt die Deformation der Ionen zunächst eine Auseinanderdrängung der durch die zwischengeschalteten polarisierten Wassermoleküle entgegengesetzt geladenen Ionen, d. h. eine Schwächung der interionischen Kräfte. Anders liegen die Verhältnisse bei den zusammengesetzten Ionen von der Art des NO_3- oder ClO_3-Ions. Diese erleiden in der Nähe von entgegengesetzt geladenen Ionen eine starke Verschiebungs- und Orientierungspolarisation, welche zu einer Erhöhung der Anziehungskräfte führt, wodurch die Größe der Koeffizienten f_a, f_o, f_λ geändert wird. BJERRUM (4) hat zuerst die abnorm kleinen Werte der Abweichungskoeffizienten (insbesondere des osmotischen Koeffizienten) dieser Ionen mit der Exzentrizität der Ladung erklärt. L. EBERT hat den von ihm festgestellten niedrigen Wert des Abweichungskoeffizienten von Pikration mit dessen starker Unsymmetrie in Beziehung gebracht.

Nach H. v. Halban und Ebert kann die Deformation der Ionen als Folge der interionischen Kräfte auch in den Lösungen starker Elektrolyte zur Änderung der Absorptionskoeffizienten des Lichtes führen. Noch stärker wird diese Wirkung sein, wenn die primär erfolgte Ionenassoziation zur Umlagerung führt. In diesem Falle haben wir es aber schon mit einem Komplexsalz oder einem schwachen Elektrolyten zu tun.

Die van der Waalsschen Kräfte. Durch die gegensetige Polarisation der Moleküle hat P. Debye (2) (3) (4) auch die van der Waalssche „a"-Konstante erklärt. Diese stellt in der Zustandsgleichung der reellen (konzentrierten) Gase $\left(p + \frac{a}{v^2}\right)(v - b) = RT$ die Attraktionskraft der Moleküle dar, welche den Druck erhöht. Die Moleküle sind zwar neutrale Gebilde, besitzen aber Dipol-, bzw. Quadrupolmomente, welche im elektrischen Felde noch vergrößert werden. In gewissen Lagen üben die Dipol-, bzw. Quadrupolmoleküle aufeinander abstoßende, in anderen Lagen anziehende Kräfte aus. In einer Flüssigkeit von neutralen Molekülen würde im Falle einer regellosen Verteilung, welche der Wahrscheinlichkeit entspricht, in Summa die Wirkung der Kräfte verschwinden. Nun sind aber die Lagen, die eine gegenseitige Anziehung bewirken, bevorzugt, weil diese Lagen eine Abnahme der potentiellen Energie der Moleküle bedeuten. Es werden also mehr Moleküle sich in einer gegenseitigen Lage befinden, welche eine Anziehung ergibt, als in einer solchen Lage, welche einer Abstoßung entspricht, so daß, bei nicht allzu hoher Temperatur, die Summe der Wirkungen eine Attraktion ergibt (Richteffekt).

Diese Anziehungskraft würde jedoch bei hoher Temperatur, welche eine regellose Verteilung der Moleküle bevorzugt, verschwinden. Es gibt aber noch eine Möglichkeit, welche in Dipol- und Quadrupolsysteme zur Abnahme der potentiellen Energie führt, und zwar die Verschiebungspolarisation der Moleküle (Influenzeffekt). Sind zwei Dipole in einer gegenseitigen Lage, welche eine Abstoßung bewirkt, so wird diese Kraft durch die Polarisation infolge der mit ihre verbundenen Abnahme des Dipolmomentes vermindert. Ist aber die gegenseitige Lage, die für die reziproke Anziehung am günstigsten, so wird noch eine Steigerung des Dipolmomentes infolge der eintretenden Verschiebung und dadurch eine Zunahme der Attraktionskraft erfolgen.

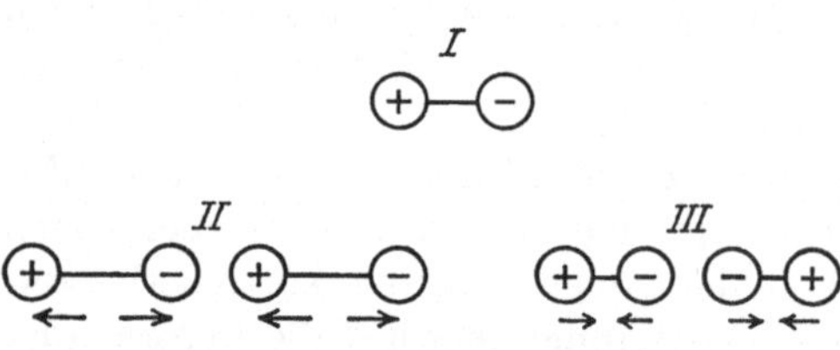

Abb. 8. I: Dipol frei; II: zwei Dipole in der Lage der wechselseitigen Anziehung (Verlängerung des Abstandes der Ladungsschwerpunkte); III: Zwei Dipole in der Lage der wechselseitigen Abstoßung (Verkürzung des Abstandes der Ladungsschwerpunkte)

Die Summe der Kräfte wird also zufolge dieser Bevorzugung der Anziehung, und zwar unabhängig von der Temperatur, als eine Attraktion wirken. Es besteht daher eine Beziehung zwischen Dielektrizitätskonstante und van der Waalsschen „a"-Konstante, da beide auf der Orientierungs- und Verschiebungspolarisation der Moleküle beruhen. Die quantitative Prüfung der Theorie ergab befriedigende Übereinstimmung.

Allgemeines über elektrostatische Molekularkräfte. Die elektrostatischen Kräfte, die in den Lösungen zwischen den Molekülen herrschen, erstrecken sich also nicht nur auf die gegenseitige Wirkung von Ionen mit ihren Ladungen, sondern auch auf die Wechselwirkung von Ionen und Neutralmolekülen, und schließlich auf diejenige der neutralen Moleküle aufeinander. Während aber die zwischen den freien Ladungen wirksamen Kräfte mit der zweiten Potenz dem Abstand der Ladungen umgekehrt proportional sind, geht der Abstand in den anderen Fällen mit einer höheren Potenz in die Funktion ein. Alle diese Kräfte können dargestellt werden durch eine Formel $K = \frac{a}{r^m}$, wo a von der Größe der Ladung, bzw. des Dipolmomentes abhängt, während r den gegenseitigen Abstand bedeutet. m hat im Falle von freien Ladungen den Wert 2, im Falle Ion und Dipol den Wert 3, im Falle Quadrupol und Ion den Wert 4, im Falle Dipol-Dipol den Wert 6 usw. Diese Kräfte werden im allgemeinen die beweglichen Teilchen in gewisse bevorzugte Lagen treiben im Sinne einer Anziehung, während die Wärmebewegung dieselben regellos zu verteilen sucht. Im Gleichgewichte haben wir immer im Sinne des BOLTZMANNschen Satzes die Konzentration:

$$c = c_{\infty} e^{-\frac{\varphi}{kT}} \tag{39}$$

wobei c_{∞} die Konzentration in Abwesenheit der Kräfte entsprechend der regellosen Verteilung, φ die Arbeit bedeutet, die zu leisten ist, um die Teilchen von der betreffenden Stelle an die Stelle mit der Konzentration c_{∞} (in unendliche Entfernung) zu bringen, d. h. die Arbeit die gegen die zwischen den Teilchen wirkenden Kräfte zu leisten ist. Die Abhängigkeit von dem Abstand bedeutet, daß die Kraft, die im Abstande eines Moleküldurchmessers wirkt, im Falle freier Ladungen zweimal so groß ist, wie im doppelten Abstand der zweiten Molekülschicht, im Falle der Einwirkung von Ion auf Dipol viermal so groß, im Falle der Einwirkung von Dipol auf Dipol 64mal so groß. Die Kraft sinkt also in dem letzten Falle in zwei Molekülabständen auf 1,5%. Wenn diese Kräfte nun schon in der ersten Moleküllage nicht sehr stark sind, wird sich ihre Wirkung nur auf die unmittelbare Umgebung, entsprechend einer monomolekularen Schicht erstrecken. Es ist immerhin möglich, daß von der ersten Molekülschicht etwa infolge der besonderen Ordnung ihrer Teilchen wieder neue Kräfte ausgehen, anderseits ist zu berücksichtigen, daß die COULOMBschen Kräfte der freien Ladungen schon durch eine Schicht entgegengesetzt geladenen Ionen abgeschirmt werden können.

VII. Die Hydratation

Unter Hydratation versteht man die Vereinigung von Molekülen oder Ionen mit Wassermolekülen. Handelt es sich um verschiedene Lösungsmittel, so spricht man allgemein von einer Solvatation.

Hydrate in fester Form. Hydrate in fester Form haben wir unter den Komplexverbindungen kennengelernt. Die Wassermoleküle besetzen darin gewöhnlich je eine Koordinationsstelle. Sie sind im Falle eines positiven Zentralions damit unmittelbar verbunden. Wahrscheinlich erleiden die Wassermoleküle, die, wie wir gesehen hatten, schon von vornherein asymmetrisch gebaut sind, in diesen Verbindungen noch eine starke Verschiebungspolarisation, so daß die zweiwertigen Sauerstoffionen mit ihrem starken elektrischen Feld unmittelbar an das Zentralion grenzen:

Die Anzahl der Wassermoleküle, die sich unmittelbar mit dem Zentralion verbinden können, ist der maximalen Koordinationszahl gleich und beträgt also in den meisten Fällen sechs. Sie ist von der Größe des Zentralions abhängig und läßt sich daraus auf Grund von stereogeometrischen Überlegungen ableiten, wobei nur den symmetrischen Konfigurationen eine reale Existenz zukommt.

Stöchiometrische Hydrate von negativen Zentralionen wurden nicht mit Sicherheit aufgefunden.

Der Zerfall der Hydrate durch erhöhte Temperatur oder verminderten Dampfdruck folgt der Phasenregel. Die Dampfdruckisotherme zeigt einen treppenförmigen Aufbau. Die einzelnen Stufen sind die Existenzbereiche der verschiedenen Hydratstufen. Die Knickpunkte sind aber sehr häufig unscharf. Nach G. F. Hüttig ist dies darauf zurückzuführen, daß ein Teil der Wassermoleküle „aus der Gleichgewichtslage ausgeschleudert, in dem Kristallgitter sich heimatlos bewegt" und sich mit den an ortfeste Lagen gebundenen Wassermolekülen in einem kinetischen Gleichgewichtszustand befindet. Diese Wassermoleküle verhalten sich wie gelöste Moleküle in dem Kristall als Lösungsmittel und besitzen einen osmotischen Druck. In dieser Weise soll der größte Teil des Wassers im Pandermit gebunden sein.

Man kennt auch feste Hydrate von Elementen, wie von Cl_2 und Br_2.

Organische Substanzen, insbesondere die Säuren, Phenole usw. kristallisieren auch sehr häufig mit Wasser-, bzw. Alkohol- oder Äthergehalt.

Thermochemie der Ionenhydratation. Die Frage der Solvatation in den Lösungen ist heute noch nicht genügend geklärt. Eine Gruppe von Erscheinungen fand weitgehende Aufklärung durch die Theorie von Fajans und Born, betreffend die Ionenhydratation.

Thermochemische Überlegungen haben zu dem Ergebnis geführt, daß das Hineinbringen von gasförmigen Ionen in das Wasser mit einer erheblichen Wärmetönung verbunden ist. Diese Wärmetönung, die sich als eine Differenz der Gitterenergie und der Lösungswärme ergibt, wird als Hydratationswärme bezeichnet. Das Wesen des Vorganges wurde in der Polarisation der Wassermoleküle erkannt. Wie erwähnt, sind die Wassermoleküle permanente Dipole, die in dem elektrischen Felde der Ionen infolge der Verschiebungspolarisation eine Verstärkung der Dipolmomente und eine Orientierung erleiden. Born hat auf Grund dieser Vorstellung die Ionenradien aus der Hydratationswärme abgeleitet und Werte von der richtigen Größenordnung gefunden. Er setzt die Hydratationswärme gleich dem Unterschied der elekrischen Energie des Ions im Vakuum und im Wasser. Das Ion wird als eine Kugel aufgefaßt mit dem Radius r. Die elektrostatische Energie des Ions im Vakuum beträgt dann $\frac{z^2 e^2}{2 r}$, während im Wasser $\frac{z^2 e^2}{2 r D}$ erhalten wird. (e bedeutet die elektrische Elementarladung, z die Wertigkeit und D die Dielektrizitätskonstante des Wassers.) Die Differenz dieser Werte multipliziert mit der Avogadroschen Zahl ergibt die Hydratationswärme pro Mol, welche also dem Quadrate der Wertigkeit und dem reziproken Wert des Radius proportional ist.

$$A_r = N \cdot \frac{e^2 z^2}{2 r}\left(1 - \frac{1}{D}\right) \tag{40}$$

Tabelle 11. Hydratationswärme (in Kal.) nach FAJANS und BORN

H^+	247	Na^+	94	K^+	75	Rb^+	70	Cs^+	64	Ag^+	104
F^-	123	Cl^-	84	Br^-	73	J^-	64				
Mg^{++}	459	Ca^{++}	349	Z^{++}	512						

Die aus diesen Werten der Hydratationswärme mit Hilfe der obigen Gleichung berechneten Werte der Ionenradien stimmen sowohl der Größenordnung als auch der Reihenfolge nach mit den von V. GOLDSCHMIDT berechneten Ionenradien in Kristallen gut überein:

Tabel e 12. Ionenradien aus der Hydratationswärme ($r \times 10^{-8}$ cm)

Na^+	1,74	K^+	2,18	Cu^+	2,57
Cl^-	1,95	Br^-	2,24	J^-	2,57
Mg^{++}	1,43	Ca^{++}	1,89	Ag^+	1,58

Bei dieser Behandlung wurde auf die Berücksichtigung der molekularen Struktur des Wassers verzichtet und an die Stelle der das Ion strahlenförmig umgebenden Wassermoleküle, die das Feld des Ions abschirmen, ein kontinuierliches, elektrisch polarisierbares Medium mit derselben Funktion gesetzt.

Die Kontraktion, welche das Wasser beim Auflösen von Salzen erleidet, wurde bereits vor Jahrzehnten von DRUDE und NERNST unter dem Namen Elektrostriktion als Verdichtung der Wassermoleküle unter dem Einfluß des elektrischen Feldes der Ionen gedeutet.

Ionenbeweglichkeit und Hydratation. Eine weitere Anwendung der elektrostatischen Auffassung der Hydratation erfolgte auf dem Gebiete der Ionenbeweglichkeiten. Das STOKESsche Gesetz behandelt die Abhängigkeit der Geschwindigkeit, welche ein kugelförmiger Körper durch eine treibende Kraft in einem widerstehenden Medium erfährt, von der Teilchengröße:

$$v = \frac{K}{6\pi\eta r} \tag{41}$$

v bedeutet die Geschwindigkeit, K die Kraft, η die Viskosität des Mediums und r den Teilchenradius. Auf die Bewegung von Molekülen wurde das Gesetz zuerst von SUTHERLAND (1902), dann von EINSTEIN (1905) und von R. LORENZ (1908) übertragen. Für den Transport der Ionen im elektrischen Felde kann man das Gesetz anwenden, wenn man die Wanderungsgeschwindigkeit (W) kennt. Diese läßt sich auf Grund der Äquivalentleitfähigkeit und der Überführungszahl berechnen. Die Wanderungsgeschwindigkeit ist die Geschwindigkeit des Ions unter dem Einflusse der Feldstärke 1. Die treibende Kraft ist in diesem Falle gleich $\zeta.D$, wobei ζ das Potential an der Oberfläche des Ions, D die Dielektrizitätskonstante des Mediums bedeutet. Und da $\zeta = \frac{e\,z}{D\,r}$ ist, wo z die Ladungszahl oder Wertigkeit des Teilchens, e die Elementarladung darstellt, so ergibt sich

$$W = \frac{e\,z}{6\pi\eta r} \tag{42}$$

Bei gleicher Wertigkeit sollen also Wanderungsgeschwindigkeit und Radius des Ions einander umgekehrt, im Falle gleicher Ionenradien die Wanderungsgeschwindigkeit der Wertigkeit direkt proportional sein. Eine sehr schöne Übereinstimmung mit dem Gesetz zeigen die Beweglichkeiten verschiedener Phosphorsäureanionen:

Tabelle 13. Beweglichkeiten bei 18° (ABBOT und BRAY)

$H_2PO_4^-$	26,4	$H_2P_2O_7^{--}$	41,6
HPO_4^{--}	53,4	$HP_2O_7^{---}$	59,7
PO_4^{---}	69,9	$P_2O_7^{----}$	81,4

Bei den organischen Anionen hat R. WEGSCHEIDER gezeigt, daß das Verhältnis der Beweglichkeiten bei gleicher Atomzahl und den Wertigkeiten 1, 2 und 3 gleich 1 : 1,8 : 2,4 ist. Die Beweglichkeit steigt hier somit etwas langsamer an, als der einfachen Proportionalität entspricht.

Nun ist schon frühzeitig aufgefallen, daß die Wanderungsgeschwindigkeit der Alkalimetallionen mit steigendem Atomvolumen steigt.

Tabelle 14. Beweglichkeiten bei 18°

Li^+:	Na^+:	K^+:	Rb^+:	Cs^+:
33,4	43,5	64,6	67,5	68

Diese Anomalie wurde von BORN *(3)* aufgeklärt. Er hat gezeigt, daß die Beweglichkeit der Ionen infolge der Polarisation der Wassermoleküle ihrer Umgebung stark beeinflußt wird. Werden nämlich die Ionen fortbewegt, so müssen sich die orientierten Wassermoleküle gemäß der neuen Lage des Ions neu orientieren, sie erleiden eine Drehung. Da diese Drehung mit der Überwindung eines Reibungswiderstandes verbunden ist, ist die Reibung, welche das Ion bei der Bewegung erleidet, größer, als diejenige, welche seinem Radius entspricht, und zwar um so größer, je stärker die Polarisation in seiner Umgebung, d. h. je größer die Feldstärke in seiner Umgebung ist. Dem kleineren Radius bei gleicher Wertigkeit entspricht also eine größere Reibung der polarisierten Wassermoleküle. Es konnte berechnet werden, daß infolge dieses Effektes die Wanderungsgeschwindigkeit der Alkaliionen mit abnehmendem Ionenradius abnehmen muß.

Im Sinne dieser Theorie lassen sich Ionenradius und Wanderungsgeschwindigkeit miteinander nicht unmittelbar verknüpfen. Man kann auf diese Weise verstehen, wie es möglich ist, daß gewisse Ionen von derselben Zusammensetzung in verschiedenen Wertigkeitsstufen ($Fe^{\cdot\cdot}$, $Fe^{\cdot\cdot\cdot}$, MnO_4'', MnO_4''') die gleiche Wanderungsgeschwindigkeit zeigen. Dabei braucht man feste Hydrathüllen nicht annehmen, wie es G. v. HEVESY vor längerer Zeit getan hat, der die Anomalie damit zu erklären versuchte, daß die Ionen durch Ergänzung ihrer Ionengröße mit den Lösungsmolekülen das Bestreben äußern, einen konstanten Wert des Potentials (90 Millivolt) zu erreichen. Alle früher auf Grund des STOKESschen Gesetzes erfolgten Berechnungen der Anzahl der Wassermoleküle, die mit den Ionen verbunden sind, um denselben die entsprechende Größe zu verleihen, verlieren ihre Berechtigung.

Damit erscheint aber die Frage nach der Existenz von wirklichen Hydrathüllen der Ionen nicht gelöst. Die Voraussetzung für die Übertragung des STOKESschen Gesetzes auf diesen Fall bildet die Annahme einer solchen Hülle, welche bei der Bewegung mitgenommen wird. Die Tatsache, daß der Temperaturkoeffizient der Viskosität von Wasser mit dem Temperaturkoeffizienten der elektrolytischen Beweglichkeiten innerhalb gewisser Grenzen übereinstimmt, hat schon KOHLRAUSCH zur Annahme einer solchen Wasserhülle veranlaßt.

Die Schlüsse, die man im gleichen Sinne auf Grund der osmotischen Erscheinungen (Dampfdruck, Siedepunkt, Gefrierpunkt) gezogen hat, sind heute nicht einmal qualitativ verwertbar. Früher wurde etwa das abnorme Anwachsen des osmotischen Druckes in konzentrierten Lösungen damit erklärt, daß die Menge des Lösungsmittels infolge des Verbrauches zum Aufbau der Hydratkomplexe abnimmt, wodurch die wirkliche Konzentration wächst (W. BILTZ, JONES). Die neue Theorie der elektrolytischen Dissoziation läßt diese Anomalie als Folge der interionischen Kräfte erscheinen. Immerhin lassen die theoretischen Schwierigkeiten zurzeit eine befriedigende quantitative Behandlung von konzentrierten Lösungen noch nicht zu. Dasselbe gilt für die Erscheinung der Löslichkeitserniedrigung von Nichtelektrolyten in Salzlösungen (Aussalzung).

Nicht entwertet sind die Versuche, die Hydratation aus dem Wassertransport im elektrischen Strome zu bestimmen (W. NERNST (1), G. BUCHBÖCK, E. H. WASHBURN, H. REMY). Die von NERNST vorgeschlagene Methode besteht darin, daß dem Elektrolyten eine indifferente Substanz zugesetzt wird. Nach Stromdurchgang bestimmt man die Änderung der Konzentration dieser Bezugssubstanz, die dadurch zustande gekommen ist, daß die Ionen, welche ihre Konzentration in der Umgebung der Elektroden verändert hatten, mit verschiedenen Wassermengen verbunden sind. Unter Berücksichtigung der Strommenge ergibt der Versuch die Differenz der Hydratation von Kation und Anion. REMY hat es unternommen, diese Verhältniszahlen aus der Volumänderung beim Stromdurchgang zu bestimmen und fixierte in der Mitte des Überführungsgefäßes zu diesem Zwecke eine Trennungswand aus Gallerte, die den Ionen Durchlaß gewährt, den hydrostatischen Ausgleich des Wassers jedoch verhindert. Diese Volumänderung muß bei der Berechnung korrigiert werden durch die Berücksichtigung des Umstandes, daß in der Gallerte die Ionen andere Hydratationsverhältnisse aufweisen. Die Ergebnisse von REMY zeigen mit denen von WASHBURN eine ausgezeichnete Übereinstimmung. Unter der Annahme, daß das Chlorion mit zehn Wassermolekülen verbunden ist, finden diese Autoren die folgenden Hydratationszahlen: K: 11,6 — 11,5; Na: 18,4 — 18,0; L: 27,1 — 27,6; Ca: 28,1. Es ist bemerkenswert, daß diese Ordnung identisch ist mit der Reihenfolge der Hydratationswärmen nach FAJANS und BORN. Die Reihenfolge ist zugleich identisch mit der Reihung der Ionen nach abnehmendem Ionenradius, die von V. M. GOLDSCHMIDT angegeben worden ist.

Bei der gewöhnlichen Bestimmung der HITTORFschen Überführungszahlen wird die durch die Ionenhydratation hervorgerufene Wasserüberführung nicht berücksichtigt. Sie stellen nur „scheinbare Überführungszahlen“ dar (n_H). Will man daraus die sogenannten wahren Überführungszahlen (n_W) berechnen, so muß man die Korrektur nach der folgenden Gleichung vornehmen:

$$n_W = n_H + Wx \ldots \qquad (43)$$

Darin bedeutet W die Anzahl Mole des pro Faraday in den Anodenraum überführten Wassers, d. h. die Differenz der Anzahl der Wassermoleküle, welche mit einem Molekül Anion und Kation verbunden sind, x bedeutet das Verhältnis der Anzahl Äquivalente Salz zur Anzahl Mole Wasser in der Lösung.

Eine besondere Behandlung fand die **Hydratation des Wasserstoffions.** Elektrostatische Überlegungen zeigen, daß der positiv geladene Wasserstoffkern im Wasser nicht frei bestehen kann, sondern sich mit einem Wassermolekül unter großer Wärmetönung zu einem symmetrischen Hydroxoniumion $H_3O^{\cdot}$ vereinigt. Das Gleichgewicht $H_2O + H^{\cdot} = H_3O^{\cdot}$ ist sehr stark zugunsten des Komplexions verschoben.

Bjerrum (3) wies darauf hin, daß die Konzentrationsketten nicht die Aktivität des hydratisierten Ions, sondern diejenige des hydratfreien messen. Das Potential der Wasserstoffkette ist mit der Hydratationszahl des Wasserstoffs und der Aktivität des Wassers thermodynamisch verknüpft. Neutralsalze können die H^+-Aktivität einer Lösung durch Dehydratation, d. h. durch die Vermehrung der nackten Wasserstoffionen erhöhen. Diese Beziehung läßt eine mittlere Hydratationszahl 8 berechnen, die den statistischen Mittelwert der verschiedenen Hydratationszahlen der in den wässerigen Lösungen anwesenden Wasserstoffionen darstellt.

Bezüglich des Verhaltens der komplexen Aquoverbindungen ist zu bemerken, daß die Analogie zu den entsprechenden Amminkomplexen, die ja im Wasser beständig sind, und die beobachteten Ionisationsverhältnisse eindeutig auf ihre Existenz auch in gelöstem Zustand hinweisen. Ob im Falle einer weiteren Wasseranlagerung diesen Wassermolekülen eine besondere Bindungsfestigkeit zukommt, ob sie sich von den übrigen umgebenden Wassermolekülen nur durch den stärkeren Grad ihrer Polarisation unterscheiden und mit ihnen in einem kinetischen Gleichgewichtszustande stehen, läßt sich einstweilen kaum beantworten.

Solvatation ungeladener Moleküle. Noch weniger klar liegen die Verhältnisse bei der Solvatation neutraler Moleküle. Da die Bildung von Solvaten in fester Form fast immer das Zeichen einer größeren Löslichkeit ist, kann man mit einiger Wahrscheinlichkeit annehmen, daß der Lösungsvorgang sehr oft darauf beruht, daß die Substanz sich chemisch mit den Molekülen des Lösungsmittels verbindet, besonders wenn beide Molekülarten ungesättigten Charakter haben, d. h. obwohl sie im ganzen elektrisch neutral sind, ihrer nächsten Umgebung an einzelnen Stellen des Moleküls noch gewisse Feldstärken zukommen. Die Kräfte, die an solchen Stellen wirken, bezeichnet man als Restvalenzen. Die Paraffine sind im Wasser z. B. unlöslich, weil sie keine aktive Gruppe haben, welche zum Wasser eine Affinität besäße. Führen wir aber die Hydroxyl- oder Karboxylgruppe ein, so treten die Restvalenzen, welche diese Gruppen tragen, in Wechselwirkung mit den Restvalenzen der Wassermoleküle. Anderseits wirken Attraktionskräfte zwischen den Kohlenstoffketten gegen die Auflösung. In der Tat hängt die Wasserlöslichkeit dieser Verbindungen von der Länge der Kohlenstoffkette ab. Nur die Verbindungen mit niedrigem Molekulargewicht sind löslich, da in diesen Fällen die Affinität der aktiven Gruppen zum Wasser größer ist, als die Attraktion zwischen den Kohlenstoffketten.

Die Existenz fester Solvate verlangt die Existenz der Solvate auch in der Lösung. Deren Menge könnte aber praktisch verschwindend sein und muß jeweils sichergestellt werden.

VIII. Neuere Theorien der Säuren und Basen

Werners Theorie der Säuren und Basen. Das Studium der Umwandlungen von komplexen Basen und Säuren hat A. Werner Anlaß zur Begründung einer neuen Theorie dieser Verbindungen gegeben. Diese neue Theorie fußt auf der Beobachtung, daß nur diejenigen Komplexkationen eine Hydrolyse erleiden, welche ein Aquomolekül enthalten. Während z. B. das Chloropentamminkobaltihalogenid oder die Hexamminverbindungen in wäßrigen Lösungen neutral reagieren, zeigen die Aquopentamminsalze eine saure Reaktion infolge der Hydrolyse:

$$\left[Co\,{}^{(NH_3)_5}_{OHH}\right]{}^{Cl_2}_{Cl} \rightleftarrows \left[Co\,{}^{(NH_3)_5}_{OH}\right]Cl_2 + HCl$$

Es bildet sich ein Hydroxosalz, welches durch überschüssige Säure wieder in das Aquosalz zurückgeführt werden kann. Fügt man dagegen viel Lauge zu der Lösung, so fällt das Hydroxyd aus. Wegen der Koordinationszahl 6 verläuft diese Reaktion folgendermaßen:

$$\left[Co\,{}^{(NH_3)_5}_{OH}\right]Cl_2 + H_2O \rightleftarrows \left[Co\,{}^{(NH_3)_5}_{OH_2}\right]{}^{Cl_2}_{OH}$$

Schreibt man diese Vorgänge als Ionenreaktionen auf, so erhält man für beide die folgende Gleichung:

$$\left[Co\,{}^{(NH_3)_5}_{OH_2}\right]^{\cdot\cdot\cdot} \rightleftarrows \left[Co\,{}^{(NH_3)_5}_{OH}\right]^{\cdot\cdot} + H^{\cdot}$$

Reaktion 1 und 2 zeigen also, daß die Pentamminverbindung erst durch Aufnahme eines Aquomoleküls die Fähigkeit erlangen kann, als Base zu funktionieren.

Man kann nach WERNER unterscheiden zwischen Aquobasen und Anhydrobasen. Eine Anhydrobase ist jede Verbindung, die mit Wasser ein Hydrat bildet, welches in wäßriger Lösung in ein komplexes positives Ion und ein Hydroxylion dissoziiert. Die Aquobasen sind die Wasseradditionsverbindungen, die in wäßriger Lösung Hydroxylionen abdissoziieren. Auf Grund der Reaktionsgleichung in der Ionenform können die Anhydrobasen als Verbindungen definiert werden, die die Wasserstoffionen des Wassers binden und infolgedessen das Dissoziationsgleichgewicht bis zu einem für sie charakteristischen Wert der Hydroxyl-, bzw. Wasserstoffionenkonzentration verschieben. Ebenso kann man unterscheiden zwischen Anhydrosäuren und Aquosäuren. Die Wasseranlagerungsprodukte der Anhydrosäuren sind die Aquosäuren, welche Wasserstoffionen abdissoziieren. Die Anhydrosäuren binden Hydroxylionen und verschieben infolgedessen das Dissoziationsgleichgewicht des Wassers in der Richtung einer größeren Wasserstoffionenkonzentration. Die schweflige Säure z. B. ist eine Aquosäure, die aus der Anhydrosäure Schwefeldioxyd durch die Aufnahme eines Hydroxylions entstanden ist:

$$SO_2 + OH' \rightarrow \left[{}^{O}_{O}SOH\right]'$$

Die Theorie läßt sich ohne Schwierigkeit auch auf die Dissoziation der Alkalihalogenide und der Halogenwasserstoffe anwenden:

$$KOH + H^{\cdot} \rightarrow [K(H_2O)]'$$
$$ClH + OH' \rightarrow [Cl(H_2O)]'$$

da man annehmen kann, daß diese in wäßriger Lösung hydratisierte Ionen bilden.

Die Neutralisationsprodukte sind auch stets hydratisierte Salze:

$$[K(H_2O)]\,OH + HX = [K(H_2O)]\,X + H_2O$$

die mit den Anhydriden im Gleichgewichte stehen. Der Ausscheidung muß eine Anhydrisierung vorangehen. An höher komplexen Salzen läßt sich dieser Vorgang beobachten.

Die amphoteren Verbindungen werden durch Moleküle gebildet, die die Fähigkeiten in sich vereinigen, durch Aufnahme von Wasserstoffionen in Aquobasen, durch Aufnahme von Hydroxylionen in Aquosäuren überzugehen.

Die Hydrolyse von Kationen besteht in einer Abspaltung von Wasserstoffionen, diejenige der Anionen in einer Abspaltung von Hydroxylionen.

Die Erscheinungen lassen sich einheitlicher betrachten, wenn man nur die Rolle des Wasserstoffionsbe rücksichtigt. So definierte BRÖNSTED (1) die Säuren und Basen auf Grund der allgemeinen Reaktionsgleichung:

$$A = B + H^{+} \qquad (44)$$

A bedeutet die Säure, B die Base, beide können neutrale Moleküle, Kationen oder Anionen sein. Ist A ein neutrales Molekül, so haben wir es mit einer gewöhnlichen Säuredissoziation zu tun. Ist A ein Kation, so handelt es sich um eine Hydrolyse (oder von links nach rechts gelesen um eine gewöhnliche Basendissoziation, etwa im Sinne der obigen Dissoziationsgleichung für KOH). Ist A ein Anion, so handelt es sich um die stufenweise Dissoziation einer mehrbasischen (mindestens zweibasischen) Säure. Die Hydrolyse, z. B. des Aluminiumchlorids läßt sich nach der BRÖNSTEDschen Definition ausdrücken als eine Wasserstoffabspaltung der Säure $[Al(H_2O)_6]^{\cdot\cdot\cdot} \rightarrow \left[Al\,^{(H_2O)_5}_{OH}\right]^{\cdot\cdot} + H^{\cdot}$

Kossels Theorie der Säuren. Die Stärke der sauren Funktion von Wasserstoffverbindungen wurde von KOSSEL auf Grund seiner elektrostatischen Auffassung mit den Ladungsverhältnissen der Atome in Verbindung gebracht. Er betrachtet die drei Gruppen

I	II	III
NH_3	OH_2	FH
PH_3	SH_2	ClH
AsH_3	SeH_2	BrH
SbH_3	TeH_2	JH

Durch die dreifache negative Ladung der Ionen in der ersten Gruppe werden die Wasserstoffionen in dieser vollständig festgehalten. Die zweite Gruppe umfaßt die Verbindungen mit zweiwertigen negativen Ionen. Hier sind die Wasserstoffionen schon etwas lockerer gebunden, diese Verbindungen sind schwache Säuren. In der dritten Gruppe reicht die Hydratationsenergie dazu aus, um die Wasserstoffionen von dem einwertigen Anion zu trennen. Diese Verbindungen sind starke Säuren. In der mittleren Gruppe steigt das Volumen der negativen Ionen von oben nach unten, die Trennungsarbeit nimmt also ab, die saure Funktion und damit die saure Dissoziationskonstante nimmt von oben nach unten zu. Ebenso einfach erklärt KOSSEL die Tatsache, daß die sauren Funktionen der Hydroxyde mit steigender Ladung des Zentralatoms zunehmen. In der zweiten Periode haben wir die folgenden Verbindungen:

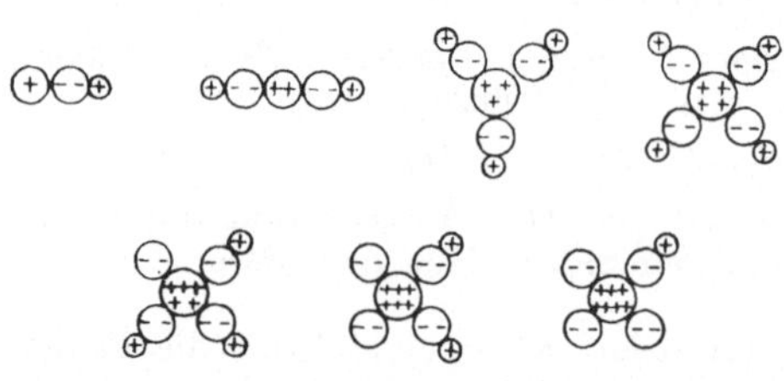

Abb. 9. Die Hydroxyde der zweiten Periode nach W. KOSSEL. Der Reihe nach: NaOH, $Mg(OH)_2$, $Al(OH)_3$, $Si(OH)_4$, H_3PO_4, H_2SO_4, $HClO_4$

Die positiven Zentralionen sind mit dem Sauerstoffion unmittelbar verbunden, die Wasserstoffionen mit dem Sauerstoffion. Die Spaltung kann an zwei Stellen erfolgen. Entweder zwischen dem Sauerstoffion und dem Zentralion, dann bleibt OH verbunden und es entsteht eine Base, oder zwischen dem Sauerstoffion und dem Wasserstoffion, dann haben wir es mit einer Säure zu tun. Die Wasserstoffionen werden von dem Sauerstoffion angezogen, von dem Zentralion abgestoßen. Während die Anziehungskraft zwischen dem Sauerstoffion und Zentralion mit wachsender Ladung des Zentralions zunimmt, werden zugleich die Wasserstoffionen durch die wachsende Ladung des Zentralions immer stärker abgestoßen. Das Wachsen der Bindungsfestigkeit zwischen Sauerstoff und Zentralion mit steigender Ladung des letzteren und die Abnahme der Bindungsfestigkeit des Wasserstoffions, welche damit einhergeht, hat eine stetige Zunahme des sauren Charakters in der Reihe zur Folge. Überschlagsrechnungen zeigen, daß die Arbeit für die Trennung der Bindung zwischen Zentralion und Hydroxylion in den drei ersten Verbindungen jene Arbeit überwiegt, welche zur Auflösung der Bindung zwischen Wasserstoffion und Sauerstoffkomplex geleistet wird. In der zweiten Hälfte der Reihe kehren sich diese Verhältnisse um in Übereinstimmung mit der Tatsache, daß die drei ersten Verbindungen Basen, die vierte amphoter, die drei letzten Säuren sind. Eine wichtige Rolle in dieser Betrachtung spielt die außerordentliche Kleinheit des Wasserstoffions. Wäre z. B. das Wasserstoffion so groß wie das Natriumion, so könnte die Abspaltung des Wasserstoffs ebenso leicht erfolgen wie die des Na, NaOH wäre also keine Base. Der kleine Abstand zwischen dem Mittelpunkt des Wasserstoffions und des Sauerstoffions bewirkt aber eine viel stärkere Anziehung zwischen beiden als diejenige, welche zwischen Na und O wirkt.

Über die Azidität der Komplexkationen im Sinne von Brönsted läßt sich aussagen, daß ihre Säurenatur, d. h. ihre Neigung zur Hydrolyse, mit zunehmender Gesamtladung (infolge der elektrostatischen Abstoßung vgl. die Theorie der mehrbasischen Säuren) und mit wachsender Ladung des Zentralions (im Sinne der Kosselschen Theorie) zunimmt.

Nach Fajans geht die Stärke der Säuren und Basen symbat mit ihrer Dissoziationswärme. Diese setzt sich zusammen aus der Trennungsarbeit, der Hydratationswärme und der Deformationswärme. Die letzte spielt nach ihm eine wesentliche Rolle. Das bei der Dissoziation der Säure entstandene Wasserstoffion vereinigt sich mit einem Wassermolekül zum Hydroxoniumion $[H_3O]^+$. Diese Reaktion liefert einen konstanten Wert der Wärmetönung, welche hauptsächlich von der Deformation des Wassermoleküls herrührt. Über die Stärke der Säure entscheidet nach Fajans nun hauptsächlich die Energie der Deformation des Anions durch den stark deformierenden H-Kern. Säuren mit wenig deformierbaren Anionen, wie etwa das Perchloration (ClO_4), in welchem die Sauerstoffionen durch das siebenwertig positive Chlorion eine Verfestigung erfahren haben, liefern nur eine kleine Deformationsenergie und sind deshalb stark. Der Gang der Azidität der Hydroxyde in der vorhin mitgeteilten Reihe soll auf diese Weise durch die mit steigender Gesamtladung des Zentralions zunehmende Verfestigung der Elektronenbahnen der Sauerstoffionen und durch ihre dadurch bedingte geringe Deformierbarkeit von seiten des Wasserstoffions erklärt werden.

Pseudosäuren. A. Hantzsch hat vor allem für die organischen Säuren die Theorie aufgestellt, daß die schwachen Säuren vorwiegend aus Pseudosäuren bestehen, welche aus den starken echten Säuren durch chemische Umlagerungen entstanden sind. In den echten Sauerstoffsäuren befindet sich das Wasserstoffion in ionogener Bindung innerhalb der ersten Bindungssphäre, in den Pseudosäuren ist es durch ein einziges Sauerstoffatom in der Hydroxylgruppe fixiert:

$$\left[CH_3 . C^{O}_{O}\right]H \rightleftarrows CH_3C{\overset{\displaystyle O}{\underset{\displaystyle OH}{}}}$$

Echte Essigsäure Pseudoessigsäure

In den echten Säuren ist die Bindung des Wassertoffions heteropolar, in den Pseudosäuren homoöpolar. Der Gleichgewichtszustand der beiden Formen bestimmt die Stärke der Säure. Den Ausgangspunkt für die Theorie bildet die Tatsache, daß die undissoziierten Säuren Absorptionsspektra zeigen, die mit denjenigen ihrer organischen Esterderivate identisch sind. Die dissoziierten Säuren sind dagegen optisch von ihren Salzen nicht zu unterscheiden. Wenn man mit HANTZSCH annimmt, daß die Dissoziation selbst ein optisch indifferenter Vorgang ist, so muß man folgern, daß der Dissoziation der Säuren ein chemischer Vorgang im Sinne einer Umlagerung — Echte Säure $\rightleftarrows$ Pseudosäure — vorangehen muß. Diese Theorie hat HANTZSCH auch auf die Basen und Salze ausgedehnt.

Nach K. FAJANS (1) ist das optische Verhalten der Säuren durch die Deformation der Anionen bestimmt, welche von dem kleinen Wasserstoffion bewirkt wird. Die starke Deformation kann zum Übergang der Bindung des Wasserstoffions aus der heteropolaren in eine homoöpolare führen.

Mehrwertige Säuren. Wenn der Dissoziationsprozeß bei mehrwertigen Elektrolyten unvollständig ist, muß er in mehrere Stufen zerlegt werden (stufenweise Dissoziation). Einfachheitshalber betrachten wir zunächst die Elektrolyte von dem Wertigkeitstypus 1,2:

$$A_2B \rightarrow 2\,A^{\cdot} + B''$$

Die zwei Stufen des Vorganges repräsentieren eine Reaktion und eine Folgereaktion:

(1) $A_2B \rightarrow A^{\cdot} + AB'$

(2) $AB' \rightarrow A^{\cdot} + B''$

Durch Verbindung der beiden Gleichungen erhalten wir die obige Bruttogleichung. Für Oxalsäure z. B. haben wir die folgenden zwei Stufen:

(1) $COOH\,.\,COOH \rightarrow COOH\,.\,COO^- + H^+$

(2) $COOH\,.\,COO^- \rightarrow {}^-OOC\,.\,COO^- + H^+$.

Im Sinne der ersten Gleichung ist ein Bruchteil der anwesenden Moleküle in die Ionen AB' und $A^{\cdot}$ zerfallen, diesen Bruchteil bezeichnen wir α_1. Im Sinne der Gleichung (2) dissoziiert nun der Bruchteil α_2 der AB'-Ionen weiter. Die Konzentration der einzelnen Molekülarten beträgt dann in der Lösung:

$$[A_2B] = \frac{1-\alpha_1}{v}$$

$$[AB^-] = \frac{\alpha_1 - \alpha_1\alpha_2}{v}$$

$$[A^+] = \frac{\alpha_1 + \alpha_1\alpha_2}{v}$$

$$[B^{--}] = \frac{\alpha_1\alpha_2}{v}$$

Jeder der Dissoziationsprozesse hat unter Anwendung des Massenwirkungsgesetzes seine eigene Gleichgewichtskonstante. Für den Vorgang (1)

$$k_1 = \frac{[AB^-]\,.\,[A^+]}{[A_2B]} = \frac{\alpha_1^2 - \alpha_1^2\alpha_2^2}{(1-\alpha_1)\,v} = \frac{\alpha_1^2\,(1-\alpha_2^2)}{(1-\alpha_1)\,v}$$

Für den Vorgang (2)

$$k_2 = \frac{[B^{--}]\,[A^+]}{[AB^-]} = \frac{\alpha_1\alpha_2\,(\alpha_1+\alpha_1\alpha_2)^2}{(\alpha_1-\alpha_1\alpha_2)\,v} = \frac{\alpha_1\alpha_2\,(1+\alpha_2)^2}{(1-\alpha_2)\,v}$$

Auf Grund der dargestellten Beziehungen ergeben sich die mehr oder minder komplizierten Zusammenhänge zwischen dem Dissoziationsgrade, dem osmotischen Druck, der Äquivalentleitfähigkeit und der EMK reversibler galvanischer Ketten. Auf dieselbe Weise lassen sich auch die Gesetze der 1,3, der 2,3, und so weiter -wertigen Elektrolyten entwickeln ferner von solchen Elektrolyten, die in mehr als zwei Ionenarten dissoziieren (z. B. $NaHSO_4$).

Die am häufigsten vorkommenden Vertreter der schwachen mehrwertigen Elektrolyte sind die mehrbasischen Säuren. An diesen wurden zuerst die Gesetze der stufenweisen Dissoziation von Wi. Ostwald entwickelt. Gleichzeitig hat er auf wichtige Beziehungen der Dissoziationskonstanten hingewiesen. Seine Messungen haben schon gezeigt, daß die Dissoziationskonstanten auch dann erhebliche Unterschiede untereinander zeigen, wenn die Säure bezüglich der dissoziierenden Wasserstoffionen vollkommen symmetrisch aufgebaut ist, z. B. H_2S: $k_1 = 10^{-7}$, $k_2 = 10^{-15}$; HOOC.COOH: $k_1 = 10^{-1.42}$, $k_2 = 10^{-4.35}$. Während also die Einführung der zweiten Karboxylgruppe, als eines negativen Substituenten, die Stärke der Dissoziation der bereits vorhandenen Säuregruppe erhöht, führt der geladene dissoziierte Karboxylrest zur Verminderung der Dissoziation der anderen Säuregruppe. Die Erscheinung ist ganz allgemein und beruht auf elektrostatischer Grundlage. Infolge der Abdissoziation des ersten Wasserstoffions erhält nämlich das weiter dissoziierende Anion eine negative Ladung. Diese übt auf das zweite Wasserstoffion eine Coulombsche Anziehungswirkung aus und schwächt dadurch die weitere Dissoziation.

Wie R. Wegscheider (2, 3) gezeigt hat und von N. Bjerrum (6, 8) weiter ausgeführt wurde, besteht zwischen den zwei Dissoziationskonstanten einer symmetrischen zweibasischen Säure noch eine zweite Beziehung rein statistischer Natur. Wenn die elektrostatische Wirkung nicht vorhanden wäre, müßte das Verhältnis der zwei Konstanten aus diesen statistischen Gründen 1 : 4 sein. Diese Zahl ergibt sich daraus, daß die undissoziierte Säure das Wasserstoffion an zwei Stellen abgeben und ihr einwertiges Anion das Wasserstoffion nur an einer Stelle aufnehmen kann. Dagegen vermag das einwertige Anion als Säure das Wasserstoffion nur an einer Stelle abzugeben, während das so gebildete zweiwertige Anion ein Wasserstoffion an zwei Stellen aufnehmen kann. Da somit die Wahrscheinlichkeiten der Wasserstoffabgabe sich wie 2 : 1 verhalten, die der Aufnahme wie 1 : 2, beträgt das Verhältnis der Wahrscheinlichkeit für die Abspaltung des ersten, bzw. zweiten Wasserstoffions und damit das Verhältnis der zwei Konstanten 1 : 4.

Unter Berücksichtigung dieser Beziehung hat Bjerrum die qualitative Betrachtungsweise Ostwalds zu einer quantitativen gestaltet, indem er die Anhäufung der Wasserstoffionen in der Umgebung des Anions infolge der elektrostatischen Kräfte berechnet hat.

Wenn die Wasserstoffionenkonzentration in der Lösung gleich c ist, wird infolge der Anziehung in der unmittelbaren Nähe des Anions die Konzentration im Sinne des Boltzmannschen Verteilungssatzes auf $ce^{\frac{\varepsilon^2}{kTDr}}$ erhöht (r = Radius des Säuremoleküls, e = Elementarladung). Die Tendenz, die zwei Wasserstoffionen abzuspalten, ist für beide Wasserstoffionen wegen des symmetrischen Aufbaues dieselbe. Die Wahrscheinlichkeit der Abspaltung des zweiten Wasserstoffions wird aber aus statistischen Gründen auf $^1/_4$ herabgesetzt, durch die Anhäufung der Wasserstoffionen wird die zweite Stufe der Dissoziation noch weiter auf den $e^{\frac{\varepsilon^2}{kTDr}}$ten Teil vermindert. Das Verhältnis der zwei Konstanten ergibt sich also zu $4e^{\frac{\varepsilon^2}{kTDr}}$. Die Berechnungen der vorhandenen Daten durch BJERRUM brachten eine annähernde Bestätigung der Theorie.

Befinden sich also die zwei abdissoziierenden Wasserstoffionen an zwei Stellen des Moleküls in großem Abstande voneinander, so daß die Wechselwirkung der elektrostatischen Kräfte in diesen Punkten zu vernachlässigen ist, so beträgt das Verhältnis der zwei Konstanten 4. Dies trifft jedoch im allgemeinen nicht zu, sondern die elektrostatischen Kräfte vergrößern das Verhältnis, und zwar um so stärker, je kleiner der Abstand ist. Aus diesem Grunde ist das Verhältnis der zwei Dissoziationskonstanten im Falle des Schwefelwasserstoffes sehr groß, bei Kohlensäure kleiner und noch kleiner im Falle von zweibasischen Karbonsäuren, bei denen die Karboxylgruppen durch eine lange Kohlenstoffkette voneinander getrennt sind.

Dieselben Beziehungen herrschen zwischen den Hydrolysenkonstanten von komplexen Salzen mit mehrwertigem Kation, da die Hydrolyse ebenfalls als eine Abspaltung von Wasserstoffionen aufgefaßt werden kann. Die erste Hydrolysenkonstante des Hexa-aquo-chromiions wird z. B. größer sein als die zweite. Die beiden Konstanten messen die Abspaltung der Wasserstoffionen von $Cr(H_2O)_6^{\cdot\cdot\cdot}$ bzw. $Cr(H_2O)_5OH^{\cdot\cdot}$. Die elektrostatische Wirkung besteht hier darin, daß die höhere positive Ladung die Abspaltung des Wasserstoffions begünstigt. Ähnlich lassen sich auch die Ampholyte behandeln, an welchen die gegenseitige Beeinflussung der positiven und negativen Ladungen in der zwitterionischen Form beachtet werden muß. Die gleichen Beziehungen gelten schließlich auch für die stufenweise Dissoziation von Komplexsalzen.

Literaturverzeichnis

ABBOT, G. A., und W. C. BRAY: Journ. Am. Chem. Soc. **31**, 279 (1909). — BILTZ, W.: Z. f. Elektrochem. **17**, 503 (1911). — BJERRUM, N.: (1) Proc. of 7 th. intern. Congress of Appl. Chem. London 1909. Sect. 10. — (2) Z. f. Elektrochem. **24**, 321 (1918). — (3) Z. f. anorg. Ch. **109**, 275 (1920). — (4) Z. f. anorg. Ch. **129**, 323 (1923). — (5) Z. f. phys. Ch. **104**, 147 (1923). — (6) Z. f. phys. Ch. **106**, 219 (1923). — (7) Det. Kgl. Danske Vid. Selkkab. Mat. fys. Meddelsk. VII. (9) (1926). — (8) Ergebn. d. exakten Naturw. **6** (1927). — BLÜH, O.: (1) Z. f. phys. Ch. **106**, 341 (1923). — (2) Z. f. phys. Ch. **111**, 251 (1924). — BORN, M.: (1)Verh. d. D. Phys. Ges. **21**, 679 (1919). — (2) Z. f. Physik **1**, 45 (1920). — (3) Z. f. Physik **1**, 231 (1920). — DERSELBE und W. HEISENBERG: Z. f. Physik **23**, 388 (1924). — BREDIG, G.: Z. f. phys. Ch. **13**, 323 (1894). — BRÖNSTED, J. N.: (1) Journ. Phys. Chem. **30**, 777 (1926). — (2) Journ. Am. Chem. Soc. **44**, 877 (1922). — DERSELBE und A. DELBANCO: Z. f. anorg. Ch. **144**, 248 (1925). — DERSELBE und V. K. La MER: Journ. Am. Chem. Soc. **46**, 555 (1924). — BUCHBÖCK, G.: Z. f. phys. Ch. **55**, 563 (1906). — DEBYE, P.: (1) Phys. Z. **25**, 97 (1924). — (2) Phys. Z. **13**, 97 (1912). — (3) Phys. Z. **21**, 178 (1920). — (4) Handbuch der Radiologie VI. Leipzig 1925. — DERSELBE und E. HÜCKEL: (1) Phys. Z. **24**, 185 (1923). — (2) Phys. Z. **24**, 305 (1923). — DRUCKER, C., und G. RIETHOF: Z. f. phys. Ch. **111**, 1 (1924). — DRUDE, P., und W. NERNST: Z. f. phys. Ch. **15**, 79 (1894). — EBERT, L.: (1) Z. f. phys. Ch. **121**, 358 (1926). — (2) Z. f. phys. Ch. **113**, 1 (1924). — (3) Z. f. phys. Ch. **122**, 28 (1926). — EINSTEIN, A.: Ann. d. Physik **19**, 289 (1906). — FAJANS, K.: (1) Naturw. 165 (1923). — (2) Verh. d. D. Phys. Ges. **21**, 539 (1919). — GRIMM, H. G.: Z. f. phys. Chem. **98**, 353 (1921). — GOLDSCHMIDT, V. M.: Geochemische Verteilungsgesetze der Elemente VI (mit TH. BART und G. LUNDE), VII. Norske Vid. Akad. Oslo Skr. Mat. Nat. Kl. (1926). — HABER, F.: Ber. **55**, 1717 (1922). — HALBAN, H. v., und L. EBERT: Z. f. phys. Ch. **112**, 359 (1924). — HANTZSCH, A.: Z. f. Elektroch. **29**, 221 (1923). — HEVESY, G. v.: (1) Koll. Z. **21**, 129 (1917). — (2) Jahrb. d. Radioaktivität **11**, 419 (1914). — HUND, F. :(1) Z. f. Physik **31**, 81 (1925). — (2) Z. f. Physik **32**, 1 (1925). — (3) Z. f. Physik **34**, 833 (1925). — HÜCKEL, E.: Ergebn. d. exakten Naturw. **3** (1924),

Berlin. — HÜTTIG, G. F.: (1) Koll. Z. **35**, 337 (1924). — (2) Z. f. anorg. Ch. **142**, 135 (1925). — JONES, H. C.: Z. f. phys. Ch. **74**, 325 (1910). — KOSSEL, W.: (1) Ann. d. Physik (4) **49**, 229 (1916). — (2) Valenzkräfte und Spektrallinien (1921), Berlin. — KÜSTER, F. W.: Z. f. anorg. Ch. **13**, 136 (1897). — LA MER, V. K., und CH. F. MASON: Journ. Am. Chem. Soc. **49**, 410 (1927). — LEWIS, G. N.: (1) Journ. Am. Chem. Soc. **38**, 762 (1916). — (2) Die Valenz und der Bau der Atome und Moleküle. In der Sammlung: „Die Wissenschaft" (1927). Braunschweig. — DERSELBE und M. RANDALL: Thermodynamik. (Übersetzt von O. REDLICH.) Wien: J. Springer. (1927).—LORENZ, R.: Raumerfüllung und Ionenbeweglichkeit. Leipzig (1922). — MAC BAIN, J. W., und P. R. VAN RYSSELBERGE: Journ. Americ. chem. soc. **50**, 300 (1928). — MADELUNG, E.: Phys. Z. **19**, 254 (1918). —MAGNUS, A.: Z. f. anorg. Ch. **124**, 288 (1922). MEYER, K. H.: Naturw. (1928.) — DERSELBE und H. MARK: Ber. **61**, 593 (1928). — MICHAELIS. L.: Die Wasserstoffionenkonzentration. Berlin (1923). — NERNST, W.: (1) Göttinger Nachr. Math.-phys. Kl. (1900) 1. — (2) Z. f. phys. Ch. **135**, 237 (1928). — OSTWALD, Wi.: Z. f. phys. Ch. **9**, 558 (1892). — PERRIN, J.: Die Atome. (Übersetzt von A. LOTTERMOSER.) Dresden u. Leipzig (1914). — PLANCK, M.: Vorlesungen über Thermodynamik. Leipzig. — REMY, H.: Z. f. phys. Ch. **89**, 529 (1915). — ROTHMUND, V.: Löslichkeit und Löslichkeitsbeeinflussung. Leipzig (1907). — STAUDINGER, H.: Ber. **53**, 1081 (1920), Ber. **59**, 3019 (1926), Z. f. phys. Ch. **126**, 425 (1927). — SMOLUCHOWSKI, M. v.: Phys. Z. **17**, 557, 587 (1916). — STRAUBEL, R.: Z. f. anorg. Ch. **142**, 134 (1925). — SVEDBERG, THE: Die Existenz der Moleküle. Leipzig (1912). — SUTHERLAND, W.: (1) Phil. Mag. 161 (1902). — (2) Phil. Mag. (6) **14**, 1 (1907). — WALDEN, P.: Das Leitvermögen der Lösungen. I/II. In OSTWALD-DRUCKER: Handbuch d. allg. Chemie. Leipzig (1924). — WALDEN, P., H. ULICH und O. WERNER: (1) Z. f. phys. Ch. **115**, 177 (1925). — (2) Z. f. phys. Ch. **116**, 26 (1925). — WASHBURN, E. H.: Jahrb. d. Radioakt. **6**, 94 (1909). — WEGSCHEIDER, R.: (1) Monatshefte **23**, 608 (1902). — (2) Monatshefte **16**, 153 (1895). — (3) Monatshefte **23**, 599 (1902). — WEIMARN, P. P. v.: Grundzüge der Dispersoidchemie. Dresden (1911). — WERNER, A.: Neuere Anschauungen auf dem Gebiete der anorg. Chemie. 3. Aufl. (1913).

B. Allgemeine Elektrochemie der Kolloide

1. Die kolloiden Lösungen und die Kolloidteilchen

Die Kolloide sind durch eine Reihe von Eigenschaften charakterisiert, von denen die Hauptmerkmale nach TH. GRAHAM (1861) das minimale Diffusionsvermögen, die Unfähigkeit, gewisse, vor allem tierische, Membranen zu durchdringen und schließlich die geringe Neigung zur Kristallisation bilden. Auf Grund dieser Eigenschaften erfolgte die Einteilung der Stoffe in die zwei Klassen: Kolloide und Kristalloide.

Was nun die Neigung zur Kristallisation betrifft, so muß diese auf Grund unserer heutigen Kenntnisse näher definiert werden. Von P. P. v. WEIMARN wurde schon vor längerer Zeit vermutet, daß die Kolloïdteilchen eine kristalline Beschaffenheit haben. Mit Hilfe der Röntgenstrahlenanalyse wurde nachgewiesen, daß die einzelnen Teilchen der kolloiden Goldlösung nach dem Ausflocken die Gitterstruktur des metallischen Goldes zeigen (P. SCHERRER) und die für den kristallinen Zustand charakteristischen Röntgeninterferenzen wurden auch an anderen Niederschlägen aufgefunden, die durch Flockung oder Einengen kolloider Lösungen erhalten worden sind (F. HABER, J. BÖHM). Anderseits wissen wir, daß das Auftreten der Materie in wirklich amorpher Form eine charakteristische Erscheinung der unterkühlten Flüssigkeiten von hoher Zähigkeit ist, die mit Kolloiden im allgemeinen nichts zu tun haben. In der Tat hat GRAHAM als Merkmal der Kolloide die Eigenschaft hervorheben wollen, daß dieselben bei ihrer Trennung von dem Lösungsmittel geringe Neigung zeigen, makroskopische Kristallstücke zu bilden. Aber auch er wußte schon, daß dieser Satz eine Allgemeingültigkeit nicht beanspruchen kann, weil das Hämoglobin z. B., welches das typische Verhalten der Kolloide aufweist, gut ausgebildete Kristalle liefert.

Die weitere Forschung hat zu dem Ergebnis geführt, daß die Kolloide keine besondere Körperklasse bilden, sondern daß man nur von einem kolloiden Zustande der Materie sprechen kann. Dieser Zustand ist wesentlich durch die Teilchengröße bedingt. Die nach GRAHAM charakteristischen Eigenschaften, das minimale Diffusionsvermögen, sowie das Verhalten gegenüber Membranen, wie auch, wo sie sich zeigt, die geringe Neigung zum Kristallisieren, sind vor allem Funktionen der Teilchengröße.

Der allgemeinere Begriff, dem die Kolloide untergeordnet sind, ist nach

Wo. Ostwald (1907) derjenige der dispersen Systeme, oder der Dispersoide (P. P. v. Weimarn (3) 1907). Die Dispersoide sind heterogene Systeme von zwei Phasen mit einer außerordentlich großen Grenzflächenentwicklung. Die eine derselben ist dabei gewöhnlich in eine große Anzahl kleiner Teilphasen getrennt, diese sind die einzelnen Teilchen der dispersen Phase, die zweite Phase ist gewöhnlich in sich zusammenhängend, das Dispersionsmittel. Die Dispersoide werden nach der Formart ihrer Phasen und nach dem Dispersitätsgrad (der mit der spezifischen Oberfläche, d. h. mit dem Verhältnis der Oberfläche zum Volumen der Teilchen der dispersen Phase zunimmt) in verschiedene Klassen eingeteilt. Da der Dispersitätsgrad durch die Teilchengröße der dispersen Phase gegeben ist, wird einfach die Teilchengröße zur Klassifikation benützt. Die Einteilung nach der Formart ergibt sich durch Variation des festen, flüssigen und gasförmigen Zustandes für disperse Phasen und Dispersionsmittel. Die kolloiden Lösungen gehören zu den dispersen Systemen mit flüssigem Dispersionsmittel und fester oder flüssiger disperser Phase.

Die Einteilung nach der Teilchengröße führt zur Unterscheidung von drei Klassen, derjenigen der groben Dispersionen, der kolloiden Lösungen und der molekularen Lösungen. Die lineare Ausdehnung der Moleküle von gewöhnlichen Lösungen liegt zwischen $1 - 10 \cdot 10^{-8}$ cm, die der Kolloidteilchen zwischen $1 \cdot 10^{-7}$ bis $1 \cdot 10^{-4}$ cm, die der Teilchen von groben Dispersionen über $1 \cdot 10^{-4}$ cm (R. Zsigmondy) (1).

Der Satz, daß der kolloide Zustand eine allgemeine Erscheinungsform der Materie ist, wurde mit voller Klarheit zuerst von P. P. v. Weimarn ausgesprochen, der dazu auch einen experimentellen Beweis durch die Herstellung einer sehr großen Anzahl kolloider Lösungen, insbesondere in kristallinischer Form wohlbekannter Substanzen geliefert hatte.

Bevor Graham den Begriff der Kolloide einführte, wurden die echten Lösungen schon von den sogenannten Pseudolösungen unterschieden. Der Unterschied wurde von F. Selmi (1845) darin erblickt, daß während die echt gelösten Substanzen bis zu den Einzelmolekülen zerteilt sind, die Pseudolösungen äußerst feine, aus einer Anzahl von Molekülen zusammengesetzte Teilchen enthalten. Von Faraday wurde 1857 das kolloide Gold als eine äußerst feine Verteilung von metallischem Golde erkannt. In der späteren Zeit nach Grahams Arbeiten wurde die Frage, ob die kolloiden Systeme zu den Suspensionen oder zu den Lösungen gehören, von vielen Forschern erörtert und die gegensätzlichen Stellungnahmen heftig bekämpft. Eine wichtige Stütze erhielt die Suspensionstheorie durch die Erfindung des Ultramikroskops von Siedentopf und Zsigmondy im Jahre 1903. Die Ursache der in gewissen kolloiden Lösungen auftretenden Trübungen wurde schon von Selmi auf die Größe der Teilchen zurückgeführt. Faraday hat später den Lichtkegel, welcher beim Durchschicken eines Lichtbündels durch die kolloide Goldlösung auftritt, damit erklärt, daß die einzelnen Teilchen die Lichtstrahlen zerstreuen. Siedentopf und Zsigmondy beobachteten diese Erscheinung durch ein Mikroskop, welches auf die Lichtstrahlen senkrecht steht, so daß die Strahlen nicht direkt, sondern nur als abgebeugtes Licht in die Augen des Beobachters gelangen. Dieses Instrument, das Ultramikroskop, liefert keine Abbildungen der Teilchen, aber es macht sie merkbar durch ihr Aufleuchten auf dem dunklen Hintergrund. Damit ist also die optische Diskontinuität gewisser kolloider Lösungen nachgewiesen worden, welche vorher nur als eine Eigenschaft der Suspensionen und dadurch als ihr Unterscheidungsmerkmal gegenüber den kolloiden Lösungen galt.

Eine endgültige Entscheidung in der Streitfrage der Lösungstheorie und der Suspensionstheorie brachten die theoretischen Untersuchungen von A. EINSTEIN und M. v. SMOLUCHOWSKI (1906) (1) und die experimentellen Arbeiten von THE. SVEDBERG (1906) und J. PERRIN (1908) über die Molekularbewegung. Wie auf Seite 2 erwähnt, kennt die kinetische Theorie keinen Unterschied zwischen Suspensionen und Lösungen. Die mittlere kinetische Energie ist unabhängig von der Größe des Teilchens und beträgt $^1/_2$ RT/N pro Freiheitsgrad. Auf Grund der Theorie gehorcht der osmotische Druck der kolloiden Zerteilungen gleichfalls der Zustandsgleichung der verdünnten Lösungen: $P = c . RT$. Entsprechend der Beziehung zwischen Konzentration und Teilchenzahl $c = a/N$ (a bedeutet die Teilchenzahl pro Liter, N die LOSCHMIDTsche Zahl) können wir auch schreiben $p = a . RT/N$. Die Teilchenzahl der kolloiden Lösungen und noch mehr der groben Suspensionen ist sehr gering gegenüber der Teilchenzahl gewöhnlicher Lösungen von nicht allzu hoher Verdünnung. Demgemäß erklärt die kinetische Theorie die Tatsache, daß die kolloiden Lösungen keine merkliche osmotische Druckwirkung, Dampfdruckerniedrigung, Siedepunktserhöhung und Gefrierpunktdepression aufweisen, was früher ebenfalls als eine prinzipielle Verschiedenheit gegenüber den Lösungen gegolten hatte, als einen rein graduellen Unterschied. Im Falle geringer Teilchengröße und genügender Gewichtskonzentration ist der osmotische Druck von kolloiden Lösungen in der Tat durch die empfindliche direkte Methode bestimmt worden. Das identische kinetische Verhalten suspendierter Teilchen und der gelösten Moleküle läßt sich quantitativ auf Grund der EINSTEIN-SMOLUCHOWSKIschen Gleichungen der Diffusion überprüfen. Die Diffusionsgeschwindigkeit ist bestimmt durch die FICKsche Gleichung: $\frac{dc}{dt} = D \frac{d^2c}{dx^2}$. Der Bruch $\frac{dc}{dt}$ bedeutet die Konzentrationsänderung mit der Zeit in der Richtung der x-Achse, D ist die für jede Substanz charakteristische sogenannte Diffusionskonstante. Sie steht in Beziehung zum osmotischen Druck, da die Kraft, die die Moleküle von den Stellen höherer Konzentration zu den Stellen niedrigerer Konzentration treibt, in den Unterschieden des osmotischen Druckes erblickt werden kann. Die Überlegung führt zur Gleichung: $D = RT/N . 1/f$. Darin ist f der sogenannte Reibungswiderstand der Teilchen. Nach dem STOKESschen hydrodynamischen Gesetz gilt für ein kugelförmiges Teilchen $f = 6\pi\eta r$. Hier bedeutet η die Viskosität des Mediums und r den Radius des Teilchens. Die Diffusionskonstante und damit die Diffusionsgeschwindigkeit ist so dem Teilchenradius umgekehrt proportional. Dadurch erscheint das geringe Diffusionsvermögen der Kolloidteilchen auf ihre Größe zurückgeführt. Gleichfalls die kinetische Energie der Teilchen ist für ihre ungeordnete Bewegung verantwortlich, die schon frühzeitig bei Suspensionen unter dem Mikroskop (BROWNsche Bewegung) und später auch an den Kolloiden unter dem Ultramikroskop beobachtet wurde. Infolge dieser Bewegung findet mit der Zeit eine Ortsveränderung der einzelnen Teilchen statt.

Im Sinne der kinetischen Theorie ist die ungeordnete Bewegung der eigentliche Urheber der Diffusion, wie auch des osmotischen Druckes. Diese makroskopischen Erscheinungen drücken nur die wahrscheinlichkeitsgemäßen Änderungen der Lage von einer sehr großen Anzahl Teilchen aus.

Suspendierte Teilchen, die ein von dem des Lösungsmittels verschiedenes spezifisches Gewicht haben, unterliegen der Einwirkung der Schwerkraft und sinken, je nach ihrer Dichte, zu Boden oder steigen hinauf.

Unter Annahme einer Kugelform läßt sich auf die Fallgeschwindigkeit das STOKESsche Gesetz anwenden:

$$v = \frac{K}{6\pi\eta r} = \frac{(\Delta - \delta)\, g\, \varphi}{6\pi\eta r} \qquad (45)$$

Die Kraft K, welche auf ein Teilchen wirkt, ist gleich dem Unterschied von Gewicht und Auftrieb. Δ und δ bedeuten das spezifische Gewicht von Lösungsmittel und suspendierten Teilchen, g die Erdbeschleunigung und φ das Volumen des Teilchens im Falle von Kugelform.

Das Fallgesetz ergibt sich dann mit:

$$v = \frac{2}{g}\,\frac{r^2}{\eta}\,(\Delta - \delta)\, g \qquad (46)$$

Bei ein und derselben Substanz ist also die Fallgeschwindigkeit dem Quadrat des Radius proportional. Die Überschlagsrechnung zeigt uns, daß ein Teilchen von molekularer Größe, auch wenn es ein sehr großes spezifisches Gewicht hat, nur eine unmeßbar kleine Fallgeschwindigkeit besitzt.

Die Konkurrenz der kinetischen Energie der Diffusion mit der Schwere führt zu einem Sedimentationsgleichgewicht.

Darauf läßt sich der BOLTZMANNsche Satz anwenden:

$$n_h = n_0\, e^{\frac{\psi N}{R T}}$$

n_0 bedeutet die Teilchenzahl am Boden des Gefäßes, n_h dieselbe in der Höhe h, ψ die Arbeit, die zu leisten ist, um ein Teilchen vom Boden in die Höhe h zu bringen. Da $\psi = K \cdot h$ ist, wo K den Wert wie in der Gleichung *(45)* besitzt, erhalten wir

$$n_h = n_0\, e^{\frac{\varphi g (\Delta - \delta) h N}{R T}}$$

oder

$$\frac{R T}{N} \ln \frac{n_0}{n_h} = \varphi\, g\, (\Delta - \delta)\, h \qquad (47)$$

Dies ist die sogenannte hypsometrische Formel (LAPLACE). Einer solchen Formel gehorcht auch die Höhenverteilung des Gasdruckes in der Luftatmosphäre, welche ebenfalls durch die Konkurrenz der kinetischen Energie der Gasmoleküle und durch die auf diese einwirkende Schwerkraft (der Auftrieb spielt in diesem Falle keine Rolle) bestimmt ist.

Diese Beziehungen wurden von PERRIN und SVEDBERG dazu benützt, um auf Grund von mikroskopischen und ultramikroskopischen Beobachtungen einerseits die kinetische Theorie zu prüfen, anderseits unter der Voraussetzung ihrer Gültigkeit die LOSCHMIDTsche Konstante zu berechnen. Die genauesten Untersuchungen, die von A. WESTGREN ausgeführt worden sind, führten zu dem Werte $N = 6{,}05 \cdot 10^{23}$ in guter Übereinstimmung mit dem Werte $N = 6{,}06 \cdot 10^{23}$, welcher von R. MILLIKAN auf Grund von sehr sorgfältigen Bestimmungen der elektrischen Elementarladung abgeleitet wurde (vgl. das FARADAYsche Gesetz im Kapitel über die elektrolytische Dissoziation).

Das Verhalten der Kolloide gegenüber Membranen ist ebenfalls durch die Größe der Teilchen bestimmt. Während typische Moleküle die Kanäle und Poren, etwa einer Pergamentmembran, ungehindert passieren, werden die größeren Teilchen durch eine Art von Siebwirkung zurückgehalten. Zu dieser Siebwirkung können sich sekundär andere Erscheinungen als Hindernisse gegen den Durchgang von Teilchen gesellen.

Vom Standpunkte der kinetischen Theorie ist also eine einheitliche Behandlung der Dispersionen widerspruchsfrei. Die angegebene Einteilung auf Grund der Teilchengröße erscheint wohl zweckmäßig, eine gewisse Willkür läßt sich ihr jedoch nicht absprechen, da sprungweise Änderungen der Eigenschaften bei stetigem Ändern der Teilchendimension nicht auftreten, die Eigenschaften variieren durchaus kontinuierlich mit der Teilchengröße. Eine praktische Bedeutung behält die GRAHAMsche Definition der Kolloide auf Grund ihrer Unfähigkeit, gewisse Membranen, insbesondere Pergamentpapier und Kollodium zu durchdringen, weil auf dieses Verhalten sich zugleich das meist gebrauchte Verfahren gründet, die Kolloide von den kristalloiden oder richtiger von den gewöhnlichen molekularen Lösungen zu trennen.

Sind die Teilchen einer kolloiden Lösung oder einer Suspension von derselben Größe, so nennt man das System iso-, mono- oder homodispers, sind sie von verschiedener Größe, so wird es hetero- oder polydispers genannt.

Zur Definition der dispersen Systeme wurde der Phasenbegriff benützt. Dies muß jedoch in einem anderen Sinne geschehen, als wir es bei der Definition der Lösungen getan hatten, wo die optische Homogenität als wesentliches Merkmal eines homogenen Systems aufgefaßt wurde, sonst könnte man nicht die molekularen Lösungen, wie es geschah, zu den dispersen Systemen rechnen. Ob das Auftreten einer ultramikroskopischen Differenzierbarkeit oder das Auftreten eines FARADAY-TYNDALLschen Lichtkegels als Zeichen einer Inhomogenität gelten soll, bedürfte einer besonderen Festsetzung. Aber auch dann würde die Verwendung des Kriteriums der Sichtbarkeit, welche nicht nur von der Teilchengröße sondern auch von dem sonst für unsere Determinierung nicht wesentlichen Brechungsindex abhängt, im Gebiete der kolloiden Lösungen eine willkürliche Trennung bedeuten. Für die kinetische Theorie erscheint diese Frage völlig belanglos, bezüglich der Thermodynamik müssen wir uns auf die Bemerkung beschränken, daß mit Rücksicht auf den Grenzgebietcharakter der kolloiden Lösungen in jedem einzelnen Fall eines chemischen Vorgangen besonders zu untersuchen ist, inwieweit für diesen Vorgang die kolloide Lösung die Rolle eines homogenen oder heterogenen Systems spielt, inwiefern also die Gesetze der heterogenen oder homogenen Systeme darauf angewandt werden können. Im allgemeinen kann man sagen, daß das System, solange ein Vorgang sich nur an der Oberfläche des Teilchens abspielt, als homogen bezeichnet werden kann. Die Behandlung der kolloiden Systeme als Lösungen wird durch den Umstand kompliziert, daß die Teilchen untereinander nicht gleichartig sind. In diesem Falle muß das Sol als eine Lösung verschiedener Substanzen aufgefaßt werden, auch wenn die Unterschiede nur in der Teilchengröße bestehen. Da die Teilchenoberfläche viele, gegebenenfalls untereinander verschiedene reagierende Gruppen enthält, so stellt jedes Teilchen im Sinne der Reaktionskinetik ein „vielwertiges

Molekül" dar. Erst die Vorgänge, die in das Innere des Teilchens greifen, machen eine Betrachtung als heterogenes System notwendig.[1]

Falls die kolloiden Lösungen den Gegenstand einer Untersuchung bilden, müssen sie auch eine gewisse Stabilität besitzen. Wohl haben auch Systeme, die nur durch kurze Zeit den kolloiden Zustand passieren, für gewisse Fragen eine Bedeutung, wir wollen uns jedoch hier mit diesen nicht beschäftigen. Im Sinne der Gleichung des Sedimentationsgleichgewichtes führt die Teilchenvergrößerung zu erhöhter Sedimentation, während das Beharren auf einem gewissen feineren Dispersitätsgrad für die diffuse Verteilung in dem Dispersionsmittel sorgt. Immerhin lehrt uns die Berechnung, daß die meisten kolloiden Systeme im Zustande des Sedimentationsgleichgewichtes innerhalb einiger Millimeter vom Boden schon eine verschwindend kleine Konzentration zeigen müssen, wogegen die Beobachtung zeigt, daß dieselben Lösungen auch in hohen Gefäßen nach monatelangem ruhigen Stehen keine erheblichen örtlichen Konzentrationsunterschiede aufweisen. Die Ursache liegt in der langsamen Einstellung des Sedimentationsgleichgewichtes infolge der geringen Fallgeschwindigkeit. Auf alle Fälle steht es fest, daß ein nicht beschränktes Wachsen der Teilchen sehr bald zur Abscheidung mikroskopischer Aggregate als Gleichgewichtszustand führt. Infolge der Brownschen Bewegung erleiden die Teilchen häufige Zusammenstöße miteinander und falls die zwischen ihnen wirkenden Abstoßungskräfte die Attraktionskräfte nicht übertreffen, erfolgt ihre Vereinigung. Während über die Natur der Attraktionskräfte quantitative Vorstellungen zurzeit noch kaum möglich sind (Restvalenzen, Gitterkräfte, van der Waalssche Kräfte), ist in einer sehr großen Gruppe von Fällen die Coulombsche Kraft als Urheberin der Abstoßung erkannt. Die Teilchen besitzen eine gleichsinnige elektrische Ladung und diese ist in solchen Fällen die notwendige und hinreichende Bedingung für die Stabilität des Systems. In einer anderen Gruppe von Kolloiden bleibt der kolloide Zustand auch bei Wegfall der Aufladung stabil. Hier wird oft eine Art Hydratation der Teilchen für die Stabilität verantwortlich gemacht (siehe unten). Man kann die kolloiden Lösungen in diese zwei Gruppen einteilen. Sinngemäß wäre die von H. Freundlich vorgeschlagene Bezeichnung elektrokratische Kolloide für diejenigen, die in praktisch entladenem Zustande ausfallen, und nichtelektrokratische für diejenigen, die auch in praktisch entladenem Zustande lösungsstabil sind. Wo. Ostwald hat zuerst die Unterscheidung von Suspensoiden und Emulsoiden gebraucht. Diese beruht auf der Annahme, daß die Formart der dispersen Phase der ersten Gruppe die feste, diejenige der zweiten die flüssige ist. Bei gröberen Dispersionen ist die Unterscheidung von Suspensionen und Emulsionen nach der Formart wohl berechtigt, im Gegensatz zu den Suspensionen haben die emulgierten Teilchen z. B. eine kugelförmige Gestalt. Für kolloide Dimensionen ist diese Unterscheidung schon nicht eindeutig, und es steht außer Zweifel, daß hier die Formart die markanten Eigenschaften nicht entscheidend beeinflußt. Mehr charakteristisch ist die Perrinsche Einteilung in hydrophile und hydrophobe (H. Freundlich: lyophil und lyophob) Kolloide. Den Teilchen der ersten Gruppe wird eine gewisse Tendenz zugeschrieben, mit dem Dispersionsmittel in Beziehung

[1] Eine andere als die hier angedeutete Auffassung wird hinsichtlich der Anwendbarkeit der Phasenregel von Wo. Ostwald vertreten. Vgl. auch E. H. Buchner.

zu treten, welche vor allem in Unterschieden der Viskosität bemerkbar wird. Diese Begriffe gestatten jedoch keine scharfe Trennung, sondern lassen der Willkür einen immerhin beträchtlichen Spielraum. In vielen Fällen decken sich diese zwei Gruppen mit denen der Elektrokratoide und Anelektrokratoide, jedenfalls ist dies in dem Sinne der Fall, als die letzteren lyophiler Natur sind. Für die nichtelektrokratischen Kolloide wurde von Wo. OSTWALD die sehr zweckmäßige Bezeichnung solvatokratisch vorgeschlagen.

Wir wollen uns vorwiegend auf die Behandlung derjenigen kolloiden Lösungen beschränken, deren Dispersionsmittel das Wasser ist, der sogenannten Hydrosole. Die wenig erforschte Elektrochemie der kolloiden Lösungen mit nicht wässerigen Dispersionsmitteln, der Organosole, wird in einem besonderen Kapitel dargestellt.

Koagulation. Eine für die kolloiden Lösungen charakteristische Erscheinung ist die Trennung der dispersen Phase von dem Dispersionsmittel in zwei makroskopische Phasen. Sie wird als Koagulation bezeichnet. Die ausgeschiedene disperse Phase wird Koagulum oder Gel genannt. Die Koagulation erfolgt dadurch, daß die Kolloidteilchen sich miteinander zu größeren Flocken vereinigen und dann gewöhnlich unter dem Einfluß der Schwerkraft rasch zum Boden sinken. In den Flocken hängen die einzelnen Teilchen mehr oder weniger locker zusammen und schließen größere Mengen des Dispersionsmittels in Hohlräumen ein.

Die mathematische Theorie der Koagulation wurde über Anregung R. ZSIGMONDYS von M. v. SMOLUCHOWSKI (2, 3) auf kinetischer Grundlage entwickelt. Seine Theorie der raschen Koagulation geht von den folgenden Annahmen aus: Es handle sich um eine kolloide Lösung, die ursprünglich aus lauter gleich großen, kugelförmigen Teilchen besteht, deren Anzahl pro Volumeinheit mit ν_0 bezeichnet wird. Werden die Abstoßungskräfte, welche die Stabilität der kolloiden Lösung bedingen, aufgehoben, etwa durch einen genügend großen Elektrolytzusatz, so wird jedes Teilchen von einer gewissen Anziehungssphäre umgeben sein, so daß ein zweites Teilchen seine BROWNsche Bewegung ungestört ausführt, solange es sich außerhalb jenes Bereiches befindet, aber sich dauernd mit jenem vereinigt, sobald es in dessen Bereich gerät. Durch Angliederung eines weiteren Primärteilchens an das Doppelteilchen kann mit der Zeit ein dreifaches, durch Vereinigung zweier doppelter oder eines dreifachen und eines einfachen ein vierfaches Teilchen entstehen, und in dieser Weise würde der Koagulationsprozeß fortschreiten, bis sich die ganze zerteilte Substanz in eine zusammenhängende Masse verwandelt hat, falls nicht vorher durch die Schwerkraft eine Sedimentation der Aggregate herbeigeführt wurde.

Die zu lösende Aufgabe besteht in der Berechnung der Zahlen $\nu_1, \nu_2, \nu_3 \ldots$, der Anzahl der zur Zeit t existierenden einfachen, doppelten, dreifachen ... Teilchen auf Grund der Kenntnis der ursprünglichen Anzahl ν_0, der Größe des Wirkungsradius R und der Diffusionskonstante.

Die Berechnung ergibt, daß sowohl die Anzahl der Primärteilchen, wie auch die Gesamtzahl der Teilchen in dem Zeitpunkt t durch die Gleichung wiedergegeben wird.

$$\nu = \frac{\nu_0}{1 + \frac{t}{T}}$$

wobei T die sogenannte Koagulationszeit (nach welcher die Gesamtzahl der Teilchen auf die Hälfte herabgesetzt ist) bedeutet:

$$T = \frac{1}{4\pi D R \nu_0}$$

Eine wichtige Folgerung der Gleichung ist, daß der Koagulationsverlauf durch die bloße Verdünnung beliebig verlangsamt werden kann.

Die Theorie der langsamen Koagulation geht von der Annahme aus, daß nur ein gewisser Bruchteil der Teilchenzusammenstöße zur Vereinigung führt.

In der neuesten Zeit wurde die mathematische Theorie der Koagulationskinetik durch H. MÜLLER (in WIEGNERS Institut) auch für polydisperse Systeme und für stäbchenförmige Teilchen entwickelt.

Die Theorie von SMOLUCHOWSKI wurde mittels ultramikroskopischer Auszählung der Solteilchen in verschiedenen Zeitpunkten der Koagulation nachgeprüft und bestätigt. (R. ZSIGMONDY, A. WESTGREN und J. REITSTÖTTER, H. R. KRUYT und J. VAN ARKEL, H. LACHS und S. GOLDBERG. G. WIEGNER und P. TUORILA.)

Literaturverzeichnis

BÖHM, J., und H. NICLASSEN: Z. f. anorg. Ch. **132**, 1 (1923). — BÖHM, J.: Z. f. anorg. Ch. **149**, 203 (1925). — BUCHNER, E. H.: in Colloid chemistry (J. Alexander ed.) Bd. I. New York (1926). — EINSTEIN, A.: Ann. d. Physik (4) **17**, 549 (1905). — FARADAY, M.: Phil. Trans. **147**, 145 (1851). — Phil. Mag. (4) 14 (1857). — WI. OSTWALDS Klassiker. Leipzig. — FREUNDLICH, H., und W. NEUMANN: Koll. Z. **3**, 80 (1908). — GRAHAM, Th.: Phil. Trans. **151**, 183 (1861). — Annalen **121**, 1 (1862). — OSTWALDS Klassiker, Bd. 179. Abhandlungen über Dialyse. Herausgegeben von E. Jordis. — HABER, F.: Ber. **55**, 1717 (1922). — KRUYT, H. R., und J. VAN ARKEL: Rec. d. trav. chim. des Pays Bas **39**, 656 (1920). — LACHS, H., und ST. GOLDBERG: Koll. Z. **31**, 116 (1922). — MILLIKAN, R.: Phil. Mag. (6) **19**, 209 (1910). — Das Elektron (1912). Braunschweig. In der „Wissenschaft". — MÜLLER, H.: Koll. Beih. **27**, 223 (1928). — OSTWALD, WO.: Koll. Z. **1**, 129 (1907). — Grundriß der Kolloidchemie, 2. Aufl., S. 132 (1911), Dresden. — DERSELBE und R. KÖHLER: Koll. Z. **43**, 131 (1927). — PERRIN, J.: Journ. Chim. Phys. **3**, 50 (1905). — C. r. **146**, 968 (1908); **147**, 530, 594 (1908); C. r. **152**, 1165, 1380 (1911). — Die Atome. Übersetzt von A. LOTTERMOSER. Dresden und Leipzig (1911). — SCHERRER, P.: ZSIGMONDY, Kolloidchemie, 3. Aufl. (1920). — SELMI, F.: OSTWALDS Klassiker 217 (Herausgegeben von E. HATSCHEK). — Nuovi Ann. d. Scienz. Nat. di Bologna, Serie II, Bd. IV, 146 (1845). — SIEDENTOPF, H., und R. ZSIGMONDY: Ann. d. Physik. (4) **10**, 1 (1903). — SMOLUCHOWSKI, M. VON: (1) Ann. d. Physik. (4) **21**, 756 (1906). — (2) Physik. Z. **17**, 557, 583 (1916). — (3) Z. f. physik. Ch. **92**, 129 (1917). — SVEDBERG, THE: Z. f. Elektrochemie **12**, 813 (1906). — Die Existenz der Moleküle. Leipzig (1912). — TUORILA, P.: Koll. Beih. **22**, 192 (1926). — **24**, 1 (1927). — WEIMARN, P. P. VON: (1) Journ. Russ. Chem. Ges. **38**, 263 (1906). — (2) Koll. Z. **2**, 76, 128, 218 (1908). — (3) Grundzüge der Dispersoidchemie. Dresden (1911). — (4) Die Allgemeinheit des Kolloidzustandes, II. Aufl. Dresden und Leipzig (1918). — WESTGREN, A.: Inauguraldissertation. Uppsala (1916). — DERSELBE und J. REITSTÖTTER: Z. f. phys. Chem. **92**, 750 (1917). — WIEGNER, G., und TUCVILA, P.: Koll. Z. **38**, 3 (1926). — ZSIGMONDY, R.: (1) Zur Erkenntnis der Kolloide. Jena (1906). — (2) Z. f. phys. Ch. **92**, 600 (1917).

2. Herstellung und Reinigung der Hydrosole

Herstellung. Die Operationen, die zur Entstehung kolloider Lösungen führen, werden gewöhnlich in zwei Klassen eingeteilt: in die Dispersionsmethoden und die Kondensationsmethoden (THE SVEDBERG). Bei der

Dispersion wird die Materie aus einem gröber dispersen Zustand, bei dem Kondensationsverfahren dagegen aus dem Molekularzustand in den kolloiden übergeführt. Wie SVEDBERG betont hat, ist die Einteilung nicht eindeutig, da auch das Dispersionsverfahren unter Umständen über die molekulare Zerteilung zur kolloiden führt.

Dies soll z. B. für die Zerstäubung im elektrischen Lichtbogen (G. BREDIG) gelten, welche hauptsächlich zur Herstellung der Edelmetallsole verwendet wird. Das Metall, welches als Elektrode benützt wird, verdampft wenigstens teilweise im Wasser und kondensiert sich dann zu groben dispersen Teilchen (zum anderen Teile kann man die Entstehung der kolloiddispersen Teilchen dieser Sole auch auf die mechanische Zerreißung der Elektroden im Lichtbogen zurückführen).

Zu den Dispersionsverfahren gehört auch die spontane Zerteilung von festen oder flüssigen Körpern zu Kolloidteilchen durch Berührung mit dem Lösungsmittel (Albumin, Gummi arabicum, Glutin, Stärke usw.). Der Vorgang unterscheidet sich von der gewöhnlichen Auflösung nur hinsichtlich der Teilchengröße der dispersen Phase. Ebenso wie bei den molekulardispersen Lösungen, läßt sich auch bei dieser Klasse der kolloiden Lösungen, die sich übrigens im allgemeinen mit der Gruppe der Solvatokratoiden deckt, zeigen, daß die konstitutiven Beziehungen zwischen Dispersionsmedium und Dispergendum für die Zerteilungsfähigkeit ausschlaggebend sind. Die oben erwähnten Substanzen, welche Hydrosole bilden, sind polarer Natur. Albumin und Glutin enthalten die aktiven Amino- und Karboxylgruppen, Gummi die Karboxylgruppe an den Teilchenoberflächen. G. S. WHITBY hat neulich die Gültigkeit dieser Regel an dem Beispiel von Kautschuk und Zelluloseester gezeigt. In der homologen Reihe der Kohlenwasserstoffe, in welche eine aktive Gruppe wie OH, CHO, CN usw. eingeführt ist, steigt die kolloide Löslichkeit (oder Quellbarkeit) des völlig apolaren Kautschuks mit wachsendem Molekulargewicht, d. h. abnehmender Polarität des Lösungsmittels. Das Verhalten des polar gebauten Zellulosenitrates und -azetates ist gerade umgekehrt. Die Kohlenwasserstoffe sind meistens gute Solventien für Kautschuk und keine Solventien für die Zelluloseester.

Die Teilchengröße ist in diesen Fällen häufig bereits im festen Zustand auch in dem Sinne vorgebildet, daß die Kräfte, welche innerhalb der einzelnen Teilchen die Komponenten zusammenhalten, bedeutend größer sind als die zwischen den einzelnen Teilchen wirksamen Kräfte. In diesen Fällen kann man mit C. NÄGELI die Struktur der festen Materie als Mizellarstruktur, die vorgebildeten Teilchen übermolekularer Dimension als Mizellen bezeichnen. Wenn in einem durch Ausflockung einer kolloiden Lösung entstandenen Gel die Kolloidteilchen ihre Individualität im obigen Sinne bewahren, haben wir es auch hier mit einer Mizellarstruktur zu tun. Infolge der unregelmäßigen Gestalt der Mizellen können bei ihrer Aneinanderlagerung Hohlräume übermolekularer Dimension entstehen, was für die Mizellarstruktur gleichfalls charakteristisch ist.

Ein weiteres Dispersionsverfahren, das von GRAHAM als Peptisation bezeichnet wurde, steht in Analogie zur Auflösung eines unlöslichen Körpers durch Bildung einer löslichen Komplexverbindung. Diese Operation wird meist so ausgeführt, daß der stark wasserhaltige Niederschlag (Metallhydroxyde, $Me[OH]_n$) mit einer verhältnismäßig geringen Menge von Salz, Säure oder Base

(HCl, KOH, $MeCl_3$, $Me[NO_3]_3$) behandelt wird. Häufig reicht schon das bloße Mischen und kräftige Schütteln, mitunter nur das langdauernde Kochen zur Zerteilung des Bodenkörpers aus. Der Unterschied gegenüber der Salz-, beziehungsweise Komplexsalzbildung von Kristalloiden liegt darin, daß bei den Kolloiden die in Reaktion tretende Salzmenge im allgemeinen in keinem festen stöchiometrischen Verhältnis zu der in Reaktion tretenden Bodenkörpermenge steht. Sowohl der spontanen als auch der durch Peptisation bewirkten Zerteilung eines Bodenkörpers geht in vielen Fällen eine erhöhte Lösungsmittelaufnahme seitens desselben voraus. Diese Aufnahme des Lösungsmittels durch den mizellar aufgebauten Bodenkörper nennt man Quellung.

Die Kondensationsverfahren sind im Wesen Kristallisationsprozesse, die auf der kolloiden Dispersitätsstufe unterbrochen werden. Wenn die Reaktion, die sonst zur Bildung unlöslicher Körper führt, in Gegenwart eines peptisierenden Elektrolyten vonstatten geht, so werden die entstehenden Teilchen unter günstigen Umständen als Kolloidteilchen stabilisiert. Die Reaktion kann in einer Verdrängung einer schwachen Säure durch eine stärkere ($Na_2SiO_3 + 2\,HCl = H_2SiO_3 + 2\,NaCl$) in einem Oxydations- oder in einem Reduktionsprozeß bestehen. Häufig führt eine gewöhnliche Fällung durch doppelte Umsetzung zweier Salze im Überschuß der einen Komponente zur Solbildung ($AgNO_3 + KCl = [AgCl] + KNO_3$ — F. SELMI 1846). Diese letzte Reaktion zeigt deutlich die Analogie zur Komplexsalzbildung (z. B. zur Auflösung von Merkurijodid im überschüssigen Jodkalium. Auch die Hydrolyse (durch Erwärmen oder Verdünnen) liefert häufig Kolloide ($2\,FeCl_3 + 3\,H_2O = 2\,Fe[OH]_3 + 6\,HCl$) unter der Bedingung, daß die Reaktion nicht vollständig wird.

Ein oft verwendetes Kondensationsverfahren ist der Wechsel des Lösungsmittels, z. B. das Hineingießen eines im organischen Mittel molekular gelösten wasserunlöslichen Körpers in Wasser (Lecithinsole, Harzsole). Ein Gegenstück dazu bildet etwa die Erzeugung wasserlöslicher Salze in organischen Lösungsmitteln, in denen sie schwer löslich sind.

Kolloide Lösungen liefert auch die Natur, und zwar die lebende (z. B. Eiweiß) wie auch die leblose (aus Verwitterungsprodukten, Ton u. dgl.).

Die molekulardisperse Unlöslichkeit einer Substanz ist keine unbedingte Voraussetzung zur Bildung von Kolloidteilchen. Eine dem Gleichgewichtszustand entsprechende Assoziation kann schon in einer Konzentration, die unterhalb der Löslichkeit steht, zur Bildung von Aggregaten kolloiden Dispersitätsgrades führen (Farbstoffe, Seife). Die allgemeine Bedingung für die Stabilität eines Kolloides gegen Zerfall ist natürlich, daß die Kräfte, die seine Komponenten zusammenhalten, stärker sind als diejenigen, die seine Moleküle auseinandertreiben.

Die notwendige Bedingung für die Herstellung stabiler elektrokratischer Sole, die die überwiegende Zahl der wässerigen Kolloidlösungen bilden, ist, daß ihre Teilchen eine elektrische Ladung erhalten. Die Anwesenheit gewisser Elektrolyte bei der Zerstäubung, die Unvollständigkeit der Hydrolyse, die Anwendung eines Überschusses einer Komponente bei der Fällung usw. sind die Umstände, die in den einzelnen Fällen eine Aufladung ermöglichen. Wir werden in Kapitel 41 die Herstellungsmethoden aus diesem Gesichtspunkte ausführlich besprechen. Jedenfalls ist die Tatsache sehr bemerkenswert, daß in

Wasser die gröber dispersen Systeme alle elektrokratischer Natur sind. Wir kennen keine ungeladenen Teilchen von einer Teilchengröße über $1 \,.\, 10^{-6}$ cm, die nicht in Wasser innerhalb kurzer Zeit ausflocken. Das Gebiet der Hydrokratoide scheint auf sehr feinteilige Sole beschränkt zu sein.

Dialyse. Die Reinigung von kolloiden Lösungen besteht in der Entfernung der kristalloiden Beimengungen, die in den meisten Fällen als nichtkolloide Produkte bei der Herstellungsreaktion auftreten. Unter Umständen kann man sie, falls sie flüchtig sind (NH_3), durch Kochen, in anderen Fällen durch Niederschlagen als Bodenkörper ($HCl + AgOH = AgCl + H_2O$) entfernen. Am häufigsten wird jedoch die Dialyse verwendet (TH. GRAHAM — 1861). Wie erwähnt, kann der Vorgang der Dialyse primär als eine Art von Siebwirkung der Membran aufgefaßt werden. Da die Kapillaren der Membran für die molekulargelösten Körper einen freien Durchgang gestatten, erfolgt bezüglich dieser ein Konzentrationsausgleich zwischen Innen- und Außenflüssigkeit. Die Konzentration der Kristalloide nimmt also innerhalb der Dialysierzelle ab. Wird nun die Außenflüssigkeit durch reines Wasser ersetzt, so wiederholt sich der ganze Vorgang. Durch mehrmaliges Wechseln der Außenflüssigkeit kann man erreichen, daß die Konzentration der Verunreinigungen praktisch auf Null herabgesetzt wird. Im Falle das Kolloid elektrolytischer Natur ist, d. h. eine Ladung besitzt, wird der Vorgang komplizierter. Seine Theorie werden wir bei der Besprechung der Membrangleichgewichte und in dem 41. Kapitel geben. Falls ein Elektrokratoid vorliegt, darf die Dialyse nicht bis zur vollständigen Entfernung aller anderen Ionen geführt werden, weil sonst eine Entladung und Ausscheidung des Kolloides erfolgt.

Die treibende Kraft der Dialyse ist die Konzentrationsdifferenz der Kristalloide zu beiden Seiten der Membran: die Dialysegeschwindigkeit $\frac{dc}{dt} = K(c_1 - c_2)$. Wenn man also durch Rühren innerhalb und außerhalb der Membran für einen Ausgleich der Konzentrationen sorgt, wird die Dialyse beschleunigt. Erhöhte Temperatur befördert gemäß der Erhöhung der Diffusionskonstante, mit welcher K in Beziehung steht, gleichfalls die Dialyse. Es ist schließlich klar, daß die Vergrößerung der Membranfläche, durch welche die Dialyse stattfindet, unter sonst gleichen Umständen den Prozeß begünstigt. Durch eine besonders große spezifische Oberfläche und dünne Schichtdicken, also Verkleinerung des Diffusionsweges, ist der Faltendialysator (PAULI und A. ERLACH) ausgezeichnet.

Die Konzentrationsunterschiede bewirken nicht nur, daß die gelösten Moleküle von den Stellen der höheren Konzentration zu denen der niederen diffundieren, sondern sie treiben auch die Wassermoleküle in umgekehrter Richtung. Wenn nicht ein hydrostatischer Druck dieser Kraft entgegenwirkt, führt die Dialyse zu einer Verdünnung des Kolloides, da die Dialysiervorrichtung zugleich als Osmometer funktioniert. Im Dialysierapparat von S. P. L. SÖRENSEN wird dies z. B. durch die Anwendung eines entsprechenden Gegendruckes vermieden, der schnellreinigende Faltendialysator z. B. aber führt unter Umständen zu einer starken Verdünnung. Hier muß eine Vordialyse unter hydrostatischem Gegendruck vorausgeschickt werden. Für die Untersuchungen erweist es sich häufig als vorteilhaft, die Lösungen einzuengen, da ihre physikalisch-chemischen Größen dann mehr ins Genau-Meßbare rücken. Falls das Sol temperaturbeständig ist, kann man durch Kochen das überschüssige Wasser vertreiben. Will man eine Temperaturerhöhung vermeiden, so führt das Einengen in einem Vakuumdestillierapparat rasch zum Ziele.

Das Durchpressen einer kolloiden Lösung durch eine für die Kolloidteilchen undurchlässige, für die molekulardispersen Anteile durchlässige Membran, wobei das Dispersionsmittel teilweise oder vollständig von den Kolloidteilchen abgetrennt wird, bezeichnet man als Ultrafiltration (C. J. MARTIN, G. MALFITANO, H. BECHHOLD, vollständige Literatur bei Wo. OSTWALD).

Literaturverzeichnis

BECHHOLD, H.: Z. f. Elektroch. **12**, 777 (1906). — BREDIG, G.: Z. f. angew. Ch. 951 (1898). — GRAHAM, TH.: Phil. Trans. **151**, 183 (1861). — MALFITANO, G.: C. r. **139**, 1221 (1904). — MARTIN, C. J.: Journ. Physiol. **20**, 364 (1896). — NÄGELI, C.: Theorie der Gärung. München (1879) und in OSTWALDs Klassiker: Die Mizellartheorie. — OSTWALD, Wo.: Koll. Z. **13**, 68 (1918). — PAULI, Wo., und A. ERLACH: Koll. Z. **34**, 213 (1924). — SELMI, F.: Nuovi Ann. d. Scienze Nat. di Bologna, Serie II, Bd. IV, 146 (1843) und in OSTWALDs Klassiker Nr. 217. (Herausgegeben von E. HATSCHEK.) (1928.) — SÖRENSEN, S. P. L.: Z. f. physiol. Ch. **103** (1917). — SVEDBERG, THE: Die Methode zur Herstellung kolloider Lösungen. Dresden (1909). — WHITBY, G. S.: Coll. Symp. Mon. IV. New York (1926). S. 203.

3. Die Erscheinung der Elektrophorese von Kolloidteilchen

S. E. LINDER und H. PICTON haben 1892 zuerst die Beobachtung gemacht, daß die Kolloidteilchen eines Arsentrisulfidsols durch den elektrischen Strom bewegt werden. Die Erscheinung der Elektrophorese, der Bewegung suspendierter Teilchen im elektrischen Felde, war schon viel früher bekannt. F. REUSS hat sie 1809 als erster an Tonsuspensionen beschrieben, weitere Beobachtungen stammen von M. FARADAY 1838, E. HEIDENHAIN und JÜRGENSEN 1860, E. DU BOIS REYMOND 1860, systematische Untersuchungen von G. QUINCKE 1861. Da der Zusammenhang zwischen Suspensionen und kolloiden Lösungen noch nicht erkannt war, wirkte PICTON und LINDERs Beobachtung als neuartig. Diesbezügliche Versuche mit Hydrosolen haben dann C. BARUS und E. A. SCHNEIDER (1893), A. COEHN (1897), A. LOTTERMOSER und MEYER (1897), R. ZSIGMONDY (1898), W. B. HARDY (1899), J. BILLITER (1902), J. C. BLAKE (1903), W. R. WITHNEY und BLAKE (1904), A. COTTON und H. MOUTON (1904), Wo. PAULI (1905) und F. BURTON (1906) mitgeteilt. Die spätere Zeit brachte eine sehr große Zahl von Beobachtungen an den verschiedensten Solen.

Bestimmung der Wanderungsrichtung. Die ersten Beobachtungen beschränkten sich auf die Feststellung der Tatsache einer Bewegung im elektrischen Felde und auf die Bestimmung der Wanderungsrichtung, waren also lediglich qualitativer Art. Dazu können mehrere Methoden benützt werden.

Das direkteste Verfahren ist die Beobachtung der Teilchen im Mikroskop (QUINCKE 1861) oder im Ultramikroskop (COTTON und MOUTON 1904) beim Anlegen einer Potentialdifferenz. Die Elektroden tauchen in eine Küvette. Eine Schwierigkeit dieser Methode liegt in der Tatsache, daß durch den elektrischen Strom in Kapillaren, als welche sich auch die Küvette unter dem Mikroskop verhält, eine Bewegung der Flüssigkeit stattfindet. Was zur Beobachtung gelangt, ist die algebraische Summe aus der Verschiebung der Flüssigkeit gegen die Wand und der Teilchen gegen die Flüssigkeit. Die Resultate sind nur dann brauchbar, wenn die Wasserverschiebung eine entsprechende Berücksichtigung findet.

Eine zweite Methode wurde zuerst von LINDER und PICTON benützt. In eine Röhre, welche die kolloide Lösung enthält, tauchen die zwei Elektroden. Falls die Anwesenheit des Kolloids durch die Trübung oder Farbe oder Brechung der Lösung sich kundgibt, ist die Aufhellung bzw. das Auftreten der Brechung von reinem Wasser an der Elektrode ein Zeichen dafür, daß die Kolloidteilchen durch den Strom von der Elektrode entfernt werden.

Dieses Verfahren hat eine Fehlerquelle in der Veränderung der Flüssigkeit um die Elektroden. Infolge der Elektrolyse wird die Umgebung der Kathode gewöhnlich eine alkalische, die der Anode eine saure Reaktion annehmen, vorausgesetzt, daß die Lösung ursprünglich neutral war. Wie schon W. B. HARDY 1899 gezeigt hat, kann die Wanderungsrichtung unter Umständen von der Wasserstoffionenkonzentration der Lösung abhängen. Was also an den Elektroden zur Beobachtung gelangt, ist nicht mehr das Verhalten des Kolloids in dem ursprünglichen Medium, sondern in einem veränderten, in welchem die Wanderungsrichtung häufig umgekehrt ist. Dieser Schwierigkeit, welche übrigens auch beim direkten mikroskopischen Verfahren auftritt, ist damit abzuhelfen, daß man die Elektroden nicht unmittelbar in die Kolloidlösung taucht, sondern eine, am zweckmäßigsten farblose, sogenannte Überschichtungsflüssigkeit zwischenschaltet, welche den Strom zwischen Elektrode und Lösung vermittelt. Der Sinn der Grenzschichtverschiebung gibt die Wanderungsrichtung des Kolloids an. Die Anwendung von zu engen Röhren ($r < 1,5$ mm) ist zu vermeiden, da sonst auch hier eine Wasserbewegung auftritt. Verschiedene Formen dieses Apparates werden wir bei der Besprechung der quantitativen Bestimmung der Wanderungsgeschwindigkeit kennenlernen.

QUINCKE hat festgestellt, daß Zerteilungen von Stärke, Platin, Gold, Eisen, Graphit, Quarz, Feldspat, Braunstein, Asbest, Schmirgel, Ton, Porzellan, Schwefel, Baumwolle, Lykopodium, Karmin, Papier, Federkiel, Elfenbein, Terpentin, Schwefelkohlenstoff, Luft, CO_2, O_2, H_2, C_2H_4 in Wasser zur Anode wandern. In Terpentin wandert dagegen nur Schwefel anodisch, die übrigen Körper gehen zur Kathode. In den Versuchen von PICTON und LINDER wurden die Teilchen der Arsentrisulfid-, Schellack-, Mastix-, Stärke-, Schwefel- und Kieselsäuresole zur Anode, die der Eisenhydroxyd- und Hämoglobinsole zur Kathode überführt.

Kolloide, deren Teilchen sich gegen die Stromrichtung bewegen, werden als negativ, solche, deren Teilchen zur Kathode geführt werden, als positiv bezeichnet. Die Angabe der Wanderungsrichtung bezieht sich entweder auf reines Wasser als Medium oder aber ist der Elektrolytgehalt anzugeben. Es gibt auch Kolloide, die in reinem Wasser im elektrischen Felde keine erhebliche Wanderung zeigen. Ein großer Teil von diesen wird aber durch Säuren positiv, durch Basen negativ. Ein solches Verhalten wurde von W. B. HARDY zuerst an durch Hitze geronnenen, von PAULI an nativen Eiweißkörpern nachgewiesen. In Analogie zu den Elektrolyten werden solche Kolloide als amphotere oder Ampholytoide bezeichnet.

Doppelschichttheorie und Ionentheorie. Eine Erklärung der elektrophoretischen Erscheinungen wurde auf zweierlei Weise versucht. Die eine Richtung suchte Anschluß an die Erscheinungen der Wasserbewegung in Kapillaren und nahm an, daß an der Grenzfläche der suspendierten Teilchen und der Flüssigkeit, ebenso wie an der Grenzfläche einer Wand und der Flüssigkeit sich eine elektrische Doppelschicht ausbildet (QUINCKE, HELMHOLTZ, PERRIN, SMOLUCHOWSKI). Die eine Belegung derselben falle in die Flüssigkeit, die andere in den festen Körper. Ein tangentiales Potentialgefälle ruft im Falle einer festen Wand eine Verschiebung der geladenen Flüssigkeitsschicht hervor, die infolge der inneren Reibung die anstoßende Flüssigkeit mit sich zieht. Liegt dagegen der feste Körper als Suspension, also frei verschiebbar vor, so werden dieselben Kräfte jetzt die suspendierten Teilchen bewegen. Die zweite Betrachtungsweise des Erscheinungsgebietes schließt sich eng der Theorie der elektrolytischen Dissoziation an. Die Suspensionen und Kolloidteilchen verhalten sich nach dieser Auffassung wie Elektrolyte von sehr hohem Molekulargewicht. Infolge der Dissoziation entsteht das hochwertige Kolloidion neben Elektrolytionen, die eine entgegengesetzte Ladung tragen. Diese nennt man Gegenionen (PAULI), auch kompensierende Ionen (ZSIGMONDY). Kolloidion und Gegenion tragen freie elektrische Ladungen und werden daher durch den elektrischen Strom in entgegengesetzter Richtung bewegt. Die positiven Kolloide bestehen aus dem hochwertigen Kolloidkation und den meist einwertigen Anionen als Gegenionen, die negativen Kolloide bestehen aus einem Kolloidanion und den gewöhnlichen Kationen als Gegenionen. Die Art des Gegenions hängt im allgemeinen von der Soldarstellung ab. Das Gegenion des kolloiden Eisenhydroxydes, welches durch Hydrolyse von Eisenchlorid entstanden ist, ist das Chlorion. Ebenso entsteht aus Eisennitrat ein Sol mit dem Gegenion NO'_3.

Die Theorie der elektrischen Doppelschicht gestattet die formale Beschreibung einer großen Reihe von elektrischen Erscheinungen an Kolloiden. Schon die Fragestellung bezüglich des substantiellen Aufbaues der Doppelschicht führt aber im Sinne der atomistischen Auffassung der Elektrizität notwendigerweise hinüber zur Ionentheorie. Wir werden deshalb zunächst die Grundzüge der Elektrolyttheorie der Kolloidlösungen darstellen und erst in späteren Abschnitten die Bedeutung der Doppelschichttheorie für die Kolloide darlegen.

Literaturverzeichnis

BARUS, C., und E. A. SCHNEIDER: Ann. d. Phys. (3) **48**, 327 (1893). — BILLITER, J.: Z. f. Elektrochem. **2**, 638 (1902). — BLAKE, J. C.: Am. J. Science (4) **16**, 433 (1903). — Z. f. anorg. Ch. **39**, 72 (1904). — BURTON, E. F.: Phil. Mag. (6) **11**, 436 (1906). — COEHN, A.: Z. f. phys. Chemie **4**, 62 (1897). — COTTON, A., und H. MOUTON: Les Ultramicroscopes. Paris (1906). — DIESELBEN Journ. Chim. Phys. **4**, 365 (1906). — DU BOIS REYMOND, E.: Berl. Ber. 895 (1860). — FARADAY, M.: Exp. Res. Nr. 1562 (1838). — HARDY, W. B.: Journ. of Physiol. **24**, 288 (1899). — HEIDENHAIN, E., und JÜRGENSEN: Arch. f. Anat. u. Physiol. 573 (1860). — HELMHOLTZ, H. v.: WIEDEMANNS Annalen **7**, 337 (1879). — PICTON, H., und E. S. LINDER: Journ. Chem. Soc. **61**, 148 (1892) und in OSTWALDS Klassiker Nr. 217. (Herausgegeben von E. HATSCHEK.) — LOTTERMOSER, A. und E. v. MEYER: Journ. f. prakt. Chemie (2) **56**, 241 (1897). — PAULI, WO.: HOFMEISTERS Beitr. z. chem. Phys. **7**, 531 (1906). — Naturw. **12**, 426 (1924). — QUINCKE, G.: Poggend. Ann. **113**, 583 (1861). — REUSS, F.: Mem. Soc. Naturalistes Moscou **2**, 327 (1809). — SMOLUCHOWSKI, M. v.: Krak. Ann. 187 (1903). — WITHNEY, R., und J. C. BLAKE: Journ. Am. Chem. Soc. **26**, 1339 (1904). — ZSIGMONDY, R.: (1) LIEBIGS Ann. **301**, 30 (1898). — (2) Kolloidchemie, 5. Aufl. Leipzig (1925).

4. Die Kolloide als Elektrolyte

Begriffsbildung. Unter Zugrundelegung der klassischen Dissoziationstheorie bildet die Begriffsbildung auf dem Gebiete der Kolloidelektrolyte keinerlei Schwierigkeiten.

Die Wertigkeit oder Ladungszahl des Kolloidions (z) gibt darnach die Anzahl der positiven oder negativen elektrischen Elementarladungen an, die von dem Kolloidion getragen werden. Die gleiche Anzahl entgegengesetzt geladener Ionen (falls diese x-wertig sind, der x-te Teil) ist in der Lösung als gewöhnliches elektrolytisches Ion, als Gegenion vorhanden. Diese Ionen zusammen mit dem Kolloidion bilden das Kolloidsalz oder den Kolloidelektrolyten. Ist das Gegenion etwa Cl, so haben wir es mit einem Kolloidchlorid zu tun, dessen Lösung die typischen Reaktionen (also z. B. die AgCl-Bildung) des Chlorions zeigt. Ist das Gegenion Wasserstoff, so handelt es sich um eine Kolloidsäure oder, wie PAULI sie nennt, um ein Azidoid.[1] Die Existenz von Kolloidbasen (Basoiden), d. h. merklicher Mengen stabiler Zerteilungen übermolekularer Dimension mit dem Gegenion OH wurde bisher nicht nachgewiesen.

Die Anzahl der Kolloidionen in einem Liter der Dispersion ist deren Teilchenzahl a. Ihre molekulare Konzentration ergibt sich zu

$$\frac{a}{N} = c \tag{48}$$

In einer kolloiden Lösung werden die Kolloidionen im allgemeinen verschiedene Wertigkeiten besitzen. Als mittlere Wertigkeit $\bar{z}$ bezeichnet man die Summe der Wertigkeiten aller Kolloidionen dividiert durch ihre Teilchenzahl

$$\bar{z} = \frac{\sum\limits_i z_i}{a} \tag{49}$$

Die (elektrochemische) Äquivalentkonzentration des Kolloidions n ergibt sich dann

$$n = c \,.\, \bar{z} = \frac{a \,.\, \bar{z}}{N} \tag{50}$$

gemäß der Definition der Gegenionen ist n zugleich ihre Äquivalentkonzentration.

Der osmotische Druck des Kolloidsalzes ist die Summe der osmotischen Drucke des Kolloidions und der Gegenionen.

$$p = RT\,(c + c \,.\, \bar{z}) = RT \,.\, c \,.\, (1 + z) = \frac{RT}{N}\, a\,(1 + \bar{z}) \tag{51}$$

Häufig ist die Wertigkeit des Kolloidions $\bar{z}$ so groß, daß man 1 daneben vernachlässigen kann. In diesem Falle ist der osmotische Druck hauptsächlich durch die Gegenionen bestimmt:

$$p = RT\,c \,.\, \bar{z} \tag{52}$$

Diesen Wert des osmotischen Druckes liefert die Gefrierpunkts- und Siedepunktsmethode und auch die direkte Bestimmung, falls die verwendete Membran für das Kolloidion und das Gegenion undurchlässig, für die Wassermoleküle durchlässig ist. Gebraucht man aber Membranen, die für das Kolloidion undurchlässig, für das Gegenion jedoch durchlässig sind (Pergament, Kollodium), so erhält man einen anderen Wert, welcher durch das DONNANsche Membrangleichgewicht bestimmt ist.[2]

Die spezifische Leitfähigkeit der Kolloidelektrolyte ergibt sich nach der klassischen Theorie auf Grund des Gesetzes der unabhängigen Wanderung der Ionen:

$$\varkappa = (u + v) \,.\, n \,.\, 10^{-3} = (u + v) \,.\, c \,.\, \bar{z} \,.\, 10^{-3} \tag{53}$$

wobei u und v die Äquivalentbeweglichkeiten der beiden Ionenarten Kolloidion und Gegenion bedeuten.

---

[1] L. MICHAELIS bezeichnete dagegen mit Azidoid Kolloide, deren isoelektrischer Punkt auf der sauren Seite liegt, unabhängig von der Art des Gegenions.

[2] Siehe Kapitel 26.

Der Zusammenhang zwischen Äquivalentleitfähigkeit und spezifischer Leitfähigkeit ist ebenfalls genau derselbe wie bei den gewöhnlichen Elektrolyten

$$\lambda = (u + v) = \frac{\varkappa}{n \, . \, 10^{-3}}$$

Zwischen der Äquivalentbeweglichkeit und der absoluten Wanderungsgeschwindigkeit W eines Kolloidions würde dann notwendigerweise dieselbe Beziehung bestehen wie bei den gewöhnlichen Ionen (Formel *11*). Im Falle eines positiven Kolloids wäre:

$$W = \frac{u}{96540}$$

Unter der Voraussetzung der Gültigkeit der klassischen Theorie könnte also bei Kenntnis der spezifischen Leitfähigkeit und der Äquivalentkonzentration der Gegenionen aus diesen Daten und der bekannten Beweglichkeit des Gegenions die Beweglichkeit, bzw. die Wanderungsgeschwindigkeit des Kolloidions oder umgekehrt aus dem Werte der spezifischen Leitfähigkeit und der beiden Beweglichkeiten die Äquivalentkonzentration des Kolloidsalzes berechnet werden.

Schließlich kann man die Konzentration der Gegenionen, falls sich eine für dieselben reversible Kette aufbauen läßt, mit Hilfe von elektrometrischen Messungen feststellen. Die EMK beträgt dann

$$EMK = \frac{RT}{zF} \, . \ln \frac{n}{C} \qquad (54)$$

wo z die Wertigkeit des Gegenions und C eine Konstante ist, welche von der Art der Elektrode abhängt. Die Konzentration der Kolloidionen läßt sich auf diese Weise nicht bestimmen, da sich eine für dieselben reversible Kette nicht herstellen läßt.

Der nächste Schritt besteht in dem Übergang zum Zustande der unvollständigen Dissoziation. Es ist also dann der Dissoziationsgrad α zu berücksichtigen. Die obigen Gleichungen bleiben gültig, nur n bekommt eine andere Bedeutung, es ist die Äquivalentkonzentration der freien Ionen:

$$n = \alpha \, . \, n_0 \qquad (55)$$

wobei n_0 die Gesamtäquivalentkonzentration bedeutet.

Ebenso ergibt sich die mittlere (freie) Ladungszahl des Kolloidions als Produkt der mittleren „Gesamtladung“ und des mittleren Dissoziationsgrades:

$$\bar{z} = \alpha \, . \, \bar{z}_0 \qquad (56)$$

Es bietet keine Schwierigkeiten, die Kolloidelektrolyte unter diesem einfachen Gesichtspunkt in Anwesenheit von gewöhnlichen Elektrolyten zu betrachten. Die spezifische Leitfähigkeit ermittelt sich dann aus der Formel

$$\varkappa = \Sigma n_i \, . \, u_i = \Sigma c_i \, \bar{z}_i \, u_i \qquad (57)$$

wo n_i die Äquivalentkonzentration der i-ten Ionensorte, u_i ihre Beweglichkeit bedeutet und die Summation über alle anwesenden Arten der freien Ionen zu erstrecken ist, wobei die Kolloidionen ebenso wie die anderen Ionen behandelt werden. Gleicherweise ergibt sich der osmotische Druck zu

$$p = \frac{RT}{N} \Sigma a_i, \qquad (58)$$

wo a_i die Anzahl der i-ten Teilchenart (Molekül, Ion oder Kolloidteilchen) im Liter darstellt.

Diese Auffassung, welche eine konsequente Anwendung der klassischen Theorie der elektrolytischen Dissoziation darstellt, war lange Zeit die Grundannahme für die elektrochemische Analyse von Kolloidlösungen und schrieb die Wege für die Untersuchung vor. Die Anwendung derselben auf die Leitfähigkeit besteht z. B. darin, daß man in der Kolloidlösung, welche gewöhnlich eine Mischung des Kolloidsalzes mit anderen Elektrolyten darstellt, die Gesamtleitfähigkeit und die Leitfähigkeit der anwesenden nicht kolloiden Salze gesondert bestimmt. Die Differenz dieser Werte ergibt dann die Leitfähigkeit des Kolloidsalzes. Die bloße Beobachtung der Gesamtleitfähigkeit liefert wegen der anwesenden Elektrolyte, die teilweise Verunreingungen sind oder von der Herstellung herrühren, teilweise aber das Ergebnis eines Gleichgewichtes der Oberflächenreaktion an den Kolloidteilchen darstellen, noch keinen charakteristischen Wert. Analoges gilt auch für den osmotischen Druck.

Behandlungsweise von Duclaux. Es war J. DUCLAUX, der auf Grund der angeführten Prinzipien zuerst die Kolloidlösungen untersucht hat. Er bezeichnet das Kolloidion als Granula (le granule), das Kolloidsalz als Mizelle [1] (la micelle), die abdissoziierten Gegenionen als freie Ionen der Mizelle (ione libres de la micelle). Er unterscheidet die Leitfähigkeit der Mizelle, d. h. des Kolloidsalzes und der intermizellaren Flüssigkeit, d. h. der übrigen anwesenden Elektrolyte. Die Summe der beiden gibt die Gesamtleitfähigkeit der Lösung an. Zur Bestimmung der Leitfähigkeit der intermizellaren Flüssigkeit trennt er diese von dem Kolloid durch Ultrafiltration ab. Die Leitfähigkeit des Ultrafiltrates soll nach ihm mit der Leitfähigkeit der intermizellaren Flüssigkeit identisch sein. Zur Bestimmung der Äquivalentbeweglichkeit der Kolloidionen benützt er die HITTORFsche Überführungsmethode und gelangt in dieser Weise zum Wert der Äquivalentkonzentration des Kolloides (n_k). Anderseits mißt er den osmotischen Druck mit Hilfe einer für die intermizellare Flüssigkeit permeablen Membran, d. h. mit seinem Ultrafilter und leitet daraus ebenfalls einen Wert für die Äquivalentkonzentration ab (n_p). Das Verhältnis der beiden Werte $\frac{n_k}{n_p}$ ist jedoch immer kleiner als 1, in einem Falle sogar nur 0,09. Abgesehen von anderen möglichen Fehlerquellen macht die Nichtberücksichtigung des Membrangleichgewichtes bei der Bestimmung des osmotischen Druckes diese Abweichung begreiflich.

Ein Beispiel möge das Verfahren von DUCLAUX erläutern. In einem Eisenhydroxydsol, dessen Gegenion Cl^- ist, findet er die Gesamtleitfähigkeit $\varkappa = 192 \times \times 10^{-6}$, die Leitfähigkeit des Ultrafiltrates $\varkappa_U = 43{,}5 \times 10^{-6}$. Die Leitfähigkeit des Kolloidsalzes der Mizelle ist also

$$\varkappa_M = \varkappa - \varkappa_U = 148{,}5 \times 10^{-6}.$$

Die Wanderungsgeschwindigkeit des Cl-Ions ist bei der Untersuchungstemperatur $W_{Cl} = 77 \times 10^{-5}$, die Wanderungsgeschwindigkeit des Kolloidions wurde durch einen Überführungsversuch mit dem Wert $W_{koll} = 44 \times 10^{-5}$ ermittelt. Die Äquivalentkonzentration ergibt sich durch die Division $n = \frac{\varkappa_{koll}}{(W_{koll} + W_{Cl}) \, . \, 96\,540 \, . \, 10^{-3}}$. Der osmotische Druck, welcher einer solchen Konzentration entspricht, ist in irgend einer Einheit $p_k = n \, . \, RT = 0{,}0314$, während der direkt gemessene Druck in derselben Einheit sich zu $p_p = 0{,}022$ ergibt. Das Verhältnis der beiden ist also $\frac{p_p}{p_k} = 0{,}67$.

---

[1] Wir übernehmen diese Bezeichnung nicht, sondern wollen das Wort Mizelle im Sinne seines Schöpfers C. NÄGELI für die in der festen Formart vorgebildeten Teilchen kolloider Größe reservieren. Dagegen werden wir unter „ionische Mizelle“ (Kapitel 63) eine spezielle Art von Kolloidionen (ohne die Gegenionen) im Sinne von J. W. MC. BAIN verstehen.

Behandlungsweise von Pauli. Nach den klassischen Arbeiten von DUCLAUX ruhte die physikalisch-chemische Analyse der Kolloide jahrelang, bis sie von PAULI 1917 wieder in Angriff genommen wurde. Auch er geht von der Gültigkeit der klassischen Theorie aus, führt aber in die Methodik die elektrometrische Ionen-Bestimmung[1] ein. Durch ausgewählte, sorgfältige Herstellungsmethoden und langdauernde gründliche Reinigung gelangte er mit J. MATULA zu Solen, in denen durch die potentiometrischen Messungen sowohl die Äquivalentkonzentration der Beimengungen, als auch diejenige des Kolloidsalzes bestimmt werden konnte. Durch Peptisation eines fast vollkommen ausgewaschenen Eisenhydroxydniederschlages mit Salzsäure und nachherige Dialyse gewinnt er z. B. ein Sol, in dem die H^+-Ionenbestimmung den gesamten beigemengten Elektrolyten als HCl liefert, während die Cl^--Bestimmung nach Abzug der HCl die Äqualentkonzentration des Kolloidchlorids angibt. Der Abzug der auf die HCl entfallenden Leitfähigkeit von der Gesamtleitfähigkeit liefert anderseits die Leitfähigkeit des Kolloidsalzes. Auf Grund der potentiometrisch bestimmten Äquivalentkonzentration wird ein Wert für die Wanderungsgeschwindigkeit errechnet, welcher mit dem experimentell ermittelten oder plausiblen verglichen wird. Durch fortgesetzte Dialyse gewinnen PAULI und MATULA auch Sole, die eine praktisch neutrale Reaktion zeigen. In diesen Solen ist die Leitfähigkeit der Beimengungen völlig zu vernachlässigen und die Gesamtleitfähigkeit identisch mit der Leitfähigkeit des reinen Kolloidsalzes.

In einem solchen Sol findet sich z. B. die Leitfähigkeit $k = 25{,}9 \times 10^{-4}$. Die elektrometrische Messung der Cl^--Ionen ergibt $n_{Cl^-} = 13{,}9 \times 10^{-3}$. Die Leitfähigkeit der Cl^--Ionen ergibt bei 25°

$$\varkappa_{Cl^-} = n_{Cl} \cdot u \cdot 10^{-3} = 13{,}9 \times 10^{-3} \times 75 \times 10^{-3} = 10{,}4 \times 10^{-4}\, r\, \Omega$$

woraus sich die Leitfähigkeit der Kolloidionen zu $\varkappa_{koll} = \varkappa - \varkappa_{Cl^-} = 15{,}6 \times 10^{-4}$ und die Äquivalentleitfähigkeit, bzw. Beweglichkeit sich zu $v = \frac{\varkappa_{koll}}{n_{Cl^-} \cdot 10^{-3}} = 46{,}5$ errechnet.

Während DUCLAUX' Methode auf der Kombination von konduktometrischen und osmotischen Messungen beruht, verknüpft PAULI die konduktometrischen Messungen mit den elektrometrischen. Wegen der Donnan-Korrektur, welche von DUCLAUX nicht angebracht wurde, erweist sich PAULIs Methode als vorteilhafter. Außerdem lieferte die elektrometrische Bestimmung der Gegenionen den unmittelbaren Nachweis ihrer Natur, die bis dahin nur als eine mehr oder weniger plausible Annahme galt. Besonders fruchtbar hat sich die Methode erwiesen bei den negativen Kolloiden, die durch gründliche Reinigung in die Kolloidsäuren übergeführt werden konnten. Dann ist auf dem Wege einer H-Ionenbestimmung die Feststellung der Äquivalentkonzentration möglich. Die Methode der Ultrafiltration zur Bestimmung der Leitfähigkeit der Beimengungen verwirft PAULI wegen der Gleichgewichtsverschiebung und zieht dieser Methode die statische der elektrometrischen Bestimmung auch für die Feststellung der Beimengungen vor. In den meisten Fällen aber gelingt es ihm, die Beimengungen praktisch zu entfernen.

---

[1] Die Genauigkeitsgrenze dieser Methodik liegt in dem Wert für das Diffusionspotential, dessen Größe sich heute weder experimentell noch theoretisch exakt ermitteln läßt.

G. VARGA in ZSIGMONDYS Institut bediente sich (1919) wiederum der DUCLAUXschen Methode der Ultrafiltration. Der osmotische Druck wird von ihm nicht gemessen, sondern es werden die Überführungsversuche in den Vordergrund gestellt. Später vergleicht R. WINTGEN (1922) ebendort die auf dem Wege der Überführungsversuche gewonnenen Werte mit solchen, welche auf Grund der Bestimmung der Wanderungsgeschwindigkeit erhalten wurden, und kombiniert die Methode mit der PAULIschen der elektrometrischen Ionenbestimmung.

Literaturverzeichnis

DUCLAUX, J.: Journ. Chim. Phys. **5**, 29 (1907). — MICHAELIS, L.: Die Wasserstoffionenkonzentration. 3. Aufl. Berlin (1923). — PAULI, WO., und J. MATULA: Koll. Z. **21**, 49 (1917). — VARGA, G.: Koll. Beihefte **11**, 1 (1919). — WINTGEN, R.: Z. f. phys. Ch. **103**, 238 (1922).

5. Chemische Zusammensetzung und elektrochemisches Verhalten

Wenn man in die Konstitution der Sole einen tieferen Einblick gewinnen will, so muß man die elektrochemische Untersuchung mit der chemischen Analyse der Kolloidlösung verknüpfen. Am wichtigsten für diese Verknüpfung erscheint die Tatsache, daß die kolloiden Lösungen im allgemeinen keine chemisch einheitliche Zusammensetzung aufweisen, sondern als Bestandteile mehrere Verbindungen enthalten.

Historisches. So war sich schon GRAHAM der Tatsache bewußt, daß seine Hydrosole keine chemisch einheitliche Zusammensetzung hatten. Er beschrieb z. B., daß die durch Peptisation eines Aluminiumhydroxydes mit $AlCl_3$ gewonnenen Tonerdesole bei der Reinigung ausflocken, noch bevor die gesamte beigemengte Salzsäure entfernt wird. Ebenso enthält sein durch Dialyse von essigsaurer Tonerde hergestelltes Sol nach sechs Tagen noch immer etwas Essigsäure. Aber noch vor GRAHAM hat man vielfach eben auf Grund analytischer Daten die Hydroxydkolloide als basische Salze beschrieben, worüber noch die älteren Auflagen von GMELINS Handbuch der anorganischen Chemie oder BERZELIUS' Lehrbuch unterrichten. Besonders wichtig sind in dieser Hinsicht die Untersuchungen von BÉCHAMP aus dem Jahre 1859, welcher die peptoiden Aluminium-, Eisen- und Chrom-Hydroxydsole und ihre Heteropeptoide unter diesem Gesichtspunkte behandelt hat. An diese Arbeit knüpfen die späteren Untersuchungen von WYROUBOFF und VERNEUIL an, weitere Beiträge liefern P. NICOLARDOT und G. MALFITANO (1904), welche die Hydroxydkolloide als durch Wasseraustritt kondensierte, basische Salze aufgefaßt hatten, etwa nach der Formel

$$[Fe(OH_3)x - n\,H_2O\,.\,Fe]\,Cl_3$$

MALFITANO erbringt den Nachweis, daß der Rückstand der Ultrafiltration von aus $FeCl_3$ hergestellten Eisenhydroxydsolen einen Teil des Cl zurückhält, ein Beweis, daß dieses nicht nur als Verunreinigung vorliegt, sondern konstitutiv mit dem Kolloidteilchen verbunden ist. Diese Tatsache geht übrigens aus den oben erwähnten GRAHAMschen Versuchsresultaten über die Dialyse, welche inzwischen von anderen Forschern, z. B. an $Fe(OH)_3$-Solen von L. MAGNIER DE LA SOURCE (1880), Bestätigung fanden, ebenfalls hervor. MALFITANO macht nach der obigen Formel die teilweise Abdissoziation der Chlorionen für die Leitfähigkeit des Kolloidsalzes verantwortlich. Er faßt allgemein die Kolloide als Systeme auf, in denen sich eine wechselnde Anzahl unlöslicher Moleküle $[Fe(OH)_3]$ um ein Ion eines elektrolytisch dissoziierten Moleküls ($FeCl_3$) gruppieren.

PICTON und LINDER waren bereits 1892 bei der Untersuchung der kolloiden Metallsulfide zu der Ansicht gelangt, daß die Bestandteile der durch Fällung der Oxyde mit H_2S hergestellten Sulfidsole chemische Verbindungen des Sulfids mit Schwefelwasserstoff sind. Das Arsentrisulfid-Sol besteht danach aus Teilchen, denen die Formel

$$n\,As_2S_3 . H_2S$$

zukommt. Dieser Schwefelwasserstoff läßt sich nicht vertreiben und geht bei der Flockung in den Niederschlag, ist also konstitutiv mit dem Teilchen verbunden. Einen solchen Aufbau hatten diese Forscher auf Grund ihrer Analysen für eine ganze Reihe von Metallsulfidsolen angenommen. Allerdings können hier Analysen kaum wirklich beweiskräftig durchgeführt werden und haben auch noch in jüngster Zeit zu gänzlich abweichenden konstitutiven Vorstellungen, z. B. Kombination von As_2S_2 mit As_2S_3 (S. S. BATHNAGAR u. B. L. RAO) für die Arsensulfidsole geführt.

E. JORDIS glaubte (1903) festgestellt zu haben, daß aus Natronwasserglas und Salzsäure bereitete Kieselsäuresole nach völliger Entfernung von Na^+ und Cl^- ausflocken. Den Bestandteil der stabilen Kieselsäuresole bildet nach ihm nicht die Kieselsäure selbst, sondern ihre hochbasischen oder hochsaurem Salze entsprechend den schematischen Formeln

$$Na_2O\,(SiO_2)_x \quad \text{bzw.} \quad [Si\,(OH)_4]_n \,.\, Si^{(OH)_3}_{Cl}$$

Der Dissoziation in Alkali-, bzw. Chlorionen verdanken die Sole ihre Ladung. Er proklamiert auf Grund dieses Befundes eine allgemeine Theorie der Kolloide, inbegriffen die Metallsole, welche alle einen ähnlichen Aufbau besitzen sollen; er kennt die allgemeine Bedeutung der „Fremdsubstanzen" für die Stabilität der Sole und führt für diese die Bezeichnung „Solbildner" ein. Ungefähr gleichzeitig mit ihm entwickelt J. DUCLAUX verwandte Vorstellungen über den Aufbau der Kolloide und prägt für diese Solbildner den entsprechenden Begriff des „aktiven Teiles" (partie active). Außer dem Eisenhydroxydsol, dessen aktiver Teil $FeCl_3$ ist, untersucht er z. B. das kolloide Kupferferrozyanid, welches durch Fällung von Ferrozyankali mit Kupfersalzen gewonnen wird, und gibt ihm die Formel

$$x\,Fe\,(CN)_6 . y\,Cu . z\,K$$

In diesem ist also das Ferrozyankalium der aktive Teil, welcher bei der Fällung in Uberschuß angewendet werden muß. Alle Kolloidteilchen verdanken ihre Ladung der Dissoziation des aktiven Teiles.

Später (1905) veröffentlicht A. LOTTERMOSER Arbeiten, in denen er die Rolle der „solbildenden Ionen" behandelt. Als solche gelten nach ihm für das Jodsilbersol Ag^+ oder J^-. Wendet man einen Überschuß von $AgNO_3$ bei der Fällung mit KJ an, so entsteht ein positives Sol, dessen Teilchen ihre Ladung den angelagerten Ag^+-Ionen verdanken, während im Überschuß von KJ ein negatives Sol mit dem solbildenden J^+-Ion entsteht. Ein Überschuß entweder von KJ oder $AgNO_3$ ist also hier die Bedingung für die Stabilität.

R. ZSIGMONDY entwickelt 1905 seine Vorstellungen über die Peptisation der Zinnsäure durch Alkali. Die Teilchen der Zinnsäuresole erhalten ihre Ladung nach ihm durch Adsorption von Stannationen, während das Kaliumion in die Lösung abdissoziiert ist. Die Konstitution eines Teilchens wird durch das Schema

$$\boxed{SnO_2}\, SnO_3''$$

ausgedrückt.

Auch von Edelmetallsolen wurde schon frühzeitig die Behauptung aufgestellt, daß sie außer dem Metall immer noch andere Bestandteile enthalten, die mit den Kolloidteilchen verbunden sind. I. C. BLAKE findet im Jahre 1903 auf analytischem Wege, daß die nach BREDIG durch elektrische Zerstäubung hergestellten Silbersole zu beträchtlichem Teil aus Silberoxyd bestehen. HANRIOT behauptet in derselben Zeit, daß in den geschützten Silbersolen vorwiegend salzartige Verbindungen des Silbers vorliegen. V. KOHLSCHÜTTER gelangt 1908 zu dem Ergebnis, daß das kolloide Silber, welches durch Reduktion von Silberoxyd entsteht, immer noch AgOH enthält, dessen Hydroxylionen teilweise an die Kolloidteilchen angelagert sind entsprechend, der Formel für das Kolloidteilchen:

$$(y\,Ag + x\,OH')$$

Er untersucht ferner die BREDIGschen Sole und findet, daß auch diese zu einem beträchtlichen Teil Oxyde enthalten.

Eingehende systematische Untersuchungen über den Aufbau der Hydroxyd-, Sulfid- und Edelmetallsole hat PAULI mit seinen Mitarbeitern seit 1917 angestellt. Die Aufladung der Eisenhydroxydsole wird nach ihm durch basische Eisensalze, der kolloiden Aluminiumhydroxyde durch basische Aluminiumsalze, der Thoriumhydroxyde durch basische Thoriumsalze, der Edelmetallsole durch Verbindungen des Metalles, die eine Säurenatur besitzen, der Arsentrisulfidsole durch eine Sulfarsenitsäure besorgt.

H. FREUNDLICH (1922) nimmt auf Grund seiner Beobachtungen an, daß die ODÉNsche Schwefelsole ihre Aufladung einer an der Oberfläche adsorbierten Pentathionsäure verdanken.

Neutralteil und ionogener Teil. Wir werden im folgenden vorwiegend von der Bezeichnungsweise Gebrauch machen, welche PAULI in dem von ihm entwickelten allgemeinen Bauplan der Kolloide gegeben hat. Er unterscheidet den Neutralteil (N) und den ionogenen Teil (J). Der Neutralteil bildet gewöhnlich die Hauptmasse des Kolloidteilchens. Seine Moleküle sind in der Regel unlöslich, einer elektrolytischen Dissoziation nicht fähig. Die ionogenen Moleküle, die dem aktiven Teil von DUCLAUX und den Solbildnern von JORDIS entsprechen, befinden sich gewöhnlich an der Oberfläche des Teilchens angelagert an den Neutralteil. Die Masse des ionogenen Teiles ist im allgemeinen viel geringer als diejenige des Neutralteiles. Die ionogenen Moleküle sind lösliche, dissoziationsfähige Verbindungen. Bei der Dissoziation spaltet sich die ionogene Verbindung in zwei Ionenarten. Die eine bleibt an dem Kolloidteilchen und verleiht ihm die Ladung, die andere spielt in der Lösung die Rolle der Gegenionen. Diese Terminologie enthält keine Annahmen über die Kräfte, welche die aufladenden Ionen an der Oberfläche festhalten. Davon soll Kapitel 7 handeln.

Quantitative Beziehungen. Das Ziel der physikalisch-chemischen Konstitutionsbestimmung der Kolloide ist die quantitative Verknüpfung der elektrochemischen

Größen mit der chemischen Zusammensetzung. Man sucht Antwort auf die Fragen: Welche Menge des Kolloides trägt eine Ladung? Welche Leitfähigkeit besitzt eine bestimmte Menge des Kolloides? Welche Zusammenhänge bestehen zwischen dem Verhältnis von Neutralteil und ionogenem Teil einerseits, Leitfähigkeit andererseits? usw. Die Festlegung der quantitativen Beziehungen zwischen chemischer Zusammensetzung und elektrochemischem Verhalten hat zuerst J. DUCLAUX (1907 bis 1909), später mit Hilfe der vervollkommneten Methodik WO. PAULI mit seinen Schülern (seit 1917) durchgeführt. G. VARGA (1919) und R. WINTGEN (seit 1922) haben dann ihre Ergebnisse in ähnlicher Weise verwertet.

Die Daten der chemischen Analyse liefern die Werte für die Konzentration des Neutralteils n_N und des ionogenen Teils n_J. Im Falle eines Eisenhydroxydsols kann man z. B. den Eisengehalt und Chlorgehalt des Kolloidsalzes bestimmen. Unter Annahme einer bestimmten Molekülart [z. B. $Fe(OH)_3$] als Neutralteil (N) und einer anderen (z. B. FeOCl) als ionogenen Teil (J) ergibt sich aus den Werten der Äquivalentkonzentration $n_N = n_{Fe} - n_{Cl}$ und $n_J = n_{Cl}$, da die Eisenatome teilweise auch zum Aufbau der ionogenen Moleküle dienen. Ist etwa Salzsäure als nicht zu vernachlässigende Beimengung anwesend, so sind die obigen Werte entsprechend zu korrigieren.

Aus diesen Daten erhält man eine schematische Konstitutionsformel für die Teilchen von der Art

$$x N . y J$$

wobei nur das Verhältnis x : y, nicht aber die einzelnen Werte bekannt sind, ausgenommen den Fall, daß auch die Größe der Teilchen gegeben ist. Eine solche Formel wäre z. B. 48 $FeOH_3$. FeOCl. Nun liefert die elektrochemische Analyse, wie im Kapitel 4 dargelegt, Werte für die Äquivalentkonzentration des Kolloidteilchens und dadurch auch für seinen Dissoziationsgrad:

$$n = \alpha n_J$$

n die Konzentration der freien Ionen, wird aus den Leitfähigkeitswerten, den potentiometrischen oder osmotischen Messungen entnommen.

Will man auch die Dissoziation in der schematischen Formel zum Ausdruck bringen, so schreibt man

$$[x N . y J . z A^+] + z G^-$$

(A ist das aufladende Ion, G das Gegenion, die Dissoziationsgleichung der ionogenen Verbindung ist also $J \rightleftarrows A^+ + G^-$).

Die absoluten Werte sind im allgemeinen wieder nicht bekannt, sondern nur das Verhältnis x : y : z. Die Beziehung zu α lautet

$$\alpha = \frac{z}{y + z}$$

da die analytische Konzentration der Chlorionen sich aus der Konzentration der dissoziierten und undissoziierten ionogenen Moleküle zusammensetzt.

In einem Eisenhydroxyd-Sol, welches keine Beimengungen enthält, hat man z. B. die folgenden Werte gefunden. 1 Liter enthält 53,08 . 10^{-2} Grammatome Fe. Die analytische Cl-Konzentration ist $n_{Cl} = 7,53 . 10^{-2}$. Die Äquivalentkonzentration der freien Ionen ergab sich auf Grund elektrometrischer Messungen zu 1,39 . 10^{-2}. Wir erhalten

$[Fe(OH)_3] : [FeOCl] : [FeO^+] = (53{,}08 \cdot 10^{-2} - 7{,}53 \cdot 10^{-2}) : (7{,}53 \cdot 10^{-2} - 1{,}39 \cdot 10^{-2}) : 1{,}39 \cdot 10^{-2} = 33 : 4{,}5 : 1.$

Die Konstitutionsformel lautet:

$$\bar{z}\,[33\,Fe(OH)_3 \cdot 4{,}5\,FeOCl \cdot FeO^+] + \bar{z}\,Cl^-$$

wobei $\bar{z}$ die meist unbekannte mittlere Wertigkeit des Teilchens darstellt.

Ein besonderes Interesse besitzt die Anzahl der auf eine freie Ladung entfallenden Moleküle. Diese Zahl bezeichnet man als Kolloidäquivalent K, sein Wert ergibt sich

$$K = \frac{x + y + z}{z} = \frac{n_N + n_J}{\alpha \cdot n_J} \tag{59}$$

In dem obigen Beispiel wurden in einem Liter $53{,}08 \cdot 10^{-2}$ Fe und $1{,}39 \cdot 10^{-2}$ freies Chlorion gefunden. Das Kolloidäquivalent ist also $K = 53{,}08/1{,}39 = 38$.

Durch Multiplikation des (mittleren) Molekulargewichtes mit dem Kolloidäquivalent erhalten wir das Äquivalentgewicht des Kolloidsalzes. Das Äquivalentgewicht multipliziert mit der (mittleren) Wertigkeit wäre das (mittlere) Molekulargewicht eines Teilchens.

Das Kolloidäquivalent (PAULI) wird von ZSIGMONDY als Elektroäquivalent, von R. WINTGEN als Äquivalentaggregation bezeichnet. Die undissoziierten, ionogenen Moleküle bezeichnet ZSIGMONDY als in die Mizellen eingeschlossen. Häufig werden diese auch adsorbiert genannt. Die Annahmen, welche diesen verschiedenen Bezeichnungsweisen zugrunde liegen, werden uns noch beschäftigen.

Die Wege, welche bei der Untersuchung der Protein-, der Seifen- und der Farbstofflösungen beschritten wurden, weichen in vielen Punkten von den hier beschriebenen ab und sollen deshalb gesondert behandelt werden.

Literaturverzeichnis

BATHNAGAR, S. S., und B. L. RAO: Koll. Z. **33**, 159 (1923). — BÉCHAMP: Ann. Chim. Phys. (3) **57**, 216 (1815). — BLAKE, J. C.: Am. Journ. Science (4) **16**, 433 (1903). — Z. f. anorg. Chemie **39**, 69 (1904). — DUCLAUX, J.: Journ. Chim. Phys. **5**, 29 (1907). — FREUNDLICH, H.: Kapillarchemie, 3. Aufl. Leipzig (1923). — DERSELBE und P. SCHOLZ: Koll. Beitr. **16**, 235 (1922). — GRAHAM, TH.: Phil. Trans. 183 (1861). — HANRIOT, M.: C. r. **136**, 680, 1448 (1903), **137**, 122 (1903). — JORDIS, E.: Neue Gesichtspunkte. Ber. d. phys. med. Soc. Erlangen **36**, 47 (1904). — KOHLSCHÜTTER, V.: Z. f. Elektrochem. **14**, 49 (1908). — LOTTERMOSER, A.: Journ. f. prakt. Chemie (2) **71**, 296 (1905). — MAGNIER DE LA SOURCE, L.: C. r. **90**, 1352 (1888). — MALFITANO, G.: Koll. Beitr. **2**, 142 (1910). — C. r. **140**, 1245 (1905). — NICOLARDOT, P.: C. r. **140**, 310 (1905). — PICTON, H., und S. E. LINDER: Journ. Chem. Soc. **71**, 568 (1897). — PAULI, WO., und J. MATULA: Koll. Z. **21**, 49 (1917). — Naturw. **12**, 426 (1924). — VARGA, G.: Koll. Beitr. **11**, 1 (1919). — WINTGEN, R.: Z. f. anorg. Ch. **103**, 238 (1922). — WYROUBOFF, G.: Ann. Chim. Phys. (8) 9 (1906). — Bull. Soc. Chim. **25**, 1010, (1901). ZSIGMONDY, R.: Kolloidchemie. 5. Aufl. Leipzig (1925).

6. Die Kolloide als starke Elektrolyte

Das in dem vorausgehenden Kapitel geschilderte Verfahren zur Ermittlung der Konstitution von Solteilchen ist der Ermittlung der Konstitution von Komplexionen durchaus analog, es fußt im Grunde auf dem Gesetze der unabhängigen Wanderung von KOHLRAUSCH und der Theorie der elektrolytischen Dissoziation von ARRHENIUS.

Nun hat die Theorie der Elektrolyte in den letzten Jahren eine tiefgreifende Änderung erfahren. Es wurde auf Grund der Hypothese der vollständigen Ionisation die neue Theorie der starken Elektrolyte entwickelt, wodurch die experimentellen Befunde auf diesem Gebiete eine weitgehend befriedigende Erklärung fanden.

Durch eine programmatische Arbeit von N. BJERRUM gewann die Umwandlung der Theorie der elektrolytischen Dissoziation wesentliche Bedeutung für die Kolloidchemie. In dieser Arbeit wird die Forderung aufgestellt, daß die Kolloidelektrolyte als starke Elektrolyte behandelt werden sollen, in denen Aktivität, Leitfähigkeit und osmotischer Druck durch die interionischen Kräfte verschieden beeinflußt werden. Diese Forderung wurde dann bald in einigen Arbeiten teilweise und in späteren in ihren Konsequenzen systematisch erfüllt.

Interionische Kräfte. Solange man kolloide Lösungen in Betracht zieht, in denen die Gesamtäquivalentkonzentration gewisse Grenzen nicht überschreitet, ist von vornherein nicht zu entscheiden, ob die interionischen Kräfte die Eigenschaften des Systems wesentlich beeinflussen.

Die Theorie der starken Elektrolyte behauptet, daß die zwischen den Ionen wirksamen elektrischen Kräfte bei umso niedrigerer Konzentration die durch die Abweichungskoeffizienten meßbare Größe erreichen, je höher die Wertigkeit der Ionen ist.

Diese Tatsache ist aus der folgenden Tabelle erkennbar, in der die Werte des mittleren osmotischen Koeffizienten und des Aktivitätskoeffizienten des einwertigen Ions von einem 1,1-, einem 1,2- und einem 1,3-wertigen Elektrolyten, berechnet nach DEBYE-HÜCKEL, ferner die auf Grund der experimentellen Daten berechneten Werte des mittleren Leitfähigkeitskoeffizienten von KCl und K_2SO_4, alle für zwei verschiedene Äquivalentkonzentrationen enthalten sind.

Tabelle 15. Abweichungskoeffizienten und Wertigkeit

Wertigkeit	Osmotischer Koeffizient f_0 nach DEBYE-HÜCKEL		Aktivitätskoeffizient f_a nach DEBYE-HÜCKEL	
	$1 \cdot 10^{-3}$ n	$1 \cdot 10^{-2}$ n	$1 \cdot 10^{-3}$ n	$1 \cdot 10^{-2}$ n
1 : 1	0,988	0,962	0,964	0,950
1 : 2	0,964	0,885	0,956	0,938
1 : 3	0,950	0,842	0,950	0,929

	Leitfähigkeitskoeffizient f_λ von KCl und K_2SO_4	
	$1 \cdot 10^{-3}$ n	$1 \cdot 10^{-2}$ n
KCl	0,978	0,941
K_2SO_4	0,964	0,879

Wir sehen z. B., daß das 1,3-wertige Salz in der Konzentration $1 \cdot 10^{-3}$ n kleinere Koeffizienten besitzt als das 1,1-wertige in der $1 \cdot 10^{-2}$ normalen Lösung. Es ist eben nicht die Konzentration ausschlaggebend, sondern die ionale Konzentration oder Ionalität der Lösung $\sum_i z_i^2 \gamma_i$, wo z_i die Wertigkeit und γ_i die molare Konzentration bedeutet.

Nun ist die Wertigkeit der Kolloidionen, die mit der zweiten Potenz in den Ausdruck für die Ionalität eingeht, ohne Zweifel sehr hoch (10, 100 und noch höherwertige Kolloidionen dürften häufig vorkommen) und das würde zur Folge haben, daß die kolloiden Lösungen schon bei einer verhältnismäßig geringen Äquivalentkonzentration sehr hohe Werte der Ionalität, also starke interionische Kräfte aufweisen. Die Theorie berücksichtigt jedoch auch die Ionengröße, welche diese Kräfte schwächt, und die Dimension der Kolloidionen muß selbstverständlich ebenfalls sehr hoch angenommen werden. Wie gezeigt wird, besitzen wir mit einigen Ausnahmen überhaupt keine genauen Kenntnisse über die Ionengröße und Wertigkeit bei Kolloiden und wir können einstweilen auch keine Beziehungen zwischen diesen zwei Größen angeben. So läßt die Theorie von vornherein die *Möglichkeit, daß die zwischen Kolloidionen und Gegenionen wirkenden elek*trischen Kräfte kleiner sind als diejenigen eines gleichkonzentrierten 1,1-wertigen Salzes, ebenso zu wie den Fall, daß die Kräfte stärker sind als diejenigen von hochwertigen gewöhnlichen Elektrolyten der gleichen Ionenkonzentration.

Es ist zu vermuten, daß in Wirklichkeit beide Fälle anzutreffen sein werden, sowohl solche, wo die Ionengröße die Wirkung der Polyvalenz vollständig paralysiert, also mit schwachen elektrostatischen Feldern in der Umgebung der Kolloidionen, als auch die Fälle, wo die Polyvalenz die Wirkung der Ionengröße überwiegt und zu starken Feldern in der Umgebung der Kolloidionen führt. Eine Entscheidung darüber, welcher Fall jeweilig vorliegt, gestattet immer nur das Experiment.

Abweichungskoeffizienten. Wir wollen nun im weiteren untersuchen, wie sich die empirisch ermittelten Daten der physikalisch-chemischen Kolloidanalyse in der Sprache der neuen Theorie der starken Elektrolyte ausdrücken lassen, wie der Begriff und Wert des Kolloidäquivalentes modifiziert werden muß und welche Meßergebnisse für einen Nachweis der Gültigkeit oder Ungültigkeit der klassischen Theorie notwendig sind.

Einfachheitshalber wollen wir auch hier zunächst nur den Fall betrachten, daß die Lösung lediglich die Kolloidionen und ihre Gegenionen enthält. Sowohl die einen als auch die anderen mögen untereinander gleichartig sein. Das Kolloidion soll etwa die positiven Ladungen tragen. Für die spezifische Leitfähigkeit erhalten wir wieder nur die Gleichung

$$\varkappa = (u + v)\, n_0 \,.\, 10^{-3}$$

Konzentration und Beweglichkeit haben jedoch hier eine andere Bedeutung. Die Konzentration muß man, unter Zugrundelegung der Hypothese der vollständigen Dissoziation, der Gesamtkonzentration der ionogenen Moleküle gleichsetzen:

$$n_0 = c \,.\, z_0 \tag{60}$$

wobei c die molekulare Konzentration des Kolloidions $\frac{a}{N}$, z_0 die Wertigkeit desselben vorstellt, bezogen auf die sogenannte G e s a m t l a d u n g, d. h. die Anzahl der ionogenen Gruppen pro Teilchen.

u und v bedeuten die Beweglichkeiten in dem Sol bei der g e g e b e n e n K o n z e n t r a t i o n. Diese Werte unterscheiden sich von den Werten bei der unendlichen Verdünnung durch den Leitfähigkeitskoeffizienten:

$$u = u_\infty \,.\, f_\lambda^u \text{ und } v = v_\infty\, f_\lambda^v \tag{61}$$

Wir erhalten also

$$\varkappa = \left(u_\infty f_\lambda^u + v_\infty f_\lambda^v\right) \frac{z_0\, a}{N} \,.\, 10^{-3} \tag{62}$$

Da die Wertigkeit und die Ionengröße von Kolloidionen und Gegenionen sehr verschieden sind, besteht eine hohe Wahrscheinlichkeit dafür, daß ihre Koeffizienten voneinander merklich abweichen werden.

Für den osmotischen Druck erhalten wir

$$p = RT \frac{a}{N} \left(f_o^{koll} + z_o f_o^G\right) \tag{63}$$

Unter Vernachlässigung des osmotischen Druckes, welcher von den Kolloidionen herrührt, bekommen wir

$$p = RT \frac{a}{N} z_o f_o^G \tag{64}$$

Durch Messung der EMK der für das Gegenion reversiblen Konzentrationsketten erhalten wir die Aktivität der Gegenionen:

$$EMK = \frac{RT}{F} \ln \frac{\frac{a}{N} z_o f_a^G}{C} \tag{65}$$

Wenn die Konzentration der ionogenen Moleküle sich analytisch ermitteln läßt und außer der spezifischen Leitfähigkeit eine der beiden Beweglichkeiten in dem Sol bekannt ist, so kann man den Leitfähigkeitskoeffizienten f_λ^G des Gegenions berechnen, während die Messung des osmotischen Druckes und die Messung der EMK der Konzentrationskette unmittelbar den Wert für f_o^G und f_a^G liefert.

Wir haben nun die Werte der Koeffizienten der Gegenionen: f_λ^G, f_o^G und f_a^G. Sind diese drei einander gleich, so können sie im Sinne der klassischen Theorie als Dissoziationsgrad aufgefaßt werden und die im vorherigen Kapitel geschilderte Behandlungsweise tritt in ihre Rechte. Sind sie aber voneinander verschieden, so ist die Behandlungsweise auf Grund der klassischen Theorie unberechtigt und es müssen die hier mitgeteilten Gleichungen für die Berechnungen benützt werden.

Die sorgfältige Überprüfung des experimentellen Materials zeigt uns, daß die notwendigen Daten nur in zwei Fällen einwandfrei vorliegen und beide Fälle zeigen die Abweichungen. Der eine Fall ist der der Thymonukleinsäure, wo E. Hammarstens Messungen den Aktivitätskoeffizienten und den osmotischen Koeffizienten liefern. Der zweite Fall ist ein Aluminiumhydroxydsol, wo die Messungen von Wo. Pauli mit E. Schmidt und L. Engel die Berechnung der Werte von Leitfähigkeits- und Aktivitätskoeffizienten gestatten (s. w. u.). In allen anderen Fällen läßt sich zeigen, daß die Fehlergrenze der Meßresultate eine gewisse Grenze erreicht, bei der die Entscheidung der aufgeworfenen Frage nicht möglich ist. Insbesondere die genaue Bestimmung der Beweglichkeit von Gegenionen oder Kolloidionen in dem gegebenen Milieu ist diejenige Größe, welche als Lücke der Analyse am häufigsten erscheint, da, wie weiter unten gezeigt wird, nur die Hittorfsche Methode einwandfreie Daten für diese liefern kann und diese Methode bei den Kolloiden spärliche Anwendung fand. Es sind aber Arbeiten im Gang, diese Lücke auszufüllen, wodurch unsere Kenntnisse über die Gültigkeit der neuen oder klassischen Theorie rasch erweitert werden dürften.

Die Berücksichtigung der modernen Theorie führt zu einer neuen Formulierung der Solkonstitution und zu neuen Definitionen des Kolloidäquivalentes. In der Konstitutionsformel hat dann eine Unterscheidung von undissoziierten und dissoziierten ionogenen Molekülen keine Berechtigung mehr. Die Konstitutionsformel betrachtet alle ionogenen Moleküle als dissoziiert:

$$[xN \,.\, yA^+] + yG^-$$

oder auf eine Ladung bezogen:

$$\left[\frac{x}{y} N \,.\, A^+\right] + G^-$$

Die Ionisationsverhältnisse muß man durch Angabe der einzelnen Abweichungskoeffizienten beschreiben.

Das Kolloidäquivalent

$$K = \frac{x}{y} + 1 = \frac{n_N}{n_J} \tag{66}$$

stellt die Anzahl der, unter der Voraussetzung der vollständigen Dissoziation, auf eine Elementarladung entfallenden Moleküle dar. Man kann aber diese Zahl auch auf eine freie Ladung beziehen, dann hängt ihre Größe davon ab, ob man die Leitfähigkeit, den osmotischen Druck oder die Aktivität der Gegenionen in Betracht zieht:

$$K_\lambda = \left(\frac{x}{y} + 1\right) f_\lambda^G = K f_\lambda^G;\; K_o = \left(\frac{x}{y} + 1\right) f_o^G = K f_o^G;\; K_a = \left(\frac{x}{y} + 1\right) f_a^G = K f_a^G \tag{67}$$

Für die Feststellung der Konzentration der ionogenen Moleküle ist die Forderung ausschlaggebend, daß sie sich in einem Zustande der momentanen Reaktionsfähigkeit befinden müssen. Nur diejenigen Moleküle, deren Gegenionen etwa bei Fällungsreaktionen sofort reagieren, können als ionisiert betrachtet werden. Dies ist eine notwendige, jedoch nicht hinreichende Bedingung, da manchmal auch Ionen der ersten, nicht ionogenen Sphäre (im Sinne von WERNER) sich in einem praktisch momentan sich einstellenden Gleichgewichtszustande befinden. Eine gewisse Willkür in der Festsetzung der Ionenkonzentration läßt sich somit nicht immer vermeiden.

Bei der Anwendung der Theorie der starken Elektrolyte auf die Kolloide tritt noch eine Komplikation auf, durch die Berücksichtigung der A s s o z i a t i o n. Es ist im Sinne von BJERRUM wahrscheinlich, daß die Kolloidionen, insbesondere diejenigen mit starken elektrischen Kräften, einen Teil der Gegenionen so intensiv festhalten, daß diese als mit dem Kolloidion assoziiert zu betrachten sind. Betrachtet man die Assoziation als statischen Zustand, dann kann man die Ionenkonzentration n auch unter der oben gemachten Voraussetzung der momentanen Reaktionsfähigkeit nicht mehr mit der analytischen Konzentration n_J gleichsetzen, sondern nur dem nicht assoziierten Bruchteil davon

$$n = n_J \,.\, (1 - \beta) \tag{68}$$

wobei β den Assoziationsgrad bedeutet. Da es aber nicht möglich ist, den Assoziationsgrad experimentell abzuleiten, ist unter solchen Umständen die Festlegung der wirklichen Ionenkonzentration undurchführbar. Man kann daher auch nicht die wirklichen Abweichungskoeffizienten bestimmen, sondern nur Bruttokoeffizienten, welche den Einfluß der interionischen Kräfte ohne Berücksichtigung des Assoziationsgrades summarisch ausdrücken.

Daß die Bilder, die man von den Ionisationszuständen der Kolloidelektrolyte auf Grund einerseits der klassischen Theorie, andererseits der modernen Auffassung und unter der Annahme einer Assoziation gewinnt, voneinander wesentlich verschieden sind, zeigt sich am klarsten bei der Betrachtung der Beweglichkeiten der Gegenionen. Im Sinne der klassischen Theorie ist von den Gegenionen der Bruchteil α abdissoziiert und die freien Ionen wandern in dem Kolloid unter dem Einfluß der Feldstärke mit derselben Geschwindigkeit wie in einer unendlich verdünnten Elektrolytlösung. Die undissoziierten wandern fest verbunden mit den Kolloidionen mit derselben Geschwindigkeit wie diese zu dem entgegengesetzten Pol.

Nach der modernen Auffassung sind die Gegenionen alle frei, sie sind aber in ihrer Bewegung durch die von den Kolloidionen ausgehenden Kräfte gebremst, haben infolgedessen eine kleinere Geschwindigkeit als bei der unendlichen Verdünnung.

Das Bild der Assoziation ist teilweise ähnlich dem klassischen, ein Bruchteil der Gegenionen β ist fest verbunden mit den Kolloidionen, die freien sind jedoch in ihrer Bewegung gebremst.

In manchen Fällen kann man mit Bestimmtheit behaupten, daß entweder ein Dissoziationsgrad oder ein Assoziationsgrad anzunehmen ist, aber keinesfalls sämtliche Gegenionen frei sind. Dies ist der Fall, wenn etwa durch Bestimmung der Überführungszahl festgestellt wird, daß weniger Gegenionen zu demjenigen Pol wandern, welcher ihrem normalen Wanderungssinn entspricht, als zu dem entgegengesetzten. In diesem Falle führt die formale Berechnung nach der modernen Theorie zu negativen Leitfähigkeitskoeffizienten für das Gegenion. Eine reelle Unterlage für diese Anomalie kann nur durch die Annahme einer Dissoziation oder Assoziation gefunden werden.

Zwischen Assoziation und Dissoziation ist der Unterschied bei den Kolloiden derselbe wie bei den gewöhnlichen Elektrolyten (N. Bjerrum): Im ersten Falle handelt es sich um einen rein physikalischen kontinuierlichen Vorgang, in dem zweiten Falle um einen chemischen, welcher mit einer sprungweisen Änderung der Ioneneigenschaften verbunden ist.

In Analogie zu den gewöhnlichen Elektrolyten hat es eine gewisse Wahrscheinlichkeit, daß die Kolloidsalze starke, 100%ige ionisierte Elektrolyte sind, während die Kolloidsäuren oft einem Dissoziationsgleichgewicht unterliegen.

Inwiefern die mannigfachen Beziehungen zwischen der Stabilität der Kolloidsalze und der Natur der anwesenden Ionen auf die Rolle elektrostatischer Wechselwirkungen hinweisen, wird noch ausführlich behandelt (Kap. 13 und 14). Hier handelt es sich lediglich um die formale Seite des Problems, insbesondere um die rechnerische Verwertung der Meßergebnisse. Aus diesem Grunde soll auch der Nachweis, daß die interionischen Kräfte der Kolloidsalze in hohem Maße durch die Polarisierbarkeit der Kolloidionen gesteigert werden, einer späteren Stelle vorbehalten bleiben.

Behandlung der Kolloidsalz-Elektrolytmischungen. Die neue Theorie muß natürlich auch berücksichtigt werden, wenn es sich nicht um die reinen Kolloidsalze allein, sondern um ihre Mischungen mit anderen Elektrolyten handelt. In den meisten Fällen macht man dann die Annahme, daß das Kolloidion hauptsächlich mit den entgegengesetzt geladenen Ionen in Wechselwirkung steht, während die gleichgeladenen seitens des Kolloidions keine in die Erscheinung tretende elektrostatische Beeinflussung erleiden. Diese

Annahme steht in Übereinstimmung mit dem experimentell festgestellten Verhalten der mehrwertigen Elektrolyte (im Gegensatz zur Hypothese der unabhängigen Aktivitätskoeffizienten und den Grenzgesetzen von DEBYE und HÜCKEL). Eine weitere praktisch notwendige Arbeitshypothese ist, daß man einen Teil der entgegengesetzt geladenen Ionen den mit dem Kolloidion gleichsinnig geladenen Ionen zuordnen und diesen Elektrolyten so betrachten kann, als ob er von dem Kolloidsalz elektrostatisch unabhängig wäre. Hat man z. B. etwa Salzsäure als Hydrolyseprodukt des Kolloidchlorids in der Lösung, so berechnet man die Konzentration der Salzsäure aus der Aktivität des Wasserstoffions meist ebenso, als ob diese Salzsäure sich in reinem Wasser befände, und weiter berechnet man derart aus der Konzentration die Leitfähigkeit, die auf die Salzsäure entfällt. Der Aktivitätskoeffizient der Gegenionen und der Leitfähigkeitskoeffizient des Kolloidsalzes ließe sich dann mit Hilfe einer einfachen Subtraktion der obigen Werte von der Gesamtaktivität und Gesamtleitfähigkeit der Lösung ermitteln. Diese Berechnungsweise wurde zuerst von BJERRUM, dann von PAULI-FRISCH-VALKÓ und später von K. LINDERSTRÖM-LANG und E. LUND benützt und bietet einstweilen den einzig gangbaren Weg bei der Erforschung gewisser Kombinationen von Kolloidelektrolyten mit Säuren, Basen und Salzen.

Beispiel für die Berechnungsweise. Die bei Berücksichtigung der Abweichungskoeffizienten schwierige Verwertung der von der physikalisch-chemischen Analyse gelieferten Meßergebnisse ght aus dem folgenden Beispiel des schon oben erwähnten Befundes von PAULI-SCHMIDT-ENGEL deutlich hervor.

Es wurde durch Peptisation des aus amalgamiertem Aluminium entstehenden Oxydes mit $AlCl_3$ ein Sol dargestellt. Die Lösung kam nach 12 Tagen Dialyse zur Untersuchung. Es ergab sich

Tabelle 16. Charakterisierung eines Al-oxydsols

$\%\ Al_2O_3$	$n_{Cl} \cdot 10^3$ analytisch	$a_{Cl} \cdot 10^3$ elektrom.	$a_H \cdot 10^5$ elektrom.	$\varkappa \cdot 10^4$
2,704	72,6	28,1	5,88	40,06

Die Leitfähigkeit, welche auf die Salzsäure entfällt, $\varkappa_{HCl}$, erhalten wir, indem wir die Konzentration der Salzsäure pro Kubikzentimeter: $a_H \cdot 10^{-3}/f_a$ mit der Äquivalentleitfähigkeit $(u + v) f_\lambda$ multiplizieren:

$$\varkappa_{HCl} = \frac{a_H(u + v) f_\lambda}{f_a \cdot 10^3}$$

Für die Koeffizienten f_a und f_λ werden die Werte von reiner Salzsäure der gefundenen Aktivität eingesetzt. Die im Kapitel IV mitgeteilten Werte der Koeffizienten zeigen uns, daß der Quotient der Abweichungskoeffizienten bei dieser niedrigen Konzentration ohne nennenswerten Fehler 1 gleichgesetzt werden kann. Wir erhalten

$$\varkappa_{HCl} = a_H (u + v) \cdot 10^{-3} = 2,94 \cdot 10^{-5}$$

Die Leitfähigkeit des Kolloidchlorids $\varkappa_{Koll}$ ergibt sich

$$\varkappa_{Koll} = \varkappa - \varkappa_{HCl} = 37,57 \cdot 10^{-4}\, r.\, O$$

Wir können mit Rücksicht auf die geringe vorhandene Konzentration für die Salzsäure $a_H = a_{Cl}$ setzen und unter dieser Voraussetzung erhalten wir für die Cl-Aktivität des Kolloidchlorids

$$a_{Cl}^{Koll} = a_{Cl} - a_H = 28{,}1 \,.\, 10^{-3}\,n$$

da der Wert von a_H unter die Fehlergrenze von a_{Cl} fällt. Aus demselben Grund entfällt die Salzsäurekorrektur an n_{Cl} (die Konzentration der Salzsäure wäre a_H/f_a) und wir erhalten

$$n_{Cl}^{Koll} = 72{,}6 \,.\, 10^{-3}\,n$$

An dem Sol wurde durch genaue Überführungsversuche die Wanderungsgeschwindigkeit des Kolloidions festgestellt. Die mittlere Geschwindigkeit der Aluminiumatome im elektrischen Felde ergab sich zu

$$W = 36{,}5 \,.\, 10^{-5}\,\text{cm/sec}$$

bei der Feldstärke 1 Volt pro Zentimeter. Da wir annehmen, daß sämtliche Aluminiumatome zum Aufbau der Kolloidionen dienen und ihre mittlere Geschwindigkeit als Maß für die mittlere Geschwindigkeit der letzteren dienen kann (wenn etwa die großen Kolloidionen langsamer wandern als die kleineren, gilt dies nicht[1]), erhalten wir die Beweglichkeit des Kolloidions in dem Sol:

$$u_{Koll} = W \,.\, F = 35{,}6 \,.\, r.\Omega$$

während die Beweglichkeit des Chlorions bei der Versuchstemperatur (25°) und in unendlicher Verdünnung etwa

$$v_{Cl} = 76\, r.\Omega$$

beträgt.

Somit haben wir alle Daten zur Verfügung, welche die physikalisch-chemische Analyse ohne Berücksichtigung der Teilchengröße und des osmotischen Druckes zu liefern vermag. Nehmen wir eine Konstitution

$$[x\,Al(OH)_3 \,.\, AlO^+] + Cl^-$$

an, so erhalten wir für x

$$x = \frac{2 \,.\, p\, 10}{[Al_2O_3]\, n_{Cl}^{Koll}} - 1 = 7{,}29 - 1 = 6{,}29$$

p bedeutet die Gewichtskonzentration des Sols an Al_2O_3, $[Al_2O_3]$ das Molekulargewicht, 1 wird subtrahiert, da ein Al als aufladendes Ion AlO^+ dient. Das Sol hat also die Formel pro Äquivalent:

$$[6{,}29\, Al(OH)_3 \,.\, AlO]^+ + Cl^-$$

während die Anzahl der auf eine Ladung entfallenden Al-Atome, das Kolloidäquivalent (im Sinne der 100% Ionisationstheorie),

$$K = 7{,}29$$

beträgt.

Nun kommen wir zur schwierigsten Aufgabe, zur Bestimmung der Abweichungskoeffizienten. Vorher wollen wir aber sehen, wie die klassische Theorie die Meßergebnisse registrieren und verwerten würde. Diese Theorie würde zunächst auf Grund der potentiometrischen Messung die Ionenkonzentration und damit den Dissoziationsgrad festlegen:

$$\alpha_I = \frac{a_{Cl}}{n_{Cl}^{Koll}} = \frac{28{,}1 \times 10^{-3}}{72{,}6 \times 10^{-3}} = 0{,}387$$

Den zweiten Weg zur Bestimmung des Dissoziationsgrades bieten die Leitfähigkeitswerte

$$\alpha_{II} = \frac{\varkappa_{Koll} \cdot 10^{-3}}{(u+v)\, n_{Cl}^{Koll}} = \frac{37{,}57 \,.\, 10^{-1}}{(35{,}6 + 76) \cdot 72{,}6 \,.\, 10^{-3}} = \frac{33{,}6}{72{,}6} = 0{,}463$$

[1] Näheres unter „Beschränkung der Überführungsmethode“ (Kap. 17.)

da die Beweglichkeit nach dieser Theorie von der Verdünnung unabhängig ist. Die Genauigkeit der angestellten Leitfähigkeitsmessungen, der elektrometrischen Bestimmung und der Überführungsversuche läßt keinen Zweifel aufkommen, daß die Abweichung zwischen α_I und α_{II} reell ist. Die klassische Theorie versagt also.

Wir wollen nun die Annahme der vollständigen Ionisation machen und im Sinne dieser Lehre die Abweichungskoeffizienten berechnen. Der Aktivitätskoeffizient der Gegenionen ergibt sich dann als identisch mit:

$$f_a^{Cl} = \frac{a_{Cl}}{n_{Koll}} = \alpha_I = 0{,}387$$

Verwickelter sind die Beziehungen zum Leitfähigkeitskoeffizienten. Nach unseren vorhergehenden Ausführungen ist die Beweglichkeit der Gegenionen bei unendlicher Verdünnung gegeben und die Beweglichkeit des Kolloidions im Sol. Aus diesen Werten errechnet sich

$$f_\lambda^{Cl} = \frac{\frac{\varkappa \cdot 10^3}{n_{Koll}} - u_{Koll}}{v_\infty^{Cl}} = 0{,}212$$

Der Zähler stellt den Leitfähigkeitsanteil des Chlorions pro Äquivalent des Kolloidsalzes dar.

Gegenüber dem Verfahren nach der klassischen Theorie ergibt also diese Berechnung $f_\lambda^{Cl} < f_a^{Cl}$ den Leitfähigkeitskoeffizienten kleiner als den Aktivitätskoeffizienten. Geändert wird dieses Verhältnis, wenn wir in unserem Falle eine merkliche Assoziation annehmen und an die Stelle der obigen auf n_{Cl} bezogenen analytischen oder Bruttokoeffizienten jene Koeffizienten setzen, die unter Berücksichtigung des Assoziationsgrades berechnet werden. Im Falle einer Assoziation werden die Chlorionen, die an das Kolloidion angelagert sind, mit diesem zusammen zur Kathode wandern und somit eine Wanderungsgeschwindigkeit mit positivem Vorzeichen von $36{,}5 \cdot 10^{-5}$ cm/sec besitzen, während die Aktivität der assoziierten Chlorionen Null wird. Die Assoziation wird demnach den Wert des Bruttoleitfähigkeitskoeffizienten immer viel stärker herunterdrücken als den Wert des Bruttoaktivitätskoeffizienten. Wenn also eine erhebliche Assoziation vorhanden ist, entfernt sich das Verhältnis $f_\lambda^{Cl} : f_a^{Cl}$ von dem Verhältnis der wirklichen Abweichungskoeffizienten. Umgekehrt könnte im Extremfalle der experimentelle Befund $f_\lambda^{Cl} < 0$, welcher einer überwiegenden HITTORFschen Überführung zum entgegengesetzten Pole entspräche, als sicheres Zeichen einer Assoziation (Dissoziation) aufgefaßt werden.

Durch Zugrundelegen verschiedener Assoziationsgrade können wir die Werte der effektiven Koeffizienten, d. h. der lediglich für die nicht assoziierten Ionen gerechneten Koeffizienten zwischen den Grenzen, welche die klassische und jenen, welche die moderne Auffassung (ohne Assoziation) liefert, beliebig variieren. Dies wird in der folgenden Tabelle gezeigt.

Wenn wir annehmen, daß etwa die Hälfte der Chlorionen mit dem Kolloidteilchen fest verbunden ist, so daß nur die andere Hälfte als freies Ion vorliegt, dann gewinnen wir in unserem Falle Abweichungskoeffizienten, welche der Größe und dem gegenseitigen Verhältnis nach ungefähr dem Verhalten eines 1:3-wertigen Elektrolyten von derselben Äquivalentkonzentration entsprechen, wie sie das Kolloidsalz hat.

Tabelle 17. Abhängigkeit der effektiven Abweichungskoeffizienten eines Al-Oxydsols von der angenommenen Größe des Assoziationsgrades

Assoziationsgrad	f_a^{Cl}		f_λ^{Cl}
0	0,387	$>$	0,212
0—0,400			
0,400	0,65	$=$	0,65
0,400—0,537			
0,537	0,835	$<$	1

Was nun die Festsetzung der Ionenkonzentration betrifft, so wurde in unserem Beispiel gezeigt, daß sämtliches Chlor in dem Sol mit $AgNO_3$ momentan unter AgCl-Bildung reagiert, so daß die Identifizierung der analytischen Chlorkonzentration und der Ionenkonzentration als berechtigt erscheint. Andererseits wurde qualitativ direkt erwiesen (Versuch im PAULI-LANDSTEINERschen Apparat mit KNO_3 als Überschichtungsflüssigkeit), daß ein beträchtlicher Teil des Chlors kathodische Wanderungsrichtung aufweist. Dieser Befund könnte die Annahme einer Assoziation nahelegen.

Dieselben Schwierigkeiten, wie die hier dargestellten, treten bei der Verwertung der elektrochemischen Daten jedes mehrwertigen Elektrolyten auf, die für die Annahme von Assoziationsprodukten (C. DRUCKERS Komplexionen) ebenfalls freien Spielraum bieten.

Ist der osmotische Druck der Gegenionen bekannt, so läßt sich das Verhältnis des Aktivitätskoeffizienten zum osmotischen Koeffizienten unabhängig von der angenommenen Ionenkonzentration (also auch der Assoziation) angeben. Die Beziehung des osmotischen Koeffizienten zum Leitfähigkeitskoeffizienten ist dagegen von derselben Art wie die Beziehung des Aktivitätskoeffizienten zum letzteren.

Literaturverzeichnis

BJERRUM, N.: Z. f. phys. Ch. **110**, 656 (1924). — Det. Kgl. Danske Vid. Selskab. Mat. fys. Meddelsk. VII. 9 (1926). — Ergebn. d. exakten Naturw. 5. Berlin (1927). — HAMMARSTEN, E.: Bioch. Z. **144**, 338 (1924). — LINDERSTRÖM-LANG, K. und E. LUND: C. r. Lab. Carlsberg (1927). — PAULI, WO., und L. ENGEL: Z. f. phys. Ch. **126**, 247 (1927). — PAULI, WO., und E. SCHMIDT: Z. f. phys. Ch. **129**, 199 (1927). — PAULI, WO., und E. VALKÓ: Z. f. phys. Ch. **121**, 161 (1926). — PAULI, WO., FRISCH, J., und E. VALKÓ: Bioch. Z. **164**, 401 (1924).

7. Die Theorien der Aufladung

Unseren bisherigen Betrachtungen lag die Auffassung zugrunde, daß die Kolloidionen freie elektrische Ladungen besitzen, die dadurch zustandekommen, daß die Anzahl der mit einem Teilchen verbundenen positiven und negativen Ionen ungleich ist. Aus der Tatsache, daß die Lösungen selbst elektrisch neutral sind, folgt die Existenz der Gegenionen.

Diese Auffassung, welche heute wohl von jedem Forscher auf diesem Gebiet geteilt wird, wurde zuerst von J. BILLITER ausgesprochen, doch gerät dieser Autor mit derselben in Widerspruch, wenn er einem Kolloidteilchen einen Bruchteil einer Ionenladung zuweist.

Ein weiteres Problem stellt die Ursache des Unterschiedes in der Anzahl der mit einem Teilchen verbundenen positiven und negativen Ladungen dar. Diese Frage ist identisch mit der nach der Natur jener Kräfte, welche die aufladenden Ionen an dem Teilchen festhalten und die Gegenionen abstoßen. Einen Teil dieser Kräfte haben wir bereits als interionische Kräfte besprochen. Diese COULOMBschen Anziehungs- und Abstoßungskräfte wirken notwendigerweise zwischen den geladenen Partikeln der Lösung, setzen aber schon die Existenz von freien Ladungen voraus. Will man also eine vollständige Theorie der Ionengleichgewichte in den Kolloiden geben, so wird die Theorie der interionischen Kräfte in dieselbe eingehen.

Chemische Auffassung. Im allgemeinen stehen zwei Auffassungen der Aufladung gegeneinander: die physikalische und die chemische. Der Unterschied zwischen beiden trat bereits bei der Schilderung der Beobachtungen über den Zusammenhang zwischen chemischer Zusammensetzung und elektrochemischem Verhalten hervor. H. PICTON und S. E. LINDER sprachen z. B. von dem chemischen Komplex $n As_2S_3 . SH_2$, sie faßten also das aufladende S-Ion chemisch gebunden auf. Ganz entschieden wurde die chemische Auffassung von G. WYROUBOFF und VERNEUIL, P. NICOLARDOT und G. MALFITANO vertreten, von denen sie auch J. DUCLAUX übernommen hat. Wie schon erwähnt, betrachten diese Forscher die Hydroxydkolloide als Kondensationsprodukte der basischen Salze. Das aufladende Ion soll also durch Hauptvalenzen an den Neutralteil gebunden sein. Gleichfalls rein chemisch ist die Theorie von JORDIS.

V. KOHLSCHÜTTER betrachtet die aufladenden Ionen ebenfalls als chemisch gebunden, und zwar als komplexbildende Einzelionen: „Während vielfach das OH-Ion nur als adsorbiert betrachtet wird, indem man vom Kolloid als dem primär gegebenen ausgeht, stellt es nach der hier angedeuteten Auffassung mehr ein ‚komplexbildendes Einzelion' dar, welches als ‚Neutralteil' Ag-Metall anlagert — beide Bezeichnungen im Sinne der ABEGG-BODLÄNDERschen Definition der Komplexverbindungen gebraucht."

Nach PAULIS Anschauungen sind ausschließlich an der Oberfläche der Teilchen befindliche Komplexionen (im Sinne von WERNER) die Träger der Aufladung von Kolloiden.

Die Aufnahme und Abgabe von Gegenionen ist entsprechend der chemischen Auffassung als eine elektrolytische Dissoziation zu deuten.

Physikalische Auffassung. Der größte Teil der Vertreter der physikalischen Auffassung steht nicht im Widerspruche zu der chemischen Betrachtungsweise. Diese Forscher begnügen sich, statt eine genetische Erklärung zu geben, mit der bloßen Beschreibung einer Seite der Erscheinungen. G. QUINCKE hat das Potential seiner Suspensionen als Folge der Kontaktelektrizität aufgefaßt. HELMHOLTZ sprach von einer elektrischen Doppelschicht an den Grenzflächen, ohne die Ursache ihrer Ausbildung anzugeben. J. PERRIN besprach die Fixierung einzelner Ionenarten an die innere oder äußere Schicht, bringt sie sogar mit den Eigenschaften der Ionen in Beziehung (Bevorzugung der H^+- und OH^--Ionen infolge ihrer kleinen Wirkungssphäre), aber die Kräfte, welche diese Fixierung bewirken, gibt er nicht an. Weiter geht BILLITER, der die Aussendung von Ionen auf die elektromotorische Wirksamkeit (Lösungstension) der Kolloide zurückführt. Man hatte das Kolloidteilchen auch als ein Lösungsmittel betrachtet und die ungleichen Verteilungskoeffizienten der Ionen im Sinne von NERNST für die Aufladung verantwortlich gemacht.

Nicht für mehr als eine Beschreibung kann die sogenannte Adsorptionstheorie gelten. Als Adsorption bezeichnet man im allgemeinen die Erscheinung, daß an der Grenzfläche zweier Phasen eine Zunahme der Konzentration einer gelösten oder gasförmigen Substanz gegenüber der Konzentration derselben Substanz im Inneren der Phase, stattfindet. Die wichtigsten Fälle der Adsorption sind die Anreicherung von Gasen und gelösten Substanzen an der Oberfläche fester Körper, die mit dem Gas bzw. der Lösung in Berührung stehen.

Die Bestimmung der Adsorption kann auf sehr verschiedene Arten geschehen. Man gibt z. B. zu einem Gas einen festen Körper und bestimmt die Abnahme des Druckes (Korrektur für das Volumen des festen Körpers), oder man bringt den festen Körper in eine Lösung und bestimmt die Abnahme der Konzentration der gelösten Substanz auf analytischem Wege nach Entfernung des festen Körpers oder bei Elektrolyten statisch durch Messung der Leitfähigkeits- oder Aktivitätsabnahme.

Die kolloide Lösung kann nicht nur als eine Lösung von abnorm großen Molekülen, sondern sie kann auch als die Mischung zweier Phasen mit einer abnorm großen Oberflächenentwicklung aufgefaßt werden. Die Gesetze der kolloiden Lösungen können in den Termen beider Auffassungen beschrieben werden. Sowohl die Gesetze der Lösungen, wie die der makroskopisch heterogenen Systeme können auf die kolloiden Dispersionen Anwendung finden, falls man deren Stellung als Grenzfall in Betracht zieht.

Im Sinne der Adsorptionstheorie haben die Kolloidteilchen eine Tendenz, die Konzentration einzelner Ionenarten an ihre Oberfläche gegenüber der Konzentration in der Lösung zu vergrößern. An der Teilchenoberfläche findet also eine Anreicherung an bestimmte Ionenarten statt. Die Ladung des Kolloidteilchens ergibt sich als die Differenz der adsorbierten positiven und negativen Ionen.

Als Anhänger der Adsorptionstheorie der Kolloidaufladung sind in erster Linie H. FREUNDLICH und A. LOTTERMOSER zu nennen, während R. ZSIGMONDY in manchen Fällen der chemischen, in anderen der Adsorptionstheorie den Vorzug gibt.

Oberflächenkräfte. Vom Standpunkte der kolloiden Lösung als heterogenes System ist die Tatsache der großen spezifischen Oberfläche (WO. OSTWALD) von höchster Wichtigkeit. Unter spezifischer Oberfläche versteht man die Oberfläche pro Volumeinheit. Zwei Kugeln vom Radius r_1 und r_2 haben die Oberfläche $4\,r_1^2\,\pi$ und $4\,r_2^2\,\pi$ und das Volum $\frac{4}{3}\,r_1^3\pi$ und $\frac{4}{3}\,r_2^3\,\pi$. Das Verhältnis der Oberflächen beträgt also $(r_1/r_2)^2$, das der Massen $(r_1/r_2)^3$. Die spezifische Oberfläche nimmt also mit wachsendem Teilchenradius ab.

Grenzen zwei Phasen aneinander, so erfolgt der Übergang der einen Phase in die andere nicht derart, daß jede Substanz der beiden Phasen genau bis zur Grenzfläche dieselbe Eigenschaft behält. Es besteht vielmehr an der Grenzfläche eine Schicht von endlicher Dicke, in welcher die Eigenschaften der Substanzen von ihren Eigenschaften im Innern der Phasen abweichen.

Vom Standpunkte der Molekulartheorie ist die Existenz einer solchen

Oberflächenschicht durchaus verständlich. Die Eigenschaften einer Substanz sind durch die Wechselwirkung der Moleküle aufeinander mitbestimmt. Jedes Molekül im Innern einer Phase unterliegt dem Einfluß der umgebenden Moleküle. An der Oberfläche hat jedoch das Molekül eine andere Umgebung. Nur in der einen Richtung unterliegt es dort dem Einfluß der Moleküle von derselben Art wie im Innern, in der anderen Richtung wird es durch die Moleküle der zweiten Phase beeinflußt.

Die Bildung einer Grenzfläche geht infolgedessen mit einer Änderung der freien Energie einher, da die Oberflächenschicht einen anderen Energieinhalt hat als das Innere. Die Arbeit, welche notwendig ist, die Oberfläche um eine Einheit zu vergrößern, nennt man Oberflächenspannung:

$$d F = \gamma \, d\sigma \cdot$$

F: freie Energie, γ: Oberflächenspannung, σ: Maß der Oberfläche.

Die Oberflächenspannung hängt natürlich von der Natur der beiden angrenzenden Phasen ab. Häufig versteht man darunter die Oberflächenspannung einer Flüssigkeit im Gleichgewicht mit ihrem Dampfe.

Die Oberflächenspannung einer Lösung hängt auch von deren Zusammensetzung ab. Sie kann durch die Erhöhung der Konzentration der gelösten Substanz erhöht oder erniedrigt werden. Erniedrigt die Substanz die Oberflächenspannung mit steigender Konzentration, so verlangt der zweite Hauptsatz der Thermodynamik, daß die Oberflächenschichte diese Substanz in größerer Konzentration enthält als im Innern der Phase. Erhöht sie die Oberflächenspannung, so muß die Oberfläche an ihr verarmen (W. Gibbs). Die Anreicherung der gelösten Substanz an der Oberfläche nennt man Adsorption, die Verarmung negative Adsorption.

Die gleiche Beziehung beherrscht die Adsorption von Gasen durch eine Flüssigkeit.

Unsere Kenntnis über die Molekularstruktur der Oberflächen wurde in den letzten Jahren erheblich bereichert.

W. B. Hardy hat 1912 als erster den Gedanken ausgesprochen, daß die Moleküle der Oberfläche in bestimmtem Sinne gerichtet sind. Die Asymmetrie der einwirkenden Kraft ruft eine Orientierung der Moleküle hervor. Dieser Gedanke wurde später von J. Langmuir und W. D. Harkins weiter entwickelt.

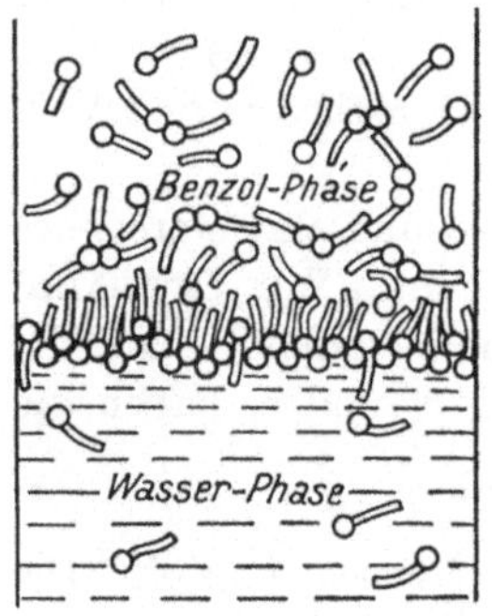

Abb. 10. Orientierte Adsorption einer Fettsäure an der Grenzfläche Wasser/Benzol

Stellen wir uns ein kettenförmig gebautes Molekül vor, welches eine polare Gruppe enthält, z. B. eine Fettsäure. An der Grenzfläche zweier verschiedener Lösungen wird dieses Molekül jene Lage einnehmen, welche dem Minimum der potentiellen Energie entspricht. Wenn die zwei Flüssigkeiten etwa Wasser und Benzol sind, so können wir folgendes aussagen. Die aktive Karboxylgruppe zeigt eine Affinität zu Wasser, sie neigt zur Hydratation. Die Wechselwirkung der Karboxylgruppe mit Wasser ist verantwortlich für die größere Wasserlöslichkeit der Fettsäuren gegenüber den Kohlenwasserstoffen. Die Kohlenwasserstoffkette zeigt dagegen eine größere Affinität zu Benzol. Infolgedessen werden sich die Karboxylgruppen gegen die Wasserphase, die nichtpolare Kohlenstoffkette gegen die Benzolphase wenden. Die Orientierung erfolgt senkrecht auf die Grenzfläche (Abb. 10).

Die Abnahme der freien Energie bei der Wechselwirkung der polaren Karboxylgruppe mit Wasser ist hauptsächlich die Quelle der Änderung der Oberflächenenergie der Grenzfläche und dadurch auch für die Adsorption der Fettsäure.

Ein anderes Beispiel ist die Orientierung der Alkohole oder Fettsäuren an der Grenzfläche von Wasser/Luft. Die der Wechselwirkung mit der Luft entstammende Energie ist praktisch Null, die aktiven Gruppen (OH bzw. COOH) liefern in Berührung mit Wasser eine viel größere Energiemenge als der übrige Teil des Moleküls. Es resultiert wiederum eine auf die Oberfläche senkrechte Orientierung, wobei die aktive Gruppe sich gegen das Wasser wendet (Abb. 11).

HARKINS bringt die Orientierung in anschaulicher Weise in Beziehung mit der Orientierung eines schwimmenden Holzstückes, welches einseitig beschwert ist. Die Asymmetrie der Molekülform ist nicht Bedingung für die Orientierung, nur die Asymmetrie der von den verschiedenen Teilen des Moleküls ausgehenden Kräfte, genau so, wie ein kugelförmiges Holzstück, welches etwa durch Blei einseitig beschwert, unter dem Einfluß der Schwerkraft gerichtet wird.

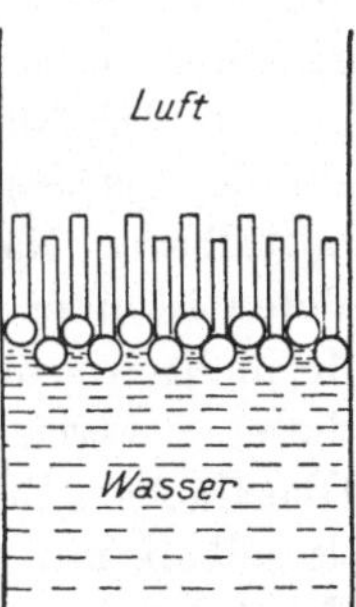

Abb. 11. Orientierung einer Fettsäure an der Grenzfläche Wasser/Luft

Der Orientierung der Moleküle an Grenzflächen wirkt die Wärmebewegung der Moleküle entgegen. Der sich ergebende stationäre Zustand gehorcht dem BOLTZMANNschen Satz. Je größer die Energiedifferenz zwischen orientiertem und regellos verteiltem Zustand und je tiefer die Temperatur, um so ausgesprochener ist die Orientierung.

STEFAN hat bemerkt, daß die molare Oberflächenspannung (d. h. die Arbeit, welche notwendig ist, um ein Mol aus dem Innern auf die Oberfläche zu bringen), gleich sein müßte der Hälfte der molaren Verdampfungswärme. Dies trifft jedoch nur dann zu, wenn an der Oberfläche keine Orientierung erfolgt. In der Tat zeigen die Experimente, daß das Verhältnis der molaren Oberflächenenergie und der halben Verdampfungswärme kleiner als 1 ist und erst mit wachsender Temperatur gegen die Einheit konvergiert. Je asymmetrischer das Molekül, um so kleiner wird dieses Verhältnis.

Wenn ein gelöstes Molekül an der Oberfläche derart orientiert ist, daß nur seine aktive Gruppe in der Flüssigkeit liegt, so wird sein Einfluß auf die Oberflächenspannung von der Größe des übrigen Teiles, etwa der Kohlenstoffkette, unabhängig sein. Wenn es dagegen flach auf der Oberfläche liegt, so wird sein Einfluß auf die Oberflächenspannung etwa durch jede hinzutretende CH_2-Gruppe auf dieselbe Weise verändert.

Unter bestimmten Bedingungen kann man auf einer Flüssigkeitsoberfläche eine Haut einer zweiten, mit der ersten nicht völlig mischbaren Flüssigkeit erhalten, welche nur die Dicke von einem Molekül hat. Aus der Anzahl der Moleküle, die pro Oberflächeneinheit in dem monomolekularen Film enthalten sind, kann man ihre Lage darin abschätzen.

Die Fettsäuren in verdünnten wäßrigen Lösungen liegen flach auf der Grenzfläche Lösung/Luft. Ihr Einfluß auf die Oberflächenspannung hängt daher von der Länge der Kohlenstoffkette ab. Die Einführung einer neuen CH_2-Gruppe setzt die Oberflächenspannung in einem bestimmten Maße herab (TRAUBEsche Regel).

Die Kräfte, welche den Zusammenhalt der Bausteine in einem heteropolar gebauten Kristall bedingen, die Gitterkräfte, sind mit den chemischen Kräften der heteropolaren Verbindungen identisch. Während im Innern der Kristalle die Valenzen jedes Ions durch die umgebenden Ionen abgesättigt werden, sind diese Valenzkräfte an der Oberfläche mehr oder weniger frei. Es bleiben an der Oberfläche der Ionengitter Restvalenzen übrig. Auf diese ist nach F. Haber die Adsorption an Kristalloberflächen zurückzuführen.

Die elektrische Theorie der Adsorption an Kristallen hat in den letzten Jahren hauptsächlich durch die Arbeiten von P. Debye und seiner Schule eine große Entwicklung erfahren. E. Hückel hat in der neuesten Zeit diese Theorie zusammenfassend behandelt. (Daselbst auch Literatur.)

In der Nähe der Oberfläche eines heteropolar gebauten Kristalls besteht ein elektrisches Feld, dessen Feldstärke sich von Ort zu Ort ändert. In der unmittelbaren Nähe eines positiven Ion überwiegt das von diesem Ion erzeugte Potential über die Wirkung der benachbarten negativen Ionen und umgekehrt. Je mehr wir uns von der Oberfläche entfernen, um so geringer wird die Größe dieser elektrischen Feldstärke. Betrachten wir nun ein Dipolmolekül nahe der Oberfläche. Befindet sich das Dipolmolekül in der Nähe eines positiven Ions derselben, mit seiner Dipolachse senkrecht auf die Grenzfläche und das positive Ende der Grenzfläche zugewendet, so übt die Grenzfläche auf das Molekül eine abstoßende Kraft aus. Befindet es sich jedoch in der umgekehrten Lage, so resultiert eine anziehende Kraft. Nach dem Boltzmannschen Satz wird die Häufigkeit derjenigen Lagen bevorzugt sein, welche einer Abnahme der potentiellen Energie entsprechen, das ist im Falle der elektrischen Anziehung. Die Summe der Wirkungen ergibt also eine elektrostatische Anziehung seitens der Oberfläche und dadurch eine Anreicherung der Dipolmoleküle an der Grenzfläche des Kristalls. Das gilt, solange in der Nähe der Grenzfläche ein elektrisches Feld besteht, und zwar auch in dem Falle, wenn das betreffende Molekül bezüglich der elektrischen Ladungen symmetrischer gebaut, etwa ein Quadrupol ist. Nur sind in diesem Falle die Kräfte von geringerer Größe. Die gegenseitige Polarisation des Moleküls und des Kristalls verstärkt den Orientierungseffekt.

Wir fragen nun, wie weit die Betrachtung der Ionenlagerung an die Kolloidteilchen als eine Anreicherung der Ionen an Grenzflächen das Verständnis zu fördern vermag.

Leistungsfähigkeit der chemischen und der physikalischen Auffassung. An eine quantitative Anwendung des Gibbsschen Satzes ist hier kaum zu denken. Die Oberflächenspannung einer festen Substanz gegenüber einer Flüssigkeit ist nämlich überhaupt nicht meßbar und die Anwendung im Falle einer flüssigen dispersen Phase ist dadurch beeinträchtigt, daß die Oberflächenspannung auch von der Krümmung, d. i. von der Teilchengröße abhängt. Dem Gibbsschen Satz kommt thermodynamische Evidenz zu und seine Anwendung auf die Frage nach dem Ursprung der Aufladung der Teilchen würde in unserem Falle lauten: Warum erniedrigt dieses Ion die Oberflächenspannung, etwa von Kieselsäure gegenüber Wasser, warum erhöht sie das andere Ion? Die Frage nach der Konzentrationsabhängigkeit der Ladung würde sich folgendermaßen formulieren lassen: Wie hängt die Oberflächenspannung mit der Konzentration der Lösung an einzelnen Ionen zusammen? Diese Fragen laufen letzten Endes darauf hinaus: Welche Kräfte rufen die Anreicherung der Ionen an der Grenzfläche hervor?

Die oben referierten Untersuchungen über die Struktur der Oberflächen haben die Lage und Konzentrationsänderung der einzelnen Molekulararten an der Grenzschicht mehr oder weniger vollständig auf elektrostatische Wechselwirkungen zurückgeführt. Derartige Effekte müßten auch die Anreicherung oder Verarmung der einzelnen Ionen an der Grenzschicht hervorrufen. Gegenseitige Orientierung und Polarisation würde also auch für die Ionenanlagerung verantwortlich sein.

Die elektrostatischen Kräfte dieser Art decken sich mit denjenigen, welche man vielfach in der Chemie als Restvalenzen zu bezeichnen pflegt. Auch die sogenannte physikalische Theorie wird gezwungen sein, derartige Kräfte für das Zustandekommen der Ionenanlagerung und der dadurch hervorgerufenen Aufladung der Grenzflächen verantwortlich zu machen.

Die sogenannte chemische Theorie der Aufladung geht noch einen Schritt weiter, indem sie diese Kräfte auf die chemische Konstitution der an der Grenzfläche befindlichen Moleküle zurückführt. Sie vermag deshalb tiefere Zusammenhänge zu erfassen und in vielen Fällen Voraussagen zu gestatten. Selbstverständlich werden ihre Aussagen stets von der Gültigkeit der gemachten Annahmen über die wirksamen chemischen Kräfte abhängig sein.

Literaturverzeichnis

Billiter, I.: Z. f. phys. Ch. **45**, 307 (1903). — Duclaux, J.: Journ. Chim. Phys. 5, 29 (1907). — Freundlich, H.: Kapillarchemie. 3. Aufl. Leipzig (1923). — Haber, F.: Z. f. Elektroch. **20**, 521 (1914). — Hardy, W. B.: Proc. Roy. Soc. (A) **86**, 634 (1912). — Harkins, W. D.: Journ. Am. Chem. Soc. **39**, 1848 (1917). — In „Colloid Chemistry". Herausgegeben von J. Alexander. 1. Bd. New York (1926). — Z. f. phys. Ch. **139**, 671 (1928). — Helmholtz, H. v.: Wied. Ann. **7**, 337 (1879). — Hückel, E.: Adsorption und Kapillarkondensation. Leipzig (1928). — Jordis, E.: Ber. d. phys.-med. Soc. Erlangen **36**, 47 (1914). — Kohlschütter, V.: Z. f. Elektroch. 14, 49 (1908). — Langmuir, I.: Journ. Am. Chem. Soc. **38**, 2246 (1916). — In „Colloid Chemistry". Herausgegeben von J. Alexander. Bd. I. New York. — Lottermoser, A.: Z. f. phys. Ch. **70**, 242 (1910). — Malfitano, G.: C. r. **140**, 1245 (1905). — Nicolardot, P.: C. r. **140**, 310 (1905). — Ostwald, Wo.: Grundriß der Kolloidchemie. Dresden und Leipzig (1909). — Pauli, Wo.: Naturw. **12**, 426 (1924). — Perrin, J.: Journ. Chim. Phys. **2**, 607 (1904). — Picton, H., und E. S. Linder: Journ. Chem. Soc. **71**, 568 (1897). — Quincke, G.: Pogg. Ann. **113**, 583 (1861). — Traube, J.: Ber. **17**, 2294 (1884). — Wyrouboff, G.: Ann. de Chim. et de Phys. (8) **9** (1916). — Zsigmondy, R.: Zur Erkenntnis der Kolloide. Jena (1905).

8. Die Natur der aufladenden Atomgruppen

Man kann zwei Fälle der Kolloidkonstitution unterscheiden, nämlich den isomolekularen und den heteromolekularen Aufbau. Bei isomolekularen Kolloiden haben ionogene Moleküle und Neutralteil dieselbe Bruttozusammensetzung. Eine solche Konstitution haben die elektrodialytisch gereinigten Kieselsäuresole, deren ionogene Verbindung ebenfalls die Kieselsäure ist (Pauli-Valkó). Diesen Aufbau drückt die schematische Konstitutionsformel

$$[x\,(SiO_2 + n\,H_2O)\,.\,y\,HSiO_3^-] + y\,H^+$$

aus. Es können natürlich chemische Verschiedenheiten im Sinne einer Tautomerie, z. B. infolge eines Umlagerungsgleichgewichtes (Pseudosäure → echte Säure) vorliegen; doch bezieht sich der Begriff des isomolekularen Aufbaus nur auf die analytische Zusammensetzung. Mehr oder weniger isomolekular sind auch die hochgereinigten Harzsäuresole, wie Mastix- (H. V. Tartar und C. Z. Draves) und Gummiguttsol. Der Neutralteil besteht in diesem Falle nicht nur ausschließlich aus Harzsäure, sondern teilweise auch aus ihren Estern, doch ist der größte Teil der anwesenden Harzsäure in den Neutralteil eingebettet und bildet einen hohen Prozentsatz davon. Isomolekular sind die kolloiden Farbstoffe und Seifen, deren Neutralteil durch das Salz einer hochmolekularen Säure oder Base gebildet ist, welche zugleich als ionogener Komplex funktioniert.

Bei den isomolekularen Kolloiden ist die Feststellung des Verhältnisses der Konzentration von Neutralteil und der ionogenen Moleküle auf analytischem Wege nicht ausführbar, nur die elektrochemische Untersuchung ermöglicht eine Unterscheidung.

Als Typus für ein heteromolekulares Kolloid soll der elektrochemisch meist untersuchte Vertreter, das Eisenhydroxydsol mit Cl als Gegenion, angeführt werden:

$$[x\,(Fe\,(OH)_3 \pm n\,H_2O)\,.\,y\,FeO^+] + y\,Cl^-$$

Während der Neutralteil durch die Hydrate des Eisenoxyds gebildet wird, funktioniert als aufladender Komplex ein basisches Salz desselben. Hier sehen wir bereits, daß die Unterscheidung zwischen isomolekularem und heteromolekularem Aufbau nicht eine tiefgreifende sein muß. Der Unterschied liegt in diesem Falle nur in dem Gegenion. Bei dem Neutralteil ist das Anion durch die Hydroxylgruppe dargestellt, beim ionogenen Teil durch das Chlorion. Auch die durch Elektrodialyse gewonnene Kolloidsäure der Kieselsäure kann zum Natriumsalz derselben neutralisiert werden und auf diese Weise eine heteromolekulare Zusammensetzung erhalten. Die Herstellung eines isomolekularen Eisenhydroxydes läßt sich jedoch nicht realisieren, da ein Sol mit dem Hydroxyl als Gegenion praktisch nicht existenzfähig ist.

In den isomolekularen Kolloidteilchen sind die aufladenden Ionen bei kristallinen Teilchen durch die Gitterkräfte, bei flüssigen Teilchen durch die van der Waalsschen Kräfte an das Kolloidion gebunden. Ist bei festen Körpern die Gitterstruktur gestört, so sind doch im wesentlichen dieselben Kräfte, wie im geordneten Gitter als wirksam anzunehmen.

Es scheint eine zumeist gültige Regel zu sein, daß mindestens ein Ion dem Neutralteil und ionogenen Teil gemeinsam ist. Bei den Metallhydroxydsolen ist dies meist das Metallion. Bei den Sulfidsolen ist es das Schwefelion, daneben ist auch z. B. As bzw. Sb gemeinsam (in der Form einer sulfarsenigen resp. sulfantimonigen Säure). Bei einer anderen Gruppe von Solen kann das überschüssige gemeinsame Ion variieren und damit je nach den Herstellungsbedingungen auch der Ladungssinn. Dies gilt besonders für die kolloiden Silberhalogenide, wie A. Lottermosers Untersuchungen gezeigt hatten. Im Überschuß des Silbernitrates bei der Fällung mit Kaliumjodid entsteht das Sol:

$$[x\,AgJ\,.\,y\,Ag^+] + y\,NO_3^-$$

im Überschuß des Kaliumjodids das Sol:

$$[x\,AgJ\,.\,y\,J^-] + y\,K^+$$

Die Erscheinung, daß das aufladende Ion auch dem Neutralteil gemeinsam ist, entspricht im allgemeinen der hohen Affinität der beiden. Die Energie der Anlagerung eines Ions an der Oberfläche eines Kristalls, welcher dieses Ion im Gitter enthält, dürfte in der Regel höher sein, als diejenige für ein gitterfremdes Ion (K. Fajans und K. v. Beckerath). Doch ist diese Anlagerungsenergie mit der Gitterenergie des Kristalles nicht zu identifizieren, denn die letztere ist nur bezüglich eines Ionenpaares bzw. sämtlicher Bestandteile des Gitters definiert. Die Anlagerung und Abspaltung des aufladenden Ions ist eine typische Oberflächenreaktion, deren Gleichgewichtszustand durch die Anlagerungsenergie (Adsorptionswärme) bestimmt wird. Im Falle des Jodsilbersols im Überschuß von $AgNO_3$ werden praktisch sämtliche Jodionen zum Aufbau des Kristallgitters verbraucht, in der Lösung bleiben Ag^+- und NO_3^--Ionen. Die Anlagerung der Ag-Ionen erscheint gegenüber der Anlagerung der gitterfremden NO_3^--Ionen begünstigt, so daß die Ag-Ionen in größerer Anzahl an der Oberfläche des neutralen AgJ-Kristallteilchens festgehalten werden, als die NO_3-Ionen. Dadurch wird das Teilchen aufgeladen und gewinnt seine Stabilität. Das Analoge gilt für das Entstehen der kolloiden AgJ-Teilchen, im Überschuß von KJ (vgl. weiter unten).

Eine besondere Stelle nimmt die Erzeugung der ionogenen Gruppe durch Neutralisation ein, wie etwa bei der Bildung von Eiweißsalzen. Bereits die Auflösung von Eieralbumin in reinem Wasser liefert Teilchen kolloider Dimension, deren Oberflächen eine große Anzahl von sauren und basischen Gruppen, nämlich Karboxyl- und Aminogruppen enthalten. Da aber diese beiden Gruppen sich wie schwache Elektrolyte verhalten, also kleine Dissoziationskonstanten haben, ist nur ein Bruchteil davon in Ionen gespalten. Geben wir nun eine gewisse Menge von Säure in die Lösung, so werden diese basischen Gruppen ein stark dissoziiertes Salz bilden, während die Dissoziation der Karboxylgruppe zurückgedrängt wird. Da die Anzahl der basischen und sauren Gruppen nahe identisch ist, können wir den Vorgang folgendermaßen darstellen:

$$x\,NH_2\,.\,R\,.\,x\,COOH + y\,HCl \rightarrow y\,Cl^- + [y\,NH_3^+\,.\,(x - y)\,NH_2\,.\,R\,.\,x\,COOH]$$

Ebenso führt der Zusatz von Lauge zur Bildung eines negativen Kolloidions:

$$x\,NH_2\,.\,R\,.\,x\,COOH + y\,NaOH \rightarrow y\,Na^+ + [y\,COO^-\,(x - y)\,COOH\,.\,R\,.\,x\,NH_2]$$

Nehmen wir jedoch mit Bjerrum an, daß die basischen und sauren Gruppen so stark sind, daß bereits in der rein wässerigen Lösung ein großer Anteil dissoziiert, so haben wir es wegen der ungefähr gleichen Stärke der positiven und negativen Gruppen mit Zwitterionen zu tun, die durch Säure- oder Basenzusatz infolge Dissoziationszurückdrängung eine einsinnige Ladung erhalten:

$$x\,NH_3^+\,.\,R\,.\,x\,COO^- + y\,HCl \rightarrow [x\,NH_3^+\,.\,R\,.\,y\,COOH\,.\,(x - y)\,COO^-] + y\,Cl^-$$

Analytische Bestimmung der ionogenen Gruppen. In den Fällen eines heteromolekularen Aufbaues besteht die Möglichkeit, die Konzentration der ionogenen Gruppen auf analytischem Wege festzustellen, So erhält man in dem Beispiel des Eisenhydroxydsols deren Konzentration durch die Bestimmung der Chlorionen. Die Schwierigkeit ist jedoch, daß das Chlor teilweise als HCl, teilweise als $FeCl_3$ in der Lösung vorhanden sein kann. G. MALFITANO und J. DUCLAUX haben die Menge dieser Beimengungen durch die Ultrafiltration bestimmt. Über das Bedenken, welches gegenüber diesem Verfahren besteht, wird an anderer Stelle berichtet. PAULI konnte, da vielfach gezeigt wurde, daß $FeCl_3$ in weit gehend dialysierten Solen zu vernachlässigen ist, durch elektrometrische H^--Messung die Menge der anwesenden HCl ermitteln. Die Voraussetzung dieses Verfahrens vom Standpunkte der modernen Elektrolyttheorie wurde bereits angegeben. Dieses ist auch der allgemein übliche Weg zur Bestimmung der Äquivalentkonzentration jener Kolloidsalze (insbesondere von Proteinen), die durch Neutralisation hergestellt werden (siehe den Abschnitt über die Reaktion der Kolloidelektrolyte mit Säuren und Basen).

In einigen Fällen steht der chemische Nachweis der ionogenen Gruppen noch aus, wenn diese auch indirekt wahrscheinlich gemacht sind. Zu diesen gehören die Edelmetallsole. V. KOHLSCHÜTTER hat angenommen, daß reine Silbersole, welche aus Ag_2O durch Reduktion mittels Kipp-H_2 gewonnen wurden, AgOH zu ionogenen Komplexe haben, so daß Ag^+ das Gegenion ist. Er konnte eine große Menge von AgOH in den Solen nachweisen. Nach den Untersuchungen von PAULI und ERLACH sind aber die ionogenen Komplexe dieser Sole bei Anwendung von Kippwasserstoff Sulfargentate, mit reinstem Elektrolytwasserstoff kommt es zu dieser Solerzeugung nur bei Alkalianwesenheit, welche eine genügende Argentatbildung ermöglicht. Beim kolloiden Gold nach der Formolmethode hat PAULI sauerstoffhaltige Goldsäuren als ionogene Verbindungen angenommen. Weder PAULI und E. KAUTZKY, noch später P. A. THIESSEN konnten aber in dem blauen geflockten Goldgel den Sauerstoff auffinden. PAULI hält jedoch den Rückschluß vom Gel auf die Solzusammensetzung für unzulässig und nimmt an, daß bei der Flockung die ionogene Verbindung zerstört wird. In einer neuen Arbeit von SHEAR wurde in der Tat gezeigt, daß das durch Zerstäubung in KCl gewonnene Goldsol bei der Flockung durch Ausfrieren eine große Menge von Cl, welches in diesem Fall als Bestandteil der aufladenden Atomgruppe funktionieren würde, freigibt. Eine Bestätigung dieses wichtigen Befundes steht aber noch aus. Neuestens haben F. EIRICH und WO. PAULI Zerstäubungssole von Gold in ververdünnten Laugen und Halogeniden hergestellt und führen die charakteristischen Verschiedenheiten in ihrem Verhalten auf die Unterschiede der aufladenden Hydroxo- bzw. Halogenokomplexe zurück. In der jüngsten Zeit hat S. W. PENNYCUICK die Hexahydroxoplatinsäure als aufladende Verbindung für die in reinem Wasser zerstäubten Platinsole festgestellt.

Ein analytischer Nachweis und eine Bestimmung der Konzentration von ionogenen Molekülen wurde von H. FREUNDLICH und P. SCHOLZ an Schwefelsolen durchgeführt. Die ionogene Verbindung ist nach diesen Autoren eine Pentathionsäure.

Chemische Struktur der aufladenden Ionen. Die genaue chemische Struktur der ionogenen Moleküle ist in den meisten Fällen unbestimmt. Nimmt man nur das einfachste Beispiel des Eisenhydroxydes, so sind zunächst die Möglichkeiten da, daß Fe^{+++} oder FeO^+ oder $FeOH^{++}$ die aufladenden Ionen sind. Es werden in den Solen wahrscheinlich alle drei vorkommen, je nach der Oberflächenbedeckung der Teilchen. Sind an der Oberfläche der Teilchen nur wenig ionogene Gruppen neben viel undissoziierten $Fe(OH)_3$, so wird wahrscheinlich hauptsächlich $FeOH^{++}$ und FeO^{+} als ionogene Atomgruppe funktionieren und erst im Überschuß von HCl und mit wachsender Oberflächenbedeckung werden sich mehr Fe^{+++}-Ionen bilden.

Nach PAULI sind die ionogenen Verbindungen echte Komplexverbindungen im Sinne von WERNER. Während bereits H. PICTON und S. E. LINDER eine Konstitution der Arsensulfidsole im Sinne der Formel

$$x\, As_2S_3 \,.\, y\, SH_2$$

angenommen haben, nimmt PAULI an, daß die ionogene Gruppe durch eine sulfarsenige Säure gebildet wird, etwa vom Typus:

$$x\, As_2S_3 \,.\, y \,.\, As_2S_4H_2$$

A. SEMLER konnte durch chemische Reaktionen, insbesondere der Farbänderungen des Sols mit verschiedenen Kationen diese Auffassung unterstützen. Auch die Silberhalogenidsole würden nach PAULI Komplexverbindungen ihre Aufladung verdanken. Der aufladende Komplex wäre im Falle des negativen Sols:

$$[Ag\,J_2]^- + K^+$$

im Falle des positiven Sols:

$$[Ag_2J]^+ + NO_3^- \text{ oder } [Ag_3J]^{++} + 2\,NO_3^-$$

Diese Verbindungen sind in der Tat auch im isolierten Zustand dargestellt und untersucht worden. Sie wurden bereits von A. WERNER klassifiziert.

Ein vollständiger Beweis für die Richtigkeit einer solchen Auffassung der oberflächlichen ionogenen Komplexe wäre überall dort erbracht, wo sich zeigen ließe, daß die Reaktionen der ionogenen Gruppen mit den Reaktionen von isolierten Verbindungen der gleichen Konstitution identisch sind. Dies wird aber mitunter nicht leicht möglich sein. Es zeigt sich vielmehr, wie z. B. PAULI und SEMLER im Falle der sulfarsenigen Säure darlegen, daß diese in molekulardisperser selbständiger Form unter Umständen überhaupt nur in sehr kleinen Mengen existenzfähig ist. PAULI erklärt diesen Umstand dadurch, daß die ionogenen Gruppen mit dem Neutralteil in elektrostatischer Wechselwirkung stehen und dadurch eine Änderung ihrer Beständigkeit und Ionisierbarkeit erfahren. Man muß wohl eine solche Wechselwirkung ganz allgemein annehmen. So dürfte keine aufladende Atomgruppe als Teil der Oberfläche der Kolloidteilchen genau dieselben Eigenschaften besitzen, wie im isolierten Zustand.

Wäre die Anlagerung der ionogenen Verbindung mit keinerlei Änderung der freien Energie verbunden, so würde die Oberfläche dieselbe Konzentration an der ionogenen Verbindung aufweisen wie die Lösung und es würde keine Anlagerung stattfinden. Die Änderung der freien Energie erfolgt aber durch die Änderung der Konstitution. Diese Änderung wird im allgemeinen eine gegenseitige Polarisationswirkung sein, und zwar kommen alle Arten davon in Betracht, also die Orientierung ebenso wie die Atom- und Elektronenverschiebung. Ein angelagertes Jodion an einem Jodsilberkristall wird nicht genau die Eigenschaften des freien Jodions besitzen, aber auch nicht die des Jodions im Inneren des Gitters. Im Gegensatz zu den Jodionen in der Lösung wird das erste nicht allseitig in Wechselwirkung mit Wassermolekülen stehen, sondern höchstens in der einen Richtung. Seine Hydratation, soweit man davon sprechen kann, wird eine asymmetrische, einseitige sein. Seine Lage aber ist nicht minder asymmetrisch in Bezug auf das Gitter. Es wird nicht wie das Jodion im Gitter durch sechs Silberionen symmetrisch umschlossen. Da jedes Ion, welches sich in sehr nahem Abstand von anderen befindet, durch diese beeinflußt wird, so wird auch das Jodion der Teilchenoberfläche beeinflußt werden, und zwar einerseits von den angrenzenden Wassermolekülen und anderseits von den umgebenden Silberionen sowie auch von den Jodionen des Gitters. Schließlich wird auch eine Beeinflussung seitens der das Teilchen umgebenden Ionenatmosphäre stattfinden. Insbesondere die Gegenionen (K^+) werden sich in großer Nähe befinden. Wie bereits erwähnt wurde, kann eine Ionenatmosphäre auch in gewöhnlichen Elektrolytlösungen zu weitgehender Deformation des umgebenden Ions, sogar bis zur Änderung der Lichtabsorption führen.

Die Behauptung, daß die aufladenden Ionen in Jodsilbersolen die oben bezeichneten Komplexionen sind, sagt also so viel aus, daß bei der Anlagerung das Jod bzw. Silberion an der Teilchenoberfläche durch die umgebenden Silber- und Jodionen eine Deformation erfährt bzw. seine Umgebung derart polarisiert, daß sein Zustand mit den umgebenden Ionen des Gitters dem Zustande des betreffenden Komplexions sehr nahe kommt.

Häufig werden die H^+- bzw. OH^--Ionen als aufladende Ionen bezeichnet. Diese Auffassung geht auf die Untersuchungen von W. B. Hardy und J. Perrin zurück, in denen der große Einfluß dieser Ionen auf die Kolloide (bei Perrin auf die Membranen) entdeckt wurde. R. Zsigmondy, R. Wintgen und A. Lottermoser gebrauchen diese Bezeichnungsweise, indem bei ihnen z. B. an der Stelle von FeO^+, $Fe(OH)_3 . H^+$ geschrieben wird. In diesem Falle kann aber über die Art der Fixierung dieses Wasserstoffions kein Zweifel bestehen. Es handelt sich hier um eine Umwandlung der Hydroxogruppe in eine Aquogruppe, um eine typische chemische Reaktion, deren Wesen durch die besondere Oberflächenlage der reagierenden Moleküle kaum beeinflußt wird. Das gleiche gilt für die Bindung des Wasserstoffions und Hydroxylions an Eiweiß, wo gezeigt werden kann, daß sogar die Lage des Reaktionsgleichgewichtes von derjenigen der Neutralisation von selbständigen Aminosäuren gleicher Zusammensetzung nicht wesentlich verschieden ist. Es handelt sich hier um typische Oberflächenreaktionen durch Hauptvalenzbetätigung. Aus diesem Grunde ist die Bezeichnungsweise, welche dem aufgenommenen H^+ eine selbständige Existenz zuzuerkennen scheint, unzweckmäßig und kann oft irreführend wirken.

Durch die Feststellung der Natur der ionogenen Verbindung wird häufig zugleich die Natur der Oberflächenreaktion, welche ihre Anlagerung bestimmt, entschieden. Das Gleichgewicht der Jod- oder Silberanlagerung an Jodsilber ist ein Gleichgewicht der Oberflächenreaktion der Komplexsalzbildung:

$$[Ag\,J_2]^- \rightleftarrows Ag\,J^- + J \quad \text{oder} \quad [Ag_2\,J]^+ \rightleftarrows Ag\,J + Ag^+$$

Die Anlagerung von H^+ und $Fe(OH)_3$ entspricht dem Hydrolysegleichgewicht des basischen Eisensalzes. Gewöhnlich handelt es sich um mehrere solche simultane Gleichgewichte. Beim Eisenhydroxyd z. B.:

1. $x\,Fe(OH)_3 . y\,Fe^{+++}\,z\,FeO^+ \rightarrow x\,Fe(OH)_3\,(y-1)\,Fe^{+++}\,z\,FeO^+ + Fe^{+++}$
2. $x\,Fe(OH)_3 . y\,Fe^{+++}\,z\,FeO^+ \rightarrow x\,Fe(OH)_3 . y\,Fe^{+++} . (z-1)\,FeO^+ + FeO^+$
3. $x\,Fe(OH)_3 . y\,Fe^{+++}\,z\,FeO^+ \rightarrow (x+1)\,Fe(OH)_3 . y\,Fe^{+++} . (z-1)\,FeO^+ + H^+$

usw.

Es können also Fe^{+++}, FeO^{+} und H^{+} abgespalten werden. Die Lage des Gleichgewichtes hängt außer von den Reaktionskonstanten noch von der Oberflächenkonzentration und von dem Gehalt der Reaktionskomponenten in der Lösung ab. Die einzelnen Reaktionen sind voneinander nicht unabhängig, die Konzentrationen von Fe^{+++}, FeO^{+} und H^{+} in der Lösung sind auch untereinander durch Hydrolysegleichgewichte verknüpft. Einen Überblick über dieses komplizierte System gewinnt man dadurch, daß ein Teil der Reaktionen vernachlässigt werden kann. So zeigt es sich, daß im gutdialysierten Eisenoxydsol die Konzentration der eisenhaltigen Ionen gegenüber H^{+} verschwindet und überhaupt unmeßbar wird.

Im Folgenden bringen wir eine Übersicht über Neutralteile und aufladende Ionen einiger anorganischer Kolloide:

Tabelle 13. Neutralteil und aufladendes Ion einiger heteromolekularen Kolloide

Neutralteil	Aufladendes Ion
$Me^{+++}(OH_3)(\pm n\,H_2O)$ (Me^{+++} = Fe, Al, Cr usw.)	Me^{+++}, $Me(OH)^{++}$; $Me(OH_2)^{+}$; MeO^{+}
$Me^{++++}O_2(+n\,H_2O)$ (Me^{++++} = Sn, Si, Th)	MeO_3^{-}; $MeO(OH)^{+}$
Au	$Au\,X_4^{-}$ (X = Cl, Br, J, OH)
Pt	$HPt(OH)_6^{-}$
Ag	$Ag\,X_2^{-}$ (X = OH, HS)
As_2S_3	$HAs_2S_4^{-}$
Sb_2S_3	$[SbS_2(4\,C_4H_6O_6)]^{-}$
S	$HS_5O_6^{-}$
Ag X (X = Cl, Br, J)	Ag^{+}; X^{-}; $[Ag_2X]^{+}$; $[Ag\,X_2]^{-}$.

Freie und angelagerte aufladende Ionen. Von den Reaktionskonstanten hängt es ab, ob man die Sole so weit reinigen kann, daß die Konzentration der freien, also abgespaltenen ionogenen Gruppen in der Lösung ganz zurücktritt oder nicht. Man kann Eisenhydroxyd- oder Aluminiumoxydsole von solcher Art darstellen, daß die Äquivalentkonzentration des Kolloidsalzes tausendfach so groß wird, wie die der übrigen in der Lösung anwesenden Elektrolyte. In elektrodialysierten Kieselsäuresolen, die eine hohe Äquivalentkonzentration erreichen können (10^{-3} n) (PAULI-VALKÓ) wird keine merkliche Menge von molekularer Kieselsäure anwesend sein, da die letztere (nach den Untersuchungen von R. WILLSTÄTTER und Mitarbeitern) nicht genügend stabil ist. In gereinigten Harzsäuresolen ist dagegen eine beträchtliche Menge echt gelöster Harzsäure angenommen worden (H. V. TARTAR und C. Z. DRAVES), welche praktisch die ganze Leitfähigkeit trägt. Eine fortgesetzte Dialyse müßte in diesem Fall zu stufenweisem Abbau und Entfernung des ganzen Kolloides führen.

Beträchtliche Mengen von freiem fettsauren Salz befinden sich in allen Seifensolen. Hier haben wir ein Assoziationsgleichgewicht vor uns

$$[x\,Ol^-] + x\,Na^+ \rightleftarrows [(x-1)\,Ol^-] + Ol^- + x\,Na^+$$

welches in verdünnter Lösung nach rechts zum vollständigen Zerfall der Kolloidionen in einfache Oleationen verschoben wird, während die höhere Konzentration umgekehrt eine stärkere Assoziation bewirkt.

Die Neutralisation von Kolloidsäuren kann dazu führen, daß ein großer Teil der ionogenen Gruppen abgespalten wird, unter Umständen bis zum völligen Abbau des Kolloidions. Neutralisieren wir die Oberfläche des Kieselsäureteilchens, so erhöhen wir die Oberflächenkonzentration der Silikationen, was vermehrte Abspaltung zur Folge haben muß. Experimentelle Anhaltspunkte für ein solches Verhalten sind auch bei Eisen-, Aluminium- und Thoriumhydroxydsolen gewonnen worden.

Von diesem Gesichtspunkte muß man neben der Klasse der iso- und heteromolekularen Kolloide noch eine dritte Gruppe abgrenzen. Sie umfaßt diejenigen Kolloide, deren ionogene Gruppen mit dem, die Hauptmasse bildenden, Neutralteil durch Hauptvalenzen verkettet sind, so daß ihre Abtrennung nur durch eine mehr oder minder weitgehende Sprengung von Molekülen erreicht wird. Zu dieser Klasse gehören vor allem die Proteinsalze, deren ionogene Amino- und Karboxylgruppen an einer Polypeptidkette hängen, ferner das Amylopektin der Stärke, dessen ionogene Phosphorsäuregruppen mit dem Kohlenhydratrest esterartig verknüpft sind (M. Samec), die Nukleinsäuren mit ihren ionogenen Phosphorsäuren (vgl. E. Hammarsten), dann Agar, welches durch die mit dem Kohlenhydrat veresterte Schwefelsäure aufgeladen ist (M. Samec, W. F. Hoffmann und R. A. Gortner), arabisches Gummi, das nach den Untersuchungen von A. W. Thomas und H. A. Murray reichlich saure Gruppen trägt usw. In Solen dieser Art stehen mit den am Kolloid gebundenen Gruppen keine freien ionogenen Gruppen in reversiblem Gleichgewicht.

Literaturverzeichnis

Duclaux, J.: Journ. Chim. Phys. **5**, 29 (1907). — Freundlich, H. und P. Scholz: Koll. Beitr. **16**, 234 (1922). — Fajans, K., und K. v. Becherath: Z. f. phys. Ch. **97**, 478 (1921). — Hammarsten, E.: Biochem. Z. **114**, 338 (1924). — Hardy, W. B.: Journ. of Physiol. **24**, 288 (1899). — Hoffmann, W. F. und R. A. Gortner: Journ. of biol. Chem. **65**, 379 (1925). — Kohlschütter, V.: Z. f. Elektrochemie **14**, 49 (1908). — Lottermoser, A.: Z. f. phys. Ch. **70**, 242 (1910). — Z. f. Elektroch. **30**, 391 (1924). — McBain, J. W.: Colloid Chemistry of Soap. III Rep. on Coll. Chem. Brit. Ass. for the Adv. of Science (1920). — Malfitano, G.: C. r. **140**, 1245 (1905). — Pauli, Wo.: Koll. Z. **38**, 49 (1920). — Derselbe und A. Semler: Koll. Z. **34**, 145 (1924). — Derselbe und E. Kautzky: Koll. Beih. **17**, 294 (1924). — Derselbe und F. Eirich: Noch unveröffentlicht. — Derselbe und E. Valkó: Koll. Z. **36**, Erg.-Bd. 334 (1925). — Pennycuick, S. W.: Journ. Chem. Soc. 2108 (1928). — Perrin, J.: Journ. Chim. Phys. **2**, 607 (1904). — Samec, M.: Kolloidchemie der Stärke. Dresden (1928). — Derselbe und V. Isajevič: Koll. Beitr. **16**, 285 (1922). — Semler, A.: Koll. Z. **34**, 209 (1923). — Shear, M. J.: Diss. of Columbia University. New York (1925). — Tartar, H. A., und C. Z. Draves: Journ. Phys. Chem. **30**, 763 (1926). — Thiessen, P. A.: Z. f. anorg. Ch. **134**, 359 (1924). — Thomas, A. W., und H. A. Murray: Journ. Phys. Chem. **32**, 676 (1928). — Werner, A.: Neuere Anschauungen auf dem Gebiete der anorg. Chemie. 3. Aufl. Braunschweig (1913). — Willstätter, R.,: H. Kraut und K. Lobinger: Ber. **61**, 2280 (1928). — Wintgen, R., und M. Biltz: Z. f. phys. Ch. **107**, 403 (1923). — Zsigmondy:, R. Kolloidchemie. 5. Aufl. Leipzig (1925).

9. Die Anlagerungsgleichgewichte vom Standpunkte der Adsorptionstheorie

Es gelingt nur selten, die kolloiden Lösungen so herzustellen oder soweit zu reinigen, daß keine anderen Elektrolyte in der Lösung anwesend sind. In den meisten Fällen stehen die aufladenden Ionen des ionogenen Teiles in einem Gleichgewichtszustande mit einem iondispers gelösten Salz in der Lösung und die vollständige Entfernung des letzteren hätte die vollständige Entfernung des ionogenen Anteils und damit die Entladung des Kolloids zur Folge. So würde die vollkommene Beseitigung des Schwefelwasserstoffs in den Sulfidsolen nur bei gleichzeitiger Entfernung sämtlicher Schwefelionen von der Kolloidoberfläche möglich sein, während solche Hydroxydsole, die Cl als Gegenion haben, mit Salzsäure in der Lösung im Gleichgewichte stehen, deren Konzentration sich nicht unter 1.10^{-6} bringen läßt, ohne daß das Kolloid ausflockt. Wenn sich also auch in dem letzten Fall die Konzentration der Wasserstoffionen, mit denen das Kolloid im Gleichgewicht steht, auf ein Minimum reduzieren läßt, so bleibt sie noch immer merklich. Entfernung der Wasserstoffionen aus der Lösung führt zur Abspaltung von Wasserstoffionen an der Kolloidoberfläche, wodurch das Kolloidion an positiven Ladungen verliert. Ein Teil der Schwefel- bzw. der Wasserstoffionen ist also immer frei, während der andere Teil von dem Kolloidteilchen festgehalten bzw. gebunden ist.

Es erhebt sich nun die Frage, welcher funktionelle Zusammenhang zwischen der Konzentration der freien und der angelagerten Ionen besteht. Diese Frage zerfällt in zwei Teile, erstens in die allgemeine Frage nach den Anlagerungsgleichgewichten an ungeladenen Kolloidoberflächen und zweitens in die spezielle Anwendung der Theorie dieser Anlagerungsgleichgewichte auf Ionen durch Berücksichtigung der zwischen den freien Ladungen wirksamen Kräfte.

Die Adsorptionsisotherme. Die Anlagerungsgleichgewichte werden in der physikalischen Auffassung als Adsorptionsgleichgewichte behandelt, während die chemische Theorie sie als Reaktionsgleichgewichte auf Grund des Massenwirkungsgesetzes darstellt. Im Sinne der letzteren Theorie entspricht die Abspaltung der H^+-Ionen einer Hydrolyse, während der Schwefelwasserstoff gemäß der PAULIschen Auffassung durch eine Komplexreaktion, die Bildung einer Anlagerungsverbindung vom Typus $As_2S_4H_2$, an der Oberfläche fixiert wird.

Der Zusammenhang zwischen adsorbierten Mengen und Konzentration der Lösung wird bei einer bestimmten Temperatur durch die Gleichung der sogenannten Adsorptionsisotherme ausgedrückt.

Eine Adsorptionsformel (BOEDEKER 1859), welche sehr häufig insbesondere von H. FREUNDLICH angewendet wurde, lautet:

$$x = k \cdot c^n \qquad (69)$$

worin x die adsorbierte Menge pro Gewichtseinheit des Kolloides, c die Konzentration des freigebliebenen Adsorbendums in der Lösung ist. k und n sind Konstanten, die von der Natur des Adsorbens und Adsorbendums abhängen. Die graphische Darstellung der Konzentrationsabhängigkeit der Adsorption nach dieser Formel gibt eine paraboloide Kurve, die im Anfang steiler, mit zunehmender Konzentration mit immer kleinerer Steigung verläuft.

Diese Adsorptionsformel ist rein empirischer Natur, sie entbehrt jeder theoretischen Ableitung. Die beiden Adsorptionskonstanten sind verschieden, je nach Adsorbens und Adsorbendum, so daß die Gleichung gar keine Voraussage, sondern nur eine nachträgliche Zusammenfassung des Befundes gestattet, indem man die Werte für die Konstanten auf Grund der Experimente feststellt.

Sie ist aber nicht in völliger Übereinstimmung mit der Erfahrung, da sie den häufig praktisch erreichten Grenzwert der Adsorption, den Sättigungszustand, in welchem das Adsorbens bei Vermehrung der Konzentration des Adsorbendums nichts mehr aufzunehmen vermag, nicht ausdrücken kann, sondern nur eine bei steigender Konzentration stets zunehmende Adsorption wiedergibt. Die oft ausgezeichnete und häufig annähernde Übereinstimmung mit den Experimenten bei Wahl geeigneter Konstanten, welche auch für die Ionenaufnahme nach verschiedenen Methoden (s. w. u.) gefunden wurde, kann nicht als Beweis für die Gültigkeit irgendwelcher Theorie oder Vorstellung betrachtet werden.

Es wurden später andere Adsorptionsformeln angegeben, die sich in mancher Hinsicht besser bewährten. Insbesondere ist zu nennen die Theorie von A. Eucken und M. Polanyi sowie die von I. Langmuir. Beide sind molekular-kinetischer Natur.

Die Ursache der Adsorption erblickt Eucken in den von der Oberfläche ausgehenden Kräften, die nach ihm häufig rein physikalischer Natur sind. Sie sind von derselben Art wie die Kräfte, die sich in der Verdampfungswärme, in der van der Waalsschen Gleichung oder in der Oberflächenspannung äußern.

Die Abhängigkeit der Adsorptionskraft von der Entfernung (x) kann nach Eucken durch eine einfache Potenzformel dargestellt werden.

$$K = -\frac{a}{x^n}$$

Er betrachtet die Adsorption eines Gases durch einen festen Körper. Die Adsorptionskraft äußert sich darin, daß der Druck an der Oberfläche größer wird als in einem davon in unendlicher Entfernung befindlichen Volumelement. Die Konkurrenz mit der Wärmebewegung ergibt

$$p^x = -p_\infty e^{\cdot - \frac{K_x}{RT}},$$

wobei K_x die Energiedifferenz des Adsorbendums in dem Abstand x von der Oberfläche gegenüber der Energie innerhalb des Gasraumes angibt.

Diese Gleichung bedeutet eine lineare Abhängigkeit der adsorbierten Menge von der Konzentration in der Lösung, bzw. vom Gasdruck entsprechend dem Henryschen Verteilungssatz. In der Tat findet man eine solche bei der Gasadsorption unter sehr geringen Drucken und auch in Lösungen von sehr geringer Konzentration. Die Abweichung bei höherem Druck rührt von den zwischen den Gasmolekülen wirkenden van der Waalsschen Kräften her, die eine Abnahme der Kompressibilität des Gases bedingen. Eucken führt daher die van der Waalssche Konstante in die Gleichung ein. Die Abnahme der Kompressibilität bei höheren Drucken, dieses allgemeine Verhalten der realen Gase, bedingt auch einen Sättigungszustand als den Grenzwert der Adsorption. Eine neue Modifikation erfährt die Gleichung, wenn sich die Gase unterhalb der kritischen Temperatur befinden und an der Oberfläche eine Verflüssigung erleiden.

Euckens Theorie wurde von Polanyi weiter ausgebaut. Der Vergleich der experimentellen Daten der Gasadsorption an festen Körpern lieferte in vielen Fällen eine gute Bestätigung. Auf Lösungen wurde diese Adsorptionsformel nicht angewendet.

Langmuirs Theorie. Im Gegensatz zu den eben entwickelten Anschauungen nimmt Langmuir an, daß die Ursache der Adsorption in chemischen Kräften gelegen ist. Wie erwähnt, hat bereits F. HABER darauf hingewiesen, daß an der Oberfläche der Kristalle herausragende Restvalenzen zur Adsorption führen.

LANGMUIR hat etwas später, aber unabhängig von HABER, dieselbe Vorstellung als Grundlage seiner Theorie eingeführt. Nach ihm sind die chemischen Kräfte, die die Adsorption bedingen, häufig vom Charakter der Nebenvalenzen, oft aber auch der Hauptvalenzen. Wie die chemischen Kräfte im allgemeinen, so haben auch diese nur eine Wirkungsweite von etwa $0{,}6 \cdot 10^{-8}$ cm, also von molekularer Dimension.

Im folgenden werden die Ideen LANGMUIRS bezüglich der Gasadsorption wiedergegeben. Dieselben Betrachtungen gelten auch bezüglich der Adsorption von gelösten Substanzen.

Zur Ableitung seiner Isotherme benützt LANGMUIR die kinetische Methode. Die Oberfläche des Kristalls denkt er sich in Elementarräume geteilt, jeder Elementarraum vermag ein Molekül des Adsorbendums festzuhalten. Als einfachstes Beispiel behandelt er den Fall, daß alle Elementarräume gleichartig sind. Die Anzahl der Moleküle, welche in einer Sekunde 1 qcm der Kristalloberfläche berühren, ergibt sich im Sinne der kinetischen Gastheorie:

$$\mu = \frac{p}{\sqrt{2 M \pi R T}} \tag{70}$$

Darin bedeutet p den Druck, M das Molekulargewicht des Gases. Ist die ganze Oberfläche noch frei, so soll ein bestimmter Bruchteil α dieser Moleküle haften bleiben. Ist nur der Bruchteil θ der Elementarräume frei, so bleiben an der Oberflächeneinheit in der Sekunde $\mu\, \alpha\, \theta$ Mole haften. Für den Fall, daß die gesamte Oberfläche besetzt ist, sollen in der Sekunde ν_1 Mole verdampfen. Ist dagegen nur der Bruchteil θ_1 der Oberfläche besetzt, so verdampfen nur $\nu_1\, \theta_1$ Mole in der Sekunde. Ein Gleichgewicht ist dann vorhanden, wenn in der Zeiteinheit von der Oberfläche ebensoviele Moleküle verdampfen, wie sich daran festsetzen. Dann gilt

$$\mu\, \alpha\, \theta = \nu_1\, \theta_1 \tag{71}$$

Der unbesetzte und besetzte Bruchteil der Oberfläche ergeben zusammen die Gesamtoberfläche

$$\theta + \theta_1 = 1$$

so daß die Besetzungsdichte an der Oberfläche

$$\theta_1 = \frac{\alpha \mu}{\nu_1 + \alpha \mu} \tag{72}$$

Für das Verhältnis der zwei Konstanten können wir eine dritte einführen

$$\frac{\alpha}{\nu_1} = \sigma_1 \tag{73}$$

und wir erhalten

$$\theta_1 = \frac{\sigma_1 \mu}{1 + \sigma_1 \mu} \tag{74}$$

N_0 soll die Anzahl der Elementarräume pro Oberflächeneinheit bedeuten, dann ergibt sich die Anzahl Mole, welche pro Oberflächeneinheit adsorbiert sind

$$\eta = \theta_1 \frac{N_0}{N} \tag{75}$$

Die eingeführten Größen haben alle eine definierte theoretische Bedeutung. Das Experiment liefert jedoch gewöhnlich nur die Beziehung zwischen adsorbierter Menge und Konzentration des Adsorbendums. Für den Vergleich mit den Experimenten empfiehlt sich also, die konstanten theoretischen Größen zusammenzuziehen. Man erhält dann

$$q = \frac{a\, b\, p}{1 + a\, p} \tag{76}$$

q bedeutet die Menge des pro Gewichtseinheit des Adsorbendums adsorbierten Gases. a und b sind Konstanten, deren Werte von der Art des Adsorbens und Adsorbendums, ferner von der Temperatur abhängen.

Handelt es sich um Adsorption von gelöstem Stoff, so ist statt p in die letzte Gleichung die Konzentration c zu schreiben, wobei zu beachten ist, daß Gleichung (70) nicht gilt, sondern μ eine an Stelle des Gasdruckes der Konzentration proportionale Größe bedeutet.

Nach der Langmuirschen Gleichung kann man aus dem empirisch festgestellten Verlauf der Adsorptionsisotherme die Werte für die Anzahl der Elementarräume pro Gewichtseinheit, ferner die für die sogenannte mittlere Verweilzeit der Moleküle an der Oberfläche σ_1 berechnen. Diese stellt die Zeit dar, während welcher ein Molekül, das auf die Oberfläche auftrifft, dort festgehalten bleibt.

Einfache Formen nimmt die Gleichung für die Grenzfälle eines sehr geringen und eines sehr großen Druckes an. Im ersten erhalten wir

$$q \sim a \,.\, b \,.\, p$$

d. h. die adsorbierte Menge, formal der Henryschen Verteilung entsprechend, ist dem Druck bzw. der Konzentration proportional.

Im zweiten Falle:

$$\lim_{p \to \infty} q = b$$

d. h. die Oberfläche ist gesättigt, die adsorbierte Menge ist konstant geworden.

Der Vorzug der Langmuirschen Formel ist, daß sie theoretisch abgeleitet wurde, d. h. die Konstanten alle eine theoretische Bedeutung haben, ferner daß sie in Übereinstimmung mit der Erfahrung auch den experimentell sich ergebenden Grenzwert der Adsorption ausdrückt. Langmuirs eigene Messungen der Gasadsorption an Glas, Platin und Glimmer bei sehr geringen Drucken haben eine recht gute Bestätigung der Theorie gebracht. Es muß aber betont werden, daß die Voraussetzungen der Theorie nicht in allen Fällen zutreffen, vielmehr nur einen Spezialfall darstellen.

Langmuir betrachtet noch andere Möglichkeiten, so diejenige, bei der mehrere Arten von Elementarräumen existieren, die unabhängig voneinander adsorbieren. Jede Art nimmt einen gewissen Bruchteil der Oberfläche für sich in Anspruch, so daß die Summe dieser Bruchteile die Einheit der Oberfläche gibt:

$$\beta_1 + \beta_2 + \beta_3 + \ldots + \ldots = 1$$

Die entsprechenden Bruchteile der Elementarräume, welche durch adsorbierte Moleküle besetzt sind, sollen mit θ_1, θ_2, ... bezeichnet werden, so daß die gesamte besetzte Oberfläche

$$\frac{N}{N_0} \eta = \beta_1 \theta_1 + \beta_2 \theta_2 + \beta_3 \theta_3 + \ldots + \ldots$$

ist. Durch Anwendung der Formel der ersten Ableitung erhalten wir

$$\frac{N}{N_0} \eta = \frac{\beta_1 \sigma_1 \mu}{1 + \sigma_1 \mu} + \frac{\beta_2 \sigma_2 \mu}{1 + \sigma_2 \mu} + \ldots$$

Wir können dies mit Worten so ausdrücken, daß für jede Art Elementarraum eine eigene Adsorptionsisotherme gilt und die Gesamtadsorption sich aus den einzelnen Werten dieser besonderen adsorbierten Mengen summarisch zusammensetzt. Für geringen Druck erhalten wir auch auf Grund dieser Formel eine lineare Abhängigkeit der adsorbierten Menge vom Druck.

Der dritte Fall bezieht sich auf amorphe Körper. Hier nehmen wir unendlich viele Arten von Elementarräumen an und erhalten

$$\frac{N}{N_0}\eta = \int_0^1 \frac{\sigma \,.\, \mu \,.\, d\beta}{1 + \sigma\mu}$$

β ist der Bruchteil der betreffenden Art von Elementarraum. Um die Gleichung aufzulösen, müssen wir noch β als Funktion von σ, d. h. $\sigma = f(\beta)$ kennen. Auf Grund der Experimente können wir umgekehrt η als Funktion von μ bestimmen und so auf die Natur der Funktion $f(\beta)$ Schlüsse ziehen.

Der weitere Fall, den LANGMUIR behandelt hat, ist derjenige von mehreren adsorbierten Molekülen pro Elementarraum.

Es sollen höchstens n Moleküle in einem Elementarraum festgehalten werden. Die Geschwindigkeit der Verdampfung von der Oberfläche hängt davon ab, wieviel Moleküle in dem Elementarraum bereits festgehalten sind. ν_i soll die Verdampfungsgeschwindigkeit sein, wenn i Moleküle festgehalten sind. Der Bruchteil der Moleküle, der beim Zusammentreffen mit der Oberfläche daran hängen bleibt, ist ebenfalls eine Funktion der Anzahl der bereits festgehaltenen. Im allgemeinen soll α_i dieser Bruchteil sein, wenn $i - 1$ in dem Elementarraum sitzen. θ_i soll der Bruchteil der Elementarräume sein, die i Moleküle adsorbiert halten, so daß $\sum_{i=1}^{n} \theta_1 = 1$ ist. Die Anzahl der adsorbierten Moleküle ergibt sich

$$\frac{N}{N_0}\eta = \theta_1 + 2\,\theta_2 + 3\,\theta_3 + \ldots + n\,\theta_n$$

Beim Gleichgewicht gilt

$$\begin{aligned} \alpha_1\,\theta\,\mu &= \nu_1\,\theta_1 \\ \alpha_2\,\theta_1\,\mu &= \nu_2\,\theta_2 \\ \alpha_3\,\theta_2\,\mu &= \nu_3\,\theta_3 \\ &\vdots \\ \alpha_n\,\theta_{n-1}\,\mu &= \nu_n\,\theta_n \end{aligned}$$

Wir führen ein $\frac{\alpha_i}{\nu_1} = \sigma_i$ und erhalten:

$$\begin{aligned} \theta &= \frac{\theta_1}{\sigma_1\,\mu} \\ \theta_2 &= \sigma_2\,\mu\,\theta_1 \\ \theta_3 &= \sigma_2\,\sigma_3\,\mu^2\,\theta_1 \\ &\vdots \\ \theta_i &= \sigma_2 \,.\, \sigma_3 \ldots \sigma_i\,\mu^i\,\theta_1 \end{aligned}$$

Die Substitution liefert die Adsorptionsisotherme:

$$\frac{N}{N_0}\eta = \frac{\sigma_1\mu + 2\,\sigma_1\sigma_2\mu^2 + 3\,\sigma_1\sigma_2\sigma_3\mu^3 + \ldots + i\left(\prod_{k=1}^{i}\sigma_k\right)\mu^i + \ldots + n\left(\prod_{k=1}^{n}\sigma_k\right)\mu_n}{1 + \sigma_1\mu + \sigma_1\sigma_2\mu^2 + \ldots + \left(\prod_{k=1}^{i}\sigma_k\right)\mu^i + \ldots + \ldots\left(\prod_{k=1}^{i}\sigma_k\right)\mu^n}$$

Da n gewöhnlich eine recht niedrige Zahl ist, d. h. nur wenig Moleküle in einem Elementarraum Platz finden, wird sich im Zähler und im Nenner die Reihe nur auf einige Glieder erstrecken.

Der nächste Fall, den LANGMUIR betrachtet, die Adsorption von einzelnen Atomen aus einem Gas, dessen Moleküle mehrere Atome enthalten, bietet für uns kein Interesse.

Schließlich wird der Fall von mehreren Adsorptionsschichten in ähnlicher Weise behandelt wie das besprochene Beispiel von mehreren adsorbierten Molekülen pro Elementarraum.

Den wesentlichen Unterschied gegenüber früheren chemischen Theorien der Adsorption erblickt LANGMUIR darin, daß er nicht nur chemische Kräfte zwischen Oberfläche und adsorbierten Atomen annimmt, sondern nach seiner Theorie die adsorbierten Atome an die Oberflächenatome gebunden sind, welche wieder untereinander chemisch und dadurch auch mit der ganzen Masse des Adsorbens zusammenhängen. Der Hauptfortschritt seiner Theorie ist jedoch, daß diese chemische Vorstellung quantitativ ausgewertet wird.

Literaturverzeichnis

BEMMELEN, J. M. VAN: Die Absorption. Dresden (1910). — BOEDEKER: Journ. f. Landw. S. 48 (1859). — EUCKEN, A.: Verh. d. deutsch. phys. Ges. **16**, 348 (1914). — HABER, F.: Z. f. Elektroch. **20**, 521 (1914). — HÜCKEL, E.: Adsorption und Kapillarkondensation. Leipzig (1928). — LANGMUIR, J.: Journ. Am. Chem. Soc. **40**, 1361 (1918). — PAULI, WO., und A. SEMLER: Koll. Z. **34**, 145 (1924). — POLANYI, M.: Verh. d. deutsch. phys. Ges. **16**, 1012 (1914), **18**, 55 (1916).

10. Die Oberflächenreaktionen vom Standpunkte des Massenwirkungsgesetzes

Begriff der Oberflächenreaktion. Aus der Grundeigenschaft der Kolloidteilchen, ihrer übermolekularen Größe, folgt die Tatsache, daß nur ein Teil der sie aufbauenden Atome, nämlich diejenigen Bausteine, welche sich an der Teilchenoberfläche befinden, in Wechselwirkung mit der Lösung treten können. Die übrigen Bestandteile sind aus topischen Gründen einer Reaktion nicht zugänglich. Durch den Umstand, daß die Abspaltung und Anlagerung von Ionen, welche die Ladung des Teilchens bestimmen, ebenfalls nur an der Teilchenoberfläche erfolgen kann, ist die räumliche Lage des ionogenen Teiles an der Teilchenoberfläche gegeben.

Die Anlagerung von Ionen, Atomen oder Molekülen an das Kolloidteilchen und ihre Abspaltung gehört zum Gebiete der Oberflächenreaktionen. Dieses Gebiet umfaßt zugleich alle Reaktionen, welche sich an makroskopischen Phasengrenzen abspielen.

Die Oberflächenreaktionen sind von den Reaktionen etwa gelöster Moleküle nicht grundverschieden. Auch bei den letzteren kennt man chemische Vorgänge, die sich auf einen Teil der molekularkinetischen Einheit beschränken, während der größte Teil derselben davon unberührt bleibt. Denken wir etwa an die elektrolytische Dissoziation, einer hochmolekularen aliphatischen Säure mit einer Kette von einem Dutzend Kohlenstoffatomen. Wir sprechen dann von der Dissoziation der Karboxylgruppe und stellen uns die Reaktion wesentlich auf diese beschränkt vor. Diese Karboxylgruppe ist in einem gewissen Sinne analog zum ionogenen Teil, der übrige Teil der Kohlenstoffkette zum Neutralteil eines Kolloidteilchens.

Für die Anwendung des Massenwirkungsgesetzes (MWG) ist die Tatsache sehr wesentlich, daß ein Teilchen mehrere Ionen abspalten oder anlagern kann.

Aber auch dieses Verhalten findet sich bei den gewöhnlichen Reaktionen, wie etwa das Beispiel einer mehrbasischen Säure zeigt.

Oberflächenreaktionen und chemisches Gleichgewicht. Die Absonderung der Oberflächenreaktionen von dem Gebiet der chemischen Reaktionen, welche dem MWG gehorchen, wurde hauptsächlich von VAN BEMMELEN durchgeführt. Er hat die Produkte der Oberflächenreaktionen als Adsorptionsverbindungen bezeichnet. Der Hauptunterschied wird von WILH. OSTWALD, der in seinem Lehrbuch der allgemeinen Chemie die Frage sehr eingehend behandelt hat, und von VAN BEMMELEN darin erblickt, daß die adsorbierte und adsorbierende Substanz im Gegensatz zu den chemischen Verbindungen in keinem Äquivalentverhältnis zueinander stehen.

Die Eigenart dieser Erscheinungen tritt andererseits beim Versuch hervor, das HENRYsche Gesetz unter Zugrundelegung der Vorstellung anzuwenden, daß der adsorbierende Körper als eine (feste) Lösung mit der zugesetzten Lösung als zweiter Phase in Berührung steht und das Adsorbendum sich zwischen diesen zwei Lösungsmitteln verteilt. Für solche Gleichgewichte schreibt das HENRYsche Gesetz die Konstanz eines Verteilungskoeffizienten vor nach der Formel

$$\frac{c_1}{c_2} = K \tag{79}$$

in welcher c_1 die Konzentration in der Phase 1 (Adsorbens), c_2 diejenige der Phase 2 (Lösung) bedeutet. Die Adsorptionsisotherme müßte dann im Gegensatz zum experimentellen Befund (Kurve I) eine gerade Linie sein (III), welche nach Erreichen des Sättigungszustandes in eine horizontale Gerade übergeht.

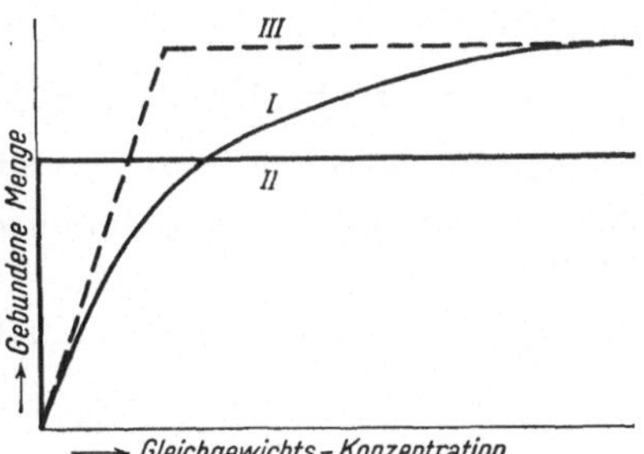

Abb. 12. I: Adsorptionsgleichgewicnt. II. Vollständiges heterogenes Gleichgewicht.. III: HENRYsche Verteilung

Auch der Versuch, die Bedingungen der „vollständig heterogenen Gleichgewichte" anzuwenden, mißlingt. Ein Beispiel für ein solches ist die Dissoziation des festen $CaCO_3$ in festes CaO und gasförmiges CO_2. Dieses System hat jedoch im Sinne der Phasenregel nur einen Freiheitsgrad, so daß bei einer gegebenen Temperatur der Druck der Kohlensäure schon bestimmt ist. Die aktive Masse, die Aktivität einer Substanz in fester Form hängt nämlich von der Menge der Substanz nicht ab. Wenn Adsorbens und Adsorptionsprodukt als Bodenkörper angesehen werden, dann ergibt sich nach dieser Auffassung der Gasdruck oder die Konzentration der Lösung konstant. Die Adsorptionsisotherme müßte in völligem Widerspruch zu dem experimentellen Befund eine der Abszissenachse parallele Gerade darstellen (II).

Robertsons und Reychlers Anwendungen des Massenwirkungsgesetzes. Gegen die Abtrennung der Oberflächenreaktionen von dem chemischen Gleichgewichte hat zuerst T. B. ROBERTSON (1908) Stellung genommen. Gegenüber dem Kriterium der stöchiometrischen Verhältnisse betont er, daß im Sinne des MWG die Äquivalenz in der Mischung der Reaktionskomponenten nur im speziellen Grenzfalle einer vollständig verlaufenen Reaktion besteht. ROBERTSON betrachtet auch die Lösungen als heterogene Systeme, in denen aber die disperse Phase eine besonders große Oberfläche hat. Nur wenn die Oberfläche der dispersen Phase gegenüber der

Masse gering ist, kann ihre aktive Masse als konstant betrachtet werden. Ferner ist nach ihm die Bedingung eines vollständig heterogenen Gleichgewichtes, daß sich die Reaktion in der Gasphase (in dem obigen Beispiel also zwischen dem gasförmigen CO_2 und gasförmigen CaO) bzw. in der Lösung abspielt. Er betrachtet z. B. die Adsorption an Kohle als eine chemische Reaktion. Die Kohlenstoffmoleküle haben in der ungeheuer ausgedehnten Berührungsfläche die Fähigkeit, eine große Anzahl von verschiedenartigen Additionsverbindungen zu bilden.

Die Anwendbarkeit des MWG auf Kolloide wurde kurz darauf in einer Auseinandersetzung zwischen W. Biltz und A. Reychler diskutiert. Biltz hatte 1904 über eine Reihe von Adsorptionsversuchen berichtet. Er schüttelte den gut gewaschenen Eisenhydroxydniederschlag mit einer Arsentrioxydlösung und bestimmte nach Einstellung des Gleichgewichtes analytisch die Abnahme der Arsentrioxydkonzentration in der Lösung. Er konnte das Gleichgewicht in der Form der Adsorptionsisotherme

$$y^5 = 0{,}63\, x$$

darstellen, wobei y die Menge des durch eine bestimmte Niederschlagsmenge festgehaltenen, x diejenige des in der Lösung gebliebenen As_2O_3 bedeutet.

Nach Reychler handelt es sich da um ein Hydrolysegleichgewicht zwischen der Base Eisenhydroxyd und der Säure Arsentrioxyd. Er nimmt an, daß die verwendete Eisenhydroxydmenge ein bestimmtes Äquivalent von Arsentrioxyd (cn) zu neutralisieren vermag. Die Resultate von Biltz liefern die Menge des in der Lösung gebliebenen, also hydrolytisch gespaltenen As_2O_3: $c(a - x)$, wenn a die verwendete Gesamtmenge des As_2O_3, c den Umrechnungsfaktor auf Äquivalentkonzentration, x die festgehaltene Menge (welche von Biltz durch y bezeichnet wurde) bedeuten. Man kann nach Reychler die Gleichungen des Hydrolysegleichgewichtes anwenden, und zwar unter verschiedenen Voraussetzungen, betreffend die Anzahl der Valenzen, mit welchen ein $As(OH)_3$-Molekül festgehalten wird (1, 2 oder 3), und die Größe von n. Die Hydrolysegleichung lautet:

$$K_{Hydr} = \frac{[B^+][S^-]}{[BOH][SH]}$$

Die Konzentration der undissoziierten Säure unter der Voraussetzung, daß As_2O_3 nur einbasisch reagiert, ergibt sich als proportional mit $\frac{a - x}{3}$, der undissoziierten Base mit $n - x/3$, des unzersetzten Salzes mit $x/3$. Wir können also substituieren

$$[B^+] . [S^-] = \frac{x^2}{9}$$

$$[BOH] = n - \frac{x}{3}$$

$$[SH] = \frac{a - x}{3}$$

und erhalten

$$K_{Hydr} = \frac{x^2}{a - x}(3\,n - x)$$

Reychler leitet die zwei analogen Gleichungen für die zwei anderen möglichen Fälle der Basizität ab. Für n setzt er den betreffenden Wert ein für den Fall der Neutralisation des ganzen verwendeten Eisenhydroxyds und findet in der Tat in den Versuchen von Biltz eine annähernde Konstanz für K_{Hydr}. unter der Annahme, daß $As(OH)_3$ mit allen drei sauren Gruppen fixiert wird.

Gegen die Behandlungsweise von Reychler hat Biltz folgendes eingewendet: 1. Reychler betrachtet das System als homogen, obwohl Eisenhydroxyd und das angenommene, mit arseniger Säure gebildete Salz im festen Zustand als Bodenkörper anwesend sind. 2. Arsenige Säure als sehr schwache Säure kann nicht mit ihren drei sauren Gruppen reagieren. 3. Die Hydrolyse ist im allgemeinen stark temperaturabhängig, während die Fixierung von As_2O_3 nur sehr wenig von der Temperatur abhängt.

REYCHLER hat in seiner Erwiderung darauf hingewiesen, daß die Reaktion innerhalb des Gels verläuft. Die einzelnen Eisenhydroxydmoleküle sind wohl miteinander verknüpft, ihre basischen Gruppen funktionieren jedoch in diesem Medium als chemische Einheiten. Was die Wertigkeit der arsenigen Säure betrifft, so verhält sie sich nur gegenüber einwertigen Kationen als einwertig, mit mehrwertigen Kationen vermag sie jedoch als zwei- oder dreiwertig zu funktionieren. Die Temperaturabhängigkeit der Hydrolyse kann in diesem Falle durch die Temperaturabhängigkeit der Salzbildung verdeckt werden.

In derselben Weise hat dann REYCHLER die Adsorptionsversuche von H. FREUNDLICH behandelt. FREUNDLICH hat seine Experimente mit Blutkohle angestellt. Eine bestimmte Menge (m Gramm) derselben schüttelte er mit den Lösungen organischer Säuren von verschiedener Konzentration (a/v). Die Äquivalentkonzentration der freigebliebenen Säure, welche nach Entfernung der Blutkohle durch Titration bestimmt wurde, bezeichnete er mit c, die aufgenommene Säure in Äquivalenten mit x und findet, daß bei Variation von x, m und c die Beziehung gilt

$$\frac{x}{m} = \alpha\, c^{\frac{1}{p}}$$

das heißt, die gewöhnliche Adsorptionsisotherme.

In analoger Weise wie oben nimmt REYCHLER an, daß die Blutkohle selbst, eventuell infolge ihrer Verunreinigung, die Eigenschaft besitzt, Säuren gegenüber als schwache Base zu funktionieren und betrachtet ein Gramm einer bestimmten Kohle als Lager einer sehr großen Zahl von Affinitätszentren, welche, auf eine sehr große Oberfläche regelmäßig verteilt, die Fähigkeit besitzen, n Milliäquivalente einer Säure zu binden. Er wendet wieder die Hydrolysegleichung an und erhält die mit der obigen identische Formel:

$$\left(\frac{x}{m}\right)^2 = K \,.\, n \left(n - \frac{x}{m}\right)\left(a - x\right)$$

Bei geeigneter Wahl von n führt die Anwendung dieser Formel auf die experimentellen Ergebnisse von FREUNDLICH zu einer befriedigenden Konstanz von K.

REYCHLER betont weiter die gleiche Anwendbarkeit der chemischen Mechanik auch auf die Reaktionen der stabilisierenden Elektrolyte mit den Kolloidteilchen. Gegenüber den rein theoretischen ähnlichen Betrachtungen von ROBERTSON bedeutet dieser Versuch einen Fortschritt dadurch, daß die Anwendung des MWG auf die Experimente in der Tat durchgeführt wird.

Anwendung des MWG durch Michaelis. Sehr naheliegend ist die Deutung der Abspaltung der Wasserstoffionen an der Oberfläche einer Kolloidsäure auf Grund des MWG. Ein solcher Versuch wurde von L. MICHAELIS 1920 unternommen.

MICHAELIS geht von der Vorstellung aus, daß je zwei Moleküle einer einbasischen Säure miteinander zu einem Molekül aggregieren und fragt nach dem Dissoziationszustand der so gebildeten zweibasischen Säure unter der Voraussetzung, daß die beiden Säuregruppen voneinander unbeeinflußt bleiben. Die zwei Stufen der Dissoziation stellt er durch die Formeln

$$SS \rightleftarrows SS^- + H^+$$
$$SS^- \rightleftarrows SS^{--} + H^+$$

dar und unter der Annahme, daß die Gleichgewichtskonstanten mit derjenigen der einbasischen Säure identisch geblieben sind, erhält er die Gleichgewichtsbedingung

$$k \,.\, ss = ss^- \,.\, h$$
$$k \,.\, ss^- = ss^{--} \,.\, h$$

wobei k die Konstante und die übrigen Bezeichnungen molekulare Konzentrationen der einzelnen Molekülgattungen bedeuten. Unter molekularer Konzentration versteht man hier die Molarität der einzelnen kinetischen Einheiten, deshalb gebraucht MICHAELIS dafür bei Kolloiden den Ausdruck mizellare Konzentration. Aus den obigen Beziehungen folgt:

$$\frac{ss}{ss^-} = \frac{ss^-}{ss^{--}}$$

MICHAELIS' Interesse richtete sich weiter auf den Dissoziationsrest, d. h. auf das Verhältnis der völlig ungeladenen Moleküle zur analytischen Konzentration der Säure. Man erhält dafür

$$\varrho = \frac{1}{1 + \frac{k}{n} + \frac{k^2}{n^2}}$$

gegenüber dem für die einbasische Säure gültigen Ausdruck:

$$\varrho = \frac{1}{1 + \frac{k}{n}}$$

Um dieses Ergebnis auf Kolloide anzuwenden, braucht man sich nur vorzustellen, daß die Aggregation soweit fortschreitet, daß Kolloidteilchen mit n Säuregruppen entstehen. Analogerweise erhält MICHAELIS für diesen Fall

$$\varrho = \frac{1}{1 + \frac{k}{n} + \left(\frac{k}{n}\right)^2 + \ldots + \left(\frac{k}{n}\right)^n}$$

Wenn man die Voraussetzung von der Gleichheit der Konstanten nicht benützt, so erhält man den allgemeineren Ausdruck

$$\varrho = \frac{1}{1 + \frac{k_1}{n} + \frac{k_1 k_2}{n^2} + \frac{k_1 k_2 k_3}{n^3} + \ldots + \frac{k_1 k_2 \ldots k_n}{n^n}}$$

Wenn die Konstanten genügend rasch abnehmen, kann man die Reihe im Nenner nach dem zweiten Glied abbrechen und erhält dann denselben Ausdruck wie für eine einbasische Säure mit der Konstante k_1.

Ableitung des richtigen MWG der Oberflächenreaktionen. Die Grundlage der hier dargestellten Überlegungen von MICHAELIS bildet die Erkenntnis, daß die Oberflächenreaktionen mehrstufige Reaktionen darstellen. Die Anwendung der Gesetze derselben führt jedoch zu von seinigen abweichenden Ergebnissen. Wir wollen diese anschließend entwickeln.

Ein Molekül soll nach dem folgenden Schema in zwei Gruppen dissoziieren:

$$AB \rightleftarrows A + B$$

Die Gleichgewichtsbedingung des MWG lautet[1]

$$K = \frac{a \cdot b}{ab}$$

Jetzt stellen wir uns vor, daß je zwei Moleküle AB zu einem Doppelmolekül zusammengetreten sind, und zwar so, daß die die Dissoziation bewirkende Kraft keine Änderung erfahren hat, d. h. die Stellen, an denen die Dissoziation erfolgt, im Doppelmolekül so weit voneinander entfernt sind, daß durch die Dissoziation der ersten Stufe die auf die zweite wirkende Kraft unverändert bleibt. Bezüglich der zwei dissoziierenden Stellen sei das Doppelmolekül vollkommen symmetrisch. Die Dissoziation erfolgt dann nach den Formeln:

$$A_2B_2 \rightleftarrows A_2B + B$$
$$A_2B \rightleftarrows A_2 + B$$

[1] Im Folgenden wird die Konzentration einer Molekülart $A_m B_n$ durch $a_m b_n$ bezeichnet.

Unter den gemachten Voraussetzungen ergibt sich:

$$k_1 = \frac{a_2 b \,.\, b}{a_2 b_2} = 2\,K$$

$$k_2 = \frac{a_2 \,.\, b}{a_2 b} = \frac{K}{2}$$

und zwar aus statistischen Gründen. Wir stellen die analogen Überlegungen an, welche von R. WEGSCHEIDER für die Dissoziationsverhältnisse der sauren Ester und der zweibasischen Säuren durchgeführt und welche bereits im Abschnitt über die mehrwertigen Elektrolyte mitgeteilt wurden. Während das Molekül AB nur 1 B abgeben konnte, vermag das Molekül A_2B_2 zwei B zu spalten. Wirkt dieselbe Kraft auf die Dissoziation bzw. Anlagerung, so wird die Wahrscheinlichkeit, daß ein B abgespalten wird, bei A_2B_2 doppelt so groß wie bei AB, während die Wahrscheinlichkeit der Anlagerung von B an A_2B und A dieselbe bleibt. A_2B wird nur in demselben Maße B abspalten wie AB, dagegen wird A_2 mit doppelter Wahrscheinlichkeit B aufnehmen als A, da B sich an das erstere an zwei Stellen ablagern kann.

MICHAELIS Voraussetzung der Gleichheit der beiden Konstanten kann also auch in dem idealen Fall der völligen gegenseitigen Nichtbeeinflussung nicht erfüllt sein, sondern das Verhältnis der beiden Konstanten der zweibasischen Säure ist mindestens vier.

Wir wollen nun das Verhältnis der gebundenen B-Gruppen zu der Gesamtmenge der A-Gruppen in der Lösung feststellen, das wir mit x bezeichnen. Im Gegensatze zu MICHAELIS nennen wir diese Größe den Dissoziationsrest. Bei der einbasischen Säure ergibt sich entsprechend der Formel (20)

$$x = \frac{a\,b}{a + a\,b} = \frac{1}{1 + \frac{K}{b}}$$

Wir fragen nun nach demselben Verhältnis in dem angenommenen Falle der Aggregation zu Doppelmolekülen und erhalten:

$$x = \frac{a_2 b + 2a_2 b_2}{2a_2 b + 2a_2 b_2 + 2a_2} = \frac{1}{1 + \frac{K}{b}} \tag{81}$$

Zu diesem Ergebnis gelangen wir folgendermaßen. Wir führen die Bezeichnung $y = K/b$ ein und erhalten die folgenden Beziehungen:

$$\frac{a_2 b}{a_2 b_2} = \frac{k_1}{b} = 2\,y$$

$$\frac{a_2}{a_2 b} = \frac{k_2}{b} = \frac{y}{2}$$

$$\frac{a_2}{a_2 b_2} = \frac{k_1 \,.\, k_2}{b^2} = \frac{K^2}{b^2} = y^2$$

Wir formen den obigen Bruch mittels Dividieren des Zählers und Nenners durch a_2b_2 um und erhalten dann

$$x = \frac{2\,y + 2}{2\,(2\,y + 1 + y^2)} = \frac{y + 1}{(1 + y)^2} = \frac{1}{y + 1} + \frac{1}{1 + \frac{K}{b}}$$

Wir können nun zur Betrachtung von Kolloidteilchen übergehen, welche an ihrer Oberfläche n AB-Gruppen enthalten. Die Verteilung der Gruppen soll ganz regelmäßig sein und die Dissoziation derselben unbeeinflußt von einander unter der Einwirkung derselben Kraft erfolgen wie beim molekulardispersen AB.

Wir haben die folgenden Gleichungen

$$A_n B_n \rightleftarrows A_n B_{n-1} + B \qquad k_1 = \frac{a_n b_{n-1} . b}{a_n b_n} = n k \qquad \frac{a_n b_{n-1}}{a_n b_n} = \binom{n}{1} \frac{K}{b}$$

$$A_n B_{n-1} \rightleftarrows A_n B_{n-2} + B \qquad k_2 = \frac{a_n b_{n-2} . b}{a_n b_{n-1}} = \left(\frac{n-1}{2}\right) K \qquad \frac{a_n b_{n-2}}{a_n b_n} = \binom{n}{2} \left(\frac{K}{b}\right)^2$$

$$\vdots \qquad\qquad \vdots \qquad\qquad \vdots$$

$$A_n B \rightleftarrows A_n + B \qquad k_n = \frac{a_n . b}{a_n b_n} = \frac{1}{n} K \qquad \frac{a_n}{a_n b_n} = \binom{n}{n} \left(\frac{K}{b}\right)^n$$

Die Dissoziationskonstante der iten Stufe ergibt sich in Verallgemeinerung des WEGSCHEIDERschen Ansatzes zu

$$k_i = \frac{n - i + 1}{i} K$$

Als Verhältnis der gebundenen B-Gruppen zur Gesamtzahl der A-Gruppen finden wir wieder:

$$x = \frac{a_n b + 2 a_n b_2 + 3 a_n b_3 + \ldots + n a_n b_n}{n (a_n + a_n b + a_n b_2 + \ldots + a_n b_n)} = \frac{1}{1 + \frac{K}{b}} \tag{82}$$

Man gelangt zu diesem Ergebnis durch Dividieren des Zählers und Nenners durch $a_n b_n$. Die Substitution der obigen Beziehungen ergibt

$$x = \frac{\binom{n}{n-1}\left(\frac{K}{b}\right)^{n-1} + 2\binom{n}{n-2}\left(\frac{K}{b}\right)^{n-2} + \ldots (n-1)\binom{n}{1}\left(\frac{K}{b} + 1\right)}{n\left[\binom{n}{n}\left(\frac{K}{b}\right)^{n} + \binom{n}{n-1}\left(\frac{K}{b}\right)^{n-1} + \ldots \binom{n}{1}\left(\frac{K}{b} + 1\right)\right]} = \frac{\left(1 + \frac{K}{b}\right)^{n-1}}{\left(1 + \frac{K}{b}\right)^{n}} = \frac{1}{1 + \frac{K}{b}}$$

Die Bedeutung dieses Ergebnisses wird klar, wenn wir die bei den Kolloidreaktionen übliche Terminologie gebrauchen. Es sollen sich darnach in der Lösung eine bestimmte Anzahl von dissoziierbaren bzw. anlagerungsfähigen Gruppen an der Oberfläche der Kolloidteilchen befinden, d. h. es soll eine bestimmte Menge Adsorbens vorhanden sein. Wir haben ferner angenommen, daß eine variierende Menge einer Substanz an der Oberfläche festgehalten, bzw. davon abgespalten wird, d. h. eine variierende Menge eines Adsorbendums. Die Konzentration jenes Anteiles, welcher frei bleibt, bezeichnen wir mit c. Die pro Oberflächeneinheit angelagerte Substanz soll η betragen. Wenn an der Oberfläche N_O dissoziierbare Gruppen pro 1 cm^2 Fläche befinden, dann gilt im Sinne der obigen Beziehung:

$$\eta = \frac{N_O}{N} \frac{\frac{b}{K}}{1 + \frac{b}{K}} = \frac{N}{N_O} \cdot \frac{1}{1 + \frac{K}{b}} \tag{83}$$

und wir haben für den betrachteten Fall die „Adsorptionsisotherme", welche als das MWG der idealen Kolloidoberflächenreaktion gewonnen wurde. Durch Multiplikation mit einem für jedes Adsorbens charakteristischen Faktor (Verhältnis der Oberfläche zum Gewicht) erhalten wir aus Gleichung (83) die pro Gewichtseinheit Adsorbens festgehaltene Menge.

Die Adsorptionsisotherme (83) hat also, im Falle der Gültigkeit der gemachten Voraussetzungen, genau dieselbe Gestalt wie die Dissoziationsrestkurve: Die adsorbierte Menge ist eine hyperbolische Funktion der Gleichgewichtskonzentration. Es gelten für sie die bei der Diskussion des Dissoziationsrestes besprochenen Beziehungen, insbesondere auch:

$$\lim_{b \to 0} \eta = 0$$

d. h. mit abnehmender Gleichgewichtskonzentration strebt die adsorbierte Menge dem Werte Null zu, ferner

$$\lim_{b \to \infty} \eta = \frac{N_O}{N} \tag{84}$$

d. h. mit wachsender Gleichgewichtskonzentration strebt die adsorbierte Menge dem Sättigungszustande zu. Schließlich ist die Tatsache von Bedeutung, daß in dem Bereich, wo die Gleichgewichtskonzentration viel kleiner ist als die Dissoziationskonstante, die adsorbierte Menge annähernd linear mit der Gleichgewichtskonzentration geht; d. h. für $b << K$ gilt:

$$\eta \sim \frac{N_O}{N} \frac{b}{K} \tag{85}$$

Ist die Gleichgewichtskonzentration gleich dem Wert der Dissoziationskonstante, so ist genau die Hälfte der Oberfläche besetzt.

Wenden wir die erhaltene Beziehung speziell auf eine Kolloidsäure, an so erhalten wir für die Reaktion:

$$S\eta\, H_n \rightleftarrows S_{n-1} + H^+ \text{ usw.}$$

$$x = \frac{\sum\limits_{i=1}^{n} i[S\eta\, H_i]}{n \sum\limits_{i=0}^{n} [S\eta\, H_i]} = \frac{1}{1 + \frac{K}{[H]}} \tag{86}$$

Der Zähler der linken Seite bedeutet die Konzentration der undissoziierten einwertigen Säuregruppen der Lösung, der Nenner die Konzentration sämtlicher einwertigen Säuregruppen. In diesem Sinne kann x als mittlerer Dissoziationsrest, $1 - x$ auch als der mittlere Dissoziationsgrad bezeichnet werden und der Ausdruck dafür ist identisch mit dem für eine gewöhnliche einbasische Säure. Selbstverständlich erhält das Verdünnungsgesetz ebenfalls dieselbe Form wie für einen einstufigen Dissoziationsvorgang. Bezeichnet man den mittleren Dissoziationsgrad mit $\bar{a}$, so kann man schreiben

$$\bar{a} = 1 - x = 1 - \frac{1}{1 + \frac{K}{h}} = \frac{1}{1 + \frac{h}{K}} \tag{87}$$

$\bar{a}\, n = \bar{z}$ ergibt dann die mittlere Wertigkeit der Kolloidsäure und die obige Gleichung stellt die Abhängigkeit derselben von der Wasserstoffionenkonzentration der Lösung dar.

Die Konzentration der auf der iten Stufe dissoziierten Kolloidsäure ergibt sich im allgemeinen aus:

$$\frac{S\eta\, H_{n-1}}{\sum\limits_{i=0}^{n} S\eta\, H_i} = \frac{\binom{n}{1}\left(\frac{K}{H}\right)^i}{\left(1 + \frac{K}{H}\right)^n}$$

Wie weiter unten gezeigt wird, ist die Gültigkeit dieser Beziehung gerade im Falle einer elektrolytischen Dissoziation stark eingeschränkt. Finden wir jedoch, daß die Dissoziation einer Kolloidsäure diesen Gleichungen gehorcht, so bedeutet dies so viel, daß die Kolloidsäure durch eine einbasische Säure von der Konstante K und der Konzentration $n \sum_{i=0}^{n} S\eta\, H_i$ ersetzt gedacht werden kann. Mit Rücksicht auf die Mehrwertigkeit können wir dies auch so formulieren, daß die Säure eine mittlere Dissoziationskonstante K besitzt, d. h. ihre $\frac{n}{2}$ te Konstante ist K, ihre erste Konstante n . K, ihre nte Konstante $\frac{K}{n}$.

Die Identität des MWG und der Langmuir-Isotherme. Die oben dargestellte Grundgleichung des MWG für Oberflächenreaktionen kann dahin zusammengefaßt werden, daß der Dissoziationszustand eines Moleküls von der Aggregation unabhängig bleibt, solange die Aggregation die die Dissoziation bestimmenden Kräfte nicht beeinflußt. Da die Aggregation dabei nicht auf einen bestimmten Wert beschränkt ist, so ist zu vermuten, daß dieselbe Gleichung auch den Dissoziationszustand auszudrücken vermag, wenn die dissoziierenden Gruppen an einer zusammenhängenden, makroskopischen Oberfläche gelagert sind, somit den Fall einer durch eine chemische Reaktion adsorbierenden Wand. In der Tat finden wir, daß unsere Grundgleichung mit der LANGMUIRschen Isotherme identisch ist. Diese lautet (74):

$$\eta = \frac{N_O}{N} \frac{\sigma_1 \mu}{1 + \sigma_1 \mu}$$

dagegen unsere (83)

$$\eta = \frac{N_O}{N} \frac{\frac{b}{K}}{1 + \frac{b}{K}}$$

Die Identität ergibt sich, wenn $\sigma_1 \mu$ gleich b/K gesetzt wird. Die Prüfung der Definition der einzelnen Begriffe zeigt die Richtigkeit dieser Gleichung. σ_1 bedeutet das Verhältnis der Anlagerungsgeschwindigkeit an die vollständig freie zu der Abspaltungsgeschwindigkeit von der vollständig besetzten Oberfläche, während die Gleichgewichtskonstante K kinetisch als das Verhältnis der Geschwindigkeitskonstanten dieser entgegengesetzt verlaufenden Reaktionen dargestellt wird.

Die Übereinstimmung ist keineswegs eine zufällige. Die LANGMUIRsche Isotherme ist nichts anderes als das MWG der Oberflächenreaktionen und ihre Ableitung erfolgt auf dieselbe Weise, wie das Gesetz von GULDBERG und WAAGE auf Grund der Reaktionskinetik abgeleitet wird. Die Konzentration der an der Oberfläche reagierenden Moleküle wird dabei durch die Flächendichte ausgedrückt. Andererseits beruht der WEGSCHEIDERsche Ansatz der Dissoziation von mehrbasischen Säuren auf der Berücksichtigung des Verhältnisses der verfügbaren Plätze, welche in der LANGMUIRschen Ableitung ebenfalls die ausschlaggebende Rolle spielt.

Daß die LANGMUIRsche Funktion und das MWG unter Anwendung der Theorie der mehrbasischen Säuren zum selben Ergebnis führen kann, hat zuerst wohl K. LINDERSTRÖM-LANG bemerkt. Er hat die Identität in dem speziellen Fall der elektrolytischen Dissoziation gezeigt, wobei die Ableitung infolge der interionischen Kräfte bedeutend komplizierter ist. Mehr oder weniger in der

Richtung unserer Ableitung gelegene Ansätze finden sich noch bei A. GYEMANT, L. REINER, W. R. LEWIS und F. DANIEL, H. H. WEBER, P. N. PAWLOW.

Man kann zu dem MWG der Oberflächenreaktionen unmittelbar gelangen, indem man einfach in das gewöhnliche MWG die Oberflächendichten für die Konzentrationen einführt, wie es gelegentlich von GYEMANT vorgeschlagen wurde. Man erhält dann

$$K = \frac{b\left(\frac{N_O}{N} - \eta\right)}{\eta}$$

N_O/N bedeutet die Anzahl der pro Oberflächeneinheit überhaupt verfügbaren Elementarräume in Molen, d. h. die molare Oberflächendichte der dissoziierbaren Gruppen, b die Konzentration des Adsorbendums in der Lösung, die Flächendichte der adsorbierten Substanz, der sogenannten Adsorptionsverbindung $(N_O/N - \eta)$ ist also die molare Flächendichte der dissoziierten Gruppen. Der Ausdruck ist wieder identisch mit der LANGMUIR-Formel und mit Formel (83).

Dieselbe Gleichung kann man demnach ebenso auf die Dissoziation von gewöhnlichen oder mehrwertigen Molekülen, wie auch der Kolloidteilchen und der makroskopischen Oberflächen anwenden. An Stelle der Oberfläche des Adsorbens tritt im Falle von Molekülen deren Äquivalentkonzentration.

Um zu einer strengen thermodynamischen Ableitung zu gelangen, ist die Oberfläche als eine besondere Phase zu behandeln, welche mit der Lösung als zweiter Phase in Berührung, also im Gleichgewichte steht. Die einzelnen Molekülgattungen haben ihre Verteilungskoeffizienten zwischen den beiden Phasen, und zwar so, daß sie praktisch nur in einer Phase vorkommen. Außer dem Verteilungsgleichgewicht herrscht in der Oberflächenphase auch ein Dissoziationsgleichgewicht. Auf Grund dieses Ansatzes gelangt man ohne Schwierigkeiten zu der Gleichgewichtsbedingung.

Man kann auch die Oberfläche in kleine Einheiten geteilt denken. Den mittleren Dissoziationsgrad erhält man nur dann, wenn eine genügend große Zahl von solchen Einheiten betrachtet wird, während eine herausgegriffene Einheit nach der Wahrscheinlichkeitstheorie Schwankungen im Dissoziationsgrad zeigt. Je mehr solche Einheiten summarisch oder je längere Zeit hindurch sie betrachtet werden, um so wahrscheinlicher wird der mittlere Dissoziationsgrad erhalten. In einer kolloiden oder molekularen Lösung haben die Träger dieser kleinen Oberflächeneinheiten eine selbständige kinetische Existenz und wir können auf Grund unseres Gleichungssystems auch die Verteilung der Dissoziationsgrade berechnen. Je größer aber die Anzahl der dissoziationsfähigen Gruppen pro kinetischer Einheit (z. B. die Säurengruppen eines Kolloidsäureteilchens) und je größer das Verhältnis K/b wird, um so häufiger wird der mittlere Dissoziationszustand in den einzelnen Teilchen herrschen. Analytisch ist fast ausschließlich nur der mittlere Dissoziationszustand einer Bestimmung zugänglich und dieser nimmt auch das Hauptinteresse für sich in Anspruch.

Da der Dissoziationszustand unter der Gültigkeit der gemachten Voraussetzung von Durchmesser und Wertigkeit nicht abhängt, ist unsere Gleichung auch auf polydisperse Kolloide anwendbar. Für die Mischung verschiedener Kolloide, an welche ein und dieselbe Substanz abgelagert wird, die jedoch verschiedene K-Werte haben, sind die zwei Gleichungen miteinander zu kombinieren.

Die ausführliche Darlegung dieser Beziehungen erscheint keineswegs überflüssig, da der Zusammenhang zwischen chemischer Kinetik und Adsorption nicht immer klar erkannt wurde. So nimmt H. RINDE 1926 Stellung gegen die von ihm J. LOEB zugeschriebene Behauptung, daß die Proteine sich mit den Säuren und Basen nach stöchiometrischen Verhältnissen verbinden, eine Behauptung, welche übrigens ebenso alt ist wie die Elektrochemie der Proteine.

Als Argument diente RINDE der Nachweis, daß die Aufnahme der H^+-Ionen durch Gelatine der LANGMUIRschen Isotherme gehorcht. Die Anlagerung von HCl wäre also nach RINDE keine chemische Reaktion, sondern ein Adsorptionsvorgang. D. J. HITCHCOCK hat dann den Standpunkt LOEBs dadurch verteidigt, daß er gezeigt hat, daß das MWG nach einer Umformung formal identisch wird mit der LANGMUIR-Isotherme. Die Übereinstimmung mit der LANGMUIR-Formel läßt also nach HITCHCOCK noch nicht entscheiden, ob eine chemische Verbindung oder eine Adsorption vorliegt. Die Identität des LANGMUIRschen Ausdruckes mit dem MWG ist aber im Sinne unserer Darlegungen keine formale, sondern eine Wesensidentität und die Übereinstimmung der experimentellen Befunde mit dieser Adsorptionsisotherme wird zum Beweis dafür, daß der Vorgang eine „stöchiometrische" chemische Reaktion ist.

Immerhin läßt die Anpassungsfähigkeit des Gleichgewichtsausdruckes durch die zu treffende Wahl der zwei Konstanten die Möglichkeit zu, daß die experimentellen Werte die Gleichung auch dort befriedigen, wo die theoretischen Bedingungen für ihre Gültigkeit nicht erfüllt sind. Ein zwingendes Argument dafür, daß der Vorgang wirklich gemäß dem MWG sich abspielt, würde nur der Nachweis liefern, daß eine der Konstanten die ihr in der Ableitung zugeschriebene definierte physikalische Bedeutung besitzt.

Die von LANGMUIR behandelten anderen Fälle kann man ebenfalls sehr leicht in die Sprache der chemischen Gleichgewichtslehre übersetzen. So ist der Fall, daß mehrere Arten von Elementarräumen voneinander unabhängig adsorbieren, gleichbedeutend damit, daß die Bindung an verschiedenartige Molekülgruppen der Oberfläche stattfindet, während den einfachsten Fall von mehreren adsorbierten Molekülen pro Elementarraum eine Kolloidsäure darstellt, deren ionogener Anteil eine zweibasische Säure ist. Die einzelnen zweibasischen ionogenen Gruppen müssen sich in genügendem Abstand voneinander befinden, so daß ihre Dissoziation voneinander unabhängig erfolgt. Die Anwendung des MWG auf diese Fälle, unabhängig davon, ob die Gruppen auf einer zusammenhängenden Wand oder auf dispergierten Teilchen verteilt sind, führt zu den von LANGMUIR erhaltenen Formeln.

Die LANGMUIRsche Fassung unterscheidet sich im wesentlichen nicht von der von REYCHLER durchgeführten Deutung der BILTZschen und FREUNDLICHschen Experimente, doch wäre dabei nicht die Hydrolysegleichung, sondern die einfache Dissoziationsgleichung anzuwenden gewesen. Bei dem BILTZschen Versuch wäre die Reaktionsgleichung

$$Fe(OH)_3 + As(OH)_3 \rightleftarrows Fe(OH)_2 . AsO(OH)_2$$

und vorausgesetzt, daß $As(OH)_3$ als eine einbasische Säure reagiert, die Reaktionskonstante

$$K = \frac{[Fe(OH)_3] . [As(OH)_3]}{[Fe(OH)_2 . As O(OH)_2]}$$

wobei für die Konzentration von $Fe(OH)_3$ und das Reaktionsprodukt, wie es auch REYCHLER getan hat, die Oberflächendichte einzusetzen wäre. REYCHLER hat jedoch die Konzentration des Adsorptionsproduktes in der zweiten Potenz eingesetzt. Dieses erscheint als ein Irrtum. Dagegen hat z. B. A. RAKOWSKI für den Fall der Alkalibindung an Stärke die Hydrolysegleichung im Anschluß an REYCHLER in der richtigen Form angewendet.

Berücksichtigung der interionischen Kräfte. Für die Gültigkeit der

LANGMUIR-Formel wurde vorausgesetzt, daß die Anlagerungen an die einzelnen Elementarräume voneinander unabhängig verlaufen. Für das Zutreffen der von uns benützten Beziehung zwischen den einzelnen Konstanten der stufenweisen Reaktion bildete ebenfalls die Annahme die Bedingung, daß die die Abspaltung und Anlagerung bestimmende Kraft von dem Dissoziationszustand unabhängig bleibt. Wir fassen diese Bedingung jetzt schärfer, indem wir sagen, daß die Arbeit, welche bei der Anlagerung geleistet wird, unabhängig davon sein muß, wieviel Plätze bereits besetzt oder frei sind. Durch die Anlagerung eines Moleküls darf diese Arbeit an allen anderen Stellen keine Änderung erfahren. Daß diese Bedingung erfüllt ist, können wir nur dann erwarten, wenn die Gruppen, an denen die Reaktion erfolgt, sich in genügendem Abstand voneinander befinden.

Wir wollen jetzt versuchen, in einem wichtigen Beispiel, und zwar im Falle der Anlagerung der Ionen, also der elektrolytischen Dissoziation, die Gleichung durch Berücksichtigung der Abhängigkeit dieser Arbeit von dem Dissoziationszustand zu ergänzen.

Wenn wir von der Theorie der Dissoziation der mehrwertigen schwachen Elektrolyten ausgehen, so brauchen wir nur die verallgemeinerte Form des BJERRUMschen Ansatzes verwenden:

$$K_i = \binom{n-i}{n} K\, e^{\frac{\varepsilon \psi}{kT}}$$

wodurch der Dissoziationszustand bestimmt ist, falls das Potential des Kolloidions ψ in der Abhängigkeit von der Dissoziationsstufe bekannt ist, das heißt, wenn man den Wert für die Funktion

$$\psi = f(x)$$

kennt. Genau genommen, stellt $\varepsilon\, \psi$ die elektrische Arbeit dar, welche geleistet werden muß, um ein Wasserstoffion an diejenige Stelle der gleichsinnig geladenen Oberfläche zu bringen, wo seine Bindung erfolgt. Da die elektrische Kraft die Dissoziation hemmt, wirkt sie im Sinne einer Vergrößerung der Unterschiede in den Konstanten der aufeinanderfolgenden Dissoziationsstufen. In erster Näherung kann man in verdünnten Lösungen mit BJERRUM

$$\psi = \frac{i\, \varepsilon}{r\, D}$$

setzen, wobei r den Radius des Kolloidions, D die Dielektrizitätskonstante des Mediums darstellt.

Für eine elektrolytisch disosizierende Wand läßt sich die Funktion auf Grund der LANGMUIRschen Isotherme ebenfalls leicht angeben. Zu diesem Zwecke gehen wir von Gleichung *(74)* aus. Diese gilt nur dann, wenn die Oberfläche ungeladen, d. h. in dem Grenzfalle, daß sie vollständig durch Gegenionen besetzt ist. σ_1 ist proportional dem Verhältnis der Anlagerungsgeschwindigkeit an die vollständig freie Oberfläche zu der Abspaltungsgeschwindigkeit von der besetzten Oberfläche. Die letztere ist nun eine Funktion der Besetzungsdichte, und zwar gilt im Sinne des BOLTZMANNschen Satzes, daß sie auf das $e^{\frac{\varepsilon \psi}{kT}}$-fache erhöht wird, falls ψ das Potential der Oberfläche bedeutet (vgl. die Theorie von O. STERN in dem folgenden Kapitel). Auf Grund der Identität von $\sigma_1\, \mu = 6/K$ erhalten wir:

$$x = \frac{1}{1 + \frac{K}{b} e^{\frac{\varepsilon \psi}{kT}}}$$

ψ hängt von dem Dissoziationszustand ab, welcher durch x bestimmt wird. Den Wert dieser Funktion, welche die Abhängigkeit des Potentials von der Flächendichte der Ladung darstellt, werden wir in dem Abschnitt über die Ladungsverteilung und Potentialverlauf an Elektrolytoberflächen kennenlernen. Eine exakte Auflösung der Gleichung läßt sich im allgemeinen nicht geben. Soviel läßt sich jedenfalls aussagen wie oben, daß nämlich ein höherer Dissoziationszustand der Wand, d. h. geringere Besetzungsdichte die Anlagerung der der Wand entgegengesetzt geladenen Ionen begünstigen wird.

K. Linderström-Lang hat in einem speziellen Fall, nämlich für die elektrolytische Dissoziation der Proteine, diese Gleichung wenigstens näherungsweise aufgelöst. Er hat dabei von der Debyeschen Theorie der interionischen Kräfte Gebrauch gemacht und erhielt, ausgehend einerseits von der Langmuir-Isotherme und andererseits von der Bjerrumschen Theorie der mehrbasischen Säuren identische Formeln.

Literaturverzeichnis

Bemmelen, J. M. van: Die Absorption. Dresden (1910). — Biltz, W.: Ber. **37**, 710 (1904). Journ. Chim. Phys. **7**, 570 (1909). — Bjerrum, N.: Det. Kgl. Danske Vid. Selskab. Mat. fys. Meddelskk VII. 9 (1926). —Ergebn. d. exakten Naturw. V. Berlin (1927). — Freundlich, H.: Z. f. phys. Ch. **57**, 385 (1907). — Gyemant, A.: Kolloidphysik. Braunschweig (1925). — Hitchcock, D. J.: Journ. Am. Chem. Soc. **48**, 2870 (1926). — Lewis, W. K., und C. F. Daniel: Coll. Symp. Mon. IV (1926). New York. Linderström-Lang, K.: C. r. des travaux du Lab. Carlsberg **17** (1924). — Loeb, J.: Die Eiweißkörper. Berlin (1924). — Michaelis, L.: Biochem. Z. **106**, 83 (1920). — Ostwald, Wi.: Lehrbuch d. allg. Chemie. 2. Aufl. I, 1096 (1903). — Pawlow, P. N.: Koll. Z. **44**, 44 (1928). — Reiner, L.: Koll. Z. **40**, 327 (1926). — Rinde, H.: Phil. Mag. (7) **1**, 32 (1926). — Reychler, A.: Journ. Chim. Phys. **7**, 362 (1909), **8**, 10 (1910). — Robertson, T. B.: Koll. Z. **3**, 49 (1908). — Stern, O.: Z. f. Elektroch. **30**, 508 (1924). — Weber, H. H.: Biochem. Z. **189**, 381 (1927).

11. Die Struktur der elektrischen Doppelschicht an ebenen Grenzflächen

Das Anlagerungsgleichgewicht der aufladenden Ionen ist durch die elektrische Arbeit mitbestimmt, welche notwendig ist, um das Ion auf die Oberfläche zu bringen. Das Potential an der Oberfläche der Kolloidionen ist maßgebend für ihre Elektrophorese.

Dieses Potential hängt bei konstanter Teilchengröße prinzipiell von zwei Faktoren ab: Erstens von der Gesamtladung der Teilchen und zweitens von der Struktur der die Teilchen umgebenden Ionenatmosphäre, d. h. von der Struktur der elektrischen Doppelschicht.

Der molekulare Kondensator. Helmholtz nahm an, daß die entgegengesetzten Ladungen der elektrischen Doppelschicht sich in sehr geringer Entfernung voneinander flächenförmig ausgebreitet befinden. Eine solche Doppelschicht entspricht einem Kondensator, und seine Kapazität (d. h. das Verhältnis von

Ladungsdichte und Potential) läßt sich auf Grund der Kondensatorformel angeben:

$$D\psi = 4\pi\varrho d \qquad (90)$$

D bedeutet darin die Dielektrizitätskonstante, ψ die Potentialdifferenz zwischen den beiden Phasen, ϱ die Ladungsdichte, d. i. die Menge der Ladung auf 1 qcm Fläche, d die Dicke der Doppelschicht, d. i. die Entfernung der beiden parallelen Flächen, welche die Ladungen tragen. Wir können diese Vorstellung folgendermaßen veranschaulichen:

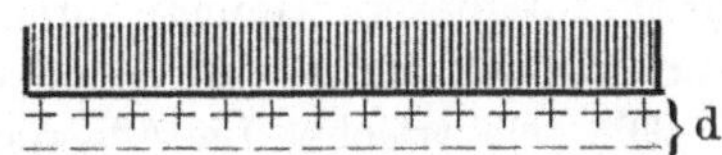

Abb. 13. HELMHOLTZsche Doppelschicht

Das Potential nimmt also von der Grenzfläche ausgehend rapid ab und besitzt in sehr geringem, molekularem Abstand davon schon denselben Wert, wie im Innern der Lösung.

Die obige Kondensatorformel stellt die Auflösung der POISSONschen Differentialgleichung

$$D\Delta\varphi = -4\pi\varrho \qquad (91)$$

für den betrachteten Spezialfall dar.

In den ursprünglichen Gleichungen von HELMHOLTZ kam die Dielektrizitätskonstante nicht vor, indem sie von ihm anscheinend gleich 1 gesetzt wurde. Die Einführung der Dielektrizitätskonstante geschah später auf Vorschlag von PELLAT durch J. PERRIN.

Um einer Fläche dasselbe Potential zu erteilen, bedarf es nach (40) einer um so größeren Ladungsdichte, je kleiner die Doppelschichtdicke ist. HELMHOLTZ setzte jedoch die Doppelschichtdecke als eine Konstante, die der molekularen Größe entspricht. Die Vorstellung von HELMHOLTZ, sowie das ganze Problem der Kapazität der Doppelschicht betrifft nicht nur den Fall der elektrokinetischen Erscheinungen, sondern stellt ein allgemeines Problem der Ladungsverteilung in Grenzflächen vor, an welchen ein Potentialsprung stattfindet. Insbesondere erstreckt es sich auf den Fall von Metallelektroden, welche sich, infolge des Unterschiedes des thermodynamischen Potentials ihrer Ionen in der Lösung einerseits und in der metallischen Phase andererseits, auf ein nur von der Ionenkonzentration und der Temperatur abhängiges, elektrisches Potential gegenüber der Lösung aufladen.

Die von F. HABER und Z. KLEMENSIEVICZ zuerst aufgebauten Konzentrationsketten, in welchen Glas als Elektrode funktioniert, haben die Möglichkeit geboten, die strömungselektrischen Erscheinungen und das Elektrodenpotential an ein und demselben Material zu studieren. Die Messungen (siehe Kap. 36) haben zu dem Ergebnis geführt, daß die auf Grund der elektrokinetischen Erscheinungen nach HELMHOLTZ berechneten Potentiale von denjenigen, welche sich aus thermodynamischen Gründen zwischen den beiden Phasen ausbilden, verschieden sind. Diese und andere Gründe sprechen für eine Trennung der beiden Potentialsprünge, des thermodynamischen und des elektrokinetischen. H. FREUNDLICH hat den Standpunkt eingenommen, daß das thermodynamische Potential das Potential zwischen den Inneren der beiden Phasen darstellt, während das elektrokinetische Potential $\varphi_i - \varphi_a$ an jener Fläche besteht, in welcher die Verschiebung im Strome stattfindet. Diese Verschiebungsfläche liegt innerhalb der Flüssigkeit, da nach HELMHOLTZ die erste angrenzende Flüssigkeitsschicht fest an der Wand haftet. Daß die beiden Potentiale verschieden sind, ist aber nur möglich, wenn der Potentialabfall an der Wand nicht sprungweise, sondern kontinuierlich erfolgt. SMOLUCHOWSKI schloß sich der Ansicht von FREUNDLICH an und stellte diese Auffassung durch das folgende Bild dar.

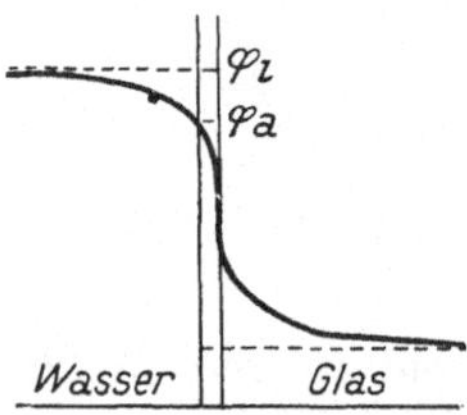

Abb. 14. Potentialverlauf an der Grenzfläche nach H. FREUNDLICH und M. v. SMOLUCHOWSKI. In der festhaftenden Flüssigkeitsschicht fällt das Potential ab. $\varphi_i - \varphi_a$ ist nur ein Teil des gesamten Potentials

Die diffuse Doppelschicht. Einen bedeutenden Fortschritt auf diesem Gebiete brachte die Theorie der diffusen Doppelschicht von L. GOUY.

Die elektrische Ladungsdichte eines Volum- oder Flächenelementes in einer Lösung ist auf Grund der Ionentheorie gleich dem Unterschied in der Anzahl der darin befindlichen positiven und negativen Ionen. Zeigt die Oberfläche einer Elektrolytlösung gegenüber dem Inneren derselben eine Potentialdifferenz, so werden die Ionen je nach ihrem Ladungszeichen durch die elektrischen Kräfte gegen die Oberfläche getrieben oder davon abgestoßen. Da aber die Ionen kinetische Energie besitzen, bewirkt die Wärmebewegung, daß sie ihre Konzentration in der ganzen Lösung durch Diffusion auszugleichen, d. h. überall diejenige Konzentration anzunehmen streben, welche sie ohne die Potentialdifferenz besitzen würden. Ist z. B. die Grenzfläche gegen das Innere der Lösung positiv geladen, so werden die negativ geladenen Ionen durch die elektrischen Kräfte an der Oberfläche angehäuft, während die Lösung nächst der Grenzfläche an positiven Ionen verarmen wird. In Konkurrenz mit der ausgleichenden Wärmebewegung bildet sich eine gemischte Ionenatmosphäre aus. Die Konzentration der negativen Ionen nimmt von der Oberfläche ausgehend kontinuierlich ab, diejenige der positiven in derselben Richtung zu. In beträchtlicher Entfernung von der Grenzfläche, wo der Einfluß der elektrischen Kräfte bereits zu vernachlässigen ist, ist die Konzentration der beiden Ionenarten gleich. Die Ladungsdichte fällt somit von der Oberfläche fortschreitend

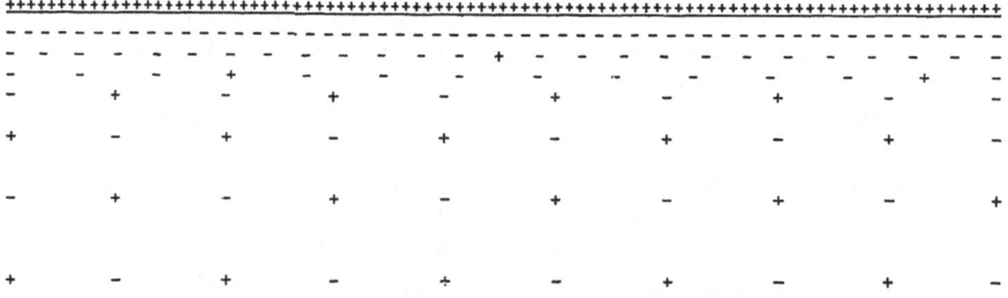

Abb. 15. Schematische Darstellung der diffusen Doppelschichte.

ab und wird erst dort Null, wo die Konzentration der Kationen gleich derjenigen der Anionen wird. Dementsprechend wird auch der Potentialverlauf ein kontinuierlicher sein.

Das Gleichgewicht ist also analog dem Sedimentationsgleichgewicht. Nur wird die äußere Kraft dort durch das Schwerefeld, hier durch das elektrische Potential beigestellt. Während jedoch das Schwerefeld von der Verteilung der Teilchen selbst praktisch unabhängig bleibt, ist die elektrische Kraft selbst eine Funktion der Ladungsverteilung.

Zur Berechnung des Gleichgewichtes sind drei Beziehungen zur Verfügung. Erstens der Zusammenhang zwischen Ladungsdichte und Konzentration:

$$\varrho = \mathrm{F} \sum_i z_i n_i \qquad (92)$$

(F = FARADAYsche Zahl, z Wertigkeit mit Vorzeichen, n molekulare Konzentration.)

Zweitens der BOLTZMANNsche Satz:

$$n_i = n_0 \, e^{\frac{-\psi z_i \mathrm{F}}{\mathrm{RT}}}$$

n_0 bedeutet die Konzentration in Abwesenheit der elektrischen Kräfte, d. h. im Inneren der Lösung.

Drittens die POISSONsche Differentialgleichung *(91)*:

$$\mathrm{D} \Delta \varphi = -4 \pi \varrho$$

Aus den zwei ersten Beziehungen ergibt sich:

$$\varrho = \mathrm{F} \sum_i z_i n_0 \, e^{-\frac{\psi z_i \mathrm{F}}{\mathrm{RT}}}$$

Die Kombination mit der POISSONschen Gleichung führt zur Differentialgleichung:

$$\Delta \psi = \frac{4\pi}{\mathrm{D}} \mathrm{F} \sum z_i n_{0i} \, e^{\frac{-\psi z_i \mathrm{F}}{\mathrm{RT}}} \qquad (94)$$

Vereinfachen wir nun die Darstellung, indem wir uns auf einen 1,1-wertigen Elektrolyten beschränken, so ergibt sich:

$$\Delta \psi = \frac{4\pi}{\mathrm{D}} \mathrm{F} n_0 \left(e^{\frac{-\psi \mathrm{F}}{\mathrm{RT}}} + e^{\frac{\psi \mathrm{F}}{\mathrm{RT}}} \right) = \frac{8 \pi \mathrm{F}}{\mathrm{D}} n_0 \sin \frac{\psi \mathrm{F}}{\mathrm{RT}} \qquad (95)$$

Durch diese Differentialgleichung sind das Potential, die Ladungsdichte und die Konzentration miteinander verknüpft. Ist etwa die gesamte Potentialdifferenz zwischen Oberfläche und Innerem der Lösung bekannt, so ist dadurch für jede Konzentration die Ladungsdichte und das Potential als Funktion des Abstandes von der Oberfläche bestimmt.

Diese Grundgleichung der Theorie der diffusen Doppelschicht ist später, aber unabhängig von GOUY, noch von D. L. CHAPMAN und in neuester Zeit von P. DEBYE und E. HÜCKEL abgeleitet worden. Auf welche Weise die letzteren Autoren dieselbe für die Theorie der starken Elektrolyte verwendet haben, wurde bereits an der betreffenden Stelle kurz geschildert.

Die hier gegebene Darstellung bedient sich ebenfalls der DEBYE-HÜCKELschen Ableitung. GOUY, ebenso wie CHAPMANN haben an Stelle des BOLTZMANNschen Satzes den zweiten Hauptsatz verwendet. In der Elektrolyttheorie handelt es sich um eine statistische Erfassung der Erscheinung, dort ist also nur eine kinetische Ableitung richtig, während an makroskopischen Grenzflächen beide Ableitungen die gleiche Berechtigung haben. Ein Unterschied zwischen beiden tritt dabei nicht auf. Beide gelten übrigens nur so lange die Gesetze der verdünnten Lösungen zutreffen, es darf also die Konzentration auch in der Grenzschicht nicht einen gewissen Wert überschreiten. Auch das Gesetz des Sedimentationsgleichgewichtes kann auf etwas umständlicherem Wege als unter Verwendung des BOLTZMANNschen Satzes, dessen wir uns bei der Ableitung bedient hatten, auf Grund des zweiten Hauptsatzes dargestellt werden.

GOUY benützt in seiner Ableitung, um die Wirkung der Diffusion zu berechnen, die Vorstellung von semipermeablen Wänden. Im Abstand x von der Oberfläche soll eine Schicht dx beiderseits durch eine Membran von der übrigen Flüssigkeit getrennt gedacht werden. Die Membran soll etwa nur eine Art von Kationen zurückhalten. Aus der Konzentrationsdifferenz zu beiden Seiten der Membran resultiert ein osmotischer Druck. Die Gleichgewichtsbedingung ist dann, daß die durch diesen osmotischen Druck ausgeübte Kraft der elektrischen Kraft gleich ist. GOUY gelangte zu einer von der hier mitgeteilten DEBYEschen etwas abweichenden Formel. Wie E. F. BURTON neulich berechnet hat, zeigen sich bei der zahlenmäßigen Auswertung der beiden Formeln nur unerhebliche Differenzen.

Bereits aus der Beziehung *(93)* gehen einige wichtige Eigenschaften der diffusen Doppelschichte hervor, welche schon von GOUY betont wurden. Diese Beziehung zeigt, daß, wenn die Kationen gleichwertig sind, ihre Konzentrationen überall untereinander proportional bleiben, ebenso wie die der Anionen. Sind aber die Ionen ungleichwertig, so werden sie in der Nähe der Grenzfläche um so konzentrierter, bzw. verdünnter, je höher ihre Wertigkeit ist. Die Produkte aus der Konzentration eines Kations und eines gleichwertigen Anions bleiben in jedem Punkt der Lösung konstant.

Es soll die Lösung z. B. aus einer Mischung von KCl und Na_2SO_4 bestehen, dann gelten die folgenden Beziehungen:

$$\frac{[K]_a}{[Na]_a} = \frac{[K]_b}{[Na]_b}$$

$[K]_a$ bedeutet die Konzentration an der Stelle a.

Es gilt ferner:

$$\frac{[Cl]_a}{[SO_4]_a^2} = \frac{[Cl]_b}{[SO_4]_b^2}$$

Für die Ionenprodukte kann man ferner schreiben:

$$[Na]_a \,.\, [Cl]_a = [Na]_b\, [Cl]_b$$

$$[K]_a\, [SO_4]_a^2 = [K]_b \,.\, [SO_4]_b^2$$

$[SO_4]$ bedeutet die molekulare Konzentration.

Für die Potentiale zweier zur Grenzfläche parallelen Flächen gilt:

$$\psi_a - \psi_b = \frac{RT}{zF} \ln \frac{n_a}{n_b}$$

d. h. die Potentialdifferenz von zwei Flächen hängt in derselben Weise mit der Konzentration eines beliebigen Ions in diesen zwei Flächen zusammen, wie die EMK einer Konzentrationskette von Lösungen der entsprechenden Konzentrationen.

Wir wollen noch die Kapazität der GOUYschen Doppelschicht angeben.

Zu diesem Zwecke ist es erforderlich, die Differentialgleichung unter Benützung der an der Oberfläche und im Inneren der Lösung herrschenden Grenzbedingungen zu integrieren. Es ergibt sich für 1,1-wertige Salze:

$$\eta_0 = \sqrt{\frac{DRT}{2\pi} n_0 \left(e^{\frac{-F\psi_0}{RT}} - e^{\frac{\psi_0 F}{RT}} \right)} \tag{96}$$

η_0 bedeutet die Flächendichte der Grenzfläche, deren Potential φ_0 ist.

Statt der einfachen Kondensatorformel haben wir es also hier mit einem komplizierten Zusammenhang zu tun, in welchem neben der Konzentration auch die Temperatur eine wichtige Rolle spielt.

Qualitativ läßt sich folgendes aussagen: Im Sinne der HELMHOLTZschen Theorie (soferne die Dicke der Doppelschicht als monomolekular betrachtet wird) muß man eine viel größere Ladungsdichte bei demselben Wert des Potentials an der Grenzfläche annehmen, als im Falle der diffusen Doppelschicht in verdünnten Lösungen, wo ein großer Teil der Gegenionen in einer gewissen Entfernung gedacht wird. Mit steigender Konzentration rückt jedoch auch die diffuse Ionenatmosphäre näher an die Oberfläche heran, so daß bei einer bestimmten nicht allzu hohen Konzentration die Kapazität nach beiden Auffassungen gleich wird. Man kann den Abstand zwischen dem Schwerpunkt der Ladungen der Ionenhülle einerseits und der Grenzfläche anderseits als Maß für die „Dicke" der diffusen Doppelschicht betrachten. Wie GOUY berechnete, ist dieser Abstand bei Zimmertemperatur in der 0,1 n-Lösung eines 1,1wertigen Elektrolyten rund $1{,}10^{-7}$ cm, in $1{,}10^{-3}$ n-Lösung rund $1{,}10^{-6}$ cm. In der gleichmolaren Lösung eines 2,2wertigen Salzes beträgt der Abstand nur die Hälfte dieser Werte.

Die GOUYsche Gleichung gilt jedoch nur in äußerster Verdünnung und für kleine Potentiale. Bei mäßigen Konzentrationen und Potentialen verlangt sie schon, daß ein großer Teil der Ladungen sich näher als $1{,}10^{-8}$ cm zur Grenzfläche befindet. Das wäre aber nur möglich, wenn die Ladungen an punktförmige Teilchen gebunden wären. Tatsächlich sind aber die Träger der Ladung die Ionen, deren Wirkungssphäre eine solche Annäherung nicht gestattet. Die Ionenradien müßten also in die Gleichung eingehen.

Theorie von Stern. Von O. STERN wurde in der neuesten Zeit ein Bild der elektrischen Doppelschicht vorgeschlagen, welches mit Hilfe verhältnismäßig einfacher Annahmen eine weitgehende Erklärung der experimentellen Befunde gestattet, wie sie bisher durch keine Theorie geliefert wurde. Seine idealisierte Doppelschicht hat die folgenden Eigenschaften. Die eine (positive) Belegung sitzt flächenhaft, mit überall gleicher Dichte verteilt an der Oberfläche, die Ladung betrage $+\eta_0$ pro qcm. Die entsprechende (negative) Ladung der Lösung sitzt zum Teil ebenfalls als homogene flächenhafte Belegung auf einer zur Grenzfläche parallelen Ebene im Abstande d, welcher dem mittleren Ionenradius entspricht, mit $-\eta_1$ Ladung pro Quadratzentimeter und dem Potential φ_1. Der Rest befindet sich diffus als kontinuierliche, räumliche Ladung in der Lösung, mit gegen das Innere der Lösung asymptotisch bis auf 0 abnehmender Dichte, wobei $-\eta_2$ die gesamte in einer Säule vom Querschnitt 1 qcm enthaltene Ladung bezeichnet. Das Potential ist im Innern 0. Dann ist

$$\eta_0 = \eta_1 + \eta_2$$

Der Zusammenhang der Theorien von HELMHOLTZ, GOUY und STERN läßt sich durch die beistehenden Figuren darstellen:

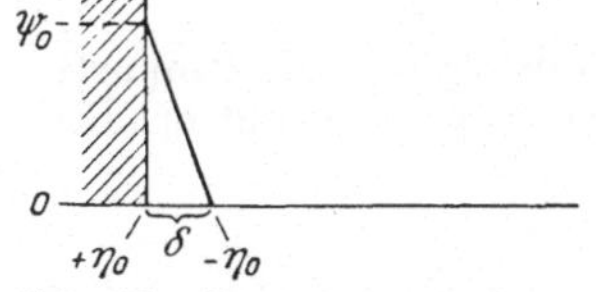

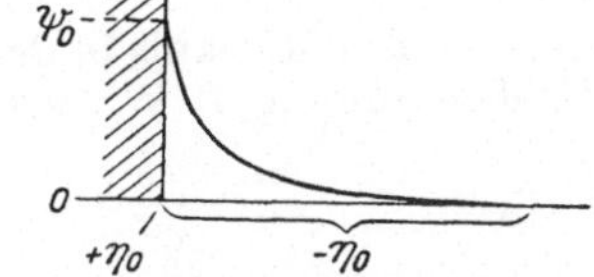

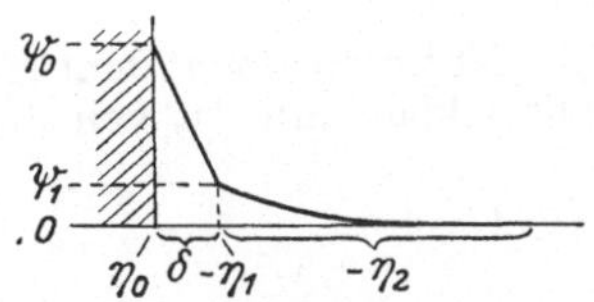

Abb. 16. Potentialverlauf und Ladungsdichte an Grenzflächen. a) Nach HELMHOLTZ; b) nach GOUY; c) nach STERN.

Nach STERN bestehen die folgenden Zusammenhänge. Erstens:

$$\eta_0 = \frac{D}{4\pi d}(\psi_0 - \psi_1)$$

die Kondensatorformel für den anliegenden Teil der Doppelschicht. D bedeutet die Dielektrizitätskonstante, welche nach STERN mit Rücksicht auf die geringe Größe von d von der des reinen Lösungsmittels verschieden, u. zw. viel kleiner ist.

Zweitens gilt *(96)* für die daran anschließende GOUYsche Doppelschicht:

$$\eta_0 = \sqrt{\frac{DRT}{2\pi} N_0 \left(e^{\frac{F\psi_1}{RT}} - e^{-\frac{F\psi_1}{RT}}\right)}$$

Durch diese Gleichungen ist die Struktur der ganzen Doppelschicht noch nicht bestimmt, sondern wir können beliebig wählen, bei welchem Wert des Potentials die HELMHOLTZsche Schicht aufhört und die GOUYsche beginnt. Diese fehlende Beziehung, den Wert für die Ladungsdichte der ersten anliegenden Schicht η_1, erhält STERN, unter Berücksichtigung der die Ionen an der Grenzfläche festhaltenden Kräfte, mit Hilfe der LANGMUIRschen Isotherme, die in der nachfolgenden rein kinetischen Überlegung verwendet wird.

Es handelt sich darum, das Gleichgewicht zwischen den an der anliegenden Schicht adsorbierten und in der Lösung vorhandenen Ionen festzustellen. Im Gleichgewichte sei n_1 die Zahl der adsorbierten Moleküle pro 1 qcm Grenzfläche, n_2 die Zahl der gelösten pro 1 ccm Lösung, z_1, bzw. z_2 sei die Anzahl gelöster Moleküle, die maximal auf 1 qcm Grenzfläche, bzw. in 1 ccm Lösung Platz haben. Wir greifen ein Molekül des gelösten Stoffes heraus und verfolgen es lange Zeit auf seinem Wege. Es wird sich den Bruchteil w_1 dieser Zeit an der Grenzfläche, den Bruchteil w_2 in der Lösung aufhalten.

Wäre keine Arbeit erforderlich, um ein Molekül des gelösten Stoffes von der Grenzfläche in die Lösung zu bringen ($\psi = 0$), so würde die Verteilung der Moleküle zwischen der Lösung und der Oberfläche einfach nach den verfügbaren Plätzen erfolgen, es würde also

$$\frac{w_1}{w_2} = \frac{z_1 - n_1}{z_2 - n_2} = \frac{n_1}{n_2}$$

da wir statt ein Molekül lange Zeit zu verfolgen, den Zustand sämtlicher Moleküle in einem bestimmten Augenblick betrachten können.

Im allgemeinen gilt aber $\psi = 0$ nicht und der obige Ausdruck ist unter Anwendung des BOLTZMANNschen Satzes mit $e^{\frac{-\psi}{kT}}$ zu multiplizieren. Es gilt also:

$$\frac{n_1}{n_2} = \frac{z_1 - n_1}{z_2 - n_2} e^{\frac{-\psi}{kT}}$$

Wenn die Lösung verdünnt ist, so können wir n_2 gegen z_2 vernachlässigen und es ergibt sich

$$n_1 = \frac{z_1}{1 + \frac{z_2}{n_2} e^{\frac{\psi}{kT}}}$$

n_2/z_2 ist proportional dem Molenbruch des Moleküls in der Lösung (c). Die Proportionalitätskonstante ist von der Größenordnung 1. Wir setzen $n_2/z_2 = c$ und erhalten

(97)
$$n_1 = \frac{z_1}{1 + \frac{1}{c} e^{\frac{\psi}{kT}}}$$

die Arbeit kann man in zwei Teile spalten:

$$\psi = \psi_0 + \varepsilon\,\psi_1 \tag{98}$$

φ_0 bedeutet die Arbeit im Falle ungeladener Fläche, $\varepsilon\,\varphi_1$ rührt von der elektrostatischen Arbeit her. Für ein positives Ion gilt

$$\psi = \psi_0^+ + \varepsilon\,\psi_1$$

für ein negatives

$$\psi = \psi_0^- - \varepsilon\,\psi_1$$

einwertige Ionen vorausgesetzt.

Bezeichnen wir mit n_+ die Anzahl der pro Oberflächeneinheit adsorbierten positiven Ionen, n_- die Anzahl der negativen, so erhalten wir

$$n_+ = \frac{z_1}{1 + \frac{1}{c}\,e^{\frac{\psi_+ + \varepsilon\,\psi_1}{kT}}} \quad \text{und} \quad n_- = \frac{z_1}{1 + \frac{1}{c}\,e^{\frac{\psi_- - \varepsilon\,\psi_1}{kT}}} \tag{99a, b}$$

Der Vergleich mit unserer für die Oberflächenreaktionen allgemein abgeleiteten Formel zeigt uns die Identität, $e^{-\frac{\psi_+}{kT}}$ und $e^{-\frac{\psi_-}{kT}}$ entsprechend dem Werte K.

Führen wir statt der Größen z, ψ, k und ε die entsprechenden molaren Größen Z, Φ, R und F ein, so ergibt sich hier die für die Bestimmung des gesamten Potentialverlaufes noch erforderliche dritte Beziehung:

$$\eta_1 = \varepsilon\,(n_- - n_+) = F\,Z \left(\frac{1}{1 + \frac{1}{c}\,e^{\frac{\Phi_- - F\,\psi_1}{RT}}} - \frac{1}{1 + \frac{1}{c}\,e^{\frac{\Phi_+ + F\,\psi_1}{RT}}} \right) \tag{100}$$

Mit Hilfe der drei Beziehungen läßt sich dann die Kapazität $\frac{\eta_0}{\psi_0}$ bestimmen.

Die Diskussion der Gleichungen ergibt, daß je verdünnter die Lösung, desto größer η_2 gegen η_1 wird; der diffuse Teil der Belegung wird also um so mehr den in molekularem Abstand zur Oberfläche sitzenden überragen. Bei unendlicher Verdünnung gilt die Theorie der diffusen Doppelschicht streng. In konzentrierten Lösungen wird dagegen der größte Teil der Ladung der Fläche durch die erste molekulare Schicht kompensiert und auch die Kapazität nähert sich dann dem Werte einer HELMHOLTZschen Doppelschicht.

Literaturverzeichnis

BURTON, E. F.: Coll. Symp. Mon. IV. New York (1926). — CHAPMANN, D. L.: Phil. Mag. **25**, 475 (1913). — DEBYE, P., und E. HÜCKEL: Phys. Z. **24**, 185 (1923). — FREUNDLICH, H.: Kapillarchemie. 1. Aufl. Leipzig (1909). — GOUY, L.: Journ. de phys. (4) **9**, 457 (1910). — HABER, F., und Z. KLEMENSIEWICZ: Z. f. phys. Ch. **67**, 385 (1909). — HELMHOLTZ, H. v.: Wied. Ann. **7**, 337 (1879). — HÜCKEL, E.: Ergebn. d. exakten Naturw. **3**, Berlin (1924). — PERRIN, J.: Journ. Chim. Phys. **2**, 607 (1904). — SMOLUCHOWSKI, M. v.: GRAETZ' Handbuch d. Elektrizität, II. Bd. (1914). — STERN, O.: Z. f. Elektroch. **30**, 508 (1924).

12. Das Potential an der Oberfläche der Kolloidionen

Im vorhergehenden Abschnitte wurde auf die Bedeutung des elektrischen Potentials der Kolloidionoberfläche gegenüber der Lösung hingewiesen und die Struktur der Doppelschicht an geladenen ebenen Oberflächen erörtert. Nun wollen wir der Frage nach dem quantitativen Zusammenhang des Potentials der Kolloidionen mit der Ladungsdichte an ihrer Oberfläche näher treten.

Das isolierte Kolloidion. Es befände sich ein Kolloidion in einer so weit verdünnten Lösung, daß dessen mittlerer Abstand von seinen Gegenionen groß genug wird, um das von ihnen an der Oberfläche des Kolloidions erzeugte elektrische Potential vernachlässigen zu können. Dann könnte man, wie es bei den gewöhnlichen Ionen üblich, das Potential nach dem Vorgang der Elektrostatik für den Fall einer geladenen Kugel berechnen:

(101) $$\psi = \frac{z\,e}{D\,r}$$

worin ψ das Potential, r den Radius, z die Ladungszahl, e die Elementarladung und D die Dielektrizitätskonstante bedeuten.

Die Oberflächendichte der Ladung beträgt

(102) $$\eta = \frac{z\,e}{4\,r^2\,\pi}$$

Der Zusammenhang zwischen Ladungsdichte und Potential würde daher lauten:

$$\psi = 4\,\pi\,r\,\eta \qquad (103)$$

In einer nicht unendlich verdünnten Lösung (die kleinste Ionenkonzentration in Wasser beträgt 2×10^{-7} n) wird das Kolloidion im Sinne der Theorie der diffusen Doppelschicht bzw. der interionischen Kräfte mit einer gemischten Ionenatmosphäre umgeben sein derart, daß sie an der Oberfläche des Kolloidions ein elektrisches Potential erzeugt. Bevor wir diese Vorstellung quantitativ auswerten, wollen wir sehen, wie die Theorie der starren Doppelschicht von Helmholtz die gesuchten Zusammenhänge errechnen wollte.

Kapazität der starren Doppelschicht. Nach dieser Theorie ist das Kolloidion in einer bestimmten Entfernung von der Oberfläche von einer kugelförmigen, konzentrischen Schicht entgegengesetzter Ladung derselben Größe wie die des Kolloidions umgeben. Man wendet die Formeln der Elektrostatik für Kugelkondensatoren an und erhält

(104) $$\psi = \frac{z\,e}{D}\left(\frac{1}{r} - \frac{1}{r+d}\right)$$

worin d den Abstand der zwei Schichten von entgegengesetzter Ladung bedeutet.

Der Zusammenhang mit der Ladungsdichte ermittelt sich mit:

(105) $$\psi = 4\,\pi\,r^2\,\eta\left(\frac{1}{r} - \frac{1}{r+d}\right)$$

Bei gleicher Ladungszahl und gleichem Radius ergibt sich daher das Potential um so kleiner, je kleiner die Doppelschichtdicke ist.

Betrachten wir zwei Grenzfälle:

a) Die Doppelschichtdicke ist sehr groß gegenüber dem Radius. Dann ist $\frac{1}{r+d}$ gegenüber r zu vernachlässigen und wir erhalten die Formel für eine geladene Kugel *(103)*.

b) Die Doppelschichtdicke ist sehr klein gegen den Radius. Dann erhalten wir

$$\psi = \frac{z\,e}{D} \cdot \frac{d}{r^2}$$

und

$$\psi = 4\,\pi\,d\,\eta$$

die Formel für die Kapazität des Plattenkondensators *(90)*.

Die für die zwei Grenzfälle abgeleiteten Beziehungen stellen zugleich die Grenzfälle für die gemischte Ionenatmosphäre dar. Auch deren Wirkung auf das Potential wird bei unendlicher Verdünnung verschwinden, und sie wird anderseits am stärksten sein, wenn die Gegenionen in den molekularen Abstand heranrücken.

Kapazität der diffusen Doppelschicht. In der Wirklichkeit haben wir es jedoch immer mit Lösungen zu tun, bei denen der mittlere Ionenabstand eine mit dem Kolloidradius vergleichbare Größe hat. Dann ist jedoch die Theorie der diffusen Doppelschicht anzuwenden.

Eine exakte Auflösung besitzt die GOUYsche Gleichung der Doppelschichtkapazität nur für den Fall einer ebenen Oberfläche oder dann, wenn die Krümmung gegenüber der Doppelschichtdicke zu vernachlässigen ist.

Hier ist die GOUYsche Gleichung für die Doppelschicht an ebenen Flächen anwendbar *(96)*:

$$\eta = \sqrt{\frac{D\,R\,T}{2\,\pi}\,n_0\left(e^{\frac{F\,\psi_1}{R\,T}} - e^{-\frac{F\,\psi}{R\,T}}\right)}$$

Es kann berechnet werden, daß die Ionenatmosphäre um das Kolloidion auch in diesem Falle durch einen Kugelkondensator von der Dicke:

$$d = \frac{1}{2}\sqrt{\frac{D}{8\,\pi\,R\,T\,n_0}}\,\frac{\psi_0}{\sin\frac{F\,\psi}{2\,R\,T}}$$

ersetzt gedacht werden kann. Die Dicke ist also hier umgekehrt proportional der Quadratwurzel der Ionenkonzentration, aber auch von der Ladungsdichte abhängig, und zwar nimmt sie mit zunehmender Ladungsdichte ab.

Um eine näherungsweise Auflösung zu erzielen, kann man sich anderseits mit DEBYE und HÜCKEL auf kleine Werte des Potentials beschränken, so daß die Größe $\frac{\varepsilon\,\psi}{k\,T}$ gegen 1 zu vernachlässigen ist. Dann gelangt man zu

$$\psi_0 = \frac{z\,\omega}{D}\left(\frac{1}{r} - \frac{\omega}{1+\omega\,z}\right)$$

wobei

$$\omega = \sqrt{\frac{8\,\pi\,N\,\varepsilon^2}{D\,R\,T}\,.\,\Sigma\,z^2_i\,\gamma_i}$$

bedeutet. Der Vergleich mit der Formel für den Kugelkondensator lehrt uns, daß in diesem Fall die Ionenatmosphäre durch eine flächenhafte Schicht der Gegenionen von der Dicke

$$\frac{1}{\omega} = d$$

ersetzt gedacht werden kann. Der Zusammenhang zwischen Potential, Ladungszahl und Radius ist also genau derselbe wie für eine Kugel von demselben Radius und der gleichen Ladung wie das Kolloidion, welche von einer konzentrischen Kugel von dem Radius r + d, welche dieselbe Ladung homogen verteilt enthält, umgeben ist.

Die Dicke der Doppelschicht ist unabhängig von der Flächendichte und ist der Quadratwurzel der ionalen Konzentration der Lösung proportional.

Wenn die Annahme, daß $\varepsilon\,\psi/k\,T$ klein gegen 1 ist, und die Bedingung $z \gg \frac{1}{\omega}$ gleichfalls zutrifft, so erhält man aus den beiden Gleichungen übereinstimmend

$$\psi_0 = \frac{z\,\varepsilon}{D\,r^2\,\omega} \qquad (108)$$

In diesem Falle gilt also einfach die Kapazitätsformel des Plattenkondensators *(90)*, wobei $1/\omega$ wieder d gleich gesetzt wird.

Man gewinnt also eine gewisse Orientierung über die Zusammenhänge, wenn man die Formel für einen Kugelkondensator benützt und dabei beachtet, daß die Dicke der Doppelschicht der Quadratwurzel der ionalen Konzentration der Lösung umgekehrt proportional ist und mit zunehmender Flächendichte abnimmt.

Im allgemeinen ist weder die eine, noch die andere Bedingung erfüllt, und so ist es fraglich, wie weit diese Berechnungen zu benützen sind.

Ein genaueres Verfahren auf graphischem Wege hat neulich H. MÜLLER angegeben, wodurch eine Auflösung auch für die Kolloidionen erzielbar ist.

Nehmen wir schließlich mit STERN an, daß die Ladung der Kolloidionen teilweise durch eine HELMHOLTZsche, teilweise durch eine GOUYsche Doppelschicht kompensiert ist, so wäre danach die Kombination der beiden Theorien auch für die Berechnung der Kapazität anzuwenden.

Literaturverzeichnis

GOUY, L.: Journ. de Phys. **9**, 457 (1910). — GYEMANT, A.: Kolloidphysik. Braunschweig (1925). — MÜLLER, H.: Koll. Beih. **26**, 257 (1928). — STERN, O.: Z. f. Elektroch. **30**, 508 (1924).

13. Theorie der Gegenionenwirkung

Die theoretischen Untersuchungen über die Struktur der Doppelschicht und über die damit eng verknüpfte Rolle der elektrostatischen Kräfte zwischen den Ionen in Lösungen haben die Abhängigkeit der Kolloideigenschaften von der Natur der Gegenionen wenigstens in den Hauptzügen so weit aufgeklärt, daß die Lücken und Widersprüche der bisherigen Theorien (Kap. 19 und 20) der Gegenionenwirkung aufgedeckt erscheinen.

Das Bild, welches die neue Theorie von der Ionenverteilung in einer Elektrolytlösung entwirft, gewinnt bei den kolloiden Lösungen eine besondere Anschaulichkeit. Um die Kolloidionen werden darnach die entgegengesetzt geladenen Ionen durch die elektrostatischen Kräfte angesammelt, während die den Kolloidionen gleichgeladenen Ionen durch diese Kräfte aus der Umgebung der Kolloidionen durch Abstoßung entfernt werden. Da die Wärmebewegung einer vollständigen Trennung entgegenwirkt, so wird die Ionenatmosphäre, der umhüllende Ionenschwarm, gemischt sein. Kationen und Anionen werden wohl überall vertreten sein, doch wird das Verhältnis ihrer Konzentrationen variieren. Die Verteilung ist keine starre, sie entspricht nur einem statistischen Mittel in bezug auf Zeit und Ort.

Qualitativ läßt sich daraus die kolloidentladende Wirkung der höheren Elektrolytkonzentration, wie auch die Steigerung derselben mit der höheren Wertigkeit des Gegenions leicht einsehen. Infolge der elektrostatischen Wechselwirkung setzen die Gegenionen das von dem Kolloidion erzeugte elektrische Potential an der Oberfläche, bzw. in der Umgebung desselben herab. Die Gegenionen erniedrigen also die freie Ladung des Kolloidions.

Da wir eine streng gültige Beziehung zwischen Potential des Kolloidions und Ionenkonzentration nicht besitzen, so läßt sich eine quantitative Theorie für die Wirksamkeit der Gegenionen nicht angeben.

Wertigkeit und Doppelschichttheorie. Weder in der oben angegebenen DEBYEschen, noch in der GOUYschen Auflösung ist jedoch eine stärker entladende Wirkung der höherwertigen Gegenionen als der höherwertigen gleichsinnig geladenen Ionen enthalten. Die ionale Konzentration würde darnach die Herabsetzung des Potentials bestimmen, ohne Rücksicht darauf, ob die Gegenionen oder die gleichgeladenen höherwertig sind.

In der Tat schließen auch die DEBYE-HÜCKELschen Grenzgesetze, welche der GOUYschen Theorie auf dem Gebiete der typischen Elektrolyte entsprechen, das Postulat der unabhängigen Aktivitätskoeffizienten der Ionen von G. N. LEWIS ein. Nach dessen Hypothese ist der Aktivitätskoeffizient eines Ions durch die ionale Konzentration der Lösung und seine Wertigkeit bestimmt. BRÖNSTED und V. K. LA MER haben durch Löslichkeitsversuche das DEBYEsche Grenzgesetz experimentell bestätigt. Die Löslichkeit eines untersuchten komplexen 1,2wertigen Salzes wurde z. B. gleich groß gefunden in der gleich konzentrierten Lösung von $BaCl_2$ und K_2SO_4. Immerhin ist die Löslichkeit dem mittleren Aktivitätskoeffizienten des 1,2wertigen Elektrolyten umgekehrt proportional, so daß die verschiedenartige Beeinflussung der ein- und der zweiwertigen Ionen hier gar nicht zum Ausdruck kommt.

Anderseits haben frühere Löslichkeitsversuche BRÖNSTEDs und in neuerer Zeit auch kinetische Versuche an Ionenreaktionen ihn zu dem Schluß geführt, daß die Wertigkeit der vorhandenen, entgegengesetzt geladenen Ionen in erster Linie für den Aktivitätskoeffizienten eines mehrwertigen Ions ausschlaggebend ist.

Die GOUYsche Theorie der Doppelschicht ebenso wie die DEBYEsche Lehre liefern eben nur Grenzgesetze, welche erst bei hohen Verdünnungen eine annähernde Gültigkeit besitzen. Es ist unmittelbar einzusehen, daß die Voraussetzungen, die zur Auflösung der GOUYschen Gleichung notwendig sind, in Wirklichkeit für kolloide Lösungen nicht zutreffen. Die Voraussetzung, betreffend die Kleinheit des Potentials gilt nur, wenn das Potential viel kleiner ist als 25 Millivolt ($= k\,T$). Die vorliegenden experimentellen Daten sprechen aber dafür, daß im allgemeinen das Potential an der unmittelbaren Oberfläche der Kolloidteilchen — auch wenn man annimmt, daß die Dielektrizitätskonstante dort ebenso groß ist wie diejenige des reinen Lösungsmittels — höher ist als dieser Wert. Die Berechnung nach der HELMHOLTZ-SMOLUCHOWSKI-DEBYEschen Formel liefert hier im Durchschnitt den Wert von 105 MV für das elektrokinetische Potential, welches wahrscheinlich kleiner ist als das Potential an der Teilchenoberfläche, da das elektrokinetische Potential den Potentialsprung an der Grenzfläche der festhaftenden, unbewegten und von den Teilchen mitgeschleppten Flüssigkeitshülle darstellt, dessen Sitz somit von der Teilchenoberfläche bereits entfernt ist. —

Auch die Voraussetzung, daß der Teilchenradius viel größer ist als $1/\omega$, wird kaum gelten, weil noch in 0,001 n-Lösung $1/\omega = 1 \times 10^{-6}$ cm ist.

In der Vorstellung der diffusen Doppelschicht ist jedoch ein derartiger Unterschied in der Wirkung, je nach dem Ladungssinn vorausgesehen. Der BOLTZMANNsche Satz verlangt eine stärkere Anreicherung der entgegengesetzt geladenen Ionen in der Nähe des Kolloidions.

H. MÜLLER hat jüngst gezeigt, daß auf Grund der GOUYschen Auflösung für ebene Flächen sich berechnen läßt, daß die Herabsetzung des Potentials auf einen bestimmten Wert durch Konzentrationen ein-, zwei-, drei- und mehrwertiger Ionen bewerkstelligt wird, welche sich wie

$$c_1 : c_2 : c_3 : c_4 = 540 : 57 : 7{,}45 : 1 \qquad (109)$$

verhalten.

Durch die von ihm angegebene graphische Darstellung konnte er eine strengere Auflösung für gekrümmte Flächen erreichen, welche die erhöhte stärker entladende Wirkung der höherwertigen Gegenionen anzeigte.

Bereits die Theorie der diffusen Doppelschicht vermag also die entladende Wirkung der Gegenionen und die ausschlaggebende Rolle der Wertigkeit vorauszusehen.

Ionenassoziation und Wertigkeit. Die Theorie der interionischen Kräfte hat in der neueren Zeit durch Überlegungen von N. Bjerrum über die Rolle der Ionenassoziation eine wesentliche Ergänzung gefunden. Bereits früher hatte O. Stern eine Vorstellung von der Struktur der Doppelschicht entwickelt, welche die Gouysche Theorie in wichtigen Punkten korrigiert. Beide Anschauungen vertiefen unsere Vorstellungen von der Rolle der elektrostatischen Kräfte in den Lösungen von Kolloidelektrolyten und bringen insbesondere den Wertigkeitseinfluß von diesem Standpunkte aus dem Verständnis näher. Mit Rücksicht auf die innere Verwandtschaft, welche diese Gedankengänge im Hinblick auf die Kolloidelektrolyte vielfach aufweisen und welche wir besonders hervorheben möchten, erscheint es zweckmäßiger, entgegen der chronologischen Reihenfolge zunächst die Bjerrumsche Theorie zu besprechen.

Statistische Berechnungen lehren uns, daß die Häufigkeit des Vorkommens von Paaren entgegengesetzt geladener Ionen in wässerigen Lösungen in ihrer Abhängigkeit vom Abstande der beiden Ionen ein Minimum aufweist. Ionenpaare, die einen kleineren gegenseitigen Abstand haben, als diesem Minimum entspricht, sind häufiger anzutreffen, ebenso solche mit einem größeren Abstand. Das Häufigkeitsminimum liegt in jenem Abstand, in welchem die zur Trennung des Ionenpaares notwendige Energie gleich 2 kT ist.

Dieser Tiefpunkt korrespondiert bei 1,1 wertigen Ionen einem Abstand von $3{,}5 \times 10^{-8}$ cm. Die Häufigkeit der Ionenpaare, die einander näher sind, steigt mit abnehmendem Abstand rapid.

Ist der Radius der zwei Ionen so groß, daß sie einander nicht genug nahe kommen können, dann wird das Vorkommen von Ionenpaaren für das Verhalten der Lösung nicht wesentlich sein, anders bei kleineren Ionen. In den Lösungen solcher, werden Ionenpaare mit geringem gegenseitigen Abstand im zeitlichen Mittel in großer Anzahl vorkommen. Diese Ionen kann man als assoziiert betrachten. Sie werden sich als neutrale Moleküle verhalten.

Je höherwertig die Ionen sind, um so größer ist der Wert für den Abstand, auf welchen ein Minimum der Häufigkeit von Ionenpaare entfällt. Bei mehrwertigen Ionen werden also die Ionenpaare auch dann eine Rolle spielen, wenn die Ionen nicht besonders klein sind.

Bjerrum betont bereits die Bedeutung dieser Auffassung für die Kolloide: „Wahrscheinlich wird es in vielen Fällen auch möglich sein, die Adsorption von kleinen Ionen an großen, hochgeladenen Kolloidionen allein mit Hilfe der interionischen Kräfte zu erklären. Das osmotische und konduktometrische Verhalten von großen Kolloidionen bietet ebenso ein interessantes Arbeitsfeld dar, wo die Berücksichtigung der Ionenassoziation neue Resultate verspricht."

Versucht man die Theorie für die Kolloide auszuwerten, so stößt man auf Schwierigkeiten. Die elektrische Trennungsarbeit der Ionen läßt sich hier nicht mehr so einfach ausdrücken wie bei den gewöhnlichen Ionen, bei welchen die Ladung punktförmig in ihrem Mittelpunkte gedacht werden kann.

Qualitativ ergeben sich jedoch für die Kolloide wichtige Folgerungen. Man kann nach dieser Auffassung unter Beibehaltung der Annahme einer 100%igen Ionisation einen Teil der Gegenionen an die Kolloidionen assoziiert denken. Dieser Zustand würde sich von dem der neutralen, undissoziierten Moleküle nur dadurch unterscheiden, daß die assoziierten Ionen nicht allzu stark deformiert sind und ihre Eigenschaften bewahren. Diese Auffassung erklärt zwanglos, warum die Wertigkeit der Gegenionen ausschlaggebend ist. Mit erhöhter Wertigkeit der entgegengesetzten Ionen erfolgt eine erhöhte Assoziation, während die Wertigkeit der gleichgeladenen Ionen einen derartigen Einfluß nicht haben kann.

Man gewinnt also auf Grund der BJERRUMschen Auffassung das folgende Bild von dem Ionisationszustand der Kolloidsalze: Ein Teil der Gegenionen befindet sich in der unmittelbaren Nähe der Kolloidionenoberfläche mit den letzteren assoziiert, der andere bildet einen Bestandteil der diffusen Doppelschicht, deren Struktur der GOUY-DEBYEschen Theorie entspricht. Die begriffliche Trennung der freien und assoziierten Ionen ist allerdings willkürlich. Vollzieht man eine solche Trennung, so kann man das Assoziationsgleichgewicht auf Grund des Massenwirkungsgesetzes behandeln, wobei für die Reaktionskomponenten ihre effektiven Aktivitätskoeffizienten einzusetzen sind.

Sterns Theorie. O. STERNs Vorstellung von der diffusen Doppelschicht geht von der Tatsache aus, daß die GOUYsche Theorie für einen großen Teil der Gegenionen eine starke Annäherung vorschreibt, welche wegen der endlichen Wirkungssphäre der Ionen unmöglich ist. (GOUY hat diesen Mangel seiner Theorie schon bemerkt, ohne ihn korrigieren zu können, in der DEBYEschen Theorie ist die Korrektur angebracht.) STERN macht nun dieselbe Annahme, welche der späteren BJERRUMschen Assoziationstheorie bezüglich der Elektrolyte zugrunde liegt. Ein Teil der Gegenionen haftet in molekularem Abstande an der Oberfläche, der andere nimmt an dem Aufbau der diffusen Doppelschicht teil. STERN gibt ein Verfahren zur Behandlung des Gleichgewichtes zwischen den adsorbierten (oder assoziierten) und den freien Gegenionen an.

Dieses beruht auf der Anwendung der LANGMUIRschen Adsorptionsisotherme, welche, wie wir ausführlich dargelegt haben, das MWG der Oberflächenreaktionen darstellt. Man erhält die Gleichung *(97)*

$$n_1 = \frac{z_1}{1 + \frac{1}{c} e^{\frac{\psi}{kT}}}$$

n_1 bedeutet die Anzahl der pro Quadratzentimeter Oberfläche adsorbierten Moleküle, z_1 bedeutet die Sättigungsdichte der Oberfläche (d. h. die Gesamtwertigkeit) pro Oberflächeneinheit, c ist die Konzentration der freien Gegenionen (in Molenbruch), ψ die Arbeit, welche notwendig ist, um ein Ion von der Oberfläche zu entfernen (die Trennungsarbeit). Da $n_1/z_1 - n_1$ gleich ist dem Assoziationsgrad β, so können wir auch schreiben

$$\frac{\beta}{1-\beta} = \frac{1}{1 + \frac{1}{c} e^{\frac{\psi}{kT}}}$$

Der Assoziationsgrad wäre also durch die Konzentration der freien Ionen und die Trennungsarbeit bestimmt. Die reine Konzentrationsfunktion wird im Falle konstanter Trennungsarbeit genau identisch mit der Konzentrationsfunktion des Dissoziationsrestes auf Grund des MWG oder der einfachen LANGMUIRschen Formel der Asdorption.

Bezüglich der Trennungsarbeit können wir ganz allgemein zwei Fälle unterscheiden: 1. Die Trennungsarbeit ist ausschließlich durch die elektrische Energie der freien Ladungen gegeben. 2. Außer der elektrischen Energie der freien Ladungen tritt noch eine additive, potentielle Energie auf.

Betrachten wir zunächst den ersten Fall, so erkennen wir sofort, daß die Trennungsarbeit auch eine Funktion des Assoziationsgrades ist, da die Assoziation das elektrische Potential an der Oberfläche des Kolloidions beeinflußt und das Potential bestimmend ist für die elektrische Energie. Diese ist nämlich gleich

$$\psi_1 = \frac{z_2 \varphi_1 \varepsilon^2}{D r} \tag{110}$$

worin z_2 die Wertigkeit der Gegenionen, φ_1 das elektrische Potential an der Oberfläche des Kolloidteilchens, ε die elektrische Elementarladung, D die Dielektrizitätskonstante, r den Abstand von der Oberfläche bedeuten. Es ist hiebei angenommen, daß die Dielektrizitätskonstante an der Oberfläche von dem Assoziationsgrad unabhängig ist. Die Trennungsarbeit nimmt also mit steigender Assoziation (kleinerem Potential) ab. Der Faktor $e^{\frac{\psi}{kT}}$ wird somit für steigende Assoziation kleiner. Die Assoziation wird gegenüber der rein massenwirkungsgemäßen Abhängigkeit immer weniger begünstigt sein. Den genauen Verlauf können wir nicht angeben, weil die Abhängigkeit des Potentials von der Assoziation nicht bekannt ist.

Bezüglich des Einflusses der Wertigkeit der Gegenionen auf die Assoziation lassen sich nähere Aussagen machen. Bei demselben Potential ist die Trennungsarbeit der Wertigkeit proportional. Im Falle von zweiwertigen Gegenionen entspricht derselbe Assoziationsgrad demselben Ionisationszustand wie bei einwertigen Gegenionen, da die verfügbaren Plätze für die zweiwertigen Gegenionen auch halbiert werden müssen. Bezeichnen wir jene molekulare Konzentration der Gegenionen, welche dem gleichen Assoziationsgrad entspricht, für einwertige Gegenionen mit c_1, für zweiwertige mit c_2, für dreiwertige mit c_3, so gilt

$$\frac{e^{\frac{\psi}{kT}}}{c_1} = \frac{e^{\frac{\psi}{kT}}}{c_2} = \frac{e^{\frac{\psi}{kT}}}{c_3}$$

oder

$$c_1 : c_2 : c_3 = x : x^2 : x^3 \tag{111}$$

wobei x die BOLTZMANNsche e-Potenz für einwertige Gegenionen bedeutet.

Nimmt man an, daß der Assoziationsgrad die Stabilität bestimmt, so kann man auf Grund der STERNschen Auffassung, d. h. auf Grund der durch die Berücksichtigung der elektrischen Trennungsarbeit ergänzten LANGMUIR-Isotherme (MWG), unmittelbar zur SCHULZE-HARDYschen Regel gelangen. Dabei wird angenommen, daß die das Kolloidteilchen umgebende diffuse Doppelschicht für das Assoziationsgleichgewicht und die Stabilität nur eine untergeordnete Rolle spielt. Die zahlenmäßige Auswertung der Beziehung (111) lehrt, daß für nicht allzu kleine Werte des Potentials ähnliche Verhältniszahlen auftreten, wie in der H. MÜLLERschen Auswertung der GOUY-Theorie (109).

Während z. B. H. MÜLLER die Beeinflussung der freien Ladung des Kolloidions durch die Gegenionen auf eine Herabsetzung der Dicke der Ionenatmosphäre zurückführt und dabei die Gesamtladung als konstant ansieht, wäre nach STERN in erster Linie die Herabsetzung der Gesamtladung infolge der Anlagerung der Gegenionen für das Sinken der freien Ladung der Kolloidionen verantwortlich.

Der Einfluß der beiden Auffassungen auf die Auswertung der Ergebnisse der physikalisch-chemischen Analyse der Kolloidsalze wurde in einem vorangehenden Abschnitt ausführlich diskutiert.

Berücksichtigung der spezifischen Affinität. Auch die Abweichungen von der Wertigkeitsregel finden eine Aufklärung, wenn man den allgemeinen Fall in Betracht zieht, daß neben der rein elektrischen potentiellen Energie der freien Ladungen auch Energiemengen anderer Art bei der Anlagerung der Gegenionen frei werden. Dann ergibt sich der Gleichgewichtszustand ebenfalls zu

$$n_1 = \frac{z_1}{1 + \frac{1}{c} e^{\frac{\psi}{kT}}}$$

ψ setzt sich jedoch aus zwei Teilen additiv zusammen: Aus der vorhin betrachteten COULOMBschen und aus einer nicht COULOMBschen Arbeit:

$$\psi = \psi_1 + \psi_2$$

ψ_2 kann man im Gegensatz zu der potentialabhängigen Trennungsarbeit der freien Ladungen näherungsweise als konzentrationsunabhängig betrachten.[1] Es drückt die spezifische Affinität zwischen Gegenion und Kolloidion aus. Handelt es sich um eine rein chemische Bindung mit Hauptvalenzen, so haben wir es mit einem Dissoziationsgleichgewicht zu tun. Die LANGMUIR-STERNsche Isotherme ist dann genau so anwendbar, wie etwa für die Anlagerung von H^+-Ionen an positive Sole (aufladende Umwandlung der Hydroxogruppen in Aquogruppen), nur tragen im Falle der Anlagerung von Gegenionen die elektrische Trennungsarbeit und die chemische Affinität dasselbe Vorzeichen, während im Falle der Anlagerung von gleichgeladenen Ionen die elektrische Energie gegen die spezifische Affinität in Wirkung tritt.

Die spezifische Affinität bewirkt also, daß die Ionen in stärkerem Maße an der Oberfläche festgehalten werden, als wenn hier bloß die elektrische Anziehungskraft wirksam wäre; sie tritt in der Isotherme als ein konstanter Faktor der Konzentration auf. Ist die maximale chemische Arbeit (gesamte maximale Arbeit, vermindert um die elektrostatische) der Anlagerung einer Ionenart ψ_{I}, die einer zweiten gleichwertigen ψ_{II}, so verhalten sich ihre Konzentrationen bei demselben Assoziationsgrad

$$c_1 : c_2 = e^{\frac{-\psi_{\mathrm{I}}}{kT}} : e^{\frac{-\psi_{\mathrm{II}}}{kT}}$$

Die spezifische Affinität von Kolloidion und Gegenion, welche die spezifische

[1] Die Konstante K des MWG hängt mit der Trennungsarbeit folgendermaßen zusammen:

$$kT \,.\, \log K = \psi$$

Dabei wird die freie Energie der Gesamtenergie gleichgesetzt.

Adsorbierbarkeit bedingt, kann die Wirkung der Wertigkeit unter Umständen übertreffen.

Auf diese Weise lassen sich alle Abweichungen von der Wertigkeitsregel deuten.

Polarisierbarkeit der Kolloidoberfläche. In quantitativer Hinsicht darf man eine strenge Gültigkeit der LANGMUIR-STERNschen Gleichung nicht erwarten. Insbesondere die Voraussetzung, daß die maximale Anlagerungsarbeit in ihrem nicht rein elektrischen Anteil konzentrationsunabhängig ist, wird nicht immer zutreffen. Vielmehr wird die Anlagerung eines Gegenions die aufladenden Ionen in der nächsten Umgebung beeinflussen. Deformationen verschiedener Art können auf diese Weise auftreten. Eine hervorragende Rolle wird wohl die Verschiebbarkeit der ionogenen Moleküle an der Oberfläche spielen. Ist der mittlere Abstand der ionogenen Moleküle übermolekular, wie in sehr vielen Fällen anzunehmen ist, so würde die Anlagerung eines zweiwertigen Ions im Falle unbeweglicher aufladender, einwertiger Ionen so erfolgen müssen, daß eine Valenz des Kolloidions durch eine Valenz des Gegenions neutralisiert wird, während die zweite frei bleibt. Im Falle der Anlagerung von Sulfationen im Aluminiumhydroxydsol würde dann die einwertige AlO^{+}-Gruppe der Oberfläche unter Bindung von SO_4^{--} die einwertig negative Gruppe $[AlO(SO_4)]$ bilden. Nun zeigen die Versuche von DUCLAUX und PAULI, daß in einem solchen Fall zumeist eine der Gesamtwertigkeit äquivalente Menge von Gegenionen aufgenommen wird. Gegenüber der unwahrscheinlichen Hilfshypothese, daß von vornherein die Ladungen in der zweiwertigen Form $Al(OH)^{++}$ gruppiert sind, wird man es für plausibel halten, daß bei der Annäherung einer SO_4^{--}-Gruppe die anziehende Wirkung der doppelten negativen Ladung die Wirkung der zur gleichmäßigen Verteilung treibenden gegenseitigen Abstoßung der positiven Ladungen der Kolloidoberfläche übertreffen wird, so daß die zweite positive Ladung (etwa in der Form eines Wasserstoffions einer Aquogruppe) aus dem benachbarten Aluminiumion in die Sphäre desjenigen Aluminiumions gezogen wird, welches dem auftreffenden Sulfation am nächsten liegt. So würde die zweiwertige aufladende Gruppe erst als Folge der Annäherung des Sulfations an die Kolloidoberfläche entstehen. Ein solcher Effekt könnte erklären, warum Kolloidionen mit verhältnismäßig niedrigem Potential mehrwertigen Ionen gegenüber sich so verhalten können, als ob sie eine größere oberflächliche Ladungsdichte, ein höheres Potential hätten. Diese bisher kaum in Rechnung gezogene, unzweifelhaft bedeutungsvolle Oberflächenverschiebbarkeit der aufladenden Ionen würde den Wertigkeitseffekt der Gegenionen steigern.

Rolle der Ionengröße. Eine vollständige Theorie der Gegenionenwirkung müßte auch die Rolle der individuellen Ioneneigenschaften voraussagen können. Unsere Kenntnisse umfassen aber zurzeit nur in ganz ungenügendem Maße die Feinstruktur der Ionen. Die Größe der Wirkungssphäre und die Polarisierbarkeit sind jene zwei Eigenschaften, die im allgemeinen angegeben werden können und durch die man das Verhalten der Ionen in physikalisch-chemischen Reaktionen annähernd zu charakterisieren versucht. So muß sich auch die Fragestellung zurzeit darauf beschränken: Welchen Einfluß haben Größe und Polarisierbarkeit auf die Wechselbeziehung zwischen Gegenion und Kolloidion? Im Sinne der STERNschen Ansicht kann man die Frage folgendermaßen fassen: Wie wird der

COULOMBsche und nicht COULOMBsche Anteil der Anlagerungsarbeit durch diese zwei Größen beeinflußt?

Der Radius der Wirkungssphäre bestimmt die Annäherungsmöglichkeit an die Oberfläche. Die COULOMBsche Kraft ist um so größer, je kleiner der Abstand der Ladungen ist. Der Abstand r in dem Ausdrucke für die elektrische Arbeit kann als die Summe der Radien der Wirkungssphären von aufladendem Ion und Gegenion aufgefaßt werden. Im Falle der Additivität würde sich der Einfluß der Gegenionengröße in einer erhöhten Anlagerungstendenz der kleinen Ionen oder einer Verringerung der mittleren Doppelschichtdicke manifestieren.

Stellt man nun die Frage nach der Größe der Ionenradien, so ergeben sich gewisse Schwierigkeiten. Ionengröße in Kristallen und Ionengröße in der Lösung sind voneinander verschieden. In der Gruppe der Alkalimetalle sind sogar die Reihenfolgen umgekehrt, wenn man für die Größe der gelösten Ionen die sogenannten elektrodynamischen Radien (auf Grund der elektrolytischen Beweglichkeit und der STOKES-Formel) nimmt. Die Stellung der assoziierten Gegenionen ist nun in dieser Hinsicht eine ganz eigenartige: In einer Richtung grenzen sie in molekularem Abstand an einen festen Körper, in der anderen Richtung an die Lösung. Man könnte sich vorstellen, daß die Ionen auf der einen Seite hydratisiert sind, auf der anderen nicht (vgl. K. FAJANS und K. v. BECKERATH). Die Hydrathülle würde sich in diesem Falle nur gegenüber der Lösung geltend machen und das Ion könnte unmittelbar an die Teilchenoberfläche angrenzen. Die experimentellen Ergebnisse zeigen jedoch, daß die Alkaliionen auf die negativen Hydrosole um so stärker flockend wirken, eine je höhere Beweglichkeit sie haben, d. h. je weniger sie hydratisiert sind. Man erhält dieselbe Reihenfolge für die Assoziation, wenn man als Ionenradius den sogenannten elektrodynamischen einsetzt.

Die ausschlaggebende Rolle der Hydratation der Gegenionen für die Kolloidstabilität wurde von WO. OSTWALD erkannt und von G. WIEGNER theoretisch und experimentell näher begründet.

Eine mehr befriedigende Behandlung dieser Frage ergibt sich, wenn man unmittelbar an die Definition der Anlagerungsarbeit anknüpft. Diese ist die Arbeit, welche notwendig ist, um ein Ion aus der Lösung auf die Kolloidoberfläche zu bringen. Wie A. GYEMANT am systematischesten dargelegt hat, kann man diese Arbeit in zwei Teile spalten: In eine Arbeit, welche gegenüber den Lösungsmittelmolekülen zu leisten ist und eine solche, die bei der Anlagerung gewonnen wird. Man kann den Prozeß so denken, daß das Ion aus der Lösung ins Vakuum befördert wird und aus dem Vakuum an die Teilchenoberfläche. Der erste Teil der Arbeit ist gegenüber den Dipolen des Wassers aufzubringen und identisch mit der Hydratationswärme von FAJANS und BORN. Diese wächst mit abnehmendem Ionenradius. Den zweiten Teil anzugeben ist nicht so leicht. GYEMANT betrachtet die Oberfläche des Kolloidteilchens als ein kontinuierliches Medium mit einer bestimmten Dielektrizitätskonstante und ermittelt diese Arbeit genau so, wie BORN die Hydratationswärme berechnet hatte. Die Dielektrizitätskonstante an der Oberfläche ist auf alle Fälle kleiner als diejenige vom Wasser. Der besonderen Stellung der assoziierten Ionen trägt GYEMANT dadurch Rechnung, daß er diese Arbeitsbeträge halbiert. Man erhält auf diese Weise

$$\psi_H = \frac{N z^2 \varepsilon^2}{4}\left(\frac{1}{D r} - \frac{1}{d r'}\right) \tag{112}$$

(N: LOSCHMIDTsche Zahl, z: Wertigkeit, ε: Elementarladung, D: Dielektrizitätskonstante der Lösung, d: Dielektrizitätskonstante der Oberfläche, r: kürzeste Entfernung zwischen Ion und Lösungsmittelmolekül, r′: zwischen Ion und Oberfläche.) Der Ausdruck stellt also den von den Dipolmomenten herrührenden (nicht COULOMBschen) Teil der Anlagerungsarbeit dar. Nimmt man r annähernd gleich r′ an, so sieht man, daß mit abnehmendem Radius (wegen $D > d$) ψ_H wächst. Die Anlagerung der kleinen Ionen ist gemäß ihrer stärkeren Hydratation gehemmt. Die Reihenfolge im Fällungsvermögen würde also darauf beruhen, daß die Assoziation mit einer teilweisen Dehydratation verbunden ist, zur Dehydratation von kleineren Ionen ist aber ein größerer Arbeitsaufwand notwendig (Vgl. auch H. LACHS und F. LACHMAN).

Wir haben demnach die folgenden Umstände zu berücksichtigen: Die COULOMBsche Energie der freien Ladungen nimmt mit steigendem Ionenradius ab, die (Nicht-COULOMBsche) Dehydrationsarbeit ebenfalls. Die beiden Energien haben jedoch entgegengesetzte Vorzeichen: Die COULOMBsche Energie begünstigt die Anlagerung des entgegengesetzt geladenen Ions, die Hydratationsenergie hemmt sie. Welche Wirkung stärker wird, ist im allgemeinen nicht vorauszusagen, weil die quantitative Abschätzung der Effekte nicht mit genügender Sicherheit durchgeführt werden kann. (Dielektrizitätskonstante an der Oberfläche, kürzester Abstand u. dgl.) In der Reihe der Alkalimetalle zeigen die Experimente, daß der Hydratationseffekt überwiegt. Komplizierter gestaltet sich die Berechnung der Anlagerungsarbeit (oder, wie man sie auch nennt: des Adsorptionspotentials) dadurch, daß bei der Assoziation der Gegenionen auch eine teilweise Dehydratation des Kolloidions eintritt. Man beachte, daß bezüglich der Wertigkeit die Hydratation ebenfalls der COULOMBschen Energie entgegenwirkt, doch tritt diese Wirkung im experimentellen Material gegenüber dem Effekt der mit der Wertigkeit steigenden COULOMBschen Kräfte ganz zurück.

Polarisierbarkeit der Gegenionen. Die Polarisierbarkeit der Gegenionen wird im allgemeinen zugunsten der stärkeren Assoziation wirken. Sie kann den kürzesten Abstand der entgegengesetzten Ladungen herabsetzen. Die Orientierung fertiger Ionendipole, wie auch die Erzeugung und Vergrößerung von Dipolmomenten durch intramolekulare Ionenverschiebungen kommen hier in Betracht. Die COULOMBsche Energie wird infolge Herabsetzung der Ladungsabstände erhöht, dazu summiert sich eine Energiemenge, welche von der Anziehung der freien Ladungen des Kolloidions und des Gegeniondipols herrührt. Auf diese Weise hat zuerst L. EBERT die stärkere Adsorbierbarkeit des asymmetrischen Piktrations gedeutet und PAULI die Nichtexistenz positiver Hydrosole mit dem extrem dipolartigen Hydroxylion als Gegenion erklärt, sowie die Rolle des Alkaloid- und Farbstoffions und die Abweichungen des dehydratisierenden und flockenden Effektes verschiedener einwertiger Anionen auf das elektropositive Eiweiß verständlich gemacht. GYEMANT betont ebenfalls die Rolle der Dipolmomente.

Tritt zwischen Gegenion und aufladendem Ion eine chemische Reaktion ein, so bedeutet dies im Sinne der BJERRUMschen Auffassung, daß die gegenseitige Deformation eine sehr weitgehende ist; wir haben es dann beim ionogenen Komplex mit einem schwachen Elektrolyten zu tun. Für die nicht COULOMBsche

Anlagerungsarbeit ist die Abnahme der freien Energie bei dieser Umwandlungsreaktion einzusetzen. In der Behandlung unterscheidet sich also dieser Fall in nichts von den übrigen. Die besonders von DUCLAUX hervorgehobene Rolle dieser Reaktionen für die Stabilität der Hydrosole steht nicht in Widerspruch zu der hier dargestellten Auffassung, sie fügt sich vielmehr durchaus harmonisch in den ganzen Erscheinungskomplex.

Auch die von mehreren Seiten erhobene und experimentell belegte Behauptung, daß die Löslichkeitsbeziehung zwischen aufladendem Ion und Gegenion den Ionisationszustand der Kolloide bestimmt, erscheint von diesem Gesichtspunkte durchaus verständlich. Die Tatsache eines kleinen Löslichkeitsproduktes zweier Ionen besagt ja, daß bei der gegenseitigen Assoziation relativ viel Energie frei wird, sie gibt qualitativ an, daß die nicht COULOMBsche Anlagerungsenergie groß ist. Man muß sich aber stets vor Augen halten, daß die aufladenden Ionen an der Oberfläche in ihren Eigenschaften von den gleichen Ionen in der Lösung mehr oder weniger verschieden sein können.[1]

Die hier wiedergegebene Betrachtungsweise behandelt auf die gleiche Weise starke und schwache Kolloidelektrolyte (Kolloidsäuren und Kolloidsalze) entsprechend der BJERRUMschen Auffassung der Assoziation. Wir haben jedoch auch auf die von BJERRUM aufgestellte Unterscheidung der 100%igen und einer nicht vollständigen Ionisation verzichten können, der er die Erhaltung der Ioneneigenschaften im ersten Falle zugrunde legt. Die Kolloidionen sind in jeder nicht extrem verdünnten Lösung von entgegengesetzten Ionen so eng umgeben, daß infolge der asymmetrischen Verteilung viel eher Deformationsvorgänge stattfinden können, wie in den mehr symmetrischen Kristallgittern. An der Unterscheidung, welche bei Elektrolytlösungen mit weniger Schwierigkeiten durchführbar ist (vgl. diesbezüglich jedoch die Deformation des Pikrations), würde hier zu viel Willkür anhaften. Dieser Umstand bewirkt es, daß die an Eiweißkörpern zuerst von E. LAQUEUR und O. SACKUR inaugurierte, an diesen und an anorganischen Kolloiden im allgemeinen von PAULI geforderte Behandlung der Ionisationsgleichgewichte der Kolloidsalze, auf Grund der ARRHENIUSschen Theorie in einer entsprechenden Form (durch Einführung der Oberflächendichte und Berücksichtigung der elektrostatischen Beeinflussung) als brauchbare Annäherung gerechtfertigt erscheint.

Literaturverzeichnis

BJERRUM, N.: Ergebn. d. exakten Naturw. V Berlin (1927). — BRÖNSTED, J. N., und V. K. LA MER: Journ. Am. Chem. Soc. **46**, 555 (1924). — DERSELBE und A. DELBANCO: Z. f. anorg. Ch. **144**, 248 (1925). — DUCLAUX, J.: Journ. Phys. Chem. **7**, 405 (1909). — FAJANS, K., und K. v. BECKERATH: Z. f. phys. Ch. **97**, 478 (1921). — GYEMANT, A.: Kolloidphysik. Braunschweig (1925). — HÜCKEL, E.: Ergebn. d. exakten Naturw. **3**, Berlin (1924). — LACHS, H., und F. LACHMANN, Z. f. physik. Ch. **23**, 303 (1926). — LAQUEUR, E., und O. SACKUR: Beiträge zur chem. Physiol. u. Path. **3**, 193 (1903). — LEWIS, J. N., und M. RANDALL: Thermodynamik. (Übersetzt

[1] Häufig beruht jedoch der Einfluß dieser Ionen darauf, daß sie die freien aufladenden Ionen unter Bildung eines unlöslichen Bodenkörpers aus der Lösung entfernen. Infolge dieser Verschiebung des Anlagerungsgleichgewichtes werden die aufladenden Ionen von der Oberfläche abgespalten. Dadurch erfolgt eine Entblößung des Neutralteils und Verlust der Ladung des Kolloidions.

von O. REDLICH.) Wien (1927). — MÜLLER, H.: Koll. Beitr. **26**, 257 (1928). — OSTWALD, WO.: Welt d. vernachl. Dimensionen. 9/10. Aufl., S. 111 (1927). — PAULI, WO., und J. MATULA: Koll. Z. **21**, 49 (1917). — STERN, O.: Z. f. Elektroch. **30**, 508 (1924). — WIEGNER, G.: Koll. Z. **36**, Erg.-Bd., 34 (1925).

14. Theorie der Nebenionenwirkung

Die Beeinflussung der Kolloidionen durch ihre Umgebung ist nicht auf die Gegenionen beschränkt. Nur in den seltensten Fällen wird allein das Gegenion variiert. Im allgemeinen ist die Veränderung in der Zusammensetzung des Mediums auch mit einer Veränderung der dem Kolloidion gleichsinnig geladenen Ionen (Nebenionen) verknüpft, z. B. in dem häufigsten Fall, beim Zusatz eines Salzes.

Für eine vollständige Theorie der Ionenwirkung erweist es sich als notwendig, auch die dem Kolloidion gleichgeladenen Ionen zu berücksichtigen. Man kann die Wirkungen der Nebenionen prinzipiell in zwei Gruppen einteilen: Beeinflussung der freien Ladung des Kolloidions (durch Beeinflussung der Doppelschichtdicke oder des Assoziationsgleichgewichtes der Gegenionen) und Änderung der Gesamtladung (durch Anlagerung oder Abspaltung der dem Kolloidion gleichsinnig geladenen Ionen).

Beeinflussung der freien Ladung. Im Sinne der klassischen Lehre der elektrolytischen Dissoziation könnte man nur den dissoziierten Gegenionen eine Wirksamkeit zuschreiben. Nicht die analytische, sondern die Ionenkonzentration würde darnach die Wirkung der Salze bestimmen. Ein Teil der Wirkung der dem Kolloidion gleichgeladenen Ionen ließe sich dann darauf zurückführen, daß sie durch ihr Dissoziationsgleichgewicht die Ionenkonzentration des Gegenions bestimmen. In der strengeren, thermodynamischen Fassung der modernen Elektrolyttheorie ist die Aktivität der Gegenionen für ihren Einfluß auf das Kolloidion maßgebend. Die dem Kolloidion gleichgeladenen Ionen beeinflussen den Aktivitätskoeffizienten der Gegenionen. So muß dem K_2SO_4 schon deswegen eine geringere Flockungswirkung auf negative Sole zukommen, weil seine K^+-Aktivität (wegen der Zweiwertigkeit des Sulfations) kleiner ist als diejenige eines gleichkonzentrierten KCl. Dabei können sich neben der Beeinflussung durch die interionischen Kräfte auch chemische Beziehungen zwischen gleichsinnig geladenen und Gegenionen geltend machen und in Änderungen des Aktivitätskoeffizienten zum Ausdruck kommen. (Komplexbildung oder gar Bildung unlöslicher Salze, wodurch die analytische Konzentration vermindert wird.)

Solange verschiedene Salzlösungen, in denen dieselben Gegenionen dieselbe Aktivität besitzen, die gleiche Wirkung auf ein Kolloid zeigen, kann man von einer nachweisbaren, direkten Wirkung der dem Kolloidion gleichgeladenen Ionen nicht sprechen.

Die Theorie der diffusen Doppelschichte läßt im Sinne der DEBYEschen Näherung erwarten, daß höhere Wertigkeit der gleichsinnig geladenen Ionen das Potential der Kolloidionen stärker herabsetzt. H. MÜLLER stellt sich einen solchen Einfluß folgendermaßen vor: Das gleichgeladene Ion vergrößert die Dicke der Doppelschicht (da es den Potentialabfall in der Nähe des Kolloidions hemmt). Wenn die Wertigkeit dieser Ionen vergrößert und entsprechend ihre

Anzahl verkleinert wird, so befinden sich infolge der größeren abstoßenden Kräfte und der kleineren Anzahl der höherwertigen Ionen weniger solche innerhalb der Doppelschicht. Ihr Einfluß ist dann trotz der größeren Wertigkeit kleiner. Bei einer höheren Wertigkeit des nichtentladenden Ions ist daher die Dicke der Doppelschicht kleiner, daß Potential somit auch kleiner.

Demgegenüber glauben wir, daß die Gegenwart von hochgeladenen Nebenionen die Doppelschicht eher auflockert und die auf das Kolloidion wirkenden interionischen Kräfte vermindert. Die hochwertigen, gleichsinnig geladenen Ionen werden aus der Umgebung der Kolloidionen stärker verdrängt. Sie üben aber ihrerseits Anziehungskräfte auf die Gegenionen aus, welche sie um sich sammeln. Auf diese Weise werden die Kolloidionen bis zu einem gewissen Grade durch die hochwertigen Nebenionen entlastet. Dieser Entlastungseffekt würde also auf die freie Ladung der Kolloidionen begünstigend wirken.

Die die Aktivität herabsetzende Wirkung der Nebenionen auf die Gegenionen kann im elektrischen Feld der Kolloidionen bedeutend verstärkt werden. Es ist nämlich die Tatsache zu beachten, daß infolge der Anreicherung der Gegenionen die nächste Umgebung der Kolloidionen häufig eine extrem konzentrierte Lösung darstellt. Wohl sind nach der GOUYschen Auffassung die Nebenionen von hier weggedrängt. A. EUCKEN nimmt jedoch neuestens an, daß der Potentialverlauf zwischen Kolloidoberfläche und dem Lösungsinnern nicht gleichmäßig abklingt, sondern periodisch. Auf die erste Schicht der Gegenionen folgt eine zweite, vorwiegend aus Nebenionen bestehende, und darauf wieder eine Schicht von Gegenionen usw. Das Kolloidion würde danach von einer Serie konzentrischer Äquipotentialflächen wechselnden Ladungssinnes umgeben sein, deren Ladungsdichte in der Richtung gegen das Lösungsinnere abnimmt. Wir halten es für wahrscheinlich, daß eine derartige Doppelschichtstruktur durch die Anwesenheit mehrwertiger Neben- und Gegenionen sehr begünstigt wird. Jedenfalls folgt auch aus dieser Vorstellung, daß die Anwesenheit der mehrwertigen Nebenionen die kolloidentladende Wirkung der Gegenionen hemmt.

Beeinflussung der Gesamtladung. Betrachten wir nun die Beeinflussung der Gesamtladung des Kolloidions durch die gleichgeladenen Ionen.

Unter diesen nehmen die Wasserstoffionen und die Hydroxylionen durch ihren stärkeren Effekt eine Ausnahmsstellung ein. Die Vergrößerung ihrer Konzentration in einem Sol, dessen Kolloidion mit ihnen gleichsinnig ist, also der H^+-Ionen in positiven Solen, der OH-Ionen in negativen, führt im allgemeinen zur Erhöhung der Kolloidladung. Der Mechanismus dieser Aufladung kann in einer Zurückdrängung der Hydrolyse des Kolloidsalzes erblickt werden. Die Wirkung hört erst auf, wenn das Kolloidion in bezug auf das mit ihm gleichsinnig geladene H^+- bzw. OH^--Ion gesättigt ist, wenn seine Bindungskapazität für dasselbe erschöpft ist. Wegen der großen Bedeutung, welche diese Ionen für den Zustand der Kolloide gewinnen, soll ihre Rolle in einem besonderen Kapitel ausführlich behandelt werden.

Auf dieselbe Weise wirken die aufladenden Ionen bzw. die Ionenkomplexe, welche gewöhnlich auch im Neutralteil (z. B. SH^+ bei den Sulfidsolen, $Al(OH)_2^+$ bei Aluminiumoxydsolen) vertreten sind.

Ganz allgemein muß man eine unmittelbare Wirkung der gleichen Art jedem Ion zuschreiben. Sie wird jedoch nur dann bemerkbar sein, wenn die

Affinität des Ions zur Oberfläche eine gewisse Größe überschreitet. Für die Anlagerung an die Oberfläche unter bestimmten, vereinfachten Voraussetzungen gilt nämlich die LANGMUIR-STERNsche Isotherme als MWG *(99)*:

$$\frac{n_1}{z_1} = \frac{1}{1 + \frac{1}{c} e^{\frac{\psi - \varepsilon \psi_1}{kT}}}$$

Dabei bedeutet n die Anzahl der pro Oberflächeneinheit adsorbierten Moleküle, z_1 die Anzahl der verfügbaren Plätze auf der Oberflächeneinheit, c die Konzentration des Ions in der Lösung, ψ die Arbeit, welche bei der Anlagerung von einem Mol des Ions an der Oberfläche frei wird (die Affinität), ε die Elementarladung, φ das elektrische Potential an der Oberfläche. Die Anlagerung kann nur dann stattfinden, wenn die dabei gewonnene Arbeit größer ist als diejenige, welche zur Überwindung der abstoßenden elektrischen Kraft geleistet werden muß. Sonst wird die Konzentration des Ions an der Oberfläche kleiner als in einem entsprechenden Raum der Lösung. Die dem Kolloidion gleichgeladenen, aufgeladenen Ionen und die Ionen des Wassers verdanken ihre gesteigerte Anlagerungsfähigkeit oder Adsorbierbarkeit ihrer spezifischen chemischen Affinität zur Oberfläche, welche in vielen Fällen durch die Hauptvalenzbindung gegeben ist. ($R.NH_2 + H = R.NH_3^+$ beim Eiweiß; $\begin{bmatrix} H_2O & & OH \\ H_2O & Al & OH \\ H_2O & & OH \end{bmatrix} + H^+ \rightleftarrows \begin{bmatrix} H_2O & & OH_2 \\ H_2O & Al & OH \\ H_2O & & OH \end{bmatrix}^+$ bei Aluminiumhydroxyd.) Je höher geladen das Kolloidion ist, um so mehr wird die Anlagerung eines gleichgeladenen Ions behindert sein.

Von einer spezifischen Wechselwirkung mit der Oberfläche abgesehen, werden die gleichgeladenen Ionen sich um so schwerer der Oberfläche nähern, je höher ihr Potential, d. h. je höher ihre Wertigkeit und je kleiner ihr Radius ist. Die Hydratation wirkt dabei der Anlagerung entgegen, da zu der mit der Anlagerung erfolgenden Dehydratation Arbeit geleistet werden muß. Es wäre also zu erwarten, daß die zunehmende Ionengröße als begünstigendes Moment für die Adsorption der gleichgeladenen Ionen deutlicher zum Ausdruck kommt, als bei den Gegenionen die entgegengesetzte Wirkung, nämlich der begünstigende Einfluß des kleineren Ionenvolumens. In dem letzten Falle kann nämlich die Hydratation die Wirkung der Ionengröße teilweise kompensieren und selbst überkompensieren. Unter Umständen wird jedoch die Kleinheit des entgegengesetzt geladenen Ions seine Neigung zur rein chemischen Wechselwirkung mit der Oberfläche steigern. Die möglichen Einflüsse können also wie man sieht, in recht verwickelter Weise ineinandergreifen.

Was nun die spezifische Wechselwirkung der gleichgeladenen Ionen mit der Oberfläche betrifft, so ist in manchen Fällen auch der folgende Umstand in Betracht zu ziehen. Die Oberfläche von heteropolaren Substanzen enthält abwechselnd Restvalenzen von positiver und negativer Feldwirkung. Wenn also etwa die Oberfläche eine positive Überschußladung besitzt, so kann dennoch an einzelnen Stellen in deren unmittelbaren Nähe die negative Ladung überwiegen. Die Oberfläche kann sogar einen zwitterionischen Charakter haben trotz einer einsinnigen Überschußladung. Die Energie, welche bei der Anlagerung von gleichnamig geladenen Ionen an derartigen Stellen frei wird, kann die von der Überschußladung herrührende elektrische Abstoßungsenergie kompensieren. Die Anlagerung eines hochwertigen Nebenions kann dadurch begünstigt werden, daß bei seiner Annäherung die gleichsinnig, im Beispiel positiv, geladenen Ionengruppen der Oberfläche verschoben bzw. abgestoßen, die negativ geladenen zu ihm gerichtet werden. Bei derartigen Reaktionen spielt die polarisierende Wirkung des gleichnamigen Ions auf die Oberfläche eine Rolle.

Alle diese Erscheinungen müssen übrigens unter Berücksichtigung der gleichzeitigen Aufnahme der beiden Ionenarten des zugefügten Salzes betrachtet werden. Die LANGMUIR-STERNsche Isotherme ergibt *(100)*

$$\eta_+ = \varepsilon\,(n_- + n_+) = \varepsilon\, z_1 \left(\frac{1}{1 + \frac{1}{c}\, e^{\frac{-\psi - \varepsilon\,\varphi_1}{kT}}} - \frac{1}{1 + \frac{1}{c}\, e^{\frac{-\psi + \varepsilon\,\varphi_1}{kT}}} \right)$$

wobei η die Ladungsdichte pro Oberfläche, d. h. die Differenz der positiven und negativen Ladungen pro Oberflächeneinheit bedeutet. Da das elektrische Potential eine zunehmende Funktion der Ladungsdichte ist, wird die Aufnahme von positiven Ionen die Anlagerung der negativen begünstigen und umgekehrt. Dabei ist angenommen, daß die Anzahl der verfügbaren Plätze von positiven und negativen Ionen an der Oberfläche gleich groß ist und daß die verschieden geladenen Ionen einander keinen Platz wegnehmen, was an der Oberfläche einfach heteropolar gebauter Stoffe annähernd der Fall sein dürfte.

Die Gleichung ist in bezug auf c quadratisch, d. h. die Oberflächenladung wird als Funktion der Elektrolytkonzentration ein Extremum aufweisen. Die Auflagerung ergibt für das Extremum

$$c_m = e^{\frac{\psi_1 + \psi_2}{2\,kT}} = e^{\frac{-A}{2\,RT}} \qquad (113)$$

Die Summe der spezifischen Adsorptionspotentiale können wir als Adsorptionswärme ϱ bezeichnen; diese ist identisch mit der Arbeit, welche bei der Anlagerung eines Mols des betreffenden Salzes gewonnen wird.

In der physikalischen Betrachtungsweise wurde häufig die Tatsache übersehen, daß die Aufladung eines Kolloidions oder einer Wand durch Elektrolytzusatz nur dann befriedigend erklärt werden kann, wenn eine spezifische Affinität des aufladenden Ions zur Oberfläche begründet ist und diese Affinität erheblich größer ist als die Affinität des Gegenions zur Oberfläche. Wenn der Unterschied in den Affinitäten nicht groß genug ist, so wird bereits bei einer kleinen Konzentration des Salzes diejenige Aufladung erreicht, welche infolge der auftretenden elektrischen Kraft die bevorzugte Anlagerung der Nebenionen hemmt. Beim weiteren Salzzusatz wird dann die entladende Wirkung der Gegenionen in den Vordergrund treten. Wie erwähnt, folgt dieser Umstand aus der quantitativen Fassung von STERN. Wir haben oben gerade diejenigen typischen Fälle aufgezählt, in denen ein großer Unterschied in der spezifischen Affinität der beiden Ionen, bzw. eine große Affinität des gleichsinnig geladenen Ions zur Wand von chemischen Gesichtspunkten aus erwartet werden kann.

Sind die spezifischen Affinitäten sehr gering, so verschiebt sich das Extremum außerhalb des Bereiches der mittleren Konzentrationen.

Auf Grund dieser Beziehungen muß man auch die Tatsache erklären, daß die Potentiale bzw. die Oberflächendichten der Teilchen gewisse Werte nicht überschreiten. Die Ursache dafür kann nur darin erblickt werden, daß die spezifischen Affinitäten von Ionen zu Oberflächenmolekülen bzw. ihre Differenzen einen gewissen Betrag nicht überschreiten.

Noch komplizierter werden die Fälle, wo die gleichzeitige Wechselwirkung mehrerer Elektrolyte auf die Oberfläche berücksichtigt werden muß. Prinzipielle Schwierigkeiten werden jedoch dadurch nicht entstehen.

Umladung. Die Umladung eines Kolloidions (die Umkehr des Vorzeichens des wirksamen Ladungsüberschusses) kann als die Aufladung eines vorher entladenen Teilchens aufgefaßt werden. Die Rolle der Neben- und Gegenionen ist in dem Gebiete der Entladung und der darauffolgenden Aufladung vertauscht: Die entladenden Gegenionen funktionieren bei der Umladung als aufladende Nebenionen. Daraus folgt als Bedingung für die umladende Fähigkeit eines Salzes in bezug auf ein bestimmtes Kolloidion: Die spezifische Affinität des primär entladenden Gegenions zur Oberfläche muß größer sein als dieselbe Affinität seitens der Nebenionen. In der STERNschen Gleichung ist bereits diese Möglichkeit erfaßt. In diesem Falle haben wir ein Extremum der Ladungsdichte bei einem dem ursprünglichen entgegengesetzten Vorzeichen des Potentials.

Die chemische Evidenz für die Umladungsmöglichkeit einer amphoteren Oberfläche durch Säuren bzw. Basen liegt klar zutage.

In anderen Fällen nimmt man häufig Komplexreaktionen der ionogenen Moleküle der Teilchenoberfläche an. Eine durchsichtige Analogie zu diesen Reaktionen liefert die Komplexchemie z. B. in der Bildung des Ferrozyanidions: Im Überschuß der CN-„Gegenionen" wird das Ferroion „umgeladen". Die besondere Lagerung der aufladenden Ionen an der Teilchenoberfläche könnte das Auftreten derartiger Reaktionen häufig begünstigen.

Sowohl die STERNsche Theorie als auch die chemische Betrachtung nehmen an, daß der Umladungsvorgang entweder an der Schicht der aufladenden Ionen oder der assoziierten entladenden Gegenionen erfolgt. H. MÜLLER, der im Sinne von GOUY alle Gegenionen diffus verteilt denkt, will z. B. die Umladung in jedem Falle auf eine Reaktion an der Kolloidoberfläche selbst zurückführen. Eine andere Auffassung wird von A. EUCKEN vertreten auf Grund seiner oben geschilderten Vorstellung einer periodischen Doppelschicht. Wie vielfach angenommen wird, sind die Teilchen mit einer festhaftenden Wasserhülle umgeben. Die wirksame Ladung des Teilchens ist die Summe der Ladungen in der Wasserhülle und auf der Teilchenoberfläche. Bei gleichbleibender Dicke der Wasserhülle bewirkt das harmonikaartige Zusammenrücken der weit über die Wasserhülle hinaus in die Lösung reichenden periodischen Ionenhülle eine Veränderung des wirksamen Ladungsüberschusses. Die Umladung würde danach darauf beruhen, daß durch die Konzentrationserhöhung der Elektrolyte nicht nur die erste Gegenionenschicht, sondern auch die darauffolgende nächste Nebenionenschicht allmählich in die an der Teilchenoberfläche festhaftende Flüssigkeitsschicht hineingedrängt wird. Anderseits möchten wir die Aufmerksamkeit auf den Umstand lenken, daß die hohe Elektrolytkonzentration in dieser Ionenschicht gerade die Bildung von Komplexionen weitgehend begünstigen müßte.

Literaturverzeichnis

EUCKEN, A.: Z. f. phys. Ch. (B) **1**, 375 (1928). — MÜLLER, H.: Koll. Beitr. **26**, 527 (1928). — STERN, O.: Z. f. Elektroch. **30**, 508 (1924).

15. Die Theorie der Elektrophorese

Die Theorie der Wanderung von Kolloidionen im elektrischen Felde, wie die Theorie der elektrophoretischen Erscheinungen an Kolloiden überhaupt, kann von zwei verschiedenen Richtungen ausgehen: Entweder von der Theorie der Ionenwanderung oder aber von der Theorie der Elektro-Osmose.

Ionenwanderung und Stokes' Gesetz. Nach der Theorie der Ionenwanderung besitzen die Ionen freie elektrische Ladungen. Befinden sie sich in einem elektrischen Potentialgefälle, so wirkt auf sie eine elektrische Kraft ein. Diese ist gleich dem Produkt der Feldstärke und der Ladung:

$$K_e = zeH \qquad (114)$$

(z = Ladungszahl, e = elektrische Elementarladung, H = Feldstärke.) Anderseits wirkt auf das Ion die entgegengesetzt gerichtete Reibungskraft, welche für die kugelförmigen Teilchen nach dem STOKESschen Gesetz:

$$K_r = -6\,\pi\eta r\,c \qquad (115)$$

beträgt, worin η die innere Reibung des Mediums, r den Teilchenradius und c die Geschwindigkeit bedeutet. Für die stationäre Bewegung sind die beiden Kräfte einander gleich zu setzen, dann ergibt sich

$$c = \frac{zeH}{6\,\pi\eta r} \qquad (116)$$

Die Wanderungsgeschwindigkeit W ist die Geschwindigkeit des Ions unter dem Einfluß der Feldstärke 1:

$$W = \frac{c}{H} \qquad (117)$$

wir erhalten also

$$W = \frac{ze}{6\,\pi\eta r} \qquad (118)$$

welche wir als die STOKESsche Gleichung der Wanderungsgeschwindigkeit bezeichnen wollen. Ihr Hauptinhalt ist, daß für ein bestimmtes Lösungsmittel die Wanderungsgeschwindigkeit der Ladungszahl (Wertigkeit) direkt und dem Radius umgekehrt proportional ist:

$$W = K\frac{e}{r} \qquad (119)$$

Für die Ionen hat sich diese Gleichung ausgezeichnet bewährt. Trotz der darin enthaltenen Voraussetzungen, deren Erfüllung zweifelhaft ist, insbesondere der einer Kugelform, konnten auf Grund der Wanderungsgeschwindigkeit Werte für die Ionenradien abgeleitet werden, welche der Größenordnung nach durchwegs den auf Grund anderer Erscheinungen für die Dimension der Wirkungssphäre von Ionen errechneten Werten entsprechen.

In der Gleichung steckt weiter die Voraussetzung, daß das Ion bei der Bewegung nicht selbst an der Flüssigkeit reibt, sondern eine adhärierende Flüssigkeitsschicht von ihm mitgenommen wird (sonst müßte nicht der Koeffizient der inneren Reibung des Mediums, sondern ein Gleitungskoeffizient in die Gleichung kommen).

Neuestens wurde die Theorie der Ionenwanderung durch Berücksichtigung der Ionenhydratation ergänzt, das heißt der Bremsung infolge der bei der Bewegung des Ions stattfindenden Drehung der in seiner Umgebung durch sein elektrostatisches Feld orientierten Wasserdipole. Wie schon in dem Abschnitt über die Hydratation bemerkt wurde, kann diese Erscheinung zur Aufhebung der Proportionalität zwischen Ladungszahl und Wanderungsgeschwindigkeit führen, so daß zwei Ionen, deren Ladungen sich wie 2 : 3 verhalten und die dieselbe Größe haben, die gleiche Wanderungsgeschwindigkeit besitzen können (Fe^{++} und Fe^{+++}), ferner führt sie zur Aufhebung der umgekehrten Proportionalität zwischen Wanderungsgeschwindigkeit und Radius, so daß wie bei den Alkalimetallionen die Reihenfolge nach den Ionenvolumen, sich für die Beweglichkeit umkehren kann.

Nach der Theorie von Debye und Hückel kann die Stokessche Gleichung nur für unendliche Verdünnung gelten, also nur den Grenzwert der Wanderungsgeschwindigkeit liefern. Bei endlicher Verdünnung tritt ein bremsender Einfluß seitens der anderen in der Lösung anwesenden Ionen auf. Die äußere Feldstärke wird durch das Auftreten einer im elektrischen Felde deformierten, also asymmetrischen Jonenathmosphäre verringert, anderseits wirkt auf das Ion eine bremsende elektrophoretische Kraft infolge der von den umgebenden, in entgegengesetzter Richtung bewegten Ionen erzeugten Flüssigkeitströmungen ein. Daher resultieren mit wachsender Elektrolytkonzentration und steigender Ladungszahl abnehmende Abweichungskoeffizienten für die Ionenbeweglichkeit.

Die Abhängigkeit der Wanderungsgeschwindigkeit von der Konzentration läßt sich demnach auf die folgenden Einflüsse zurückführen:

1. Veränderung der Ladungszahl infolge einer Beeinflussung des Dissoziationsgleichgewichtes.
2. Veränderung des Radius infolge Aufspaltung oder Aggregation des Ions.
3. Veränderung der Hydratation.
4. Veränderung der Struktur der Ionenatmosphäre.
5. Veränderung des elektrophoretischen Effektes der umgebenden Ionen.

Infolge der verwickelten Beziehungen zwischen diesen Größen erscheint einstweilen nur eine qualitative Deutung der Erscheinung möglich.

Nun wollen wir die Theorie der Elektrophorese von der Seite der elektroosmotischen Erscheinungen darstellen.

Die Helmholtz-Smoluchowskische Theorie. M. v. Smoluchowski leitet das Gesetz der Bewegung suspendierter Teilchen im elektrischen Felde vom Standpunkte der Doppelschichttheorie höchst einfach ab. In einem Kapillarsystem mit unbeweglicher Wand und beweglicher Flüssigkeit ergibt sich die Geschwindigkeit der Flüssigkeit (W) unter dem Einfluß der Feldstärke 1 nach Helmholtz:

$$W = \frac{D\,\zeta}{4\,\pi\eta} \quad (120)$$ [1]

und zwar nach Smoluchowski unabhängig von der Form der Kapillaren. Ist dagegen die „Wand“ durch dispergierte Teilchen gebildet, so wird sie selbst unter dem Einfluß der Feldstärke bewegt, während die Flüssigkeit ruhend bleibt und es gelten die Helmholtzschen Berechnungen auch für diesen Fall. Unabhängig von Gestalt und Größe würde also das suspendierte Teilchen mit dieser Geschwindigkeit wandern.

[1] ζ : Potentialsprung der Grenzfläche, D : Dielektrizitätskonstante des Mediums, η : innere Reibung des Mediums.

Wie bereits erwähnt, hat die Überprüfung der Rechnung seitens DEBYE und HÜCKEL zu dem Ergebnis geführt, daß der Zahlenfaktor $^1/_4$ nur für die zylindrische Form gilt. Für die Kugelform ist er durch $^1/_6$ zu ersetzen. Bezeichnen wir die Potentialdifferenz der Doppelschicht, welche im Sinne der HELMHOLTZschen Theorie zugleich der Potentialdifferenz zwischen der Fläche, an welcher die Verschiebung stattfindet, und dem Inneren der Lösung entspricht, einfach mit ζ, so gilt also

$$W = \frac{D\,\zeta}{6\,\pi\eta} \tag{121}$$

SMOLUCHOWSKI hat gegen das Bestreben Stellung genommen, die elektrische Fortführung von suspendierten Teilchen mit der Ionenwanderung in Beziehung zu bringen. Er hat aber bereits erkannt, daß die Doppelschichttheorie für Ionen zu demselben Ergebnis führt, wie die STOKESsche Gleichung. Eine Kugel vom Radius r und der Ladungszahl z hat nämlich im Sinne der Elektrostatik das Potential:

$$\zeta = \frac{ze}{Dr} \tag{122}$$

Das Einsetzen des Wertes in die SMOLUCHOWSKIsche Gleichung ergibt die STOKESsche Formel (SMOLUCHOWSKIS Resultat gab nur eine Differenz im Zahlenfaktor).

Doch ist im allgemeinen der Inhalt der beiden Gleichungen für suspendierte Teilchen verschieden. Die Beziehung zwischen Ladungszahl und Potential hat nur in dem Grenzfalle von kleinen Ionen die obige einfache Form. Sonst gelten die entsprechenden Kapazitätsformeln der Doppelschicht. Für einen Kugelkondensator, d. h. für den Potentialsprung zweier konzentrischer Kugeln von gleicher und entgegengesetzter Ladung vom Radius r und r + d gilt:

$$W = \frac{ze}{6\,\pi\eta}\left(\frac{1}{r} - \frac{1}{r+d}\right) \tag{123}$$

Man kann also auf Grund der Doppelschichttheorie nicht behaupten, daß die Wanderungsgeschwindigkeit vom Teilchenradius unabhängig bleibt. Sie hängt zwar nur vom Potential ab, aber das Potential ist wieder eine Funktion des Radius und der Ladungszahl.

Nach der SMOLUCHOWSKIschen Gleichung ist die Wanderungsgeschwindigkeit, bei gleichbleibendem Radius und gleicher Doppelschichtdicke, der Ladungszahl ebenso direkt proportional, wie in der STOKESschen Gleichung. Da der zweite Ausdruck in der Klammer immer negativ ist, so ergibt sich die Wanderungsgeschwindigkeit bei gleicher Ladungszahl und Radius nach der Doppelschichttheorie immer kleiner als nach der STOKESschen Gleichung. Im Grenzfall von großen Kolloidionen wird die Wanderungsgeschwindigkeit dem Quadrat des Radius umgekehrt proportional.

Standpunkt der Theorie der diffusen Doppelschichte. Der Anwendung der Kondensatorformel liegt die Auffassung zugrunde, daß die Ionen, welche die entgegengesetzte Ladung tragen, das sind die Gegenionen des Kolloidions in einem gewissen Abstand von der Oberfläche desselben homogen auf einer Kugelfläche verteilt sitzen. Nun ist diese Vorstellung im Sinne der Theorie der diffusen Doppelschicht unrichtig. Wir müssen vielmehr annehmen, daß die Kolloidionen mit einer gemischten Ionenatmosphäre umgeben sind, deren Struktur von GOUY abgeleitet wurde.

Die elektrophoretische Verschiebung gegenüber dem Lösungsmittel erfolgt jedoch nicht unmittelbar an der Oberfläche der Teilchen sondern in einem gewissen Abstand von derselben, da eine Schicht des Lösungsmittels von den Teilchen mitgenommen wird. In dieser Schicht fällt das Potential bereits etwas ab, so daß das sogenannte elektrokinetische Potential kleiner wird als das Potential an der Oberfläche der Teilchen.

Nach der STERNschen Auffassung müssen wir auch bezüglich der suspendierten Teilchen annehmen, daß die Verschiebung gegenüber dem Lösungsmittel so erfolgt, daß die ihm unmittelbar anliegenden, entgegengesetzt geladenen Ionen von dem Kolloidion mitgenommen werden. Das elektrokinetische Potential erscheint also auch hier nicht identisch mit der Potentialdifferenz zwischen dem Inneren des Teilchens und der Lösung, sondern entspricht nur der Potentialdifferenz zwischen der Fläche, an welcher die Verschiebung stattfindet, und dem Inneren der Lösung. Zwischen dem Inneren des Teilchens und der ersten anhaftenden Schicht nimmt das Potential sehr stark ab, für die Wanderungsgeschwindigkeit ist das Potential unmittelbar nach dieser anhaftenden Schicht ausschlaggebend. Wenn auch somit die Teilchenoberfläche zunächst von einer Art HELMHOLTZschen Doppelschicht umgeben ist, so besteht ein Zusammenhang zwischen dem Potential derselben und dem elektrokinetischen Potential nur insofern, als das elektrokinetische Potential sich als die Differenz des gesamten Potentials und desjenigen dieser HELMHOLTZschen Schicht ergibt. Für unsere Betrachtung hier, ist die gesamte Potentialdifferenz belanglos. Wir behandeln vielmehr das Teilchen samt den es unmittelbar umgebenden Gegenionen als eine kinetische Einheit, dessen Ladungszahl gleich ist der Differenz der an der Oberfläche enthaltenen positiven und negativen Ionen. Das so genommene Kolloidion befindet sich in einer diffusen GOUYschen Ionenatmosphäre, deren Struktur, so weit die Gesetze der verdünnten Lösungen noch gelten, durch die POISSONsche Gleichung und den BOLTZMANNschen Satz gegeben ist. Die Kapazität einer solchen Doppelschichte wird, wie an der betreffenden Stelle ausgeführt, durch eine komplizierte Beziehung ausgedrückt. Demgemäß wird auch die Beziehung zwischen Ladungszahl und Wanderungsgeschwindigkeit eine komplizierte.

Ein streng gültiger Zusammenhang zwischen der Ladungszahl sowie dem Radius des Kolloidions und der Ionenkonzentration der Lösung läßt sich auf Grund der Theorie der diffusen Doppelschrcht nicht angeben. Auf alle Fälle wird jede Änderung, welche das Potential an der Oberfläche des Kolloidions betrifft, auch die Wanderungsgeschwindigkeit in derselben Richtung beeinflussen, da dadurch auch das Potential in der Umgebung des Kolloidions, wo die Trennung zwischen dem vom Kolloidion mitgeschleppten und dem unbeweglich gebliebenen Lösungsmittel stattfindet, geändert wird. Abnehmende freie Ladung muß sich daher in abnehmender Wanderungsgeschwindigkeit kundgeben.

Einigermaßen befremdend wirkt die Tatsache, daß das Potential und nicht die Ladung für die Fortführung im elektrischen Felde ausschlaggebend ist. Die elektrische Kraft greift ja an den Ladungen an, und zwar beträgt sie für ein Volumelement von der Ladung ze bei der Feldstärke H *(117)*

$$K_1 = Hze$$

unabhängig von jeder Voraussetzung. DEBYE und HÜCKELs Berechnungen haben nun die HELMHOLTZschen Ergebnisse vollständig verifiziert. Außer dieser elektrischen Kraft tritt nämlich in den Elektrolytlösungen noch eine Kraft auf, welche von der durch die übrigen Ionen verursachten Strömung herrührt.

Diese Kraft läßt sich in zwei Teile[1] zerlegen, und zwar so, daß der eine die direkt angreifende elektrische Kraft gerade aufhebt, also die Größe

$$K_2 = -Hze$$

aufweist, während der andere Teil dem Potential proportional wirkt:

$$K_3 = DH\zeta r$$

Schließlich tritt auch die STOKESsche Reibungskraft auf *(115)*:

$$K_4 = -6\,\pi\eta rc$$

Die Geschwindigkeit der stationären Bewegung ergibt sich durch die Bedingung, daß die Summe der Kräfte verschwindet. Diese Bedingung liefert dann die nur im Zahlenfaktor modifizierte HELMHOLTZ-SMOLUCHOWSKIsche Gleichung *(121)*:

$$W = \frac{\zeta D}{6\,\pi\eta}$$

Im Falle der Kugelform enthält diese DEBYE-HÜCKELsche Ableitung gar keine Voraussetzung über die Struktur und Dicke der Doppelschicht. so daß sie sowohl für Ionen, als auch für suspendierte Teilchen zutrifft. Damit ist die von SMOLUCHOWSKI bestrittene Identität der Ionenwanderung und Elektrophorese erwiesen. Die Bewegung der suspendierten Teilchen kommt nicht dadurch zustande, daß die elektrische Kraft die Doppelschicht verschiebt, wie SMOLUCHOWSKI behauptet hatte, sondern sie greift an den Teilchen selbst an.

Ein Umstand wird von DEBYE und HÜCKEL nicht berücksichtigt, und zwar die Deformation der Ionenatmosphäre im elektrischen Strom, deren Einfluß auf die Leitfähigkeitskoeffizienten gerade von diesen Autoren abgeschätzt wurde.

Literaturverzeichnis

DEBYE, P., und E. HÜCKEL: Phys. Z. 25, 49 (1924). — HELMHOLTZ, H. v.: Ann. d. Physik 8, 337 (1879). — HÜCKEL, E.: Phys. Z. 25, 204 (1924). — SMOLUCHOWSKI, M. v.: Bull. Acad. Sc. de Cracovie, S. 182 (1903). — DERSELBE, GRAETZ' Handb. d. Elektrizität II (1914).

16. Die Bestimmung der Wanderungsgeschwindigkeit von Kolloidionen

Die Wanderungsgeschwindigkeit (W) von Kolloidionen im elektrischen Felde kann nach den drei verschiedenen Verfahren bestimmt werden, welche auch zur qualitativen Feststellung der Wanderungsrichtung benützt werden und bei Besprechung der letzteren kurz geschildert worden sind. Diese Verfahren sind: Die Beobachtung der wandernden Grenzschicht, die mikroskopische bzw. ultramikroskopische Beobachtung einzelner Teilchen und die Überführung nach HITTORF.

---

[1] Wegen der Einzelheiten sei auf die Originalarbeiten verwiesen.

Die Beobachtung der wandernden Grenzschicht wurde zuerst von O. LODGE benützt. Zur Bestimmung der W des Wasserstoffions diente ihm der folgende Apparat:

Zwei Gefäße, welche Schwefelsäure enthielten, wurden miteinander durch eine horizontale Glasröhre verbunden. Die Glasröhre enthielt ein Agar-Agar-Gel, welches mit einer sehr schwach alkalischen Kaliumchloridlösung getränkt und mit Phenolphthalein rot gefärbt war. In die zwei Gefäße tauchten die Elektroden. An diese wurde ein Strom mit bekannter Spannung geschaltet. Die Wasserstoffionen wanderten in der Richtung des Stromes in die Glasröhre. Ihr Fortschreiten konnte durch die Entfärbung des Phenophthaleins beobachtet werden.

Da das Gel die Wanderung der Ionen nicht wesentlich beeinflußt, kann W aus der beobachteten Verschiebung der Grenzzone entnommen werden. Für die Berechnung ist die Kenntnis der elektrischen Feldstärke notwendig, da W als die Geschwindigkeit unter dem Einfluß der Feldstärke 1 definiert ist. LODGE berechnete die letztere mittels Dividieren der Klemmenspannung durch den Abstand der Elektroden.

Die Methode wurde dann von W. C. D. WHETHAM weiter ausgearbeitet. Er erkannte bereits den Fehler in der Berechnung der Feldstärke bei LODGE, indem das Potentialgefälle nur dann gleichmäßig bleibt, wenn der Widerstand des Systems überall der gleiche ist. Er verwendete daher Lösungen von derselben Leitfähigkeit ($\varkappa$) und maß die Stromstärke (i) sowie den Querschnitt der Röhre (q) in welcher die Grenzschichtverschiebung stattfindet. Dann ergibt sich nach dem OHMschen Gesetz die Feldstärke

$$f = \frac{i}{q \cdot \varkappa} \tag{124}$$

In seinem Apparat ließen sich zwei Lösungen von verschiedener Dichte ohne Zuhilfenahme einer Gallerte so übereinanderschichten, daß die leichtere oben war. Bei dieser Anordnung gibt es nur eine Grenzfläche, die zwei Elektroden tauchen in die zwei verschiedenen Lösungen. Ein Ion ist gefärbt und dieses wird beobachtet.

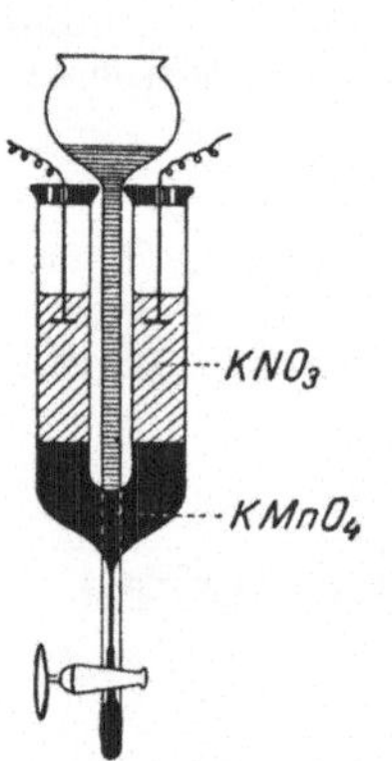

Abb. 17. Apparat zur Bestimmung der Wanderungsgeschwindigkeit der Ionen nach W. NERNST

Als Bedingung für die Richtigkeit des Ergebnisses gilt für WHETHAM, daß das eine Ion den zwei Lösungen gemeinsam ist. Er stellte ferner fest, daß die Grenzschicht nur dann scharf bleibt, wenn das anfänglich vorauswandernde Ion die größere W besitzt. Wenn etwa die zwei Lösungen aus KCl und $KMnO_4$ bestehen, so bleibt nur diejenige Grenzschicht scharf, welche sich in der Richtung der Anode bewegt, da von den beiden Anionen das Cl die größere W besitzt. Die Färbung des MnO_4 Ions macht die Anionengrenze sichtbar.

1897 veröffentlichte W. NERNST einen Vorlesungsversuch zur direkten Beobachtung der Ionenwanderung.

Sein Apparat besteht zum ersten Male aus einem U-Rohr, an dessen tiefsten Punkt eine aufwärts gebogene Zulaufröhre einmündet, deren freies oberes Ende trichterförmig erweitert ist. Mit Hilfe der Zulaufröhre können zwei Lösungen, unter der Bildung von zwei scharfen Trennungsflächen in beiden Seiten der Röhre, übereinander geschichtet werden. Zuerst wird die spezifisch leichtere Flüssigkeit eingefüllt, welche durch die von unten zugeführte zweite Flüssigkeit zu beiden Seiten gehoben wird.

NERNST machte auch zuerst von dem Kunstgriff Gebrauch, die eine Flüssigkeit durch Zusatz eines indifferenten Stoffes (Harnstoff) zu beschweren. Er überschichtet eine $KMnO_4$-Lösung mit einer KNO_3-Lösung von derselben Leitfähigkeit. Da die zwei Anionen fast dieselbe W haben, ist die Geschwindigkeit der Grenzflächenverschiebung der Geschwindigkeit dieser Ionen gleichzusetzen.

In demselben Jahre erschienen die theoretischen Untersuchungen von F. KOHLRAUSCH und H. WEBER über die Verschiebung von Unstetigkeiten in Elektrolytlösungen. Beide machen die Voraussetzung einer vollständigen Dissoziation im Sinne der klassischen Theorie sowie der Unabhängigkeit der W von der Verdünnung und sehen von der Diffusion ab. Sie kommen zu dem mit der Erfahrung übereinstimmenden Ergebnis, daß die Grenzfläche der zwei Lösungen mit einem gemeinsamen Ion nur dann scharf bleiben kann, wenn das vorausgehende Ion das beweglichere ist. Dann wandert die Grenzschicht mit der Geschwindigkeit des l a n g s a m e r e n Ions. Komplizierte Konzentrationsänderungen begleiten den Vorgang.

Bald darauf nimmt O. MASSON die Experimente wieder auf. Seine Anordnung ist ähnlich der von LODGE. Er verwendet jedoch zwei verschiedene Überschichtungsflüssigkeiten von der Art, daß jede derselben ein Ion (die eine das Kation, die andere das Anion) mit den Ionen des zu untersuchenden Elektrolyten, welcher sich in der mittleren Röhre befindet, gemeinsam hat und daß ferner auf beiden Seiten das in den mittleren Teil hineinwandernde Ion eine kleinere Beweglichkeit hat als das gleichsinnige Ion in dem Mittelstück. Er benützt z. B. das folgende System: Anode/LiCl/KCl/KAc/Kathode (Ac = Acetation). Man hat dann zwei scharf bleibende Grenzschichten, die nach der Mitte der Anordnung gegeneinander schreiten. Nach MASSON ist die Geschwindigkeit der Grenzfläche die Funktion der beiden nicht gemeinsamen Ionen der zwei Lösungen. Da aber die Zusammensetzung des mittleren Teiles der Lösung zwischen den beiden Grenzschichten während des Versuches vollständig homogen bleibt, ist die an der anodischen Seite auf das Kation und die an der kathodischen Seite auf das Anion wirkende Feldstärke dieselbe, so daß das Verhältnis der beobachteten Geschwindigkeiten der zwei Grenzflächen gleich ist dem Verhältnis der Wanderungsgeschwindigkeiten der beiden nicht gemeinsamen Ionen.

Man kann also nach MASSON mit Hilfe des direkten makroskopischen Verfahrens die Beweglichkeit der einzelnen Ionen nicht bestimmen, wohl aber das Verhältnis der Beweglichkeiten von einem Kation und einem Anion, in dem gegebenen Beispiel u_K/v_{Cl}, bzw. die Überführungszahl.

B. D. STEELE vervollkommnete die MASSONsche Methode dadurch, daß er die Grenzschicht mit Hilfe der Verschiedenheit der Lichtbrechung der aneinander grenzenden Lösungen beobachtete.

R. ABEGG und W. GAUS stellen als eine Fehlerquelle der Methodik den durch die frühere Verwendung von Gallerten verursachten elektrosmotischen Wassertransport fest. Die weiteren Arbeiten von R. DENISON und STEELE sind auf Grund des MASSONschen Prinzips ausgeführt, aber so, daß in dem Stromkreis keine Gallerte verwendet wird.

Die KOHLRAUSCH-WEBERschen Berechnungen wurden durch M. v. LAUE von der Voraussetzung der klassischen Theorie unabhängig gemacht und im wesentlichen mit demselben Ergebnis neu durchgeführt. R. LORENZ und W. NEU stellten dann, unter Zugrundelegung der LAUEschen Theorie, wieder Experimente mit einer einzigen Überschichtungsflüssigkeit an. In der neuesten Zeit machten MAC INNES und Mitarbeiter Bestimmungen von W im wesentlichen auf Grund des MASSONschen Prinzips. Sie stellen fest, daß befriedigende Resultate nur dann erhalten werden können, wenn eine von KOHLRAUSCH verlangte Bedingung erfüllt wird, nämlich, daß die Überführungszahlen der nicht gemeinsamen Ionen in demselben Verhältnis zueinander stehen wie ihre Konzentrationen. Da in diesem Fall die Konzentrationen der Lösungen auch während des Stromdurchganges überall mit der ursprünglichen identisch bleiben, besteht ihre Methode eigentlich in einer HITTORFschen Überführung mit einer optischen Bestimmung der übergeführten Menge (des Volumens, welches von der wandernden Grenzschicht zurückgelegt wurde).

Bei der Anwendung auf Kolloide wurden die an Elektrolyten gemachten Erfahrungen kaum verwertet.

PICTON und LINDERS Apparat bestand in einer einfachen Röhre, welche vollständig durch die kolloide Lösung ausgefüllt war. Die Elektroden tauchten unmittelbar in dieselbe. W. R. WHITNEY und I. C. BLAKE haben eine Reihe von Wanderungsversuchen mit einer zylindrischen Röhre ausgeführt, welche an den Enden durch Goldschlägerhäute abgeschlossen war. Die Röhre war mit der kolloiden Lösung gefüllt und tauchte in ein Gefäß, welches Wasser enthielt. In dieses Gefäß wurden die plattenförmigen Elektroden eingeführt und dicht an die Goldschlägermembran gebracht. Es wurde die Klemmspannung und die Strecke gemessen, welche die von der einen Elektrode abgestoßene Grenzschicht in bestimmten Zeiträumen passiert. Beide Anordnungen sind jedoch für quantitative Zwecke ungeeignet, da das Potentialgefälle ungleichmäßig wird. An den Elektroden entsteht reines Wasser, Säure oder Lauge, je nach der Zusammensetzung des Kolloides. Diese sekundären Produkte haben natürlich eine andere Leitfähigkeit als die kolloide Lösung, welche außerdem konzentriert wird. Schließlich reagieren die Elektrolyseprodukte mit den Kolloidteilchen, wodurch ihre W, unter Umständen sogar ihre Wanderungsrichtung verändert wird. In der Tat haben die letztgenannten Forscher öfters eine Umkehr des Kolloidtransports nach längerer Versuchsdauer beobachtet.

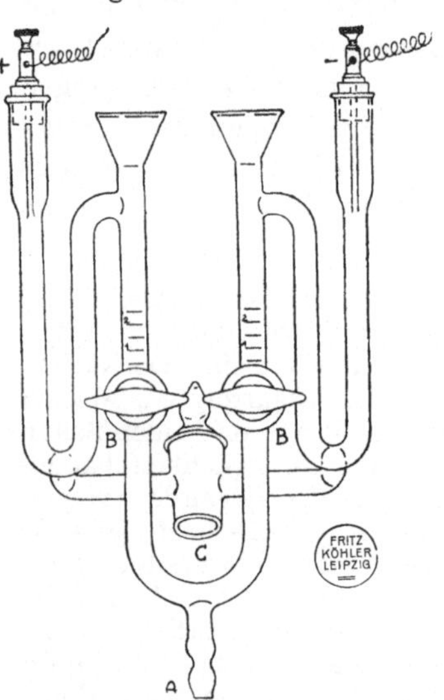

Abb. 18. Apparat zur Bestimmung der Wanderungsgeschwindigkeit nach K. LANDSTEINER und WO. PAULI

Der erste, der an Kolloiden die Überschichtung, unter Bildung einer Grenzschicht verwendet hat, war W. B. HARDY.

Er gebrauchte zuerst für die Untersuchung der Kolloide die NERNSTsche U-Röhre. Als Überschichtungsflüssigkeit diente ihm bei seiner bedeutungsvollen Arbeit an Globulinsalzen das Dialysat. Die Grenze war infolge der starken Opaleszenz der Globulinlösung sichtbar. Das Dialysat hatte bei HARDY dieselbe Leitfähigkeit wie das Kolloid, so daß er ein gleichmäßiges Potentialgefälle annehmen konnte. Dies trifft aber nicht immer zu, da im Sinne der Theorie der Membrangleichgewichte die Leitfähigkeiten der Innen- und Außenlösung im Zustande des Gleichgewichtes häufig stark auseinandergehen können. Das gilt auch für die Benutzung des Ultrafiltrates als Überschichtungsflüssigkeit (H. R. KRUYT).

Mit demselben Apparat hat dann E. F. BURTON Gold- und Silbersole untersucht. Er überschichtete mit „Wasser von derselben Leitfähigkeit wie das Sol“.

Die ersten, die für die Überschichtung mit Hilfe von Hähnen, für hydrostatischen Druckausgleich und für Fernhaltung der elektrolytischen Produkte sorgen, sind K. LANDSTEINER und WO. PAULI.

Ihr Apparat besteht aus drei miteinander verbundenen, oben offenen U-Röhren. In den beiden Schenkeln des mittleren Rohres steht in gleicher Höhe je ein Glashahn von genau gleichem Lumen wie die Röhren die tiefsten Stellen der beiden äußeren

U-Röhren sind durch ein mit einem dritten Glashahn absperrbares Rohr verbunden. Das Sol wird so eingeführt, daß es von den beiden erstgenannten Hähnen begrenzt wird, der übrige Apparat wird mit der Überschichtungsflüssigkeit gefüllt. Der dritte rückwärtige Hahn dient zum hydrostatischen Ausgleich und ist während der Messung sorgfältig geschlossen. Die Platin- oder Kohlenelektroden tauchen in die äußersten Schenkel ein. Eine oberhalb des Elektrodenendes angebrachte Erweiterung des Rohres dient zur Aufnahme der Elektrolyseprodukte, deren Ausbreitung leicht durch passende Indikatoren kontrolliert werden kann und die durch einen auf- und absteigenden Schenkel in sicherer Entfernung von der wandernden Grenzschicht gehalten sind.

L. MICHAELIS gab diesem Apparat unpolarisierbare Elektroden, die eine bessere Konstanz der Stromstärke gewährleisten.

Eine von A. COEHN angegebene Vorrichtung besteht aus einer einfachen U-Röhre mit zwei Hähnen in gleicher Höhe, entspricht also dem mittleren Teil des LANDSTEINER-PAULIschen Apparates, ohne die Vorteile der übrigen Anordnung desselben zu besitzen.

A. v. GALECKI verwendet den NERNSTschen Apparat mit Hähnen. Der Vorteil dieser Anordnung ist nicht erkennbar, da die Überschichtung entweder mit Hilfe der Hähne oder mit der Zulaufröhre besorgt wird, die gleichzeitige Verwendung beider erscheint also überflüssig. Er überschichtete ferner seine gut leitenden Sole mit reinem Wasser.

THE SVEDBERG und Mitarbeiter haben in der neuesten Zeit einen mit unpolarisierbaren Elektroden versehenen Apparat zur Bestimmung der W von Proteinionen verwendet.

Sie verfolgen die Grenzschicht durch Messung der Fluoreszenz, später der Absorption von ultravioletten Strahlen durch das Protein. Als Überschichtungsflüssigkeit dienten dieselben Pufferlösungen, mit welchen die Proteinsole versetzt sind. Der effektive Abstand der Elektroden wird durch Messung der Widerstandskapazität des Wanderungsgefäßes zwischen den Elektroden ermittelt und das Potentialgefälle unter der Annahme, daß die spezifische Leitfähigkeit überall dieselbe bleibt, aus dem Querschnitt berechnet. Bei Verwendung von unpolarisierbaren Elektroden in breiten Gefäßen kann man den Einfluß der Elektrolyseprodukte auf das Potentialgefälle vernachlässigen.

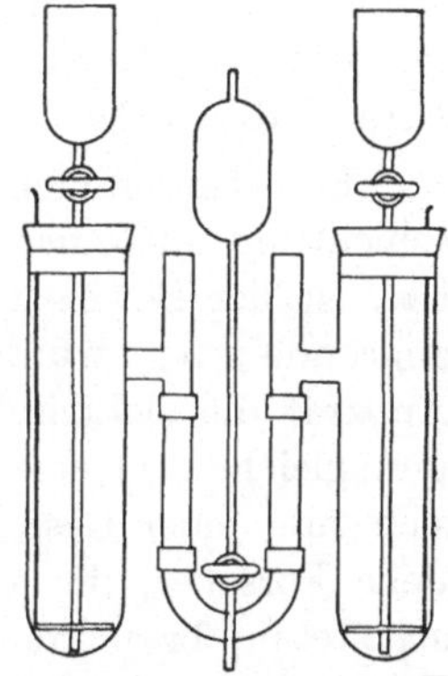

Abb. 19. Apparat nach THE SVEDBERG und TISELIUS zur Verfolgung der Proteinwanderung mit Ultraviolettlicht. Unpolarisierbare Elektroden

In allen diesen Versuchen wurde die Forderung der Temperaturkonstanz durch Messung in Thermostaten mehr oder weniger eingehalten. Ein mittlerer Temperaturkoeffizient von 2% (mittlerer Temperaturkoeffizient der Leitfähigkeit) dient zur Reduzierung auf eine andere Temperatur. Die Erwärmung während der Messung muß durch die Verwendung nicht allzu starker Ströme vermieden werden. Die Wasserzersetzung an den Elektroden spielt im allgemeinen eine vernachlässigbare Rolle. Eine sonst zu berücksichtigende elektroosmotische Wasserüberführung kann durch Benützung von Röhren mit einem Radius über 3 mm vermieden werden. Im Falle von polarisierbaren Elektroden dienen Platin- oder Kohle für die Stromzuführung. Zum Zwecke der Sichtbarmachung der Grenze kann bei farblosen Kolloiden der TYNDALL-Effekt dienen.

Formeln für die Berechnung der Wanderungsgeschwindigkeit bei ungleicher Leitfähigkeit des Sols und der Überschichtungsflüssigkeit wurden von I. I. BIKERMAN sowie H. R. KRUYT und C. P. VAN DER WILLIGEN angegeben.

Ein großer Teil der an Kolloiden ausgeführten Messungen wird durch den Umstand unbrauchbar, daß die für die richtige Schätzung der Potentialgefälle notwendige Konstanz der Leitfähigkeit oder die Kenntnis anderer dazu notwendiger Daten fehlen (PICTON und LINDER, WITHNEY und BLAKE, GALECKI usw.) Doch sind auch prinzipielle Bedenken gegen die Methode geäußert worden, bereits von J. DUCLAUX, dann von J. N. MUKHERJEE und von PAULI (mit VALKO und ENGEL).

Von DUCLAUX wird die Grenzschichtmethode verworfen, weil sie nach ihm exakte Resultate nur liefern könnte, wenn das Sol bei der Wanderung seine Leitfähigkeit und Zusammensetzung nicht ändert. Dies wäre aber nur dann möglich, wenn die Ionen der Überschichtungsflüssigkeit dieselbe Beweglichkeit haben wie die Ionen des Sols. Später äußert sich SVEDBERG in demselben Sinne. I. N. MUKHERJEE konstruierte 1923 einen Apparat, der aus einem U-Rohr besteht, in dem überschichtet wird. Um nun die Feldstärke, die in der Grenzschicht herrscht, zu messen, ließ er in der Nähe derselben im Abstande von je 1 cm vier aufgebogene Röhren abzweigen, in die Elektroden eintauchen. Sein Untersuchungssol war Arsentrisulfid, wahrscheinlich mit dem Gegenion H. Die am meisten befriedigenden Resultate erhielt er, wenn mit Salzsäure überschichtet wurde, also mit einem Elektrolyten, der ein gemeinsames Ion enthält. Es ist aber sehr ungewiß, ob die immerhin umständliche Apparatur ihren Zweck erfüllt, da die Kenntnis der Potentialdifferenz zweier je 1 cm voneinander entfernter Stellen kaum hinreicht, um die Feldstärke im Kolloid an dem maßgebenden Orte in der Nähe der Grenzschicht zu bestimmen.

Für den einfachsten Fall, nämlich den eines reinen Sols und der Überschichtung mit einer Elektrolytlösung, welche mit dem Sol ein Ion gemeinsam hat, ist der Beweis durchführbar, daß die Annahmen, die der Methode bisher zugrunde gelegt wurden, nicht erfüllt sind. Diese Annahmen sind, daß im ganzen Apparat die elektrische Feldstärke im Falle ursprünglich gleicher Leitfähigkeit und gleichen Querschnitts konstant sei, und daß die sichtbare Grenzschicht sich mit jener Geschwindigkeit bewege, die der W des Kolloidions entspricht. Jene Forscher, die an Kolloiden mit einer einzigen Überschichtungsflüssigkeit arbeiteten, brauchten diese Annahme vollinhaltlich, um die Berechnung ihrer Resultate durchführen zu können. Den Beweis der Unrichtigkeit dieser Annahme geben PAULI und L. ENGEL wie folgt.

Das Sol habe positiv geladene Teilchen, dann sind die Anionen im Sol und in der Überschichtungsflüssigkeit die gleichen. Wir wollen die kathodische Grenzschicht beobachten, diese also scharf erhalten. Die notwendige Bedingung hiefür ist, daß das Kation der Überschichtungsflüssigkeit eine größere W hat als das Kolloidion. Falls das Kolloidion und das Überschichtungskation die gleiche W hätten, wäre die Grenzschicht auch scharf. Dies ist aber nur ganz ausnahmsweise zu erreichen, da uns im allgemeinen Kationen vorgegebener W nicht zur Verfügung stehen.

Nachdem sich die Bereiche des Kolloidions und des Überschichtungskations nicht überdecken werden, was eben die Entstehung einer scharfen Grenzschicht bedeutet, sind nur zwei Fälle möglich:

a) Es bildet sich eine Zone, in der weder Kolloidionen noch Überschichtungskationen enthalten sind. Diese Zone würde also gar keine Kationen und wegen der Elektroneutralität auch keine Anionen enthalten. Sie wäre also destilliertes Wasser, das eine andere Leitfähigkeit hat als das Sol, weshalb die Feldstärke im Apparat nicht konstant sein kann.

b) Die Bereiche der Kolloidionen und der Überschichtungskationen grenzen dicht aneinander, ohne einander zu überdecken. Dann müssen sich in unmittelbarer Nähe der Grenzschicht die Kolloidionen und die Überschichtungskationen gleich schnell bewegen. Da nun die letzteren eine größere W haben als die Kolloidionen, muß in der Überschichtungsflüssigkeit die Feldstärke kleiner sein als im Kolloid, damit die gleich schnelle Bewegung beider Kationenarten zustande kommt. Es ist also auch in diesem Falle die Feldstärke im Apparat nicht konstant.

Eine ganz analoge Überlegung kann man ausführten, wenn die Kolloidteilchen negativ geladen sind und wir die anodische Grenzschicht scharf erhalten wollen.

Um die Unbrauchbarkeit der Methoden nachzuweisen, führen PAULI und ENGEL einige Experimente durch.

Es wurde im LANDSTEINER-PAULIschen Apparat ein Eisenoxydsol, das Chlorionen als Gegenionen hatte, mit verschiedenen Salzen gleicher Leitfähigkeit überschichtet und bei 100 Volt Spannung die W der Grenzschicht unter Annahme einer mittleren Feldstärke bestimmt. Die angegebenen Resultate gelten bei 25^0.

Tabelle 19

Überschichtungsflüssigkeit	W . 10^5 cm/sec pro Feldstärke 1 V/cm
KCl	56,8
NaCl	44,0
LiCl	38,6
K-Acet.	69,9

Die Versuche zeigen, daß beim gleichen Sol und gemeinsamen Anion die W der Grenzschicht abhängig ist von dem Kation der Überschichtungsflüssigkeit. Sie wächst mit dessen Beweglichkeit. Wie z. B. der Acetatversuch lehrt, wächst sie ferner mit abnehmender Beweglichkeit des dem Solion entgegengesetzten, also hier des negativen Ions, sobald man auch die Anionen verschieden macht. Das gleiche ergibt sich, nur mit Wechsel der Vorzeichen, für die W negativer Ionen, wie die Versuche der beiden Autoren mit $KMnO_4$ dartun:

Tabelle 20

Überschichtungsflüssigkeit	W . 10^5 cm/sec pro Feldstärke 1 V/cm
KCl	72,6
K_2SO_4	68,3
K-Acet.	59,7

Bereits früher hatten PAULI und VALKÓ die Abhängigkeit der Versuchsresultate von der Beweglichkeit der Überschichtungsionen an zahlreichen Versuchen mit Kieselsäuresolen nachgewiesen, die teilweise H, teilweise Na als Gegenion, bzw. beide gemischt enthielten.

Tabelle 21

Sol Nr.	Überschichtungsflüssigkeit	W . 10^5 cm/sec pro Feldstärke 1 V/cm
X	KCl	49,7
X	K-Ac.	25,7
XV	KCl	54,8
XV	KAc.	30,3
XV	Na-p-oxybenzoat	29,1
XIII	KCl	37,1
XIII	K-Ac.	17,3
XIII	Na-p-oxybenzoat	14,4

Man sieht, daß das viel schneller wandernde Cl als Überschichtungsion eine viel größere W der Grenzschicht beobachten läßt als das Acetat und dieses wieder eine größere als das Paraoxybenzoat. Die Beweglichkeiten dieser Ionen sind im Leitfähigkeitsmaß bei der Untersuchungstemperatur 25° C; Cl: 75; Ac: 40, p-oxybenzoat: 31,5. PAULI und VALKÓ versuchen aus dem Gang dieser Abhängigkeit von der Beweglichkeit des Überschichtungsions einen Schluß auf die wirkliche W der Sole zu ziehen.

Im Falle von elektrolythaltigen Kolloiden gestalten sich die Verhältnisse zu kompliziert, um theoretisch durchsichtig zu sein.

Wir können auf Grund dieser Argumente den Schluß ziehen, daß im allgemeinen die Methode der Beobachtung der wandernden Grenzschicht keine verläßlichen Resultate liefern kann. Unter Umständen erscheint es sogar zweifelhaft, ob die Ergebnisse der Größenordnung nach mit den wirklichen Werten übereinstimmen. In manchen günstigen Fällen erlaubt sie vielleicht halbquantitative Schätzungen. Am glücklichsten scheint wohl die Versuchsmethodik von SVEDBERG bei den Eiweißlösungen gewählt zu sein, da sich in Anwesenheit eines Puffers die Zusammensetzung der Überschichtungsflüssigkeit und des Solgemisches voneinander kaum unterscheiden, so daß die Erscheinungen an der Grenzfläche, die nach den Betrachtungen von DENISON und von PAULI und VALKO hauptsächlich durch die Ausbildung einer elektrischen Doppelschicht in Wirkung treten, vermindert werden.

Das direkte mikroskopische Verfahren. Das nun zu besprechende Verfahren der direkten Beobachtung am elektrisch fortgeführten Teilchen beruht auf demselben Prinzip, wie die Methode der wandernden Grenzschicht. Auch hier wird die unter dem Einfluß einer bekannten elektrischen Feldstärke erlangte Geschwindigkeit ermittelt. Die Aufgabe teilt sich also in die Bestimmung der Feldstärke und in die Messung der Geschwindigkeit. Die Bewegung der Teilchen wird, falls es ihre Größe gestattet, im Mikroskop, bei kleineren mittels des Ultramikroskops verfolgt.

Diese Methode wurde zuerst von G. QUINCKE angewendet. In eine horizontale Röhre wurde eine Suspension von Lycopodium gefüllt. In die Röhre tauchen zwei Elektroden. Die Fortschiebung wurde mittels eines Mikroskops am Okularmikrometer abgelesen. QUINCKE hat bereits die Beobachtung gemacht, daß die Bewegung der Teilchen von ihrer Entfernung von der Wand abhängt. In der Nähe der Wand bewegten sich die Teilchen in der Richtung des positiven Stromes, in der Mitte der Röhre im entgegengesetzten Sinn. Die Erklärung für diese Erscheinung ist, daß in der engen Röhre auch das Wasser durch den Strom bewegt wird. In der Nähe der Wand findet eine elektroosmotische Wasserverschiebung in der Stromrichtung statt, in der Mitte der Röhre strömt das Wasser zurück. Die Teilchen haben wohl alle dieselbe Geschwindigkeit gegenüber dem Medium, was aber zur Beobachtung gelangt, ist die algebraische Summe zweier Geschwindigkeiten: Der Geschwindigkeit des Wassers gegenüber der Wand, welche vom Abstand von derselben abhängt, und der konstanten Geschwindigkeit der Teilchen gegenüber dem Wasser.

A. COTTON und H. MOUTON haben viel später ihre einfache ultramikroskopische Anordnung zur Bestimmung der Elektrophorese benützt.

Auf einem Objektträger wurden zwei zirka 10 mm breite Platinstreifen angebracht, so daß zwischen ihnen etwa 15 mm Abstand blieb. Auf zwei Glimmerplatten von etwa 0,1 mm Höhe wurde dann ein Deckglas aufgelegt, welches den Raum zwischen den Platinelektroden zu einer Kammer abgrenzte. Auf die Platinstreifen wurde seitwärts je ein kleiner Metallblock gestellt. Diese waren mit den zwei Polen der Stromquelle verbunden. Die Bewegung konnte mit einem Okularmikrometer ausgemessen werden. Die Feldstärke wurde dem Quotienten der angelegten Spannung und des Abstandes der Elektroden gleichgesetzt. Die genannten Forscher haben hauptsächlich die Bewegung von BREDIG-Silber untersucht. In der Mitte der Kammer wurde eine Bewegung zur Anode, in der Nähe der Wand zur Kathode gefunden. Die Geschwindigkeit in der Mitte der Kammer wurde als die wirkliche Geschwindigkeit des Teilchens angenommen. Die Wandwirkung war viel schwächer, wenn statt Glas Quarz genommen wurde.

COTTON und MOUTON haben die Elektrophorese auch im Wechselstrom mit einer Frequenz von 42 in der Sekunde untersucht. Die Teilchen wurden dadurch in eine vibrierende Bewegung versetzt, deren Amplitude bestimmt werden konnte.

THE SVEDBERG hat dann das Spaltultramikroskop für die elektrophoretische Untersuchung benützt. Die Kammer konnte dabei so weit sein, daß die Wandwirkung zu vernachlässigen war.

Die erste quantitative Berücksichtigung der Wandwirkung hat R. ELLIS in DONNANs Institut durchgeführt.

Er benützte ein Mikroskop. Wie bei COTTON und MOUTON wurde das Mikroskop auf verschiedene Ebenen unterhalb der unteren Deckglasfläche eingestellt und die Wanderungsgeschwindigkeit der Teilchen in verschiedenen Tiefen gemessen. Wegen der Brechung ist die Entfernung, um die sich die Bildebene vertikal verschiebt, $^4/_3$ mal so groß wie die Verstellung des Mikroskops. Die passendste Höhe der Kammer war 0,6 mm. Die Kammer wurde mit Paraffin vollständig geschlossen. Die Spannung an den Elektroden wurde durch Subtraktion der Zersetzungsspannung korrigiert. Diese Korrektur haben auch alle späteren Forscher, die sich derselben Methode bedienten, angebracht. Die Platindrahtelektroden sind mehrere Zentimeter voneinander entfernt. Wenn die Messung in Gegenwart von Elektrolyten geschah, wurden unpolarisierbare Elektroden verwendet, um den störenden Einfluß der Gasentwicklung zu verhindern. Die Feldstärke wurde auch hier aus der Spannung und dem Abstand der Elektroden berechnet. Eine kurze Versuchsdauer sollte verhindern, daß die Elektrolyse die Richtigkeit der Berechnung beeinträchtigt. Als Versuchsobjekte dienten Ölemulsionen.

Zunächst wurde die Geschwindigkeit der Ölteilchen in Abhängigkeit vom Abstande von der Wand bestimmt. Durch graphische Integration wurde die mittlere Geschwindigkeit berechnet. Nimmt man an, daß die Wassermenge, welche durch den Querschnitt strömt, in der Summe Null ist, was bei geschlossener Kammer der Fall sein muß, so ist die mittlere Geschwindigkeit der Teilchen gleich ihrer wahren Geschwindigkeit, das heißt ihrer Geschwindigkeit gegen das Medium.

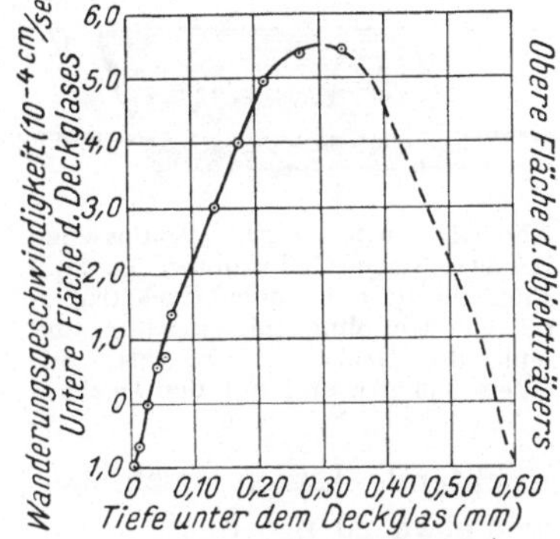

Abb. 20. Die Wanderungsgeschwindigkeit der Teilchen als Funktion des Abstandes von der Wand nach R. ELLIS

Bezeichnet man mit v die Geschwindigkeit des Wassers, mit V jene der Teilchen relativ gegen das Wasser, so ist die beobachtete Geschwindigkeit

$$V' = V + v \tag{125}$$

und da

$$v\,d\,x = 0 \tag{126}$$

so gilt

$$V = \frac{1}{v}\int V'\,d\,x \tag{127}$$

wobei x den Abstand von der Wand bedeutet.

Ist nun die wahre Geschwindigkeit der Teilchen bestimmt, so kann man auch die Geschwindigkeit des Wassers als Funktion der

Entfernung von der Wand berechnen. Unter Anwendung der HELMHOLTZschen Theorie läßt sich aus der Geschwindigkeit an der Wand der Potentialsprung an dieser Stelle ableiten.

Mittels einer empirischen Beziehung konnte ELLIS bereits durch Bestimmung der Geschwindigkeit der Teilchen an der Wand und in der Mitte der Kammer die wahre Geschwindigkeit der Teilchen und des Wassers berechnen.

SMOLUCHOWSKI hat auf Grund von hydrodynamischen Überlegungen die empirische Gleichung von ELLIS durch die folgende theoretische ersetzt:

$$V = \frac{1}{3} V + \frac{2}{3} V' \tag{128}$$

worin V′ die Geschwindigkeit des Teilchens an der Wand und V in der Mitte der Kammer bedeuten. Diese Formel unterscheidet sich nur geringfügig (in den Zahlenfaktoren) von der von ELLIS benützten. Nach den Berechnungen von SMOLUCHOWSKI ist in einer Tiefe

$$x = d\left(\frac{1}{2} \pm \sqrt{\frac{1}{\sqrt{12}}}\right) \tag{129}$$

die beobachtete mit der wahren Geschwindigkeit identisch (d = Kammerhöhe).

SVEDBERG mit H. ANDERSSON hat später den Paraboloidkondensor für die Überprüfung der SMOLUCHOWSKIschen Beziehungen benützt. Er hat Kammern von zirka 50 μ Dicke verwendet. Als Elektroden dienten ihm Platinfolien. Die Messungen wurden teilweise mit kurzdauerndem Gleichstrom und photographischer Registrierung der Bahnen, teilweise mit Wechselstrom und okularer Beobachtung durchgeführt. Die Vergrößerung der photographischen Aufnahmen wurden durch Mitphotographieren eines Objektmikrometers bestimmt. Das Potentialgefälle betrug 50 bis 20 Volt/cm, die Expositionszeit zirka $^1/_5$ Sek.

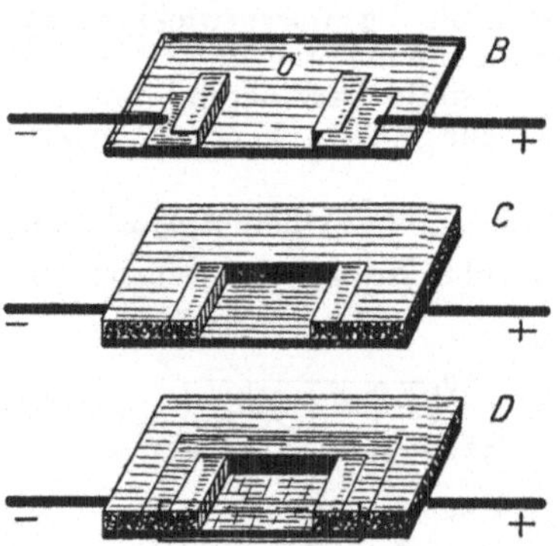

Abb. 21. Aufbau einer geschlossenen Küvette nach P. TUORILA. B: zwei Platinbleche auf einem Objektträger. C: Küvette ohne das Fenster und ohne die Decke. D: Küvette mit dem Fenster und mit der Decke

Bei den Wechselstromversuchen wurde ein Kommutator verwendet, welcher pro Umdrehung einen langen positiven Stromschluß mit annähernd konstanter Spannung, darauf eine kurze Unterbrechung, dann einen langen negativen Stromschluß und wieder eine kurze Unterbrechung lieferte. Bei zirka tausendfacher Vergrößerung und 100 Volt/cm Feldstärke konnte man mit einer Okularskala die Bahnen, die als leuchtende Linien erschienen, messen. Die Umdrehungszahl des Unterbrechers war etwa 20 pro Sek.

Der Vorteil der Anwendung des Wechselstroms liegt in der Verhinderung der Elektrolyse. In der Tat zeigten SVEDBERGS Messungen am Goldhydrosol bei Wechselstrom die beste Übereinstimmung mit der v. SMOLUCHOWSKIschen Theorie.

H. R. KRUYT hat eine Kammer mit unpolarisierbaren Elektroden konstruiert und ebenfalls mit dem Paraboloidkondensor beobachtet.

Neuere Elektrolyseküvetten haben S. E. MATTSON, O. BLÜH, J. H. NORTHROP, P. TUORILA, K. VAN DER GRINTEN, H. R. KRUYT und P. C. VAN DER WILLIGEN u. a. aufgebaut.

Wie vorsichtig man bei der quantitativen Verwertung der Meßresultate von Wanderungsgeschwindigkeit nach dem direkten Verfahren vorgehen muß, zeigen auch die folgenden Werte von H. R. KRUYT und P. C. VAN DER WILLIGEN. Die ultramikroskopische Beobachtung erfolgte in der Küvette von VAN DER GRINTEN, die Überschichtung bei der Grenzschicht-Methode geschah mit dem Ultrafiltrat.

Tabelle 22

Methode	W 10^5 cm/sek	
	Goldsol	Selensol
Grenzschicht	36	45
Mikroskopische ...	69	89

Ein wesentlicher Nachteil der Methode überhaupt ist, daß man im Ultramikroskop die Teilchengeschwindigkeit nur in äußerst verdünnten Solen messen kann, ein Umstand, den schon DUCLAUX betont hat. Damit scheidet das Verfahren für die Untersuchung der sehr wichtigen Konzentrationsbeziehungen von W aus. Ein großer Nachteil ist ferner die Beschränkung auf sichtbare Teilchen. Das Verfahren hat vor allem zur Überprüfung der SMOLUCHOWSKIschen Beziehung gute Dienste geleistet.

Literaturverzeichnis

ABEGG, R., und W. GAUS: Z. f. phys. Ch. **40**, 737 (1902). — BIKERMAN, J. J.: Z. f. phys. Ch. **115**, 261 (1925). — BLÜH, O.: Koll. Z. **37**, 267 (1925). — BURTON, E.F.: Phil. Mag. (6) **11**, 425 (1906). — COTTON, A., und H. MOUTON: C. r. **138**, 1584, 1692 (1904). — Les Ultramicroscopes. Paris (1906). — COEHN, A.: Z. f. Elektroch. **15**, 653 (1909). — DUCLAUX, J.: Journ. Chim. Phys. **7**, 405 (1909). — ELLIS, R.: Z. f. phys. Ch. **78**, 321 (1911). — DENISON, R. B.: Z. f. phys. Ch. **44**, 575 (1903). — DERSELBE und B. D. STEELE: Z. f. phys. Ch. **57**, 110 (1906). — GALECKI, A. v.: Z. f. anorg. Ch. **74**, 174 (1912). — HARDY, W. B.: Journ. of Physiol. **29**, 26 (1903). — INNES, MC., und SMITH: Journ. Am. Chem. Soc. **45**, 2246 (1923) —, **46**, 1398 (1924), **47**, 1009 (1925). — DERSELBE und BRIGHTON: Journ. Am. Chim. Soc. **47**, 994 (1925). — GRINTEN, K. VAN DER: C. r. **178**, 2083 (1924). — KOHLRAUSCH, F.: Ann. d. Physik **62**, 209 (1897). — KRUYT, H. R.: Koll. Z. **19**, 161 (1916), **37**, 358 (1925). — Proc. Akad. Amsterdam **18**, 1625 (1916). — DERSELBE und A. E. VAN ARKEL: Koll. Z. **32**, 91 (1923). — DERSELBE und P. C. VAN DER WILLIGEN: Koll. Z. **43**, 22 (1927). — LANDSTEINER, K., und WO. PAULI: Verh. d. Kongresses f. innere Medizin. XXV. Kongreß. Wien (1908). — LAUE, M. v.: Z. f. anorg. Ch. **93**, 329 (1915). — LEWIS, G. N.: Journ. Am. Chem. Soc. **32**, 863 (1910). — LODGE, O.: Rep. Brit. Assoc. (1886) S. 389. LORENZ, R., und W. NEU: Z. f. anorg. Ch. **116**, 45 (1921). — MASSON, O.: Phil. Trans. **192**, 831 (1899). — Z. f. phys. Ch. **29**, 501 (1899). — MATTSON, S. E.: Koll. Beih. **14**, 309 (1920). — MICHAELIS, L.: Biochem. Z. **16**, 81 (1908). — MILLER, W. L.: Z. f. phys. Ch. **69**, 437 (1909). — MUKHERJEE, I. N.: Proc. Roy. Soc. **103**, 102 (1923). — NERNST, W.: Z. f. Elektroch. **3**, 309 (1897). — NORTHROP, I. H.: Journ. of Gen. Physiol. **4**, 629 (1922). — PAULI, WO., und L. ENGEL: Z. f. phys. Ch. **126**, 247 (1927). — PAULI, WO., und E. VALKÓ: Koll. Z. **38**, 289 (1926). — PICTON, H., und S. E. LINDER: Journ. Chem. Soc. **61**, 148 (1892). — QUINCKE, G.: Pogg. Ann. **113**, 513 (1861). — SMOLUCHOWSKI, M. v.: GRAETZ' Handb. d. Elektrizität, Bd. II (1914). — SVEDBERG, THE: Nova Acta Ups. (4) **2**, 1 (1907). — DERSELBE und H. ANDERSSON: Koll. Z. **24**, 156 (1919). — DERSELBE und E. R. JETTE: Journ. Am. Chem. Soc. **45**, 954 (1923), und SCOTT: Journ. Am. Chem. Coc. **46**, 2700 (1924), und A. TISELIUS: Journ. Am. Chem. Soc. **48**, 2272 (1926). — TISELIUS, A.: Die Bestimmungsmethoden der elektrischen Ladung kolloider Teilchen. In ABDERHALDENS Handbuch d. biol. Arbeitsmethoden (1928). —

TUORILA, P.: Koll. Z. **44**, 11 (1928). — WEBER, H.: Berl. Sitzungsber. 936 (1897). — WHITNEY, W. R., und J. C. BLAKE: Journ. Am. Chem. Soc. **26**, 1339 (1904). — WHETHAM, W. C. D.: Phil. Trans. **184**, 337 (1893), **186**, 507 (1895). — Z. f. phys. Ch. **11**, 220 (1893).

17. Die Überführung nach Hittorf

Sie ist die einzige einwandfreie Methode, welche zur Ermittlung der Wanderungsgeschwindigkeit von Ionen dienen kann. Sie gestattet Messungen in allen Lösungen und ist auch bei Gegenwart von anderen Elektrolyten ausführbar. Sie ermöglicht also auch den Einfluß von Zusätzen sowohl elektrolytischer als auch nicht elektrolytischer Natur auf die Wanderungsgeschwindigkeit zu bestimmen. Ihre Anwendbarkeit ist nur dadurch beschränkt, daß die Lösung nicht zu verdünnt sein darf, da sonst die Genauigkeit der Analysen leidet. Bei Kolloiden kann man im allgemeinen größere Verdünnungen verwenden, da hier eine größere Masse auf die Ladungseinheit entfällt.

Begriff der Überführungszahl von Kolloidionen. Vor der Darstellung der HITTORFschen Methode zur Bestimmung der Kolloidionenbeweglichkeit, soll hier etwas näher auf die Bedeutung der Überführungszahl für Kolloidelektrolyte eingegangen werden, da die Handhabung dieses Begriffes bereits zu Mißverständnissen Anlaß gab.

Die Überführungszahl ist von HITTORF ursprünglich nur für die Lösung eines reinen Elektrolyten definiert worden, zu welchem Zwecke die Konzentrationsänderung eines Ions an den Elektroden experimentell ermittelt wird. Die Überführungszahl eines Anions n ist die Anreicherung des Anions an der Anode beim Durchgang von 96540 Coulombs (1 F), oder da die Mittelschicht unverändert bleibt, die gleichzeitige Verarmung der kathodischen Flüssigkeit an demselben Ion, ausgedrückt in Äquivalenten. Die Überführungszahl des Kations ergibt sich unter den gleichen Umständen aus der gleichzeitigen Anreicherung des Kations an der Kathode oder seiner Verarmung an der Anode. Da die mit der ausgeschiedenen Substanz verbundene Elektrizitätsmenge gerade der Entladung eines chemischen Äquivalentes entspricht, ist die Summe der Überführungszahlen gleich 1. Das Verhältnis der Überführungszahlen ist gleich dem Verhältnis der Beweglichkeiten:

$$\frac{n}{1-n} = u/v$$

oder

$$n = \frac{v}{u+v}$$

Da $u + v$ die Äquivalentleitfähigkeit der Lösung darstellt, so gilt

$$n = v/\lambda$$

Die Überführungszahl eines Ions stellt also dessen Beteiligung an der Stromleitung dar.

Bei mehrwertigen Elektrolyten bleiben alle diese Beziehungen bestehen. Für Na_2SO_4 z. B. kann man die Überführungszahl des Anions bestimmen, indem man die Anreicherung des Sulfations an der Anode beim Durchgang von 1 F in Äquivalenten ausdrückt. Da SO_4 zweiwertig ist, ist die molare Zunahme seiner Konzentration durch 2 zu dividieren.

Die so erhaltenen Äquivalentbeweglichkeiten der Ionen drücken auch die absolute Wanderungsgeschwindigkeit aus, deren Wert in cm/sek pro Feldstärke 1 Volt/cm daraus durch Division mit 96540 erhalten wird. Die Überführungszahlen geben also die Beteiligung eines Äquivalents des Ions an der Stromleitung an.

Indem wir den Begriff der Überführungszahl auf die Mischungen mehrerer Elektrolyte ausdehnen, gehen wir von dem Postulat aus, daß die Summe der Überführungszahlen sämtlicher anwesenden Ionen gleich 1 ist:

$$\sum_{i=1}^{n} n_i = 1$$

Diese Bedingung wird erfüllt durch die Definition:

$$n_p = \frac{c_p\, u_p}{\sum_{i=1}^{n} c_i\, u_i} \tag{130}$$

d. h. die Überführungszahl ist gleich dem Produkt aus der Beweglichkeit und der Äquivalentkonzentration des Ions, dividiert durch die spezifische Leitfähigkeit der Lösung (die Äquivalentkonzentration muß dabei entsprechend der Definition der spezifischen Leitfähigkeit auf den Gehalt in 1 ccm bezogen werden). Auf Grund dieser Definition läßt sich die Bestimmung der Überführungszahl in Mischungen genau auf dieselbe Weise durchführen wie bei den ursprünglichen HITTORFschen Versuchen.

Bei Berechnung der Beweglichkeit aus der Überführungszahl muß man also die Äquivalentkonzentration des Ions kennen. Die Kenntnis des Äquivalentgewichtes ist bereits die Vorbedingung für die Auswertung des Überführungsversuches. Bei Kolloiden sind jedoch Äquivalentgewicht und Äquivalentkonzentration nicht streng definiert, ihre Festsetzung ist häufig willkürlich. Es läßt sich nun leicht zeigen, daß im Gegensatz zu den Überführungszahlen die daraus abgeleiteten Beweglichkeiten, welche den absoluten Wanderungsgeschwindigkeiten proportional sind, von der Festsetzung des Äquivalentgewichtes unabhängig sind.

Es soll z. B. bei der Überführung eines Eisenoxydsols die Kathode eine Anreicherung von a g Eisen zeigen, wenn E Faradays durchgegangen sind. Die Überführungszahl des Kolloidions ist dann gleich:

$$n_{koll} = \frac{a}{E\,(Fe)\,K}$$

(Fe) bedeutet darin das Atomgewicht des Eisens, K das Kolloidäquivalent, d. h. die Anzahl der auf eine Ladung entfallenden Eisenatome. Die Festsetzung des Wertes von K hängt davon ab, ob man die analytische Konzentration der ionogenen Gruppen oder nur die Konzentration der für die Leitfähigkeit wirksamen Gegenionen zugrunde legt. In vielen Fällen ist die Bestimmung eines K-Wertes überhaupt nicht möglich.

Will man nun die Beweglichkeit berechnen, so erhält man

$$u_{koll} = \frac{\varkappa \cdot n_{koll}}{c_{koll}}$$

$\varkappa$, die spezifische Leitfähigkeit der Lösung, läßt sich experimentell ermitteln. Durch Substitution erhält man die Beziehung

$$\frac{n_{koll}}{c_{koll}} = \frac{a}{E \cdot (Fe)\, K\, c_{koll}}$$

(Fe) . K . c ist nun gleich der analytischen Konzentration der Eisenatome in der Lösung in Grammen, eine experimentell leicht zugängliche Größe. Wir bezeichnen diese mit g und erhalten:

$$u_{koll} = \frac{\varkappa \cdot a}{E \cdot g}$$

Die rechte Seite enthält nunmehr ausschließlich experimentell unmittelbar zugängliche Größen. Wir sehen also, daß die HITTORFschen Überführungsversuche ohne Schwierigkeit die der Wanderungsgeschwindigkeit proportionale Beweglichkeit ergeben, während die Überführungszahl von der willkürlichen Festsetzung des Kolloidäquivalentes abhängt. Der Zweck einer HITTORFschen Überführung an einem Kolloid ist also vor allem die Ermittlung der Beweglichkeit. Dazu ist die Kenntnis der spezifischen Leitfähigkeit der Kolloidlösung erforderlich.

Überführungsapparate. Der erste der diese Methode auf kolloide Lösungen angewendet hat, war J. DUCLAUX.

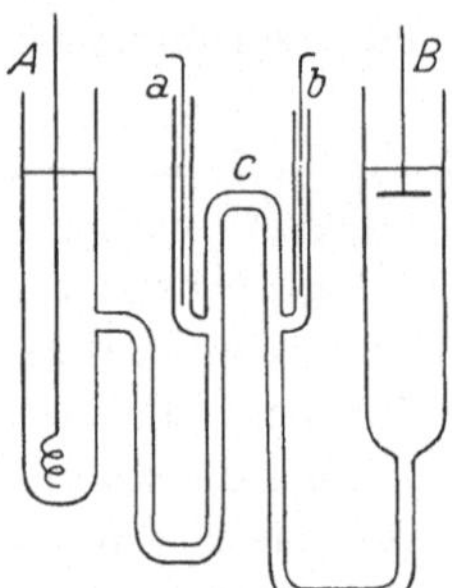

Abb. 22. Überführungsapparat nach J. DUCLAUX

Er benützte eine hier abgebildete dreimal gebogene Röhre, welche mit der Kolloidlösung gefüllt wurde. Der Strom wurde durch zwei Elektroden A und B zugeführt. Die Richtung wurde so gewählt, daß das Kolloid sich in A konzentrierte. Zwei Elektroden a und b, welche in zwei seitliche Röhren eingeführt wurden, waren mit einem Quadrantenelektrometer verbunden und dienten zur Feststellung, daß das Potential und somit die Leitfähigkeit sowie die Konzentration der Lösung in dem mittleren Teil der Röhre a c b während der Messung keine Änderung erfuhr. Nachdem eine gemessene Elektrizitätsmenge (im allgemeinen etwa 1 Coulomb) durchgeschickt worden war, teilte man die Flüssigkeit in zwei Portionen bei A und B und analysierte gesondert. Seine Berechnungsweise gab DUCLAUX nicht an, sie dürfte jedoch mit der oben angegebenen identisch sein. Für die Berechnung nimmt er an, daß kein Wassertransport durch die Kolloidteilchen stattfindet. Da die Lösung nicht sehr konzentriert war, setzte er voraus, daß dieser Fehler sehr wenig ausmacht.

G. N. LEWIS und LASH MILLER haben übrigens gezeigt, daß die Methode der wandernden Grenzschicht ebenfalls nicht die der wahren Überführungszahl entsprechende Beweglichkeit, sondern nur den der sogenannten scheinbaren, entsprechenden Wert liefert, d. h. die Werte unter Vernachlässigung des Wassertransportes.

SVEDBERG schreibt noch 1919, daß von dem Überführungsverfahren nicht viel zu hoffen ist, da durch Elektrolyse und Konzentrationsänderungen allzu tiefe Eingriffe in das System gemacht werden. Dies trifft aber nicht zu, solange die Mittelschicht unverändert bleibt, was gerade bei DUCLAUX während des Versuches kontrolliert wurde. Dann haben die Änderungen an den Elektroden gar keinen Einfluß auf die Exaktheit der Meßresultate falls die durchgehende Strommenge bestimmt wird.

Erst G. VARGA im ZSIGMONDYS Institut machte wieder Überführungen, und zwar an Zinnsäure und mit einem sehr primitiven Apparat, der dort bereits früher benützt worden war. In seinen Versuchen ist weder der unveränderte Zustand der Mittelschicht noch die Temperaturkonstanz gewährleistet. Auch konnte die Bestimmung der durchgegangenen Elektrizitätsmenge mit Hilfe eines Silbercoulometers nicht genügend genau ausgeführt werden.

G. VARGA und ZSIGMONDY benützten diese Versuche, um die Werte für das Kolloidäquivalent abzuleiten. Die Leitfähigkeit wird aus zwei Teilen bestehend gedacht: Aus der Leitfähigkeit des Kolloidsalzes (der Mizelle) und der Leitfähigkeit der anwesenden übrigen Elektrolyte (der intermizellaren Flüssigkeit). Die letztere wird der Leitfähigkeit des Ultrafiltrates gleichgesetzt. Die transportierte Elektrizitätsmenge verteilt sich in dem Verhältnis der Leitfähigkeiten auf diese zwei Anteile. Die im Versuch auf das Kolloidsalz entfallende Elektrizitätsmenge soll mit E_m Faraday bezeichnet werden. Anderseits setzen die Autoren die Überführungszahl des Kolloidions gleich $v/u + v$, wobei für u die Beweglichkeit des Kations (in den Versuchen von VARGA an Zinnsäuresolen des Kalium) bei unendlicher Verdünnung, für v der durch die Methode der wandernden Grenzschicht bestimmte Wert der Kolloidionbeweglichkeit eingesetzt wird. Auf diese Weise erhält man

$$\frac{v}{u+v} = \frac{a}{E_m\,(Sn\,O_2/2)\,K}$$

worin a die überführte SnO_2-Menge in Grammen, (SnO_2), das Molekulargewicht und K die Anzahl der auf eine Ladung entfallenden SnO_2-Äquivalente bedeutet. Das daraus berechnete Kolloidäquivalent K gilt seiner Ableitung gemäß unter Annahme der klassischen Dissoziationstheorie.

R. WINTGEN machte anfangs Überführungsversuche mit einem wiederholt von früheren Untersuchern verwendeten Apparat, der aus drei Bechergläsern und zwei Heberohren bestand. Er gibt selbst als Fehlerquelle an, daß sich sein Apparat während der Bestimmung erwärmte. R. WINTGEN und M. BILTZ nahmen später den Überführungsapparat, den H. KRUMREICH zu Überführungen in Elektrolytlösungen verwendet hat, zum Muster und änderten ihn für ihre Zwecke ein wenig ab. Der Apparat, der aus Jenaer Glas angefertigt war, erhielt die in Abb. 23 abgebildete Form. Die Berechnung führten sie auf dieselbe Weise durch wie VARGA. Sie verglichen die erhaltenen Werte des Kolloidäquivalentes mit denjenigen, welche aus der spezifischen Leitfähigkeit auf Grund der klassischen Theorie und mit Hilfe der, durch die Grenzschichtenverschiebung gemessenen Werte der Kolloidionbeweglichkeit unmittelbar berechnet worden sind. Sie fanden Übereinstimmung. Die Bestimmungen laufen also letzten Endes auf zwei unabhängige Ermittlungen der Kolloidionenbeweglichkeit hinaus. Die Übereinstimmung kann auf Zufälligkeiten beruhen, da die direkte Messung (teilweise mit einer NaCl-Lösung als Überschichtungsflüssigkeit) auf Genauigkeit keinen Anspruch erheben kann.

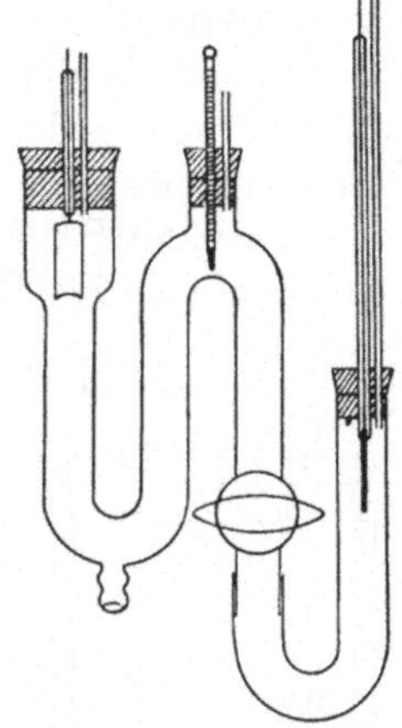

Abb. 23. Überführungsapparat nach R. WINTGEN und M. BILTZ

In dieser Arbeit benützt M. BILTZ die Überführungsversuche für die Ableitung von Beweglichkeitswerten. Dazu dient ihm die Formel:

$$W = \frac{a \cdot l_1 \cdot l_2 \cdot F}{t \cdot r \cdot V}$$

a = Mole Fe_2O_3 aus dem Anodenraum weggewandert, r = Mol Fe_2O_3 vor der Überführung im Anodenraum vorhanden, l_1 = Länge des Anodenraumes in cm, l_2 = Länge des Überführungsapparates von Elektrode zu Elektrode in cm, t = Dauer der Überführung in Sek., V = angelegte Spannung in Volt, F = 96540. Diese Beziehung kann man erhalten durch geeignete Substitution aus der oben angegebenen Gleichung *(131)* für die Beweglichkeit. Die Voraussetzung für die Gültigkeit ist jedoch nicht nur, wie WINTGEN und BILTZ angeben, die Konstanz des Querschnittes, sondern auch, daß die Feldstärke sich aus dem Potential an den Elektroden und ihrem Abstand berechnen läßt. Dies trifft aber wegen der elektrolytischen Vorgänge nicht zu.

Bereits früher wurden Wanderungsgeschwindigkeiten von kolloiden Kieselsäureionen in dem Institute von G. MIE von O. LÖSENBECK und W. GRUNDMANN gemessen. Das Wesentliche an ihrem Überführungsapparate ist, daß man die drei Zonen voneinander leicht trennen kann. Während des Versuches wurde eine konstante Spannung angelegt. Die Feldstärke f wurde in der Verbindungsröhre zwischen Anode und Kathode an in bestimmtem Abstande eingeführten Elektroden mit Hilfe eines Binantenelektrometers gemessen. Die Beweglichkeit wurde berechnet aus der Formel:

$$u = \frac{a}{g \cdot t \cdot f \cdot q}$$

a = überführte Menge, g = ursprüngliche Konzentration (in derselben Einheit), t = Dauer des Versuches, q = Querschnitt der Verbindungsröhre. Ein Nachteil ist hier wieder der Umstand, daß infolge der Elektrolyse die Feldstärke verändert werden kann.

J. W. MCBAIN und R. C. BOWDEN waren die ersten, die anläßlich der Bestimmung der Überführungszahl von Seifen die kolloide Lösung nicht bis zu den Elektroden reichen ließen, sondern eine Zwischenflüssigkeit (Na_2SO_4) einschalteten. Dadurch vermieden sie Zersetzungserscheinungen an der Elektrode, welche die Analyse erschwert hätten. Ihr Apparat bestand aus drei U-Röhren und hatte die abgebildete Form. Die Strommenge wurde mit Hilfe eines Silbercoulometers gemessen und war infolge der hohen Leitfähigkeit der Seifenlösungen genügend groß. Die Autoren berechneten die Überführungszahlen wie HITTORF, indem sie die Äquivalentkonzentration der analytischen gleichsetzten.

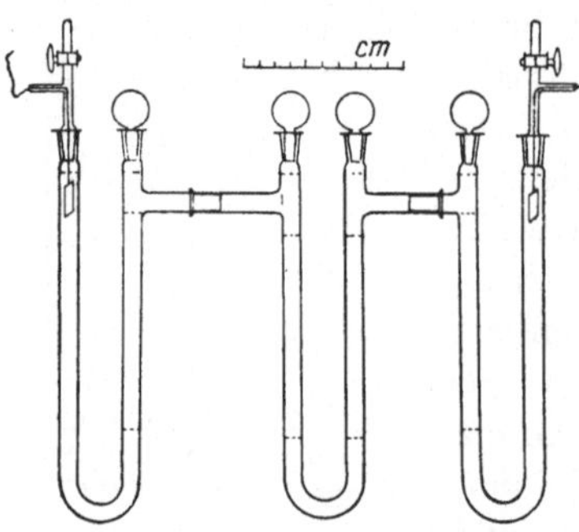

Abb. 24. Überführungsapparat nach J. W. MABAIN und R. C. BOWDEN

Schon 1909 wurden von B. T. ROBERTSON Versuche durchgeführt, um das elektrochemische Äquivalent von Alkalikaseinaten zu bestimmen. Eine mit Hilfe des Silbertitrationscoulometers gemessene Strommenge wurde durch eine U-Röhre gesendet. Die Anode bestand aus einer Platinspirale, die Kathode aus einem Platindraht. Die an der Anode ausgeschiedene und daran festhaftende Kaseinmenge wurde bestimmt. Wenn man annimmt, daß nur die Kaseinationen als Anionen funktionieren (die Hydroxylionen sind daneben zu vernachlässigen), so erhält man durch Division der ausgeschiedenen Kaseinmenge durch die Anzahl der durchgeschickten Faradays das Gewicht des auf eine Ladung entfallenden Kaseins, d. h. sein Äquivalentgewicht. ROBERTSON hat eine große Korrektur wegen Wiederauflösung des ausgeschiedenen Kaseins angebracht. PAULI erhob dagegen Bedenken und berechnete ROBERTSONS Resultate ohne die Korrektur In der Tat konnten D. M. GREENBERG und C. L. A. SCHMIDT 1924 in neuen Versuchen feststellen, daß die Korrektur unnötig war. Sie verwendeten einen Überführungsapparat mit einer unpolarisierbaren Kathode und Platinspiralanode (Abb. 25). Sie haben außerdem die Überführungszahl durch Analysen bezüglich der Konzentrationsänderung von Kasein und Alkali bestimmt. Für die Äquivalentkonzentration wurde das durch diesen Versuch gleichzeitig bestimmte Äquivalentgewicht zugrunde gelegt.

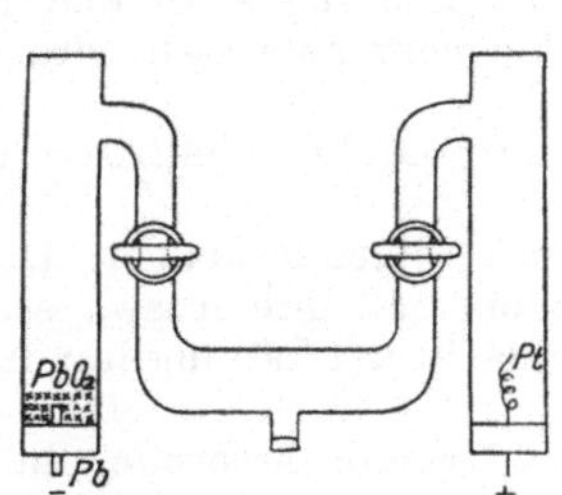

Abb. 25. Überführungsapparat nach D. GREENBERG und C. Z. A. SCHMIDT

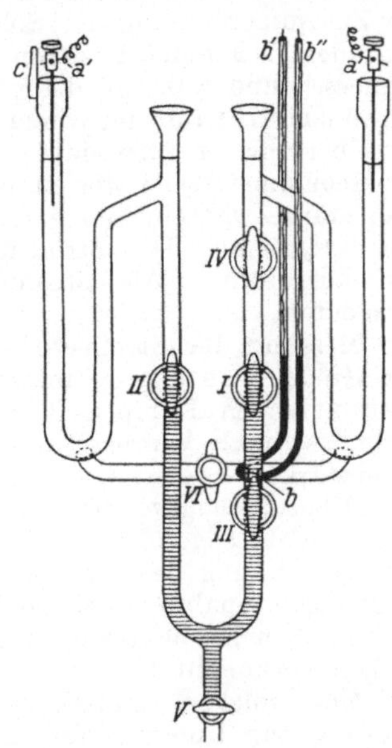

Abb. 26. Überführungsapparat nach PAULI und L. ENGEL

In der neuesten Zeit wurde von L. ENGEL und PAULI ein Überführungsapparat angegeben, welcher viele Vorzüge in sich vereinigt. Seine Gestalt ist der des LANDSTEINER-PAULIschen Apparates nachgebildet.

Die Vorzüge, welche ihn zur Bestimmung der Wanderungsgeschwindigkeit von Kolloidionen besonders geeignet machen, sind die folgenden:

1. Das zur Untersuchung gelangende Kolloid wird im Apparat durch Elektrolyse nicht geflockt, was einen Vorteil bedeutet, da manche Sole nach der Flockung nicht leicht wieder in Lösung zu bringen sind und daher als geflockt schwer zum Zwecke einer quantitativen Analyse zu entnehmen wären (z. B. geflocktes Eisenoxydsol wird nur durch Kochen mit dem gleichen Volumen konzentrierter Salpetersäure wieder gelöst).

2. Die Produkte der Elektrolyse an den Elektroden kommen nicht in die zu analysierende Flüssigkeit.

3. Die Kontrolle, ob an jener Stelle, an der man die Menge der durchgewanderten Ionen bestimmt, die Lösung unverändert geblieben ist, geschieht nicht, wie üblich, durch eine quantitative Analyse, sondern durch eine Leitfähigkeitsmessung, was die Prüfung viel genauer und weitaus bequemer gestaltet.

Die ersten beiden Vorteile werden dadurch erreicht, daß nicht der ganze Apparat mit dem zu untersuchenden Sol gefüllt wird, sondern nur ein Teil (durch die Hähne I, II und V begrenzt, s. Fig. 26), während der Rest des Apparates mit einer Überschichtungsflüssigkeit beschickt wird. Damit nun beim Öffnen der Hähne I und II durch die Schwerkraft keine Verschiebung der Grenzschichten erfolgt, muß durch Öffnen des Hahnes VI das Gleichgewicht in der Überschichtungsflüssigkeit hergestellt werden und außerdem der Apparat in einer ganz bestimmten Lage sein. Während der eigentlichen Überführung sind die Hähne I, II, III und IV geöffnet, V und VI geschlossen. Der Strom fließt von a nach a', bzw. umgekehrt immer so, daß die von Hahn I ausgehende Grenzschicht nach oben wandert. Nach dem Stromdurchgang werden die Hähne III und IV geschlossen, der übrige Apparat ausgewaschen und der Inhalt des von den Hähnen III und IV begrenzten Teiles analysiert. Die unveränderte Zusammensetzung des Sols beim Hahn III wird dadurch kontrolliert, daß mit Hilfe der Elektroden d, deren Stromzuführungen b' und b'' sind, die Leitfähigkeit gemessen und während des ganzen Versuches als konstant befunden wird.

Bei einem Überführungsversuch muß man außer der überführten Menge auch die zur Überführung verwendete Elektrizitätsmenge messen. Für die Anwendung des Silbercoulometers ist die zu messende Elektrizitätsmenge zu klein. Man muß die Stromstärke während der ganzen Versuchszeit verfolgen und sie graphisch über die Zeit integrieren. Die Stromstärkemessungen wurden in Abständen von fünf Minuten ausgeführt. Als Stromquelle diente eine Akkumulatorenbatterie von 100 Elementen.

Die Messung der Stromstärke geschieht so, daß ein Präzisionswiderstand geeigneter Größe R in den zu messenden Stromkreis geschaltet und mit Hilfe einer POGGENDORFFschen Kompensationsanordnung die Spannung e an den Enden des Widerstandes durch Vergleich mit einem Normalelement gemessen wird. Dann ist die Stromstärke $i = e/R$.

Der Überführungsversuch wird in einem auf 0,01° C elektrisch regulierten Thermostaten durchgeführt.

Die Berechnung des Ergebnisses gestaltet sich folgendermaßen: Die an dem Sol ausgeführte Analyse muß die Eigenschaft haben, daß ihre Auswage der Menge eines chemischen Elementes proportional ist, welches in der Lösung nur in den Kolloidteilchen vorkommt.

Bei einer solchen Analyse gebe 1 ccm Sol c Gramm Auswage, die nach der Überführung zur Untersuchung gelangende Probe eine Auswage von a Gramm; φ sei das Volumen des Stückes zwischen Hahn I und III einschließlich der beiden Hahnbohrungen in Kubikzentimetern. Dieses Volumen wollen wir spezifisches Apparatvolumen nennen.

E sei die hindurchgegangene Elektrizitätsmenge in Coul.; $\varkappa$ die spezifische Leitfähigkeit des Sols in $^1/_\Omega$; W die Wanderungsgeschwindigkeit des Kolloidions in Zentimeter-Sekunden bei 1 Volt/cm; i die Stromstärke; q sei der Querschnitt unmittelbar unterhalb des Hahnes III, f die Feldstärke an derselben Stelle.

Wenn nun dl das in der Zeit dt von einem Kolloidion zurückgelegte Wegstück ist, dann ist $W = l/f \,.\, dl/dt$; ferner gilt $f = i/q \,.\, \varkappa$ (Ohmsches Gesetz), woraus $W = \varkappa \,.\, q \,.\, dl/idt$ und $W \,.\, idt = \varkappa \,.\, q \,.\, dl$, integriert über die Versuchsdauer $W\int i \,.\, dt = \varkappa \int q dl$. Nun ist $\int idt = E$ (bei diesen Versuchen wird E sogar so bestimmt, daß man i als Funktion von t beobachtet und $\int idt$ daraus berechnet). $\int q \,.\, dl$ ist die Anzahl Kubikzentimeter des ursprünglichen Sols, die ebensoviel Kolloidionen enthalten, wie während des Versuches durch den Querschnitt q hindurchgewandert sind, das ist $(a/c - \varphi)$, also $W \,.\, E = \varkappa\, (a/c - \varphi)$ oder

$$W = \frac{\varkappa\, (a/c - \varphi)}{E} \tag{132}$$

Beschränkung der Überführungsmethode. Es muß hier bemerkt werden, daß man sich Fälle denken kann, wo auch die HITTORFsche Methode zur Ermittlung der Wanderungsgeschwindigkeit versagt. Stellen wir uns z. B. ein Aluminiumhydroxydsol vor, in dem neben den positiven Kolloidionen von hohem Äquivalentgewicht (viele Al-Atome auf eine Ladung) und niedriger Beweglichkeit, Al^{+++}-Ionen von höherer Beweglichkeit in vergleichbarer Menge vorkommen. Aus der überführten Aluminiummenge läßt sich dann eine mittlere Beweglichkeit sämtlicher aluminiumhaltigen Ionen im elektrischen Felde berechnen.

Dieser Mittelwert stellt im Sinne seiner analytischen Bestimmung die durchschnittliche Geschwindigkeit der Aluminiummasse dar:

$$\overline{W}_{\text{Hittorf}} = \frac{\sum_i m_i W_i}{\sum_i m_i} \tag{133}$$

wobei m_i die Masse des aluminiumhaltigen Ions (also genauer seinen Aluminiumgehalt etwa in molarem Maße) von der Wanderungsgeschwindigkeit W_i bedeutet.

Unter den angegebenen Umständen wird der obige Mittelwert erheblich niedriger ausfallen als derjenige Mittelwert, welcher die durchschnittliche Geschwindigkeit der von den aluminiumhaltigen Ionen getragenen positiven Ladungen darstellt.

$$\overline{W}_{\text{Kohlrausch}} = \frac{\sum_i n_i W_i}{\sum_i n_i} \tag{134}$$

wobei n_i die Äquivalentkonzentration (im Sinne der Definitionsformel *(50)* das Produkt über Wertigkeit und Teilchenzahl) eines aluminiumhaltigen Ions von der Wanderungsgeschwindigkeit W_i bedeutet.

Für die elektrochemische Konstitutionsermittlung hat jedoch der letztere Mittelwert die größere Bedeutung, da der Beitrag der aluminiumhaltigen Ionen zur spezifischen Leitfähigkeit sich daraus im Sinne des KOHLRAUSCHschen Gesetzes (Formel) zu

$$\varkappa_{Al} = \sum_i n_i \frac{\overline{W}_{\text{Kohlrausch}}}{96540}$$

berechnet.

Man trachtet aus diesem Grunde die Überführungsversuche an möglichst von (in die Analyse eingehenden) molekulardispersen Ionen befreiten Solen durchzuführen, oder aber den Einfluß derselben auf die Überführung als Korrektur zu berücksichtigen.

Auf Grund der angegebenen Beziehungen [*(133)* und *(134)*] erkennt man jedoch leicht, daß die Diskrepanz auch in dem Falle auftreten kann, wenn molekulardisperse Ionen nicht anwesend sind, die Massen-, Ladung- und Beweglichkeitsverteilung der Kolloidionen selbst aber in bestimmtem Sinne auseinandergeht.

Man nimmt wohl an, daß die Kolloidionen in einem bestimmten Sol alle dieselbe Beweglichkeit haben und P. TUORILA in WIEGNERS Institut konnte sich durch die direkte mikroskopische Bestimmung der Beweglichkeit überzeugen, daß die Wanderungsgeschwindigkeit der Ultramikronen in einem bestimmten Sol von ihren Größen nicht abhängt. Dagegen schlossen J. W. MC. BAIN und M. E. LAING aus ihren Beobachtungen, daß in den Seifenlösungen kleine Kolloidionen von niedrigem Äquivalentgewicht und hoher Beweglichkeit („ionische Mizellen“) neben Kolloidionen von hoher Teilchengröße und Äquivalentgewicht und niedriger Beweglichkeit (beide Submikronen) nebeneinander auftreten. Es besteht eine gewisse Wahrscheinlichkeit, daß die Divergenz der beiden Mittelwerte im Sinne *(133)* und *(134)* gerade in dem amikropischen Gebiete öfters vorkommen kann.

Es braucht nicht betont zu werden, daß im Falle einer Divergenz der Mittelwerte $\overline{W}_{\text{Hittorf}}$ und $\overline{W}_{\text{Kohlrausch}}$ auch die direkten Methoden der Bestimmung der Kolloidionbeweglichkeit nicht den richtigen Wert für $\overline{W}_{\text{Kohlrausch}}$ liefern können, daher für die Berechnung der Äquivalentleitfähigkeit gleichfalls versagen müssen.

Literaturverzeichnis

DUCLAUX, J.: Journ. Chim. Phys. 7, 405 (1909). — GREENBERG, D. M., und C. L. A. SCHMIDT: The Journ. of gen. Physiol. 7, 287 (1924). — GRUNDMANN, W.: Koll.

Beih. **18**, 197 (1923). — KRUMREICH, H.: Z. f. Elektroch. **22**, 446 (1919). — LAING, M. E.: Journ. Phys. Chem. **28**, 673 (1924). — LEWIS, G. N.: Journ. Am. Chem. Soc. **32**, 863 (1910). — LÖSENBECK, O.: Koll. Beih. **16**, 27 (1922). — MC. BAIN, J. W., und R. CH. BOWDEN: Journ. Chem. Soc. **123**, 2417 (1923). — MILLER, W. L.: Z. f. phys. Ch. **69**, 437 (1909). — PAULI, WO.: Die Naturwissenschaften **8**, 915 (1920). — DERSELBE und L. ENGEL: Z. f. phys. Ch. **126**, 247 (1927). — ROBERTSON, T. B.: Die physikalische Chemie der Proteine. Dresden (1912). — SVEDBERG, THE. Koll. Z. **24**, 156 (1919). — TUORILA, P.: Koll. Beih. **27**, (1928). — VARGA, G.: Koll. Beih. **11**, 1 (1919). — WINTGEN, R.: Z. f. phys. Ch. **103**, 238 (1923). — DERSELBE und M. BILTZ: Z. f. phys. Ch. **103**, 238 (1923).

18. Die elektrosmotischen Erscheinungen und ihre Theorie

Das elektrochemische Verhalten der Kolloide steht in naher Beziehung zu den Bewegungen, welche durch den elektrischen Strom an Grenzflächen hervorgerufen werden, zu den elektrokinetischen Erscheinungen. Die Kolloidelektrolyte bilden den Übergang zwischen den Systemen: Molekular gelöstes Salz und Lösungsmittel auf der einen Seite, Wand und Lösungsmittel auf der anderen Seite. Die Koagulations- bzw. Gelatinierungsprodukte der Kolloidelektrolyte stellen Anordnungen dar, welche feinen Kapillaren entsprechen. Elektrische Erscheinungen dieser Systeme gehören ebenso dem Gebiete der Elektrochemie der Kolloide an, als dem Gebiete der Elektrokinetik der Oberflächen.

Die Grenzfläche einer Lösung und einer zweiten Phase ist im allgemeinen der Sitz einer elektrischen Feldstärke. Diese Tatsache geht aus der Beobachtung hervor, daß bei Anlegen einer Spannung parallel zur Grenzfläche eine Verschiebung der Lösung gegenüber der zweiten Phase, welche wir im Folgenden als Wand bezeichnen wollen, stattfindet. Diese Verschiebung wird nur dann makroskopisch beobachtbar, wenn das Verhältnis der Ausdehnung der Wand zum Volumen der Lösung genügend groß ist. Eine Wand solcher Art stellt eine Kapillare oder ein Kapillarsystem dar.

Die Erscheinung der Elektrosmose. F. REUSS hat zuerst 1809 beobachtet, daß, falls man in feuchten Ton zwei mit Wasser gefüllte Röhren steckt, welche die Elektroden enthalten, bei Durchgang des elektrischen Stromes in der einen Röhre das Wasser steigt, in der anderen sinkt. R. PORRET beobachtet dann 1816, daß Wasser durch eine Sandschicht oder tierische Membran mittels des elektrischen Stromes bewegt werden kann. BEQUEREL, ARMSTRONG und DANIELL haben später ähnliche Beobachtungen gemacht. Die Erscheinung erhielt den Namen Elektroosmose. Sie ist sehr leicht wahrzunehmen, weil die bewegte Wassermenge unter günstigen Bedingungen z. B. 100 g betragen kann, während der an den Elektroden frei gewordene H nur 0,001 g beträgt.

Quantitative Untersuchungen der Erscheinung wurden zuerst von G. WIEDEMANN 1852, dann von G. QUINCKE 1861 durchgeführt. WIEDEMANN hat zum bequemeren Vergleich der Resultate das Gefäß, in welches das Wasser bei Stromdurchgang übergeführt wird, mit einem Manometer verschlossen und den die Überführung kompensierenden hydrostatischen Druck beobachtet. QUINCKE hat ferner an Stelle von Tondiaphragmen gläserne Kapillarröhren verwendet. Bei diesen ist es notwendig eine viel höhere Potentialdifferenz anzulegen, um denselben Effekt zu erzielen, wie bei den Tondiaphragmen, doch ist hier eine genaue quantitative Auswertung der Versuche leichter möglich und auch deren Reproduzierbarkeit gewährleistet.

Von QUINCKE wurde weiter die inverse Erscheinung der Strömungsströme entdeckt. Er hatte festgestellt, daß beim Durchpressen von Wasser durch eine Tonplatte an zwei Platinelektroden, welche in die Lösung zu beiden Seiten des Diaphragmas eintauchen, eine Potentialdifferenz auftritt. Von F. ZÖLLNER wurde später die analoge Erscheinung an Glaskapillaren studiert.

Die Theorie von Helmholtz. Um die Gesetze der Wasserüberführung zu erhalten, verknüpfte H. VON HELMHOLTZ auf Grund seiner Vorstellungen über die elektrische Doppelschicht einige Gesetze der Elektrostatik und des Stromtransportes mit denjenigen der Hydrodynamik.

Im Ausbau der von QUINCKE entwickelten Vorstellungen nimmt HELMHOLTZ an, daß die Ursache der Wasserüberführung in der Potentialdifferenz gegeben ist, welche sich an der Grenzfläche zwischen Wand und Lösung ausbildet. Die Wand ladet sich etwa negativ auf, während sich die entsprechende Menge positiver Elektrizität in einem sehr geringen, jedoch nicht verschwindenden Abstande davon in der Lösung befindet. Die beiderseitige Ladungsdichte muß wegen der Elektroneutralität gleich sein. Die Berührungsfläche der Wand mit der Lösung ist also Sitz einer elektrischen Doppelschicht, welche mit einem Kondensator vergleichbar ist.

Die Berechnungen von HELMHOLTZ beruhen auf der Vorstellung, daß die elektrische Kraft an der zur Wand naheliegenden ihr entgegengesetzt geladenen Flüssigkeitsschicht angreift, welche infolge der inneren Reibung die ganze Flüssigkeitsmenge nach sich zieht.

Unter der Voraussetzung, daß in den Kapillaren die Strömungslinien zu der Achse parallel sind und die innere Reibung des Mediums auch im Bereiche der Doppelschicht konstant bleibt, erhält er die Beziehung

$$\eta \Delta^2 u = H \varrho + \frac{P}{L} \tag{135}$$

η bedeutet die innere Reibung des Mediums, u die Geschwindigkeit der Flüssigkeitsteilchen, H das Potentialgefälle, ϱ die elektrische Volumdichte der Flüssigkeitsteilchen, P die am Ende der Röhren herrschende Druckdifferenz, L die Länge der Röhre.

Die linke Seite der Gleichung repräsentiert die Reibungskraft des Flüssigkeitsteilchens, die rechte Seite die Summe der auf das Teilchen wirkenden elektrischen und hydrostatischen Kraft. Die Gleichung gilt also für den stationären Zustand der gleichförmigen Bewegung. Die elektrische Volumdichte des Teilchens wird auf Grund der POISSONschen Gleichung substituiert:

$$\Delta^2 \varphi = -4 \pi \varrho$$

Die Bewegung läßt sich in zwei Teile zerlegen:

$$u = u_0 + u_1 \tag{136}$$

so daß

$$\eta \Delta^2 u_0 = \frac{P}{L} \tag{137}$$

die gewöhnliche, unter der Wirkung eines hydrostatischen Druckgefälles stattfindende Bewegung darstellt, während für die Bewegung durch die elektrische Kraft folgt:

$$\eta \Delta^2 u_1 = \frac{H}{4 \pi} \Delta^2 \varphi. \tag{138}$$

Die Grenzbedingung ist, daß an der Wand beide Bewegungen aufhören:

$$u_0 = u_1 = 0.$$

Bezeichnen wir das Potential an der Wand φ_i, an der Stelle x mit φ_x, so erhalten wir

$$u_x = u_0 + \frac{H}{4\pi\eta}(\varphi_i - \varphi_x) \tag{139}$$

Das Ergebnis der Helmholtzschen Überlegung gestattet die wichtigsten Zusammenhänge der elektrosmotischen Erscheinungen darzustellen. So ergibt sich für die pro Zeiteinheit übergeführte Flüssigkeitsmenge:

$$M = \frac{I}{\varkappa}\frac{(\varphi_i - \varphi_a)}{4\pi\eta} = \frac{H R^2}{L}\frac{(\varphi_i - \varphi_a)}{4\eta} \tag{140}$$

wo I die Stromintensität, $\varkappa$ die spezifische Leitfähigkeit, H die von außen angelegte Potentialdifferenz, R den Radius der Röhre, L die Länge derselben und $(\varphi_i - \varphi_a)$ den Potentialsprung in der Doppelschicht bedeutet. Diese Gleichung bringt zum Ausdruck, daß die Geschwindigkeit der elektrosmotischen Wasserverschiebung genau so der Feldstärke proportional ist, wie die Geschwindigkeit der Ionenverschiebung. Bei der Anwendung der Formel auf ein Diaphragma ist πr^2 durch den (wirksamen) Querschnitt q zu ersetzen.

Für den die elektrische Kraft kompensierenden hydrostatischen Druck erhält man ausgehend von der Überlegung, daß dieser dem Zustand entspricht, in welchem die durch die elektrische Kraft bewirkte Verschiebung dieselbe Geschwindigkeit hat, wie die durch die Niveaudifferenz bewirkte:

$$P = \frac{2}{\pi}\frac{H(\varphi_i - \varphi_a)}{R^2} \tag{141}$$

Schließlich wurde von Helmholtz auch die Abhängigkeit des beim Durchpressen einer Lösung durch eine Kapillare zu beiden Seiten derselben auftretenden Potentials, von dem die Durchflußgeschwindigkeit bestimmenden hydrostatischen Druck berechnet:

$$EMK = \frac{(\varphi_i - \varphi_a)}{4\pi\eta} \cdot \frac{P}{\varkappa} \tag{142}$$

worin P den hydrostatischen Druck bedeutet.

Beim Vergleich mit den experimentellen Ergebnissen von Wiedemann und Quincke zeigt sich größtenteils eine gute Übereinstimmung.

So wurde bereits von Wiedemann festgestellt, daß die Menge der in gleicher Zeit durch die Tonwand übergeführten Flüssigkeit der Stromintensität direkt proportional ist und unter sonst gleichen Bedingungen von der Oberfläche und Dicke der Tonwand unabhängig ist.

Gleichfalls von Wiedemann wurde beobachtet, daß der elektrosmotische Druck für Lösungen verschiedener Konzentration der angelegten EMK proportional ist und unabhängig von den näheren Versuchsumständen.

Quincke hat die Proportionalität zwischen dem Potential der Strömungsströme und dem die Strömung bestimmenden hydrostatischen Druck, sowie die Unabhängigkeit des Potentials von der Dicke der Diaphragmen und dem Querschnitt derselben bemerkt.

Helmholtz nahm an, daß an der Wand eine ruhende Flüssigkeitsschicht haften bleibt, und nur diese Annahme berechtigt zur Einführung des Koeffizienten der inneren Flüssigkeitsreibung in die Gleichung. LAMB glaubte, daß eine Abänderung der Theorie in dem Sinne notwendig ist, daß man ein Gleiten der Flüssigkeit entlang der Wand annimmt, und hat einen Gleitkoeffizienten eingeführt. Der spätere Ausbau der Doppelschichttheorie hat der Auffassung von HELMHOLTZ recht gegeben, indem der Übergang des Bewegungszustandes an der Wand als kontinuierlich zu betrachten ist, wodurch die Gleitung hinfällig wird.

In einem Punkt wurde jedoch die Theorie wesentlich modifiziert, nämlich durch die Einführung der Dielektrizitätskonstante. Von PELLAT wurde PERRIN darauf aufmerksam gemacht, daß im Sinne der POISSONschen Gleichung:

$$D\Delta^2\varphi = -4\pi\varrho$$

die HELMHOLTZschen Formeln durch das Einsetzen der Dielektrizitätskonstante D zu ergänzen sind. So ergibt sich

$$u_x = u_o + \frac{DH}{4\pi\eta}(\varphi_i - \varphi_a) \tag{143}$$

und in allen übrigen Gleichungen ist die Größe $(\varphi_i - \varphi_a)$ mit D zu multiplizieren. Im allgemeinen hat man dabei für den Wert D die Dielektrizitätskonstante des reinen Lösungsmittels eingesetzt. Dies ließe sich jedoch nur im Falle eines erheblichen Abstandes der Ladungen begründen, was HELMHOLTZ wohl nicht annahm.

HELMHOLTZ hat seine Gleichungen nicht nur auf die Kapillaren, sondern auch auf die Diaphragmen, deren Kanäle eine unregelmäßige Gestalt haben, angewendet. Erst von SMOLUCHOWSKI wurde gezeigt, daß die Gleichungen in der Tat für Gefäße von beliebiger Gestalt gültig sind. DEBYE und HÜCKEL fanden später, daß HELMHOLTZs Annahme und SMOLUCHOWSKIs Berechnungen dahin zu korrigieren sind, daß die Gleichungen für die verschiedenen Gefäßformen in bezug auf einen Zahlenfaktor differieren.

Standpunkt der Ionentheorie. Wie bereits erörtert, nahm HELMHOLTZ an, daß die zwei Belegungen der Doppelschicht flächenförmig sind und voneinander in molekularem Abstand sich befinden. Den Potentialsprung der Doppelschicht identifizierte er mit dem für den elektrosmotischen Vorgang wirksamen Potential, welches wir heute als elektrokinetisches Potential bezeichnen. Nach H. FREUNDLICH und M. v. SMOLUCHOWSKI nimmt man jetzt an, daß nur ein Teil der Potentialdifferenz zwischen fester und flüssiger Phase elektrokinetisch wirksam ist, da die gegenseitige Verschiebung nicht an der Grenze der beiden Phasen, sondern in der Flüssigkeit erfolgt. Eine Flüssigkeitshaut bleibt an der Oberfläche des festen oder (nichtwässerigen) flüssigen Körpers haften. Das elektrokinetische Potential unterscheidet sich von dem Gesamtpotential um den Betrag des Potentialabfalls innerhalb der anhaftenden Flüssigkeitsschicht.

Im Sinne der Theorie der diffusen Doppelschicht geht es nicht an, die Ladungsdichte der Oberfläche einfach nach der Kondensatorformel aus dem Wert des Potentials zu berechnen, auch dann nicht, wenn man unter Oberfläche die Abreißfläche und unter Potential das elektrokinetische Potential versteht.

Vom ionentheoretischen Standpunkte kann man sich den Vorgang der Elektrosmose nicht anders vorstellen, als daß die einwirkende elektrische Kraft primär an den freien Ladungen der Gegenionen der Wand angreift. Dabei ist es gleichgültig, welche Kräfte die Aufladung der Wand besorgen, die der Ladung der Oberfläche entsprechende Anzahl von Gegenionen muß nach dem Gesetz der diffusen Doppelschicht in dem Lösungsmittel verteilt sein. Die Ansicht, daß die Aufladung der Wand als primäre Ursache der Elektrosmose auf eine elektrolytische Dissoziation der Wand zurückzuführen ist, wurde wohl zuerst von E. Jordis vertreten.

Durch die Bewegung der Gegenionen entsteht die Flüssigkeitsströmung. Die Gegenionen, die sich in der unmittelbaren Nähe der Wand in großer Konzentration aufhalten, nehmen das Lösungsmittel mit.

Nach dieser Theorie ist die freie Ladung der Gegenionen für die Geschwindigkeit der Wasserbewegung unter dem Einfluß der Einheit der elektrischen Feldstärke maßgebend.

Die formalen Gesetze der Helmholtzschen Theorie bleiben auch in dieser Theorie gültig. Hier wie dort wird die Geschwindigkeit der Wasserüberführung dem Potentialgefälle zu beiden Seiten des Diaphragmas proportional sein, da dieses die Geschwindigkeit der Wanderung der Ionen bestimmt, welche das Wasser mitschleppen. Auch die von Helmholtz angenommene umgekehrte Proportionalität mit der Viskosität ist in Übereinstimmung mit der neuen Vorstellung wenigstens insofern, als diese Beziehung für die Beweglichkeit der Ionen annähernd zutrifft. Daß die pro Zeiteinheit überführte Flüssigkeitsmenge dem Querschnitt der Röhre direkt und der Länge derselben indirekt proportional ist (bei gleichem Potentialgefälle), bleibt gleich falls unverändert bestehen. Läßt man auf Grund der Überlegungen von Debye-Hückel schließlich auch die Beziehung zum elektrokinetischen Potential gelten, so treten dennoch in der neueren Auffassung zwei spezifische Größen auf, welche bei Helmholtz nicht in die Betrachtung einbezogen sind, und zwar die Beweglichkeit der freien Gegenionen der Wand und ihre Hydratation.

Nach der neueren Auffassung müßte man ja annehmen, daß bei derselben Struktur der Doppelschicht die beweglicheren Ionen dem Wasser eine raschere Bewegung erteilen werden als die langsamen. Die von den Ionen als Hydratwasser mitgeschleppte Wassermenge spielt möglicherweise nur die Rolle eines Korrekturgliedes.

In der neuesten Zeit wurde besonders von H. R. Kruyt betont, daß die Dielektrizitätskonstante, für welche man gewöhnlich den Wert des reinen Lösungsmittels ansetzt, je nach der Elektrolytkonzentration verschiedene (niedrigere) Werte annehmen kann.

Darnach würde die Geschwindigkeit der Wasserüberführung unter dem Einfluß einer bestimmten elektrischen Feldstärke nicht bloß die freie Ladung der Gegenionen anzeigen, sondern auch ihre Beweglichkeit und vielleicht auch die Änderungen der Dielektrizitätskonstante.

Was die freie Ladung anbelangt, so gilt für ihre Beeinflussung alles, was über die Wirkung der Gegenionen und gleichgeladenen Ionen gesagt wurde. Sie kann erfolgen sowohl über die Veränderung der Gesamtladung, als auch der Doppelschichtstruktur. Jedenfalls ist die elektrosmotische Wasserbewegung eine Funktion sowohl des chemischen Baues der Wand als auch der Zusammensetzung der Lösung. Eine gewisse Beeinflussung des Ionisationsgleichgewichtes, vor allem der Doppelschichtstruktur, durch die Krümmung ist wohl vorauszusehen, so daß schon aus diesem Grunde bei gleicher Beschaffenheit von Oberfläche und Lösung ein Unterschied in der Wanderungsgeschwindigkeit der Lösung an der ebenen Wand und von Kolloidteilchen im Falle sehr kleiner Teilchen in der Lösung nicht ausgeschlossen erscheint. Ein ablehnender Standpunkt gegenüber der HELMHOLTZschen Konzeption wurde in der jüngsten Zeit auf Grund der Ionentheorie von J. W. MC. BAIN und seiner Mitarbeiterin M. E. LAING entschieden vertreten. (Siehe Kap. 30.) Man wird jedenfalls MC. BAINs Forderung beipflichten, die elektrosmotischen Ergebnisse nicht durch den abgeleiteten Wert des ξ-Potentials, sondern unmittelbar als Geschwindigkeit der Wasserverschiebung in cm/sec unter dem Einfluß der Feldstärke 1 Volt/cm — also völlig analog der Ionenbeweglichkeit — auszudrücken.

Literaturverzeichnis

FREUNDLICH, H.: Kapillarchemie. 1. Aufl. (1909). — HELMHOLTZ, H. v.: Wied. Ann. **7**, 337 (1879). — JORDIS, E.: Koll. Z. **3**, 16 (1908). — KRUYT, H. R., und P. C. VAN DER WILLIGEN: Z. f. phys. Ch. **130**, 170 (1927). — LAING, M. E.: Journ. Phys. Chem. **28**, 673 (1924). — LAMB: Brit. Assoc. Rep. (1887), S. 495. — MAC BAIN, J. W.: Journ. Phys. Chem. **28**, 706 (1924). — PERRIN, J.: Journ. Chim. Phys. **2**, 607 (1904). — PORRET, R.: Gilb. Ann. **66**, 272 (1816). — QUINCKE, G.: Pogg. Ann. **113**, 513 (1861). — REUSS, F.: Mem. de la Soc. Imp. d. Naturalistes de Moscow **2**, 327 (1809). — SMOLUCHOWSKI, M. v.: Graetz' Handbuch d. Elektrizität, II. Bd. (1914). — WIEDEMANN, G.: Pogg. Ann. **87**, 321 (1852); **99**, 177 (1856). — ZÖLLNER, F.: Pogg. Ann. **148**, 640 (1873).

19. Die Wertigkeitsregel der Flockung

Die augenfälligste Zustandsänderung der Kolloide durch Elektrolyte ist ihre Ausflockung. Die kleinste Salzkonzentration, welche ausreicht, um eine Flockung herbeizuführen, nennt man den Schwellenwert. Da die Koagulation ein zeitlicher Vorgang ist, ist der Begriff des Schwellenwertes in jedem einzelnen Fall näher zu definieren. Man kann z. B. als Schwellenwert die kleinste Elektrolytkonzentration bezeichnen, in welcher in 24 Stunden sichtbare Flocken auftreten, oder aber in einer anderen bestimmten Zeit das Sol trüb wird. Auch jede andere Eigenschaft der Lösung, die eine Funktion der Teilchenvergröberung darstellt, kann als Maß für die Koagulation dienen, z. B. die Lichtabsorption, die Farbe oder die Viskosität. Das unmittelbarste Maß für die Koagulation ist die durch ultramikroskopische Verfolgung der Teilchenzahlabnahme bestimmte Koagulationsgeschwindigkeit. Sie ist nur an ultramikroskopischen Solen durchführbar und immerhin umständlich, so daß verhältnismäßig wenig Versuche vorliegen, die Elektrolytwirkung auf diese Weise zu messen. (Vgl. die Prüfung der SMOLUCHOWSKIschen Koagulationstheorie in ZSIGMONDYs Institut und die neueren Messungen aus dem Institute von G. WIEGNER.)

Die Schulze-Hardysche Regel. H. SCHULZE ist 1882 bei der Bestimmung der Schwellenwerte der Flockung eines Arsentrisulfidsols zu der Regel gelangt, daß dieselben vorzugsweise durch das Kation des fällenden Salzes bestimmt sind, dagegen von der Natur der Anionen nur wenig abhängen. Die einwertigen Kationen fällen erst in einer viel höheren Konzentration als die zweiwertigen, Salze mit dreiwertigen Kationen haben ein noch stärkeres Fällungsvermögen als die letzteren. Innerhalb eines Wertigkeitstypus zeigen sich ebenfalls Unterschiede, die jedoch viel kleiner sind als diejenigen zwischen den einzelnen Wertigkeitsgruppen. Die folgende Tabelle bringt in der Kolonne I die Zahlen von SCHULZE. Sie bedeuten die Konzentration, welche binnen fünf Sekunden eine Trübung erzeugt. SCHULZE gab nur die Gewichtskonzentrationen an.

Tabelle 23.[1] Flockung von As_2S_3-Solen

Elektrolyt	I nach H. SCHULZE	II nach S. E. LINDER und H. PICTON	III nach H. FREUNDLICH
Einwertige Kationen, c Millimol im Liter			
(Essigsäure	za. 14900)	—	—
($^1/_3$ H_3PO_4	za. 1290)	—	—
($^1/_2$ Oxalsäure	za. 373)	—	—
($^1/_2$ H_2SO_3	za. 257)	—	—
$^1/_3$ K_3-Zitrat	—	—	> 240
K-Azetat	—	—	110
$^1/_2$ Li_2SO_4	—	124,4	—
$LiNO_3$	—	109,0	—
LiCl	185,4	—	58,4
$^1/_4$ $K_4Fe(CN)_6$	181,2	—	—
Na-Azetat	154,3	—	—
$^1/_2$ K_2SO_4	151,0	123,1	65,6
$^1/_2$ K_2-Oxalat	131,2	—	—
KNO_3	117,6	104,7	50,0
$^1/_2$ Na_2SO_4	109,0	137,4	—
KJ	107,3	102,2	—
NaJ	—	117,0	—
$^1/_2$ K_2-Tartrat	104,3	—	—
$^1/_3$ $K_3Fe(CN)_6$	100,5	—	—
$NaNO_3$	100,4	110,8	—
KCl	97,9	(97,9)	49,5
$KClO_3$	92,7	—	—
NH_4NO_3	90,5	73,9	—
NH_4J	—	73,9	—
NH_4Br	—	73,9	—
NH_4Cl	90,3	62,9	42,3
KBr	81,5	101,0	—
NaBr	—	109,0	—
NaCl	80,6	103,5	51,0
$^1/_2$ $(NH_4)_2SO_4$	80,4	95,8	—
$^1/_2$ H_2SO_4	80,0	92,4	30,1
HNO_3	57,5	57,5	—
HCl	49,4	58,7	30,8
HJ	—	57,5	—
HBr	—	56,0	—
Guanidinnitrat	—	—	16,4
$^1/_2$ Tl_2SO_4	8,36	1,60	—
Strychninnitrat	—	—	8,0
Anilinchlorid	—	—	2,52
p-Chloranilinchlorid	—	—	1,08
Morphinchlorid	—	—	0,425
Neufuchsin	—	—	0,114

[1] Die Tabelle entnehmen wir einer Zusammenstellung von WO. OSTWALD, der die Umrechnung auf molekulare Konzentrationen durchgeführt hat.

Elektrolyt	I nach H. SCHULZE	II nach S. E. LINDER und H. PINCTON	III nach H. FREUNDLICH
	Zweiwertige Kationen, c Millimol im Liter		
$MgSO_4$	3,16	2,10	0,810
$Fe(NH_4)_2(SO_4)_2$	3,03	—	—
$MnSO_4$	2,31	2,02	—
$FeSO_4$	2,77	2,02	—
$CoSO_4$	—	1,96	—
$ZnSO_4$	1,86	1,68	—
$NiSO_4$	1,88	1,65	—
$CaSO_4$	2,64	1,60	—
$NiCl_2$	—	1,52	—
$CdCl_2$	—	1,46	—
$FeCl_2$	—	1,42	—
$Co(NO_3)_2$	—	1,37	—
$ZnCl_2$	—	1,34	0,685
$CaCl_2$	2,06	1,31	0,649
$Ca(HCO_3)_2$	1,95	—	—
$CaBr_2$	—	1,31	—
$MgBr_2$	—	1,31	—
$CoCl_2$	—	1,29	—
$Sr(NO_3)_2$	—	1,29	—
$Ca(NO_3)_2$	—	1,29	—
$SrCl_2$	—	1,23	0,635
$Cu(NO_3)_2$	—	1,23	—
$BaCl_2$	1,68	1,18	0,691
$MgCl_2$	1,05	1,14	0,717
$Ba(NO_3)_2$	1,84	1,14	0,687
$CdCl_2$	—	1,01	—
$UO_2(NO_3)_2$	—	—	0,642
$CdBr_2$	—	0,954	—
$CdSO_4$	—	0,924	—
$CuSO_4$	—	0,911	—
$Cd(NO_3)_2$	—	0,899	—
$HgCl_2$	—	0,322	—
$PbCl_2$	—	0,225	—
	Dreiwertige Kationen		
$^1/_2\ Fe_2(SO_4)_3$	—	0,216	—
$^1/_2\ Cr_2(SO_4)_3$	—	0,154	—
$CrCl_3$	0,316	—	—
$FeCl_3$	0,123	0,136	—
$^1/_2\ Di_2(SO_4)_3$	—	0,080	—
$^1/_2\ Al_2(SO_4)_3$	0,112	0,074	—
$^1/_2\ La_2(SO_4)_3$	—	0,074	—
$^1/_2\ Ce_2(SO_4)_3$	—	0,074	0,092
$AlCl_3$	0,090	0,062	0,093
$Al(NO_3)_3$	—	—	0,095
$NH_4Fe(SO_4)_2$	—	0,102	—
$KCr(SO_4)_2$	0,141	0,092	—
$KAl(SO_4)_2$	0,077	0,040	—
$KFe(SO_4)_2$	0,063	—	—
$NH_4Al(SO_4)_2$	—	0,040	—

SCHULZEs Ergebnisse wurden 1887 durch PROST am Kadiumsulfidsol bestätigt.

S. E. LINDER und H. PICTON haben 1895 neue Koagulationsversuche an Arsentrisulfidsolen angestellt und kommen zu dem Schluß, daß die koagulierende Wirkung der Metalle ungefähr die folgende Beziehung zeigt:

$$R_I : R_{II} : R_{III} = 1 : 10 : 500$$

R bedeutet die fällende Wirkung (reziproker Schwellenwert der flockenden Konzentration), die Indizes die Wertigkeit der Kationen. Die Versuchsergebnisse dieser Autoren sind in der Kolonne II der Tabelle zusammengefaßt.

Eine wichtige Verallgemeinerung und Präzisierung fand die SCHULZEsche Regel durch W. B. HARDY. Mittels Versuchen an Kieselsäure, Mastix-, Eisenhydroxyd-, Goldsol und an den Alkali- und Säuresalzen des hitzedenaturierten Albumins wies er nach, daß die Wertigkeit des dem Kolloid entgegengesetzten geladenen Ions für die fällende Wirkung des betreffenden Salzes maßgebend ist. Beim elektronegativen Kieselsäuresol nimmt das Fällungsvermögen z. B. in der folgenden Reihenfolge ab:

$$Al_2(SO_4)_3 < CuSO_4 < Na_2SO_4$$

während $CuSO_4$ und $CuCl_2$ ungefähr gleich wirken. Bei dem elektropositiven Eisenhydroxydsol hat $CuSO_4$ eine stärkere Wirkung als $CuCl_2$, dagegen unterscheiden sich hier $Al_2(SO_4)_3$ und Na_2SO_4 in ihrem Koagulationsvermögen nicht merklich.

Die SCHULZE-HARDYsche Regel besagt also, daß *das Fällungsvermögen der Elektrolyte in erster Linie durch die Wertigkeit des dem Kolloidion entgegengesetzt geladenen Ions* (d. i. des *Gegenons*) *bestimmt ist.*

Von dem später dazugekommenen, sehr reichen experimentellen Material haben die Versuche H. FREUNDLICHs besondere Bedeutung erlangt. Die Tabelle bringt in der Kolonne III seine Ergebnisse an einem Arsentrisulfidsol.

Seine Resultate mit organischen Kationen bilden den ersten großen Widerspruch zu der SCHULZE-HARDYschen Regel. Diese haben nicht nur alle kleinere Schwellenwerte der Flockung als die einwertigen anorganischen Ionen, sondern teilweise sogar niedrigere als die zweiwertigen. Die individuellen Eigenschaften können also in Extremfällen den Einfluß der Wertigkeit sogar übertreffen.

Als Illustration der Wertigkeitsregel an einem positiven Kolloid sei hier eine Versuchserie von H. B. WEISER und MIDDLETON wiedergegeben.

Tabelle 24. Schwellenwerte eines Eisenhydroxydsols

Salz	Schwellenwerte in Millimol pro Liter	Salz	Schwellenwerte in Millimol pro Liter
Ferrozyanid	0,067	Bromat	31,3
Ferrizyanid	0,096	Thiozyanat	46,9
Dichromat	0,188	Chlorid	103,1
Tartrat	0,200	Chlorat	115,6
Sulfat	0,219	Nitrat	131,2
Oxalat	0,238	Bromid	137,5
Chromat	0,325	Jodid	153,6
Jodat	0,900	Formiat	172,5

Erklärungsversuch Whethams. Der erste, der für die SCHULZE-HARDYsche Regel eine Erklärung zu geben versuchte, war W. C. D. WHETHAM. Er ging von der Annahme aus, daß die elektrische Ladung der Teilchen die Beständigkeit des Systems bedingt. Koagulation erfolgt dann, wenn das Kolloidion mit einer genügenden Anzahl von Gegenionen in Verbindung tritt, so daß ein Teil der Ladung neutralisiert wird. Die Bildung solcher Verbindungen ergibt sich auf Grund der Wahrscheinlichkeitstheorie nach der Anzahl der Zusammenstöße des Kolloidions mit den Gegenionen. Stellen wir uns nun drei Lösungen vor. Alle drei sollen Kolloidionen in derselben Konzentration enthalten, die erste Lösung einwertige, die zweite zweiwertige, die dritte dreiwertige Gegenionen, und zwar alle in einem Mengenverhältnisse, welches dem Schwellenwert des betreffenden Salzes gegen das Kolloidion entspricht. In diesem Falle muß also die Wahrscheinlichkeit der Zusammenstöße der Kolloidionen mit einer bestimmten Anzahl von entgegengesetzten Ladungen in allen drei Lösungen dieselbe sein. Die Wahrscheinlichkeit der Zusammenstöße hängt von der Konzentration ab. Soll ein Kolloidion mit n Gegenionen zusammentreffen, so ist die Häufigkeit dafür $(KC)^n$ zu setzen, wobei K eine Konstante ist und C die Konzentration des Gegenions bedeutet. Nehmen wir an, daß die Neutralisation von n Ladungen pro Teilchen die Ausflockung hervorruft. Die Häufigkeit solcher wirksamer Zusammenstöße ist im Falle von einwertigen Gegenionen $(KC_1)^n$, im Falle von zweiwertigen Gegenionen $(KC_2)^{\frac{n}{2}}$, im Falle von dreiwertigen $(KC_3)^{\frac{n}{3}}$, weil im Falle von zweiwertigen Gegenionen das Zusammentreffen mit $\frac{n}{2}$, im Falle von dreiwertigen mit $\frac{n}{3}$ Gegenionen genügt. Falls die betrachteten drei Lösungen die Schwellenwerte darstellen, so ist die Häufigkeit der Zusammenstöße überall die gleiche. Es gilt also

$$(KC_1)^n = (KC_2)^{\frac{n}{2}} = (KC_3)^{\frac{n}{3}} = A$$

wobei A eine Konstante bedeutet.

Daher:

$$C_1 = \frac{A^{\frac{1}{n}}}{K};\quad C_2 = \frac{A^{\frac{2}{n}}}{K};\quad C_3 = \frac{A^{\frac{3}{n}}}{K}$$

So erhalten wir für die Schwellenwerte:

$$C_1 : C_2 : C_3 = A^{\frac{1}{n}} : A^{\frac{2}{n}} : A^{\frac{3}{n}} = 1 : A^{\frac{1}{n}} : A^{\frac{2}{n}}$$

Setzen wir $A^{\frac{1}{n}} = \frac{1}{x}$, dann können die Beziehungen geschrieben werden:

$$C_1 : C_2 : C_3 = 1 : \frac{1}{x} : \frac{1}{x^2}$$

Nehmen wir z. B. $x = 32$, so erhalten wir die Beziehung:

$$C_1 : C_2 : C_3 = 1 : \frac{1}{32} : \frac{1}{1042}$$

während PICTON und LINDERs Daten am Antimontrisulfid ein Verhältnis ergeben:

$$1 : \frac{1}{35} : \frac{1}{1023}$$

Setzen wir $x = 40$, so erhalten wir:

$$1 : 40 : 1600$$

was mit den Ergebnissen von H. SCHULZE am Arsentrisulfid übereinstimmt.

B. T. ROBERTSON wies später darauf hin, daß die WHETHAMsche Überlegung ganz dem kinetischen Ansatz entspricht, welcher dem GULDBERG-WAAGEschen Massenwirkungsgesetz zugrunde gelegt wird. Man kann also die Koagulation als eine chemische Reaktion zwischen dem Kolloidion und den Gegenionen auffassen und deren Geschwindigkeit im Falle von ein-, zwei- und dreiwertigen Gegenionen unter der Voraussetzung, daß die Geschwindigkeitskonstanten gleich sind, miteinander vergleichen.

Die WHETHAMsche Theorie betrachtet die Koagulation nicht als die Folge eines Gleichgewichtes, sondern als einen zeitlich verlaufenden Vorgang und vergleicht die Koagulationsgeschwindigkeit in Abhängigkeit von der Wertigkeit des Gegenions. Sie wäre geeignet, die Tatsache zu erklären, daß die mehrwertigen Ionen eine raschere Koagulation hervorrufen. Nun haben zahlreiche experimentelle Befunde erwiesen, daß es sich da nicht um einen rein kinetischen Vorgang handelt, sondern man kann etwa durch Zugabe von unterschwelligen Elektrolytmengen zeigen, daß bald, häufig schon momentan, ein stabiler Zustand erreicht wird, wobei jedoch die freie Ladung des Kolloids im Falle einwertiger Gegenionen viel höher bleibt, als im Falle von zwei- oder mehrwertigen Gegenionen derselben Konzentration. Im Gleichgewichtszustande haben wir es mit zwei Reaktionen zu tun, mit der Reaktion der Entladung und der Gegenreaktion der Aufladung infolge der Ablösung der Gegenionen, und die Geschwindigkeit dieser zwei Reaktionen ist gleich. Nach der WHETHAM-HARDYschen Hypothese müßten auch unterschwellige Elektrolytzusätze, wiewohl in einem weit größeren Zeitraume zur Ausflockung führen, und es würde kein Gleichgewicht erreicht, solange nicht das Kolloid niedergeschlagen ist.

Anderseits haben die Erfahrungen gelehrt, daß die Ionenanlagerung eine momentan verlaufende Reaktion ist, wie die Ionenreaktionen im allgemeinen. Dadurch ist der WHETHAMschen und der anschließenden ROBERTSONschen Annahme für die Erklärung des Wertigkeitseinflusses der Boden entzogen.

Vom Standpunkte der heutigen Ansichten über die Wirkung der Gegenionen reicht zur Erklärung der Wertigkeitsregel die Annahme vollkommen aus, daß die Stabilität der elektrokratischen Kolloide eine Funktion der freien Ladung ist. Da die Theorie der interionischen elektrostatischen Wechselwirkungen die hervorragende Rolle der Gegenionenwertigkeit für die freie Ladung voraussagt, so erübrigt sich jede andere Hypothese. Auch nach der quantitativen Seite vermag die Theorie der Erfahrung gerecht zu werden, indem sie unter gewissen Voraussetzungen die Ableitung von Zusammenhängen zwischen freier Ladung des Kolloidions und Wertigkeit des Gegenions gestattet, die mit den Befunden eine befriedigende Übereinstimmung zeigen. Diese Gesetze, wie die SCHULTZE-HARDYsche Regel, können jedoch nur einen näherungsweisen Charakter haben, da die spezifische Affinität der Gegenionen zur Kolloidionoberfläche gegenüber der rein elektrostatischen Wechselwirkung darin vernachlässigt wird, was wohl dem häufigeren, jedoch keineswegs allgemeinen Fall entspricht.

Was die von FREUNDLICH festgestellte Ausnahmsstellung bestimmter organischer Kationen betrifft, so erklärt PAULI ihre ausgezeichnete Wirksamkeit durch ihre Orientierung im elektrischen Felde des negativen Kolloidions. Die Ionen werden infolge ihrer exzentrischen Ladung derart gerichtet, daß ihre positiv geladenen N-haltigen Gruppen nahe an die Oberfläche des Kolloidions heranreichen werden. Die hohe Feldstärke in der Nähe im Vereine mit der starken Assoziationsfähigkeit des übrigen Molekülrestes verleiht diesen Ionen die Wirksamkeit von mehrwertigen.

Einfluß der Ionengröße. Die Durchsicht der Tabelle 23 lehrt, daß auch in dem Gebiete der einwertigen Alkalisalze desselben Anions deutliche Unterschiede nach der flockenden Wirksamkeit auftreten können. So wirkt LiCl nach SCHULTZE erst in der doppelten Konzentration des Schwellenwertes von NaCl flockend. In der späteren Zeit hat man die Reihenfolge der Alkalionen in besonderen Versuchen bestimmt. Die folgende Tabelle enthält die Übersicht über einige Ergebnisse:

Tabelle 25

Sol	Reihenfolge nach zunehmendem Schwellenwert	Untersucher
As_2S_3	$H > Na > NH_4 > K > Li$	H. SCHULTZE
As_2S_3	$H > NH_4 > K \geqq Li > Na$	S. LINDER und H. PICTON
As_2S_3	$H > NH_4 > K > Na > Li$	H. FREUNDLICH
Ferrozyankupfer ... Berlinerblau .... Au, Pt, SiO_2	$H > Cs > Rb > K > Na > Li$	N. PAPPADA
Schwefel	$Cs > Rb > K > Na > NH_4 > Li > H$	S. ODÉN
Gold	$H > Cs > Rb > K > Na > Li$	A. WESTGREN
Gold	$Cs > Rb > K > Na > Li$	P. TUORILA
Ton	$Cs > Rb > K > NH_4 > Na > Li$	R. GALLAY
Ton, Permutit ..... Quarz, Paraffin	$H > Cs > K > Na > Li$	P. TUORILA

Es ergab sich somit in der überwiegenden Mehrzahl der untersuchten Fälle, daß die Gegenionen um so stärker flocken, je höher der Radius der nackten, d. h. je kleiner der Radius der hydratisierten Ionen ist. Wie in dem Abschnitt über die Theorie der Gegenionwirkung ausgeführt, erklärt man diesen Befund dadurch, daß die Hydrathülle der Gegenionen ihrer Annäherung an das Kolloidion entgegenwirkt und die Hydratationswärme der Ionen die Arbeit zu ihrer Abtrennung von der Kolloidoberfläche verkleinert.

P. TUORILA und R. GALLAY fanden innerhalb der zweiwertigen flockenden Kationen die Reihenfolge in demselben Sinne:

$$Ba > Li > Ca > Mg.$$

Auch hier flocken somit die schwächer hydratisierten Ionen stärker.

Die Reihe der Schwermetallionen variiert von Fall zu Fall. Sie flocken im allgemeinen stärker als die Leichtmetalle.

Innerhalb der Reihe der die positiven Sole flockenden Anionen läßt sich keine genaue Ordnung aufstellen. Ihre Wirksamkeit hängt stark von der besonderen Art des Sols ab.

Literaturverzeichnis

FREUNDLICH, H.: Z. f. phys. Ch. **44**, 129 (1903); **73**, 385 (1910). — GALLAY, R.: Koll. Beitr. **21**, 431 (1925). — HARDY, W. B.: Z. f. phys. Ch. **33**, 385 (1900). — ODÉN, S.: Der kolloide Schwefel. Nova Acta Ups. [IV] **3**, 66 (1912). — OSTWALD, WO.: Koll. Z. **26**, 28, 69 (1920). — PAPPADA, N.: Koll. Z. **9**, 137, 164, 265, 270 (1911). — PAULI, WO.: Eiweißkörper und Kolloide. Wien: J. Springer (1926). — PROST, E.: Bull. l. Ac. Bruxelles [III] **14**, 317 (1887). — LINDER, S. E., und H. PICTON: Journ. Chem. Soc. **67**, 63 (1895). — ROBERTSON, T. B.: Physikalische Chemie der Proteine. Dresden (1912). — SCHULTZE, H.: Journ. f. prakt. Chemie **25**, 431 (1882); **27**, 320 (1883). — TUORILA, P.: Koll. Beitr. **22**, 298 (1926); **27**, 44 (1928). — WEISER, H. B., und MIDDLETON: Journ. Phys. Chem. **24**, 30, 630 (1920). — WESTGREN, A:. Archiv Kem. Min. Geol. **7**, 1 (1918). — WHETHAM, W. C. D.: Phil. Mag. [5] **48**, 474 (1899). — WIEGNER, G.: Z. f. Pflanzenernährung [A] **11**, 185 (1928).

20. Die Anlagerung der Gegenionen bei der Flockung

Das Mitreißen der flockenden Ionen. Der erste direkte Nachweis der Anlagerung der Gegenionen an die Kolloidionen bestand in der Feststellung, daß die Gegenionen bei der Flockung von dem Kolloid mitgerissen werden. LINDER und PICTON haben zuerst gefunden, daß bei der Fällung von Arsentrisulfidsol mit $BaCl_2$ die Ba-Konzentration in der überstehenden Lösung kleiner ist, als der zugesetzten Menge entspricht, während das Cl^- unverändert geblieben ist. Nach Auswaschen des Niederschlages kann man darin noch Ba^- nachweisen, während ein Cl^--Gehalt nicht zu konstatieren ist. Durch einfache Digestion des Niederschlages z. B. mit einer konzentrierten KCl-Lösung kann man das Ba durch K ersetzen. W. R. WHITNEY und J. E. OBER haben diesen Befund, ebenfalls am Arsentrisulfidsol, bestätigt. So fanden sie, daß ein Sol die zugefügte Ba-Menge, deren Konzentration in bezug auf das gesamte Gemisch 0,1675 g betrug, in der überstehenden Flüssigkeit auf 0,1523 g herabsetzte, somit der Niederschlag (aus 200 ccm 1%iger As_2S_3-Lösung) 0,0152 g Barium festhielt, während das Chlor vom Sulfidniederschlag nicht in meßbarer Menge zurückgehalten wurde. Dagegen enthält das Flockungsfiltrat freie Säure, deren Menge dem festgehaltenen Metall äquivalent ist. Die Versuche wurden auch auf die Flockungen durch andere Salze ausgedehnt. Die folgende Tabelle enthält die Daten von einem Sol, welches aus arseniger Säure durch Fällung mit H_2S und nachheriges Verdrängen des überschüssigen Schwefelwasserstoffs durch Wasserstoff bereitet wurde:

Tabelle 26

Kolloide Lösung ccm	Wasser ccm	Koagulationsmittel ccm	Gesamtmetall g	Vom Niederschlag zurückgehaltenes Metall g	Chlor als freie Säure g	Säure ber. aus Metallgewicht
			Kalziumchlorid			
100	100	25	0,0724	0,0020	0,0036	0,0036
200	—	25	0,0724	0,0038	0,0073	0,0067
100	100	25	0,0724	—	0,0041	0,0036
			Strontiumchlorid			
200	—	25	0,1071	0,0072	—	—
200	—	25	0,1071	0,0083	—	—
100	100	25	0,1071	—	0,0040	—
			Bariumchlorid			
200	—	30	0,1675	0,0152	0,0081	0,0079
100	100	30	0,1675	0,0078	0,0038	0,0039
100	80	50	0,2791	0,0075	—	—
			Kaliumchlorid			
100	—	—	2,0	0,0032	0,0030	0,0029
200	—	—	5,0	—	0,0073	—

In der nächsten Tabelle sind die Mengen der von 100 ccm des Kolloids zurückgehaltenen Metalle zusammengestellt. Die dritte Kolonne enthält die

Menge des betreffenden Metalls, die dem adsorbierten Barium chemisch äquivalent ist.

Tabelle 27

I	II (Beob. in g)	III (Berechn. in g)
Ca	0,0019	0,0022
	0,0020	
Sr	0,0036	0,0049
	0,0041	
Ba	0,0076	0,0076
K	0,0036	0,0043

WHITNEY und OBER bringen ihren Befund mit den Experimenten von v. BEMMELEN in Beziehung, der die Adsorption von Ionen und ihre Austauschbarkeit an vielen mit Kolloiden gewonnenen Niederschlägen studiert hat.

Die chemische Erklärungsweise. Eine Erklärung für die Erscheinung haben zuerst LINDER und PICTON zu geben versucht. Sie nahmen an, daß dem Arsentrisulfid die Konstitution eines zusammengesetzten Hydrosulfids zukäme:

$$x\,As_2S_3\,.\,y\,SH_2$$

Die Flockung mit Bariumsalzen bestände darin, daß sich die unlösliche Verbindung

$$x\,As_2S_3\,.\,y\,SBa$$

bildet, während die äquivalente H-Menge in der Lösung bleibt.

Bereits früher war von E. JORDIS lebhaft betont worden, daß die chemischen Reaktionen zwischen Gegenion und Solbildner, besonders die Bildung unlöslicher Salze für die Flockung ausschlaggebende Bedeutung haben können. So kann man die Reihenfolge der fällenden Wirkung der Metalle Alkali $<$ Erdalkali $<$ Aluminium bei der Kieselsäure damit erklären, daß die Alkalisilikate leicht, die Erdalkalisilikate weniger, die Aluminiumsilikate schwer löslich sind.

Diese chemische Erklärungsweise wurde dann von J. DUCLAUX energisch verfochten. Er wies in vielen Fällen nach, daß die Unlöslichkeit des „aktiven Teiles", d. h. der aufladenden Ionen mit dem zugefügten Ion die Koagulation hervorruft. Der ganze Vorgang besteht im wesentlichen in der Substitution des Gegenions. So kann die Flockung eines mit HCl peptisierten Eisenhydroxydsols mit Na_2SO_4 durch die folgende Gleichung ausgedrückt werden:

$$Fe_2Cl_6,\ nFe_2O_3 + 3\ SO_4Na_2 = Fe_2(SO_4)^3,\ nFe_2O_3 + 6\ NaCl$$

Besonders eingehend wurde von ihm die Flockung eines Kupferferrozyanidsoles untersucht. Die Teilchen haben die Konstitution:

$$(FeCy)_6\ Cu_{1,90}\ K_{0,20}$$

die Aufladung wird also durch die Dissoziation des ionogenen Kaliumferrozyanides besorgt. Um eine Lösung zu flocken, welche $9{,}6\,.\,10^{-6}$ Kaliumion als Gegenion enthielt, waren die folgenden Mengen erforderlich (die Salze waren Nitrate, Chloride oder Sulfate). (Tab. 28.)

Die ersten vier Ionen zeigen deutlich, daß hier die Valenzregel versagt. Von diesen genügt schon eine kleinere Menge, als dem Kaliumgehalt des Sols, d. h. der Gesamtladung äquivalent ist, um das Sol zu flocken. Diese vier bilden unlösliche Salze mit dem Ferrozyanion. Von den letzten Salzen wird natürlich nur ein Bruchteil des Zusatzes zur Substitution verbraucht.

Ein Eisenhydroxydsol besaß die Zusammensetzung Fe_2Cl_6, 35 Fe_2O_3. 10 ccm des Sols, enthaltend $16{,}6\,.\,10^{-6}$ Cl wurden geflockt durch die in der zweiten Spalte von Tabelle 28 angeführten Mengen.

Tabelle 28

Flockungswerte eines	
Kupferferrocyanidsols	Eisenhydroxydsols
$6,6 \cdot 10^{-6}$ Ag^{+}	$17 \cdot 10^{-6}$ SO_4
$3,4 \cdot 10^{-6}$ Cu^{++}	$16 \cdot 10^{-6}$ Zitrat
$5,8 \cdot 10^{-6}$ Al^{+++}	$15 \cdot 10^{-6}$ CrO_4
$6,2 \cdot 10^{-6}$ Fe^{+++}	$17 \cdot 10^{-6}$ Co_3
$15 \cdot 10^{-6}$ UO^{++}	$19 \cdot 10^{-6}$ PO_4
$48 \cdot 10^{-6}$ Ba^{++}	$16 \cdot 10^{-6}$ OH
$98 \cdot 10^{-6}$ Mg^{++}	$13 \cdot 10^{-6}$ $FeCy_6$
$240 \cdot 10^{-6}$ K^{+}	$270 \cdot 10^{-6}$ $AuCy_2$
	$1880 \cdot 10^{-6}$ NO_3

Das zweiwertige Sulfat und Chromat haben den gleichen Schwellenwert wie das einwertige OH oder das vierwertige Ferrocyanid. Citrat, Karbonat und Phosphat hydrolysieren so stark, daß die Wirkung ihrer Salze wohl hauptsächlich auf die Wirkung der Hydroxylionen zurückzuführen ist, ein Umstand, welcher von Duclaux nicht berücksichtigt wurde. Mit Ausnahme der zwei letzten Ionenarten ist der Schwellenwert äquivalent dem Kolloidsalz, d. h. die Flockung tritt beim vollständigen Austausch der Gegenionen ein.

Duclaux hat die Wertigkeit der Kolloidionen durch Hydrolyse (Versetzen mit einer kleinen Menge NH_3, Verdünnung und Wiederkonzentrieren durch Filtration an Kollodiummembranen) herabgesetzt und die Flockungswerte der so gewonnenen Eisenhydroxydsole bestimmt. Die Flockungswerte in Abhängigkeit von der Konzentration der Gegenionen (bezogen auf dieselbe Eisenmenge) lauten:

Tabelle 29. Serie I

Gegenionenkonzentration in willkürlichem Maß	Schwellenwerte von		
17 Cl	17 SO_4	16 OH	1880 NO_3
8 . ,,	6,8 ,,	6,6 ,,	440 ,,
4,1 ,,	4,0 ,,	3,6 ,,	70 ,,
2,8 ,,	2,0 ,,	2,2 ,,	36 ,,

Serie II

Gegenionenkonzentration in willkürlichem Maß	Schwellenwerte von	
11 Cl	13 SO_4	2000 NaCl
7,2 ,,	7,2 ,,	170 ,,
4,8 ,,	3,1 ,,	75 ,,
1,0 ,,	0,9 ,,	6 ,,

Die Stabilität nimmt also beim Entfernen der aufladenden Komplexe ab, und zwar anscheinend unbegrenzt. Die Schwellenwerte von Sulfat und Hydroxyl nehmen mit der Wertigkeit der Teilchen nahe proportional ab, die Werte für NO_3 und Cl viel schneller. Wir möchten hier bemerken, daß die Entfernung der ionogenen Komplexe in diesem Falle durch Versetzen mit einer Base bewirkt wurde, so daß der angeführte Versuch auf die Kombination der Hydroxylionwirkung mit der Wirkung von anderen Ionen hinausläuft.

Andere Experimente wurden von Duclaux an Kupferferrocyanidsolen durchgeführt.

Duclaux hat ferner bestätigen können, daß diejenigen gleichwertigen Ionen, bei denen keine chemische Reaktion mit den aufladenden Verbindungen vorauszusehen ist, ungefähr in der gleichen Konzentration fällen. So wird ein Kupferferrozyanidsol geflockt durch 14 n NaCl und 13 n H_2SO_4, ein Eisenhydroxydsol durch 3,6 n NaCl, 4,2 n KNO_3 und 3,6 n $SrCl_2$.

Später hat Duclaux auch die Möglichkeit erörtert, daß die Wirkung der Wertigkeit, in den wenigen Fällen, wo sie nicht durch die chemischen Reaktionen maskiert ist, bloß durch den Einfluß auf den osmotischen Druck des Kolloidsalzes erklärt werden kann. Mit zweiwertigen Gegenionen ist der osmotische Druck der „Mizelle", welche hauptsächlich durch die Teilchenzahl der Gegenionen gegeben ist, ungefähr die Hälfte desjenigen mit einwertigem Gegenion. Wäre der Druck für die Stabilität ausschlaggebend, so könnte auf diese Weise die Schulze-Hardysche Regel eine Erklärung finden. Demgegenüber müssen wir darauf hinweisen, daß der osmotische Druck der Mizelle im Sinne von Duclaux für die Stabilität nicht verantwortlich gemacht werden kann. (Vgl. Kap. 24.)

Wichtiger erscheint eine andere Möglichkeit, welche von Duclaux ebenfalls erwähnt wird. Die Ladung ist durch die Dissoziation der ionogenen Moleküle bedingt. Die Dissoziation der mehrwertigen Salze ist geringer als die dei einwertigen. Die Hardysche Regel würde dann als ein Spezialfall dieses allgemeinen Gesetzes erscheinen. Diese Anschauung reicht aber nicht aus, um die Größenordnung des Wertigkeitseffektes vorauszusagen.

Adsorptionstheorie der Flockung. H. Freundlich hat eine Theorie der Valenzregel aufgestellt, welche auf der Parallelität von Adsorption und Koagulation fußt. Die Grundlage der Theorie ist demnach die Tatsache, daß diejenigen Ionen stärker flocken, die in stärkerem Maße adsorbiert werden. Das Mitreißen des Gegenions wird dabei als Adsorption aufgefaßt. Soweit wäre die Theorie eine einfache Beschreibung der Befunde von Picton-Linder und Whitney-Ober.

Freundlich hat nun eine Reihe von Versuchen angestellt, um zu zeigen, daß die Adsorbierbarkeit von Ionen an kolloide Niederschläge symbat verläuft mit dem Fällungsvermögen dieser Ionen für ein Sol von derselben Art. So hat er die Adsorption an As_2S_3-Niederschlägen mit der koagulierenden Wirkung der Ionen auf das As_2S_3-Sol verglichen. Das As_2S_3-Gel war durch Ausflocken eines As_2S_3-Sols mit HCl, Abfiltrieren und Trocknen bereitet. Gewogene Mengen des Niederschlages wurden mit der betreffenden Elektrolytlösung geschüttelt, abzentrifugiert und die Menge der adsorbierten Ionen analytisch bestimmt. Es konnte gezeigt werden, daß die Adsorption der empirischen Gleichung

$$\frac{x}{m} = a \cdot c^{\frac{1}{n}}$$

gehorcht, wobei x die adsorbierte Menge, m die Menge Adsorbens, c die Gleichgewichtskonzentration, a und n willkürlich gewählte Konstanten bedeuten, die nach Adsorbens und Adsorbendum variieren. Außerdem wurde festgestellt, daß verschiedene Ionen aus äquimolaren Lösungen gleich stark adsorbiert werden. Diese zwei Tatsachen reichen aus, um die Valenzregel abzuleiten. Für die Flockung durch eine Lösung mit zweiwertigen Gegenionen genügt es nämlich, wenn nur die Hälfte der Mole adsorbiert werden, als aus der Lösung mit einwertigen, da in dem ersten Fall ein Mol doppelt so viel Ladungen repräsentiert. Nun folgt aus der Form der Adsorptionsisotherme, daß die Hälfte der Menge nicht bei dem halben Gehalt, sondern bei einer viel geringeren Gleichgewichtskonzentration adsorbiert wird. Noch kleinere Gleichgewichtskonzentrationen genügen, damit $^1/_3$ Mole adsorbiert werden. Dies geht aus der folgenden Abb. 26 deutlich hervor.

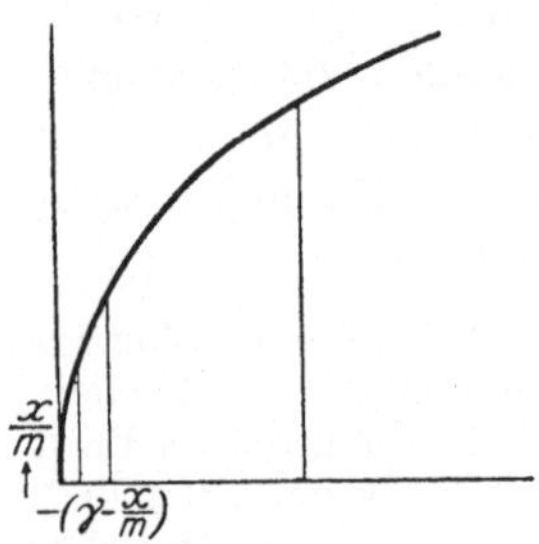

Abb. 27. Ableitung der Wertigkeitsregel aus der Adsorptionsisotherme nach H. FREUNDLICH

Während die Ordinaten (adsorbierten Mengen) im Verhältnis $1 : {}^1/_2 : {}^1/_3$ stehen, verringern sich die zugehörigen Abszissen (Gleichgewichtskonzentrationen) in weit ausgiebigerem Maße.

Um seine Theorie zu stützen, hat FREUNDLICH mit N. ISHIZAKA die Adsorbierbarkeit der Ionen an Fasertonerde (Al-Oxyd-Gel) mit ihrem Fällungswert gegenüber Al-Oxydsol verglichen. Die folgende Tabelle enthält die Fällungswerte (γ), die Abbildung gibt die zugehörige Adsorptionsisotherme wieder. Man sieht, daß die Reihenfolge in beiden Fällen identisch ist und auch die Regel von der äquimolaren Adsorption gilt, wiewohl nur in grober Näherung.

Tabelle 30. Fällungswert in Millimol i. L.

	γ		γ
KCNS	67,0	K_2CrO_4	0,95
KNO_3	60,0	$K_2Cr_2O_7$	0,63
KCl	46,0	K_2SO_4	0,30
NaCl	43,5	Bernsteinsaures Kalium	0,84
NH_4Cl	43,5	Oxalsaures Kalium	0,69
Sulfanilsaures Kalium	95,0		
K-Salizylat	5,3	$K_3Fe(CN)_6$	0,080
Na-Pikrat	4,7	$K_4Fe(CN)_6$	0,053

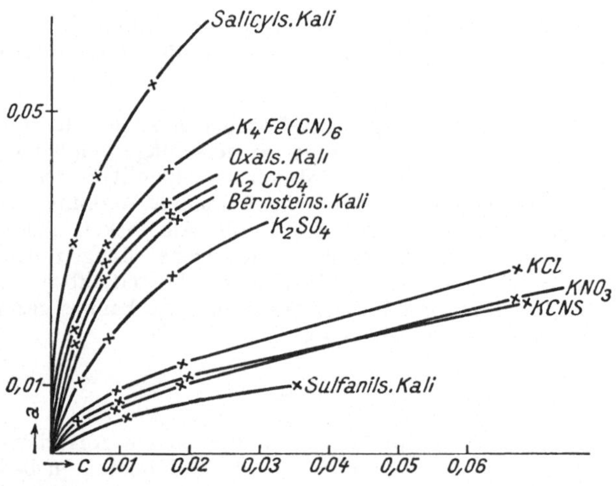

Abb. 28. Ionenadsorption durch Fasertonerde nach H. FREUNDLICH und N. ISHIZAKA. Abszisse: Gleichgewichtskonzentration, Ordinate: adsorbierte Menge.

Später hat J. A. GANN in FREUNDLICHs Institut eine experimentelle Prüfung der Theorie vorgenommen, indem er ebenfalls die Fällungswerte und die Adsorption, jedoch beide an dem Aloxyd-Sol bestimmte. Die Adsorption wurde durch Analyse des Ultrafiltrates ermittelt. Er hat gezeigt, daß die bei der Schwellenkonzentration adsorbierten Mengen einander nahe äquivalent sind.

Tabelle 31

Anion	Fällungswert (Millimol i. L.)	Beim Fällungswert adsorbierte Menge in Millimol	Beim Fällungswert adsorbierte Menge in Milliäquivalent
Salizylation	8	0,30	0,30
Pikration	4	0,18	0,18
Oxalation	0,36	0,18	0,36
Ferrizyanion	0,10	0,09	0,27
Ferrozyanion	0,08	0,073	0,29

An Hand der vorliegenden Experimente hat Wo. Ostwald die Freundlichsche Theorie einer sehr sorgfältigen und eingehenden Kritik unterzogen. Er konnte auf Grund der Freundlichschen Annahme die quantitative Beziehung

$$\frac{1}{C_1} : \frac{1}{C_2} : \frac{1}{C_3} = 1 : 2^n : 3^n$$

(C_1 der Schwellenwert des einwertigen Ions) ableiten. Die graphische und rechnerische Prüfung ergab jedoch, daß die Beziehung in Wirklichkeit nur gelegentlich und zufällig zutrifft.

Vom theoretischen Standpunkte aus kann die Adsorptionstheorie nicht recht befriedigen, da ja die verwendete Adsorptionsisotherme rein empirischer Natur ist und der Satz von der äquimolekularen Adsorption ebenfalls nicht näher begründet ist.

Die wachsende Erkenntnis der zwischen den Ionen wirkenden elektrischen Kräfte hat auch den Weg für eine elektrostatische Theorie der Gegenionenwirkung geebnet.

Theorie von Mukherjee. Ein Versuch, diese Theorie quantitativ auszuwerten, rührt von J. N. Mukherjee her. Zu diesem Zwecke muß die Annahme gemacht werden, daß die chemischen Kräfte zwischen Gegenion und aufladendem Ion keine Rolle spielen. Dem Minimum der elektrischen Energie entspricht der kleinstmögliche Abstand zwischen Gegenion und aufladendem Ion. Das Gegenion bezeichnet man als gebunden, wenn die Arbeit, um es von der Oberfläche zu entfernen, größer ist als seine kinetische Energie. Die elektrische Arbeit wird durch die folgende Beziehung ausgedrückt:

$$\varphi = \frac{z_1 \cdot z_2 \cdot \varepsilon^2}{D \cdot x}$$

Darin ist φ die Arbeit, welche notwendig ist, um das Gegenion von dem aufladenden zu trennen, z_1 die Wertigkeit des Gegenions, z_2 die Wertigkeit des aufladenden Ions, ε die Elementarladung, D die Dielektrizitätskonstante, x der kleinste Abstand zwischen aufladendem und Gegenion, d. h. die Summe der Radien der beiderseitigen Wirkungssphären.

Ein empfindlicher Mangel dieser Gleichung ist, daß sie den Effekt der Kolloidladung auf den Einfluß je eines einzigen aufladenden Ions reduziert. Es ist jedoch außer Zweifel, daß die benachbarten Ladungen dabei ebenfalls eine starke Wirkung ausüben.

Die Wahrscheinlichkeit, daß ein Gegenion festgehalten wird, ergibt sich nun zu $1 - e^{\frac{-\varphi}{kT}}$, wobei k die Boltzmannsche Konstante $\left(k = \frac{R}{N}\right)$, T die absolute Temperatur bezeichnen. Unter der Annahme, daß der Abstand der entgegengesetzten Ladungen $x = 1 \times 10^{-7}$ cm ist, ergeben sich die folgenden Werte:

Tabelle 32. Werte von $1 - e^{\frac{-\varphi}{nT}}$

	$z_2 = 1$	$z_2 = 2$	$z_2 = 3$	$z_2 = 4$
$z_1 = 1$.....	0,501	0,751	0,875	0,938
$z_1 = 2$.....	0,751	0,938	0,984	0,986
$z_1 = 3$.....	0,875	0,984	0,998	—

Die Zahlen bedeuten die wahrscheinliche Dichte der Gegenionen in der unmittelbaren Umgebung der Kolloidionen gegenüber ihrer mittleren Dichte in der Lösung und gestatten eine Vorstellung von der Größenordnung des Effektes.

Die Gleichgewichtsbedingungen leitet MUKHERJEE mit Hilfe der LANGMUIR-Isotherme ab.

N_0 bedeutet die Anzahl der z_1-wertigen aufladenden Ionen pro Oberflächeneinheit. Das Maximum der absorbierbaren z_2-wertigen Gegenionen pro Oberflächeneinheit beträgt dann

$$N_m = N_0 \cdot \frac{z_1}{z_2}$$

Jenen Bruchteil dieser maximalen Menge, welche, im Gleichgewichte mit der Lösung von der Konzentration c an Gegenionen, adsorbiert ist, bezeichnen wir mit Θ. Ein Gleichgewicht ist dann erreicht, wenn in der Zeiteinheit ebensoviele Ionen festgehalten wie freigegeben werden. Die Geschwindigkeit der Dissoziation der Gegenionen pro Oberflächeneinheit ist

$$k_1 N_m \Theta_1 e^{\frac{-\varphi}{kT}}$$

Die elektrische Anziehung setzt die Wahrscheinlichkeit der Freigabe von Oberflächen ionen herab.

Die Anzahl der unbesetzten Stellen pro Oberflächenionen ist gleich

$$N_0 - N_m \Theta_1 = N_0 \left(1 - \frac{z_1}{z_2} \Theta_1\right)$$

Die Adsorptionsgeschwindigkeit ist außerdem proportional der Intensität der elektrischen Felder und der Beweglichkeit des Ions. Die Intensität des Feldes ist proportional der Dichte der Oberflächenladung.

$$k_2 (1 - \Theta_1) N_0 z_1 z_2$$

z_1 und N als Konstante können mit k_2 zusammengezogen werden. Die Adsorptionsgeschwindigkeit ergibt sich also

$$k_4 N_0 \left(1 - \frac{z_1}{z_2} \Theta_1\right) z_2 (1 - \Theta_1) c u$$

wobei c die Konzentration der Gegenionen in der Lösung und u die Beweglichkeit bedeuten.

Für das Gleichgewicht gilt demnach

$$k_1 N_m \Theta_1 e^{\frac{-\varphi}{kT}} = k_4 N_0 \left(1 - \frac{z_1}{z_2} \Theta_1\right) u_2 (1 - \Theta_1) c u$$

Setzt man $k_5 = \frac{k_4}{k_1} z_2 u e^{\frac{-\varphi}{kT}}$

so erhält man

$$\Theta_1 = k_5 \frac{z_2}{z_1} c \left(1 - \frac{z_1}{z_2} \Theta_1\right) (1 - \Theta_1)$$

Die Ladung pro Oberflächeneinheit ist im allgemeinen

$$\Theta_2 = 1 - \Theta_1$$

Nach der Gleichung ist also die Adsorbierbarkeit eines Ions von der Wertigkeit und der Beweglichkeit abhängig. Je größer die Wertigkeit und die Beweglichkeit, desto größer der Bruchteil der Ionen, die bei derselben Konzentration an der Oberfläche festgehalten werden. Für eine negative Oberfläche ergibt sich die Reihe:

$$Th > Al > Ba > Sr > Ca > Mg > H > Cs, Rb > K > Na > Li$$

In der Tat zeigen die Flockungsergebnisse dieselbe Reihenfolge.

Trotz dieser Übereinstimmung muß man die Theorie von MUKHERJEE wegen einiger wesentlicher Unstimmigkeiten in der Überlegung ablehnen:

1. Es ist völlig unbegründet, daß durch die elektrische Anziehungskraft die Anlagerungsgeschwindigkeit auf eine ganz andere Weise beeinflußt wird, als der Ablösungsvorgang der Gegenionen.

2. Der Ansatz, daß die Feldintensität der Ladungsdichte proportional ist, trifft wegen der komplizierten Natur dieser Funktion (Kapazität der Doppelschicht) nicht zu.

Von mehreren Seiten wurde auch entgegengehalten, daß die Beweglichkeit im elektrischen Felde für einen Gleichgewichtszustand nicht bestimmend sein kann. Es ist jedoch möglich, daß die Beweglichkeit in der Tat als ein Maß für die Ionengröße in der wäßrigen Lösung (so wie im Sinne des STOKESschen Gesetzes) auftritt.

Die Gegenionenanlagerung als Folge der elektrostatischen Wechselwirkung. Die Befunde, betreffend die Gegenionenanlagerung an die Kolloidionen, lassen sich als Ergebnis der elektrostatischen Wechselwirkungen widerspruchsfrei erklären. Die primär erfolgende Inaktivierung der Gegenionen muß bei Verstärkung des Effektes in eine Assoziation übergehen. In demselben Maße, in dem die Gegenionen die freie Ladung und dadurch die Stabilität des Kolloidsalzes erniedrigen, werden sie an die Teilchenoberfläche angelagert werden. Auch in dem Falle, wenn keine vollständige Assoziation an das Kolloidion erfolgt, wird die Ionenatmosphäre bei der Flockung in das Koagulum gehen, da sonst das Gesetz der Elektroneutralität durchbrochen wäre. Bereits aus der GOUYschen Theorie geht hervor, daß in der Ionenatmosphäre die hochwertigen Gegenionen gegenüber den einwertigen bevorzugt sind. Die gleichgeladenen Ionen sind aus der Umgebung der Kolloidionen verdrängt. Sollten also die Ionen bei der Flockung eine freie Ladung behalten (was bei der Entstehung elektrosmotisch wirksamer Koagele der Fall ist), so sind die gleichgeladenen Ionen im Koagulum in niedrigerer Konzentration vertreten als in der Lösung. Die Austauschbarkeit der Gegenionen im Koagulum spricht dafür, daß die Ionenanlagerung keine vollständige ist, sondern ein assoziierter Anteil mit einem frei beweglichen im Gleichgewichte steht. Wenn auch die hochwertigen Gegenionen in dem Ionenschwarm, welcher die Kolloidionen umgibt, begünstigt sind, so können sie durch überschüssige einwertige Gegenionen verdrängt werden, was auch die Anwendung der GOUYschen Theorie ergibt.

Daß diejenigen Ionen, welche mit den aufladenden Ionengruppen in freiem Zustande unlösliche Verbindungen liefern, bevorzugt angelagert werden, kann auf zwei verschiedene Weisen erklärt werden.

Erstens kann man annehmen, daß die Ionen auch nach der Anlagerung ihre ursprünglichen Eigenschaften soweit bewahrt haben, daß sie weiter zu einer Vereinigung mit denjenigen Ionen neigen, mit welchen sie sich unter Bildung unlöslicher Verbindungen vereinigen. Man darf jedoch nicht vergessen, daß die Bildung unlöslicher Verbindungen häufig zur Entstehung eines Ionengitters führt, zu welchem die Anlagerung an das Kolloidion in keiner Analogie steht. Immerhin besteht in vielen Fällen das unlösliche Salz aus einem Molekülgitter. Dieser Fall steht schon den Verhältnissen an der Kolloidoberfläche etwas näher.

Zweitens kann man annehmen, daß zwischen angelagerten und freien aufladenden Ionen ein verschiebbarer Gleichgewichtszustand besteht. In diesem Fall verbrauchen die zugefügten Ionen durch die Bildung des unlöslichen Salzes die freien Ionen und die angelagerten werden abgespalten, bis schließlich die Oberfläche nackt und in Ermanglung einer ionogenen Hülle entladen wird.

Schwellenwert und Solkonzentration. Die Beziehungen zwischen Schwellenwert der Flockung und der Konzentration des Sols wurden zuerst von H. R. Kruyt und Jac. van der Spek eingehend erörtert. Die Grundlage der Betrachtung bildet der Zusammenhang zwischen adsorbierter Ionenmenge und Wertigkeit. Die Ursache der Ausflockung ist die Entladung der Kolloidionen. Bei der Entladung werden die Gegenionen, d. h. ein Teil der dem Kolloidteilchen entgegengesetzt geladenen Ionen an die Oberfläche der Kolloidionen angelagert und in das Koagel mitgerissen. Die Menge dieser inaktivierten und mitgerissenen Ionen ist bei einwertigen Gegenionen nur ein Bruchteil ihrer Gesamtmenge, da die Flockung erst im großen Überschuß des Salzes eintritt. Bei mehrwertigen Ionen nähert sich jedoch die zur Flockung notwendige Menge dem der Kolloidladung äquivalenten Wert, so daß unter Umständen fast sämtliche anwesenden mehrwertigen Gegenionen bei der Koagulation aus der Lösung verschwinden. Da zur Flockung, d. i. zum gleichen Entladungszustand oder Assoziationsgrad, jedoch unabhängig von der Solkonzentration dieselbe Konzentration an frei bleibenden, entgegengesetzt geladenen Ionen notwendig ist, so folgt, daß bei einwertigen flockenden Ionen der Schwellenwert in erster Näherung von der Flockung unabhängig bleibt, während bei den mehrwertigen Ionen der Schwellenwert mit der Solkonzentration wachsen wird. Nehmen wir etwa das Beispiel eines Arsentrisulfidsols, welches von den Autoren untersucht wurde.

Tabelle 33

Nr.	g As_2S_3 pro L	Flockungswert		
		KCl	$BaCl_2$	$AlK(SO_4)_2$
1	5	81	1,35	0,106
2	25	61	1,79	0,266
3	36	56	2,11	0,350
4	50	53	2,53	0,442

Je höher die Solkonzentration ist, um so kleinere KCl-Mengen braucht man zur Flockung. Man kann diesen Befund durch die Annahme erklären, daß KCl unabhängig von der Solkonzentration die Ladung der Teilchen im gleichen Maße herabsetzt, indem die angelagerte Menge des Cl^- durchwegs nur ein Bruchteil des gesamten bleibt, daß jedoch im Sinne der Smoluchowskischen Theorie infolge der höheren Konzentration die sichtbaren und absetzenden Flocken rascher gebildet werden, wodurch zur Erzielung desselben Koagulationseffektes nach einer bestimmten Zeit eine etwas weniger weitgehende Entladung, d. h. geringere Elektrolytkonzentration genügt.

Von Ba^{++}-Ionen wird dagegen ein beträchtlicher Bruchteil als assoziiertes Gegenion durch die Kolloidionen verbraucht. Erhöht man die Solkonzentration, so reicht die gleiche Menge nicht mehr aus, um auf jedes Kolloidion dieselbe

Anzahl frei bleibender Ba^{++}-Ionen zu liefern. Um die gleiche Entladung hervorzurufen, muß daher die $BaCl_2$-Konzentration erhöht werden. Noch mehr gilt das von Al^{+++}. Die Autoren stellen diesen Befund graphisch dar, wobei die Schwellenwerte der einzelnen Salze im Verhältnis zu ihrem Schwellenwert in dem verdünnten Sol die Ordinaten liefern.

In Übereinstimmung mit den Befunden von KRUYT und VAN DER SPEK fanden E. F. BURTON und E. BISHOP an kolloidem As_2S_3 und an Mastix, daß die Schwellenwerte der einwertigen Gegenionen mit wachsender Konzentration des Sols abnehmen, die der zweiwertigen unverändert bleiben und die der dreiwertigen mit wachsender Solkonzentration zunehmen. Sie sprachen diesen Befund als eine allgemeine Regel aus. Bald zeigte es sich jedoch, daß die Regel nicht allgemein gilt. H. B. WEISER und O. NICHOLAS fanden am Eisenhydroxydsol die folgenden Werte:

Tabelle 34. Flockung eines Eisenhydroxydsols nach H. B. WEISER und O. NICHOLAS

Konzentration des Kolloides	Schwellenwerte von		
	$KBrO_3$	K_2SO_4	$K_4Fe(CN)_6$
100% (= 1,7 g pro Liter).....	40,1	0,68	0,57
50%	34,4	0,41	0,30
25%	28,0	0,25	0,16
12,5%	25,0	0,16	0,08

Die Schwellenwerte nehmen unabhängig von der Wertigkeit bei der Verdünnung ab, obwohl von dem einwertigen BrO_3 zweifellos ein großer Überschuß zur Fällung notwendig ist. Ähnlich verhalten sich Preußischblau- und Chromoxydsole, während an As_2S_3 das Ergebnis von KRUYT und VAN DER SPEK eine neuerliche Bestätigung fand. An Chromoxydsol stellten K. C. SEN und N. R. DHAR fest, daß die Schwellenwerte sämtlicher Salze mit wachsender Solkonzentration zunehmen und ähnliche Beobachtungen wurden auch von K. C. SEN, P. B. GANGULY und N. R. DHAR gesammelt. Weitere Untersuchungen dieser Beziehung stammen ferner von F. L. USHER, von J. A. RABINOWITSCH und W. A. DORFMAN.

Um die Fälle zu erklären, in denen die Schwellenwerte der einwertigen Gegenionen mit der Solverdünnung abnehmen, hat man häufig die Annahme gemacht, daß das Nebenion des flockenden Salzes an die Teilchenoberfläche angelagert wird. Das Gleichgewicht dieser stabilisierenden Anlagerung soll durch die Verdünnung gestört und dadurch das Sol teilweise entladen werden, woraus die gesteigerte Elektrolytempfindlichkeit resultiert. Ein einwandfreier Beweis dieser Anlagerung solcher für die Teilchenoberfläche chemisch indifferenter Nebenionen wurde bisher nicht geliefert. Mehr Wahrscheinlichkeit hat unseres Erachtens die Annahme, daß nicht das Nebenion des flockenden Salzes, sondern das aufladende Ion der Kolloidoberfläche infolge der Verdünnung abgespalten oder zerlegt wird. Die dadurch bewirkte Abnahme der Gesamtladung der Kolloidionen könnte in den betrachteten Fällen eine infolge der Abnahme der Teilchenkonzentration eintretende Verzögerung der Koagulationsgeschwindigkeit kompensieren.

Basenaustausch. Bereits LINDER und PICTON haben festgestellt, daß die bei der Flockung mitgerissenen Ba^{++}-Ionen aus dem A_2S_3-Niederschlag durch Digerieren mit KCl verdrängt werden können. Um diese Tatsache zu erklären, nehmen wir an, daß die Ba^{++}-Gegenionen sich in dem Niederschlag zu einem ganz geringen Bruchteil in einem abdissoziierten, beweglichen Zustand befinden. Auf dem Wege über den Austausch dieser freien Gegenionen durch das K^+ wird das Ionisationsgleichgewicht an der Oberfläche der Teilchen gestört und schließlich bis zum praktisch vollständigen Ersatz des Bariums verschoben. Da die Bariumionen an das Kolloidion bedeutend stärker assoziieren, ist zu ihrer Verdrängung ein Überschuß von K^+ notwendig. Dagegen genügt im Sinne der oben besprochenen Untersuchungen von DUCLAUX die äquivalente Menge eines stark assoziierenden, z. B. hochwertigen Gegenions, um das einwertige aktivere zu ersetzen. WO. PAULI und J. MATULA haben gezeigt, daß das schwächer assoziierende Gegenion nach der Flockung auch in diesen Fällen sich in dem Flockungsfiltrat quantitativ vorfindet.

Die Verteilung zweier verschiedener Gegenionen an der Kolloidoberfläche hängt von zwei Faktoren ab: von ihrer Konzentration und von ihrer Neigung zur Assoziation an die Kolloidoberfläche. Das Problem ist durchaus analog dem Wettstreit zweier verschieden starker Säuren um eine Base, nur komplizieren bei den Kolloidelektrolyten vor allem die elektrischen Kräfte die rein massenwirkungsgemäßen Zusammenhänge.

J. T. WAY hat zuerst (1850) die Aufmerksamkeit auf die Tatsache gelenkt, daß die Ackererde vorzugsweise die Kationen einer Elektrolytlösung auszutauschen befähigt ist. G. WIEGNER hat in neuerer Zeit den Basenaustausch der Ackererde als eine „Austauschadsorption" des Bodengels behandelt.

Die Fähigkeit der Zeolithe, die Kationen einer Elektrolytlösung ein- und auszutauschen, gab die Anregung zur Herstellung künstlicher Zeolithe, der sogenannten Permutite, die zur Enthärtung des Wassers dienen. Durch Zersetzung einer Schmelze von Natron-Tonerde-Kieselsäure werden die Permutite als Gele von extrem feiner Kapillarstruktur gewonnen. Behandelt man den natriumhaltigen Permutit mit einem Ca-haltigen Wasser, so werden die Ca^{++}-Ionen an der (inneren) Oberfläche des Gels festgehalten, während die äquivalente Menge von Natrium dafür in die Lösung geht. Durch neuerliche Behandlung mit einer genügend konzentrierten Kochsalzlösung können die Ca-Ionen wieder aus dem Gel hinausgedrängt werden.

Die Reaktionsweise der Permutite entspricht durchaus dem von LINDER und PICTON festgestellten Verhalten des Arsentrisulfidgels. Daß die Permutitoberfläche negativ geladen ist, zeigen Elektrophoreseversuche. Es handelt sich also um einen Gegenionenumtausch. Eigenartig ist nur der Vorgang deshalb, weil entsprechend etwa einer Zusammensetzung nach der Formel $Me_2O \cdot Al_2O_3 \cdot 3\,SiO_2 \cdot 5\,H_2O$ sämtliche Me-Ionen reaktionszugänglich sind. Der Dispersitätsgrad des Systems ist daher nahe molekular, so daß die Kationen überall an der Oberfläche liegen. Aus diesem Grunde wird der Reaktionsmechanismus von einigen Forschern als eine chemische Salzbildung (R. GANSSEN) behandelt, deren Produkte ineinander feste Lösungen bilden (V. ROTHMUND und G. KORNFELD). Es handelt sich in der Tat um einen Grenzfall. Geht man zur gewöhnlichen Ackererde über, so erscheint die Basenaustauschfähigkeit stark verringert, entsprechend einem größeren Kolloidäquivalent. Als aufladendes Ion funktioniert hier wie dort wahrscheinlich das Silikation. Die teilweise gleichfalls an der Kolloidoberfläche liegenden Aluminiumionen verleihen der Oberfläche ein heteropolares Gepräge.

Das gegenseitige Verdrängungsvermögen der Gegenionen aus dem Permutit, bezogen auf dieselbe Konzentration, kann als Maß für ihre Neigung zur Anlagerung, d. h. Assoziation an die Oberfläche dienen. V. ROTHMUND und G. KORNFELD, A. GÜNTHER-SCHULTZE (der das Wesen des Mechanismus in einem Diffusionsprozeß erblickt) und ferner G. WIEGNER und sein Mitarbeiter H. JENNY haben sich mit dieser Frage beschäftigt. JENNY stellte in einer eingehenden Untersuchung fest, daß die Reihenfolge der Alkalionen nach wachsender Verdrängungsfähigkeit folgendermaßen lautet:

$$\mathrm{Li} < \mathrm{Na} < \mathrm{K} < \mathrm{NH_4} < \mathrm{Rb} < \mathrm{Cs} < \mathrm{H}.$$

Wie bei der Flockung, zeigt sich auch hier, daß die stärkere Hydratation (kleinerer Radius des Ions in Kristallen) das Festhalten seitens der Oberfläche hemmt. Das hydratisierte Li wird aus dem Permutit durch das weniger hydratisierte Caesium leicht verdrängt und umgekehrt wird ein großer Überschuß an Lithium notwendig, um den Caesiumpermutit in Lithiumpermutit umzuwandeln. Die Reihenfolge der Erdalkaliionen nach zunehmender Verdrängungsfähigkeit ist:

$$\mathrm{Mg} < \mathrm{Ca} < \mathrm{Sr} < \mathrm{Ba},$$

entspricht also gleichfalls der Ordnung nach abnehmender Hydratation. Entgegen dem Verhalten bei der Flockung werden jedoch die Erdalkaliionen nicht stärker festgehalten als die einwertigen. WIEGNER führt diese Erscheinung auf den Umstand zurück, daß die negativen Ladungen der aufladenden Ionen an der Oberfläche des Permutits voneinander weit entfernt sind, so daß die elektrostatische Haftfestigkeit der mehrwertigen Ionen, die sich nicht gleichzeitig an zwei Ladungen annähern können, nicht groß genug wird.

G. WIEGNER hat die Aufmerksamkeit auf den Umstand gelenkt, daß die Flockung nicht nur durch das flockende Ion, sondern auch durch das von vornherein anwesende Gegenion, welches größtenteils inaktiviert ist, jedoch durch das flockende verdrängt wird, mit bestimmt ist. Die Stabilität eines lithiumionhaltigen Sols ist charakteristisch verschieden von derjenigen eines mit Caesiumion. Auch andere Eigenschaften, wie die Viskosität der Suspension, können durch die Natur der festgehaltenen assoziierten Gegenionen beeinflußt sein. Eine Tonsuspension, welche vorher durch ein Lithiumsalz behandelt war, ist visköser als eine Suspension etwa von Cs-Ion. Die Konsistenz des Bodens hängt daher auch von der Natur der darin befindlichen Gegenionen, wie G. WIEGNER annimmt, vor allem von deren Hydratation ab. In ähnlicher Weise hat neulich H. B. WEISER die makro-, mikro- und ultramikroskopische Struktur der Koagulationsprodukte eines SELMIschen Schwefelsols auf die Hydratation der flockenden Gegenionen zurückgeführt. Die stark hydratisierten Lithium- und Natriumionen ergeben gelatinöse, durch Auswaschen peptisierbare, dagegen liefern K und Cs plastische irreversible Niederschläge.

Literaturverzeichnis

BEMMELEN, I. M. VAN: Die Absorption. Dresden (1910). — BURTON, E. F., und O. BISKOP: Journ. Phys. Chem. **24**, 701 (1920). — DUCLAUX, J.: Journ. Chim. Phys.

5, 29 (1907); 7, 405 (1909). — FREUNDLICH, H.: Z. f. phys. Ch. 73, 385 (1910). — DERSELBE und N. ISHIZAKA: Z. f. phys. Ch. 83, 111 (1913). — GANN, I. A.: Koll. Beih. 8, 126 (1916). — GÜNTHER-SCHULTZE, A.: Z. f. phys. Ch. 89, 168 (1915). — GANSSEN, R.: Jahrb. d. Preuß. Geol. Land. 26, 179 (1905). — JENNY, H.: Koll. Beih. 23, 428 (1927). — JORDIS, E.: Neue Gesichtspunkte. Ber. d. phys.-med. Soc. Erlangen, 36, 47 (1904). — KRUYT, H. R.: In „Colloid Chemistry". Herausgegeben von J. ALEXANDER. Bd. I. New York (1926). — DERSELBE und JAC. VAN DER SPEK: Koll. Z. 25. 1 (1919). — LINDER, E. S., und H. PICTON: Journ. Chem. Soc. 67, 63 (1895). — MUKHERJEE, I. N.: The Physics and Chem. of Colloids. Rep. of a Gen. Discussion. Faraday Society. London (1920). — OSTWALD, WO.: Koll. Z. 26, 28, 69 (1920). — PAULI, WO., und J. MATULA: Koll. Z. 21, 49 (1917). — RABINOWITSCH, A. I., und W. A. DORFMAN: Z. f. phys. Ch. 131, 313 (1927). — ROTHMUND, W., und G. KORNFELD: Z. f. anorg. Ch. 103, 129 (1928). — SEN, K. C.: Koll. Z. 39, 324 (1926). — DERSELBE, B. P. GANGULY und N. R. DHAR: Journ. Phys. Chem. 28, 313 (1924). — DERSELBE und N. R. DHAR: Koll. Z. 34, 262 (1924). — USHER, F. L.: Trans. Far. Soc. 21, 406 (1925). — WAY, I. T.: Journ. of the Roy. Agric. Soc. of England 11, 313 (1850). — WEISER, H. B.: (1) In „Colloid Chemistry". Herausgegeben von J. ALEXANDER. Bd. I. New York (1926). — (2) Coll. Symp. Monog. 4. New York (1926). — DERSELBE und O. NICHOLAS: Journ. Phys. Chem. 25, 742 (1921). — WIEGNER, G.: Journ. f. Landw. 60, 111 (1912). — Koll. Z. 36, Erg.-Bd. 341 (1925). — DERSELBE und G. E. CUNNINGHAM. Coll. Symp. Mon. 6 (1928). — WHITNEY, W. R., und I. A. OBER: Z. f. phys. Ch. 39, 630 (1902).

21. Einfluß der gleichgeladenen Ionen auf die Flockung

Wertigkeitseinfluß der Nebenionen. In denjenigen Fällen, wo eine Anlagerung der dem Kolloidion gleichgeladenen Ionen an die Teilchenoberfläche nicht zu erwarten ist (also mit Ausnahme der H^+ bzw. OH^- oder der dem Neutralteil gemeinsamen aufladenden Ionen), tritt im allgemeinen die Bedeutung der gleichgeladenen Ionen (Nebenionen) hinter derjenigen der Gegenionen für die Schwellenwerte der Flockung zurück. Eine nähere Prüfung läßt jedoch auch eine derartige Abhängigkeit erkennen, wie am Arsentrisulfidsol von verschiedenen Untersuchern übereinstimmend festgestellt wurde: Hier sind die Anionen des zugesetzten Elektrolyten die Nebenionen.

Tabelle 35

Konzentration des Sols in Gramm pro Liter	Schwellenwert von KCl (in Millimol pro Liter)	Schwellenwert von K_2SO_4 (in Millimol pro Liter)	Schwellenwert von $K_4Fe(CN)_6$ (in Millimol pro Liter)	Untersucher
1,8	49,5	65,5	—	H. FREUNDLICH
3,7	85	100	185	S. GHOSH und N. R. DHAR
6,0	33,2	43,5	71,2	H. B. WEISER und O. NICHOLAS

Man beobachtet also folgendes: Mit steigender Wertigkeit der Nebenionen nehmen die Schwellenwerte zu. Von der Gültigkeit dieser Regel können wir uns auch beim Durchsehen der großen Tabelle der Schwellenwerte des

Arsentrisulfidsols nach SCHULZE, LINDER und PICTON (Tab 33.) sowie bei FREUNDLICH überzeugen. Es handelt sich nicht um eine spezielle Erscheinung am Arsentrisulfidsol. S. ODÉNS später mitzuteilende Zahlen für die Schwellenwerte eines Schwefelsols lassen z. B. dieselbe Beziehung erkennen und es können noch viele Beispiele aus der Literatur entnommen werden. Die neuesten finden sich in den Versuchen von B. N. DESAI, nach denen das Koagulationsvermögen der Erdalkalichloride gegenüber dem positiven Thoriumhydroxydsol kleiner ist als das der Alkalichloride.

GHOSH und DHAR z. B. glauben zur Erklärung dieses Verhaltens aus ihren Werten auf eine Aufladung des Kolloidions durch die gleichgeladenen Ionen schließen zu können. Man braucht jedoch hier keineswegs eine Anlagerung der Anionen an die negativ geladene Oberfläche der Kolloidionen anzunehmen. Benützt man nämlich an Stelle der Konzentration die Aktivitäten, so findet sich eine annähernde Konstanz der Schwellenwerte. Für KCl beträgt z. B. der Aktivitätskoeffizient in den angegebenen Konzentrationen ungefähr 0,8 für K_2SO_4 0,5. Die Reihe der flockenden Salzaktivitäten ist sogar die umgekehrte der Salzkonzentrationen.

Nun ist streng genommen nicht die Salzaktivität für die Wirksamkeit der Gegenionen ausschlaggebend, sondern die Aktivität der Gegenionen allein. Wir wissen wohl, daß die Aktivität der Kaliumionen in einer Kaliumsulfatlösung kleiner ist als in einer gleichkonzentrierten Kaliumchloridlösung, einen genauen Wert können wir jedoch dafür nicht angeben.

Wir möchten also den Tatbestand folgendermaßen formulieren: Diejenigen Ionen, welche die Aktivität der Gegenionen herabsetzen, setzen im allgemeinen ihre flockende Wirkung herab. Es handelt sich hier um einen „Entlastungseffekt“ der gleichgeladenen Ionen. Wie im theoretischen Teil ausgeführt, kann dieser Entlastungseffekt in dem elektrischen Feld der Kolloidionen deutlicher hervortreten, als sich aus der Wirkung der gleichgeladenen Ionen auf die mittlere Aktivität der Gegenionen in der Lösung ergibt.

Ein markantes Beispiel des Entlastungseffektes wurde von PAULI und MATULA am Eisenhydroxydsol bei der Entladung durch KCl und $BaCl_2$ gefunden. Der Anstieg der Reibung diente hier als Maß für die Flockung:

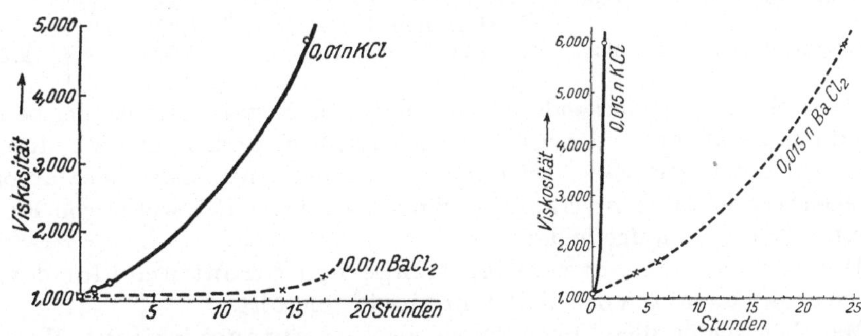

Abb. 29 und 30. Einfluß der Nebenionenwertigkeit auf die die Flockung anzeigende Erhöhung der Viskosität eines Eisenhydroxydsols nach Wo. PAULI und J. MATULA

Hier genügt bereits nicht mehr die bloße Berücksichtigung der Aktivitäten in der Lösung, da der Vergleich der Kurven uns lehrt, daß auch 0,015 n $BaCl_2$, dessen Aktivität etwas größer ist als die von 0,01 n KCl, weniger stark wirkt als das letztere. Hier besteht also sicherlich ein Entlastungseffekt, welcher über die Herabsetzung der mittleren Aktivität der Gegenionen in der Lösung hinausgeht.

Flockung durch Elektrolytgemische. Deutlichere Entlastungseffekte können bei der Flockung durch Elektrolytgemische auftreten, wenn man das Gegenion unverändert läßt und das gleichgeladene Ion variiert.

S. E. LINDER und H. PICTON fanden in einer ihrer klassischen Arbeiten, daß beim Vergleich der Schwellenwerte zweier Salze und ihrer Mischungen keine Additivität vorliegt. Ist der Schwellenwert des ersten Salzes in bezug auf eine kolloide Lösung x, der eines zweiten Salzes in bezug auf dieselbe kolloide Lösung y, so würde die flockende Wirkung dann additiv sein, wenn die Konzentration in der fällenden Elektrolytmischung bei Zusatz von $\frac{x}{n}$ des ersten Salzes für das zweite Salz $\left(1 - \frac{1}{n}\right)$ y betragen würde. Wie aus der folgenden Tabelle hervorgeht, worin die Konzentrationen in einem willkürlichen Maß ausgedrückt sind, ist das nicht der Fall.

Tabelle 36. Koagulation durch sukzessiven Zusatz verschiedener Salze derselben Gruppe

Salz A	Volumen A	Salz B	Volumen B, erforderlich, um vollständige Koagulation herbeizuführen	Volumen B berechnet
		Salzsäure	4,20	—
Ammoniumchlorid ...	4,90			
Ammoniumchlorid ...	2,00	Salzsäure	2,40	2,50
Salzsäure	2,60	Ammoniumchlorid.	1,75	1,85
		Salpetersäure	4,10	—
Salzsäure	2,35	Salpetersäure	1,97	1,80
		Kaliumsulfat	4,40	—
Salpetersäure	2,00	Kaliumsulfat	1,95	2,25
Ammoniumchlorid ...	2,00	Kaliumsulfat	2,40	2,60
Kalziumnitrat	4,60			
		Bariumchlorid	4,20	—
Kalziumnitrat	2,20	Bariumchlorid	2,30	2,20

Man sieht, daß die flockende Wirkung des einen Salzes gegenüber der berechneten durch Zusatz des anderen bald vergrößert, bald verkleinert wird. Interessanter sind diejenigen Fälle, wo durch Zusatz des einen Salzes der absolute Schwellenwert des zweiten vergrößert wird. Auch dieser Fall wurde von PICTON und LINDER bereits aufgefunden.

Die zur Fällung notwendige Menge von Strontiumchlorid wird hier durch Zusatz von Kaliumchlorid erhöht.

Man hat später diese Erscheinung als eine antagonistische Wirkung der Salze bezeichnet.

Dem Verständnis bieten diese Fälle dort keine Schwierigkeiten, wo eine Aufladung durch den einen Elektrolyten aus chemischen Gründen evident ist. Fügt man z. B. eine Säure zu einem positiven Hydrosol, so wird im allgemeinen der Schwellenwert eines Neutralsalzes erhöht. Die Gesamtladung der Kolloidionen wird nämlich durch die H^+-Ionenbindung erhöht, und nun ist eine größere Neutralsalzkonzentration notwendig, um die freie Ladung der Kolloidteilchen auf den Betrag zu erniedrigen, bei welchem die Fällung eintritt. Diese Fälle behandeln wir gesondert.

Tabelle 37. Koagulation durch sukzessiven Zusatz verschiedener Salze aus verschiedenen Gruppen

Volumen von Salz A (Chlorkalium)	Volumen von Salz B, erforderlich, um vollständige Koagulation herbeizuführen (Strontiumchlorid)	Volumen von Salz B berechnet	Differenz
0,00	4,40	—	—
0,30	4,90	4,20	+ 0,70
0,60	5,40	4,00	1,40
0,90	5,50	3,80	1,70
1,20	5,55	3,60	1,95
1,50	5,70	3,40	2,30
1,80	5,90	3,20	2,70
2,10	6,00	3,00	3,00
2,40	5,70	2,80	2,90
2,70	5,65	2,60	3,05
3,00	5,30	2,40	2,90
3,30	5,10	2,20	2,90

Man hat jedoch gefunden, daß die antagonistische Wirkung auch in Fällen recht verbreitet ist, wo eine Anlagerung der Nebenionen nicht so evident ist. Nach den Feststellungen von Linder und Picton hat S. Odèn 15 Jahre später die Erscheinung an den Raffoschen Schwefelsolen beschrieben. Hier zeigte sich sogar im Gemisch von Salzen mit 1,1-wertigen Ionen der Antagonismus, es ist jedoch zu beachten, daß ihre flockende Wirkung für sich in diesem Fall recht verschieden ist. (Kap. 62.)

Odén nahm eine Anlagerung der gleichgeladenen Anionen an die Teilchenoberfläche als Ursache an. Ist in einem Gebiet, und zwar im Gebiet der kleineren Konzentrationen die Anlagerung der Anionen stärker als diejenige der Gegenionen, so erfolgt eine Erhöhung der Gesamtladung und dadurch der Stabilität. Wie der höhere Schwellenwert der Lithiumchloride anzeigt, ist die Anlagerung des Lithiumions kleiner als diejenige des Kaliumions. Der Zusatz von Lithiumchlorid wird nach Odén also den Schwellenwert von KCl erhöhen, wenn die höhere Chlorkonzentration eine erhöhte Chloranlagerung bedingt, welche die Wirkung der Gegenionenanlagerung übertrifft. Der Fall wäre analog zu der Wirkung einer Säure auf den Schwellenwert eines positiven Hydroxydes, nur bleibt in letzterem Falle das Gegenion unverändert und das Nebenion variiert.

Vor einigen Jahren gewann das Gebiet durch die Untersuchungen von H. Freundlich und P. Scholz neue Aktualität. Diese Autoren fanden den Ionenantagonismus bei den „hydrophilen" Odénschen, nicht jedoch bei den „hydrophoben" Weimarnschen Schwefelsolen. Sie fanden ihn ferner nicht bei den typisch hydrophoben Goldsolen und nehmen daher an, daß die Erscheinung mit der Hydratation zusammenhängt und die Erklärung ODÉNs unrichtig sei. Auf welche Art und Weise die Beeinflussung der Hydratation der Kolloidteilchen durch die verschiedenen hydratisierten Kationen erfolgt, geben die Autoren nicht an, sie erklären vielmehr freimütig, daß „die bisherigen Versuche noch nicht genügen, um die Erscheinungen vom theoretischen Standpunkte aus klar zu deuten".

WEISER weist demgegenüber auf die Tatsache hin, daß das nicht hydrophile Arsentrisulfidsol die Erscheinung zeigt, Cr_2O_3 und Fe_2O_3-Sole, die näher zu den hydrophilen Solen stehen, dagegen nicht. GHOSH und DHAR sind auch der Meinung, daß unter geeigneten Bedingungen jedes Sol das Phänomen zeigen kann.

Während FREUNDLICH und SCHOLZ hauptsächlich in die Gegenionen den Schwerpunkt der Wirkung verlegen, vertreten GHOSH und DHAR den gleichen Standpunkt wie ODÉN, daß nämlich die Anlagerung der Nebenionen für die Erscheinung verantwortlich sei.

Die neueren Untersuchungen von H. B. WEISER haben unsere Kenntnisse über die Erscheinung wesentlich vertieft, ohne jedoch eine befriedigende Erklärung dafür gebracht zu haben. Die folgende Tabelle enthält die Beobachtungen über die Schwellenwerte eines Arsentrisulfidsols.

Tabelle 38. Fällung von As_2S_3-Sol mit Mischungen von LiCl und $BaCl_2$ (Gesamtvolumen des Sol-Elektrolytgemisches 20 ccm)

Nr.	n/2 LiCl zugesetzt ccm	n/100 $BaCl_2$ für die Koagulation		Differenz	
		zugesetzt ccm	berechnet ccm	ccm	%
1	4,05	—	—	—	—
2	—	4,03	—	—	—
3	0,5	4,50	3,54	0,96	27
4	1,0	4,25	3,03	1,22	38
5	2,0	3,76	2,03	1,73	84
6	3,0	22,0	1,03	1,22	118

Die Abweichung von dem additiven Verhältnis wird also durch wachsenden Zusatz von LiCl größer, eine Erhöhung des Schwellenwertes des $BaCl_2$ tritt jedoch erst bei dessen niedrigen Zusätzen hervor.

WEISER zeigte, daß die Anlagerung der Bariumionen durch Zugabe von LiCl herabgesetzt wird. Die in das Koagulum getretene Menge von Ba entspricht je nach der Zusammensetzung der flockenden Elektrolyte pro Mol As_2S_3 den folgenden Werten (Tabelle 39).

In dem letzten Punkt wurde ein wenig $MgCl_2$ mit dem $BaCl_2$ zum Sol gegeben, da die Menge des $BaCl_2$ unterschwellig ist.

Aus der obigen Tabelle geht hervor, daß Zusatz von LiCl in einem Ausmaße, entsprechend einem Achtel des Schwellenwertes desselben, die Adsorption von Ba um mehr als 25% herabsetzt, in einer Menge entsprechend der Hälfte des Schwellenwertes zugefügt dagegen um 53%. Andererseits beeinflußt wahrscheinlich die Adsorption von Li diejenige von Ba. WEISER meint, daß durch die gegenseitige Beeinflussung der Adsorption der Kationen die Salzmenge, welche notwendig ist, um die Ladung genügend herabzusetzen, vergrößert wird. Auch seiner Auffassung nach ist dabei die Chloranlagerung in höheren LiCl-Konzentrationen nicht zu vernachlässigen.

Tabelle 39

Entsprechend der Zusammensetzung in der Tabelle Nr.	Elektrolyt	Adsorbiertes Barium Gramm pro Mole As_2S_3
1	$BaCl_2$	1,214
3	$BaCl_2$	1,310
3	$LiCl + BaCl_2$	0,971
4	$BaCl_2$	1,250
4	$LiCl + BaCl_2$	0,841
5	$BaCl_2 + MgCl_2$	1,145
5	$LiCl + BaCl_2$	0,520

Die wechselseitige Beeinflussung der Schwellenwerte eines As_2S_3-Sols in Elektrolytmischungen nach der Bestimmung von H. B. Weiser zeigt die folgende Abbildung. (Man beachte dabei die verschiedenen Maßstäbe für die Konzentration der verschiedenen Salze).

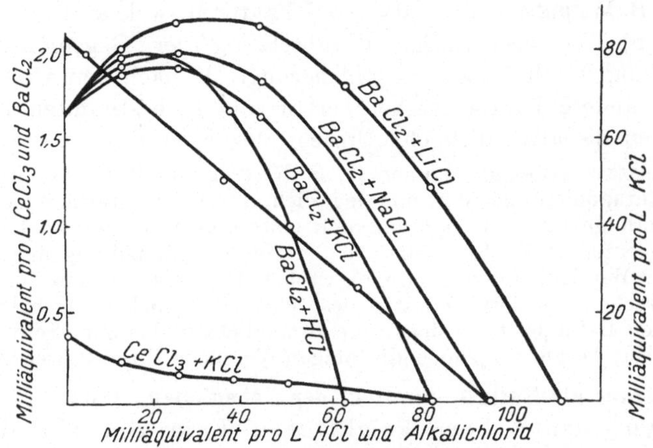

Abb. 31. Schwellenwert eines As_2S_3-Sols bei der Flockung durch Elektrolytgemische nach H. B. Weiser. Das Auftreten eines Maximums zeigt die antagonistische Wirkung an

Im allgemeinen gilt: Je größer die Unterschiede im Schwellenwert, um so größer ist die antagonistische Wirkung. Eine kleine Abweichung tritt im Gemisch $BaCl_2 + HCl$ hervor. Die KCl-NaCl-Mischung gehorcht dem Gesetz der Additivität. Das sehr stark fällend wirkende $CeCl_3$ folgt im Gemisch mit KCl auch annähernd der Additivität.

Es ist auffallend, daß, während KCl in bestimmten Konzentrationen den Schwellenwert von $BaCl_2$ erhöht, es nicht nur denjenigen von NaCl, sondern auch von $CeCl_3$ erniedrigt. Diese Erscheinung dürfte damit im Zusammenhang stehen, daß die Adsorption von Ce viel weniger stark herabgesetzt wird als die von Ba, was von Weiser tatsächlich nachgewiesen wurde.

Treffend gelang es WEISER, den Nachweis zu erbringen, daß in bestimmten Fällen die Annahme einer Nebenionenanlagerung ohne Annahme eines Gegenionenantagonismus die Erscheinungen nicht erklären kann. Er stellte ein optisch nahezu leeres Arsentrisulfidsol her und zeigte, daß der im Ultramikroskop ursprünglich kaum bemerkbare Nebel auf Zusatz von NaCl-Mengen, die den Schwellenwert von $BaCl_2$ erhöhten, deutlich wurde. Die Stabilität nahm also bei Zusatz dieser NaCl-Menge ab, im Gegensatz zu der Annahme, daß die gegenüber der Natriumanlagerung stärkere Chloranlagerung die erhöhte Stabilität gegenüber $BaCl_2$ bedingt. Dieser Versuch ist deshalb besonders wichtig, weil in diesem Falle der allgemeine Mangel der Untersuchungen, daß die Stabilitätsverhältnisse nur bei der vollständigen Flockung untersucht werden, wenigstens teilweise behoben wird.

In denjenigen Fällen, wo die antagonistische Wirkung von zwei Salzen mit demselben Gegenion und verschiedenen Anionen auftritt, kann natürlich die gegenseitige Beeinflussung der Gegenionenanlagerung nicht mehr in Betracht kommen. Dieser Fall ist jedoch nur dann beobachtet worden, falls das eine Nebenion eine chemische Affinität zur Kolloidionenoberfläche zeigte, z. B. in dem oben erwähnten Beispiel der H^+-Wirkung auf positive Hydroxydsole oder bei der Flockung eines Kupferferrozyanidsols durch das Elektrolytgemisch $KCl + K_4Fe(CN)_6$, wo eine Aufladung durch die Ferrocyanidionen auftritt.

Nach H. B. WEISER sind es also zwei Faktoren, welche den Antagonismus hervorrufen: a) Die gegenseitige Herabsetzung der Gegenionenanlagerung, b) die Aufladung durch Nebenionenanlagerung. Je nach den Umständen tritt der eine oder andere Faktor stärker hervor und in bestimmten Fällen bildet einer von ihnen die ausschließliche Ursache des Effektes.

Im Gegensatz zu WEISER nehmen H. R. KRUYT und P. C. VAN DER WILLIGEN an, daß die antagonistische Wirkung lediglich durch die stärkere Aufladung der Kolloidionen infolge einer Anlagerung der Nebenionen des schwächer flockenden Salzes hervorgerufen wird. Sie stellen in der Tat eine Erhöhung der Wanderungsgeschwindigkeit der Kolloidionen im elektrischen Felde durch dem antagonistischen Bereich entsprechend dosierte Zusätze des schwächer flockenden Salzes fest. Ihre späteren eigenen Befunde, nach denen die Beweglichkeit bis zum Schwellenwert der Flockung wächst, berauben jedoch die obigen Versuche ihrer Beweiskraft.

Antagonismus als Entlastungseffekt der Nebenionen. Unseres Erachtens muß zu den bisher berücksichtigten Faktoren für den Ionenantagonismus noch ein weiterer in Betracht gezogen werden, und zwar der Entlastungseffekt.

Auf Grund der bisherigen Beobachtungen gilt auch hier die allgemeine Regel: Je mehr ein Ion die Aktivität des flockenden Ions in der reinen Lösung herabsetzt, um so größer ist seine antagonistische Wirkung auf die Flockung in dem Sol. Da gleichzeitig mit den Nebenionen frische Gegenionen in die Lösung eingeführt werden können, so haben wir zwei Effekte miteinander zu vergleichen: Die flockende Wirkung der Gegenionen und die entlastende der Nebenionen. Nur wenn die letztere Wirkung die erstere übertrifft, d. h. wenn ein Salz aus einem schwach flockenden Gegenion und stark entlastenden Nebenion (in bezug auf das Kolloidion) besteht, wird eine antagonistische Wirkung auftreten. Die Erscheinung ist daher von den folgenden Umständen abhängig:

1. Herabsetzung der Aktivität der stärker entladenden Gegen-

ionen durch die entlastenden Nebenionen. Je ausgiebiger diese Wirkung ist, um so größer ist der Antagonismus.

2. Flockende Wirkung der mit den entlastenden Nebenionen zugleich eingeführten Gegenionen. Je mehr diese Wirkung hinter der flockenden Wirkung der ursprünglich vorhandenen, stärker entladenden Gegenionen zurücktritt, um so größer ist der Antagonismus.

Daß eine derartige interionische Wechselwirkung für die antagonistischen Erscheinungen eine hervorragende Rolle spielt, ist sehr leicht nachzuweisen. Man braucht z. B. in der obigen Tabelle von WEISER für die Bariumionen und Lithiumionen überall deren Aktivität (die man etwa auf Grund der DEBYEschen Theorie abschätzt) an Stelle ihrer Konzentration einzusetzen und man kann finden, daß sich die flockenden Gegenionenaktivitäten innerhalb der Fehler- und Schätzungsgrenzen additiv verhalten. Die Anomalie besteht unter diesem Gesichtspunkte nicht mehr und für die Annahme einer aufladenden Nebenionenanlagerung liegt keinerlei Grund mehr vor. Auf diese Weise läßt es sich verstehen, warum dieselbe Salzmenge, welche in dem reinen Sol die Stabilität herabsetzt, gegenüber einem stärker flockenden Salz schützend wirken kann.

Das Einsetzen der Aktivitäten genügt jedoch nicht überall. So fanden FREUNDLICH und SCHOLZ, daß der Schwellenwert von $CeCl_3$ auf ein ODÉNsches Schwefelsol durch Zusatz von $LiSO_4$ auf das 150fache gestiegen war. Wir fragen nun, wie stark wird die Aktivität der Ce^{+++}-Ionen von einer Konzentration in der Größenordnung 10^{-3} n durch Zusatz von SO_4-Ionen in der Größenordnung 10^{-1} n herabgesetzt? Auf ein Zehntel wird sie sicherlich erniedrigt und das bedeutet bereits eine Korrektur, welche keinesfalls zu vernachlässigen ist. Um jedoch die volle Wirkung zu erklären, müssen wir wohl annehmen, daß die mehrwertigen SO_4-Nebenionen auf die dreiwertigen Ce-Ionen in der Ionenatmosphäre der Kolloidionen einen verstärkten Einfluß ausüben, was vielleicht durch die örtliche Erhöhung der Ionenkonzentration hervorgerufen wird und wodurch die Kolloidionen viel mehr entlastet werden, als der Aktivitätsbeeinflussung in der Lösung entspricht.

Ob eine wirkliche Nebenionenanlagerung überhaupt nicht besteht und ein derartiger Entlastungseffekt allein für die Erscheinung verantwortlich ist, läßt sich zurzeit nicht entscheiden. Daß jedoch in bestimmten Fällen die interionische Entlastung jede andere Erklärungsweise überflüssig macht, wurde oben gezeigt.

Wird das stärker entladende Gegenion an die Kolloidteilchen praktisch vollständig assoziiert, so gibt es dafür ebenso wenig einen Entlastungseffekt, wie etwa die Dissoziation einer sehr schwachen Säure durch Zusatz von Neutralsalz nur unmerklich erhöht werden kann. Möglicherweise wird in dem in obiger Abbildung dargestellten Fall die Flockung durch $CeCl_3$ deshalb nicht durch Zusatz von KCl gehemmt, weil die Zeriumionen an die Arsentrisulfidsolteilchen sich sehr vollständig anlagern.

Es muß demnach eine dritte Vorbedingung für das Auftreten eines Antagonismus erfüllt sein. Die unvollständige Inaktivierung des stärker entladenden Gegenions durch das Kolloidion.

Aus diesen Voraussetzungen folgt unmittelbar, daß kein Antagonismus eintritt, wenn beide Gegenionen in gleichem Maße oder gar beide vollständig an das

Kolloidion assoziiert werden. Die Regel von WEISER, daß die gegenseitige Verdrängung bei der Gegenionenadsorption einen Faktor für das Auftreten der antagonistischen Wirkung darstellt, erscheint als Spezialfall der allgemeinen Gesetzmäßigkeit.

In guter Übereinstimmung mit unserer Vorstellung ist die von W. A. DORFMANN festgestellte Tatsache, daß die Verstärkung des Antagonismus, welche man bei der Erhöhung der Wertigkeit der Nebenionen beobachtet, mit der Wertigkeit des stärker entladenden Gegenions sehr rasch wächst. Im Falle des elektronegativen Schwefelsols wird der Schwellenwert der Chloride durch Zusatz von Salzsäure erhöht. (Die Wirkung der H^+-Ionen, obwohl sie Gegenionen sind, ist hier ausnahmsweise eine aufladende. Vgl. den Abschnitt „Schwefelsole".) Durch Zusatz von Schwefelsäure wird der Schwellenwert noch stärker erhöht, und zwar ist das Verhältnis der Schwellenwerterhöhung um so größer, je höherwertig das Kation des flockenden Chlorides ist. Die Steigerung des Schwellenwertes beim Ersetzen der Salzsäure durch Schwefelsäure ergibt die folgenden Werte.

Tabelle 40

Flockende Kationen	Verhältnis der Schwellenwerte bei Ersatz von zugesetztem HCl durch H_2SO_4
Na^+ und K^+	1,2
Mg^{++}	1,4
Al^{+++}	4,5
Th^{++++}	1000,0

Während der Schwellenwert des NaCl beim Zusatz einer bestimmten Schwefelsäuremenge 1,2mal so groß ist als beim Zufügen derselben Menge von Salzsäure, entlasten die Sulfationen das Kolloidion von der flockenden Wirkung der vierwertigen Thoriumionen so ausgiebig, daß man 1000mal so viel $ThCl_4$ zur Flockung braucht als in Anwesenheit von Salzsäure.

Prinzipiell läßt sich natürlich auch die Möglichkeit nicht ausschließen, daß die antagonistische Stabilisierung eines Sols auf dem Wege über die Veränderung der Attraktionskräfte der ausgeflockten Kolloidionen durch die Veränderung der die Teilchenoberfläche bedeckenden undissoziierten Gegenionenschicht mitbeeinflußt wird. Veränderte Verschiebbarkeit der Ladungen und Ähnliches könnte eine direkte antagonistische Wirkung der Gegenionen gegeneinander ermöglichen; allein die bisherigen Beobachtungen liefern keinen zwingenden Grund für diese Annahme.

Literaturverzeichnis

BENDER, R.: Koll. Z. **14**, 255 (1914. — DESAI, B. N.: Koll. Beih. **26**, 357 (1928). — DORFMAN, W. A.: Koll. Z. **46**, 186, 198 (1928). — FREUNDLICH, H.: Z. f. phys. Ch. **44**, 129 (1903). — DERSELBE und PAPE: Z. f. phys. Ch. **86**, 458 (1914). — DERSELBE und P. SCHOLZ: Koll. Beih. **16**, 261 (1922). — GHOSH, S., und N. R. DHAR: Koll. Z. **36**, 129 (1925). — KRUYT, H. R., und C. P. VAN DER WILLIGEN: Proc. Kon. Akad. van Wetensch. te Amsterdam **29**, 484 (1926). — Z. f. phys. Ch. **130**, 170 (1927). — MUKHERJEE, I. N.: J. Ind. Chem. Soc. **1**, 213 (1924). — ODÉN, S.: Der kolloide Schwefel. Nova Acta Ups. (IV) **3**, 66 (1912). — SEN, K. C.: Z. f. anorg. Ch. **149**, 138 (1925). — WEISER, H. B.: Journ. Phys. Chem. **25**, 655, 742, 955 (1921). — **28**, 232 (1924). — **30**, 29 (1926). — In „Colloid Chemistry" von J. ALEXANDER, Bd. I. New York (1926). — Coll. Smp. Mon. **4**, 354 (1926). New York.

22. Die experimentellen Ergebnisse der Elektrophorese

Die Ergebnisse der elektrophoretischen Messungen pflegt man häufig in den Werten elektrokinetischer Potentiale anzugeben. Man darf jedoch darüber nicht die Tatsache vergessen, daß die Messungen in jedem Fall nur die Geschwindigkeit der Kolloidionen unter dem Einfluß der Feldstärke Eins angeben. Die Umrechnung auf Potentiale entbehrt nicht spezieller Annahmen. Wir stimmen also Mc Bain durchaus in der Forderung zu, die unmittelbar erhaltenen experimentellen Daten mitzuteilen, und nicht die daraus abgeleiteten Größen des Potentials. Das angegebene elektrokinetische Potential wollen wir nur als den Wert der Wanderungsgeschwindigkeit in einem anderen Maßstab auffassen. Dies können wir um so leichter tun, als die beiden Daten sich voneinander nur in einem nahezu konstanten Proportionalitätsfaktor unterscheiden.

Die Umrechnung erfolgte früher nach der Smoluchowskischen Formel *(120)*

$$\zeta = W \cdot \frac{4 \pi \eta}{D}$$

jetzt am häufigsten nach der Formel von Debye-Hückel *(121)*:

$$\zeta = W \frac{6 \pi \eta}{D}$$

Für den Wert der inneren Reibung (η) und der Dielektrizitätskonstante (D) setzt man die Daten des reinen Lösungsmittels ein.

Bei Zimmertemperatur reicht es meistens für die übliche Umrechnung aus, wenn man annimmt, daß das ζ-Potential nach Smoluchowski 16, nach Debye-Hückel 24 Millivolt für die Wanderungsgeschwindigkeit von $10 \cdot 10^{-5}$ cm/sek pro Volt/cm beträgt.

Nachdem die Wanderungsgeschwindigkeit der Kolloidionen von der Zusammensetzung der sie umgebenden Flüssigkeit abhängt, haben die experimentellen Daten nur insoweit eine quantitative Bedeutung, als sie auch die Art des Milieus näher angeben. Dieser Forderung entspricht nur ein Teil des verfügbaren Materials.

Größenordnung der Kolloidbeweglichkeit. Umstehend geben wir eine Tabelle wieder, welche in ihrem ersten Teil die bis 1909 gewonnenen Daten nach der Zusammenstellung von H. Freundlich in seiner klassischen „Kapillarchemie" (zugefügt wurden die Angaben von J. Duclaux) enthält. In dem zweiten Teil sind einige Ergebnisse der seit dieser Zeit ausgeführten Untersuchungen dargestellt. Die Daten beziehen sich auf Zimmertemperaturen (teilweise 18 und 25°).

Man kann wohl sagen, daß diese Werte in quantitativer Hinsicht in der Mehrzahl nur grobe Annäherungen darstellen. Der Grund dafür liegt in der Unzulänglichkeit der verwendeten Methodik.

Bezüglich des Reinheitsgrades unterscheiden sich die Sole sehr wesentlich voneinander. Einzelne sind durch Dialyse extrem, andere bis zur annähernden Leitfähigkeitskonstanz gereinigt. Ein Teil lag, nicht weiter gereinigt, in der ursprünglichen Herstellungsflüssigkeit vor.

Was als allgemeines Ergebnis gewertet werden kann, das ist die identische Größenordnung der Wanderungsgeschwindigkeit für die verschiedensten Teilchen, deren Größen sich durch Zehnerpotenzen unterscheiden. Sie hat die gleiche Größenordnung wie die Ionenbeweglichkeiten.

Tabelle 41. Wanderungsgeschwindigkeit von Kolloidionen

Disperse Phase	W 10^5 cm/sec pro 1 Volt/cm	Beobachter	Methode
Suspensionen			
Lykopodium	— 25,0	QUINCKE	Mikroskopisch
	— 30,0	WITHNEY u. BLAKE	,,
Gasblasen	— 40,0	MC TAGGART	,,
Suspensoide			
Arsentrisulfid	— 22,0	LINDER u. PICTON	Grenzschicht
Preußischblau	— 40,0	WHITNEY u. BLAKE	,,
,, ...	— 41,5	BURTON	,,
Gold (chem.)	— 40,0	GALECKI	,,
,, ,, ...	— 7,1 bis 57,4	ROLLA	,,
,, (Bredig)	— 26,0	BURTON	,,
,, (Bredig)	— 21,6	WHITNEY u. BLAKE	,,
Platin	— 30,0	ROLLA	,,
,, (Bredig)	— 24,0	BURTON	,,
,, ,, ...	— 20,3	SVEDBERG	Ultramikroskopisch
,, ,,	— 20 bis 40	COTTON u. MOUTON	,,
Silber ,, ...	— 32,0 bis 38	SVEDBERG	,,
,, ,, ...	— 20,0	BURTON	Grenzschicht
Quecksilber (Bredig).	— 25,0	,,	,,
Silber ,, .	— 23,6	,,	,,
Wismut ,, .	+ 11,0	,,	,,
Blei ,, .	+ 12,0	,,	,,
Eisen ,, .	— 19,0	,,	,,
Eisenhydroxyd	+ 30,0	WHITNEY u. BLAKE	,,
,, ...	+ 52,5	BURTON	,,
HAz-Globulin	— 19,8 bis 22,3	HARDY	,,
HCl- ,, ...	— 9,0 ,, 11,5	,,	,,
NaOH ,, ...	+ 7,7	,,	,,
H_2SO_4- ,, ...	— 18,5	,,	,,
H_3PO_4- ,, ...	— 23,0	,,	,,
Eisenhydroxyd	+ 44	DUCLAUX	Überführung
Kupferferrozyanid ..	+ 34	,,	,,
Preußischblau	+ 38	,,	,,
Thoriumoxyd	+ 30	,,	,,
Gummi arabicum ..	— 14	,,	,,
Karamel	— 11	,,	,,
Wolframsäure	— 44	,,	,,
Emulsionen			
Kohlenwasserstofföl .	— 43,0	LEWIS	Mikroskopisch
Spez. säurefreies Öl .	— 37,2	ELLIS	,,
Saures Öl	— 32,4	,,	,,
Paraffin liqu.	— 29,3	,,	,,
Zylinderöl	— 27,0	,,	,,
Wasserlösliches Öl ..	— 48,0	,,	,,
Anilin	— 31,0	,,	,,
Chloroform	— 10,0	,,	,,
Gummigutt	— 18,1	,,	,,
Mastix	— 17,7	,,	,,

Diese Tatsache gestattet die Behauptung, daß die Wanderungsgeschwindigkeit von der Größe der Teilchen weitgehend unabhängig ist. Die Theorie kann, da sie die Wanderungsgeschwindigkeit dem Potential an der Teilchenoberfläche proportional setzt, dieser Tatsache dadurch gerecht werden, daß sie die Unabhängigkeit des Potentials von der Teilchengröße annimmt.

Im Gegensatz zu andersartigen Auffassungen wollen wir feststellen, daß diese Unabhängigkeit von der HELMHOLTZ-SMOLUCHOWSKIschen Theorie nicht ausdrücklich verlangt wird. Dazu müßte diese sowohl die Unabhängigkeit der Doppelschichtdicke, als auch der Ladungsdichte an der Oberfläche von der Teilchengröße postulieren. Dagegen würde die STOKESsche Gleichung bei Nichtberücksichtigung des Einflusses der Ionenatmosphäre die Konstanz des Verhältnisses der Ladungszahl zum Radius, d. h. also eine dem Radius umgekehrt proportionale Ladungsdichte erfordern, um dem experimentellen Befund gerecht zu werden.

Nach den Berechnungen von H. MÜLLER erfolgt bis zu einem Gehalt von etwa $1{,}10^{-3}$ n an 1,1-wertigem Salz keine Herabsetzung der Größenordnung der freien Kolloidladung durch die Ionenhülle. Die Unabhängigkeit der Wanderungsgeschwindigkeit von der Teilchengröße würde daher als ein Hinweis auf die umgekehrte Proportionalität zwischen Ladungsdichte an der Kolloidoberfläche und dem Teilchenradius betrachtet werden können. (Siehe auch Kap. 29.)

Auch im Sinne der STERNschen Theorie kommt der diffusen Ionenatmosphäre nur eine untergeordnete Bedeutung für das Oberflächenpotential zu. Das Potential dürfte darnach hauptsächlich durch die Ladungsdichte an der Oberfläche bedingt sein. Die notwendige und hinreichende Bedingung dafür, daß die Ladungsdichte einen maximalen Wert nicht überschreitet, ist, daß die Differenz in der chemischen Affinität der in der Lösung befindlichen entgegengesetzten Ionen zu der neutralen Oberfläche nicht über ein gewisses Maß hinausgeht, welches dem größten vorkommenden Wert der Wanderungsgeschwindigkeit korrespondieren muß. Da die elektrische Energie bei der Aufladung eines Kolloidions der chemischen Affinität der sich anlagernden gleichnamigen Ionen entgegenwirkt, so ist die begrenzte Größe der Affinität dafür bestimmend, daß die Ladungsdichte und das Potential keine allzu hohen Werte annehmen können.

Einen unteren Grenzwert der Wanderungsgeschwindigkeit und des Potentials gibt es bei anelektrokratischen Kolloiden überhaupt nicht, bei Elektrokratoiden nur insofern, als diese unterhalb eines gewissen Wertes desselben (kritisches Potential) unstabil werden. In der angeführten Tabelle sind nur genügend stabile Sole vertreten.

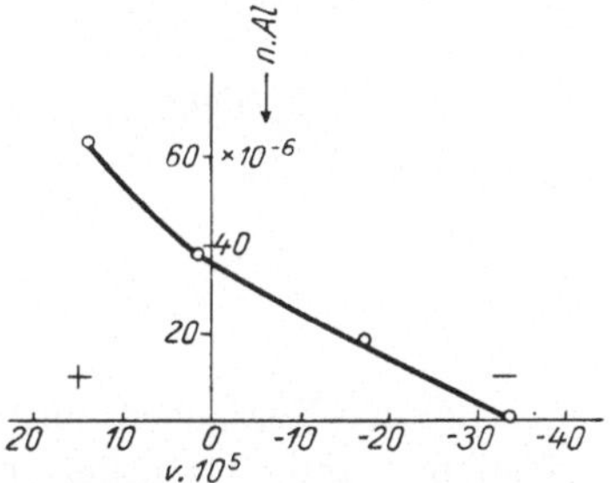

Abb. 32. Umladung eines Goldsols durch Zusatz von Aluminiumsulfat nach E. F. BURTON

Wirkung der Salze auf die Kolloidbeweglichkeit. Anschließend sollen nun die Untersuchungen über die Abhängigkeit der Wanderungsgeschwindigkeit von der Elektrolytkonzentration besprochen werden. Die ersten diesbezüglichen Versuche stammen von E. F. BURTON. Von diesem Autor wurde die Wirkung von Aluminiumsulfat auf BREDIG-Sole von Silber und Gold untersucht. (In den Tabellen bedeutet das Vorzeichen den Pol, zu dem die Überführung erfolgt.)

Tabelle 42. Umladung von kolloidem Gold und Silber nach E. F. BURTON

Ag		Au	
$c.Al_2(SO_4)_3$	$W.10^{-5}$	$cAl_2(SO_4)_3$	$W.10^{-5}$
0	+ 22,4	0	+ 33
$1,4 \times 10^{-5}$	+ 7,2	$1,9 \times 10^{-5}$	+ 17
$3,8 \times 10^{-5}$	— 5,9	$3,8 \times 10^{-5}$	— 1,7
$7,7 \times 10^{-5}$	— 13,8	$6,3 \times 10^{-5}$	— 13,5

Später wurde von BURTON die Wirkung der Elektrolyte auf ein Sol geprüft, welches durch elektrische Zerstäubung von Kupfer in Wasser gewonnen war. Diese von BURTON als Kupfersol bezeichnete Lösung enthielt wahrscheinlich hauptsächlich Kupferoxyd. Die Ladung der Teilchen war positiv.

Tabelle 43. Beeinflussung der WG von kolloidem Kupfer durch Elektrolytzusatz nach E. F. BURTON

Elektrolyt	Äquivalentkonzentration $n.10^{-6}$	$W.10^{-5}$
KCl	0,0	— 24,9
	17,0	— 25,7
	38,0	— 26,2
	74,0	— 22,8
	154,0	— 18,7
K_2SO_4	0,0	— 25,4
	7,7	— 25,3
	19,2	— 24,0
	38,4	— 21,8
	96,0	— 14,4
	153,0	0,0
$Al_2(SO_4)_3$	0,0	— 23,4
	13,8	— 21,5
	27,6	— 19,2
	54,9	— 18,5
K_3PO_4	0,0	— 25,4
	3,6	— 21,5
	7,2	— 16,8
	14,4	— 3,4
	21,6	+ 4,8
	32,8	+ 7,9
$K_6(FeCy_6)_2$	0,0	— 30,4
	7,1	— 14,0
	14,3	— 3,8
	21,4	— 1,0
	28,6	+ 1,5
	42,8	+ 9,1

Bei den Versuchen am Kupferoxydsol tritt die Wirkung der entgegengesetzt geladenen Ionen deutlich in den Vordergrund. Durch zweiwertige negative Ionen wird die Ladung viel stärker herabgesetzt als durch einwertige, unabhängig von der Natur des Kations. Noch stärker wirken die dreiwertigen Ionen, Phosphat und Ferrizyanid. Doch wäre bei K_3PO_4 die Hydrolyse zu berücksichtigen gewesen, derzufolge ein Teil der Beeinflussung den Hydroxylionen zuzuschreiben ist. Die dreiwertigen Anionen bewirken bereits in niedrigen Konzentrationen, daß das ursprünglich positiv geladene Teilchen seine Wanderungsrichtung umkehrt. Diese Umladung schließt sich kontinuierlich der durch kleinere Konzentrationen bewirkten Ladungsabnahme an.

Die Versuche mit den zwei negativ geladenen Edelmetallsolen zeigten bereits bei den kleinsten angewendeten Aluminiumsulfatmengen eine Umladung und daran anschließend bei höherer Konzentration eine steigende positive Ladung.

Bereits BURTON hat darauf hingewiesen, daß die Umladung zur Erklärung der sogenannten „unregelmäßigen Reihen" bei gewissen Fällungen herangezogen werden kann. Geht die Stabilität mit der Ladung parallel, so muß Al_2SO_4 negativen Solen gegenüber, ebenso wie Ferricyanid gegenüber positiven Solen, zunächst die Stabilität herabsetzen bis zur Erreichung des isoelektrischen Punktes und darauf in höheren Konzentrationen infolge der steigenden, entgegengesetzten Aufladung die Stabilität wieder erhöhen. Wie Versuche gezeigt haben, kommt es auf dieser anderen Seite des isoelektrischen Punktes mit weiter fortgesetztem Salzzusatz nach Überschreiten eines maximalen Wertes wieder zum Absinken der Ladung und damit der Stabilität.

Betrachtet man die elektrophoretische Geschwindigkeit der Kolloidteilchen als Maß für ihre freie Ladung, so lassen sich diese Befunde BURTONS ohneweiters erklären. Nur die umladende Wirkung der hochwertigen Gegenionen kann man nicht in den Einzelheiten theoretisch erfassen. Vielleicht handelt es sich hier um eine chemische Reaktion an der Oberfläche der heteropolaren Kolloidteilchen. In dem starken Felde der mehrwertigen Ionen können die gleichnamigen Ionen der Oberfläche eine Verschiebung erfahren, wodurch lokal durch ihr Ausweichen ein elektrisches Feld mit einer dem mehrwertigen Ion entgegengesetzten Ladung erzeugt wird. Auf eine andere Erklärungsmöglichkeit werden wir weiter unten zurückkommen.

Die umladende Wirkung der alkalisch hydrolysierenden Salze auf das Kupferoxydsol kann auch durch die amphotere Natur der aufladenden Ionengruppen erklärt werden. Die anfängliche Konstanz der Wanderungsgeschwindigkeit des Kupferoxydsols beim Versetzen mit KCl und K_2SO_4 dürfte in den Mängeln der Meßmethodik begründet sein.

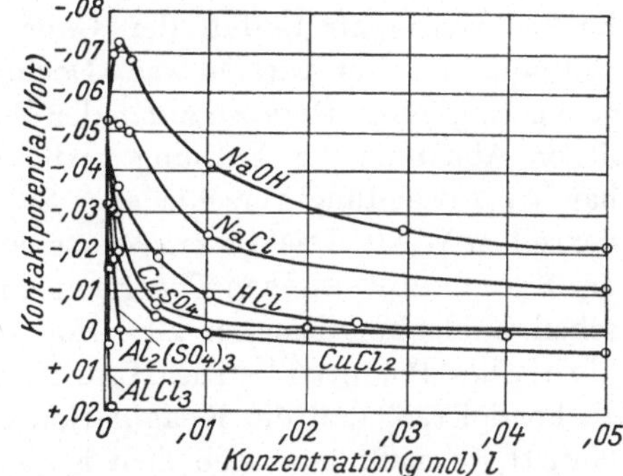

Abb. 33. Beeinflussung der Wanderungsgeschwindigkeit von Ölemulsionen durch Elektrolytzusatz nach R. ELLIS

Von R. ELLIS im Institute F. G. DONNANS nach der mikroskopischen Methode durchgeführte Untersuchungen über die Wirkung der Säuren und Basen werden an anderer Stelle erörtert. Hier sollen sämtliche von ihm erhaltenen Daten bezüglich der Wirkung von Elektrolyten auf die Wanderungsgeschwindigkeit der Emulsionen von säurefreiem Öl in einer Figur zusammengefaßt dargestellt werden. NaOH wirkt in kleinen Konzentrationen aufladend infolge der Anlagerung der Hydroxylionen, d. h. vermutlich infolge der Neutralisation der an der Oberfläche befindlichen schwachen Säure. HCl wirkt stärker entladend als NaCl infolge der Dissoziationszurückdrängung der aufladenden Säure. Die Kupfersalze und die Aluminiumverbindungen wirken stärker, hauptsächlich infolge ihrer höheren Wertigkeit. Die Unterschiede in der Wirkung der Sulfate gegenüber den Chloriden können auf die Unterschiede in den Ionisationsverhältnissen der beiden (Aktivitätskoeffizienten) zurückgeführt werden.

Für den isoelektrischen Punkt, d. h. für $\zeta = 0$ erhält man die folgenden Konzentrationen:

$$AlCl_3 : 0{,}00026, \quad CuCl_2 : 0{,}0089, \quad NaCl : 0{,}40.$$

Das Verhältnis ist:

$$1 : 34{,}2 : 1540$$

also annähernd eine geometrische Reihe entsprechend der Hardy-Schulze-Whethamschen Regel.

Auffallend ist die umladende Wirkung von $CuCl_2$.

Das kritische Potential. Gleichfalls in Donnans Institut wurde die Untersuchung von F. Powis über Ölemulsionen ausgeführt. Die für die Wanderungsgeschwindigkeit mit Hilfe der mikroskopischen Methode erhaltenen Resultate sind in der folgenden Figur zusammengefaßt. Sie lassen wieder die ausschlaggebende Rolle der Wertigkeit erkennen. Das vierwertige Th^{++++}-Ion ladet noch leichter um als das Al^{+++}-Ion. Bei Thorium zeigt sich sehr deutlich die Maximumbildung nach der Ladungsumkehr. Eigentümlich und noch ungeklärt ist die Maximumbildung beim Zusatz von KCl und $K_4Fe(CN)_6$.

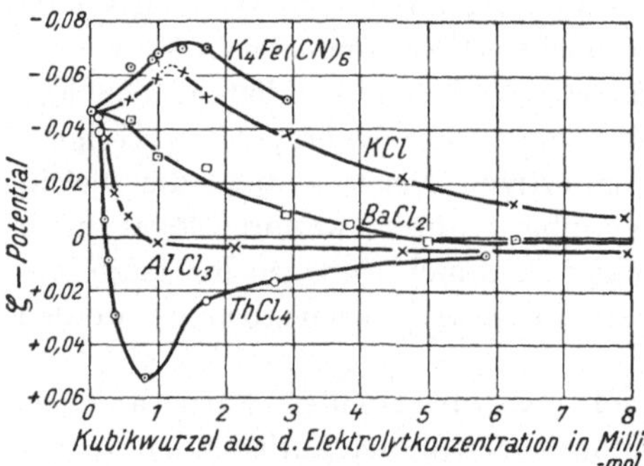

Abb. 34. Beeinflussung der Wanderungsgeschwindigkeit von Ölemulsionen durch Elektrolytzusatz nach F. Powis

Powis hat ferner auch die Beeinflussung der Stabilität durch die gleichen Salze mit Hilfe von Trübungsmessungen verfolgt. Die Koagulation wurde durch die dabei erfolgte Aufhellung der Ölemulsion gekennzeichnet. Es hat sich ergeben, daß der Gang der Wanderungsgeschwindigkeit und der Trübung ungefähr parallel war. Doch zeigte sich, daß in einem gewissen Bereich eine geringfügige Herabsetzung der Wanderungsgeschwindigkeit mit einer plötzlichen Abnahme der Trübung verbunden war. Die Wanderungsgeschwindigkeit hat bei Anwendung verschiedener Salze in diesem Unstetigkeitspunkt ungefähr denselben Wert. Das diesem Werte entsprechende Potential errechnet sich nach der Smoluchowskischen Theorie zu zirka 30 Millivolt (mit dem Debye-Hückelschen Zahlenkoeffizienten zu zirka 45 Millivolt). Diesen Wert nannte Powis „kritisches Potential". Die Hardysche Theorie der Stabilität wäre also dahin zu korrigieren, daß die Koagulation nicht allmählich in umso stärkerem Maße eintritt, je mehr man sich dem isoelektrischen Punkt nähert und daß überdies nicht im isoelektrischen Punkt eine plötzliche Abnahme der Stabilität eintritt, sondern bereits bei einem Wert des Potentials, welcher von Null erheblich entfernt ist. Powis ist sich übrigens der Unzulänglichkeit der Methodik zur Erlangung genauer Daten bewußt und faßt seine Werte nur als relative auf. Auch den Wert 30 Millivolt für das kritische Potential betrachtet er nicht als feststehend, sondern nur die Existenz eines solchen kritischen, von Null entfernten Potentials.

POWIS konnte seine Auffassung durch die Feststellung stützen, daß in Elektrolytlösungen, in welchen gemäß seinen Messungen ein unterhalb des kritischen gelegener Wert des Teilchenpotentials auftrat, keine Emulgierung des Öls möglich war, im Gegensatz zu Elektrolytlösungen, welche einem überkritischen Wert des Potentials entsprachen und in denen eine Ölemulsion erzeugt werden konnte.

Nach der elektro-chemischen Auffassung ist die Wanderungsgeschwindigkeit ebenso wie die Stabilität eine Funktion der freien Ladung des Kolloidsalzes und beide werden durch die Salze in demselben Sinne beeinflußt.

In neuerer Zeit haben H. FREUNDLICH und HENRY P. ZEH den Wertigkeitseinfluß auf die Wanderungsgeschwindigkeit bei Verwendung verschiedener Komplexionen untersucht. Die mit Hilfe des Grenzschichtverfahrens ausgeführten Messungen ergaben bei einem Arsentrisulfidsol die in der folgenden Abbildung dargestellten Werte.

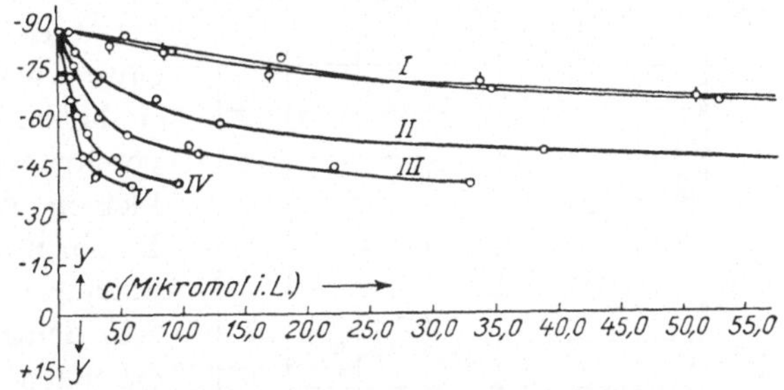

Abb. 35. Beeinflussung der Wanderungsgeschwindigkeit von Arsentrisulfidteilchen durch komplexe Kationen verschiedener Wertigkeit nach H. FREUNDLICH und H. P. ZEH

Alle Salze zeigen bereits bei der kleinsten verwendeten Konzentration (weniger als $1 \cdot 10^{-6}$ Mol) eine Erniedrigung der Wanderungsgeschwindigkeit. Der Wirksamkeit bezüglich der Wanderungsgeschwindigkeit entsprechen auch die Schwellenwerte der Koagulation.

Wie H. MÜLLER vor kurzem gezeigt hat, vermag die Theorie der diffusen Doppelschicht bei Zugrundelegung eines Radius von 15,8 $m\mu$ und einer Gesamtladung von 86 Elementarladungen pro Teilchen den von FREUNDLICH und ZEH gefundenen Gang des Potentials ohne weitere Annahme mit genügender Genauigkeit quantitativ zu berechnen.

Tabelle 44. Schwellenwerte eines As_2S_3-Sols nach H. FREUNDLICH und H. P. ZEH

	Elektrolyt	(Mikromol im Liter)
Ia	$[Co(NH_3)_4(NO_2)_2]\,Cl$	1290
Ib	$[Co(NH_3)_4CO_3]\,NO_3$	1185
II	$[Co(NH_3)_5Cl]\,Cl_2$	118
III	$[Co(NH_3)_6]\,Cl_3$	25,6
IV	$\left[(NH_3)_4Co\begin{matrix} NH_2 \\ OH \end{matrix}Co(NH_3)_4\right]Cl_4\,4\,H_2O$	11,4
V	$\left[Co\left\{\begin{matrix} OH \\ OH \end{matrix}\right\}Co(NH_3\right\}_3\Big]\,Cl_6$	8,0

Die Versuche von FREUNDLICH und ZEH am Eisenhydroxydsol mit komplexen Cyansalzen brachten weniger befriedigende Resultate.

Das experimentelle Material über den Zusammenhang von elektrophoretischer Wanderungsgeschwindigkeit und Koagulation von Kolloidteilchen wurde vor kurzem durch eine ausgedehnte Untersuchung von P. TUORILA in G. WIEGNERS Institut wesentlich bereichert.

Als Untersuchungsobjekt dienten Suspensionen von Paraffin, Ton, Quarz und Permutit mit 144 bis 724 mμ mittleren Teilchenradius. Es waren also durchwegs gröber disperse Systeme als die kolloiden Lösungen. Die Wanderungsgeschwindigkeit wurde mit Hilfe des direkten mikroskopischen Verfahrens bestimmt. Der mittlere Fehler betrug 5%. Die Befunde wurden mit Hilfe der DEBYE-HÜCKEL-Formel in den Werten des elektrokinetischen Potentials ausgedrückt. Die Koagulation wurde durch mikroskopische Auszählung zeitlich verfolgt.

Als Beispiel sei hier die Figur, welche die Beeinflussung der Elektrophorese von Paraffinteilchen durch einwertige Salze darstellt, wiedergegeben. Man erkennt die starke Wirksamkeit der Salzsäure, welche bereits in $5 \cdot 10^{-4}$ n Gehalt umladet. Die positive Wanderungsgeschwindigkeit erreicht nur einen ganz kleinen Wert, um dann rasch auf Null herabzufallen. Die übrigen Salze wirken annähernd in derselben Form, doch sind sehr deutlich ausgeprägte Unterschiede zu erkennen. Die Reihenfolge der Kationen für Chloride und Nitrate ergab bei allen untersuchten Suspensionen, nach zunehmender Erniedrigung der Wanderungsgeschwindigkeit geordnet:

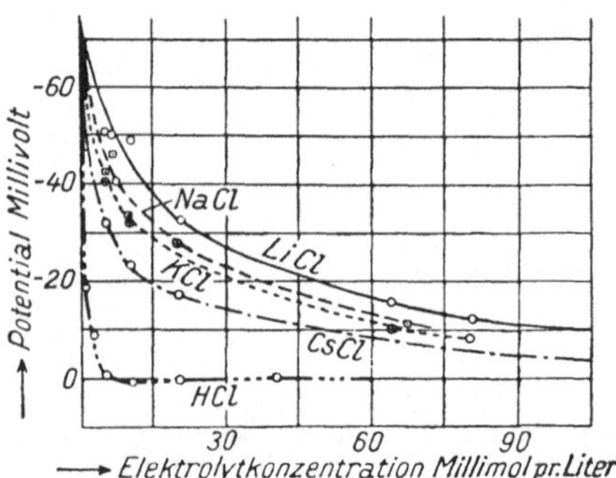

Abb. 37. Beeinflussung der Wanderungsgeschwindigkeit von Paraffinteilchen durch Chloride einwertiger Kationen nach P. TUORILA

$$\mathrm{Li} < \mathrm{Na} < \mathrm{K} < \mathrm{Cs} < \mathrm{H}$$

Dieselbe Reihenfolge zeigte fast in allen Fällen die ultramikroskopisch bestimmte Koagulationsgeschwindigkeit.

Die folgende Figur (Abb. 38) bringt den Zusammenhang zwischen Koagulation und Wanderungsgeschwindigkeit der Paraffinteilchen zum Ausdruck. Als Abszisse ist der nach der SMOLUCHOWSKIschen Koagulationstheorie berechnete Bruchteil der wirksamen Teilchenzusammenstöße, auf der Ordinate das Potential aufgetragen. Einen ähnlichen Zusammenhang ergaben die Untersuchungen auch bei der Tonsuspension.

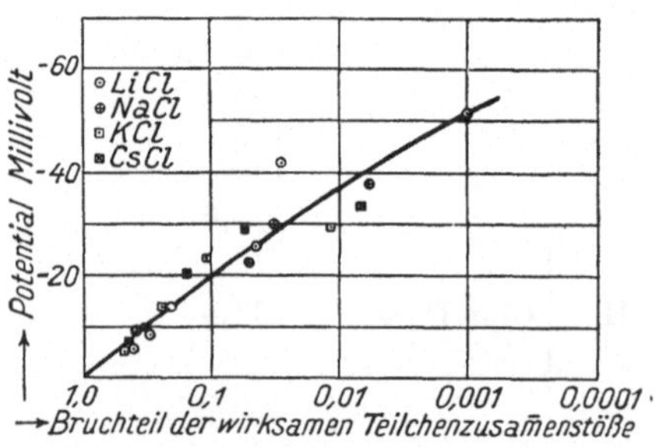

Abb. 38. Zusammenhang zwischen Koagulationsgeschwindigkeit und ζ-Potential einer Paraffinsuspension nach P. TUORILA

Entsprechend der höheren Wertigkeit der Gegenionen wurde eine bedeutend stärkere Wirksamkeit der Erdalkalichloride gefunden.

Die nächste Abbildung gibt die Beeinflussung der Wanderungsgeschwindigkeit von Tonteilchen durch dieselben wieder.

Die Reihenfolge lautet hier:

$$MgCl_2 < CaCl_2 < SrCl_2 < BaCl_2$$

Ba setzt also die Wanderung am stärksten herab.

Dieselbe Reihenfolge wurde auch für die Koagulation festgestellt.

Bei den zweiwertigen Gegenionen konnte bei niedrigerer Wanderungsgeschwindigkeit der Teilchen dieselbe Koagulationszeit erhalten werden wie bei den einwertigen. Außerdem koagulierten die Teilchen von derselben Beweglichkeit in $MgCl_2$ am langsamsten, in $BaCl_2$ am schnellsten. Es liegt also kein vollständiger Parallelismus zwischen Wanderungsgeschwindigkeit und Koagulation vor.

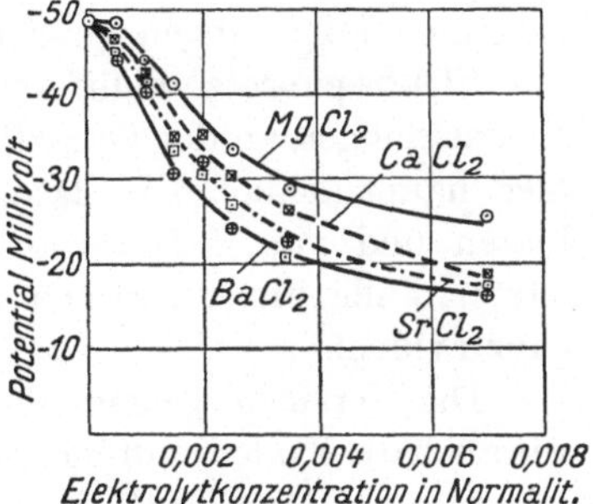

Abb. 39. Beeinflussung der Wanderungsgeschwindigkeit von Tonteilchen durch Chloride zweiwertiger Kationen nach P. Tuorila

Größere Abweichungen traten beim Zusatz von NaOH auf. Die Wanderungsgeschwindigkeit der Quarzteilchen wurde z. B. dadurch erhöht, die Koagulation dennoch beschleunigt. Hier besteht ein offenbarer Widerspruch zu der Auffassung, nach der die Wanderungsgeschwindigkeit ein Maß für die Stabilität der Teilchen bildet. Tuorila nimmt an, daß die Abstoßungskräfte zwischen den Teilchen durch deren Reaktion mit Lauge infolge des erhöhten Potentials wohl erhöht werden, die Veränderung der Oberfläche ruft jedoch auch eine Erhöhung der Anziehungskräfte hervor und dieser letzte Effekt vermag den Aufladungseffekt zu überwinden.

Gleichfalls beschleunigend wirkt der Zusatz von Lauge auf die Koagulation in Anwesenheit von zweiwertigen Kationen trotz der Erhöhung der Wanderungsgeschwindigkeit. Hier nimmt Tuorila an, daß die zweiwertigen Kationen mit den OH-Ionen unlösliche Hydroxyde bilden, die als negativ geladene Kolloidteilchen auftreten und die positiven Kolloidteilchen, deren Ladung infolge des Verbrauches der mehrwertigen Gegenionen erhöht wurde, koagulieren.

Eine schwer erklärliche Diskrepanz zwischen Wanderungsgeschwindigkeit und Koagulation zeigte sich in den Versuchen von H. R. Kruyt und P. C. van der Willigen. Es wurde nach der Grenzschichtmethode ermittelt, daß die Wanderungsgeschwindigkeit von As_2S_3- und HgS-Solen nach Zusatz von KCl und Kaliumferrizyanid bis $6 \cdot 10^{-3}$ n stetig ansteigt. Bei dieser Konzentration erfolgt bereits Flockung. Der Anstieg der Beweglichkeit beim KCl-Zusatz ist an und für sich bereits überraschend, noch mehr jedoch beim Vergleich mit dem Schwellenwert. Kruyt erklärt die Diskrepanz dadurch, daß er den starken Anstieg der Wanderungsgeschwindigkeit der Erhöhung der Dielektrizitätskonstante in der Doppelschicht zuschreibt. Darnach brauche man gar nicht anzunehmen, daß das elektrokinetische Potential selbst zunimmt, wenn man nur diese Veränderung der Dielektrizitätskonstante in der Debye-Hückelschen Formel in Betracht zieht,

$$\zeta = \frac{6 \pi \eta W}{D}$$

Die Erhöhung der Dielektrizitätskonstante sei die Folge der höheren Salzkonzentration und sie würde die Steigerung von W, hinsichtlich der Abhängigkeit von ζ, paralysieren.

Immerhin wäre durch eine derartige Erfahrung das Grundphänomen der Stabilitätstheorie der Elektrokratoide, daß die Stabilität eine zunehmende Funktion der Wanderungsgeschwindigkeit sei, in seiner Bedeutung gefährdet. Doch bedarf dieser Befund einer eindringenden Prüfung, bevor er weitergehenden Folgerungen zugrunde gelegt werden kann.

Elektrophorese indifferenter Stoffe. Besondere Beachtung verdienen die Erscheinungen an der Grenzfläche chemisch indifferenter Stoffe. Es kommen hier hauptsächlich die kataphoretischen Versuche von Mc Taggart an Gasblasen und von J. Loeb an Kollodiumteilchen in Betracht. Allerdings ist im letzten Falle die chemische Indifferenz der Grenzfläche gegenüber Ionen nicht ganz evident.

Die Versuche zeigen, daß in reinem Wasser die verschiedenen Gasblasen, wie auch die Kollodiumteilchen sich negativ aufladen. Die Hydroxylionen reichern sich also an der Oberfläche gegenüber den Wasserstoffionen an. Mit Rücksicht auf die Indifferenz dieser gasförmigen bzw. festen Grenzfläche wird man dieses Verhalten unseres Erachtens wohl der Eigenart der Beziehungen des Wasserstoffions und des Hydroxylions zu den Wassermolekülen zuschreiben müssen. Die Komplexchemie der Aquoverbindungen lehrt, daß im allgemeinen die Anionen im Gegensatz zu den Kationen überhaupt keine Tendenz zur Bildung von Hydraten zeigen. Dies kann eine Folge einerseits des (bezüglich der negativen und positiven Ladungen) asymmetrischen Baues der Wassermoleküle sein, andererseits auch der bezüglich der äußeren Elektronenschale bestehenden Differenz des Anionen- und Kationenaufbaus, welche sich auch in ihrer verschiedenen Deformierbarkeit kundgibt.

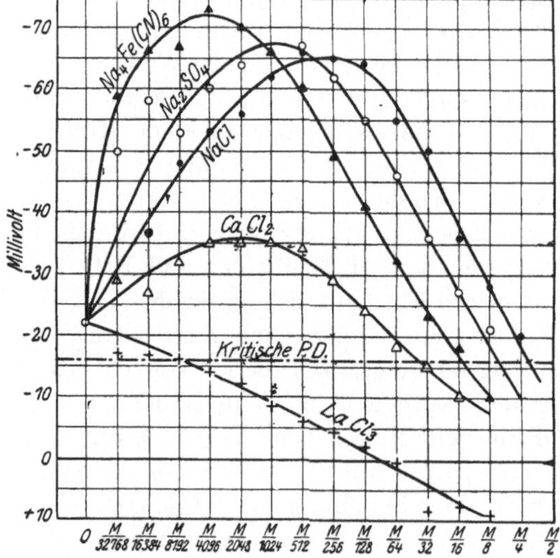

Abb. 36. Beeinflussung der Wanderungsgeschwindigkeit von Kollodiumteilchen durch Elektrolytzusätze nach J. Loeb

Das ungleiche Verhalten der Kationen und Anionen gegenüber indifferenten Grenzflächen beschränkt sich nicht nur auf das Wasserstoff- und Hydroxylion. In den Versuchen von Mc Taggart und J. Loeb ergeben alle Salze von einwertigen Kationen bis zu einer Konzentration von etwa $1 \cdot 10^{-3}$ negative Ladung der schwebenden Teilchen (Gasblasen, Kollodium), welche mit der Konzentration vorerst zunimmt. Was uns zunächst überrascht, ist die Tatsache, daß nicht nur Natronlauge und Natriumchlorid, sondern auch Salzsäure die anodische Wanderungsgeschwindigkeit erhöht. Die Chlorionen würden sich demnach in der negativen, also gleichsinnig geladenen Grenzschicht stärker anreichern als die Wasserstoffionen.

Die Aufladung hängt nicht von der Wertigkeit der Anionen ab. NaCl, Na_2SO_4 und $Na_4Fe(CN)_6$ wirken bei derselben Äquivalentkonzentration in demselben Maße. (In der Figur sind die molaren Konzentrationen aufgetragen). Dagegen zeigt sich eine im Sinne der Wertigkeitsregel stärker entladende Wirkung der höherwertigen Kationen (Abb. 36). Mc Taggart und Loeb stellen eine Umladung mit Hilfe von drei- und vierwertigen Salzen fest. Mc. Taggart konnte eine solche Umladung auch mit Hilfe eines dialysierten Thoriumhydroxydsols bewirken. Somit könnte dieselbe auch in den $ThCl_4$-Lösungen auf die Wirkung der darin durch Hydrolyse entstandenen Kolloidteilchen bezogen werden. J. Loeb gelangte dagegen nach seinen Versuchen zu dem Schluß, daß das gegenüber Kollodium nicht der Fall ist. Auch $CaCl_2$ wirkt, wenngleich in schwächerem Maße als Thoriumchlorid in demselben Sinne, nämlich umladend.

J. Loeb fand ferner, daß die rasche Koagulation der Kollodiumsuspension unabhängig von der Natur der Salze dann eintritt, wenn das Potential der Teilchen auf ungefähr 16 Millivolt sinkt. Dort wäre also das kritische Potential dieser Systeme gelegen.

Die Umladung von Silber und Gold. Pauli hat zunächst an kolloidem Silber, dann auch an kolloidem Gold die durch Aluminiumzusatz bewirkte Umladung, welche zuerst von Burton festgestellt worden war, näher untersucht.

Mit E. Fried fand er, daß die Teilchen eines durch Reduktion hergestellten Silbersols nach Reinigung desselben durch Dialyse nicht umladbar sind. Bei fortgesetztem Zusatz von Aluminiumsulfat konnte nur ein Aufhören der Wanderung, aber keine Umkehrung derselben beobachtet werden. Die Stabilität zeigte ein entsprechendes Verhalten, es trat bereits bei $4 \cdot 10^{-5}$ n Al-Sulfat eine Flockung ein und auch beim Zusatz größerer Mengen Al-Salz fand sich nur Flockung. Dagegen haben die Autoren die Feststellung gemacht, daß vorheriger Zusatz von Na_2CO_3 (Endkonzentration $4 \cdot 10^{-5}$ n) das Sol durch Al-Sulfat umladbar macht. Dieses Verhalten kam ebenso in den Stabilitätsverhältnissen wie auch in den Werten der Wanderung zum Ausdruck. Die Flockung zeigt die sogenannte unregelmäßige Reihe: Mit Aluminiumzusatz zunächst Abnahme der Stabilität bis zur vollständigen Flockung, dann mit weiter steigender Menge Al-Salz wiederum Stabilität und schließlich wieder Flockung. Stabilitäts- und Beweglichkeitsminimum fallen zusammen (vgl. Tabelle 45 und Abb. 40).

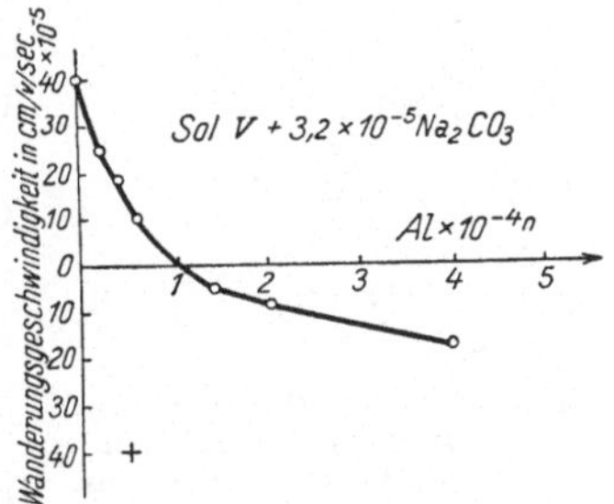

Abb. 40. Umladung eines mit Karbonat versetzten Silbersols nach E. Fried und Wo. Pauli

Pauli vermutet, daß die Diskrepanz gegenüber Burton dadurch hervorgerufen ist, daß die Burtonschen Sole Alkali enthielten. Die Leitfähigkeit seiner Sole war jedenfalls nach der Zerstäubung etwa zehnmal so groß wie diejenige des verwendeten Wassers und sank beim Zusatz des Aluminiumsalzes.

Das gleiche Verhalten wie am Silber fanden Pauli und L. Fuchs auch an durch Reduktion (Formol, H_2) hergestellten Goldsolen. Die Ergebnisse der Versuche am dialysierten Formolsol gibt die folgende Tabelle 46 wieder, während die Abbildung 41 die Abhängigkeit der Beweglichkeit von dem Aluminiumzusatz graphisch darstellt. Bei den Al-Konzentrationen $5 . 10^{-4}$ und $1 . 10^{-3}$ n war keine Wanderung des Sols mehr erkennbar.

Tabelle 45. Die Flockung eines Silbersols mit $Al_2(SO_4)_3$ nach WO. PAULI und E. FRIED

nAl	Sol ohne Soda 24 Stunden nach Mischung	Sol mit Soda 24 Stunden nach Mischung
$1 . 10^{-5}$	unverändert	unverändert
$2 . 10^{-5}$	Farbenumschlag	,,
$4 . 10^{-5}$	geflockt	,,
$6 . 10^{-5}$	,,	geflockt
$8 . 10^{-5}$	,,	,,
$1 . 10^{-4}$	,,	,,
$1,4 . 10^{-4}$	,,	,,
$1,6 . 10^{-4}$	,,	unvollkommen abgesetzt
$2 . 10^{-4}$	,,	klar stabil
$4 . 10^{-4}$	,,	,,
$6 . 10^{-4}$	,,	,,
$8 . 10^{-4}$	,,	Farbenumschlag
$1 . 10^{-3}$	,,	geflockt
$2 . 10^{-3}$	,,	,,

Zusatz von K_2CO_3 (Endkonzentration $1 . 10^{-3}$ n) veränderte das Verhalten des Sols, es konnte nunmehr mit dem Aluminiumsalz ein Ladungswechsel hervorgerufen werden (Tabelle 47, Abb. 42). Das umgeladene Sol ist stabil, während im isoelektrischen Punkt ein Stabilitätsminimum besteht (Tabelle 4). Analoge Ergebnisse lieferte die Untersuchung der H_2-Goldsole.

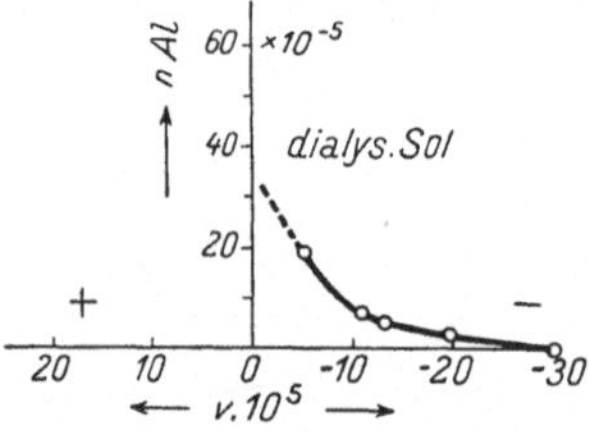

Abb. 41. Beeinflussung der Wanderungsgeschwindigkeit eines dialysierten Goldsols durch Zusatz von Aluminiumsulfat nach L. FUCHS und WO. PAULI

Der Versuch zeigt also, daß ein hochdialysiertes Goldsol ebenso wie ein solches Silbersol erst infolge von Alkalizusatz die Fähigkeit gewinnt, durch steigende Al-Zugabe unter Bildung eines stabilen positiven Sols umgeladen zu werden.

Bei diesen Versuchen ist die Diskrepanz gegenüber BURTON schärfer, da die Leitfähigkeit seines Goldsols anscheinend sehr gering war. Immerhin kann diese kleine Leitfähigkeit auch durch eine kleine Menge Alkali, welche von der Porzellanschale bei der Zerstäubung abgegeben sein konnte, hervorgerufen worden sein. Auch der viel zu geringe Anstieg der Leitfähigkeit beim Zusatz des Aluminiumsalzes (gegenüber PAULIs Daten am dialysierten Sol) weist darauf hin, daß dabei eine teilweise Bildung von $Al(OH)_3$ bzw. basischer Salze eintrat.

Im Sinne dieser Resultate dürfte die Umladbarkeit wahrscheinlich durch die basischen Aluminiumsalze bewirkt sein. Ob dabei eine Komplexbildung an der Oberfläche der Kolloidteilchen oder eine Art Umhüllung derselben stattfindet, mag zunächst offen bleiben.

Kolloidbeweglichkeit, Koagulation und Traubesche Regel. H. FREUNDLICH und G. V. SLOTTMAN haben den Einfluß der Einführung von CH_2-Gruppen in die organischen Gegenionen auf ihre flockende Wirksamkeit und auf die elektrophoretische Geschwindigkeit der Kolloidionen untersucht. Ein As_2S_3-Sol wurde mit Aminsalzen versetzt und Schwellenwert und Wanderungsgeschwindigkeit ermittelt. Es ergab sich, daß die Einführung von CH_2-Gruppen in das Ammonium den Schwellenwert herabsetzt. Methylaminchlorid flockte bereits in kleinerer Konzentration als Ammoniumchlorid und das Dimethylaminsalz flockte bei noch kleinerem Gehalt. Damit parallel setzten die Aminsalze die Beweglichkeit der Kolloidionen um so stärker herab, je höher ihr Molekulargewicht war. Die analogen Feststellungen ergaben sich in bezug auf den Einfluß der Anzahl der CH_2-Gruppen in der homologen Reihe der Benzosulfosäure betreffend die Wirksamkeit ihrer Natriumsalze gegenüber dem elektropositiven Eisenhydroxydsol.

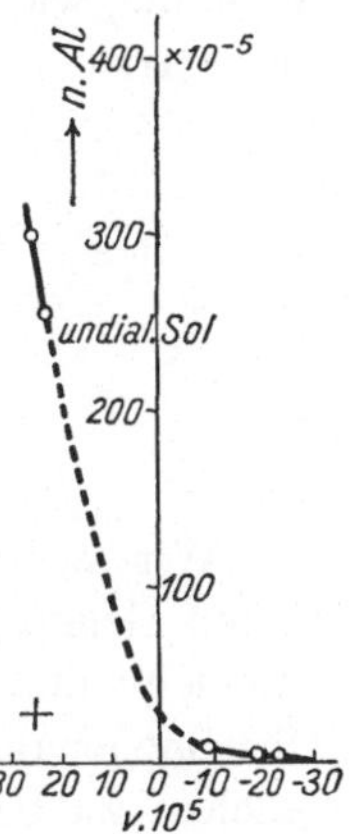

Abb. 42. Umladung eines dialysierten, alkalisch gemachten[1] Goldsols nach L. FUCHS und Wo. PAULI

Beiderlei Salze gehören zu den kapillaraktiven Substanzen, sie setzen die Oberflächenspannung des Wassers herab und reichern sich daher an der Grenzfläche an. Im Sinne der TRAUBEschen Regel steigt die Kapillaraktivität in der homologen Reihe mit zunehmendem Molekulargewicht an. H. FREUNDLICH will in diesen Versuchen einen Beweis für die Gültigkeit der TRAUBEschen Regel bei der Koagulation erblicken.

Tabelle 46. Flockung und Wanderung eines dialysierten Goldsols bei Zusatz von $AlCl_3$ nach Wo. PAULI und L. FUCHS

$nAlCl_3$	$\varkappa \cdot 10^6$ (unkorrigiert)	Wanderungsgeschwindigkeit 25° cm/sek	Anmerkung
0	8,753	$-30{,}3 \cdot 10^{-5}$	
$2 \cdot 10^{-5}$	11,42	$-18{,}8 \cdot 10^{-5}$	Ganz schwache Farbänderung nach violett (geringe Trübung)
$4 \cdot 10^{-5}$	13,68	$-13{,}1 \cdot 10^{-5}$	Schwacher Farbenumschlag nach violett
$6 \cdot 10^{-5}$	16,40	$-10{,}4 \cdot 10^{-5}$	Schwacher Farbenumschlag nach violett
$2 \cdot 10^{-4}$	33,82	$-5{,}2 \cdot 10^{-5}$	Violett, nach 24 Stunden ausgeflockt

Tabelle 47. Flockung und Wanderung eines mit Karbonat versetzten Goldsols bei Zusatz von $AlCl_3$ nach PAULI und L. FUCHS

$AlCl_3$-Konzentration	$\varkappa \cdot 10^4$	Wanderungsgeschwindigkeit 25° m/sek	Anmerkung
0	2,131	$-34{,}0 \cdot 10^{-5}$	
$2 \cdot 10^{-5}$	2,185	$-27{,}0 \cdot 10^{-5}$	Ganz schwache Farbänderung nach violett
$4 \cdot 10^{-5}$	2,208	$-19{,}2 \cdot 10^{-5}$	Etwas stärker violett
$7 \cdot 10^{-5}$	2,232	$-10{,}2 \cdot 10^{-5}$	Stark violett, nach 24 Stunden geflockt
$3 \cdot 10^{-3}$	3,452	$+26{,}8 \cdot 10^{-5}$	Farbe wie vom reinen Sol, Lösung beständig

[1] In der Figur versehentlich als undial. Sol bezeichnet.

Wie FREUNDLICH hervorhebt, liegt die Ursache der ausgezeichneten Gültigkeit der TRAUBE-Regel für diese Stoffe in dem stark asymmetrischen Bau ihrer Moleküle, wie es etwa an der Formel des p-Äthylbenzosulfosäureions anschaulich hervortritt.

$$\begin{array}{c} CH_3 \\ | \\ CH_2 \\ \bigcirc \\ SO_3^- \end{array}$$

Wir möchten es für das Richtige halten, den Bau dieser Ionen als gemeinsamen Grund für ihre Wirksamkeit auf die Elektrophorose und die Koagulation einerseits und die Oberflächenspannung des Wassers anderseits und nicht ihre Oberflächenaktivität als primär bestimmend für die Anlagerung an die Solteilchen zu betrachten. Die Orientierung an der Oberfläche Wasser/Luft und an der Grenzfläche Kolloidion/Wasser dürften unseres Erachtens voneinander recht verschieden sein, da in dem letzten Fall das elektrische Feld des Kolloidions von maßgebendem Einfluß ist.

Gestalt des Kolloidions und seine Beweglichkeit. Nach der Theorie von DEBYE-HÜCKEL haben Teilchen verschiedener Gestalt und gleichem Potential verschiedene Beweglichkeiten. Der Zahlenfaktor 1/6 in der modifizierten SMOLUCHOWSKI-Formel gilt nur für kugelförmige Teilchen, für zylindrische beträgt er 1/4 und bei unregelmäßiger Gestalt kann er verschiedene, höhere Werte annehmen. H. FREUNDLICH und H. A. ABRAMSON haben jedoch neulich nach der mikroskopischen Methode beobachtet, daß die Wanderungsgeschwindigkeit der weißen und roten Blutkörperchen im Serum, unabhängig von ihrer Größe und Gestalt, um einen und denselben Mittelwert schwankt. Dabei fanden sich darunter sowohl kugelförmige, als auch ganz unregelmäßig gebaute Teilchen, Primärteilchen ebenso wie Aggregate. Dieselbe Erfahrung wurde an Quarzteilchen gemacht, die in einer Zuckerlösung suspendiert waren.

Bemerkenswert ist der Vergleich der elektrosmotischen Geschwindigkeit des Wassers an der Glasoberfläche und der elektrophoretischen Geschwindigkeit der suspendierten Glasteilchen, wie dies von H. A. ABRAMSON durchgeführt wurde. Beide Geschwindigkeiten wurden durch die mikroskopische Wahrnehmung der Kataphorese der Glasteilchen in der Glasküvette ermittelt. In destilliertem Wasser fand sich das Verhältnis 3 an Stelle der von DEBYE-HÜCKEL geforderten Zahl 1,5. In verdünnter Essigsäure und in albumin- oder gelatinhaltigem Wasser wurde das theoretische Verhältnis beobachtet.

Literaturverzeichnis

ABRAMSON, H. A.: Coll. Symp. Mon. **6**, 115 (1928). — BURTON, E. F.: Phil. Mag. [6] **11**, 425 (1906); [6] **12**, 476 (1906). — COTTON, H., und A. MOUTON: C. r. **138**, 1692 (1904). — DEBYE, P., und E. HÜCKEL: Physik. Z. **25**, 49 (1924). — DUCLAUX, J.: Journ. Chim. Phys. **7**, 405 (1909). — ELLIS, R.: Z. f. phys. Ch. **78**, 321 (1912); **80**, 606 (1912). — FREUNDLICH, H.: Kapillarchemie, 1. Aufl. (1909) Leipzig. DERSELBE und H. P. ZEH: Z. f. phys. Ch. **114**, 65 (1925). — DERSELBE und H. A. ABRAMSON: Z. f. phys. Ch. **128**, 25 (1927). — DERSELBE und G. V. SLOTTMAN: Z. f.

phys. Ch. **129**, 305 (1927). — FRIED, E., und WO. PAULI: Koll. Z. **36**, 138 (1925). — FUCHS, L., und WO. PAULI: Koll. Beih. **21**, 412 (1925). — GALECKI, A. v.: Z. f. anorg. Ch. **74**, 174 (1912). — HARDY, W. B.: Journ. of Physiol. **33**, 289 (1905). — KRUYT, H. R., und C. P. VAN DER WILLIGEN: Z. f. phys. Ch. **130**, 170 (1927). — Mc LEWIS, W. C.: Koll. Z. **4**, 209 (1909). — LINDER, S. E., und H. PICTON: Journ. Chem. Soc. **61**, 148 (1892). — LOEB, J.: Die Eiweißkörper. Berlin (1924). — Mc BAIN, J. W.: Journ. Phys. Chem. **28**, 706 (1924). — MACTAGGART: Phil. Mag. [6] **27**, 297 (1914); **28**, 367 (1914). — MÜLLER, H.: Koll. Beih. **26**, 257 (1928). — POWIS, F.: Z. f. phys. Ch. **89**, 91 (1915). — QUINCKE, G.: Pogg. Ann. **113**, **513** (1861). — ROLLA, L.: Atti Accad. Lincei **17**, 650 (1908). — STERN, O.: Z. f. Elektroch. **30**, 508 (1924). — SVEDBERG, THE: Nova Acta Ups. [IV, 2] 190 (1907). — TUORILA, P.: Koll. Beih. **27**, 44 (1928). — WHITNEY, R. A., und I. C. BLAKE: Journ. Am. Chem. Soc. **26**, 1339 (1904).

23. Experimentelle Ergebnisse der Elektrosmose und der Strömungspotentiale

Auch die Ergebnisse elektrosmotischer Versuche finden sich häufig in Werten des elektrokinetischen Potentials angegeben. Wir wollen auch diese Werte lediglich als die Wiedergabe der elektrokinetischen Wanderungsgeschwindigkeit der Flüssigkeit auffassen. Da hier ausschließlich die SMOLUCHOWSKIsche Formel benutzt wurde, so ergibt sich, daß $10 \cdot 10^{-5}$ cm pro Volt pro Zentimeter 16 Millivolt entsprechen.

Aus G. QUINKEs Messungen läßt sich nach der HELMHOLTZschen Theorie ein Potential $\zeta = 53$ bis 55 MV für die Grenzfläche Glas/Wasser berechnen. TERESCHIN erhielt dafür den Wert 46 bis 50 MV. Die Richtung der Wasserbewegung war kathodisch.

Die ersten quantitativen Bestimmungen über den Einfluß der Elektrolyte auf die Elektrosmose wurden von J. PERRIN ausgeführt.

Die Messungen Perrins. PERRIN benutzte den abgebildeten Apparat. Die als Diaphragma dienende pulverisierte Masse wurde zwischen die beiden Elektroden A_1 und B_2 in die Glasröhre M gebracht. Die überführte Wassermenge konnte mit Hilfe der Kapillare G gemessen werden. Die Feldstärke betrug 10 V pro cm. Die angegebenen Zahlen bedeuten Kubikzentimeter überführtes Wasser pro Minute.

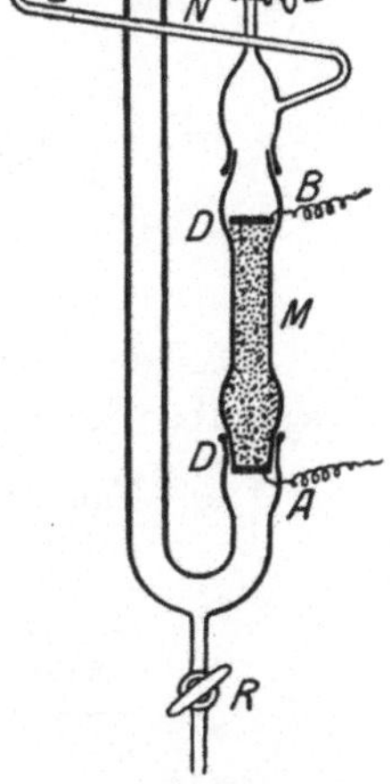

Abb. 43. Apparat zur Bestimmung der elektrosmotischen Beweglichkeit nach J. PERRIN

Die Daten, welche von ihm für die Wirkung von Säuren und Basen gewonnen wurden, werden wir an anderer Stelle mitteilen. Die Ergebnisse mit Neutralsalzen sind in der folgenden Tabelle enthalten. Das Vorzeichen bedeutet den Ladungssinn der Wand (Tab. 48).

1—1 wertige Neutralsalze setzen demnach die elektrosmotische Geschwindigkeit sowohl der durch Säure positiv, wie der durch Alkali negativ aufgeladenen Wände herab. Stärker tritt diese Wirkung bei mehrwertigen Gegenionen hervor.

Die elektrosmotische Wasserüberführung durch die mit Säure positiv aufgeladenen Wände wird von den mehrwertigen Gegenionen herabgesetzt, und zwar

Tabelle 48. Herabsetzung der elektrosmotischen Beweglichkeit durch 1,1wertige Neutralsalze nach J. Perrin

Diaphragma	Salz	W
Karborundum	$^1/_{500}$ n KOH	— 105
	$^1/_{500}$ n KOH + $^1/_{10}$ NaBr	— 24
$CrCl_3$	$^1/_{500}$ n HCl	+ 100
	$^1/_{500}$ n HCl + $^1/_{10}$ KBr ...	+ 35

um so stärker, je höher deren Wertigkeit ist. Auf eine negative Wand üben die mehrwertigen Anionen keinen Einfluß aus. Die drei- und vierwertigen Anionen können dagegen eine Umladung von positiven Wänden bewirken.

Tabelle 49. Herabsetzung der elektrosmotischen Geschwindigkeit positiver Wände durch mehrwertige Anionen nach J. Perrin

Diaphragma	Salz	W
$CrCl_3$	$^1/_{1000}$ n HNO_3	+ 88
	$^1/_{1000}$ n HNO_3 + $^1/_{1000}$ $MgSO_4$	+ 23
	$^1/_{1000}$ n HNO_3 + $^1/_{100}$ $CdSO_4$	+ 4
$CrCl_3$	wenig HCl	+ 75
	KH_2PO_4 (nahe dieselbe C_H)	+ 7
	wenig basisch	— 46
	dieselbe Flüssigkeit + $^1/_{1000}$ $FeCy_6K_3$	— 46
	schwach sauer	+ 59
	dieselbe Flüssigkeit + $^1/_{1000}$ $FeCy_6K_3$	+ 7
	,, ,, + $^1/_{50}$ $FeCy_6K_3$.	— 20
	$^1/_{500}$ n HNO_3	+ 90
	$^1/_{500}$ n HNO_3 + $^1/_{2000}$ $FeCy_6K_3$	+ 3
	$^1/_{1000}$ n HCl	+ 86
	$^1/_{1000}$ n HCl + $^1/_{2000}$ $FeCy_6K_4$	+ 1,5
Al_2O_3	$^1/_{1000}$ n HCl	+ 100
	$^1/_{1000}$ n HCl + $^1/_{2000}$ $FeCy_6K_4$	— 0
	$^1/_{2000}$ n HCl	+ 95
	$^1/_{2000}$ n HCl + $^1/_{600}$ $FeCy_6K_4$	— 60

Das symmetrische Verhalten der mit Base negativ aufgeladenen Wände gegenüber den mehrwertigen Kationen geht aus den folgenden Versuchen hervor:

Tabelle 50. Herabsetzung der elektrosmotischen Geschwindigkeit negativer Wände durch mehrwertige Kationen nach J. Perrin

Diaphragma	Salz	W
$CrCl_3$	$^1/_{1000}$ KOH	— 76
	$^1/_{1000}$ KOH + $^1/_{1000}$ $MgCl_2$	— 10
	$^1/_{1000}$ NaOH	— 72
	$^1/_{1000}$ NaOH + $^1/_{1000}$ $MgSO_4$	— 6
	schwach sauer	+ 43
	schwach sauer + $^1/_{1000}$ $MgCl_3$	+ 43
Silex	$^1/_{1000}$ KOH	— 81
	$^1/_{1000}$ KOH + $^1/_{500}$ $Mg(NO_3)_2$	— 33

Naphthalin	$^1/_{500}$ KOH $^1/_{500}$ KOH + $^1/_{250}$ $MgCl_2$	— 60 — 15
$CrCl_3$	schwach alkalisch schwach alkalisch + $^1/_{500}$ $Co(NO_3)_2$	— 44 — 5
ZnS	$^1/_{500}$ NaOH $^1/_{500}$ NaOH + $^1/_{500}$ $Co(NO_3)_2$	— 13 — 7
$CrCl_3$	schwach alkalisch schwach alkalisch + $^1/_{500}$ $MnSO_4$	— 32 — 8
Al_2O_3	$^1/_{500}$ NaOH $^1/_{500}$ NaOH + $^1/_{500}$ $Ca(NO_3)_2$	— 85 — 18
$CrCl_3$	$^1/_{500}$ KOH $^1/_{500}$ KOH + $^1/_{500}$ $Ca(NO_3)_2$ $^1/_{500}$ $Ca(OH)_2$ $^1/_{250}$ KOH + $^1/_{500}$ $CaSO_4$	— 86 + 6 + 7 — 5
Goldmasse	$^1/_{250}$ KOH $^1/_{250}$ KOH + $^1/_{250}$ $Ba(NO_3)_2$	— 92 — 22
ZnS	$^1/_{500}$ NaOH $^1/_{500}$ NaOH + $^1/_{500}$ $Ba(NO_3)_2$	— 13 — 3
Schwefel	$^1/_{500}$ KOH $^1/_{500}$ KOH + $^1/_{500}$ $Ba(NO_3)_2$	— 65 — 39
$CaCO_3$	schwach basisch schwach basisch + $^1/_{500}$ $Ba(NO_3)_2$	— 70 — 10
Glas	schwach basisch schwach basisch + $^1/_{500}$ $Ba(NO_3)_2$	— 90 — 35
Naphthalin	$^1/_{500}$ KOH $^1/_{500}$ KOH + $^1/_{500}$ $Ba(NO_3)_2$	— 60 — 26
Carborundum	$^1/_{500}$ KOH $^1/_{1000}$ BaOH $^1/_{5000}$ KOH $^1/_{5000}$ KOH + $^1/_{500}$ $Ba(NO_3)_2$	— 105 — 60 60 — 26
$CrCl_3$	$^1/_{500}$ NaOH $^1/_{500}$ NaOH + $^1/_{500}$ $Ba(NO_3)_2$ $^1/_{1000}$ $Ba(OH)_2$	— 80 + 10 + 8
Mn_2O_3	$^1/_{500}$ NaOH schwach basisch schwach basisch + $^1/_{500}$ $Ba(NO_3)_2$	— 88 — 40 + 8
$BaCO_3$	Gesättigt mit $BaCO_3$, daher schwach basisch schwach basisch + $^1/_{250}$ KOH schwach basisch + $^1/_{500}$ $Ba(NO_3)_2$	+ 80 — 15 + 120
Carborundum	$^1/_{5000}$ KOH $^1/_{5000}$ KOH + $^1/_{25000}$ $La(NO_3)_3$ $^1/_{5000}$ KOH + $^1/_{5000}$ $La(NO_3)_3$ $^1/_{5000}$ KOH + $^1/_{1000}$ $La(NO_3)_3$ dest. Wasser + $^1/_{1000}$ $La(NO_3)_3$ $^1/_{1000}$ HCl + $^1/_{1000}$ $La(NO_3)_3$ $^1/_{500}$ HCl + $^1/_{1000}$ $La(NO_3)_3$	— 60 — 58 — 18 — 0,7 + 5 — 0,2 + 2

Man sieht durchwegs den starken Einfluß der Gegenionenwertigkeit.

Weitere elektrosmotische Messungen. Weitere Versuche von mehr quantitativem Charakter wurden von R. Ellis und F. Powis ausgeführt. Die Bestimmung der Wanderungsgeschwindigkeit nach der mikroskopischen Methode bot das Mittel, gleichzeitig die elektrosmotische Geschwindigkeit der Kammerflüssigkeit entlang den Glaswänden festzustellen. Die Werte für das Potential der Glaswand bei verschiedener Säure- und Alkalikonzentration nach Ellis wurden in einem anderen Abschnitt mitgeteilt. In Ölsuspensionen erhielt er ohne Salzzusatz für das ζ-Potential Glas/Wasser Werte zwischen 37 und 64 Millivolt. Die Schwankungen führte er auf die Verunreinigung der Öle zurück.

Die Resultate von Powis mit Salzen bringt die folgende Abbildung.

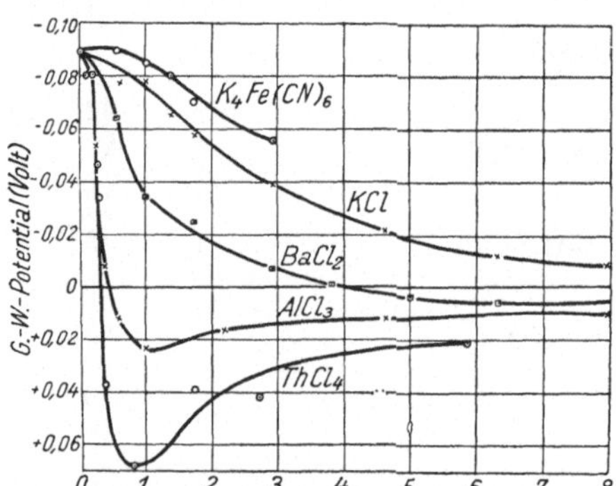

Abb. 44. Beeinflussung der elektrosmotischen Wasserbeweglichkeit an Glasoberfläche durch Elektrolytzusätze nach F. Powis

Der Wertigkeitseinfluß entspricht der Erwartung. Nicht nur die 3- und 4-wertigen Kationen, sondern bereits Ba-Ionen können eine Umladung bewirken. $AlCl_3$ und $ThCl_4$ zeigen nach der Umladung im positiven Gebiet eine Maximumbildung mit folgendem Abfall.

Weitere Versuche sind von G. v. Elissafoff (in Freundlichs Institut) durchgeführt worden. Es wurden Glas- und Quarzkapillaren verwendet und die bei konstanter Stromstärke in einer bestimmten Zeit übergeführte Flüssigkeitsmenge bestimmt. Abgesehen vom besonders wirksamen Farbstoffion trat der Wertigkeitseinfluß deutlich hervor. Die Versuche zeigten ferner eine stärkere Wirkung der H^+-Ionen. Eine Erhöhung der elektrosmotischen Geschwindigkeit wurde an Quarz nur mit Alkali erzielt. Umladung konnte weder mit Al^{+++} noch mit Ce^{+++} bewirkt werden. Nur bei Anwendung von $Th(NO_3)_4$ kehrte sich das Vorzeichen sowohl von Quarz als auch von Glas um, bei Anwendung von Kristallviolett nur bei Glas.

Freundlich und Elissafoff nahmen an, daß das Potentialgefälle in ihren Versuchen konstant war. H. R. Kruyt hat später darauf hingewiesen, daß dies nicht zutreffe, da der Widerstand der Lösung bei steigender Elektrolytkonzentration abnahm, somit bei Konstanz von Stromstärke und Abstand der Elektroden auch die Feldstärke. Gegenüber der Auffassung von Freundlich und Elissafoff gaben deren Versuche, richtig berechnet, auffälligerweise eine starke Zunahme der Elektrosmose auf Salzzusatz sogar mit $CaCl_2$.

Infolge dieser noch nicht behobenen Unsicherheit soll hier auf diese Versuche nicht näher eingegangen werden. Wir bemerken noch, daß Mukkerjee seine theoretisch abgeleitete Formel für die Ionenadsorption an den Ergebnissen von Elissafoff geprüft und eine gute Übereinstimmung gefunden hat. Nimmt man Kruyts Berechnungsweise als richtig an (was auch Freundlich tut), so erscheint diese Übereinstimmung völlig illusorisch. Mukkerjees Formel ist nur für den einfachen Fall abgeleitet, daß die der Wand gleichsinnig geladenen Ionen keine Affinität zur Wand besitzen, vermag also nicht eine Aufladung durch Neutralsalze auszudrücken.

A. Gyemant hat in Michaelis' Institut mit einer der Perrinschen analogen Anordnung weitere elektrosmotische Versuche angestellt. Wir bringen die Ergebnisse nach der Darstellung von Michaelis in der folgenden Tabelle.

Tabelle 51. Elektrosmotische Geschwindigkeiten nach A. GYEMANT

Membran	Elektrolytlösung	Ladung der Membran	Relative Geschwindigkeit der Endosmose		Bemerkungen
Kollodium	dest. Wasser	—		1,6	Stets negativ, selbst in HCl und $AlCl_3$; durch die beiden letzteren jedoch fast entladen
	0,01 n HCl	—		1,0	
	0,001 n NaOH	—		15,2	
	0,001 n NaCl	—		12,4	
	0,001 m $CaCl_2$	—		8,8	
	0,001 m $AlCl_3$	—		1	
	0,001 m Na_2SO_4	—		18,1	
Kaolin	dest. Wasser	—		38	Fast stets negativ; durch sehr viel HCl schließlich entladen; nur durch $AlCl_3$ positiv umgeladen
	0,001 n HCl	—		61,7	
	0,01 n HCl	—		6,5	
	0,1 n HCl	0		0	
	0,001 n NaOH	—		182,5	
	0,001 n NaCl	—		259	
	0,001 m $CaCl_2$	—		145,8	
	0,001 m Na_2SO_4	—		288,8	
	0,001 m $AlCl_3$	+		202,7	
Blutkohle	0,001 n NaCl	—	Ph nach der	12,8	Isoelektrischer Punkt bei Ph = 4; Salze laden bald +, bald — auf
	0,001 m Na_2SO_4	—	Adsorption	46	
	0,001 m $AlCl_3$	+		39,5	
	0,0025 n HCl	—	4,35	4,2	
	0,0005 n HCl	+	3,95	7	
	0,001 n HCl	+	3,78	14	
	0,01 n HCl	+	2	26	
	0,002 n $AgNO_3$	+		10,2	
2% Agargallerte	0,001 n NaCl				Stets negativ, wie Kollodium, sogar bei $AlCl_3$
	Membran 1 cm dick	—		70	
	„ 2 cm „	—		69	
	„ 3 cm „	—		78	
	0,002 mol. $AlCl_3$	—		13	
	0,001 n HCl	—		54	
Fe_2O_3	Wasser	+		10,5	Isoelektrischer Punkt bei leicht alkalischer Reaktion; negativ nur durch OH'-Ionen
	0,001 n HCl	+		67	
	0,001 n NaOH	—		16	
	0,001 n NaCl oder RCbl	+		23	
	0,001 m $CaCl_2$ oder $BaCl_2$	+		62	
	0,001 m $AlCl_3$	+		103	

Auffallend ist die Aufladung durch 1—1-wertige Neutralsalze gegenüber dem Verhalten in reinem Wasser.

Die neuesten Messungen stammen von P. TUORILA. Die Bestimmung erfolgte in der Mikroskopküvette auf Grund der beobachteten Wanderungsgeschwindigkeiten in einem Paraffinsol.

Die folgenden Kurven geben die Ergebnisse wieder, welche durchaus der Erwartung entsprechen. Es findet sich die Reihenfolge der Kationen:

$$Li < Na < K < Rb < Cs < Ag < H$$

Wie in dem Abschnitt über Elektrophorese ausgeführt, entspricht diese Reihe (mit Ausnahme von H) der abnehmenden Hydratation. Eine Aufladung ist in diesen Versuchen, in welchen $5 \cdot 10^{-3}$ die niedrigste Konzentration war, nicht zu beobachten.

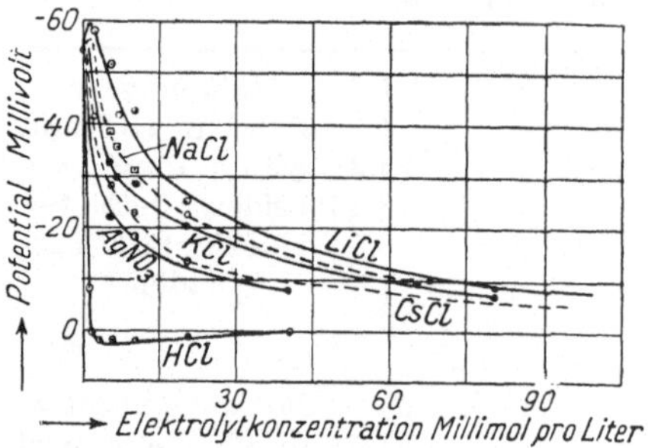

Abb. 45. Beeinflussung der elektrosmotischen Wasserbeweglichkeit an Glasoberfläche durch Chloride einwertiger Kationen nach P. Tuorila

Ein neuer elektrosmotischer Apparat mit unpolarisierbaren Elektroden wurde von N. Schönfeldt konstruiert. R. Illig und N. Schönfeldt fanden damit, daß zwei Porzellandiaphragmen derselben Art, jedoch verschiedener Porosität verschiedene Werte der elektrosmotischen Beweglichkeit zeigen, und zwar nimmt die Beweglichkeit mit der Porosität sowohl in verdünnter KCl wie in Kupfersulfatlösung ab. Unter Voraussetzung der Gültigkeit der Helmholtzschen Theorie würde dieser Befund für die Abhängigkeit des ζ-Potentials von der Porosität oder der Krümmung sprechen, anderenfalls spricht er gegen die Helmholtzsche Theorie. Es müßte jedoch erwiesen sein, daß bei der Herstellung der Diaphragmen keine verschiedenartige Beeinflussung der chemischen Beschaffenheit der wirksamen Oberfläche erfolgte.

Weitere bemerkenswerte Messungen des elektrosmotischen Wassertransportes haben L. Michaelis und Sh. Dokan (an HgCl, Marmor, Bariumkarbonat und Bariumsulfat), K. Hayashi (an Glas, Talkum, Al_2O_3, ThO_2, Asbest, Kalomel und Ferrozyankupfer), A. J. Stamm (an Holz), L. Orlowa (an Kaolin und Al-Oxyd), V. Fairbrother und H. Mastin (an Karborundum), A. Rabinerson (an Talkum) unter Variation des Elektrolytgehaltes ausgeführt. Die Messungen von S. Glixelli und J. Wiertelak an Kieselsäuregallerten werden im Kapitel 54, diejenigen von B. N. Ghosh an Gelatine im Kapitel 48, die von A. Bethe und Th. Toropoff an verschiedenen Membranen im Kapitel 38 besprochen.

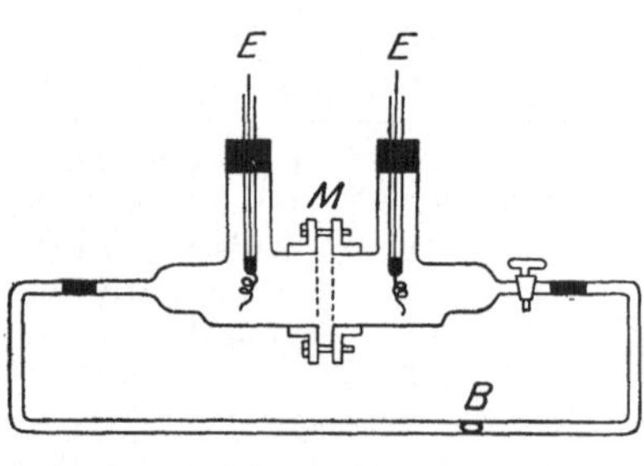

Abb. 46. Apparat zur Bestimmung der elektrosmotischen Wasserbeweglichkeit nach Strickler und Matthews

Die Messungen von Strickler und Matthews über Elektrosmose organischer Flüssigkeiten durch Filtrierpapier werden in dem Kapitel 67 erörtert. Ihr Apparat (eine Modifikation des von Briggs angegebenen) sei jedoch hier abgebildet, da er auch von anderen Forschern wiederholt benutzt wurde. Die Geschwindigkeit der Wasserverschiebung wird durch die Verschiebung einer Gasblase (B) verfolgt.

Betreffs der Bedeutung der Oberflächenleitung für die Messungen der elektro-osmotischen Geschwindigkeit und der Strömungspotentiale sei auf Kapitel 30 hingewiesen.

Strömungspotentiale. Auch Bestimmungen der Strömungspotentiale wurden benutzt, um das elektrokinetische Potential nach der Helmholtzschen Formel zu berechnen. Die ersten systematischen Untersuchungen dieser Art hat

H. R. KRUYT an Glas und Quarz durchgeführt. Einige Ergebnisse, die den Einfluß der Gegenionenwertigkeit veranschaulichen, sind in Abb. 47 wiedergegeben, andere finden sich in Abb. 48. Spätere Messungen an Glas stammen von H. FREUNDLICH und P. RONA, deren zahlenmäßige Daten jedoch nicht veröffentlicht wurden. Die Messungen von H. FREUNDLICH und G. ETTISCH werden in anderem Zusammenhange besprochen. Messungen an Glas und Quarz haben ferner H. LACHS und J. KRONMANN ausgeführt.

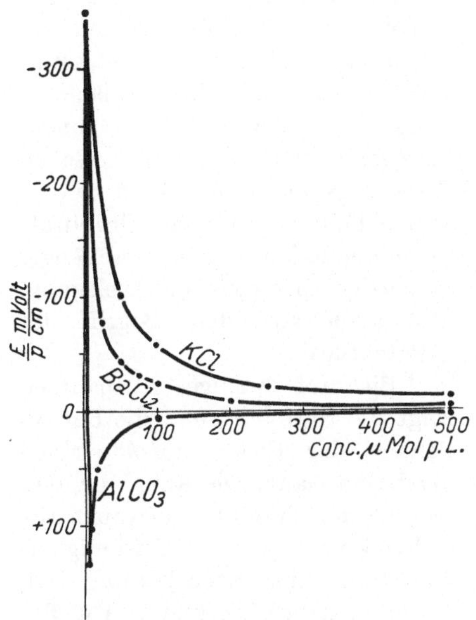

Abb. 47. Einfluß der Kationenwertigkeit auf das Strömungspotential einer Glaskapillare nach H. R. KRUYT. Die Ordinate stellt das Verhältnis des Strömungspotentiales zum Druck dar. (Um auf ζ-Potential umzurechnen, muß man auch die Leitfähigkeit in Betracht ziehen)

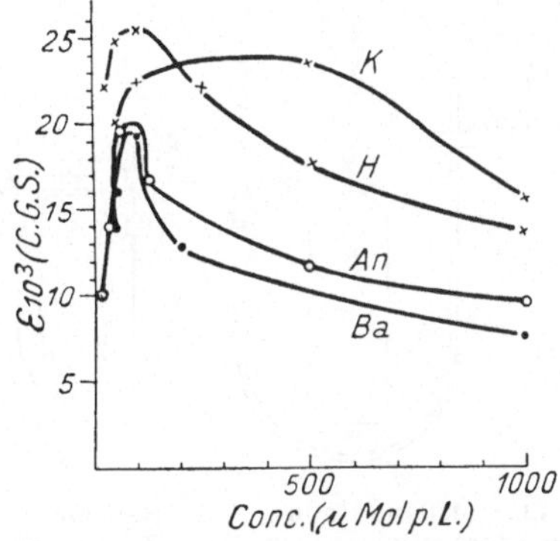

Abb. 48. Strömungspotentiale einer Glaskapillare nach H. R. KRUYT. Die Ordinate stellt die Ladungsdichte im CGS-System dar. Um auf ζ-Potentiale umzurechnen, bedürfen die Werte der Multiplikation mit dem Faktor 300/81. (K = KCl; H = HCl; An: p-Chloranilinchlorid; Ba: $BaCl_2$)

Die neuesten und wohl bisher genauesten Messungen stammen von H. R. KRUYT und P. C. VAN DER WILLIGEN.

Sie benützen die Apparatur von KRUYT in etwas vervollkommneter Form. Sie ist beistehend abgebildet. Die Quecksilberbehälter R_1, R_2 in Verbindung mit der Stickstoffbombe B dienten zur Konstanthaltung des hydrostatischen Druckes während der Messung. Der Druck wurde am Manometer M abgelesen. Das Strömungselement selbst bestand aus den zwei WULFFschen Flaschen F_1, F_2, welche mit der Kapillare verbunden waren. Die EMK der Elektroden E_1 und E_2 wurde in Kompensationsschaltung mit dem Kapillarelektrometer als Nullinstrument gemessen.

Die wichtigsten Ergebnisse an Glas enthalten die zwei Abbildungen 50 und 51.

Die Reihenfolge der Kationen fand sich auch hier zu

$$\mathrm{Li} < \mathrm{Na} < \mathrm{K} < \mathrm{Rb} < \mathrm{Cs} < \mathrm{H}$$

In der zweiten Abbildung tritt der Wertigkeitseinfluß der Gegenionen deutlich hervor. Die Extremumbildung ist auf die umladenden Salze beschränkt. Eine Aufladung konnte nur durch NaOH erzielt werden.

Die Strömungspotentiale an Zellulose hat neuerlich D. R. BRIGGS ermittelt. (Siehe Kap. 65.)

Schlußbemerkungen zu den elektrokinetischen Meßergebnissen. Die Messungen auf dem Gebiete der elektrokinetischen Erscheinungen haben zu dem wichtigen Ergebnis geführt, daß die Geschwindigkeit der Verschiebung einer wässerigen Lösung und einer Grenzfläche unter dem Einfluß der Feldstärke 1 Volt pro Zentimeter einen bestimmten Wert nicht überschreitet, welcher innerhalb der Größenordnung der gewöhnlichen Ionenbeweglichkeit liegt. (Die gemessenen Strömungspotentiale führen zu derselben Folgerung.) Diese Grundtatsache der Erfahrung ist unabhängig von jeder theoretischen Auslegung, also auch von dem Begriff des ζ-Potentials.

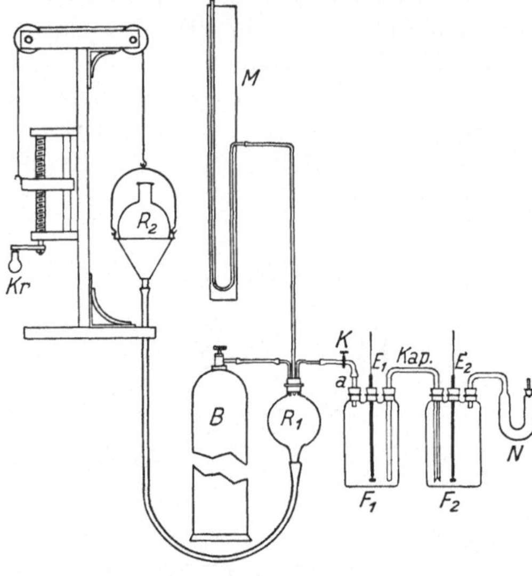

Abb. 49. Meßanordnung zur Bestimmung der Strömungspotentiale nach H. R. KRUYT und C. P. VAN DER WILLIGEN

Bis auf wenige Ausnahmen zeigt die Stabilität und die Beweglichkeit der Elektrokratoide einen symbaten Gang. Die Annahme, daß sowohl die Stabilität als auch die elektrokinetische Geschwindigkeit Funktionen der freien Ladung sind, erscheint daher begründet. Die Beeinflussung der elektrokinetischen Geschwindigkeit durch den Salzgehalt der Lösung entspricht im allgemeinen der Erwartung, die auf Grund der Ioneneigenschaften betreffs der Wirkung der Gegenionen auf die freie Ladung der Oberfläche gehegt werden kann. Auch die Aufladung durch kleine Neutral-

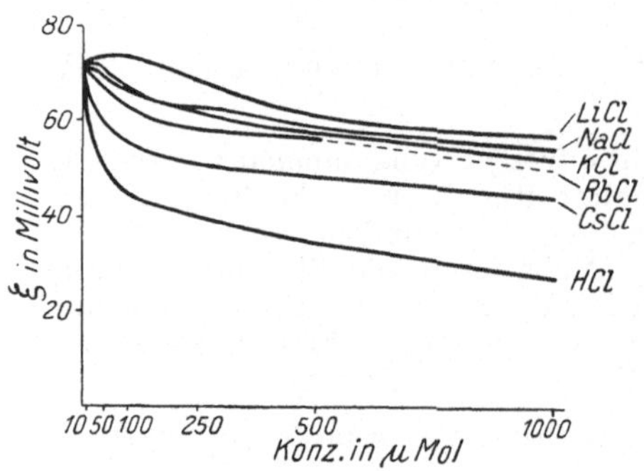

Abb. 50. ζ-Potential an Glasoberfläche berechnet aus den Strömungspotentialen nach H. R. KRUYT und C. P. VAN DER WILLIGEN

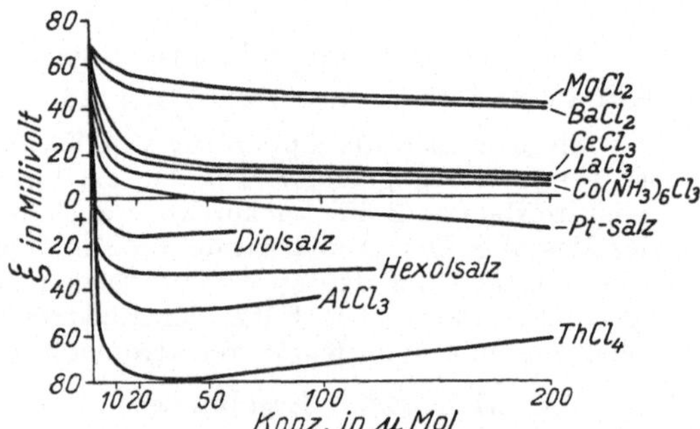

Abb. 51. ζ-Potential an Glasoberfläche berechnet aus dem Strömungspotential in Lösungen mehrwertiger Kationen nach H. R. KRUYT und C. P. VAN DER WILLIGEN. (Das Pt-Salz war ein vierwertiges Komplexsalz, das Diolsalz ein vierwertiges, das Hexolsalz ein sechswertiges komplexes Kobaltsalz)

salzkonzentrationen kann im Falle der heteropolaren Oberfläche erklärt werden, wenn man z. B. bei Glas und Quarz annimmt, daß etwa in geringen Konzentrationen von KCl die Aquoverbindungen des Siliziums an der Oberfläche in

Chloroverbindungen übergehen und dadurch die negative Ladung der Wand erhöhen. Schwierigkeiten treten nur bei der Erklärung der gesteigerten Aufladung von indifferenten Oberflächen (Glasblasen, Kollodium, Zellulose) durch Neutralsalz auf.

Es sei jedoch auf den Umstand verwiesen, daß in den schlecht leitenden äußerst verdünnten Lösungen die methodische Unsicherheit wächst. Bemerkenswert ist ferner, daß für die Lage der Ladungsmaxima die verschiedenen Untersuchungen verschiedene Werte der Neutralsalzkonzentration liefern, welche sich untereinander um Zehnerpotenzen unterscheiden. Die Vernachlässigung der Oberflächenleitung und die Nichtberücksichtigung der Wasserleitfähigkeit gab zu mancher irrtümlichen Berechnung Anlaß. Die Klärung der hier noch schwebenden Fragen muß wohl zukünftigen, sorgfältigen Experimenten mit verfeinerter Meßmethodik und einwandfreierer Berechnungsweise vorbehalten bleiben.

Literaturverzeichnis

Bethe, A., und Th. Toropoff: Z. f. phys. Ch. **88**, 686 (1914); **89**, 597 (1915). — Briggs: Journ. Phys. Chem. **21**, 198 (1917); **22**, 256 (1918). — Briggs, D. R.: Journ. Phys. Chem. **32**, 1646 (1928). — Elissafoff, G. v.: Z. f. phys. Ch. **79**, 285 (1912). — Ellis, R.: Z. f. phys. Ch. **78**, 321 (1912); **80**, 606 (1912). — Fairbrother, F., und H. Mastin: Journ. Chem. Soc. **127**, 322 (1925). — Freundlich, H., und P. Rona: Sitzungsber. d. Preuss. Akad. **20**, 397 (1923). — Freundlich, H., und G. Ettisch: Z. f. phys. Ch. **116**, 401 (1925). — Glixelli, S., und I. Wiertelak: Koll. Z. **43**, 85 (1927); **45**, 197 (1928). — Ghosh, B. N.: Journ. Chem. Soc. S. 711 (1928). — Gyemant, A.: Koll. Z. **28**, 103 (1921). — Hayoshi, K.: Koll. Z. **39**, 208 (1926). — Illig, K., und N. Schönfeldt: Wiss. Veröff. d. Siemens-Konz. **7**, 294 (1928). — Kruyt, H. R.: Koll. Z. **22**, 81 (1918). — Derselbe und P. C. van der Willigen: Koll. Z. **45**, 307 (1928). — Lachs, H., und I. Kronmann: Bull. de l. Ac. Polonaise A 289 (1925). — Michaelis, L., und Sh. Dokan: Koll. Z. **37**, 67 (1925). — Mukkerjee, I. N.: The Physics and Chem. of Colloids. Rep. Faraday Soc. (1920), London. — Perrin, J.: Journ. Chim. Phys. **2**, 601 (1904); **3**, 1 (1905). — Powis, F.: Z. f. phys. Ch. **89**, 186 (1915). — Quincke, G.: Pogg. Ann. **113**, 513 (1861). — Rabinerson, A.: Koll. Z. **45**, 122 (1928). — Schönfeldt, N.: Wiss. Veröff. d. Siemens-Konz. **7**, 301 (1928). — Stamm, A. J.: Coll. Symp. Mon. **4**, 264 (1926); **6**, 83 (1928). — Strickler und Matthews: Journ. Am. Chem. Soc. **44**, 1657 (1922). — Tereschin: Wied. Ann. **32**, 333 (1887). — Tuorila, P.: Koll. Beih. **27**, 44 (1928).

24. Die Stabilität der Kolloide

Eine der hervorstechendsten Eigenschaften der kolloiden Systeme ist ihre Neigung, bei oft geringfügiger Änderung ihrer Zustandsbedingungen sich in zwei makroskopische Phasen zu trennen. Diese Trennung, die Koagulation, kann in vielen Fällen durch kleine Mengen von Salzen, in anderen Fällen durch Erhitzen, oft durch scheinbar rein mechanische Einwirkungen, wie Schütteln oder Rühren, hervorgerufen werden. Doch darf man diese starke Abhängigkeit der Existenzbedingungen nicht als allgemein charakteristisches Merkmal der kolloiden Lösungen auffassen. Wir kennen ja viele kolloide Systeme, deren Stabilität von derjenigen einer Rohrzuckerlösung nicht entfernt ist, wie z. B. die Albuminsole. Häufig beruht die leichte Beeinflußbarkeit der Stabilität darauf, daß das betreffende kolloide System keinen Gleichgewichtszustand darstellt, sondern allein die Langsamkeit der Koagulation ein Beharren vortäuscht. Durch die Änderung irgendwelcher Zustandsgrößen wird dann lediglich die Koagulationsgeschwindigkeit der an sich instabilen Zerteilung vergrößert. Es gab sogar eine Auffassung, welche sämtliche kolloiden Lösungen als instabil ansah, nach der sie sich dem Gleichgewichtszustand der Flockung stetig, wenn auch oft stark verzögert, nähern. Diese Auffassung ist nicht haltbar. Die Lösungen der Albumine z. B. sind zweifelsohne im thermodynamischen Sinne stabil, sie stellen einen Gleichgewichtszustand dar, welcher sich immer streng reproduzierbar einfindet, sobald die Zustandsgrößen identisch sind. Sie gehorchen auch der Phasenregel, wie S. P. L. Sörensen festgestellt hat.

Aber auch anorganische Kolloide, die etwa durch Peptisation dargestellt werden, sind offenbar stabil, dem Umstand entsprechend, daß sie sich in dem betreffenden Lösungsmittel freiwillig verteilt haben. Zahlreiche Beobachtungen zeigen, daß häufig bei jahrelangem Aufbewahren kolloide Lösungen der verschiedensten Art keinerlei durch empfindliche Meßmethoden (etwa Leitfähigkeit) nachweisbaren Änderungen aufweisen. Natürlich ist die Bedingung dafür, daß von außen her keine Beeinflussung stattfindet. Insbesondere Verunreinigungen müssen ausgeschlossen werden (z. B. seitens der Gefäßwände oder der Atmosphäre).

Eine interessante Klasse der Kolloide bilden die Salze der hochmolekularen Fettsäuren. Wie insbesondere Mc Bain gezeigt hat, sind in einer Seifenlösung verschiedene Dispersitätsgrade vertreten: Aus einer großen Anzahl von Molekülen aufgebaute Teilchen sind mit isolierten Einzelmolekülen im Gleichgewichte. Dieser temperaturabhängige Gleichgewichtszustand ist hier streng reversibel. Man kann ihn als ein Assoziationsgleichgewicht auffassen. Ähnlich sind die Lösungen vieler Farbstoffe und der Urate konstitutiert.

Ladung und Stabilität. W. B. Hardy hat zuerst die ausschlaggebende Rolle der Ladung für die Stabilität der Kolloide nachgewiesen. An hitzedenaturiertem Albumin wurde von ihm festgestellt, daß die kolloide Zerteilung nur dann stabil ist, wenn gegenwärtige Säure oder Alkali eine Aufladung der Teilchen (positive oder negative Wanderung im elektrischen Strome) bewirken. Er konnte diese Behauptung dann auch am Mastix-, Eisenhydroxyd- und Kieselsäuresol bestätigen. Diese Sole koagulierten, wenn eine genügende Menge von Salz zugefügt wurde, um die, eine Ladung anzeigende, Wanderung im elektrischen Felde aufzuheben.

G. Bredig hat die Theorie aufgestellt, daß die Stabilität der kolloiden Systeme durch die Oberflächenspannung der Teilchen bedingt ist, wobei die Oberflächenspannung eine Funktion des elektrischen Potentials darstellt. Der Zusammenhang zwischen Oberflächenspannung und Potential wurde durch Helmholtz auf Grund der Messungen von G. Lippmann thermodynamisch entwickelt. Die Lippmann-Helmholtzsche Theorie besagt, daß die Oberflächenspannung einen maximalen Wert erreicht, wenn die Potentialspannung an der Grenzfläche fest/flüssig gleich Null wird. Die Oberflächenspannung gibt die Arbeit an, die zur Vergrößerung der Oberfläche um 1 qcm notwendig ist oder bei der Verkleinerung um diese Größe gewonnen wird. Bei der Vereinigung der Teilchen nimmt ihre Oberfläche ab, je größer die Oberflächenspannung ist, um so größer ist die Tendenz zur Koagulation. Die Aufladung verkleinert die Oberflächenspannung und setzt dadurch nach Bredig die Koagulationstendenz herab. Das von Hardy festgestellte Stabilitätsminimum im isoelektrischen

Punkt wäre dann eine Folge des Maximums der Oberflächenspannung im ungeladenen Zustand.

J. PERRIN hat eine tiefgehende Modifikation der BREDIGschen Theorie in Vorschlag gebracht. Während nach BREDIG die Oberflächenspannung der Teilchen immer positiv ist, daher das System einer Koagulation entgegenstrebt, welche durch die Entladung nur beschleunigt wird, nimmt PERRIN an, daß die Oberflächenspannung auch negativ sein kann. Bei den Zusammenstößen infolge der BROWNschen Bewegung bilden sich häufig auch zusammengesetzte größere Teilchen. Ist das System stabil, so müssen sich diese Teilchen wieder aufspalten, was bei negativer Oberflächenspannung möglich ist. Die Oberflächenspannung muß also mit der Teilchengröße abnehmen. Bei einem kritischen Radius würde die Oberflächenspannung Null sein.

Den Zusammenhang von Oberflächenspannung und Teilchengröße versucht PERRIN auf Grund der Doppelschichttheorie zu formulieren. Die bei der Vergrößerung der Teilchen geleistete elektrische Arbeit liefert den radiusabhängigen Summanden der Oberflächenspannung.[1]

$$\tau_E = 2\pi\varrho^2 \frac{r\,d}{D\,(r+d)}$$

(ϱ: Ladungsdichte, r: Radius, d: Doppelschichtdicke). Der Ausdruck ist wesentlich positiv. Bei wachsendem Radius nähert sich der Grenzwert $2\pi\varrho^2\,d/D$. Wenn aber r klein ist, dann kann man die Abhängigkeit dieser elektrischen Arbeit vom Radius nicht angeben, da die Oberflächendichte ebenfalls von r abhängig wird. (Im Sinne der heutigen Kenntnisse dürfte jedoch die Doppelschichtdicke stärker radiusabhängig sein als die der Oberflächendichte entsprechende Wertigkeit). Auf alle Fälle wird der einer gegenseitigen Anziehung entsprechende Summand der Oberflächenspannung τ_K durch die wesentlich positive elektrische Energie vermindert. Die Oberflächenspannung ergibt sich also zu:

$$\tau = \tau_K - \tau_E$$

Diesen Ausdruck bezeichnet PERRIN als Stabilitätsmoment des Hydrosols. Das Sol ist um so stabiler, je größer dieses Moment ist, d. h., wenn für die großen Teilchen, bei denen die elektrische Kraft, welche der Koagulation entgegenwirkt, am stärksten ist, die Kohäsionskraft überwiegt. Die Koagulation tritt erst ein, sobald die Oberflächenspannung größer als 0 ist, d. h., wenn auch bei den größten Teilchen die Kohäsionskraft stärker, also

$$\tau_K > \tau_E$$

ist.

Die Koagulation kann bewirkt werden durch Beeinflussung der beiden Termen. Man muß jedoch berücksichtigen, daß die kinetische Energie ebenfalls eine Zerteilung begünstigt. Es genügt also zur Flockung nicht, daß das Stabilitätsmoment 0 wird, es muß negativ werden.

Allgemeingültiges über die Bedingungen der Koagulation läßt sich nach PERRIN deshalb nicht aussagen, weil wir nichts Näheres über die Kohäsionskräfte wissen. Dagegen können wir annehmen, daß ein Salzzusatz lediglich den elektrischen Teil der Oberflächenspannung durch Vergrößerung oder Verkleinerung der Ladung beeinflußt. Bei den hydrophilen Solen dürfte die zur Flockung notwendige große Salzmenge auch die Kohäsionskräfte beeinflussen.

---

[1] PERRIN gibt die Formel $\tau_E = \pi\varrho^2 \frac{r\,d\,(2r+d)}{(r+d)^2}$ an. Der Koeffizient 2 gehört aber vor die Klammer. Es dürfte ein Rechenfehler vorliegen. Auch die Dielektrizitätskonstante, welche gerade in dieser Arbeit in die Doppelschichttheorie eingeführt wurde, erscheint hier nicht berücksichtigt.

J. Billiter nahm an, daß die flockende Wirkung der Salze auf eine Kondensationswirkung zurückzuführen ist. Danach sollten die Kolloidteilchen eine viel kleinere Ladung tragen als die Ionen. Die Ionen wirken als Kondensationskerne, um die sich viele Kolloidteilchen scharen. Die Ionenwirkung wäre eine Beschleunigung der Flockung der an und für sich instabilen Sole. Die Grundannahme Billiters von der Kleinheit der Kolloidladung hat sich infolge der Unteilbarkeit der elektrischen Elementarladung als unhaltbar erwiesen, es wurde vielmehr durch zahlreiche experimentelle Tatsachen gezeigt, daß die Kolloidionen vielwertig sind. Dadurch ist Billiters Theorie der wichtigsten Grundlage beraubt.

Osmotische Theorie der Stabilität. J. Duclaux hat die Stabilität der kolloiden Lösungen auf den osmotischen Druck und die Molekularbewegung der Mizellen zurückgeführt. Der osmotische Druck und die Molekularbewegung sollten wieder durch die elektrostatische Abstoßung der Mizellen ermöglicht sein. Die allgemeine koagulierende Wirkung der Salze beruht darauf, daß mit Erhöhung ihrer Konzentration die entgegengesetzten Ladungen an der Kolloidoberfläche zusammengedrängt werden, wodurch die freie Ladung abnimmt. Auf diese Weise wird durch die Herabsetzung der Ladung die Flockung bedingt. Duclaux hat das Verhalten der Kolloide beim Einengen am Ultrafilter untersucht, also ohne gleichzeitige Konzentrierung der anwesenden Elektrolyte. Ferner wurden Kolloide mit variablem Verhältnis des aktiven und Neutralteils, also mit variablem Kolloidäquivalent hergestellt und verglichen. Dabei fand er, daß die Kolloide mit verringertem aktiven (ionogenen) Anteil bereits bei niedrigerer Gewichtskonzentration ausflockten als die mit kleinerem Kolloidäquivalent. Er deutet dies dadurch, daß die Abstoßungskräfte mit dem Quadrat der Ladung wachsen und bei höherem aktiven Anteil die Anhäufung der Ladungen auf diese Weise durch den überwiegenden Effekt der Abstoßung wirkt.

Später hat Duclaux den osmotischen Druck noch mehr in den Vordergrund gestellt.

Er geht dabei von der folgenden Überlegung aus: Der osmotische Druck ist durch die Anzahl der in der Volumeinheit gelösten Teilchen gegeben. Löst man eine Substanz in Wasser, so wird der osmotische Druck der Lösung im allgemeinen größer sein, die Konzentration wächst. Wenn aber die gelösten Teilchen ein verhältnismäßig großes Volumen haben und die Lösung von vornherein eine erhebliche Zahl von kleinvolumigen Teilchen enthält, so kann es vorkommen, daß durch die Auflösung dieser Substanz die Konzentration pro Kubikzentimeter und dadurch der osmotische Druck erniedrigt wird. Dieser Fall tritt ein, wenn das Molekül ein so großes Volumen annimmt, daß aus demselben Volumen der Lösung mehrere dieser Moleküle verdrängt werden. Eine solche Lösung ist nicht stabil, weil bei Herabsetzung der Konzentration der hochmolekularen Substanz der osmotische Druck zunimmt. Als solche Substanzen können die Kolloide funktionieren, deren Teilchen ein großes Volumen besitzen. Wenn also in dem dem Kolloidteilchen entsprechenden Volumen mehr Teilchen Platz finden, muß sich die Mischung in zwei Phasen trennen, in das Kolloid und in die Lösung; das Kolloid flockt aus. Dabei ist aber zu berücksichtigen, daß mit einem Kolloidteilchen mehrere kinetische Einheiten verbunden sind, nämlich seine freien Gegenionen. Nur wenn die Mizelle (Kolloidion + Gegenion) weniger Teilchen enthält als die Lösung in demselben Volumen, tritt die Koagulation ein. Dies kann auf zweierlei Weise erreicht werden: Durch Verminderung der Kolloidionisation und durch Vermehrung der Konzentration der Lösung. Salze wirken in beiden Richtungen.

Die Folgerung von Duclaux, daß, im Falle der osmotische Druck der Lösung eine abnehmende Funktion der Konzentration bezüglich einer Substanz ist, die Lösung sich in bezug auf diese Substanz verdünnen muß, wäre richtig. Seine Überlegung beruht jedoch auf einer irrtümlichen Auslegung des osmotischen Druckes. Nicht die

Konzentration pro Volumeinheit, sondern das Verhältnis der Zahl der gelösten Teilchen zu der Zahl der Lösungsmittelmoleküle bestimmt den osmotischen Druck. Dieses Verhältnis wird jedoch unabhängig von dem Volumen der gelösten Teilchen durch die Auflösung einer neuen Substanz erhöht. Daraus geht hervor, daß die Löslichkeit einer molekulardispersen Substanz nie auf einen solchen Effekt zurückgeführt werden könnte, und es ist höchst unwahrscheinlich, daß der osmotische Druck für die Lösungsstabilität eine hervorragende Rolle spielen kann. Denn dann müßten auch neutrale Moleküle in ungefähr gleicher Konzentration, unabhängig von ihrer Natur, Flockung hervorrufen, was nie beobachtet wurde. Man muß bei den Kolloiden vielmehr die gesamte Änderung der freien Energie bei der Flockung in Betracht ziehen. Dabei spielt die osmotische Arbeit gegenüber der elektrischen gewöhnlich eine untergeordnete Rolle.

Die neuere Auffassung. Vom rein theoretischen Standpunkte erscheint es zurzeit gewagt, eine vollständige Theorie der Stabilität von kolloiden Lösungen zu geben. Wir besitzen ja noch keine Theorie der Löslichkeit, wir können nicht voraussagen, welche Substanzen mehr, welche weniger löslich sind. Das Problem der Kolloidstabilität ist aber mit diesem Problem identisch. Wir fragen in unserem Falle, wann sind die großen kinetischen Einheiten der Kolloidteilchen, zusammen mit ihren Gegenionen in dem Lösungsmittel verteilt, stabil und wann erfolgt die Trennung in zwei makroskopische Phasen. Die Eigentümlichkeit gegenüber den gewöhnlichen Lösungen besteht in der starken und wenig spezifischen Abhängigkeit von Elektrolyten und in der plötzlichen Abnahme der Stabilität an Stelle einer kontinuierlich beeinflußbaren Löslichkeit. Auf die Erklärung dieser Eigentümlichkeiten muß sich die Problemstellung beschränken.

Vom molekularphysikalischen Standpunkte ist der ausschlaggebende Faktor der Löslichkeit die Energiemenge, welche bei der Wechselwirkung mit dem Lösungsmittel frei wird und welche häufig als Hydratationswärme bezeichnet wird. Es kommt auf das Verhältnis dieser Energie zu derjenigen an, welche die Wechselwirkung der gelösten Teilchen miteinander in der festen Phase (Koagulation) ergibt.

Um einen Einblick in diese Beziehungen zu gewinnen, müssen wir auch die Struktur des Koagulationsproduktes kennen. Man kann im allgemeinen zwei Fälle unterscheiden, je nachdem, ob die Koagulation unter Erhaltung oder unter Zerstörung der ionogenen Verbindungen am Kolloidteilchen vor sich geht. In den meisten Fällen bleiben bei der Flockung die ionogenen Verbindungen erhalten. Wegen der vorhandenen großen Elektrolytkonzentration wird die Doppelschicht eng anschließend sein, alle Gegenionen sind assoziiert. Die Anziehungskraft zwischen den einzelnen Kolloidmolekülen (Kolloidion + Gegenionenschwarm) kann teilweise auf der Deformation der Ionenhüllen beruhen, wie es besonders von F. HABER betont wurde. Die Anziehungskräfte wären analog den VAN DER WAALschen Kräften, wobei eine „Mizelle“ die Rolle eines Moleküls spielen würde. Der übrige Anteil der Anziehungskräfte rührt davon her, daß die einzelnen Atome der verschiedenen Teilchen miteinander in Wechselwirkung treten, und zwar die Atome des Neutralteiles sowie diejenigen der aufladenden Gruppen. Nehmen wir als Beispiel die Flockung von einem Aluminiumhydroxydsol mit einem Sulfat. Die Oberfläche ist dann teilweise bedeckt mit Aluminiumhydroxosulfat, teilweise mit Aluminiumhydroxyd. Berühren sich zwei Teilchen, so können zwischen den oberflächlichen Hydroxydmolekülen dieselben Kräfte in Wirksamkeit treten, welche den Zusammenhalt des Hydroxyds innerhalb des Neutralteilchens bedingen, als den Gitterkräften eines heteropolaren Gitters analoge Kräfte, nur wegen der niedrigeren Ordnung von geringerer Größe. Ähnliche Kräfte treten auch zwischen den Aluminiumhydroxosulfatmolekülen der einander berührenden Teilchen auf. Wären diese Moleküle auf der Oberfläche fest gerichtet in dem Sinne, wie es das schematische Doppelschichtbild darstellt (Aluminiumion an der Oberfläche des Neutralteiles, Gegenion an der Oberfläche der Lösung), so würden solche Kräfte keine Rolle spielen. Eine solche Orientierung wird jedoch selten fest sein, es werden vielmehr die zwischen den einzelnen Aluminiumionen befindlichen Lücken häufig durch die Gegenionen ausgefüllt sein. Durch die Annäherung zweier Teilchen kann eine Verschiebung der ionogenen Moleküle stattfinden, so daß an der gegenseitigen Berührungszone der Teilchen die Neutralteile bloßgelegt werden.

Bei der Mannigfaltigkeit dieser Beziehungen ist es nicht möglich, die Anziehungskräfte durch die Oberflächenspannung des Neutralteiles genügend zu charakterisieren.[1]

Die teilweise Erhaltung der Doppelschicht bei der Flockung ist verantwortlich dafür, daß es in den Stabilitätsbetrachtungen nicht genügt, die elektrische Energie der Doppelschicht neben der Oberflächenspannung des Neutralteiles zu berücksichtigen. So hat A. March kürzlich gezeigt, daß die Beständigkeit eines kolloiden Systems aus der elektrischen Aufladung der Teilchen nicht zu erklären ist. Als dritter stabilisierender Faktor zieht er eine sogenannte Adsorptionsmembran in Betracht. Genau genommen ist in erster Linie die Energie der Anlagerung der aufladenden Ionen diejenige physikalische Größe, welche für die Stabilität verantwortlich ist. Nur dann, wenn die ionogenen Verbindungen (aufladendes und Gegenion zusammen) ohne Arbeitsleistung von der Teilchenoberfläche abzustreifen wären, würde die Berücksichtigung der Oberflächenspannung des Neutralteiles im Verein mit der Veränderung der elektrischen Energie hinreichen. In diesem Falle würde jedoch auch die elektrische Arbeit verschwinden (siehe A. Gyemant).

Wir können jedoch, wie Perrin es getan hat, in erster Näherung die Anziehungskräfte als unabhängig von den Zustandsbedingungen des Sols, also als konstant, ansehen und die Betrachtung auf die Kräfte beschränken, welche die Zerteilung begünstigen. Das sind einerseits die Kräfte zwischen den Kolloidionen und den Lösungsmittelmolekülen und andererseits diejenigen zwischen den Gegenionen und den Lösungsmittelmolekülen, d. h. die Hydratationskräfte von Kolloidion und Gegenion. Diese Kräfte sind wieder von zweierlei Art: Sie rühren teilweise von den freien Ladungen her, teilweise aber von den neutralen Molekülen. Die ersten sind bis zu einem gewissen Grade unspezifisch: Ionenradius und Ladungsdichte sind hier bestimmend, während die letzteren eine spezifische Natur haben. Die wenig spezifische Wirkung des Salzzusatzes auf verschiedene Elektrokratoide zeigt die überwiegende Rolle der Hydratation der freien Ladungen an. Bei den nicht elektrokratischen Kolloiden muß man eine erhebliche Hydratation

---

[1] Betreffs einer Theorie der logophilen Kolloide vgl. M. Volmer. Diese behandelt jedoch einen Fall (isomolekularer Aufbau; Vernachlässigung der elektrischen Kräfte usw.), dem — wenigstens im Bereiche der Hydrosole — keine praktische Bedeutung zukommt.

der neutralen Oberfläche annehmen. Infolge der Aufladung wird die gesamte Hydratationsenergie erhöht, dabei kann aber zugleich der vom neutralen Teil herrührende Hydratationseffekt abnehmen, so daß das wieder entladene Produkt, welches eine veränderte Oberfläche hat, eine kleinere Hydratationsenergie, d. h. geringere Stabilität als ursprünglich besitzen kann. Die Veränderung des Mediums etwa durch Alkoholzusatz kann beide Arten der Hydratationsenergie herabsetzen. Die Temperaturänderung kann mit der sprungweisen Änderung der Hydratation der neutralen Moleküle (eventuell infolge einer chemischen Umlagerung) verbunden sein (Hitzekoagulation der Proteine).

Es gibt jedoch Fälle, wo es offenbar nicht genügt, bei der Betrachtung der Wirkung eines Salzzusatzes sich bloß auf die Änderung der abstoßenden Kräfte zu beschränken. Das gilt z. B., wenn die freie Ladung erhöht wird und das Sol trotzdem labiler wird, bzw. ausflockt. Einen derartigen Fall hat P. TUORILA beim Versetzen einer Quarzsuspension mit $NaOH$ beobachtet und durch die Erhöhung der Anziehungskräfte infolge der veränderten Quarzoberfläche gedeutet.

Die komplizierten Stabilitätsverhältnisse der Kolloidelektrolyte vom Typus der Seifen fanden seitens K. LINDERSTRÖM-LANGs eine eingehende thermodynamische Behandlung.

Literaturverzeichnis

BILLITER, J.: Z. f. phys. Ch. **45**, 307 (1903). — BREDIG, G.: Anorganische Fermente. Leipzig (1901). — DUCLAUX, J.: Journ. Chim. Phys. **5**, 29 (1907); **7**, 405 (1909). — GYEMANT, A.: Kolloidsphysik. Braunschweig (1925). — HABER, F.: Journ. of the Franklin Inst. S. 450 (1925). — HARDY, W. B.: Z. f. phys. Ch. **33**, 384 (1900). — LINDERSTRÖM-LANG, K.: C. r. Lab. Carlsberg, **16**, Nr. 16, 1 (1926). — MAC BAIN, J.W.: Journ. Am. Chem. Soc. **50**, 1636 (1928). — MARCH, A.: Koll. Z. **45**, 97 (1928). — PERRIN, J.: Journ. Chim. Phys. **2**, 601 (1904); **3**, 1 (1905). — SÖRENSEN, S. P. L., M. HÖYRUP, J. HEMPEL und S. PALITZSCH: Z. f. physiol. Ch. **103**, 104 (1918). — TUORILA, P.: Koll. Beih. **27**, 44 (1928). — VOLMER, M.: Z. f. phys. Ch. **125**, 151 (1927).

25. Die Hydratation von Kolloidteilchen und die Viskosität der Hydrosole

Hydratation. Für die Stabilität der nicht elektrokratischen Kolloide wird häufig die Hydratation (PAULI, H. R. KRUYT) verantwortlich gemacht. Was jedoch unter Hydratation hier verstanden werden soll, bedarf noch einer besonderen Darlegung.

Wir haben im einführenden Teil kurz zusammenzufassen versucht, was auf dem Gebiete der Lösungen mit dem Namen Hydratation (oder allgemeiner Solvatation) bezeichnet wird. Am schärfsten läßt sich wohl der Begriff der Hydratation thermodynamisch kennzeichnen. Man versteht unter Hydratationswärme einer Substanz die Energie, die frei wird, wenn man ein Molekül der Substanz vom Vakuum in Wasser einbringt. Die Hydratationswärme von Ionen konnte von M. BORN als die Differenz der elektrischen Energie des Ions im Vakuum und im wässerigen Medium berechnet werden. Das physikalische Wesen der Hydratation wurde in dem polarisierten Zustand der das Molekül umgebenden Wassermoleküle erkannt. Auch die Abschätzung der bremsenden Wirkung der elektrostatischen Ionenhydratation auf die Beweglichkeit im elektrischen Felde führte zu befriedigenden Resultaten. Die Hydratation von neutralen Molekülen konnte theoretisch nicht so weit erfaßt werden. Es ist jedoch klar, daß in diesem Falle ebenfalls eine elektrostatische Wechselwirkung zwischen dem gelösten Molekül und den Molekülen des Lösungsmittels vorliegt, nur treten diese Kräfte nicht zwischen freien Ladungen einerseits und Dipolen andererseits auf, sondern es sind die Dipole und Quadrupole beiderseitig vorhanden. Es können sich natürlich einzelne Atomgruppen an dieser Wechselwirkung beteiligen und so kann die löslichkeitserhöhende Wirkung etwa der Hydroxylgruppe in einer Kohlenstoffkette auf die Wechselwirkung zwischen den Dipolen OH und H_2O zurückgeführt werden. Diese Art von Wechselwirkung fällt in die allgemeine Gruppe der Deformationserscheinungen. Ist etwa die Wechselwirkung der Hydroxylgruppe auf ein Wassermolekül durch einen besonders stabilen Zustand der gegenseitigen Deformation ausgezeichnet, so erscheint die Annahme eines stöchiometrischen Hydrates im klassisch-chemischen Sinne als berechtigt. Da jedoch diese Fälle in solche eines weniger ausgeprägten Stabilitätsmaximums kontinuierlich übergehen können, wird der Festlegung solcher „stöchiometrischen Hydrate“ oft eine gewisse Willkür anhaften und man wird in den meisten Fällen, zumal in den Lösungen, darauf verzichten müssen.

Auch die Hydratationsenergie von Ionen rührt nicht ausschließlich von den freien Ladungen her, sondern teilweise von anderen Molekülkräften. Nach Fajans spielt ja die Deformationsenergie, welche von den Elektronenverschiebungen herrührt, eine große Rolle und aus Bjerrums Darlegungen geht hervor, daß, etwa bei der Auflösung von Benzoationen, die Hydratationswärme sich annähernd additiv zusammensetzt aus der elektrischen Energie, welche von der freien Ladung stammt, und aus der Energie herrührend von der Wechselwirkung, welche zwischen einem neutralen Benzoesäuremolekül und den Wassermolekülen ins Spiel tritt.

Die Bedeutung der Hydratation für die Kolloide soll hier an dem Beispiel von Eiweiß klargelegt werden. Bringt man Eialbumin in Berührung mit Wasser, so verteilt sich das Eiweiß darin in der Form von Teilchen mit dem Molekulargewicht 34000. Der Vorgang unterscheidet sich in nichts von der Auflösung von Zucker in Wasser. Man kann den Prozeß in zwei Teile zerlegt denken: Erstens die Zerteilung des festen Körpers in Form von Einzelmolekülen im Vakuum (Verdampfen), dabei muß Arbeit aufgewendet werden, zweitens Einbringen der Einzelmoleküle aus dem Vakuum in Wasser, wobei Arbeit gewonnen wird. Nur wenn die Energie des zweiten Prozesses überwiegt, kann eine freiwillige Auflösung erfolgen, nur dann stellt die Lösung einen stabilen Zustand dar. Diese Energie bezeichnet man als Hydratationsenergie und in diesem Sinne ist die Hydratationsenergie der stabilisierende Faktor.

Es ist jedoch klar, daß in diesem einfachen Falle die Behauptung: Eiweiß verdanke seine Stabilität der Hydratation seiner Teilchen, völlig äquivalent ist mit der Behauptung: Eiweiß ist aus demselben Grunde und auf dieselbe Art löslich, wie etwa Rohrzucker.

Kieselsäure ist im isoelektrischen Punkte ebenfalls stabil. Da dieselbe hier keine Ladungen trägt, muß die Wechselwirkung zwischen dem elektrisch neutralen Kieselsäureteilchen und den umgebenden Wassermolekülen für die Stabilität verantwortlich sein.

Die Löslichkeit neutraler Moleküle kann durch Zusatz von Elektrolyten herabgesetzt werden, diese Eigenschaft ist die Aussalzbarkeit. Durch Zusatz von Kochsalz kann z. B. Äthylalkohol aus Wasser abgeschieden werden. DEBYE hat dafür eine quantitative Theorie entwickelt auf Grund der Anschauung, daß die gelösten Moleküle aus dem elektrischen Feld der Ionen verdrängt werden. Es scheidet sich dann aus der Mischung zweier Flüssigkeiten ein Teil der Substanz mit der kleineren Dielektrizitätskonstante aus. Die Tatsache, daß Eiweiß oder Kieselsäure bei isoelektrischer Reaktion, also in ungeladenem Zustande, durch Salzzusatz ausgeschieden werden, kann gleichfalls als eine Aussalzung in diesem Sinne aufgefaßt werden.

Die Hydratationsenergie elektrisch geladener Kolloidteilchen setzt sich aus zwei Anteilen zusammen, aus der Hydratation infolge der freien elektrischen Ladung und aus der Hydratation der Dipole und Quadrupole an der Teilchenoberfläche.

Die Hydratation der Ladungen ist um so größer, je größer das elektrische Potential an der Teilchenoberfläche ist. Sehen wir zunächst von den interionischen Kräften ab, so folgt, daß bei gleichbleibender Teilchengröße die Hydratation mit steigender Wertigkeit zunimmt. Diese Tatsache geht aus der Theorie von BORN unzweifelhaft hervor.

Viskosität. Die innere Reibung der Dispersionen wurde zuerst von A. EINSTEIN theoretisch behandelt. Er kam zu dem Ergebnis, daß die Beeinflussung der Viskosität durch die dispergierten Teilchen sich nach der folgenden Formel ausdrücken läßt:

$$\eta = \eta_0 (1 + 2{,}5\, \varphi) \tag{144}$$

wobei η die innere Reibung der Dispersion, η_0 diejenige des reinen Dispersionsmittels, φ das Verhältnis des Volumens der dispersen Phase zu demjenigen des Dispersionsmittels bedeutet. Die wichtigste, in dieser Beziehung enthaltene Behauptung ist, daß die innere Reibung nur von dem Gesamtvolumen der dispersen Phase, nicht jedoch vom Dispersitätsgrad abhängt. Voraussetzung für ihre Gültigkeit ist Kugelform der Teilchen und ein großer mittlerer Abstand der Teilchen.

E. HATSCHEK kam unabhängig von EINSTEIN zu demselben Resultat.

Die Beeinflussung der Reibung erfolgt durch den Umstand, daß die strömende Flüssigkeit an einem Pol der Teilchen eine größere Geschwindigkeit hat als beim anderen, wodurch der Mittelpunkt des Teilchens gegenüber der umgebenden Flüssigkeit verschoben wird. Diese Verschiebung entspricht einer Arbeit, welche nach dem STOKESschen Gesetz berechnet wird.

Für konzentriertere Dispersoide und für solche mit deformierbaren Teilchen wurden von E. HATSCHEK, SV. ARRHENIUS u. a. verschiedene andere Beziehungen angegeben.

Die Bestimmung der inneren Reibung von kolloiden Lösungen erfolgte in den meisten Fällen mit Hilfe des OSTWALDschen Viskosimeters. Die Grundlage der Benützung desselben bildet das HAGEN-POISEUILLEsche Gesetz, wonach die in einer bestimmten Zeit durch eine Kapillare durchgeflossene Flüssigkeitsmenge der hydrostatischen Druckdifferenz direkt, der inneren Reibung umgekehrt proportional ist. Bei einigen kolloiden Lösungen wurde nachgewiesen, daß das Gesetz nicht gilt, die Durchflußgeschwindigkeit nimmt schneller zu als der Druck. Doch tritt diese Erscheinung nur in bestimmten Hydrosolen von hoher Konzentration oder in der Nähe der Gelatinierungstemperatur auf. Für die von uns zu behandelnden Fälle liefert die Methode genügend verläßliche Werte. Die Werte werden häufig als relative innere Reibung angegeben, d. h. als Verhältnis der Durchflußgeschwindigkeit des Sols und derjenigen des Dispersionsmittels durch eine und dieselbe Kapillare.

Innere Reibung der Proteinsalze. E. LAQUEUR und O. SACKUR haben zuerst die Beobachtung gemacht, daß die innere Reibung der Kaseinatlösungen eine eigenartige Abhängigkeit von der Laugekonzentration zeigt. Mit steigendem Zusatz von Lauge wächst sie zunächst bis zu einem Maximum und fällt bei weiterem Zusatz wieder ab. Die Autoren haben den Gang der Viskosität durch die Annahme erklärt, daß die Viskosität symbat mit der Ionisation des Kaseinates geht. Zusatz von Lauge steigert zunächst die Ionisation des Kaseinsalzes infolge Zurückdrängung der Hydrolyse, d. h. infolge der OH-Bindung der Kaseinationen. Nach dem Erreichen des Maximums wird jedoch dieser Effekt infolge Dissoziationsrückgang (wie die Autoren annahmen, infolge der Erhöhung der Alkaliionenkonzentration) überkompensiert. P. v. SCHROEDER hat die Maximumbildung in der Viskosität der Gelatinesalze sowohl in der alkalischen wie in der sauren Lösung festgestellt, ohne jedoch eine theoretische Deutung zu versuchen. W. B. HARDY hat an Globulinsalzen dasselbe Verhalten festgestellt und sich der Erklärung von LAQUEUR und SACKUR angeschlossen. PAULI hat bei Serum- und Eialbumin sowie bei Gelatine, die einen Vergleich mit den reinen Lösungen (ohne Säure- oder Alkalizusatz) gestatten, dieselbe Feststellung gemacht und die Erscheinung als einen Hydratationseffekt erklärt. Ionisches Eiweiß verleiht also der Lösung eine höhere Reibung infolge der stärkeren Hydratation seiner Teilchen. Der molekularphysikale Mechanismus dieser Hydratation wurde von PAULI nicht beschrieben, es wurde nur auf die Erscheinungen der Ionenhydratation bei den gewöhnlichen Elektrolyten hingewiesen. PAULI und Mitarbeiter haben festgestellt, daß ionisches Eiweiß gegen Alkoholfällung und Hitzedenaturierung viel widerstandsfähiger ist als das neutrale. Beide Fällungen wurden als Dehydratation angesehen.

In neuerer Zeit wurden PAULIs Ansichten seitens J. LOEBs heftig bekämpft. LOEBs experimentelle Argumente und die Widerlegung derselben werden wir bei den Proteinen ausführlich besprechen. Hier sei nur ein theoretischer Einwand von LOEB erwähnt. Er sagt, daß LORENZ, BORN und andere Autoren in der letzten Zeit zu dem Schluß gekommen sind, daß bei vielatomigen Ionen die Vorstellung der Hydratation nicht haltbar ist. Diese Behauptung LOEBs beruht auf einem Irrtum. Die neuere Theorie der Ionenhydratation hat es nur wahrscheinlich gemacht, daß hochmolekulare einwertige (organische) Ionen infolge ihres kleinen Potentials (großen Ionenradius) die umgebenden Wassermoleküle nicht so stark beeinflussen, daß eine merkliche Herabsetzung der elektrolytischen Wanderungsgeschwindigkeit aus diesem Grunde erfolgt. Man muß sogar im Gegensatz zu LOEB betonen, daß die neueren Erkenntnisse des physikalischen Wesens der Ionenhydratation zu dem Schluß führen, daß eine Polarisation der umgebenden Wassermoleküle durch die Ionen immer stattfindet, und zwar um so stärker, je größer das Potential ist. Die mehrwertigen Eiweißionen besitzen in diesem Sinne sicherlich eine ausgiebige Hydratation. Die Hydratationshypothese von PAULI erfährt durch die Dipoltheorien von DEBYE und BORN eine starke Stütze.

Der quasi viskose Effekt. Bei den sogenannten Suspensoiden, welche auch durch ihre kleinere Viskosität charakterisiert sind, war ein derartiger Effekt lange nicht bekannt. W. B. HARDY hat wohl als erster (auf Anregung von J. J. THOMSON) einen Einfluß der elektrischen Doppelschicht auf die Viskosität des Systems vorausgesagt:

„Derartige Doppelschichten, welche an der Oberfläche irgend welcher in einer Flüssigkeit befindlichen Teilchen bestehen, würden sich jeder Bewegung der Teilchen durch die Flüssigkeit widersetzen, weil nach DORNs Versuchen elektrische Arbeit bei der Ortsveränderung der Teilchen geleistet werden muß. Der Einfluß würde einer Erhöhung der Zähigkeit entsprechen."

WO. OSTWALD hat später einen Einfluß der elektrischen Ladung der dispersen Phase auf die Viskosität des Systems gleichfalls vorausgesehen:

„Denn jedes Teilchen, welches eine elektrische Ladung trägt, erzeugt nach bekannten Gesetzen um sich herum ein elektromagnetisches Feld, das seiner Beweglichkeit entgegenwirkt, mag es sich hierbei um seine Eigenbewegung oder um irgendeine von außen erteilte Bewegung handeln."

H. W. WOUDSTRA hat die Beobachtung gemacht, daß die innere Reibung eines Silbersols nach Zusatz von Elektrolyt zunächst abnimmt, um nach einigen Tagen wieder anzusteigen.

Der einzige Versuch, eine quantitative Beziehung zwischen der Viskosität und elektrischen Ladung in kolloiden Lösungen herzustellen, rührt von M. v. SMOLUCHOWSKI her. Er geht dabei von der Gültigkeit der EINSTEINschen Gleichung für ungeladene Teilchen aus:

$$\eta_i = \eta_0 (1 + 2{,}5\,\varphi)$$

SMOLUCHOWSKI weist in dieser Arbeit zunächst auf die Tatsache hin, daß die Koagulation deshalb die Viskosität steigern kann, weil die Teilchen dabei Gestalten annehmen, die eine größere Reibung erfahren (z. B. bei dem Zusammentreten zweier kugelförmiger Teilchen kann ein annähernd ellipsoidisches entstehen), vor allem aber, weil das Gesamtvolumen dabei infolge der Flüssigkeitseinschlüsse vergrößert wird (sogar in dem Falle der dichtesten Kugelpackung). Auf diese Weise findet die erhöhte Viskosität als Maß für die Koagulation ihre Erklärung.

Um den Einfluß der elektrischen Ladung auf die innere Reibung abzuleiten, geht SMOLUCHOWSKI anknüpfend an den Gedankengang von J. J. THOMSON und HARDY von der Tatsache aus, daß das Niedersinken der geladenen Partikelchen im Wasser mit dem Auftreten eines elektrischen Stroms verbunden ist. Anschließend an die HELMHOLTZ-SMOLUCHOWSKIsche Theorie der Doppelschicht gewinnt er die Berechnung:

$$\eta_s = \eta_0 \left[1 + 2{,}5\,\varphi \left\{\left(1 + \frac{1}{\varkappa\, r^2\, \eta_0} \frac{D\,\zeta}{2\,\pi}\right)^2\right\}\right] \tag{145}$$

worin $\varkappa$ die spezifische Leitfähigkeit der Lösung, r den Teilchenradius, D die Dielektrizitätskonstante, ζ das Potential der Doppelschicht bezeichnen.

Die Ableitung der Gleichung selbst wollte SMOLUCHOWSKI erst bei anderer Gelegenheit veröffentlichen, sein Tod hinderte ihn daran und ihre Berechnung wurde bisher von niemandem publiziert.

Die Bedeutung der Gleichung können wir am einfachsten damit ausdrücken, daß die Anwesenheit der Doppelschicht so wirkt, als ob dieses Teilchen ein $\left(1 + \frac{1}{\varkappa r^2 \eta_0} \left(\frac{D \zeta}{2\pi}\right)^2\right)$ mal größeres Volumen hätte. Es ist bemerkenswert, daß dieser von SMOLUCHOWSKI als ,,quasi viskos" bezeichnete Effekt um so stärker ist, je kleiner die spezifische Leitfähigkeit der Lösung ist. Ein Elektrolytzusatz verringert also den ,,quasi viskosen" Effekt in zweierlei Hinsicht: Erstens, weil er die spezifische Leitfähigkeit erhöht und zweitens, weil er das Potential der Doppelschicht erniedrigt.

SMOLUCHOWSKI berechnet auf Grund der Gleichung für $D \zeta = 3$ Volt, $r = 150\,m\mu$ und $\varkappa = 10^{-6}\,r\,.\,\Omega$ als Beispiel, daß die Viskosität statt 2,5 φ mal 5 φ mal zunimmt.

SMOLUCHOWSKI selbst schränkt das Anwendungsgebiet seiner Gleichung sehr stark ein:

,,Auf den ersten Blick erscheint es sehr verlockend, vom obigen Standpunkt auch die von PAULI u. a. an Eiweißsolen konstatierte Abhängigkeit der Viskosität von deren elektrischen Eigenschaften zu interpretieren, doch spricht bei näherer Untersuchung die erhebliche Leitfähigkeit der in Betracht kommenden Lösungen gegen eine solche Hypothese.

Auch gelten unsere Ausführungen eigentlich für Suspensoide und ist ihre Übertragung auf lyophile Kolloide wohl recht problematisch.

Überhaupt muß bemerkt werden, daß wir derzeit nicht wissen, ob die Doppelschichttheorie bei so kleinen Teilchen, wie oben vorausgesetzt wurde, überhaupt noch anwendbar ist."

Die Ausführungen von SMOLUCHOWSKI bilden die Grundlage einer Diskussion der Rolle der Ladung und der Hydratation durch H. R. KRUYT. In den Ansichten dieses Autors wird der ,,quasi viskose" Effekt (von KRUYT wird die Bezeichnung ,,elektroviskos" vorgeschlagen) gerade in derjenigen Weise angewendet, gegen die sich SMOLUCHOWSKI an der oben zitierten Stelle verwahrte. KRUYT stützt seine Ausführungen auf eigene Beobachtungen an Agarsolen. Die gereinigten Solen haben eine hohe innere Reibung. Salzzusatz erniedrigt die Viskosität um so stärker, je höher die Valenz des zugefügten Kations ist. Die Teilchen besitzen eine anodische Wanderung, deren Geschwindigkeit auf Zusatz von Salzen abnimmt. Durch Zugabe von Alkohol oder Azeton werden die im Wasser amikronischen Teilchen im Ultramikroskop sichtbar und die Empfindlichkeit für Elektrolyte erhöht. Der einzige Unterschied gegenüber dem Verhalten der Eiweißkörper besteht darin, daß Agar bereits in den reinen Lösungen stark negativ aufgeladen ist, während Albumin und Gelatine erst durch Alkalizusatz eine rein negative Ladung erhalten und durch Säurezusatz einen symmetrischen Erscheinungskomplex auf der positiven Seite zeigen. Trotzdem glaubt KRUYT einen Anlaß zu haben, eine von PAULI abweichende Erklärung zu geben. Die Abhängigkeit der Viskosität von dem Elektrolytgehalt deutet er trotz des Emulsoidcharakters des Agarsols als einen ,,elektroviskosen" Effekt im Sinne von SMOLUCHOWSKI, als ein ,,kapillarelektrisches Phänomen". Die Ladung von Agarsolen hat nach KRUYT ,,kapillarelektrischen Charakter" und er stellt diese Auffassung der Deutung durch DUCLAUX, PAULI, ROBERTSON und LOEB vom Standpunkte der elektrischen Dissoziation entgegen.

Spätere Untersuchungen haben jedoch gelehrt, daß die dissoziationstheoretische Deutung des Ladungsursprunges gerade an den Agarteilchen zu einem besseren Verständnis des Gesamtverhaltens führt. M. SAMEC einerseits, W. HOFMANN und R. A. GORTNER andererseits konnten zeigen, daß die Agarteilchen ihre Aufladung der Dissoziation einer Sulfogruppe verdanken, welche mit dem Kohlehydratteil des Moleküls chemisch verbunden ist. Die an dem amphoteren Eiweiß entwickelten Anschauungen behalten ihre volle Gültigkeit gegenüber den Agarsolen, wenn man die Tatsache berücksichtigt, daß Agar auch in reinem Wasser infolge der starken Sulfogruppe einsinnig aufgeladen ist. Das reine Agar verhält sich demnach so wie ein Eiweißsalz.

Auf dieselbe Weise wie KRUYT bei den Agarsolen, hat sein Schüler H. G. BUNGENBERG DE JONG den Einfluß der Elektrolyte auf die Viskosität von Stärkelösungen zu deuten versucht. Bereits früher wurde in PAULIS Institut der Ladungsursprung der Stärke durch M. SAMEC in der Dissoziation der darin enthaltenen Amylophosphorsäure aufgedeckt und die Viskosität als ein Hydratationseffekt gedeutet. Die obigen Bemerkungen gelten auch für diesen Fall.

Hydratation und innere Reibung der Kolloide im Sinne der neueren Auffassung. In hoch verdünnten Lösungen können wir annehmen, daß die Gegenionen sich von den vielwertigen Kolloidionen in einem solchen Abstande befinden, daß ihre Wirkung auf die Hydratation der Kolloidionen verschwindet. In höheren Elektrolyt- oder Kolloidkonzentrationen treten dagegen die Gegenionen (im zeitlichen Mittel) näher an die Kolloidionen heran. Infolge dieser Annäherung sinkt das Potential an der Teilchenoberfläche und dadurch die Hydratation. Daß die Gegenionen die elektrostatische Hydratation der Teilchen vermindern, kann man unmittelbar durch die folgende Vorstellung beleuchten. Ein positives Kolloidion sucht die Wassermoleküle derart zu orientieren, daß ihre negative Ladung, d. h. das Sauerstoffion, sich näher zur Teilchenoberfläche befindet als die positiven Wasserstoffionen. Die negativen Gegenionen streben umgekehrt, die Wasserstoffionen des Wassermoleküls gegen sich zu richten und das Sauerstoffion desselben abzustoßen. Gelangen infolge der elektrostatischen Anziehung die Gegenionen in die nächste Umgebung des Kolloidions, so zerstören sie dort im Ausmaße ihrer polarisierenden Wirkung die durch das Feld des Kolloidions beherrschte Verschiebungspolarisation und Orientierung der Wassermoleküle. Die dehydratisierende Wirkung der Gegenionen wird um so stärker sein, je näher sie an das Kolloidion kommen, je stärker sie durch das Kolloidion inaktiviert werden.

Wird eine Eiweißlösung, etwa Albumin, mit Säure bis zu einer Konzentration von ungefähr $1{,}5 \cdot 10^{-2}$ versetzt, so steigt die freie Ladung der Eiweißionen an. Durch eine höhere Säurekonzentration werden auch immer mehr Anionen in die Umgebung der Eiweißionen gedrängt, die freie Ladung der Eiweißionen nimmt ab. Man kann somit erwarten, daß die Hydratation mit steigendem Säurezusatz bis zu einem Maximum zunimmt, um darauf wieder abzufallen. Betrachtet man die Viskosität als einen Ausdruck für die Hydratation, so findet die von LAQUEUR und SACKUR, HARDY, VON SCHROEDER und PAULI festgestellte Abhängigkeit der Viskosität der Eiweißlösungen von der H^+-Ionenkonzentration in der modernen Auffassung über die Polarisation der Wassermoleküle und die interionischen Kräfte, wenn auch zunächst nur qualitativ, eine befriedigende Erklärung.

Eine derartige Wirkung der freien Ladung ist ganz evident, wenn man von der Ableitung der EINSTEIN-HATSCHEKschen Formel ausgeht. Die orientierten Wassermoleküle der Kolloidoberfläche können die Bewegung der umgebenden freien Wassermoleküle nicht mitmachen, sie vergrößern dadurch den Widerstand der Teilchen. Man könnte daran denken, den Effekt einfach als eine Vergrößerung des Kolloidionvolumens in Rechnung zu ziehen. Die analogen Uberlegungen BORNS, betreffend die Wirkung der sogenannten elektrodynamischen Ionenhydratation auf den STOKESschen Widerstand der Ionen, lassen jedoch ohne weiters erkennen, daß eine derartige Behandlung der Kompliziertheit der tatsächlichen Vorgänge nicht gerecht wird.

Auch die Tatsache, daß die elektrischen Kräfte der Deformation der diffusen Gegenionenhülle und ihrer relativen Verschiebung zum Kolloidion entgegenwirken, dürfte eine erhöhte Reibung bedingen. Die SMOLUCHOWSKIsche Theorie, die noch auf einer viel zu schematischen Auffassung der Doppelschicht fußt, dürfte diesen Effekt kaum richtig in Rechenschaft gezogen haben. (Siehe auch J. DUCLAUX).

Hydratation der undissoziierten Doppelschicht. Einige Forscher sind noch in der neuesten Zeit geneigt, eine Hydratation der undissoziierten Doppelschicht ohne freie Ladung als stabilisierenden Faktor anzunehmen. Die experimentellen Erfahrungen sprechen durchwegs gegen diese Auffassung. Säuren und Basen fällen Eiweiß viel leichter als Salze, obwohl oder vielmehr eben deshalb, weil Eiweiß mit den Säuren und Basen unter Salzbildung reagiert und somit die Ausbildung einer Doppelschicht ermöglicht. Die von FREUNDLICH und H. COHN gefundene Alkalisensibilisierung der Kieselsäure könnte dieselben Gründe haben. Kieselsäure in reinem Wasser hat weniger Gegenionen als in alkalischem Medium, wo ihr ionischer Anteil, wie bei jeder schwachen Säure, vergrößert ist. Zusatz von Neutralsalz führt also im alkalischen Medium zu einer vollständigeren Bedeckung der Teilchenoberfläche durch inaktivierte Gegenionen. In diesem Zusammenhange ist es wichtig, die Tatsache zu beachten, daß in dem Zustand der schwachen Säuren und Basen und der durch Assoziation inaktivierten Salze ein wesentlicher Unterschied besteht. Die schwachen Säuren enthalten die H-Atome in homoöpolarer Bindung, ebenso die schwachen Basendie Hydroxylgruppe. Die Elektronenbahnen der H-Atome in der undissoziierten Säure erleiden eine starke Verschiebungsdeformation. In den Assoziationsprodukten behalten dagegen die Ionen ihre Eigenschaften fast vollständig. Es ist also nicht korrekt, die Hydratation der neutralen Moleküle von Eiweiß auf eine durch die undissoziierten Amino- und Karboxylgruppen gebildete Doppelschicht zurückzuführen, da die heteropolare Bindung zu wenig ausgeprägt und der Abstand der entgegengesetzt geladenen Ionen, soweit von diesen überhaupt noch gesprochen werden kann, in diesen Gruppen zu gering ist. Anders wohl, wenn man diese Gruppen mit BJERRUM als dissoziiert und das neutrale Eiweiß (in reinem Wasser als Lösungsmittel) als Zwitterion auffassen würde. Eine Doppelschicht besteht jedoch auch in diesem Falle nicht, da in der Lösung keine Gegenionen sind, sondern an der Teilchenoberfläche die NH^{+}_{3}- und COO^{-}-Gruppen aufeinander folgen.

MCBAIN ist bei seinen Untersuchungen über die Seifenlösungen zu der Auffassung gekommen, daß der Hydratation eine hervorragende Rolle für die Stabilität dieser Systeme zukommt. Anknüpfend an PAULIS Ansichten über die Hydratation der Proteinionen, nahm er in den Seifenlösungen die Existenz von stark hydratisierten Seifenmizellen an. Neuestens nimmt er an, daß die undissoziierte Doppelschicht, infolge einer Hydratation, den sogenannten neutralen Kolloidteilchen der Seifenlösungen, die mit den Mizellen in einer Art Aggregationsgleichgewicht stehen, die Stabilität verleiht. Da jedoch aus seinen eigenen Versuchen hervorgeht, daß diese „Neutralteilchen“ an ihrer Oberfläche reichlich elektrische Ladungen tragen, so dürfte sich diese Hypothese erübrigen.

Komplexe Natur der Viskositätsbeeinflussung. Aus unseren bisherigen Darlegungen geht hervor, daß die Viskosität zwei Einflüsse zum Ausdruck bringen kann: sie kann einerseits erhöht werden infolge Aufladung und anderseits wachsen bei der Koagulation (infolge Vergrößerung der Teilchen unter Flüssigkeitseinschluß und infolge ihrer unregelmäßigen Gestalt). Der letzte Effekt wurde besonders von FREUNDLICH und Mitarbeitern zur quantitativen Schätzung der Koagulationsgeschwindigkeit benützt.

FREUNDLICH und COHN haben an Kieselsäuresolen die Beobachtung gemacht, daß Alkalizusatz, welcher die Ladung der Teilchen erhöht, die innere Reibung der Lösung herabsetzt. Das analoge Verhalten wurde von PAULI und SCHMIDT bei der Reaktion des Aluminiumhydroxydsols mit Säuren festgestellt. Man könnte daran denken, die Erscheinung dadurch zu erklären, daß infolge der gesteigerten Aufladung ein Abbau von Sekundärteilchen zu Primärteilchen stattfindet. Diese Aufspaltung, als ein der Flockung inverser Vorgang, könnte in der Wirkung auf die Reibung unter Umständen die elektrostatische Hydratation überkompensieren.

Über spontane zeitliche Änderungen der Viskosität liegen zahlreiche Versuche vor. Eine Aufklärung dieser Erscheinungen konnte noch nicht erzielt werden. Vielleicht sind hier rein chemische Umlagerungsprozesse im Spiele, wie Anhydrierung, welche an Niederschlägen von R. WILLSTÄTTER und H. KRAUT verfolgt werden konnte.

Überaus gewagt erscheint es wohl, zwischen dem Wassergehalt der Koagulationsprodukte und der Hydratation in Solen nähere Beziehungen herzustellen. Es sei jedoch hier darauf hingewiesen, daß auch an Flockungsprodukten von kolloidem Gold mit ziemlicher Festigkeit Wasser gebunden ist, dessen relative Menge dieselbe Größenordnung besitzt, wie diejenigen an den Koagulaten von Eisen oder Aluminiumhydroxyd. Die kleine Konzentration in den Edelmetallsolen führt hier jedoch leicht zu Täuschungen über die Ausgiebigkeit der Erscheinungen.

N. R. DHAR, D. N. CHAKRAVARTI und M. N. CHAKRAVARTI haben den Einfluß der Elektrolyte auf die Viskosität einer Reihe von Hydrosolen studiert. Sie fanden, daß geringe Mengen Elektrolyt die Viskosität erniedrigen, in höheren Konzentrationen wieder erhöhen und nehmen an, daß die Salze in kleinen Konzentrationen die Ladung der Kolloide steigern. Sie behaupten daher, daß „die Viskosität und Hydratation eines Sols um so größer ist, je geringer der Betrag seiner Ladung ist“. Wir können dieser Auffassung nicht beipflichten. Möglicherweise setzen die zugefügten Salze bereits in den niedrigen Konzentrationen die Ladung der Teilchen herab, und der Viskositätsanstieg im Bereiche der höheren Konzentration drückt die Bildung von Sekundärteilchen aus. Die Vermehrung der Aufladung wird vermutlich nur in dem Falle mit einem Viskositätsabfall verbunden sein, wo bereits vorhandene Sekundärteilchen aufgespalten werden. Der obige Satz der indischen Forscher würde den sonstigen Erfahrungen widersprechen. Daß auch der infolge Sekundärteilchenbildung eintretenden Viskositätserhöhung eine Erniedrigung der inneren Reibung durch Entladung beim Salzzusatz vorangeht, haben die Versuche von PAULI und A. FERNAU am Zeroxydsol überaus sinnfällig erwiesen. (Siehe Kap. 57.) Unter diesem Gesichtspunkte sind auch die Versuche von J. H. JOE und E. B. FREYER zu betrachten, welche die Viskositätsänderung der Hydroxydsole als Funktion des p_H zum Gegenstand haben.

Einen eigenen Weg versuchte J. LOEB für die Erklärung der Viskosität bestimmter Eiweißkörper als Funktion des Salzgehaltes der Lösung einzuschlagen. Mit der LOEBschen Theorie werden wir uns in Kap. 47 auseinandersetzen.

Literaturverzeichnis

ARRHENIUS, Sv.: Z. f. phys. Ch. **1**, 285 (1887). — BJERRUM, N., und E. LARSSON: Z. f. phys. Ch. **127**, 358 (1927). — DHAR, N. R., D. N. CHAKRAVARTI und M. N. CHAKRAVARTI: Koll. Z. **44**, 225 (1928). — DUCLAUX, J.: In Colloid Chemistry by J. ALEXANDER, Bd. I. New York (1926). — EINSTEIN, A.: Ann. d. Phys. **19**, 289 (1906); **34**, 591 (1911). — FREUNDLICH, H., und N. ISHIZAKA: Z. f. phys. Ch. **83**, 111 (1913). — FREUNDLICH, H., und H. COHN: Koll. Z. **39**, 28 (1926). — HARDY, W. B.: Z. f. phys. Ch. **33**, 384 (1900). — Journ. of Physiol. **33**, 289 (1905). — HATSCHEK, E.: Koll. Z. **7**, 301 (1910). — HOFFMAN, W. F., und R. A. GORTNER: Journ. of Biol. Chem. **65**, 379 (1925). — JOE, H., und E. B. FREYER: Journ. Phys. Chem. **23**, 1397 (1926). — BUNGENBERG DE JONG, H. G.: Rec. trav. chim. Pays-Bas, **5**, 189 (1924). — KRUYT, H. R., und H. G. DE JONG: Z. f. phys. Ch. **100**, 250 (1922). — LAQUEUR, E., und O. SACKUR: Beitr. zur chem. Physiol. **3**, 193 (1903). — LOEB, J.: Die Eiweißkörper. Berlin (1924). — MAC BAIN, J. W.: Koll. Z. **40**, 1 (1926). — OSTWALD, WO.: Grundriß der Kolloidchemie II. Dresden (1911), S. 214. — PAULI, WO.: Kolloidchemie der Eiweißkörper. Dresden und Leipzig (1920). — DERSELBE und A. FERNUA: Koll. Z. **20**, 20 (1917). — DERSELBE und E. SCHMIDT: Z. f. phys. Ch. **129**, 199 (1927). — SAMEC, M.: Kolloidchemie der Stärke. Dresden und Leipzig (1928.) — SMOLUCHOWSKI, M. v.: Koll. Z. **18**, 190 (1916). — SCHROEDER, P. v.: Z. f. phys. Ch. **45** ,1 (1903). — WOUDSTRA, H. W.: Z. f. phys. Ch. **63**, 619 (1908). — WILLSTÄTTER, R.: Untersuchungen über die Enzyme. Berlin (1929).

26. Donnans Theorie der Membrangleichgewichte

Membrangleichgewicht. Eine Lösung befindet sich dann im Gleichgewichtszustande, wenn darin allerorts die Konzentration sämtlicher Teilchensorten dieselbe ist.

Eine Ausnahme bildet das Sedimentationsgleichgewicht und das Adsorptionsgleichgewicht an Phasengrenzen. Diese Fälle, wo das Schwerefeld und die Oberflächenenergie Konzentrationsunterschiede in einer und derselben Lösung hervorrufen, wollen wir an dieser Stelle nicht in Betracht ziehen.

Stellen wir uns nun vor, eine Lösung wäre durch eine Membran in zwei Räume geteilt. Diese soll für die Moleküle des Lösungsmittels (wir werden uns hier auf wässerige Lösungen beschränken) und für einige Teilchensorten durchlässig, für andere undurchlässig sein. Im Gleichgewichtszustande wird die Konzentration nur derjenigen Teilchensorten ausgeglichen sein, die durch die

Membran in der Diffusion nicht gehindert sind. Die Differenz in der Teilchenzahl, also im osmotischen Druck, wird durch einen hydrostatischen Druckunterschied kompensiert. Nehmen wir aber an, daß eine der Teilchensorten, die durch die Membran zurückgehalten werden, ein Ion ist. In diesem Falle wird im Gleichgewichtszustande die Konzentration auch der übrigen Ionen in beiden Räumen der Lösung nicht dieselbe bleiben können, weil dann das Gesetz der Elektroneutralität durchbrochen wäre. Wenn z. B. das Ion, welches nicht durch die Membran geht, eine positive Ladung trägt und sich in einer bestimmten Konzentration in dem einen Raum befindet, während alle übrigen Ionen frei diffundieren, so würde ein vollständiger Konzentrationsausgleich der letzteren zur Folge haben, daß in dem ersten Raum mehr positive als negative Ionen sich aufhalten. Das ist aber eben wegen des Gesetzes der Elektroneutralität nicht möglich.

Die Anwesenheit eines Ions, welches durch die Membran zurückgehalten wird, ruft also eine besondere Verteilung aller übrigen Ionenarten hervor. Die theoretische und experimentelle Durcharbeitung dieser Membrangleichgewichte, auf deren Existenz und Bedeutung schon 1890 durch WI. OSTWALD hingewiesen worden war, verdanken wir F. G. DONNAN (1911).

Ein typischer Fall des Membrangleichgewichtes ist die Dialyse eines Kolloidelektrolyten. Die Pergament- oder Kollodiummembran ist für das Kolloidion undurchlässig, während die Gegenionen und vorhandene Salze frei hindurch diffundieren. Auch die Bestimmung des osmotischen Druckes eines Kolloidelektrolyten mit Hilfe solcher Membranen bildet einen hiehergehörigen Fall. Aus diesem Grunde besitzt die Theorie der Membrangleichgewichte eine große Bedeutung für die Elektrochemie der Kolloide. Es muß aber bemerkt werden, daß DONNAN seine Theorie auch z. B. an der Verteilung einer Kaliumchloridlösung bei Anwesenheit von Ferrozyankalium und einer für das Ferrozyanion undurchlässigen Membran geprüft hat. Die Kolloidelektrolyte bieten nur einen Spezialfall dieser Erscheinung. In unseren Ausführungen werden wir von den einfachen Ausdrücken „dialysierende“ und „nichtdialysierende“ Ionen häufig Gebrauch machen.

Ionenverteilung. Ein möglichst einfaches Beispiel ist das folgende: Die Membran trennt die Lösung in zwei Teile: Innenflüssigkeit und Außenflüssigkeit. Die Innenflüssigkeit enthält das Salz NaR (R allgemein für Säureion), welches in $Na^{\cdot}$ und R' dissoziiert. Das R'-Ion soll ein nichtdialysierendes Anion sein, die Diffusion der anderen Ionen wäre durch die Membran nicht behindert. Wir stellen die Frage: Wie wird sich eine gewisse Menge gelöstes Natriumchlorid in den zwei Räumen der Lösung verteilen?

Das System im Gleichgewichtszustande sei durch das folgende Schema dargestellt:

Innenflüssigkeit	Membran	Außenflüssigkeit
$Na^+ : [Na^+]_i$		$Na^+ : [Na^+]_a$
$R^- : [R^-]$		$Cl^- : [Cl^-]_a$
$Cl^- : [Cl^-]_i$		

Die in eckigen Klammern gefaßten Ausdrücke stellen die Konzentrationen der einzelnen Ionensorten vor. Die Konzentrationen in der Innenflüssigkeit und in der Außenflüssigkeit werden durch die Indizes i und a voneinander unterschieden.

Wegen der Elektroneutralität gilt:

$$[Na^+]_i - [R^-]_i - [Cl^-]_i = 0 \text{ und}$$
$$[Na^+]_a - [Cl^-]_a = 0.$$

Die Gleichgewichtsbedingung für die Konzentrationen findet man sehr leicht auf thermodynamischem Wege. Der Gleichgewichtszustand ist dadurch charakterisiert, daß die bei der virtuellen Verschiebung des Zustandes geleistete maximale Arbeit verschwindet. Eine solche Verschiebung besteht in der gleichzeitigen Überführung gleicher Mengen von positiven und negativen Ionen aus dem einen Raum in den anderen. Für die isotherme reversible Überführung von dn-Mol, Na^+-Ion und Cl^--Ion erhalten wir

$$(146) \qquad RTdnl \frac{[Na^+]_i}{[Na^+]_a} + RTdnl \frac{[Cl^-]_i}{[Cl^-]_a} + F\pi dn - F\pi dn = 0$$

Die geleistete Arbeit besteht aus vier Summanden: Die ersten zwei stellen die Arbeitsbeträge dar, die im allgemeinen bei der Überführung von Molekülen aus einer Lösung in eine verschieden konzentrierte geleistet werden, während der dritte und vierte die elektrische Arbeit für die beiden Ionensorten darstellen. Diese elektrische Arbeit rührt davon her, daß die zwei Lösungen gegeneinander ein Potential π aufweisen. Die zwei letzten Glieder heben einander auf, und wir erhalten

$$(147) \qquad \frac{[Na^+]_i}{[Na^+]_a} = \frac{[Cl^-]_a}{[Cl^-]_i}$$

Diese Gleichung gilt nur für ideale Lösungen, für wirkliche verdünnte Lösungen müssen die Konzentrationen durch die Aktivitäten ersetzt werden, da die bei der Überführung geleistete (osmotische) Arbeit von den letzteren abhängt. Man erhält dann

$$(148) \qquad \frac{a^i_{Na+}}{a^a_{Na+}} = \frac{a^a_{Cl-}}{a^i_{Cl-}}$$

Bei konzentrierten Lösungen komplizieren sich die Verhältnisse dadurch, daß auch die Gleichgewichtsbedingung für das Lösungsmittel in Betracht zu ziehen ist.

Die Gleichgewichtsbedingung für die verdünnten, wirklichen Lösungen können wir also so ausdrücken, daß die Produkte aus den Aktivitäten der zwei dialysierenden Ionen auf beiden Seiten der Membran gleich sind:

$$(149) \qquad a^i_{Na} \cdot a^i_{Cl-} = a^a_{Na+} \cdot a^a_{Cl-}$$

Sind noch andere Ionensorten anwesend, so gilt, wie sich auf dieselbe Weise ableiten läßt, für beliebige Ionenpaare von einem beliebigen Kation und einem beliebigen Anion die gleiche Beziehung. Haben wir z. B. in dem vorherigen Beispiel noch KNO_3, so gilt ferner

$$a^i_{K+} \cdot a^i_{Cl-} = a^a_{K+} \cdot a^a_{Cl-}$$
$$a^i_{K+} \cdot a^i_{NO_3-} = a^a_{K+} \cdot a^a_{NO_3-}$$
$$a^i_{Na+} \cdot a^i_{NO_3-} = a^a_{Na+} \cdot a^a_{NO_3-}$$

Wenn die Aktivitätskoeffizienten der dialysierenden Ionen zu beiden Seiten der Membran alle gleich sind, kann man statt der Aktivitäten die Konzentrationen benützen. Einfachheitshalber werden wir von dieser Annahme Gebrauch machen.

Die Verteilung eines schwachen Elektrolyten wird derart erfolgen, daß die freien Ionen der Gleichgewichtsbedingung gehorchen, woraus sich ergibt, daß die undissoziierten Moleküle in der Innen- und Außenflüssigkeit im Gleichgewichtszustande dieselbe Konzentration haben werden. Die Konzentration der undissoziierten Moleküle ist nämlich nach dem Massenwirkungsgesetz nur von dem Produkt der Ionenaktivitäten abhängig, und dieses hat auf Grund der Gleichgewichtsbedingung zu beiden Seiten der Membran dieselbe Größe.

Von der Wertigkeit des nichtdialysierenden Ions sind die angeführten Überlegungen vollständig unabhängig. Die Wertigkeit der dialysierenden Ionen ist dagegen zu berücksichtigen.

Nehmen wir z. B. an, daß der Elektrolyt, dessen Verteilung wir bestimmen wollen, nicht NaCl, sondern Na_2SO_4 sei. Die virtuelle Verschiebung des Gleichgewichtes soll in dem Transport der beiden Ionen in gleicher Äquivalentkonzentration gedacht werden. Die elektrischen Arbeiten heben sich auch hier gegenseitig auf. Wir erhalten

$$RT l \frac{[Na^+]_i}{[Na^+]_a} = \frac{RT}{2} dn\, l \frac{[SO_4^{--}]_a}{[SO_4^{--}]_i}$$

Die geleistete Arbeit ist nämlich eine Funktion der molekularen und nicht der Äquivalentkonzentration. Die Gleichgewichtsbedingung lautet also:

$$[Na^+]_i \sqrt{[SO_4^{--}]_i} = \sqrt{[SO_4^{--}]_a} \cdot [Na^+]_a$$

Die Aktivität eines n-wertigen Ions ist in die Gleichgewichtsbedingung mit der Potenz $\frac{1}{n}$ einzusetzen.

Auf Grund der thermodynamisch notwendigen Gleichgewichtsbedingung läßt sich die Verteilung berechnen, falls die Menge des Lösungsmittels inner- und außerhalb der Membran, ferner die Menge der einzelnen Ionenarten und ihre Aktivitätskoeffizienten gegeben sind.

An einigen einfachen Beispielen soll gezeigt werden, wie sich diese Verteilung in speziellen Fällen gestaltet. Wir nehmen gleiche Volumina zu beiden Seiten der Membran und gleiche Aktivitätskoeffizienten für die dialysierenden Ionen an.

Es soll die Verteilung von NaCl in Anwesenheit des Salzes NaR mit dem nichtdialysierenden Anion R^- untersucht werden. Im Anfangszustand würde sich das ganze NaCl außerhalb der Membran befinden, die Äquivalentkonzentration von NaR soll c_1, von NaCl c_2 betragen, die Konzentration des NaCl, welches im Gleichgewichtszustande in die Innenflüssigkeit übergegangen ist, sei x.

Ursprünglicher Zustand				Gleichgewichtszustand				
Na^+	R^-	Na^+	Cl^-	Na^+	R^-	Cl^-	Na^+	Cl^-
c_1	c_1	c_2	c_2	$c_1 + x$	c_1	x	$c_2 - x$	$c_2 - x$

Im Sinne der Gleichgewichtsbedingungen haben wir

$$(c_1 + x)\, x = (c_2 - x)^2$$

oder

$$x = \frac{c_2^2}{c_1 + 2\, c_2} \qquad (150)$$

Wir betrachten zunächst den Grenzfall, daß c_2 die Konzentration des NaCl sehr groß ist gegenüber c_1, der Äquivalentkonzentration von NaR. In diesem Falle wird x annähernd gleich sein $\frac{c_2}{2}$, d. h. in Anwesenheit eines großen Überschusses von dialysierendem Salz verteilt sich dieses fast gleichmäßig. Der andere Grenzfall ist, daß c_2 sehr klein wird gegenüber c_1. In diesem Falle wird x sehr klein gegenüber c_2, d. h. in Anwesenheit kleiner Mengen von dialysierendem Salz wird dieses fast vollständig in der Außenflüssigkeit enthalten sein. Das Vorhandensein der Membran bei Anwesenheit eines ionisierten Salzes mit einem nichtdialysierenden Ion in der Innenflüssigkeit bewirkt, daß das zweite Salz, für welches die Membran an und für sich durchlässig ist, praktisch außerhalb der Membran bleibt.

Man kann auch in unserem Beispiel das Verhältnis der Konzentrationen von NaCl zu beiden Seiten der Membran einfach ausdrücken.

$$\frac{[NaCl]_a}{[NaCl]_i} = \frac{[Cl_a]}{[Cl_i]} = \frac{c_2 - \frac{c_2^2}{c_1 + 2\,c_2}}{\frac{c_2^2}{c_1 + 2\,c_2}} = 1 + \frac{c_1}{c_2}$$

Im ersten Grenzfall, wenn c_2 sehr groß ist gegenüber c_1, wird das Verhältnis $\frac{[NaCl]_a}{[NaCl]_i}$ nahe 1 sein, also die Verteilung beinahe gleichmäßig, im zweiten Grenzfall, wo c_2 viel kleiner ist als c_1 wird das Verhältnis $\frac{[NaCl]_a}{[NaCl]_i}$ sehr groß. Der größte Teil von NaCl bleibt draußen.

Membranhydrolyse. Besonders wichtig für die Membrangleichgewichte ist die Tatsache, daß in jeder wässerigen Lösung Wasserstoff- und Hydroxylionen vorhanden sind. Die Gleichgewichtsbedingung muß auch für diese gelten. Betrachten wir z. B. wieder den Elektrolyten NaR mit dem nichtdialysierenden Anion R in Abwesenheit anderer Salze. Die Na-Ionen haben das Bestreben, ihre Konzentration auszugleichen, also aus der Innenflüssigkeit in die Außenflüssigkeit zu diffundieren, dann muß aber eine gleichgroße Menge von Hydroxylionen mitgehen, die ihre Entstehung der Dissoziation von Wasser verdanken, während die entsprechende Wasserstoffionenmenge zurückbleibt. Die Innenflüssigkeit wird also sauer und eine äquivalente Menge Lauge macht die Außenflüssigkeit alkalisch. Da das Salz mit dem nichtdialysierenden Anion dabei beilweise in eine Säure übergeführt wird, bezeichnet man den Prozeß als Memanhydrolyse.

Wir betrachten einen einfachen Fall solcher Membranhydrolyse und machen zu diesem Zwecke die Annahme einer vollständigen Dissoziation sämtlicher Salze, gleicher Aktivitätskoeffizienten, gleicher Volumina, ferner daß die Aktivität der innen entstandenen H^+- und außen aufgetretenen OH^--Ionen so groß ist, daß daneben die OH^--, bzw. H^+-Ionen, die dem Dissoziationsgleichgewicht des Wassers entsprechen, zu vernachlässigen sind. Wäre nun im Anfangszustand das Salz mit dem nichtdialysierenden Ion durch eine Membran von dem reinen Wasser als Außenflüssigkeit getrennt und betrüge die Konzentration der übergegangenen Natriumionen x, dann können wir schematisch den Vorgang folgendermaßen darstellen:

Ursprünglicher Zustand		Endzustand	
Na^+ R'	Reines Wasser	Na^+ H^+ R'	Na^+ OH^-
c c		c — x x c	x x

Im Gleichgewicht gilt

$$[Na^+]_i\,[OH^-]_i = [Na^+]_a\,[OH^-]_a$$

Durch Substitution erhalten wir

$$\frac{c - x}{x} = \frac{x}{[OH^-]_i}$$

Wegen der Dissoziation des Wassers

$$[OH]_i = \frac{K_w}{x}$$

und es ergibt sich:

$$x^3 = K_w (c - x)$$

Kann x gegen c vernachlässigt werden, dann resultiert

$$x = \sqrt[3]{K_w c}$$

Die folgende Tabelle zeigt, daß die membranhydrolytische Zersetzung unter der gemachten Voraussetzung sehr geringfügig ist:

c	x
$1 . 10^{-2}$	$5 . 10^{-6}$
$1 . 10^{-1}$	$1 . 10^{-5}$
1	$2 . 10^{-5}$

Die Wasserkonstante wurde der Zimmertemperatur entsprechend mit $1 . 10^{-14}$ angenommen. Es genügt also in diesem Fall eine kleine Menge Alkali in der Außenflüssigkeit, um die Hydrolyse völlig zu verhindern.

Bedeutend vergrößert kann die Membranhydrolyse werden durch Erhöhung des Außenvolumens gegenüber dem inneren. Wenn das Außenvolumen v-mal größer ist als dasjenige der Innenflüssigkeit, so wird im Gleichgewicht unter den übrigen gemachten Voraussetzungen sich ergeben:

Na^+	H^+	R^-	Na^+	OH^-
$c - x$	x	c	$\frac{x}{v}$	$\frac{x}{v}$

Die Gleichgewichtsbedingung ist dann

$$x^3 = K_w v^2 (c - x)$$

oder nach Vernachlässigung von x gegenüber c

$$x = \sqrt[3]{K_w v^2 c}$$

Die Membranhydrolyse wurde also auf das $v^{\frac{2}{3}}$-fache erhöht. Es können weiters alle Umstände die Hydrolyse noch stärker begünstigen, welche die Aktivität der Wasserstoffionen in der Innenflüssigkeit herabsetzen. Diese Herabsetzung kann hervorgerufen sein entweder durch eine kleine Dissoziationskonstante der Säure HR oder durch ihre Schwerlöslichkeit, oder schließlich durch einen kleinen Aktivitätskoeffizienten der Wasserstoffionen, bedingt etwa durch die Mehrwertigkeit der Anionen R^-. Nehmen wir etwa an, daß infolge dieser Einflüsse die Aktivität der entstandenen Säure auf das f-fache verringert wird ($f < 1$). Unter den übrigen gemachten Voraussetzungen gestaltet sich dann der Gleichgewichtszustand folgendermaßen:

Na^+	H^+	R^-	Na^+	OH^-
$c - x$	fx	c	x	x

Die Ionenkonzentration von R^- kann dabei infolge Dissoziationsrückganges oder Unlöslichkeit der Säure entsprechend vermindert sein. Die Gleichgewichtsbedingung ergibt sich dann zu

$$x^3 = \frac{K_w . c}{f}$$

Besonders zu berücksichtigen ist der Fall, wenn die Säure HR eine so kleine Dissoziationskonstante besitzt, daß ihr Salz NaR schon spontan eine merkliche Hydrolyse erleidet. Dann kann die Voraussetzung, daß die Hydroxylionenkonzentration der Innenflüssigkeit neben ihrer Wasserstoffionenkonzentration vernachlässigt werden kann, nicht erfüllt sein, vielmehr wird im Gegenteil die Innenflüssigkeit auch im Gleichgewichtszustande alkalische Reaktion zeigen. Die Membranhydrolyse bewirkt dann eine bedeutende Steigerung der Hydrolyse. In diesem Falle müssen die Bedingungen der Membranhydrolyse durch die Bedingungen des Hydrolysegleichgewichtes ergänzt werden.

Die hier angestellten Betrachtungen gelten natürlich mutatis mutandis auch für einen Elektrolyten mit einem nichtdialysierenden Kation ($RCl \rightarrow R^+ + Cl^-$).

Schließlich kann man auch Fälle betrachten, in denen nichtdialysierende Ionen sich zu beiden Seiten der Membran befinden. Die thermodynamischen Gleichgewichtsbedingungen bestehen auch hier unverändert bezüglich der Aktivitäten der dialysierenden Ionen.

Die Gleichgewichtsbedingung des Membrangleichgewichtes ist mit der Gleichgewichtsbedingung der Oberflächenreaktion zu kombinieren, falls der Kolloidelektrolyt mit einem ionendispersen Salz in Reaktion steht, so zwar, daß die Oberfläche des Kolloidions Ionen an die Flüssigkeit abgibt oder aus derselben aufnimmt. Innerhalb der Membran besteht also das Gleichgewicht zwischen dem Kolloidelektrolyten und den Ionen entsprechend der Oberflächenreaktion, zugleich sind die Aktivitäten der Ionen der Innen- und Außenflüssigkeit miteinander durch die Bedingung des Membrangleichgewichtes verknüpft. Die Anwesenheit einer Membran und einer Außenflüssigkeit von ursprünglich reinem Wasser wirkt infolge der teilweisen Entfernung der ionendispersen Reaktionsprodukte im Sinne einer Steigerung der Abspaltung von Ionen von der Kolloidteilchenoberfläche.

Osmotischer Druck. Bei der Besprechung des osmotischen Druckes von Kolloidelektrolyten wurde schon erwähnt, daß der osmotische Druck, welchen der Kolloidelektrolyt in einer halbdurchlässigen, für die Gegenionen durchgängigen Membran zeigt, einer besonderen theoretischen Behandlung bedarf. Diese wurde ebenfalls zuerst von DONNAN auf Grund der Theorie der Membrangleichgewichte durchgeführt.

Der beobachtete osmotische Druck ergibt sich als Differenz des osmotischen Druckes der Innen- und der Außenflüssigkeit. Bezeichnen wir die Teilchenzahl der Innenflüssigkeit, in Molen ausgedrückt, durch c_i, die der Außenflüssigkeit durch c_a, so ist der osmotische Druck

$$p = RT\,(c_i - c_a) \text{ oder wenn } \Delta = c_i - c_a,\ p = \Delta\,RT \tag{151}$$

Die Differenz der Teilchenzahlen in den zwei durch die Membran getrennten Räumen muß auf Grund der jeweils herrschenden Verteilungsverhältnisse bestimmt werden. Behandeln wir zunächst den einfachen Fall der Verteilung von NaCl in Gegenwart von NaR (R nichtdialysierend). Unter den Voraussetzungen gleicher Volumina und gleicher Aktivitätskoeffizienten ergeben sich die Verteilungsverhältnisse

Ursprünglicher Zustand		Gleichgewichtszustand				
$Na^+ c_1$	$Na^+ c_2$	Na	R^-	Cl^-	Na^+	Cl^-
$R^- c_1$	$Cl^- c_2$	$(c_1 + x)$	c_1	x	$(c_2 - x)$	$(c_2 - x)$

Die Teilchenzahl der Innenflüssigkeit im Gleichgewichtszustande beträgt $c = c_1 + 2x + \frac{c_1}{z}$, die der Außenflüssigkeit $c_a = 2(c_2 - x)$. z bedeutet die Wertigkeit des Ions R^-, dessen molekulare Konzentration als Quotient der Äquivalentkonzentration und der Wertigkeit sich zu $\frac{c_1}{z}$ ergibt.

Wir haben also

$$\Delta = c_1 + 4x + \frac{c_1}{z} - 2c_2 \qquad (152)$$

Durch Substitution auf Grund der Gleichgewichtsbedingung *(150)*

$$x = \frac{c_2^2}{c_1 + 2c_2} \text{ erhalten wir}$$

$$\Delta = c_i + \frac{4c_2^2}{c_1 + 2c_2} + \frac{c_1}{z} - 2c_2 \qquad (153)$$

Wir können nun den osmotischen Druck in zwei Größen geteilt denken: einen konstanten Teil, welcher vom Druck der nichtdialysierenden Ionen herrührt, $p_1 = RT \cdot \frac{c_1}{z}$, und in einen zweiten Teil, welcher von der ungleichen Verteilung der übrigen Ionenarten herrührt,

$$p_2 = RT\left(c + \frac{4c_2^2}{c_1 + 2c_2} - 2c_2\right) = RT\frac{c_1^2}{c_1 + 2c_2} \qquad (154)$$

Betrachten wir nun die zwei Grenzfälle. Nehmen wir zuerst an, c_1 sei sehr groß gegen c_2. In diesem Falle wird p_2 annähernd die folgende Größe haben:

$$p_2 = RT\frac{c_1^2}{c_1} = RTc_1, \text{ also}$$

$$p = p_1 + p_2 = RT\left(\frac{c_1}{z} + c_1\right),$$

d. h., der osmotische Druck wird denselben Wert besitzen wie der osmotische Druck des Kolloidelektrolyten gegenüber reinem Wasser in einer für beide Ionenarten undurchlässigen semipermeablen Membran. Auf Grund einer kryoskopischen Bestimmung würde man denselben Druck ermitteln können. (Bei hoher Wertigkeit kann man die Teilchenzahl der Kolloidionen gegenüber der der Gegenionen vernachlässigen und wir erhalten $p = RT \cdot c_1$.) Dieser Wert ist zugleich der maximale. Es ist aber darauf zu achten, daß die Membranhydrolyse oder eine Oberflächenreaktion die Realisierung dieses Falles häufig verhindert.

Steigert man die Konzentration von c_2 gegenüber c_1, so muß p_2 sinken und damit auch p. Den zweiten Grenzfall haben wir vor uns, wenn c_2 sehr groß ist gegenüber c_1. Als Grenzwert von p_2 erhalten wir für diesen Fall Null. Es wird also

$$p = p_1 = RT \cdot \frac{c_1}{z}.$$

In Anwesenheit einer großen Salzmenge entspricht also der osmotische Druck lediglich der Teilchenzahl der Kolloidionen selbst, er hat dieselbe Größe, als ob der Kolloidelektrolyt vollständig undissoziiert wäre. Dieser Fall ist jedoch sehr schwer zu realisieren, weil das Kolloid in Anwesenheit großer Salzmengen in der Regel entladen wird und ausfällt.

Im allgemeinen ist man von den zwei Grenzfällen entfernt. Bei Durchführung einer Bestimmung des osmotischen Druckes unter den Bedingungen, die der Theorie der Membrangleichgewichte unterliegen, muß das Resultat auf Grund der jeweiligen Verteilung korrigiert werden.

Handelt es sich um eine reale Lösung, so sind für die Berechnung des osmotischen Druckes die auf Grund der Gleichung $c = \frac{a}{f_a}$ (Definition des Aktivitätskoeffizienten) berechneten Konzentrationen noch mit den osmotischen Koeffizienten der einzelnen Ionensorten zu multiplizieren.

Membranpotentiale. Wir haben schon erwähnt, daß bei den Membrangleichgewichten zwischen den Lösungen zu beiden Seiten der Membran Potentialdifferenzen auftreten. Diese Potentialdifferenzen halten dem Bestreben der einzelnen Ionen ihre Konzentrationen auszugleichen, das Gleichgewicht.

Betrachten wir unser erstes Beispiel: Im Gleichgewicht soll die bei der virtuellen Verschiebung geleistete Arbeit verschwinden. Eine solche Verschiebung ist die Überführung von dn-Mol Na^+ von der ersten Lösung in die zweite. Dabei muß die elektrische Arbeit berücksichtigt werden. Wir erhalten

$$dn\, RT \ln \frac{[Na_i]}{[Na_a]} - \frac{dn\, \pi}{F} = 0$$

π bedeutet die Potentialdifferenz der zweiten Lösung gegen die erste, das sogenannte Membranpotential. Dieses ergibt sich zu

$$\pi = \frac{RT}{F} \ln \frac{[Na]_i}{[Na]_a} \tag{155}$$

Für die Cl^--Ionen können wir dieselbe Überlegung anstellen, und wir erhalten

$$\pi = \frac{RT}{F} \ln \frac{[Cl]_a}{[Cl]_i} \tag{156}$$

Die Verbindung der zwei Gleichungen führt zur Gleichgewichtsbedingung *(147)*

$$\frac{[Na]_i}{[Na]_a} = \frac{[Cl]_a}{[Cl]_i}$$

die man also auch auf dem Wege über das Membranpotential ableiten kann.

Für zweiwertige Ionen, etwa für SO_4^{--} haben wir

$$\pi = \frac{RT}{2F} \ln \frac{[SO_4]_a}{[SO_4]_i} = \frac{RT}{F} \ln \frac{\sqrt{[SO_4^{--}]_a}}{\sqrt{[SO_4^{--}]_i}}$$

Selbstverständlich sind für reale Lösungen statt der Konzentrationen überall die Aktivitäten einzusetzen.

In der einfachsten Form können wir den Ausdruck für das Membranpotential und zugleich für das Membrangleichgewicht in der folgenden Form schreiben:

$$\frac{a_i}{a_a} = e^{\frac{\pi zF}{RT}} \tag{157}$$

Darin bedeuten a_a und a_i die Aktivitäten eines beliebigen Ions inner- und außerhalb der Membran, π das Membranpotential, z die Wertigkeit des betrachteten Ions, $\pi \cdot z \cdot F$ also die elektrische Arbeit, welche geleistet wird, wenn 1 Mol Ion aus der Innenflüssigkeit in die Außenflüssigkeit gebracht wird. z ist positiv zu nehmen, wenn es sich um ein Kation, negativ zu nehmen, wenn es sich um ein Anion handelt.

Wenn wir die EMK zweier reversiblen Na-Elektroden, die in die durch die Membran getrennten Innen- und Außenflüssigkeiten eintauchen, gegeneinander messen, so erhalten wir im Gleichgewicht die Potentialdifferenz Null, da das ganze System im Gleichgewichte keine Arbeit zu leisten vermag. Diese Potentialdifferenz ist die Summe von drei Potentialsprüngen, nämlich der Potentialdifferenz der ersten Elektrode gegenüber der ersten Lösung (π_i), derjenigen der zweiten Elektrode gegenüber der zweiten Lösung (π_a) und des Membranpotentials (π). Wir haben dann das folgende System:

Membran

Na-Amalgam | Na_i^+ Na_a^+ | Na-Amalgam

Membran

π_i π π_a

Es ergibt sich also

$$\text{EMK} = \pi_i + \pi_a + \pi$$

Nun ist

$$\pi_i = \frac{RT}{F} \ln \frac{C}{[Na]_i} \quad \text{und } \pi_a = \frac{RT}{F} \ln \frac{[Na]_a}{C}$$

also

$$\pi_i + \pi_a = \frac{RT}{F} \ln \frac{[Na]_a}{[Na]_i}$$

Es ist also in der Tat $\pi_i + \pi_a = -\pi$, folglich EMK = 0.

Das Membranpotential ist demnach der negative Wert jenes Potentials, welches die zwei Lösungen mit einer für irgendwelche Ionenart reversiblen Elektrode ohne Membran gegeneinander zeigen. Auch auf Grund dieser Tatsache, welche sich aus dem zweiten Hauptsatz als thermodynamische Notwendigkeit ergibt, läßt sich die allgemeine Gleichgewichtsbedingung ableiten.

Das Membranpotential kann bei Kenntnis der Ionenverteilung errechnet werden. Am größten ist es bei der möglichst ungleichen Verteilung, für den oben betrachteten einfachen Fall also, wenn c_2 sehr klein ist gegenüber c_1. Wird dagegen c_2 sehr groß gegenüber c_1, so wird die Verteilung gleichmäßig und für den Grenzfall wird, da

$$\frac{[Cl]_a}{[Cl]_i} = 1 + \frac{c_1}{c_2} \text{ ist,}$$

also $\pi = \frac{RT}{F} \ln \left(1 + \frac{c_1}{c_2}\right)$, das Membranpotential sich Null nähern.

Es ist zu beachten, daß für jedes Membrangleichgewicht in wässerigen Lösungen ausnahmslos gilt

$$\pi = \frac{RT}{F} \ln \frac{[H^+]_i}{[H^+]_a} = \frac{RT}{F} \ln \frac{[OH^-]_a}{[OH^-]_i}$$

Die Größenordnung der Membranpotentiale kann für konzentriertere Kolloidelektrolyte einige hundert Millivolt erreichen. Der Sitz des Membranpotentials ist die Trennungswand der zwei Lösungen: die Membran. An der Membran herrscht eine ungleiche Verteilung der positiven und negativen Ladungen, es ist dort eine elektrische Doppelschicht ausgebildet wie an der Grenzfläche von Elektroden.

Anwendungen. Die erste Prüfung der Theorie stammt von DONNAN selbst. Mit A. B. HARRIS wurde von ihm die Verteilung von NaCl in der Innen- und Außenflüssigkeit bei der Bestimmung des osmotischen Druckes von Kongorot mit Hilfe von Pergamentmembran untersucht. DONNAN und A. J. ALLMAND haben die Verteilung von KCl in dem folgenden System geprüft.

$K_4Fe(CN)_6$ | KCl

KCl |

Dazu wurde die für Ferrozyanionen undurchlässige, für die übrigen Ionen durchgängige Kupferferrozyanidmembran benutzt. In dieser Arbeit wies DONNAN zuerst auf die Notwendigkeit der Einführung von Aktivitäten an Stelle der Konzentrationen hin. E. HÜCKEL hat später die Verwendung der Aktivitäten in der Theorie exakt durchgeführt und aus den Verteilungsdaten von DONNAN und ALLMAND die Aktivitätskoeffizienten in Übereinstimmung mit der DEBYEschen Elektrolyttheorie abgeleitet. DONNAN und G. M. GREEN haben an demselben System die ersten Messungen des Membranpotentials vorgenommen. Von DONNAN und W. E. GARNER wurde die Kationenverteilung in den Systemen

$$K_4\,Fe\,(CN)_6 \mid Na_4\,Fe(CN)_6$$

und

$$Ca_2Fe(CN)_6 \mid Na_4Fe(CN)_6$$

mit Kupferferrozyanidmembranen, ferner an

$$KCl \mid NaCl$$

mit Amylalkohol als für die Chlorionen undurchlässigen semipermeablen Membran studiert. DONNAN hat ferner die Alkaliionenverteilung des Systems

K-Kaseinat | Na-Kaseinat

mit Pergamentmembran untersucht. Alle diese Untersuchungen haben eine Bestätigung der Theorie gebracht.

Weitere Prüfungen und Anwendungen der Theorie stammen von S. P. L. SÖRENSEN (Ovalbuminsalze), J. LOEB (Gelatinesalze), K. KONDO (Kaseinchlorid), N. BJERRUM (Chromhydroxydsol), E. HAMMARSTEN (Thymonukleinsäure), G. S. ADAIR (Proteinsalze), H. RINDE (Schwefelsol), P. RONA und H. H. WEBER (Myogensalze). N. BJERRUM und später RINDE benutzten die Theorie zur Berechnung der Kolloidladung.

Während DONNAN selbst bei Bestimmung der Ionenverteilung der Alkalikaseinate nur bei Verwendung der PAULIschen Daten des Ionisationsgrades der Kaseinsalze eine Übereinstimmung mit der Theorie erhielt und die späteren Untersucher (vor allem BJERRUM) den Unterschied in der freien und Gesamtladung sorgfältig berücksichtigten, glaubte J. LOEB diesen Umstand vernachlässigen zu können. (Vgl. dazu PAULI, FRISCH, VALKÓ und PAULI-WIT.)

Über die Anwendung der DONNAN-Theorie bei der Messung des osmotischen Druckes von Kolloidelektrolyten werden wir in dem Abschnitt über dieses Gebiet berichten. Wie weit die Theorie die Vorgänge bei der Dialyse verständlich macht, wird im Kap. 41 dargestellt. Die Theorie kann aber, wie auch von DONNAN betont wurde, angewendet werden, wenn keine Membran vorhanden ist, aber gewisse ionische oder elektrisch geladene Bestandteile an der freien Diffusion durch irgendwelche Kräfte behindert sind. Ein solcher Fall ist der einer Gallerte, deren in der Gallertstruktur festgehaltenen Partikeln durch Säuren oder Basen aufgeladen werden. Die Theorie der Quellung von H. R. PROCTER und I. A. WILSON ist auf die DONNAN-Theorie begründet. Hier hindern also die strukturbildenden Kohäsionskräfte die freie Diffusion. (Vgl. auch B. N. GHOSH.) Ebenso ist die Theorie etwa auf die Säurebindung der Wolle anzuwenden (E. ELÖD und E. SILVA). Wieder ein anderes Beispiel ist das Sedimentationsgleichgewicht von Ionen. Auf diesen Fall wurde die Theorie von THE SVEDBERG und A. TISELIUS angewandt. Hier hemmt das Schwerefeld die freie Diffusion der hochmolekularen Ionen und dadurch auch ihrer Gegenionen.

Weniger berechtigt erscheint die Anwendung der Theorie auf das elektrokinetische Potential von Kolloidteilchen, wie sie von I. A. WILSON und W. H. WILSON versucht wurde. Nach diesen Autoren soll die Anlagerung (Adsorption) der aufladenden Ionen an die Kolloidteilchen die freie Diffusion und Beweglichkeit der entgegengesetzt geladenen Ionen verhindern. Ähnlich geht J. LOEB vor in seiner Theorie des kolloidalen Verhaltens der Eiweißkörper, indem er einzelne Proteinteilchen unter bestimmten Bedingungen für den Teilchenbau als Sitz eines Membranpotentials auffaßt. Die DONNAN-Theorie besitzt jedoch nur eine Gültigkeit für die Gleichgewichte zwischen makroskopischen Systemen, in denen einzeln das Gesetz der Elektroneutralität zutrifft. Auf die Ionengleichgewichte in submikroskopischen Systemen, in denen das Gesetz der Elektroneutralität aufgehoben ist (wie auch in der Lösung eines gewöhnlichen Salzes im Umkreis von molekularer Dimension um jedes Ion), ist die Theorie der elektrolytischen Doppelschicht in der von L. GOUY, P. DEBYE und O. STERN gegebenen Form anzuwenden. Diese Forderung wird durch den Umstand nicht beeinträchtigt, daß die beiden Theorien, da zwischen ihren Grundlagen nahe Beziehungen bestehen, häufig zu analogen Ergebnissen führen.

Literaturverzeichnis

ADAIR, G. S.: Proc. of the royal soc. A. **108**, 627 (1925); **109**, 292 (1925); **120**, 573 (1928). — BJERRUM, N.: Z. f. phys. Ch. **110**, 656 (1924). — DONNAN, F. G.: Z. f. Elektroch. **17**, 572 (1911). — Chem. Rev. **1**, 73 (1924). — DERSELBE und A. B. HARRIS: Journ. Chem. Soc. **99**, 1554 (1911). — DERSELBE und A. J. ALLMAND: Journ. Chem. Soc. **105**, 1941 (1914). — DERSELBE und G. M. GREEN: Proc. Roy. Soc. A **90**, 450 (1914). — DERSELBE und W. E. GARNER: Journ. Chem. Soc. **115**, 1313 (1919). — ELÖD, E., und E. SILVA: Z. f. phys. Ch. **137**, 142 (1928). — GHOSH, B. N.: Journ. Chem. Soc. S. 711 (1928). — HAMMARSTEN, E.: Bioch. Z. **144**, 338 (1924). — HITCHCOCK, D. J.: Ergebn. d. Physiol. **23**, 237 (1923). — HÜCKEL, E.: Koll. Z. **36**, Erg.-Bd. 204 (1925). — KONDO, K.: C. r. Lab. Carlsberg **15**, Nr. 8, 1 (1927). — KÜNTZEL, A.: Koll. Z. **40**, 264 (1926). — LOEB, J.: Die Eiweißkörper. Berlin (1924). — OSTWALD, Wi.: Z. f. phys. Ch. **6**, 71 (1890). — PAULI, Wo., J. FRISCH und E. VALKÓ: Biochem. Z. **164**, 401 (1924). — PAULI, Wo., und H. WIT: Biochem. Z. **174**, 308 (1926). — PROCTER, H. R.: Journ. Chem. Soc. **105**, 333 (1914). — DERSELBE und J. A. WILSON: Journ. Chem. Soc. **109**, 307 (1916). — RINDE, H.: Phil. Mag. [7] **1**, 32 (1926). — SÖRENSEN, S. P. L.: C. r. Lab. Carlsberg **12**, 255 (1917). — RONA, P., und H. H. WEBER: Bioch. Z. **203**, 429 (1928). — WILSON, J. A., und W. H. WILSON: Journ. Am. Chem. Soc. **40**, 886 (1918). — DERSELBE: Journ. Am. Chem. Soc. **38**, 1892 (1916).

27. Methodik und Historisches zur Osmometrie der Kolloidelektrolyte

Membrangleichgewicht. Für die Ermittlung des osmotischen Druckes eines Kolloidelektrolyten stehen von vorneherein zwei Möglichkeiten offen: Die direkte Bestimmung mit Hilfe einer semipermeablen Membran und die indirekte Methode der Messung der Dampfdruck-, Siedepunkt- und Gefrierpunktsbeeinflussung. Besonders verlockend ist bei den Kolloiden, wegen der hier erleichterten Herstellbarkeit streng halbdurchlässiger Scheidewände, die bedeutend empfindlichere direkte Methode. (Eine Teilchenzahl, welche einem osmotischen Druck von 1 cm Wassersäule entspricht, hat im Wasser nur die Erniedrigung des Gefrierpunktes um $8 \,.\, 10^{-5}\,{}^0$C zur Folge.)

In den Fällen, wo die direkte Bestimmung zur Anwendung kam, wurden ausnahmslos Membranen verwendet, welche nur für die Kolloidteilchen undurchlässig, für molekulardisperse Teilchen aber durchlässig waren. Wie bei der Darstellung der Membrangleichgewichte ausgeführt wurde, hat bei solchen Membranen die Anwesenheit von Nichtelektrolyten keinen Einfluß auf das osmotische Gleichgewicht, da der Nichtelektrolyt dann innen und außen dieselbe Konzentration annimmt. Eine umso größere Wirkung können Elektrolyte in dem Falle ausüben, wenn das Kolloidteilchen selbst als Träger elektrischer Ladungen funktioniert. Unter diesen Umständen gilt für die Verteilung der molekulardispersen Ionen DONNANs Theorie. Der beobachtete osmotische Druck setzt sich aus zwei Anteilen zusammen, aus dem osmotischen Druck der Kolloidteilchen selbst, welcher durch die Teilchenkonzentration, und dem osmotischen Druck, der durch den Überschuß der Ionen auf einer Seite bestimmt ist. Dabei können wir zwei Grenzfälle unterscheiden.

Der eine Fall wäre eine reine Kolloidsäure, welche mit reinem Wasser als Außenflüssigkeit im osmotischen Gleichgewicht steht. Der beobachtete osmotische Druck entspricht dann der Teilchenzahl der Kolloidionen und ihrer Gegenionen:

$$P = n \, . \, RT \left(1 + \frac{1}{z}\right) \tag{158}$$

wo n die Konzentration der osmotisch wirksamen Gegenionen und z die Wertigkeit eines Teilchens bedeutet. Bei einem großen Wert von z wird die Teilchenzahl des Kolloidions n/z gegenüber n vernachlässigbar. Der andere Fall wäre, daß der anwesende Elektrolyt eine sehr große Konzentration hat gegenüber der Äquivalentkonzentration des Kolloidsalzes. In diesem Fall entspricht der osmotische Druck lediglich der Teilchenzahl der Kolloidionen:

$$P = nRT \left(\frac{1}{z}\right) \tag{159}$$

Dieser Fall ist, wie bereits bei den Elektrokratoiden dargelegt, meist nur annähernd zu realisieren, da das Kolloid in der konzentrierten Salzlösung im allgemeinen ausflockt.

Die übrigen Fälle, die am häufigsten anzutreffen sind, ordnen sich zwischen diese beiden Extremen. Der beobachtete osmotische Druck liegt also zwischen dem Druck, welcher der Anzahl der Kolloidionen und dem, welcher der Teilchenzahl des Kolloidsalzes (Kolloidionen + Gegenionen) entspricht:

$$nRT \frac{1}{z} < P < nRT \left(1 + \frac{1}{z}\right) \tag{160}$$

und hängt von den anwesenden Elektrolyten und dem Gleichgewichtzustande bezüglich der Oberflächenreaktionen, ferner von der Äquivalentkonzentration des Kolloidsalzes ab.

Der Einfluß des Reinheitszustandes des Kolloids auf den osmotischen Druck wurde schon vor der Aufstellung der DONNAN-Theorie frühzeitig bemerkt und in verschiedener Weise erklärt.

Direkte Messungen. Sehr weit reichen die Versuche zurück, den osmotischen Druck von Proteinsolen zu bestimmen. Wohl sind die reinen Proteinlösungen kaum als Kolloidelektrolyte zu bezeichnen, da ihre Dissoziation sehr gering ist. Nachdem aber ihre Salze schon typische kolloide Elektrolyte darstellen, wollen wir alle osmotischen Druckbestimmungen an diesen Körpern in unsere Betrachtung mit einbeziehen.

E. H. STARLINGS Verfahren war dem später vielfach angewandten analog. Er filtrierte Blutserum durch ein Gelatinefilter und benützte das Filtrat als Innenflüssigkeit gegenüber Serum als Außenflüssigkeit. Sein Osmometer war ein Zylinder aus Silberdrahtnetz, welcher mit mehreren Schichten Peritonealmembran bewickelt und mit Gelatine gedichtet war. Der mit einem Manometer gemessene Druck gab für 1% Serum Werte zwischen 3 und 4,2 mm Quecksilber. Die ganze Anordnung befand sich in einem Thermostaten.

B. MOORE und W. H. PARKER benützten für ihre Zellen Pergamentmembranen. Sie fanden einen Druck von 2,5 bis 3,9 mm Hg pro 1% Protein, mit Wasser oder 1% NaCl als Außenflüssigkeit. Für genuines Eiweiß fanden sie 14 bis 16 mm, für dialysiertes Eiweiß 7,6 bis 9,1 mm. Die Forscher maßen auch den osmotischen Druck von Seifenlösungen. Sie fanden keine Dialyse durch die Pergamentmembran, weder von Alkali noch von Seife. Der Druck war sehr gering. Diese Autoren haben den Standpunkt eingenommen, daß der osmotische Druck nicht von den einzelnen Molekülen, sondern von den „Lösungsaggregaten" herrührt. Heute gilt es als selbstverständlich, daß der osmotische Druck die Teilchenzahl im kinetischen und nicht im chemischen Sinne mißt.

E. W. REID hat die Versuche mit einer ähnlichen Anordnung wie STARLING außer auf Serumalbumin und Eieralbumin auch auf Globulin, Kasein und Edestin ausgedehnt. Je nach dem Reinheitsgrad findet er große Variationen des osmotischen Druckes. Er hat in den sorgfältig gereinigten Produkten gar keinen Druck gefunden und gelangt zur Auffassung, daß die Proteine selbst keinen osmotischen Druck besitzen. In einer späteren Untersuchung über Hämoglobin findet er mit Pergamentmembran bei 15^0 einen Druck zwischen 3,51 und 4,35 mm pro 1% Lösung und in diesem Falle nimmt er an, daß der Druck wirklich vom Hämoglobin herrührt.

MOORE setzte dann seine Untersuchungen mit H. E. ROAF fort. Einen Beweis dafür, daß der osmotische Druck nicht von den Verunreinigungen herrührt, erblicken sie darin, daß nach dem langsamen Steigen ein Maximaldruck erreicht wird und nicht mehr abnimmt, während er, falls von den langsam diffundierenden Kristalloiden herrührend, infolge deren Diffusion wieder absinken müßte. Für Stärke und Tragantgummi finden diese Autoren keinen meßbaren Druck, dagegen einen deutlichen Druck bei Serumprotein, Gelatine, arabischem Gummi und Dextrin.

L. ADAMSON und H. E. ROAF untersuchen die Wirkung von Alkali und Säure auf den osmotischen Druck von Serum. Alkali bewirkt Erhöhung, Säure zunächst Absinken, bei Zusatz von größerer Menge vorerst Ansteigen. Die Erklärung kann in der Änderung des Dispersitätsgrades oder in der Bildung von dissoziierenden Verbindungen gesucht werden. In ihrer späteren Arbeit wird die letzte Erklärung auf Grund der Membrangleichgewichttheorie in den Vordergrund gestellt.

R. S. LILLIE verwendet für seine Zellen Kollodiummembranen und prüft den Einfluß von Nichtelektrolyten und Elektrolyten auf den osmotischen Druck der Proteine. Nichtelektrolyte üben keinen Einfluß aus. Salzzusatz verringert immer den Druck, kleine Säuremengen erniedrigen, Alkali und größere Säuremengen erhöhen ihn bis zu einer optimalen Konzentration, nach deren Überschreiten sie den Druck wieder herabsetzen.

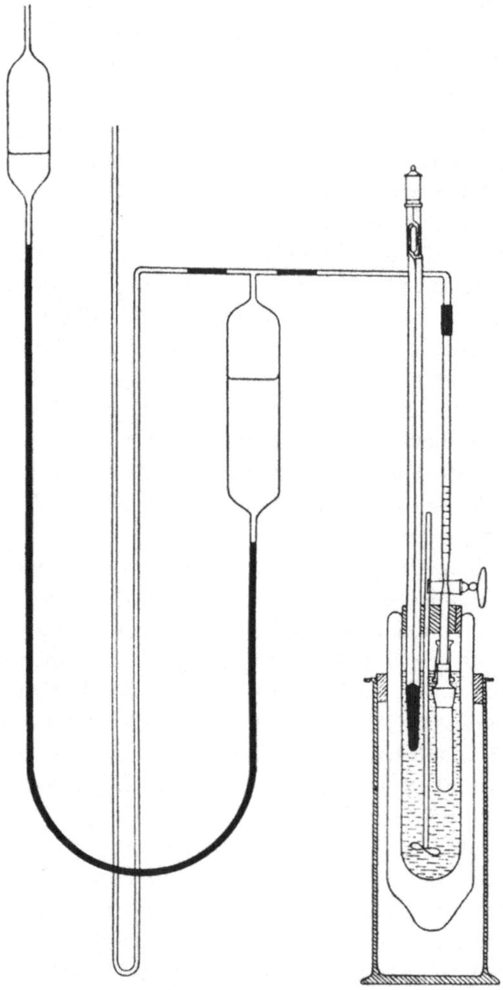

Abb. 52. Osmometer von S. P. L. Sörensen

1907 veröffentlichen G. Hüfner und E. Gannser ihre Messungen an gereinigtem und umkristallisiertem Hämoglobin. Als Membran dienten vorgeprüfte Diffusionshülsen aus Pergamentpapier von Schleicher und Schüll. In 15 Messungen wurde ein Mittelwert von 16000 für das Molekulargewicht erhalten. Wegen der Übereinstimmung dieser Messung mit dem aus dem Eisengehalt (1 Fe auf ein Molekül) berechneten Wert galt diese bis vor kurzem als die zuverlässigste Druckbestimmung eines Kolloids.

1917 publizierte S. P. L. Sörensen seine Messungen an umkristallisiertem Eieralbumin. Dieselben sind mit der größten Sorgfalt durchgeführt und berücksichtigen genau die Donnan-Theorie. Als Membran verwendet er Kollodium. Die Temperatur wird mit Hilfe eines Beckmann-Thermometers bestimmt. Als Thermostat dient ein Dewar-Gefäß. Sörensen ermittelt den Gegendruck, welcher dem osmotischen Druck das Gleichgewicht hält, bei dem also keine Flüssigkeitsströmung stattfindet. Seine Methode ist eine Kompensationsmethode welche an konzentrierteren echten Lösungen von G. Tamman und von Berkeley und E. G. J. Hartley angewendet worden ist. Durch Heben und Senken eines kommunizierenden Hg-Gefäßes werden verschiedene Drucke ausgeübt und mit dem Manometer gemessen. Man beobachtet mit Hilfe eines mit Mikrometerskala versehenen Mikroskops die Geschwindigkeit, mit welcher die Flüssigkeit in dem Osmometer bei einem bestimmten Gegendruck sich bewegt. Diese Geschwindigkeit ist proportional der Differenz von Gegendruck und osmotischem Gleichgewichtsdruck. Die Resultate werden graphisch ausgewertet. Die Temperaturkonstanz spielt bei den Messungen deshalb eine große Rolle, weil ein Osmometer immer zugleich als Thermometer wirkt. Sörensen fand in der Nähe des isoelektrischen Punktes nach sorgfältiger Anbringung sämtlicher Korrekturen für Eieralbumin das Molekulargewicht 34000. Spätere Untersuchungen von ihm ergaben für Serumalbumin 45000 und für Serumglobulin eine Schätzung von 80000 bis 140000.

In der neuesten Zeit hat G. S. Adair Messungen am Hämoglobin durchgeführt, und zwar mit Kollodiummembran und Quecksilbermanometer. Eine Reihe von Bestimmungen ergab das Molekulargewicht von Hämoglobin zu etwa 64000. Die früheren Messungen von Hüfner und Gannser scheinen trotz der nach der Angabe der Forscher erfolgten sorgfältigen Vorreinigung an noch immer nicht genug reinem Material durchgeführt zu sein. Ein Hämoglobinmolekül würde also 4 Eisenatome enthalten. Der Fall des Hämoglobins zeigt deutlich, mit welch großer Vorsicht und Kritik die osmotischen Druckbestimmungen bei Kolloiden gewertet werden müssen.

Viele Bestimmungen des osmotischen Druckes wurden an kolloiden Farbstofflösungen durchgeführt. Diese besitzen eine sehr hohe Leitfähigkeit, was im Widerspruch zu stehen schien mit ihrer Unfähigkeit, Pergamentmembranen zu durchdringen. Durch die Messungen des osmotischen Druckes sollte hier der Dispersionszustand bestimmt werden.

W. M. Bayliss untersuchte das Kongorot mit Hilfe eines Osmometers nach Moore und Roaf. Während das Natriumsalz eine Äquivalentfähigkeit in der Größe wie bei den gewöhnlichen Salzen aufwies, war der osmotische Druck 88 bis 97% jenes Betrages, welchen das undissoziierte monomolekulare Salz zeigen würde.

W. Biltz begann 1909 eine Reihe von osmotischen Druckbestimmungen an Kolloiden. In erster Linie untersuchte er kolloide Farbstoffe. Sein Osmometer (Versuche mit A. Vegesack) bestand aus einer Kollodiummembran, welche durch einen Platindrahtnetzkorb gestützt war. Um die Diffusion zu beschleunigen und scheinbare Gleichgewichte auszuschließen, arbeitete er mit einem elektromagnetisch getriebenen Platinrührer, der die kolloide Lösung bewegte. Auch Leitfähigkeitselektroden tauchten in die Lösung, um ihren Zustand während der Messung kontrollieren zu können. Auf diese Weise wurden Messungen am Kongorot, Nachtblau und Benzopurpurin durchgeführt. Gewöhnlich fanden diese Autoren einen raschen Anstieg bis zu einem maximalen Druck und dann Abfall bis auf sehr kleine Werte. Hand in Hand damit ging eine Erhöhung der Leitfähigkeit des als Außenflüssigkeit verwendeten reinen Wassers.

F. G. Donnan und A. B. Harris haben gleichfalls das Kongorot untersucht. Das Gefäß, welches ihnen zur Aufnahme der Lösung diente, bestand aus einem Glaszylinder, dessen Boden durch eine Pergamentmembran abgeschlossen war. Die Pergamentmembran wurde mit Hilfe von Metallringen gegen eine perforierte Silberplatte gepreßt. Die Manometerröhre war eine mit Quecksilber gefüllte Kapillare. Die Resultate wurden im Verein mit den von Bayliss und von Biltz erhaltenen in dieser Arbeit zum ersten Male vom Gesichtspunkte der Theorie der Membrangleichgewichte diskutiert. Biltz' Ergebnisse fanden ihre Aufklärung durch die Membranhydrolyse, welche zur Bildung von undissoziierten und aggregierenden Molekülen führt. In Übereinstimmung mit Bayliss zeigen Donnans Werte etwa 87 bis 94% der für die undissoziierten Moleküle berechneten.

DONNAN besprach die Möglichkeit einer Erklärung dieses Befundes durch die Annahme von Komplexionen:

$$(Na_2R)_{10} \rightarrow 10\,Na^- + (NaR)^{10-}$$

(R: das zweiwertige Farbstoffanion), die in Natriumionen und ein komplexes Anion dissoziieren. Eine solche Form würde mit dem osmotischen Druck und Kolloidcharakter in Übereinstimmung sein, nicht aber mit der hohen Leitfähigkeit, welche auf eine praktisch vollständige Dissoziation hinweist.

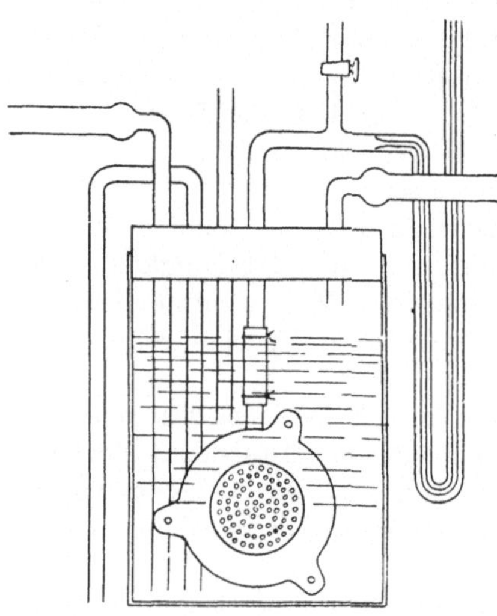

Abb. 53. Osmometer von G. F. DONNAN und A. B. HARRIS. (Unten die perforierte Silberplatte, vergrößert)

In der neuesten Zeit wurden diese Messungen unter R. ZSIGMONDYS Leitung ergänzt und von ihm diskutiert. Er gelangt zu dem Schluß, daß das Verhältnis der Leitfähigkeit und des osmotischen Druckes auf dem Boden der klassischen Theorie auch bei Annahme der Bildung von Kolloidionen nicht verständlich ist und hält es für wahrscheinlich, daß die Abweichungen in den interionischen Kräften im Sinne der DEBYE-HÜCKELschen Theorie begründet sind. Er verwendet ein Osmometer nach DONNAN, jedoch mit Ultrafeinfilter als Membran.

Bezüglich der Abweichung sei hier nur bemerkt, daß eine hohe Beweglichkeit des kolloiden Anions das Verhalten vollständig erklären könnte. ZSIGMONDY hat die Beweglichkeit nach der Methode der wandernden Grenzschicht bestimmt. Diese Methode kann aber im Sinne unserer Darlegung zu sehr groben Fehlern führen. Für die Möglichkeit hoher Beweglichkeiten spricht der experimentelle Befund McBAINS an den analog konstituierten Seifensolen. Eine Bestimmung nach HITTORF könnte die aufgerollte Frage vielleicht entscheiden.

An Pflanzenkolloiden wurden ebenfalls einige Messungen durchgeführt. Außer den schon erwähnten an Gummi arabicum wurden insbesondere die Dextrine untersucht. C. J. LINTNER und G. DÜLL fanden an Amylodextrin das Molekulargewicht kryoskopisch in der Höhe von 18000. Direkte Bestimmungen des osmotischen Druckes von BILTZ ergaben dafür den Wert 20000. Kleinere Werte fand er an anderen Dextrinsorten. An Stärke und ihren Derivaten wurden Messungen von M. SAMEC mit Hilfe von Kollodiumzellen mit Steigröhren vorgenommen. Da die Gegenionenkonzentration hier viel kleiner war als die Teilchenzahl des Kolloids, hatte sie nur die Rolle einer Korrekturgröße. Dagegen fanden SAMEC und J. RIBARIK an Ligninsulfosäure eine Gefrierpunkterniedrigung, deren Größe ungefähr der aktiven H^+-Ionen der Lösung entsprach. Hier liegen die Verhältnisse ähnlich wie beim Kongorot.

Der osmotische Druck von Gelatine wurde gleichfalls von BILTZ untersucht. Verschieden vorbehandelte Sorten ergaben verschiedene Werte des Molekulargewichtes zwischen 5000 und etwa 25000. Während der Messung wurde zuerst ein maximaler Druck erreicht, dann erfolgte langsames Absinken. Diese Änderung erklärt BILTZ durch die Annahme, daß sich die Teilchengröße mit der Zeit ändert. Das Altern offenbart sich auch in der Viskosität der Lösung, welche symbaten, zeitlichen Änderungen unterworfen ist. Dem Wert des Molekulargewichtes wurde der maximale Druck zugrunde gelegt. Nach den Erfahrungen am Hämoglobin müssen jedoch diese Versuche vorsichtig beurteilt werden. Neuerdings haben J. EGGERT und J. REITSTÖTTER Werte zwischen 20000 und 40000 für das Molekulargewicht verschiedener Handelsgelatineprodukte ermittelt.

An typischen anorganischen Kolloiden sind auch schon sehr frühzeitig Messungen durchgeführt worden, welche aber einer kritischen Betrachtung kaum standhalten können. Bereits H. PICTON und S. A. LINDER bemühten sich, den osmotischen Druck eines Arsentrisulfidsols zu messen. Als Membran verwendeten sie eine poröse Zelle, welche für eine solche Untersuchung wohl ungeeignet ist. Erst J. DUCLAUX nahm die Messungen mit Hilfe von Kollodiummembranzellen wieder auf, die mit einer Steigröhre versehen waren.

Er bestimmte den osmotischen Druck des Kolloidsalzes (seiner Mizelle) sowie den osmotischen Druck der Lösung, welche die sonstigen anwesenden Ionen enthält (intermizellare Flüssigkeit). Nachstehende Methoden wurden dabei verwendet: 1. Filtrieren durch einen Kollodiumsack bis zum Einstellen einer konstanten Niveaudifferenz zwischen Filtrat und Innenflüssigkeit. 2. Einstellen des Gleichgewichtes von unten her mit Hilfe eines aus einer anderen Solprobe bereiteten Ultrafiltrates. 3. Filtration unter bestimmtem Druck, bis das Kolloid sich nicht mehr konzentriert; dann ist der osmotische gleich dem angewandten Druck. Als Untersuchungsobjekte dienten ihm Sole von Eisen- und Thoriumhydroxyd, Preußischblau, Kupferferrozyanid, Gummi arabicum und Karamel. Er vergleicht die Konzentrationen, die man auf Grund des gemessenen osmotischen Druckes ermitteln kann, mit denjenigen, welche aus der Äquivalentleitfähigkeit berechnet werden und findet, daß der beobachtete osmotische Druck unterhalb des berechneten liegt. DUCLAUX erkennt richtig, daß die Gegenionen, durch elektrostatische Kräfte in der Innenflüssigkeit festgehalten, an dem osmotischen Druck teilnehmen. Da aber damals die Theorie der Membrangleichgewichte noch nicht aufgestellt war, glaubte er, daß bei der von ihm benützten Meßanordnung der osmotische Druck des Kolloidsalzes bestimmt wird. Nachdem in vielen Fällen die Ultrafiltrate eine Leitfähigkeit in der Größenordnung des Kolloidsalzes zeigten, ist wohl anzunehmen, daß die nicht angebrachte DONNAN-Korrektur einen merklichen Fehler für die Ergebnisse bedeutet.

In seiner theoretischen Darlegung räumt DUCLAUX dem osmotischen Druck eine hervorragende Rolle bezüglich der Stabilität des Kolloidsalzes ein. Nach seiner Theorie erfolgt die Flockung, wenn das Kolloidsalz den osmotischen Druck der Lösung erniedrigt. Dies wäre nach ihm der Fall, wenn das Kolloidteilchen in der Lösung einen so großen Raum einnimmt, daß die Anzahl der aus diesem Raum verdrängten, gelösten Moleküle größer ist als derjenigen, welche mit dem Teilchen verbunden sind (Kolloidion + Gegenionen). Beim Salzzusatz wird die Anzahl der freien Gegenionen verringert, dagegen diejenige der gelösten verdrängten Moleküle vergrößert und auf diese Weise der Zustand des negativen Mizellardruckes erreicht.

DUCLAUX hat auch die Änderung des osmotischen Druckes mit der Konzentration untersucht und gefunden, daß der osmotische Druck schneller ansteigt als die Konzentration.

BILTZ hat gleichfalls an Eisenhydroxydlösungen den osmotischen Druck zu bestimmen versucht. Da er reines Wasser als Außenflüssigkeit verwendete, fand er auch hier nach anfänglichem Ansteigen einen starken Abfall des Druckes.

Von neuen Messungen, in denen die DONNAN-Theorie genügende Berücksichtigung fand, sind diejenigen von J. LOEB, E. HAMMARSTEN, N. BJERRUM und G. S. ADAIR am wichtigsten.

LOEB untersuchte den osmotischen Druck von Proteinlösungen. Mit Hilfe von ERLENMEYER-Kolben wurden Kollodiumsäckchen von einem Volumen von ungefähr 50 ccm und von der Form der Kolben hergestellt. Die Säckchen wurden mit Gummistopfen und Gummibändern verschlossen. Ein Glasrohr wird durch die Bohrung des Stopfens als Manometer hineingeführt und der Apparat in ein Becherglas von etwa 350 ccm Inhalt gestellt. Die Außenflüssigkeit hatte von Anfang an ungefähr dieselbe Wasserstoffionenkonzentration wie das Sol. Die ganze Anordnung befand sich in einem Thermostaten von 24°. Die Einstellung des Gleichgewichtes dauerte etwa sechs Stunden. Der Stand der Wassersäule wurde jedoch erst nach einem Tage notiert.

Es wurde der osmotische Druck der verschiedenen Säure- und Alkalisalze von Albumin, Gelatine und Kasein gemessen. LOEB fand ein Minimum im isoelektrischen Punkt, dann mit steigendem Säure- und Alkalizusatz Wachsen des Druckes bis zu einem Maximum und darauf wieder Abfall. Ein solches Verhalten war bereits vorher von LILLIE und in einigen Versuchen von PAULI und SAMEC gefunden worden. Während PAULI den Abfall des osmotischen Druckes bei höherem Säure- und Alkalizusatz auf Zurückdrängung der Ionisation zurückführte, deutete LOEB die Erscheinung als DONNAN-Effekt. Bei der Besprechung der Eiweißsalze werden wir uns mit dieser Frage ausführlich beschäftigen. Das gleiche gilt für den LILLIEs Angaben bestätigenden Befund LOEBs bezüglich der Depression des osmotischen Druckes durch Neutralsalze.

E. HAMMARSTEN hat Messungen an der Thymonukleinsäure und ihren Salzen durchgeführt. Er befolgte in allen Einzelheiten die SÖRENSENsche Kompensationsmethode. Die Meniskusschwankungen wurden mit einem Kathetometermikroskop abgelesen. Zwei Ablesungen wurden gemacht, die erste 12 Stunden nach Beginn des Versuches und eine zweite nach weiteren 12 Stunden. Die Untersuchung des DONNAN-Effektes an dem Natriumsalz ergab innerhalb der Fehlergrenzen Übereinstimmung mit der Theorie.

BJERRUM hat in seinen bedeutungsvollen Untersuchungen am Chromhydroxydsol auch den osmotischen Druck verfolgt. Seine Meßanordnung wurde für die gleichzeitige Ausführung elektrometrischer Messungen (Membranpotentiale) eingerichtet. Die osmotische Bestimmung erfolgte mit Kollodiumhülse und Steigröhre. Die beobachteten Drucke schwankten je nach der Außenflüssigkeit und dem Zeitpunkt der Messung zwischen 2,5 und 18,4 cm H_2O. Aus der Abhängigkeit des osmotischen Druckes von der Elektrolytkonzentration und von dem Kolloidgehalt konnte BJERRUM mit Hilfe einer aus der Theorie der Membrangleichgewichte abgeleiteten Formel den den Kolloidionen selbst zukommenden osmotischen Druck berechnen.

Siedepunkt, Gefrierpunkt, Taupunkt. Was nun die Bestimmung des osmotischen Druckes mit Hilfe von Siedepunkt- und Gefrierpunktmessungen betrifft, so sind die meisten Versuche an Kolloiden an der geringen Empfindlichkeit dieser Methoden gescheitert.[1] Eine Ausnahme stellen die Messungen an

[1] Betreffs der älteren Messungen siehe Literatur bei Wo. OSTWALD (Kolloidchemie).

Eiweißsalzen (L. LIEBERMANN und ST. BUGARSZKY, T. B. ROBERTSON, Kap. 43), ferner an Seifen und Farbstoffsolen dar, welche eine sehr hohe Äquivalentkonzentration besitzen.

In einer Reihe von Arbeiten war F. KRAFFT mittels des BECKMANN-Apparates zum Ergebnis gelangt, daß die Seifenlösungen im Wasser keine merkliche Siedepunkterhöhung zeigen. L. KAHLENBERG und O. SCHREINER hatten später sogar bei einer 30%igen Natriumstearatlösung keine Siedepunkterhöhung gefunden und behauptet, daß diese Lösung überhaupt nicht richtig siede. KRAFFT antwortete darauf, indem er eine 25%ige Natriumpalmitatlösung mit Kochsalz versetzte und zeigen konnte, daß die Lösung dieselbe Siedepunkterhöhung hat wie eine gleiche Kochsalzlösung in reinem Wasser. A. SMITS hat Siedepunkt- und Dampfdruckmessungen (mit dem BREMER-Tensimeter) an verschieden konzentrierten Natriumpalmitatlösungen durchgeführt. Während die konzentrierte Lösung den Siedepunkt und Dampfdruck von reinem Wasser aufwies, wurde in den verdünnteren Lösungen eine mit der Verdünnung zunehmende molekulare Siedepunkterhöhung und Dampfspannungerniedrigung gefunden.

J. MCBAIN und M. TAYLOR haben dann gezeigt, daß die Siedepunktmessungen deshalb keine genauen Resultate liefern können, weil der gebildete Seifenschaum eine große Menge Luft enthält. Infolgedessen wird der Partialdruck des Wasserdampfes erheblich herabgesetzt. Dieselbe Schwierigkeit fand sich auch bei den direkten tensimetrischen Messungen, wozu auch von diesen Forschern ein BREMER-FROWEINsches Tensimeter benützt wurde. Durch andauerndes Wegpumpen von Luft konnte in einer 1-normalen Palmitatlösung eine Dampfdruckerniedrigung entsprechend einer 0,25-normalen osmotischen Konzentration gefunden werden.

Um die Bestimmung des osmotischen Druckes durchführen zu können, haben MCBAIN und SALMON sich einer Taupunktmethode bedient.

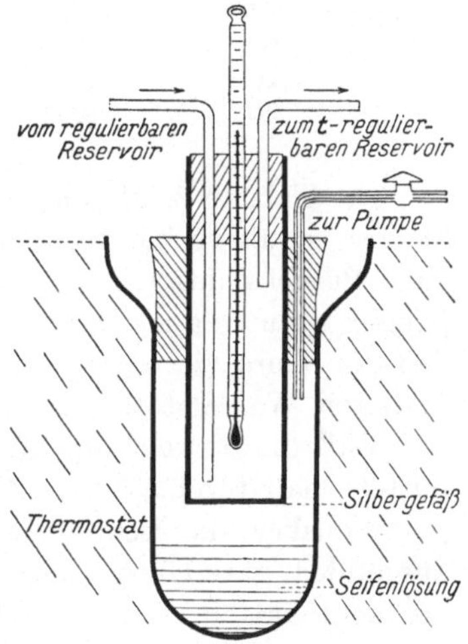

Abb. 54. Taupunktapparat von MCBAIN und SALMON

Die zu untersuchende Flüssigkeit wurde in ein Glasgefäß gefüllt, das sich in einem durchsichtigen Thermostaten befand. In das Glasgefäß tauchte eine unten geschlossene Silberröhre derart, daß der hochpolierte Boden einige Zentimeter über der Oberfläche der Seifenlösung stand. Die Silberröhre ist durch einen Kork verschlossen. Durch den Stopfen führen ein Thermometer und zwei Röhren für die Zu- und Ableitung von schnellzirkulierendem Wasser, welches aus einem Thermostaten mit Hilfe einer Pumpe entnommen wird. In das Glasgefäß, das ebenfalls verschlossen ist, taucht noch eine Glaskapillare, welche mit einer Pumpe in Verbindung steht, um den Druck auf einen gewünschten Grad herabzusetzen. Durch ein besonderes Verfahren konnte die Grenze der benetzten und unbenetzten Silberfläche scharf beobachtbar gemacht werden. Während die Seifenlösung die konstante Temperatur des Thermostaten hat, wird die Silberröhre mit Hilfe des durchströmenden Wassers langsam abgekühlt, bis sich an der polierten Silberfläche Wasserdampf kondensiert. Nun wird die Silberröhre langsam wieder erwärmt, bis das Wasser wieder verschwindet. Durch mehrere Versuche dieser Art kann der Mittelwert der Differenz dieser Temperatur gegenüber der Temperatur der Lösung mit einer Genauigkeit von $\pm 0{,}01^0$ C bestimmt werden. Diese Temperaturdifferenz entspricht einer Siedepunkterhöhung durch die gelöste Substanz. Ein großer Vorteil dieser Methode ist, daß sie Messungen bei jeder Temperatur gestattet.

McBain und Mitarbeiter haben in den Seifenlösungen auch Gefrierpunktmessungen durchgeführt und weiter auch das direkte Verfahren zur Bestimmung des osmotischen Druckes verwendet, indem sie den minimalen Druck ermittelten, bei welchem Ultrafiltration stattfindet (Kap. 63).

Hammarsten-Effekt. Von E. Hammarsten war eine eigentümliche Anomalie des osmotischen Druckes bei Kolloiden entdeckt worden. Diese Anomalie, der Hammarsten-Effekt, besteht darin, daß der osmotische Druck bestimmter Kolloidsalze eine kleinere, als die auf Grund der Aktivität berechnete, osmotische Wirksamkeit anzeigt. Ist die potentiometrisch ermittelte Aktivität des Gegenions a, der gemessene osmotische Druck p, so kann diese Anomalie durch die Ungleichung

$$p < aRT$$

ausgedrückt werden. Ein derartiges Verhalten wurde zuerst an der reinen Thymonukleinsäure aufgefunden. Diese Anomalie kann auf dem Boden der klassischen Dissoziationstheorie nicht erklärt werden. Sie bleibt nämlich auch dann bestehen, wenn man annimmt, daß sämtliche Anionen dieser Säure, welche das Molekulargewicht 1457 besitzt, in solchem Maße aggregiert sind, daß ihr osmotischer Druck neben demjenigen der Wasserstoffionen zu vernachlässigen ist.

Tabelle 52. Osmotischer Druck der Thymonukleinsäure

Molare Konz. $c \cdot 10^3$	H^+-Aktivität $a \cdot 10^3$	Osm. Druck cm H_2O gef.	Osm. Druck ber. aus c	Osm. Druck ber. aus a_H
1,67	1,43	27,9	41,4	35,4
1,20	1,08	21,3	29,7	26,8
1,00	0,92	17,5	24,8	22,8

Die Tabelle zeigt uns, daß der gefundene osmotische Druck nicht nur viel kleiner ist als derjenige, welchen man auf Grund der molaren Konzentration ohne Berücksichtigung der Dissoziation ermittelt, sondern auch kleiner als derjenige, den man aus der Wasserstoffionenaktivität berechnet. Es ist zu beachten, daß die Säure vierwertig ist und daß die Aktivität nur einen Bruchteil der verfügbaren Wasserstoffionen darstellt.

Daß die Abweichung nicht in der Methode der direkten Druckbestimmung mittels halbdurchlässigen Zellen begründet ist, konnte Hammarsten durch präzisionskryoskopische Bestimmungen erweisen, welche, an dem Natriumsalz ausgeführt, gute Übereinstimmung mit den Ergebnissen der direkten Bestimmung gebracht hatten.

Tabelle 53

Kation	p_I/p_i
H^+	0,70
Na^+	0,80
NH_4^+	1,20
$(CH_3)_3NH^+$	1,35
$(CH_3)_4N^+$	1,45
$(C_2H_5)_3NH^+$	1,50
$(C_3H_7)_3NH^+$	1,74

E. HAMMARSTEN hat auch den osmotischen Druck von verschiedenen Salzen der Thymonukleinsäure ermittelt. Die Aktivität der Gegenionen wurde dabei nicht gemessen, nur der osmotische Druck (p_i) mit dem aus der molaren Konzentration berechneten (p_I) verglichen. Es wurden die vierwertigen Neutralsalze untersucht. Die Tabelle 53 bringt die Mittelwerte der in verschiedener Konzentration (Größenordnung 10^{-3} molar) ausgeführten Messungen.

Die Resultate wurden durch gleichartige manometrische und kryoskopische Messungen am Kongorotsalze ergänzt, die von E. JORPES und G. HELLGREN ausgeführt wurden. (Tabelle 54.)

Tabelle 54

Kation	p_I/p_i Osmot. Druck	p_I/p_i Gefrierpunkt
Na^+	1,20	1,19
$(CH_3)_3NH^+$	1,26	1,24
$(C_2H_5)_3NH^+$		1,83
$(C_3H_7)_3NH^+$		2,91

HAMMARSTEN faßt diese Beobachtungen dahin zusammen, daß in denselben die osmotische Wirksamkeit durch große Verschiedenheiten der Ionenvolumina (großes Anion, kleine Kationen) auf den Betrag der undissoziierten Moleküle verringert wird. Bei Verminderung des Unterschiedes der Ionenvolumina nähert sich der Druck mehr und mehr dem nach ARRHENIUS-VANT'HOFF geforderten.

Nur die Meßergebnisse an der freien Thymonukleinsäure stehen in einem vollständigen Widerspruch zu der Dissoziationstheorie, während die übrigen sich aus einer starken Aggregation erklären lassen würden.

Der osmotische Druck der Thymonukleate zeigt das gleiche anomale Verhältnis zur Leitfähigkeit, wie es bei gewissen Farbstoffen festgestellt ist. In Unkenntnis der Beweglichkeitswerte muß aber auch hier diese Tatsache nicht als unbedingter Widerspruch zur klassischen Theorie aufgefaßt werden.

Daß bei hochvolumigen Gegenionen die freien Ladungen der Anionen gegenüber der Aggregationstendenz ihrer Kohäsionskräfte mehr Widerstand leisten, wäre gleichfalls durchaus verständlich.

Um das Phänomen zu studieren, hat H. HAMMARSTEN Messungen des osmotischen Druckes und der Aktivität an verschiedenen Proteinchloriden durchgeführt. Er fand, daß Protamin- und Histonchlorid einen kleineren osmotischen Druck zeigen, als ihrer Chloraktivität entspricht. Er maß auch den osmotischen Druck der Natriumsalze einiger hochmolekularen wohldefinierten Säuren. Während das Salz der Guanylsäure (mol. Volumen 167) sich normal verhielt, zeigten die Salze der hochvolumigen Glychokol- und Taurocholsäure (mol. Volumen 315 und 387) Abweichungen in dem Sinne, daß der Druck kleiner war als der nach dem Dissoziationsgrad berechnete. Dieser letzte Befund könnte auf dem Boden der klassischen Theorie durch Aggregation erklärt werden.

E. HAMMARSTEN hat später auch den osmotischen Druck von Gelatinechlorid kryoskopisch gemessen und gefunden, daß, wie er bereits aus einigen direkten Messungen von LOEB folgerte, der Druck kleiner war als der Aktivität der anwesenden Chlor- und Wasserstoffionen entsprechen würde.

Von diesen letzten Messungen abgesehen, stellen also nur die potentiometrischen und osmotischen Bestimmungen an der freien Thymonukleinsäure und an Histon- und Protaminchlorid wirkliche Anomalien dar.

Der HAMMARSTEN-Effekt wurde von K. LINDERSTRÖM-LANG einer eingehenden theoretischen Behandlung unterzogen. Er zeigte, daß nur Histonchlorid und Thymonukleinsäure der Ungleichung außerhalb der Fehlergrenze genügen. Beim Protaminchlorid fallen die Abweichungen in die Fehlergrenze der potentiometrischen und osmotischen Messungen (1 Millivolt, 0,005°, 2 cm H_2O). Die folgende Tabelle gibt die Zusammenstellung von K. LINDERSTRÖM-LANG wieder:

Tabelle 55. HAMMARSTEN-Effekt an Histon-Chlorid

g Atom N pro Lit. × 10^3	$a_{Cl} \times 10^3$	$\frac{p \times 10^3}{RT}$	$F \times 10^3$	$\Delta F \times 10^3$
98,0	4,39	3,79	— 0,60	0,24
48,6	2,28	1,87	— 0,51	0,17
19,3	0,97	0,77	— 0,20	0,12
9,5	0,53	0,39	— 0,14	0,10

HAMMARSTEN-Effekt an Thymonukleinsäure

Molare Konz. c × 10^3	$a_H \times 10^3$	$\frac{p \times 10^3}{RT}$	$F \times 10^3$	$\Delta F \times 10^3$
1,67	1,30	1,13	— 0,17	0,13
1,20	0,98	0,86	— 0,12	0,11
1,00	0,84	0,71	— 0,13	0,10

$F = \frac{p}{RT} - a_H$ bedeutet die Differenz zwischen der Aktivität und der aus dem osmotischen Druck berechneten Konzentration, Δ F bedeutet die Fehlergrenze von F.

In diesen Messungen haben wir also sicher festgestellte Abweichungen vor uns, die sich mit der klassischen Therie nicht vereinbaren lassen. In der Sprache der modernen Theorie drückt sich diese Abweichung als eine Verschiedenheit des mittleren osmotischen Koeffizienten des Elektrolyten und des Aktivitätskoeffizienten des Gegenions aus, welche auch für den Fall einer weitgehenden Assoziation zum Kolloidion fortbesteht und zwar beträgt sie dann im Falle der Thymonukleinsäure 1 bis 4%, im Falle des Histonchlorid etwa 10% (außerhalb der Fehlergrenze). Außer diesen Messungen ist es nur die eine Bestimmung von PAULI mit L. ENGEL und E. SCHMIDT, welche an Kolloidelektrolyten eine solche sicher festgestellte Abweichung darstellt, und zwar zwischen Leitfähigkeit und Aktivität.

Da zwischen osmotischem Druck und Aktivität thermodynamische Beziehungen bestehen, konnte LINDERSTRÖM-LANG die Voraussetzungen für eine Anomalie im Sinne des HAMMARSTEN-Phänomens untersuchen. Eine eingehende Diskussion der GIBBSschen Gleichung lehrt als Stabilitätsbedingung für eine Elektrolytlösung, daß die Aktivität des Elektrolyten bei konstantem Druck und Temperatur eine zunehmende Funktion der Konzentration sei. Die Aktivität der einen Ionenart kann aber auch eine abnehmende Funktion der Konzentration darstellen. Ist das der Fall, so ist auch die Möglichkeit für die osmotische Anomalie gegeben. LINDERSTRÖM-LANG gewinnt Anhaltspunkte dafür, daß die Aktivität der großen Ionen (der Thymonukleinsäure oder des Histonions) mit zunehmender Konzentration abnimmt. Diese Abnahme ist die Folge der zwischen den großen Ionen wirksamen (van der Waalsschen) Kohäsionskräfte. Eine derartige Wechselwirkung zwischen den großen Ionen kann aufgefaßt werden als Bildung von Ionenaggregaten, aber nicht im klassischen Sinne einer festen Verbindung.

In diesem Zusammenhange versuchte Linderström-Lang auch die Resultate der von McBain und Salmon ausgeführten Siedepunktbestimmungen an Seifenlösungen diskutieren. Hier zeigt sich eine Anomalie nur darin, daß in einem gewissen Konzentrationsbereich die Siedepunkterhöhung mit wachsender Konzentration abnimmt. Linderström-Lang schließt auch hier auf starke Kohäsionskräfte zwischen den langen Kohlenstoffketten der Fettsäureanionen, welche ohne die Annahme einer festen Assoziation die beobachteten Effekte, ebenso wie die hohe Viskosität und die Gelbildung erklären sollen. (Vgl. jedoch Kap. 63.)

Literaturverzeichnis

Adair, G. S.: Proc. of the royal soc. A. **120**, 573 (1928). — Adamson, L., und H. E. Roaf: Bioch. Journ. **3**, 422 (1908). — Journ. of Physiol. **39** (1909). — Bayliss, W. M.: Proc. Roy. Soc. **81**, 269 (1909). — Koll. Z. **6**, 23 (1910). — Biltz, W.: Z. f. phys. Ch. **83**, 625, 689 (1913); **91**, 705 (1914); **106**, 705 (1916). — Derselbe und A. v. Vegesack: Z. f. phys. Ch. **68**, 357 (1909); **73**, 481 (1910). — Bjerrum, N.: Z. f. phys. Ch. **110**, 656 (1924). — Donnan, F. G., und A. B. Harris: Journ. Chem. Soc. **99**, 1554 (1911). — Duclaux, J.: C. r. **140**, 1468, 1544 (1905). — Journ. Chim. Phys. **5**, 40 (1907); **7**, 407 (1909). — In „Colloid Chemistry" by J. Alexander, Bd. I. New York (1926). — Hammarsten, E.: Bioch. Z. **144**, 338 (1924). — Hammarsten, H.: Bioch. Z. **147**, 481 (1925). — Hüfner, G., und E. Gansser: Arch. f. Physiol. S. 209 (1907). — Eggert, J., und J. Reitstötter: Z. f. phys. Ch. **123**, 363 (1926). — Jorpes, E., und E. G. Hellgren: Bioch. Z. **145**, 57 (1925). — Kahlenberg, L., und O. Schreiner: Z. f. phys. Ch. **27**, 552 (1898). — Krafft, F.: Ber. **29**, 1328 (1896). — Lintner, C. J., und G. Düll: Ber. **26**, 2573 (1893); **28**, 1522 (1895). — Lillie, R. S.: Am. Journ. Physiol. **20**, 27 (1907). — Loeb, J.: Die Eiweißkörper. Berlin (1924). — Linderström-Lang, K.: C. r. Lab. Carlsberg **16**, Nr. 6, 1 (1926). — Mac Bain, J. W., und M. Taylor: Z. f. phys. Ch. **76**, 179 (1911). — Derselbe und Salmon: Journ. Am. Chem. Soc. **42**, 426 (1920). — Moore, B., und W. H. Parker: Am. Journ. Physiol., **7**, 261 (1902). — Derselbe und H. E. Roaf: Biochem. Journ. **2**, 34 (1906); **3**, 55 (1907); **6**, 110 (1911). — Ostwald, Wo.: Grundriß der Kolloidchemie. S. 160 bis 162. 5. Aufl. Dresden und Leipzig (1921). — Pauli, Wo.: Kolloidchemie der Eiweißkörper. Dresden und Leipzig (1920). — Picton, H., und S. E. Linder: Journ. Chem. Soc. **63**, 148 (1897). — Reid, E. W.: Journ. of Physiol. **31**, 439 (1904); **33**, 12 (1905). — Robertson, T. B.: Physikalische Chemie der Proteine. Dresden (1912). — Samec, M.: Kolloidchemie der Stärke. Dresden und Leipzig (1928). — Smits, A.: Z. f. phys. Ch. **45**, 608 (1903). — Sörensen, S. P. L.: Proteins. New York (1925). — Derselbe: Z. f. physiol. Ch. **106**, 1 (1919). — Starling, E. H.: Journ. of Physiol. **19**, 312 (1896); **20**, 364 (1896); **24**, 317 (1899). — Zsigmondy, R.: Z. f. phys. Ch. **111**, 211 (1924).

28. Die Bestimmung der Teilchengröße von Kolloidionen

Die wichtigsten Faktoren, welche das Verhalten eines Kolloidions bestimmen, sind seine Ladungszahl und seine Größe. Es ist ein Hauptziel der elektrochemischen Forschung, diese zwei Eigenschaften zu bestimmen. Die bisherigen Untersuchungen haben in dieser Richtung nur lückenhafte und häufig einander widersprechende Daten geliefert.

Osmotischer Druck. Für die Bestimmung der Teilchengröße käme zunächst der osmotische Druck in Betracht. Der osmotische Druck würde unmittelbar die Teilchenanzahl liefern. Man kann daraus unter Zugrundelegung der Dichte der Substanz und einer bestimmten Teilchenform (Kugel oder Würfel) die Teilchengröße berechnen. Ist die Teilchenzahl pro Kubikzentimeter n, das spezifische Gewicht der suspendierten Substanz ϱ, ihre Gesamtmenge pro Kubikzentimeter g Gramm, so ergibt sich der Radius der kugelförmig gedachten Teilchen

$$r = \sqrt[3]{\frac{3\,g}{4\,\pi\,\varrho\,n}}, \tag{161}$$

die Kante der würfelförmig gedachten

$$a = \sqrt[3]{\frac{g}{\varrho\,n}}. \tag{162}$$

Der etwa mit Hilfe der Siedepunkt- oder Gefrierpunktmethode gewonnene osmotische Druck ergibt die Gesamtteilchenzahl, d. h. die Anzahl der Kolloidteilchen und ihrer Gegenionen. Da die Anzahl der letzteren ein Mehrfaches der ersteren ist und eine unabhängige Bestimmung der Teilchenzahl der Gegenionen, etwa durch Aktivitätsmessungen sich mit genügender Genauigkeit im allgemeinen nicht durchführen läßt, ferner etwaige Abweichungen infolge des Auftretens eines Unterschiedes zwischen osmotischem Koeffizienten und Aktivitätskoeffizienten der Gegenionen nicht ausgeschlossen sind, so besteht kaum eine Hoffnung, auf diese Weise zum Ziele zu kommen.

Dasselbe gilt für die Bestimmung mit Hilfe von für die Gegenionen durchlässigen, für die Kolloidionen undurchlässigen Membranen dort, wo die Anbringung der DONNAN-Korrektur mit der erforderlichen Genauigkeit undurchführbar ist. Eine Ausnahme bildet die Bestimmung bei Anwesenheit von überschüssigem Salz, eine Möglichkeit, auf welche SÖRENSEN, ZSIGMONDY und ADAIR hingewiesen haben. Doch ist dabei nicht zu vergessen, daß die gesteigerte Salzmenge gewöhnlich die Stabilität der Teilchen herabsetzt. Diese treten zusammen und können schließlich ausflocken. Beim Eiweiß läßt es sich z. B. zeigen, daß im Säureüberschuß die DONNAN-Korrektur, also der von der ungleichen Verteilung der Ionen herrührende Druck, noch in einer Konzentration den Druck der Kolloidionen überwiegen würde, wo das Eiweißsalz bereits inaktiviert wird. Die Korrektur entfällt dann schon wegen der Inaktivierung, aber das Eiweißsalz besteht bereits möglicherweise schon aus Sekundärteilchen.

Auch dadurch ist nicht geholfen, daß man die kolloide Lösung weitgehend verdünnt. Wohl erreicht man auf diese Weise, daß bereits nicht entladende Salzmengen einen Überschuß gegenüber der Äquivalentkonzentration des Kolloidsalzes darstellen, andererseits ist jedoch infolge der Erniedrigung der Teilchenzahl der Kolloidionen die Meßgenauigkeit herabgesetzt.

Einen in manchen Fällen gangbaren Weg hat N. BJERRUM in seiner Arbeit über das Chromoxydsol eingeschlagen. Er schätzt den auf die Kolloidionen allein entfallenden Druck (p_1) aus der Veränderung des gemessenen Druckes p bei Variation der Elektrolytkonzentration.

Dieser Druck setzt sich nämlich zusammen aus dem von der Elektrolytkonzentration unabhängigen Druck p_1 und dem von der Ionenverteilung herrührenden Druck p_2, so daß

$$p = p_1 + p_2$$

Wenn Salzsäure den Elektrolyten bildet, welcher neben dem Kolloidchlorid in der Lösung vorhanden ist, so wird

$$p_2 = RT\,([H^+]_i + [Cl^-]_i - [H^+]_a - [Cl^-]_a)$$

wobei die Indizes die Konzentrationen innerhalb (i) und außerhalb (a) der Membran im Gleichgewicht unterscheiden. Ist die HCl-Konzentration der Außenlösung c, wobei wir setzen

$$[H^+]_a = [Cl^-]_a = c$$

so gilt nach der DONNAN-Bedingung

$$[H^+]_i = ce^{-x} \quad \text{und} \quad [Cl^-]_i = ce^{+x}$$

Hier steht x als Abkürzung für

$$x = \frac{F\pi}{RT}$$

wobei π das Membranpotential bedeutet. Durch Substitution erhält man

$$p_2 = RT\,c\,(e^x + e^{-x} - 2)$$

Nach steigenden Potenzen von x entwickelt ergibt sich

$$p_2 = RT\,c\,(x^2 + \frac{x^4}{3.4} + \frac{x^6}{3.4.5.6} \ldots$$

Für $x < 1$ erhält man als Näherung

$$p_2 = RT\,c\,x^2$$

Nennt man die molare Konzentration des Kolloidions c_{Koll}, so gilt für die Äquivalentkonzentration des Kolloidsalzes

$$c_{Koll}\,.\,z = [Cl^-]_i - [H^+]_i = c\,(e^x - e^{-x})$$

Die Reihenentwicklung ergibt:

$$c_{Koll}\,.\,z = 2c\left(x + \frac{x^3}{2.3} + \frac{x^5}{2.3.4.5}\right)$$

Wenn man auch hier nach dem ersten Glied abbricht,

$$c_{Koll}\,.\,z = 2\,c\,x$$

dann ergibt sich durch Elimination von x

$$p_2 = RT\left(\frac{c_{Koll}}{2}\right)^2 . \frac{z^2}{c}$$

Solange man annehmen kann, daß die Teilchenzahl und die Wertigkeit der Kolloidionen von der Elektrolytmenge unbeeinflußt bleiben, kann man folgern, daß der von den Kolloidionen selbst herrührende Druck p_1 von der Elektrolytkonzentration c unabhängig und der Gewichtskonzentration des Kolloides proportional ist. Der von der DONNAN-Verteilung herrührende Druck p_2 ist der Elektrolytkonzentration c ungefähr und dem Quadrat der Gewichtskonzentration des Kolloides direkt proportional.

Hat man ein experimentelles Material zur Verfügung, welches die Werte für den beobachteten osmotischen Druck bei Variation von Solkonzentration und Außenflüssigkeit enthält, so kann man mit der Annahme verschiedener Werte von c_{Koll} verschiedene z-Werte berechnen. Man stellt nun fest, bei welchem c_{Koll}-Wert z in dem ganzen untersuchten Bereich sich als eine Konstante ergibt. Dieser c_{Koll}-Wert und die entsprechende Zahl für z stellen, unter den gemachten Annahmen, die molekulare Konzentration des Kolloidions und seine Wertigkeit dar. Auf diese Weise hat BJERRUM aus seinen Beobachtungen für das von ihm untersuchte Chromoxydsol berechnet, daß dessen Kolloidionen aus etwa 1000 Chromatomen bestehen und etwa 30 freie Ladungen besitzen.

Eine Voraussetzung für die Richtigkeit der Berechnung ist, daß osmotischer Koeffizient und Aktivitätskoeffizient der Gegenionen miteinander übereinstimmen.

Das Verfahren hat auf alle Fälle nur eine beschränkte Anwendbarkeit, da sich die Aktivität der Gegenionen infolge der verschiedenen Elektrolytzusätze und auch durch die Verdünnung im allgemeinen ändert, so daß die notwendige Annahme einer Konstanz von z hinfällig wird.

Eine andere Möglichkeit ist, die Messung im isoelektrischen Punkt auszuführen. Dann entfällt die DONNAN-Korrektur vollständig. Auf diese Weise hat S. P. L. SÖRENSEN den osmotischen Druck von Ovalbumin bestimmt. Die Methode ist freilich auf nichtelektrokratische, im isoelektrischen Punkt lösungsstabile Kolloide beschränkt. Auch bei diesen ist es jedoch nicht ausgeschlossen, daß die Teilchengröße bei der Aufladung infolge Aufspaltung abnimmt. Speziell beim Albumin sind allerdings für eine solche bei sehr mäßigem Säure- oder Laugezusatz und niederer Temperatur zumeist kaum Anhaltspunkte vorhanden.

Diffusion. Mit dem osmotischen Druck verknüpft ist die Diffusion. Unter geeigneten Versuchsbedingungen ist eine einfache Auflösung der Diffusionsgleichung möglich, so daß die Diffusionskonstante bestimmt werden kann. Diese ist für kugelförmige Teilchen gleich

$$D = \frac{RT}{N} \cdot \frac{1}{6 \pi \eta r} \tag{163}$$

Das gilt aber auch nur für Nichtelektrolyte. Bei Elektrolyten ist die Diffusion infolge der ungleichen Beweglichkeit von Kation und Anion durch das Auftreten eines Diffusionspotentials beeinflußt. Das hochvolumige Kolloidion erleidet eine viel stärkere Reibung als die kleinen Gegenionen. Es tritt an der Grenzfläche eine Potentialdifferenz auf, welche die Bewegung der Gegenionen hemmt, dagegen diejenige des Kolloidions beschleunigt, so daß beide mit der gleichen Geschwindigkeit diffundieren. Nach der Methode von NERNST berechnete SVEDBERG für ein z-wertiges Kation (positives Kolloidion) und einwertige Anionen (Gegenionen):

$$D = RT \frac{u \cdot v (z+1)}{zu + v} \tag{164}$$

Darin bedeutet $u = 1/F_k$ und $v = 1/F_a$ die reziproken molaren Reibungskoeffizienten, d. h. die molaren Beweglichkeiten. Bei Annahme von Kugelform gilt:

$$F_k = N \, 6 \pi \eta r_k \quad \text{und} \quad F_a = N \, 6 \pi \eta r_a$$

Es ergibt sich dann

$$D = RT/N \cdot \frac{1}{6 \pi \eta \left(\frac{r_k + z\, r_a}{z+1} \right)} \tag{165}$$

Wir sehen, daß die Diffusionskonstante nur in dem Falle der Reibungsgröße des Kolloidions entspricht, wenn das Verhältnis des Radius zur Wertigkeit (r_k/z) genügend groß ist. SVEDBERG und WESTGREN haben Messungen an feinteiligen Gold- und Selensolen ausgeführt. Der gefundene Radius, welcher ohne Berücksichtigung der Gegenionen berechnet wurde, zeigte gute Übereinstimmung mit anderen auf unabhänigigem Wege gewonnenen Werten. Für ein Goldsol ergab

z. B. die Diffusion den Radius $r = 1{,}29/0^{-6}$ cm, die Keimmethode $1{,}33/0^{-6}$ cm. Für den Fall jedoch, daß die Diffusionskonstante durch die Gegenionen meßbar beeinflußt wäre, könnte man den Teilchenradius, da Teilchengröße und Wertigkeit miteinander verknüpft sind, ebenfalls bestimmen, sobald die Äquivalentkonzentration des Sols auf unabhängigem Wege (etwa durch Aktivitätsbestimmungen) ermittelt ist. Immerhin muß man dann noch den Aktivitäts- und den osmotischen Koeffizienten der Gegenionen einander gleichsetzen.

Auszählung. Teilchen, die im Ultramikroskop sichtbar sind, kann man auszählen. Ist aber das Sol heterodispers, so können infolge der Unsichtbarkeit der kleinen Teilchen, welche bei kleiner Masse eine hohe Zahl erreichen können, erhebliche Fehler geschehen. Amikronische Goldsole können nach der Keimmethode von ZSIGMONDY durch Wachsenlassen bis zur mikroskopischen Größe auszählbar gemacht werden.

Sedimentation. Ferner kommen noch für die Ermittlung der Teilchengröße die Bestimmung auf Grund der Sedimentationsgeschwindigkeit und des Sedimentationsgleichgewichtes, und zwar sowohl im Schwerefelde, als auch insbesondere mit Hilfe der SVEDBERGschen Anordnung im Zentrifugalfelde in Betracht. SVEDBERGS Apparat, die Ultrazentrifuge, gestattet, die Teilchengröße in den Solen in einem Zentrifugalfelde von der 90000fachen Stärke des Schwerefeldes zu bestimmen, wodurch sehr fein disperse Systeme dieser Meßmethodik zugänglich gemacht worden sind.

Die Fallgeschwindigkeit einer Kugel im Schwerefelde beträgt

$$v = \frac{(\varrho_1 - \varrho_2)\,\varphi\, g}{6\pi\eta r}$$

(ϱ_2: Dichte des Mediums, ϱ_1: Dichte der suspendierten Substanz, φ: Teilchenvolumen). Für kugelförmige Teilchen wird daher:

$$r = \sqrt{\frac{g}{2}\,\frac{\eta v}{(\varrho_1 - \varrho_2)\, g}} \tag{166}$$

und im Zentrifugalfelde:

$$r = \sqrt{\frac{g}{2}\,\frac{\eta}{(\varrho_1 - \varrho_2)}\,\frac{\ln\frac{x_2}{x_1}}{\omega^2 (t_2 - t_1)}} \tag{167}$$

(ω: Winkelgeschwindigkeit, den Ausdruck $\ln(x_2/x_1)/t_2 - t_1$ erhält man durch Integration des Differentialausdruckes für die Geschwindigkeit, welche in diesem Falle von dem Abstand von der Zentrifugalachse (x) abhängt, t ist die Zeit).

Die Sedimentationsgeschwindigkeit wird gewöhnlich an der Geschwindigkeit der Trennungsfläche Lösungsmittel/Suspension gemessen. Bei den Kolloidelektrolyten haben Kation und Anion verschiedene Radien, infolgedessen verschiedene Fallgeschwindigkeit. Die Ausbildung eines Potentials wirkt jedoch wiederum in der bekannten Weise einer Trennung entgegen. Die gemeinsame Fallgeschwindigkeit hängt nun mit dem Molekulargewicht und dem spezifischen Volumen in folgender Weise zusammen. Wir bezeichnen mit A_k die dem molaren Gewicht des Kations (vermindert durch den Auftrieb) proportionale Größe:

$$N\, S_k (\varrho_1 - \varrho_2) = M_k (1 - V_k \varrho_k) = A_k$$

(M_k: Molekulargewicht des Kations, V_k: partielles spezifisches Volumen des Kations). Dem entsprechend für das Anion

$$A_a = M_a (1 - V_a \varrho_a)$$

Die Sedimentationsgeschwindigkeit der Kolloidelektrolyte im Zentrifugalfeld ergibt sich aus der Beziehung:

$$A_k + z \, . \, A_a = \frac{(zu + v)}{uv} \cdot \frac{\ln (x_2/x_1)}{\omega^2 \, . \, (t_2 - t_1)}$$

In den meisten Fällen ist zA_a gegenüber A_k zu vernachlässigen, d. h. das Gewicht (vermindert durch den Auftrieb) des Kolloidions ist viel größer als das der Gegenionen. Nur wenn z gegenüber v zu vernachlässigen ist, d. h. wenn $r_k > z > r_a$ zeigt die Fallgeschwindigkeit den Radius des Kolloidions an. Dann gilt:

$$r_k = \sqrt{\frac{2}{g} \frac{\pi}{(\varrho_k - r_2)} \frac{\ln (x_2/x_1)}{\omega^2 (t_2 - t_1)}} \tag{168}$$

d. h. in dem Falle, daß die Fallgeschwindigkeit des Kolloids durch die Ionisation nicht verändert wird. SVEDBERGS Resultate am Goldsol, welche mit der Keimmethode übereinstimmen, sprechen in diesem Beispiel für die Gültigkeit der Voraussetzungen.

Das Sedimentierungsgleichgewicht kann auch auf thermodynamischem Wege abgeleitet werden. Für einen Kolloidelektrolyten hat dies A. TISELIUS durchgeführt. Auch in diesem Falle wird eine Potentialdifferenz auftreten, und zwar derart, daß das Potential in dem ganzen Bereich des Sols mit der Entfernung von der Zentrifugalachse sich ändert. Der Zentrifugalkraft, welche auf das Kolloid wirkt, wird dieses Potential entgegenwirken. Die Potentialdifferenzen sind durch die ungleichen Konzentrationen sämtlicher Ionen bestimmt. Für den Abstand x_1 und x_2 von der Zentrifugalachse gilt:

$$\pi_1 - \pi_2 = \frac{RT}{F} \ln \frac{a_1}{a_2} \tag{169}$$

wobei a_1 und a_2 die Aktivitäten der Gegenionen an diesen zwei Stellen bedeuten. Wegen der Analogie mit dem DONNANschen Membrangleichgewicht bezeichnet TISELIUS dieses Potential als DONNAN-Potential. Die ungleiche Konzentration der Gegenionen ist in beiden Fällen durch die elektrostatischen Kräfte bedingt, mit welchen die Kolloidionen im Sinne der Elektroneutralität die Gegenionen zurückhalten, nur sind die Kolloidionen dort durch die Membran, hier durch die Zentrifugalkraft an bestimmte Orte in der Lösung gebunden, beziehungsweise in der freien Diffusion behindert. Naturgemäß gilt auch da das Gesetz der gleichen Aktivitätsprodukte der Ionenpare. Die mit dem Kolloidion gleichgeladenen einwertigen Ionen werden ihre Aktivitäten im umgekehrten Verhältnis verteilen, wie die Gegenionen. Wenn man die Aktivitäten mit der Konzentration gleichsetzen kann, ergibt sich im Zentrifugalfelde, welches auf die gewöhnlichen Ionen keine Kräfte ausübt, das Sedimentationsgleichgewicht für das Kolloidion

$$\frac{M}{(z + 1)} = \frac{2\,RT}{(1 - v\,\varrho)} \frac{\left(\ln \frac{c_2}{c_1}\right)}{\omega^2 (x_2^2 - x_1^2)} \tag{170}$$

(c_1 und c_2 die Konzentration der Kolloidionen im Abstande x_2 und x_1 von der Zentrifugalachse).

Die Gleichung unterscheidet sich von der für ungeladene Kolloide durch den Faktor $\frac{1}{z + 1}$, d. h. das Sedimentationsgleichgewicht ergibt einen $(z + 1)$mal kleineren Wert für das Molekulargewicht, als dem wirklichen Wert für das

Kolloidion entsprechen würde. Dies ist leicht einzusehen, da bei den Kolloidelektrolyten unter den gegebenen Bedingungen das (z + 1)fache an kinetischer Energie derjenigen Zentrifugalkraft korrespondiert, die im ungeladenen Zustande der Teilchen wirksam wäre. Die Gültigkeit dieser Gesetze bleibt jedoch an den Umstand gebunden, daß keine Fremdelektrolyte da sind. Ebenso wie bei dem DONNAN-Gleichgewicht wird auch hier das Potential durch Salzzusätze verringert. Hier kann man jedoch unter Umständen mit der Teilchenkonzentration tief heruntergehen, ohne daß die Meßgenauigkeit sehr leiden würde. In diesem Falle kann sich schon eine kleine Elektrolytmenge als genügender Überschuß betätigen, ohne daß dadurch Flockungsgefahr bestünde.

Das bemerkenswerte Ergebnis ist, daß die Aufladung nicht nur als stabilisierender Faktor fungiert, weil sie der Flockung entgegenwirkt, sondern auch darum, weil sie das Sedimentationsgleichgewicht beeinflußt. Ein reines Eisenhydroxydsol wird sich also im Gleichgewichte am Boden des Gefäßes nicht seiner Teilchengröße gemäß konzentrieren, sondern es wird sich diesbezüglich so verhalten, als ob das Molekulargewicht z + 1mal kleiner wäre, unter Umständen wird es sogar ebenso gleichmäßig verteilt sein, wie eine molekulardisperse Lösung.

Nun ist auffallend, daß PERRIN, SVEDBERG und WESTGREN ihre Sedimentationsgleichgewichtsversuche zum Zwecke der Bestimmung der AVOGADROschen Zahl an Gummigutt, Gold-, Selen- und Hg-Hydrosolen durchgeführt hatten, die alle zu den Kolloidelektrolyten gehören, ohne daß die Nichtberücksichtigung der Ladung zu Störungen geführt hätte. Auf diesen Widerspruch haben bereits WO. OSTWALD und J. DUCLAUX hingewiesen. Möglicherweise beruht dies darauf, daß die Äquivalentkonzentration dieser Kolloidsalze in den verwendeten Gewichtskonzentrationen sehr gering ist, so daß die anwesenden übrigen Ionen, unter Umständen schon diejenigen, die wegen der Dissoziation des Wassers, bzw. des darin enthaltenen Ammoniumkarbonats nicht eliminierbar sind, einen Überschuß darstellen, wodurch die Wirkung der elektrischen Kräfte auf die Sedimentation verschwindet. Die in den höheren Konzentrationen auf Grund der Sedimentationsgleichgewichtsbestimmung gefundene Abnahme der Kompressibilität ist vielleicht, wenigstens zum Teile, auf den besprochenen Effekt der Ladungen zurückzuführen.

Man hat wiederholt versucht, die von A. W. PORTER und J. J. HEDGES sowie von E. F. BURTON und E. BISHOP festgestellten Abweichungen von dem Sedimentationsgleichgewicht auf die Wirkung der elektrischen Ladungen zurückzuführen (J. WM. MC BAIN, BURTON). Nach den Ergebnissen der Berechnungen von R. FÜRTH handelt es sich jedoch hier um Untersuchungen, bei denen die zur Erreichung des Gleichgewichtes notwendige Zeit nicht abgewartet wurde (da sie in einem Fall z. B. 2000 Jahre beträgt). (Vgl. dazu auch E. L. LEDERER, F. W. LAIRD, W. W. BARKAS, E. O. KRAEMER).

Die Ermittlung der Sedimentationsgeschwindigkeit, wie auch des Sedimentationsgleichgewichtes gestattet in polydispersen Solen die Menge der einzelnen Teilchengrößenklassen zu bestimmen. Durch diese Bestimmung der Teilchenverteilung auf die verschiedenen Größen ist das Verfahren allen anderen überlegen. In Verbindung mit elektrochemischen Messungen wurde es bisher noch nicht benützt.

Literaturverzeichnis

Barkas, W. W.: Trans. Farad. Soc. **21**, 66 (1925). — Bjerrum, N.: Z. f. phys. Ch. **110**, 656 (1924). — Burton, E. F., und E. Bishop: Proc. Roy. Soc. **100**, 414 (1922). — Burton, E. F., und J. E. Currie: Phil. Mag. **47**, 721 (1924). — Duclaux, J.: In „Colloid Chemistry" by J. Alexander, Bd. I. New York (1926). — Fürth, R.: Z. f. Physik **40**, 351 (1926). — Kraemer, E. O.: Coll. Symp. Mon. V, 81 (1927). New York. — Laird, F. W.: Journ. Phys. Chem. **31**, 1034 (1927). — Lederer, E. L.: Koll. Z. **46**, 173 (1928). — Mac Bain, J. W.: Koll. Z. **40**, 1 (1926). — Ostwald, Wo.: Grundriß d. allg. Kolloidchemie. 5. Auflage, S. 250. Dresden und Leipzig (1921). — Perrin, J.: Die Atome. (Übersetzt von A. Lottermoser.) Dresden (1912). — Porter, A. W., und I. J. Hedges: Phil. Mag. **44**, 641 (1922). — Trans. Far. Soc. **18**, 1 (1922); **19**, 1 (1923). — Rinde, H.: Inaug. Dissertation. Uppsala (1928). — Sörensen, S. P. L.: Z. f. physiol. Ch. **106**, 1 (1919). — Svedberg, The: Die Existenz der Moleküle. Leipzig. — Z. f. phys. Ch. **121**, 65 (1926); **127**, 51 (1927). — Koll. Z. **36**, Erg.-Bd. 53 (1925). — Koll. Beih. **26**, 230 (1928). — In „Colloid Chemistry" by J. Alexander, I. Bd. New York (1926). — Derselbe und I. B. Nichols: Journ. Am. Chem. Soc. **45**, 2910 (1923); **48**, 3081 (1926); **49**, 2920 (1927). — Derselbe und H. Rinde: Journ. of Am. Chem. Soc. **46**, 2677 (1924). — Derselbe und R. Fähreus: Journ. Am. Chem. Soc. **48**, 430 (1926). — Derselbe und N. B. Lewis: Journ. Am. Chem. Soc. **50**, 525 (1928). — Derselbe und E. Chirnoaga: Journ. Am. Chem. Soc. **50**, 1399 (1928). — Derselbe und B. Sjögren: Journ. Am. Chem. Soc. **50**, 3318 (1928). — Tiselius, A.: Z. f. phys. Ch. **124**, 449 (1927). — Westgren, A.: Inaug. Diss. Uppsala (1916).

29. Der Zusammenhang zwischen Teilchengröße und Wertigkeit von Kolloidionen

Schon vor längerer Zeit zeigte sich ein Bestreben, den Zusammenhang zwischen Teilchengröße und Ladungszahl bei den Kolloiden festzustellen.

Berechnung der Teilchengröße und Wertigkeit aus dem Kolloidäquivalent. J. Duclaux hat dazu die Stokessche Formel benützt:

$$v = F/6\pi\eta r$$

(v: die Geschwindigkeit eines kugelförmig gedachten Teilchens, F: die treibende Kraft). Die Geschwindigkeit ist dann gleich der Wanderungsgeschwindigkeit W, wenn die Feldstärke 1 Volt pro Zentimeter beträgt. Ferner gilt im Sinne der Elektrostatik

$$F = z \,.\, e$$

(z: die Anzahl Elementarladungen pro Teilchen, e: die elektrische Elementarladung.) Wir erhalten also

$$W = z \,.\, e/6\pi\eta r$$

Die physikalisch-chemische Analyse liefert eine zweite Beziehung zwischen z und r. Die Masse eines Teilchens ist gleich $^4/_3\,\delta\, r^3 \varrho\pi$ (ϱ ist das spezifische Gewicht des Kolloidions). Die Anzahl Moleküle pro Teilchen ist gegeben, wenn b, der mittlere Abstand der Moleküle in dem Teilchen, bekannt ist: $\frac{4\pi r^3}{3 b^3}$. Andererseits liefert die physikalisch-chemische Analyse das Kolloidäquivalent K, die Anzahl der auf eine Ladung entfallenden Moleküle. Die Ladungszahl pro Teilchen beträgt dann:

$$z = \frac{4\pi r^3 \varrho}{3 b^3 K} \qquad (171)$$

Wir haben nun zwei Gleichungen mit den zwei Unbekannten z und r. Die Lösung lautet

$$r = \sqrt{WK \frac{9\, b^3 \eta}{2\, e}} \tag{172}$$

$$z = \frac{6 \pi \eta W}{e\,.} \cdot \sqrt{WK \frac{9\, b^3 \eta}{2\, e}} \tag{173}$$

In dieser Form treten die Gleichungen erst in der viel späteren Arbeit von PAULI und VALKÓ auf. Sie wurden jedoch auf genau dieselbe Weise offenbar bereits von DUCLAUX benützt. Es ist zu beachten, daß die Wanderungsgeschwindigkeit und die Elementarladung in derselben Einheit auszudrücken sind. In elektrostatischer Einheit z. B.

$$e = 4{,}77 \,.\, 10^{-10} \text{ und } W = W^* \,.\, 300$$

wenn W* die Wanderungsgeschwindigkeit unter dem Einfluß der Feldstärke von 1 Volt pro Zentimeter bedeutet. Für die Viskosität wird im allgemeinen der Wert für das reine Lösungsmittel benützt, da eine Korrektur bei dem näherungsweisen Charakter der verwendeten Beziehungen keinen Sinn hat.

DUCLAUX hat für die Wanderungsgeschwindigkeit die von ihm nach der HITTORFschen Methode bestimmten Werte eingesetzt, für das spezifische Gewicht das des Anhydrids, bzw. Trockenrückstandes, die Größe b hat er aus dem Molekularvolumen berechnet. Das Kolloidäquivalent leitete er aus der Leitfähigkeit nach der klassischen Theorie ab. Ein Beispiel möge seine Berechnungsweise erläutern.

Ein Thoriumhydroxydsol besitzt die analytische Zusammensetzung:

$$Th\,(NO_3)_4 \,.\, 10\, ThO_2$$

Die Wanderungsgeschwindigkeit der Kolloidionen ergibt sich zu $3 \,.\, 10^{-4}$, diejenige der NO_3-Ionen beträgt bei unendlicher Verdünnung $7{,}2 \,.\, 10^{-4}$. Der Wert $k/u + v$ ($u + v = 10{,}2 \,.\, 10^{-4}$) ergibt die Äquivalentkonzentration zu 25% der analytischen Konzentration der NO_3-Ionen, 11 Atome Th entfallen also auf ein freies NO_3.

Das spezifische Gewicht des Anhydrids ist 8, 1 Grammatom davon wiegt 264 g. Ein Teilchen enthält also $(N/264) \,.\, (4\, r^3\, 8/3 \,.\, 11)$ NO^3-Ionen, oder

$$z = 7 \,.\, 10^{21}\, r^3$$

Die treibende Kraft bei der Wanderung ist also

$$F = 7 \,.\, 10^{21}\, r^3 \,.\, 4{,}77 \,.\, 10^{-10} = 33 \,.\, 10^{11}\, r^3$$

Die Reibungskraft beträgt bei der Wanderungsgeschwindigkeit $W = 3 \,.\, 10^{-4} \,.\, 300$ und $\eta = 8{,}9 \,.\, 10^{-3}$

$$F = 6\, r \,.\, 8{,}9 \,.\, 10^{-3} \,.\, 9 \,.\, 10^{-2}$$

Man erhält daraus

$$r = 6{,}8 \,.\, 10^{-8}\ \text{cm}$$

$$z = 2{,}6$$

Ein Kolloidteilchen des Thoriumhydroxydsols würde also im Mittel $6{,}8 \,.\, 10^{-8}$ Radius besitzen und im Durchschnitt 2,6 Elementarladungen tragen.

Die folgende Tabelle enthält DUCLAUXs Ergebnisse auch an anderen Kolloiden, die er auf dieselbe Weise untersucht hat.

Tabelle 56. Teilchengröße und Wertigkeit nach J. DUCLAUX

Sol	r . 10^7 cm	z
Thoriumhydroxyd	0,68	2,6
Kupferferrozyanid	4,65	18
Preußischblau	5,2	24
Eisenhydroxyd	1,95	10
Gummi arabicum	1,65	3,4
Wolframsäure	0,55	2,9

DUCLAUX bespricht die der Berechnung zugrunde gelegten Annahmen. Die Dichte der Kolloidionen braucht nicht identisch zu sein mit der des Anhydrids, das Kolloidion wird keine Kugelform haben, daß STOKESsche Gesetz ist vielleicht nicht anwendbar bei nahe molekularen Dimensionen Die Voraussetzung für seine Berechnung, die Proportionalität zwischen Ladungszahl und Wanderungsgeschwindigkeit, findet er an einem Eisenhydroxydsol experimentell nicht bestätigt. DUCLAUX glaubt, daß die Reibung der Kolloidionen in hohen Konzentrationen eine bremsende Flüssigkeitsströmung verursacht, welche die Wanderungsgeschwindigkeit herabsetzt.

Aus seinen Daten berechnet DUCLAUX das Molekulargewicht des Kolloidions (M), die Anzahl der gesamten Gegenionen pro Teilchen (die Gesamtladung Z) und die Anzahl der Gegenionen pro Quadratzentimeter Oberfläche (S). Aus den letzteren ergibt sich ein mittlerer Abstand der Ladungen zwischen 0,3 und 3,5 . 10^{-7}cm, die Kolloidionen werden also in manchen Fällen beinahe vollständig von den ionogenen Komplexen bedeckt.

Tabelle 57. Teilchengewicht und Gesamtladung nach J. DUCLAUX

Sol	M	Z	S . 10^{-14}
Thoriumhydroxyd	7000	10	1,8
Kupferferrozyanid	700000	2250	9
Preußischblau	1000000	1850	5,8
Eisenhydroxyd	115000	30	0,7
Gummi arabicum	16000	4	0,12
Wolframsäure	1900	(6)	1,06

Leider ist der Zusammenhang zwischen Wertigkeit und Radius nicht so einfach, wie dieser Berechnungsweise zugrunde gelegt wird. Sie würde nur gelten, wenn der Einfluß der die Teilchen umgebenden Ionenatmosphäre auf die Beweglichkeit der Kolloidionen zu vernachlässigen wäre. Das ist bei den gewöhnlichen molekulardispersen Ionen in hoher Verdünnung in der Tat der Fall. Bei Kolloidionen ist es jedoch der komplizierte, genau gar nicht gekannte Zusammenhang zwischen Ladungsdichte und Potential, welcher die Erscheinung beherrscht.

In der Sprache der modernen Elektrolyttheorie drückt sich die Sachlage, wie von PAULI und VALKÓ ausgeführt wurde, folgendermaßen aus. Die Äquivalentkonzentration, welche von DUCLAUX errechnet wird, ist annähernd gleich der freien Ladung der Gegenionen. Sie unterscheidet sich von der Gesamtladung um den Beweglichkeitskoeffizienten:

$$z = Z f_{\mu}^{G}$$

(z: freie Ladung der Gegenionen, Z: Gesamtladung der Gegenionen, f_{μ}^{G}: Beweglichkeits-[Leitfähigkeits-]koeffizient der Gegenionen).

Wenn nun der Leitfähigkeitskoeffizient zugleich die Wirkung der Ionenatmosphäre auf das Potential an der Oberfläche der Kolloidteilchen ausdrückt, wenn also Beweglichkeitskoeffizient von Gegenion und Kolloidion einander gleichgesetzt werden dürften,

$$f_\mu^G = f_\mu^{Koll.}$$

dann ist die DUCLAUXsche Berechnungsweise richtig.

Im anderen Falle gilt jedoch:

$$z_{Koll.} = Z\, f_\mu^{Koll.} = z \frac{f_\mu^{Koll.}}{f_\mu^G}$$

Die richtigen Gleichungen lauten dann:

$$r = \sqrt{WK \frac{9\, b^3 \eta}{2\, e} \frac{f_\mu^G}{f_\mu^{Koll.}}}$$

und

$$z = \frac{6 \pi \eta W}{e} \sqrt{WK \frac{9\, b^3 \eta}{2\, e} \frac{f_\mu^G}{f_\mu^{Koll.}}}$$

Wenn unter dem Einfluß der interion schen Kräfte die Beweglichkeit der Gegenionen weniger gehemmt wird, als diejenige des hochwertigen Kolloidions, so zeigt die DUCLAUXsche Berechnungsweise einen kleineren Radius und eine kleinere Wertigkeit an, als der Wirklichkeit entspricht. Formal wäre die Gültigkeit der Proportionalität von Ladungszahl und Wertigkeit (bei derselben Beweglichkeit) erhalten, unter der Wertigkeit verstehen wir dann die freie Ladung des Kolloidions, welche von derjenigen des Gegenions verschieden ist.

In der Tat sind die berechneten Werte von DUCLAUX unwahrscheinlich niedrig. Dasselbe gilt für die kolloide Kieselsäure. PAULI und VALKÓ haben auf Grund ihrer analytischen Daten für eine Kieselsäure nach GRAHAM unter Annahme von $f_\mu^G = f_\mu^{Koll.}$ den mittleren Radius zu $60 \cdot 10^{-8}$ cm berechnet. Die freie Ladung der Gegenionen ergab sich dabei zu 13 pro Teilchen.

Berechnung der Wertigkeit aus der Teilchengröße. Wenn man die Gültigkeit der STOKES-Formel annimmt und das Kolloidion als eine geladene Kugel in einem isolierenden Medium betrachtet, so läßt sich aus der (etwa durch Auszählung) bekannten Teilchengröße und Beweglichkeit die Ladungszahl berechnen. Auf diese Weise hat zuerst L. ROLLA für seine feinteiligen Edelmetallsole rund drei Ladungen pro Teilchen ausgerechnet. Mc. C. LEWIS erhielt für die BURTONschen Edelmetallteilchen mit dem Radius 4 10^{-5} cm rund 1300 Ladungen, für seine Ölsuspensione mit dem Radius $2 \cdot 10^{-5}$ cm rund 1000 Ladungen. Man hat wiederholt versucht, den Zusammenhang zwischen Gesamtladung und Radius des Kolloidteilchens auf Grund der Doppelschichttheorie zu ermitteln. Diese Versuche müssen daran scheitern, daß die Kapazität der Doppelschicht nicht genau bekannt ist.

G. v. HEVESY hat unter Anwendung der Formel für den Kugelkondensator Berechnungen angestellt. Für den Abstand der Belegungen wurde $5 \cdot 10^{-7}$ cm eingesetzt. Nach der DEBYEschen Theorie entspricht dieser Wert einem etwa 10^{-2} normalen Elektrolyten, bzw. einer Lösung von der gleichen ionalen Konzentration. Durch diese Elektrolytkonzentration wird jedoch die freie Ladung häufig erheblich herabgesetzt.

An dieser Stelle sei darauf hingewiesen, daß die Dielektrizitätskonstante für den Zusammenhang zwischen Ladung und Wanderungsgeschwindigkeit keine Rolle spielt. Sie kommt sowohl in der Potentialfunktion der Wanderungsgeschwindigkeit, als auch in der Ladungsfunktion des Potentials vor, bei Kombination der beiden fällt sie heraus. Der Umstand, daß die Dielektrizitätskonstante an der Trennungsfläche Kolloidion/Lösungsmittel ganz andere Werte annehmen kann, wie in der Lösung, ist für den betrachteten Zusammenhang belanglos, wohl aber kann er für die Größe des Potentials bestimmend sein.

v. HEVESY legt seiner Berechnung eine mittlere Wanderungsgeschwindigkeit von $5 \cdot 10^{-4}$ cm pro Sekunde zugrunde. Seine Werte bedürfen im Sinne der DEBYE-HÜCKELschen Gleichung für die Ladung einer Korrektur von + 50% (Zahlenfaktor $^1/_6$ statt $^1/_4$). Die folgende Tabelle enthält die von ihm berechneten Werte der Ladungszahl für bestimmte Radien ohne die Korrektur.

Tabelle 58. Teilchengröße und Wertigkeit, berechnet von G. v. HEVESY

r in mμ	z ber. aus $e = \zeta D r$	z ber. aus $e = \frac{\zeta D (r + d)}{d}$
0,24	1	1
0,48	2	2,2
0,72	3	3,3
0,96	4	4,6
1,2	5	6,0
2,4	10	14,3
12	50	164
24	100	550
240	1000	47300

Bei niedrigen Radien unterscheiden sich die Werte praktisch nicht voneinander, für große Radien wird die Abweichung immer merklicher. Nach der Kondensatorformel wächst dann die Ladung mit dem Quadrat des Radius. Weder für die Werte von DUCLAUX, noch für die von PAULI und VALKÓ führt die Anwendung der Kondensatorformel zu einer nennenswerten Abänderung. Erst von 10 mμ aufwärts liefert die Gleichung größenordnungsmäßig höhere Werte für die Ladung wie die STOKESsche. Bei 1 μ beträgt die Abweichung rund das 500fache ($r/d \sim 500$).

Die Berechnungsweise von v. HEVESY wird öfters unrichtig gebraucht. Die so berechneten Werte faßt man nämlich häufig als die freie Ladung der Gegenionen auf. Das wäre nur richtig, wenn die Ionenatmosphäre das Potential an der Oberfläche der Teilchen herabsetzen würde, ohne daß dadurch zugleich die Kolloidionen eine Bremswirkung auf die Beweglichkeit der Gegenionen ausüben würden. Die freie Ladung der Kolloidionen muß einen niedrigeren Wert haben als die berechnete Gesamtladung.

Zusammenhang der Teilchengröße und Wertigkeit auf Grund experimenteller Daten. Es ist von höchstem Interesse, den Zusammenhang zwischen Wertigkeit und Radius experimentell zu prüfen. Dazu ist notwendig, daß außer dem Kolloidäquivalent auch die Teilchenzahl der Kolloidionen bestimmt wird. An Hand des verfügbaren recht spärlichen Materials haben F. L. USHER, W. REINDERS und PAULI-VALKÓ fast gleichzeitig derartige Berechnungen vorgenommen.

USHER hat eine Gummiguttsuspension untersucht. Sie wurde durch fraktionierte Zentrifugierung isodispers gemacht. Die Teilchengröße wurde aus der

Fallgeschwindigkeit und durch ultramikroskopische Auszählung in guter Übereinstimmung ermittelt. Der Radius betrug danach $1{,}3 \cdot 10^{-5}$ cm. Die Wanderungsgeschwindigkeit im U-Rohr ergab $1{,}14 \cdot 10^{-4}$ cm pro Sekunde. Die Gesamtladung wurde durch Neutralisation mit Fe^{+++}-Ionen und analytische (kolorimetrische) Bestimmung der dabei verbrauchten Eisenmenge ermittelt.[1] Sie ergab sich zu rund $1 \cdot 10^{6}$ Fe^{+++}-Ionen pro Teilchen. (Wir berechnen daraus eine monomolekulare Bedeckung.) Aus der Wanderungsgeschwindigkeit berechnete USHER die folgenden Ladungswerte in elektrostatischer Einheit:

Tabelle 59

Berechnungsweise nach:	Ladung
HELMHOLTZ	$1{,}7 \cdot 10^{-5}$ e. s. Einheiten
GOUY	$7{,}4 \cdot 10^{-8}$ „ „
STOKES	$9{,}9 \cdot 10^{-8}$ „ „
Gef. Gesamtladung ..	$1{,}5 \cdot 10^{-3}$ „ „

Für die HELMHOLTZsche Doppelschicht wurde eine Dicke $d = 5 \cdot 10^{-8}$ cm, für die GOUYsche eine von $1 \cdot 10^{-4}$ cm angenommen. Die Gesamtladung fand sich etwa hundertmal größer als die nach HELMHOLTZ berechnete. Erst bei einer unmöglichen Doppelschichtdicke von $57 \cdot 10^{-10}$ cm würde sich eine Übereinstimmung ergeben.

USHER erklärt die Abweichung dadurch, daß die Gummigutteilchen nur unvollständig dissoziiert sind, aber bei der Neutralisation auch die Gegenionen der undissoziierten Oberflächenmoleküle ausgetauscht werden. In der Tat ist diese Erklärung die naheliegendste. Ob die Berechnungen bzw. welche von ihnen bezüglich der freien Ladung Übereinstimmung ergeben würde, läßt sich bei dem Mangel einer Bestimmung der freien Ladung hier nicht prüfen. Damit gehört dieser interessante Versuch eigentlich nicht zu dem hier betrachteten Problem. Um so mehr trifft dies für den Vergleich zu, welchen USHER in dieser Arbeit mit den Werten von PAULI und M. ADOLF am Goldsol durchführt. Diese Autoren haben das Kolloidäquivalent eines Goldsols mit Hilfe von Leitfähigkeitstitration der Gegenionen (H^{+}) bestimmt. Durch Auszählung wurde der mittlere Teilchenradius zu $2{,}7 \cdot 10^{-6}$ cm ermittelt. Auf ein Teilchen entfallen 57000 Ladungen. Daraus würde die Beweglichkeit bei Vernachlässigung der Ionenatmosphäre sich zu $2{,}8 \cdot 10^{-1}$ berechnen lassen, während sie in der Wirklichkeit höchstens $4{,}10^{-4}$ betragen kann. Die Abweichung ist etwa 700fach (die Kondensatorformel nach der Tabelle von HEVESY würde nur eine 6fache Abweichung, jedoch auch nur in bezug auf die Gesamtladung, während hier von freier Ladung die Rede ist, gestatten). USHER führt die Diskrepanz darauf zurück, daß die H^{+}-Ionenbestimmung mit Hilfe der Leitfähigkeitstitration die Gesamtladung und nicht die freie Ladung liefert. Dem ist entgegenzuhalten, daß die Leitfähigkeit mit der konduktotitrimetrisch ermittelten H^{+}-Konzentration übereinstimmt.

Mit Hilfe der HEVESY-Formel erhielt G. WIEGNER für Tonteilchen vom Radius

[1] Diese Methode ist eine Weiterentwicklung des von E. F. BURTON zuerst benutzten Verfahrens. BURTON bestimmte nämlich die Aluminiumkonzentration, die notwendig war, um die Teilchen eines Gold oder Silbersols völlig zu entladen, und nahm an, daß diese der Ladung des Sols äquivalent ist.

$2{,}5 \times 10^{-5}$ cm 78000 Ladungen. Anderseits beträgt die beim Basenaustausch substituierbare Gegenionenmenge $3{,}68 \times 10^{8}$ Ionen pro Teilchen. 5000mal so viel Gegenionen und daher austauschbar, als für das ζ-Potential nach der HELMHOLTZ-Formel wirksam. G. WIEGNER nimmt an, daß nur $^{1}/_{5000}$ der Gegenionen an der Oberfläche der Sekundärteilchen sitzt, die übrigen $^{4999}/_{5000}$ auf der inneren Oberfläche, d. h. an der Oberfläche der Primärteilchen innerhalb der Kanäle des Aggregates sich befinden und aus diesem Grund elektrokinetisch inaktiv sind.

Die Betrachtungen USHERS über die Gummiguttsuspension lassen sich ohne weiteres auch auf die Ölsuspensionen übertragen, deren elektrische Ladungsverhältnisse neulich von W. D. HARKINS erörtert wurden. Durch Bestimmung der adsorbierten Seifenmenge läßt sich errechnen, daß die Öltröpfchen an ihre Oberfläche eine monomolekulare Schicht von Seife festhalten. Ein Ölteilchen von 1 μ Radius würde daher rund 10000000 Oleationen an der Oberfläche enthalten. Unter Annahme einer mittleren Wanderungsgeschwindigkeit läßt das STOKESsche Gesetz unter Vernachlässigung der Ionenhülle nur 2,400 Ladungen pro Teilchen berechnen. Das Verhältnis der beiden Zahlen wird von HARKINS als Ionisationsgrad aufgefaßt.

W. REINDERS hat in einem in Amsterdam über die elektrische Ladung der Kolloide gehaltenen Vortrag auf Grund der analytischen Daten von R. WINTGEN, der an einem Eisenhydroxyd einen mittleren Teilchenradius durch ultramikroskopische Auszählung ermittelt hat, die Anwendbarkeit der STOKEschen Formel geprüft. Während nach der Leitfähigkeit auf ein Teilchen 10320 Ladungen entfallen, ergibt die STOKESsche Formel für unendliche Verdünnung ($W = 3 \cdot 10^{-4}$ cm/sec; $r = 50$ bis $100\, m\mu$) die Ladungszahl zu 180 bis 360. Die Abweichung ist also 30- bis 60fach. Im Sinne der DEBYEschen Formel würde sich daraus (die Doppelschichtdicke) $1/\omega$ gleich $1{,}6 \cdot 10^{-7}$ cm ergeben, ein Wert, welcher der ionalen Konzentration von etwa $4 \cdot 10^{-2}$ entspricht. Unerklärt bleibt jedoch, daß die Abnahme der Gegenionenbeweglichkeit infolge der interionischen Kräfte um das 30- bis 60fache hinter der Abnahme der Kolloidbeweglichkeit zurückbleibt. Diese Schwierigkeit wird auch durch den Hinweis von REINDERS auf die DEBYE-Theorie nicht beseitigt.

PAULI und VALKÓ berechneten für verschiedene Sole die Ladung einerseits auf Grund der Wanderungsgeschwindigkeit und der STOKESschen Formel, anderseits aus den elektrochemischen Daten, bei denen ein Wert für die Teilchengröße zur Verfügung stand. In folgendem ist ihre Tabelle mit einigen Abänderungen wiedergegeben.

Unter z_{I} stehen die durch Kombination der experimentell bestimmten Normalität des Sols (oder was auf dasselbe herauskommt, auf Grund des Kolloidäquivalents) und der Teilchenzahl berechneten Werte der freien Ladung der Gegenionen. z_{II} ist auf Grund der STOKESschen Formel aus der Wanderungsgeschwindigkeit und dem Teilchenradius berechnet. Z stellt die experimentellen Werte für die Gesamtladung pro Teilchen dar. Die letzten Spalten enthalten die Werte für das Verhältnis der Leitfähigkeitskoeffizienten von Kolloidion und Gegenion unter der Annahme, daß das STOKESsche Gesetz bei unendlicher Verdünnung gültig ist. Der erste Wert ist unter der Voraussetzung berechnet, daß die Gegenionen vollständig abdissoziiert sind (Assoziationsgrad $\beta = 0$), d. h. es wurde auf die Gesamtladung bezogen, dem zweiten Wert ist ein maximaler Assoziationsgrad zugrunde gelegt, bei dem also der Nettoleitfähigkeitskoeffizient der Gegenionen f_{μ}^{G} gleich 1 ist.

Für Ovalbuminchlorid wurde r aus dem Molekulargewichte (bestimmt durch

SÖRENSEN mit Hilfe des osmotischen Druckes und neuestens durch SVEDBERG mittels der Ultrazentrifuge) und dem spezifischen Gewicht berechnet ($4/3\, r^3 \pi \varrho N = M$). Die Normalitäten des Sols in bezug auf freie Ionen (z_i) und auf die Gesamtladung (Z) wurden aus den Leitfähigkeits- und Aktivitätsbestimmungen von PAULI-FRISCH-VALKÓ in dem Zustande der maximalen Aufladung des Sols berechnet. Die Wanderungsgeschwindigkeit wurde mit Hilfe des SVEDBERGschen Wertes (in Anwesenheit von Puffer) unter Berücksichtigung der überschüssigen Säurekonzentration abgeschätzt.

Tabelle 60. Diskrepanz der gefundenen und berechneten Ladung nach PAULI-VALKÓ

Sol	$W.10^5$ cm/sec	$r.10^7$ cm	z_I	z_{II}	Z	f_μ^G/f_μ^{Koll} $\beta = 0$	f_μ^G/f_μ^{Koll} β max
I Albuminchlorid.	30	2,2	21	6	30	3	5
II Cr_2O_3	25	2,5	30	7	100	4	15
III Fe_2O_3	25	21,1	10000	68	90000	150	1300
IV Fe_2O_3	25	16	6500	51	65000	130	1300
V Fe_2O_3	17	32,5	6000	61	115000	100	2000
VI Fe_2O_3	17	34	65000	65	200000	1000	3000

Für das Chromoxydsol wurde r mit Hilfe eines Wertes für den mittleren Abstand der Chromatome $b = 4 \,.\, 10^{-8}$ cm aus den Schätzungen von BJERRUM abgeleitet. W stellt hier ebenfalls einen reinen Schätzungswert dar.

Die Eisenhydroxydsole III und IV wurden von R. WINTGEN und M. BILTZ untersucht. Diese Autoren haben zuerst die ultramikroskopische Auszählung an einem Sol mit der Bestimmung eines Kolloidäquivalentes kombiniert. Das eine Sol diente auch für die obige Berechnung von REINDERS. W ist unter Anlehnung an die experimentellen Daten geschätzt. Auf dieselbe Weise wurden die Werte für die Eisenhydroxydsole V und VI auf Grund der Daten von PAULI und N. KÜHNL gewonnen. Als mittlerer Abstand der Eisenatome diente bei den Eisenhydroxydsolen $4 \,.\, 10^{-8}$ cm.

Wir sehen ausnahmslos, daß die Ladungszahl, welche man dem Kolloidion auf Grund seiner Teilchengröße und Wanderungsgeschwindigkeit zuschreiben würde, nicht nur einen Bruchteil der von ihm wirklich getragenen Gesamtladung, sondern auch der freien Ladung der Gegenionen beträgt. Mit anderen Worten: Der Leitfähigkeitskoeffizient des Kolloidions nimmt viel schneller ab, als derjenige der Gegenionen. Ein Vergleich mit der Tabelle von HEVESY lehrt uns, daß die Korrektur nach der Kondensatorformel bei Zugrundelegung der von ihm angenommenen Doppelschichtdicke bei weitem nicht ausreicht, um die Abweichung verschwinden zu lassen. Eine kleinere Doppelschichtdicke ist jedoch im Sinne der Theorie der diffusen Doppelschicht und mit Rücksicht auf die kleine Äquivalentkonzentration der Lösung (solange man wenigstens die ionale Konzentration nicht allzu groß annimmt) nicht zu erwarten. Wohl kann man mit einem großen Potential an der Teilchenoberfläche rechnen, zumal die Berechnungen für die Flächendichte der Ladung abnorm hohe Werte ergeben. Dann kann man die DEBYE-HÜCKELsche Vereinfachung bezüglich des Zusammenhanges von Ladungsdichte und Potential nicht machen und muß vielmehr annehmen, daß die Ionenatmosphäre das Potential stärker herabsetzt. Es ist aber auch in diesem Falle nicht recht zu verstehen, wieso die Leitfähigkeitskoeffizienten der Gegenionen in viel geringerem Ausmaße erniedrigt werden.

Wir stellen also eine außerordentliche Diskrepanz in dem Sinne fest, daß die

Ionenatmosphäre anscheinend das Potential an der Oberfläche der Kolloidionen viel stärker herabsetzt, als die Gegenionen selbst durch das Kolloidion in ihrer Beweglichkeit gebremst werden.

Als Ursachen der Abweichung, die von der Doppelschichttheorie unabhängig sind, kommen in Betracht:

1. Unregelmäßige Gestalt der Teilchen und dadurch bedingte hohe hydrodynamische Reibung.

2. Größere Atomabstände, infolge Dehnung durch zwischengelagerte Wassermoleküle. Dieser Effekt kann kaum mehr als einige Prozente betragen.

3. Starke Polarisation der umgebenden Wassermoleküle und ihre Drehung bei der Bewegung (elektrodynamische Hydratation im Sinne von M. BORN). Dieser Effekt setzt bereits die Beweglichkeit von elektrolytischen Ionen unter Umständen auf $^1/_4$ jenes Wertes herab, welchen man aus der STOKESschen Gleichung ermittelt.

4. Die fehlerhafte Bestimmung der mittleren Teilchengröße infolge Anwesenheit von Amikronen. Eine kleine Masse von Amikronen kann bereits die Wertigkeit um Größenordnungen herabsetzen.

Vor einigen Monaten konnte H. MÜLLER mittels eines von ihm angegebenen graphischen Verfahrens die bisher genaueste Schätzung des Radius und der Gesamtladung von Arsentrisulfidkolloidionen auf Grund der Theorie der diffusen Doppelschicht vornehmen. Er erhielt für den Radius den Wert 15,8 mμ und für die Gesamtladung den Wert 86 pro Teilchen. Unter Vernachlässigung der Ionenatmosphäre würden wir dann einen um 70% höheren Wert für die Wanderungsgeschwindigkeit berechnen $\left(\text{aus } W = \frac{z\,e}{6\,\pi\,r\,\eta}\right)$. Die Erniedrigung des Potentials durch die Gegenionen beträgt danach rund 40%. Leider liegt eine elektrochemische Analyse dieses Sols nicht vor. Wenn wir annehmen, daß die analoge Berechnung nach MÜLLER auch für die in der obigen Tabelle mitgeteilten Sole ähnliche Resultate liefern würde, dann wäre die Kluft zwischen den elektrochemisch ermittelten und den berechneten Werten der Ladungszahlen kaum überbrückbar. Bei den Edelmetallsolen wächst dieser Widerspruch noch ganz gewaltig an.

Literaturverzeichnis

BJERRUM, N.: Z. f. phys. Ch. **110**, 656 (1924). — DUCLAUX, J.: Journ. Phys. Chem. **7**, 407 (1909). — HARKINS, W. D.: Coll. Symp. Mon. **6**, 17 (1928). New York, — HEVESY, G. v.: Koll. Z. **21**, 129 (1917). — MACLEWIS, Wm C.: Koll. Z. **4**, 209. 211 (1909). — MÜLLER, H.: Koll. Beih. **26**, 257 (1928). — PAULI, WO., und M. ADOLF: Koll. Z. **34**, 29 (1924). — DERSELBE und N. KÜHNL: Koll. Beih. **20**, 319 (1925). — DERSELBE, J. FRISCH und E. VALKÓ: Bioch. Z. **164**, 401 (1925). — DERSELBE und E. VALKÓ: Z. f. phys. Ch. **121**, 161 (1926). — REINDERS, W.: Chem. Weekblad. **23**, 130 (1926). — ROLLA, L.: Atti Accad. Lincei (5) **17**, 650 (1908). — SVEDBERG, THE: Z. f. phys. Ch. **121**, 65 (1926). — USHER, F. L.: Trans. Far. Soc. **21**, 406 (1925). — WIEGNER, G.: Koll. Z. **36**, Erg.-Bd. 341 (1925). — WINTGEN, R., und M. BILTZ: Z. f. phys. Ch. **107**, 414 (1923).

30. Die Leitfähigkeit der Kolloide und der Diaphragmen

Die begriffliche Behandlung der Leitfähigkeit der Kolloide wurde im Kapitel 4 dargestellt. Danach erhält man die spezifische Leitfähigkeit einer Lösung, gleichgültig ob sie ein Kolloidsalz enthält oder nicht, auf Grund des KOHLRAUSCHschen Gesetzes der unabhängigen Wanderung *(57)*

$$\varkappa = \sum_i n_i u_i$$

wobei n_i die Äquivalentkonzentration der i-ten Ionensorte, u_i ihre Beweglichkeit bedeuten.

Der Anteil des Kolloidsalzes an der Leitfähigkeit ergibt sich daraus

$$\varkappa_{Koll} = \frac{a}{N} \cdot Z_o (u + v)$$

worin a die Teilchenzahl, Z_o die mittlere Gesamtladung pro Teilchen, u die Beweglichkeit des Kolloidions und v die mittlere Beweglichkeit der Gegenionen bedeutet. $\frac{a}{N} Z_o$ ist die elektrochemische Äquivalentkonzentration des Kolloidsalzes in bezug auf die Gesamtladung.

Man könnte auch mit den Leitfähigkeitskoeffizienten und den Beweglichkeiten bei unendlicher Verdünnung rechnen *(62)*:

$$\varkappa_{Koll} = \frac{a}{N} Z_o (u_\infty f_\mu^{Koll} + v_\infty f_\mu^G)$$

doch ist die Beweglichkeit des Kolloidions bei unendlicher Verdünnung eine dem Experiment völlig unzugängliche Größe, so daß man auf ihre Benutzung besser verzichtet.

Theoretische Berechnung der Kolloidleitfähigkeit. Diese Beziehung reicht nicht aus, um die Leitfähigkeit des Kolloidsalzes (die Eigenleitfähigkeit des Kolloides) in einem Hydrosol zu berechnen, u und v wäre unter günstigen Umständen durch eine HITTORFsche Überführung erfaßbar, die Äquivalentkonzentration des Kolloidsalzes aZ_0/N ist jedoch dadurch nicht zu ermitteln.

Nimmt man jedoch die Kenntnis der Teilchenzahl und Teilchengröße als gegeben an, so wäre nur noch die der Wertigkeit zur Berechnung der Äquivalentkonzentration notwendig.

H. NORDENSON hat die Wertigkeit aus der STOKESschen Formel für die isolierte Kugel $z = 6 \pi \eta r W$ *(118)* berechnet, also eine einfache Proportionalität zwischen Teilchengröße und Wertigkeit vorausgesetzt. Auf diese Weise findet er, daß ein Silbersol von der Teilchengröße 25 $m\mu$ und einer Silberkonzentration 1×10^{-3} Mol pro Liter eine spezifische Leitfähigkeit von $\varkappa = 3{,}7 \times 10^{-8} \Omega$, also einen unmeßbar kleinen Wert haben müßte. Er bemerkt, daß die von J. DUCLAUX gemessenen hohen Werte der Leitfähigkeit mit seiner Berechnung im Widerspruch stehen.

Es handelt sich hier im wesentlichen um dieselbe Art der Berechnung, wie sie von J. DUCLAUX vorgenommen wurde. Während jedoch DUCLAUX aus der Leitfähigkeit die Teilchengröße und Wertigkeit ableitet, will NORDENSON auf Grund der Teilchengröße die Leitfähigkeit angeben. Die von DUCLAUX gemessenen hohen Werte der Leitfähigkeit findet NORDENSON aus dem Grunde der Erwartung widersprechend, weil er die daraus abgeleiteten Werte der Teilchengröße (ein Thoriumoxydsol mit $r = 6,8 \times 10^{-8}$ cm!) als unwahrscheinlich niedrig ablehnt.

Unter der Voraussetzung der Gültigkeit der Formel *(118)* leitet NORDENSON die Beziehung ab, daß die Leitfähigkeiten von einem und demselben Kolloid der gleichen Gewichtskonzentration, jedoch verschiedenen Dispersitätsgrades sich umgekehrt verhalten wie die Quadratwurzel der Radien. Es gilt nämlich für ein Teilchen, daß die Ladungszahl dem Radius proportional ist

$$\frac{z_1}{z_2} = \frac{r_1}{r_2}$$

und die Teilchenzahl bei derselben Konzentration umgekehrt proportional ist der dritten Potenz des Radius

$$\frac{a_1}{a_2} = \frac{r_2^3}{r_1^2}$$

Da die Gesamtleitfähigkeit des Kolloides aus dem Produkte von Teilchenzahl und Wertigkeit gegeben ist, so gilt

$$\frac{\varkappa_1}{\varkappa_2} = \frac{a_1 z_1}{a_2 z_2} = \frac{r_2^2}{r_1^2}$$

Daraus folgert NORDENSON, daß die Leitfähigkeit der Sole hauptsächlich von dem feinst dispersen Anteil herrührt. Qualitativ ist dies sicher richtig, quantitativ jedoch leidet auch diese Berechnung an der Natur der Relation $\frac{z_1}{z_2} = \frac{r_1}{r_2}$, die nur dann gilt, wenn der mittlere Abstand der Gegenionen von dem betrachteten Ion viel größer ist als der Radius des Ions, was bei den Kolloidionen sicher nicht der Fall ist.

Von diesem Gesichtspunkte aus muß heute wohl auch die seinerzeitige Überlegung von HEVESY betrachtet werden, der die Leitfähigkeit der Sole aus der Wanderungsgeschwindigkeit mit Hilfe der Kondensatorformel der Doppelschicht abzuleiten versuchte. Er geht aus von der Gültigkeit der Formel *(123)*:

$$z\,\varepsilon = \frac{4\pi\eta\,W\,r\,(r+d)}{d}\ ^{1}$$

(W: die Wanderungsgeschwindigkeit, d: die Doppelschichtdicke, ε: Elementarladung, z: die Anzahl der Ladungen pro Teilchen, η: Viskosität des Mediums, r: Teilchenradius.)

Die Leitfähigkeit ergibt sich als Produkt von Teilchenzahl, Wertigkeit und Wanderungsgeschwindigkeit.

$$\varkappa = \frac{a\,4\pi\eta\,W\,r\,(r+d)}{N\,d} \cdot W.$$

V. HEVESY setzt für die Dicke der Doppelschicht den Wert $5 \times 10^{+7}$ cm, für die Wanderungsgeschwindigkeit den Wert 5×10^{-5} cm pro Sekunde ein und kann somit für jede Teilchenzahl die Leitfähigkeit berechnen. Für eine 0,1%ige Lösung des kolloiden Goldes ermittelt sich z. B. bei einem Teilchenradius von $r = 1 \times 10^{-7}$ cm $\varkappa = 5 \times 10^{-6}$r, für den Teilchenradius $r = 1 \times 10^{-6}$, $\varkappa = 1,2 \times 10^{-7}$r und für $r = 1 \times 10^{-5}$, $\varkappa = 8,4 \times 10^{-9}$r. Bedenkt man, daß die kolloiden Goldlösungen gewöhnlich eine um eine halbe Größenordnung

[1] HEVESY benutzt noch den SMOLUCHOWSKIschen Zahlenfaktor 1/4.

niedrigere Gewichtskonzentration besitzen, so ergibt sich, daß auch die feinteiligen keinen merklichen Beitrag zur Leitfähigkeit liefern könnten.

Hevesy betrachtet den Leitungsmechanismus der Kolloide entsprechend der früheren Auffassung der elektrischen Doppelschicht: „Die Dispersoide sind keine Träger freier Ladungen, sondern nur von elektrischen Doppelschichten, d. h. die negative Ladung z. B. eines Goldteilchens wird durch die nur zirka 5×10^{-7} cm entfernte positive Ladung von Wassermolekülen oder anderen Ionen kompensiert.“ Diese Auffassung läßt also den Anteil der äußeren Doppelschichtbelegung an der Elektrizitätsleitung unberücksichtigt. Hevesy hebt hervor, daß der letztere sich experimentell noch nicht nachweisen läßt. Seitdem ist die Beteiligung der Gegenionen an dem Stromtransport mit völliger Gewißheit festgestellt worden. Die Berechnung derselben führt, wie schon Hevesy bemerkt hat, zu einem Koeffizienten von etwa 2 (bis 8 bei H^+ als Gegenion), mit welchem der berechnete Wert der Leitfähigkeit multipliziert werden müßte. Der Unterschied in der Berechnungsweise von Hevesy und Nordenson besteht nur darin, daß Hevesy, entsprechend dem das ζ-Potential herabsetzenden Einfluß der Doppelschicht, höhere Werte der Wertigkeit für ein Teilchen derselben Größe errechnet wie Nordenson.

Experimentelle Ermittlung der Kolloidleitfähigkeit. Das experimentelle Verfahren zur Ermittlung der Kolloidsalzleitfähigkeit beruht darauf, den Beitrag der nicht zum Kolloidsalz gehörigen Ionen zur Leitfähigkeit zu berechnen und von dem Werte der gemeinsamen spezifischen Leitfähigkeit zu subtrahieren. Diese Differenzmethode wird um so genauer, je höher der Anteil des Kolloidsalzes an der Leitfähigkeit ist.

Die erste Art der Anwendung dieses Verfahrens fand unter Benützung der Ultrafiltration statt. Die Leitfähigkeit des Ultrafiltrates wird dabei als die Leitfähigkeit der zum Kolloid nichtgehörigen Elektrolyte aufgefaßt. G. Malfitano hat auf diese Weise zunächst höhere Werte für die Leitfähigkeit des Ultrafiltrates erhalten, als das Sol besaß, und schloß daraus, daß die Anwesenheit des Kolloides die Leitfähigkeit der Lösung erniedrigt. J. Duclaux hat dagegen später beträchtliche Werte für die Kolloidsalzleitfähigkeit gefunden, da seine Sole, im Gegensatz zu denjenigen von Malfitano, durch Dialyse gereinigt waren. Von diesem Verfahren haben dann auch A. Lottermoser und E. Maffia und später auch G. Varga, R. Wintgen u. a. in Zsigmondys Institut Gebrauch gemacht. Das Verfahren unterliegt prinzipiellem Bedenken. (Näheres darüber im Kapitel 35.)

Das von Wo. Pauli befolgte Verfahren war die Herstellung gereinigter Sole. Setzt man die Dialyse so lange fort, bis eine konstante Leitfähigkeit erreicht wird, so kann man annehmen, daß die Leitfähigkeit nur von dem Kolloidsalz herrührt und daneben der Beitrag der Verunreinigungen verschwindet. Die theoretische Begründung und Begrenzung des Verfahrens vom Standpunkt der Donnan-Theorie wird im Kapitel 41 gegeben.

Das Verfahren wurde von Pauli durch potentiometrische Kontrolle der Reinheit, sowie vor allem der Bestimmung der hydrolytisch abgespaltenen Säure bzw. Basenmenge ergänzt. Darüber berichtet das nächste Kapitel.

Sowohl Duclaux' als auch Paulis Messungen haben gezeigt, daß die Kolloidelektrolyte beträchtliche Leitfähigkeiten besitzen können. So können

1%ige Lösungen der Oxydsole eine spezifische Leitfähigkeit in der Größenordnung 1×10^{-3} r . Ω aufweisen. Dieselbe Größenordnung wird auch durch 1%ige Eiweißsalze im Maximum ihrer Ionisation erreicht. Höhere Leitfähigkeiten können bei Seifensolen auftreten, in denen sich ein nicht kolloider, molekulardisperser Anteil neben dem kolloiden findet. Es bildet jedoch in konzentrierter Lösung auch hier der auf die Kolloide entfallende Anteil der Leitfähigkeit den größeren Teil der Gesamtleitfähigkeit.

Die Leitfähigkeit der Kolloidsalze hängt von dem Dispersitätsgrade ab. Wenn wir auch die genaue quantitative Beziehung nicht kennen, so ist daran nicht zu zweifeln, daß die dem ionendispersen Zustand nahestehenden Teilchen pro Gewichtseinheit eine um mehrere Größenordnungen höhere Leitfähigkeit haben als die dem grobdispersen Zustand entsprechenden. Die Leitfähigkeit sorgfältig gereinigter Suspensionen ist auch in konzentrierten Lösungen eine sehr geringe, sofern nicht eine ständige Abspaltung molekulargelöster Elektrolyte von der Teilchenoberfläche die Lösung von neuem verunreinigt.

Beim Vergleich der experimentellen Werte der Kolloidsalzleitfähigkeiten mit den auf Grund der Beziehung der Teilchengröße und Wertigkeit berechneten, sowohl nach der Art von NORDENSON wie auch von v. HEVESY, stellt man in denjenigen Fällen, wo die notwendigen Daten zur Verfügung stehen, eine Abweichung in dem Sinne fest, daß die experimentellen Werte der Kolloidsalzleitfähigkeit um Größenordnungen höher liegen. Es handelt sich hier um jene Diskrepanz, welche im Kapitel 26 behandelt wurde. Worin die Ursache dieser Diskrepanz gelegen ist, wissen wir vorläufig nicht, auf die Benützung der HEVESYschen und NORDENSONschen Beziehungen müssen wir jedoch in diesen Fällen verzichten. So lange eine experimentell verifizierte Beziehung zwischen Teilchengröße und Wertigkeit fehlt, ist eine Voraussage der Größenordnung der Kolloidsalzleitfähigkeit nicht möglich.

Beeinflussung der Leitfähigkeit eines Elektrolyten durch Kolloide. Welche Wirkung das Hereinbringen eines Kolloides in eine elektrolythaltige Lösung auf die spezifische Leitfähigkeit hat, hängt hauptsächlich von der Oberflächenreaktion des Kolloides mit dem Elektrolyten ab. Liefert z. B. das zugesetzte Kolloid selbst als Kolloidsalz einen Beitrag zur Leitfähigkeit und reagiert es mit den anwesenden Ionen nicht, so wird die spezifische Leitfähigkeit der Elektrolytlösung erhöht. Wird dagegen eine Kolloidsäure in eine Laugenlösung gebracht, so sinkt die spezifische Leitfähigkeit der Lauge, da infolge der Neutralisation an die Stelle der schnell wandernden OH^--Ionen die langsameren Kolloidionen treten. Läßt man jedoch eine schwache Säure mit einem Kolloid von der Natur einer Lauge reagieren, so wird die spezifische Leitfähigkeit bei einem gewissen Mengenverhältnis der Komponenten erhöht, da die schwache Säure durch das Kolloid zu einem stärker dissoziierten Kolloidsalz neutralisiert wird.

Diese Betrachtungsweise hat bereits J. SJÖQVIST unter ARRHENIUS bei der Untersuchung der Reaktionen der Proteine mit Säuren in vorbildlich exakter Weise im Jahre 1894 durchgeführt.

Bereits von SJÖQVIST wurde die Möglichkeit erörtert, daß die Kolloide durch die räumliche Behinderung der Ionenwanderung die Leitfähigkeit mechanisch herabsetzen. Die bisherigen Untersuchungen haben gezeigt, daß dieser Effekt, wenigstens bei nicht allzu hoher Kolloidkonzentration, zu vernachlässigen ist.

Wiederum eine andere Art der Beeinflussung könnte auf dem Wege der Viskosität erfolgen. Die spezifische Leitfähigkeit einer Lösung müßte ja bei Konstanthalten der anderen Variablen der inneren Reibung des Mediums umgekehrt proportional sein. Bereits ARRHENIUS hat jedoch gezeigt, daß die Salze in einer Gelatinegallerte eine nur wenig niedrigere Leitfähigkeit besitzen als in der Lösung und diese Erfahrung wurde von zahlreichen anderen Forschern bestätigt.

J. WM. MC BAIN und M. E. LAING haben ferner die Beobachtung gemacht, daß eine Seifenlösung bei der Erstarrung zu einer klaren Gallerte ihre Leitfähigkeit innerhalb der Fehlergrenzen nicht ändert (Kapitel 63). H. FREUNDLICH und H. A. ABRAMSON haben neulich mikroskopisch beobachtet, daß Zinkpartikeln in der flüssigen und in der erstarrten Gelatine in ihrer Wanderungsgeschwindigkeit sich nicht unterscheiden. Diese Beobachtungen sprechen dafür, daß die scheinbare Viskosität des Kolloids auf die Leitfähigkeit wenig Einfluß hat.

Eine gute Literaturübersicht über die mechanische Leitfähigkeitsbeeinflussung durch Kolloide bringt die Arbeit von H. BRINTZINGER. Über die Beeinflussung der Leitfähigkeit von Säuren und Basen durch Kolloide berichtet Kapitel 35, speziell durch Proteine Kapitel 42.

Theorie der Oberflächenleitung der Kapillarsysteme. M. v. SMOLUCHOWSKI hat zuerst darauf aufmerksam gemacht, daß in den Systemen, die eine elektrosmotische Wasserüberführung zeigen, die spezifische Leitfähigkeit durch die Oberflächenleitung erhöht werden muß. Die der Wand entgegengesetzten Ladungen bewegen sich mit der Geschwindigkeit der Elektrosmose zu dem einen Pol. Ihr Anteil an dem Stromtransport, d. h. derjenige Teil der Stromstärke (pro Querschnitteinheit des Diaphragma), für welchen sie verantwortlich sind, ist unter dem Einfluß der Feldstärke 1 Volt pro Zentimeter gleich dem Produkt der Dichte der Oberflächenladung pro Diaphragmaquerschnitt mit der elektrosmotischen Geschwindigkeit:

$$J_s = W \cdot \varrho$$

Die elektrosmotische Geschwindigkeit beträgt im Sinne der Doppelschichttheorie

$$W = \frac{D\,\zeta}{4\,\pi\,\eta\,d}$$

Die Ladungsdichte pro Querschnitt des Diaphragmas

$$\varrho = \frac{D\,\zeta}{4\,\pi\,d} \cdot S$$

worin der Bruch die Kapazität der Doppelschicht, S die Gesamtlänge des Querschnittes der wirksamen Oberfläche bedeutet.[1]

[1] Macht man einen Schnitt durch das Diaphragma, so erhält man die Linien, die die Grenzen des Diaphragmenmaterials und des Lösungsmittels zeichnen. S ist die Gesamtlänge dieser Linien. Die Grenzen der geschlossenen Kapillaren rechnet man nicht dazu.

Man erhält daher den durch die Oberflächenleitung bedingten Teil der Stromdichte zu

$$J_s = \frac{S}{\eta} \left(\frac{D \zeta}{4 \pi d} \right)^2$$

Anderseits beträgt der durch die Leitfähigkeit der Lösung bestimmte Teil der Stromdichte bei der Feldstärke 1 Volt pro Zentimeter

$$J_A = A_\varkappa,$$

wobei $\varkappa$ die spezifische Leitfähigkeit der Lösung, A die Fläche des Querschnittes bedeuten, durch welche die Stromleitung stattfindet.

Das Verhältnis der Stromdichten, d. h. das Verhältnis der Oberflächenleitung zur Volumleitung ergibt sich also

$$\frac{J_S}{J_A} = \frac{\varkappa_S}{\varkappa_A}$$

Mißt man die spezifische Leitfähigkeit des mit der Lösung gefüllten Diaphragmensystems, so erhält man die Summe beider Leitfähigkeiten. Es ist dabei zu beachten, daß der Wert von $\varkappa_A$ nicht mit der spezifischen Leitfähigkeit der Lösung zu identifizieren ist; diese beträgt hier weniger, da das Diaphragmenmaterial eine mechanische Behinderung für die Leitung darstellt. Wäre also keine Oberflächenleitung da, so müßte das System eine kleinere Leitfähigkeit haben als die Lösung.

Vom Standpunkte der modernen Auffassung der Doppelschichtstruktur und der Elektrosmose wäre eine quantitative Gültigkeit der SMOLUCHOWSKIschen Gleichung nicht zu erwarten, da die Kapazität nicht unbedingt auf die angegebene einfache Weise berechnet werden kann. Auch kommen bei dieser Behandlung die nahen Beziehungen zwischen der gewöhnlichen Art der Leitung und der Oberflächenleitung nicht zum Ausdruck. Dies wird vollständig erreicht durch eine von J. WM. MC BAIN und M. E. LAING vorgeschlagene Formel. Darnach beträgt die Anreicherung oder Verarmung eines Konstituenten, sei es Ions, Kolloidteilchens oder dergleichen, an der Elektrode beim Durchgang von einem F:

$$n_i = \frac{c_i\, m_i\, f_i}{\varkappa} \tag{174}$$

wobei $\varkappa$ die Leitfähigkeit des Systems, welches 1 kg Lösungsmittel enthält, c_i die chemische Äquivalentkonzentration pro Kilogramm Solvens, m_i die Anzahl der chemischen Äquivalente, die auf eine Ladung entfallen (unser Kolloidäquivalent), f_i die Leitfähigkeit pro chemisches Äquivalent bedeutet. $m_i\, f_i$ ist daher die Beweglichkeit. (n_i entspricht nicht unserer Definition der Überführungszahl. Unsere Überführungszahl ist so definiert, daß die Summe sämtlicher Überführungszahlen gleich 1 ist, die MC BAIN-LAINGsche, n_i, dagegen drückt die Anreicherung an den Elektroden aus. Nur wenn das Kolloidäquivalent gleich 1 ist, d. h. elektrochemisches und analytisches Äquivalent einander gleich, wie bei den molekulardispersen Elektrolyten, fallen die beiden Überführungsgrößen zusammen.) Für die Kolloide charakteristisch ist der hohe Wert von m_i und der kleine Wert von f_i.

Wenn nun die Kolloidteilchen relativ zur Elektrode nicht verschoben werden, dagegen die relative Verschiebung des Lösungsmittels zu den Kolloidteilchen unverändert bleibt, so beträgt die überführte Wassermenge in Kilogramm pro Faraday

$$\frac{n}{c} = \frac{mf}{\varkappa} = \frac{v}{\varkappa} \tag{176}$$

wobei c die chemische Äquivalentkonzentration der Kolloidteilchen des Diaphragmenmaterials pro Kilogramm Solvens in das Kolloidäquivalent, f die Leitfähigkeit pro chemisches Äquivalent bezeichnen. mf = v bedeutet daher die elektrosmotische Wasserbeweglichkeit. Wenn der einzige Unterschied der Elektrosmose gegenüber der Kataphorese in der unveränderten, relativen Lage der Kolloidteilchen, d. h. des Diaphragmas, zu den Elektroden besteht, so ist der Anteil der Wasserverschiebung an der Leitfähigkeit genau so groß als der Beitrag der beweglichen Kolloidteilchen zur Leitung wäre, d. h.:

$$c f = \frac{c u}{m}.$$

Die Gegenionen tragen zur Leitfähigkeit genau soviel bei als in dem Falle, daß ihnen nicht die unbewegliche Wand, sondern bewegliche Kolloidteilcheu entsprechen. Die Oberflächenleitung setzt sich aus dem Anteil der Gegenionen und der Wasserbewegung zusammen. Wie leicht einzusehen ist, bedeutet die relative Verschiebung des gesamten Lösungsmittels samt den beweglichen Ionen zu den Elektroden deshalb einen Stromtransport, weil die Menge der positiven und negativen beweglichen Ionen nicht gleich ist, vielmehr um die Ladung der Wand differiert.

Die Gültigkeit dieser Beziehungen hängt nur von der Gültigkeit der Voraussetzung ab, daß bei der Elektrosmose die Beweglichkeit jedes Konstituenten der Lösung relativ zum Lösungsmittel dieselbe bleibt, wie in der ruhenden Lösung. Die experimentelle Grundlage dieser Voraussetzung bildet die Beobachtung Mc Bain und Laings an Seifenlösung, die bei der Erstarrung zur durchsichtigen Gallerte ihre Leitfähigkeit und Überführungszahlen nicht ändert. Dieser Befund wird durch die obigen Formeln genau beschrieben. Ob jedoch diese Beziehungen eine Allgemeingültigkeit beanspruchen können, wird wohl erst die zukünftige Forschung entscheiden. Es sei nur hervorgehoben, daß diese Vorstellung sich wesentlich unterscheidet von derjenigen, welche die Bewegung des Wassers bloß auf das Mitschleppen durch die Gegenionen der Wand zurückführt. Nach dieser letzteren Vorstellung bewegen sich die Gegenionen der Wand mit der Geschwindigkeit des Wassers, nach Mc Bain und Laing bewegen sie sich schneller.

Beide Theorien, sowohl die Helmholtz-Smoluchowskische wie die Mc Bain-Laingsche, stimmen in der Forderung überein, daß die Oberflächenleitung mit der Geschwindigkeit der Wasserbewegung ansteigt, und zwar schneller als die Wasserbeweglichkeit, da die höhere Wasserbeweglichkeit auch eine höhere Ladungsdichte (kleineres Kolloidäquivalent) der Wand bedeutet.

Experimentelle Ergebnisse der Messung der Oberflächenleitung. Den ersten Nachweis der Oberflächenleitung hat J. Stock auf Anregung von Smoluchowski an dem System Nitrobenzol/Quarz erbracht. Es wurde Nitrobenzol gewählt, da seine Leitfähigkeit sehr gering ist. In der Tat wurde eine Erhöhung der Leitfähigkeit durch die Quarzteilchen festgestellt und die Smoluchowskische Gleichung ließ eine Doppelschichtdicke von 4,5 mμ errechnen.

Allerdings kann man diesen Befund nicht leicht auf wässerige Systeme übertragen, da die Ionenkonzentration von reinem Wasser bedeutend höher ist, aber auch die Ionisationstendenz der darin gebildeten Oberflächen.

An wässerigen Systemen standen bis vor kurzer Zeit nur gelegentliche Wahrnehmungen zur Verfügung. So haben MC BAIN und DARKE beobachtet, daß die Leitfähigkeit einer KCl-Lösung um 9% höher war, als ihrer spezifischen Leitfähigkeit entspricht, wenn sie in einer Quarzkapillare von $^1/_4$ mm Durchmesser gemessen wird. F. V. FAIRBROTHER und H. MASTIN haben bei der Messung der Strömungspotentiale beobachtet, daß die Leitfähigkeit von verdünnten Lösungen in Karborundumdiaphragmen größer ist als in der Lösung selbst. Dieser Umstand ist immer bei der Berechnung des ζ-Potentials aus dem Strömungspotential zu berücksichtigen. In die HELMHOLTZsche Formel *(142)* ist nämlich die spezifische Leitfähigkeit des Systems und nicht die der Lösung einzusetzen. In verdünnten Lösungen kann die Nichtberücksichtigung dieser Tatsache zu beträchtlichen Fehlern führen. Desgleichen ist bei der Messung der elektrosmotischen Beweglichkeit zu beachten, daß das Potentialgefälle infolge der Verschiedenheit der spezifischen Leitfähigkeit ungleichmäßig wird, wenn man die Elektroden nicht unmittelbar an das Diaphragma anlegt. Ebenso muß man bei der Berechnung der Potentialgefälle aus der Stromstärke bei den elektrosmotischen Bestimmungen die spezifische Leitfähigkeit des Systems in die Gleichung einsetzen.

Neue ausgedehnte Messungen der Oberflächenleitung hat D. R. BRIGGS ausgeführt. Gleichzeitig wurde von ihm auch das Strömungspotential ermittelt. Das Wesentliche an seinem Apparat ist, daß das Diaphragmensystem zwischen zwei perforierten Goldelektroden eingeschlossen ist, die eine Durchströmung der Lösung gestatten. Die Elektroden dienen sowohl zur Messung der Strömungspotentiale als auch der Leitfähigkeit.

Die Wirkung der verschiedenen Elektrolyte wurde bei Verwendung von Zellulose (Filterpapier von SCHLEICHER und SCHÜLL Nr. 589, 0,4 g pro Kubikzentimeter) ermittelt. Als Beispiel sei hier eine Messungsreihe an KCl mitgeteilt.

Tabelle 61. Oberflächenleitung von Zellulose nach D. R. BRIGGS

Konzentration KCl in Mol pro Liter	$\varkappa \cdot 10^6$ r . Ohm	$\varkappa_S \cdot 10^6$ r . Ohm	$(\varkappa_S - \varkappa) \cdot 10^6$ r . Ohm
0,00000	2,3	20,3	18,0
0,00005	11,3	39,0	27,7
0,00010	17,4	49,7	32,3
0,00020	31,3	74,5	43,2
0,00040	61,0	122,0	61,0
0,00080	119,0	201,7	82,7
0,00160	236,5	346,0	109,8

Zur Berechnung der spezifischen Leitfähigkeit der Lösung in dem Diaphragmensystem ohne die Oberflächenleitung ($\varkappa$) muß der konstante Faktor, der den Einfluß der mechanischen Hinderung, d. h. der Verringerung des effektiven Leitungsquerschnittes, ausdrückt, ermittelt werden. Zu diesem Zwecke wird die Leitfähigkeit bei Anwesenheit eines Diaphragmas an einer derart konzentrierten Lösung bestimmt, daß dabei die Oberflächenleitung neben der Volumleitung zu vernachlässigen ist. Während destilliertes Wasser infolge der Oberflächenleitung fast die zehnfache Leitfähigkeit aufwies, wurde die Leitfähigkeit einer $1{,}6 \times 10^{-3}$ n KCl-Lösung nur um 50% erhöht. Die absoluten Werte der Oberflächenleitung nahmen jedoch bis zu der hier gemessenen Konzentration stetig zu. Bei den einwertigen Salzen verschwindet die Oberflächenleitung gegenüber der Leitfähigkeit der Lösung selbst erst in den Konzentrationen 0,1 n bis 5 n. In den Erdalkalisalzlösungen bleibt die Oberflächenleitung niedriger, in $AlCl_3$ und $ThCl_4$ wird das Maximum der Oberflächenleitung bereits bei etwa 2×10^{-3} n erreicht, darüber hinaus fällt sie ab.

Vergleicht man nun die Werte der Oberflächenleitung mit dem ζ-Potential, welches aus dem Strömungspotential berechnet wird, so stößt man auf eine Diskrepanz. Das ζ-Potential erreicht mit KCl bereits in $1{,}5 \times 10^{-4}$ n seinen maximalen Wert. Mit HCl fällt das ζ-Potential stetig ab, während die Oberflächenleitung stetig wächst. Unsere heutigen Kenntnisse gestatten vorläufig keine Erklärung für den Ursprung dieses eigenartigen Widerspruches.

Wie große Werte die Oberflächenleitung in destilliertem Wasser erreichen kann, zeigt die folgende Tabelle.

Tabelle 62. Oberflächenleitung und ζ-Potential verschiedener Diaphragmen nach D. R. BRIGGS

Diaphragmenmaterial	$\varkappa \cdot 10^6$ r . Ohm	$\varkappa_S \cdot 10^6$ r . Ohm	$(\varkappa - \varkappa)\, 10^6$ r . Ohm	$(\varkappa_S - \varkappa) \cdot 10^6$. Zellenkonstante	ζ MV	Zellenkonstante des Diaphragmas
Al_2O_3	2,6	3,0	0,4	0,8	+19,3	0,515
Talkum	2,3	7,0	4,7	6,7	—19,5	0,697
Quarzpulver	2,7	6,4	3,7	5,5	—19,3	0,675
Kieselgel (Patrick)	2,1	51,6	49,5	82,5	—22,2	0,600
Kieselgel (Holmes)	3,2	61,2	58,0	156,0	— 3,2	0,375
Glaspulver	2,7	13,2	10,5	15,1	—32,3	0,693
Schwefelblume ...	2,6	5,3	2,7	2,5	—81,1	1,059
Stärke	2,3	19,6	17,3	25,2	—57,9	0,686
Asbest	2,4	10,1	7,4	24,4	—21,6	0,303

Die fünfte Spalte enthält die Werte der Oberflächenleitung multipliziert mit dem reziproken Wert der den Einfluß der mechanischen Verhinderung ausdrückenden Zellenkonstante. Auf diese Weise erhält man Werte der Oberflächenleitung, die auf eine konstante Raumerfüllung des Diaphragmas reduziert sind.

Während das ζ-Potential von dem Dispersitätsgrad des Diaphragmas unabhängig ist, ist die Oberflächenleitung um so größer, je größer die spezifische Oberfläche wird. Dieser Umstand kommt z. B. beim Vergleich der Werte für Quarzpulver und den beiden Kieselgelen zum Ausdruck.

Literaturverzeichnis

ARRHENIUS, Sv.: Oetvers. Stockholm Akad. **6**, 121 (1887). — BRIGGS, D. R.: Coll. Symp. Mon. **6**, 41 (1928), New York. — BRINTZINGER, H.: Koll. Z. **43**, 93 (1927). DUCLAUX, J.: C. r. **140**, 1468 (1925). — Journ. Chim. Phys. **7**, 405 (1909). — DUMANSKI, A.: Z. f. phys. Ch. **60**, 553 (1907). — FAIRBROTHER, J. V., und H. MASTIN:

Journ. Chem. Soc. **125**, 2319 (1924). — FREUNDLICH, H., und H. A. ABRAMSON: Z. f. phys. Ch. **131**, 278 (1928). — HEVESY, G. v.: Koll. Z. **21**, 136 (1917). — LAING, M. E.: Journ. Phys. Chem. **28**, 673 (1924). — LOTTERMOSER, A., und P. MAFFIA: Ber. **43**, 3613 (1910). — MALFITANO, G.: C. r. **139**, 1221 (1904). — MC BAIN, J. W.: The Physics and Chemistry of Colloids. Gen. Discussion Faraday Society London (1921), S. 150. — Journ. of Phys. Chem. **28**, 706 (1924). — NORDENSON, H.: Koll. Z. **16**, 65 (1915). — PAULI, WO., und J. MATULA: Koll. Z. **21**, 49 1917). — SJÖQVIST, J.: Skand. Arch. f. Physiol. **5**, 277 (1894). — SMOLUCHOWSKI, M. v.: Physik. Z. **6**, 529 (1905). — STOCK, J.: Anz. d. Akad. d. Wiss. Krakau, S. 635 (1912). — VARGA, G.: Koll. Beitr. **21**, 49 (1917). — WINTGEN, R.: Z. f. phys. Ch. **103**, 238 (1923).

31. Ionenaktivitäten in kolloiden Lösungen

Für die Messung von Ionenaktivitäten in kolloiden Lösungen kommt praktisch nur die elektrometrische Bestimmung und die Indikatormethode in Betracht. Löslichkeitsbestimmungen zu diesem Zwecke wurden kaum ausgeführt, höchstens insoweit, um chemische Reaktionen nachzuweisen. Verteilungsversuche mit organischen Medien wurden nicht gemacht. In wenigen Fällen kam die katalytische Methode in Anwendung.

Historisches zur Elektrometrie. Die Grundlage der elektrometrischen Messung ist die NERNSTsche Formel, in welcher man nach G. N. LEWIS und N. BJERRUM die Konzentrationen durch die Aktivitäten ersetzt *(37)*:

$$EMK = \frac{RT}{zF} \ln \frac{a_1}{a_2}$$

Bestimmungen dieser Art blieben lange Zeit auf die Proteine beschränkt, an welchen zuerst S. BUGARSZKY und L. LIEBERMANN die Reaktion mit Salzsäure, Natronlauge und Kochsalz untersucht hatten.

Diese Autoren maßen damit zunächst die Abnahme der H^+- und der Cl^--Aktivität von HCl, welche durch den Zusatz von Albumin erfolgt, d. i. die durch das Albumin „gebundene“ Cl^-- und H^+-Menge. Die Gaskette war folgendermaßen aufgebaut:

$$Pt / H_2 / HCl / NaCl / NaOH / H_2 / Pt$$

Es wurden steigende Mengen von reinstem Eieralbumin zur Säure gegeben und die Änderung der EMK der Kette bestimmt. Daraus wurde das gebundene H^+ berechnet. Durch Hinzufügen von Eiweiß zur Lauge konnten analog die „gebundenen“ OH-Ionen bestimmt werden. Die Dissoziation des mit Salzsäure gebildeten Eiweißsalzes (die Beeinflussung der Cl-Ionenaktivität) wurde mit der Kalomelelektrode

$$Hg / \underset{\text{fest}}{HgCl} / HCl$$

auf entsprechende Weise ermittelt. Ebenfalls mittels der Kalomelelektrode

$$Hg / \underset{\text{fest}}{HgCl} / NaCl$$

konnten die Autoren feststellen, daß zwischen Protein und dem Kochsalz keine Reaktion stattfindet.

In der späteren Zeit fanden elektrometrische Messungen an Proteinsalzen in ausgedehntem Maße statt.

Außer den H^+- (OH)-Ionen und Cl- wurden auch Ag^+- (PAULI und J. MATULA) K^+- und Na^+- (W. E. RINGER) sowie Zn^{++}-Aktivitäten (J. H. NORTHROP und M. KUNITZ) bestimmt, um die Wechselwirkung der Proteine mit Neutralsalzen und Laugen festzustellen.

An anorganischen Kolloiden wurden Aktivitätsbestimmungen relativ spät durchgeführt. PAULI und J. MATULA verwendeten zuerst diese Methode in ihren Untersuchungen über das Eisenhydroxydsol. Mit Hilfe von Kalomelelektroden bestimmten sie den Dissoziationszustand des Kolloidsalzes mit Cl^- als Gegenion. Dies war zugleich auf anorganischem Gebiete der erste direkte Nachweis der vorliegenden Gegenionen. PAULI und Mitarbeiter haben sich dann in zahlreichen Arbeiten der potentiometrischen Methode bedient. Mit Hilfe von Kalomel und Chlorsilberelektroden wurden die Cl^--Gegenionen der positiven Sole von Eisen-, Zirkon-, Thorium- und Aluminiumhydroxyd bestimmt, mit Hilfe von Platinelektroden die H^+-Gegenionen von Kieselsäure, Mastix und Gummiguttsolen. Mit der Platin-Wasserstoffelektrode konnte ferner die Hydrolyse von positiven Solen ermittelt werden. Im Falle des Eisenhydroxydsols stieß dies aber auf Schwierigkeiten. Infolge der Anwesenheit des Kolloids konnte keine Konstanz der EMK erreicht werden. PAULI und MATULA flockten deshalb das Sol mit einem neutralen Salz aus und bestimmten die H^+-Ionen nunmehr ungestört in dem Flockungsfiltrat. Auf dieselbe Weise wurden auch die H^+-Gegenionen des kolloiden Goldes in dem Flockungsfiltrat nachgewiesen, dessen Sol ebenfalls als „Elektrodengift" wirkt. Es scheint hier nämlich die Anwesenheit der Salze von Metallen, die in mehreren Oxydationsstufen auftreten, die Messung unmöglich zu machen. So stieß auch BJERRUM bei der H^+-Bestimmung im Chromoxydsol auf dieselben Schwierigkeiten. Auch Schwefelwasserstoff besitzt bekanntlich eine „Giftwirkung" auf die Gaselektroden, so daß in den Sulfidsolen keine direkte Messung möglich ist.

In der letzten Zeit scheint sich die Aktivitätsbestimmung immer mehr in die Kolloidchemie einzubürgern. Um einige Beispiele zu erwähnen, seien außer den zahlreichen Arbeiten von PAULI und Mitarbeitern, diejenigen von N. BJERRUM, R. WINTGEN, H. R. KRUYT und J. POSTMA, M. J. SHEAR, A. J. RABINOWITSCH, H. RINDE, A. FODOR und A. REIFENBERG genannt.

Die Chlorionenmessungen werden bei kleinen Chloraktivitäten ungenau und können auch bei gewöhnlichen Elektrolyten zu falschen Werten führen. Dies setzt der Anwendbarkeit der Methode eine Grenze und mahnt bei der Verwertung der Ergebnisse zur Vorsicht.

Alkaliionenaktivitäten sind in dem Institut von McBAIN von C. S. SALMON in Seifenlösungen gemessen worden. Bereits früher wurden von McBAIN mit Wasserstoffelektroden die Hydrolysengrade an denselben Systemen ermittelt. S. W. PENNYCUICK hat neuerdings die H^+-Aktivitäten in BREDIG-Platinsol mit Hilfe der Chinhydronelektrode ermittelt.

Verwertung der potentiometrischen Meßergebnisse. Streng genommen können einzelne Ionenaktivitäten wegen des Diffusionspotentials nicht exakt gemessen werden, sondern nur Aktivitäten von Salzen, d. h. das Produkt aus der Aktivität eines Kations und eines Anions in der Lösung. Für die Kolloidchemie haben jedoch nur einzelne Ionenaktivitäten ein Interesse. Man sucht das Diffusionspotential nach den verschiedenen Methoden experimentell zu eliminieren. Am häufigsten wird zu diesem Zwecke gesättigte KCl-Lösung verwendet, und es wird angenommen, daß dabei das Zwischenflüssigkeitspotential innerhalb der sonstigen Fehlergrenze fällt. Bereits BUGARSZKY und LIEBERMANN haben das Diffusionspotential durch eine graphische Methode zu eliminieren versucht.

Die Bestimmung der Ionenaktivitäten in kolloiden Lösungen wird zu zweierlei Zwecken durchgeführt. Wird die Aktivität des dem Kolloid entgegengesetzt geladenen Ions bestimmt, so will man dadurch den Ionisationszustand des Kolloids ermitteln, wird jedoch die Aktivität des dem Kolloid gleichgeladenen H^+- oder OH^--Ions gemessen, so will man dadurch den Hydrolysezustand des Kolloids erfahren. Bei der Verwertung dieser Daten müssen vom Standpunkte der Theorie der interionischen Kräfte gewisse Annahmen unterlegt werden. Man nimmt gewöhnlich an, daß durch die Anwesenheit der hochgeladenen Kolloide der Aktivitätskoeffizient der mit ihnen gleichgeladenen Ionen praktisch unbeeinflußt bleibt. Fügt man z. B. Salzsäure zu einer Eiweißlösung, so bildet sich ein Proteinchlorid. Ein Teil der Wasserstoffionen bleibt frei. Man kann nun die durch die Proteinionen aufgenommenen H^+-Ionen berechnen, wenn man die H^+-Aktivität der Salzsäure ohne Eiweißanwesenheit (a_H^{I}) und in der Eiweißmischung (a_H^{II}) kennt und annimmt, daß der Aktivitätskoeffizient der H^+-Ionen in der Mischung gleich ist demjenigen in der reinen Salzsäure von derselben H^+-Aktivität. Unter dieser Voraussetzung ergibt sich die Konzentration der durch das Protein gebundenen H^+-Ionen zu

$$C_H \text{ geb.} = \frac{a_H^{I}}{f_H^{I}} - \frac{a_H^{II}}{f_H^{II}} \tag{175}$$

(f_H^{I} und f_H^{II} H-Aktivitätskoeffizienten der reinen Salzsäure bei a_H^{I} bzw. a_H^{II}.)

Man kann aber auf der anderen Seite die Annahme vertreten, daß der H^+-Aktivitätskoeffizient in beiden Systemen nicht nur durch die Cl^--Aktivität bestimmt ist, sondern auch durch die Proteinionen beeinflußt wird. Außerdem steckt in den Berechnungen die Voraussetzung, daß das Diffusionspotential unverändert bleibt. Unter ungünstigen Umständen können diese Unsicherheiten die experimentelle Fehlergrenze der Messungen übersteigen. Ähnliche Schwierigkeiten treten auch betreffs der Gegenionen in Anwesenheit anderer Elektrolyte auf. (Siehe darüber Kap. 43.)

Die lange Zeit hindurch bestandene Unsicherheit bezüglich des Wertes der Bezugspotentiale, zu deren Feststellung häufig auf Grund der klassischen Theorie Leitfähigkeitswerte benützt worden waren, wurde durch die neuen kritischen Untersuchungen von S. P. L. SÖRENSEN und K. LINDERSTRÖM-LANG auf Grund rein experimenteller Daten beseitigt. Viele früher angegebene Werte erfordern demgemäß eine Korrektur.

Sonstige Methoden. Für die systematische Untersuchung wurde die Indikatormethode nicht verwendet. Besonders in früherer Zeit wurde die Bindungskapazität von Proteinen durch Titration mit einer Säure oder Base auf einen bestimmten Farbenumschlag ermittelt. Obwohl die Ausgestaltung der kolorimetrischen H^+-Bestimmung u. a. durch SÖRENSEN sehr gefördert wurde, dürfte sie sich in der Kolloidchemie nur für seltene Fälle einbürgern, da eventuelle Reaktionen zwischen Indikator und Kolloid nie von vornherein ausgeschlossen, oft jedoch sehr wahrscheinlich sind.

McBain hat die katalytische Methode zur Bestimmung der Hydrolyse der Seifen benützt. Cohnheim hat auf diese Weise als Erster auf dem Wege über die H+-Aktivitätsbestimmung die Säurebindung von Albumose ermittelt.

Die gelegentlich bei Elektrolyten verwendeten Verteilungsversuche können nur Aktivitäten von Ionenpaaren ergeben, bieten also für die Kolloide kaum ein Interesse.

Die Löslichkeitsbeeinflussung schwerlöslicher Salze durch Proteine wurde durch Pauli und M. Samec festgestellt und auf die Bildung von Salzeiweißverbindungen zurückgeführt.

Literaturverzeichnis

Bjerrum, N.: Z. f. phys. Ch. **110**, 656 (1924). — Bugarszky, St., und L. Liebermann: Pflügers Archiv **72**, 51 (1898). — Cohnheim, O.: Z. f. Biologie **33**, 489 (1896). — Fodor, A., und A. Reifenberg: Koll. Z. **42**, 22 (1927). — Kruyt, H. R., und J. Postma: Rec. des trav. chim. des Pays-Bas **44**, 765 (1925). — Mac Bain, J. W., und C. S. Salmon: Trans. Chem. Soc. **117**, 530 (1920). — Northrop, J. H., und M. Kunitz: Journ. of Gen. Phys. **7**, 25 (1925); **9**, 351 (1926). — Pauli, Wo., und M. Samec: Biochem. Z. **17**, 235 (1909). — Derselbe und J. Matula: Bioch. Z. **80**, 187 (1917). — Koll. Z. **21**, 49 (1917). — Derselbe und M. Adolf: Koll. Z. **29**, 173, 281 (1921). — Derselbe und G. Walter: Koll. Beih. **17**, 256 (1923). — Derselbe und F. Rogan: Koll. Z. **35**, 131 (1924). — Derselbe und A. Semler: Koll. Z. **34**, 145 (1924). — Derselbe und N. Kühnl: Koll. Beih. **20**, 319 (1925). — Derselbe und E. Valkó: Koll. Z. **36**, Erg.-Bd. 337 (1925); **38**, 289 (1926). — Derselbe und E. Schmidt: Z. f. phys. Ch. **126**, 247 (1927). — Derselbe und A. Peters: Z. f. phys. Ch. **135**, 1 (1928). — Pennycuick, S. W., und R. J. Best: Journ. Chem. Soc. S. 561 (1928). — Rabinowitsch, A. J.: Z. f. phys. Ch. **116**, 97 (1927). — Derselbe und R. Burstein: Biochem. Z. **182**, 110 (1927). — Derselbe und V. A. Kargin: Z. f. phys. Ch. **133**, 203 (1928). — Derselbe und E. Laskin: Z. f. phys. Ch. **134**, 387 (1928). — Rinde, H.: Phil. Mag. [7] **1**, 32 (1926). — Ringer, W. E.: Z. f. physiol. Ch. **130**, 270 (1923). — Shear, M. J.: Dissertation. Columbia University. New York (1925). — Sörensen, S. P. L., und K. Linderström-Lang: C. r. du Lab. Carlsberg **15**, Nr. 6 (1924). — Wintgen, R., und H. Weisbecher: Z. f. phys. Ch. **135**, 182 (1928).

32. Konduktometrische und potentiometrische Titration der Sole

Die in der analytischen Chemie und Elektrochemie üblichen Verfahren der konduktometrischen und elektrometrischen Titration haben in den letzten Jahren auch in der Kolloidchemie mannigfaltige Anwendung gefunden und die physikalisch-chemische Analyse derselben wertvoll ergänzt.

Leitfähigkeitstitration. Als eine der ersten Anwendungen der Leitfähigkeitstitration überhaupt kann J. Sjöqvists wichtige Versuchsreihe über die Leitfähigkeitsänderung der Salzsäure bei steigendem Zusatz von Eieralbumin betrachtet werden. (Kap. 43.) In der Folgezeit wurden viele ähnliche Untersuchungen an verschiedenen Proteinen durchgeführt. Wegen der abgesonderten Pflege des Gebietes blieben jedoch diese Untersuchungen lange Zeit ohne Einfluß auf die allgemeine Kolloidchemie.

Auf anorganische Kolloide haben die Leitfähigkeitstitration zuerst Pauli und A. Semler angewandt. Sie versetzten das dialysierte Arsentrisulfidsol im Leitfähigkeitsgefäß tropfenweise mit einer sehr verdünnten Laugenlösung und verfolgten die Änderung der Leitfähigkeit nach Zusatz jeder gemessenen Laugenportion. Der anfängliche Leitfähigkeitsabfall läßt erkennen, daß infolge Neutralisation die schnell wandernden Wasserstoffionen teilweise gegen das Metallion der Lauge ausgetauscht werden. Unter Überschreiten eines Minimums steigt die Leitfähigkeit beim weiteren Laugenzusatz wieder an. Nach erfolgter Neutralisation der ursprünglich in dem Sol vorhandenen Säure addiert sich nämlich die Leitfähigkeit der zugesetzten Lauge einfach zu der Leitfähigkeit des Sols.

Vollständig durchsichtig sind die Ergebnisse, wenn wir annehmen, daß in dem Sol nur eine starke Säure vorliegt und man die Wirkung der interionischen Kräfte vernachlässigen kann. Unter dieser Bedingung ist folgendes zu erwarten:

1. Die Leitfähigkeit fällt zunächst mit der Menge der zugeführten Lauge linear ab. Der Leitfähigkeitsabfall pro Äquivalent zugeführter Lauge ist gleich der Differenz der Äquivalentbeweglichkeit von Laugenkation und Wasserstoffion. Ist die zur Titration verwendete Lauge z. B. Natronlauge, so ist die Reaktion in diesem Stadium:

$$(S^- + H^+) + (Na^+ + OH^-) = H_2O + Na^+ + S^-$$

(S = Säureanion.) Der Vorgang verläuft auf diese Weise, so lange die Wasserstoffionenkonzentration in der zu titrierenden Flüssigkeit eine höhere Größenordnung hat, als der neutralen Reaktion entspricht.

2. Nachdem der Neutralpunkt überschritten ist, steigt die Leitfähigkeit mit der Menge der zugesetzten Lauge an. Der Leitfähigkeitsanstieg entspricht der Äquivalentleitfähigkeit der Lauge.

3. Der Neutralpunkt fällt mit dem Leitfähigkeitsminimum zusammen. Die Konzentration der bis zum Leitfähigkeitsminimum zugesetzten Lauge, berechnet auf das Volumen der untersuchten Flüssigkeit, gibt die ursprüngliche Wasserstoffionenkonzentration derselben an.

Es ist dabei vorausgesetzt, daß keine Volumänderung bei der Titration stattfindet, oder daß, falls die Verdünnung infolge des Laugenzusatzes nicht zu vernachlässigen ist, die entsprechende Volumkorrektur an den Werten angebracht wird.

Die infolge des endlichen Wertes des Dissoziationsproduktes von Wasser hervorgerufene Abrundung des Minimums ist völlig unmerklich, solange die Konzentration der Wasserstoffionen in der zu titrierenden Flüssigkeit nicht unter 1×10^{-5} n ist. Im Falle einer Säurekonzentration von 1×10^{-6} beträgt die Abweichung etwa 10% der ursprünglichen Leitfähigkeit. Die Leitfähigkeit liegt nämlich in dem Minimum um etwa 5×10^{-8} r. O. (KOHLRAUSCH-HEYDWEILLERsche Wasserleitfähigkeit) höher als diejenige, welche man unter Vernachlässigung der Wasserdissoziation berechnet. In allen Fällen der bisherigen Anwendung liegt natürlich die Vernachlässigung dieses Umstandes außerhalb der Meßgenauigkeit.

Unter den obigen Voraussetzungen würde die graphische Darstellung des erwarteten Befundes zwei gerade Linien ergeben, welche sich unter einem bestimmten Winkel im Neutralisationspunkt, der zugleich der Äquivalenzpunkt ist, schneiden. Man erhält in der Tat jedoch bei der konduktometrischen Titration von Kolloidsäuren Kurven von etwas abweichender Gestalt (siehe z. B. die Abbildung in Kap. 61). An Stelle des scharfen Minimums erscheint eine stetig gekrümmte Linie. Diese Titrationskurven würden einer mittelstarken Säure entsprechen, deren Salz in der Nähe des Neutralpunktes eine merkliche Hydrolyse erleidet, wodurch sowohl der Leitfähigkeitsabfall bis zur Neutralisation, wie der nachfolgende Leitfähigkeitsanstieg verzögert werden.

Von PAULI und seinen Mitarbeitern wurden Arsentrisulfid-, Gold-, Silber- und Kieselsäuresole mit Hilfe der konduktometrischen Titration untersucht. Es ergab sich, daß die Methode für die Feststellung des Reinheitsgrades und der Größenordnung der Äquivalentkonzentration überaus wertvolle Dienste zu leisten vermag.

Im Falle von As_2S_3 war z. B. die potentiometrische Methode für die H^+-Bestimmung nicht anwendbar, da die Wasserstoffelektrode infolge der H_2S-Anwesenheit falsche und schwankende Werte liefert. Eine Indikatormethode wäre schon infolge der intensiven Farbe des Sols kaum brauchbar gewesen. Das dialysierte Sol ergab bei der Neutralisation mit NaOH die folgenden Leitfähigkeitswerte:

Tabelle 63. Leitfähigkeitstitration eines As_2-S_3-Sols mit NaOH nach PAULI und A. SEMLER

1/100 ccm	Sol-Leitfähigkeit 10^{-5}
0,0	11,0
3,24	10,4
9,72	9,3
16,20	8,65
22,68	8,23
29,16	8,04
35,64	8,01
42,12	8,13
55,08	8,44
81,00	9,62

Hier ist das abweichende Verhalten einer starken Säure gegenüber sehr ausgeprägt. Nimmt man nämlich an, daß die Kolloidionbeweglichkeit bei der Meßtemperatur 50 r. O. beträgt, so müßte bei vollständiger Neutralisation die Leitfähigkeit auf $^1/_4$ des Wertes für die reine Kolloidsäure (bei Vernachlässigung der Leitfähigkeitskoeffizienten) sinken. In der Tat bleibt die Leitfähigkeit viel höher, der Abfall ist nicht genügend steil.

Dagegen stimmen in diesem Falle die aus der Leitfähigkeit und aus der Neutralisationskurve berechneten Äquivalentkonzentrationen miteinander gut überein. Man kann nämlich für die Äquivalentleitfähigkeit des Sols als Säure den Wert 400 r. O. annehmen ($u_H = 350$, $v_{Koll} = 50$, $t = 25^0$). Da die spezifische Leitfähigkeit $10,6 \times 10^{-5}$ r. O. beträgt, so ergäbe sich eine Konzentration von $26,5 \times 10^{-5}$ n, während die bis zum Leitfähigkeitsminimum zugefügte Lauge die Konzentration $26,2 \times 10^{-5}$ errechnen läßt. In anderen untersuchten Fällen war die Übereinstimmung weniger gut, indem die Titration höhere Werte lieferte als die Leitfähigkeit.

Bei den kolloiden Edelmetallsolen ist die potentiometrische Methode nur ausnahmsweise anwendbar. Man kann zwar auch durch potentiometrische Bestimmung im Filtrat des durch Neutralsalz geflockten Sols Anhaltspunkte für die Reaktion des Sols gewinnen, wertvoller ist jedoch der direkte Nachweis der H^+-Gegenionen mit Hilfe der konduktometrischen Titration. Die Auswertung der Kurven ist weniger sicher wegen des in der niedrigen Größenordnung der

H^+-Konzentration merklichen Einflusses der Luftkohlensäure, für deren Ausschluß in den bisherigen Versuchen keine Sorge getragen wurde. Diese trägt sicherlich zur Abrundung des Minimums bei. Im allgemeinen finden wir bei den Edelmetallsolen eine gute Übereinstimmung zwischen dem aus der spezifischen Leitfähigkeit unter Annahme des Wertes 400 r. O. für die Äquivalentleitfähigkeit abgeleiteten und dem aus der Titration berechneten Wert der Konzentration, dagegen erscheint der durch die Neutralisation hervorgerufene Leitfähigkeitsabfall zu gering. Immerhin ist bei den, durch weitgehende Dialyse gereinigten Reduktionssolen der rein saure, azidoide Charakter nicht à priori zu erwarten, vielmehr ist er von der Zusammensetzung der die spezifische Leitfähigkeit des Außenwassers bestimmenden Elektrolyte abhängig. Es ist durchaus möglich, daß die Leitfähigkeit teilweise durch andere Gegenionen als H^+ hervorgerufen ist und auch hier könnte somit gelten, daß die Titrationskapazität größer ist als die aktuelle H^+-Konzentration. Die nicht genau zu berechnende Wirkung der Kohlensäure, welche auch darin zum Ausdruck kommt, daß die Titrationskurve einer 2×10^{-5} n-Salzsäure gleichfalls abgerundet wird und einen zu kleinen Leitfähigkeitsabfall aufweist, läßt eine Entscheidung über die aufgeworfene Frage nicht zu. In dieser Größenordnung ist also das Verfahren nur als halbquantitativ anzusehen und seine Ergebnisse bedürfen noch anderweitiger Kontrollen, wie dies z. B. für Goldsole von Pauli und L. Fuchs durchgeführt worden ist.

Günstigere Ergebnisse erhält man, wenn man um eine Größenordnung höher rückt. So konnten Pauli und Valkó an reinsten Kieselsäuresolen eine befriedigende Übereinstimmung zwischen den Werten konstatieren, welche aus der ursprünglichen Leitfähigkeit des Sols $\varkappa_I$, aus der Minimalleitfähigkeit des neutralisierten Sols $\varkappa_{II}$, aus der Größe der Differenz $(\varkappa_I - \varkappa_{II})$ und aus der zur Titration notwendigen Laugenmenge errechnet worden sind. Voraussetzung der Berechnung war die Annahme einer Äquivalentleitfähigkeit von 370 der Kolloidsäure ($v_{Koll.} = 20$, $u_H = 350$) und 70 des Natriumsalzes derselben ($u_{Na} = 50$, $v_{Koll.} = 20$). Hier konnten diese Autoren auch potentiometrische Bestimmungen durchführen und erhielten für die H^+-Aktivität mit den konduktometrischen übereinstimmende Werte. Die Sole waren durch Elektrodialyse gereinigt, also auch ein streng azidoider Charakter derselben zu erwarten. Die Abweichungen erreichen höchstens 20 bis 25%, und zwar in der Richtung, daß die die Titrationskapazität anzeigenden Werte höher liegen (Kap. 54). Es kann sich dabei auch hier um die Einwirkung von Kohlensäure handeln.

Auch andere Gegenionen als H konnten mit Hilfe der konduktometrischen Fällungstitration bestimmt werden, vor allem nach Pauli und Valkó das Cl^- in entsprechend hergestellten positiven Solen. Versetzt man z. B. ein durch Peptisation mit $AlCl_3$ bereitetes und dialysiertes Aluminiumoxydsol mit $AgNO_3$, so fällt unlösliches AgCl aus und an Stelle von Cl tritt das Nitration. Die Leitfähigkeit ändert sich nur wenig, da das Kolloidchlorid und Kolloidnitrat annähernd die gleiche Äquivalentleitfähigkeit haben. Wenn jedoch die Chlorionen vollständig verbraucht sind, so steigt bei fortgesetztem $AgNO_3$-Zusatz die Leitfähigkeit linear mit der Menge des zugefügten Nitrates an, da dann dessen Leitfähigkeit sich einfach zu der des Solnitrats addiert. Man erhält als Titrationskurve, wie die Erfahrung zeigt, zwei gerade Linien, zunächst eine horizontale oder mit geringer Neigung fallende und dann einen rasch aufsteigenden Ast. Die bis zur Erreichung des Knickpunktes notwendige Menge des $AgNO_3$ entspricht mit 1 bis 2% Genauigkeit der analytischen Chlorkonzentration des Sols. Die Bestimmungen dienten in erster Linie dem Nachweis der Reaktionszugänglichkeit sämtlicher anwesender Chlorionen und fielen bei den bisher untersuchten Al-Oxyd- und Thor-Oxydsolen in positivem Sinne aus. Dabei zeigten die an denselben Solen durchgeführten Aktivitätsmessungen der Gegenionen sowie die Leitfähigkeit, daß die freie Ladung der Sole nur einen Bruchteil der analytischen Gegenionenkonzentration betrug. In einem Fall von Thoriumoxydsol war nur 7% des vorhandenen Chlors elektromotrisch wirksam, die Fällungstitration zeigte dagegen den Knickpunkt erst bei 99%igem Cl-Austausch.

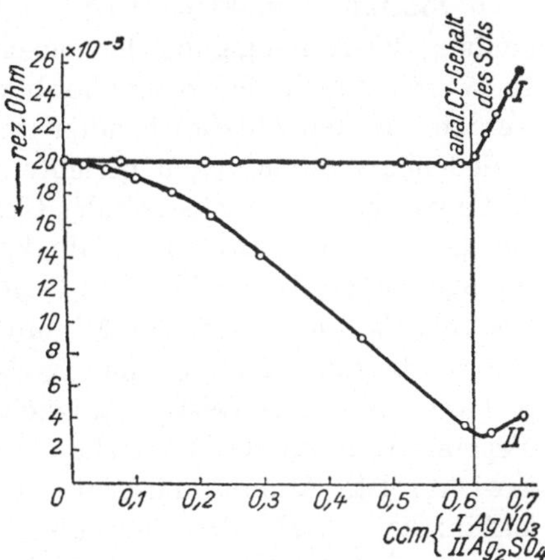

Abb. 55. Konduktometrische Titration eines Al-Oxydsols mit $AgNO_3$ und Ag_2SO_4 nach PAULI und VALKÓ

Es besteht also ein bemerkenswerter Unterschied in dem Verhalten der Kolloidsäuren und der Kolloidchloride beim Abtausch ihrer Gegenionen. Die Kolloidsäuren liefern bei der Neutralisation bis zum Neutralpunkt jedenfalls nicht viel mehr H^+-Ionen als ihrer ursprünglichen H^+ Aktivität entspricht, während die Kolloidchloride bei der Verschiebung ihres Ionisationsgleichgewichtes gleichmäßig bis zum drei- bis fünfzehnfachen ihrer ursprünglichen Ionenaktivität nachdissoziieren. Den Grund dieses Verhaltens kann man nicht in der Verschiedenheit des Dissoziationsproduktes von Wasser (1×10^{-14}) und des Löslichkeitsproduktes von AgCl (1×10^{-10}) suchen, da diese eher ein entgegengesetztes Verhalten bedingen müßte, falls ihre Rolle in Anbetracht der größeren Äquivalentkonzentration der untersuchten Lösungen nicht überhaupt zu vernachlässigen wäre. Trotzdem wäre es verfehlt, zu behaupten, daß bei den Kolloidsäuren freie Ladung und Gesamtladung zusammenfallen und die Kolloidsäuren stärkere Elektrolyte sind als die Kolloidchloride.

Wir besitzen vielmehr Anhaltspunkte dafür, daß die Kolloidsäuren, wenn auch nur im Überschuß der Lauge noch reichlich neutralisierbare Säuregruppen besitzen. Das divergierende Verhalten ist vielleicht dadurch bedingt, daß die Kolloidsäuren entsprechend einem echten Dissoziationsgleichgewicht einen sehr steilen Übergang im ionogenen Verhalten ihrer Säuregruppen aufweisen (schwacher Elektrolyt), während das Verhalten der Kolloidsalze mehr einem rein elektrostatischen Ionengleichgewicht (starker Elektrolyt) entspricht.

Unterbrechen wir die konduktometrische Fällungstitration in irgendeinem Punkte, so erhalten wir ein Sol, welches sich von dem ursprünglichen darin unterscheidet, daß dessen Gegenionen teilweise oder vollständig gegeneinander ausgetauscht sind. Wir haben es mit Hilfe der doppelten Umsetzung in der Hand, Kolloidsalze von genau derselben Zusammensetzung, jedoch mit verschiedenen Gegenionen herzustellen. Dies ist bisher der einzige Weg für das Studium der reinen Gegenionenwirkung. Der Bodenkörper, welcher dabei eventuell in kolloider

Form entsteht (z. B. AgCl), hat gewöhnlich infolge seiner kleinen Menge keinen Einfluß auf die Eigenschaften des Sols und setzt sich in den meisten Fällen rasch ab. PAULI und Mitarbeiter haben diese Methode für den Vergleich des Chlorids, Chlorates, Nitrates, Sulfates, Azetates, Benzoates und Permanganates beim Aluminiumoxydsol und Thoriumoxydsol angewendet. Da das Sulfat z. B. praktisch vollständig inaktiviert ist, so kann man dieses Verfahren auch zur Feststellung der Abhängigkeit der verschiedenen Eigenschaften, z. B. mit VALKÓ und N. WEINGARTEN, der Kolloidionbeweglichkeit von der Ladung, benützen. Wir werden an den entsprechenden Stellen des speziellen Teiles über diese verschiedenen Anwendungen berichten. Hier geben wir nur die Titration eines Al-Oxydsols beim Austausch des Chlors gegen Nitrat und Sulfat wieder. Nitrat hat fast dieselbe Äquivalentfähigkeit wie das Chlorid, dagegen ist das Solsulfat (infolge der Zweiwertigkeit des Gegenions) so weit inaktiv, daß die Leitfähigkeit des Sols als Sulfat, also im Minimum der Kurve nur etwa 10% der des Solchlorids beträgt. Nimmt man vollständige Inaktivierung der Sulfationen an, so kann man diese Restleitfähigkeit auf das neben dem Sol vorhandene ionendisperse Aluminiumsalz beziehen, welches mit der Teilchenoberfläche im Gleichgewichte ist. Aluminiumsulfat ist nämlich löslich und dissoziiert. Diese Restleitfähigkeit, nach Rücksichtnahme auf vorhandene hydrolytische Säure, stellt also ein Maß für die maximale Menge des in dem Sol befindlichen Aluminiumsalzes dar unter der Annahme, daß das Gleichgewicht der Aluminiumionabspaltung während der Titration nicht verschoben wird (Abb. 55).

Die eigentümliche, schwach konvexe Form der Sulfatkurve, also deren anfangs geringere Neigung, dürfte entweder dadurch bedingt sein, daß bei dem anfänglichen Austausch die Sulfationen weniger stark inaktiviert werden, oder aber, daß gleichzeitig mit der starken Inaktivierung der Sulfationen der Beweglichkeitskoeffizient (Assoziationsgrad) der Chlorionen ansteigt. A. J. RABINOWITSCH, der die obige Form gleichfalls erhalten hat, hat wahrscheinlich gemacht, daß auch beim Versetzen eines Chloridsols mit Na_2SO_4 die Chlorionenaktivität der Lösung stärker ansteigt, als es den adsorbierten Sulfationen entspricht, d. h. eine „supraäquivalente Ionenverdrängung" stattfindet, was für die zweite der obigen Möglichkeiten sprechen würde. VALKÓ und N. WEINGARTEN haben allerneuestens durch Überführungsversuche festgestellt, daß die mittlere Beweglichkeit der Gegenionen in dem Anfangsstücke der Titrationskurve nahe konstant bleibt.

J. A. RABINOWITSCH und seine Mitarbeiter haben, in Anlehnung an die Untersuchungen von PAULI und Mitarbeitern, die konduktometrische Methode ebenfalls auf Arsentrisulfid, Eisenhydroxyd und Kieselsäuresole angewendet. Ihre Ergebnisse stehen im allgemeinen in Übereinstimmung mit denjenigen von PAULI, mit Ausnahme von Arsentrisulfidsol, bei dem sie eine bedeutend größere Neutralisationskapazität finden, als der freien Ladung entspricht. Wir werden diese Resultate im speziellen Teil eingehender erörtern, ebenso wie BJERRUMS Titration an Chromoxydsol und die von S. W. PENNYCUICK an Platinsolen. Hier sei noch auf die interessanten Befunde von A. VON BUZAGH an Erdalkalikarbonatsolen hingewiesen.

Die potentiometrische Titration besteht in der elektrometrischen Verfolgung der Ionenaktivität bei portionenweiser Ausführung einer Reaktion, welche diese Ionenart verbraucht. Der häufigste Fall ist die Verfolgung der

H⁺-Aktivität einer Säure bei der Neutralisation. Auch diese Methode wurde in der Kolloidchemie zunächst in bezug auf die Eiweißkörper benützt und LIEBERMANN und BUGARSZKYs Arbeit wäre hier als die erste zu nennen. Auf anorganischem Gebiet haben PAULI und VALKÓ an Kieselsäure, PAULI und SCHMIDT an Aluminiumhydroxyd den Einfluß von Säuren auf diese Weise untersucht. Von RABINOWITSCH wurde dann diese elegante Methode mehr einem analytischen Charakter entsprechend angewendet. Sehr aufklärend ist die Kombination der elektrometrischen Titration mit der konduktometrischen, wie es insbesondere in den letzten Eiweißuntersuchungen aus PAULIs Institut und an Kieselsäure- und Aluminiumhydroxydsolen daselbst geschah. Von den von RABINOWITSCH parallel ausgeführten elektrometrischen und konduktometrischen Titrationen an Eisenhydroxyd und an Kieselsäure sei ein Beispiel in der folgenden Figur 56 mitgeteilt. Die charakteristische S-Form der elektrometrischen Kurve ist durch den Umstand bedingt, daß in der Nähe des Äquivalenzpunktes eine viel größere Änderung der pH mit dem Laugenzusatz stattfindet als in dem sauren oder alkalischen Gebiet. Gegen eine quantitative Wertung der Kurve zur Ermittlung der Dissoziationskonstante bestehen dieselben Bedenken wie gegenüber jedem Versuch, das Dissoziationsgleichgewicht eines Kolloides als dasjenige eines einwertigen Elektrolyten zu betrachten. Jedenfalls bestätigt die Form der Kurve die Auffassung, daß die Kieselsäure nicht als eine starke, sondern als eine mittelstarke Säure zu betrachten ist.

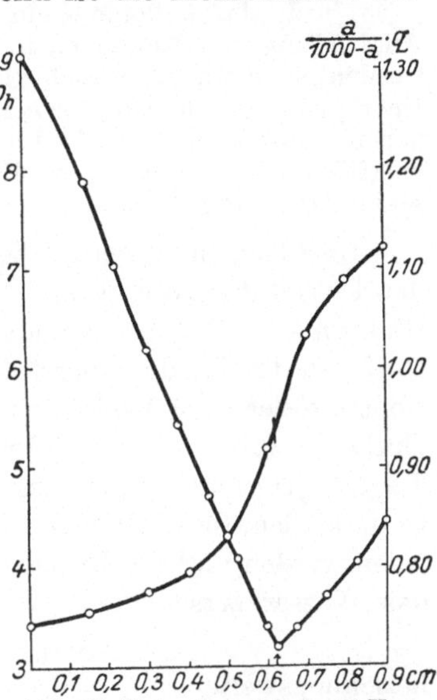

Abb. 56. Potentiometrische (S-Kurve) und konduktometrische (V-Kurve) Titration eines SiO_2-Sols nach A. J. RABINOWITSCH und E. LASKIN

Literaturverzeichnis

BJERRUM, N.: Z. f. phys. Ch. **110**, 656 (1924). — BUGARSZKY, ST., und L. LIEBERMANN: PFLÜGERS Archiv **72**, 51 (1898). — BUZAGH, A. v.: Koll. Z. **39**, 218 (1926). — PAULI, WO., und A. SEMLER: Koll. Z. **34**, 145 (1924). — PAULI, WO., und E. VALKÓ: Koll. Z. **36**, Erg.-Bd. 337 (1925); **38**, 289 (1926). — Z. f. phys. Ch. **121**, 161 (1926). — PAULI, WO., und F. PERLACK: Koll. Z. **39**, 195 (1926). — PAULI, WO., und L. FUCHS: Koll. Beitr. **21**, 195 (1925). — PAULI, WO., und E. SCHMIDT: Z. f. phys. Ch. **126**, 247 (1927). — PAULI, WO., und A. PETERS: Z. f. phys. Ch. **135**, 1 (1928). — PAULI, WO., J. FRISCH und E. VALKÓ: Bioch. Z. **164**, 401 (1928). — PAULI, WO., und H. WIT: Bioch. Z. **174**, 308 (1926). — PENNYCUICK, S. W.: Journ. Chem. Soc. 2108 (1928). — DERSELBE und R. J. BEST: Journ. Chem. Soc. 561 (1928). — RABINOWITSCH, A. J.: Z. f. phys. Ch. **116**, 97 (1927). — DERSELBE und R. BURSTEIN: Bioch. Z. **182**, 110 (1927). — DERSELBE und V. A. KARGIN: Z. f. phys. Ch. **133**, 203 (1928). — DERSELBE und W. A. DORFMAN: Z. f. phys. Ch. **131**, 313 (1928). — DERSELBE und E. LASKIN: Z. f. phys. Ch. **134**, 387 (1928). — SJÖQVIST, J.: Skand. Arch. f. Physiol. **5**, 277 (1894). — VALKÓ, E., und N. WEINGARTEN: Koll. Z. **48**, 1, (1929).

33. Die Elektrolyse von Kolloiden

Ebenso wie bei den gewöhnlichen Elektrolyten treten auch in den kolloiden Lösungen in der Umgebung der Elektroden beim Stromdurchgang sekundäre Erscheinungen mannigfaltiger Natur auf. Der einfache Fall einer primären elektrolytischen Abscheidung unter Elektronenaufnahme oder -abgabe scheint bei den Kolloidionen nicht vorzukommen.

Würde das kolloide Gold seine Ladung der Aufnahme von Elektronen unter Aussendung von Goldionen in die Lösung verdanken, wie dies früher angenommen worden ist, dann wäre auch die anodische Flockung solcher Solteilchen das Beispiel einer primären elektrolytischen, allerdings anodischen Metallabscheidung. Für die neuere Auffassung des Ladungsursprunges des kolloiden Goldes durch ionogene oberflächliche Komplexe ist die Abscheidung desselben im galvanischen Strom ein sekundärer Vorgang und analog ist das Verhalten der anderen Kolloide.

Im allgemeinen werden bei der Kolloidelektrolyse meist die Ionen des Wassers der Entladung unterliegen, wobei H_2-, bzw. O_2-Entwicklung eintritt. Elektrolysiert man z. B. ein rein azidoides Kieselsäuresol, so tritt an der Kathode Wasserstoff-, an der Anode Sauerstoffentwicklung auf. Ebensowenig wie etwa die Sulfationen können die Kolloidionen der Kieselsäure sich an der Elektrode entladen. Entladen werden unter Bildung von Sauerstoff und Wasser nur die OH^--Ionen, die ja in jeder wässerigen Lösung vorhanden sind. Man kann jedoch den Vorgang so darstellen, daß in den beiden Fällen primär die stromleitenden Anionen entladen werden und die Entladungsprodukte dann durch einen chemischen Prozeß das Wasser zersetzen:

$$SO_4 + H_2O = 2\,H^+ + SO_4^{--} + O$$

beziehungsweise

$$2[x\,(SiO_2 + nH_2O).SiO_3H] + H_2O = 2\,[x\,(SiO_2 + nH_2O).SiO_3H]^- + 2\,H^+ + O$$

Die Ausdrücke in der eckigen Klammer dienen als Bezeichnung für ein Äquivalent des Kolloidions.

Es ist in beiden Fällen möglich, daß den in der Umgebung der Anode herrschenden Konzentrationsverhältnissen eher die primäre Entladung von OH^--Ionen entspricht. Für den Endeffekt ist dies ganz belanglos.

Die gleichen Betrachtungen treffen für die Elektrolyse von Lösungen mit kolloiden Kationen zu.

Die Gültigkeit des Faradayschen Gesetzes. Natürlich stimmt Faradays Gesetz der äquivalenten Abscheidung auch für die Elektrolyse von Kolloidelektrolyten, sobald es auf die an der Elektrode abgeschiedenen, bzw. gasförmig entweichenden Produkte bezogen wird. Dagegen gilt es nicht notwendigerweise für das abgeschiedene Gel.

Die Elektrolyse von Lösungen, welche ein Kolloidsalz enthalten, ist nämlich sehr häufig mit der Abscheidung des Kolloids verbunden. In diesen Fällen kann nur unter bestimmten Bedingungen in bezug auf diesen kolloiden Anteil das Faradaysche Gesetz gelten. Die Abscheidungsprodukte sind jedoch nie die entladenen Kolloidionen selbst, sondern sind durch weitere chemische Umsetzungen aus den letzteren entstanden. So erfolgt bei der Elektrolyse eine Entladung der Kolloidkationen eines Aluminiumoxydsols:

$$[x\,(Al_2O_3 + nH_2O).y\,Al\,(OH)_2]^+$$

wobei unter Wasserstoffverlust das neutrale Kolloidteilchen entsteht

$$[(x + y)(Al_2O_3 + nH_2O)]$$

und an der Elektrode ausflockt. Bedenkt man jedoch die anderen sekundären chemischen Prozesse, die den Vorgang voraussichtlich mitbegleiten, so erscheint es unwahrscheinlich, daß eine dem entweichenden Wasserstoff genau äquivalente Menge des Kolloides abgeschieden wird. Einerseits wissen wir, daß für die Ausflockung nicht die vollständige Entladung notwendig ist, sondern eine partielle Entladung bereits ausreicht. Anderseits kann auch ein völlig entladenes Aggregat durch die umgebende Lösung peptisiert werden. Diese zwei Umstände bedingen, daß die Bestimmung des elektrochemischen Äquivalentes von Kolloidsalzen auf Grund der elektrolytischen Abscheidung nur in Ausnahmsfällen möglich ist. Von diesbezüglichen Versuchen haben nur diejenigen von B. T. Robertson und spätere von D. M. Greenberg und C. L. A. Schmidt an Kaseinaten Bedeutung erlangt. Aus den letzteren geht hervor, daß man in den meisten Fällen auf dem elektrolytischen Wege zu einem viel zu kleinen Äquivalentgewicht der Kaseinate gelangt, d. h. ein Teil des entstehenden neutralen Kaseins bleibt durch die Kaseinsalze peptisiert in Lösung.

An eine quantitative Erfassung dieser Erscheinungen, bei welchen Diffusion, Peptisationsgeschwindigkeit u. dgl. eine große Rolle spielen, ist kaum zu denken.

Ist das Kolloid nicht elektrokratisch, bzw. ist es auch in reinem Wasser löslich, so erfolgt im allgemeinen bei der Elektrolyse keine Abscheidung. Dies ist z. B. bei der Kieselsäure und bei den Albuminsalzen der Fall.

Unter diesen Gesichtspunkten ist auch der allgemeine Fall zu behandeln, daß neben dem Kolloidsalz andere Elektrolyte in der Lösung vorhanden sind. Verwendet man nicht unpolarisierbare Elektroden, so wird die Wasserstoffionenkonzentration in der Umgebung der Elektroden infolge der Elektrolyse verändert: Bei der Anode wird die Lösung saurer, bei der Kathode alkalischer. Die elektrokratischen, positiv geladenen Kolloidteilchen sind jedoch in alkalischer Lösung nicht stabil, sie werden in der Umgebung der Kathode angereichert und flocken dort aus. Demselben Schicksal unterliegen die Kolloidanionen an der Anode.

Ist jedoch das Kolloidion amphoterer Natur, so kann der Fall eintreten, daß es an der Elektrode umgeladen wird. Elektrolysiert man eine Albuminlösung, welche ursprünglich die isoelektrische Reaktion hat, jedoch ein Neutralsalz enthält, so bewirkt die an der Kathode eintretende Vermehrung der Hydroxylionen eine negative Aufladung, während an der Anode die entstandene Säure das Eiweiß positiv aufladet. Man kann dann beobachten, daß das Albumin von beiden Elektroden gegen die Mitte der Lösung gedrängt wird. Diese beiderseitige Repulsion hat sehr störend gewirkt, solange man bei Bestimmung der Wanderungsrichtung beide Elektroden unmittelbar (ohne Überschichtungsflüssigkeit) in die Lösung reichen ließ. Man hat auch häufig beobachtet, daß die Kolloidteilchen ihre Wanderung an der Elektrode erst nach einer gewissen Zeit umkehrten.

Die Reaktionsänderung an den Elektroden ist sicherlich in den meisten Fällen für die Abscheidung des Kolloids durch den elektrischen Strom verantwortlich. Ganz geringe Mengen von begleitendem Neutralsalz genügen dazu, um eine Reaktionsänderung in der unmittelbaren Nähe der Elektroden hervorzurufen, da das eine seiner Ionen hier durch den Strom angereichert wird. Die Elektrophorese der Kolloidteilchen bewirkt anderseits, daß das Kolloid in diesen Raum hineintransportiert wird. Der Effekt macht dann den Eindruck, als ob es sich hier um eine unmittelbare galvanische Abscheidung der Kolloidionen in dem Sinne, wie sich etwa Edelmetalle niederschlagen, handeln würde. Gesteigert wird dieser Eindruck dadurch, daß die Flockungsprodukte oft als zusammenhängende Masse an der Elektrode haften bleiben.

Das Schichtungsphänomen. Die Elektrolyse von nicht elektrokratischen Kolloiden führt unter bestimmten Bedingungen zu eigentümlichen Schichtenbildungen in der Flüssigkeit. In PAULIS Institut wurde die Beobachtung gemacht, daß die Albumin-, Pseudoglobulin-, Hämoglobin-, Gelatine-, Agar-Agar, Stärke und Kieselsäuresole bei der Elektrodialyse sich in mehrere übereinander stehende, scharf getrennte Flüssigkeitsschichten trennen, von denen die oberste gewöhnlich vollständig kolloidfrei ist. Es wurde dann gefunden, daß diese Lösungen auch ohne Zwischenschaltung von Membranen dieselbe Erscheinung zeigen. Taucht man z. B. in eine Hämoglobinlösung zwei parallele vertikale Elektroden und läßt den Strom durchgehen, so beobachtet man in kurzer Zeit, daß oben eine wasserklare, also hämoglobinfreie Schicht auftritt. Die Deutung dieses Entmischungsphänomens ist äußerst einfach (BLANK-VALKÓ). Von der einen Elektrode aus wird das Kolloidion entsprechend seiner Ladung weggeführt. Dort entsteht also eine kolloidfreie Schicht, in welcher das spezifische Gewicht kleiner ist als dasjenige der Lösung. Infolgedessen steigt diese leichtere Flüssigkeitsschicht, noch bevor sie eine erkennbare Dicke erlangt hat, entlang der Elektrode an die Oberfläche. Im elektrischen Strom wird diese kolloidarme Lösung kontinuierlich nachgeliefert, so daß oben eine klare Schicht sich ausbildet, welche durch weiteres, auf Kosten der unteren Schicht erfolgendes Wachsen das Phänome neiner Sedimentation vortäuscht. Gleichzeitig kann an der anderen Elektrode eine konzentrierte Kolloidlösung entstehen, welche, entsprechend ihrer größeren Dichte, zu Boden sinkt. So hat ZSIGMONDY bereits früher beschrieben, wie die Kieselsäure bei der Elektrolyse an der Anode entlang in Schlieren zu Boden zieht. Im Falle der beiderseitigen Repulsion, also der Umladung an einer der Elektroden wird die kolloidfreie obere Schicht von beiden Elektroden aufsteigen. Neben dieser senkrecht auf die horizontale Stromrichtung erfolgenden Pseudosedimentation kann die Elektrolyse durch die Kombination von elektrophoretischen und hydrostatischen Vorgängen im Falle anderer geometrischer Situationen zu anderen Erscheinungen führen (vgl. die Beobachtungen von J. C. BLAKE), welche jedoch wohl ebenso im Falle gewöhnlicher Elektrolyte — wenn auch infolge der geringen Gewichtskonzentration und stärkeren Diffusion bzw. besserer Stromleitung und infolgedessen stärkerer Gasentwicklung und Erwärmung viel mehr gestört — in Erscheinung treten. Auch das HITTORFsche „Schlierenphänomen“ dürfte eine Folge der Kombination von elektrolytischen, elektrosmotischen und hydrostatischen Erscheinungen darstellen.

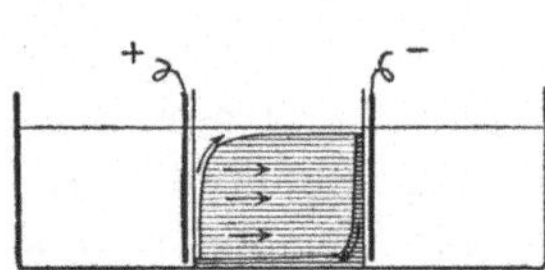

Abb. 57. Schematische Darstellung der Schichtung bei der Elektrodialyse nach F. BLANK und E. VALKÓ. (Die aufsteigende und absteigende Schicht ist in der Wirklichkeit unsichtbar dünn)

Technische Anwendung. Die elektrolytische Abscheidung von Kolloiden, bzw. gröberen Dispersoiden fand mehrfache industrielle Anwendung. Die eine ist die sogenannte elektroosmotische Kaolin- und Tonreinigung (Graf B. SCHWERIN). An Stelle der langsamen und unvollständigen Sedimentation des Schlämmverfahrens werden bei dieser Methode die negativ geladenen Ton- und Kaolinteilchen durch den elektrischen Strom auf eine Metallanode abgeschieden. Sie bilden dort eine kompakte Masse von geringem Wassergehalt und können mit Hilfe von Schabern von der walzenförmigen, langsam rotierenden Elektrode kontinuierlich entfernt werden. Die Grundlage dieses Verfahrens ist das Zusammendrängen der suspendierten Teilchen durch die Elektrophorese in der Umgebung der Anode. Eine völlige Entladung des Teilchens ist für diesen Vorgang nicht notwendig.

Auch für die Konzentrierung des Kautschukmilchsaftes wurde die Elektrolyse vorgeschlagen (TH. COCKERILL). Größere Bedeutung haben diejenigen Verfahren erlangt, welche die direkte elektrolytische Erzeugung von Kautschukgegenständen, bzw. den elektrischen Überzug von Metallgegenständen mit Kautschuk bezwecken (P. KLEIN, S. E. SHEPPARD und W. EBERLIN). Bei diesen Verfahren wird der Latex zwischen zwei Elektroden elektrolysiert, wobei sich die Anode mit einer Schicht von konzentriertem Latex überzieht. Das Verfahren beruht darauf, daß die Kolloidteilchen des Kautschuks im Latex negativ geladen sind, folglich im elektrischen Strome zur Anode wandern. Unter Umständen wird die Konzentrierung an der Anode mit einer örtlichen Entladung und Koagulation als sekundäre Folge der Elektrolyse verbunden sein. Auf alle Fälle erhält man eine zusammenhängende Masse, welche von der Elektrode abgezogen und auf die übliche Weise der Vulkanisation unterworfen werden kann. Durch Vermischen des Latex mit Suspensionen, welche (in dem alkalischen Medium) ebenfalls eine negative Ladung tragen, wird bereits der abgeschiedene Kautschuk mit diesen Stoffen innig vermischt.

Man muß dabei die Gasbildung an den Elektroden verhindern, da sonst die erhaltene Kautschukmasse porös wird. Zu diesem Zwecke wurden mehrere Wege eingeschlagen. Man hat z. B. die Anode mit einem halbdurchlässigen Diaphragma umgeben. Das Diaphragma leitet den elektrischen Strom, da es die Ionen durchläßt, die Kautschukteilchen werden jedoch dadurch zurückgehalten und daran niedergeschlagen. In diesem Falle muß man dem Diaphragma die Form geben, welche als Negativ des zu gewinnenden Kautschukgegenstandes dienen soll. Oder aber man führt die Elektrolyse bei einer niedrigen Alkalität des Kautschukmilchsaftes durch, so daß die verwendeten, z. B. Zinkelektroden in die Lösung gehen.

Es ist auffallend, daß ein derart isolierendes Material wie Kautschuk bei der elektrophoretischen Niederschlagung nicht sofort den Stromdurchgang verhindert. Dieses Verhalten beruht darauf, daß die niederschlagende Masse zunächst sich wie ein Diaphragma verhält. Der weitere Stromdurchgang ist daher mit einer Elektroosmose durch die Kautschukschicht verbunden. Es ist sehr bemerkenswert, daß auch dieses Verhalten an eine niedrige Alkalität des Milchsaftes geknüpft ist. Bei höherer Alkalität erhält man vielfach eine dünne, isolierende Haut.

Um die technische Kontinuierlichkeit des Verfahrens zu ermöglichen, muß man für die Aufrechterhaltung der Konzentration der Suspension sorgen. Zu diesem Zwecke wird die Kathode durch ein Diaphragma von der Kautschuksuspension abgetrennt. Der Kathodenraum wird mit Wasser oder einer Elektrolytlösung gefüllt. Beim Stromdurchgang findet eine elektrosmotische Wasserverschiebung in der Richtung von der Anode zur Kathode durch das Diaphragma statt. Die Verarmung der Suspension infolge der anodischen Abscheidung wird durch diesen Wasserverlust infolge kathodischer Wasserüberführung kompensiert. Zugleich werden die an der Kathode sich entwickelnden Gase von dem Milchsaft ferngehalten.

Literaturverzeichnis

Wegen der elektrophoretischen Abscheidung von Ölemulsionen siehe bei W. Clayton, wegen der industriellen Anwendung der Elektrosmose bei E. Meyer in der „Kolloidchemischen Technologie“ von E. R. Liesegang.

Blake, J. C.: Z. f. anorg. Ch. **39**, 72 (1904). — Blank, F., und E. Valko: Bioch. Z. **195**, 220 (1928). — Clayton, W.: Theorie der Emulsionen. Berlin (1924). — Cockerill, Th.: D. R. P. 218, 927 (1908). — Greenberg, D. M., und C. L. A. Schmidt: Journ. of Gen. Physiol. **7**, 287 (1924). — Hittorf, W.: Z. f. phys. Ch. **39**, 612 (1902). — P. Klein,: Trans. Inst. Rubber Ind. **4**, 343 (1928). — E. P. 223, 189 (1923). — Derselbe, F. Gabor und A. Szegvari: E. P. 257885 (1925). — Meyer, E.: Elektroosmose. In R. E. Liesegangs „Kolloidchemische Technologie.“ Dresden und Leipzig (1927). — Robertson, T. B.: Die physikalische Chemie der Proteine. Dresden (1912). — Schwerin, Graf B.: Z. f. Elektroch. **36**, 739 (1903). — Sheppard, S. E., und L. W. Eberlin: Ind. Eng. Chem. **17**, 711 (1925). U. S. P. 1580795 (1925). — Sheppard, S. E., L. W. Eberlin und C. L. Beal: U. S. P. 1476373. — Zsigmondy, R. Kolloidchemie. III. Aufl. Leipzig (1920).

34. Gestalt und Raumerfüllung der Kolloidionen

Zur Zeit verfügen wir nur in selteneren Fällen über Kenntnisse bezüglich der Gestalt der Kolloidionen.

Einzelteilchen und Aggregate. Im Bereich der gröber dispersen Systeme, bei denen das Mikroskop noch eine objektähnliche Abbildung liefert, beobachtet man zwei Arten von Teilchen: Bei flüssigen, dispersen Phasen kugelförmige Teilchen und bei festen dispersen Phasen, falls zur Herstellung des Systems das mechanische Dispersionsverfahren diente, Teilchen mit unregelmäßigen Spaltflächen. Kugelförmig sind z. B. die Teilchen einer Öl- oder Quecksilberemulsion, unregelmäßige Spaltflächen begrenzen Kaolin oder Glasteilchen. Kugelförmig sind ferner die Teilchen, z. B. einer Gummiguttsuspension, welche durch Eingießen einer alkoholischen Lösung in Wasser und nachherige Dialyse gewonnen wurde.

Eine dritte Art von Teilchen wird unter dem Mikroskop erkannt, wenn man die Suspension zur Flockung bringt, etwa durch Salzzusatz. Mehrere Einzelteilchen treten dann zu Aggregaten zusammen. Diese Haufwerke von Einzelteilchen verhalten sich in mechanischer Hinsicht als mehr oder minder locker zusammenhängend, ihre besondere Struktur läßt sich aber vor allem optisch daran erkennen, daß ihre Oberfläche keine Spaltflächen enthält, sondern eine eigentümliche Rauhigkeit zeigt und bei genügender Vergrößerung mehr oder weniger Differenzierung in die Einzelkörner erkennen läßt.

Zsigmondy hat insbesondere mit Hilfe seines Ultramikroskopes zahlreiche visuelle Beobachtungen über das Verhalten der Kolloidteilchen gesammelt und eine ausgedehnte Strukturlehre der Kolloide begründet. Er unterscheidet auch bei den Kolloidteilchen zwei Arten: Einzelteilchen, die er als Primärteilchen oder Monone bezeichnet und Aggregate (Sekundärteilchen oder Polyone). Die Primärteilchen sind als massiv, homogen erfüllt zu denken, während die Sekundärteilchen zwischen den einzelnen Primärteilchen größere oder kleinere Einschlüsse des Dispersionsmittels enthalten.

Das Zusammentreten von mehreren submikroskopischen Teilchen zu Aggregaten hat ZSIGMONDY zuerst am kolloiden Gold bei der Flockung unter dem Ultramikroskop beobachtet.

Es kann darüber kein Zweifel bestehen, daß die Koagulationsprodukte der Kolloide aus Aggregaten bestehen, in denen die Primärteilchen ihre individuelle Existenz bis zu einem gewissen Grade bewahrt haben. Nur bei den Kolloiden mit flüssiger disperser Phase erfolgt ein Zusammenfließen der Kügelchen, aber manchmal auch dieses nur langsam.

Eine weitere Frage ist es jedoch, wieweit solche Primärteilchen in den Solen selbst existieren. Schon die Analogie mit den stabilen, aufgeladenen Suspensionen, welche unter dem Mikroskop meist als isolierten Einzelteilchen bestehend erscheinen, legt die Annahme nahe, daß die Teilchen der stabilen kolloiden Lösungen ebenfalls Primärteilchen sind. Doch gibt es zwischen stabil und instabil einen stetigen Übergang, viele stabile Sole haben bei ihrer Herstellung eine instabile Phase durchgemacht, wobei die Verbindung zu Aggregaten bis zu einem gewissen Grade irreversibel, nicht bis zur vollständigen Zerlegung in die Primärteilchen gelöst, geblieben sein könnte, so daß die Möglichkeit von Sekundärteilchen auch in stabilen Solen, zumal in geringem Maße, gegeben erscheint.

Auf rein spekulativem Wege wurde von C. NÄGELI die Hypothese aufgestellt, daß die Einzelteilchen in den organischen kolloiden Aggregaten der Zelle voneinander im imbibierten Zustande durch Flüssigkeitsschichten getrennt sind. ZSIGMONDY schloß sich dieser Annahme an und führte viele Eigenschaften disperser Systeme auf den Teilchenabstand zwischen den einzelnen Primärteilchen innerhalb der Sekundärteilchen zurück. Eine beweiskräftige experimentelle Unterlage gewinnt die Vorstellung, daß die Primärteilchen im Sekundärteilchen fallweise zu einem vollständig losen, zur Gänze offenen System zusammengeschlossen sind, wenn man das Verhalten der Gegenionen nach der Flockung in Betracht zieht.

Basenaustausch und Aggregatsstruktur. Bereits H. PICTON und S. E. LINDER haben am Arsentrisulfidsol die qualitative Beobachtung gemacht, daß die bei der Flockung mitgerissenen zweiwertigen Gegenionen (etwa $Ba^{\cdot\cdot}$, wenn $BaCl_2$ als flockendes Salz verwendet wird) durch eine konzentrierte Chlorammoniumlösung aus dem Niederschlag in die Lösung hineingedrängt werden und R. WHITNEY und J. A. OBER haben später auf die gleiche Weise 90% des mitgerissenen Bariums ausziehen können. Würde nun bei der Flockung ein vollständiger Zusammenschluß der entladenen Teilchen stattfinden, so wäre der größte Teil der assoziierten Gegenionen von der Lösung aus unzugänglich und eines Austausches nicht fähig. Wir müssen auf Grund des experimentellen Befundes annehmen, daß der Niederschlag aus einem schwammartigen und soweit offenen Kapillarsystem besteht, daß der größte Teil der ursprünglichen Oberfläche der Teilchen als Grenzfläche gegenüber der Lösung innerhalb des Gels erhalten bleibt. Möglicherweise ist diese Oberfläche zum Teil nur potentiell gegeben, so daß durch eine in einem gewissen Maße erhaltene Verschiebbarkeit oder einen selbst schwingungsartigen ständigen Lagewechsel der Primärteilchen innerhalb der Sekundärteilchen die Reaktionszugänglichkeit der gesamten Oberfläche gewährleistet wird. Die mehr oder minder vollständige Erhaltung der Oberfläche ist ein wichtiger Bestandteil unserer Erkenntnis von der Struktur der Koagele.

Als offenes, extrem feines Kapillarsystem erscheinen auch die natürlichen und künstlichen Permutite, deren Entstehung, durch Herauslösen eines homogen verteilten festen Anteiles, eine derartige Struktur leicht verständlich macht.

Mit Hilfe der konduktometrischen Titration ließ sich in gewissen Solen eine vollständige Austauschbarkeit sämtlicher Gegenionen nachweisen. In einem Aluminiumoxydsol, dessen Gegenion z. B. Cl^- war, konnten mit Ag_2SO_4 100% der analytischen Konzentration desselben als AgCl niedergeschlagen und durch $SO_4/_2$ ersetzt werden. Eine solche vollständige Ersetzbarkeit wurde bereits durch frühere Versuche von DUCLAUX sowie des ZSIGMONDYschen Institutes wahrscheinlich gemacht. Der französische Forscher weist nach, daß der Schwellenwert eines Eisenoxydsoles bei Zusatz von Sulfat der analytischen Konzentration des Cl-Gegenions entspricht, und das analoge Verhalten wurde von HEINZ an Zinnsäuresolen bei flockenden Salzen mit zweiwertigen Kationen gefunden. PAULI und MATULA haben an einem Eisenoxydsol nicht nur die völlige Verdrängbarkeit des Cl aus dem Sol durch SO_4, sondern auch im großen Überschuß durch Nitrat festgestellt. PAULI und ROGAN haben am Eisenoxydsol ein Mitreißen von einer nahe der analytischen Konzentration der Gegenionen entsprechenden Menge zweiwertiger Anionen und fast vollständiger Freigabe des gesamten Chlors gefunden. PAULI (mit E. SCHMIDT und A. PETERS) haben später mit Hilfe der konduktometrischen Methode in allen untersuchten Fällen (am Al-Oxyd- und Thoroxydsol) eine der Fehlergrenze entsprechende vollständige (98 bis 100%) Ersetzbarkeit festgestellt. Dabei waren in einem Fall nur 9,3% der Gegenionen elektrometrisch wirksam.

Aus diesen Versuchen folgt, daß sämtliche Gegenionen in den untersuchten Solen reaktionszugänglich waren. Mit großer Sicherheit kann man daraus schließen, daß in diesen Solen keine merkliche Menge des Dispersionsmittels als völliger, mechanischer Einschluß in den Hohlräumen der Sekundärteilchen vorliegt. In diesem Fall müßte ein Teil der Oberfläche mit den zugehörigen aufladenden Ionen und Gegenionen (gleichmäßige Oberflächendichte vorausgesetzt) von der Lösung abgesperrt und unzugänglich sein. Die Existenz von Sekundärteilchen in diesen Solen kann man auf Grund dieser Beobachtungen nicht ausschließen, man muß ihnen jedoch, falls man solche annimmt, die schwammartige Struktur eines überall offenen Kapillarsystems zuschreiben, welche die volle Reaktionszugänglichkeit gewährt. Höchstens könnte man noch die Möglichkeit von schwingenden Verschlüssen, wobei einzelne Primärteilchen als bald geöffnete, bald geschlossene Zugänge funktionieren, in Betracht ziehen.

Elektrochemisches Verhalten der Aggregate. Eine wichtige Frage ist der Einfluß einer derartigen Struktur auf das elektrochemische Verhalten des Kolloidsalzes.

Von J. DUCLAUX und in neuerer Zeit von PAULI wurde die unvollständige konduktometrische und elektromotorische Wirksamkeit der Gegenionen auf ein Dissoziationsgleichgewicht zurückgeführt. Demgegenüber hat insbesondere R. WINTGEN in ZSIGMONDYS Institut die Erscheinung dadurch zu erklären versucht, daß ein Teil der Gegenionen im Innern der Kolloidteilchen „adsorbiert oder sonst irgendwie mechanisch festgehalten wird". Die neueren Auffassungen über den Zustand der starken Elektrolyte, vor allem die BJERRUMsche Assoziationstheorie, haben die PAULIsche Auffassung wesentlich unterstützt. Doch läßt sich a priori die Möglichkeit nicht von der Hand weisen, daß auch die räumliche Beschaffenheit der Teilchen die elektrostatische Wirksamkeit der Gegenionen beeinflußt. Die Austauschversuche haben nur bewiesen, daß hier die einfache Vorstellung eines dichten mechanischen Einschlusses keinesfalls zutrifft. ZSIGMONDY weist darauf hin, daß zwischen den Ionen innerhalb der flockenartig aggregierten Teilchen und Ionen derselben Art in der umgebenden Lösung die Verteilung durch die in den Teilchen wirkenden Kräfte und anderseits durch das Diffusionsbestreben bestimmt ist. PAULI und VALKO haben dazu bemerkt, daß ZSIGMONDYS in den Einzelheiten von ihm nicht näher begründete Hypothese zur Anwendung des DONNANschen Prinzips und damit im wesentlichen zu einer der LOEBschen völlig analogen Theorie (siehe darüber Kap. 47) führen muß.

Von ZSIGMONDY wurde darauf die Heranziehung des DONNANschen Membrangleichgewichtes abgelehnt.

„Denn die Membrangleichgewichte erfordern eine Membran, durch die vollkommen frei bewegliche Ionen (von denen eines die Membran nicht durchdringt) von Wasser oder Elektrolytlösung getrennt sind.

Aber weder das Vorhandensein einer Membran noch frei beweglicher Ionen, für welche die hypothetische Membran undurchlässig sein soll, nehme ich in den Sekundärteilchen im allgemeinen an; ebensowenig wie ich das Membrangleichgewicht heranziehen würde, um das Eindringen von Elektrolyten in ein Ultrafilter oder den Ionenaustausch im Innern der Permutitkörnchen zu erklären."

Nun hat DONNAN in seinem zusammenfassenden Vortrage unter anderem gerade auf die Anwendbarkeit seiner Theorie auf den Permutitprozeß der Wasservereinigung hingewiesen. In diesem Vortrage hat er auch betont, daß das Vorhandensein einer Membran keineswegs die Vorbedingung für die Gültigkeit seiner Theorie darstellt.

"... the theory of membrane equilibrice depends simply on two assumptions:

a) The existence of equilibrium,

b) the existence of certains constraints which restrict the free diffusion of one or morce electrically charged or ionised constituents."

In der Tat hat z. B. A. TISELIUS mit Hilfe der DONNAN-Theorie die Konkurrenz der Schwerkraft und der elektrischen Kräfte in der Thermodynamik der Ultrazentrifuge beschrieben.

Wir können also die Sekundärteilchen als Gelklümpchen auffassen, auf welche die DONNANsche Theorie ebenso anwendbar ist, wie sie zuerst von PROCTER und WILSON auf die Quellung der Gelatine in Säurelösungen angewendet wurde. Die Ionen, welche in der freien Diffusion behindert sind, sind die aufladenden Ionen, die Kräfte, welche deren freie Diffusion behindern, sind chemische (oder, wenn man will, die Adsorptionskräfte), welche die Anlagerung der aufladenden Ionen bewirken. Die Kanäle der Sekundärteilchen stellen die Innenflüssigkeit, die Lösung die Außenflüssigkeit dar.

Doch erscheint es zweckmäßiger, die Betrachtung nicht mit Hilfe der makroskopischen Methode von DONNAN sondern mit der molekulartheoretischen von DEBYE und HÜCKEL durchzuführen, da wir in den Kanälen der hypothetischen ultramikroskopischen Gelklümpchen mit nahe molekularen Dimensionen zu tun haben. Wir haben bereits auf die interessante Tatsache hingewiesen, daß die der DEBYE-Theorie als Fundament dienende GOUYsche Gleichung mit Hilfe semipermeabler Membrane abgeleitet wurde. Die nahen Beziehungen der DONNANschen und DEBYEschen Ionenverteilung wurde neuestens in dem vortrefflichen Bericht von TISELIUS über die Ladung kolloider Teilchen besonders hervorgehoben.

Die Flüssigkeit der Kanäle wird, wie jedes Flüssigkeitselement in der Nähe der geladenen Teilchenoberfläche infolge der COULOMB-Kräfte die Gegenionen in größerer Konzentration, dagegen die dem Kolloidion gleichnamig geladenen Ionen in einer kleineren Konzentration enthalten, als dem mittleren Gehalt der Lösung entspricht. Im Sinne des BOLTZMANN-Satzes wird, wenn nur die Kräfte der freien Ladungen im Spiele sind, in jedem Punkt der Lösung — im Innern derselben ebenso wie auf der Oberfläche und in den Poren — das Gesetz der konstanten Aktivitätsprodukte gelten. Sind etwa die Gegenionen eines Aluminiumoxydsols Cl^- und ist noch freie Salzsäure vorhanden, so gilt überall $[H^{\cdot}]\,[Cl']$ = konstant In den Kanalflüssigkeiten (Mizellwasser) wird also die H^+-Ionenkonzentration auch gegenüber der Lösung verschwindend klein sein. Darnach würde also die Sekundärteilchenbildung einer Konzentrierung mittels einer für molekulardisperse Ionen durchgängigen Membran entsprechen. Ein solcher Konzentrationsprozeß könnte sehr wohl mit einer außerordentlichen Steigerung der Inaktivierungseffekte verbunden sein.

Ein ähnlicher Effekt muß auch auftreten, wenn zwar Primärteilchen vorhanden sind, jedoch die Ionenbindung auch im Inneren erfolgt, etwa zwischen den einzelnen Hauptvalenzketten, welche parallel gelagert sind in der Art, wie dies von K. H. MEYER und H. MARK für polymere Kohlehydrate, Kautschuk, Seidenfibroin, Chitin angenommen wurde.

Läßt man z. B. auf Zellulose 17%ige Natronlauge einwirken, so reagiert zunächst die Oberfläche der einzelnen Mizellen mit der Lauge, dann jedoch dringt die Lauge, wie die Röntgendiagramme gezeigt haben, in das Gitter ein. Es findet quer zur Faserachse, also quer zu den Hauptvalenzketten eine Auflockerung des Gitters statt, die Hauptvalenzketten bleiben intakt. Derartige Reaktionen nennt man nach H. FREUNDLICH und K. H. MEYER permutoide Reaktionen. Die Kinetik dieser Reaktionen wurde von K. F. HERZFELD behandelt.

Es ist fraglich, ob derartige Reaktionen auf die durch Hauptvalenzketten gebildeten Gitter beschränkt sind. Untersuchungen der mechanischen und elektrischen Festigkeit und des elektrischen Leitvermögens der Kristalle haben nämlich zu der Auffassung geführt, daß die Theorie des idealen Kristallgitters diese Eigenschaften nicht erklären kann. Man muß vielmehr annehmen, daß der Aufbau der Realkristalle kein homogener ist. Sie besitzen „Lockerstellen". Den Nachweis der Lockerstellen und die Feststellung ihrer Rolle in bezug auf die optischen und Festigkeitseigenschaften verdankt man in erster Linie A. SMEKAL. In seinem letzten Bericht über die Realkristalle äußert sich SMEKAL folgendermaßen:

„Durch die Diffusion und Leitfähigkeitseigenschaften der Ionenkristalle ist die Annahme nahegelegt, daß zumindest ein Teil der Lockerstellen hohlraumartigen

Charakter besitzt. Als einfachstes, anschaulichstes Modell vom Molekularbau der Realkristalle kann man daher ein Kristallgitter ansehen, aus welchem hin und wieder einzelne oder kleine Gruppen von Gitterbausteinen entfernt sind; die Abmessungen der so entstehenden, unregelmäßig verteilten Gitterhohlräume mögen überwiegend von molekularer Größeordnung sein, zum Teil aber auch den Charakter eines labyrinthisch verzweigten, amikroskopischen Spaltnetzes tragen."

Nach SMEKAL kann eine maßgebliche Auswirkung der Lockerstellen im Verhalten sehr dünner Materieschichten auch bei allen Arten von „topochemischen" Reaktionsvorgängen vorausgesehen werden. (Betreffs der topochemischen Reaktionen sei auf den Bericht V. KOHLSCHÜTTERS, dem wir die wichtigsten Kenntnisse dieser Art verdanken, hingewiesen.)

In topochemischer Hinsicht lassen sich also die Oberflächenreaktionen in die folgenden Gruppen einteilen:

1. Die Reaktion verläuft auf der (äußeren) Oberfläche (Oberfläche 1. Ordnung).
2. Die Reaktion verläuft auch in den Kanälen der Sekundärteilchen, in den intermizellaren Kapillaren (Oberfläche 2. Ordnung).
3. Die Reaktion verläuft in den amikroskopischen, durch Lockerstellen gebildeten Spaltnetzen (Oberfläche 3. Ordnung).
4. Die Reaktion verläuft innerhalb des homogenen Gitters, etwa zwischen den Hauptvalenzketten.

Diese 4. (von K. H. MEYER permutoid genannte) Reaktionsweise kann exakterweise nicht mehr als Oberflächenreaktion bezeichnet werden.

In allen denjenigen Fällen, wo kein Beweis für die Reaktionen der inneren Oberfläche vorliegt, wollen wir einstweilen an der Annahme festhalten, daß nur die äußere Oberfläche reagiert. Der heuristische Wert dieser Arbeitshypothese ist leicht zu erkennen. Doch sei an dieser Stelle betont, daß, in welcher Art auch die Ionenreaktionen der benetzten inneren Oberfläche angenommen werden, die Gesetze der Ionenverteilung anzuwenden sind.

Einen großen Einfluß dürfte die Sekundärteilchenbildung auf die Beweglichkeit der Kolloidionen haben. Zweifellos werden die ersteren wegen der größeren Raumanfüllung und der Oberflächenrauhigkeit eine viel größere Reibung erleiden als eine massiv erfüllte Kugel derselben Masse und Ladung. Man könnte die Abweichung vom STOKESschen Gesetz, dessen Anwendung unter Annahme einer massiv erfüllten Kugelform erfolgt, wenigstens teilweise dadurch erklären.

Doch müssen wir hier nochmals betonen, daß ein bindender Beweis für die Existenz von Sekundärteilchen in stabilen Solen bisher nicht erbracht wurde.

Nichtkugelige Teilchen. Oberflächenrauhigkeit über das molekulare Maß, wesentliche Abweichung von der Kugelform massiv erfüllter isolierter Primärteilchen kann bei derselben Ladung und Masse durch größere Reibung eine kleinere Beweglichkeit bedingen. Optische Untersuchungen haben nun in vielen Solen das Überwiegen nichtkugeliger Teilchen nachgewiesen. Das Funkelphänomen unter dem Ultramikroskop im polarisierten Licht wurde von H. SIEDENTOPF auf die Abweichung von der Kugelform zurückgeführt. Die Azimutblende von A. SZEGVARI gestattet, die Erscheinung bedeutend zu verstärken. Die Tendenz der stäbchenförmigen Teilchen in der strömenden Flüssigkeit ihre Längsachse in die Strömungsrichtung zu stellen, verrät sich in der ZOCHERschen Wirbelmethode durch die Doppelbrechung. Eine freiwillige

Schwarmbildung derartiger Teilchen läßt sich mit der Azimutblende, wie mit dem Polarisationsmikroskop beobachten. Die Doppelbrechung der Eisenoxydteilchen im magnetischen Feld ist schon lange als MAJORANA-Phänomen bekannt. Durch Beobachtung des Tyndallichtes beim Fließen konnten DIESSELHORST und FREUNDLICH die Existenz stäbchen- und blättchenförmiger Teilchen nachweisen.

Je nach den Größenverhältnissen der Achsen zueinander kann man die Teilchen in drei Schemata einordnen. Nach H. FREUNDLICH wurde bisher für die folgenden Sole die Gestalt wahrscheinlich gemacht:

1. Nahezu kugelige Teilchen: Rote Goldsole, Silbersole, Platinsole, Arsentrisulfidsole, Mastixsole. 2. Scheiben oder blättchenförmige Teilchen: Gealterte Eisenhydroxydsole, blaue Goldsole mit kleinen Teilchen. 3. Stäbchenförmige Teilchen: Vanadinpentoxydsole, Wolframsäuresole, Sole von gewissen Farbstoffen.

Literaturverzeichnis

DIESSELHORST und H. FREUNDLICH: Physik. Z. **17**, 117 (1916). — DONNAN, F. G.: Chem. Reviews **1**, 73 (1924). — DUCLAUX, J.: Journ. Phys. Chem. **5**, 29 (1907); **7**, 405 (1909). — FREUNDLICH, H.: Kapillarchemie. III. Aufl. Leipzig (1923). — HEINZ, E. Dissertation. Göttingen (1914). — HERZFELD, K. F.: Z. f. phys. Ch. **119**, 377 (1926). — KOHLSCHÜTTER, V.: Koll. Z. **42**, 254 (1927). — MAJORANA: Accad. Lincei **11**, I, 536, 539 (1902); **12**, I, 90, 139 (1902). — MEYER, K. H.: Z. f. ang. Ch. Nr. 34 (1928). — NÄGELI, C.: Die Micellartheorie. OSTWALDS Klassiker (1928). — PAULI, Wo., und J. MATULA: Koll. Z. **21**, 49 (1917). — PAULI, Wo., und F. ROGAN: Koll. Z. **35**, 131 (1924). — PAULI, Wo., und E. VALKÓ: Z. f. phys. Ch. **121**, 161 (1926). — PAULI, Wo., und E. SCHMIDT: Z. f. phys. Ch. **126**, 247 (1927). — PAULI, Wo., und A. PETERS: Z. f. phys. Ch. **135**, 1 (1928). — PICTON, H., und S. E. LINDER: Journ. Chem. Soc. **67**, 63 (1895). — SIEDENTOPF, H.: Z. f. wiss. Mikr. **29**, 1 (1912). — SMEKAL, A.: Atti del Congresso Como. Bologna (1928). — SZEGVARI, A.: Z. f. phys. Ch. **112**, 277 (1924). — TISELIUS, A.: Z. f. phys. Ch. **124**, 449 (1927). — Die Bestimmung der Beweglichkeit kolloider Teilchen, in: ABDERHALDEN: Hdb. d. biol. Arbeitsmethoden (1927). — WINTGEN, R.: Z. f. phys. Ch. **103**, 238 (1923). — WHITNEY, R., und J. A. OBER: Z. f. phys. Ch. **39**, 630 (1902). — ZOCHER, A: Z. f. phys. Ch. **98**, 293 (1921). — ZSIGMONDY, R.: Zur Erkenntnis der Kolloide. Jena (1906). — Kolloidchemie, I, Leipzig (1925). — Z. f. phys. Ch. **124**, 145 (1926).

35. Das Verhalten der Kolloidelektrolyte bei Verdünnung

Die Bedeutung, welche das Studium des Verdünnungseinflusses für die Lehre der typischen Elektrolyte besitzt, läßt analoge Untersuchungen an Kolloidelektrolyten als wichtig erscheinen. Diese Untersuchungen, wie auch die bloße Überlegung lehren, daß die Verdünnungserscheinungen an Kolloidsalzen eine sehr komplexe Natur besitzen, so daß für das Verständnis der Meßresultate eine sorgfältige und eingehende Diskussion derselben erforderlich wird.

Theoretische Erwartungen. Auf Grund des allgemeinen Verhaltens der Kolloidsalze kann man voraussagen, daß die Verdünnung das Gleichgewicht der Ionen in zweifacher Hinsicht beeinflussen kann: Erstens durch die Gleichgewichtsverschiebung der Oberflächenreaktion, zweitens durch die Veränderung der Struktur der die Kolloidionen umgebenden Ionenatmosphäre. Im Sinne des Prinzips des kleinsten Zwanges werden Vorgänge, welche mit einer Veränderung der Teilchenzahl verbunden sind, durch Verdünnung zugunsten einer vermehrten Dissoziation verschoben. Die Verdünnung wird deshalb eine vermehrte Abspaltung von ionendispersen Anteilen von der Kolloidoberfläche begünstigen. Man kann somit bei der Verdünnung einer Kolloidsäure (z. B. Kieselsäure) erhöhte Dissoziation von Wasserstoffionen, bei der Verdünnung eines basischen Kolloidsalzes erhöhte Hydrolyse erwarten, welche hier ebenfalls in einer erhöhten H^+-Abspaltung sich äußern wird (z. B. $[x\,(Al(OH)_3 \pm nH_2O)\,.\,y\,AlO^+] \leftrightarrows (x+z)\,[Al(OH)_3 \pm nH_2O]\,.\,(y-z)\,AlO^+ + zH^+$).

Die Konzentration der vorhandenen molekulardispersen Salze (im letzten Fall ev. $AlCl_3$) wird auf Kosten des ionogen Anteiles des Kolloides ebenfalls erhöht. Die Dissoziation von möglicherweise komplexen (Chloro)-Verbindungen wird anderseits gesteigert. Die Gesamtladung der Kolloidteilchen wird also einerseits durch die Abspaltung der gleichgeladenen Ionen (in obigem Beispiel Al^{+++} und H^+) erniedrigt, anderseits durch die Abdissoziation der entgegengesetzt geladenen Ionen (bei Aluminiumoxydsol Cl^-, bei der Kieselsäure H^+) infolge der Verdünnung erhöht.

Die Veränderung der Struktur der Ionenatmosphäre führt bei der Verdünnung zu einer Vergrößerung der Doppelschichtdicke (oder richtiger des $1/\omega$-Wertes der DEBYE-Theorie), d. h. die interionischen Kräfte werden bei der Verdünnung vermindert. Bei genügend hoher Verdünnung wird unter Umständen der Einfluß der interionischen Kräfte ganz zu vernachlässigen sein. Infolgedessen erhöht sich bei der Verdünnung die Aktivität, Beweglichkeit und osmotische Wirksamkeit der Gegenionen, sowie die Beweglichkeit der Kolloidionen.

Da die Gleichgewichtsverschiebung der Oberflächenionen und die Struktur der Ionenatmosphäre miteinander verknüpft sind, wird das Gesamtverhalten bei der Verdünnung komplizierter. Die erhöhte Gesamtladung bedeutet z. B. erhöhte interionische Kraft, die erhöhte Aktivität von Spaltungsprodukten gesteigerte Anlagerung. Diese sekundären Effekte sind jedoch häufig zu vernachlässigen.

Im Bereiche höherer Konzentrationen können Anomalien infolge der VAN DER WAALSschen Kräfte zwischen den Kolloidionen und infolge der Beeinflussung der Dielektrizitätskonstante in der Umgebung der Kolloidionen auftreten. Diese Erscheinungen sind heute theoretisch noch kaum faßbar.

Tabelle 64

Sol: $20\,Fe_2O_3\,.\,Fe_2Cl_6$

c	13,8	9,0	6,0
P	110,0	42,0	20
P/c	8,0	4,7	3,3

Sol: $Th\,O_2$

c	4,03	2,70	1,75	0,97	0,56	0,40
P	43	24	11,5	4,7	1,3	0,25
P/c	10,7	9	6,5	4,8	2,3	0,6

Gummi arabicum

c	7,1	2,96	0,88
P	224	75	19
P/c	31,5	25,3	21,6

Untersuchungen mit Hilfe der Ultrafiltration. Die ersten systematischen Untersuchungen der Konzentrationseinflüsse bei Kolloiden stammen von J. DUCLAUX. Er bestimmte den osmotischen Druck bei wachsender Konzentration, indem er, von einem konzentrierten Sol ausgehend, dieses mit gemessenen Mengen seines Ultrafiltrates verdünnt und den Druck gegen das Ultrafiltrat gemessen hat. Er fand fast ausschließlich, daß der Druck schneller ansteigt als die Konzentration (Tabelle 64).

Die erste Zeile enthält die Konzentration in Gewichtsprozenten, bezogen auf den Glüh- bzw. Trockenrückstand, die zweite Zeile die entsprechenden Werte des osmotischen Druckes (in Zentimeter Wasser), die dritte Zeile das Verhältnis von Druck und Konzentration, d. h. den äquivalenten Druck in einem willkürlichen Maße.

Bei dem ersten Sol sehen wir, daß, während das Sol etwa auf die Hälfte verdünnt wird, sein Druck auf $^1/_5$ gesunken ist, beim zweiten Sol, daß die zehnfache Verdünnung den Druck auf weniger als $^1/_{100}$ herabgesetzt hat.

Nun ist der osmotische Druck, der mittels einer für das Kolloid undurchlässigen, für Ionen durchlässigen Membran bestimmt wird, eine Größe, welche. wie bereits wiederholt ausgeführt, von der durch das Membrangleichgewicht bedingten Ionenverteilung bestimmt wird. Der Druck wird im Sinne der DONNANschen Lehre der Teilchenzahl der Kolloidionen entsprechen, wenn die anwesenden Elektrolyte gegenüber dem Kolloidsalz im Überschuß sind; dagegen der Teilchenzahl des Kolloidsalzes (Kolloidion + Gegenionen), sobald die Elektrolyte gegenüber der Äquivalentkonzentration des Kolloidsalzes verschwinden. Die von DUCLAUX untersuchten Sole enthalten eine beträchtliche Menge von Elektrolyten. Infolgedessen wird der beobachtete Druck durchwegs kleiner sein als der auf das Kolloidsalz allein entfallende. Bei höherer Konzentration des Kolloidsalzes und gleichbleibender Konzentration der „intermizellaren Flüssigkeit" wird das Verhältnis der Elektrolyte zum Kolloidsalz, und zwar zugunsten des letzteren verschoben, so daß der Druck sich dem des Kolloidelektrolyten entsprechend nähern wird. Man sieht also, daß hier bereits der DONNAN-Effekt zu einer Erscheinung führen kann, welche wenigstens qualitativ der von DUCLAUX gefundenen entspricht.

Indessen sind die Beziehungen noch weit verwickelter. Es zeigte sich nämlich, daß auch die Leitfähigkeit eines durch Ultrafiltration eingeengten Sols (nach Abzug der Leitfähigkeit des Ultrafiltrates) stärker ansteigt als die Konzentration:

Tabelle 65

Sol: Fe_2O_3

c	1,08	1,34	2,04	3,05	5,35	8,86
$\varkappa \cdot 10^6$	8,3	14,0	27,0	50,3	111	209
$\varkappa/c$	7,8	10,04	13,2	16,5	20,7	23,6

Sol: Gummi arabicum

c	0,88	2,96	7,1
$\varkappa \cdot 10^6$	135	505	1330
$\varkappa/c$	153	170	187

Dieses Ergebnis wird dadurch erhalten, daß das Ultrafiltrat des Sols beim Einengen des letzteren seine Leitfähigkeit nur wenig ändert. Diese Erscheinung zeigt sich an dem folgenden Beispiel.

Tabelle 66

Sol: 140 $Fe_2O_3 . Fe_2Cl_6$

c	$\varkappa$ von Sol	$\varkappa$ vom Ultrafiltrat	Differenz
1,84	192	43,5	148,5
0,80	98	40,8	57,2

Die Gesamtleitfähigkeit des Sols wurde durch die Verdünnung relativ erhöht. Da aber die Leitfähigkeit des Ultrafiltrates (siehe Tabelle) konstant blieb, d. h. bei Berücksichtigung der zunehmenden Solkonzentration relativ abnahm, konnte die Differenz ebenfalls eine relative Abnahme aufweisen. Dieses Verhalten ist ein allgemeines. Nimmt man an, daß die Ultrafiltration wirklich die Leitfähigkeit der elektrolytischen Beimengungen ergeben würde, so würde die Unabhängigkeit der Ultrafiltratleitfähigkeit von der Verdünnung des Kolloidsalzes bei gleichbleibender Konzentration der intermizellaren Flüssigkeit (die experimentell erbrachte Unterlage des betrachteten Verfahrens) besagen, daß die Oberflächenreaktionen durch die Verdünnung des Kolloidsalzes nicht beeinflußt werden. Ein solches Verhalten ist, in Analogie zu der Unabhängigkeit des Dissoziationsrestes einer Säure von der Konzentration derselben bei gleichbleibender H^+-Konzentration, nur dann zu erwarten, wenn die Ionisation des Kolloidsalzes bei der Verdünnung unverändert bleibt. Gerade dieser Voraussetzung widersprechen die Folgerungen aus DUCLAUXs Meßergebnissen. Es ist vielmehr fragwürdig, ob nicht das Verhältnis der Leitfähigkeit des Ultrafiltrates und der in dem Sol wirklich anwesenden Elektrolyte infolge des Filtrationspotentials[1] bei der Verdünnung beeinflußt wird. Diese Beeinflussung ist überhaupt nicht abzuschätzen, was einer Verwertung der DUCLAUXschen Ergebnisse im Wege steht. Es wurde zwar in einigen Versuchen gezeigt, daß Elektrolytlösungen die Ultrafilter unverändert passieren. (Vgl. jedoch eine gegensätzliche Beobachtung von A. BETHE und TH. TOROPOFF.) Die Anwesenheit eines Ions, welches durch die Membran zurückgehalten wird, könnte aber das Verhalten wesentlich beeinflussen. Diese Verhältnisse sind noch ungenügend geklärt. Qualitativ läßt sich das von DUCLAUX festgestellte Verhalten jedenfalls auch ohne die Annahme, daß die Leitfähigkeit und der osmotische Druck des Kolloidsalzes stärker wachsen als die Konzentration, verstehen. Bemerkenswert ist, daß das Verhalten von Gummi arabicum, dessen Ultrafiltrat in dem gegebenen Fall eine nur relativ kleine Leitfähigkeit besitzt, auch nur eine geringfügige Abweichung vom Normalen zeigt.

Denselben Bedenken unterliegen die Versuche von P. MAFFIA an Eisenhydroxydsol. MAFFIA hat ebenfalls Ultrafiltrationsversuche durchgeführt und eine Konstanz für die Leitfähigkeit des Ultrafiltrates gefunden, während die Gesamtleitfähigkeit im Sol infolge der Konzentrierung auf das Mehrfache stieg. Auf dieselbe Weise wie bei DUCLAUX ergeben auch seine Versuche eine Zunahme der „Äquivalentmizellarleitfähigkeit" mit der Konzentration, während die Gesamtäquivalentleitfähigkeit des Sols dabei stark abnimmt.

Die Unzuverlässigkeit des Verfahrens wird am besten charakterisiert durch den Befund von MAFFIA, wonach die Dialyse bis zur Gleichgewichtseinstellung

---

[1] Da eine Gleichgewichtseinstellung nicht abgewartet wird, ist das Membranpotential durch das Auftreten eines Diffusionspotentiales verändert

ein Außenwasser von derselben Zusammensetzung, wie das Ultrafiltrat besitzt, ergibt. Nun ist das Außenwasser der Gleichgewichtsdialyse im Sinne der DONNANschen Theorie keineswegs einfach der „intermizellaren Flüssigkeit" gleichzusetzen.

Übersichtliche Ergebnisse sind von einer Meßmethodik zu erhoffen, welche keinen derartigen Eingriff in das Solgleichgewicht bedeutet, wie die Ultrafiltration. Dieser Anforderung entsprechende Messungen wurden von PAULI und Mitarbeitern durchgeführt.

Untersuchungen von Pauli und Mitarbeitern. PAULI und MATULA untersuchten ein Eisenhydroxydsol. Bei zehnfacher Verdünnung fanden sie, daß der Aktivitätskoeffizient der Chlorionen von 0,375 auf 0,580 anstieg. Sie deuteten damals das Verhalten als Dissoziation eines mittelstarken Elektrolyten. Die Äquivalentleitfähigkeit desselben Sols stieg dabei höher als auf das Doppelte. Die Werte ergeben unter den Voraussetzungen der klassischen Dissoziationstheorie für das ursprüngliche Sol eine mittlere Kationenbeweglichkeit von 165, für das verdünnte 382 (bei 25°). Da aber die Wasserstoffionenkonzentration nur in dem unverdünnten Sol bestimmt wurde, läßt sich nicht sagen, wie weit eine Vermehrung der Wasserstoffionen infolge gesteigerter Hydrolyse an der Erhöhung der Leitfähigkeit beteiligt ist. In dem ursprünglichen Sol wurde jedoch die Wasserstoffionenkonzentration elektrometrisch — in dem Filtrat der Flockung mit KCl — gemessen und erwies sich als dem Neutralpunkt sehr nahe stehend. Somit erscheint bereits die ursprüngliche hohe Kationenbeweglichkeit als Anomalie.

Diese Untersuchung wurde von PAULI und G. WALTER fortgesetzt. Mit Hilfe von elektrometrischen Cl-Messungen (Kalomelelektroden) fanden sie ebenfalls eine Zunahme des Aktivitätskoeffizienten während der Verdünnung.

Tabelle 67

Verdünnung	$n_{Cl} \cdot 10^2$	$a_{Cl} \cdot 10^3$	$f_a Cl \cdot 10^2$
Sol I: $7\,(Fe/OH/_3 \pm n\,H_2O) . FeO^+ + Cl^-$			
1	7,53	13,9	18,5
$^1/_2$	3,76	7,17	19,0
za. $^1/_7$	1,10	2,47	22,5
„ $^1/_{14}$	0,55	1,42	26
Sol II: $11\,(Fe/OH/_3 \pm n\,H_2O) . FeO^+ + Cl^-$			
1	4,08	6,54	16,0
$^1/_2$	2,04	3,55	17,5
za. $^1/_7$	0,55	1,42	26
Sol III: $15\,(Fe/OH/_3 \pm n\,H_2O) . FeO^+ + Cl^-$			
1	2,20	4,49	20
$^1/_2$	1,10	2,47	22
$^1/_4$	0,55	1,42	26

Während die zwei letzten Sole auf Grund der klassischen Theorie normale Beweglichkeitswerte errechnen lassen, ergibt sich der Wert für die Kationenbeweglichkeit bei dem ersten Sol abnorm hoch (110). Es zeigt sich allgemein, daß die Sole in frisch dialysiertem Zustande in bezug auf die Kolloidionenbeweglichkeit sich normal verhalten, im gealterten Zustande oder nach dem Erhitzen jedoch die beschriebene Anomalie zeigen. Während die Beweglichkeit der Kationen in dem frisch dialysierten Sol auch bei Verdünnung normale Werte zeigt, muß den gealterten Solen bei der Verdünnung ein abnormes Anwachsen der ohnehin hohen Kationenbeweglichkeit zugeschrieben werden. Stichweise Ermittlung der H-Konzentration im Flockenfiltrat zeigte, daß die HCl-Anwesenheit für die Erklärung der Erscheinung nicht ausreicht. PAULI und WALTER erörtern die Möglichkeit einer Autokomplexbildung mit einem Anion, welches eventuell auch Cl, aber in nicht ionischer Form, enthält (Ferratkomplexe). Ein Beweis für diese Annahme konnte aber nicht erbracht werden, so daß die Erscheinung als ungeklärt zu betrachten war.

Einen Fortschritt brachten die weiteren Untersuchungen dadurch, daß auch die H^+-Aktivität in der Lösung elektrometrisch bestimmt wurde. Die klarsten und genauesten Ergebnisse zeitigten die Untersuchungen von PAULI und E. SCHMIDT an Aluminiumoxydsol, welches nach einem besonderen Verfahren (Auflösung von Al in Anwesenheit von $AlCl_3$) hergestellt wurde. Das ursprüngliche Sol besaß eine so hohe Cl-Aktivität, daß die Cl-Aktivitätsbestimmungen mit AgCl-Elektroden nach NOYES und ELLIS bis zu 256facher Verdünnung vorgenommen werden konnten. Die H-Aktivität ließ sich im Sol genau messen, ebenso die Leitfähigkeit. Beide änderten sich nicht mit der Zeit, das Gleichgewicht stellte sich sofort nach der Verdünnung ein. Sämtliche Messungen wurden bei 25^0 durchgeführt.

Die gefundene Leitfähigkeit wurde zunächst durch Abzug der Leitfähigkeit des Verdünnungswassers geringfügig korrigiert ($\varkappa^{II} - \varkappa_{H_2O}$), ferner wurde die H-Aktivität des Sols gemessen (a_H). Daraus ließ sich die Leitfähigkeit der anwesenden Salzsäure berechnen ($\varkappa_{HCl}$). Dabei konnte der Aktivitätskoeffizient der Wasserstoffionen mit Rücksicht auf die kleine Konzentration dem Leitfähigkeitskoeffizienten der HCl gleichgesetzt werden. Durch Subtraktion der Salzsäureleitfähigkeit wurde die Leitfähigkeit des Kolloidsalzes gewonnen und daraus die Äquivalentleitfähigkeit desselben, bezogen auf die analytische Konzentration der Chlorionen des Kolloidsalzes. Die letztere ergab sich als die Differenz der analytischen Cl-Konzentration (n_{Cl}) und der Konzentration der Salzsäure, welche ohne erheblichen Fehler der H-Aktivität gleichgesetzt werden konnte. Die elektrometrische Messung lieferte die Gesamtaktivität der Cl-Ionen (a_{Cl}). Durch Subtraktion der H-Aktivität wurde

Tabelle 68a. Leitfähigkeit und H-Aktivitäten

Verdünnung	$\varkappa^{II}_{K_{H_2O}} \cdot 10^5$	$a_H \cdot 10^5$	$\varkappa_{HCl} \cdot 10^5$	$\varkappa^{II} - \varkappa_{H_2O} - \varkappa_{HCl} \cdot 10^5$	Äquivalentleitfähigkeit des reinen Sols	$n_{Cl} - a_H \cdot 10^5$
1	400,2	5,88	2,51	397,7	54,82	7254
2	218,9	5,64	2,40	216,5	59,74	3624
4	119,5	5,39	2,30	117,2	64,75	1810
8	66,3	4,90	2,09	64,2	71,13	9026
16	37,4	4,53	1,85	35,55	79,11	4494
32	20,73	4,02	1,71	18,91	84,85	2228,6
64	11,36	3,35	1,43	10,34	91,0	1100,9
128	6,4	2,69	1,15	5,25	97,17	540,3
256	3,6	1,89	0,81	2,79	105,4	264,7
512	2,1	1,25	0,53	1,57	121,4	129,3

daraus die Cl-Aktivität des Kolloidsalzes erhalten ($a_{Cl} - a_H$). Dabei tritt die H-Aktivität an Stelle der auf die Salzsäure entfallenden Cl Aktivität ($a_H = a_{Cl}$ für HCl). Die Äquivalentaktivität bezieht sich wieder auf die analytische Chlorkonzentration des Kolloidsalzes. Daraus errechnet sich der Aktivitätskoeffizient der Gegenionen $\left(\frac{a_{Cl} - a_H}{n_{Cl} - a_H}\right)$. Schließlich wurde das Verhältnis der Äquivalentleitfähigkeit und der Äquivalentaktivität gebildet, um festzustellen, ob sich in dem Gang desselben ein anomales Verhalten kundgibt.

Tabelle 68b. Cl-Aktivität

Verdünnung	$a_{Cl} \cdot 10^4$	$(a_{Cl} - a_H) \cdot 10^4$	Äquivalent Cl-Aktivität des reinen Sols 10^4	fa_{Cl}	Äquivalentleitfähigkeit durch Äquivalent-Aktivität
1	281	281	281	0,387	19,5
2	143	142	301	0,392	19,8
4	80,1	79,6	318,2	0,440	20,5
8	44,9	44,4	348	0,492	20,4
16	23,6	23,2	370,6	0,516	21,3
32	12,6	12,2	394	0,547	21,5
64	6,92	6,58	421,5	0,598	21,6
128	3,94	3,67	469,9	0,679	20,6
256	2,22	2,03	483,8	0,767	21,8

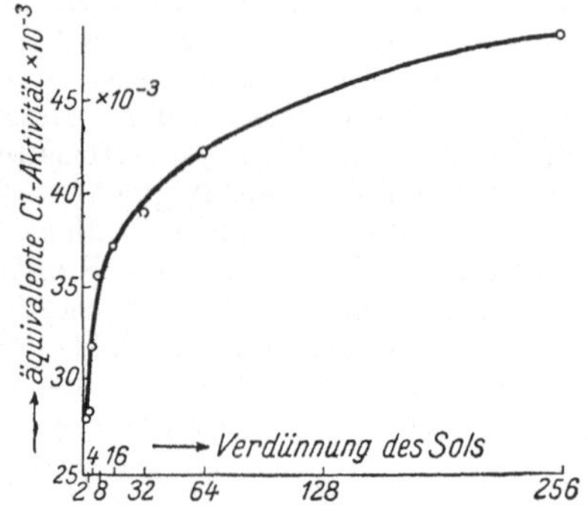

Abb. 58. Zunahme der Cl-Aktivität beim Verdünnen eines Al-Oxydsols nach PAULI und E. SCHMIDT

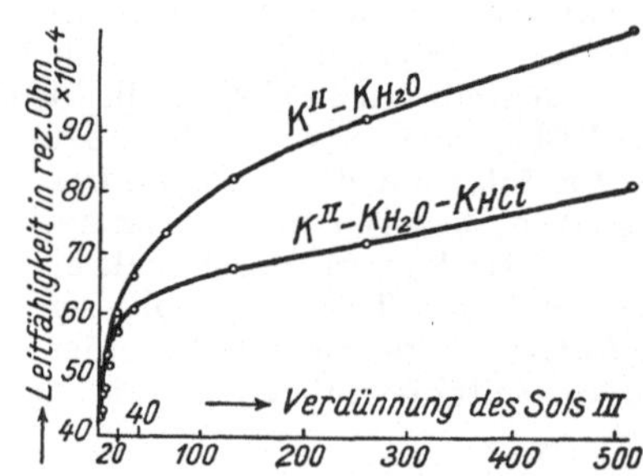

Abb. 59. Zunahme der Solleitfähigkeit und der Kolloidsalzleitfähigkeit beim Verdünnen eines Al-Oxydsols nach PAULI und E. SCHMIDT

Diese Versuchsreihe ergibt zunächst die starke Abhängigkeit der Hydrolyse von der Konzentration. Die H-Aktivität sank nur auf $^1/_6$ des Ausgangswertes bei einer Verdünnung auf das 512fache. Man kann bei der anfänglichen Verdünnung des Sols geradezu von einer Pufferung desselben in bezug auf a_H sprechen, da die H-Aktivität bei der Verdünnung auf das Achtfache nur um 15% abnahm. Die Äquivalentleitfähigkeit steigt kontinuierlich von dem Wert 55 auf 121, sie nähert sich also dem Werte eines Chlorids von der Kationenbeweglichkeit etwa des Kaliums. Von geringfügigen Abweichungen abgesehen, ändert sich mit der Leitfähigkeit proportional auch die Äquivalentaktivität. Ausgehend vom Wert 0,39 erreicht der Aktivitätskoeffizient mit der Verdünnung den Wert 0,77. Ein großer Teil der Cl-Ionen, die früher in der nächsten Nähe der hochgeladenen

Kolloidionen als assoziiert oder als Bestandteile der diese dicht umgebenden Ionenatmosphäre inaktiviert waren, haben durch die Verdünnung ihre Freiheit zurückgewonnen. Ein anomales Anwachsen der Kationenbeweglichkeit, welches sich in der Zunahme des Verhältnisses der Äquivalentaktivität und Leitfähigkeit kundgeben müßte, ist hier nicht vorhanden.

Was nun die Abspaltung von ionendispersen Anteilen, insbesondere von Al^{+++}-Ionen oder der basischen niedrigerwertigen Ionen $Al(OH)_2^+$ und $Al(OH)^{++}$ betrifft, so lassen die Versuche darüber keine Entscheidung zu. In dem ursprünglichen Sol konnte durch ein geeignetes Verfahren die maximale Konzentration der nichtkolloiden Kationen festgestellt werden. Die Chlorionen wurden durch Fällung mit Ag_2SO_4 gegen Sulfation ausgetauscht. $Al_2(SO_4)_3$ ist löslich und dissoziiert, die dem ursprünglichen, etwa freien $AlCl_3$ entsprechende Menge von Sulfat müßte also in der Lösung bleiben. Da jedoch die Gesamtleitfähigkeit beim Abtausch von Cl gegen SO_4 (infolge der Assoziation der Sulfationen an das Kolloidion) bis auf 5% verringert wurde, so würde die höchste Konzentration des Aluminiumsalzes 5% von der Äquivalentkonzentration des Sols betragen können. In dem fünffach verdünnten Sol betrug diese „Restleitfähigkeit" ebenfalls ungefähr 5%. Trotzdem gewährt dieser Versuch keine Gewißheit dafür, daß der Wert in noch höheren Verdünnungen nicht eine beträchtliche Größe erreicht. In höherer Verdünnung könnte immerhin ein großer Teil der Leitfähigkeit durch die ionendispersen Anteile getragen werden, so daß einstweilen nicht ausgeschlossen erscheint, daß in einem gewissen Bereich die auf das Sol allein entfallende Äquivalentleitfähigkeit eine abnehmende Funktion der Verdünnung darstellt. In diesem Falle könnte also die DUCLAUXsche Erscheinung reell sein und die Abspaltung würde die Gesamtladung so stark erniedrigen, daß durch diesen Effekt die Abnahme der interionischen Kräfte kompensiert, bzw. überwogen würde. Eine vollständige Aufklärung wäre nur durch Dialyse zu einem feststellbaren Gleichgewicht und Verwertung der Ergebnisse dieser „Gleichgewichtsdialyse" im Sinne der DONNAN-Theorie zu erzielen. Solange eine solche Abspaltung nicht ausgeschlossen ist, besteht auch die Möglichkeit, daß die Zunahme des Aktivitätskoeffizienten mit der Verdünnung mehr oder minder nur eine scheinbare, infolge der höheren Aktivität der abgespalteten Salze vorgetäuschte ist.

Tabelle 69

Sol: $[17{,}26\ ThO_2 \cdot 3{,}05\ ThO(OH)Cl \cdot ThO(OH)^+] + Cl^-$

V ⟶	1	2	8	16	32	64
$\varkappa \cdot 10^5$	92,56	63,2	27,5	18,5	11,73	7,555
$a_H \cdot 10^5$	21,2	23,8	20,6	16,5	12,4	8,43
$a_{Cl} \cdot 10^4$	55,0	31,0	10,8	6,88	4,25	
$n_{Cl} \cdot 10^4$	215,6	107,8	26,95	13,47	6,47	3,37

Von der gleichen Methodik wurde weiter von PAULI und A. PETERS am Thoriumhydroxydsol Gebrauch gemacht. Das Sol wurde durch Peptisation des wasserhaltigen Oxydniederschlages mit $ThCl_4$-Lösung hergestellt. Die Messung der Cl-Ionen erfolgte mit der Chlorsilberelektrode nach JAHN. Das erste Sol, welches zur Untersuchung gelangte, wurde durch Peptisation in der Kälte hergestellt, die Gleichgewichtseinstellung nach der Verdünnung war zögernd, so daß die Messungen einer Reihe gleichzeitig vorgenommen werden mußten. In der vorstehenden Tabelle sind die unmittelbaren Ergebnisse der Messungen ohne jede Korrektur zusammengestellt.

In der nächsten Tabelle sind enthalten: Die Leitfähigkeit der den gemessenen H-Ionen entsprechenden Salzsäure ($\varkappa_{HCl}$), die Solleitfähigkeit nach Abzug der Leitfähigkeit des Verdünnungswassers und der Salzsäure ($\varkappa - \varkappa_{H_2O} - \varkappa_{HCl}$), dann die Cl-Aktivität und der analytische Cl-Gehalt des Kolloidsalzes.

Tabelle 70

V ⟶	1	2	8	16	32	64
$\varkappa_{HCl} \cdot 10^5$	8,96	10,1	8,78	7,03	5,28	3,59
$\varkappa - \varkappa_{H_2O} - \varkappa_{HCl} \cdot 10^5$	83,3	52,8	18,9	11,2	6,15	3,67
$(a_{Cl} - a_H) \cdot 10^4$	52,9	28,6	8,74	5,23	3,01	
$(n_{Cl} - a_H) \cdot 10^4$	213,49	105,42	24,89	11,82	5,23	2,527

Die Hydrolyse erscheint in diesen Versuchen durch die Verdünnung noch stärker begünstigt. Bei achtfacher Verdünnung ist noch die ursprüngliche H-Aktivität vorhanden. Die Leitfähigkeit der Salzsäure ist bei der 64fachen Verdünnung bereits gleich der Hälfte der gesamten Solleitfähigkeit. Der Aktivitätskoeffizient des Sols steigt bei 32facher Verdünnung von 0,248 auf 0,576. Dies geht aus der nächsten Tabelle hervor, in welcher die Quotienten der Leitfähigkeit und des analytischen Chlorgehaltes des Kolloidchlorides (entsprechend der Äquivalentleitfähigkeit λ) in die aus dem Cl-Gehalt und den Cl^--Aktivitäten berechneten Aktivitätskoeffizienten des Kolloidchlorids enthalten sind.

Tabelle 71

V ⟶	1	2	8	16	32	64
λ	38,88	50,10	73,93	94,75	117,6	145,2
f_a^{Cl}	0,248	0,271	0,351	0,442	0,576	

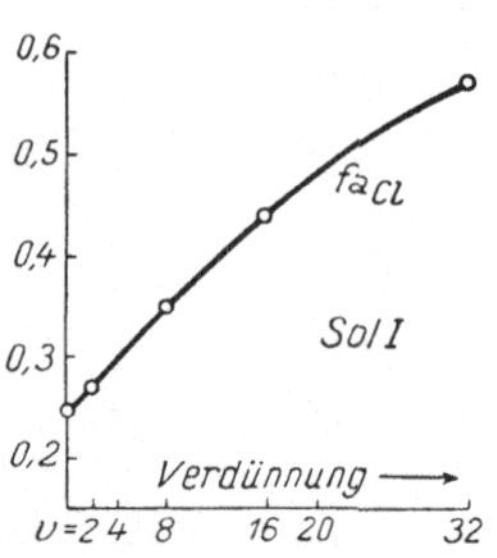

Abb. 60. Zunahme des Aktivitätskoeffizienten des Kolloidsalzes beim Verdünnen eines ThO_2-Sols nach PAULI und A. PETERS

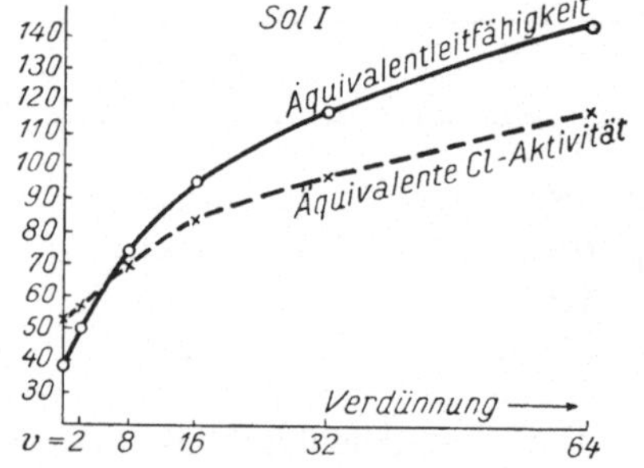

Abb. 61. Zunahme der Cl-Aktivität und der Leitfähigkeit des Kolloidsalzes beim Verdünnen eines ThO_2-Sols nach PAULI und A. PETERS

Wie man sieht, wächst die Äquivalentleitfähigkeit des Kolloidsalzes viel stärker als die Aktivität. Wir finden wiederum die von PAULI mit MATULA und WALTER beschriebene Diskrepanz im Gange der Leitfähigkeit und Aktivität, und zwar trotz der hier durchgeführten Hydrolysekorrektur. Die klassische Theorie würde durch Annahme, daß die Gegenionen dieselbe Beweglichkeit besitzen wie bei unendlicher Verdünnung und die Aktivitätskoeffizienten ebenfalls gleich 1 sind, für das unverdünnte Sol eine Kationenbeweglichkeit von 82,47 für das auf das 32fache verdünnte Sol den Wert 130 berechnen (u^I der Tabelle 72).

Tabelle 72

V ⟶	1	2	8	16	32
u^I	82,47	109,61	135,6	139,15	129,32
u^{II}	20,45	29,70	47,6	61,5	74,5

Dieser Gang der Kationenbeweglichkeit ist um so sonderbarer, weil bei steigender Verdünnung eine bessere Gültigkeit der klassischen Theorie zu erwarten wäre. Im Sinne der modernen Anschauungen könnte man sich diese Diskrepanz als eine Verschiedenheit und verschiedene Konzentrationsabhängigkeit des Leitfähigkeits- und des Aktivitätskoeffizienten erklären, ohne daß die Annahme einer wirklichen hohen Beweglichkeit für das Kolloidion notwendig wäre. Bei dem Mangel an experimentellen Daten für die Überführungszahl, läßt sich die Frage einstweilen nicht entscheiden. Die Annahme von Abspaltungsprodukten ionendisperser Natur ($ThCl_4$) würde in Verbindung mit der klassischen Theorie zur Erklärung nicht ausreichen, da die so errechnete Kationenbeweglichkeit auch in diesem Falle unter 75 bliebe, während die Chlorionen zur Aktivität ihren entsprechenden Beitrag liefern würden.

Macht man probeweise den Versuch der Voraussetzung einer vollständigen Dissoziation, so würde sich die Beweglichkeit des Kolloidions ergeben auf Grund der Gleichung:

$$u = \frac{\varkappa}{n_{Cl}} - v_{\infty}^{Cl} f_{\lambda}^{Cl}$$

Der erste Summand auf der rechten Seite stellt die Äquivalentleitfähigkeit, der zweite den Leitfähigkeitsanteil der Chlorionen dar. f_u^{Cl} ist unbekannt, wir können dafür den Wert f_a^{Cl} als Näherungswert einsetzen. In diesem Falle würde sich die Beweglichkeit der Kolloidionen mit der Verdünnung von 20,45 auf 74,5 erhöhen. Ein solches Verhalten wäre durchaus plausibel und ließe sich als Folge der Abnahme der interionischen Bremskräfte verstehen.

Von einem anderen Typus war im Gegensatz zu dem besprochenen hydrolytoiden ein Thoroxydsol, welches durch Hitzepeptisation hergestellt wurde und in der ursprünglichen Lösung eine Gewichtskonzentration von 16,3% an Glührückstand aufwies:

Tabelle 73

Sol: [117 ThO_2 . 12,2 ThO(OH)Cl . ThO$(OH)^+$] + Cl^-

V ⟶	1	4	8	16	32
$k \cdot 10^5$	39,7	10,0	9,38	10,9	10,1
$a_H \cdot 10^6$	3,33	9,24	63,1	119	148
$a_{Cl} \cdot 10^4$	47,5	11,3	5,97	4,02	3,17
$\varkappa_{HCl} \cdot 10^6$	1,33	3,93	26,8	50,6	62,9
$(\varkappa - \varkappa_{H_2O} - \varkappa_{HCl}) \cdot 10^5$	39,3	10,3	6,40	5,54	3,51
$(a_{Cl} - a_H) \cdot 10^4$	47,5	11,3	5,70	2,83	1,69
$(n_{Cl} - a_H) \cdot 10^3$	62,7	15,7	7,78	3,80	1,81

Das ursprüngliche Sol hatte eine sehr geringe H^+-Konzentration. Durch das Verdünnen hat hier die Wasserstoffionenaktivität eine steile Erhöhung erfahren, die relative Hydrolyse stieg bei 32facher auf mehr als das 1000fache. Während die Leitfähigkeit der Salzsäure in dem ursprünglichen Sol zu vernachlässigen ist, trägt sie in der letzten Verdünnung 60% der Gesamtleitfähigkeit. Der Aktivitätskoeffizient des Sols bleibt bis zur 16fachen Verdünnung praktisch konstant, bei 32facher Verdünnung wächst er nur auf 0,093 gegenüber dem ursprünglichen Wert von 0,076.

Tabelle 74

V ⟶	1	4	8	16	32
λ	6,27	6,56	8,23	14,58	19,39
f_a^{Cl}	0,076	0,072	0,073	0,075	0,0934

Hier finden wir die sonderbare Tatsache, daß die Gegenionen bei einer Äquivalentkonzentration von $2{,}10^{-3}$ bis zu 90% inaktiviert sind, obwohl die Abtauschversuche gezeigt hatten, daß sich alle im Zustand der momentanen Reaktionsfähigkeit befinden. Die Äquivalentleitfähigkeit (λ) wird durch das Verdünnen sehr stark erhöht.

Tabelle 75

V ⟶	1	4	8	16	32
u_I	7,74	16,15	37,28	118,03	132,58
u_{II}	0,59	1,16	2,72	8,79	12,38

Nach der klassischen Theorie ließe sich die Beweglichkeit der Kationen (u_I) in dem unverdünnten Sol auf 7,7 berechnen, während das am stärksten verdünnte Sol eine Beweglichkeit von 132 haben würde. Die Anwendung der modernen Theorie unter Gleichsetzung der Leitfähigkeit- und Aktivitätskoeffizienz der Gegenionen würde hingegen zu abnorm niedrigen Werten (u_{II}) führen.

Eine entsprechende Wahl der Größen für den Leitfähigkeitskoeffizienten oder den Assoziationsgrad könnte natürlich die hohen Beweglichkeiten verschwinden lassen.

Neuestens wurden genaue Überführungsversuche bei der Verdünnung eines Aluminiumoxydsols von VALKÓ und N. WEINGARTEN mit Hilfe des PAULI-ENGELschen Apparates durchgeführt. Leider ist die Genauigkeit der Überführungsversuche an nicht zu kleine Konzentrationen geknüpft, so daß hier nur bis zur vierfachen Verdünnung gemessen werden konnte. Die folgende Tabelle bringt die Daten nach Korrektur der mit der Verdünnung anwachsenden, jedoch durchwegs geringfügigen Hydrolyse ($[H] = 10^{-5}{}_{n}$).

Tabelle 76

Al_2O_3 : 7,78 g pro Liter; Cl = 4,39 . 10^{-2}

Verdünnung	Äquivalentleitfähigkeit pro Chloratom	u_{Koll}	v_{Cl}
1	65,22	34,65	29,33
2	72,51	37,88	33,27
4	79,57	42,38	35,37

Gemäß der ansteigenden Äquivalentleitfähigkeit findet also ein paralleles Anwachsen der Beweglichkeit der Kolloidionen und der mittleren Beweglichkeit der Gegenionen statt.

Wir können das Ergebnis der bisherigen Untersuchungen über den Verdünnungseinfluß folgendermaßen zusammenfassen. Experimentelle Daten lehren, daß die Kolloidelektrolyte bei der Verdünnung ein individuell sehr variables Verhalten zeigen. Die Hydrolyse nimmt überall mit der Verdünnung stark zu. Eine mehr oder weniger starke Zunahme des Aktivitätskoeffizienten und der Äquivalentleitfähigkeit ist gleichfalls durchwegs feststellbar. Die Äquivalentleitfähigkeit wächst, auch bei Anbringung der Hydrolysekorrektur, stärker an als die Aktivität der Gegenionen. Die klassische Theorie führt zur Annahme eines abnorm starken Anstieges der Kolloidionenbeweglichkeit, die moderne Theorie könnte, dank dem Spielraum in der Wahl des Assoziationsgrades und des Leitfähigkeitskoeffizienten der Gegenionen, diese Annahme entbehren.

Über den Einfluß der Verdünnung auf die Schwellenwerte der Flockung wurde bereits berichtet (Kap. 20). Darnach kann unter Umständen die vermehrte Abspaltung der aufladenden Ionen bei der Verdünnung die Abnahme der interionischen Kräfte kompensieren und die Stabilität herabsetzen. Ähnlich kann in geschützten Solen die Verdünnung der Schutzkolloide wirken.

Literaturverzeichnis

BETHE, A., und TH. TOROPOFF: Z. f. phys. Ch. **89**, 697 (1915). — DUCLAUX, J.: Journ. Chim. Phys. **5**, 29 (1907); **7**, 405 (1909). — MAFFIA, P.: Koll. Beih. **3**, 85 (1911). — PAULI, WO., und J. MATULA: Koll. Z. **21**, 49 (1917). — PAULI, WO., und G. WALTER: Koll. Beih. **17**, 256 (1923). — PAULI, WO., und E. SCHMIDT: Z. f. phys. Ch. **126**, 247 (1927). — PAULI, WO., und A. PETERS: Z. f. phys. Ch. **135**, 1 (1928). — E. VALKÓ und N. WEINGARTEN: Koll. Z. **48**, 1 (1929).

36. Die Reaktionen der Kolloidelektrolyte mit Säuren und Basen

Die Wechselwirkungen der Kolloidelektrolyte mit Säuren und Basen lassen sich nur dann vollständig verstehen, wenn man die Reaktionen der für sie charakteristischen H^+- und OH^--Ionen mit der Kolloidionoberfläche berücksichtigt.

Theoretische Erwartungen. Wir wollen zunächst zwei typische Beispiele betrachten. Das Kolloidion eines Aluminiumhydroxydsols:

$$[x\,(Al\,(OH)_3 \pm n\,H_2O)\,.\,y\,.\,Al\,O^+] + y\,Cl^-$$

befindet sich in einer Art von Hydrolysegleichgewicht mit Wasserstoffionen:

$$[x\,Al\,(OH)_3 \pm n\,H_2\,O\,.\,y\,Al\,O^+] \rightleftarrows [(x+z)\,(Al\,(OH)_3 \pm n\,H_2\,O)\,.\,(y-z)\,Al\,O^+] + z\,H^+$$

Durch Abspaltung von Wasserstoffionen wird der Neutralteil auf Kosten des ionogenen Anteiles vergrößert, die Wertigkeit oder Gesamtladung des Kolloidteilchens nimmt ab. Dieselbe Wirkung hat die Umwandlung eines eventuell vorhandenen oberflächlichen $Al\,(H_2O)_n{}^{+++}$-Ions in $Al\,(OH)^{++}\,(H_2O)_{n-1}$ durch H-Abspaltung. Setzt man nun eine Säure zu dem Kolloid, so werden dadurch die H^+-Ionen in der Lösung vermehrt und das Gleichgewicht wird nach links verschoben. Durch Säurezusatz wächst also die Gesamtladung des Kolloidions an. Fügt man anderseits Lauge hinzu, so werden die H-Ionen zu Wasser neutralisiert. Um das Gleichgewicht herzustellen, werden wieder Wasserstoffionen von der Kolloidoberfläche abgestoßen, das Gleichgewicht verschiebt sich nach rechts, die Gesamtladung nimmt ab.

Wie bereits betont wurde, ist der chemische Mechanismus des Vorganges von dem einer gewöhnlichen Reaktion nur durch die oberflächliche Anordnung des einen reagierenden Komponenten verschieden. Durch diesen Umstand in mancher Hinsicht modifiziert, handelt es sich hier im wesentlichen doch nur um die Umwandlung eines Aquokomplexes in einen Hydroxokomplex, bzw. umgekehrt:

$$\left|\begin{matrix} H_2O & & H_2O \\ H_2O & Al & H_2O \\ H_2O & & H_2O \end{matrix}\right|^{+++} \rightleftarrows \left|\begin{matrix} H_2O & & OH \\ H_2O & Al & H_2O \\ H_2O & & H_2O \end{matrix}\right|^{++} + H^+$$

Man kann freilich die Struktur des aufladenden Ions nicht genau feststellen, die obige Reaktion gibt nur eine der Möglichkeiten wieder, welche jedoch den Vorgang genügend charakterisiert. Der Gleichgewichtszustand wird durch die Oberflächenkonzentration des Aluminiumkomplexes und die Konzentration der Wasserstoffionen in der Lösung bestimmt. Doch wäre die dem Massenwirkungsgesetz entsprechende Langmuir-Gleichung nicht streng anwendbar, da die Ladung der Kolloidionen einen wesentlichen Einfluß auf das Gleichgewicht ausübt. Eine erhöhte positive Ladung vergrößert die chemische um eine elektrische Arbeit, welche zur Abstoßung eines Wasserstoffions aufgewendet wird.

Das Verhalten ist dadurch weiter kompliziert, daß die hochwertigen aufladenden Komplexe sich auch als Ganzes abspalten können. Diese Abspaltung führt dazu, daß die Gesamtaufladung in geringerem Ausmaße erfolgt, als die

Bindung der Wasserstoffionen. Im Extremfalle führt die Abspaltung zum völligen Abbau, also zur Auflösung der Kolloidionen. In dem gegebenen Beispiel wäre es denkbar, daß das Sol durch überschüssige Säure in $AlCl_3$ umgewandelt wird. Vorher erfolgt möglicherweise eine Aufspaltung in kleinere Kolloidteilchen, weil die gesteigerte Aufladung die Vergrößerung des Dispersitätsgrades begünstigen kann.

Ist dies nicht der Fall, so kann sich, wie bei jeder Oberflächenreaktion, die Kolloidoberfläche einem Sättigungszustande nähern. Auf alle Fälle wird aber durch Zusatz von freier Säure die Ionenkonzentration der anwesenden Elektrolyte auch deshalb vergrößert, weil im Sinne des MWG die Menge der gebundenen H^+-Ionen bei steigender H^+-Aktivität relativ immer geringer wird. Die höhere Ionenkonzentration und auch die erhöhte Wertigkeit des Kolloidions führen zu einer Vermehrung der interionischen Anziehungskräfte zwischen Kolloidion und Gegenion, die Kolloidionen werden mit steigendem Säurezusatz von einer dichter werdenden Ionenatmosphäre enger umgeben. Immer größere Mengen von Gegenionen assoziieren sich an die Kolloidionen. Infolge dieses Effektes nimmt also die freie Ladung ab. Die Konkurrenz der die Gesamtladung erhöhenden H^+-Bindung und der die freie Ladung erniedrigenden interionischen Kräfte bestimmt das Gesamtverhalten. In verdünnten Säurelösungen wird im allgemeinen die Aufladung infolge der H^+-Aufnahme überwiegen, in konzentrierteren, wo die Aufladung sich bereits einem durch die Größe der Oberfläche gegebenen Grenzwert nähert, wird die Entladung überwiegen. Die freie Ladung wird demnach mit steigendem Säurezusatz ein Maximum überschreiten und dann wieder abnehmen.

In der gleichen Konzentration üben stärkere Säuren eine stärkere aufladende Wirkung aus, da nur die freien H^+-Ionen das Hydrolysegleichgewicht bestimmen. Auch die entladende Wirkung schwacher Säuren ist geringer, da sie ebenfalls nur von der Ionenkonzentration abhängt und von dem analytischen Gehalt unabhängig ist. Die spezifische Art der Säure, also die Natur des Anions, hat einen wesentlichen Einfluß auf den Entladungsvorgang. Dieses funktioniert nämlich als Gegenion des Kolloidions. Säuren von Anionen mit starker Annäherungs-, bzw. Assoziationstendenz an das Kolloidion, also z. B. Anionen ausgiebiger Deformierbarkeit, exzentrischer Ladung und insbesondere von hoher Wertigkeit, üben bei derselben H^+-Aktivität dieselbe aufladende, aber eine stärkere entladende Wirkung aus. Das Maximum der freien Ladung wird daher, etwa bei Zusatz von Schwefelsäure, weit niedriger sein als von HCl. Unter Umständen überwiegt bereits bei den kleinsten Mengen zugesetzter Säure die gleichzeitige Entladung.

Dasselbe gilt mutatis mutandis bezüglich der Reaktionen eines negativen Kolloides. Nehmen wir als Beispiel die Kieselsäure:

$$[x\,(SiO_2 + nH_2O)\,.\,y\,SiO_3H^-] + y\,H^+$$

Ein Zusatz von NaOH wird hier durch Verbrauch der Wasserstoffionen eine gesteigerte Dissoziation hervorrufen. Wie jede schwache Säure, so bildet auch diese Kolloidsäure ein stark dissoziierendes Kolloidsalz:

$$[(x - z)\,(SiO_2 + nH_2O)\,.\,(y + z)\,SiO_3H^-] + (y + z)\,Na^+$$

Man kann den Vorgang auch hier als ein Gleichgewicht mit OH-Ionen darstellen

$$[x(SiO_2 + nH_2O).y\,SiO_3H^-] \rightleftarrows [(x+z)(SiO_2 + nH_2O).(y-z)\,SiO_3H^-] + zOH^-$$

wobei zu beachten ist, daß die Hydroxylionenkonzentration in der Lösung $K_w/[H^+]$ beträgt. Durch Laugenzusatz wird das Gleichgewicht nach links im Sinne einer erhöhten Hydroxylionenaufnahme verschoben. Die Oberflächenreaktion hat etwa den folgenden Mechanismus:

$$\left[\begin{matrix} H_2O \\ H_2O \end{matrix}\;Si\;\begin{matrix} O \\ O \end{matrix}\right] + OH^- \rightleftarrows \left[\begin{matrix} H_2O \\ HO \end{matrix}\;Si\;\begin{matrix} O \\ O \end{matrix}\right]^- + H_2O$$

Man hätte es also auch hier mit einem Aquo-Hydroxogleichgewicht zu tun. Die Verminderung der Hydroxylionenkonzentration durch Zusatz von Säure drängt die Dissoziation der Kolloidsäure zurück und verringert die Gesamtladung derselben.

Die Lauge wird jedoch nur unvollständig gebunden. Erhöhter Laugenzusatz steigert die Ionenkonzentration der Lösung und die Gesamtladung der Kolloidionen. Anderseits wird die Wertigkeitserhöhung der Kolloidionen die interionischen Kräfte ebenfalls steigern. Dadurch wird die freie Ladung vermindert. Die Konkurrenz der zwei Effekte führt zu einer Maximumbildung jener Funktion, welche die Abhängigkeit der freien Ladung von der OH^--Konzentration ausdrückt. Laugen mit zweiwertigen Kationen ($Ba(OH)_2$) zeigen den Entladungseffekt stärker.

Die Erwartungen bezüglich der Säure- oder Basenwirkung auf Kolloide lassen sich also folgendermaßen zusammenfassen: Die gleichgeladenen H^+ oder OH^--Ionen erhöhen die Gesamtladung der Kolloidteilchen; die entgegengesetzt geladenen H^+ oder OH^--Ionen setzen die Gesamtladung der Kolloidteilchen herab. Die Säureanionen setzen die freie Ladung der positiven Kolloidionen, die Laugenkationen die freie Ladung der negativen Kolloidteilchen im Ausmaße ihrer Assoziationstendenz zur Kolloidoberfläche herab. In kleinen Konzentrationen der Säure oder Base wird meistens der Effekt der aufladenden H^+ oder OH^--Ionen den Effekt der zugehörigen einwertigen Gegenionen kompensieren, während in höheren Konzentrationen oder bei höherer Gegenionenwertigkeit die entladende Wirkung überwiegen wird.

Wirkung der H^+ und OH^--Ionen auf die Stabilität und elektrische Bewegung. Es ist das Verdienst von W. B. Hardy, zuerst auf die allgemeine Bedeutung der H^+ und OH^--Ionen für den Zustand der Kolloide hingewiesen zu haben. Aber bereits aus der früheren Zeit liegen zahlreiche Beobachtungen in diesem Sinne vor. So hat z. B. Th. Scheerer 1851 festgestellt, daß Suspensionen durch Säuren geflockt werden. G. Quincke hat beobachtet, daß die Elektroosmose von Wasser durch Säurezusatz zum Stillstand gebracht werden kann. H. Linder und S. E. Picton haben gefunden, daß die Säuren eine kathodische, die Basen eine anodische Überführung begünstigen.

Hardy hat hitzedenaturiertes Eiweiß untersucht und festgestellt, daß die Wanderung in der alkalischen Suspension in der Stromrichtung, in der sauren nach der entgegengesetzten Richtung stattfindet. In der neutralen Lösung fand er keine Kataphorese und ein Minimum der Stabilität. Auf Grund dieses Versuches stellte er das Grundprinzip einer allgemeinen Theorie des isoelektrischen Punktes auf, deren Wesen es ist, daß die Ladung der positiven Sole durch

Basen, die der negativen durch Säuren auf Null herabgesetzt werden kann. Auf diese Weise lassen sich die Sole mit dem Lösungsmittel isoelektrisch machen. Dieser Punkt entspricht einem Stabilitätsminimum. Diese Auffassung hat HARDY durch Versuche an verschiedenen Kolloiden gestützt. Es wurde auch bereits von ihm gezeigt, daß das elektronegative Mastixsol durch Barytlauge in viel niedrigerer Konzentration geflockt wird, als durch NaOH, ferner daß bedeutend kleinere Säuremengen zur Flockung genügen, und zwar flocken die schwachen Säuren in einer Konzentration, in welcher ihre Leitfähigkeit den gleichen Wert aufweist wie die starken Säuren bei ihrer Schwellenkonzentration, d. h. sie flocken bei der gleichen Ionenkonzentration. Umgekehrt flocken beim positiven Eisenhydroxydsol die Basen viel stärker, von den Säuren braucht man viel mehr zur Flockung, falls sie einbasisch sind. Dagegen fällen z. B. Schwefelsäure oder Oxalsäure bei niedrigerer Konzentration, noch weniger braucht man von der dreibasischen Zitronensäure:

Tabelle 77. Schwellenwerte der Säuren und Basen nach W. B. HARDY

Fällender Elektrolyt	Grammäquivalent pro Liter	Spezifische Leitfähigkeit der fällenden Lösung
	Mastix	
NH_3	∞	—
KOH	∞	—
NaOH	∞	—
$Ba(OH)_2$	0,048	100
H_3PO_4	0,015	13,9
Essigsäure	0,7	12,6
HCl	0,004	14,5
HNO_3	0,004	14,3
H_2SO_4	0,004	13,2
Oxalsäure	0,009	14,4
	Goldsol	
NH_3	∞	—
NaOH	0,08	152
KOH	0,009	189
$Ba(OH)_2$	0,16	
HCl	0,008	29
H_2SO_4	0,0084	26
	Eisenhydroxydsol	
KOH	0,001	2,2
$Ba(OH)_2$	0,001	2,3
HCl	0,5	1650
HNO_3	0,5	1589
H_2SO_4	0,002	6,8
Oxalsäure	0,002	3,4
Zitronensäure	0,0007	0,7

Der Flockungseffekt dieser Elektrolyte wurde auf ihre Einwirkung auf das Potential zwischen Kolloidteilchen und Lösung zurückgeführt.

Bedeutungsvoll sind die Untersuchungen von J. PERRIN über die Beeinflussung der Elektrosmose durch Elektrolyte. Er stellte Diaphragmen von verschiedenem Material her, indem er dasselbe als pulverisierte Substanz in eine Glasröhre füllte. Die Röhre wurde dann mit der Flüssigkeit beschickt, zwei Elektroden wurden an den Grenzen des Diaphragmas angebracht. Die überführte Wassermenge konnte mit Hilfe einer Kapillare gemessen werden (Fig. 43). Es wurde eine Feldstärke von 10 V pro cm benützt. Die angegebenen Zahlen (Tabelle 78) bedeuten ccm Wasser pro Minute.

Auf Grund dieser Versuche hat PERRIN die Folgerung gezogen, daß alle Substanzen im sauren Medium positiv, im basischen negativ geladen werden. Anschließend an die HELMHOLTZsche Theorie nimmt er an, daß die Aufladung der Wand durch die Bildung einer Doppelschicht erfolgt. Er entwickelte jedoch als erster eine Vorstellung von dem materiellen Aufbau dieser Doppelschicht, nach welcher die zwei elektrischen Schichten, welche beide in der Flüssigkeit liegen, durch Ionen gebildet sind. Die Wirkung der Laugen z. B. würde darauf beruhen, daß die Hydroxylionen sich unmittelbar an die Wand lagern, während die gleiche Menge positiver Ionen in einem größeren Abstande sich befindet. PERRIN versucht die Sonderstellung der H^+- und OH^--Ionen bezüglich der Wandaufladung zu erklären. Anschließend an LANGEVIN nimmt er an, daß diese Ionen die kleinste Wirkungssphäre besitzen, da sie die größte Beweglichkeit haben. Infolgedessen würden sich dieselben mit ihren Zentren der Wand viel mehr nähern können als alle anderen Ionen, so daß, je nach der Reaktion der Lösung, die an der Wand anliegende Schicht viel mehr H^+, bzw. OH^- enthalten wird, als Ionen anderer Art. Diese Theorie würde auch eine Erklärung des Einflusses der Säuren und Basen auf das elektrokinetische Potential von Gasblasen in einer Flüssigkeit gestatten. Die spezielle Natur der Wand erscheint ohne Bedeutung. PERRIN zeigt den Parallelismus zwischen seinem Befund an Diaphragmen und demjenigen von HARDY an Kolloiden und dehnt seine Theorie auch auf die letzteren aus.

Quantitative Untersuchungen über die Wirkung von Alkali und Säure auf Ölemulsionen stammen von R. ELLIS aus DONNANS Institut. Er untersuchte die Wanderungsgeschwindigkeit von Ölteilchen (aus säurefreiem Öl) in den verschiedenen Medien. Zugleich wurde auch die Abhängigkeit des Wassertransportes von der Wand und vom Medium festgestellt. Die folgenden Abb. 62, 63 stellen seine Resultate dar.

Das elektrokinetische Potential wurde nach der HELMHOLTZschen Formel berechnet. Der isoelektrische Punkt liegt demnach im stark sauren Gebiet, ebenso für Öl wie für Glas, das Maximum der Ladung für beide wird in sehr schwach alkalischer Lösung erreicht. Eine Umladung war durch Säure nicht zu erzielen, das ζ-potential wurde höchstens auf Null erniedrigt.

Zahlreiche Untersuchungen beschäftigen sich mit dem Einfluß der Säuren und Basen auf die Schwellenwerte der Flockung. J. M. NEIDLE hat beobachtet, daß Salzsäure auf Ferrihydroxydsol stabilisierend wirkt, indem sie, bis zu einer maximalen Menge zugesetzt, den flockenden Schwellenwert der Salze herabsetzt. Dieselbe antagonistische Wirkung übt Salzsäure in den Versuchen von K. C. SEN

Tabelle 78

Natur der Diaphragmen	Natur der Lösung und Konzentration	Ladungssinn der Wand	Überführte Wassermenge
Al_2O_3	$^1/_{500}$ NO_3H	+	110
	$^1/_{2500}$ HCl	+	70
	$^1/_{500}$ NaOH	—	55
	$^1/_{250}$ NaOH	—	90
$C_{10}H_8$ (Naphthalin)	$^1/_{50}$ HCl	+	38
	$^1/_{100}$ HCl	+	39
	$^1/_{1000}$ HCl	+	28
	$^1/_{5000}$ HCl	+	3
	$^1/_{5000}$ KOH	—	29
	$^1/_{1000}$ KOH	—	60
	$^1/_{50}$ KOH	—	60
$CrCl_3$	$^1/_{1000}$ HCl (oder HBr, oder NO_3H usw.)	+	95
	$^1/_{500}$ KOH (oder LiOH usw.)	—	85
AgCl	$^1/_{500}$ HCl	+	30
	$^1/_{500}$ KOH	—	50
SO_4Ba	$^1/_{500}$ HCl	+	9
	$^1/_{250}$ KOH	—	7
H_3BO_3	Gesättigte Lösung, durch Zusatz von HCl auf Metylorange sauer gemacht.	+	2
	Gesättigte Lösung, auf Methylorange neutral.	—	10
Schwefel	$^1/_{50}$ HCl	+	22
	$^1/_{500}$ HCl	?	0
	$^1/_{500}$ KOH	—	65
	$^1/_{50}$ KOH	—	92
Salol	$^1/_{50}$ HCl	+	10
	$^1/_{500}$ HCl	?	0
	$^1/_{10.000}$ HCl	—	10
	$^1/_{4000}$ KOH	—	50
	$^1/_{50}$ KOH	—	65
Karborundum	$^1/_{50}$ HCl	+	10
	$^1/_{125}$ HCl	?	0
	$^1/_{500}$ HCl	—	15
	Destilliertes Wasser	—	50
	$^1/_{5000}$ KOH	—	60
	$^1/_{500}$ KOH	—	105
Gelatine	$^1/_{50}$ HCl	+	22
	$^1/_{100}$ KOH	—	35
Zellulose	$^1/_{30}$ HCl	?	0
	$^1/_{500}$ HCl	—	20
	$^1/_{500}$ KOH	—	70

und M. R. MEHROTRA auf Chromhydroxydsol aus, und in den Versuchen von S. GHOSH und N. R. DHAR auf Eisenhydroxydsol. P. RONA und LIPMANN haben an Eisenhydroxydsol dasselbe beobachtet.

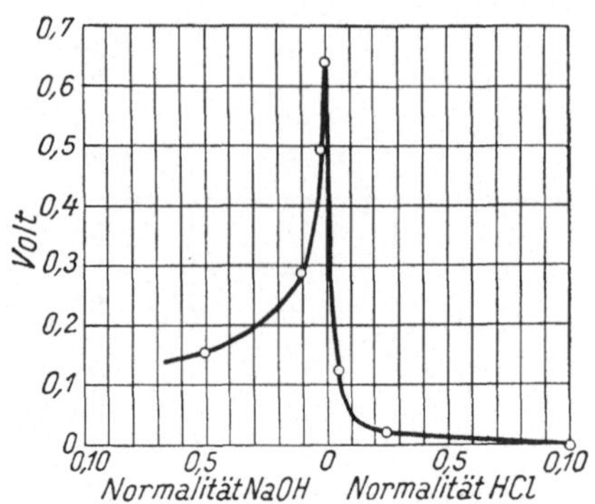

Abb. 62. Beeinflussung der elektrosmotischen Beweglichkeit an Glasoberfläche durch Säure und Base nach R. ELLIS

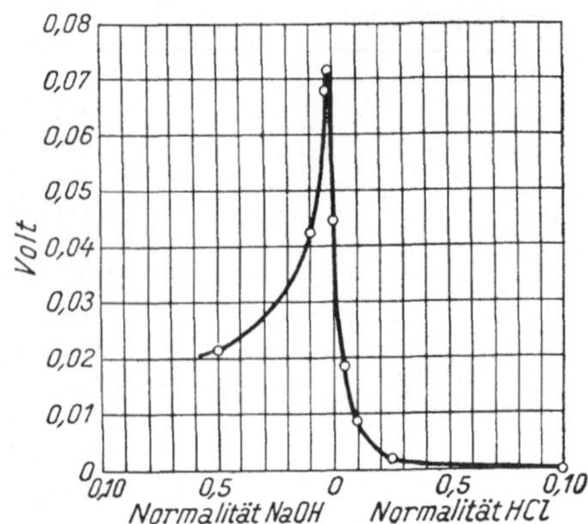

Abb. 63. Beeinflussung der elektrophoretischen Beweglichkeit von Ölteilchen durch Säure und Base nach R. ELLIS

Setzt man dagegen zu einem Chromhydroxydsol Schwefelsäure oder Oxalsäure, so wird, wohl infolge der vollständigen Anlagerung der Gegenionen, die flockende Konzentration von Kaliumsulfat oder Kalioxalat nach dem Befunde

Tabelle 79. Beeinflussung der Schwellenwerte eines Chromhydroxydsols durch Säurezusatz nach H. B. WEISER

Mischung zu 5 ccm Sol zugesetzt (Gesamtvolumen 20 ccm)		Schwellenwert der Anionen n × 10^3	p_H vor der Fällung
n/50 $H_2C_2O_4$	n/50 $K_2C_2O_4$		
3,35	0,0	3,35	3,19
3,15	0,2	3,35	3,32
2,60	0,5	3,10	3,40
2,00	0,8	2,80	3,51
0,00	1,0	1,00	5,79
n/50 H_2SO_4	n/50 K_2SO_4		
2,50	0,0	2,50	3,12
2,30	0,2	2,50	3,30
1,85	0,6	2,40	3,39
1,25	0,9	2,15	3,74
0,00	1,1	1,10	5,61

H. B. WEISERS (Tab. 79) erniedrigt, der Schwellenwert der Anionen steigt jedoch auch in diesem Falle an.

H. FREUNDLICH und G. LINDAU haben die Schwellenwerte eines Eisenhydroxydsols bei seiner Flockung durch NaCl in Abhängigkeit von der p_H bestimmt und gleichfalls eine Abnahme des Schwellenwertes mit wachsendem p_H festgestellt.

In allen diesen Versuchen wirkt die gesteigerte Aufladung stabilisierend auf die Sole. Die labilisierende Wirkung der fortgesetzten Dialyse beruht darauf, daß mit der Entfernung der hydrolytisch abgespalteten Säure (bei positiven Solen) oder Lauge (bei negativen Solen) die Gesamtladung der Kolloidionen abnimmt (Kap. 41).

Die Erhöhung der Gesamtladung durch H^+ und OH^--Ionen hat zur Folge, daß mit der Entladung durch Neutralsalze eine größere Gegenionenmenge an die Kolloidteilchen angelagert wird. Eine besondere Bedeutung hat dieser Umstand für das färberische Verhalten der Wolle (näheres hierüber in Kap. 47). H. LACHS und L. MICHAELIS haben zuerst beobachtet, daß auf Laugenzusatz die Adsorption von Kationen durch Kohle, auf Säurezusatz diejenige der Anionen erhöht wird. H. B. WEISER hat parallel zu den oben erwähnten Flockungsversuchen gefunden, daß die vom Chromhydroxydniederschlag festgehaltene Oxalat- und Sulfatmenge bei sinkendem p_H zunimmt. S. E. MATTSON hat festgestellt, daß die Menge der von Quarz festgehaltenen Ca-Ionen durch Laugenzusatz erheblich gesteigert wird.

L. B. MILLER hat die Sulfatmenge bestimmt, welche von dem bei der Titration einer Aluminiumsulfatlösung mit Kalilauge sich bildenden Aluminiumhydroxydniederschlag festgehalten wird. Zwischen $p_H = 4$ und $p_H = 9$ der Lösung wuchs die Anzahl der auf ein Sulfation entfallenden Aluminiumatome von 3 auf 40.

W. D. BANCROFT und C. E. BARNETT haben gezeigt, daß die von einer Bleisulfatsuspension adsorbierte Menge von Methylenblau durch Laugenzusatz, d. h. bei wachsendem p_H, zunächst ansteigt, um nach Erreichen des Maximums bei $p_H = 8$ abzufallen. Die Ursache des Anstieges der Adsorption liegt in der erhöhten negativen Gesamtladung des Bleisulfates, wodurch es eine höhere Bindungskapazität für die Farbstoffkationen gewinnt. Der rasche Abfall der Adsorption in alkalischer Lösung ist die Folge der Entladung des Farbstoffes unter Bildung einer kolloiden Lösung.

Ein ausnahmsweises Verhalten zeigen die Schwefelsole gegenüber H^+-Ionen. Dieses wird im Kapitel 62 ausführlich besprochen.

Elektrochemische Untersuchung über die H^+ und OH^--Bindung durch Kolloide. Bereits früher und noch mehr in der späteren Zeit wurden eingehende Untersuchungen über die Reaktion von verschiedenen Eiweißkörpern mit Säuren und Basen ausgeführt. Von allen Forschern auf diesem Gebiet wurde angenommen, daß es sich da um die Salzbildung eines hochvolumigen, vielwertigen Elektrolyten handelt, welcher Säuren gegenüber als Base, Basen gegenüber als Säure reagiert, d. h. ein amphoterer Elektrolyt oder Ampholyt ist. Demgemäß zeigt das Eiweißsalz zwei Ionisationsmaxima, eines im sauren und eines im alkalischen Gebiet und ein Minimum im isoelektrischen Punkt. Siehe darüber Kap. 43 und 44.

MAFFIA hat das Anlagerungsgleichgewicht HCl-Eisenhydroxydsol mit Hilfe der Ultrafiltration untersucht. Wegen Nichtberücksichtigung des DONNAN-Gleichgewichtes lassen sich jedoch seine Resultate kaum verwerten. Eine mit steigendem Säurezusatz absolut zunehmende, aber, als Bruchteil der gesamten zugesetzten Säure, abnehmende Aufnahme der H^+-Ionen, kann man auf Grund seiner Daten als wahrscheinlich betrachten.

N. BJERRUM hat an Chromhydroxydsol als erster die Abhängigkeit der Gesamtladung vom p_H durch potentiometrische Messungen und auf Grund der Donnan-Verteilung ermittelt.

Bereits J. BILLITER hat 1905 mittels Überführungsversuchen (Bechergläser und Heberröhren) die Beobachtung gemacht, daß die kolloide Kieselsäure in alkalischen und sehr schwach sauren Lösungen elektronegativ ist, mit Zunahme des Säuretiters jedoch positiv wird. Der Zeichenwechsel erfolgt zwischen 0,5 und 0,1 nHCl-Zusatz. E. JORDIS hat die Kieselsäure als einen Ampholyten bezeichnet, wie nach seiner Behauptung fast alle Kolloide amphoter sind. Nach ihm sind die Kieselsäuresole in reinem Zustande überhaupt nicht darstellbar. In Alkalien sind sie als saure Alkalisalze, in salzsauren Lösungen als Chloride vorhanden. Sie besitzen somit die Zusammensetzung

$$x\,SiO_2 . y\,NaHSiO_3, \text{ bzw. } x\,SiO_2 . y\,SiO_2Cl.$$

Erst O. LÖSENBECK und W. GRUNDMANN haben viel später in MIEs Institut die Reaktion der Kieselsäuresole mit Säuren quantitativ untersucht. LÖSENBECK hat die Leitfähigkeit der Gemische von Kieselsäure und Salzsäure gemessen und darin durch Überführungsversuche die Wanderungsgeschwindigkeit der Kolloidsäure bestimmt. Er hat gefunden, daß die Leitfähigkeit der Gemische bedeutend geringer ist, als die Summe der Leitfähigkeiten der zwei Komponenten ergeben würde, und zwar erniedrigt die Kieselsäure die Leitfähigkeit in solchem Maße, daß die Leitfähigkeit der Mischung kleiner ist als diejenige der Salzsäure allein. Die Erniedrigung der Leitfähigkeit wird um so stärker, je höher die Konzentration der Kieselsäure ist, auf die gleiche Kieselsäuremenge berechnet, wird sie jedoch geringer. Dieser Befund läßt sich aus der folgenden Tabelle 80, welche eine Versuchsreihe von LÖSENBECK wiedergibt, leicht entnehmen.

Tabelle 80

Gewichtsprozente SiO_2	0,099				0,198		
HCl-Konzentration im Gemisch	$\varkappa$ des rein. HCl	$\varkappa$ ber.	$\varkappa$ gef.	$\varkappa$ ber. — — $\varkappa$ gef.	$\varkappa$ ber.	$\varkappa$ gef.	$\varkappa$ ber. — — $\varkappa$ gef.
0 n	—	—	17	—	—	24	—
0,005 n	187	204	169	35	211	175	46
0,001 n	363	380	342	38	387	339	48
0,002 n	713	730	—	—	737	637	64
0,005 n	1811	1828	1764	64	1835	1754	81
0,01 n	3610	3627	3533	94	3634	3523	111

Aus den Überführungsversuchen wurden auf Grund der HELMHOLTZ-Formel die Werte für das elektrokinetische Potential berechnet. Diese Werte, welche der Wanderungsgeschwindigkeit der Kolloidionen proportional sind, finden sich in der Tabelle 81 zusammengefaßt.

Die lineare Intrapolation, welche graphisch ausgeführt wurde, zeigt darnach, daß der isoelektrische Punkt für das verdünnte Sol unterhalb $1{,}10^{-3}$n, für das konzentrierte zwischen ein- und zweimal 10^{-3}n HCl liegt. Man findet ferner, daß die Leitfähigkeit der HCl-Solmischung bis zum isoelektrischen Punkt um ein Mehrfaches des ursprünglichen Wertes der Solleitfähigkeit verringert wird. Die Leitfähigkeit des Sols war nämlich $46{,}10^{-6}$ und des halb verdünnten $33{,}10^{-6}$, während die des verwendeten Wassers $22{,}10^{-6}$ betragen hat. Würden die Reaktionen bis zum isoelektrischen Punkt ausschließlich in der Dissoziationsrückdrängung bestehen, so müßte die Leitfähigkeitsverminderung beim isoelektrischen Punkt gleich sein der ursprünglichen Solleitfähigkeit. Sie beträgt jedoch in der Tat das Mehrfache derselben. Daraus folgert LÖSENBECK, daß auch Cl^--Ionen, bzw. HCl an das Sol angelagert werden. Eine solche Schlußfolgerung ist jedoch nur dann zulässig, wenn das ursprüngliche Sol vollständig rein war. War das Gegenion im ursprünglichen Sol nicht H^+, sondern Na^+, so wird die Leitfähigkeitsverminderung im isoelektrischen Punkt auch dann das Vierfache des ursprünglichen Leitfähigkeitswertes betragen, wenn keine Cl^--Ionen aufgenommen werden (wegen des großen Beweglichkeitsunterschiedes der verbleibenden Na^+- und aufgenommenen H^+-Ionen: Na : 50, H : 350).

Tabelle 81

HCl	0,198 % SiO_2	0,099 % SiO_2
0,00007 n	—	— 0,027 Volt
0,00011 n	— 0,029 Volt	—
0,001 n	— 0,008 „	+ 0,019 „
0,002 n	+ 0,006 „	+ 0,046 „
0,005 n	+ 0,027 „	+ 0,093 „
0,01 n	+ 0,075 „	+ 0,166 „

LÖSENBECK hat übrigens einen zeitlichen Verlauf der Reaktion konstatiert und drückt seine Beobachtungen so aus, daß die Kieselsäureteilchen sich mit HCl wie ein Schwamm vollsaugen und daß die H^+-Ionen aus diesem Schwamm mit einer gewissen Lösungstension ausgeschleudert werden. Eine solche Auffassung kann aber unmöglich die positive Ladung der Teilchen in der sauren Flüssigkeit verstehen lassen.

GRUNDMANN hat anschließend den zeitlichen Gang der Reaktion untersucht. Dieser liegt ausnahmslos in der Richtung einer zunehmenden H^+-Bindung.

PAULI und VALKÓ unterzogen die Erscheinung einer neuerlichen Prüfung. Sie kombinierten die Leitfähigkeitsmessung mit der potentiometrischen H^+-Bestimmung. Da sie zum ersten Male ein vollkommen elektrodialysiertes Sol benützen, war die Abwesenheit anderer Kationen außer H^+ sichergestellt. Es zeigte sich in den Versuchen eine Übereinstimmung der Wasserstoffionenverminderung mit dem Leitfähigkeitsrückgang. In der folgenden Tabelle sind die Ergebnisse zum Teil angeführt. Die berechneten Werte stellen die Summe der Leitfähigkeit (sowie der H^+-Aktivität) von Sol und HCl dar, die Δ-Werte die Differenz der berechneten und gefundenen Größen, die letzte Spalte gibt die H^+-Verminderung an, welche sich aus der Leitfähigkeitsabnahme der zugesetzten HCl berechnen ließ.

Tabelle 82

nHCl abgerundet	$\varkappa_{HCl} \cdot 10^6$	$\varkappa \cdot 10^6$ ber.	$\varkappa \cdot 10^6$ gef.	$\Delta \varkappa \cdot 10^6$	$a_{HCl} \cdot 10^5$	$a_H \cdot 10^5$ ber.	$a_H \cdot 10^5$ gef.	$\Delta a_H \cdot 10^5$	$\Delta a_H \cdot 10^5$ ber. aus $\Delta \varkappa$
$5 \cdot 10^{-4}$..	203,6	315,4	299,0	16,4	43,2	72,2	64,2	6,0	4,6
$1 \cdot 10^{-3}$..	405,3	517,1	490,1	27,0	84,6	113,6	103	10,6	7,7
$5 \cdot 10^{-3}$..	2082	2193,8	2093	100,8	447	476	454	22	28
$1 \cdot 10^{-2}$..	4081	4193	3939	254	877	906	843	63	74

Die Solkonzentration betrug in der Mischung 1,15% SiO_2.

Überführungsversuche wurden von diesen Autoren mit der Methode der wandernden Grenzschicht ausgeführt und haben somit keinen quantitativen Charakter. Doch zeigte es sich auch hier, daß die Ladung noch im letzten Punkt negativ ist, obwohl bereits etwa zweimal soviel H^+-Ionen verschwunden sind als dem ursprünglichen Sol ($a_H = 29{,}0 . 10^{-5}$ n) entspricht.

Pauli und Valkó deuten die beim Säurezusatz beobachtete Abnahme der Leitfähigkeit und der H^+-Aktivität, anknüpfend an Jordis, analog der Reaktion eines Ampholyten. Im reinsten Sol haben danach die kolloiden Kieselsäureteilchen die Funktion einer mehrbasischen hochmolekularen Säure:

$$[x\,(SiO_2 + nH_2O) . y\,SiO_3H^-] + y\,H^+$$

Durch wachsenden Zusatz einer starken Säure wird die Dissoziation der Kolloidsäure zurückgedrängt und infolge einer weiteren Anlagerung von H^+ (Umwandlung der Hydroxogruppe in Aquogruppe) bildet sich das Salz einer Kolloidbase, welche mehr oder weniger in ihre Ionen zerfällt:

$$[x\,(SiO_2 + nH_2O) . y\,SiO_2H^+] + y\,Cl^-$$

Eine Abnahme der Konduktivität der Cl^--Ionen, worauf die stärkere Abnahme der $[H^+]$ verglichen mit der Leitfähigkeitsabnahme, ferner die große Leitfähigkeits- und H^+-Abnahme bis zum isoelektrischen Punkt hindeuten, kann vielleicht erklärt werden, wenn man annimmt, daß die Kieselsäure Zwitterionen bildet und somit auch die Cl^--Ionen in der Ionenatmosphäre des noch negativen Kolloidions stark vertreten sind.

Abb. 64. Schwellenwerte eines SiO_2-Sols beim Zusatz von Alkali nach H. Freundlich und H. Cohn. Die Abszisse stellt die Normalität von KOH im Sol dar

Die Einwirkung von Alkali auf die Kieselsäuresole wurde von H. Freundlich und H. Cohn untersucht. Billiter hatte schon die Beobachtung mitgeteilt, daß die Kieselsäure in neutraler oder schwach saurer Lösung durch $BaCl_2$ nur ganz langsam ausgefällt wird, daß aber ihre Empfindlichkeit durch Zusatz von wenig NH_3 außerordentlich erhöht wird. W. Flemming hat noch früher unter der Anleitung von Wi. Ostwald die Gerinnungsgeschwindigkeit, welche als Maß für die Stabilität der Sole dienen kann, an Wasserglaslösungen bei verschiedenem Lauge- und HCl-Überschuß in Gegenwart von NaCl untersucht. Er fand, daß die Hydroxylionen bis etwa $2{,}10^{-2}$n die Erstarrungszeit herabsetzen, in weiter gesteigerter Konzentration jedoch erhöhen und daß die Wasserstoffionen bis $7{,}10^{-2}$ n die Erstarrung verzögern, mit weiterer Vermehrung beschleunigen. In der Nähe des isoelektrischen Gebietes wurden zu wenig Messungen ausgeführt, um das Verhalten eindeutig festzulegen.

Freundlich und Cohn haben dialysierte Sole benützt. Es wurde zunächst die Abhängigkeit des Schwellenwertes von NaCl bei verschiedenen KOH-Konzentrationen bestimmt (Abb. 64).

Die Ergebnisse zeigen, daß in Übereinstimmung mit FLEMMING durch Zusatz von Alkali bis etwa $2{,}10^{-2}$n die Stabilität gegen NaCl-Zusatz erniedrigt wird, dann wird sie erhöht. Noch deutlicher war dieser Einfluß gegenüber $MgSO_4$. Dieses entspricht dem Verhalten gegen $BaCl_2$, welches schon von BILLITER festgestellt worden ist.

Ferner wurde von H. FREUNDLICH und COHN die Leitfähigkeitserniedrigung der Lauge durch das Sol bestimmt, welche auf eine Bindung der beweglichen OH^--Ionen zurückgeführt werden muß. Die nachfolgende Tabelle enthält die Werte für ein 0,5%iges Sol und für dasselbe Sol verdünnt auf einen Prozentgehalt von 0,167.

Tabelle 83

$\varkappa_{KOH} \cdot 10^3$	n_{KOH}	$\varkappa \cdot 10^3$ (0,5%)	Δ (0,5%)	$\varkappa \cdot 10^3$ (0,167%)	Δ (0,167%)
1,47	0,00712	0,6541	0,82	0,7672	0,70
2,85	0,01425	1,1942	1,66	1,4875	1,36
5,94	0,02849	2,3599	3,58	2,734	3,21
11,7	0,05699	4,916	6,8	7,449	4,3
17,7	0,08548	7,532	10,2	12,87	4,8
23,85	0,1140	11,061	12,8	20,171	3,7
29,6	0,1425	17,15	12,5	25,134	4,5

Die Leitfähigkeitserniedrigung (Δ) ist dem Solgehalt nahe proportional. Sie nimmt mit steigendem Laugezusatz zu. In hohen Alkalikonzentrationen wird ein Maximum der Bindung erreicht, beim verdünnten Sol früher als im konzentrierten. FREUNDLICH nimmt an, daß das Sol in dem gemessenen, höchst konzentrierten Alkali in ein molekulardisperses Silikat (etwa $K_4Si_3O_8$, zur Bildung von K_2SiO_3 reicht die maximal gebundene Kalilaugemenge nicht aus) übergeführt wird. Die Lösung zeigt eine entsprechend vermehrte Dialysierbarkeit, was diese Annahme stützt. Die Auflösung in ionendisperses Silikat erklärt die große Widerstandsfähigkeit des Sols in Anwesenheit von größeren Alkalimengen gegen Salze, und deren Unfähigkeit es zu koagulieren.

Die erhöhte Flockungsempfindlichkeit bei Gegenwart von wenig Alkali, die Sensibilisierung, erklärt FREUNDLICH durch Umwandlung des hydrophilen Sols in ein hydrophobes. Das Sol sollte also durch Alkali dehydratisiert werden. Diese Hypothese wird durch den Nachweis zu stützen versucht, daß die Viskosität des Sols mit zunehmendem Alkaligrad abnimmt, ferner durch die Schutzwirkung hydrophiler Sole, schließlich durch das makroskopische Aussehen der Flocken. Durch Überführungsversuche konnte eine große Wanderungsgeschwindigkeit der sensibilisierten Sole nachgewiesen werden, was nach FREUNDLICH, ohne die Annahme der Dehydratation, eine erhöhte Beständigkeit erfordern würde.

Man könnte jedoch auch daran denken, daß die durch Laugenzugabe erhöhte Wertigkeit des Sols für das Verhalten bei schwachem Alkalizusatz verantwortlich sei. Die Betrachtung von gewöhnlichen Elektrolyten lehrt, daß ein höherwertiges Salz bei derselben Ionenkonzentration im allgemeinen eine viel niedrigere Aktivität besitzt als ein einwertiges. So kann die erhöhte Empfindlichkeit gegen Salzzusatz auch bei den Kolloidteilchen mit der Erhöhung der Gesamtladung zusammengehen. Daß die von einer zusammengedrängten Doppelschicht umgebenen Teilchen gegen flockende Elektrolyte instabiler sind, als nicht oder mangelhaft aufgeladene, geht aus dem Vergleich der Beständigkeit von neutralem und ionischem Eiweiß gegen zugesetztes Salz hervor.

Man ist keinesfalls gezwungen, eine geringere Hydratation der mit Alkali stärker aufgeladenen Teilchen anzunehmen, höchstens erst nach ihrer Entladung.

Neuere Versuche von P. TUORILA behandeln denselben Gegenstand. TUORILA hat die Wirkung von NaOH-Zusätzen auf die Wanderungsgeschwindigkeit und Koagulation von Ton, Permutit und Quarzsuspensionen in Abwesenheit und in Gegenwart von Salzen mit ein- und zweiwertigen Kationen untersucht. Diese Suspensionen koagulierten bereits nach genügendem Laugezusatz auch in Abwesenheit von Salzen, obwohl ihre Wanderungsgeschwindigkeit dabei erhöht wurde. TUORILA erklärt das Verhalten, indem er annimmt, daß die Lauge wohl infolge der Aufladung die Abstoßungskräfte zwischen den Teilchen steigert, zugleich jedoch auch die Anziehungskräfte. Vom chemischen Standpunkte ist es nicht leicht zu verstehen, auf welche Weise die Oberfläche durch die Reaktion mit der Lauge direkt so verändert wird, daß die Anziehungskräfte wachsen.

Folgende Tabelle bringt die Ergebnisse von TUORILA an einer Kaolinsuspension.

Tabelle 84. Elektrophorese und Koagulation einer Kaolinsuspension nach Zusatz von NaOH

NaOH zugesetzt 1×10^{-3} Mol pro Liter	Wanderungsgeschwindigkeit in cm/sec pro Volt/cm 10^5	Flockungsverhältnisse
0,00	12,15	keine Koagulation
0,31	15,30	„ „
0,62	16,68	„ „
1,25	20,52	„ „
2,50	21,05	langsame „
5,00	20,89	etwas schnellere „
10,00	21,33	rasche „
15,00	20,85	„ „
20,00	19,87	„ „

Die die Koagulation durch mehrwertige Kationen begünstigende Wirkung der NaOH wurde von TUORILA auf die Entstehung unlöslicher, entgegengesetzt geladener kolloider Hydroxyde zurückgeführt. Dabei wurde auch eine Erhöhung der Wanderungsgeschwindigkeit beobachtet. Bei Anwesenheit einwertiger Kationen wurde häufig eine Hemmung der Koagulation infolge der gesteigerten Aufladung festgestellt.

Die H^+ und OH^--Bindung der Kieselsäuresole wurde neulich auch durch A. FODOR und A. REIFENBERG gemessen. Die Versuche von S. GLIXELLI und J. WIERTELAK über Elektrosmose von Säure durch Kieselgel werden im Kapitel 54 besprochen.

Die H^--Bindung des Al-Oxydsols. Ein gewisses Gegenstück zum Verhalten der Kieselsäuresole Alkali gegenüber, bildet das Verhalten des Systems Aluminiumoxydsol + Salzsäure. Dieses wurde von PAULI und E. SCHMIDT mittels der elektrochemischen Meßmethoden untersucht.

Das Sol war durch Auflösung von Al-Metall in $AlCl_3$-Lösung und nachfolgende gründliche Dialyse bereitet worden. Die Gleichgewichtseinstellung einer Mischung mit Säure dauerte zwei bis drei Tage, nach acht Tagen wurden die Messungen ausgeführt. Die relative Viskosität wurde mit dem OSWALDschen Viskosimeter ermittelt. Die Berechnung erfolgte nach dem Verfahren von FRISCH-PAULI-VALKÓ an Eiweißsalzen. Es wurde auch dieselbe Bezeichnungsweise gewählt. Die Werte für die reine Salzsäure wurden mit dem Index I, die der Solsäuremischung mit II und die darin auf das Sol entfallenden mit III bezeichnet. Die Leitfähigkeit der neben dem Sol vorhandenen freien Säure wurde aus a_H^{II} mit Hilfe der Aktivitätskoeffizienten von NOYES und MAC INNES und der Leitfähigkeitskoeffizienten von KOHLRAUSCH ermittelt. Dabei wurde $a_H^I = a_{Cl}^I$ angenommen. Gemessen wurden in den Mischungen die Aktivitäten a_H^{II}, a_{Cl}^{II} und die Leitfähigkeit $\varkappa^{II}$. Die Normalität des Sols in der Mischung n^{III} ist in diesem Falle nicht gleich dem gebundenen c_H, weil das Sol vor dem Säurezusatz schon eine bestimmte Cl-Normalität hatte (n_{SolCl}^I). Daher ist n^{III} gleich $n_{HCl}^I - n_{HCl}^{II} + n_{SolCl}^I$ und der Chloraktivitätskoeffizient des Sols in der Mischung:

$$fa_{Cl}^{III} = \frac{a_{Cl}^{III}}{n_{HCl}^I + n_{SolCl}^I - n_{HCl}^{II}}$$

Tabelle 85

Sol II (0,504% Al_2O_3 + HCl); H-Aktivitäten

n_{HCl}^I	a_H^{II}	c_H gebunden
0,000	2,55 . 10^{-6}	—
0,005	1,23 . 10^{-4}	4,88 . 10^{-3}
0,01	1,57 . 10^{-3}	8,41 . 10^{-3}
0,02	6,86 . 10^{-3}	12,8 . 10^{-3}
0,03	1,40 . 10^{-2}	14,7 . 10^{-3}
0,04	2,16 . 10^{-2}	15,7 . 10^{-3}
0,05	2,92 . 10^{-2}	16,6 . 10^{-3}
0,06	3,74 . 10^{-2}	16,6 . 10^{-3}

Tabelle 86

Sol II (0,504% Al_2O_3 + HCl); Cl-Aktivitäten

n_{HCl}^I	a_{Cl}^{II}	$n_{Cl}^{III} \cdot 10^3$	$a_{Cl}^{III} \cdot 10^3$	a_{Cl}^{II}	$f a_{Cl}^{III}$
0,000	1,26 . 10^{-3}	3,9	1,26	0,323	0,323
0,005	3,85 . 10^{-3}	8,78	3,73	0,433	0,425
0,01	7,20 . 10^{-3}	12,31	5,63	0,518	0,457
0,02	1,41 . 10^{-2}	16,7	7,24	0,59	0,434
0,03	2,17 . 10^{-2}	18,6	7,7	0,640	0,414
0,04	2,95 . 10^{-2}	19,6	7,9	0,672	0,403
0,05	3,74 . 10^{-2}	20,5	8,2	0,694	0,400
0,06	4,58 . 10^{-2}	20,5	8,4	0,717	0,410

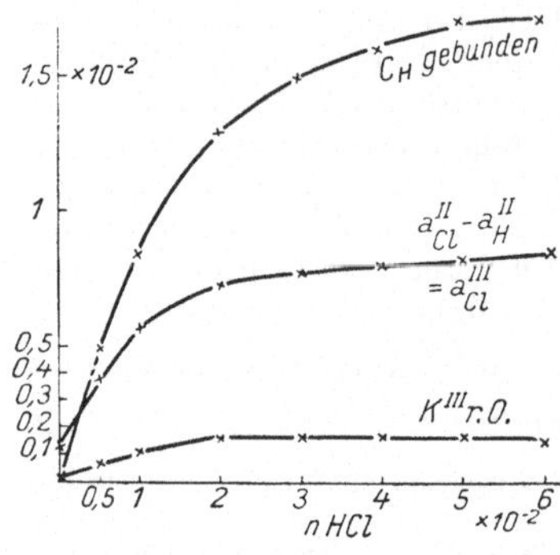

Abb. 65. Gesamtladung, Aktivität und Konduktivität eines Al_2O_3-Sols bei Säurezusatz nach PAULI und E. SCHMIDT

Tabelle 87

Sol II (0,504% Al_2O_3 + HCl); Leitfähigkeiten

n^{I}_{HCl}	$\varkappa^{II} \cdot 10^{-4}$	$\varkappa^{II}_{HCl} \cdot 10^{-4}$	$\varkappa^{III} \cdot 10^{-4}$
0,000	1,931	—	1,931
0,005	6,518	0,524	5,994
0,01	17,28	6,715	10,56
0,02	46,12	29,89	16,23
0,03	78,62	62,71	15,91
0,04	114,8	98,58	16,2
0,05	151,6	135,1	16,5
0,06	189,7	174,5	15,2

Aus der ersten Tabelle geht hervor, daß das verwendete Sol eine sehr starke Bindungskapazität für H^+-Ionen aufweist. Die Bindung nimmt mit der Konzentration der freien H^+-Ionen zu, jedoch relativ mit der wachsenden Konzentration ab und erreicht in $5{,}10^{-2}$ n HCl den Grenzwert. Dadurch wird die Äquivalentkonzentration der außer H^+ anwesenden positiven Ionen von $3{,}9 . 10^{-3}$n (die ursprüngliche analytische Chlorkonzentration des Kolloidsalzes) auf 20,5. . 10^{-3}n erhöht. Dieses Verhalten entspricht der in der Einleitung als Beispiel erwähnten Umwandlung der Hydroxokomplexe in Aquoverbindungen. Eigentümlich ist jedoch der Gang der Leitfähigkeit und der Aktivität. Während die Gesamtladung der positiven Ionen auf etwa das Fünffache wächst, nimmt die Aktivität bis zum Siebenfachen, die Leitfähigkeit bis etwa aufs Achtfache des ursprünglichen Wertes zu. Der Aktivitätskoeffizient der Chlorionen wird also vergrößert, und zwar steigt er von 0,32 bis zu einem Maximum von 0,46, um dann auf 0,41 zu sinken. Nun würde man infolge der erhöhten Wertigkeit und Ionenkonzentration eine kontinuierliche Abnahme des Aktivitätskoeffizienten und der Äquivalentleitfähigkeit erwarten. Eine befriedigende Erklärung ergibt sich durch die Annahme, daß bei der Säurebildung eine Abspaltung von ionendispersen Anteilen, also hauptsächlich von Al^{+++}-Ionen oder Aluminyl-Ionen erfolgt, dann könnte die mittlere Wertigkeit trotz der Zunahme der Gesamtladung herabgesetzt werden. Eine Auflösung des ganzen Sols bis zu $AlCl_3$ ist jedoch ausgeschlossen. Der Gehalt des Sols in der Mischung ist fast genau 0,1 Molar, sein analytischer Cl-Gehalt $3{,}9 . 10^{-3}$n. Würde das gesamte Sol im Säureüberschuß durch vollständige Peptisation in $AlCl_3$ überführbar sein, so

Tabelle 88

Sol II (0,504% Al_2O_3 + HCl); relative Reibungen

n^{I}_{HCl}	$\frac{t}{t_0} = \eta$
0,000	1,143
0,005	1,098
0,01	1,087
0,02	1,079
0,03	1,081
0,04	1,078
0,05	1,089
0,06	1,109
0,08	1,134
0,1	1,239
0,125	1,263
0,25	1,934

müßte $296{,}2 \cdot 10^{-3}$n H^+ gebunden werden. In Wirklichkeit wird jedoch nur $16{,}6 \cdot 10^{-3}$n H^+ aufgenommen, d. i. rund $^1/_{18}$ der dem gesamten Aluminium äquivalenten Menge. Bei diesem Verhältnis wird der Solcharakter, wie dies auch der Fall, vollständig gewahrt bleiben. Selbst beim Zusatz von 0,25 — 0,5 n HCl erfolgt keine Auflösung, man beobachtet dann, daß das Sol zu einem Gel erstarrt.

Der Stillstand der Säureaufnahme in einem weiten Gebiete steigenden Säurezusatzes nach anlänglich praktisch vollständiger Bindung und die Tatsache, daß nur etwa 6% des vorhandenen Al-Hydroxydes mit Säure reaktionsfähig ist, scheint dafür zu sprechen, daß das Hydroxyd in zweifacher Form auftritt. Zum kleinen Teil nimmt es Säure leicht auf, im überwiegenden Anteil ist es jedoch von Säuren schwer angreifbar, wie sich daraus ergibt, daß das Gel erst in kochender konzentrierter HCl zur Auflösung gebracht werden kann.

Die Maximumbildung der Kurve, Aktivitätskoeffizient : HCl-Konzentration, findet ihre Erklärung darin, daß durch weiteren Säurezusatz gleichzeitig mit der Erhöhung der Gesamtladung infolge des Säureüberschusses eine Inaktivierung der zu dem Kolloidteilchen gehörigen Cl^--Ionen stattfindet. Das gesamte Verhalten drückt also die nebeneinander verlaufende Steigerung der Gesamtladung, die Abspaltung der ionendispersen Anteile und die Herabsetzung der freien Ladungen der Kolloidionen durch interionische Kräfte aus. Bestätigt wird diese Annahme durch den Gang der Viskosität, welche mit steigendem Säurezusatz zunächst abnimmt und nach Überschreiten eines Maximums immer steiler zunimmt.

Die anfängliche Abnahme der Viskosität mit steigendem Säurezusatz entspricht dem Befund von FREUNDLICH und COHN an dem System $SiO_2 + KOH$. Für die Annahme einer „Dehydratation" sind hier wenig Anhaltspunkte, es scheint aber, daß die innere Reibung der Lösung (im Gegensatz zum Verhalten der Eiweißsalze) mit Ansteigen der freien Ladung abnimmt. Dies wäre z. B. durch eine Größenänderung der Teilchen, Aufspaltung, möglich.

Dann würde der Gang der Viskosität besagen, daß die freie Ladung der Kolloidionen bis etwa 0,02 n HCl infolge der Neutralisation zunimmt, von da ab bis etwa 0,05 n HCl würden sich die Abspaltung der ionogenen Komplexe einerseits und die Inaktivierung infolge der interionischen Kräfte andererseits das Gleichgewicht halten und bei weiterem HCl-Zusatz würde die Inaktivierung überwiegen.

Tabelle 89

Sol II (0,504% $Al_2O_3 + H_2SO_4$); H-Aktivitäten

$\overset{I}{n}_{H_2SO_4}$	$\overset{II}{a}_H$	c_H gebunden	$\overset{III}{n} \cdot 10^3$
0,0000	$2{,}55 \cdot 10^{-6}$	—	3,90
0,0005	$8{,}29 \cdot 10^{-6}$	$4{,}92 \cdot 10^{-4}$	4,39
0,001	$1{,}62 \cdot 10^{-5}$	$9{,}8 \cdot 10^{-4}$	4,88
0,002	$3{,}83 \cdot 10^{-5}$	$1{,}96 \cdot 10^{-3}$	5,86
0,003	$5{,}70 \cdot 10^{-5}$	$2{,}94 \cdot 10^{-3}$	6,84
0,004	$7{,}98 \cdot 10^{-5}$	$3{,}92 \cdot 10^{-3}$	7,82
0,005	$1{,}06 \cdot 10^{-4}$	$4{,}89 \cdot 10^{-3}$	8,79
0,006	$1{,}39 \cdot 10^{-4}$	$5{,}86 \cdot 10^{-3}$	9,76

Bei Zusatz von H_2SO_4 statt HCl wird das Wechselspiel dieser Kräfte infolge der Zweiwertigkeit des Sulfations und die dadurch bedingte stärkere Inaktivierungstendenz der Gegenionen wesentlich geändert. Dieses Resultat ergaben Versuche von PAULI und SCHMIDT an demselben Sol (Tab. 89, 90, 91).

Tabelle 90

Sol II (0,504% $Al_2O_3 + H_2SO_4$); Leitfähigkeiten

$n^{I}_{H_2SO_4}$	$\varkappa^{II} \cdot 10^4$	$\varkappa^{II}_{H_2SO_4}$	$\varkappa^{III} \cdot 10^4$
0,0000	1,907	—	1,907
0,0005	2,017	$3,56 \cdot 10^{-6}$	1,981
0,001	2,172	$7,91 \cdot 10^{-6}$	2,093
0,002	2,696	$1,64 \cdot 10^{-5}$	2,532
0,003	3,275	$2,45 \cdot 10^{-5}$	3,030
0,004	3,881	$3,43 \cdot 10^{-5}$	3,538
0,005	4,342	$4,55 \cdot 10^{-5}$	3,887
0,006	4,725	$5,97 \cdot 10^{-5}$	4,128

Tabelle 91

Sol II (0,504% $Al_2O_3 + H_2SO_4$); relative Reibungen

$n^{I}_{H_2SO_4}$	$\frac{t}{t_0} = \eta$
0,0000	1,143
0,0005	1,139
0,001	1,139
0,002	1,139
0,003	1,139
0,004	1,152
0,005	nimmt aufs Mehrfache zu
0,006	erstarrt.

Die Messungen konnten nur bis zu einer Konzentration von 6.10^{-3}n H_2SO_4 geführt werden, weil das Sol in höherer Schwefelsäurekonzentration erstarrt. Da die Säurekonzentration sehr gering war, konnten bei der Berechnung der Leitfähigkeit der freien Säure aus der H^+-Aktivität der Leitfähigkeits- und der Aktivitätskoeffizient derselben gleichgesetzt werden.

Die Bindung der H^+-Ionen ist in diesem Bereich beinahe vollständig, somit der zugesetzten Säure proportional. Die Abhängigkeit der Kolloidnormalität von der Aktivität der freien Wasserstoffionen zeigt aber, daß auch in diesem kleinen Konzentrationsgebiet die Funktion die einem Hydrolysegleichgewicht entsprechende Form hat (Adsorptionskurve). In dem mit der Salzsäureverbindung vergleichbaren Punkt, 0,005n-Säure, zeigt es sich, daß die beiden Säuren in dem gleichen Maße gebunden werden, so daß die weitere Bindungskurve wahrscheinlich als eine Fortsetzung der Salzsäurebindungskurve in den niedrigeren Konzentrationen aufgefaßt werden kann.

Die Äquivalentleitfähigkeit des Sols ($\varkappa^{III}/n^{III}$) nimmt beim Schwefelsäurezusatz vom Anfang an ab. Der Umstand, daß die Leitfähigkeit mit steigender Schwefelsäurekonzentration absolut zunimmt, drückt die Abspaltung von ionendispersen Anteilen aus [$Al_2(SO_4)_3$ ist löslich und dissoziiert]. Die Leitfähigkeit beim Zusatz von $5,10^{-3}$n H_2SO_4 beträgt (nach Abzug der Leitfähigkeit der freien Säure) nur etwa $^2/_3$ vom Wert bei entsprechendem Salzsäurezusatz, ebenfalls ein Hinweis auf die Inaktivierung der Sulfationen. Auch die mit steigendem Schwefelsäurezusatz wachsende Trübung des Sols entspricht der angenommenen Deutung (Inaktivierung und Dehydratation).

Besonders deutlich drückt sich die Inaktivierung und der Zusammentritt der Teilchen bei der Viskosimetrie aus. Bereits beim Zusatz von $4{,}10^{-3}$n H_2SO_4 zeigt sich das Ansteigen der Reibung, welche bei weiterem Zusatz zur Erstarrung führt. Die anfängliche Erniedrigung ist hier ebenfalls minimal ausgeprägt.

Die Annahme der Abspaltung feindisperser Anteile bei der Aufladung durch Säure wurde durch neuere Versuche von VALKÓ und N. WEINGARTEN weitgehend gestützt. Die Autoren haben die Säurebindung eines Aluminiumoxydsols nach der Methode von PAULI und SCHMIDT untersucht, dabei jedoch auch die Wanderungsgeschwindigkeit der Kolloidionen nach der HITTORFschen Methode genau ermittelt. Hier seien nur die Ergebnisse bei der Reaktion mit Schwefelsäure mitgeteilt.

Tabelle 92

(7,78 g Al_2O_3 pro Liter, $n_{Cl} = 4{,}588 \times 10^{-2}$)

Zugesetzte H_2SO_4	Kolloidsalz-normalität	Äquivalent-leitfähigkeit	u_{Koll}	v	f_a^{Cl}
0	$4{,}585 \times 10^{-2}$	65,22	34,65	29,33	0,553
5×10^{-3} n	$4{,}885 \times 10^{-2}$	66,26	31,18	33,96	0,582
1×10^{-2} n	$5{,}382 \times 10^{-2}$	65,64	27,20	37,46	0,604
2×10^{-2} n	$6{,}37 \times 10^{-2}$	37,30	0,67	36,59	0,654

Die zweite Spalte enthält die Äquivalentkonzentration der Anionen (nach Abzug der freien Säure), die dritte Spalte die darauf bezogenen Werte der Äquivalentleitfähigkeit, die vierte die gemessenen Werte der Kolloidionbeweglichkeit, die fünfte die durch Abzug der Kolloidionbeweglichkeit aus der Äquivalentleitfähigkeit gemessenen mittleren Werte der Gegenionenbeweglichkeit, die letzte schließlich die Aktivitätskoeffizienten der Chlorionen.

Der Anstieg der Kolloidsalznormalität zeigt die zunehmende H^+-Bindung an. Die Äquivalentleitfähigkeit bleibt zunächst konstant, dann fällt sie ab. Die Beweglichkeit der Kolloidionen sinkt kontinuierlich. Im letzten Punkt ist das isoelektrische Verhalten erreicht. In der Tat ist in diesem Punkt das Sol instabil und stark getrübt. In scheinbarem Gegensatz dazu steigt sowohl die Anionenbeweglichkeit, als auch die Chloraktivität bei der Säurebindung.

Die Lösung dieses Widerspruches liegt eben in der Annahme einer Abspaltung etwa von Al^{+++}-Ionen von der Teilchenoberfläche. Da Aluminiumsulfat löslich ist, Kolloidsulfat dagegen weitgehend inaktiviert, so werden die Sulfationen sich an die Kolloidteilchen assoziieren. Daneben befindet sich das aktive $AlCl_3$. Möglicherweise führt die Abspaltung nicht zu ionendispersen Salzen, auf alle Fälle jedoch zu der Bildung eines mit Cl als Gegenion stärker aktiven (vielleicht halbkolloiden) Elektrolyten.

Die geschilderten Messungen bilden ein lehrreiches Beispiel dafür, wie weit die elektrochemischen Methoden die komplexe Natur solcher Oberflächenreaktionen aufdecken können.

Adsorption oder Hydrolyse. Vor kurzem veröffentlichten R. WINTGEN und H. WEISBECKER eine Untersuchung über das Säure- und Basenbindungsvermögen von Chromoxydsol. Sie bestimmten nur die H^+-Aktivität und stellten fest, daß Chromoxydsol sowohl Säure als Base zu binden vermag. Sie fassen die Reaktionen als die Salzbildung eines Ampholyten auf, wie es früher PAULI und VALKO an

Kieselsäure getan hatten. Wie die Autoren zeigen, läßt sich die Bindungskurve sowohl mit der üblichen Adsorptionsisotherme, als auch mit der Hydrolysegleichung beschreiben. Nach der letzteren ergibt sich die saure Dissoziationskonstante zu $3{,}58 \times 10^{-7}$, die basische zu $4{,}52 \times 10^{-11}$. Der isoelektrische Punkt ermittelt sich daraus bei $p_H = 5{,}05$. In der Tat ist dieser Punkt derjenige, bei welchem das Sol trüb wurde. Um diesen Punkt zu erreichen, war ein Laugenzusatz zu dem von Haus aus sauren Sol notwendig. Darüber hinausgehender Laugenzusatz wirkte auch nicht stabilisierend, sondern das Sol wurde trüb und flockte aus.

Da die Hydrolysegleichung geringere Abweichungen liefert, schließen die Autoren, daß es sich wahrscheinlich um eine Salzbildung handelt. Wie wir in dem Abschnitt über die Oberflächenreaktion ausgeführt hatten, kann die Form der Bindungskurve für die Frage chemische Reaktion oder Adsorption nicht entscheidend sein, weder hier noch für den analogen Fall der Säure- und Alkalibindung der Proteine. Die Frage, ob eine Oberflächenreaktion durch chemische oder physikalische Kräfte hervorgerufen wird, läßt sich nur dort entscheiden, wo es im Sinne der einen Vorstellung möglich ist, den Mechanismus auch in den Einzelheiten zu beschreiben. Im Falle der Anwesenheit von Hydroxyd ist die Fähigkeit zur Reaktion Hydroxo $\rightleftarrows$ Aquo evident, während eine physikalische Anziehung etwa der Wasserstoffionen seitens der positiv, also gleichsinnig geladenen Kolloidoberfläche jeder Erwartung widerspricht.

Einfluß der aufladenden Ionen. Der Einfluß der mit dem Kolloid gleichsinnig geladenen, in dem ionogenen, aufladenden Komplex der Teilchenoberfläche vertretenen Ionen ist im großen und ganzen derselbe wie der gleichgeladenen H^+ bzw. OH^+-Ionen. Gibt man z. B. zu einem Eisenhydroxydsol $FeCl_3$, so wird durch die Fe^{+++}-Ionen, gemäß einem Anlagerungsgleichgewicht, die Ladung der Solteilchen erhöht. Setzt man anderseits HCl zum Sol, so werden die Ferrihydroxydmoleküle der Oberfläche entsprechend einem hydrolytischen Gleichgewicht zum Teil in Ferriionen übergeführt. Die Verwandtschaft der beiden Aufladungsarten wird durch den Umstand noch gesteigert, daß die $FeCl_3$-Lösungen selbst infolge ihrer Hydrolyse freie Salzsäure enthalten. Falls die Anlagerung an die Teilchenoberfläche und die Hydrolyse der Teilchenoberfläche zu wirklichen, reversiblen Gleichgewichtszuständen führt, ist es völlig gleichgültig, ob man $FeCl_3$ oder HCl zum Sol gibt. Diese Bedingung wird jedoch nicht immer erfüllt sein.

Analog verhält sich ein Kieselsäuresol Na-Silikat gegenüber, das ähnlich wie Natronlauge wirken muß.

Der Zusatz der aufladenden Verbindungen wirkt auf die Stabilität entsprechend einem (zur Flockungswirkung) antagonistischen Effekt. In diesem speziellen Fall ist jedoch sichergestellt, daß der Antagonismus auf einer direkten Anlagerung des gleichsinnig geladenen Ions beruht. Aus diesem Grunde haben wir diesen speziellen Fall von dem allgemeinen, wo eine Anlagerung wegen Mangel an chemischer Affinität nicht erwartet wird, abgesondert.

Von den Untersuchungen, die den Einfluß der aufladenden Ionen auf die Schwellenwerte betreffen, seien hier diejenigen von H. Freundlich und S. Wosnessensky (Stabilisierung eines FeO(OH)-Sols durch $FeCl_3$), K. C. Sen und M. R. Mehrotra (Stabilisierung eines $Cu_2Fe(CN)_6$)-Sols durch $K_4Fe(CN)_6$,

H. B. WEISER (Stabilisierung eines $Cu_2Fe(CN)_6$-Sols durch $K_4Fe(CN)_6$), A. RABINERSON (Stabilisierung eines $Fe(OH)_3$-Sols durch $FeCl_3$) erwähnt.

Ähnlich müssen Ionen wirken, die die Eigenschaft der isomorphen Mischbarkeit mit dem aufladenden Ion im Gitter aufweisen. So haben FREUNDLICH und WOSNESSENSKY den stabilisierenden Einfluß von $AlCl_3$ auf Eisenhydroxydsol festgestellt.

Natürlich geht die aufladende Wirkung hinsichtlich der Konzentration durch ein Optimum. Im Überschuß des Salzes überwiegt die interionische Entladung über die aufladende Anlagerung der gleichgeladenen Ionen.

Hydrolytische oder spaltende Adsorption. Als hydrolytische oder spaltende Adsorption bezeichnet man eine Wechselwirkung der Oberfläche mit der Lösung, bei der die saure Lösung sauerer, die alkalische Lösung alkalischer wird. Der typische Fall ist derjenige, in welchem eine neutrale Salzlösung sauer oder alkalisch wird. Während also in den meisten Fällen bei der Oberflächenreaktion mit Säuren H^+-Ionen aus der Lösung verschwinden, verläuft die „hydrolytische Adsorption" in entgegengesetzter Richtung.

Bereits J. M. van BEMMELEN hat die Feststellung gemacht, daß eine neutrale Kaliumsulfatlösung durch die Reaktion mit einem MnO_2-Sol sauer wird. W. R. WHITNEY und J. E. OBER haben gezeigt, daß bei der Flockung des Arsentrisulfidsols durch $BaCl_2$ die Lösung sauer wird.

Man neigte vielfach zu der Ansicht, daß die Spaltung der Salze dadurch zustande kommt, daß die eine Ionenart in stärkerem Maße an die Oberfläche angelagert wird als die andere und dadurch das Wasser zersetzt wird. In den Versuchen von H. FREUNDLICH und W. NEUMANN über die Adsorption von Neufuchsin durch Arsentrisulfid und von P. RONA und L. MICHAELIS über die Adsorption der Salze durch Tierkohle wurde klar gezeigt, daß es sich in diesen Fällen um einen gewöhnlichen Gegenionenaustausch handelt. In den Versuchen am Arsentrisulfidsol ist der Vorgang z. B. so vorzustellen, daß die Ba-Ionen an Stelle der zur ionogenen Sulfarsenitsäure gehörenden H^+-Ionen treten. Durch die überschüssigen Ba^{++}-Ionen werden auch die inaktivierten bzw. undissoziierten H^+-Ionen von der Teilchenoberfläche verdrängt. Auch in den Gelen muß man annehmen, daß ein Teil der oberflächlichen Säuren in dissoziiertem Zustande sich befindet. Die Reaktion geht über die eventuell sehr spärlichen dissoziierten Gruppen, bewirkt jedoch massenwirkungsgemäß dann ein In-Freiheit-Setzen aus den undissoziierten Gruppen.

Von neueren Untersuchungen über die Säuerung infolge Gegenionenaustausch in Solen sei hier auf diejenige von A. J. RABINOWITSCH an Arsentrisulfidsol hingewiesen, die nach den Methoden PAULIs mit der konduktometrischen Titration ausgeführt sind.

S. GLIXELLI fand, daß SiO_2-Gel die Azidität von Neutralsalzlösungen steigert. Dasselbe hat auch J. N. MUKHERJEE beobachtet.

E. LASKIN findet dagegen am SiO_2-Sol, daß die Steigerung der Azidität auf Zugabe einer konzentrierten $CaCl_2$-Lösung durch die bloße Beeinflussung des Aktivitätskoeffizienten der H^+-Ionen ohne Annahme einer Erhöhung der H^+-Konzentration erklärt werden kann. Neutralsalze können nicht einmal die durch äquivalente Lauge neutralisierbaren, inaktiven H^+-Ionen der Kieselsäuresole in Freiheit setzen.

Neuere Untersuchungen von E. J. MILLER und BARTELL an sehr reiner, aschefreier Zuckerkohle haben zu dem Ergebnis geführt, daß dieses Material eine reelle, spaltende Adsorption der Neutralsalze hervorrufen kann. Die Spaltung kann sowohl in der Richtung einer Säuerung (im Falle von basischen Farbstoffen) als auch einer Alkalisierung (im Falle von saueren Farbstoffen) verlaufen.

Neutralsalze der Alkalien und Erdalkalien werden bei der Wechselwirkung mit der Kohle alkalisch, die Silbersalze ein wenig sauer. Im allgemeinen werden jedoch die Anionen stärker adsorbiert. Damit übereinstimmend fanden die Autoren, daß die anorganischen Säuren stark adsorbiert werden, die anorganischen Hydroxyde jedoch kaum oder gar nicht. Eine starke Stütze für das Vorhandensein einer wirklichen, spaltenden Adsorption lieferten die Autoren durch den Nachweis, daß die aus den Neutralsalzen hydrolytisch angelagerten Säuren durch geeignete Mittel sich quantitativ extrahieren lassen. Die Alkali- und OH^--Ionen zeigen den Mangel einer Affinität zur Kohle in dem Maße, daß anorganische Basen nach der Wechselwirkung mit Kohle unter Umständen eine höhere Konzentration in der Lösung aufweisen, weil das von der Kohle festgehaltene Wasser alkalifrei ist.

Die entgegengesetzten Befunde früherer Untersucher führen BARTELL und MILLER auf die Unreinheit der verwendeten Adsorptien zurück.

Eine Deutung der Befunde von BARTELL und MILLER von rein chemischen Gesichtspunkten ist zur Zeit wohl kaum möglich. Jedenfalls scheint hier das erste Mal erwiesen, daß die Spaltung durch ungleiche Anlagerung der beiden Ionenarten und nicht durch Gegenionenaustausch erfolgt (vgl. auch J. M. KOLTHOFF). An den organischen Ionen wurde gezeigt, daß ihre chemische Konstitution (z. B. verschiedene Substituenten, dann o-, m- oder p-Stellung in einem Substituenten usw.) die Adsorbierbarkeit wesentlich beeinflußt. Die Autoren schließen daraus, daß die Moleküle bei der Adsorption orientiert werden.

Literaturverzeichnis

BANCROFT, W. D., und C. E. BARNETT: Coll. Symp. Mon. **6**, 73 (1928). — BARTELL und E. J. MILLER: Journ. Am. Chem. Soc. **44**, 1866 (1922); **45**, 1106 (1923). — BEMMELEN, J. M. VAN: Z. f. anorg. Ch. **23**, 321 (1900). — BILLITER, J.: Z. f. phys. Ch. **51**, 150 (1905). — BJERRUM, N.: Z. f. phys. Ch. **110**, 656 (1924). — ELLIS, R.: Z. f. phys. Ch., **78**, 321 (1911). — FLEMMING, W.: Z. f. phys. Ch. **41**, 446 (1902). — FODOR, A., und A. REIFENBERG: Koll. Z. **42**, 18 (1927). — FREUNDLICH, H., und W. NEUMANN: Z. f. phys. Ch. **67**, 538 (1909). — FREUNDLICH, H., und S. WOSNESSENSKY: Koll. Z. **33**, 222 (1923). — FREUNDLICH, H., und H. COHN: Koll. Z. **39**, 28 (1926). — FREUNDLICH, H., und G. LINDAU: Koll. Z. **44**, 198 (1928). — GRUNDMANN, W.: Koll. Beih. **18**, 197 (1923). — GLIXELLI, S.: C. r. **176**, 1714 (1923). — DERSELBE und J. WIERTELAK: Koll. Z. **43**, 85 (1927); **45**, 197 (1928). — GHOSH, S., und N. R. DHAR: Journ. Phys. Chem. **30**, 830 (1926). — HARDY, W. B.: Z. f. phys. Ch. **33**, 384 (1900). — KOLTHOFF, J. M.: Z. f. Elektroch. **33**, 497 (1927). — LACHS, H., und L. MICHAELIS: Z. f. Elektroch. **17**, 1 (1911). — LASKIN, E.: Koll. Z. **45**, 129 (1928). — LÖSENBECK, O.: Koll. Beih. **16**, 27 (1922). — MAFFIA, P.: Koll. Beih. **3**, 85 (1911). — MATTSON, S. E.: Koll. Beih. **14**, 309 (1920). — L. MICHAELIS und P. RONA: Bioch. Z. **97**, 57 (1919). — MILLER, E. J.: Coll. Symp. Mon. **5**, 55 (1927); Journ. Am. Chem. Soc. **46**, 1150 (1924); **47**, 1270 (1925). — MILLER, L. B.: Coll. Symp. Mon. **3**, 208 (1925). — NEIDLE, J. M.: Journ. Am. Chem. Soc. **39**, 2334 (1917). — PAULI, WO., und E. VALKÓ: Koll. Z. **38**, 289 (1926). — PAULI, WO., und E. SCHMIDT: Z. f. phys. Ch. **126**, 247 (1927). — PERRIN, J.: Journ. Chim. Phys. **2**, 607 (1904); **3**, 50 (1905). — QUINCKE, G.: Pogg. Ann. **113**, 513 (1861). — RABINERSON, A.: Koll. Z. **42**, 50 (1928). — RABINOWITSCH, A. J.: Z. f. phys. Ch. **116**, 97 (1927). — DERSELBE und W. A. DORFMANN: Z. f. phys. Ch.

131, 313, 1928. — RONA, P., und LIPMANN: Bioch. Z. **147**, 163 (1924). — SCHEERER, TH.: Pogg. Ann. [2] **82**, 419 (1851). — SEN, K. C., und M. R. MEHROTRA: Z. f. anorg. Ch. **142**, 345 (1925). — SEN, K. C.: Journ. Phys. Chem. **29**, 517, 539 (1925). — TUORILA, P.: Koll. Beih. **27**, 44 (1928). — VALKÓ, E., und N. WEINGARTEN: Koll. Z. **48**, 1, (1929). — WEISER, H. B.: Journ. Phys. Chem. **28**, 232 (1924); Coll. Symp. Mon. **4**, 375 (1926); In „Colloid Chemistry" von J. ALEXANDER, Bd. I. New York (1926). — WINTGEN, R.. und H. WEISBECKER: Z. f. phys. Ch. **135**, 182 (1928). — WHITNEY, W. R., und J. E. OBER: Z. f. phys. Ch. **39**, 630 (1902).

37. Das thermodynamische und das elektrokinetische Potential

Potentiale an Phasengrenzen. Durch Verlust oder Aufnahme eines Elektrons gewinnt das Atom eine elektrische Ladung: Es wird zu einem Ion. Ein Ion in der Lösung ist der Sitz einer elektrischen Feldstärke. Durch Abspaltung oder Anlagerung eines Ions kann das Molekül in ein Ion umgewandelt werden. Dieser Prozeß liegt der elektrolytischen Dissoziation zugrunde.

Auch übermolekulare Grenzflächen der Lösungen können der Sitz eines elektrischen Potentialsprunges sein. An der Grenzfläche zweier Lösungen verschiedener Konzentration an Ionen in demselben Lösungsmittel herrscht infolge der ungleichen Beweglichkeit der Ionen ein Diffusionspotential. Das Diffusionspotential ist jedoch zeitlich veränderlich. Wenn die zwei Lösungen ihre Konzentration durch Diffusion ausgeglichen haben, verschwindet es vollkommen.

Dagegen entspricht dasjenige Potential einem Gleichgewichtszustande, welches sich an der Grenzfläche eines Metalles und einer Lösung ausbildet. Die Eigenart dieser NERNSTschen Potentialdifferenz ist, daß sie eine logarithmische Funktion der Konzentration jenes Ions darstellt, welches entladen das Metallatom liefert. Mischungen mehrerer Metalle zeigen das Potential des unedleren Metalles. Bildet ein weniger edles Metall (oder Gas, wie H_2 und O_2) eine Lösung in einem zweiten edleren Metall, so werden die Konzentration bzw. Aktivität des ersten Metalles in dem zweiten und die Konzentration der Ionen des ersten Metalles in der Lösung für das Potential bestimmend. Ein Beispiel dafür ist eine Amalgam- oder eine Wasserstoffelektrode.

Ein derartiges Potential wird auch an der Grenzfläche eines Kristalls in Berührung mit seiner gesättigten Lösung herrschen. Die beiden Ionen werden nämlich eine verschiedene Lösungstension oder präziser verschiedene Aktivität in der festen Phase besitzen. Im Gleichgewichtszustande müssen die Aktivität des Salzes, d. h. das Produkt der Aktivität seiner beiden Ionen, in dem Bodenkörper und in der Lösung denselben Wert besitzen, nicht aber die Werte der einzelnen Ionenaktivitäten. Eine bestehende Differenz der Ionenaktivitäten in der festen und gelösten Phase wird durch eine elektrische Potentialdifferenz ausgeglichen.

Bezeichnen wir die Aktivität in den beiden Phasen mit a, wobei die verschiedenen Phasen durch die Indizes I und II, die beiden Ionen durch die Indizes k und a unterschieden werden, so lautet die Gleichgewichtsbedingung:

$$a_k^{I} \cdot a_a^{I} = a_k^{II} \cdot a_a^{II}$$

$$\pi = \frac{RT}{nF} \ln \frac{a_k^{II}}{a_k^{I}} \qquad \pi = \frac{RT}{nF} \cdot \ln \frac{a_a^{I}}{a_a^{II}}$$

Während die Aktivitäten in der ersten festen Phase eine Konstante darstellen, sind sie in deren Lösung von der Konzentration abhängig, bzw. bei genügender Verdünnung dieser proportional. Das Potential ist also eine logarithmische Funktion der Konzentration jeder der beiden Ionenarten, deren Produkt, wenn es sich um eine gesättigte Lösung handelt, konstant bleibt.

Diese Betrachtung führt unmittelbar hinüber zu dem ebenfalls von NERNST behandelten Fall der Grenzfläche zweier nicht mischbarer Flüssigkeiten. Die einzelnen Ionen besitzen verschiedene Löslichkeiten bzw. verschiedene Teilungskoeffizienten in denselben.

Im Gleichgewichtszustande ist die Aktivität des Salzes in den beiden Phasen gleich, nicht aber sind es die einzelnen Ionenaktivitäten, deren Differenz durch einen Potentialsprung kompensiert wird. Es gelten also die obigen Gleichgewichtsbedingungen.

Die Aktivität eines Ions ist proportional der Konzentration, der Proportionalitätsfaktor ist jedoch abhängig von der Natur des Lösungsmittels. Das Verhältnis der Proportionalitätsfaktoren für zwei Lösungsmittel nennen wir Verteilungskoeffizienten des Ions und bezeichnen es mit γ. Es folgt aus der Definition

$$\frac{C_a^{I}\,\gamma_a}{C_a^{II}} = \frac{a_a^{I}}{a_a^{II}} \qquad \frac{C_k^{I}\,\gamma_k}{C_k^{II}} = \frac{a_k^{I}}{a_k^{II}}$$

Bei einem 1,1 wertigen Salz gilt infolge der Elektroneutralität

$$C_a^{I} = C_k^{I} = C_I \text{ und } C_a^{II} = C_k^{II} = C_{II}$$

und daraus

$$C_{II}^{2} = C_I^{2}\gamma_a \cdot \gamma_k$$

$\sqrt{\gamma_a \cdot \gamma_k}$ stellt also den analytischen Verteilungskoeffizienten des Salzes dar. Es folgt ferner

$$\pi = \frac{RT}{F} \ln \sqrt{\frac{\gamma_a}{\gamma_k}}$$

Das Potential ist also in diesem Fall unabhängig von der Konzentration des Salzes und nur von der Natur desselben bestimmt. Doch gilt dies nur bei äußerster Verdünnung, da in nicht wässerigen Medien die interionischen Kräfte bereits bei geringen Konzentrationen so stark sind, daß die Proportionalität zwischen Konzentration und Aktivität durch weit kompliziertere Beziehungen ersetzt werden muß. Noch komplizierter werden die Zusammenhänge bei gleichzeitiger Anwesenheit mehrerer Salze.

Wieder eine neue Art des Potentials bildet sich an der Grenzfläche zweier Lösungen desselben Lösungsmittels aus, die durch eine für die eine Ionenart undurchlässige Membran voneinander getrennt ist. Die Gesetzmäßigkeiten dieses Membranpotentials haben wir ausführlich besprochen. Ähnlichen Gesetzen gehorcht das Potential, welches durch die verschiedenen Sedimentationsgleichgewichte der Ionen eines Salzes hervorgerufen wird. Zum Unterschied von den gewöhnlichen Membrangleichgewichten ist hier das Potential in der Lösung in der Richtung des Schwerfeldes oder der Zentrifugalkraft stetig veränderlich.

Betrachtet man die Grenzfläche als eine besondere (eventuell zweidimensionale) Phase, in welcher auf die Ionen Kräfte besonderer Art, Adsorptionskräfte, wirken, so wird die Aktivität der verschiedenen Ionen der Lösung hier verschieden beeinflußt, und es tritt das Adsorptionspotential auf.

Die Potentialdifferenz, deren Existenz an der Grenzfläche von makroskopisch und mikroskopisch festen und flüssigen Körpern gegenüber einer Lösung sich in den elektrokinetischen Erscheinungen, in der Elektrophorese und Elektroosmose, in den Strömungsströmen und Fallströmen, kundgibt, wurde von den verschiedenen Forschern bald auf die eine, bald auf die andere Art der oben aufgezählten Potentiale zurückgeführt. Im Laufe der Zeit wurden alle Arten ohne Ausnahme als Ursache der elektrokinetischen Erscheinungen in Betracht gezogen.

Die Unterscheidung des ζ- und des e-Potentials. In vieler Hinsicht konnte die von H. FREUNDLICH eingeführte Unterscheidung des thermodynamischen und elektrokinetischen Potentials außerordentlich aufklärend wirken.

FREUNDLICH wies darauf hin, daß der in den elektrokinetischen Prozessen wirksame Potentialsprung nicht mit der gesamten Potentialdifferenz zwischen dem Inneren der beiden Phasen zusammenzufallen braucht, es sei vielmehr wahrscheinlich, daß das elektrokinetische Potential nur einen Teil der gesamten Potentialdifferenz darstellt. Im Sinne der NERNSTschen Theorie muß z. B. zwischen einem Metall und der Lösung eine Potentialdifferenz herrschen, deren Größe in dem thermodynamischen Zusammenhange der NERNSTschen Gleichung gegeben ist. Würde man nun durch Anlegen eines Stromes eine elektrosmotische Verschiebung der Flüssigkeit gegenüber der Metallwand hervorrufen, so tritt die Verschiebung nicht unmittelbar an der Grenzfläche, sondern in der Lösung ein, da, wie bereits HELMHOLTZ annahm, eine dünne Flüssigkeithaut an der Wand festhaftet. Im Gegensatz jedoch zu HELMHOLTZ, der voraussetzte, daß von den zwei Belegungen der Doppelschicht die eine in die feste Phase, die andere in molekularem Abstande in die Lösung fällt, nimmt man bei dieser Vorstellung an, daß das Potential in einer dünnen, jedoch mehrmolekularen Schicht zwischen Metall und Lösungsinnern abfällt. Was bei der elektrokinetischen Verschiebung wirksam ist, das ist nur die Potentialdifferenz zwischen der Abreißfläche und dem Lösungsinnern. Dieser letztere Anteil des gesamten Potentialabfalles ist diejenige Größe, welche in die HELMHOLTZsche Gleichung einzusetzen ist. Die mitgeteilte Figur von SMOLUCHOWSKI (Abb. 14), der sich der Vorstellung FREUNDLICHS anschloß, veranschaulicht diese Verhältnisse.

Eine feste theoretische Grundlage gewann FREUNDLICHS Vorstellung durch die gleichzeitig von GOUY gegebene Theorie der diffusen Doppelschicht. Wir haben diese Theorie bereits andernorts ausführlich dargestellt. Was für uns hier wichtig ist, ist der Beweis, nach welchem thermodynamische bzw. molekularstatische Überlegungen zur Folgerung führen, daß bestehende Potentialdifferenzen an der Grenzfläche einer Elektrolytlösung mehr oder weniger tief in die letztere reichen müssen. Das Potential ändert sich also kontinuierlich und ein Teil der Änderung liegt in der Tat innerhalb der Lösung.

Aus dieser Vorstellung ergibt sich wohl, daß die beiden Potentiale nicht zu identifizieren sind, jedoch es folgt daraus nicht die vollständige Unabhängigkeit derselben voneinander. Es wäre demnach der elektrokinetisch wirksame Potentialsprung außer von der Größe noch durch den Verlauf der gesamten Potentialänderung bestimmt.

FREUNDLICH hat das gesamte Potential auch als e-Potential, das elektrokinetische als ζ-Potential benannt. Wir werden vorwiegend von dieser abgeküzten Bezeichnungsweise Gebrauch machen.

Ein wichtiger Umstand ist auch die Verschiedenheit in der Bestimmung der beiden Potentiale. Bei der Messung des e-Potentials ist die Stromrichtung normal auf die Grenzfläche, die Stromlinien verlaufen transversal (etwa bei der Messung der Differenz zweier Potentialsprünge, wie bei der EMK einer galvanischen Kette), dagegen verlaufen sie bei der Messung des ζ-Potentials tangential, d. h. parallel zur Grenzfläche.

Während jedoch das e-Potential eine streng definierte thermodynamische Bedeutung hat (woran der Umstand nichts ändert, daß die Bestimmung des Einzelpotentials in Ermanglung der Kenntnis des auftretenden Diffusionspotentials nicht ohneweiters möglich ist), ist die Bedeutung des ζ-Potentials nur in der HELMHOLTZschen Theorie gegeben und die Berechnung aus den experimentell gefundenen Daten der elektrophoretischen oder elektroosmotischen Geschwindigkeit sowie aus den Strömungspotentialen, kann mehr oder weniger hypothetischer Annahmen über die experimentell unzugänglichen Größen nicht entbehren. Eine solche Größe ist z. B. die Dielektrizitätskonstante an der Zerreißfläche, ferner die Viskosität daselbst. Außerdem sind in der HELMHOLTZschen Theorie die wirklichen Verhältnisse weitgehend idealisiert und vereinfacht dargestellt.

Aus diesem Grunde muß man MC BAIN darin beipflichten, daß der Benützung des ζ-Potentials die Angabe der experimentell gefundenen Werte, z. B. der Wanderungsgeschwindigkeit unter dem Einfluß der Feldstärke 1 Volt pro Zentimeter, vorzuziehen ist. Man kann allerdings nicht daran zweifeln, daß die Elektrophorese darin begründet ist, daß in der Umgebung der Verschiebungsfläche eine Potentialänderung stattfindet. An Stelle der einfachen Proportionalität zwischen ζ-Potential und Wanderungsgeschwindigkeit, wie sie in der HELMHOLTZschen Theorie angenommen wird, können jedoch kompliziertere Beziehungen herrschen.

Bereits FREUNDLICH hat auf den Umstand hingewiesen, daß hochwertige Gegenionen oder andere, die durch starke Adsorbierbarkeit ausgezeichnet sind, auf das ζ-Potential einen enormen Einfluß ausüben können, während ein solcher auf das e-Potential in der NERNSTschen Theorie ausgeschlossen ist. Klarheit in diese Verhältnisse hat vor allem die neuere Vorstellung von O. STERN gebracht, deren Hauptzüge wir in einem früheren Abschnitt brachten. Danach hat man es im allgemeinen Falle gleichzeitig mit einer HELMHOLTZschen monomolekularen Doppelschicht und mit einer sich daran anschließenden diffusen Ionenatmosphäre zu tun. Das ζ-Potential kann man annähernd mit dem Teil der Potentialänderung identifizieren, welche zwischen der in die Lösung fallenden Belegung der Doppelschicht und dem Lösungsinnern stattfindet. Bereits infolge der interionischen Kräfte muß ein Teil der die Aufladung der Grenzfläche kompensierenden Ionen sich in der unmittelbar der Grenzfläche anliegenden Schicht auf Kosten des diffusen Teiles anreichern. Treten jedoch noch spezifische Adsorptionskräfte hinzu, so wird ein größerer Teil der Ionen in diese monomolekulare Schicht hineingezogen. Es kann auch vorkommen, daß auf die in der Lösung befindlichen, der Grenzfläche gleichgeladenen Ionen so starke spezifische Kräfte wirken, daß diese die elektrostatischen abstoßenden Kräfte kompensieren und eine

Anreicherung der gleichgeladenen Ionen an der Grenzfläche hervorrufen, wodurch der Potentialabfall zwischen Grenzfläche und der ersten anliegenden Schicht vermindert wird. Diese Umstände bestimmen wohl den Verlauf der gesamten Potentialdifferenz, nicht aber die Größe derselben. Dagegen wird von dem Verlauf des Gesamtpotentialfalles das elektrokinetische Potential beeinflußt, da es nur einen Teil des gesamten Potentials darstellt.

Aus diesen Vorstellungen folgt:

Das thermodynamische Potential fällt mit dem ζ-Potential nicht zusammen, auch bei Abwesenheit von spezifischen Oberflächenkräften nicht, höchstens bei unendlicher Verdünnung und hoher Temperatur, wo der Potentialabfall in der Grenzfläche und anhaftenden Schichte sehr klein wird.

Die Bildung einer monomolekularen HELMHOLTZschen Doppelschicht ist nicht notwendig mit der Wirkung der spezifischen Oberflächenkräfte verknüpft, sie erfolgt auch bloß infolge der elektrostatischen Kräfte.

ζ- und e-Potential sind weitgehend, jedoch nicht vollständig unabhängig voneinander. Immerhin können sie sich auch im Vorzeichen voneinander unterscheiden, wenn infolge der spezifischen Adsorptionskräfte das Potential in der anhaftenden Schicht sehr stark herabgesetzt wird.

Das elektrokinetische Potential kann den Wert Null besitzen, wenn der gesamte Potentialabfall innerhalb der ersten anhaftenden Schichte stattfindet, also bei hoher Elektrolytkonzentration.

Andererseits kann ein elektrokinetisches Potential auch dann auftreten, wenn das e-Potential Null ist. Infolge der spezifischen Adsorptionskräfte kann in der anhaftenden Schicht eine ungleiche Konzentration von positiven und negativen Ionen herrschen und das Potential kann beiderseits gegen Lösung und feste Phase wieder auf Null herabsinken.

Das Verhältnis des ζ- und e-Potentials auf Grund der experimentellen Daten. Über das Verhältnis der beiden Potentiale lassen sich Aussagen auf experimenteller Grundlage machen, wenn man beide an einem und demselben Material in einem und demselben Medium mißt. Besonders geeignet dazu ist das Studium der Grenzfläche Glas/Wasser.

Bereits bei HELMHOLTZ findet sich ein Hinweis darauf, daß man das Glas als eine elektrolytisch leitende Zwischenschicht benutzen kann, und M. CREMER hat die Kombination Glas/wässerige Lösung als galvanische Kette untersucht. F. HABER und Z. KLEMENSIEWICZ haben dann die Glasketten eingehend theoretisch und experimentell behandelt.

Eine dünnwandig ausgeblasene Glaskugel taucht in eine Elektrolytlösung im Becherglas, in welches andererseits die Normalelektrode taucht. Die Glaskugel enthält eine Elektrolytlösung, in welcher eine Elektrode hängt. Gemessen wird die Potentialdifferenz zwischen dieser Elektrode und der Normalelektrode und variiert wird die Zusammensetzung des Elektrolyten im Becherglas. Wenn man das Diffusionspotential vernachlässigt, so wird mit dieser Anordnung die Veränderung des Potentials an der Grenzfläche Glas bei variablen Elektrolytlösungen bestimmt.

HABER und KLEMENSIEWICZ fanden, daß die Glaselektrode sich genau so verhält wie eine Wasserstoffelektrode, also wie etwa eine Platinelektrode unter konstantem Wasserstoffdruck. Bei allmählichem Zusatz einer starken Base zu einer starken Säure erhält man die typische Kurve der potentiometrischen Titration (Abb. 66).

In neuerer Zeit haben SCHILLER und K. HOROVITZ weitere Untersuchungen an Glaselektroden durchgeführt und gezeigt, daß sich diese unter Umständen (nämlich bei Anwendung schwer angreifbarer Gläser) wie Alkalielektroden verhalten, d. h. wie Amalgame konstanter Zusammensetzung. Das Potential war nämlich in diesen Fällen die logarithmische Funktion der Na^+- bzw. K^+-Konzentration der Lösung.

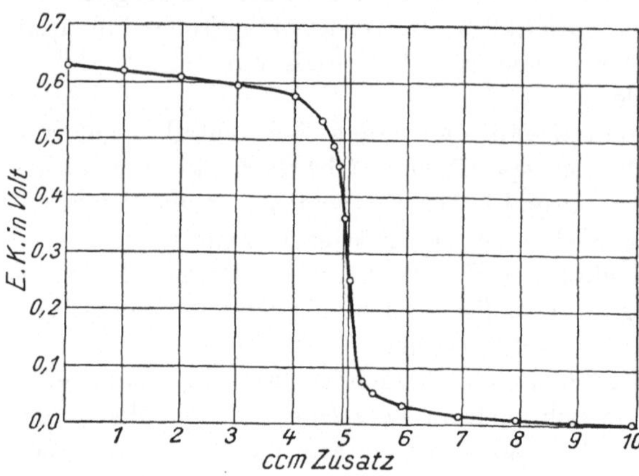

Abb. 66. Abhängigkeit des e-Potentials des Glases von der H^+-Konzentration nach F. HABER und Z. KLEMENSIEWICZ

HABER hat eine thermodynamische Theorie der Glaspotentiale entwickelt, indem er an der Oberfläche des Glases eine Quellschicht annahm, in der Wasser aufgelöst ist. PH. GROSS und O. HALPERN haben in neuerer Zeit gezeigt, daß man, wenn die Löslichkeit des Glases als Elektrolyt in Wasser und des Wassers in Glas berücksichtigt wird, aus den simultan zu erfüllenden Gleichgewichtsbedingungen der in beiden Phasen herrschenden Dissoziationsgleichgewichte und aus den zwischen ihnen herrschenden Verteilungsgleichgewichten der Ionen sowohl die von HABER wie die von HOROVITZ und SCHILLER gefundenen Potentiale auf rein thermodynamischem Wege ableiten kann.

FREUNDLICH hat zuerst mit P. RONA und später mit G. ETTISCH das ζ- und e-Potential bestimmter Glassorten in identischen Medien bestimmt. Das e-Potential wurde nach der Methode von HABER und KLEMENSIEWICZ (Abb. 68), das

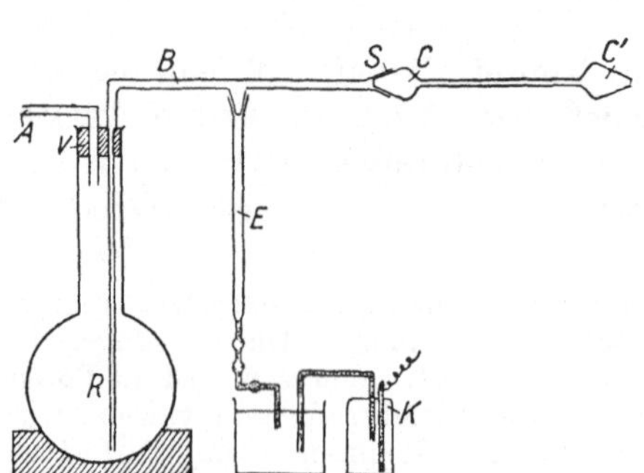

Abb. 67. Anordnung zur Messung des Strömungspotentials an Glas nach H. FREUNDLICH und G. ETTISCH (oben die Kapillare)

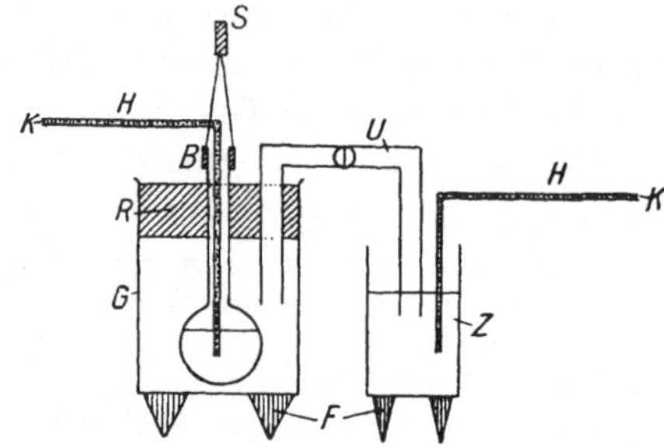

Abb. 68. Halbkette für die Messung des Glas-(e)-Potentials nach H. FREUNDLICH und G. ETTISCH

ζ-Potential als Potential von Strömungsströmen ermittelt. Zu diesem Zwecke wurde durch eine Kapillare von etwa 0,4 mm Durchmesser und 10 cm Länge die Lösung unter einem gemessenen Druck durchgepreßt. In das Röhrensystem, welches sich an die beiden mit Schliff versehenen Enden der Kapillare anschließt, tauchen zu beiden Seiten der Kapillare zwei Röhren, die weiter mit Ableitungselektroden derselben Art ganz symmetrisch in leitender Verbindung sind. Die Potentialdifferenz konnte mit Hilfe eines Kapillarelektrometers nach der Kompensationsmethode gemessen werden. Die Berechnung des ζ-Potentials erfolgte nach der HELMHOLTZschen Formel *(142)*, jedoch unter Benützung der Dielektrizitätskonstante von reinem Wasser:

$$\zeta = \frac{4 \pi \eta \mathrm{k} \mathrm{E}}{\mathrm{D} \mathrm{P}}$$

($\varkappa$: spezifische Leitfähigkeit der Lösung, η: Viskosität, E: gemessene EMK, P: gemessener Druck, D: Dielektrizitätskonstante.)

Die folgenden Tabellen enthalten die Resultate und die Abbildungen die graphische Darstellung derselben.

Tabelle 93. ζ-Potentiale

Salz	10^{-7} m	10^{-6} m	10^{-5} m	10^{-4} m
Aq. dest. ..	—	14	—	—
KCl	35	38	22	4
$BaCl_2$.....	29	26	17	3
$La(NO_3)_3$ ..	11	7	1	0,5
$Th(NO_3)_4$ ..	3	+ 21	+ 16	+ 4

Abb. 69. Beeinflussung des ζ-Potentials des Glases nach H. FREUNDLICH und G. ETTISCH (Tab. 93)

Die ζ-Potentiale zeigen teilweise eine Maximumbildung bei steigendem Salzzusatz, das Thoriumsalz ladet bei $1 \cdot 10^{-6}$ m um. Die e-Potentiale zeigen durchwegs Abfall der Werte. Auch die Reihenfolge der Werte ist in beiden Fällen verschieden. Der theoretische Zusammenhang des e-Potentials mit der Konzentration des Zusatzes dürfte hier ein komplizierter sein. Diese Versuche erweisen also eine weitgehende Unabhängigkeit der beiden Potentiale.

Tabelle 94. e-Potentiale

Salz	10^{-7} m	10^{-6} m	10^{-5} m	10^{-4} m
KCl	92	84	63	54
BaCl	120	108	103	92
$La(NO_3)_3$ ..	89	64	56	38
$Th(NO_3)_4$ ..	134	120	88	46

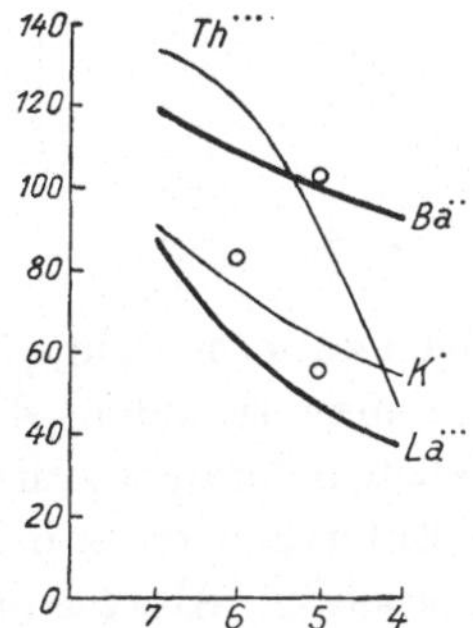

Abb. 70. Beeinflussung des e-Potentials des Glases nach H. FREUNDLICH und G. ETTISCH (Tab. 94)

Sehr eigenartig ist in diesen Messungen die stark ausgeprägte Maximumbildung der ζ-Potentiale mit KCl und $BaCl_2$. Man müßte zur Erklärung annehmen, daß die Chlorionen an die Oberfläche der negativ geladenen Glaswand stärker angelagert werden als K und Ba. Besonders merkwürdig ist dies, wenn man die Tatsache berücksichtigt, daß bereits das destillierte Wasser eine nicht unbeträchtliche Menge an unbekannten Elektrolyten enthalten muß. Unter Annahme einer Leitfähigkeit von $1 \cdot 10^{-6}$ z. B. ergibt sich die Äquivalentkonzentration des destillierten Wassers an elektrolytischer Verunreinigung zu etwa $1 \cdot 10^{-5}$. Demgegenüber soll schon $1 \cdot 10^{-7}$ KCl oder $BaCl_2$ das ζ-Potential aufs Doppelte erhöhen und Zusatz von $1 \cdot 10^{-6}$ KCl noch eine weitere Erhöhung in ganz geringfügigem Maße bewirken.[1] Es drängt sich die Frage auf, ob die Ursache dieses Verhaltens nicht doch irgendwie in der Meßmethodik gegeben ist.

Die Diskrepanz im e- und ζ-Potential des Glases wurde ferner durch Freundlich und Ettisch auch in Lösungen von Komplexsalzen und Alkaloiden (Sulfate und Chlorhydrate) nachgewiesen.

Freundlich und A. Gyemant haben einerseits das Verteilungspotential an der Grenzfläche von wässerigem und nichtwässerigem Lösungsmittel, andererseits die Wanderungsgeschwindigkeit von Zerteilungen dieser Lösungen ineinander ermittelt und in diesen Versuchen ebenfalls die weitgehende Unabhängigkeit des ζ- und e-Potentials dargetan.

Einen Vergleich des elektrokinetischen und thermodynamischen Potentials haben in der jüngsten Zeit A. Coehn und O. Schafmeister unternommen. Eine Metallfolie tauchte zwischen zwei geladenen parallelen Elektroden isoliert in die Lösung. Die Ablenkung diente als Maß des ζ-Potentials. (Diese Methode wurde zuerst von J. Billiter benützt.) Das e-Potential wurde auf die übliche Weise bestimmt, wobei die Elektrode mit Luft beladen war. Interessanterweise ergab sich durchwegs entgegengesetztes Vorzeichen für die beiden Potentiale.

Tabelle 95. Vorzeichen der Potentiale an der Phasengrenze Metall/Wasser

	ζ-Potential	e-Potential
Ag	+	—
Au	+	—
Pt.........	+	—
Mo	+	—
W	+	—
Zn	—	+
Pb	—	+

Während das e-Potential der Metalle durch Neutralsalze kaum verändert wurde, zeigten die ζ-Potentiale die starke Abhängigkeit von der Wertigkeit der zugesetzten Ionen.

Die theoretischen und experimentellen Untersuchungen haben also übereinstimmend gelehrt, daß die Begriffe ζ- und e-Potential voneinander zu trennen sind. Billiters seinerzeitiger Versuch, das absolute Potential auf Grund des Stillstandes der elektrokinetischen Erscheinungen zu ermitteln, mußte an diesem Umstande scheitern.

Kann man trotzdem die Nernstsche Lösungstension für die Ladung der Kolloidteilchen verantwortlich machen? Theoretisch wäre es noch immer möglich, daß das Entstehen eines e-Potentials zugleich das Auftreten eines ζ-Potentials bedingt, auch in Abwesenheit spezifischer Oberflächenkräfte. Doch geht die experimentell festgestellte Unabhängigkeit so weit, daß wir diese Möglichkeit für äußerst unwahrscheinlich halten müssen. Wir nehmen vielmehr an, daß die spezifischen Oberflächenkräfte — über deren Natur als chemische Kräfte die Theorie der oberflächlichen ionogenen Komplexe spezielle Ausführungen zu geben versucht —, so weit die Auswirkung des thermodynamischen Potentials

[1] Indessen fanden wir, daß dasselbe Bedenken wie hier auch von H. R. Kruyt und C. P. van der Willigen erhoben wurde.

zwischen Lösungsinneren und Kolloidteilcheninneren überlagern, daß für das gesamte Verhalten der Kolloidteilchen das Auftreten eines solchen e-Potentials ohne jeden Einfluß ist. Wir haben vorläufig nicht einmal Anhaltspunkte dafür, daß das Gleichgewicht der Ionenanlagerung (welche nach STERN an der ersten an der Oberfläche anliegenden Schicht stattfindet) irgendwie durch das Bestehen und die Größe eines e-Potentials beeinflußt wird.

J. A. WILSON und W. H. WILSON haben versucht, das Potential in der Umgebung eines Kolloidions als DONNAN-Potential darzustellen. Doch läuft diese Behandlungsweise bloß auf die Annahme einer GOUYschen Doppelschicht hinaus und nimmt als primäre Ursache die Aufladung durch die Adsorptions- oder chemischen Kräfte an. J. LOEB unternahm es, das gesamte Verhalten gewisser Kolloidteilchen auf das Membrangleichgewicht zurückzuführen. Er findet auch zwischen dem Membranpotential von Gelteilchen, von Proteinen und ihrer kataphoretischen Geschwindigkeit eine stark ausgesprochene Parallelität und findet das Verhalten im Widerspruch zu der FREUNDLICHschen Theorie, da die Adsorption danach nur das ζ-Potential, nicht aber das Membranpotential, welches ein thermodynamisches e-Potential ist, beeinflussen dürfte. Hier scheint also nach den Versuchen von Loeb der Beweis erbracht, daß zwischen dem thermodynamischen und elektrokinetischen Potential unter Umständen ein sehr enger Zusammenhang bestehen kann. Beide haben jedoch hier auch einen gemeinsamen Ursprung, nämlich die Ionisation gewisser Atomgruppen der Proteine. Auch in diesem Falle kann das Verhalten auf Grund der Theorie der ionogenen Oberflächenkomplexe zwanglos erklärt werden.

Literaturverzeichnis

BEUTNER, R.: Die Entstehung elektrischer Ströme. Stuttgart (1920). — BILLITER, J.: Z. f. Elektroch. **8**, 638 (1902). — COEHN, A., und O. SCHAFMEISTER: Z. f. phys. Ch. **125**, 418 (1927). — CREMER, M.: Z. f. Biol. **47**, 1 (1906). — FREUNDLICH, H.: Kapillarchemie, 1. Aufl. Leipzig (1909). — DERSELBE und P. RONA: Sitzungsber. d. Preuß. Akad. d. Wiss. **20**, 397 (1920). — DERSELBE und A. GYEMANT: Z. f. phys. Ch. **100**, 182 (1922). — DERSELBE und G. ETTISCH: Z. f. phys. Ch. **116**, 401 (1925). — GROSZ, Ph., und O. HALPERN: Z. f. phys. Ch. **115**, 54 (1925). — HABER, F., und Z. KLEMENSIEWICZ: Z. f. phys. Ch. **67**, 385 (1909). — HOROVITZ, K.: Z. f. Physik **15**, 369 (1923). — KRUYT, H. R., und P. C. VAN DER WILLIGEN: Koll. Z. **45**, 307 (1908). — LOEB, J.: Die Eiweißkörper. Berlin (1924). — SCHILLER: Ann. d. Phys. **74**, 105 (1924). —SMOLUCHOWSKI, M. v.: GRAETZ: Hdb. d. Elektrizität. Bd. II (1914). — STERN, O.: Z. f. Elektroch. **30**, 508 (1924). — WILSON, J. A., und W. H. WILSON: Journ. Am. Chem. Soc. **40**, 886 (1918).

38. Ionenüberführung durch Membranen

Wir haben bereits darauf hingewiesen, daß auf Grund der Ionentheorie die elektrosmotische Wasserüberführung derart vorgestellt werden kann, daß die elektrische Kraft primär an den Gegenionen der Wand angreift und diese dann das Lösungsmittel mitnehme. A. BETHE und TH. TOROPOFF haben einige Folgerungen aus dieser Vorstellung gezogen und experimentell bestätigt.

Konzentrationsänderungen bei der Elektrosmose. Nehmen wir als Beispiel den Fall, daß die Wand negativ geladen ist. Das bedeutet, daß die Wandoberfläche und die an der Wand festhaftende Flüssigkeitsschicht mehr negative als positive Ionen enthalten. Die Differenz der Ladungen pro Oberflächeneinheit wird durch die in der Flüssigkeitssäule senkrecht auf die Wand diffus verteilten Gegenionen kompensiert. Ob die Aufladung der Wand durch chemische Kräfte im Sinne einer oberflächlichen, elektrolytischen Dissoziation oder durch physikalische Kräfte irgendwelcher Art (Dipolkräfte) zustande kam, ist für uns hier belanglos. In den Kanälen eines Diaphragmas sollen z. B. sämtliche Anionen fixiert sein. Beim Stromdurchgang bewegen sich nur die freien Kationen in der Richtung der Kathode und schleppen ihr Hydratationswasser mit. Makroskopisch wird also eine kathodische Wasserüberführung wahrnehmbar. Diese Wasserüberführung muß jedoch auch mit einer entsprechenden Konzentrationsänderung der Ionen verbunden sein. Die Kationen werden sich im obigen Falle an der kathodischen Grenzfläche des Diaphragmas ansammeln. Denken wir uns zunächst die elektrolytische Stromleitung ohne Einschaltung des Diaphragmas. Wenn Kationen und Anionen gleich stark hydratisiert sind, ist der Stromdurchgang mit keinem einsinnigen Wassertransport verbunden und in einem mittleren Gebiet finden zunächst keine Konzentrationsänderungen statt. Wenn jetzt in die Mitte ein Diaphragma eingeschaltet wird, welches in den Poren sämtliche Anionen festhält, während die Kationen frei bleiben, so wird die relative Überführungszahl der Kationen innerhalb des Diaphragma auf 1 erhöht, während diejenige der Anionen gleich Null wird, da sie an dem Stromtransport nicht mehr teilnehmen. Die Anionen werden an der kathodischen Seite des Diaphragmas gestaut, ebenso werden zugleich dort die Kationen angereichert, da sie unbehindert durch die Membran transportiert werden. Auf der anodischen Seite wird umgekehrt eine Verarmung der Lösung an Elektrolyt eintreten. Diese Folgerung, daß Wasserbewegung und Konzentrationsänderung miteinander unlöslich verbunden sind, wurde durch die Versuche von Bethe und Toropoff bestätigt. Bevor wir die Einzelheiten dieser Arbeit besprechen, wollen wir noch die Frage aufwerfen, inwiefern die Helmholtzschen Gesetze der Elektroosmose mit dieser Vorstellung vereinbar sind.

Die Helmholtzsche Theorie nimmt an, daß die Wasserüberführung verschwindet, wenn das elektrokinetische Potential verschwindet, d. h. wenn die Oberflächendichte der freien Ladung Null wird. Ist die Hydratation für die Wasserbewegung verantwortlich, so wird die letztere so lange stattfinden, als eine Differenz in der Hydratation der einzelnen Ionen besteht, auch wenn das Diaphragma ungeladen ist. Versuche zur Bestimmung der echten Überführungszahlen bestätigen diese Forderung. Die Tatsache jedoch, daß in hohen Elektrolytkonzentrationen, in denen die Rolle der Wand für den Stromtransport, einerseits infolge der Abnahme der Oberflächendichte der freien Ladung andererseits infolge des Überwiegens der an der Oberflächenreaktion unbeteiligten Ionen, zurücktritt und die Wasserbewegung auf einen Bruchteil herabsinkt, zeigt uns, daß der reine Hydratationseffekt der freien Elektrolyte eine niedrigere Größenordnung besitzt.

Bethe und Toropoff stellten auf Grund ihrer einleitend erwähnten Vorstellung eine allgemeine Beziehung für die bei der Wasserüberführung durch Diaphragmen stattfindenden elektrolytischen Vorgänge auf. Ihre Überlegung ist die folgende.

„Es sei ein Elektrolyt mit dem Anion A und dem Kation Q in Wasser gelöst und die Lösung befinde sich mit dem Diaphragma im Verteilungsgleichgewicht. In der benetzenden Wandschicht der Poren seien eines dieser Ionen oder ein Ion des Wassers oder mehrere Ionen mehr oder weniger festgehalten. Dadurch wird die relative Beweglichkeit (bzw. die Überführungszahl) der übrigbleibenden Ionen im Innern der Poren vergrößert. Lassen wir jetzt eine Elektrizitätsmenge von einem Faraday durch freie Flüssigkeit und Diaphragma hindurchgehen und bezeichnen wir das Produkt aus der Konzentration jedes Ions mit seiner relativen Beweglichkeit dividiert durch die Summe der Produkte für alle Ionen des gleichen Querschnittes in der freien Flüssigkeit mit den Buchstaben m, n, a und b und im Diaphragma mit m_1, n_1, a_1 und b_1, so werden sich an dem Elektrizitätstransport die vier Ionen in folgender Weise beteiligen:

Freie Flüssigkeit:	Diaphragma:
mQ^+	m_1Q^+
nH^+	n_1H^+
aA^-	a_1A^-
bOH^-	b_1OH^-

Da durch jeden Querschnitt die gleiche Elektrizitätsmenge gehen muß, so ergibt sich die Bedingung:

$$m + n + a + b = m_1 + n_1 + a_1 + b_1 = 1$$

Nehmen wir weiter an, daß die Elektroden vom Diaphragma weit entfernt sind, so daß in einer mittleren Zone die Konzentration konstant bleibt, so können wir die Vorgänge an den Elektroden vernachlässigen und die Veränderung an den Diaphragmengrenzen für sich betrachten. Ziehen wir die Bilanz für eine Grenzschicht, und zwar für die Plusgrenze, so ergibt sich folgendes:

Die Grenze gewinnt aus der freien Flüssigkeit mQ^+ und nH^+ aus dem Diaphragma a_1A^- und b_1OH^- und sie verliert an die freie Flüssigkeit aA^- und bOH^-, an das Diaphragma m_1Q^+ und n_1H^+.

	Freie Flüssigkeit:	Diaphragma:
	$+ mQ^+$	$- m_1Q^+$
+ Pol	$+ nH^+$	$- n_1H^+$
	$- aA^-$	$+ a_1A^+$
	$- bOH^-$	$+ b_1OH^-$

Das ergibt als Bilanz für die Plusgrenze:

$$B_+ = (m - m_1)\,Q^+ + (a_1 - a)\,A^- + (n - n_1)\,H^+ + (b_1 - b)\,OH^-$$

Oder zu Molekülen zusammengefaßt:

$$B_+ = (m - m_1)\,QA + (b_1 - b)\,H_2O + [(a_1 - a) - (m - m_1)]\,A' + [(n - n_1) - - (b_1 - b)]\,H^+$$

und da

$$(a_1 - a) - (m - m_1) = (n - n_1) - (b_1 - b_1),$$

so folgt

$$B^+ = (m - m_1)\,QA + (b_1 - b)\,H_2O + [(n - n_1) - (b_1 - b)]\,HA.$$

Es tritt also, je nachdem der Ausdruck $(n - n_1) - (b_1 - b)$ positiv oder negativ ist, an der Plusseite eine Zunahme oder Abnahme der H^+-Ionenkonzentration ein. Dieselben Veränderungen mit umgekehrtem Vorzeichen ergeben sich für die Minusgrenze.

Die Auflösung der Gleichung (2) nach einer Veränderung der OH^--Konzentration ergibt auf analoge Weise:

$$B_+ = (a_1 - a)\,QA + (n - n_1)\,H_2O + [(b_1 - b) - (n - n_1)]\,QOH.$$

Beide Formeln setzen voraus, daß sich die Konzentration an den Grenzen während des Versuches nicht ändert, wie dies durch Bespülen der Grenze mit der Ausgangslösung zu ermöglichen wäre.

Betrachten wir den Fall einer neutralen Salzlösung. Die Anionen sollen durch die Wand völlig gebunden werden, die Kationen dagegen in den Poren frei beweglich bleiben. Dann gilt:

$$m_1 + n_1 = 1;\ a_1 = 0;\ b_1 = 0 .\ m_1 > m \text{ und } n_1 > n$$

und es ergibt sich die Beziehung:

$$B_+ = -a\,Q\,A - (n_1 - n)\,H_2O + (n_1 - n - b)\,Q\,OH$$

Da n und b in neutraler Lösung relativ klein sind, n_1 aber als relativ groß angenommen wurde, so folgt, daß an der +-Grenze alkalische Reaktion und zugleich Verlust an Neutralsalz eintreten wird. Die Wasserbewegung wird mit den beweglichen Kationen, d. h. in der Stromrichtung gehen."

Wird die Wand positiv aufgeladen, so wird an der +-Seite Säurebildung und Zunahme der Neutralsalzkonzentration auftreten.

Diese Folgerungen haben Bethe und Toropoff an Diaphragmen aus Pergament, Kollodium, Gelatine, Schweinsblase, Eieralbumin, Agar, Kohle und Ton bestätigt. In allen diesen Fällen nahm die H^+-Konzentration an der Anodenseite ab, auf der Kathodenseite zu, was mit Hilfe von Indikatoren nachgewiesen werden konnte.

Es wurde weiter die Störungszeit bestimmt, d. h. die Zeit, welche zur Hervorbringung einer Neutralitätsstörung von bestimmter Größe notwendig war. Mit zunehmender Konzentration des Elektrolyten nehmen die Störungszeiten bei gleichbleibender Spannung ab. Die Elektrizitätsmengen dagegen, welche zur Hervorrufung der Störung notwendig sind, nehmen zu. Die Neutralitätsstörung erfolgte um so schneller, je höher die Temperatur war. Die Zeit der Neutralitätsstörung erwies sich abhängig von der Natur der Elektrolyte. Die Anionen haben bei allen untersuchten Membranen fast denselben Einfluß. Die Neutralitätsstörung wird am meisten gefördert durch dreiwertige, weniger durch die zweiwertigen und am wenigsten durch die einwertigen Anionen. Es ergab sich die Reihe:

$$\text{Citrat} > PO_4 > C_2O_4 > SO_4 > J > Br > Cl > No_3.$$

Der Einfluß der Wertigkeit der Kationen ist gerade umgekehrt. Für Pergament, Gelatine und Schweinsblase ergab sich:

$$NH_4 > Li > K > Cs > Na > Mg > Ba > Ca > La > Co\,(NH_3)_6.$$

Die Wasserbewegung war kathodisch und wurde durch Spannung, Temperatur und Elektrolytnatur im gleichen Sinne beeinflußt wie die Neutralitätsstörung. Von $MgCl_2$ und $La(NO_3)_3$ wurde die Wasserbewegung und zugleich auch die Neutralitätsstörung der Gelatine in die entgegengesetzte Richtung umgekehrt. Die Reihenfolge der Ionen kann man auf die Adsorption und dadurch bedingte Veränderung der Wandladung zurückführen. Die hochwertigen Anionen, als mit der Wand gleichgeladene Ionen, begünstigen die Aufladung, die hochwertigen Kationen als Gegenionen setzen sie herab.

Eine weitere Untersuchung war der Abhängigkeit der Konzentrationsänderungen von der H^+-Konzentration der Lösung gewidmet. Es können drei Fälle betrachtet werden:

1. Säure ohne Gegenwart von Neutralsalz. Die einfachste Annahme ist, daß die H^+-Ionen alle von der Wand festgehalten werden. Dann gilt:

$$n_1 = 0 \text{ und } a_1 = 1$$

Als Bilanz für die Plusgrenze ergibt sich:

$$B_+ = + nHA$$

Die Wasserbewegung wird anodisch sein. Beim Durchgehen von einem Faraday wird eine Konzentrationszunahme von n Äquivalenten der Säure an der Plusseite stattfinden, während die gleiche Menge an der negativen Seite des Diaphragmas verschwindet.

2. Alkali ohne Neutralsalz. Die einfachste Annahme ist, daß die OH-Ionen gebunden werden:

$$b_1 = 0 \text{ und } m_1 = 1$$

daher

$$B_+ = - b\,OH$$

Die Konzentrationsänderung ebenso wie die Wasserbewegung hat also den umgekehrten Sinn, wie in saurer Lösung. Die Zunahme der H^+-Ionen wie die Abnahme der OH-Ionen findet aber in beiden Fällen auf derselben Seite statt.

Die allgemeinen Bedingungen dafür, daß 3. die Konzentrationsänderung ausbleibt, sind, daß das Produkt aus der Beweglichkeit und aus der Konzentration der gleichen Ionen innerhalb der Flüssigkeit und des Diaphragmas gleich groß ist. In diesem Indifferenzpunkt braucht also die Lösung nicht neutral reagieren. Durch stufenweise Neutralisation der Säure mit einer Lauge wird dieser Indifferenzpunkt erreicht. Ebenso wird ein Punkt erreicht, wo die Wasserbewegung sich eben umkehrt, d. h. in welchem sie ausbleibt. Dieser Indifferenzpunkt braucht mit dem obigen nicht zusammenfallen, falls die Hydratation der verschiedenen Ionen verschieden groß ist. Der wirkliche isoelektrische Punkt ist derjenige, bei welchem die Konzentrationsänderung ausbleibt, und nicht derjenige, bei welchem die Wasserüberführung aufhört. In der Tat konnten BETHE und TOROPOFF wenn auch nur geringe Abweichungen zwischen beiden Indifferenzpunkten feststellen.

Die obigen Ableitungen für die Konzentrationsänderung der reinen Säure oder Lauge lassen sich experimentell prüfen. Die Autoren fanden an chromierter Gelatine in n/100 Lösung für Salzsäure 15 bis 19%, für Alkali nahezu 27% Gewinn der berechneten Menge. Die Abweichung ist leicht erklärlich, da in dieser Konzentration ein großer Teil der H^+- bzw. OH^--Ionen in den Poren frei beweglich bleibt, während die obige Ableitung eine vollständige Bindung dieser Ionen an die Kanalwände annimmt. Im Gebiet größerer Verdünnung dürfte die Beziehung genauer zutreffen.

Bei Anwesenheit von Salz neben Säure oder Alkali werden die Zusammenhänge komplizierter, je nach der Adsorbierbarkeit von Kation und Anion. BETHE und TOROPOFF haben auch diese Fälle theoretisch und experimentell behandelt.

Die folgende Abbildung (71) stellt die Daten dar, welche an n/100 HCl bei stufenweiser Neutralisation mit NaOH und Verwendung von chromierter Gelatine als Membran gewonnen wurden. Auf der Abszissenachse sind die Exponenten der C_H der Ausgangslösung aufgetragen. Die Ordinatenwerte bedeuten für die C_{Cl} (ausgezogene Kurven) die Zu- oder Abnahme an der Minusgrenze des Diaphragmas, bezogen auf die gleiche Elektrizitätsmenge, für die Wasserbewegung die Verschiebung bezogen auf die gleiche Elektrizitätsmenge (gestrichelte Kurve). Die Änderung der Chlorionenkonzentration wurde analytisch bestimmt. Wasserbewegung und Konzentrationsänderung wechseln ihre Richtung fast an derselben Stelle und auch sonst zeigt der Gang Übereinstimmung.

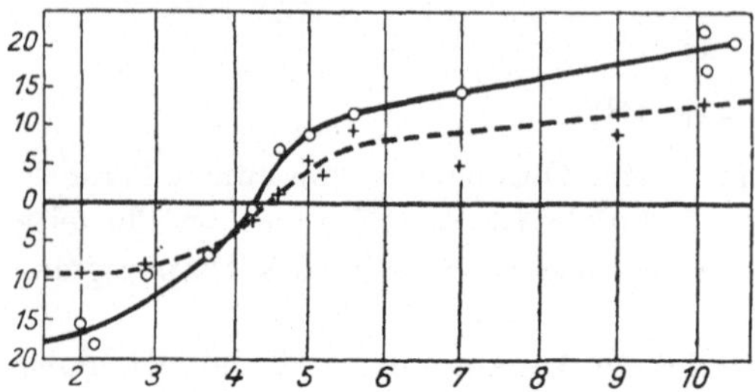

Abb. 71. Wasserbewegung und Konzentrationsänderung als Funktion des p_H nach A. BETHE und TH. TOROPOFF. (Erläuterung im Text)

Der Indifferenzpunkt der Konzentrationsänderung wurde auch in Anwesenheit verschiedener Salze bestimmt. Mehrwertige Anionen verschoben ihn nach der sauren Seite, mehrwertige Kationen nach der alkalischen.

Die mehrwertigen Anionen erhöhen durch ihre Anlagerung die negative Ladung der Wand, die mehrwertigen Kationen setzen sie aus demselben Grunde herab. Die ersteren wirken also den H^+-Ionen entgegen, während die letzteren im gleichen Sinne mit ihnen wirken.

Tabelle 96. Isoelektrischer Punkt von chromierter Gelatine

Elektrolyt n/100	I
Na_2SO_4	$10^{-3,6}$
$Na_2C_2O_4$..........	10^{-4}
NaCl und KCl	$10^{-4,3}$
$BaCl_2$	$10^{-4,8}$
$Co(NH_3)_6Cl_3$	$10^{-7,0}$

BETHE und TOROPOFF halten es für wahrscheinlich, daß die beim Durchpressen einer Flüssigkeit durch eine Kapillare auftretenden Potentialdifferenzen (die Strömungsströme) auf die Konzentrationsänderungen zurückzuführen sind, welche denselben Ursprung und Charakter haben wie die beim Durchschicken des elektrischen Stromes auftretenden Konzentrationsdifferenzen. In der Tat konnten sie nachweisen, daß z. B. beim Durchgang von HCl-Lösung durch chromierte Gelatine auf der Eintrittsseite des Stromes an der Membran eine Abnahme der Konzentration, auf der Austrittsseite eine Zunahme derselben auftrat. Diese Auffassung der Strömungsströme bedeutet eine weitere Korrektur der mehr mechanischen Vorstellung von HELMHOLTZ von dem „Abreißen“ der Doppelschicht.

Die von BETHE und TOROPOFF nachgewiesene Neutralitätsstörung hat für die Technik der Elektrosmose und Elektrodialyse eine besondere Bedeutung.

BETHE und TOROPOFF stellen sich die Beweglichkeitsverhinderung der mit der Wand gleichsinnig geladenen Ionen folgendermaßen vor: „Sie treten infolge von Adsorption oder chemischer Reaktion mit dem Wandmaterial in die unbewegte Wandschicht der Poren, während die entgegengesetzt geladenen Ionen frei im Innern der Poren beweglich bleiben.“ Wir möchten annehmen, daß die Sachlage eher umgekehrt ist: Die gleichsinnig geladenen Ionen werden infolge der elektrostatischen abstoßenden Kräfte überhaupt nicht in merklicher Menge in die unmittelbare Nähe der Wand kommen, sie werden vielmehr infolgedessen nicht einmal in die Poren eintreten können. Wo eine Bindung gleichsinnig geladener Ionen an die Wand erfolgt, wie z. B. bei OH^- und Glas, wird die schon durch eine geringe OH-Aufnahme gesteigerte Aufladung die abstoßenden Kräfte der Wand auf die gleichnamigen Ionen verstärken und dadurch die Annäherung der letzteren und ihr Eindringen in die Poren in erhöhtem Maße hemmen. Die Folgerungen von BETHE und TOROPOFF bleiben jedoch von diesen Vorstellungen unabhängig.

Eine ganz andere Beleuchtung gewinnen die Befunde von BETHE und TOROPOFF, wenn man die Theorie der Elektrosmose von J. W. MCBAIN und M. E. LAING anwendet (Kap. 29). Die Veränderung der Ionenbeweglichkeit relativ zu den Elektroden infolge der Elektrosmose beruht nach dieser Theorie darauf, daß die Beweglichkeit relativ zum Lösungsmittel dieselbe bleibt wie in der ruhenden Lösung. Daraus folgt, daß die mit dem Lösungsmittel in gleicher Richtung bewegten Ionen eine (scheinbare) Beschleunigung erfahren, während die entgegengesetzt (der Wand gleichsinnig) geladenen Ionen eine Bremsung erleiden. Auch von dieser Vorstellung bleiben die Folgerungen von BETHE und TOROPOFF unberührt. M. E. LAING zeigte übrigens, daß die Annahme, nach welcher die Elektrosmose durch das Seifengel infolge der Hydratation der Alkaliionen verursacht wäre, mit dem elektrochemischen Verhalten dieses Systems unvereinbar ist.

Vielleicht kommt den Feststellungen von BETHE und TOROPOFF auch eine Bedeutung für die Beurteilung von elektrosmotischen Messungen zu. Es werde etwa eine NaCl-Lösung durch eine Glaskapillare übergeführt. Dann wird eine Reaktionsänderung in dem Sinne auftreten, daß die Lösung an der Anodenöffnung der Kapillare alkalisch, an der Kathodenöffnung sauer wird. Da jedoch die Richtung des Wassertransportes mit derjenigen des elektrischen Stromes übereinstimmt, ist es wahrscheinlich, daß auch im Innern der Kapillare alkalische Reaktion auftreten wird. Nachdem Lauge die Wand aufladet, könnte auf diese Weise eine aufladende Wirkung von NaCl vorgetäuscht werden, auch wenn eine solche in Wirklichkeit diesem direkt gar nicht zugehört.

Diffusionspotential an Membranen. Die Feststellungen von BETHE und TOROPOFF lassen erwarten, daß zwischen zwei verschiedenen Lösungen, welche durch ein Diaphragma getrennt sind, ein Diffusionspotential auftritt, das eine andere Größe besitzt als ohne Zwischenschaltung der Membran. Das Diffusionspotential hängt bekannterweise von der Beweglichkeit der einzelnen Ionen ab und diese wird innerhalb der Kanäle der Membran nach BETHE und TOROPOFF andere Werte annehmen als in der freien Flüssigkeit. Als charakteristische Größe für das Verhalten von Membranen Ionen gegenüber hat L. MICHAELIS neulich die Bestimmung des Potentials vorgeschlagen, welches zwischen einer n/10 und einer n/100 KCl-Lösung zu beiden Seiten der Membran entsteht. Diesen Wert bezeichnet MICHAELIS als das Konzentrationspotential der betreffenden Membran (KoP). Der Sinn dessen, daß gerade KCl genommen wird, ist der folgende: Nach PLANCK beträgt das Diffusionspotential zwischen zwei verschieden konzentrierten Lösungen desselben Salzes

$$\pi = \frac{u - v}{u + v} \frac{RT}{F} \ln \frac{c_1}{c_2} \tag{176}$$

also für das Konzentrationsgefälle 1 : 10 bei Zimmertemperatur

$$\pi = 0{,}058 \frac{u - v}{u + v} \text{ Volt}$$

Nun ist die Beweglichkeit von Kation und Anion in KCl praktisch gleich, das Diffusionspotential also zu vernachlässigen. Das Auftreten eines Konzentrationspotentials beweist somit, daß die Überführungszahlen von KCl durch die Membran verändert wurden.

MICHAELIS fand die folgenden Werte für KoP:

Tabelle 97. Konzentrationspotentiale an Membranen nach L. MICHAELIS in MV

Pergamentpapier	10	Kollodiummembrane:	
Paraffin[1]	13	Übliche	5—10
Wachs[1]	21	Getrocknet aus Schießbaumwolle	25
Mastix[1]	24	Aus „Celloidin" getrocknet auf besondere Weise	45,55
Kautschuk[1]	29	Theoretischer maximaler Wert	55

Die verdünntere KCl-Lösung war in allen Fällen der positive Pol. Diese Tatsache zeigt, daß das Kation in jedem Falle das schneller diffundierende Ion bildete. Sämtliche Membranen sind demnach „negativ", sie verlangsamen die Diffusion der negativen Chlorionen. Den maximalen theoretischen Wert für KoP erhalten wir unter der Annahme, daß die Membran für Chlor vollständig undurchlässig ist. In diesem Falle ist v der Formel *(176)* zu vernachlässigen. Die Berücksichtigung des Aktivitätskoeffizienten ergibt den angegebenen Wert. Unter dieser Annahme wird das KoP mit dem Membranpotential von DONNAN identisch. Die Bedingungen entsprechen dann den Voraussetzungen der DONNAN-Theorie und sind in völliger Analogie etwa zu dem Fall: 0,1 n Kolloidchlorid |Membran| 0,01 n Kolloidchlorid.

MICHAELIS ist es neuestens gelungen, durch besondere Maßnahmen Kolloidummembranen herzustellen, welche für die Ionen und auch für neutrale Moleküle eine so weitgehende selektive Permeabilität besitzen, daß sie von dem Autor als „Molekülsiebmembran" angesehen werden. Sie werden durch Ausbreitung des „Celloidins" (SCHERING) auf eine Quecksilberoberfläche und nachherige vollständige Trocknung gewonnen. Wie aus der Tabelle ersichtlich ist, zeigt diese Membran Werte des Konzentrationspotentials bis zu dem maximalen theoretischen Wert; die Diffusion der Chlorionen ist also durch diese Diaphragmen weitgehend gehemmt.

Daß die Bezeichnung „Molekülsiebmembran" berechtigt ist, begründet MICHAELIS durch den Nachweis, daß die relativen Diffusionskoeffizienten verschiedener Nichtelektrolyte durch diese Membran genau die Reihenfolge der Molekulargewichte zeigen. (Über Ionensiebmembranen siehe noch bei R. COLLANDER. Daselbst Literatur.)

Durch Diffusionsversuche, in denen sich auf der einen Seite der Membran KNO_3, auf der anderen NaCl-Lösung befand, wurde festgestellt, daß die Kaliumionen in der Tat bedeutend schneller durchdiffundieren als die Chlorionen.

Die Potentiale zwischen verschiedenen Lösungen von KCl oder von LiCl zeigten die nach der Theorie erwartete logarithmische Abhängigkeit von den Konzentrationsverhältnissen.

[1] Die Membranen waren durch Imprägnieren von Filtrierpapier hergestellt.

Die direkte Bestimmung der Überführungszahlen brachte auch eine annähernde Bestätigung der Theorie. Die Veränderung der Konzentration zu beiden Seiten der Membran während des Stromdurchganges, wie sie von BETHE und TOROPOFF gefunden worden war, störte die Übereinstimmung infolge der Konzentrationsabhängigkeit der Überführungszahl.

MICHAELIS bestimmte auch das Potential zwischen den 0,1 n-Lösungen verschiedener Chloride unter Zwischenschaltung der Membran.

Tabelle 98

Lösung 1	Lösung 2	Potentialdifferenz in VM (Vorzeichen der Lösung 2)
KCl	HCl	— 93
KCl	RbCl	— 8
KCl	NH_4Cl	— 6
KCl	KCl	0
KCl	NaCl	+ 48
KCl	LiCl	+ 74

Aus diesen Werten lassen sich die relativen Beweglichkeiten unter Zugrundelegung der für diesen Fall gültigen Formel des Diffusionspotential

$$\pi = 0{,}058 \log \frac{u_1 + v}{u_2 + v} \text{ Volt}$$

berechnen, wobei die Beweglichkeit von Chlor, v, vernachlässigt wird. Man erhält dann die folgenden Werte:

Tabelle 99

	Li	Na	K	Rb	H
Relative Beweglichkeit durch die Membran .	0,048	0,14	1	2,8	42
Relative Beweglichkeit in der freien wässerigen Lösung	0,52	0,64	1	1,04	4,9

Die Reihenfolge in der freien wässerigen Lösung wird also beibehalten, die Unterschiede werden jedoch durch die Membran vervielfacht. Gleichkonzentrierte Lösungen von KCl und anderen Kaliumsalzen ergaben durch die Membran nur minimale Potentialdifferenzen gegeneinander.

Literaturverzeichnis

BETHE, A., und TH. TOROPOFF: Z. f. phys. Ch. **88**, 686 (1914); **89**, 697 (1915). — COLLANDER, R.: Koll. Beih. **20**, 273 (1925). — LAING, M. E.: Journ. Phys. Chem. **28**, 673 (1924). — MACBAIN, J. W.: Journ. Phys. Chem. **28**, 706 (1924). — MICHAELIS, L.: Coll. Symp. Mon. **5**, 135 (1928). — Journ. Gen. Physiol. **8**, 33 (1925). — Naturw. (1928). — DERSELBE und A. FUJITA: Bioch. Z. **141**, 47 (1925). — DERSELBE und SH. DOHAN: Bioch. Z. **162**, 258 (1925). — DERSELBE, R. MC. L. ELLSWORTH und A. A. WEECH: Journ. Gen. Physiol. **10**, 671 (1927). — DERSELBE und W. A. PERLZWEIG: Journ. Gen. Physiol. **10**, 575 (1927).

39. Die Dielektrizitätskonstante von kolloiden Lösungen

Die Auflösung einer Substanz in einer wässerigen Lösung kann die Dielektrizitätskonstante (D) derselben auf drei verschiedene Weisen beeinflussen:

1. Die in Lösung gebrachte Substanz ist stark polarisierbar. Durch Ver-

mehrung der Dipolmomente pro Volumeinheit wird in diesem Falle die D der Lösung erhöht.

2. Die in Lösung gebrachte Substanz ist nur wenig polarisierbar. Durch Abnahme der Dipolmomente pro Volumeinheit wird die D der Lösung erniedrigt.

3. Die in Lösung gebrachte Substanz besitzt starke elektrische Felder (freie Ladungen). Die vorhandenen Wasserdipole werden sich in der Umgebung der freien Ladungen polarisieren (Orientierung- und Atomverschiebung). Ein von außen angelegtes elektrisches Feld wird die Wasserdipole nicht mehr in dem Maße richten und ihre Atome gegeneinander verschieben können, wie es gegenüber den freien Dipolen der Fall ist. Es erfolgt unter diesen Umständen eine Abnahme der D.

Charakteristische Fälle für diese Möglichkeiten sind erstens die Auflösung von Zwitterionen (Aminosäuren), welche nach den Messungen von O. Blüh die D der Lösung erhöhen, oder der Fall von konzentrierten Elektrolytlösungen, in denen nach P. Waldens Messungen die zwitterionartigen Assoziationsprodukte der entgegengesetzt geladenen Ionen die D ebenfalls steigern. Den zweiten Fall haben wir vor uns z. B. bei der Auflösung eines Alkohols in Wasser. Die Alkohole besitzen eine kleinere D als Wasser und es findet hierbei eine Abnahme der D statt. Für den dritten Fall wäre ein Beispiel die Auflösung von Elektrolyten in niedrigeren Konzentrationen. Nach den Messungen von Walden ist die D dieser Lösungen kleiner als diejenige des reinen Lösungsmittels.

Auch für die Kolloidlösungen kommen alle diese Möglichkeiten in Betracht.

Die ersten einschlägigen Messungen hat P. Drude an Gelatine ausgeführt. Eine etwa 4%ige Gelatinelösung ergab den Wert D = 72,5 bei 24°, während für Wasser bei derselben Temperatur D = 79,2 gilt. Eine mehr als zweifach so konzentrierte Lösung ergab D = 70,4 bei 35° und D = 73,6 bei 31°, während für Wasser die Werte 74,9 bzw. 76,1 gelten. In diesen Messungen hatte sich also gezeigt, daß Gelatine die Dielektrizitätskonstante erniedrigt. Es erscheint aber eigentümlich, daß die verdünnte Lösung eine niedrigere D aufweist als die konzentriertere.

R. Keller teilte Meßresultate an Gelatine, Eieralbumin und kolloidem Gold mit. Es fand sich durchwegs eine Erniedrigung. Bei Gelatine ergab sich, daß die Beeinflussung mit der Konzentration nicht ganz linear geht, sonst aber einen ziemlich regelmäßigen Verlauf hat (Tab. 100):

Tabelle 99. Albumin (Kahlbaum) in Wasser

Prozent Albumin	D
0,0	80,5
0,24	76
0,47	69,5
0,94	67,5
0,87	58,05
3,75	52,2
7,5	45,0
15,0	32,8
100	16,3

Eigentümlich ist sein Befund am kolloiden Gold, da es trotz seines geringen Gehaltes eine starke Erniedrigung aufwies. Bei einem Sol fand er den Wert 73, bei einem konzentrierteren den Wert 60.

Tabelle 100. Gelatine in Wasser

%	D
1,9	74
4,8	67,5
5,8	66
6,7	66
9,1	61
	65
13	58
16	53
	51,7
30	48
50	44
100	5,6

Keller weist auf die Tatsache hin, daß die natürlichen Eiweißkörper der Organismen gewöhnlich eine viel höhere D haben als ihnen nach den obigen Daten zukommen würde. Blutserum hat sogar einen höheren Wert als reines Wasser, nämlich 85,5.

R. Fürth und R. Keller haben festgestellt, daß Äthylalkohol die D von Serum erhöht. Nach Überschreiten eines Maximums von 95 fällt die D bei weiterem Alkoholzusatz ab. In der Nähe des Maximums (etwa drei Tropfen Alkohol auf 10 ccm Serum) zeigen auch andere physikalische Eigenschaften des Serums (Leitfähigkeit, Brechung, Drehung der Polarisationsebene) eigentümliche Änderungen.

Abnorm hohe Werte von D hat zuerst J. Errera am Vanadinpentoxydsol gefunden. Dieses Sol zeichnet sich auch in optischer Hinsicht durch Doppelbrechung aus. Die von ihm gefundenen Werte lauten:

Tabelle 101. D von Vanadinpentoxydsol nach J. Errera

Konzentration	D
14,0‰	400,0
9.8‰	241,0
1,0‰	136,7
Ultrafiltrat	82,9

Frische Lösungen, die keine Doppelbrechung erkennen lassen, besitzen normale Werte der D, welche sich erst beim Altern vergrößern. Mit steigender Temperatur nimmt die D schnell ab.

Weitere Messungen von Errera ergaben, daß ein Arsentrisulfidsol sowie ein Silbersol dieselbe D besaßen wie das reine Dispersionsmittel, ebenso Alkoholsole von Metallen, ferner die Lösungen von Seife, Anilinblau, Benzopurpurin und Eisenhydroxydsole. Bei Vanadinpentoxydsol fand er Werte bis 1280. Elektrischer Wechselstrom wirkt im Sinne eines Alterns und führt zu starker Erhöhung der D von frischen V_2O_5-Solen.

Das dielektrische Verhalten der Vanadinpentoxydsole wird von Errera mit ihrem optischen Verhalten in Beziehung gebracht, indem beide durch die langgestreckte Stäbchenform der Teilchen bedingt sein sollen.

Erreras Ergebnisse am Vanadinpentoxydsol wurden von R. Fürth und O. Blüh bestätigt.

Die Rolle der Dielektrizitätskonstante für die Stabilität der Organosole werden wir im Abschnitt über dieselben besprechen.

Literaturverzeichnis

DRUDE, P.: Z. f. phys. Ch. **23**, 267 (1897). — ERRERA, J.: Koll. Z. **31**, 59 (1922); **32**, 157, 373 (1923). — In: „Colloid Chemistry" von J. ALEXANDER. Bd. I. New York (1926). — FÜRTH, R.: Ann. d. Phys. **70**, 63 (1923). — DERSELBE und R. KELLER: Bioch. Z. **141**, 187 (1923). — Koll. Z. **34**, 129 (1924). — DERSELBE und O. BLÜH: Koll. Z. **34**, 259 (1924). — KELLER, R.: Koll. Z. **29**, 193 (1921).

40. Die Reaktionen der Kolloide untereinander

Die Reaktionen der Kolloide untereinander können in drei Gruppen aufgeteilt werden: Gegenseitige Flockung, Sensibilisierung und Schutzwirkung. Welche von diesen drei Erscheinungen in einem gegebenen Fall auftritt, hängt nicht nur von der Natur der reagierenden Kolloide, sondern auch von ihrem Mengenverhältnis und ihrem Elektrolytgehalt ab. Leider wurde die Bedeutung dieses letzten Umstandes relativ spät erkannt und nur in den allerwenigsten Fällen berücksichtigt. Darauf beruht vielfach die Tatsache, daß die elektrochemischen Gesichtspunkte, namentlich was die Sensibilisierung und die Schutzwirkung betrifft, nicht genügend angewendet wurden.

Flockung. In die erste Gruppe der Erscheinungen der gegenseitigen Fällung wurde bezüglich der Elektrokratoide fast gleichzeitig durch die Untersuchungen von W. BILTZ, H. BECHOLD, M. NEISSER und U. FRIEDEMANN, V. HENRI und J. BILLITER Klarheit gebracht. Danach würden nur entgegengesetzt geladene Kolloide, wie bereits von PICTON und LINDER vermutet wurde, einander ausflocken. Die entgegengesetzt geladenen Kolloidionen funktionieren also wie hochwertige Gegenionen. Doch ist diese Ausflockung an ein bestimmtes Mengenverhältnis geknüpft. Außerhalb dieser Zone erfolgt keine Flockung.

Es wird allgemein angenommen, daß die Flockungszone einer Äquivalenz entspricht. Kommt das eine oder das andere Kolloid in Überschuß, so tritt keine Entladung ein, sondern eine Umladung desjenigen Kolloides, welches in kleinerer Konzentration vorliegt, mit dem Ladungssinn des überschüssigen Kolloides.

Die Bedeutung der Äquivalenz wurde von diesen Forschern nicht definiert. Nach unseren heutigen Anschauungen müssen wir annehmen, daß es sich da um die Äquivalenz der Gesamtladung handelt.

Versuche in dieser Richtung wurden vor einigen Jahren durch W. THOMAS und L. JOHNSON durchgeführt. Sie untersuchten die wechselseitige Fällung eines Eisenhydroxydsols und eines Kieselsäuresols, beide mit variierender Gesamtladung. Das Eisenhydroxyd enthält verschiedene Mengen von Cl pro Fe_2O_3, das Kieselsäuresol (hergestellt durch Versetzen einer Natriumsilikatlösung mit unteräquivalenter Salzsäure) verschiedene Mengen von Na pro SiO_2 (neben NaCl). Wenn auch nicht ganz genau, so ergab sich das optimale Flockungsverhältnis durchwegs in der Nähe der Äquivalenz von Na^+ und Cl^-. Die H^+-Ionenmessungen haben gelehrt, daß dabei die Lösung ziemlich genau neutralisiert wurde.

Die amerikanischen Forscher haben gleichfalls wahrscheinlich gemacht, daß die gegenseitige Flockung eines Arsentrisulfidsols und eines Eisenhydroxydsols bei der Äquivalenz der aufladenden S^{--} und Fe^{+++} erfolgt. Dabei soll Fe^{+++} zu Fe^{++} reduziert werden, so daß FeS und freier Schwefel entsteht. Die Äquivalenz würde $1\,H_2S : 2\,FeCl_3$ entsprechen. Analytische Schwierigkeiten verhinderten den Beweis für die Richtigkeit dieser Vorstellung.

Die Vereinigung der Kolloidionen kann auf zwei verschiedene Weisen erfolgen: Entweder samt den aufladenden Ionen oder bei gleichzeitiger Ablösung derselben. Im Falle des chloridoiden Hydroxydsols und des azidoiden Arsentrisulfidsols würden im ersten Falle bei der Vereinigung der Kolloidionen die Gegenionen als HCl in Lösung bleiben. Das entstandene Gel würde schichtweise, sozusagen einem ungeordneten Gitter entsprechen, dessen Gitterpunkte abwechselnd durch die hochwertigen $x\,As_2S_3 \,.\, y\,As_2S_4$ H-Ionen und etwa $Fe(OH_3) \,.\, y_1FeO^+$-Ionen besetzt sind.

Nicht selten wird der zweite Fall eintreffen, in dem nur die mehr oder minder nackten Neutralteilchen sich vereinigen, insbesondere, wenn die aufladenden Ionen unter Bildung unlöslicher Salze daneben ausfallen. In dem erwähnten Beispiel würden etwa Hydrosulfidionen und die Ferrioxyionen derart miteinander reagieren. Die primäre Ursache der Flockung braucht in solchen Fällen gar nicht in der unmittelbaren elektrostatischen Wechselwirkung der Kolloidionen liegen, sondern darin, daß infolge der Reaktion der aufladenden Ionen miteinander zunächst der in der Lösung frei befindliche Anteil dieser Ionen verschwindet und dann nach dem Gesetze der Gleichgewichte auch die an der Oberfläche angelagerten Ionen abgespalten werden und einander verbrauchen, bis schließlich die Oberfläche der Kolloidionen entladen wird.

Thomas und Johnson scheinen diese Auffassung zu bevorzugen. In der Tat darf man keinesfalls die gegenseitige Beeinflussung vor allem der Hydrolysegleichgewichte außer acht lassen. Im Falle des Eisenhydroxydsols wissen wir z. B., daß es in alkalischer Lösung ausflockt (wegen der Inaktivierung der OH-Ionen). Die silikathaltigen Kieselsäuresole vermögen infolge ihrer alkalischen Hydrolyse Säure zu verbrauchen. Wenn das Silikat daher in genügender Menge vorhanden ist, um die hydrolytisch abgespaltene Säure des Hydroxydsols neutralisieren, muß eine Entladung seiner Teilchen eintreten. Bei Verwendung gereinigter, azidoider Kieselsäuresole wäre dagegen der Fällungsmechanismus bloß aus dem Hydrolysegleichgewicht nicht ableitbar.

Insofern die aufladenden Ionen an der Oberfläche bleiben, wird wohl nach dem Maße ihrer Oberflächenverschiebbarkeit, zufolge der elektrostatischen Anziehung, ihre Oberflächendichte an den einander berührenden Teilen der Oberfläche größer, an den übrigen geringer werden. Diese Verschiebbarkeit muß bei der räumlichen Vorstellung des Fällungsmechanismus berücksichtigt werden.

R. Wintgen und H. Löwenthal haben die gegenseitige Fällung von Zinnsäure- (ionogene Verbindung: Alkalistannat) und Chromoxydsolen (ionogene Verbindung: Chromoxychlorid) untersucht und festgestellt, daß die maximale Fällung sehr genau der Äquivalenz der aus der Leitfähigkeit abgeleiteten freien Ladung der Sole entspricht. Eine Verschiebung der Hydrolyse- und Dissoziationsgleichgewichte soll demnach hier den Vorgang nicht wesentlich beeinflussen.

Schutzwirkung. FARADAY hat als erster die Schutzwirkung einer Gallerte (jelly) auf das kolloide Gold gegenüber Flockung bemerkt. Weitere Beobachtungen wurden erst viel später von A. LOTTERMOSER und E. von MEYER gemacht. R. ZSIGMONDY hat die Schutzwirkung solvatokratischer Sole auf Formolgoldsol eingehend studiert. Er hat die sogenannte Goldzahl zur Charakterisierung der Schutzwirkung eingeführt, d. h. die Anzahl Milligramme Schutzkolloid, die eben nicht mehr ausreicht, den Farbumschlag von 10 ccm hochroter Formolgoldlösung gegen Violett oder dessen Nuancen zu verhindern, welcher ohne Kolloidzusatz durch 1 cm 10%iger Kochsalzlösung hervorgerufen wird.

Die folgende Tabelle der Goldzahlen entnehmen wir dem Lehrbuch von ZSIGMONDY.

Tabelle 102

Kolloide	Goldzahl	Reziproke Goldzahl	Klasse des Schutzkolloids
Gelatine und andere Leimsorten	0,005 bis 0,01	200 bis 100	I.
Hausenblase	0,01 „ 0,02	100 „ 50	
Kasein	0,01	100	
Gummiarabikum	0,15 bis 0,25	6,7 bis 4	
„ „ schlechtere Sorte	0,5 „ 0,4	2 „ 0,25	II.
Oleinsaures Natrium	0,4 „ 1	2,5 „ 1	
Tragant	ca. 2	ca. 0,5	
Dextrin	6 bis 12 10 „ 20	0,17 bis 0,08 0,1 „ 0,05	III.
Kartoffelstärke	za. 25	ca. 0,04	
Kolloide Kieselsäure		0	IV.
Alte Zinnsäure		0	
Schleim der Quittenkerne		0	

Die Goldzahlen beziehen sich auf das Goldsol, wie es nach der Reduktionsmethode von ZSIGMONDY erhalten wird. Diese Sole enthalten eine erhebliche Menge von Elektrolyten, vor allem KCl.

Vielfach veränderte Verhältnisse trifft man, sobald man zu gereinigten Goldsolen und gereinigten Schutzkolloiden übergeht. PAULI hat wiederholt die Forderung aufgestellt, daß zunächst alle Grundversuche mit hochgereinigten Kolloiden auszuführen seien.

In der Tat hatte er schon auf Grund von älteren Beobachtungen (PAULI und L. FLECKER) an dialysierten Goldsolen und Eiweißkörpern, die in neuerer Zeit von M. SPIEGEL-ADOLF bestätigt und fortgeführt wurden, den Standpunkt vertreten, daß eine primäre Schutzwirkung reiner Eiweißkörper gar nicht besteht, da bei Verwendung reinster Kolloide regelmäßig wechselseitige Kolloidflockung eintritt.

In der neuesten Zeit haben PAULI und E. WEISS Versuche ausgeführt, um die Reaktionen reinster Proteine und anorganischer Hydrosole mit dem gut definierten, elektrodialytisch gereinigten, azidoiden blauen Kongosäuresol festzustellen. In Abwesenheit von Elektrolyten wurde von ihnen gefunden, daß die Proteine in einem großen Konzentrationsbereich mit dem Kongofarbsol ausflocken. Auch mit einem fast von allen Beimengungen freien BREDIG-Gold konnte dieselbe Beobachtung gemacht werden. Von einer bloßen Schutzwirkung reinster Eiweißkörper auf reinste negative elektrokratische Kolloide kann im üblichen Sinne keine Rede mehr sein.

PAULI erklärt das Verhalten durch den Hinweis, daß die benutzten Proteine (Ov- und Seralbumin, Glutin, Globulin), die man schlechthin in reinem Zustande als elektronegativ ansieht, trotz der überschüssigen negativen Ladung auch positive Ladungen enthalten. Ordnet man sie in der Reihe nach ihrem abnehmenden negativen Charakter, so bemerkt man einen Abfall der zur Fällung des Kongosols notwendigen Konzentration. Einleitung von Kohlensäure, welche die Anzahl der positiven Ladungen steigert, erhöht dementsprechend das Fällungsvermögen.

Tabelle 103. (0,00315% Endkonzentration Kongoblau. Protein mg/ccm)

	Ovalbumin	Seralbumin	Glutin	Pseudoglobulin
I. ohne CO_2	$2{,}25 \cdot 10^{-1}$	$1{,}10^{-2}$	$7{,}7 \cdot 10^{-3} - 3 \cdot 10^{-3}$	$3{,}5 \cdot 10^{-3}$
II. mit CO_2	$7{,}5 \cdot 10^{-4}$	$4{,}10^{-4}$	$2 \cdot 10^{-4}$	$3 \cdot 10^{-4}$

Es würde sich also bei dieser Flockung um die Wirkung der dem Kolloid entgegengesetzten Ladungen handeln. Die positiven Ladungen sind am Eiweißteilchen infolge seines zwitterionischen Charakters bereits vorhanden, bei der Reaktion mit den negativen Eiweißkörpern wird jedoch ihre Wirksamkeit infolge der Verschiebung der Ladungen (Anreicherung der positiven Ladungen an der dem Kolloidanion zugekehrten Seite, Abstoßung der negativen Ladungen daselbst) weitgehend gesteigert.

Von den Schutzkolloiden amphoterer Natur, die also auch ein Flockungsvermögen gegenüber negativen Solen unter bestimmten Bedingungen haben, ist die Gruppe derjenigen Schutzkolloide wohl zu unterscheiden, die auch in Säurelösung nicht positiv aufgeladen werden, d. h. keine Ampholyte sind. Zu dieser Gruppe zählen Stärke, Agar, Gummiarabikum, Tragant und Seife. Sie üben nie eine Flockungswirkung auf die negativen Sole aus und ihre Schutzwirkung liegt der Größenordnung nach erheblich unterhalb der der ersten Gruppe, der schützenden Ampholytoide. PAULI weist auf den folgenden Umstand hin:

„Nach dem kettenförmigen Bau der Moleküle und der exzentrischen Anordnung der negativen freien Ladung ist ein größeres Dipolmoment und eine stärkere Orientierungspolarisation in den Primärteilchen dieser Gruppe von Kolloiden anzunehmen. Die Assoziationsfähigkeit zu Gallerten, die Neigung zur Bildung fädiger oder radiärer Strukturen verweisen gleichfalls auf erhöhte Dipoleffekte. Diese sind auch die Unterlage für die Fähigkeit dieser Teilchen, sich trotz Fehlens einer freien positiven Ladung mit negativen lyophoben Kolloiden unter Schutzwirkung zu vereinen, wobei die Orientierung der hydratisierbaren freien negativen Ladungen gegen das Wasser im Sinne von LANGMUIR die Anlagerung an das geschützte Kolloid begünstigt. Das würde eine Brücke zu der BECHHOLDschen Umhüllungstheorie der Schutzwirkung ergeben. Berücksichtigt man die bisher nicht in Betracht gezogene Dipolnatur und Polarisierbarkeit[1] der nicht ampholytoiden Schutzkolloide, dann fällt auch hier die Notwendigkeit einer strengen Sonderstellung als Folge des (scheinbaren) Zurücktretens elektrischer oder chemischer Beziehungen fort."

---

[1] Die gleichen Umstände gewinnen auch bei den Eiweißkörpern in ihrem Verhältnisse zu den negativen lyophoben Kolloiden dort an Bedeutung, wo, in erster Reihe abhängig von pH, die freien positiven Ladungen abnehmen oder verschwinden.

Zsigmondy hat in vielen Fällen wahrscheinlichgemacht, daß der Schutzwirkung bereits vor dem Zusatz flockender Elektrolytmengen eine Vereinigung der Schutzkolloidteilchen mit denjenigen des Geschützten vorangeht. Solange man die Vereinigung beim Zusatz eines das geschützte Kolloid entladenden Elektrolyten betrachtet, stößt das Verständnis auf keine Schwierigkeiten. Das entladene Teilchen wird dann infolge der intramolekulären Oberflächenkräfte mit dem Schutzkolloidteilchen in Verbindung treten, wobei die gegenseitige Polarisation die Affinität zueinander weitgehend steigern kann. Die von Zsigmondy nachgewiesene Verbindung der schützenden Teilchen mit den geschützten vor der Entladung wird im Falle der Schutzkolloide amphoterer Natur im Sinne von Pauli als Vereinigung entgegengesetzt geladener Teilchen auch verständlich, im Falle nicht amphoterer Schutzkolloide werden die obigen Vorstellungen von Pauli diese Erscheinung dem Verständnis auch näherbringen. Einen exakten Nachweis dafür zu erbringen, daß auch in diesem Falle die Vereinigung vor dem Elektrolytzusatz auftritt, ist weiteren Untersuchungen vorbehalten.

Die durch die Vereinigung entstandenen Komplexe werden mehr oder weniger die Stabilität der schützenden Teilchen besitzen. In welchen Fällen die entladenen elektrokratischen Teilchen auch die an sich stabilen solvatokratischen mitreißen werden, kann man kaum voraussagen.

Zsigmondy hat die Bedeutung der Größenverhältnisse der Kolloidteilchen für diese Erscheinungen hervorgehoben. Die Verschiebbarkeit der Ladungen wird jedoch die wirklichen Vorgänge wesentlich komplizieren.

Sensibilisierung. Bei der Untersuchung der Reaktion des dialysierten Seralbumins mit einem Eisenhydroxydsol fanden Pauli und Flecker die folgenden Gesetzmäßigkeiten:

$Fe(OH_3)$ gibt mit Albumin eine optimale Flockungszone. Ist das anorganische Kolloid im Überschuß, so bewirkt Salzzusatz, welcher kleiner ist, als dem Schwellenwert des Eisenhydroxydsols entspricht, starke Fällung.

Die Herabsetzung des Schwellenwertes eines elektrolytempfindlichen Sols durch ein elektrolytunempfindliches nennt man nach H. Freundlich, der die Erscheinung später eingehend studiert hat, Sensibilisierung.

Bei der Flockung dieses Gemisches fällt das ganze Eiweiß aus. Im Überschuß des Albumins besteht wieder eine Schutzwirkung auf das Eisenhydroxydsol. Das Fällungsprodukt kann man also durch Eiweißzusatz peptisieren.

Freundlich nimmt an, daß die Ursache der Sensibilisierung darin liegt, daß die Kolloidionen des anorganischen Sols und des Proteins sich miteinander als entgegengesetzt geladene Kolloidionen vereinigen. Neben dieser Erscheinung wird wohl auch die Verschiebung der Anlagerungsgleichgewichte der aufladenden Ionen des elektrokratischen Sols eine Rolle spielen.

Es ist augenscheinlich, daß diese Verhältnisse infolge der gegenseitigen Beeinflussung der Oberflächenreaktionen, der variablen Größenverhältnisse der Kolloidteilchen, der Polarisierbarkeit der Ladung usw. ebenfalls recht verwickelt sind. Nur bei Verwendung wohl definierter, elektrochemisch weitgehend charakterisierter Sole unter Verfolgung der elektrochemischen Änderungen der gegenseitigen Reaktion wird es möglich sein, in den Mechanismus derselben tiefer einzudringen. Dabei dürften sich wohl eine Reihe von konstitutiven und elektrochemischen Zusammenhängen ergeben.

Literaturverzeichnis

BECHHOLD, H.: Z. f. phys. Ch. **48**, 385 (1904). — BILLITER, J.: Z. f. phys. Ch. **51**, 129 (1905). — BILTZ, W.: Ber. **37**, 1095 (1904). — FREUNDLICH, H., und BROSSA: Z. f. phys. Ch. **89**, 306 (1915). — HENRI, V., LALOU, MAYER und STODDEL: C. r. de Soc. Biol. **55**, 1666 (1904). — LOTTERMOSER, A., und E. VON MEYER: Journ. f. prakt. Ch. **56**, 242 (1897). — NEISSER, M., und U. FRIEDEMANN: Münch. med. Wochenschr. **54**, 465, 827 (1903/04). — PAULI, WO., und L. FLECKER: Bioch. Z. **41**, 461 (1912). — PAULI, WO., und E. WEISS: Bioch. Z. **203**, 103 (1928). — PICTON, H., und S. E. LINDER: Journ. Chem. Soc. **71**, 568 (1897). — SPIEGEL-ADOLF, M.: Bioch. Z. **180**, 395 (1927). — THOMSON, A. W., und L. JOHNSON: Journ. Am. Chem. Soc. **45**, 2532 (1923). — WINTGEN, R., und H. LÖWENTHAL: Z. f. phys. Ch. **109**, 391 (1924). — ZSIGMONDY, R., und N. SCHULZ: Beitr. zur chem. Physiol. **3**, 137 (1902). — ZSIGMONDY, R., und E. JOEL: Z. f. phys. Ch. **113**, 302 (1924). — ZSIGMONDY, R.: Lehrbuch. V. Aufl. Leipzig (1925).

41. Elektrochemische Erscheinungen bei der Solherstellung und -reinigung

Einleitend haben wir kurz den Vorgang der Herstellung und Reinigung der Hydrosole beschrieben. Hier sollen die dabei auftretenden elektrochemischen Erscheinungen näher besprochen werden.

Solherstellung. Eine notwendige Bedingung für die Herstellung der elektrokratischen Hydrosole ist, daß sie dabei eine elektrische Ladung erhalten. Dazu gehört vor allem die Anwesenheit ionogener Komplexe. Stellt man ein Hydroxydsol durch Hydrolyse des Salzes dar, so ist diese Bedingung von Anfang an erfüllt. Stellt man ein Salzsol etwa von Halogensilber durch doppelte Umsetzung dar, so wird dieser Bedingung durch die Vermeidung der Anwendung von genau äquivalentem Fällungsreagens entsprochen.

Besonders bemerkenswert sind die Verhältnisse bei der Herstellung von Edelmetallsolen. Bei der Reduktionsmethode dürfte die Beistellung der ionogenen Komplexe dadurch bewirkt sein, daß die Reduktion auch bei Verwendung genügender Reduktionsmittel einen gewissen Bruchteil der Edelmetallsalze verschont. Die Hemmung der Reduktion dürfte vielleicht durch die Anlagerung als aufladende Ionen begünstigt sein. Dieser Umstand könnte die besondere Empfindlichkeit der Formolmethode bedingen.

Bei der elektrischen Zerstäubung der Edelmetalle nach BREDIG wurde schon von ihm selbst die Beobachtung gemacht, daß die Anwesenheit kleiner Alkalimengen die Bildung stabiler Sole begünstigt. BEANS und EASTLACK und PAULI haben dann gezeigt, daß stabile Goldsole in reinem Wasser überhaupt nicht herstellbar sind. Wie PAULI mit F. EIRICH festgestellt hat, wirken nur solche Salze stabilisierend, deren Elektrolyseprodukte das Metall unter Bildung ionogener Komplexe angreifen.

Dasselbe gilt auch für Silbersole. Das in reinem Wasser entstehende Silberhydroxyd vermag nicht aufladend zu wirken. Dagegen hat S. W. PENNYCUICK die Beobachtung gemacht, daß die Zerstäubung von Platin auch in reinstem Wasser zur Bildung stabiler Sole führt, und zwar entsteht dabei die Säure $H_2Pt(OH)_6$, welche als aufladende Verbindung funktioniert.

Dieses besondere Verhalten erklärt PAULI durch die hohe Ladung des Zentralions Pt gegenüber Au und Ag, welche im Sinne der Anschauungen

W. Kossels die saure Dissoziation der aus dem elektrolytisch erzeugten Oxyd entstehenden Hydroxo-Säure begünstigt.

Eine weitere Frage bezieht sich auf die Art und Weise, wie die Anlagerung der ionogenen Oberflächenkomplexe an die Teilchenoberfläche während des Teilchenwachstums vorzustellen ist.

Bei der Hydrolysemethode werden sich die gebildeten Hydroxydmoleküle miteinander zunächst zu kleinen Neutralteilen vereinigen und an ihrer Oberfläche gleichzeitig eine genügende Anzahl von Metallionen festhalten. Dadurch sind sie gegen Flockung geschützt. Solange freies Salz anwesend ist, führt die weitere Hydrolyse zur Bildung neuer Hydroxydmoleküle, die teilweise neue Teilchen bilden, teilweise sich jedoch an der Oberfläche der bereits vorhandenen Kolloidionen anlagern werden. Möglicherweise wird eine durch aufladende Komplexe völlig bedeckte Oberfläche für die Anlagerung neuer Neutralteilmoleküle keinen Platz bieten. Allgemeiner wird jedoch der Fall sein, daß genügend unbedeckte Stellen der Oberfläche für das Wachstum Gelegenheit geben. Auch wenn die Gitterkräfte zunächst nicht in Wirksamkeit treten, wird im allgemeinen die gegenseitige Polarisation des dipolar gebauten Hydroxydmoleküls und der polarisierbaren Teilchenoberfläche zu einer gegenseitigen Anziehung führen.

Wenn nach Verbrauch des zur Solbereitung dienenden ionendispersen Salzes die Hydrolyse weiterschreitet und auch die ionogenen Verbindungen an der Teilchenoberfläche aufbraucht, wird es dazu kommen, daß sich die Teilchen infolge der Herabsetzung der Ladungsdichte, als Vorstufe der Koagulation, unter Bildung von Sekundärteilchen miteinander vereinigen.

In ähnlicher Art wie bei der Entstehung hydrolytoider Sole wird das Teilchenwachstum bei der Reaktion verlaufen, welche die Neutralteile über die Bildung eines schwerlöslichen Salzes durch eine doppelte Umsetzung erzeugt ($KJ + AgNO_3$), sowie bei den Reduktionsverfahren.

Auch bei der elektrischen Zerstäubung wird die Kondensation der Edelmetallatome unter gleichzeitiger Anlagerung der elektrolytisch erzeugten aufladenden Ionen verlaufen. Dabei wird jedoch ein Teil der Kolloidpartikelchen auf mechanischem Wege im Lichtbogen von der Elektrode abgerissen und erhält seine Aufladung im Anschluß an die oberflächliche Oxydation, welche z. B. in HCl durch das elektrolytisch erzeugte Chlor bewirkt wird.

Soweit es sich um elektrokratische Sole handelt, muß bei der Herstellung auch die Bedingung erfüllt sein, daß die Elektrolyte nicht in überschwelliger Menge anwesend ist. Besonders bei dem stark elektrolytempfindlichen Bredig-Sol wird der zur Solherstellung notwendige Elektrolytgehalt nicht nur eine untere, sondern auch eine obere Grenze haben. Die letzte entspricht dem Schwellenwert, soweit hier nicht spezifische, chemische Reaktionen störend mitwirken.

Die Weiterführung der elektrischen Zerstäubung über eine gewisse Zeit hinaus wird die Solkonzentration nicht mehr steigern können, vielmehr kann sie zur Ausfällung des gesamten Kolloides führen.

Durch den Verbrauch der anwesenden Elektrolyte infolge der Elektrolyse und der Anlagerung an neu entstehende Teilchen wird nämlich die Oberflächendichte der ionogenen Verbindung schließlich an sämtlichen Teilchen sinken. Neue ungeladene Teilchen wirken als Koagulationskeime und reißen auch die aufgeladenen mit.

Für die **Peptisierbarkeit einer Substanz** ist es eine Bedingung, daß entweder Teilchen kolloider Größe vorgebildet darin enthalten sind oder daß sie in einer durch und durch lockeren Form vorliegt. Das Peptisationsmittel besteht selbst aus den ionogenen Verbindungen oder es erzeugt sie an der Teilchenoberfläche. Das letztere ist z. B. der Fall, wenn man Aluminiumhydroxyd mit Salzsäure peptisiert. An der Oberfläche der einzelnen Teilchen entsteht dann das ionogene Oxychlorid. In den meisten Fällen reagiert das Gel durch, häufig genügt es, wenn die Peptisation nur an der Oberfläche des Gels eintritt. Gehen von dort Teilchen in die Lösung, so kann die Peptisation die neu entstandene Oberfläche angreifen, bis das ganze Material aufgebraucht ist.

Nicht jedes Gel hat die Fähigkeit, bestimmte Molekülgruppen als ionogene Verbindungen anzulagern. Führt man eine unvollständige Hydrolyse eines Aluminiumchlorids vorsichtig durch, so erhält man keinen Niederschlag, sondern ein Sol. Dagegen führt bereits die bloße Auflösung eines Zinkchlorids zur Bildung eines flockigen Hydroxydniederschlages. Die Ursache liegt darin, daß der letztere nicht die Eignung besitzt, genügend Zinkionen oder Zinkhydroxoionen an seiner Oberfläche festzuhalten. Aus demselben Grunde läßt er sich mit solchen auch nicht peptisieren.

Auch ein Aluminiumhydroxydgel (hergestellt durch Versetzen einer $AlCl_3$-Lösung mit NH_3) verliert beim Stehen die Fähigkeit zur Peptisation. Diese Veränderung der Gelstruktur kann auf zweierlei Weise erklärt werden. Entweder verlieren die bei der Ausfällung des Niederschlages vorgebildeten Teilchen kolloider Größe mit der Zeit ihre individuelle Existenz und verbinden sich durch stärkere Kräfte miteinander oder wird das im Anfang stark hydratisierte lockere Gelgefüge in ein hydratärmeres umgewandelt, dessen Bausteine durch stärkere Kräfte aneinander gekettet sind.

Auch für das Peptisationsmittel existiert eine Konzentration, entsprechend seinem Schwellenwert, oberhalb welcher keine Peptisation mehr eintreten kann.

Die **Beziehungen der peptisierten Menge zur Menge des Bodenkörpers** gestalten sich am häufigsten folgendermaßen:

Bei konstanter Konzentration des Peptisationsmittels und kleinen Mengen von Bodenkörpern wird zunächst die peptisierte Menge mit der Menge des Bodenkörpers linear wachsen, sei es, daß der ganze Bodenkörper oder aber nur ein konstanter Bruchteil desselben (der peptisierbare Teil) in Zerteilung geht. Wird jedoch die Menge des Bodenkörpers im Verhältnis zum Peptisationsmittel größer, so daß ein beträchtlicher Teil des Peptisationsmittels durch den Bodenkörper gebunden wird (welcher mit dem Peptisationsmittel durchreagiert), dann wird die peptisierte Menge langsamer wachsen als der Bodenkörper, da die Ladungsdichte der Teilchen infolge der kleineren Konzentration des freibleibenden Teiles des Peptisationsmittels auch kleiner wird. Erhöht man die Menge des Bodenkörpers noch weiter, so wird der peptisierende Elektrolyt nicht mehr ausreichen, dem Gel die genügende Oberflächenbedeckung von ionogenen Molekülen zu verleihen, obwohl oder richtiger weil der größte Teil des Peptisationsmittels in dem Gel gebunden wird. Der vollständige Zusammenhang zwischen peptisierter Menge und Bodenkörper wird also durch eine Kurve mit einem Maximum charakterisiert sein.

Dies ist der Inhalt der Bodenkörperregel, welche von Wo. Ostwald und

A. v. BUZAGH ausgesprochen wurde. Die Autoren haben die Gültigkeit dieser Beziehung an zahlreichen früheren Versuchsergebnissen (besonders von W. B. HARDY, J. MELLANBY und S. P. L. SÖRENSEN an Globulin) gezeigt und sie durch ausgedehnte eigene Versuche weiter belegt. Auch die Theorie wurde von ihnen ausführlich behandelt.

Steigert man die Menge des Bodenkörpers gleichzeitig mit der Konzentration des Peptisationsmittels, so wird ebenfalls der Schwellenwert erreicht, bei welchem keine Peptisation mehr eintritt. Wird eine ungereinigte Tonsubstanz in wenig Wasser aufgerührt, so flockt sie sofort vollständig aus, da die Konzentration der Verunreinigungen den Schwellenwert übersteigt. Durch bloßes Verdünnen wird man jedoch eine stabile Suspension erhalten können. Auf dieser Erscheinung beruht in den meisten Fällen das in der analytischen Chemie so unbeliebte Durchs-Filter-Gehen mancher Niederschläge beim Auswaschen.

Die Herstellung von Suspensionen und Emulsionen mit Hilfe von Kolloidmühlen (PLAUSON) und Homogenisatoren beruht auf der mechanischen Zersplitterung der Teilchen. Das Verfahren auf mechanischem Wege Dispersoide herzustellen,[1] wurde von P. P. VON WEIMARN angegeben. Die Anwesenheit von Schutzkolloiden und aufladenden Elektrolyten verhindert, daß die entstandenen Teilchen wieder aneinander aggregieren bzw. zusammenfließen. Zur Bildung echter Kolloide wird das rein mechanische Verfahren auch in günstigen Fällen nur an einem geringen Bruchteil des dispergierten Materials führen.

Dialyse: Solange die Elektrolyte gegenüber dem Kolloidsalz in einer überschüssigen Äquivalentkonzentration zugegen sind, ist das Hinausdiffundieren der Elektrolyte aus der Dialysierzelle durch die Anwesenheit des Kolloids nicht beeinflußt. Um einfache Diffusion handelt es sich jedoch dann nicht, denn das Diffusionspotential infolge der Anwesenheit der Membran mehr oder weniger verändert wird (A. und H. BETHE, J. TERADA und H. MOMMSEN).

Sobald die anwesenden Elektrolyte gegenüber dem Kolloidsalz im Verlauf der Dialyse nur mehr in einer vergleichbaren Äquivalentkonzentration zugegen sind, wird der Vorgang durch die Gesetze der Membrangleichgewichte mitbeeinflußt. In Gegenwart kleiner Mengen von dialysierendem Salz wird dieses nicht gleichmäßig verteilt, sondern fast vollständig in die Außenflüssigkeit gedrängt. Die Theorie der Membrangleichgewichte gibt nur den Gleichgewichtszustand an, nicht aber den zeitlichen Verlauf des Vorganges. Vor der Erreichung des Gleichgewichtszustandes wird an Stelle des Membranpotentials noch ein Diffusionspotential herrschen, welches durch die Beweglichkeit und Konzentration der dialysablen Ionen inner- und außerhalb der Membran bestimmt wird. Da die Geschwindigkeit der Diffusion wie jedes Vorganges mit der Entfernung desselben von dem Gleichgewichtszustand rascher wird, so wird das Membrangleichgewicht das Herausdiffundieren der Elektrolyte beschleunigen. Dieses wird auch dann schon schneller vor sich gehen, als dem Konzentrationsgefälle entspricht, wenn sich innen noch mehr Elektrolyt befindet als außen.

Die Reinigung wird durch das Anlagerungsgleichgewicht verzögert, da nur die freien Ionen herausdiffundieren und durch die nachfolgende Abspaltung von der Teilchenoberfläche wieder ersetzt werden. Wenn die Konzentration

---

[1] Siehe darüber die Monographien von W. CLAYTON, F. TRAVIS und O. LANGE.

der freien Ionen sehr klein wird, so wird die Dialyse sehr langsam vor sich gehen, obwohl unter Umständen noch eine beträchtliche Menge von aufladenden Ionen an der Oberfläche der Teilchen sitzt. Gerade durch diese Langsamkeit wird erreicht, daß der Kolloidelektrolyt nicht infolge Verlust der aufladenden Ionen ausfällt. Wenn also bei der Dialyse eine annähernde Konstanz des Elektrolytgehaltes etwa auf Grund der Leitfähigkeitsmessung festgestellt wird, so kann man annehmen, daß freie Ionen nur in kleiner Menge neben dem Kolloidsalz anwesend sind. Aktivitätsbestimmungen haben diese Annahme bestätigt.

Für elektrokratische Kolloide ist eine vollständige Reinigung nur bei negativen Kolloidionen erreichbar. Die positiven Sole dieser Art flocken infolge der Inaktivierung des OH aus. Will man nicht elektrokratische Sole, etwa Albumin, vollständig reinigen, so wirkt häufig nicht nur die praktisch vollständige Anlagerung der aufladenden Ionen, sondern auch die Inaktivierung der Gegenionen ihrer Entfernung entgegen. So werden etwa Kalziumionen an negative Sole oder Sulfationen an positive Sole so stark gebunden, daß sie kaum in freier Form anwesend sind. Um sie zu verdrängen, ladet man die Sole, z. B. durch vorsichtiges Ansäuern, mit Vorteil um, wobei die früher angelagerten Gegenionen jetzt als gleichnamig freigegeben werden und der zugesetzte Elektrolyt relativ leicht entfernbar ist.

Loeb hat vorgeschlagen, die Proteine bei isoelektrischer Reaktion zu dialysieren. Wenn der Fall zuträfe, daß hier die Proteine im Sinne der Theorie der idealen Ampholyte sich weder mit Kationen noch mit Anionen verbinden würden, dann wäre dieses Verfahren am vorteilhaftesten. In Wirklichkeit ist diese Voraussetzung nicht erfüllt. Übrigens sind die Proteine bei isoelektrischer Reaktion nur ausnahmsweise rein (nur wenn die isoelektrische Reaktion mit dem Neutralpunkt des Wassers genügend nahe zusammenfällt), sonst ist die Anwesenheit einer unter Umständen beträchtlichen Elektrolytmenge nötig, um ihnen die isoelektrische Reaktion zu erteilen. Vollständig rein ist die kolloide Lösung nur dann, wenn auch dieser Elektrolyt entfernt ist.

Besondere Verhältnisse treten auf, wenn man die vollkommene Reinigung der elektronegativen Sole ausführt (wie erwähnt, ist dies in der Regel bei elektropositiven Kolloiden nicht möglich). Das Gesetz der Membranhydrolyse verlangt in dem Falle, als das Außenwasser nur H^+ und OH^--Ionen enthält, daß bei fortgesetztem Wechsel des Außenwassers das Sol schließlich nur H^+ als positives Ion und das Kolloidion als Anion enthält. Wir haben es dann mit einer reinen Kolloidsäure, einem Azidoid, zu tun. Das Gesetz des Produktes der gleichen Aktivitäten des diffusiblen Ions ist in diesem Falle im Sinne der Dissoziationsgleichung des Wassers erfüllt: Innen und außen gilt $[H^+] \cdot [OH^-] = k_w$. (Siehe darüber bei J. M. Kolthoff und bei N. Bjerrum.)

Bekanntlich ist es jedoch nur unter Einhaltung ganz besonderer Vorsichtsmaßregeln möglich, absolut reines Wasser herzustellen, was zuerst Kohlrausch und Heydweiller gelang. Das für Dialyse verwendete Wasser enthält im allgemeinen eine mehr oder minder erhebliche Menge elektrolytischer Verunreinigungen. Das reinste Wasser hat eine Leitfähigkeit von $5 \cdot 10^{-8}\,r \cdot \Omega$, das für Dialyse verwendete Wasser hat in günstigen Fällen eine Leitfähigkeit von etwa $1 \cdot 10^{-6}\,r \cdot \Omega$, beim längeren Stehen an der Luft 3—$4 \cdot 10^{-6}$. Von den in diesem Wasser anwesenden Elektrolyten entstammt also nur ein Bruchteil der

Dissoziation des Wassers. Ist die Destillation unter großer Sorgfalt ausgeführt, so enthält das verwendete Wasser nach Berührung mit der Atmosphäre Ammonium-Bicarbonat oder Kohlensäure.

Bei fortgesetztem Wechsel des Außenwassers müssen sich diese Elektrolyte auch in dem Sol nach den Gesetzen der Membrangleichgewichte verteilen. Das Verhältnis der Kationen verschiedener Art muß daher im Innern und in der Außenflüssigkeit gleich sein. Sind z. B. in dem Außenwasser 100mal soviel NH_4-Ionen als H^+-Ionen, so könnte auch das Sol nicht in ein Azidoid umgewandelt werden, sondern hat zu 99% NH_4^+ als Gegenion. Was die Bicarbonationen betrifft, so werden sie, solange die Äquivalentkonzentration des Kolloidsalzes höher ist als jene der Elektrolyte des Außenwassers, kaum in die Innenflüssigkeit dringen können. Wenn die Äquivalentkonzentrationen ungefähr gleich hoch sind, dann wird schon etwa ein Drittel der Innenflüssigkeits-Anionen aus Bikarbonationen bestehen.

Wenn die Kationen des Außenwassers vorwiegend H^+-Ionen sind, d. h. die Leitfähigkeit überwiegend der Dissoziation der freien Kohlensäure entstammt, so wird das Sol in ein Azidoid umgewandelt. Auch in diesem Falle müssen Bikarbonationen im Sol eine Rolle für die Leitfähigkeit spielen, sobald die Äquivalentkonzentration des Kolloidsalzes auf die Größenordnung des Elektrolytgehaltes des Dialysewassers gesunken ist.

Kompliziert werden die tatsächlichen Erscheinungen infolge der ständigen Wechselwirkung des Sols mit dem Kohlensäure- und Ammoniakgehalt der Luft und dadurch, daß die Diffusion infolge der kleinen Konzentration sehr langsam verlaufen muß. So kann ein praktisch stationärer Zustand erreicht werden, welcher dem wirklichen Gleichgewicht nicht entspricht. Bei unseren Betrachtungen wurde von einer Mitwirkung saurer Produkte seitens der verwendeten Membranen abgesehen, die unter Umständen auch bei noch so sorgfältiger Reinigung eine durchaus nicht vernachlässigbare Rolle spielen werden.

Auf alle Fälle sehen wir, daß nur ein genügend hoher Gehalt an freier Kohlensäure des Außenwassers die Säuerung der Innenflüssigkeit bewirken kann (Pauli). Mitunter wird es zur Beschleunigung des Kationenaustausches am Kolloid und seiner Überführung in ein Azidoid von Vorteil sein, dem Außenwasser bei der Dialyse anfangs kleine Mengen einer passenden Säure zuzufügen.

Die angeführten Umstände sind bei der Verwertung der elektrochemischen Daten an extremdialysierten negativen Solen, vor allem an solchen mit kleiner Äquivalentkonzentration (Edelmetallsole) sorgfältig zu berücksichtigen. Man darf sie jedoch auch in positiven Solen nicht aus dem Auge verlieren, welche bis zu einer $[H] = 1 . 10^{-5}$ n dialysiert sind. Eine Säuerung der Außenflüssigkeit wird die Hydrolyse dieser Sole bremsen.

Elektrodialyse. Das Wesen der Elektrodialyse ist eine Elektrolyse unter Zwischenschaltung von Membranen, welche eine Trennung der Elektrolyseprodukte von der kolloiden Lösung erlauben. Verwendet man nicht allzu kleine Spannungen, so tritt bei der Elektrodialyse die Diffusion hinter der Bewegung der Ionen im Strome zurück. Besonders in niedrigen Elektrolytkonzentrationen, wenn die Dialyse bereits verlangsamt und infolge des Elektrolytgehaltes des Wassers auch gehemmt wird, wird die Geschwindigkeit der Elektrodialyse diejenige der Dialyse weit übertreffen und sogar zu einem Reinheitsgrad führen, welcher durch einfache Dialyse praktisch niemals erreicht wird.

H. W. MORSE und C. W. PIERCE haben zuerst (1903) die Gelatine durch Elektrolyse unter Zwischenschaltung von Pergamentmembran gereinigt. J. TRIBOT und H. CHRÉTIEN haben 1905 Eisenhydroxydsole hergestellt, indem sie die Kathode in eine $FeCl_3$-Lösung tauchten, welche durch Pergamentmembran vom Anodenraum getrennt war. CH. DHÉRÉ und GORGOLEWSKI haben 1911 die Elektrodialyse von Gelatine durchgeführt und die Überlegenheit dieses Reinigungsverfahrens gegenüber der Dialyse erkannt. SVEN ODÉN hat 1911 die Befreiung des Schwefelsols von Elektrolyten durch Elektrodialyse bewirkt. Systematische Studien über Elektrodialyse von Eiweißkörpern und die Eigenschaften der elektrodialysierten Proteine hat W. PAULI mit seinen Mitarbeitern ausgeführt. In dessen Institut wurden anschließend Untersuchungen über durch ED hochgereinigte Stärke (M. SAMEC), Kieselsäure-, Farbstoffsole u. a. ausgeführt. In den letzten Jahren fand das Verfahren wachsende Anwendung für die Erforschung der Eigenschaften elektrolytfreier Kolloide. Eine Reihe technischer Anwendungen der Elektrodialyse bildet den Gegenstand von Patenten. BOTO Graf SCHWERIN hat bereits 1900 mehrere Patente angemeldet, welche, wenn auch nicht in ganz reiner Form, sondern in Kombination mit Elektroosmose elektrodialytische Vorgänge betreffen. Betreffs der Literatur über Elektrodialyse siehe bei M. SPIEGEL-ADOLF, CH. DHÉRÉ und J. REITSTÖTTER, zur Geschichte derselben auch W. PAULI.

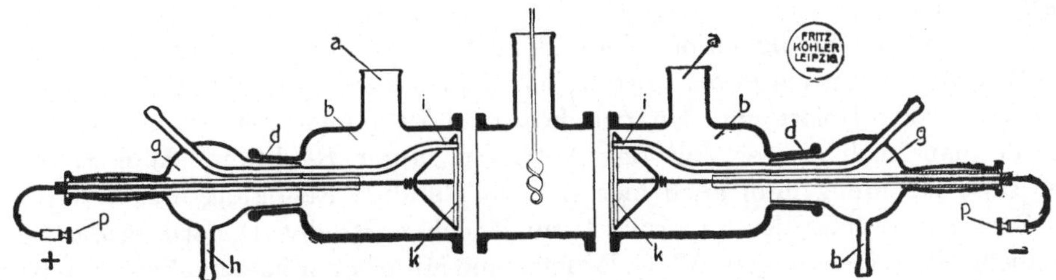

Abb. 73. Elektrodialyseapparat nach Wo. PAULI in der Ausführung von FRITZ KÖHLER, Leipzig

Im Gegensatz zu der Dialyse ist die Elektrodialyse den Gesetzen der Membrangleichgewichte nicht unterworfen. Durch den Strom werden die Elektrolyte, sofern sie selbst nichtkolloider Natur sind, aus der Lösung geführt. Der Endzustand der Elektrodialyse ist, daß sämtliche Elektrolyte mit Ausnahme der Kolloidelektrolyten mit H^+ (oder OH^-) als Gegenion (der letzte Fall ist bei Elektrokratoiden nicht realisiert) aus dem Sol entfernt sind. Die Behauptung, die Elektrodialyse führe zur isoelektrischen Reaktion des Kolloides (L. REINER) ist also nicht richtig. Mit der Ausnahme, daß die isoelektrische Reaktion mit der neutralen zusammenfällt (Hämoglobin), verlangt die erstere immer die Anwesenheit eines Elektrolyten, der jedoch im elektrischen Strom weggeführt wird.

Im allgemeinen ist die Verwendung der Elektrodialyse auf nichtelektrokratische Sole beschränkt, da die fortgesetzte Entfernung der aufladenden Ionen zur irreversiblen Ausflockung führt. Von PAULI und M. SPIEGEL-ADOLF wurde sogar die Beobachtung gemacht, daß ein Aluminiumhydroxydgel durch Elektrodialyse die Fähigkeit zur Peptisation verlor. Elektronegative Sole können durch Elektrodialyse in reine Azidoide übergeführt werden. An der mehr solvatokratischen Kieselsäure wurde dies von PAULI und VALKÓ gezeigt. Das kolloide Gold z. B. koaguliert dagegen irreversibel an der Anodenmembran. Reversible Suspensionen etwa des Bodens lassen sich mit Vorteil elektrodialytisch reinigen.

Eine oft nachteilig empfundene Begleiterscheinung der Elektrodialyse ist die Reaktionsänderung in der Mittelzelle. Geht man von einer Neutralsalzlösung aus und elektrolysiert man sie zwischen zwei Pergamentmembranen, so beobachtet man nach einiger Zeit das Auftreten saurer Reaktion. Zum Schlusse der Durchströmung muß auch hier eine vollständige Reinigung erzielt werden, im Zwischenstadium der Säuerung kann jedoch z. B. eine Denaturierung empfindlicher Proteine erfolgen. W. G. RUPPEL und Mitarbeiter haben erkannt, daß die Ursache der Säuerung in der von BETHE und TOROPOFF beschriebenen Ionenstauung an der Membran zu suchen ist. Pergamentmembran leistet dem Durchtritt der Anionen infolge ihrer negativen Ladung einen größeren Widerstand als den Kationen. W. G. RUPPEL verwendete daher für die Anode eine positive, für die Kathode eine negative Membran. Als positive Membran wurde eine chromierte Gelatine, als negative Pergamentpapier eingeschaltet. H. FREUNDLICH und Mitarbeiter, insbesondere R. BRADFIELD, haben die Reaktionsänderung weiter untersucht und andere Membrankombinationen verwendet. PAULI vermeidet die Säuerung durch Anwendung schwacher Ströme und entsprechender Vordialyse, wodurch der Prozeß verlangsamt wird.

Literaturverzeichnis

SPIEGEL-ADOLF, M.: Elektrodialyse. In ABDERHALDENS Hdb. d. biol. Arbeitsmethoden, Abt. III, Teil B (1927). — BEANS, H. T., und H. EASTLACK: Journ. Am. Chem. Soc. **37**, 2667 (1915). — BETHE, A. und H.: Z. f. phys. Ch. **112**, 250 (1924). — BJERRUM, N.: Ann. Acad. Scient. Fennicae A **29** (1927). — BRADFIELD, R.: Naturw. **16**, 404 (1928). — BUZAGH, A. v.: Koll. Z. **41**, 169 (1927); **43**, 215 (1927). — CLAYTON, W.: Theorie der Emulsionen. Berlin (1924). — DHÉRÉ, CH., und M. GORGOLEWSKI: C. r. **150**, 934 (1910). — DHÉRÉ, CH.: Koll. Z. **41**, 243, 315 (1927). — FREUNDLICH, H., und L. F. LOEB: Biochem. Z. **150**, 522 (1924). — HARDY, W. B.: Journ. of Physiol. **33**, 251 (1905). — KOLTHOFF, J. M.: Bioch. Z. **168**, 111 (1925) — LANGE, O.: Technik der Emulsionen. Berlin (1929). — LOEB, J.: Die Eiweißkörper. Berlin (1924). — MELLANBY, J.: Journ. of Physiol. **33**, 251 (1903). — MOMMSEN, H.: Z. f. phys. Ch. **118**, 347 (1925). — MORSE, H. W., und G. W. PIERCE: Z. f. phys. Ch. **45**, 606 (1903). — ODÉN, S. v.: Nova Acta Ups. IV., **3**, Nr. 4 (1913). — OSTWALD, WO.: Koll. Z. **41**, 163 (1927); **43**, 249 (1927). — PAULI, WO.: Bioch. Z. **152**, 355 (1924); **187**, 403 (1927). — DERSELBE und L. FUCHS: Koll. Beih. **21**, 195 (1925). — DERSELBE und F. EIRICH: Erscheint demnächst. — DERSELBE und M. ADOLF: Koll. Z. **29**, 281 (1921). — DERSELBE und E. VALKÓ: Koll. Z. **36**, Erg.-Bd. 337 (1925). — PENNYCUICK, S. W., und R. J. BEST: Journ. Chem. Soc. 561 (1928). — PLAUSON: U. S. P. 1500845. — REINER, L.: Koll. Z. **40**, 123 (1926). — REITSTÖTTER, J.: Koll. Z. **43**, 35 (1927). — RUPPEL, W. G.: Ber. d. deutsch. pharm. Ges. **30**, 314 (1920). — SAMEC, M.: Kolloidchemie der Stärke. Dresden und Leipzig (1928). — SCHWERIN, Graf B.: D. R. P. 124430 (1900). — SÖRENSEN, S. P. L.: Proteine. New York (1925). — TERADA, J.: Z. f. phys. Ch. **109**, 199 (1924). — TRAVIS, P. M.: Mechanochemistry and Colloid Mill. New York (1926). — TRIBOT, J., und H. CHRÉTIEN: C. r. **140**, 144 (1905). — WEIMARN, P. P. v.: Grundzüge der Dispersoidchemie. Dresden (1910).

C. Spezielle Elektrochemie der Kolloide[1]

42. Die Proteine

Als Eiweißkörper oder Proteine bezeichnet man eine Gruppe von in der Natur vorkommenden Substanzen, die dadurch charakterisiert erscheinen, daß ihre Abbauprodukte Aminosäuren sind. In Wasser sind die Proteine, sei es als solche, sei es als Salze, nur in hochmolekularem Zustand löslich. Eine genaue Definition und Abgrenzung wird nur dann möglich sein, wenn ihre chemische Konstitution aufgedeckt ist. Aus den verschiedenen Bestandteilen des tierischen Organismus oder der Pflanzen erhält man verschiedene Eiweißkörper, z. B. aus dem Serum, aus dem Muskel, aus Eiern, aus dem Weizenkorn usw. Verschiedene Tierarten liefern wiederum verschiedene Serumeiweißkörper. Da jedoch die Eiweißkörper als die Träger nicht nur der Artspezifität, sondern auch der Individualität innerhalb einer bestimmten Art angesehen werden dürfen, muß man annehmen, daß verschiedene Individuen einer und derselben Art Verschiedenheiten wenigstens mancher ihrer Eiweißkörper aufweisen. Die außerordentliche Mannigfaltigkeit des chemischen Aufbaues und der physikalischen Zustandsänderungen bietet Möglichkeiten für die feinsten Abstufungen. Doch kommen diese Verschiedenheiten einer Proteinart innerhalb der Fehlergrenzen der angewendeten physikalisch-chemischen Meßmethodik in den bisherigen Beobachtungen nicht zum Vorschein. Eine nach gewissen Vorschriften, z. B. aus Hühnereiern, gewonnene Eiweißart besitzt ganz bestimmte und streng reproduzierbare Eigenschaften, stellt also ein definiertes, stoffliches System dar.

Einteilung. Die in einem und demselben Bestandteil der tierischen oder pflanzlichen Organismen verschiedener Arten vorkommenden Proteine stehen einander in ihren Eigenschaften sehr nahe, sie können zu einzelnen Gruppen zusammengefaßt werden. Auf diese Weise erhält man eine große Anzahl von Gruppen, von denen jedoch vielleicht nur etwa 100 untersucht und irgendwie näher charakterisiert worden sind. Bei der Zusammenfassung dieser Gruppen in einzelnen Klassen kann man von verschiedenen Gesichtspunkten ausgehen, die mehr oder weniger willkürlich sind. Im folgenden soll die Klassifikation

---

[1] Wir eröffnen die spezielle Elektrochemie der Kolloide mit derjenigen der Proteine, weil diese nicht nur am frühesten, sondern bis heute auch am umfassendsten von elektrochemischen Gesichtspunkten aus bearbeitet wurden und weil hier infolge der Variierbarkeit der freien Ladung in weitem Bereich bei vielfach konstantem Zerteilungsgrad und fehlender Absprengung der Oberflächenkomplexe für Theorie und Experiment günstigere Verhältnisse vorliegen.

nach O. KESTNER wiedergegeben werden. Knappere Einteilungen, die mehr rein chemischen Gesichtspunkten Rechnung tragen, finden sich bei E. ABDERHALDEN und bei S. EDLBACHER.

A. Einfache Eiweißkörper

Albumine: Serumalbumin, Eieralbumin, Milchalbumin.
Globuline: Serumglobulin, Fibrinogen und Fibrin, Milchglobulin, Eierglobulin, Percaglobulin, Kristallin, Pankreasglobulin, Harnglobuline, Organglobuline, Myosin, Pflanzenglobuline.
Alkohollösliche Pflanzeneiweiße: Gliadin, Hordein, Zein.
Histone.
Protamine.
Gerüsteiweiße (früher Albuminoide):

1. Kollagen.
2. Keratin, Koilin.
3. Elastin.
4. Fibroin und Seidenleim.
5. Spongin, Gorgonin usw.
6. Konchiolin.
7. Amyloid.
8. Ichthylepidin.
9. Linsenalbumin.
10. Andere Gerüsteiweiße (Albumoide).

Anhang: Melanine.

B. Umwandlungsprodukte

1. Azidalbumine und Alkalialbuminate.
2. Albumosen, Peptone und Peptide.
3. Halogeneiweiße, Oxyprotein, Oxyprotsulfonsäure und Verwandte.

C. Proteide oder zusammengesetzte Eiweißkörper

Lipoproteide.
Phosphorproteide.
Nukleoproteide.
Hämoglobin und Verwandte.
Glykoproteide. Mucine, Mucoide.

Vom elektrochemischen Standpunkte sind nicht alle diese Körper und nicht gleich eingehend untersucht. Es zeigt sich aber, daß die angegebene Gruppierung sich nicht nach einheitlichen elektrochemischen Gesichtspunkten begründen läßt. Die Wasserlöslichkeit im reinen ungeladenen Zustand konnte für eine Einteilung bis zu einem gewissen Grade herangezogen werden (PAULI 1919). Von den so löslichen Proteinen wurden insbesondere Eier- und Serumalbumin, Glutin und Hämoglobin eingehend behandelt, von den unlöslichen Kasein und Globulin. Zu der letzteren Gruppe zählen noch Fibrin und gewisse denaturierte Albumine, z. B. durch Hitze, Strahlenwirkung.

Wegen der ungleichen Ausdehnung der an den verschiedenen Eiweißkörpern angestellten Untersuchungen, die häufig durch die verschieden leichte Zugänglichkeit, oft aber auch durch den Zufall bedingt worden ist, werden wir in unserer Darstellung von einer Einteilung nach den Substanzen absehen und in Bezug auf verschiedene Fragen der Elektrochemie die einzelnen Gruppen, wie Eieralbumin, Serumglobulin, Edestin usw. nebeneinander behandeln.

Einheitlichkeit. Die erste gegebene Aufgabe der Eiweißforschung bestand und besteht darin, zu einheitlichen Substanzen zu gelangen. Die Fraktionierung der Proteingemenge wird hauptsächlich auf Grund der Löslichkeit in reinem Wasser und in Salzlösungen vorgenommen. Gelegentlich kann auch die Alkohollöslichkeit dazu benützt werden. In einigen Fällen kann die Reinigung mittels Kristallisation durchgeführt werden. Die Eiweißkristalle scheinen eine Tendenz zu haben, Verunreinigungen hartnäckig festzuhalten. Doch gelingt es schon nach einigen Umfällen oder Umkristallisieren insoweit reine Proteine zu erhalten, daß sie ihre chemischen und elektrochemischen Eigenschaften bei Wiederholung dieser Operationen innerhalb der Fehlergrenzen nicht mehr verändern. Eine gewisse Sicherheit in Bezug auf die Einheitlichkeit ist nur bei den kristallisierten Produkten vorhanden. Auch die Unmöglichkeit, in solchen Fällen verschiedene Anteile durch Zentrifugieren abzutrennen, also die Homodispersität, wie sie sich in der Ultrazentrifuge von THE SVEDBERG kundgibt, erhöht die Wahrscheinlichkeit, daß einheitliche Substanzen vorliegen. Sonst ist die Einheitlichkeit nur relativ, d. h. bisher ist es nicht gelungen, mit der angewendeten Methodik eine weitere Fraktionierung zu bewirken.

Herstellung. Im folgenden soll die Gewinnung der am meisten elektrochemisch untersuchten Eiweißkörper nur in den Hauptzügen angedeutet werden. Bezüglich der Einzelheiten der Methodik sei auf die betreffenden Handbücher der Biochemie verwiesen.

Zur Gewinnung der Eiweißkörper des Blutwassers wird aus dem Serum (von Pferden, Rindern usw.) durch Fällung mit $(NH_4)_2SO_4$ in Drittelsättigung zunächst das Euglobulin abgetrennt. Durch Halbsättigung des Filtrates mit Ammonsulfat wird eine wasserlösliche Fraktion das Pseudoglobulin gefällt. Durch schließliche Sättigung mit Ammonsulfat wird das Serumalbumin ausgeschieden. Pseudoglobulin und Serumalbumin sind in reinem Wasser löslich. Serumalbumin läßt sich nach dem Verfahren von HOFMEISTER zur Kristallisation bringen und auf diese Weise weitgehend reinigen. Das Euglobulin ist in reinem Wasser unlöslich, es kann jedoch durch Neutralsalzlösungen bestimmter Konzentration gelöst, mit Ammon- oder Magnesiumsulfat oder aber durch Dialyse (Entfernen des Neutralsalzes) wiedergefällt werden. Albumin und Pseudoglobulin haben die Tendenz, einen Teil des Euglobulins in der Lösung zu halten. Nur durch wiederholtes Umfällen (Umkristallisieren) und weitgehende Dialyse, insbesondere Elektrodialyse ist eine Befreiung davon und eine genügende Trennung der drei Proteine ausführbar.

Ovalbumin wird aus frischen Hühnereiern gewonnen. Das Eiklar wird vom Dotter getrennt. Durch Halbsättigung mit Ammonsulfat wird das Eierglobulin abgeschieden. Durch Kristallisation wird das Albumin weiter gereinigt. Der in der Mutterlauge bleibende, nicht kristallisierende Anteil von Serum- und Eieralbumin wird als Conalbumin bezeichnet.

Zur Gewinnung des Glutins werden die besten Gelatinehandelsprodukte benutzt. Die Reinigung beschränkt sich auf Dialyse und anschließend vorsichtige Elektrodialyse.

Das Oxyhämoglobin wird durch Hämolyse aus den Blutkörperchen (von Pferd, Rind) gewonnen. Durch Filtrieren wird es von den Stromata befreit. Wegen des hohen Temperaturkoeffizienten der Löslichkeit kann es aus der reinen wäßrigen (oder alkoholhaltigen) Lösung in der Kälte leicht auskristallisiert werden (F. HOPPE-SEYLER).

Die Protamine werden aus dem Sperma der verschiedenen Seefische erhalten (Klupein vom Hering, Sturin vom Störfisch usw.). Das Sperma wird mit Alkohol und Äther extrahiert. Aus dem Rückstand werden die Protamine mit verdünnter Salzsäurelösung herausgelöst (A. KOSSEL).

Thymushiston wird aus der Thymusdrüse (der Kälber) gewonnen.

Kasein aus Kuhmilch wird durch wiederholtes Fällen mit Essigsäure und Auflösen durch Neutralisation mit Ammoniak oder Natriumkarbonat gewonnen. Von Fett wird es mit Alkohol und Äther befreit. Kasein ist in weitgehend reinem Zustande (nach HAMMARSTEN dargestellt) im Handel zu haben.

Gliadin aus Weizenkorn wird aus Weizenmehl mit zirka 70%igem Alkohol extrahiert. Es wird mit Salzlösung gefällt und in einer sauren oder alkalischen wäßrigen Lösung gelöst. Die Pflanzenglobuline lassen sich aus Ölsamen nach Befreiung von Öl mit Äther mit Kochsalzlösung extrahieren.

Myosin und Myogen werden aus den Muskeln mit etwa 10%iger Chlorammonlösung extrahiert.

Ovovitellin wird aus Eigelb durch Auflösen in 10%igem Kochsalz, Befreiung von Lezithin durch Extraktion mit Äther und Fällen durch Verdünnen gewonnen.

Teilchengröße. Die wässerigen Lösungen der Eiweißkörper sind kolloid, sie vermögen z. B. nicht Pergamentmembranen zu durchdringen. Die Dialysierbarkeit ermöglicht ihre vollständige Befreiung von nicht kolloiden Verunreinigungen.

Die wasserlöslichen Eiweißkörper haben in der Lösung schätzungsweise eine lineare Ausdehnung von 4 bis 6 mμ. Sie müssen infolgedessen amikronisch sein. Die wasserunlöslichen Eiweißkörper können je nach ihrem Ladungszustand auch in viel göberem Dispersitätszustand bis zu dem von Suspensionen auftreten.

Wie im Kapitel 27 dargelegt, können von den Bestimmungen der Teilchengröße nur einige neuere auf Genauigkeit Anspruch erheben. In erster Linie sind die osmotischen Messungen von S. P. L. SÖRENSEN und G. S. ADAIR und die Sedimentationsbestimmungen von THE SVEDBERG zu nennen.

Unter Berücksichtigung der DONNAN-Theorie der Membrangleichgewichte hat S. SÖRENSEN die folgenden Schätzungswerte für das Teilchengewicht der Proteine angegeben.

Tabelle 104. Molekulargewichte der Proteine nach S. P. L. SÖRENSEN

Ovalbumin	34,000
Seralbumin	45,000
Serumglobulin	80—140,000

G. S. ADAIR hat gleichfalls osmotische Messungen ausgeführt. Für die Berechnung des Molekulargewichtes benützt er jedoch an Stelle der Zustandsgleichung der verdünnten Lösungen eine empirisch korrigierte Formel und an Stelle der DONNAN-Beziehung berechnet er den osmotischen Druck im Sinne des DALTONschen Gesetzes als Differenz der Summe der Partialdrucke sämtlicher anwesenden Teilchen inner- und außerhalb der Membran. Auf diese Weise schätzt er auch auf Grund der Werte anderer Untersucher die Molekulargewichte ab.

Man ersieht aus der Tabelle SVEDBERGS die merkwürdige Tatsache, daß die Molekulargewichte der Proteine als ganzzahlige Vielfache des kleinsten, nämlich desjenigen des Ovalbumins, erscheinen. SVEDBERG findet bemerkenswerterweise die nichtfraktionierte Mischung des wasserlöslichen Pseudoglobulins und des wasserunlöslichen Euglobulins homodispers. Die Unterscheidung der beiden dürfte nach ihm erst durch die infolge der Behandlung auftretende Dekomposition und Aggregation, nicht jedoch in dem ursprünglichen Zustand begründet sein.

Aus dem Verhältnis der Diffusionsgeschwindigkeit und der Sedimentationsgeschwindigkeit lassen sich Schlüsse auf die Teilchenform ziehen. Auf diese

Tabelle 105. Molekulargewichte der Proteine nach G. S. ADAIR

Protein	Autor	Molekulargewicht nach diesem Autor	Molekulargewicht korrigiert nach ADAIR
Ovalbumin	LILLIE	—	73,000 ± 15,000
„	SÖRENSEN	34,000	66,000
Gelatine	LILLIE	—	68,000 ± 2,000
„	LOEB	25,000	nicht einwandfrei
Serumprotein	MOORE	57,000	80,000 ± 20,000
„	KROGH	—	56,000 ± 15,000
Oxyhämoglobin (Rind)	HÜFNER	16,700	nicht einwandfrei
„ (Mensch)	ADAIR	—	66,800 ± 6,000
„ (Pferd)	„	—	65,000 ± 6,000
„ (Schaf)	„	—	66,700 ± 6,000
Reduziert. Hämoglobin (Mensch)	„	—	60,000 ± 10,000
Methämoglobin (Mensch)	„	—	68,000 ± 6,000
Oxyhämoglobin (Kuh)	ROAF	16,000	60,000 ± 30,000
„ (Kuh)	„	99,600	
Serumalbumin	ADAIR	—	62,000
Euglobulin	„	—	47,000
Pseudoglobulin	„	—	130,000—150,000

SVEDBERG fand mit Hilfe der Ultrazentrifuge die folgenden Werte:

Tabelle 106. Molekulargewichte der Proteine nach THE SVEDBERG

Protein	Molekulargewicht	Methode	Beobachter
Ovalbumin (elektrolytfrei)	34,500	Sedimentationsgleichgewicht	NICHOLS u. SVEDBERG, 1926
Hämoglobin (elektrolytfrei)	67,700		FÄHREUS u. SVEDBERG, 1925
Hämoglobin (elektrolytfrei)	68,000	Sedimentationsgeschwindigkeit	SVEDBERG, 1926
Hämoglobin (Puffer p_H 6,2—7,7)	68,100		NICHOLS, 1927
Kohlenmonoxydhämogl. (Puffer $p_H = 6—9,5$)	68,000		SVEDBERG u. NICHOLS, 1927
Seralbumin	66,740		SVEDBERG u. SJÖGREN, 1928
(Puffer $p_H = 4,8$)	68,150	Sed.-Gleichgewicht	
Serumglobulin	104.400	Sed.-Geschwindigk.	
(Puffer $p_H = 5,5$)	103,100	Sedimentations-Gleichgewicht	
Phykocyan (Puffer $p_H = 7,0—7,9$)	105,900		SVEDBERG u. LEWIS, 1927.
Phykocyan (Puffer $p_H = 7,0$)	105,000	Sed.-Geschwindigk.	
Phykoerythrin (Puffer $p_H = 5,0—6,8$)	207,000	Sedim.-Gleichgewicht	
Phykoerythrin (Puffer $p_H = 5,0—6,8$)	226,800	Sed.-Geschwindigk.	

Weise folgert J. B. NICHOLS, daß Hämoglobin ein wenig anisotrop (blattförmig) ist, während Ovalbumin, Phykocyan und Phykoerythrin nahezu kugelförmig sind.

Schließlich seien noch die osmotischen Messungen von J. EGGERT und J. REITSTÖTTER erwähnt, wonach die Molekulargewichte verschiedener Handelssorten der Gelatine zwischen 20000 und 40000 liegen sollen.

Chemische Konstitution. Durch Anwendung verschiedener Spaltungsmethoden erhält man aus den Proteinen Verbindungen, welche vielfach als ihre Bausteine angesehen werden. Aus dem durch hydrolytische Spaltung gewonnenen Gemisch gelang es im Laufe der Zeit, eine Reihe von Aminosäuren zu isolieren. In der folgenden Tabelle ist ihre saure (k_a) und basische (k_b) Dissoziationskonstante, ferner ihr isoelektrischer Punkt ($p_H I$) angeführt.

Tabelle 107. Aminosäuren[1]

Dissoziationskonstanten und p_H im isoelektrischen Punkt nach der jüngsten Zusammenstellung von P. L. KIRK und C. L. A. SCHMIDT

Name	k_a	k_b	$p_H I$
Monoamino-Karbonsäuren			
Glykokoll	$1,8 \cdot 10^{-10}$	$2,6 \cdot 10^{-12}$	6,08
Alanin	$1,9 \cdot 10^{-10}$	$2,3 \cdot 15^{-12}$	6,04
Valin	$2,3 \cdot 10^{-10}$	$2,0 \cdot 15^{-12}$	6,0
Leuzin	$2,5 \cdot 10^{-10}$	$2,3 \cdot 10^{-12}$	6,0
Isoleuzin	$2,1 \cdot 10^{-10}$	$2,3 \cdot 10^{-12}$	6,02
Phenylalanin	$7,5 \cdot 10^{-10}$	$4,0 \cdot 10^{-13}$	5,4
Tyrosin	(1) $7,0 \cdot 10^{-10}$ (2) $7,0 \cdot 10^{-11}$	$1,7 \cdot 10^{-12}$	5,7
Serin	$7,08 \cdot 10^{-10}$	$1,62 \cdot 10^{-12}$	5,68
Cystin	(1) $3,3 \cdot 10^{-8}$ (2) $9,6 \cdot 10^{-10}$	(1) $5 \cdot 10^{-13}$ (2) $< 1,5 \cdot 10^{-13}$	4,1
Monoamino-Dikarbonsäuren			
Aparaginsäure	(1) $2 \cdot 10^{-4}$ (2) $2 \cdot 10^{-10}$	$1 \cdot 10^{-12}$	2,8
Glutaminsäure	(1) $6 \cdot 10^{-5}$ (2) $2,5 \cdot 10^{-10}$	$1,4 \cdot 10^{-2}$	3,2
β-oxy-Glutaminsäure	(1) $5,82 \cdot 10^{-5}$ (2) $2,76 \cdot 10^{-10}$	$2,12 \cdot 10^{-12}$	3,28
Diamino-Dikarbonsäuren			
Arginin	$2 \cdot 10^{-10}$	(1) $2 \cdot 10^{-6}$ (2) $1,5 \cdot 10^{-12}$	9,0
Lysin	$3 \cdot 10^{-11}$	(1) $2 \cdot 10^{-5}$ (2) $1 \cdot 10^{-12}$	9,9
Heterozyklische Verbindungen			
Histidin	$3,9 \cdot 10^{-10}$	(1) $1,2 \cdot 10^{-8}$ (2) $2,9 \cdot 10^{-13}$	
Prolin	$2,5 \cdot 10^{-11}$	$1 \cdot 10^{-12}$	6,3
Oxyprolin	$1,86 \cdot 10^{-10}$	$8,32 \cdot 10^{-13}$	5,82
Tryptophan	$4,1 \cdot 10^{-10}$	$2,2 \cdot 10^{-12}$	5,86

Die Analyse der Hydrolyseprodukte unter Isolierung der einzelnen Aminosäuren ist eine mühsame Aufgabe. Die gewinnbaren Produkte decken nur im

[1] Bei Dissoziationskonstanten für mehrere Stufen sind die Stufen durch (1) und (2) gekennzeichnet.

günstigsten Fall 80 bis 90% des Ausgangsmaterials, in den meisten Fällen noch weniger. Das Defizit entsteht bei der Hydrolyse und Isolierung.

Ein anderer Weg zur Bestimmung der Zusammensetzung des Hydrolyseproduktes beruht auf der Bestimmung des darin enthaltenen Gesamtstickstoffes neben dem Amidostickstoff und der vollständigen Abscheidung der Diaminosäuren. Die Abscheidung der Diaminosäuren wird mit Phosphorwolframsäure bewirkt, der Gehalt an Monoaminosäure ergibt sich als die Differenz zwischen Gesamtstickstoff und Amid- + Diaminostickstoff. Dieser Methode bediente sich zuerst W. HAUSMANN in HOFMEISTERS Laboratorium. Sie wurde von T. B. OSBORNE weiter ausgebaut. Das Verfahren wurde von D. D. VAN SLYKE wesentlich ergänzt und vervollkommnet, so daß es die Differenzierung von weiteren Gruppen gestattet. Es beruht auf dem Freiwerden des Aminostickstoffes bei der Reaktion mit salpetriger Säure und kann durch Vergleich der Summe der Komponenten mit dem Gesamtstickstoff kontrolliert werden. Diese Prüfung ergab, daß die Methode auf maximal 1 bis 2% Fehler genau ist. Die erhaltenen Gruppen sind: Amid N (NH_3-Gehalt), Humin N (Bodenkörpernach der Hydrolyse), Zystin-N, Arginin-N, Histidin-N, Lysin-N, Monoamino-N und Nichtamino-N (Prolin, Tryptophan).

Für die Elektrochemie der Proteine ist das elektrochemische Verhalten dieser aufbauenden Verbindungen von Bedeutung. Sie sind alle amphotere, schwache Elektrolyte. Ihre basische Gruppe ist die Amino-, ihre saure die Karboxylgruppe.

Auf welche Art und Weise diese Verbindungen im Eiweißmolekül aneinandergekettet sind, ist noch nicht ganz sichergestellt. Nach FRANZ HOFMEISTER und EMIL FISCHER ist je eine Aminogruppe mit einer Karboxylgruppe einer anderen Aminosäure amidartig verbunden.

$$HOOC\text{-}R\text{-}NH_2 + HOOC\text{-}R\text{-}NH_2 = HOOC\text{-}R — NHOC\text{-}R — NH_2 + H_2O$$

Die freigebliebenen Amino- und Karboxylgruppen reagieren auf dieselbe Weise wieder mit anderen Aminosäuren. Die natürlichen Proteine würden so entstandene Polypeptide vorstellen. Es sind Anhaltspunkte dafür vorhanden, daß im Eiweiß die daraus gewinnbare Diamino- bzw. Dikarbonsäuren nur mittels einer ihrer basischen bzw. Säuregruppen an der Peptidbindung beteiligt sind und die andere freibleibt oder leicht als freie reagiert (Kap. 43).

Nach N. TROENSEGAARD sollen die Eiweißkörper hauptsächlich aus heterozyklischen Ringen bestehen. Die Aminosäuren bilden sich erst bei der hydrolytischen Aufspaltung. Nach den Untersuchungen von M. BERGMANN und E. ABDERHALDEN muß mit der Möglichkeit des Vorkommens von Anhydriden der Oxyaminosäuren (Piperazinringen) gerechnet werden. Die Angaben, daß gewisse Proteine in organischen Medien, wie Phenol oder Kresol kleine Molekulargewichte (Größenordnung 10^2) zeigen, fanden keine Bestätigung und wurden teilweise auf Verunreinigungen zurückgeführt (N. TROENSEGAARD und J. SCHMIDT, R. O. HERZOG und M. KOBEL, R. O. HERZOG und H. COHN, E. J. COHN und J. B. CONANT).

Neue Untersuchungen von E. WALDSCHMIDT-LEITZ über die fermentative Spaltung der Proteine haben starke Stützen für die überwiegende Rolle der Peptidbindung in der Eiweißkonstitution beigebracht. Mit dieser Auffassung stehen die Ergebnisse der elektrochemischen Methoden in Übereinstimmung oder ergeben mindestens keinen Widerspruch zu derselben.

In den wohlausgebildeten Hämoglobin- und Albuminkristallen konnte bisher keine Gitterstruktur festgestellt werden. Dagegen zeigen Seidenfibroin, Chitin, Kollagen und gedehnte Gelatine Faserstruktur, d. h. sie bestehen aus Kristalliten, die sich mit der einen Achse (der Faserachse) parallel zu der Faserrichtung orientieren (R. O. HERZOG, H. W. GONELL, R. O. HERZOG und H. W. GONELL, R. O. HERZOG und W. JANCKE, R. BRILL, J. R. KATZ und O. GERNGROSS, K. H. MEYER und H. MARK). Die Größe der Identitätsperioden in dem Röntgendiagramm läßt Elementarkörper berechnen, die nur ein bis zwei Dutzend Kohlenstoffatome enthalten, deren Molekulargewichte daher verhältnismäßig niedrig sind (Größenordnung 10^2). Nach K. H. MEYER und H. MARK bestehen die Kristallite aus einem Bündel von parallelen Hauptvalenzketten, die z. B. im Falle des Seidenfibroins aus peptidartig verknüpften Glycylalanylresten bestehen (Abb. 5, S. 38). Eine solche Polypeptidkette enthält etwa 20 Glycylalanylreste. Die Ketten sind im Kristalliten durch Assoziationskräfte zusammengehalten. Die Annahme kleiner Moleküle läßt sich nicht durch die kleinen Identitätsperioden begründen. Ähnliche Strukturen vermuten diese Forscher bei den anderen Eiweißkörpern. Die Kompliziertheit und Ungleichheit der Hauptvalenzketten solle die Ausbildung einer röntgenoptisch feststellbaren Ordnung bei diesen verhindern. Auch von Seidenfibroin liegt nur etwa die Hälfte der Substanz in kristallisiertem Zustande vor, die andere Hälfte ist in amorpher Form zwischen den Kristalliten verteilt.

Literaturverzeichnis

ABDERHALDEN, E.: Handb. d. biol. Arbeitsmethoden. Abt. I, Teil 8. — Naturw. **12**, 716 (1924). — ADAIR, G. S.: Proc. Roy. Soc. (London) **108** A, 627 (1925). — Scandin Arch. Physiol. **49**, 76 (1926). — Proc. of Cambr. Phil. Soc. **1**, 75 (1924). — Journ. Am. Chem. Soc. **51**, 696 (1929). — BERGMANN, M.: Naturw. **12**, 1155 (1924). — Koll. Z. **40**, 289 (1926). — BRILL, R.: LIEBIGS Ann. **434**, 204 (1923). — COHN, E. J.: Physiol. Rev. **5**, 249 (1925). — DERSELBE und CONANT, J. B.: Z. f. physiol. Ch. **159**, 93 (1926). — EDLBACHER, S.: Strukturchemie der Aminosäuren und Eiweißkörper. Wien (1927). — EGGERT, J. und REITSTÖTTER, J.: Z. f. phys. Ch. **123**, 363 (1926). — FISCHER, E. Untersuchungen über Aminosäuren und Polypeptide. Berlin. — GONELL, H. W.: Z. f. physiol. Ch. **152**, 18 (1926). — HAUSMANN, W.: Z. f. physiol. Ch. **27**, 95 (1899); **29**, 136 (1900). — HERZOG, R. O. und GONELL, H. W.: Ber. **58**, 228 (1925). — DERSELBE und JANCHE, W.: Ber. **53**, 2162 (1920). — HERZOG, R. O.: Naturw. **12**, 951, 1153 (1924). — DERSELBE und M. KOBEL: Z. f. physiol. Ch. **134**, 296 (1924). — DERSELBE und H. COHN: Z. f. physiol. Ch. **169**, 305 (1927). — KATZ, J. R. und O. GERNGROSS: Koll. Z. **39**, 181 (1926). — KESTNER, O.: Chemie der Eiweißkörper. Braunschweig (1925). — KIRK P. L. und C. L. A. SCHMIDT, Univ. of Californ. public in physiol. **7**, 57—69 (1929). — MEYER, K. H.: Z. f. ang. Ch. **41**, 935 (1928). — DERSELBE und H. MARK: Ber. **61**, 1932 (1928). — OSBORNE, T. B. und J. B. HARRIS: Journ. Am. Chem. Soc. **25**, 323 (1903). — NICHOLS, J. B.: Coll. Sypm. Mon. **6**, 287 (1928). — SÖRENSEN, S. P. L.: Z. f. physiol. Ch. **106**, 1 (1919). — Proteins. New-York (1925). — VAN SLYKE, D. D.: In ABDERHALDENS Hdb. d. biol. Arbeitsmethoden. Abt. I, Teil 7. — SVEDBERG, THE: Z. f. phys. Ch. **127**, 51 (1927). — Koll. Bech. **26**, 230 (1928). — DERSELBE und R. FÅHREUS: Journ. Am. Chem. Soc. **48**, 430 (1926). — DERSELBE und J. B. NICHOLS: Journ. Am. Chem. Soc. **48**, 3081 (1926); **49**, 2920 (1927). — DERSELBE und N. B. LEWIS: Journ. Am. Chem. Soc. **50**, 525 (1928). — DERSELBE und B. SJÖGREN: Journ. Am. Chem. Soc. **50**, 3318 (1928). — TROENSEGAARD, N.: Z. f. physiol. Ch. **112**, 87, 137 (1923). — DERSELBE und J. SCHMIDT: Z. f. physiol. Ch. **133**, 116 (1924); **167**, 312 (1927). — WALDSCHMIDT-LEITZ, E.: Naturw. **14**, 129 (1926).

43. Säure- und Alkalibindung der Proteine

Geschichte und Methode. PLATTNER hat bereits 1866 erkannt, daß die Proteine sowohl mit Säuren als auch mit Basen Verbindungen eingehen. Solche Substanzen hat man später als amphoter bezeichnet.

Physikalisch-chemische Methoden zur Untersuchung der Reaktion der Eiweißkörper mit Elektrolyten werden erst seit I. SJÖQVIST verwendet. Wie bereits vor ihm zahlreiche Forscher, so wurde auch er durch das Problem der Magensaftazidität auf die Frage der Säurebindung von Eiweißkörpern gewiesen. Anlehnend an das Prinzip der konduktometrischen Titration hat SJÖQVIST die Methode der Leitfähigkeitsbestimmung benützt. Aus der Abnahme der Säureleitfähigkeit durch Zusatz des Proteins sollte die Bindung berechnet werden. Eine Korrektur wurde im Sinne einer mechanischen Leitungshinderung angebracht, welche auf Grund der Leitfähigkeitsabnahme einer Kochsalzlösung durch das Protein berechnet wurde. Als Material diente dialysiertes Eiklar. Eine $5 \cdot 10^{-2}$ n-Salzsäurelösung wurde mit steigenden Mengen Albumin versetzt. Die erhaltene Kurve zeigt, wie SJÖQVIST darlegt, die Form der konduktometrischen Titrationskurve von einer schwachen Base, welche der Hydrolyse unterliegt. Die folgende Tabelle enthält die Daten.

Tabelle 108. (Ovalbumin + 0,05 n HCl, Äquivalentfähigkeit 18°)

Prozent Albumin	λ	Prozent Albumin	λ	Prozent Albumin	λ
0,2	334,5	3,03	146,3	5,87	62,52
0,72	286,2	4,09	97,5	6,26	60,7
1,08	263,1	4,7	78,52	6,71	59,43
2,16	196,2	5,22	68,66	7,63	58,32
				9,4	57,7

Die Korrektur der mechanischen Behinderung und der Verunreinigungen ergibt den letzten Wert zu 53. Diesen Wert nimmt SJÖQVIST als die Äquivalentleitfähigkeit des Albuminchlorides, da durch die hohe Konzentration des Proteins hier die gesamte Säure als gebunden betrachtet werden kann. Aus der Titrationskurve errechnet sich damit das Äquivalentgewicht des Eialbumins zu etwa 800. In der Tat stimmt dieser Wert von SJÖQVIST mit den neuesten durch andere Methoden ermittelte Werte sehr gut überein. Nach derselben Methode bestimmt SJÖQVIST den Wert für Albuminsulfat und Albuminnitrat. Die Kurve der Phosphorsäure nimmt infolge der gesteigerten Hydrolyse eine andere Form an. SJÖQVIST berechnet die Menge der Säure, welche in einer $5 \cdot 10^{-2}$ n-Lösung durch verschiedene Proteinmengen gebunden wird. Für 1%ige Lösung ergibt sich im Mittel, daß etwa 22% der Säure durch das Eiweiß neutralisiert werden. Er berechnet schließlich mit Hilfe des MWG, daß die Base Eiweiß etwa 20mal so schwach ist als Glykokoll.

SJÖQVIST zeigt ferner in dieser Arbeit, daß auch koaguliertes Eiweiß in suspendierter Form Säuren zu binden vermag.

Bereits bei SJÖQVIST findet sich also ein großer Teil der Fragestellungen der Elektrochemie der Proteine: Die Feststellung des Hydrolysegleichgewichtes, des Äquivalentgewichtes und die Anwendbarkeit des MWG.

Sjöqvist faßt die Reaktion in rein chemischem Sinne auf. Fast alle Forscher auf diesem Gebiete sind ihm in dieser Hinsicht gefolgt. Der Wert der Beobachtungen ist jedoch davon unabhängig. Wir werden die Nomenklatur der chemischen Betrachtungsweise in unserer folgenden Darstellung beibehalten, ohne jedoch zunächst damit über die chemische oder nichtchemische Natur dieser Gleichgewichte ein Urteil zu fällen. Diese Frage soll vielmehr weiter unten gesondert behandelt werden.

Die Methode von Sjöqvist ist immerhin für eine genaue quantitative Bestimmung nicht geeignet. Dazu wäre die Kenntnis der Leitfähigkeit des gebildeten Albuminsalzes notwendig. Wohl trifft seine Annahme, daß in der hochprozentigen Lösung die Hydrolyse gering ist und infolgedessen die Leitfähigkeit diejenige des Albuminsalzes allein darstellt, annähernd zu. In anderen Bindungsverhältnissen haben wir jedoch andere Werte des Äquivalentleitvermögens des Eiweißsalzes, da die Wertigkeit der Proteinionen und der Leitfähigkeitskoeffizient (Dissoziationsgrad) verschieden und diese Größen einer Bestimmung in diesen Fällen nicht zugänglich waren. Die Äquivalentleitfähigkeit des Eiweißsalzes kann nämlich zwischen dem Wert der Äquivalentleitfähigkeit etwa einer verdünnten KCl-Lösung und, für den Fall der vollständigen Inaktivierung, dem Werte Null variieren. Demgemäß wird die berechnete Bindung bis auf 40% unsicher. Bei 25° wäre nämlich die Abnahme der Äquivalentleitfähigkeiten für jedes Mol gebundenes H^+ im ersten Fall $\lambda(HCl) - \lambda(KCl) = 425 - 150 = 275$, im zweiten Fall 425 rez. Ω.

K. Spiro und Pemsel benützten zur Bestimmung der Bindungskapazität des Eiweißes für Säuren und Basen das folgende Verfahren. Sie versetzten die Lösung mit Säure bzw. Base und fällten das gebildete Eiweißsalz mit gesättigtem Ammonsulfat. Das Filtrat wurde azidimetrisch titriert und auf diese Weise die durch den Niederschlag gebundene Säure ermittelt. Gegen dieses Verfahren ist einzuwenden, daß die H^+-Konzentration bzw. Aktivität, welche das Gleichgewicht bestimmt, durch das $(NH_4)_2SO_4$ in unbekannter Weise beeinflußt wird, so daß die Bindung bei einer anderen als der ursprünglichen H^+-Aktivität bestimmt wird. Auf diese Weise könnte eventuell nur die maximale Bindung erhoben werden, die jedoch bei einer viel höheren Säure- bzw. Laugenkonzentration liegt, als in den Versuchen von Spiro und Pemsel ($1-2 \cdot 10^{-2}$ n) zur Verwendung kam.

Dasselbe Prinzip bildete die Unterlage für Versuche von Cohnheim mit Krüger und W. Erb. Zur Fällung wurde neutrales phosphorwolframsaures Kalzium verwendet. Da dieses in einer kleineren Konzentration zur Fällung genügt und größere Säurekonzentrationen benützt wurden, könnte man für die maximale Bindung annähernd richtige Werte erhoffen. Doch zeigt Seralbumin bei Erb einen niedrigeren Wert der Säurekapazität als Ovalbumin, während das in genaueren Untersuchungen gefundene Verhalten von beinahe 1 zu 2 gerade in umgekehrter Richtung liegt. Noch weniger zuverlässig sind naturgemäß die von diesen Autoren angegebenen Daten bezüglich des Hydrolysegleichgewichtes.

Auch die Bestimmung der kleinsten Lauge- oder Säurekonzentration, in der eine bestimmte Menge eines wasserunlöslichen Proteins eine klare Lösung gibt, liefert nicht die Säure- oder Basenkapazität des Proteins. Vom elektrochemischen Standpunkt ist die Gesamtladung in diesem Punkte kein ausgezeichneter Wert.

Die Bestimmung der Verminderung der Gefrierpunktdepression, wie sie von BUGARSZKY und LIEBERMANN, ferner durch T. B. ROBERTSON benützt wurde, kann aus demselben Grunde, wie die konduktometrische Methode von SJÖQUIST, für die genaue Ermittlung der Ionenbindung nicht benützt werden, nämlich wegen der Unkenntnis des Ionisationszustandes des Proteinsalzes, wodurch auch sein Beitrag zur Gefrierpunkterniedrigung nicht in die Rechnung gezogen werden kann.

Die theoretisch einwandfreie und praktisch genaueste Methode besteht darin, daß man die durch die Proteinanwesenheit hervorgerufene H^+-Aktivitätsabnahme in der Protein-Säure- bzw. Protein-Base-Mischung bestimmt.

Grundsätzlich richtig, jedoch praktisch ungenügend genau ist die H^+-Aktivitätsbestimmung aus der katalytischen Beeinflussung der Rohrzuckerinversion, wie sie zuerst von O. COHNHEIM an Albumose und Peptonen benützt wurde. Die Indikatorenmethode kann nur für einzelne Punkte (für den Umschlagpunkt) die Aktivität ermitteln. Die Indikatorreihe wurde am Eiweiß für die Studien des Hydrolysegleichgewichtes nicht verwendet. Hier würde die Anwendung durch einen Eiweißfehler — eine direkte Eiweiß-Indikatorreaktion — erschwert.

Berechnungsweise. Wie im allgemeinen Teil erwähnt, wurde die elektrometrische Methode zuerst von ST. BUGARSZKY und L. LIEBERMANN an Eiweißkörpern gebraucht. Dort wurden auch die zwei Schwierigkeiten der Methode besprochen: Das Diffusionspotential und die Änderung des Aktivitätskoeffizienten. Nach Eliminierung des Diffusionspotentials kann die Konzentration der durch das Eiweiß gebundenen H^+-Ionen aus der folgenden Gleichung berechnet werden:

$$n_H \text{ geb.} = \frac{a_I}{f_I} - \frac{a_{II}}{f_{II}}$$

a_I bedeutet die H^+-Aktivität in der ersten Mischung, a_{II} in der zweiten, fa_I und fa_{II} stellen die Aktivitätskoeffizienten in den beiden Lösungen vor. $\frac{a_I}{f_I} = C_H$ ist die Konzentration der zugesetzten Säure. Die Schwierigkeit liegt nun in dem für fa_{II} einzusetzenden Werte. Man kann erstens unter der Annahme, daß das gebildete Albuminchlorid auf dieselbe Weise die H^+-Aktivität beeinflußt, wie eine Salzsäure von derselben Normalität, $fa_{II} = fa_I$ setzen. Man kann jedoch zweitens annehmen, daß die H^+-Aktivität von dem Albuminsalz unabhängig ist und fa_{II} denselben Wert annimmt wie eine reine Salzsäure von derselben H^+-Aktivität. Drittens kann man die Annahme zugrunde legen, daß der Aktivitätskoeffizient fa_{II} denselben Wert erreicht wie in einer Salzsäure gleicher Chloraktivität, als die Mischung besitzt. Die Schwierigkeit, hier eine Entscheidung zu treffen, läßt sich auch experimentell nicht umgehen.

BUGARSZKY und LIEBERMANN nahmen einfach die Differenz der Aktivitäten als die Menge der gebundenen Säure (bzw. Lauge) an.

$$n_H \text{ geb.} = a_I - a_{II}$$

Sie berechneten nämlich aus der Potentialdifferenz nach der NERNSTschen Formel die Aktivitätsabnahme. Ebenso verfahren MANABE und MATULA.

Gleichfalls der BUGARSZKY-LIEBERMANNschen Berechnungsweise folgt ROBERTSON.

PAULI und HIRSCHFELD verwenden die Formel

$$n_H \text{ geb.} = C_I - \frac{a_{II}}{\alpha_I}$$

Dies würde der Voraussetzung $f_I = f_{II}$ entsprechen. An der Stelle des (damals unbekannten) Aktivitätskoeffizienten, welcher aus der elektrometrischen Messung der Säure zu entnehmen wäre, benützen sie jedoch die KOHLRAUSCHschen Werte des Dissoziationsgrades (Leitfähigkeitskoeffizienten).

D. HITCHCOCK berechnet die gebundene Säure folgendermaßen. Er bestimmt, die EMK von Konzentrationsketten mit verschiedenen Säurekonzentrationen und mißt die EMK der Kette mit dem Säure-Eiweißgemisch. Dann berechnet er die Konzentration der freien Säure im Gemisch auf Grund der ersten Kurve (EMK — reine Säure). Diesen Wert subtrahiert er von der Konzentration der gesamten zugesetzten Säure. Die Methode entspricht der zweiten der obigen Annahmen, nach welcher der Aktivitätskoeffizient der H^+-Ionen eine eindeutige Funktion der H^+-Aktivität darstellt (Unabhängigkeit von der Anwesenheit des Proteinsalzes) und wurde auch von K. LINDERSTRÖM-LANG und E. LUND und von W. F. HOFMANN und R. A. GORTNER sowie von PAULI und H. WIT benützt. E. J. COHN und R. BERGREEN berechnen die Werte auf Grund der ersten Annahme, nach der der Aktivitätskoeffizient eine eindeutige Funktion des analytischen Chlorgehaltes, bzw. im Falle der Laugenbindung des analytischen Alkaligehaltes bildet, unter Einsetzen der von LEWIS bestimmten Werte für die Aktivität der Natronlaugen (da sie die Alkalibindung messen). Ebenso gehen PAULI, FRISCH und VALKÓ vor.

Da die Ermittlung der gebundenen H^+, bzw. OH^+-Ionen auf die Bestimmung einer Differenz begründet ist, verursachen die prozentischen Fehler in der Messung einen um so größeren Fehler, je weiter die zwei Werte (gesamte Säure und freie Säure) voneinander abweichen. Im Säureüberschuß verbreitet sich also die Fehlergrenze stark.

Maximale Bindung. Als Bindungskapazität oder maximale Bindung (n max.) bezeichnet man den größten Wert der $H^+(OH^-)$, welcher von einer bestimmten Menge Protein aufgenommen wird. Im Sinne eines hydrolytischen (oder Adsorptions-) Gleichgewichtes stellt dieser Wert den Grenzwert der Bindung bei steigender $H^+(OH^-)$-Ionenaktivität dar. Dieser Wert wird praktisch bei einer bestimmten Säurekonzentration erreicht (welche von der Proteinkonzentration abhängt) und dann nicht mehr merklich überschritten, z. B. in einer 1%igen Ovalbuminlösung beim Zusatz von etwa $3 \cdot 10^{-2}$ n starker Säure oder Lauge. Der Wert wird gewöhnlich auf 1 g Protein und äquivalente Säure bezogen. Wie PAULI und M. HIRSCHFELD zuerst festgestellt haben, ist *diese Bindungskapazität von der Konzentration des Proteins und der Natur der Säure unabhängig.* Mit einer schwachen Säure läßt sie sich nicht bestimmen, da eine genügende H^+-Aktivität damit nicht erreichbar ist. Der reziproke Wert der maximalen Bindung stellt das (minimale) Äquivalentgewicht des Proteins dar. Nimmt z. B. 1 g Ovalbumin im Höchstfalle $1{,}2 \cdot 10^{-3}$ H^+-Ionen auf, so ist das Äquivalentgewicht dieses Proteins 850 g, d. h. je 850 g Ovalbumin nehmen maximal 1 Mol H^+-Ionen auf.

Da die maximale Bindung erst im Überschuß der Säure, bzw. Base bestimmt werden kann, verursachen die Messungsfehler bereits eine erhebliche Unsicherheit. Die daraus sich ergebende Fehlergrenze für den Bindungswert beträgt etwa 5 bis 10%. *Die theoretisch unbehebbare Schwierigkeit in der Berechnungsweise* steigert die Unsicherheit im ungünstigsten Falle um weitere 10%. Nur im günstigen Falle kann man also dem elektrometrisch bestimmten Äquivalentgewicht eine absolute Genauigkeit von 15% zumessen. Dagegen lassen sich die Werte der maximalen Bindung, die *mit einer und derselben Methodik und Berechnungsweise* an verschiedenen Eiweißkörpern gewonnen wurden, mit weit größerer Genauigkeit untereinander vergleichen.

Die maximale Bindung unlöslicher Proteine (Seide, Wolle) läßt sich aus der Abnahme des Säure oder Laugetiters in der Lösung nach Hereinbringen des Proteins und dessen Entfernung berechnen. Allerdings wird dabei vorausgesetzt, daß im Quellungswasser und im Bad die freie Säure oder Lauge gleichmäßig verteilt ist, was nur im Falle eines Elektrolytüberschusses eintrifft (s. dazu Kap. 47).

In der folgenden Tabelle sind die maximalen Bindungswerte einiger Proteine, wie sie von verschiedenen Beobachtern gefunden wurden, zusammengestellt.

Tabelle 109. Maximale Bindung der Proteine

Protein	Untersucher	H^+-Bindung 10^3 pro g Protein	Basisches Äquivalentgewicht	OH^--Bindung 10^3 pro g Protein	Saures Äquivalentgewicht
Gelatine	Procter u. Wilson	1,3	768		
	Wintgen u. Krüger		839		
	Wintgen u. Vogel		885		
	Hitchcock (jüngster Wert)	0,935			
	Lloyd u. Mayes[1]	3,0			
	Manabe u. Matula	1,5			
	Blasel u. Matula	1,5			
	Atkin u. Douglas	0,84			
	Pauli u. Wit	0,98	960		
Seralbumin	Manabe u. Matula	1,66			
	Pauli u. Hirschfeld	1,67			
	Pauli-Blank	1,47		1,6	
Ovalbumin	Pauli-Frisch-Valko	1,10			
	Pauli-Frisch			1,34	
Fibrinogen	Nordbö	1,7	600		
Histon	Felix	1,08	930	1,49	670
Myogen	Weber	1,05		1,34	
Wolle	K. H. Meyer	1,2	800		
	Elöd u. Vogel	1,14			
Seide	K. H. Meyer	0,24	4200		
Kasein (Hammarsten)	Cohn u. Berggren			1,8	555
	Robertson				535
Kasein (van Slyke u. Baker)	Cohn u. Berggren			1,4	735
Pseudoglobin	Pauli-Blank	1,43		1,26	
Hämoglobin	Schwarzacher	0,685		0,685	

[1] Dem Wert von D. J. Lloyd und C. Mayes liegt eine völlig irrtümliche Berechnungsweise zu Grunde, die von R. de Jzaguirre kritisiert wurde.

Neben der verschiedenen Berechnungsweise ist bei der Gelatine auch die verschiedene Herkunft und verschiedene Reinigungsweise für die Schwankungen verantwortlich. Mit Ausnahme der Seide, von der ein Teil, wie angenommen wird, aus topischen Gründen für die Reaktion nicht zugänglich ist, kann 1000 ± 400 als das Äquivalentgewicht dieser Proteinsalze betrachtet werden.

Bindung schwacher Säuren und Basen. Neben der Feststellung des Äquivalentgewichtes der Proteine bei der maximalen Bindung richtete sich das Interesse der Forschung in zweiter Linie auf die Abhängigkeit der Bindung der Wasserstoff- bzw. Hydroxylionen an dieselben von der jeweiligen Säure- respektive Laugenkonzentration der Lösung. Es handelt sich dabei um das Anlagerungsgleichgewicht der Ionen, welches in der Sprache der zwei verschiedenen Auffassungen entweder als Hydrolyse- oder als Adsorptionsgleichgewicht beschrieben wird.

Die Berechnung der gebundenen Ionenmenge erfolgt nach den Gleichungen, die für die Bestimmung des Äquivalentes verwendet werden. Es tritt jedoch auch das Problem hinzu, die Bindung von schwachen Säuren oder Basen zu ermitteln. Für die Bestimmung des Äquivalentes werden die letzteren nicht benützt, weil sie wegen der stärkeren Hydrolyse ihrer Eiweißsalze eine höhere Konzentration erfordern und dieser Umstand die Unsicherheit des berechneten Bindungswertes steigert. Für die Beschreibung der Anlagerungsgleichgewichte kommt diesen Bindungsverhältnissen jedoch eine gewisse Bedeutung zu.

Pauli und Hirschfeld haben zuerst eine solche Berechnung durchgeführt. Sie mußten natürlich von dem Massenwirkungsgesetz Gebrauch machen. Setzt man der Essigsäure Azetat zu, so geht ihre Dissoziationsisotherme $K \,.\, [HAc] = (H)^2$ über in die Gleichung

$$K \,.\, [HAc] = [H]\,([H^{\cdot}] + [Ac'])$$

K bedeutet die Dissoziationskonstante der Essigsäure, (HAc) die Konzentration der undissoziierten Essigsäure, [H] die Konzentration der freien Wasserstoffionen, [Ac′] die Konzentration der vom anwesenden Salz stammenden Azetaionen. Andererseits gilt für die Konzentration der undissoziierten Essigsäure

$$[HAc] = n - [H^{\cdot}] - [Ac']$$

wobei n den analytischen Essigsäuregehalt bedeutet. Im Falle der Eiweißneutralisation ist n gleich der Normalität der zugefügten Essigsäure. Durch Kombination der zwei Gleichungen erhalten wir:

$$K\,(n - [H^{\cdot}] - [Ac']) = [H]\,([H] + [Ac'])$$

Daraus ergibt sich

$$[Ac'] = \frac{K\,(n - [H^{\cdot}]) - [H^{\cdot}]^2}{K + [H]}$$

[Ac′] bedeutet im Falle der Eiweiß-Essigsäure-Reaktion die Konzentration der dem Protein als Gegenion zugehörigen Azetationen, d. h. die Normalität des Eiweißsalzes oder die gebundenen H-Ionen.

Es sind hier jedoch einige Voraussetzungen gemacht. Erstens, daß das gebildete Eiweißsalz vollständig dissoziiert ist, zweitens, daß die Aktivität der Konzentration gleichgesetzt werden kann. Man kann jedoch diese Voraussetzungen fallen lassen und z. B. annehmen, daß der Aktivitätskoeffizient der dem Eiweiß als Gegenion zugehörigen Azetationen ebenso groß ist wie der Aktivitätskoeffizient der Chlorionen vom Eiweißchlorid bei demselben pH. Auch bezüglich der Aktivitätskoeffizienten der Wasserstoffionen lassen sich verschiedene Voraussetzungen machen. Man kann z. B. unter Postulierung der Unabhängigkeit der Aktivität der Essigsäure vom analogen Eiweißsalz die Werte benutzen, welche für Essigsäure derselben H^+-Aktivität gelten. Anderseits könnte man eine Beeinflussung des H^+-Aktivitätskoeffizienten durch die Eiweißkonzentration annehmen.

Läßt man diese Möglichkeiten gelten, so kann man die Abhängigkeit der Bindung von der H^+-Aktivität nicht mehr in Form einer geschlossenen Gleichung darstellen. Man müßte dann versuchen, mit Einführen dieser Annahmen die nach der obigen Formel von PAULI berechneten Daten näherungsweise zu korrigieren.

Auch bei der Gültigkeit der obigen Formel werden die experimentellen Fehler der H^+-Ionenbestimmung bei der Umrechnung auf den Bindungswert stark erhöht, und zwar um so mehr, je schwächer die Säure ist. Dazu kommt noch die eingeschränkte Gültigkeit der Voraussetzungen, so daß die Werte, welche mit schwachen Säuren bestimmt sind, höchstens den qualitativen Schluß erlauben, daß die Säuren (bei derselben analytischen Konzentration) um so weniger gebunden werden, je schwächer sie sind. Auf Grund der Vorstellungen über den Bindungsmechanismus (als primäre Bindung der H^+-Ionen und sekundär eintretende Inaktivierung der Gegenionen) ist auch nichts anderes zu erwarten, als daß im Gleichgewichtszustande derselben Aktivität von freien Wasserstoffionen dieselbe Menge gebundener Wasserstoffionen entspricht, unabhängig von der Natur der Säure. Diese Folgerung läßt sich in erster Linie auf den Befund mit verschieden starken Säuren stützen.

Die Anlagerungsgleichgewichte. Die Darstellung des Anlagerungsgleichgewichtes kann auf verschiedene Weise erfolgen. Man kann z. B. die gebundenen H^+-Ionen als Funktion der analytischen Konzentration der Säure wiedergeben, oder auch als Funktion der Aktivität der freigebliebenen H^+-Ionen.

Wir werden die folgenden Bezeichnungen gebrauchen:

Die Werte in der reinen Säurelösung bezeichnen wir mit dem Index I:

n^{I}: Die Äquivalentkonzentration (Normalität).

f_a^{I}; Der Aktivitätskoeffizient, und zwar

f_a^{I} HCl: Mittlerer Aktivitätskoeffizient der Salzsäure;

f_a^{I} H^+: Aktivitätskoeffizient der H^+-Ionen;

a_H^{I}: Aktivität der Wasserstoffionen.

Die Werte in der Säure-Eiweißmischung bezeichnen wir mit dem Index II:

a_H^{II} = Aktivität der Wasserstoffionen;

a_{Cl}^{II} = Aktivität der Chlorionen.

Die in der Mischung auf das Eiweißsalz allein bezogenen Werte bezeichnen wir mit dem Index III:

n^{III} = Normalität (Äquivalentkonzentration) des Eiweißsalzes = Konzentration der gebundenen Wasserstoffionen.

Die ersten von ST. BUGARSZKY und L. LIEBERMANN stammenden Bestimmungen gaben nur die durch verschiedene Mengen von Eialbumin gebundenen H^+-, bzw. OH-Ionen an. Die anwesende Salzsäure besaß in allen Versuchen die gleiche Konzentration $n^{II} = 5 \cdot 10^{-2}$, ebensogroß war die Natronlaugekonzentration bei den entsprechenden Versuchen im alkalischen Gebiete.

Tabelle 110. Säure- und Laugenbindung des Ovalbumins nach ST. BUGARSZKY und L. LIEBERMANN

G	% H^+ gebunden	% OH^- gebunden
0,4	9,0	—
0,8	18,9	14,4
1,6	33,3	27,4
3,2	60,2	60,2
6,4	96,56	—
9,4	—	97,0
12,8	99,67	—

G = g Eiweiß pro 100 ccm Lösung; $\% H^+ \text{ gebunden} = \frac{n^{III} . 100.}{n^{II}}$

Lange Zeit nachher hat T. B. ROBERTSON, nunmehr bei konstantem Eiweißgehalt und variierender Säuren- und Laugenkonzentration, das Verhalten von Ovomukoid- und Kaseinlösungen nach derselben Methode untersucht. Bei Kasein hat er auch den Einfluß der Eiweißkonzentration auf die Bindungskurve festgestellt. ROBERTSONs Kaseinlösungen enthielten übrigens von ihrer Neutralisation als Alkalikaseinate bei der Herstellung Alkalisalz, in der Konzentration 1,5 bis $3 . 10^{-2}$ n. Seine Resultate geben die folgenden Tabellen wieder.

Tabelle 111. Laugenbindung des Kaseins nach T. B. ROBERTSON

0,5% Kasein + KOH		3% Kasein + KOH	
n_{II}	n_{III}	n_{II}	n_{III}
$2 . 10^{-2}$	$9{,}17 . 10^{-3}$	$5 . 10^{-2}$	$4{,}7 . 10^{-2}$
$1 . 10^{-2}$	$8{,}3 . 10^{-3}$	$3 . 10^{-2}$	$2{,}98 . 10^{-2}$
$7{,}5 . 10^{-3}$	$7{,}0 . 10^{-3}$	$2{,}5 . 10^{-2}$	$2{,}5 . 10^{-2}$
$5 . 10^{-3}$	$4{,}95 . 10^{-3}$	$2 . 10^{-2}$	$2{,}0 . 10^{-2}$
$2{,}5 . 10^{-3}$	$2{,}5 . 10^{-3}$	$1{,}5 . 10^{-2}$	$1{,}5 . 10^{-2}$
$1{,}5 . 10^{-3}$	$1{,}5 . 10^{-3}$	$1 . 10^{-2}$	$1{,}0 . 10^{-2}$

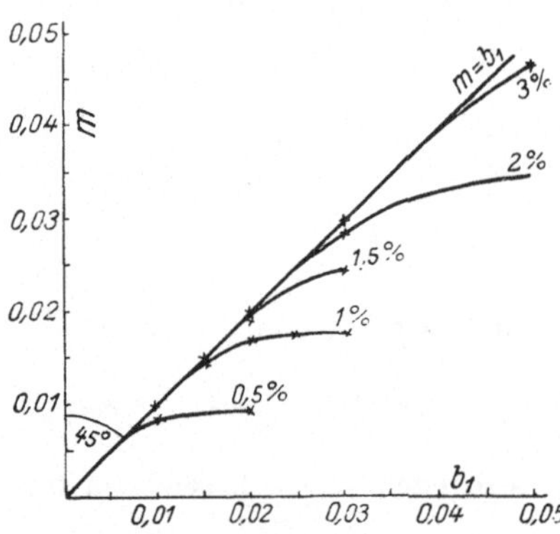

Abb. 74. Alkalibindung des Kaseins bei verschiedener Proteinkonzentration nach T. B. ROBERTSON

Während in niedrigerer Kaseinkonzentration nur bei geringem Laugengehalt vollständige Bindung eintritt, vermag die konzentrierte Kaseinlösung die Hydroxylionen auch aus einer konzentrierteren Lauge vollständig zu binden. Deutlich sind diese Beziehungen bei der graphischen Darstellung der vollständigen Versuchsserie durch ROBERTSON (Abb. 74). Man sieht daraus, daß je höher die Eiweißkonzentration ist, um so mehr sich die ganze Bindungskurve der geraden Linie nähert, welche den vollständigen Verbrauch der Lauge und damit für alle Eiweißkonzentrationen die Tangente der Bindungskurven im Ursprung darstellt.

Kurz darauf haben D'AGOSTINO und G. QUAGLIARIELLO das Bindungsvermögen von 1,715%igem Serumalbumin gegenüber HCl und NaOH mit Hilfe der Indikatorenmethode untersucht. Ihre Bestimmungen waren jedoch auf ein relativ kleines Gebiet in der Nähe des Neutralpunktes beschränkt: $5 . 10^{-4}$

bis 5 . 10^{-3}-Säure und 5 . 10^{-3} bis 6 . 10^{-4}-Lauge. Demgemäß sind die p_H-Grenzen 5,21 und 10.

K. Manabe und J. Matula (in Paulis Institut) untersuchten dann das Albumin-Säuregleichgewicht elektrometrisch in einem größeren Bereich und in salzfreien Lösungen.

Tabelle 112. Rinderalbumin (1,09%) + Salzsäure

n^{I}	a_H^{II}	n^{III}
0,005	3,89 . 10^{-4}	4,48 . 10^{-3}
0,007	4,75 . 10^{-4}	6,32 . 10^{-3}
0,01	8,22 . 10^{-4}	8,84 . 10^{-3}
0,02	5,07 . 10^{-3}	1,41 . 10^{-2}
0,05	2,91 . 10^{-2}	1,79 . 10^{-2}

Man sieht auch hier, daß während von den verdünnten Säuren der überwiegende Teil durch 1% Eiweiß gebunden wird, von einer 5 . 10^{-2} normalen Säure bereits mehr als die Hälfte frei bleibt. Die absolute Bindung nimmt mit steigender Säurekonzentration zu und nähert sich deutlich einem Grenzwerte.

Auf dieselbe Weise wurde die Bindung an Glutin von diesen Autoren bestimmt.

W. Pauli und M. Hirschfeld stellten die Bindung von Salzsäure und Schwefelsäure am Pferdeseralbumin dar. Wie die Abb. 75 zeigt, fanden sie bei Schwefelsäure eine nur wenig niedrigere Bindung. Dies ist darauf zurück-

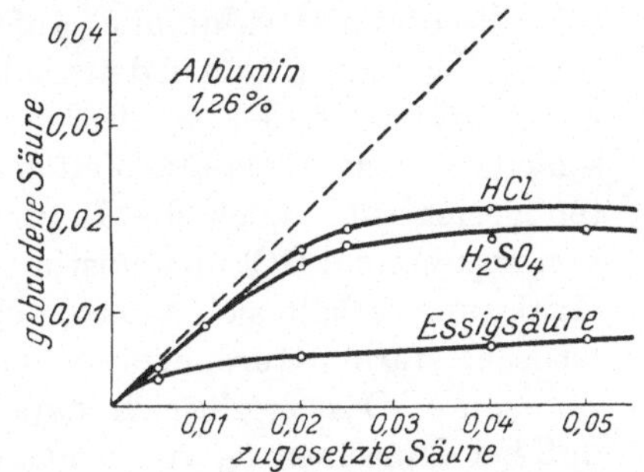

Abb. 75. H^+-Bindung des Seralbumins in einprozentiger Lösung nach Pauli und Hirschfeld

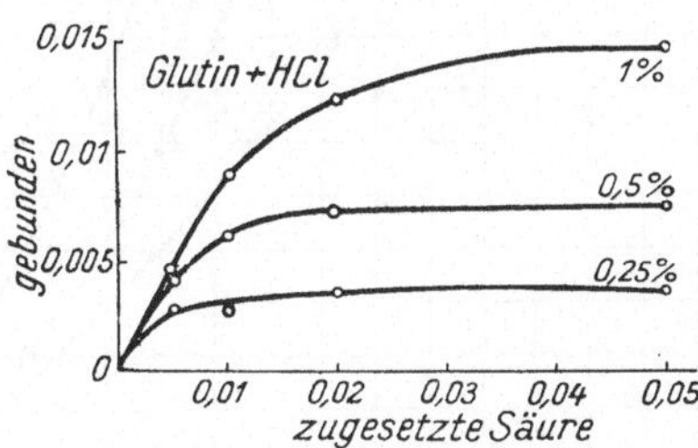

Abb. 76. H^+-Bindung des Glutins bei verschiedener Proteinkonzentration nach Pauli und Hirschfeld

zuführen, daß Schwefelsäure bei derselben Konzentration eine niedrigere H^+-Aktivität zeigt (infolge der Zweiwertigkeit derselben). Würde man auf die gleiche Aktivität der H^+-Ionen beziehen, so würde die Differenz verschwinden. Dieselben Autoren bestimmten auch die Säurebindung des Glutins bei verschiedener Konzentration desselben.

Blasel und Matula haben gleichfalls die Säurebindung von Glutin ermittelt.

Pauli und Spitzer haben auch am Serumalbumin das Verhalten gegenüber Laugen untersucht. Die Ergebnisse zeigen (Tabelle 113), daß die starken Laugen NaOH, $Ba(OH)_2$ und Tetramethylammoniumhydroxyd durch das Protein annähernd die gleiche Neutralisation erfahren. Wegen der Unsicherheit in der

Berechnungsweise sind die (auf Grund der im Anfang des Abschnittes erwähnten Gleichung berechneten) Werte der Hydroxylionenbindung an schwachen Laugen (Piperidin und NH_3) nur qualitativ zu verwerten.

Tabelle 113. Laugenbindung durch 1%ige Seralbuminlösung nach PAULI und SPITZER

n_{II}	n_{III} in NaOH	n_{III} in $Ba(OH)_2$	n_{III} in $(CH_3)_4$ NOH
$5 \cdot 10^{-3}$	$4{,}9 \cdot 10^{-3}$	$4{,}9 \cdot 10^{-3}$	$4{,}98 \cdot 10^{-3}$
$1 \cdot 10^{-2}$	$8{,}96 \cdot 10^{-3}$	$9{,}3 \cdot 10^{-3}$	$9{,}54 \cdot 10^{-3}$
$2 \cdot 10^{-2}$	$15{,}9 \cdot 10^{-3}$	$15{,}7 \cdot 10^{-3}$	$16{,}4 \cdot 10^{-3}$
$3 \cdot 10^{-2}$	$19{,}3 \cdot 10^{-3}$	$19{,}0 \cdot 10^{-3}$	$21{,}6 \cdot 10^{-3}$
$5 \cdot 10^{-2}$	$23{,}6 \cdot 10^{-3}$	$22{,}1 \cdot 10^{-3}$	$23{,}9 \cdot 10^{-3}$

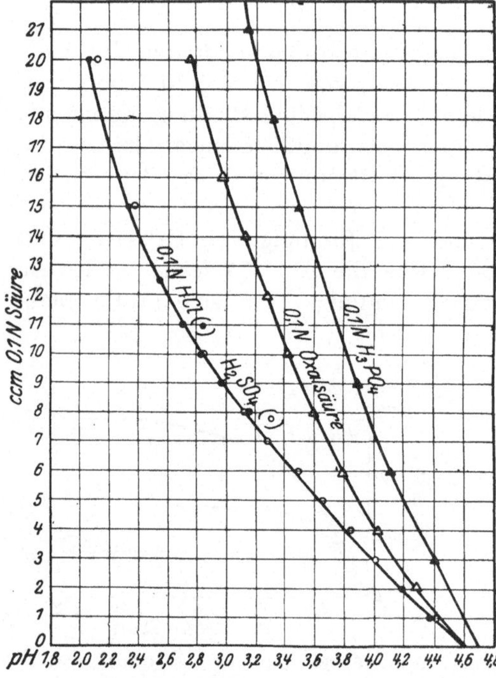

Abb. 77. Titrationskurve des Ovalbumins mit verschiedenen Säuren nach J. LOEB

PAULI hat ferner mit KRYZ die Bindung von NaOH an 0,1125-, 0,225- und 0,45%igem Kasein ermittelt.

Zahlreiche Bindungsbestimmungen wurden später von J. LOEB und seinen Mitarbeitern, vor allem von D. HITCHCOCK durchgeführt: Auf der Abb. 77 sind die gewonnenen Bindungskurven von HCl, H_2SO_4, Oxalsäure und Phosphor säure an kristallisiertem Ovalbumin aufgetragen. Man sieht, daß in den niedrigen Konzentrationen, wo die Unterschiede in den Aktivitätskoeffizienten gering sind, auch die Bindung von H_2SO_4 und HCl übereinstimmt. Oxalsäure verhält sich wie eine einbasische starke Säure, ebenso Phosphorsäure. Das ergibt sich daraus, daß bei demselben p_H von der Oxalsäure die doppelte, von der Phosphorsäure die dreifache Äquivalentkonzentration gebunden wird (Tabelle 114).

Diese Ergebnisse stellen einen weiteren Beweis für die Annahmen der früheren Untersucher dar, daß die Bindung der H^+-Ionen und nicht des Säuremoleküls (welches übrigens bei starken Säuren überhaupt nicht in merklicher Menge in der Lösung vorhanden ist) das Verschwinden der H^+-Ionen bedingt.

Identische Ergebnisse brachten LOEBs Bestimmungen an Gelatine und diejenigen HITCHCOCKs an Edestin.

Die Unabhängigkeit der Bindung bei demselben a_H^{II} von der Natur der starken Säuren und die Abhängigkeit von der Dissoziationskonstante der schwachen Säuren zeigten noch zahlreiche Versuche von LOEB.

Analoge Versuche hat LOEB in den Mischungen von Eieralbumin, Kasein, und HITCHCOCK an Edestin und Gelatine mit KOH, NaOH, $Ca(OH)_2$ und Ba(OH) angestellt.

M. SPIEGEL-ADOLF hat die Säurebindung der Globuline untersucht. Sie fand eine beträchtlich stärkere Bindung der Schwefelsäure als der Salzsäure. Die OH^--Bindung war dagegen in äquivalenten Lösungen von Alkali- und Erdalkalilauge gleich groß.

Tabelle 114. 1% Ovalbumin + Säure

$p_H = -\log a_H^{II}$	$n^{III}\,10^{-3}$	Gebundene Säure in Mol . 10^{-3}	
	H_2SO_4	Oxalsäure	H_3PO_4
4,2	1,15	1,8	3,8
4,0	1,7	2,6	5,3
3,8	2,3	3,7	6,8
3,6	2,9	5,0	8,6
3,4	3,5	6,3	10,6
3,2	4,3	8,0	13,1
3,0	5,1	9,5	16,1
2,8	5,9	11,1	19,3
2,6	6,5	13,3	22,9
2,4	7,0	16,0	

Neuere Untersuchungen unter Berücksichtigung der Aktivitätskoeffizienten wurden von PAULI und Mitarbeitern (J. FRISCH, E. VALKÓ, H. WIT, F. BLANK) an Ovalbumin, Seralbumin und Gelatine mit HCl, H_2SO_4, H_3PO_4 und KOH durchgeführt. Dabei wurde mittels Elektrodialyse vollständig gereinigtes Eiweiß benützt. Durch diese Versuche wurden die früheren Ergebnisse mit entsprechenden Abänderungen der Zahlenwerte bestätigt.

W. F. HOFFMANN und R. A. GORTNER haben eine große Reihe von Eiweißkörpern auf die Säure- und Alkalibindung untersucht. Neben Kasein bildeten zwölf aus verschiedenen Getreidearten gewonnene alkohollösliche Proteine (Prolamine) den Gegenstand der Messungen. Die Berechnung erfolgte wie bei LOEB-HITCHCOCK mit Hilfe der empirischen Säure-p_H-Kurven. Die Messungen zeigen eine nicht unerhebliche Streuung der einzelnen Werte, welche in der graphischen Darstellung ausgeglichen wurden.

HOFFMANN und GORTNER heben hervor, daß ihre Befunde der Behauptung LOEBS bezüglich des Ausmaßes der Phosphorsäurebindung widersprechen. Sie kommen nämlich zu der Feststellung, daß bei demselben p_H mehr als dreimal soviel Phosphorsäure (in Normalität) gebunden wird, als Salzsäure und Schwefelsäure, deren Bindungskurven sehr nahe aneinander verlaufen. Die Berechnung erfolgt dabei, wie bei den starken Säuren, aus der Differenz der Titrationskurven.

Bereits HITCHCOCK hat gefunden, daß Edestin bei demselben p_H fünfmal so viel Phosphorsäure bindet als Salzsäure, wenn man die einfache Berechnungsweise zugrunde legt, während erst die Berücksichtigung des MWG. bezüglich der Phosphorsäureionisation die von LOEB behauptete Oberflächenbindung der Phosphorsäure ergibt.

In der Tat ist die Unsicherheit bei der Berechnung der Phosphorsäurebindung noch viel größer als bei einwertigen schwachen Säuren. Man müßte nämlich die Dissoziation zumindest der zweiten Stufe mitberücksichtigen. Die Behandlungsweise LOEBS, die erste Stufe als vollständig dissoziiert anzunehmen, die Dissoziation der übrigen Stufen zu vernachlässigen, erweist sich als viel zu einfach. Der Vergleich der H^+-Aktivität lehrt in Wirklichkeit, daß die Phosphorsäure bereits in 0,01 molarer Lösung eine bedeutend kleinere H^+-Aktivität besitzt als 0,01 normale Salzsäure und noch geringer ist die Dissoziation in höheren Konzentrationen. Die Anwendbarkeit des MWG. leidet zumal darunter, daß die Beeinflussung der Phosphationenaktivität durch die hochwertigen positiven Proteinionen sich nicht bestimmen läßt. Es dürften sich eben die Ionisationsverhältnisse der mehrbasischen schwachen Säuren in Gegenwart hochwertiger Kationen besonders kompliziert gestalten. Bei dem Mangel an diesbezüglichen Erfahrungen erscheinen Analogieschlüsse kaum zulässig. Unter diesen Umständen haben Pauli und seine Mitarbeiter, die die H^+-Aktivitäten in Phosphorsäure-Albumin-Gemischen bestimmt hatten, es für zweckmäßig gefunden, auf die Berechnung der Bindung überhaupt zu verzichten, und sie bestreiten auch, daß solchen Versuchen, wie bei Loeb behauptet wird, eine grundsätzliche Bedeutung bezüglich der chemischen oder Adsorptionsnatur der Säure-Proteinkombination zukommt. Denn sie können ebensowenig als Argumente für (Loeb) wie gegen (Hoffmann-Gortner) die chemische Auffassung verwendet werden.

Von neueren Untersuchungen seien die Bestimmung der OH^--Bindung an Kasein durch E. J. Cohn und E. L. R. Berggreen, der H^+- und OH^--Bindung an Histon durch K. Felix, an Myogen durch H. H. Weber, der Laugenbindung an Seralbumin und Globulin durch D. D. van Slyke, A. Hiller und J. Sendroy genannt. Wegen weiteren Untersuchungen sei auf Tab. 117 hingewiesen.

B. M. Hendrix und V. Wilson fanden neuestens, daß hitzekoaguliertes Ovalbumin eine bedeutend kleinere Kapazität sowohl für Säuren als auch für Basen zeigt. Die Autoren führen dieses Verhalten auf die Kondensation je einer Karboxyl- und einer Aminogruppe des Proteins zurück, eine Annahme, die bereits vor längerer Zeit von Pauli zur Erklärung der Hitzedenaturierung herangezogen wurde.

Die Natur des H^+- und OH-Bindungsgleichgewichtes der Proteine. In bezug auf die Natur der H^+- und OH-Bindung der Proteine können zwei Fragen gestellt werden:

1. Welchem Gesetz gehorcht das Anlagerungsgleichgewicht?
2. Welche Kräfte bewirken die Ionenanlagerung?

Durch den Umstand, daß die zwei Fragen nicht getrennt behandelt wurden, wurde viel Verwirrung verursacht. Man glaubte z. B. daraus, daß die H^+-Bindung bis zu einem gewissen Grade durch die gewöhnliche Adsorptionsisotherme dargestellt werden kann, die Folgerung ziehen zu können, daß physikalische Kräfte die Ionenbindung bewerkstelligen. Andere meinten wieder durch die erwiesene Gültigkeit des Massenwirkungsgesetzes den Nachweis erbracht zu haben, daß es sich um eine chemische Reaktion handelt.

Keine dieser Folgerungen ist, in der Art wie sie gezogen wurden, statthaft. Auch wenn man annimmt, daß nur chemische Kräfte im Spiele sind, kann man nicht die Gültigkeit des Massenwirkungsgesetzes mit einer Dissoziationskonstante erwarten. Das Dissoziationsgleichgewicht eines Elektrolyten mit vielen Dissoziationsstufen läßt sich, wenn man die gegenseitige Beeinflussung der Ionisation berücksichtigt, nur durch eine Gleichung höherer Ordnung mit sehr vielen Konstanten beschreiben. In solchen Fällen ist es durchaus denkbar, daß eine empirische Exponentialfunktion mit zwei Konstanten das tatsächliche Verhalten (mit Ausnahme des Gebietes der Sättigung) genauer wiedergibt als das Massenwirkungsgesetz für einen einwertigen Elektrolyten. Andererseits ist es leicht möglich, daß eine nur durch physikalische Kräfte, z. B. Dipolkräfte, stattfindende Anreicherung der Ionen an einer Oberfläche genau dem Massenwirkungsgesetz gehorcht.

Wir wollen uns zunächst mit der Frage nach dem Gesetz des Anlagerungsgleichgewichtes beschäftigen.

Wie im Anfang dieses Abschnittes erwähnt, hat bereits SJÖQVIST das MWG. auf die Proteinsalzhydrolyse angewendet. Später haben vor allem PAULI und ROBERTSON derartige Berechnungen ausgeführt. Den Sinn dieser Berechnung hat der erstere folgendermaßen formuliert:

„Dem Eiweiß müssen als vielwertiger Base eine entsprechende Anzahl von Basendissoziationskonstanten zukommen, deren Werte stark abfallen. Eine Bestimmung dieser Einzelwerte ist derzeit nicht möglich. Als mittleres k_B des Eiweißes in seiner Verbindung mit einer starken Säure möchten wir diejenige Basendissoziationskonstante bezeichnen, welche eine einwertige Base haben müßte, um unter sonst gleichen Umständen dieselbe hydrolytische Dissoziation aufzuweisen wie ein mit sämtlichen verfügbaren basischen Valenzen reagierendes Protein."

Diese Formulierung entspricht also der Überlegung, die wir der richtigen Ableitung des MWG der Oberflächereaktionen zugrundegelegt hatten (vgl. Kap. 10).

PAULI erhielt für Albumin eine basische Dissoziationskonstante von $1{,}75 \cdot 10^{-11}$ bis $1{,}57 \cdot 10^{-10}$.

Sehr einfach läßt sich die Berechnung durchführen, wenn man das maximale Bindungsvermögen kennt. Dann ist die Hydrolysekonstante des Proteinsalzes gleich der H^+-Ionenaktivität in dem Punkt, wo die Bindung die Hälfte der maximalen beträgt; die Dissoziationskonstante erhält man, wenn man die Wasserkonstante durch diesen Wert dividiert.

Bei der logarithmischen Darstellung des Anlagerungsgleichgewichtes ergibt sich die Hydrolysekonstante als die dem Wendepunkt entsprechende H^+-Aktivität. Auf diese Weise hat neuestens auf Grund der verschiedenen vorliegenden Messungen E. J. COHN die Dissoziationskonstanten für eine Reihe von Eiweißkörpern bestimmt. Die Kurve im sauren Gebiet entspricht der Dissoziationsrestkurve einer Base, die im basischen Gebiet der einer Säure, wobei im neutralen Bereich entsprechend dem Ampholytcharakter die beiden Kurven ineinander übergehen.

Bei einigen Proteinen erhält COHN mehrere Wendepunkte, woraus er als Arbeitshypothese mehrere Konstanten berechnet. Eine Anzahl der Säure- oder Basengruppen würden untereinander gleich sein und die verschiedenen Konstanten würden anzeigen, daß mehrere solche, untereinander gleichartige Säuregruppen vorhanden sind.

Bereits von PAULI wurde auf den bemerkenswerten Zusammenhang hingewiesen, welcher zwischen der mittleren Dissoziationskonstante der Proteine und den Dissoziationskonstanten der einfachen Aminosäuren besteht. Die mittlere Dissoziationskonstante der Eiweißkörper, sowohl als Säuren als auch als Basen, variiert nämlich zwischen $1 \cdot 10^{-10,2}$ und $1 \cdot 10^{-11,1}$, was größenordnungsgemäß der Stärke der einfachen Aminosäuren entspricht. Auch die isoelektrische Reaktion der Proteine liegt im Bereiche der Werte der Aminosäuren.

Zwitterionen. Die Theorie von BJERRUM führt zu der Annahme, daß die Proteine in neutraler Form mehr oder weniger vollständig als Zwitterion dissoziiert sind. Wenn von Ovalbumin z. B. sämtliche Säure- und Basengruppen dissoziiert wären, so würde es in Form eines etwa 30-wertigen Zwitterions vorliegen, rund 30 positiv aufgeladene Gruppen würden neben rund 30 negativ aufgeladenen Gruppen an der Oberfläche sitzen. Das Vorhandensein entgegengesetzter Ladungen in der Form eines inneren Salzes würde den Einfluß der Ladung auf das Lösungsmittel stark abschwächen. Die Polarisation der Wassermoleküle wäre z. B. infolge der gegenteiligen Beeinflussung der umgebenden Wassermoleküle gehemmt, ebenso die elektrostatische Anziehung gegenüber Ionen in der Lösung und auch gegen Kolloidionen. Doch würde wegen der Verschiebbarkeit der Ladungen diese Vorstellung eine erhöhte Wechselwirkung insbesondere mit mehrwertigen Ionen voraussehen lassen, da etwa bei Annäherung eines positiven Ions die negativen Ladungen auf der Oberfläche angezogen, die positiven abgestoßen werden.

Die Aufladung durch starke Säuren würde an Zwitterionen infolge des Dissoziationsrückganges der Säuregruppe erfolgen. In dem Maße des Verschwindens der negativen Ladungen erhält das Protein eine positive Überschußladung, welche sich nach außen frei kundgibt. Die scheinbare saure Dissoziationskonstante des Proteins würde im Sinne der Ausführungen Bjerrums in Wirklichkeit der basischen Hydrolysekonstante entsprechen, die wirkliche saure Konstante wäre gleich der scheinbaren basischen Hydrolysenkonstante und umgekehrt. Auch in diesem Falle wäre eine Übereinstimmung mit der unter Annahme der Zwitterionen berechneten Konstanten der Aminosäuren feststellbar. Die H^+- und OH^--Bindungskurven würden dann den mittleren Dissoziationsrest darstellen.

Gestützt wird die Zwitterionenauffassung auch durch die Ermittlung der Dissoziationswärme der Proteine durch O. Meyerhof. Die erhaltenen Werte sprechen sowohl bei den Aminosäuren wie bei den Proteinen dafür, daß die scheinbare Neutralisation in der Wirklichkeit ein Dissoziationsrückgang ist.

Mag es auch zweifelhaft erscheinen, ob die Mehrzahl der verfügbaren Gruppen bereits im neutralen Protein dissoziiert ist, so ist es doch äußerst wahrscheinlich, daß dies mindestens für einen Teil derselben zutrifft und daß die neutralen Proteinteilchen vielwertige Zwitterionen darstellen. In diesem Sinne sind auch in neuerer Zeit Beobachtungen über die Neutralsalzbeziehungen der Eiweißkörper in niederen Konzentrationen gedeutet worden.

Die Chemie der Säurebindung durch Proteine. Bereits die ersten Untersucher der Protein-Elektrolyt-Beziehungen, wie Hardy und Pauli, nahmen an, daß die Säurebindung an der endständigen Aminogruppe des durch peptidartig aneinandergekettete Aminosäuren entstanden gedachten Proteinmoleküls stattfindet.

$$R\begin{matrix} \diagup COOH \\ \diagdown NH_2 \end{matrix} + H^+ \rightarrow R\begin{matrix} \diagup COOH \\ \diagdown NH_3^+ \end{matrix}$$

T. B. Robertson war dagegen der Ansicht, daß die Stelle, an welcher die Reaktion stattfindet, die Peptidbindung selbst sei. Er nahm einen Reaktionsmechanismus nach dem folgenden Schema an:

$$\text{\_N . HOC\_} + HCl \rightarrow \text{—}\overset{H}{\underset{Cl}{N''}} + {}^{++}\text{HOC\_}$$

Die Säurebindung würde daher mit einer Spaltung des Proteinmoleküls in zwei entgegengesetzt geladene Proteinionen einhergehen. Diese Annahme muß jedoch in Anbetracht der seitdem gewonnenen experimentellen Daten fallen gelassen werden. Erstens ist bewiesen, daß die Säurebindung mit einer einsinnigen, positiven Aufladung verknüpft, zweitens, daß die Teilnahme der Proteinionen an der Leitung an die Anwesenheit freier aktiver Chlorionen gebunden ist. Drittens ist die ROBERTSONsche Vorstellung mit der Vielwertigkeit der Proteinionen nicht in Einklang zu bringen. Jedenfalls bleibt es ROBERTSONS Verdienst, die Möglichkeit einer Beteiligung der Peptidbindung an der Säure- (und Alkali-)Aufnahme zur Diskussion gestellt zu haben.

A. KOSSEL war der erste, der in Gemeinschaft mit A. T. CAMERON eine quantitative Beziehung zwischen dem Säurebindungsvermögen und dem Aminosäuregehalt festzustellen strebte. Seine Untersuchungsobjekte waren die einfachsten Proteine: Die Protamine. Ihr Säurebindungsvermögen war aus der Zusammensetzung des als Niederschlag ausfallenden Salzes, etwa des Platinates von Clupein bekannt. Anderseits führten KOSSELs Untersuchungen zu dem Ergebnis, daß in Clupein etwa vier Fünftel des Stickstoffes als Argininmoleküle und ein Fünftel in Form einer Monoaminosäure als Spaltungsprodukt vorliegt. Nur ein Bruchteil des gesamten Stickstoffes des Proteins zeigte sich der Säureaufnahme fähig.

KOSSEL ging von der Annahme aus, daß die Säurebindung nicht nur durch die Menge der Bausteine, sondern auch durch ihre Anordnung im Molekül bedingt ist, da von dieser Anordnung die Ausstattung des ganzen Proteinmoleküls mit freien Amino-, Carboxyl- und Hydroxylgruppen abhängt. Im Falle des Clupeins ergibt die Berechnung, daß das Säurebindungsvermögen ungefähr der Hälfte der basischen Valenzen des gesamten Stickstoffgehaltes des aus Clupein abspaltbaren Arginins, welches eine Diaminosäure ist, entspricht. Daraus folgt, daß je eine Aminogruppe des Arginins an der Peptidbindung unbeteiligt bleibt.

KOSSEL ging sogar weiter und ermittelte, welche der beiden Aminogruppen für das Säurebindungsvermögen verantwortlich sei: Diejenige des Ornithinrestes oder die des Guanidinrestes. Im Gegensatz zu Ornithin gibt Guanidin ein Nitroprodukt: KOSSEL zeigte, daß die Nitrierung des Clupeins ebenso verläuft wie beim Guanidin, die Anzahl der Nitrogruppen entspricht der Säureaufnahme des Clupeins und Nitroclupein liefert nach Hydrolyse das gesamte Arginin in Form des Nitroarginins.

Nach dem Verfahren von VAN SLYKE kann der seitenständige Stickstoff der Aminogruppen durch Zersetzung mit salpetriger Säure bestimmt werden. Die freie Aminogruppe des Guanidins wird jedoch bei dieser Reaktion nicht zerstört.

In KOSSELs Versuchen zeigte sich nun, daß das unzersetzte Clupein nach VAN SLYKEs Verfahren keine Stickstoffentwicklung gibt. Dieses Verhalten bestätigt, daß die Aminogruppe des Ornithins im Clupein nicht frei ist. Die freien Aminogruppen, deren Vorhandensein sich in der Reaktion mit Säuren kundgibt, verhalten sich im Clupein auch in der VAN SLYKEschen Reaktion so wie die zwei Aminogruppen des Guanidins. Durch Hydrolyse des Clupeins wird jedoch auch die endständige Aminogruppe des Ornithins frei, und nunmehr tritt bei dem VAN SLYKEschen Verfahren Stickstoffentwicklung auf. Nitroarginin, aus Nitroclupein gewonnen, gibt mit salpetriger Säure Stickstoffentwicklung, quantitativ entsprechend einer Aminogruppe im Molekül, welche wieder nur diejenige des Ornithinrestes sein kann.

Alle diese Tatsachen führen übereinstimmend zu der folgenden Annahme, betreffend die Verkettung der Argininгruppen im Clupein.

```
...CO — NH — CH — CO — NH — CH — CO — NH...
             |                  |
            C3H6               C3H6
             |                  |
            NH — CNH — NH2     NH — CNH — NH2
```

Je eine Aminogruppe des basischen zweiwertigen Arginins bleibt somit für die Wasserstoffionenbindung frei.

Kurz darauf wurde von PAULI ein anderer Weg beschritten, um in die chemischen Grundlagen der Säurebindung Klarheit zu bringen. Dieser Weg bestand in der Untersuchung der Säurekombination der Desaminoproteine. ZD. SKRAUP hatte durch Einwirkung der salpetrigen Säure auf Proteine daraus Produkte hergestellt, welche sich durch einen kleineren Stickstoffgehalt von dem Ausgangsmaterial unterscheiden. Die Untersuchung der Abbauprodukte zeigte vor allem einen kleineren Gehalt der Desaminoproteine an Lysin gegenüber den Ausgangssubstanzen. Offenbar wurde durch die Reaktion wenigstens eine Aminogruppe, welche auch im Protein frei angenommen werden muß, zerstört. Der Argininggehalt wurde im allgemeinen nur wenig herabgesetzt.

Auf Veranlassung von PAULI haben nun L. BLASEL und J. MATULA das nach SKRAUP in essigsaurer Lösung aus Handelsgelatine hergestellte und mit Ammonsulfat ausgefällte Desaminoglutin nach seiner Dialyse untersucht. Der H^+-Ionenverbrauch der 0,75%igen Desaminoglutinlösung in Salzsäure betrug maximal $8{,}5 \cdot 10^{-3}$ n, während dieselben Autoren für Glutin den entsprechenden Wert von $1{,}65 \cdot 10^{-2}$ n fanden. Desaminoglutin zeigte somit eine maximale H^+-Bindung, welche weniger als 50% des ursprünglichen Wertes beträgt.

Zehn Jahre später wurde dieser Versuch von D. HITCHCOCK auf LOEBS Anregung wiederholt. Er stellte das Desaminoglutin in etwas schonenderer Weise und ohne nachheriges Ausfällen dar. HITCHCOCK fand gleichfalls, daß das Säurebindungsvermögen infolge der Desamidierung auf rund 50% des Wertes für Glutin herabgesetzt wird. Seine absoluten Werte differieren sonst stark von denjenigen von BLASEL und MATULA. Er findet $8{,}9 \cdot 10^{-4}$ n HCl als maximale Bindung für 1 g Gelatine und $4{,}4 \cdot 10^{-4}$ n HCl für 1 g Desaminoglutin, was wieder ungefähr dem halben Wert seines reinen Glutins entspricht. Anscheinend waren zufälligerweise die Ausgangsprodukte der Autoren, welche ja nur Handelswaren sind, sehr verschieden. Das prinzipielle Ergebnis ist auf alle Fälle das gleiche.

Während HERZIG und LIEB fanden, daß die SKRAUPschen Desaminoproteine mindestens soviel freien Amino-N für die VAN SLYKEsche Reaktion darbieten, wie in den ursprünglichen Proteinen vorhanden war, und diesen Befund durch die Annahme zu erklären suchen, daß bei der SKRAUPschen Herstellung ein Zerfall der Proteinmoleküle stattfindet, wird bei HITCHCOCK gezeigt, daß durch die Desamidierung der Gehalt an freiem Amino-N quantitativ verloren geht.

L. Blasel und J. Matula stellten in ihren Versuchen ferner fest, daß hinsichtlich der Chlorbindung Desaminoglutin dasselbe Verhalten zeigt wie Glutin und ein Ionisationsmaximum gibt. In demselben Punkte befindet sich auch das Minimum der Flockung mit Phenol. Dagegen bleibt der erhöhende Einfluß der Säure auf die Viskosität beim Desaminoglutin vollständig aus. Anscheinend ist die Viskositätserhöhung gerade an diejenigen Aminogruppen gebunden, welche bei der Desamidierung zerstört werden. Das Verhalten des Desaminoglutins gegenüber Alkalien erwies sich von dem Verhalten des ursprünglichen Glutins nicht verschieden. Beim Zusatz von Alkali tritt eine starke Erhöhung der inneren Reibung auf bis zu einem Maximum, nach dessen Überschreiten ein Absinken erfolgt.

Hitchcock bestimmte mit Hilfe der Messung des osmotischen Druckes den isoelektrischen Punkt von Desaminoglutin. Er fand ihn bei $p_H = 3{,}4$—4. Entsprechend der Verminderung der basischen Valenzen wird also infolge der Desamidierung der isoelektrische Punkt im Sinne eines stärker sauren Charakters des Proteins verschoben, welcher sich schon aus den direkten potentiometrischen H-Bestimmungen im Desaminoglutin von L. Blasel und J. Matula ergeben hatte.

Neulich hat Z. C. Loebel das Desaminoglutin wieder untersucht. Er fand den isoelektrischen Punkt ebenfalls bei $p_H = 4$. Auf Grund eines erhöhten Basenbindungsvermögens ($9{,}7 \cdot 10^{-4}$ pro Gramm) nimmt er an, daß auch den bei der Desamidierung an Stelle der NH_2-Gruppen tretenden OH-Gruppen ein saurer Charakter zukommt.

R. S. Bracewell nahm 1919 den Gedankengang der Kosselschen Überlegung wieder auf. Da Arginin bei der van Slykeschen Methode keinen Stickstoff freigibt, so glaubt er das Säurebindungsvermögen mit der Summe des bei der van Slykeschen Methode angezeigten Gehaltes an freiem Aminostickstoff und der Hälfte der Aminogruppen der im Protein enthaltenen Argininmoleküle identifizieren zu können.

E. J. Cohn hat das Säurebindungsvermögen einer Anzahl von Proteinen mit ihrem Gehalt an den drei Diaminosäuren: Histidin, Lysin und Arginin und ihr Basenbindungsvermögen mit ihrem Gehalt an Dikarbonsäuren: Glutaminsäure, Asparaginsäure, β-hydroxy-Glutaminsäure verglichen. Den letzteren Vergleich haben auch D. M. Greenberg und C. L. A. Schmidt unabhängig von E. Cohn durchgeführt. Nach Greenberg vermag die phenolische Oxygruppe des Tyrosins gleichfalls eine saure Funktion auszuüben. W. F. Hoffman und R. A. Gortner haben sowohl das Basen- als auch das Säurebindungsvermögen der Prolamine bestimmt, ferner nach der van Slykeschen Methode den Gehalt an Diamino- und Dikarboxylgruppen ermittelt und die erhaltenen Werte verglichen.

Die folgenden zwei Tabellen 115, 116 entnehmen wir dem ausgezeichneten Sammelreferat von E. J. Cohn über die physikalische Chemie der Proteine.

Die Übereinstimmung erscheint befriedigend, zumal wenn man die Unsicherheit in der Ermittlung der zugrunde liegenden Werte berücksichtigt. Sie wird jedoch sofort gestört, sobald man z. B. für die H^+ Bindung des Ovalbumins an Stelle des angegebenen Wertes den später von Frisch-Pauli-Valkó genauer ermittelten Wert von $110 \cdot 10^{-5}$ einsetzt. Noch stärker werden die Abweichungen, wenn man auch für Hämoglobin und Pseudoglobulin die in der folgenden Zusammenstellung (Tabelle 117) von PAULI mitgeteilten Werte einsetzt.

Tabelle 115. Das Verhältnis zwischen basischen Aminosäuren in Proteinen und deren Säurebindungsvermögen

Protein	Basische Aminosäuren in Protein %	Basische Aminosäuren in 1 g Protein				Säurebindungsvermögen für 1 g Protein Mol . 10^{-5}
		Histidin Mol . 10^{-5}	Arginin Mol . 10^{-5}	Lysin Mol . 10^{-5}	Summe Mol . 10^{-5}	
Edestin	23,4	25,3	90,3	25,7	141,3	127
Hämocyanin, Limulus	22,9	50,4	45,5	49,0	144,9	
Hämoglobin	22,4	52,9	24,3	68,8	146,0	
Serumalbumin	21,5	21,9	28,2	90,3	140,4	155
Fibrin	20,4	19,2	41,9	69,4	130,5	
Gelatine	17,1	18,9	47,2	40,5	106,6	89
Pseudoglobulin, Rind	16,0	17,9	30,6	54,3	102,8	85
Euglobulin, Rind	15,5	14,2	32,8	52,0	99,0	
Kasein	14,7	16,1	21,9	57,3	95,3	90
Bence-Iones	14,1	17,3	26,8	46,5	90,5	92
Eialbumin	10,4	11,0	28,2	25,7	64,9	80
Gliadin	7,2	21,6	18,0	4,7	44,3	34
Zein	2,6	5,3	10,5	0,0	15,8	0

Tabelle 116. Das Verhältnis zwischen Dikarbonsäuren in Proteinen und deren Basenbindungsvermögen

Protein	Glutaminsäure a Mol . 10^{-5}	Asparaginsäure b Mol . 10^{-5}	β-Oxyglutaminsäure c Mol . 10^{-5}	Mit Amidogruppen verbunden d Mol . 10^{-5}	Freie Dikarbonsäuren a+b+c−d Mol . 10^{-5}	Basenbindungsvermögen für 1 g Protein Mol . 10^{-5}
Kasein, Hammarsten	148,0	30,8	64,4	94,5	148,7	183
Eialbumin						80
Gelatine	39,4	25,5	0,0	23,5	41,4	57
Gliadin			14,7			30
Zein	212,8	13,5	15,3	211,5	30,1	30

Tabelle 117. Maximale Bindung für 1 g Protein

	Protein	H+-Bindung	OH−-Bindung	Beobachter
A	Ovalbumin	110 . 10^{-5}	134 . 10^{-5}	FRISCH-PAULI-VALKÓ
A	Seralbumin	147	160	BLANK-PAULI
B	Hämoglobin	68,5	68,5	SCHWARZACHER
C	Glutin	98	57[1]	PAULI-WIT
C	Pseudoglobulin	148	126	BLANK-PAULI

Vielleicht könnte die Gesetzmäßigkeit besser darauf beschränkt werden, daß die verfügbaren seitenständigen Diaminogruppen den oberen Grenzwert des Säurebindungsvermögens darstellen, wovon jedoch bei manchen Proteinen, z. B. Hämoglobin nur ein Bruchteil tatsächlich in Reaktion treten kann. Es wäre weiter in Betracht zu ziehen, wieweit durch gegenseitige peptidartige, zyklische Absättigung zwischen Diamino- und Dikarboxylsäuren die Anzahl

[1] Nach Tabelle 117.

der freien Gruppen vermindert wird (s. auch bei K. FELIX). Andererseits sind im Falle kürzerer Hauptvalenzketten auch die Endgruppen der Ketten zu berücksichtigen. Auf alle Fälle bleibt der konstitutive Nachweis wertvoll, daß für die H^+- und OH^--Bindung auch bei der Annahme von peptidartigen Hauptvalenzketten genügend reaktionsfähige Gruppen übrig bleiben.

Literaturverzeichnis

ADOLF, M.: Koll. Beih. **17**, 1 (1923); **18**, 223 (1923). — D'AGOSTINO, E., und G. QUAGLIARIELLO: Nernst-Festschrift, Halle, S. 27 (1912). — ATKIN, W. R., und G. W. DOUGLAS: J. Am. Leather Ch. Assoc. **19**, 528 (1924). — BJERRUM, N.: Z. f. phys. Ch. **110**, 656 (1924). — BLASEL, L., und J. MATULA: Bioch. Z. **58**, 417 (1913). — BRACEWELL, R. S.: Journ. Am. Chem. Soc. **41**, 1511 (1919). — BUGARSZKY, S. und L. LIEBERMANN: Pflügers Archiv **62**, 51 (1898). — COHN, E. J.: Physiol. Reviews **5**, 249 (1925). — DERSELBE und E. L. R. BERGGREN: Journ. Gen. Physiol. **7**, 45 (1924). — COHNHEIM, O.: Z. f. Biol. **33**, 489 (1896). — DERSELBE und H. KRÜGER: Z. f. Biol. **40**, 95 (1900). — ELÖD, E., und H. VOGEL: Festschrift zur Jahrhundertfeier der Techn. Hochschule Karlsruhe (1925). — ERB, W.: Z. f. Biol. **41**, 309 (1901). — GREENBERG, D. M. und C. L. A. SCHMIDT: Proc. Soc. Exp. Biol. Med. **21**, 281 (1924). — HARDY, W. B.: Journ. of Physiol. **33**, 251 (1905). — HERZIG und LIEB: Z. f. physiol. Ch. **117**, 1 (1921). — HENDRIX, B. M. und V. WILSON: Journ. of biol. Chem. **79**, 389 (1928). — HITCHCOCK, D. J.: Journ. Gen. Physiol. **4**, 597, 733 (1922) **5**, 383 (1923); **6**, 95 (1923). — HOFFMAN, W. A., und R. A. GORTNER: Coll. Symp. Mon. **2**, 209 (1924). — IZAGUIRRE, R. DE: Koll. Z. **32**, 47 (1923). — KOSSEL, A. und A. T. CAMERON: Z. f. physiol. Ch. **76**, 457 (1912). — LLOYD, D. J. und C. MAYER: Proc. Roy. Soc. London B. **93**, 69 (1922). — LINDERSTRÖM-LANG, K. und E. LUND: C. r. Lab. Carlsberg (1927). — LOEB, J.: Die Eiweißkörper. Berlin (1924). — LOEBEL, Z. C.: Journ. Phys. Chem. **32**, 763 (1928). — MANABE, K., und J. MATULA: Bioch. Z. **52**, 369 (1913). — MEYER, K. H. und H. FIKENTSCHER: Melliands Textilberichte 8, 605 (1927); **9**, (1927). — MEYERHOF, O.: Arch. f. Physiol. **195**, 22 (1922); **204**, 324 (1924). — NORDBÖ, R.: Bioch. Z. **190**, 150 (1927). — OSBORNE, T. B., und J. F. HARRIS: Journ. Am. Chem. Sa. **25**, 323 (1903). — PAULI, WO.: Kolloidchemie der Eiweißkörper. Dresden (1922). — DERSELBE und M. HIRSCHFELD: Bioch. Z. **62**, 245 (1914). — DERSELBE, J. FRISCH und E. VALKO: Bioch. Z. **164**, 401 (1925). — DERSELBE und H. WIT: Bioch. Z. **174**, 308 (1926). — DERSELBE, J. FRISCH und F. BLANK: Bioch. Z. **203**, 337 (1928). — PLATTNER, A. E.: Z. f. Biol. **2**, 417 (1866). — PROCTER, H. R. und J. A. WILSON: Journ. Chem. Soc. **109**, 307 (1916). — ROBERTSON, T. B.: Physikalische Chemie der Proteine. Dresden (1912). — SJÖQVIST, J. Skand. Arch. Physiol. **5**, 277 (1895). — SKRAUP, ZD.: Bioch. Z. **10**, 245 (1908). — SLYKE, D. D. VAN: Ber. 3170 (1910). — DERSELBE, A. BAIRD-HASTINGS, A. HILLER und J. SENDROY: Journ. of Biol. Chem. **79**, 769 (1928). — SPIRO, K., und W. PEMSEL: Z. f. physiol. Ch. **26**, 233 (1898). — WINTGEN, R., und K. KRÜGER: Koll. Z. **28**, 81 (1921). — WINTGEN, R., und H. VOGEL: Koll. Z. **30**, 45 (1922).

44. Die freie Ladung der Eiweißsalze

Aus den Untersuchungen über die Säure- und Alkalibindung der Proteine geht hervor, daß von dem ursprünglich relativ nur wenig aufgeladenen Eiweiß aus einer zunehmend stärker sauren bzw. alkalischen Lösung eine steigende Menge von H^+- resp. OH^--Ionen aufgenommen wird. Die Ladungen der Eiweißionen werden auf diese Weise erhöht und unabhängig von einer Annahme über die Natur jener Kräfte, welche die Anlagerung der Wasserstoffionen bewirken, können wir von einer wachsenden Normalität der Eiweißionen sprechen. In Analogie zu den anorganischen Kolloiden wäre diese Normalität auch als

Gesamtladung zu bezeichnen. Die Gesamtladung stellt jedoch den Dissoziationszustand des Kolloidsalzes nicht vollständig dar. Dazu gehört auch die Kenntnis, inwieweit die Gegenionen, die im Sinne der Elektroneutralität — wieder unabhängig von jeder Hypothese — den Eiweißionen zugeordnet werden müssen, zu den letzteren in Beziehung treten, wieweit sie sich anlagern, assoziieren, bzw. als Konstituenten einer diffusen Ionenhülle die Eigenschaften der Eiweißteilchen beeinflussen. Im allgemeinen wird durch diese Beziehungen die Wirksamkeit der Gesamtladung vermindert, das Eiweißion verhält sich so, als ob es weniger Ladung hätte. Da diese Wirkungen zwischen Eiweißion und Gegenion wechselseitig sind und sowohl unter Annahme der klassischen Dissoziationstheorie als auch auf Grund der Theorie der interionischen Kräfte als eine Herabsetzung der wirksamen Konzentration bzw. elektrochemischen Wirksamkeit der Gegenionen gemessen werden können, wollen wir sie durch den Ausdruck „freie Ladung" kennzeichnen. Es ist zu erwarten, daß die freie Ladung und nicht die Gesamtladung die für den Zustand der Eiweißlösung charakteristische Größe ist.

Die freie Ladung kann vor allem durch die elektromotorische Wirksamkeit der Gegenionen und durch die Leitfähigkeit sowie den osmotischen Druck des Proteinsalzes gemessen werden. Wie die Untersuchungen gelehrt haben, ist die Viskosität und die Stabilität der Eiweißlösungen in engstem Zusammenhang mit der freien Ladung.

Historisches. Sjöqvist nahm an, daß durch das Protein aus der Säurelösung nur die Wasserstoffionen gebunden werden, und schrieb die Leitfähigkeit der Lösung dem dissoziierten Proteinchlorid zu. St. Bugarszky und L. Liebermann maßen zuerst die Aktivität der Chlorionen des Säureeiweißes, und zwar auf dieselbe Weise wie die H^+-Bindung. Obwohl sie nur in einem einzigen Punkte eine niedrigere Chlorbindung als H^+-Bindung konstatierten, schlossen sie daraus, daß das Eiweißsalz wie ein Ammoniumsalz dissoziiert. Im Gegensatz jedoch zu NH_4Cl würde die Dissoziation des Eiweißchlorides bereits durch einen kleinen Überschuß von HCl zurückgedrängt. Erst in der höheren Albuminkonzentration, bei welcher fast die ganze Säure gebunden wird, könnte dann die Dissoziation merklich werden.

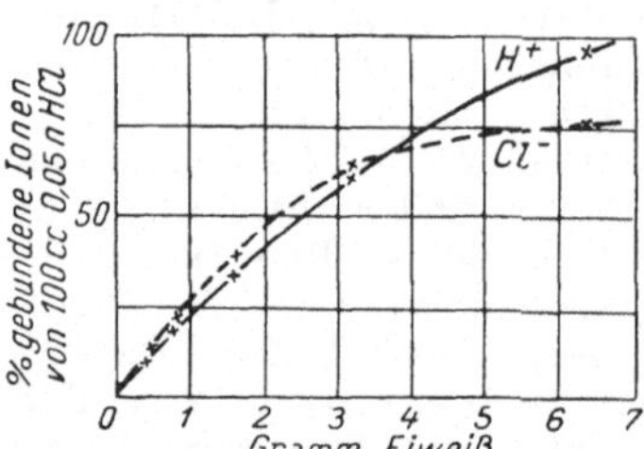

Abb. 78. H^+- und Cl^--Bindung des Ovalbumins nach St. Bugarszky und L. Liebermann

E. Laqueur und O. Sackur fanden, daß bei steigendem Überschuß an NaOH die Viskosität einer Natriumkaseinatlösung nach Überschreiten eines Maximums wieder sinkt. Auch durch Zusatz von Kochsalz kann die innere Reibung vermindert werden. Sie nehmen an, daß die innere Reibung durch die Konzentration der Kaseinationen bestimmt ist. Ein Zusatz an NaOH erhöht zwar die Kaseinationenkonzentration infolge Zurückdrängen der Hydrolyse, vermindert jedoch die Dissoziation der Na-Ionen des Salzes. Ein Zusatz von NaCl drängt gleichfalls die Dissoziation zurück. Die Maximumbildung der Viskosität ist also durch die Konkurrenz der Hydrolyse mit der Dissoziationszurückdrängung erklärt, während NaCl einfach eine Reibungsdepression verursacht. Laqueur und Sackur deuten den Dissoziationsrückgang im Sinne des Massenwirkungsgesetzes als Folge der Vermehrung der Konzentration der gemeinsamen Natriumionen.

Die Maximumbildung der inneren Reibung bei wachsender Laugenkonzentration wurde dann von W. B. HARDY auch an Globulinaten festgestellt und HARDY schloß sich der Deutung von LAQUEUR und SACKUR an.

Ein direkter Nachweis für die Dissoziation der Eiweißsalze lag jedoch außer dem singulären Punkt in der Versuchsreihe von BUGARSZKY und LIEBERMANN noch immer nicht vor, so daß T. B. ROBERTSON die Hypothese aufstellen konnte, wonach die Säure- und Alkalibindung unter gleichzeitiger Aufspaltung des Eiweißmoleküls an der Stelle der Peptidbindung und Anlagerung beider Ionenarten (H^+ und Cl^- bei Säure, Na^+ und OH^- bei Alkali) vor sich geht. Die hohe Leitfähigkeit wäre durch die Entstehung eines positiven und negativen Eiweißions zu erklären:

$$\ldots COH = N \ldots + H^+ + Cl^- = \ldots COH^{++} - + \overset{\displaystyle H}{\underset{\displaystyle Cl}{N^{--}}}$$

Die Sachlage wurde erst durch den von PAULI und seinen Mitarbeitern erbrachten elektrometrischen Nachweis der Eiweißsalzdissoziation verändert. K. MANABE und J. MATULA haben hier zuerst bei variierender Säurekonzentration die Aktivität der Chlorionen in einer Eiweißlösung potentiometrisch verfolgt und festgestellt, daß durchwegs mehr Wasserstoff- als Chlorionen der Salzsäure aus der Lösung beim Zusatz vom Eiweiß verschwinden. Die Differenz der gebundenen Wasserstoff- und Chlorionen liefert den Überschuß des Proteins an positiven Ladungen, seine freie Ladung. Zu demselben Wert kommt man natürlich, wenn man die Differenz in der Konzentration der freien Chlor- und Wasserstoffionen bildet. Der Überschuß der Lösung an Chlorionen zeigt die Konzentration derjenigen Chlorionen an, die als freie Gegenionen dem Eiweiß zugehören. Man erhält also im Sinne der klassischen Theorie die Dissoziationskurve des Eiweißsalzes. Macht man von der im vorherigen Abschnitte angeführten Bezeichnungsweise Gebrauch, so erhält man

$$a_{Cl}^{II} - a_{H}^{II} = a_{Cl}^{III}$$

Berechnungsweise. Im Sinne der neuen Theorie erhält man die Aktivität der Anionen des Proteinchlorids. Diese Theorie läßt auch verschiedene Wege für die Berechnung dieses Wertes offen. Am nächsten bleibt man der unmittelbaren Erfahrung, wenn man die obige Gleichung benutzt. Sie enthält die Voraussetzungen, daß die Aktivitätskoeffizienten von Kation und Anion der freigebliebenen Säure einander gleich sind. Die Trennung der Chlorionen in zwei Gruppen (Eiweiß-Cl und HCl) ist jedoch im Grunde willkürlich.

Geht man von der Berechnungsweise bei BUGARSZKY und LIEBERMANN aus:

$$n_H\,geb = a_{H}^{I} - a_{H}^{II}$$

und

$$n_{Cl}\,geb = a_{Cl}^{I} - a_{Cl}^{II}$$

so erhält man

$$n_H\,geb - n_{Cl}\,geb = a_{Cl}^{III}$$

im Sinne der ersten Gleichung nur dann, wenn a_{H}^{I} und a_{Cl}^{I} einander gleich gesetzt werden. Diesbezüglich gehen die Angaben in der Literatur für reine Säure sogar dem Vorzeichen nach auseinander, wenn es sich auch um sehr kleine Unterschiede handelt.

Benutzt man nach PAULI und HIRSCHFELD die Beziehung

$$n_H\,geb = n_I - \frac{a_H^{II}}{\alpha}$$

und

$$n_{Cl}\,geb = n_I - \frac{a_{Cl}^{II}}{\alpha}$$

so erhält man

$$n_H\,geb - n_{Cl}\,geb = \left(a_H^{II} - a_{Cl}^{II}\right) \cdot \frac{1}{\alpha}$$

Man erhält Werte, die von den oben definierten durch den des Dissoziationsgrades der reinen Säure sich unterscheiden.

Bei der richtigen Berechnung unter Benutzung des Aktivitätskoeffizienten

$$n_H\,geb = n_I - a_H^{II}/f_a^I$$

erhält man

$$n_H\,geb - n_{Cl}\,geb = \left(a_H^{II} - a_{Cl}^{II}\right)/f_a^I$$

wenn man einen und denselben Aktivitätskoeffizienten für beide Ionen benutzt. Man kann auch statt f_I den Wert für die freie Säure f_{II} benutzen und schließlich f_H^{II} und f_{Cl}^{II} als ungleich annehmen.

Hält man jedoch daran fest, daß es sich um die Aktivität des Proteinsalzes handelt, so erscheint die folgende Berechnung am korrektesten:

$$a_{Cl}^{III} = a_{Cl}^{II} - a_H^{II} - \triangle$$

wobei unter $\triangle$ die Differenz der Chlor- und H^+-Aktivitäten in der reinen Säurelösung von der Aktivität a_H^{II} bezeichnet wird. $\triangle$ hat die Bedeutung einer geringfügigen Korrektur.

Die Verschiedenheiten der Berechnungsweise sind übrigens bei den Fehlergrenzen der bisher ausgeführten Messungen unwesentlich. Im hohen Säureüberschuß würden sie eine Bedeutung erlangen, hier wirken jedoch auch die weiteren Fehlergrenzen auf den Wert von a_{Cl}^{III} sehr stark ein. Bei der Wiedergabe der Befunde haben wir daher auf eine Beachtung der Berechnungsart verzichtet.

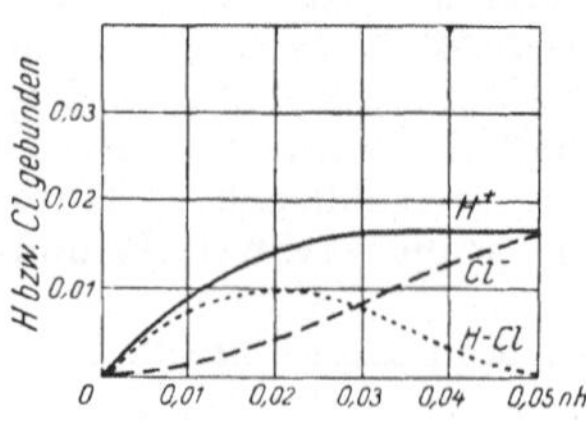

Abb. 79. H+- und OH⁻-Bindung durch 1% Seralbumin nach K. MANABE und J. MATULA $\left(H - Cl = a_{Cl}^{III}\right)$

Aktivität, innere Reibung und Stabilität der Eiweißsalze. MANABE und MATULAS Ergebnisse stellt die folgende Abb. 79 dar. Man ersieht daraus, daß die Ionisation der Eiweißsalze bei steigendem Säurezusatz durch ein Maximum geht, entsprechend der von LAQUEUR und SACKUR vermuteten Konkurrenz von Hydrolyse und Dissoziationsrückgang. Die innere Reibung zeigte einen der Ionisation parallelen Gang.

Diese Messungen brachten die erste beweiskräftige Stütze für die von PAULI bereits früher aufgestellte Theorie der Zustandsänderungen der Eiweißsalze, welche häufig als Hydratationstheorie bezeichnet wird. Im wesentlichen deckt sich diese Auffassung mit der Betrachtung über die Rolle der freien Ladung, welche wir diesem Abschnitte vorausgeschickt haben. PAULI erblickte in der Hydratation der Eiweißionen die Erscheinung, welche in der Viskosität und der Stabilität der Proteinsalze gegen Alkohol- und Hitzgerinnung zum Ausdruck kommt und somit Wirkungen der freien Ladung vermittelt. Es ist eine Verallgemeinerung der Theorie von LAQUEUR und SACKUR, da versucht wird, alle Zustandsänderungen einheitlich zu deuten. Bezüglich der näheren Charakterisierung der Hydratation sei hier auf den betreffenden Abschnitt des allgemeinen Teiles hingewiesen.

Die Grundlage für die Auffassung von PAULI bildeten ausgedehnte Versuchsreihen über die Änderung der Viskosität mit der Säure- und Salzkonzentration. Mit H. HANDOVSKY fand er, daß die Säuren die innere Reibung verschiedenartig beeinflussen. Den Grund für die kleinere Wirkung der schwachen Säure erblickt PAULI in der stärkeren Hydrolyse, d. h. geringeren Ladung der Eiweißteilchen. Er erkennt jedoch, daß die Stärke der Säuren das Verhalten nicht allein bestimmt, sondern auch eine spezifische Wechselwirkung mit den Gegenionen angenommen werden muß, da die starke Schwefelsäure und Trichloressigsäure eine viel zu niedrige Reibung ergeben. Ähnliche Resultate weisen H. HANDOVSKYS anschließende Studien an Alkalieiweiß auf.

C. SCHORR hat auf PAULIS Veranlassung die Alkoholfällbarkeit der Eiweißsalze untersucht und als eine geeignete Reaktion für die Charakterisierung der Lösungsstabilität der Proteinsole gefunden. Die folgende Tabelle stellt die Versuchsergebnisse an einem Rinderserum dar, welches mit überschüssigem Äthylalkohol versetzt wurde (30 ccm 95%iger Alkohol auf 6 ccm Serum-Säurelösung). Die Zeichen haben folgende Bedeutung: +++ grobflockige Ausfällung in klarer Flüssigkeit, ±++ Ausflockung in schwach getrübter Flüssigkeit, ±±+ schwache Ausflockung in stark getrübter Flüssigkeit, ±±± feinkörnige Ausflockung, ++ milchig-undurchsichtige Ausfällung, ±+ milchig-durchscheinende Ausfällung, ±± starke, noch durchscheinende Trübung, + zarte Trübung, ± Opaleszenz, $\overline{\pm}$ zarte Opaleszenz, $\overline{\pm}$_ zarteste Opaleszenz, — klar.

Tabelle 118. Einwertige Basen und Säuren

	NaOH	KOH	HCl	CCl_3COOH
0,001 n	±±±	+	+++	+++
0,002 n	±±	= ±	±++	+++
0,003 n	= ±	±_	= ±±	±++
0,005 n	±_	±_	$\overline{\pm}$	+
0,01 n	±_	—	±_	±
0,02 n	±_ _	—	—	—
0,025 n	—	—	—	—
0,04 n	—	—	$\overline{\pm}$ =	—
0,05 n	—	$\overline{\pm}$_	$\overline{\pm}$	—
0,1 n	$\overline{\pm}$	$\overline{\pm}$	±	±
0,2 n	+	+	+	±±
0,3 n	±±+	±±±	±±	+++
0,5 n	±++	±±+		+++

Die Alkoholfällbarkeit geht also durch ein Minimum. Wie gleichzeitig ausgeführte Versuche gezeigt haben, fällt dieses Minimum mit dem Maximum der Viskosität zusammen. PAULI deutet diese Erscheinung dadurch, daß er annimmt, daß bei dem Extremum die Konzentration der freien Eiweißionen ein Maximum hat und somit die größte Affinität zum Lösungsmittel besitzt. Eiweiß wird in diesem Punkte am wenigsten durch Alkohol dehydratisiert.

Eine weitere Stütze erhielt diese Auffassung durch Versuche mit R. WAGNER, daß die Säuren sich nach den Flockungswerten in Bezug auf Rinderserumeiweiß in derselben Reihe ordnen lassen wie nach den Viskositätswerten der betreffenden Eiweißsalze. Diese Beziehung geht aus der folgenden Tabelle hervor.

Tabelle 119

0,05 n Säure	Rel. Reibung 25° C 1% Eiweiß + 0,05 n S.	Normalität der Säure n	H-Ionenkonzentration a. d. Fällungsgrenze 18° C n
CCl_3COOH	1,0603	0,04	0,0356
CCl_2HCCOH ...	—	0,01	0,0981
H_2SO_4	1,0656	0,2	0,1163
CH_3COOH	1,0906	11,2	0,1411
HNO_3..........	—	0,2	0,1813
HCl	1,1206	0,4	0,3517
$CH_2ClCOOH$ ...	1,2156	1,5	0,4108

Einwände Loebs. Eine kritische Betrachtung zeigt, daß die PAULIsche Auffassung nicht unbedingt mit einer bestimmten Ansicht bezüglich der Natur und der Ursachen der Bindung der aufladenden und Gegenionen verknüpft ist. Sie geht nur von der Tatsache der ungleichen Bindung von Kation und Anion der anwesenden Säure oder Base aus, leitet daraus den charakteristischen Gang der freien Ladung mit der Konzentration der Säure bzw. Alkali ab und führt alle Zustandsänderungen auf die freie Ladung zurück. Die wichtigste experimentelle Stütze ist das Zusammenfallen der Extremen. Insbesondere ist die Theorie unabhängig von den von PAULI in Einzelheiten entwickelten Vorstellungen über den Einfluß der Natur der Gegenionen.

In einer ausgedehnten Folge von Arbeiten hat J. LOEB die Unrichtigkeit der PAULIschen Theorie nachzuweisen und eine neuere Theorie des kolloiden Verhaltens der Proteine zu begründen versucht. Bezüglich des prinzipiellen Einwandes von J. LOEB, daß die mehrwertigen Eiweißionen im Sinne der elektrostatischen Auffassung keine Hydratation besitzen können, haben wir schon an anderer Stelle bemerkt, daß dies auf einer völlig irrtümlichen Auslegung der BORNschen Theorie beruht.

In einigen Fällen wird man der als allgemeine Theorie des gesamten kolloiden Verhaltens ausgesprochenen LOEBschen Auffassung beipflichten. Der osmotische Druck, welchen Eiweißsalze in einer für Eiweißionen undurchlässigen, für molekular dispersen Ionen durchgängigen Membran gegenüber dem reinen Lösungsmittel ausüben, ist nicht einfach dem Dissoziationsgrad bzw. osmotischen Koeffizienten der Gegenionen proportional, sondern erscheint in seinem allgemeinen Verlauf im Sinne des DONNANschen Gleichgewichtes durch die Gesamtladung und das Hydrolysegleichgewicht gegeben. Infolgedessen kann der allgemeine Gang des so gemessenen osmotischen Druckes mit seiner Maximumbildung hier nicht als Beweis für die Abhängigkeit von der Ionisation des Eiweißsalzes gelten.

Dasselbe gilt für die Quellung. Hier muß im Sinne von PROCTER und WILSON ebenfalls das DONNANsche Gleichgewicht berücksichtigt werden. Selbstredend ist das DONNAN-Gleichgewicht ausschlaggebend für die Membranpotentiale, deren Messung an Eiweißlösungen LOEBS Verdienst ist.

LOEB hat in seinen Untersuchungen theoretisch abgeleitet und experimentell nachgewiesen, daß Quellung, osmotischer Druck und Membranpotential der Eiweißlösungen in ihrer Abhängigkeit von der Säure- und Alkalikonzentration ein gemeinsames Maximum besitzen. Diese Untersuchungen bilden als Bestätigung der DONNAN-Theorie eine wertvolle Bereicherung des experimentellen Materials.

LOEB stellte jedoch zwei Behauptungen auf, welche, wenn sie richtig sind, die Unzulänglichkeit der bisherigen Theorien bedeuten: 1. Ionisationsmaximum und Viskositätsmaximum fallen nicht zusammen; 2. das Viskositätsmaximum fällt mit dem Quellungsmaximum zusammen. Daraus folgert LOEB, daß die Viskosität nicht die freie Ladung zum Ausdruck bringt, sondern ebenfalls die Quellung und stellt die Hypothese auf, daß die letzten kinetischen Einheiten der Proteinlösungen (mit Ausnahme von Ovalbumin) kleine Gelpartikelchen sind, deren Quellung, durch das DONNAN-Gleichgewicht bestimmt, die Zustandseigenschaften bewirkt.

Die experimentelle Unterlage der LOEBschen Argumentation bilden Untersuchungen von HITCHCOCK, welche dieser in der folgenden Tabelle zusammenfaßt:

Tabelle 120

Die p_H-Werte, die den Maxima der verschiedenen Eigenschaften von einprozentigen Proteinchloridlösungen entsprechen

	Gelatine	Eieralbumin	Kasein	Edestin	Serumglobulin
Osmotischer Druck	3,4	3,4	3,0	3,0	3,0
Schwellung	3,2	—	—	—	—
Viskosität	2,9	kein Maximum	3,0	—	—
Membranpotential	4,1	3,6	3,6	4,3	3,4
Ionisation	1,4	1,6	2,2	1,6	2,2

Zieht man den Umstand in Betracht, daß die Viskosität nur von Gelatine, Ovalbumin und Kasein bestimmt worden ist, so bliebe die Beweiskraft auf diese drei Proteine beschränkt. Einer kritischen Prüfung können aber auch diese nicht standhalten.

Die Ionisationsmaxima sind durch die Bestimmung der Differenz in der H^+- und Cl^--Aktivität ermittelt. Aus den Kurven von HITCHCOCK geht hervor, daß die Fehlergrenzen in seinen Bestimmungen viel zu groß sind, um aus den Abweichungen Folgerungen zu ziehen. In der folgenden Abbildung sind die Versuchsergebnisse des amerikanischen Autors über Gelatine wiedergegeben. Die Schwankungen der Gesamtnormalitätswerte (n^{III}) zeigen an, daß die H^+-Ionenmessung beträchtliche Divergenzen aufweisen mußte. Damit ist aber eine große Unsicherheit in bezug auf die Ionisationswerte gegeben. Außerdem erscheint die Annahme des Ionisationsmaximums bei $p_H = 1,4$ auch auf Grund der HITCHCOCKschen Kurve völlig willkürlich. HITCHCOCK gibt für das Kasein eine mit steigender Säuremenge in einem gewissen Bereich deutlich abnehmende Bindung der H^+-Ionen an. Ein solches Verhalten steht jedoch im Widerspruch mit dem

Massenwirkungsgesetz und ist daher auf methodische Schwierigkeiten zurückzuführen, welche auch in dem Differenzwert der Cl- und H-Aktivitäten, d. h. in den Ionisationswerten des Eiweißsalzes, zum Ausdruck kommen müssen.

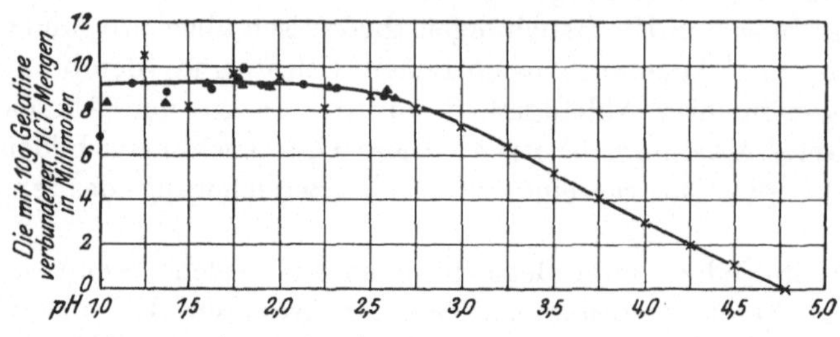

Abb. 80. H^+-Bindung der Gelatine nach D. HITCHCOCK

Das Bestehen eines Viskositätsmaximums des Eieralbuminchlorids wird von HITCHCOCK und LOEB bestritten.

Konduktivität. PAULI hat (mit J. FRISCH, E. VALKÓ und H. WIT) seine Theorie einer neuen experimentellen Prüfung unterzogen. Die Versuche haben eine vollständige Bestätigung der Ionisationstheorie und Entkräftung der LOEBschen Einwände gebracht. Unter Berücksichtigung des Aktivitätskoeffizienten wurden die Aktivitäten der Ovalbumin-, Seralbumin- und Gelatinchloride ermittelt. Außerdem wurde die Ionisation mit Hilfe von Leitfähigkeitsmessungen verfolgt.

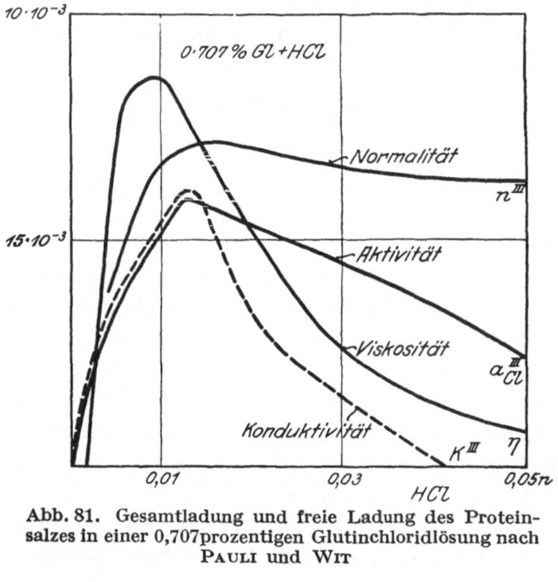

Abb. 81. Gesamtladung und freie Ladung des Proteinsalzes in einer 0,707prozentigen Glutinchloridlösung nach PAULI und WIT

Das Verfahren bestand darin, daß von der Gesamtleitfähigkeit jene Leitfähigkeit abgezogen wurde, welche eine Säurelösung von der H^+-Aktivität der Protein-Säurekombination zeigt:

$$\varkappa^{III} = \varkappa^{II} - \varkappa^{II}_{HCl}$$

$$\varkappa^{II}_{HCl} = f^{I}_{\lambda} (u_H + v_{Cl}) \cdot \frac{a^{II}_{H}}{f^{I}_{a}}$$

[$(u_H + v_{Cl})$: Äquivalentleitfähigkeit von Salzsäure bei unendlicher Verdünnung, f^I_λ: Leitfähigkeitskoeffizient der Salzsäure, f^I_a: Aktivitätskoeffizient der H-Ionen in Salzsäure]. Ob man für die Koeffizienten die Werte entsprechend der Gesamtkonzentration der Chlorionen oder der H^+-Ionen einsetzt, bleibt der Willkür überlassen, ist jedoch für das Ergebnis hier nicht wesentlich. Ein der Aktivität analoger Begriff, die für die Leitfähigkeit wirksame Ionenkonzentration, die Konduktivität (K), läßt sich aus der spezifischen Leitfähigkeit durch Dividieren mit der Äquivalentleitfähigkeit bei unendlicher Verdünnung gewinnen. Dabei wird für die Beweglichkeit der Proteinionen ein willkürlicher Wert (50 oder 30 . 10 r . Ω) eingesetzt:

$$K^{III} = \frac{K^{III}}{u_{Prot} + v_{Cl}}$$

Die Konduktivität stellt somit das Produkt der analytischen Ionenkonzentration (Normalität) und des analytischen Leitfähigkeitskoeffizienten dar.

In diesen neuen Untersuchungen wurden auf solche Weise die Aktivitäten und Konduktivitäten der Proteinchloride, ferner die Konduktivitäten der Proteinsulfate mit den Viskositäten der betreffenden Lösungen verglichen.

In den folgenden Tabellen geben wir die einzelnen Daten an einem 0,707%igen Glutin (durch Elektrodialyse gereinigt) wieder.

Die Abbildungen bringen die graphische Darstellung sämtlicher Ergebnisse. Sie können folgendermaßen zusammengefaßt werden:

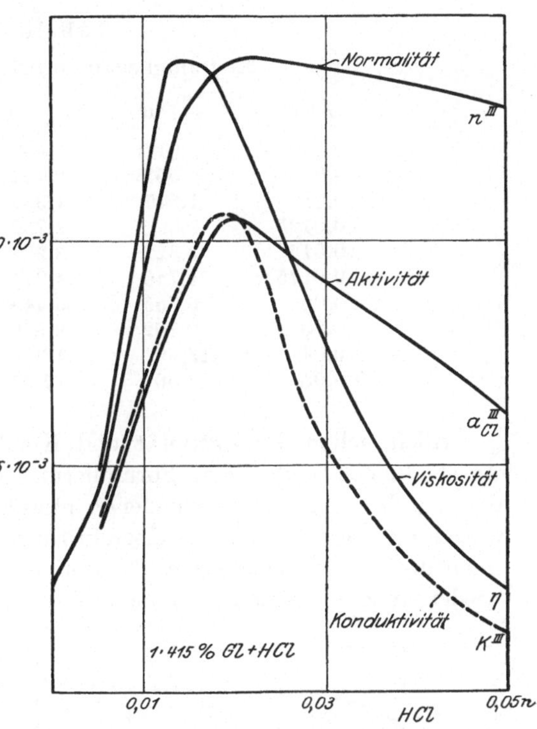

Abb. 82. Gesamtladung und freie Ladung des Proteinsalzes in einer 1,415prozentigen Glutinchloridlösung nach PAULI und WIT

Die Bindung, d. h. die Normalität der Proteinsalze steigt bei steigendem Säurezusatz und strebt einem Grenzwert zu. Die kleinen Abweichungen in der höchsten Konzentration sind auf die Unsicherheit in den aktivitätstheoretischen Voraussetzungen der Berechnung zurückzuführen.

Tabelle 121

H- und Cl-Aktivitäten in 0,707% Glutin + HCl

n HCl	$a^{II}_{H} . 10^3$	$a^{II}_{H}/fa . 10^3$	$n^{III} . 10^3$	$a^{II}_{Cl} . 10^3$	$a^{III}_{Cl} . 10^3$
0,000	0,00597	—	—	—	—
0,005	0,376	0,380	4,62	3,97	3,66
0,01	3,05	3,25	6,75	7,82	5,09
0,0125	5,02	5,373	7,13		
0,015	7,20	7,801	7,20	12,3	5,7
0,0175	9,50	10,39	7,11		
0,02	11,7	12,91	7,09	16,3	5,2
0,03	20,6	23,40	6,60	24,6	4,7
0,04	29,4	33,59	6,31	32,1	3,6
0,05	37,9	43,71	6,29	38,5	2,1

Die Aktivität der Proteinchloride geht mit steigendem Säurezusatz durch ein Maximum, um dann schließlich stark abzufallen. Denselben Gang zeigen die Konduktivitäten sämtlicher Proteinsalze. Einen symbaten Verlauf zeigen die Viskositäten der Proteinlösungen.

Tabelle 122

Leitfähigkeiten, 0,707% Glutin + HCl

n HCl	$\varkappa^{II} \cdot 10^3$	$\varkappa_{HCl} \cdot 10^3$	$\varkappa^{III} \cdot 10^3$	$K^{III} \cdot 10^3$
0,000	0,0115	—	—	—
0,005	0,5529	0,1617	0,391	3,68
0,01	1,917	1,357	0,560	5,16
0,0125	2,895	2,232	0,663	6,23
0,015	3,822	3,224	0,598	5,6
0,0175	4,740	4,274	0,466	4,3
0,02	5,755	5,448	0,307	2,89
0,03	9,702	9,520	0,182	1,7
0,04	13,59	13,60	0,00	—
0,05	17,60	17,55	0,00	—

Allein schon die Aktivität und Konduktivität, welche nach den neueren Anschauungen und deren Formulierung durch DEBYE-HÜCKELs Grenzgesetz den Ausdruck ganz verschiedener physikalischer Zusammenhänge darstellen, zeigen nur eine allgemeine Übereinstimmung des Verlaufes neben merklichen quantitativen Unterschieden. Daß in der Viskosität, zumal der Proteinsalze, wieder andere Zusammenhänge mit der Teilchenladung vorliegen werden, ist trotz des Ausstehens einer zureichenden Theorie kaum zu bezweifeln und schon dieser Umstand läßt mehr als symbate Bilder der a-, K- und η-Kurve nicht erwarten. Immerhin ist das Zusammenfallen der Lage der verschiedenen Maxima bei den Albuminen ein recht befriedigendes, während sich beim Glutin meist eine geringe Verschiebung des Viskositätsoptimums in etwas niedrigere Säurenkonzentration findet. Vielleicht spielt hier die verschiedene Meßtemperatur eine Rolle. Sie lag nämlich beim Glutin für die Reibung (35°) um 10° höher als die der Leitfähigkeit (25°), bzw. um 15° über der Temperatur der Aktivitätsmessung, und es wird noch zu prüfen sein, ob die theoretisch zu erwartende Änderung der Hydrolyse des Proteinsalzes mit steigender Temperatur, welche die freien Ladungen der Proteinionen herabsetzen würde, in genügendem Maße eintritt und im Sinne der beobachteten Verschiebungen wirksam wird.

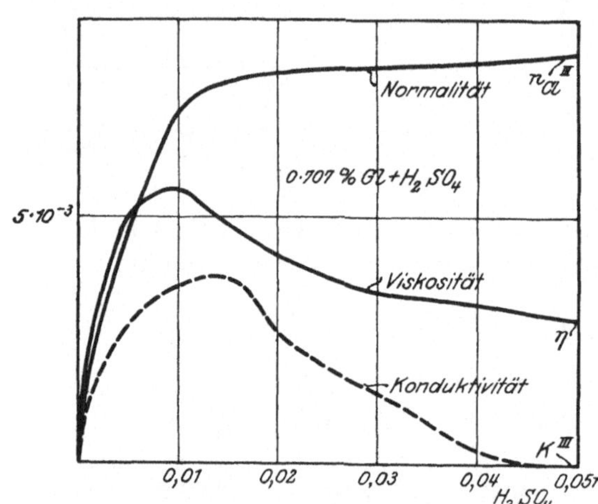

Abb. 83. Gesamtladung und freie Ladung des Proteinsalzes in einer 0,707prozentigen Glutinsulfatlösung nach PAULI und WIT

Diese Möglichkeit ließe gerade die beobachtete gute Übereinstimmung des K- und η-Optimums in der höheren Glutinsulfatkonzentration (1,415% Glutin +

H_2SO_4) verstehen, in welcher auch die geringste Hydrolyse zu erwarten wäre. Eine sichere Entscheidung können jedoch nur weitere Untersuchungen bringen, desgleichen in der bedeutungsvollen Frage, weshalb so gewaltige Unterschiede in der Reibung der Proteinionen des Ovalbumins, Seralbumins und des Glutins im Sinne eines starken Anstiegs in dieser Reihenfolge hervortreten, während zugleich nur relativ geringe Verschiedenheiten in der pro Gramm Protein aufgenommenen maximalen Säuremenge bestehen. Für die nächstliegende Erklärung dieser Differenzen aus Schwankungen der Größe und Ladungsdichte der Proteinteilchen fehlen zurzeit noch die ausreichenden tatsächlichen Unterlagen.

Tabelle 123

— Viskosität, 35° C, Glutin + HCl, $t_{35} = 260 \cdot {}^1/_5{}''$

nHCl	0,707% Glutin
0,000	1,233
0,005	1,665
0,01	1,739
0,0125	1,683
0,15	1,631
0,0175	1,599
0,02	1,563
0,03	1,429
0,04	1,372
0,05	1,338

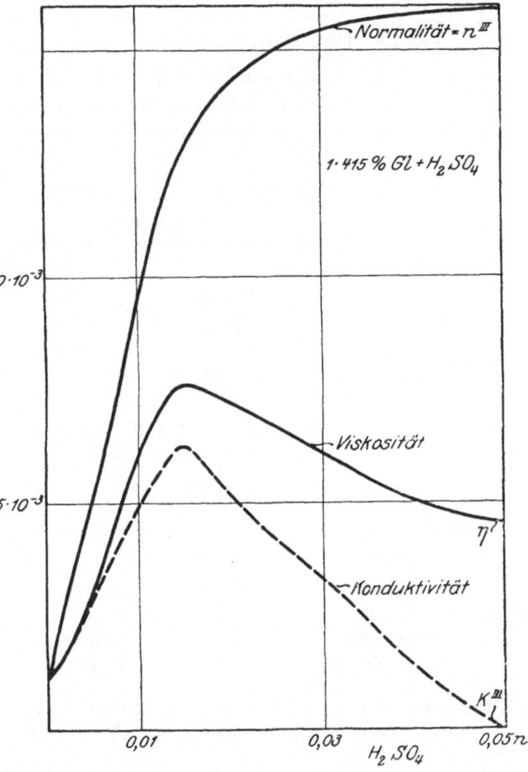

Abb. 84. Gesamtladung und freie Ladung des Proteinsalzes in einer 1,415prozentigen Glutinsulfatlösung nach PAULI und WIT

Wie genauere Versuche lehrten, haben LOEB und HITCHCOCK das Bestehen eines Viskositätsmaximums in dem Falle des Ovalbumins einfach übersehen. In neueren Versuchen wurde von PAULI und FRISCH auch das Zusammenfallen des Viskositäts- und Konduktivitätsmaximums bei Kaliumovalbuminat festgestellt.

Durch diese Experimente sind also sämtliche Einwände, welche LOEB gegen die PAULIsche Auffassung erhoben hat, widerlegt. Die Ansicht, daß die freie Ladung die Zustandsänderungen der Proteinsalze abgesehen von der Quellung und dem osmotischen Drucke bestimmt, erscheint an allen experimentell geprüften Fällen bestätigt.

Dadurch ist jedoch noch nicht erwiesen, daß LOEBS Versuch, die Erscheinungen einheitlich auf das DONNAN-Gleichgewicht zurückzuführen, verfehlt ist. Eine Auseinandersetzung darüber findet sich in einem folgenden Abschnitte.

Die Leitfähigkeit der Kaseinate. Die spezifische Leitfähigkeit der Proteinsalze stellt, wie oben ausgeführt, ein Maß für ihre freie Ladung dar. Sie kann ohne jede Korrektur für diesen Zweck verwendet werden, falls die Hydrolyse so geringfügig ist, daß die Leitfähigkeit der freien Säure oder Base neben derjenigen des Proteinsalzes vernachlässigt werden kann. Dies ist z. B. nach PAULI der Fall, wenn man Kasein im Überschuß mit einer nicht zu konzentrierter Laugenlösung peptisiert. An diesem System wurden Messungen von verschiedenen Autoren ausgeführt und die folgende Tabelle soll die Reproduzierbarkeit derartiger Messungen demonstrieren.

Tabelle 124. Leitfähigkeit von Na-Kaseinatlösungen bei 25° C

Zusammengestellt von D. M. GREENBERG und C. L. A. SCHMIDT

Kasein + annähernd 5 ccm 0,1 n NaOH pro g Kasein

n NaOH	Äquivalentleitfähigkeit				
	I	II	IV	IV	IV
	$p_H = 6,3$		$p_H = 6,5$		
0,02	—	37,5	51,7	46,8	47,0
0,01	50,6	41,7	56,9	51,5	53,5
0,005	55,4	46,5	62,9	57,0	57,6
0,0025	59,6	52,3	64,8	65,0	68,0
0,000125	67,2	—	74,0	76,5	69,2

Kasein + annähernd 8 ccm 0,1 n NaOH pro g

n NaOH	Äquivalentleitfähigkeit		
	I	III	IV ($p_H = 7,5$)
0,025	—	46,5	—
0,010	52,7	52,3	54,0
0,005	57,4	57,2	59,0
0,00025	64,8	64,0	64,0
0,000125	72,0	71,0	—

I Werte von WO. PAULI und J. MATULA, II von T. B. ROBERTSON, III von E. LAQUEUR und O. SACKUR, IV von GREENBERG und C. L. A. SCHMIDT

Mit Ausnahme der Daten von ROBERTSON kann die Übereinstimmung mit Rücksicht auf die voneinander etwas abweichenden Herstellungsmethoden als vorzüglich bezeichnet werden.

Seit LAQUEUR und SACKUR hatte man wiederholt versucht, verschiedene Extrapolationen auf unendliche Verdünnung vorzunehmen sowie aus dem Gang der Äquivalentleitfähigkeit auf die Wertigkeit zu schließen. So läßt sich auf Grund der OSTWALD-WALDEN-BREDIG-Regel eine Wertigkeit von 4 für das Kaseinat ableiten. Dieser Wert muß auf Grund unserer heutigen Kenntnisse für viel zu niedrig gehalten werden. Die Wertigkeit des Kaseinates dürfte das Mehrfache dieses Wertes betragen. Die Aussage muß darauf beschränkt werden, daß Kasein bezüglich der Abhängigkeit der Äquivalentleitfähigkeit von der Verdünnung sich so verhält, wie eine nur vierbasische Säure von normaler Ionengröße. Die Ursache der Abnahme der Äquivalentleitfähigkeit mit wachsender Konzentration bilden die interionischen Kräfte und für das Ausmaß der Änderung ist neben der Wertigkeit auch die Ionengröße von entscheidendem Einfluß, deren Konstanz hier überdies noch unsicher ist.

Gegenionenwirkung. Die Theorie der freien Ladung der Proteinionen läßt ein spezifisches Verhalten der Gegenionen erwarten, gleichgültig ob es im Sinne der BJERRUMschen Lehre als eine Assoziation oder im Sinne der klassischen Theorie als ein Ionisationsrückgang aufgefaßt wird. Für ein solches Verhalten hat bereits der Vergleich des Proteinsulfates mit dem Proteinchlorid ein Beispiel geliefert, wobei der assoziationsbegünstigende Einfluß der höheren Gegenionenwertigkeit deutlich hervorgetreten ist.

Eine spezifische Wirkung dieser Art beobachtet man jedoch auch in der Reihe der gleichwertigen Ionen. Abbildung 85 gibt z. B. den Gang der Viskosität der Alkalisalze von Seralbumin wieder. Man merkt, daß die Viskosität des Lithiumsalzes deutlich unterhalb der übrigen bleibt. Noch markantere Effekte treten im Bereich der Säureverbindungen hervor.

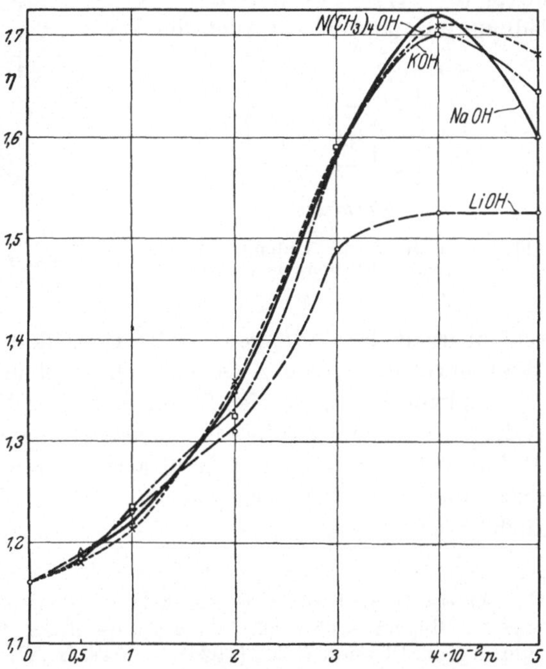

Abb. 85. Innere Reibung einer 1,57prozentigen Seralbuminlösung in Anwesenheit verschiedener Laugen nach PAULI und BLANK

Die innere Reibung des Serumproteinoxalates verläuft viel höher als diejenige des gleichfalls zweiwertigen Sulfates; die starke Trichloressigsäure bildet, trotz ihrer Einwertigkeit, ein in gewissem Bereich sogar weniger viskoses Salz als das Sulfat.

Zugefügte Salze werden im allgemeinen die freie Ladung der Proteinionen infolge Erhöhung der interionischen Kräfte oder Dissoziationsrückgang vermindern. Dabei kommt der Gegenioneneffekt sehr deutlich zum Ausdruck.

Die starke Inaktivierung von SCN^--, CCl_3COO^--Ionen usw. wird von PAULI auf ihre asymmetrische Ladungsverteilung und ihre Orientierung im elektrischen Feld der hochwertigen Proteinionen zurückgeführt (Abb. 86, 87).

Der größte Teil der bekannten Fällungsreaktionen der wasserlöslichen Eiweißkörper verlangt eine einsinnige Aufladung derselben und ist somit auf Gegenionenwirkung zurückzuführen. I n d i e s e n F ä l l e n h a t d a s n e u t r a l e E i w e i ß, d. h. d a s E i w e i ß m i t m i n i m a l e r G e s a m t l a d u n g, e i n e g r ö ß e r e L ö s u n g s s t a b i l i t ä t a l s d a s e n t l a d e n e E i w e i ß i o n.

K. LINDERSTRÖM-LANG und PAULI (mit FRISCH und VALKÓ) haben die Bedeutung der interionischen Kräfte für die Entladung der Eiweißionen hervorgehoben. LINDERSTRÖM-LANG sowie später auch G. S. ADAIR erhielten bei quantitativer Anwendung der DEBYE-Theorie, unter Annahme der vollständigen Dissoziation der Proteinsalze, gute Übereinstimmung mit der Erfahrung. H. S.

Simms hat neulich auf Grund der Deformation der potentiometrischen Titrationskurve der Gelatine durch Anwesenheit der Neutralsalze berechnet, daß das Gelatineion sich in bezug auf die interionischen Kräfte so verhält, wie sich ein punktförmiges Ion mit der Valenz 1,8 (in saurer Lösung) und 2,4 (in alkalischer Lösung) nach der Debye-Theorie verhalten sollte. Noch beträchtlicher dürfte der Effekt sein, wenn man sich aus dem von ihm betrachteten Bereich des p_H (3—11) entfernt, da die Gesamtladung dann anwächst. Auch die Verschiebbarkeit der Ladungen an der Proteinoberfläche dürfte die elektrostatische Wechselwirkung mit den Gegenionen erheblich steigern.

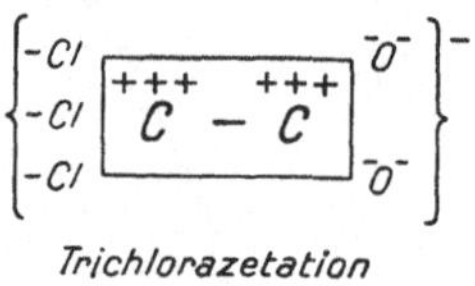

Abb. 86. Exzentrische Ladungsverteilung des Trichlorazetations nach Pauli

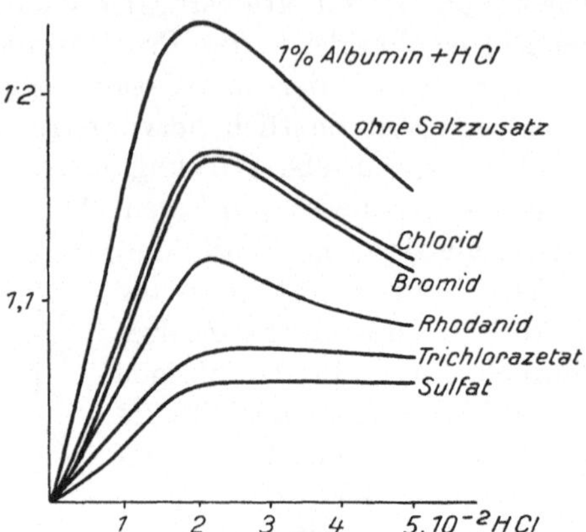

Abb. 87. Innere Reibung einer 1prozentigen Seralbuminlösung in Anwesenheit von HCl und $1 \cdot 10^{-2}$ n Neutralsalz nach Pauli und Falek

Es kann jedoch bei den Proteinsalzen auch eine nicht durch die freie Ladung bedingte Ionenanlagerung eine gewisse Rolle spielen, da das Studium der Reaktionen der Proteine mit Neutralsalz gezeigt hat, daß eine Ionenanlagerung auch an den nach außen neutralen Proteinteilchen in ausgiebigem Maße stattfindet.

Literaturverzeichnis

Adair, G. S.: Proc. Roy. Soc. A **120**, 573 (1928). — Bugarszky, S. und L. Liebermann: Pflügers Archiv **62**, 51 (1898). — Greenberg, D. M. und C. L. A. Schmidt: Journ. Gen. Physiol. **7**, 303 (1924). — Hardy, W. B.: Journ. Physiol. **33**, 251 (1905). — Hitchcock, D. J.: Journ. Gen. Physiol. **4**, 738 (1922). — Laqueur, E. und O. Saekur: Beih. zur chem. Physiol. **3**, 196 (1903). — Loeb, J.: Die Eiweißkörper. Berlin (1924). — Linderström-Lang, K.: C. r. Lab. Carlsberg **15** (1924). — Manabe, K. und J. Matula: Bioch. Z. **52**, 369 (1913). — Pauli, Wo.: Kolloidchemie der Eiweißkörper. Dresden (1920). — Derselbe und J. Matula: Bioch. Z. **80**, 187 (1917). — Derselbe und H. Handovsky: Bioch. Z. **24**, 239 (1910). — Derselbe, J. Frisch und E. Valkó: Bioch. Z. **164**, 401 (1925). — Derselbe und R. Wagner: Akadem. Anzeiger (1910). — Derselbe und H. Wit: Bioch. Z. **174**, 308 (1926). — Derselbe: Eiweißkörper und Kolloide. Wien (1927). — Robertson, J. B.: Physikalische Chemie der Proteine. Dresden (1912). — Schorr, C.: Bioch. Z. **47**, 269 (1912). — Schröder, P. von: Z. f. phys. Ch. **45**, 1 (1903). — Simms, H. S.: Journ. Gen. Physiol. **11**, 613 (1928). — Sjöqvist, J.: Skand. Arch. Physiol. **5**, 277 (1895). — Wagner, R.: Bioch. Z. **104**, 190 (1920).

45. Die Wanderungsgeschwindigkeit der Proteinionen

Die elektrophoretische Geschwindigkeit der Proteinionen (WG) in ihrer Abhängigkeit von der H^+-Ionenaktivität besitzt nicht nur vom Standpunkte der physikalischen Chemie der Eiweißlösungen, sondern auch der allgemeinen

Elektrochemie der Kolloide ein hervorragendes Interesse. Für das spezielle Gebiet der Eiweißsalze würde die WG neben dem Assoziationsgrad und der Viskosität einen weiteren Ausdruck für die freie Ladung darstellen, in allgemeiner Hinsicht könnte sie einen experimentellen Beitrag zur Frage nach dem Zusammenhang von Wertigkeit und Oberflächenpotential liefern.

Direkte Bestimmungen. W. B. HARDY hat bereits 1905 versucht, die Geschwindigkeit der Globulinionen in Lösungen verschiedener Art nach der Grenzflächenmethode zu messen. Als Überschichtungsflüssigkeit diente die Außenflüssigkeit im Dialysegleichgewicht. Die Ergebnisse der Messungen (bei 18⁰) enthält die folgende Tabelle:

Tabelle 125

Zugesetzter Elektrolyt		$V \cdot 10^5$
Essigsäure	$C = 4 \times 10^{-4} - 1 \times 10^{-2}$ n	+23
„	dialysiert, durchsichtig	+22,5
„	„ opalisierend	+22,9
„	„ weißlich, opalisierend	+19,4
HCl	„ durchsichtig	+11,5
„	„ opalisierend	+ 9,0
NaOH	„ opalisierend	— 7,66
H_2SO_4	$4{,}8 \times 10^{-4} - 4{,}5 \times 10^{-3}$ n	+18,5
H_3PO_4	$9{,}2 \times 10^{-3}$ n	+23

Aus diesen Versuchen folgert HARDY, daß die Ladungsdichte an der Oberfläche, welche nach ihm durch die elektrolytische Dissoziation der gebildeten Globulinsalze bedingt ist, von der Teilchengröße unabhängig ist. Er nimmt nämlich nach der HELMHOLTZschen Theorie an, daß die Wanderungsgeschwindigkeit der Ladungsdichte proportional ist. Andererseits deutet die Zunahme der Opaleszenz der Lösung bei der Dialyse darauf hin, daß die Teilchengröße zunimmt, während die elektrophoretische Geschwindigkeit nur geringfügig beeinflußt wird.

HARDYs Resultate haben (wegen der Methodik) nur halbquantitative Bedeutung. Dasselbe gilt von der viel späteren Untersuchung von M. SPIEGEL-ADOLF, welche die Globulinlösungen im PAULI-LANDSTEINERschen Apparat bei Überschichtung mit KCl-Lösung untersucht hatte. In n/100 normalen Lösungen des Globulinchlorides und -phosphates und der Natriumglobulinate fand sie bei 25⁰ Werte zwischen WG = 24 und 32 in dem Sulfat $12 \cdot 10^{-5}$. Im Säureüberschuß nehmen die Werte für das positive Globulinion ab.

Mit Hilfe der Grenzschichtmethodik haben L. MICHAELIS und J. AIRILA die Beweglichkeit der Hämoglobinionen in dem Bereich zwischen $p_H = 2{,}7$—12 verfolgt. Zu beiden Seiten des isoelektrischen Punktes fanden sie symmetrisch eine nahezu lineare Abhängigkeit vom Logarithmus der H^+-Aktivität (also von der p_H). Sie geben nur relative Werte an.

Die sorgfältigsten Messungen mit Hilfe der Grenzschichtmethode haben THE SVEDBERG und Mitarbeiter ausgeführt. Sie bestimmten die elektrophoretische Geschwindigkeit von Albuminsalzen durch Messen von elektrodialysiertem Eieralbumin, das mit Pufferlösungen versetzt wurde. Näheres über die Methode wurde in dem allgemeinen Teil mitgeteilt. Die Ergebnisse der gegenüber den früheren, unter Benützung der Fluoreszenz der Eiweißlösung durchgeführten Versuchen THE SVEDBERGs, genaueren Methode der Lichtabsorptionsbestimmung von SVEDBERG und TISELIUS sind in der folgen Abbildung enthalten: Alle Werte sind auf $13,5^0$ reduziert. Es zeigt sich in dem gemessenen Bereich eine annähernd lineare Abhängigkeit von der p_H.

E. J. COHN und L. REINER maßen die Geschwindigkeit von Hämoglobinionen. Einzelheiten der Methode wurden nicht veröffentlicht. Die Ergebnisse bringt die folgende Abbildung 89.

An dieser Stelle soll darauf hingewiesen werden, daß das in den Pufferlösungen enthaltene Neutralsalz (bei SVEDBERG und TISELIUS $2 \cdot 10^{-2}$ n Natrium-

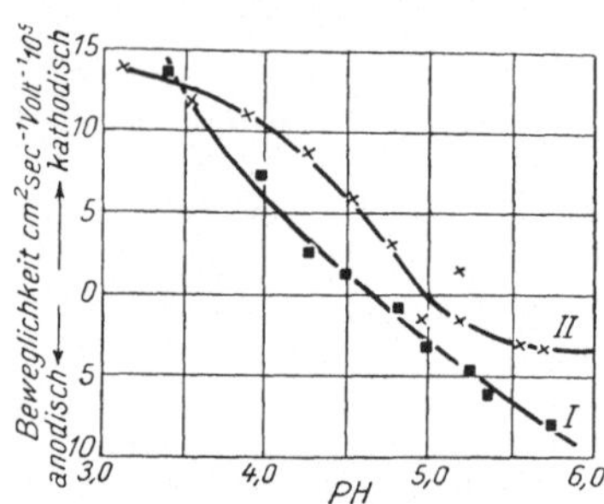

Abb. 88. Wanderungsgeschwindigkeit des Ovalbumins nach SVEDBERG und TISELIUS

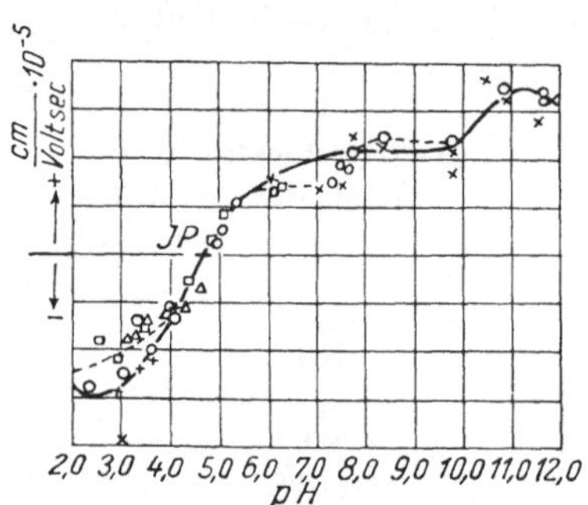

Abb. 89. Wanderungsgeschwindigkeit des Hämoglobins nach E. J. COHN und L. REINER

azetat) von Einfluß auf die kataphoretische Geschwindigkeit sein wird. Auf alle Fälle wirkt es vermindernd auf die die Wanderungsgeschwindigkeit bestimmende freie Ladung der Kolloidteilchen. Da weder die Gesamtladung, noch die freie Ladung in Puffergemischen genau zu ermitteln sind, so können solche Messungen nicht zur Feststellung quantitativer Beziehungen zwischen diesen Größen herangezogen werden. L. REINERs Versuch, aus diesen elektrophoretischen Bestimmungen einen Schluß auf die verschiedenen Dissoziationskonstanten des Eiweißes zu ziehen, beruht auf einer mangelhaft begründeten Annahme. Die einfachste, wohl auch nicht streng zutreffende Auffassung könnte nur eine Proportionalität zwischen der freien Ladung der Proteinionen und ihrer Beweglichkeit annehmen, keinesfalls jedoch, wie REINER es tut, eine Proportionalität zwischen ihrer Gesamtladung (H^+- bzw. OH^--Bindung) und ihrer Beweglichkeit. Übrigens haben SVEDBERGs oben mitgeteilte spätere Versuche erwiesen, daß die Gestalt der früheren von ihm mitgeteilten Kurve, auf welche u. a. REINER seine Überlegungen stützt, lediglich durch Meßfehler bedingt war.

Die Proteinionen sind Amikronen, sie können durch die direkte mikroskopische Methode nicht erfaßt werden. Einen eigenartigen Weg hat J. LOEB eingeschlagen, diese Tatsache zu umgehen. Er ließ Kollodiumteilchen mit Gelatine und Eieralbuminlösung reagieren, wobei er annahm, daß die im Mikroskop sichtbaren Teilchen von Eiweiß überzogen sind und die WG desselben zeigen. Die Geschwindigkeit wurde nach der Methode von H. I. NORTHROP gemessen. Das Ergebnis entspricht der Erwartung, sofern die Kurve sowohl im alkalischen, wie auch saurem Gebiete eine Maximumbildung analog der Kurve der inneren

Reibung, der Quellung, Konduktivität und Aktivität aufweist. Auch die Tatsache, daß die Kurve für die Proteinsalze mit zweiwertigen Gegenionen niedriger verläuft, ist damit in Übereinstimmung.

LOEB hat auch die Wirkung der Salze auf die WG einer Kaseinsuspension untersucht. Es geht aus seinen Ergebnissen hervor, daß die dreiwertigen Ionen beim isoelektrischen Punkt Kasein stark aufladen können, eine Tatsache, welche LOEBs eigener Annahme, daß isoelektrisches Protein mit Salzen nicht reagiert, widerspricht. LOEB deutet diesen Einfluß der Salze auf Grund der Doppelschichttheorie ohne Rücksicht auf den Mechanismus der Ionenlagerung an die Oberfläche. Doch muß dieser Vorgang als eine Reaktion der Proteinteilchen mit den Ionen des Salzes aufgefaßt werden.

H. FREUNDLICH und H. ABRAMSON haben die Beobachtung gemacht, daß die Wanderungsgeschwindigkeit von Quarzteilchen, sowie die elektrosmotische Beweglichkeit des Wassers an der Glaswand in hohem Maße verändert wird, wenn in die Lösung Gelatine, Albumin, Hämoglobin oder ein anderes Protein in kleiner Menge hineingebracht wird. Die Wanderungsgeschwindigkeit von Quarzteilchen kann z. B. in einer Pufferlösung von $p_H = 4{,}7$ von $80{,}10^{-5}$ cm/sec. durch Zusatz von Gelatine auf 0 erniedrigt werden. Bereits beim Zusatz von $1{,}10^{-6}$ g Gelatine pro Liter wird die Veränderung bemerkbar, bei 10^{-5} g pro Liter wird ein Stillstand der Wanderung erreicht. Es ist anzunehmen, daß die Beeinflussung dadurch zustandekommt, daß die Proteinteilchen die Glas- oder Quarzoberfläche bedecken und diesen ihr eigenes ζ-Potential verleihen. Wie aus der zugesetzten Menge und der Größe der Oberfläche berechnet werden kann, genügt z. B. von Ovalbumin ein kleiner Bruchteil der zur vollständigen monomolekularen Bedeckung nötigen Menge, um das eigene ζ-Potential des Glases völlig zu verändern, falls der Wert 35000 für das Molekulargewicht der Berechnung einer monomolekularen Schichtdicke zugrunde gelegt wird.

FREUNDLICH und ABRAMSON erhielten für die Wanderungsgeschwindigkeit der Quarzteilchen in Pufferlösungen, die 10^{-3} bis 10^{-4} g Ovalbumin pro Liter enthielten, innerhalb der Fehlergrenzen die gleichen Werte in Abhängigkeit von dem p_H wie SVEDBERG und TISELIUS mit ihrer Methode für die Wanderungsgeschwindigkeit des Ovalbumins.

Dieses Verhalten ist insbesondere für die Theorie der Schutzkolloidwirkung von Bedeutung und spricht zugunsten einer Umhüllungstheorie (H. BECHHOLD).

Die Hittorfsche Methode. Ein vollständig einwandfreies Verfahren stellt nur die HITTORFsche Methode dar.

T. B. ROBERTSON hat als erster die Elektrolyse zur Bestimmung des Äquivalentgewichtes der Kaseinate benützt. Das, bei Durchgang einer mit Hilfe eines Coulometers gemessenen Elektrizitätsmenge, an der Anode ausgeschiedene Kasein wurde bestimmt, indem die Konzentrationsabnahme der Lösung refraktometrisch ermittelt wurde. In KOH-Lösungen von verschiedener Konzentration wurde Kasein aufgelöst, so daß die Menge der Lauge $5 \cdot 10^{-4}$, $8 \cdot 10^{-4}$ und $1 \cdot 10^{-3}$ Äquivalente pro Gramm des Kaseins betrug.

ROBERTSON nahm an, daß das ausgeschiedene Kasein zu einem Teil wieder in die Lösung geht. Er versuchte die Wiederauflösung experimentell zu bestimmen und dadurch die Daten für die Berechung des Äquivalentes korrigieren.

Er erhält die folgenden Werte (bei 30⁰):

Tabelle 126. Überführung des Kaseinats nach T. B. ROBERTSON

nKOH pro g Kasein	Äquivalent pro Coulomb	Korrigiert
5×10^{-4}	$0{,}0237 \pm 0{,}0020$	$0{,}0248 \pm 0{,}0020$
8×10^{-4}	$0{,}0175 \pm 0{,}0018$	$0{,}0235 \pm 0{,}0018$
1×10^{-3}	$0{,}0115 \pm 0{,}0030$	$0{,}0222 \pm 0{,}0030$

Durch Multiplikation mit 96540 erhält man das Äquivalentgewicht.

PAULI hat die Deutung dieser Versuche ROBERTSONs einer Kritik unterzogen. Er hielt die Korrektur für überflüssig und den durch diese Korrektur beseitigten Gang des Äquivalentgewichtes (zweite Spalte) mit der Konzentration der zur Lösung verwendeten Kalilauge für reell. In der Tat wurde die Richtigkeit dieser Auffassung durch ausgedehnte und sorgfältige Versuche von D. M. GREENBERG und C. L. A. SCHMIDT erwiesen. Ihre Methode findet sich im allgemeinen Teil beschrieben. Durch Analyse an beiden Elektroden konnten sie feststellen, daß die Wiederauflösung auch in $1 . 10^{-3}$ n KOH (pro Gramm Kasein) nur eine Korrektur von 2,5% in dem Wert des Äquivalentgewichtes bedingt.

Doch müssen wir aus den Versuchen von GREENBERG und SCHMIDT folgern, daß das aus der abgeschiedenen Menge berechnete Äquivalentgewicht (das sogenannte elektrochemische Äquivalent) des Kaseins mit dem wirklichen Äquivalentgewicht nicht ganz übereinstimmt, sondern im allgemeinen etwas kleiner ausfällt. Man kann das Äquivalentgewicht des Kaseinats annähernd daraus errechnen, daß man die zugefügten OH^--Ionen als gebunden annimmt, da die Reaktion der Lösung nur wenig von der neutralen abweicht. Bei den Alkalikaseinaten wurden anfangs von GREENBERG und SCHMIDT Werte für das elektrochemische Äquivalent gefunden, welche zwischen 97 und 85% des Äquivalentgewichtes aus der Bindung schwankten, bei Erdalkalikaseinaten zwischen 70 und 80%. In einer späteren Mitteilung von GREENBERG sind bei den Alkalikaseinaten nur kleine Schwankungen um den Wert 100% vorhanden. In den anderen Fällen scheidet sich scheinbar eine kleinere Kaseinmenge aus, als dem Strom entspricht, wodurch jedoch auf das in der Lösung bleibende Kasein ein steigendes Äquivalentgewicht entfallen würde.

Wegen dieses Umstandes möchten wir die Berechnungsweise der so wichtigen Versuche von GREENBERG und SCHMIDT für nicht ganz zweckmäßig halten. Sie gewinnen nämlich den Wert für die Überführungszahl der Kaseinionen dadurch, daß sie die pro Faraday zum Anodenraum überführte Kaseinmenge durch den Wert des elektrochemischen Äquivalentes dividieren. Korrekt ist dagegen die Bestimmung der Überführungszahl der Kationen aus dem titrimetrisch festgestellten Verlust daran in dem Anodenraum. Daß die Summe der so bestimmten Überführungszahlen von Anion und Kation nahe 1 ist, auch dort, wo die Abweichung zwischen elektrochemischen und Bindungsäquivalent erheblich wird, schafft nun beträchtliche Schwierigkeiten. Bei der praktisch vollständigen Laugenbindung an das Kasein müßten hier die Äquivalentkonzentrationen von Kaseinat- und Na-Ionen wegen der Elektroneutralität der Lösung gleich sein. Setzt man das im Versuch kleiner gefundene elektrochemische Äquivalent an Stelle des Bindungsäquivalentes der Kaseinionen, so resultiert eine entsprechend größere Äquivalentkonzentration für die Anreicherung des Kaseins im Anodenraum und damit eine zu große Überführungszahl für das Kaseination. Das richtige Verfahren ist wohl für die Berechnung der Kaseinüberführungszahl, das Bindungsäquivalent zu benutzen. Dann würde in den Fällen, wo das elektrochemische Äquivalent kleiner ist, die richtige Überführungszahl der

Kaseinionen kleiner ausfallen als die von den Autoren berechneten Größen. Ist die Differenz der beiden Werte nur geringfügig, so ist es gleichgültig, welche Methode benutzt wird.

In den folgenden zusammengehörigen Tabellen 127, 128 sind einige Meßergebnisse nach den Angaben der Autoren mitgeteilt:

Tabelle 127. Überführungszahlen (mittlere Werte bei 30°)

Zeit Stunde	Kasein %	B annähernd ccm	p_H	Q	K	Kasein, über-geführt pro Millfaraday	T Kasein	T Na
			a) Natriumkaseinat					
2,5 —3,0	1,75—3,0	5,6	6,6	1,73	9,68	0,784	0,453	0,561
2,5	2,5	7,0	7,0	1,34	9,40	0,610	0,455	0,540
2,5	1,7	8,25	7,6	1,04	8,60	0,450	0,430	—
			b) Kaliumkaseinat					
3,0	2,0 —3,0	5,0	6,5	1,82	9,09	0,650	0,359	0,660
2,25—4,0	2,5 —3,0	6,25	6,9	1,47	9,17	0,534	0,363	0,636
2,0 —2,5	2,0 —2,5	8,0	7,6	1,12	9,00	0,390	0,349	0,657
2,0	2,0	10,0	9,4	0,92	9,20	0,350	0,382	0,654
			c) Rubidiumkaseinat					
2,0	1,8	5,6	6,5	1,76	9,86	0,625	0,355	0,645
			d) Cäsiumkaseinat					
2,0 —2,5	2,0	5,5	6,5	1,65	9,10	0,551	0,334	0,666

Die späteren Versuche von D. GREENBERG über die Temperaturabhängigkeit der Überführungszahlen der Kaseinate bringen eine befriedigende Übereinstimmung des elektrochemischen und des Bindungsäquivalentes.

GREENBERG und SCHMIDT haben leider keine Leitfähigkeitsbestimmungen an den genau gleichen Systemen durchgeführt, sodaß man nicht unmittelbar aus ihren Daten zu den Beweglichkeiten gelangen kann.

Die hohen Überführungszahlen der Kaseinate in Erdkalkalilösungen, welche mitunter 1 übersteigen, beweisen, daß die Assoziation der zweiwertigen Gegenionen ein solches Maß erreicht, daß ihre Mitnahme durch das Kolloidion die Konzentrationsänderung infolge der kathodischen Abwanderung der freien Gegenionen kompensieren kann.

GREENBERG und SCHMIDT deuten die Zahlen bei den Erdalkalikaseinaten als Folge einer chemischen Komplexbildung. Sie berechnen Werte für die freigebliebenen Kationen unter der Annahme, daß diese mit der Geschwindigkeit, welche sie bei unendlicher Verdünnung besitzen, zur Kathode wandern, während die gebundenen Erdalkaliionen mit der Beweglichkeit der Kaseinationen (30) zur Anode wandern. Auf diese Weise ergeben sich für den Assoziationsgrad Werte zwischen 42 und 74%.

Der Vergleich mit den Leitfähigkeitsdaten zeigt uns, daß diese Berechnung zu niedrige Werte des Assoziationsgrades liefert. T. B. ROBERTSON und GREEN-

Tabelle 128. Überführungszahlen (mittlere Werte bei 25°)

Zeit Stunde	Kasein %	B annähernd ccm	p_H	Q	K	T Kasein	T Kation
			a) Kasein + $Mg(OH)_2$				
3,5	1,85—2,25	6,75	7,0	1,20	8,1	0,84	0,26
3,0	2,27	7,5	7,7	0,90	6,8	0,82	0,31
2,5—3,5	1,85—2,55	9,5	9,3	0,74	7,1	0,74	0,40
3,0	2,28	10,45	9,8	0,66	6,9	0,71	0,27
3,5	1,7 —2,2	10,9	10,0	0,56	6,2	0,79	0,20
			Durchschnitt	=	7,2		
			b) Kasein + $Ca(OH)_2$				
3,5—4,0	1,94—2,57	6,6	7,2	1,15	7,6	1,00	(— 0,12)
3,25	1,77	7,7	7,7	0,99	7,6	1,05	(— 0,18)
3,5—4,0	1,6 —2,1	9,4	9,4	0,85	8,1	0,78	—
3,25	1,84	10,3	10,3	0,63	7,0	0,64	—
			Durchschnitt	=	7,5		
			c) Kasein + $Sr(OH)_2$				
3,5—4,0	2,13	6,25	6,8	1,31	8,2	0,73	0,24
3,0—4,25	2,3	8,0	7,6	1,02	8,2	0,75	0,25
3,25	2,2	9,0	8,7	0,88	7,9	0,70	0,23
2,5	2,25	10,5	10,0	0,71	7,4	0,63	0,43
			Durchschnitt	=	7,9		
			d) Kasein + $Ba(OH)_2$				
3,75	1,85	7,4	7,3	0,94	7,0	1,24	(— 0,07)
4,0	1,85	8,0	8,0	0,80	6,4	1,06	(— 0,09)
4,0	1,9	9,0	9,5	0,80	7,2	0,84	0,07
3,25	1,81	10,5	9,9	0,70	7,3	0,77	0,31
2,3	1,82	13,55	10,7	0,42	5,7	0,54	0,42
			Durchschnitt	=	7,0		

B = ccm 0,1 n Alkali pro Gramm Kasein.
Q = elektrochemisches Äquivalent pro Millifaraday.
K = B . Q (für den Fall der Identität des Bindungs- und elektrochemischen Äquivalents müßte K 10 sein).
T = Überführungszahl.

BERG und SCHMIDT finden die folgenden Werte für die Äquivalentleitfähigkeit der Kaseinate bei 30° C.

Konz. des Alkali	Ca-Kas.	Ba-Kas.	Sr-Kas.	Na-Kas.	K-Kas.
0,016 n	12,0	12,8	20,1	55,0	78,6

Annähernd 8 ccm 0,1-n-Alkali wurde dabei zum Lösen benützt.

Bereits aus diesen Werten geht unmittelbar hervor, daß, wenn die freien Gegenionen ihre Grenzbeweglichkeit besitzen, ihr minimaler Assoziationsgrad bei Ca-Kaseinat und Ba-Kaseinat etwa 82%, bei dem Sr-Salz etwa 66%

beträgt, während die amerikanischen Autoren bei sonst annähernd denselben Bedingungen die Werte von 68%, 70% und 55% angeben.

GREENBERG und SCHMIDT betrachten die Alkalikaseinate als vollständig dissoziiert, die Erdalkalisalze dagegen als stufenweise dissoziiert. Die Aufstellung eines solchen Unterschiedes zwischen den beiden Kaseinaten erscheint jedoch bedenklich. Die obigen Werte der Äquivalentleitfähigkeit zeigen, daß auch die Alkalikaseinate erheblich inaktiviert sind. Ihre Gegenionen besitzen in der angeführten Konzentration einen analytischen Leitfähigkeitskoeffizienten von etwa 60%, während derselbe Wert für die Erdalkaliionen weniger als 10% beträgt. Dieses Verhalten entspricht durchaus dem starken Einfluß der Wertigkeit auf die Inaktivierung. Daß bei einer gesteigerten Inaktivierung eine erhöhte Assoziation und als Folge eine Erhöhung der Überführungszahl der Kolloidionen erscheint, fügt sich widerspruchslos in das Bild, welches wir im allgemeinen Teil über den Einfluß der interionischen Kräfte auf die Beweglichkeit in Kolloidelektrolyten entworfen haben.

Nach derselben Methode bestimmte D. GREENBERG im letzten Jahre die Überführungszahlen verschiedener Fibrinsalze. Fibrin gehört zu den wasserunlöslichen Proteinen, die Lösungen wurden durch Sättigen in schwachem Alkali oder Säure gewonnen. Die Gesamtkonzentration der Säure oder Lauge schwankte um $1 \cdot 10^{-2}$ n, das p_H betrug in der Lauge 7,6 bis 10,6, in der Säure 3,2 bis 3,5, der Proteingehalt 1 bis 3%. Versuchstemperatur 25°.

Tabelle 129. Beweglichkeit von Fibrin in Alkali und Säure aus Überführungsdaten

Temperatur 25°

Kation	n Fibrin−	n Kation	u Kation	v Fibrin−
Natrium ...	0,470	0,50	51,1	45,3
Kalium	0,375	0,58	74,8	44,7
Lithium	0,515	0,44	39,7	42,3
Mittel				44,0
Anion	**n Fibrin+**	**n Anion**	**v Anion**	**u Fibrin+**
Chlorid	0,51	0,50	75,8	78,7
Bromid	0,50	0,45	77,8	77,8
Nitrat	0,55	0,36	70,6	(86,0)
Mittel				78,0

In der Tatsache, daß die Überführungszahlen nahe umgekehrt proportional sind der Grenzbeweglichkeit der Gegenionen, erblickt der Autor einen Beweis dafür, daß die untersuchten Fibrinsalze vollständig dissoziieren. Die Beweglichkeiten der Fibrinionen bei unendlicher Verdünnung wurden unter der Annahme berechnet, daß die Beweglichkeitskoeffizienten der beiden Ionen identisch sind. Wie in dem allgemeinen Teil gezeigt wurde, ruft die Assoziation eines einwertigen Ions zu einem höherwertigen eine Erhöhung der Überführungszahl und der Beweglichkeit des letzteren auf Kosten derjenigen des einwertigen hervor. Die Extrapolation auf die unendliche Verdünnung unter der Annahme, daß die Überführungszahl von der Verdünnung unabhängig ist, verliert daher jede Berechtigung, wenn man die Möglichkeit der Assoziation nicht ausschließt.

[1] Nicht ins Mittel eingerechnet.

In dem von GREENBERG gefundenen Zusammenhang zwischen Gegenionenbeweglichkeit und Überführungszahl können wir noch keinen vollwertigen Beweis dafür erblicken, daß die Assoziation außer acht gelassen werden darf, wenigstens bei dem Säurefibrin, und wir halten es nicht für ausgeschlossen, daß die verhältnismäßig hohen Überführungszahlen hier nicht in der hohen Beweglichkeit der Fibrinkationen, sondern in der stärkeren Assoziation der Anionen an die Fibrinionen begründet sind.

Literaturverzeichnis

FREUNDLICH, H. und H. A. ABRAMSON: Z. phys. Ch. **133**, 51 (1928). — GREENBERG, D. M.: Univ. Calif. Publ. Physiol. **7**, 9 (1927). — Journ. Biol. Chem. **87**, 278 (1928). — DERSELBE und C. L. A. SCHMIDT: Journ. Gen. Physiol. **7**, 287 (1924); **8**, 271 (1926). — HARDY, W. B.: Journ. Physiol. **33**, 251 (1905). — LOEB, J.: Die Eiweißkörper. Berlin (1924). — MICHAELIS, L. und J. AIRILA: Bioch. Z. **118**, 144 (1921). — PAULI, WO.: Kolloidchemie der Eiweißkörper. Dresden (1920). — REINER, L.: Koll. Z. **40**, 327 (1927). — ROBERTSON, T. B.: Physikalische Chemie der Proteine. Dresden (1912). — SVEDBERG, THE und N. D. SCOTT: Journ. Am. Chem. Soc. **46**, 2700 (1924). — SVEDBERG, THE und A. TISELIUS: Journ. Am. Chem. Soc. **48**, 2272 (1928).

46. Der osmotische Druck der Proteinsalze

Die grundlegenden Beobachtungen. Direkte Messungen des osmotischen Druckes von Proteinlösungen haben zuerst MOORE, ROAF und Mitarbeiter, ferner in ausgedehntem Maße R. S. LILLIE durchgeführt (wegen der Methodik siehe Kap. 27). Sie fanden übereinstimmend folgendes: Säuren in kleinen Mengen setzen den osmotischen Druck herab und erhöhen ihn in größeren Mengen. Basen erhöhen ihn, bereits in kleinen Mengen zugesetzt. Neutralsalz erniedrigt den Druck. Die folgende Tabelle enthält LILLIES Befunde an Ovalbumin:

Tabelle 130. R. S. LILLIES Versuche über den Einfluß von Säuren und Laugen auf den osmotischen Druck von Eialbuminlösungen
1,5% Eialbumin

Nr.	Elektrolyt	Osmot. Druck mm Hg	Nr.	Elektrolyt	Osmot. Druck mm Hg
1	o (Kontrolle)	25,6	7	m/3100 KOH	24,1
2	m/3100 HCl	20,7	8	m/1240 KOH	22,6
3	m/1240 HCl	11,5	9	m/620 KOH	20,2
4	m/620 HCl	14,1	10	m/412 KOH	18,0
5	m/412 HCl	20,4	11	m/310 KOH	17,9
6	m/310 HCl	22,2			

PAULI und M. SAMEC haben dann festgestellt, daß Säurezusatz in größeren Mengen den osmotischen Druck nur bis zu einem Maximum erhöht, weitere Zusätze wirken dann erniedrigend. Der osmotische Druck zeigt einen symbaten Gang mit der Viskosität.

PAULI und SAMEC folgern daraus, daß auch der osmotische Druck eine Funktion der freien Ladung der Proteinionen ist. Sie nehmen an, daß die Gegenionen, welche an und für sich durch die Membran hindurchtreten könnten, durch elektrostatische Kräfte in einer der Proteinladung entsprechenden Anzahl innerhalb der osmotischen Zelle festgehalten werden und auf diese Weise den osmotischen Druck mitbestimmen.

Nach der zweifellos gültigen DONNAN-Theorie ist jedoch der Tatbestand komplizierter. Die Ionenverteilung erfolgt nach dem Gesetz der konstanten Ionenprodukte. Nur die Berücksichtigung der Verteilung ergibt den osmotischen Druck, entsprechend der Differenz der Teilchenzahl inner- und außerhalb der Membran.

S. P. L. SÖRENSEN hat zuerst unter sorgfältiger Berücksichtigung der DONNAN-Theorie den osmotischen Druck von Ovalbumin in Anwesenheit von Ammonsulfat bestimmt. In hoher Neutralsalzkonzentration ist nämlich im Sinne der Theorie die Ionenverteilung gleichmäßig, so daß der tatsächliche Druck den Proteinteilchen allein entspricht.

Anwendung der Donnan-Theorie durch J. Loeb. Weitere Bestimmungen des osmotischen Druckes an verschiedenen Proteinlösungen in Anwesenheit von Säuren und ferner von Neutralsalz hat dann JACQUES LOEB durchgeführt. Beim Säurezusatz fand er in Übereinstimmung mit dem Befunde von PAULI und SAMEC die Kurve mit einem Maximum.

Er deutet diesen Gang als Folge der DONNAN-Verteilung. Diese Auffassung stützt er dadurch, daß er den osmotischen Druck aus der analytisch festgestellten Ionenverteilung berechnet und Übereinstimmung zwischen berechneten und gefundenen Werten findet.

Es sollen hier die folgenden Bezeichnungen gebraucht werden:

x: die Äquivalentkonzentration der H^+- und Cl^--Ionen in der Außenflüssigkeit.

y: die Äquivalentkonzentration von H^+ in der Innenflüssigkeit.

z: die Äquivalentkonzentration des Proteinsalzes, d. h. der Überschuß der Chlorionen über die H^+-Ionen in der Innenflüssigkeit.

z + y: die Äquivalentkonzentration der Cl^--Ionen in der Innenflüssigkeit.

Die Gleichheit der Ionenprodukte läßt sich also schreiben:

$$x^2 = y\,(y + z)$$

Der Beitrag der Ionen zum osmotischen Druck ist der Differenz ihrer Äquivalentkonzentration innen und außerhalb der Membran proportional:

$$P_K = RT\,(2y + z - 2x)$$

Diese Größe nennt J. LOEB DONNAN-Korrektur. Der wirklich beobachtete osmotische Druck ist gleich der Summe der DONNAN-Korrektur und des der Teilchenzahl der Proteinionen a entsprechenden osmotischen Druckes (P_{Pr}).

$$P_{Pr} = RT\,a$$

Es gilt also für den gesamten osmotischen Druck:

$$P = P_K + P_{Pr} = RT\,(a + 2y + z - 2x)$$

Bei Änderung der Wasserstoffionenkonzentration ändert sich die Ionenverteilung, während die Teilchenzahl der Proteinionen in erster Näherung als konstant betrachtet werden kann. Es ändert sich die H^+-Konzentration der Innenlösung (y), es ändert sich die Proteinladung, d. h. die Menge der gebundenen

Wasserstoffionen (z) und es ändert sich die Konzentration der Salzsäure in der Außenflüssigkeit (x). Da zwischen diesen drei Größen eine Beziehung besteht, so genügt die Ermittlung zweier Größen, um die DONNANkorrektur berechnen zu können.

LOEB bestimmt gewöhnlich die Wasserstoffionenkonzentration der Innenlösung und der Außenlösung. Daraus berechnet sich die Proteinladung:

$$z = \frac{(x + y)\,(x - y)}{y}$$

Die folgende Tabelle enthält die auf diese Weise bestimmten Werte an 1% Gelatinechlorid. Die Abb. 90 stellt die Werte der zwei letzten Reihen graphisch dar.

Tabelle 131. 1% Gelatinechlorid. Vergleich der beobachteten osmotischen Drucke und der DONNAN-Korrektur

pH innen	4,56	4,31	4,03	3,85	3,33	3,25
pH außen	4,14	3,78	3,44	3,26	2,87	2,81
$y = C_H$ innen $\times 10^5$	2,7	4,9	9,3	14,1	46,8	56,2
$x = C_H$ außen $\times 10^5$	7,2	16,6	36,3	54,9	135,0	155,0
$z = \frac{(x+y)(x-y)}{y}$	16,5	51,4	132,5	200,0	343,0	372,0
$2y + z - 2x$	7,5	28,0	78,5	118,4	166,6	174,4
DONNAN-Korrektur	19,0	70,0	196,0	296,0	416,0	436,0
Osmotischer Druck (beobachtet)	100,0	202,0	322,0	375,0	443,0	442,0

Fortsetzung

pH innen	2,85	2,52	2,13	1,99	1,79	1,57
pH außen	2,53	2,28	2,00	1,89	1,72	1,53
$y = C_H$ innen $\times 10^5$	141,0	302,0	741,0	1023,0	1622,0	2692,0
$x = C_H$ außen $\times 10^5$	295,0	524,0	1000,0	1288,0	1905,0	2951,0
$z = \frac{(x+y)(x-y)}{y}$	477,0	608,0	609,0	600,0	612,0	544,0
$2y + z - 2x$	169,0	164,0	91,0	70,0	46,0	26,0
DONNAN-Korrektur	422,0	410,0	227,0	175,0	115,0	65,0
Osmotischer Druck (beobachtet)	360,0	303,0	198,0	162,0	110,0	90,0

Einer 1-molaren Lösung bei Zimmertemperatur entspricht ein Druck von rund 250 m Wasser. Um die DONNAN-Korrektur aus dem Werte $(2y + z - 2x)$ in Millimeter Wasserdruck zu erhalten, braucht man ihn nur mit $2{,}5 \times 10^5$ zu multiplizieren.

Aus der Tabelle 131 und der Abb. 90 geht hervor, daß der Gang des osmotischen Druckes der DONNAN-Korrektur entspricht. Von einer quantitativen Übereinstimmung kann man jedoch nicht sprechen. In der ersten Hälfte der Werte bis zum Maximum verläuft der wirkliche osmotische Druck oberhalb der DONNAN-Korrektur, nach Überschreiten des Maximums unterhalb derselben. In der ersten Hälfte läßt sich die Abweichung nach LOEB dadurch deuten, daß man annimmt, die Differenz rühre von dem osmotischen Druck der Proteinteilchen, von a her.

Bezüglich der Abweichungen in der zweiten Hälfte der Kurve sagt LOEB:

Die Differenzen zwischen den Ordinaten der absteigenden Kurvenäste (zwischen pH 3,4 und pH 1,8) sind wahrscheinlich durch fehlerhafte Berechnung des Werte von z bedingt. Eine geringe Fehlerhaftigkeit der p_H-Messung der Innen- sowie der Außenflüssigkeit bedingt eine große Unsicherheit des Wertes z, wenn das p_H relativ klein ist.

In der Tat fällt der Umstand auf, daß die berechneten Werte von z einen Anstieg bis $p_H = 2{,}5$ und von da an eine annähernde Konstanz erkennen lassen. z ist jedoch der Ausdruck für die freie Ladung des Proteins und wir wissen aus den Untersuchungen von PAULI und Mitarbeitern, daß die freie Ladung des Proteinsalzes bei steigendem Säurezusatz nach Erreichen eines Maximums abnimmt. Nimmt man als Grundlage der Berechnung Werte für z, welche den von PAULI ermittelten Werten der freien Ladung entsprechen, so erhält man für die DONNAN-Korrektur Werte, welche auch im absteigenden Kurvenast ebenso tief unterhalb der gemessenen des osmotischen Druckes liegen, wie im ansteigenden Kurvenast. Diese Differenz würde dem Druck der Proteinionen selbst entsprechen. Wir können kaum zweifeln, daß LOEBS p_H-Messungen in diesem Bereich mit einem einsinnigen, wenn auch der absoluten Größe nach kleinen Fehler behaftet sind.

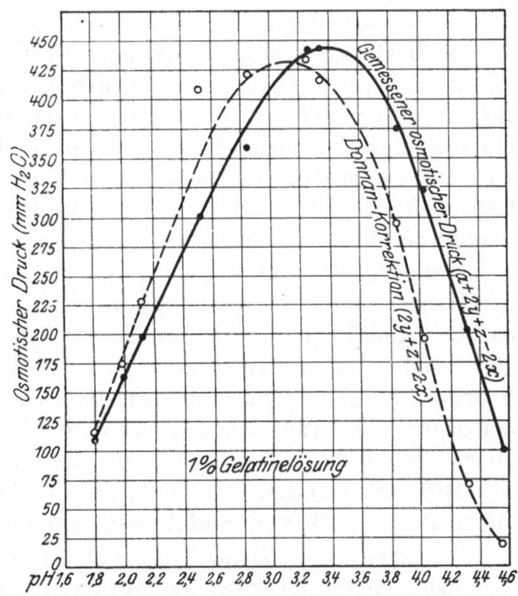

Abb. 90. Osmotischer Druck der Gelatine in Salzsäure nach J. LOEB

Von LOEB wird das größte Gewicht auf die Feststellung gelegt, daß die bloße Annahme einer mit fortschreitendem Säurezusatz bis zu einem Maximalwert ansteigenden Bindung der Wasserstoffionen genügt, um den Gang des osmotischen Druckes im Sinne der DONNAN-Theorie zu erklären. Der Ausdruck

$$2y + z - 2x$$

muß nämlich zunächst mit dem Zusatz der Säure steigen. Bei der überwiegenden Bindung von Wasserstoffionen findet eine starke Erhöhung des Wertes von z und nur geringfügige Erhöhung von x statt. Vermehrt man jedoch die Säuremenge, so wird nur ein Bruchteil der Wasserstoffionen gebunden, z wächst also relativ nur wenig, während die überschüssige Säuremenge immer mehr eine Angleichung der Teilchenzahl durch Abnahme der Differenz zwischen den freien Säuren der Außenflüssigkeit und der Innenflüssigkeit anstrebt. Bereits DONNAN hat gezeigt, daß, wenn die diffusiblen Elektrolyte in großem Überschuß sind gegenüber den Kolloidelektrolyten, die Verteilung der Ionen gleichmäßig wird und der osmotische Druck verschwindet. Das ist nun auch bei kleinem p_H in einer Proteinlösung der Fall.

Es ist LOEBS Verdienst, gezeigt zu haben, daß die DONNAN-Theorie auch ohne Rücksicht auf den Dissoziationszustand der Proteine, vielmehr bei Annahme der vollständigen Dissoziation der Proteinsalze qualitativ den experimentell gefundenen Gang des osmotischen Druckes mit der Säurekonzentration voraussagen läßt.

Anderseits hat PAULI früher darauf hingewiesen, daß die Annahme, nach welcher der osmotische Druck von der freien Ladung der Proteinsalze abhängt, den beobachteten Gang vorhersehen läßt.

Eine quantitative Übereinstimmung zwischen Theorie und Experiment läßt sich jedoch nur bei gleichzeitiger Berücksichtigung sowohl der DONNANschen Theorie wie des Ionisationszustandes erzielen: Die primäre Ursache der besonderen Ionenverteilung liegt eben in der Ionisation des Proteinsalzes. Wissen wir einmal, daß im Säureüberschuß die freie Ladung des Proteinsalzes verschwindet, so folgt daraus ohne weiteres, daß der osmotische Druck bis auf den der Teilchenzahl des Proteins entsprechenden Wert zurückgehen muß. Die experimentellen Daten zeigen, daß der Abfall des osmotischen Druckes nicht nur dadurch bedingt ist, daß bei gleichbleibender Äquivalentkonzentration des Proteinsalzes die Menge der freien Säure zunimmt und infolgedessen die DONNAN-Korrektur kleiner wird, sondern der Abfall in der Tat auch durch den Umstand verstärkt wird, daß die Äquivalentkonzentration der freien Ladung des Proteinsalzes im Säureüberschuß abnimmt.

Dieser Sachverhalt tritt auch bei der Untersuchung der Wirkung der Gegenionenvalenz (z. B von Sulfationen) auf den osmotischen Druck hervor.

Die obigen Bezeichnungen sollen beibehalten werden. x, y, z bedeuten also Äquivalentkonzentrationen. Die molare Konzentration der Sulfationen in der Außenflüssigkeit beträgt somit $\frac{x}{2}$, $\frac{y+z}{2}$ ist die molare Konzentration der Sulfationen in der Innenflüssigkeit.

Das Gesetz der konstanten Ionenprodukte besagt:

$$x^2 \cdot \frac{x}{2} = y^2 \frac{y+z}{2}$$

Die DONNAN-Korrektur ermittelt sich

$$P_K = RT\left(\frac{3}{2}y + \frac{z}{2} - \frac{3}{2}x\right)$$

da eine x-normale Schwefelsäure die Teilchenkonzentration $\frac{3}{2}$ x hat.

Daraus ergibt sich, daß die DONNAN-Korrektur bei Proteinsulfat niedriger liegen muß, wie beim Proteinchlorid, und zwar aus zwei Gründen: Erstens wird die Verteilung der Ionen gleichmäßiger im Sinne der obigen Gleichung, zweitens ist die Teilchenzahl eines Albuminsulfats kleiner als diejenige eines Albuminchlorids derselben Äquivalentkonzentration. Diese Erwartung wird durch den experimentellen Befund bestätigt.

Der Vergleich der z-Werte für Proteinsulfat und Proteinchlorid zeigt jedoch, daß zur Erniedrigung des osmotischen Druckes durch die höhere Valenz des Gegenions noch ein dritter Faktor beiträgt, und zwar die verminderte freie Ladung. PAULI hat gezeigt, daß die Proteinsalze mit hochwertigen Gegenionen weniger freie Ladung besitzen als die einwertigen Salze derselben Normalität, und die von LOEB berechneten z-Werte liegen bei demselben p_H für das Proteinsulfat deutlich niedriger wie beim Chlorid. Die verschiedensinnigen Abweichungen zwischen berechneten und gefundenen Werten der zwei Äste der Kurve bestehen ebenso für das Glutinsulfat wie für das Chlorid und es gelten für das erstere auch die gleichen Betrachtungen.

Tabelle 132. 1% Gelatinesulfat. Vergleich der beobachteten osmotischen Drucke und der DONNAN-Korrektur

p_H innen	4,76	4,52	4,34	3,98	3,73	3,49	3,41
p_H außen	4,61	4,20	3,99	3,60	3,38	3,18	3,14
$y = C_H$ innen $\times 10^5$	1,7	3,0	4,6	10,4	18,6	32,3	38,9
$x = C_H$ außen $\times 10^5$	3,1	6,3	10,2	25,1	41,7	66,0	72,4
$z = \frac{x^3 - y^3}{y^2}$	8,3	24,7	45,8	136,0	191,5	243,0	212,0
$\frac{3}{2}y + \frac{z}{2} - \frac{3}{2}x$.....	2,0	7,35	14,5	46,0	64,0	71,0	55,8
DONNAN-Korrektur ..	5,0	18,5	36,0	115,0	160,0	178,0	.....
Osmotischer Druck (beobachtet).......	33,0	79,0	110,0	172,0	188,0	208,0	208,0

Fortsetzung der Tabelle

p_H innen	3,12	2,78	2,47	2,16	2,06	1,84	1,57
p_H außen	2,88	2,61	2,35	2,09	2,00	1,80	1,54
$y = C_H$ innen $\times 10^5$.	75,9	166,0	339,0	692,0	871,0	1445,0	2692,0
$x = C_H$ außen $\times 10^5$	131,8	245,5	447,0	813,0	1000,0	1585,0	2884,0
$z = \frac{x^3 - y^3}{y^2}$	322,0	390,0	435,0	433,0	449,0	466,0	620,0
$\frac{3}{2}y + \frac{z}{2} - \frac{3}{2}x$.....	77,0	77,0	55,0	37,9	31,0	23,0	20,0
DONNAN-Korrektur ..	192,0	192,0	138,0	94,5	77,5	57,5	50,0
Osmotischer Druck (beobachtet).......	185,0	164,0	122,0	98,0	89,0	72,0	61,0

Das Gelatinephosphat zeigt nahe denselben osmotischen Druck wie Gelatinechlorid, da die Phosphorsäure nahezu als einbasische Säure mit dem Eiweiß reagieren soll.

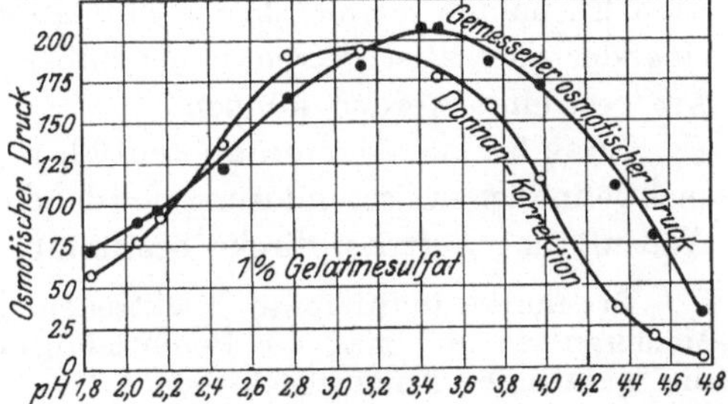

Abb. 91. Osmotischer Druck der Gelatine in Schwefelsäure nach J. LOEB

Auf die gleiche Weise suchte LOEB aus dem DONNAN-Effekt die von R. S. LILLIE gefundene depressorische Wirkung der Neutralsalze auf den osmotischen Druck zu deuten. Die Abb. 92 enthält LOEBs Befunde an Gelatinchlorid. Die Wasserstoffaktivität der Innenlösung wurde entsprechend $p_H = 3,5$ (in der Nähe des Druckmaximums in reiner Säure) konstant gehalten. In Übereinstimmung mit der DONNAN-Theorie ergibt sich, daß steigende Salzmengen eine Nivellierung der Ionenkonzentration inner- und außerhalb der osmotischen Zelle hervorrufen, wobei die Konzentration und Wertigkeit des dem Protein entgegengesetzt geladenen Ions ausschlaggebend ist. NaCl und $NaNO_3$ wirken ungefähr in gleichem Maße. Äquimolare Mengen von $CaCl_2$ rufen entsprechend der doppelten Chlorkonzentration ungefähr die doppelte Depression hervor. Na_2SO_4 wirkt infolge der Zweiwertigkeit des Gegenions etwa achtmal so stark.

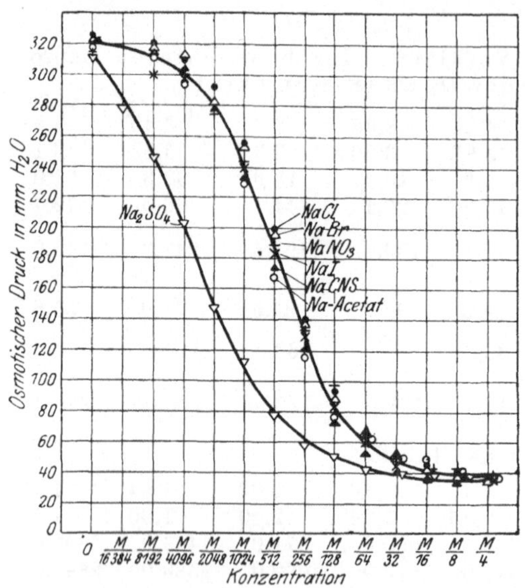

Abb. 92. Herabsetzung des osmotischen Druckes der Gelatine durch Neutralsalze bei $p_H = 3,5$ der Innenflüssigkeit nach J. Loeb

Berücksichtigen wir die Tatsache, daß Neutralsalze die freie Ladung der Proteinionen entsprechend der Konzentration und Wertigkeit des Gegenions herabsetzen müssen, so folgt daraus, daß auch hier eine Ionisationsbeeinflussung des Proteins den Druckabfall verstärken muß. In hohen Neutralsalzmengen muß der osmotische Druck schon deswegen geringer sein, weil darin das Proteinsalz inaktiviert ist.

Membranpotentiale. Die ungleichmäßige Verteilung der Ionen infolge der Anwesenheit von nicht diffusiblen Proteinionen innerhalb einer osmotischen Zelle muß im Sinne der Donnan-Theorie zum Auftreten eines Membranpotentials führen. Das Membranpotential ist der Größe nach gleich, dem Vorzeichen nach entgegengesetzt dem Potential, welches die zwei durch die Membran getrennten Lösungen als Konzentrationskette in bezug auf eine anwesende beliebige Ionenart liefern. Die Messung des Wasserstoffpotentials der Innen- und Außenlösung ergibt daher schon den Wert des Membranpotentials als Differenz dieser Potentiale, welche nach Entnahme je einer Probe mit Hilfe der Wasserstoffelektrode direkt gegeneinander oder aber getrennt gegenüber der gleichen Bezugselektrode beliebiger Art bestimmt werden können.

Loeb hat das Membranpotential, welches zwischen der in einem Kollodiumsack befindlichen Proteinlösung und der damit in Diffusionsgleichgewicht stehenden Außenlösung auftritt, direkt bestimmt.

Er führte indifferente Elektroden in die Lösungen zu beiden Seiten der Membran ein und maß die Potentialdifferenz. Als indifferente Elektrode diente die gesättigte Kalomelelektrode. Die Abbildung 93 gibt die Meßanordnung Loebs wieder. Die ganze Kette liefert die Summe der fünf Potentiale an fünf Grenzflächen. Erstens die Potentiale Quecksilber/KCl. Diese sind einander gleich und heben sich gegenseitig auf. Ferner die zwei Diffusionspotentiale an den Grenzflächen KCl/Außenlösung und KCl/Innenlösung. Da die Diffusionspotentiale gegenüber gesättigtem KCl sehr gering sind, so kann man auch diese einander gleich setzen. In der Tat ergibt demnach der gemessene Wert den Potentialsprung an der durch die Membran gebildete Grenze der beiden Lösungen.

Die folgende Tabelle zeigt die experimentellen Befunde Loebs an einem 1%igen Gelatinechlorid. Die Übereinstimmung der Wasserstoffpotentiale mit den Membranpotentialen beweist, daß sich das System in der Tat in einem thermodynamischen Gleichgewichtszustand in bezug auf die H^+-Verteilung befand.

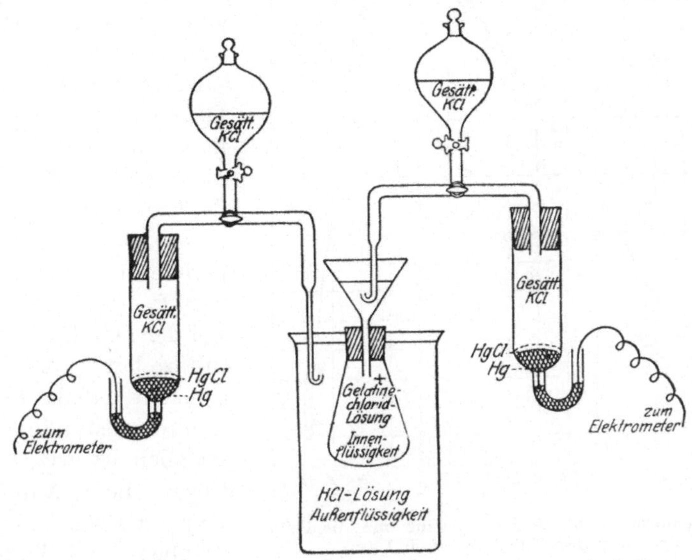

Abb. 93. Anordnung zur Messung des Membranpotentials nach J. Loeb

Tabelle 133. **Einfluß des pH auf die H^+-Potentiale und auf die Membranpotentiale von Gelatinechloridlösungen bei osmotischem Gleichgewicht**

Die Lösungen enthalten 1% isoelektrische Gelatine

100 ccm Lösung enthalten	ccm n/10-HCl 1	2	4	6	8	10
pH innen	4,56	4,31	4,03	3,85	3,33	3,25
pH außen	4.14	3,78	3,44	3,26	2,87	2,81
pH innen minus pH außen	0,42	0,53	0,59	0,59	0,46	0,44
H·-Potentiale (Millivolt)	+ 24,7	+ 31,0	+ 34,5	+ 34,5	+ 27,0	+ 25,8
Membranpotentiale (Millivolt)	+ 24,0	+ 32,0	+ 33,0	+ 32,5	+ 26,0	+ 24,5

Fortsetzung der Tabelle

100 ccm Lösung enthalten	ccm n/10-HCl 12,5	15	20	30	40	50
pH innen	2,85	2,52	2,13	1,99	1,79	1,57
pH außen	2,53	2,28	2,00	1,89	1,72	1,53
pH innen minus pH außen	0,32	0,24	0,13	0,10	0,07	0,04
H·-Potentiale (Millivolt)	+ 18,8	+ 14,0	+ 7,6	+ 5,9	+ 4,1	+ 2,3
Membranpotentiale (Millivolt)	+ 16,5	+ 11,2	+ 6,4	+ 4,8	+ 3,7	+ 2,1

Wie beim osmotischen Druck, so verlangt die Donnan-Theorie auch für die Membranpotentiale das Auftreten eines Maximums, ferner die ausschlaggebende Bedeutung der Gegenionenwertigkeit. Loebs Versuche haben die Theorie glänzend bestätigt: (Abb. 94 u. 95.)

Dasselbe gilt für die Versuche mit Neutralsalzen, deren nivellierender Einfluß auf die Ionenverteilung sich auch in der Depression des Membranpotentials kundgibt.

Ionenverteilung und freie Ladung. J. Loeb hat zweifellos das große Ver-

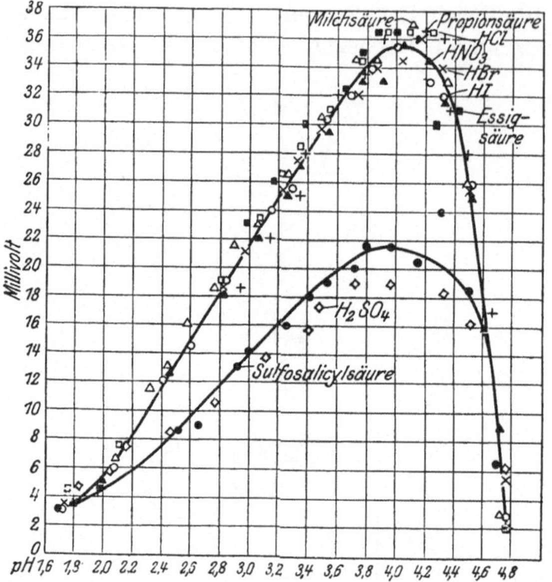

Abb. 94. Membranpotentiale der Gelatine und die Rolle der Gegenionenwertigkeit nach J. LOEB

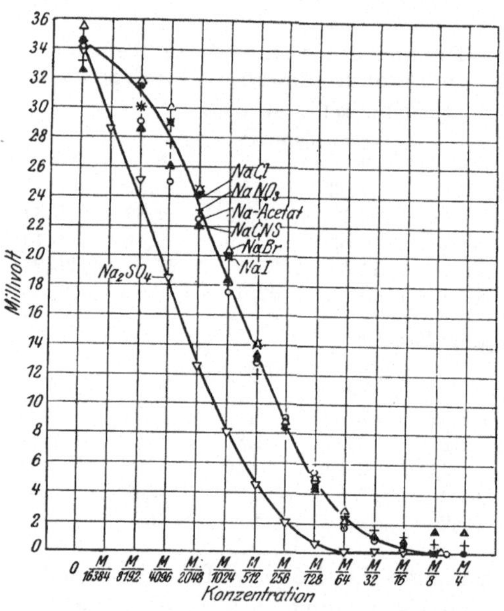

Abb. 95. Einfluß der Anionenwertigkeit auf die Herabsetzung der Membranpotentiale einer Gelatinelösung durch Neutralsalze bei $p_H = 3$ der Innenflüssigkeit nach J. LOEB

dienst, die Bedeutung der thermodynamisch fest begründeten Theorie der Membrangleichgewichte von DONNAN für den osmotischen Druck der Proteinsalze auf breiter experimenteller Grundlage nachgewiesen zu haben, nachdem die Wichtigkeit dieser Theorie für die Quellung der Proteinsalze von H. PROCTER und J. A. WILSON bereits experimentell dargetan worden war (s. das nächste Kapitel). Bei der Durchrechnung der Resultate hat LOEB die Annahme gemacht, daß das Proteinchlorid ebenso vollständig in freie Ionen zerfallen ist wie die Salzsäure. Gegen diese Annahme haben PAULI-FRISCH-VALKÓ Bedenken erhoben und bestätigten auf moderner Grundlage die bereits früher festgestellte Tatsache, daß die freie Ladung der Proteinsalze je nach dem Überschusse der Säure und der Natur der Gegenionen wesentlich von der Gesamtladung abweichen kann, indem, wohl infolge der interionischen Kräfte, ein Teil der Gegenionen durch das Proteinion inaktiviert wird. PAULI-FRISCH-VALKO haben daher die Forderung erhoben, an Stelle der Ionenkonzentration die Ionenaktivitäten, wie sie elektrometrisch gemessen werden, in die Gleichungen einzuführen. Bekanntlich hat DONNAN bereits früher ganz allgemein die Einführung der Aktivitäten gefordert und er selbst hat bei der Prüfung seiner Theorie an Kaseinaten die PAULIschen Ionisationswerte derselben verwendet. N. BJERRUM hat in seinen Untersuchungen über das Chromihydroxydsol, die etwa gleichzeitig mit den LOEBschen Arbeiten ausgeführt, jedoch später veröffentlicht wurden, ebenfalls nur unter Einsetzen des auf etwa 30% herabgesetzten Aktivitätskoeffizienten für die Gegenionen eine Übereinstimmung mit der Theorie erzielen können. An Hand der experimentellen Daten von LOEB zeigten wir oben, daß auch bei den LOEBschen Versuchen die Übereinstimmung mit der Theorie durch Einführung der Aktivitätskoeffizienten wesentlich verbessert wurde. In einzelnen Punkten (etwa $p_H = 2{,}5$ der Innenflüssigkeit, Abb. 90, Tab. 131) ist der von LOEB gefundene Druck um rund 100% höher als der berechnete (zur DONNAN-Korrektur ist nämlich noch der Eigendruck der Proteinionen zu addieren).

In neueren Untersuchungen wurde der Unterschied zwischen Gesamtladung und freier Ladung der Proteinsalze berücksichtigt. So haben J. MARRACK und L. F. HEWITT bei der Bestimmung des osmotischen Druckes der Serum-Proteinsalze die Aktivitäten in die DONNANschen Gleichungen eingesetzt.

Eine besondere Beachtung verdienen die theoretischen und experimentellen Arbeiten von G. S. ADAIR, die noch anscheinend im Flusse begriffen sind und daher in den Einzelheiten nicht näher besprochen werden sollen. Es sei nur hervorgehoben, daß bei ADAIR die Gegenion-Aktivitätskoeffizienten eine bedeutende Rolle spielen.

In letzter Zeit erschien eine Untersuchung von P. RONA und H. H. WEBER. In dieser Arbeit wird aus dem experimentell festgestellten Ionenverteilungsgleichgewicht der Säuresalze des Myogens bei Verwendung von Kollodiummembranen die freie Ladung des Proteinsalzes auf Grund der DONNAN-Theorie berechnet. Zu diesem Zwecke wird im Gleichgewichtszustande die Wasserstoffaktivität in der Innen- und Außenflüssigkeit (Indizes i und a) gemessen. Nach dem Gesetz der konstanten Aktivitätsprodukte gilt:

$$a^i_{\text{Anion}} = \frac{a^a_H}{a^i_H} \cdot a^a_{\text{Anion}}$$

Unter Annahme $f^a_H = f^a_{\text{Anion}}$ (Gleichheit der Aktivitätskoeffizienten von Kation und Anion) gilt ferner:

$$a^i_{\text{Anion}} = \frac{\left(a^a_H\right)^2}{a^i_H}$$

d. h. man kann auf diese Weise aus den Messungen der Wasserstoffaktivitäten die Aktivität der Anionen in der Außenflüssigkeit ableiten, die unter Umständen elektrometrisch überhaupt nicht bestimmbar ist. Die Berechnung der freien Ladung des Proteinsalzes in Bezug auf die Aktivität der Gegenionen kann nun genau auf dieselbe Weise erfolgen, als ob die Kationen- und die Anionenaktivität in der Proteinlösung direkt gemessen wäre. Das Verfahren von RONA und WEBER stellt neben demjenigen von N. BJERRUM (Kap. 28) und H. RINDE (Kap. 62) eine weitere sehr zweckdienliche Anwendung der DONNAN-Theorie für die elektrometrische Analyse der Kolloidelektrolyte dar.

Auf die beschriebene Weise berechnen die Autoren die mittleren Aktivitätskoeffizienten der Myogensalze verschiedener Säuren.

Tabelle 134. Aktivitätskoeffizienten der Myogensalze zwischen $p_H = 2$ und $p_H = 3$ nach P. RONA und H. H. WEBER

Anion	f_{Anion}	Anion	f_{Anion}
$H_2PO_4^-$	0,70	NO_3^-	0,48
Cl^-	0,60	SCN^-	0,30
Br^-	0,52	SO_4^{--}	0,17

Die starke Inaktivierung von Nitrat und insbesondere von Rhodanid dürfte wohl auf die exzentrische Ladung dieser Ionen, die in dem elektrischen Feld eine Orientierung und Polarisierung erfahren, zurückzuführen sein. Die Stellung von Rhodanid stimmt mit PAULIs Beobachtung der depressorischen Wirkung der Rhodansalze auf die innere Reibung der Lösungen von positiven Serumproteinionen gut überein. Der niedrige Wert von SO_4^{--} zeigt, daß nicht der Wertigkeitseffekt allein (LOEBS Form der DONNAN-Theorie) zur Erklärung des niedrigen osmotischen Druckes eines daneben anwesenden Kolloids herangezogen werden kann, sondern daß in größerem Maße die stärkere, elektrostatisch bedingte Inaktivierung des betreffenden Kolloidsalzes, die ebenfalls durch die doppelte Ladung bedingt wird, dafür verantwortlich ist. RONA und WEBER weisen schließlich nach, daß der osmotische Druck, die Stabilität und die innere Reibung der Myogensalze genau in derselben Reihenfolge durch die Natur der Gegenionen beeinflußt werden, welche ihren Aktivitäten entspricht. Entgegen der Auffassung von LOEB beweisen die Ergebnisse auch an diesem Protein überzeugend, daß die freie Ladung diejenige Größe ist, die den Zustand der wässerigen Lösungen der Proteinsalze in erster Linie bestimmt.

Literaturverzeichnis

ADAIR, G. S.: Proc. Roy. Soc. A **120**, 573 (1928). — BJERRUM, N.: Z. f. phys. Ch. **110**, 656 (1924). — DONNAN, F. G.: Chem. Rev. **1**, 73 (1925). — LILLIE, R. S.: Am. Journ. Physiol. **20**, 127 (1907). — LOEB, J.: Die Eiweißkörper. Berlin (1924).— MARSACH, J. und L. F. HEWITT: Bioch. Z. **21**, 1129 (1927). — PAULI, WO.: Kolloidchemie der Eiweißkörper. Dresden (1920). — DERSELBE, J. FRISCH und E. VALKÓ: Bioch. Z. **164**, 401 (1925). — RONA, P. und H. H. WEBER: Bioch. Z. **203**, 429 (1928). — SÖRENSEN, S. P. L.: Z. f. physiol. Ch. **106**, 1 (1919).

47. Die Quellung der Proteinsalze

Grundlegende Beobachtungen. Nach HOFMEISTER und PAULI, die die Quellung von Gelatine in Abhängigkeit von dem Salzgehalt des Bades untersucht hatten, hat K. SPIRO als erster die Aufmerksamkeit auf deren starke Beeinflussung durch Säuren gelenkt. Die Quellung der Gelatine in Abhängigkeit von der Wasserstoffionenkonzentration wurde dann fast gleichzeitig von WO. OSTWALD näher untersucht. Er legte Gelatineplatten in Säure- und Laugelösungen bestimmter Konzentration und wog das Gewicht der Platte nach gewissen Zeiträumen. Wir wollen hier vom zeitlichen Gang absehen und nur die Konzentrationsabhängigkeit der Wasseraufnahme betrachten. Nach 24 Stunden Immersion fand OSTWALD Folgendes: Kleine Säurekonzentration ruft eine Herabsetzung

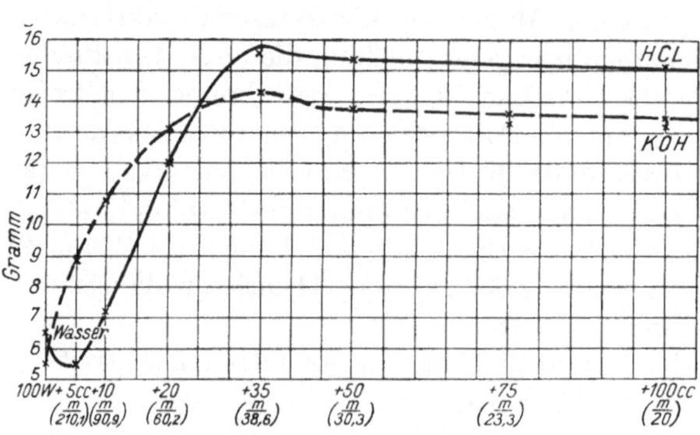

Abb. 96. Die Quellung der Gelatine in Säure und Lauge nach WO. OSTWALD

der Quellung gegenüber ihrem Wert in reinem Wasser hervor. Bei etwa $^1/_{200}$ normal HCl wird das Minimum erreicht. Größere Säuremengen erhöhen die Wasseraufnahme nahezu proportional ihrer Konzentration. Bei etwa $^1/_{40}$ n HCl wird ein Maximum erreicht. Weiterer Säurezusatz setzt die Quellung wieder herab. Im alkalischen Gebiet findet zunächst ein Anstieg statt. Bei $^1/_{36}$ KOH wird ein Maximum erreicht. Weiterer Laugenzusatz wirkt vermindernd auf die Quellung. In den Maximis wird in 24 Stunden etwa drei- bis viermal so viel Wasser aufgenommen, wie in reinem Wasser.

M. H. FISCHER hat später an Fibrin analoge Beobachtungen gemacht und auch an Gelatine das experimentelle Material in vieler Hinsicht erweitert. Von seinen Beobachtungen sind sehr wertvolle Anregungen für die Auffassung biologischer und krankhafter Vorgänge im Organismus ausgegangen.

PAULI und HANDOVSKY haben die Beobachtung gemacht, daß Neutralsalze die Quellung von Alkaligelatine erheblich herabsetzen. Die Wertigkeit des Kations ist dabei von ausschlaggebender Bedeutung:

Tabelle 135

Zusammensetzung der Lösung	Gewicht der Gelatine vor dem Versuch g	Gewicht der trockenen Gelatine g	Absolute Wasser-aufnahme g	Von 1 g trockener Gelatine aufgenommene Wassermenge g
H_2O	0,600047	0,02262	0,001538	0,0680
0,0025 n NaOH	0,519744	0,01957	1,501763	76,7380
0,0025 n „ + 0,0025 n + $BaCl_2$...	0,676127	0,02548	1,028278	40,3563
0,0025 n „ + 0,0025 n + KCl ...	0,562136	0,02119	1,228385	57,9693
0 + 0,0025 n + $BaCl_2$ ..	0,615372	0,02319	0,067322	2,9031
0 + 0,0025 n + KCl ...	0,567271	0,02138	0,044800	2,0997

Im Lichte der späteren Untersuchungen bedeuten die angeführten Tatsachen so viel, daß auch die Quellung einen der freien Ladung der Proteinionen symbaten Gang zeigt. Das Minimum im sauren Gebiet entspricht dem isoelektrischen Punkt. Der isoelektrische Punkt einer gereinigten Gelatine wurde zum ersten Male in einer Untersuchung von R. CHIARI aus dem Institute PAULIS (1911) aus dem Quellungsminimum entsprechend $2 \cdot 10^{-5}$ n HCl ($p_H = 4,7$) ermittelt. Zugleich wurde die Rolle der CO_2 für das erreichbare Quellungsmaximum in Wasser und dessen wesentlich niedrigerer Wert bei Verwendung reinsten Wassers beobachtet.

Einige Jahre später hat PROCTER neue Untersuchungen über das Gleichgewicht zwischen verdünnter Säure und Gelatine durchgeführt. Ein wesentlicher Fortschritt erfolgte in diesen Versuchen durch Anwendung der DONNAN-Theorie, welche dann von PROCTER und WILSON weiter ausgebaut wurden.

Die osmotische Theorie der Quellung. Die Grundlage der Anwendung der Lehre von den Membrangleichgewichten ist die osmotische Theorie der Quellung. Nach dieser bereits früher vielfach ausgesprochenen Theorie verhält sich ein in das Lösungsmittel gelegtes Gelstück wie eine osmotische Zelle. Bestimmte, osmotisch wirksame Molekülarten sind innerhalb des Gels fixiert, nicht durch das Vorhandensein einer Membran sondern durch jene Kräfte, welche die Struktur des Gels bedingen. In einer Gelatinegallerte sind daher Teilchen anzunehmen, welche wohl osmotisch wirksam, jedoch an der freien Diffusion gehindert sind. Der osmotische Druck dieser Teilchen ruft das Hineindiffundieren des Wassers, d. h. die Quellung hervor.

Das große Verdienst PROCTERS und WILSONS war die Anwendung der osmotischen Theorie auf die Quellung von Gelatinesalzen. In einer Salzsäurelösung verbindet sich Gelatine mit der Säure zum dissoziierenden Gelatinechlorid. Die Gelatineionen sind in der Gallertstruktur fixiert, die Gegenionen, z. B. Cl frei diffusibel. Infolge der elektrostatischen Kräfte werden jedoch auch die Gegenionen innerhalb der Gallerte festgehalten. Wir haben folglich denselben Fall, als ob eine konzentrierte Lösung von Gelatinechlorid in einem Kollodiumsack eingeschlossen wäre. Die Verteilung der molekulardispersen Ionen wird im Sinne der DONNAN-Theorie dem Satz der konstanten Ionenprodukte gehorchen. Die Konzentration der freien Salzsäure wird innerhalb der Gallerte kleiner sein als in der umspülenden Lösung, die Gesamtkonzentration der Ionen jedoch infolge der Anwesenheit der Gegenionen innerhalb der Gallerte immer größer sein. Dieser Überschuß der Ionen bedeutet einen osmotischen Druck. Während jedoch in einem typischen Osmometer der osmotische Druck im Gleichgewichtszustand durch den hydrostatischen Druck kompensiert wird, spielen im Falle der Quellung die elastischen Kräfte der Gallerte diese Rolle. Das hineindiffundierte Wasser übt einen nach allen Richtungen wirkenden Druck aus, welcher durch die Kohäsionskräfte der Gelatineteilchen kompensiert wird.

Die Quellung erwies sich dem osmotischen Druck proportional, der nach der DONNAN-Theorie berechnet werden kann. Wie im vorhergehenden Abschnitt dargestellt wurde, steigt dieser Druck zunächst bei wachsendem Säurezusatz bis zu einem Maximum mit einem nachfolgenden Abfall. PROCTER und WILSON haben zuerst ein solches Verhalten abgeleitet und die Übereinstimmung mit den experimentellen Befunden gezeigt. Die Ionenverteilung wurde durch analytische Methoden und H^+-Ionenmessungen ermittelt. PROCTER und WILSON haben auch bereits angenommen, daß die quellungshemmende Wirkung der Neutralsalze ebenfalls in ihrem Einfluß auf die DONNANsche Verteilung begründet ist.

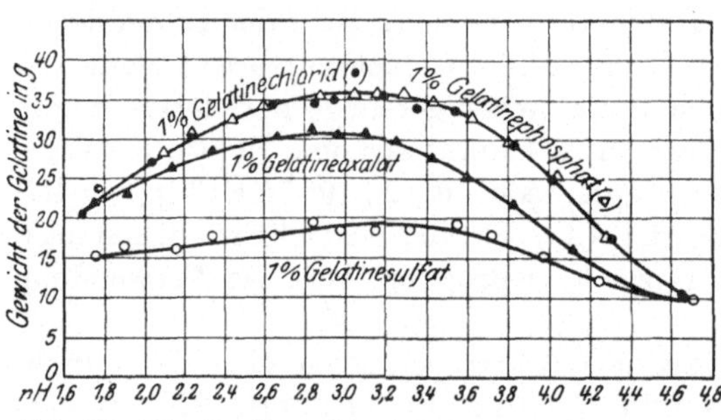

Abb. 97. Die Quellung der Gelatine als Funktion des p_H und der Anionenwertigkeit nach J. LOEB

Weitere Versuche hat J. LOEB ausgeführt. Diese haben prinzipiell neues experimentelles Material nicht zutage gefördert. Er benützte Gelatinepulver von etwa $^1/_2$ mm Korngröße, wodurch eine raschere Gleichgewichtseinstellung erzielt wird. Das Gewicht wurde nach Filtration über Baumwolle ermittelt. Die Wasserstoffaktivität des Gels wurde nach Schmelzen mit der Wasserstoffelektrode gemessen. Die folgenden Abb. 97, 98, 99 stellen die Ergebnisse dar.

Man sieht vor allem die ausschlaggebende Rolle der Wasserstoffionen und der Anionenwertigkeit, wie sie nach der DONNAN-Theorie zu erwarten ist. Die Gegenionenvalenz wirkt in demselben Sinne auch beim Alkaligelatinat.

In diesen Versuchen ist es jedoch ebenso wie im Falle des osmotischen Druckes keineswegs ausgeschlossen, daß das Verhalten teilweise durch den Ionisationszustand des Glutinsalzes mitbestimmt ist. Es steht vielmehr mit Rücksicht darauf, daß eine Abhängigkeit der Ionisation der Proteinsalze von der Säurekonzentration vorliegt und die freie Ladung des Proteins für die Ionenverteilung ausschlaggebend ist, außer Zweifel, daß eine vollständige Theorie auch den Ionisationszustand der Proteinsalze in Betracht zu ziehen hat. PROCTER und WILSON sowie nach ihnen LOEB haben nur so viel bewiesen, daß sich der charakteristische Gang der Kurven ohne Rücksichtnahme auf den Gang der Proteinsalzdissoziation voraussagen läßt.

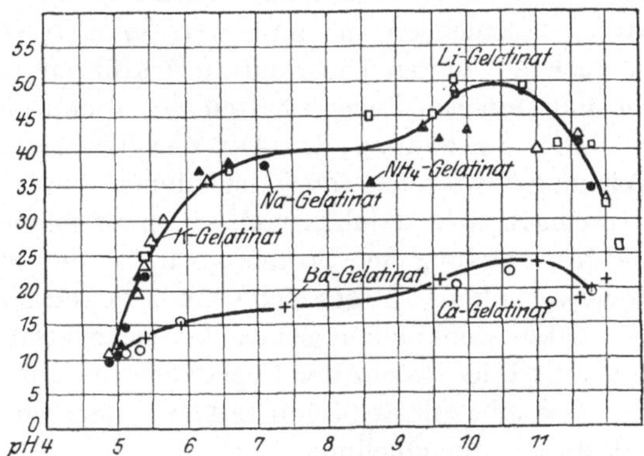

Abb. 98. Quellung der Gelatinatlösungen als Funktion des p_H und der Kationenvalenz nach J. LOEB

Durch welche Kräfte die ungleiche Verteilung der Ionen bewirkt wird, ist für die Theorie ohne Belang. Es genügt anzunehmen, daß ein Teil der H^+-Ionen durch irgendwelche Kräfte im Gelinnern festgehalten wird, gleichgültig ob durch chemische Reaktion oder Adsorption und daß die anderen Ionen nicht in demselben Maße in ihrer freien Diffusion behindert werden. Damit sind die Voraussetzungen für die Anwendbarkeit der DONNAN-Theorie gegeben.

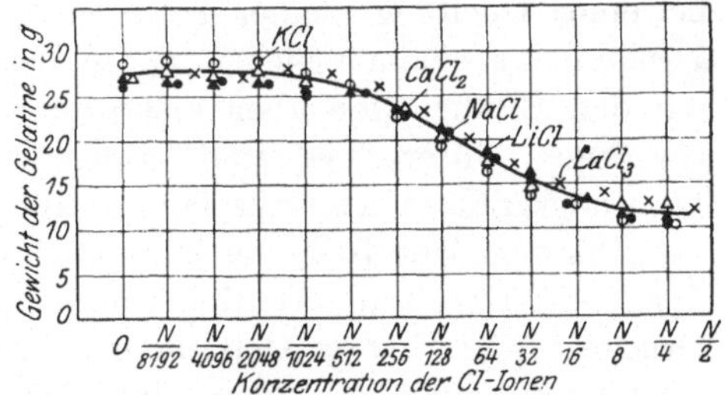

Abb. 99. Herabsetzung der Quellung von Säuregelatine durch Neutralsalze nach J. LOEB

Es ist allerdings eine weitere Frage, ob der durch die Ionenverteilung bestimmte osmotische Druck für die Quellung allein verantwortlich ist. Man kann ja annehmen, daß auch die infolge der freien Ladung auftretende elektrostatische, abstoßende Kraft der gleichsinnig geladenen Gelatineionen eine maßgebende Rolle für die Quellbarkeit spielt. Da die Quellung mit der freien Ladung symbat geht, so ist die Möglichkeit dieser Auffassung nicht zu bestreiten. Diese Annahme wurde z. B. von R. C. TOLMAN und A. E. STEARN in ihren Untersuchungen über die Quellung der Fibrinsalze gemacht (s. jedoch w. u. die Versuche von B. N. GHOSH).

Anderseits kann man die Hydratation der Gelatineionen für die Quellung verantwortlich machen, da die freie Ladung der Gelatineionen gleichfalls eine Erhöhung der elektrostatischen Attraktion auf die polarisierbaren Wassermoleküle ervorruft.

Ein strikter Beweis dafür, in welchem Maße sich die drei Faktoren: osmotischer Druck, elektrostatische Abstoßung und Hydratation tatsächlich an dem Quellungsvorgang beteiligen, wird sich schwer erbringen lassen. Einstweilen läßt sich nur so viel sagen, daß alle drei Umstände einzeln bereits die experimentellen Befunde ihrem Gange nach verständlich machen könnten.

Loeb betont übrigens, daß auch ein Einfluß auf die Kohäsion der Gelatine seitens der Elektrolyte mitwirken kann. So erklärt er die anomale Wirkung der Essigsäure durch die Annahme, daß die große Menge der undissoziierten Essigsäure die Kohäsion der Gelatine in der Gallerte vermindert und den Einfluß großer Salzmengen, im Sinne der Versuche von Hofmeister und Pauli, glaubt er auch auf diesen Umstand zurückführen zu können. Dort können nach ihm die individuellen Eigenschaften der Ionen eine große Rolle spielen.

Die Anwendung der Donnan-Theorie schließt übrigens eine spezifische Wirkung, vor allem der Gegenionen nicht aus. Der Ionisationszustand des Proteinsalzes ist nämlich von der spezifischen Art der Gegenionen abhängig und die freie Ladung der Proteinionen ist der primär bestimmende Faktor für die Ionenverteilung. Loebs Versuche beweisen nur so viel, daß dieser Einfluß bei der erreichten Genauigkeit seiner Versuchsanordnung hinter der Wirkung der H^+-Ionen und der Valenz der Gegenionen bis zur Unmerklichkeit zurücktreten kann.

Dasselbe gilt auch von Loebs Untersuchung über die Wirkung von Neutralsalzen auf die Quellung.

Der Vorwurf Loebs, daß frühere Untersuchungen, welche eine verschiedene Wirkung von Neutralsalzen des gleichen Valenztypus gefunden hatten, auf die Konstanz der H^+-Ionenaktivität nicht genügend geachtet hatten, die dann bestimmend ist, besteht nur bis zu einem gewissen Grade zu Recht. Denn es läßt sich zeigen, daß auch beim Konstanthalten der Wasserstoffionenaktivität bedeutende Unterschiede im Einfluß gleichwertiger Gegenionen zutage treten können. So fand R. Chiari für Trichloressigsäure und Salzsäure von $1 \cdot 10^{-4}$ n bei einer Quellung kleiner Scheibchen in 450 ccm Flüssigkeit, also unter Umständen, die einem gleichen p_H in beiden Fällen praktisch entsprechen, einen mit den Erfahrungen über Viskosität von Albuminen ganz übereinstimmenden gewaltigen Unterschied zu Ungunsten der Quellung in Trichloressigsäure. Der Quellungsgrad in letzterer betrug nur 1,388 gegenüber 4,848 in HCl.

Die ungleiche Ionenverteilung muß im Falle der Gallerte in derselben Weise durch ein Membranpotential kompensiert sein, wie im Falle des osmotischen Druckes. Loeb hat an Gelatine erwiesen, daß diese Forderung erfüllt ist und die Ionenverteilung in der Tat einem thermodynamischen Gleichgewichtszustand entspricht. Nach der Beendigung des Quellungsbades, dessen Dauer durch Anwendung von Gelatinepulver auf zwei Stunden reduziert werden konnte, wurden die abfiltrierten Körner geschmolzen und das Potential gegenüber der umspülenden Lösung auf dieselbe Weise mit Hilfe gesättigter Kalomelelektroden gemessen, wie es im vorhergehenden Abschnitte beschrieben ist. Eine Übereinstimmung mit der Differenz der Wasserstoffelektrodenpotentiale ergab sich innerhalb der allerdings sehr breiten Fehlergrenzen. Auch die depressorische Wirkung der Neutralsalze und die ausschlaggebende Rolle der Gegenionenvalenz konnte für das Membranpotential nachgewiesen werden.

Quellung, freie Ladung und innere Reibung. Die verschiedenen Untersuchungen an Proteinsalzen haben übereinstimmend zu dem Ergebnis geführt, daß die folgenden Eigenschaften der Proteinlösungen als Funktion der Lauge- oder Säurekonzentration oder genauer der H^+-Ionenaktivität einen symbaten Gang zeigen:

Konduktivität des Proteinsalzes,
Aktivität der Gegenionen,
Innere Reibung der Lösung,
Osmotischer Druck in einer semipermeablen Membran,
Membranpotential,
Quellung der Proteingallerte,
Alkoholfällbarkeit.

Der Gang ist zu beiden Seiten der isoelektrischen Reaktion ein symmetrischer: Anfänglicher Anstieg bis zu einem Maximum, nachher Abfall. Die Maxima für die verschiedenen Zustandseigenschaften fallen nahe zusammen.

Nach PAULIS Theorie ist die freie Ladung der Proteinionen diejenige Größe, welche sämtliche anderen Eigenschaften bestimmt. Danach soll die freie Ladung der Proteinionen mit wachsender Säurekonzentration infolge der allmählichen Zurückdrängung der Hydrolyse wachsen. Im Überschuß der Säure erfolgt dann eine Inaktivierung der Ladungen infolge der interionischen Kräfte oder durch Dissoziationsrückdrängung. Die Konkurrenz der beiden Vorgänge in bezug auf Erhöhung und Verminderung der Ladung ergibt den charakteristischen Gang mit einem Optimum der Ionisation, deren unmittelbarer Ausdruck die Konduktivität und Aktivität ist. Die Berücksichtigung der DONNANschen Theorie führt unter Benützung der Werte der freien Ladung (auf Grund der Aktivität und Konduktivität) zu demselben Gang für den osmotischen Druck, und — unter Zugrundelegen der osmotischen Theorie der Quellung — auch für die Wasseraufnahme von Proteingallerten. Jedoch auch die Annahme der Gültigkeit der elektrostatischen oder der Hydratationstheorie der Quellung ergibt den gleichen Gang für Wasseraufnahme und freie Ladung. Die innere Reibung ist nach dieser Theorie gleichfalls eine zunehmende Funktion der freien Ladung, vermittelt durch die Hydratation der Proteinionen und die Hydratation sorgt auch für die Stabilität gegenüber Alkohol.

LOEB hat dargetan, daß die Anwendung der DONNAN-Theorie auch unter der Annahme, daß die freie Ladung bis zu einem Maximum ansteigt und dann konstant bleibt, also eine Inaktivierung der Proteinionen nicht erfolgt, den experimentell gefundenen charakteristischen Gang des osmotischen Druckes und der Quellung voraussagen läßt. Der Abfall nach dem Maximum wäre darnach nicht die Folge des Ionisationsrückganges des Proteins, sondern der gleichmäßigeren Ionenverteilung im Überschuß der Säure.

In Ausdehnung dieser Auffassung nimmt LOEB an, daß auch die Viskosität der Gelatine durch das DONNAN-Gleichgewicht bestimmt ist. Die verhältnismäßig hohe Viskosität der Gelatinelösungen soll nach ihm davon herrühren, daß in der Lösung Aggregate von Gelatinemolekülen, Gelklümpchen vorhanden sind. Das Volumen dieser Gelklümpchen ändert sich mit der Wasserstoffionenkonzentration, es erfolgt eine Quellung, wie im Falle der makroskopischen Gallerte, welche ebenfalls der Theorie der Membrangleichgewichte unterworfen ist. Die Viskosität einer Suspension wächst im Sinne der EINSTEIN-HATSCHEKschen Theorie oder der Formel von ARRHENIUS mit dem Volumen der dispergierten

Phase. Der Gang der Viskosität dieser Gelatinelösungen würde somit durch die gemäß der DONNAN-Theorie erfolgende osmotische Volumzunahme der Gallertklümpchen hervorgerufen sein. Auf diese Weise soll nicht nur die Abhängigkeit der Viskosität von dem p_H, sondern auch die depressorische Wirkung der Salze und die Rolle der Gegenionenvalenz erklärt werden.

Diese Auffassung stützt LOEB durch Versuche, in denen er den parallelen Gang der Viskosität einer Suspension von Gelatinekörnern und des von den Gelatinekörnern eingenommenen Volumens dartut. Die erste wurde mit dem OSTWALDschen Viskosimeter bestimmt, das zweite nach Filtrieren über Baumwolle geschätzt, die Wasserstoffionenaktivität wurde nach Schmelzen der Körner gemessen.

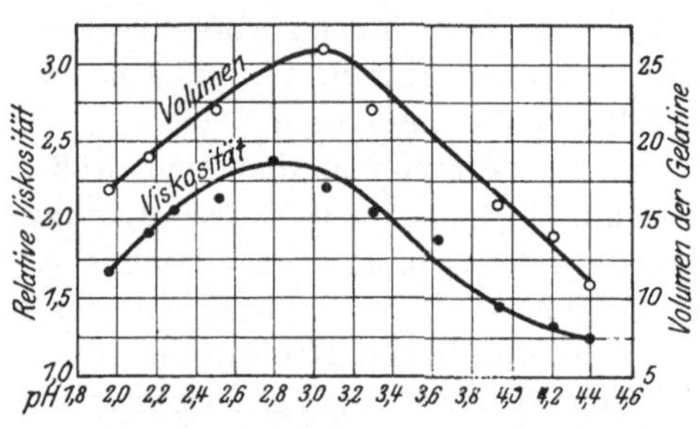

Abb. 100. Vergleich der Änderung der inneren Reibung der Gelatinelösung und der Quellung von Gelatinekörnern bei variierendem p_H nach J. LOEB

Eine weitere Stütze sucht LOEB in der Tatsache zu finden, daß die Viskosität einer auf höhere Temperatur erwärmten Gelatinelösung beim Abkühlen bis zur Erstarrung allmählich zunimmt. LOEB nimmt an, daß während der Abkühlung eine fortschreitende Aggregation zu submikroskopischen Gelteilchen stattfindet.

In dem Abschnitt über die freie Ladung der Proteinsalze haben wir die von LOEB gegen die PAULIsche Theorie erhobenen Einwände besprochen und gezeigt, daß diese sowohl theoretisch wie experimentell widerlegt worden sind.

Die Theorie der freien Ladung der Proteinionen gibt danach eine widerspruchsfreie Erklärung für das gesamte Verhalten der Lösungen der Proteinsalze. Hypothetisch ist darin nur die Behauptung, daß die freie Ladung der Proteinionen und ihre dadurch erhöhte Hydratation sich auch in einer erhöhten inneren Reibung kundgibt. Diese Hydratationshypothese der Viskosität von Pauli ist jedoch außerordentlich plausibel.

Die LOEBsche Theorie erklärt den Rückgang der Konduktivität und Aktivität der Proteinsalze im Überschuß der Säure oder Lauge und den Zusammenhang mit der Viskosität, dem osmotischen Druck und der Quellung überhaupt nicht und deutet die drei letzten Eigenschaften unabhängig davon einheitlich auf Grund der DONNAN-Theorie. Hypothetisch ist darin die Behauptung, daß die Viskosität der Proteinlösungen und ihre Änderung durch die Anwesenheit submikroskopischer Gelklümpchen bestimmt ist.

Die reinsten Ovalbumin- und Seralbuminlösungen zeigen jedoch ebenfalls den charakteristischen Gang der Viskosität und in diesen ist (etwa nach den Molekulargewichtsbestimmungen SVEDBERGS mit Hilfe der Ultrazentrifuge) für die Annahme derartiger Aggregate in merklicher Menge nicht der geringste Anhaltspunkt gegeben.

Die LOEBsche Theorie ist auf eine Hypothese begründet, welche den Erfahrungen und herrschenden Ansichten über die Struktur der Proteinlösungen widerspricht.

Sind in einer kolloiden Lösung die angenommenen Aggregate enthalten, so wäre ein Viskositätseffekt im Sinne von LOEB zu erwarten. Andererseits ist jedoch nach anderweitigen Erfahrungen anzunehmen, daß derartige Sekundärteilchen bei wachsender Aufladung in Primärteilchen zerfallen würden, wodurch eine entgegengesetzte Wirkung auf die Viskosität eintreten müßte und den Quellungseffekt eventuell kompensieren könnte.

Es wäre erwünscht, an Hand der experimentellen Daten am Glutin die Hydratationstheorie und die LOEBsche Theorie einer Prüfung zu unterwerfen. Die erste Theorie verlangt, daß den Maxima der Viskosität, Konduktivität und Viskosität eine und dieselbe H^+-Aktivität entspricht, während das osmotische Druck- und Quellungsmaximum sich nach der Ionenverteilung daraus berechnen lassen. Nach LOEBs Theorie muß das Maximum der Viskosität mit demjenigen des osmotischen Druckes und der Quellung nahezu zusammenfallen oder richtiger mit der Reaktion der Außenflüssigkeit und des Quellungsbades im Punkte des Druck- und Quellungsmaximums, da ja die Wasserstoffaktivität der Proteinlösung die Rolle der Ionenkonzentration in einer Außenflüssigkeit bezüglich des Gelklümpchens spielt. Die folgende Tabelle bringt das Konduktivitäts- und Viskositätsoptimum nach PAULI und WIT, die osmotischen Druckoptima nach LOEB.

Tabelle 136. Glutinmischungen

K^{III}-Optimum			η-Optimum		Druckoptimum nach LOEB	p_H
Glutin %	nHCl	p_H	nHCl	p_H		
0,707 1,415	0,0125 0,019	2,30 2,37	0,01 0,015	2,52 2,69	1% Glutinchlorid	2,81

K^{III}-Optimum			η-Optimum		Druckoptimum nach LOEB	p_H
Glutin %	nH_2SO_4	p_H	nH_2SO_4	p_H		
0,707 1,415	0,014 0,015	2,2 2,7	0,01 0,015	2,6 2,7	1% Glutinsulfat	3,18

Wohl liegen die Werte so, daß LOEBs Bestimmungen des Druckoptimums in ein höheres p_H fallen. Doch ist eine Entscheidung auf diesem Wege schon wegen des verschiedenen Glutinmaterials nicht möglich.

Nun wäre noch eine interessante Seite des Problems zu erörtern. Unabhängig von jeder Hypothese besteht folgende Tatsache:

Die Ionisation der Proteinsalze zeigt in Abhängigkeit von der Säure- oder Laugekonzentration und von dem Neutralsalzgehalt genau denselben Gang, welcher sich auf Grund der DONNAN-Theorie unter Annahme vollständiger Ionisation für den osmotischen Druck der Proteinlösung innerhalb einer für die Proteinionen undurchlässigen, für die übrigen Ionen durchlässigen Membran berechnen läßt.

Die nähere Untersuchung des Mechanismus des Ionisationsgleichgewichtes läßt erkennen, daß es sich hier nicht um einen Zufall, sondern um eine Gesetzmäßigkeit handelt.

Das Ionisationsgleichgewicht kann man von zwei Standpunkten aus betrachten: Vom Standpunkt der Theorie der interionischen Kräfte und vom Standpunkt der klassischen Dissoziationstheorie.

Die interionischen Kräfte würden darin zum Ausdruck kommen, daß im Sinne des BOLTZMANNschen Satzes in der Umgebung der (z. B.) positiven Proteinionen in einer etwa salzsauren Lösung infolge der elektrostatischen Kräfte statistisch mehr Chlorionen als H^+-Ionen sich befinden. Mit wachsender Säurekonzentration werden die Chlorionen mehr gegen die Oberfläche der Proteinionen gedrängt und nach dem Maximum, wobei die durch interatomare Kräfte bedingte H^+-Anlagerung infolge der Sättigung verlangsamt wird und schließlich praktisch stillsteht, ruft die elektrostatische Chloranlagerung eine Abnahme der freien Ladung hervor.

Wenn die auf die H^+-Ionen der Lösung seitens der positiv geladenen Proteinionen ausgeübte abstoßende COULOMBsche Kraft K ist, so beträgt die anziehende Kraft auf die Chlorionen unter Vernachlässigung eventueller Unterschiede der Ionenradien — K. Würde die Konzentration der freien Salzsäure in der Lösung c betragen, so ergibt sich in der Nähe der Proteinteilchen[1] die Konzentration der Chlorionen

$$[Cl]_u = c\, e^{-\frac{\psi}{RT}}$$

für die H^+-Ionen

$$[H]_u = c\, e^{+\frac{\psi}{RT}}$$

Das Produkt der beiden ergibt

$$[Cl]_u\,[H]_u = c^2$$

Das Gesetz der konstanten Ionenprodukte beherrscht also auch diesen submikroskopischen stationären Verteilungszustand.

Genau dieselben Zusammenhänge ergeben sich unter Annahme einer diffusen Doppelschichtstruktur, wobei mit GOUY die Hilfsvorstellung einer semipermeablen Membran um das Proteinion herangezogen werden kann. Wir finden dann anfangs eine zunehmende positive Ladung innerhalb der Membran infolge der wachsenden H^+-Bindung, in der Nähe der H^+-Sättigung jedoch eine Nivellierung der Ladungsverteilung infolge wachsender Hineindrängung der Ionen aus der Lösung. Auf dieselbe Art wie Säureüberschuß wirkt jeder Neutralsalzzusatz.

Die Inaktivierung erscheint also als die Folge eines Verhaltens, welches genau den *makroskopischen Prozeß der DONNANschen Ionenverteilung in molekularen Dimensionen* darstellt.

Die Annahme eines echten Dissoziationsgleichgewichtes des Proteinchlorids ändert nichts Wesentliches an dieser Vorstellung. Wie weit sich der beschriebene stationäre Verteilungszustand der Ionen auf die Leitfähigkeit und Aktivität der Ionen auswirkt, kann problematisch sein. Daß jedoch eine derartige Verteilung besteht, ist außer Zweifel, und sie ist im Grunde völlig identisch mit den Verteilungsverhältnissen in jedem typischen Elektrolyten, wie sie der Ableitung der interionischen Beziehungen von DEBYE zugrunde gelegt wurden. Nun setzt sich die Proteinoberfläche, welche sowohl einer Anlagerung von H^+-Ionen, als auch dann einer Anlagerung von Chlorionen fähig ist, mit *ihrer Umgebung* ins Gleichgewicht (im stationären Sinne). Nimmt man nur an, daß die Affinität zu H^+-Ionen größer ist als zu Chlorionen, so ergibt sich wieder genau dasselbe Bild.

[1] ψ bedeutet das an dieser Stelle der Kraft K entsprechende Potential.

Die Überlegung ist auch davon unabhängig, ob man die chemischen Kräfte durch physikalische ersetzt denkt.

Die Gegenionenvalenz und der Zusatz von Neutralsalz beeinflussen die molekularsubmikroskopische Ladungsverteilung genau in derselben Weise, wie die makroskopische.

In der Tatsache, daß der Ionisationsrückgang der Proteinionen dem Gesetz der konstanten Ionenprodukte genau so unterworfen ist wie die Ionenverteilung der Proteinlösung innerhalb und außerhalb einer Membran, liegt die tiefere Ursache des symbaten Ganges von Konduktivität und Aktivität des Proteinsalzes auf der einen, von osmotischem Druck, Membranpotential und Quellung auf der anderen Seite.

Neuere Untersuchungen über Proteinquellung. Wo. Ostwald, A. Kuhn und E. Böhme haben die Quellung der Gelatine nach der Quellhöhenmethode von M. H. Fischer einer neuerlichen Untersuchung unterzogen. Dabei wurde auch die Wasserstoffionenaktivität gemessen, wie es scheint jedoch nur diejenige des Quellungsbades, d. h. der Außenflüssigkeit im Sinne von Procter. Es wurde nur das Gebiet des Quellungsanstieges in kleineren Säurenkonzentrationen untersucht. Wie Abb. 101 zeigt, sind die Unterschiede auch bei gleicher Wertigkeit der Säure beträchtlich. Die Säuren ordnen sich nach ihrer Quellungswirkung in die Reihe.

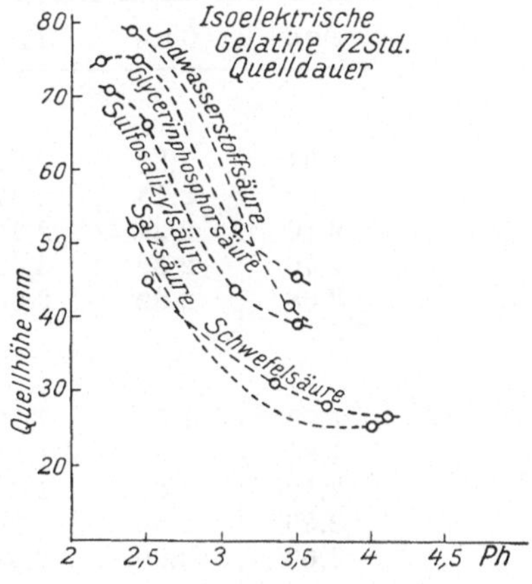

Abb. 101. Quellung der Gelatine in Säuren nach Wo. Ostwald, A. Kuhn und E. Böhme

Jodwasserstoffsäure > Glyzerinphosphorsäure > Sulfosalizylsäure > Salzsäure > Schwefelsäure.

Theoretisch von Bedeutung ist der Unterschied zwischen HJ und HCl, da diese Säuren vollständig dissoziiert und gleichwertig sind. Es spricht jedoch dieser Unterschied nicht unbedingt gegen die Anwendbarkeit der Donnan-Theorie und nicht gegen die Richtigkeit der osmotischen Theorie.

Es wäre nämlich durchaus denkbar, daß ein Unterschied in dem Dissoziationszustand des Gelatinechlorids und Jodids das Donnan-Gleichgewicht in dem angedeuteten Sinne beeinflußt. In diesem Falle wäre nur die Loebsche Form der Anwendung von Donnans Theorie, die Annahme der vollständigen Dissoziation hinfällig.

Würde jedoch die Untersuchung des Ionisationsstandes nicht das erwartete Ergebnis bringen, so spräche das gegen die osmotische Theorie der Quellung in dem Sinne, daß auch in dieser niedrigen Konzentration die nichtosmotische Beeinflussung des Quellungsvorganges die osmotische überdeckt.

Es sei schließlich auf die Arbeit von D. J. Lloyd und W. B. Pleass hingewiesen. Die Autoren untersuchten die Quellung der Gelatine im sauren wie im alkalischen Gebiet von $p_H = 1$ bis $p_H = 12$. Sie fanden das Minimum im isoelektrischen Punkte ($p_H = 5$), die beiden Maxima bei $p_H = 2,6$ und $p_H = 9,8$. Sie untersuchten ferner die Wirkung des NaCl von $1,10^{-2}$ n bis 2 n auf das ganze

p_H-Gebiet. In der Region der größeren Gesamtladung war die Wirkung der Salze bloß depressorisch, erst in der Nähe der isoelektrischen Reaktion vermag die hochkonzentrierte Salzlösung eine Erhöhung der ohnehin geringfügigen Quellung zu bewirken. Ferner sei hier die gehaltvolle Untersuchung von A. KÜNTZEL an kollagenen Fasern erwähnt.

Quellung und Elektrosmose der Glutinsalze. In der neuesten Zeit hat B. N. GHOSH in DONNANs Institut die Quellung der Gelatine untersucht. Um eine Entscheidung zwischen der Theorie der elektrischen Repulsion (TOLMAN und STEARN) und der Theorie des DONNANschen osmotischen Druckes als Ursache der Quellungswirkung der Säuren zu ermöglichen, führte er Messungen der freien H^+-Ionen innerhalb des geschmolzenen Gels (p_G) und in dem Quellungsbad (p_2) durch, ferner auch eine Bestimmung der elektrosmotischen Wasserüberführung durch das Gel, sowie der Volumzunahme infolge der Quellung. Die folgende Tabelle enthält seine Resultate mit Salz- und Schwefelsäure:

Tabelle 137. Quellung und elektrosmotische Beweglichkeit der Gelatine nach B. N. GHOSH

$(p_H)_1$	$(p_H)_2$	$(p_H)_g$	α	Vol.	β	β/α
			Salzsäure			
1,81	1,89	2,17	0,64	29	0,81	1,27
2,02	2,14	2,57	0,55	31	0,68	1,24
2,10	2,24	2,70	0,52	32,5	0,63	1,25
2,40	2,62	3,22	0,36	35	0,47	1,30
2,68	2,99	3,60	0,24	27,5	0,33	1,37
			Schwefelsäure			
1,77	1,84	2,10	0,60	15	0,62	1,03
1,88	1,97	2,30	0,57	16	0,59	1,03
2,12	2,26	2,74	0,47	18,5	0,55	1,17
2,36	2,55	3,26	0,33	20,5	0,46	1,31
2,60	2,90	3,58	0,25	16,5	0,34	1,37

$(p_H)_1$ bedeutet den Wasserstoffexponenten des Quellungsbades vor dem Einbringen der Gelatine, $(p_H)_2$ denselben nach der Reaktion mit Gelatine (0,8 g in 200 ccm), $(p_H)_g$ den Wasserstoffexponenten innerhalb des geschmolzenen Gels, α die Konzentration der gebundenen H^+-Ionen, Vol. das Volumen des Gels, β die Geschwindigkeit der elektrosmotischen Bewegung.

In den beiden Säuren wird das Maximum der Quellung in der Nähe von $p_H = 2{,}6$ des Quellungsbades erreicht, weitere Säurezusätze bewirken eine Volumabnahme. Dagegen wächst in dem untersuchten Bereich die elektrosmotische Geschwindigkeit monoton mit dem Säurezusatz, und zwar, wie die letzte Spalte lehrt, etwas langsamer als die Gesamtladung. Eine Abnahme der freien Ladung, als deren Maß wir die elektrosmotische Geschwindigkeit betrachten müssen, findet in dem untersuchten Gebiet nicht statt. Ein Vergleich mit den Werten PAULI-WIT lehrt uns, daß in dem höchsten Säuregehalt bei GHOSH bereits derjenige Punkt überschritten wird, in dem die freie Ladung (gemessen durch die Konduktivität und Aktivität, ferner auch durch die Viskosität) zu sinken beginnt. Daß die Quellung nicht symbat mit der freien Ladung geht, wird von

GHOSH als eine Widerlegung der elektrostatischen Repulsionstheorie von TOLMAN und STEARN aufgefaßt.

Die Messungen an Schwefelsäure ergaben, daß die Gesamtladung (α) ebenso groß ist, die freie Ladung jedoch mit der Gesamtladung langsamer anwächst als in Salzsäure. Die Quellung bleibt in Schwefelsäure viel geringer. In Salpetersäure und Trichloressigsäure fand sich dagegen in bezug auf die H^+-Bindung, Elektrosmose und Quellung genau dasselbe Verhalten wie in Salzsäure.

Die Messungen von GHOSH zeigen, daß das Maximum der Quellung bei einer niedrigeren Azidität erreicht wird, als dasjenige der freien Ladung. Ein derartiges Verhalten entspricht der Erwartung im Sinne der Gültigkeit der Theorie von PROCTER und WILSON, d. h. der osmotischen Theorie der Quellung.

Das färberische Verhalten der Seide und Wolle. Bereits von KNECHT wurde die Bindung der sauren Farbstoffe durch Wolle als eine chemische aufgefaßt und auch spätere Forscher haben diese Meinung geteilt. Eine Klarheit über diese Vorgänge wurde jedoch erst vor kurzer Zeit durch die Arbeiten von K. H. MEYER gebracht. Im Lichte dieser Untersuchungen erweist sich der Vorgang beim Färben der Wolle oder Seide in saurem Bade mit sauren Farbstoffen als eine Säurebindung mit anschließender Inaktivierung der Gegenionen (Farbstoffanionen).

Bringt man Seide oder Wolle in eine Säurelösung und entfernt man dann die Fasern, so kann man eine Abnahme des Säuretiters beobachten. Auf diese Weise haben MEYER und H. FIKENTSCHER festgestellt, daß die Säurebindung der Wolle unabhängig von der Natur der Säure (mineralische Säure oder Farbsäure) einen bestimmten Grenzwert erreicht, und zwar ergab sich in Übereinstimmung mit früheren Daten der Literatur (KNECHT, G. v. GEORGIEWICZ), daß 1 g Wolle rund 8×10^{-3} n Säure maximal zu binden vermag. Das Äquivalentgewicht der Wolle als Base beträgt somit 1200 g. Es ist von derselben Größenordnung, wie etwa das der Gelatine oder des Ovalbumins. Das basische Äquivalentgewicht der Seide ist drei- bis viermal größer, etwa 5000. K. H. MEYER nimmt an, daß nur der amorphe Teil sich an der Säurebindung beteiligt. Während Wolle kein Anzeichen einer kristallinischen Struktur im Röntgendiagramm gibt, enthält Seide bis zu etwa 60% der Substanz als Kristalliten. Die Verschiedenheit der Äquivalentgewichte wäre also darauf zurückzuführen, daß nur die Wolle vollständig durchreagiert, während in der Seide der kristallisierte Anteil intakt bleibt, da die Ionen nicht hineindringen können. Gestützt wird diese Annahme durch den Nachweis, daß die Feinstruktur der Seide durch die Farbstoffaufnahme keinerlei mittels der Röntgenstrahlenanalyse nachweisbare Deformation erleidet.

Die von K. H. MEYER und H. FIKENTSCHER aufgenommenen Gleichgewichtskurven der Säurebindung an Wolle zeigen die für die Oberflächenreaktionen typische Form und werden von den Autoren als Ausdruck eines Hydrolysegleichgewichtes gedeutet.

Die Berechtigung der chemischen Auffassung der Säurebindung wurde von den Autoren durch Vergleich der H^+-Aufnahme von Wolle und Desaminowolle gestützt. Nach der Desaminierung nahm das Säurebindungsvermögen etwa um $^1/_3$ ab. Eine der Abnahme entsprechende Menge an primärem Amino-Stickstoff wurde durch die VAN SLYKEsche Bestimmung erhalten.

Es konnte weiter der Nachweis erbracht werden, daß in der Lösung der starken Farbsäuren die Säurebindung genau so verläuft, wie in der Lösung von Mineralsäuren. Da die Farbstoffbäder gewöhnlich nur einen Bruchteil der von den Fasern maximal gebundenen Säuremenge an Farbstoffanion enthalten, so verläuft das Ausziehen der Bäder praktisch vollständig.

Die Farbsäuren sind in der Farbflotte in Mischung mit Mineralsäuren anwesend. Beide Anionen werden daher von den Fasern aufgenommen. Die Farbstoffanionen werden jedoch bevorzugt, da sie eine stärkere Inaktivierung erfahren („Schwerlöslichkeit der Salze von Wolle und Farbstoff").

L. M. CHAPMAN, D. M. GREENBERG und C. L. A. SCHMIDT bestimmten die Menge der sauren Farbstoffe, die bei stark saurer Reaktion von dem im Überschuß des Farbstoffes ausflockenden Protein (Gelatine, Desaminogelatine, Kasein, Fibrin und Edestin) aufgenommen werden. Diese Farbstoffmenge entsprach dem Bindungsvermögen des Proteins gegenüber Mineralsäuren. Die Differenz in der Farbstoffaufnahme der Gelatine und der desamidierten Gelatine entsprach dem Gehalt der Gelatine an basischen Abbauprodukten, nämlich an Arginin, Lysin und Histidin, wie er sich nach dem VAN SLYKEschen Verfahren ergibt.

Die Autoren machen die Beobachtung, daß auch auf der alkalischen Seite des isoelektrischen Punktes des Proteins, also bei einem $p_H > I$ erhebliche Mengen von saurem Farbstoff an das Protein gebunden werden. E. ELÖD hat gleichfalls bemerkt, daß die Aufnahme der Farbanionen auf der alkalischen Seite von Farbkationen an der sauren Seite des isoelektrischen Punktes der Wolle und Seide durch diese Fasern nicht verschwindet.

Im Sinne unserer späteren Ausführungen (Kap. 48) können wir diese Befunde so ausdrücken, daß die tierischen Fasern sich den Farbstoffen gegenüber nicht als ideale Ampholyte verhalten. Sie verhalten sich so, wie in dem Experiment sämtliche Proteine: sie nehmen Kationen auch in sauren, Anionen auch in alkalischen (relativ zu I) Lösungen auf. Da die Farbionen eine besonders starke Assoziation zu der Fasersubstanz zeigen, ist die Erscheinung hier besonders ausgiebig. Damit hängt auch die von K. UMETSU verfolgte Beobachtung zusammen, daß gewisse Farbstoffe den isoelektrischen Punkt der Proteine verschieben können.

BRIGGS und BULL haben vor einigen Jahren beobachtet, daß die Aufnahme von sauren Farbstoffen durch Wolle durch Zusatz eines Neutralsalzes mit stark inaktivierendem Anion (Sulfat) bei demselben p_H erniedrigt wird; während der Zusatz von einem Salz mit einem weniger zur Assoziation an das Proteinkation neigenden Anion (Cl) kaum einen Einfluß hat. Dagegen wird die Aufnahme von Methylenblau, eines basischen Farbstoffes, durch Zusatz von Na_2SO_4 erhöht, durch Zusatz von $BaCl_2$ erniedrigt. Es handelt sich hier wohl um eine Konkurrenz der Gegenionen um das Proteinion, bzw. um einen Entlastungseffekt der Nebenionen.

BRIGGS und BULL haben bereits bemerkt, daß die Aufnahme des basischen Methylenblau durch Wolle beim wachsenden p_H (durch Zusatz einer Lauge bewirkt) über ein Maximum geht. Dasselbe wurde auch von E. ELÖD beobachtet. Die Ursache der Abnahme der Farbstoffbindung nach Überschreiten des Maximums liegt in der Entladung des basischen Farbstoffes in der stärker alkalischen Lösung. Die undissoziierten Farbstoffmoleküle erfahren eine Aggregation.

Für das Verständnis der Färbevorgänge, denen die Salzbildung zugrundeliegt, erscheint uns der Hinweis von ELÖD und E. SILVA besonders wichtig, wonach bei den Färbevorgängen die DONNANsche Theorie der Membrangleichgewichte zu berücksichtigen ist. Ebenso wie bei der Säurebindung die Gelatine von PROCTER und WILSON gezeigt wurde, gehorcht das Verteilungsgleichgewicht der Ionen zwischen der Flotte und dem Quellungswasser im Innern des Seiden- oder Wollengels dem Gesetz der konstanten Ionenprodukte. Nur im Überschuß der Säure oder eines Neutralsalzes erfolgt die Verteilung der anwesenden diffusiblen Ionen gleichmäßig. Bei kleiner Säurekonzentration wird dagegen die Konzentration der freien Kationen in dem Quellungswasser merklich kleiner sein als in der Außenflüssigkeit. Für den Verteilungszustand der Ionen wird die starke Neigung der Farbstoffionen zur Inaktivierung von Einfluß sein. Bei der Bestimmung der maximalen Bindung im Überschuß der Säure kann man die DONNAN-Korrektur für die H^+-Aufnahme vernachlässigen, da hier die Annahme gerechtfertigt ist, daß das Innen- und Außenwasser des Gels dasselbe p_H aufweist.

Die Salzbildung ist nicht die einzige Möglichkeit der substantiven Färbung der Wolle und Seide. In manchen Fällen spielt die Lösung des Farbstoffes in der tierischen Faser eine wichtige Rolle. Von K. H. MEYER und H. FIKENTSCHER wurde nachgewiesen, daß tierische Fasern, jedoch auch Kasein, ein erhebliches Lösungsvermögen für gewisse Farbstoffe wie o-Nitroanilin haben. Die Verteilung dieser Farbstoffe zwischen Faser und Flotte gehorcht dem HENRYschen Gesetz: Der Teilungskoeffizient ist eine Konstante.

P. PFEIFFER und O. ANGERN haben ferner durch Aufnahme der Mischschmelzpunktdiagramme von Aminosäuren, insbesondere jedoch von Säureamiden, mit Farbstoffen nachgewiesen, daß diese miteinander gut kristallisierte Verbindungen liefern; die nicht immer salzartig aufgebaut sind. Die Autoren nehmen an, daß derartige Molekularverbindungen auch zwischen der Wolle oder Seide einerseits und dem Farbstoff andererseits entstehen und in den Färbevorgängen eine gewisse Rolle spielen.

Die Beizvorgänge mit Aluminium- und Chromhydroxyden und die Färbevorgänge mit zinnbeschwerter Seide stellen elektrochemische Prozesse dar, die vorwiegend durch E. ELÖD untersucht wurden. Eingehende moderne Untersuchungen über die Alizarinlackbildung, die im wesentlichen gleichfalls auf der Inaktivierung des Farbstoffgegenions durch das Hydroxydgel beruht, verdanken wir H. B. WEISER und E. E. PORTER. — Daß bei der Zinnbeschwerung die hydrolytisch abgespaltene Säure des Zinnsalzes mit der Seide in ein Bindungsgleichgewicht tritt, wurde von ELÖD gezeigt. Hier berühren sich die elektrochemischen Probleme der Färbeprozesse mit denen der Chromgerbung.

Literaturverzeichnis

BRIGGS und BULL: Journ. Phys. Chem **26**, 845 (1922). — CHAPMAN, L. M., D. M. GREENBERG und C. L. A. SCHMIDT: Journ. of biol. Chem. **72**, 707 (1924). — CHIARI, R.: Bioch. Z. **33**, 167 (1911). — ELÖD, E.: Koll. Beih. **19**, 298 (1924). — DERSELBE und E. PIEPER: Z. f. angew. Ch. **41**, 16 (1928). — DERSELBE und E. Silva: Z. f. phys. Ch. **137**, 142 (1928). — FISCHER, M. H.: Kolloidchemie der Wasserbindung. Dresden (1927). — GHOSH, B. N.: Journ. Chem. Soc. **119**, 711 (1928). — HEWITT, F. L.: Bioch. Journ. **21**, 1305 (1927). — HOFMEISTER, F.: Arch. f. exp. Path. und Pharm. **28**, 210 (1891). — KNECHT: Ber. **21**, 1556 (1888); **22**, 1120 (1889); **37**, 3481 (1904). — KÜNTZEL, A.: Koll. Z. **40**, 264 (1926). — LOEB, J.: Die Eiweißkörper. Berlin (1924). — LLOYD, D. J. und W. B. PLEASS: Bioch. Journ. **21**, 1352 (1927). — MEYER, K. H.: Naturw. **15**, Heft 6 (1927). — DERSELBE und H. FITZENTSCHER: Melliands Textilber. **8**, 605 (1926); **9** (1927). — OSTWALD, WO.: Pflügers Archiv **108**, 563 (1905). — DER-

SELBE, A. KUHN und E. BÖHME: Koll. Beitr. **20**, 412 (1925). — PAULI, WO.: Kolloidchemie der Eiweißkörper. Dresden (1920). — Pflügers Archiv **71**, 333 (1898). — DERSELBE und H. HANDOVSKY: Bioch. Z. **18**, 340 (1909); **24**, 239 (1910). — PFEIFFER, P. und O. ANGERN: Z. f. angew. Ch. **39**, 253 (1926). – SPIRO, K.: HOFMEISTERS Beitr. **5**, 276 (1904). — TOLMAN, R. und A. E. STEARN: Journ. Am. Chem. Soc. **40**, 272 (1917). — UMETSU, K.: Bioch. Z. **137**, 258 (1923). — WEISER, H. B. und E. E. PORTER: Coll. Symp. Mon. **5**, 369 (1928).

48. Die isoelektrische Reaktion der Proteine

Entwicklung des Begriffes der isoelektrischen Reaktion. Den Zustand, bei welchem zwischen Kolloidteilchen und Lösungsmittel keine elektrokinetische Potentialdifferenz besteht, hat HARDY isoelektrisch genannt. Der isoelektrische Punkt wird nach ihm durch diejenige Säure, bzw. Laugekonzentration gekennzeichnet, bei welcher die Teilchen keine Ladung tragen. Auf das Vorhandensein dieses Punktes, bei welchem die Stabilität verschwindet, folgerte er aus der Tatsache, daß geflockte Kolloide im Strome nicht wandern und daß das hitzedenaturierte Eiweiß durch Säure positiv, durch Lauge negativ aufgeladen wurde.

Nachdem längere Zeit vorher die Umladbarkeit des genuinen Albumins durch Säure oder Lauge von PAULI gefunden worden war, wurde die Tatsache, daß das genuine Albumin in seiner wässerigen Lösung nicht vollständig isoelektrisch ist, von WO. PAULI, L. MICHAELIS und F. BOTAZZI unabhängig voneinander, fast gleichzeitig mitgeteilt. Sie haben eine geringe anodische Wanderung nachgewiesen.

L. MICHAELIS hat dann durch Überführungsversuche Bestimmungen des isoelektrischen Punktes verschiedener Proteine durchgeführt. Die Definition wurde von ihm schärfer gefaßt. Danach versteht man unter dem isoelektrischen Punkt (I) diejenige H^+-Ionenkonzentration (strenger H^+-Aktivität), bei welcher die Proteinionen weder zur Kathode noch zur Anode, bzw. in gleichem Maße zu beiden Elektroden wandern. Die Ermittlung von I geschah durch Versetzen der Eiweißlösungen mit Puffergemischen bekannter H^+-Aktivität. Es konnten auf diese Weise zwei Grenzen der isoelektrischen Zone festgestellt werden, innerhalb deren keine einsinnige Wanderung stattfindet.

Tabelle 138

Protein-konzentration	c_H (gefunden)	c_H (Mittel)	Autor
Albumin za. 0,6‰	1,1 —4,2 . 10^{-5}	2,0 . 10^{-5}	L. MICHAELIS und H. DAVIDSOHN, Biochem. Zeitschr. 33, 456 (1911).
Glutin 0,5%	1,6 —3,5 . 10^{-5}	2,5 . 10^{-5}	L. MICHAELIS u. W. GRINEFF, Biochem. Zeitschr. 41, 373 (1912).
Kasein 0,2‰	1,29—4,9 . 10^{-5}	2,5 . 10^{-5}	L. MICHAELIS u. H. PECHSTEIN, Biochem. Zeitschr. 47, 260 (1912).
Hämoglobin	0,92—2,8 . 10^{-7}	1,8 . 10^{-7}	L. MICHAELIS u. DAVIDSOHN, Biochem. Zeitschr. 41, 102 (1912).

Die große Bedeutung des isoelektrischen Punktes für die Elektrochemie der Proteinlösungen liegt vor allem darin, daß es dadurch möglich war, ihr Verhalten im Gebiete der sauren und alkalischen Reaktion schärfer zu trennen. Die Eigenschaften der Proteine als Funktion der Wasserstoffionenkonzentration zeigten in vieler Hinsicht annähernd eine Bild-Spiegelbildsymmetrie, deren Achse durch die isoelektrische Reaktion geht.

Es stellte sich indessen heraus, daß der allgemeine Zustand der Proteine in der unmittelbaren Nähe des isoelektrischen Punktes besonders empfindlich wird gegen kleine Änderungen der Reaktion. Dieser Umstand und die Tatsache, daß die Proteine in dem lebenden Organismus zumeist sich in der Nähe dieses Reaktionsgebietes befinden, hat ihre genauere Untersuchung in der Umgebung des isoelektrischen Punktes notwendig gemacht.

In der Tabelle 139 sind Werte für die isoelektrische Reaktion einiger

Tabelle 139. Isoelektrische Reaktion der Proteine

Protein	Beobachter	I
Gelatine	Chiari	4,7
	Loeb	4,7
	Lloyd	4,6
	T. Ito u. Pauli (reinst ED)	4,98
	Wilson und Kern	4,7
	Bogue	4,7
	Gerngross und Bach	4,5—5,5
	Ostwald, Kuhn und Böhm	4,7—5,25
Seralbumin	Rona und Michaelis	5,5
	T. Ito u. Pauli (reinst ED)	4,99
Serumglobulin	Rona und Michaelis	4,4
Pseudoglobulin (reinst ED)	T. Ito u. Pauli	5,55
Kasein	Rona und Michaelis	4,7
Edestin	,, ,, ,,	6,9
Hämoglobin	Michaelis und Airila	6,8
Ovalbumin	Sörensen	4,6
	Michaelis und Davidsohn	4,6
Globin	Osaka	8,1
Fibrinogen	Stuber und Funk	5
	De Waele	6,9
	Nordbö	5,5
Histon	Felix	8,5
Myogen	Weber	6,3
Seide	Elöd und Pieper	5,1
Wolle	,, ,, ,,	4,9
Protamin	Miyaka	12
Fibrin	Hoffman und Gortner[1]	6,4
Kasein	,, ,, ,, [1]	6,4

Proteine mitgeteilt. Es wurden dabei verschiedene Bestimmungsmethoden angewendet, so daß die Werte nicht vollständig vergleichbar sind.

Der Zusammenhang mit der chemischen Konstitution tritt hervor, wenn man die Daten für Histon und Protamin mit den übrigen vergleicht. Diese Proteine sind bekanntlich außerordentlich reich an Diaminosäuren, das letztere besteht sogar nur aus solchen. Mit der stark alkalischen Natur dieses Proteins hängt die

[1] Aus der Bindungskurve von den Autoren extrapoliert.

Tatsache zusammen, daß es auch ohne Säurezusatz durch Neutralsalze höherwertiger Anionen geflockt werden kann, da es anscheinend genügend positiv geladene Gruppen enthält. Auch die Fällbarkeit durch Laugen zeigt die geringe Neigung zur sauren Ionisation an. Die Lauge wirkt nur durch Dissoziationsrückdrängung. Bei Serumeiweiß haben ältere Versuche von PAULI und R. WAGNER bei passender Anordnung (Überschichten hoher Laugenkonzentration mit dem Eiweiß bei niederer Temperatur) eine der Säurefällung analoge mächtige Eiweißfällung durch Lauge nachgewiesen. Primär ist der Mechanismus in beiden Fällen wohl der gleiche — Inaktivierung und Assoziation der Gegenionen unter Dehydratation des Proteinions —, doch ist die Laugefällung zum Unterschied von der durch Säuren bei Verdünnung reversibel.

W. F. HOFFMAN und R. GORTNER haben in ihrer umfassenden Arbeit die isoelektrische Reaktion von Prolaminen durch Extrapolation der basischen und sauren Bindungskurve errechnet. Dieses Verfahren unterliegt immerhin gewissen Bedenken.

Der Zusammenhang zwischen chemischer Konstitution und isoelektrischer Reaktion geht auch aus der von HITCHCOCK und LOEBEL festgestellten Tatsache hervor, daß der isoelektrische Punkt von desamidierter Gelatine in stärker saurem Gebiete liegt als die Gelatine. Nach den Beobachtungen von L. REINER und A. MARTON, ferner O. GERNGROSS und ST. BACH wirkt die bekannte Reaktion der Aminogruppe mit Formaldehyd auf das J im gleichen Sinne wie die Deamidierung.

Trotz einiger abweichender Resultate früherer Beobachter wurde erst in der neuesten Zeit einerseits von GERNGROSS und BACH, andererseits von OSTWALD, KUHN und BÖHME der eindeutige Beweis dafür erbracht, daß die isoelektrische Reaktion der Gelatine je nach dem Handelsprodukt und Reinigungsverfahren in ziemlich breiten Grenzen schwankt.

Theorie des isoelektrischen Punktes eines idealen Ampholyten. Durch Benützung des Massenwirkungsgesetzes hat L. MICHAELIS eine Reihe von Gesetzmäßigkeiten des isoelektrischen Punktes abgeleitet. Die Voraussetzungen waren: „Der Ampholyt ist in bezug auf die Säure- wie auch auf die Basendissoziation einwertig. Sowohl die von ihm als Säure, als auch als Base gebildeten Salze sind vollständig dissoziiert.“ Nimmt man ferner für die Prüfung mittels elektrischer Überführung an, daß das Ampholytkation dieselbe Beweglichkeit hat wie das Ampholytanion, so ist der isoelektrische Punkt (I) identisch mit der H^+-Konzentration, bei welcher die positiven und negativen Ampholytionen in der gleichen Menge vorliegen. Aus den Dissoziationsgleichungen ergibt sich nun:

$$I = \sqrt{\frac{k_a}{k_b}\, k_w}$$

wobei k_a die Säuredissoziationskonstante, k_b die Basendissoziationskonstante, k_w die Wasserkonstante bedeuten. Die Lage des isoelektrischen Punktes ist also von der Ampholytkonzentration unabhängig.

Aus den Dissoziationsgleichungen ergibt sich ferner die Beziehung, daß im isoelektrischen Punkt bei konstanter Ampholytkonzentration ein Maximum der neutralen, undissoziierten Moleküle besteht. Sowohl im sauren als auch im alkalischen Gebiet ist die Summe der Ampholytionen beiderlei Ladungssinnes größer als im isoelektrischen Punkt. In dem Falle, wo die Löslichkeit der Ionen größer ist als die der undissoziierten Moleküle, besteht daher in I ein Minimum der Löslichkeit. Diese Beziehung konnte experimentell an Aminosäuren bestätigt werden. Das Löslichkeitsminimum lag bei jener Wasserstoffionenkonzentration, welche sich als I aus den Dissoziationskonstanten, die einzeln aus der Hydrolyse der Ampholytsalze bestimmt werden können, berechnen läßt.

Tabelle 140

	k_a	k_b	I_{ber}	I_{gef}
p-Aminobenzoesäure ..	$1{,}21 \cdot 10^{-5}$	$2{,}33 \cdot 10^{-12}$	$1{,}7 \cdot 10^{-4}$	$1{,}6 \cdot 10^{-4}$
m-Aminobenzoesäure .	$1{,}63 \cdot 10^{-5}$	$1{,}22 \cdot 10^{-11}$	$8{,}8 \cdot 10^{-5}$	$6{,}3 \cdot 10^{-5}$
Asparaginsäure	$1{,}5 \cdot 10^{-4}$	$1{,}2 \cdot 10^{-12}$	$8{,}7 \cdot 10^{-4}$	$9{,}3 \cdot 10^{-4}$

Ist die saure Konstante die größere, so hat die reine Ampholytlösung saure Reaktion. In der Lösung überwiegen dann die negativen Ampholytionen über die positiven. Setzt man eine Säure zur Lösung, so wird die Säuredissoziation des Ampholyten infolge des gemeinsamen H^+-Ions vermindert, die basische Dissoziation infolge Bildung des vollständig dissoziierten Salzes vermehrt. Bei einem bestimmten Säuregehalt wird dann der isoelektrische Punkt erreicht. Umgekehrt muß man zu einem Ampholyten, dessen Basenkonstante größer ist, Lauge zusetzen, um den isoelektrischen Punkt zu erreichen. Die Wasserstoffionenkonzentration eines reinen Ampholyten liegt zwischen dem isoelektrischen Punkt und der neutralen Reaktion und nähert sich I mit steigendem Ampholytgehalt.

Eine Bedeutung für die Bestimmung des isoelektrischen Punktes hat der Satz von Michaelis erlangt, daß der Zusatz des Ampholyten zu einer Lösung, deren Reaktion mit der isoelektrischen Reaktion des Ampholyten übereinstimmt, die Wasserstoffionenkonzentration nicht verändert. S. P. L. Sörensen hat dieses Gesetz allgemein formuliert:

„Die Menge Säure oder Base, welche zu einer wässerigen Ampholytlösung gegeben werden muß, um derselben isoelektrische Reaktion beizubringen, ist von der Ampholytkonzentration unabhängig und gleich derjenigen Menge Säure oder Base, welche in reinem Wasser gegeben werden muß, um diesem eine dem isoelektrischen Punkt des Ampholyten entsprechende Wasserstoffionenkonzentration zu erteilen."

Der Beweis ist sehr einfach. Angenommen, es erfolgt infolge Zusatz des Ampholyten eine Erhöhung der H^+-Konzentration, so muß dieses überschüssige H^+ aus der Dissoziation des Ampholyten beigesteuert werden, welcher dann mehr Ampholytanionen als Ampholytkationen enthalten wird, somit sich nicht im isoelektrischen Zustand befindet. Umgekehrt würde Verbrauch an H^+ einen Überschuß der Ampholytkationen zur Folge haben.

Als Beispiel sei hier die Bestimmung des I von Phenylalanin durch Michaelis wiedergegeben (Tabelle 141).

Die auf Grund des Massenwirkungsgesetzes unter Annahme der Einwertigkeit und der vollständigen Dissoziation der Ampholytsalze abgeleiteten Gesetze wollen wir als die Gesetze des idealen Ampholyten bezeichnen. Sie können wohl auch für das Verhalten der kolloiden Ampholyte, wie der Proteine, wertvolle

Fingerzeige geben, eine strenge Gültigkeit für diese Type der Ampholyte können sie jedoch nicht beanspruchen, da hier keine der Voraussetzungen genau erfüllt ist.

Tabelle 141

	p_h vor dem Zusatz von Phenylalanin	p_h nach dem Zusatz von Phenylalanin	Differenz
Phenylalanin als Base	3,75	4,01	+ 0,28
	4,10	4,22	+ 0,12
	4,27	4,43	+ 0,16
isoelektrischer Punkt berechnet: bei p_h =			4,48
	4,58	4,57	— 0,01
Phenylalanin als Säure	4,66	4,55	— 0,11
	5,07	4,78	— 0,29
	5,26	4,74	— 0,52
	5,45	4,72	— 0,73
	5,73	4,77	— 0,96

Vor allem ist die Voraussetzung der Einwertigkeit nicht ohne weiters gegeben. Man kann immerhin durch zwei verschiedene Annahmen die Gültigkeit der obigen Beziehungen auf die mehrwertigen Ampholyte ausdehnen. Erstens kann man annehmen, daß das Verhalten in der Nähe des isoelektrischen Punktes durch die erste (stärkste) saure und erste basische Gruppe bestimmt ist und die übrigen den Dissoziationszustand nicht beeinflussen. Das trifft jedoch nur dann zu, wenn die zweite Dissoziationskonstante viel kleiner ist als die erste. Wie jedoch im allgemeinen Teil gezeigt wurde, kann dieser Fall nur dann eintreten, wenn der Elektrolyt sehr niedrigwertig ist. Je höherwertig der Ampholyt ist, um so näher rückt die zweite saure Konstante an die erste saure heran und die zweite basische in die Nähe der ersten basischen Konstante. Nun sind die Proteine in bezug auf ihre saure wie ihre basische Dissoziation sicherlich sehr hochwertig (über 20 Valenzen), so daß hier die Annahme, welche eine Ausdehnung des Gültigkeitsbereiches der einfachsten Gesetze des isoelektrischen Punktes erfordern würde, nicht gemacht werden kann.

Es ist jedoch ein zweiter Weg gangbar, nämlich die Annahme, daß die dissoziierenden Säuregruppen untereinander und die basischen Gruppen untereinander gleich stark sind. Dann bestehen Gesetzmäßigkeiten zwischen den einzelnen Konstanten jeder Gruppe derart, daß sich das Dissoziationsgleichgewicht durch eine sogenannte mittlere saure und eine mittlere basische Konstante beschreiben läßt. In diesem Sinne würden sich die MICHAELISschen Gesetze auf gewisse Proteine anwenden lassen.

P. LEVENE und H. S. SIMMS haben übrigens gezeigt, daß im Falle mehrwertiger Ampholyte (sonst unter den MICHAELISschen Voraussetzungen) der isoelektrische Punkt sich folgendermaßen aus den einzelnen Dissoziationskonstanten berechnen läßt:

$$I = \sqrt{\frac{k_{a1} + K_{a2} + \dots k_{an}}{k_{b1} + k_{b2} + \dots k_{bm}} k_w} = \sqrt{\frac{\Sigma k_a}{\Sigma k_b} k_w}$$

wobei Σk_a die Summe über sämtliche Säurekonstanten, Σk_b die Summe über sämtliche Basenkonstanten bedeutet. Da im Falle einer idealen Kolloiddissoziation $\Sigma k_a = n \bar{k}_a$ ist, wobei $\bar{k}_a$ die mittlere Konstante darstellt, so geht für diesen Fall die Gleichung in die gewöhnliche über und nicht auf dem Wege, daß sämtliche Glieder hinter k_{a1} und k_{b2} zu vernachlässigen wären. Dazu gehört ferner die Voraussetzung, daß die Anzahl der sauren und basischen Gruppen gleichgesetzt werden kann.

Isoelektrische und isoionische Reaktion. Die weiteren Voraussetzungen der Theorie der idealen Ampholyte besagen, daß die Dissoziation nur eine einfache Basen- und Säuredissoziation ist und andere Ionen als OH^- und H^+ von dem Ampholyten nicht gebunden werden. MICHAELIS hat zuerst darüber Betrachtungen angestellt, welchen Einfluß eine „wahre", undissoziierte Salzbildung des Ampholyten auf den isoelektrischen Zustand ausübt. Er nahm an, daß die gebildeten Salze bestimmte Dissoziationskonstanten besitzen und berechnete das gesamte Dissoziationsgleichgewicht unter dieser Annahme. Es ergab sich, daß das Maximum des neutralen Anteiles durch die Salzbildung verschoben wird, jedoch die H^+-Konzentration, in welcher die Anzahl der Ampholytanionen mit dem Ampholytkation gleich wird, unverändert bleibt. MICHAELIS schloß daraus, daß die Salzbildung den isoelektrischen Punkt nicht beeinflußt.

Doch wurde von MICHAELIS nicht bemerkt, daß er sich bei dieser Überlegung von der ursprünglichen Definition des isoelektrischen Punktes entfernt hat. Die Bedeutung der wahren Salzbildung für den isoelektrischen Zustand liegt darin, daß im Falle der wahren Salzbildung der Punkt, bei welchem der Ampholyt die gleiche Anzahl einfacher Anionen und Kationen liefert, nicht mehr identisch ist mit dem Punkt, bei welchem die Anzahl der positiv und negativ geladenen Ampholytmoleküle einander gleich ist. Das neutrale Ampholytmolekül kann nämlich durch Aufnahme eines Anions des zugefügten Salzes (oder Säure) ein komplexes negatives Ion liefern, durch Aufnahme eines Kations ein positiv geladenes Ion. Oder das undissoziierte Salz, etwa Chlorid, des Ampholyten kann durch Abdissoziation der Karboxylgruppe ein Anion liefern. Auf Grund der Definition im Sinne der gleichen elektrischen Wanderung in beiden Richtungen muß jedoch im isoelektrischen Punkt die Summe sämtlicher mit dem Ampholyt verbundenen positiven und negativen Ladungen einander gleich sein.

Besitzt der Ampholyt die Fähigkeit, andere Ionen als H^+ und OH^- aufzunehmen, und zwar in verschiedenem Maße, so wird der Punkt gleicher beiderseitiger Wanderung nicht zusammenfallen mit dem Punkt, wo der Ampholyt zur H^+-Konzentration der Lösung nichts beiträgt. Nur den ersten Punkt, d. h. den Punkt, in welchem die Anzahl der von dem Ampholyten getragenen positiven und negativen Ladungen einander gleich ist, nennt man isoelektrische Reaktion, den zweiten Punkt, wo die spezifische H^+-Ionisation des Ampholyten Null ist, nennt man mit K. LINDERSTRÖM-LANG isoionische Reaktion.

Die isoionische Reaktion wird also durch die Aufnahme anderer als OH^-- und H^+-Ionen nicht verändert, dagegen wird die isoelektrische Reaktion infolge der wahren Salzbildung verschoben. Nimmt der Ampholyt mehr Kationen als Anionen auf, so wird die isoelektrische Reaktion ins Gebiet kleinerer H^+-Konzentrationen gerückt, da die stärkere Aufnahme der Kationen durch die verminderte Aufnahme der H^+-Ionen kompensiert wird. Umgekehrt wird infolge der bevorzugten Aufnahme von Anionen die isoelektrische Reaktion ins Gebiet höherer H^+-Konzentration verschoben.

Während die isoionische Reaktion durch die H^+-Konzentration eindeutig bestimmt ist, hängt die isoelektrische Reaktion auch von den anwesenden Salzen ab, da sie das Gleichgewicht beeinflussen.

Für den physikalischen Zustand der Ampholytlösungen besitzt die isoelektrische Reaktion größere Bedeutung als die isoionische. Letztere ist eine charakteristische Größe der H^+-Dissoziation, erstere jedoch des gesamten Ladungszustandes des Ampholyten. Das Maximum der neutralen Gruppen braucht jedoch im Falle wahrer Salzbildung weder mit dem isoionischen noch mit dem isoelektrischen Punkt zusammenfallen.

Als weitere Komplikation wären ferner die interionischen Kräfte zu berücksichtigen. Sie können auch ohne wahre Salzbildung bereits zur Trennung der isoelektrischen und isoionischen Reaktion führen. Im großen und ganzen ist ihr Einfluß analog demjenigen der wahren Salzbildung.

Man darf schließlich auch die Möglichkeit nicht ganz außer acht lassen, daß negative und positive Ampholytionen nicht dieselbe Beweglichkeit haben, wiewohl es nicht wahrscheinlich ist, daß dieser Umstand zu merklichen Abweichungen von der Theorie führt.

Die experimentellen Daten zeigen, daß die Proteine unter Umständen die Michaelis-Sörensenschen Gesetze annähernd erfüllen, und zwar vor allem in Anwesenheit hoher Neutralsalzkonzentrationen. In diesen Fällen verhalten sich die Proteine wie ideale Ampholyte. In reinen Säurelösungen, worauf zuerst Pauli hinwies, treten sehr deutliche Abweichungen hervor. Daran knüpfte sich dann von seiner und der angeführten Autoren Seite die kritische Erörterung der Michaelisschen Theorie.

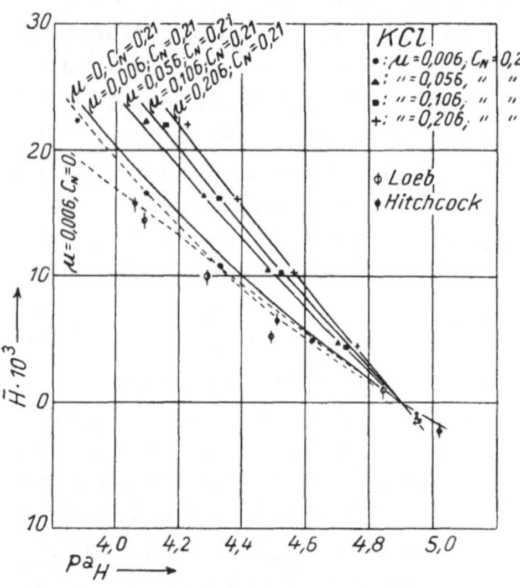

Abb. 103. Bestimmung der isoionischen Reaktion des Ovalbumins aus der H^+-Bindung nach K. Linderström-Lang und E. Lund

Das isoelektrische Verhalten in Neutralsalzanwesenheit. Die genaueste Bestimmung des isoelektrischen Punktes eines Proteins hat S. P. L. Sörensen ausgeführt unter Zugrundelegung des Satzes, daß die isoelektrische Wasserstoffionenkonzentration einer Lösung durch Zusatz des Ampholyten keine Änderung erfährt. Als Material diente ihm Ovalbumin, welches durch mehrmalige Umkristallisation und nachfolgende Dialyse gereinigt war. Die Proteinlösung wurde in Gegenwart großer Ammonsulfatmengen mit wechselnden Mengen von Ammoniak und Schwefelsäure versetzt und darin die Wasserstoffionenaktivität als Funktion der analytischen überschüssigen Lauge oder Schwefelsäure bestimmt. Dieser Zusammenhang ist offenbar in der Bindung der Schwefelsäure, bzw. der H^+-Ionen begründet und ist davon ganz unabhängig, ob das gebildete Proteinsalz ionisiert oder inaktiviert ist. Die folgende Abbildung stellt das Ergebnis in Lösungen von 0,36 n Ammonsulfat dar (Abb. 102).

Als Abzisse sind die gemessenen Werte der Wasserstoffaktivität aufgetragen, auf die Ordinatenachse die überschüssige Säure als Kubikzentimeter n/1000-Lösung pro 100 ccm Versuchsflüssigkeit. Die mit Null bezeichnete Gerade stellt die Werte für die proteinfreie Ammonsulfatlösung dar, die übrigen Geraden die entsprechenden Werte der proteinhaltigen Lösungen. Jede Proteinlösung gibt eine Gerade. Die Schnittpunkte mit der x-Achse stellen die Wasserstoffionenaktivitäten derjenigen Albuminlösungen dar, in denen der Schwefelsäuregehalt dem Ammoniakgehalt genau äquivalent ist. Sie sind um so höher, je höher die Proteinkonzentration. Die Proteinlösungen sind also in Gegenwart des neutralen Salzes um so saurer, je höher ihre Konzentration ist, was der Forderung der Theorie entspricht.

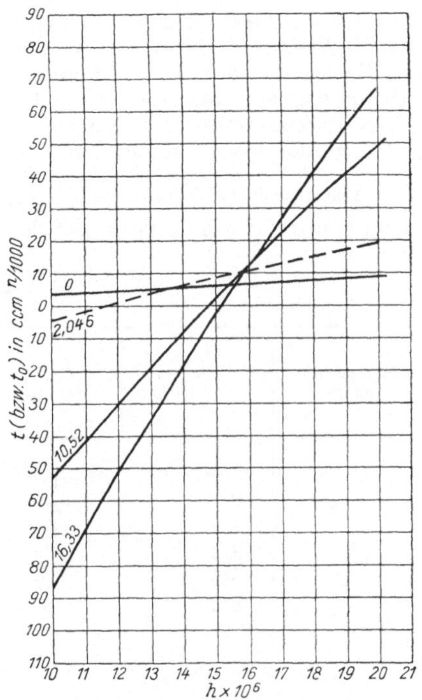

Abb. 102. Bestimmung der isoionischen Reaktion des Ovalbumins aus der H^+-Bindung nach S. P. L. Sörensen

Die isoelektrische Reaktion soll diejenige sein, bei welcher die Wasserstoffaktivität von dem Gehalt der Lösung an Protein unabhängig ist, bei welcher also die proteinhaltige und proteinfreie Lösung dieselbe H^+-Aktivität besitzen. Sie müßte daher dem Schnittpunkt der 0-Kurve mit sämtlichen übrigen Kurven entsprechen. Entgegen der Theorie des idealen Ampholyten fallen die Schnittpunkte nicht zusammen, sondern liegen bei um so niedrigerer Wasserstoffionenaktivität, je verdünnter das Albumin ist. Die isoelektrische oder richtiger die isoionische Reaktion erweist sich also abhängig von der Proteinkonzentration. Man darf jedoch nicht außer acht lassen, daß es sich hier um Mittelwerte aus Präzisionsbestimmungen und einen außerordentlich vergrößerten Maßstab handelt. Die isoionische Reaktion des Ovalbumins fand sich als Mittel von 20 Versuchen bei $C_H = 15 - 16 \cdot 10^{-6}$. Die Ammonsulfatkonzentration variierte dabei zwischen $6{,}4 \cdot 10^{-2}$ und $4{,}12 \cdot 10^0$ n.

Der von S. P. L. Sörensen ermittelte Wert der isoionischen Reaktion stimmt mit dem von Michaelis früher elektrophoretisch in Essigsäure-Azetatpuffer ermittelten gut überein.

In der neuesten Zeit wurde die isoionische Reaktion von Ovalbuminlösungen aus der Wasserstoffionisationskurve in NH_4Cl-und KCl-Lösungen, sowie von Ammoniumsulfat an Sörensens Institut von K. Linderström-Lang und E. Lund bestimmt. Der Nullpunkt der Wasserstoffbindung, d. h. die isoionische Reaktion wurde bei 1,8 . 10^{-5} gefunden. Die Abhängigkeit der H^+-Bindung vom p_H ergab sich in allen Fällen als eine lineare. Durch steigende Neutralsalzmengen werden diese Geraden um den Schnittpunkt mit der Abszisse gedreht, und zwar in der Richtung wachsender Säure- und Alkalibindung (Abb. 103, S. 448).

Die isoionische Reaktion selbst bleibt somit von der Neutralsalzmenge unabhängig. Die Verdrehung der Bindungslinien durch das Neutralsalz ließ sich als Einfluß der interionischen Kräfte auf den Dissoziationszustand erklären.

Falls die isoelektrische Reaktion in der Tat mit dem Minimum an geladenen Ampholytteilchen übereinstimmt, wie die Theorie des idealen Ampholyten verlangt, so müssen sämtliche Eigenschaften der Proteinlösung, welche nur von der Anzahl, bzw. Wertigkeit der Proteinionen abhängen, im isoelektrischen Punkt ihre Extremwerte haben. Diese Eigenschaften wären vor allem die Viskosität und die Flockbarkeit.

Ist die Beeinflussung der Eigenschaften der Lösung durch die positiven und negativen Proteinladungen quantitativ verschieden, erhöht z. B. ein positives Proteinion die Viskosität stärker als ein negatives derselben Wertigkeit, so fällt das Maximum an Neutralität mit dem Minimum der Viskosität nicht überein, sondern das letzte wird in das mehr alkalische Gebiet verschoben. Der quantitative Zusammenhang von Viskositätsminimum mit den Dissoziationskonstanten wurde, einen idealen Ampholyten vorausgesetzt, für diesen Fall von R. KUHN abgeleitet.

Die folgende Tabelle zeigt die Bestimmungen an Seralbumin in Essigsäureazetatpuffer durch PAULI mit MATULA und SAMEC.

Tabelle 142

Essigsäure-azetat	c_H	0,2% Albumin	0,5% Albumin	1% Albumin	1% Albumin 30 ccm Albumin + 10 ccm Alkohol mg Niederschlag
1/3	0,6 . 10^{-5}	±	±	±	16,1 ohne Zusatz
1/2	0,9	±	±±	±±	17,25
1/1	1,8	±±	±±±	±±±	39,22
2/1	3,6	±	±±	±±±	29,22
3/1	5,4	—	—	±	19,43
4/1	8,2	—	+	+	—

Tabelle 143

Glutin 1% Endkonzentration, n/100 Azetat

c_H Azetat-Essigsäure	Relativer Reibungskoeffizient	Alkoholfällung
0,6 . 10^{-5}	1,4954	±
0,9	1,4885	±±
1,6	1,4769	±±±
3,6	1,4977	±±
5,4	1,5509	±
7,2	1,5996	—

Das Maximum der Alkoholfällbarkeit findet sich unabhängig von der Konzentration bei $C_H = 1{,}8 \,.\, 10^{-5}$. Die auf diese Weise erhaltene isoelektrische Reaktion stimmt mit dem Wert von SÖRENSEN und MICHAELIS überein.

Die Alkoholfällbarkeit und relative innere Reibung von 1%iger Glutinlösung, ebenfalls mit Puffergemischen, wurde von PAULI und MATULA ermittelt.

Das isoelektrische Verhalten in Abwesenheit von Neutralsalzen. Gegenüber den Befunden in Puffergemischen und in Neutralsalzlösungen zeigen die experimentellen Ergebnisse in reinen Säurelösungen starke Abweichungen von der Theorie der idealen Ampholyte.

Es ist hier vor allem die Tatsache von Bedeutung, daß die Säuremenge, welche notwendig ist, die vollständig gereinigte Proteinlösung auf die isoionische Reaktion zu bringen, das Mehrfache der Menge beträgt, welche dem reinen Wasser dieselbe Reaktion erteilt (vorausgesetzt, daß die in Puffergemischen ermittelte isoionische Reaktion die richtige ist).

Besonders ausgiebig ist diese Erscheinung am Glutin. Die folgende Tabelle gibt die Werte der H^+-Aktivität und der daraus berechneten gebundenen H^+-Ionen wieder beim Zusatz steigender Salzsäuremengen (MODERN und PAULI).

Tabelle 144

Glutin + HCl, p_H

n HCl	p_H	C_H	C_H (gebunden)
0,0000	5,1033	$7{,}88 \,.\, 10^{-6}$	—
0,0001	5,0258	$9{,}42 \,.\, 10^{-6}$	$9{,}85 \,.\, 10^{-5}$
0,0003	4,9742	$1{,}06 \,.\, 10^{-5}$	$2{,}98 \,.\, 10^{-4}$
0,0005	4,8744	$1{,}34 \,.\, 10^{-5}$	$4{,}946 \,.\, 10^{-4}$
0,001	4,7074	$1{,}96 \,.\, 10^{-5}$	$9{,}89 \,.\, 10^{-4}$
0,005	3,8727	$1{,}34 \,.\, 10^{-4}$	$4{,}874 \,.\, 10^{-3}$
0,01	3,0379	$9{,}16 \,.\, 10^{-4}$	$9{,}10 \,.\, 10^{-3}$

Theoretisch müßte die isoionische Reaktion dort liegen, wo die gebundene Wasserstoffionenmenge genau so groß ist wie die ursprüngliche H^+-Aktivität

Tabelle 145. Viskosität von Glutin + Schwefelsäure (35° C)

$$\frac{t}{t_0} = \frac{\text{Durchströmungszeit der Lösung}}{\text{Durchströmungszeit von Wasser}}$$

Säurekonzentration H_2SO_4	Glutin 1,09 % $\frac{t}{t_0}$	Glutin 0,659 % $\frac{t}{t_0}$	Glutin 0,33 % $\frac{t}{t_0}$
0	1,458	1,248	1,113
$5{,}0 \,.\, 10^{-5}$	—	1,241	1,111
$1{,}0 \,.\, 10^{-4}$	1,453	1,237	1,109*
$2{,}0 \,.\, 10^{-4}$	1,445	1,233*	1,111
$2{,}5 \,.\, 10^{-4}$	1,443*	1,234	1,113
$4{,}0 \,.\, 10^{-4}$	1,448	1,241	1,118
$5{,}0 \,.\, 10^{-4}$	1,453	1,245	—

der reinen Proteinlösung. Eine der in Puffergemischen gefundenen isoionischen Reaktion gleiche Wasserstoffaktivität, etwa $1,8 \cdot 10^{-5}$ n, wird jedoch in der Tat erst durch Zusatz der rund 50fachen Säuremenge, nämlich $1 \cdot 10^{-3}$ n HCl, erreicht, wobei praktisch die ganze zugefügte Wasserstoffionenmenge gebunden wird. Qualitativ dieselben Ergebnisse wurden von PAULI und MODERN auch an Ovalbumin und Seralbumin gefunden.

Frühere Versuche von PAULI und Mitarbeitern hatten gezeigt, daß die den Extremwerten der Viskosität und Alkoholfällbarkeit im isoelektrischen Gebiet entsprechenden Säurekonzentrationen einen deutlichen Gang mit dem Proteingehalt erkennen lassen.

Tabelle 146. Alkoholfällung von Rinderalbumin + Schwefelsäure

Auf 3 ccm Albumin-Schwefelsäuremischung 0,5 ccm abs. Alkohol. Zum Vergleich relative Reibung einer 1,1%igen Albuminlösung danebengestellt

Säurekonzentration n	Albumin 1,1% $\frac{t}{t_0}$ 25° C	Albumin 1,1%	Albumin 0,55%	Albumin 0,34%	Albumin 0,26%	Albumin 0,205%	Albumin 0,17%
$5,0 \cdot 10^{-5}$	—	±	±	±	±	∓	±
$6,25 \cdot 10^{-5}$	—	±	±	±	±	±	+
$1,0 \cdot 10^{-4}$	—	±	±	±	+	+	±
$2,0 \cdot 10^{-4}$	—	+	+	+	+	±	±
$2,5 \cdot 10^{-4}$	1,047	±±	±±	±	±	±	—
$5,0 \cdot 10^{-4}$	1,043	±±	+	±	±	—	—
$1,0 \cdot 10^{-3}$	1,038	±±±	+	—	—	—	—
$1,25 \cdot 10^{-3}$	1,036	±±	±	—	—	—	—
$1,5 \cdot 10^{-3}$	1,040	±±	—	—	—	—	—
$1,67 \cdot 10^{-3}$	1,042	±	—	—	—	—	—
$2,0 \cdot 10^{-2}$	1,048	±	—	—	—	—	—
$2,5 \cdot 10^{-3}$	1,056	±	—	—	—	—	—

Die zu beiden Polen gleiche elektrophoretische Wanderung, d. h. die isoelektrische Reaktion, liegt tiefer als die isoionische, während das Extremum der Flockung und der Viskosität in der Nähe der isoionischen Reaktion zu liegen scheint.

Tabelle 147. Glutinelektrophorese

1% 35° C, 75 Volt, 1 Stunde

n HCl	Wanderung
0	anodisch
$2,5 \cdot 10^{-5}$	„
$5,0 \cdot 10^{-5}$	„
$7,5 \cdot 10^{-5}$	„
$10,0 \cdot 10^{-5}$	kathodisch

Es ist nicht leicht, eine in jeder Hinsicht befriedigende Erklärung aller dieser Abweichungen zu geben. Es scheint jedoch so viel gesichert zu sein, daß ein beträchtlicher Teil der Anionen bereits vor dem Erreichen der isoionischen Reaktion gebunden wird. Ein direkter Beweis läßt sich zwar mit genügender Gewißheit wegen der Schwierigkeiten der Chloraktivitätsermittlung mit Hilfe von Konzentrationsketten (Reaktion des Proteins mit Kalomel, PAULI mit ORYNG und MODERN) nicht erbringen, die Befunde in den Eiweiß-Neutralsalzsystemen lassen jedoch eine derartige Reaktion beinahe zwingend erwarten. Wir werden diesen Rückschluß an Hand der experimentellen Daten in dem betreffenden Abschnitt diskutieren. Hier sei nur so viel bemerkt, daß sich auf Grund dieser Tatsache auch der Umstand erklären läßt, daß die Abweichungen in Anwesenheit von Neutralsalzen nur in geringerem Maße bemerkbar werden. Während nämlich die Anionenmenge in reinen Säurelösungen mit der zugesetzten Säure proportional ansteigt und infolgedessen das Dissoziationsgleichgewicht Protein-Säure wesentlich verschoben wird, bleibt die Anionenmenge in Anwesenheit großen Neutralsalzüberschusses praktisch unabhängig von der Wasserstoffaktivität.

Tabelle 148. Glutinflockung und Viskosität
(0,5%, Niederschlag zentrifugiert)

n HCl	Relative Reibung 35° C	Toluol gesättigt	10 ccm Lösung + 3 ccm Alkohol	Niederschlagshöhe mm
0	1,285	—	—	0
$0{,}5 \cdot 10^{-3}$	1,245	±	±±	unbestimmbar klein
$1{,}0 \cdot 10^{-3}$	1,213	++	±±±	35
$1{,}25 \cdot 10^{-3}$	1,204	±	+±±	24
$1{,}5 \cdot 10^{-3}$	1,215	±	++	21
$2{,}0 \cdot 10^{-3}$	1,231	—	±±	19

Wie weiter oben gezeigt wurde, verliert jedoch die Theorie der idealen Ampholyte ohne die Voraussetzung des Ausbleibens der Reaktion mit anderen Ionen als H^+ und OH^- ihre Gültigkeit, so daß man sich im letzteren Falle vorläufig wohl mit der Beschreibung der tatsächlichen Befunde begnügen muß.

Literaturverzeichnis

Bogue, R. H.: Journ. Am. Chem. Soc. **43**, 1764 (1921). — Botazzi, F.: Accad. dei Lincei **17**, 49 (1908). — Elöd, E. und E. Pieper: Z. f. angew. Ch. **41**, 16 (1928). — Gerngross, O. und Bach St.: Bioch. Z. **143**, 533 (1923). — Hoffman, W. F. und R. A. Gortner: Coll. Symp. Mon. **2**, 209 (1924). — Kuhn, R.: Z. f. phys. Ch. **114**, 44 (1924). — Levene, P. A. und H. S. Simms: Journ. Biol. Chem. **55**, 801 (1923). — Landsteiner, C. und Wo. Pauli: 25. Congr. f. inn. Med. (1908). — Linderström-Lang, K.: C. r. Lab. Carlsberg **15** (1924). — Lloyd, D. J.: Biochem. Journ. **14**, 147, 584 (1920). — Loeb, J.: Die Eiweißkörper. Berlin (1924). — Loebel, Z. C.: J. phys. Chem. **32**, 763 (1928). — Michaelis, L.: Die Wasserstoffionenkonzentration, III. Aufl. Berlin (1923). — Bioch. Z. **19**, 181 (1909). — Bioch. Z. **47**, 251 (1912). — Derselbe und P. Rona: Bioch. Z. **28**, 193 (1910). — Derselbe und J. Airila: Bioch. Z. **118**, 144 (1921). — Miyoka, S.: Z. f. physiol. Ch. **171**, 225 (1928). — Nordbö, R.: Bioch. Z. **190**, 150 (1927). — Osaka, K.: Bioch. Z. **132**, 485 (1922). — Ostwald, Wo., A. Kuhn und E. Böhme: Koll. Beih. **20**, 412 (1925). — Pauli, Wo.: Kolloidchemie der Eiweißkörper. Dresden (1920). — Derselbe und J. Matula: Koll. Z. **12**, 222 (1913). — Reiner, L. und A. Marton: Koll. Z. **32**, 276 (1923). — Sörensen, S. P. L.: Ergebn. d. Physiol. **12**, 503 (1912). — Derselbe, K. Linderström-Lang und E. Lund: C. r. Labor Carlsberg **17** (1927). — Stüber, B. und A. Funk: Biochem. Z. **126**, 142 (1921). — Waele, De: Ann. de physiol. **3**, 94 (1927). — Weber, H. H.: Bioch. Z. **189**, 407, 430 (1928). — Wilson, J. A. und E. J. Kern: Journ. Am. Chem. Soc. **44**, 2638 (1924). — Wintgen, R. und H. Vogel: Koll. Z. **30**, 45 (1922).

49. Verbindungen der Proteine mit Ionen in niedrigen Neutralsalzkonzentrationen

Während die Säure- und Alkalibeziehungen der Proteine frühzeitig erkannt wurden und ihre Untersuchung auch in quantitativer Hinsicht ein ausführliches Material zutage gefördert hatte, herrscht auf dem Gebiete der Beziehungen der Proteine zu Neutralsalzen weit weniger Klarheit. Die Ursache liegt vor allem darin, daß bei den Reaktionen mit Säuren und Basen ein relativ größerer Anteil der Ionen verbraucht wird, so daß ihr Verschwinden mit den gröbsten Mitteln konstatiert werden kann, von den Neutralsalzen jedoch im allgemeinen in den üblichen Proteinkonzentrationen nur ein kleiner Bruchteil gebunden wird. Wenn man also die Ionenreaktionen, welche teilweise das Verhalten der Eiweißkörper in Neutralsalzlösungen bedingen, untersucht, so tut man gut, vorwiegend relativ verdünntere Elektrolytlösungen als Objekt zu wählen. Im Sinne des Massenwirkungsgesetzes wird wohl die Reaktion im Überschuß des einen Komponenten vollständiger, den prozentuell größeren Verbrauch findet man jedoch in dem relativ niedrigsten Verhältnis.

Methodisch wäre somit die Trennung des Gebietes in ein solches von höherer und eines von niedrigerer Salzkonzentration begründet, ein quantitativer Nachweis des Ionenanlagerungsgleichgewichtes nur in letzterem möglich. Die Trennung ist jedoch auch deshalb begründet, weil in hohen Salzkonzentrationen Veränderungen des Lösungsmittels sich bemerkbar machen, welche in niedrigeren mehr oder weniger zu vernachlässigen sind. Dampfdruck, Dielektrizitätskonstante und dergleichen bekommen wesentlich andere Werte und die Rolle von Ionisationsänderungen am Protein tritt in konzentrierten Salzlösungen in gewissem Maße in den Hintergrund.

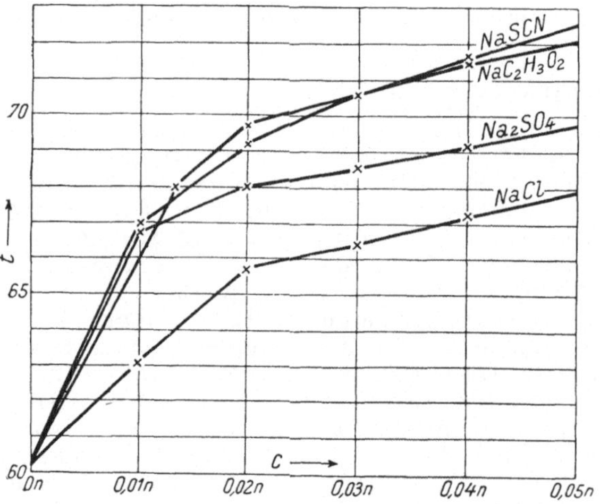

Abb. 104. Erhöhung der Gerinnungstemperatur von Serumalbumin durch Neutralsalze nach PAULI und HANDOVSKY

Wir wollen uns zunächst mit dem Verhalten der Proteine in verdünnten Salzlösungen in der Nähe ihrer isoelektrischen Reaktion beschäftigen.

PAULI und HARDY nahmen an, daß die Globuline, welche in Wasser unlöslich, in Salzlösungen jedoch löslich sind, mit dem Salz Komplexverbindungen eingehen, etwa nach der Formel

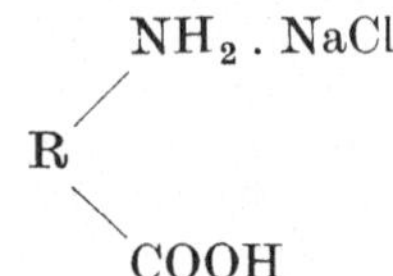

Eine Teilnahme des Salzglobulins an dem Stromtransport hat HARDY nicht konstatiert und schloß daraus, daß es überhaupt nicht oder nur wenig ionisiert.

In zirka 0,1 n NaCl-Lösung fand HARDY eine ungefähr 2%ige Erniedrigung der Leitfähigkeit durch das Globulin, ein Wert, der ihm zu niedrig schien, um ihn als Ionenbindung deuten zu können.

BUGARSZKY und LIEBERMANN konnten in NaCl-Lösungen des Albumins eine Chlorbindung potentiometrisch nicht nachweisen.

Beeinflussung der Hitzegerinnung, der inneren Reibung und der Alkoholfällbarkeit durch Neutralsalze. Um den Einfluß der Salze auf die Stabilität der Proteine zu untersuchen, bedienten sich PAULI und H. HANDOVSKY der Bestimmung der Hitzegerinnungstemperatur. Die Lösungen wurden gleichmäßig bis zu dem Punkte erwärmt, bei welchem die Trübung ein bestimmtes Maß erreicht hat. Nach vorangehenden Untersuchungen an nativem Hühnereiweiß wurde später extrem dialysiertes Rinderserum als Versuchsobjekt gewählt.

Das wichtigste Ergebnis war, daß Salze in kleineren Konzentrationen ausnahmslos hemmend auf die Hitzegerinnung wirkten, sie riefen durchwegs eine Erhöhung der Koagulationstemperatur hervor.

Tabelle 149

Salz	0,00 n	0,01 n	0,02 n	0,03 n	0,04 n	0,05 n
NaSCN	60,3	67,9—68	69,7	70,6	71,6	72,5
Na_2SO_4	60,3	66,7	68,0	68,5	69,1	69,7
NaCl	60,3	63,16	65,7	66,4	67,2	67,9
$NaC_2H_3O_2$	60,3	66,9	69,2	70,6	71,5	72,1
KSCN	64,6	68,3	—	69,5	—	70,3

An diese Veränderung schloß sich in konzentrierten Lösungen ein mehr komplizierter Gang der Gerinnungstemperatur an, den wir im nächsten Kapitel besprechen werden.

Parallel mit der Beeinflussung der Hitzegerinnung fand PAULI, daß die Neutralsalze die Viskosität des Albumins erniedrigen.

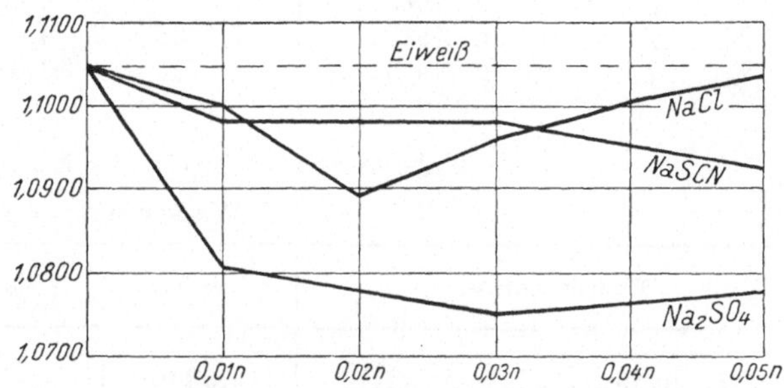

Abb. 105. Beeinflussung der inneren Reibung einer Albuminlösung durch Neutralzalze nach PAULI und HANDOVSKY

Die Minimumbildung bei NaCl ist auf den Umstand zurückzuführen, daß die Elektrolyte die Viskosität von reinem Wasser erhöhen. Durch diesen Effekt wird die Depression der Viskosität der Eiweißlösungen in dem aufsteigenden Ast überlagert. Die im Falle des Ausbleibens einer Assoziation berechneten Werte in der Mischung wurden nach der Formel von ARRHENIUS $\eta = A^x . B^y$ gewonnen. In dieser bedeuten A und B Konstanten für eine jede Komponente der Mischung und x, y deren Konzentrationen.

Dagegen erwiesen sich äquimolekulare Konzentrationen gewisser Nichtelektrolyte, wie Zucker und Antipyrin, ohne Effekt auf Gerinnungstemperatur und Viskosität (Abb. 107).

Im Gegensatze zu Albumin fanden sich bei Glutin stets Reibungserhöhungen durch Neutralsalzzusatz, die bei in hohen Konzentrationen fällenden Salzen, wie Na_2SO_4, mit steigendem Salzzusatz jedoch erheblich unter der Fällungs-

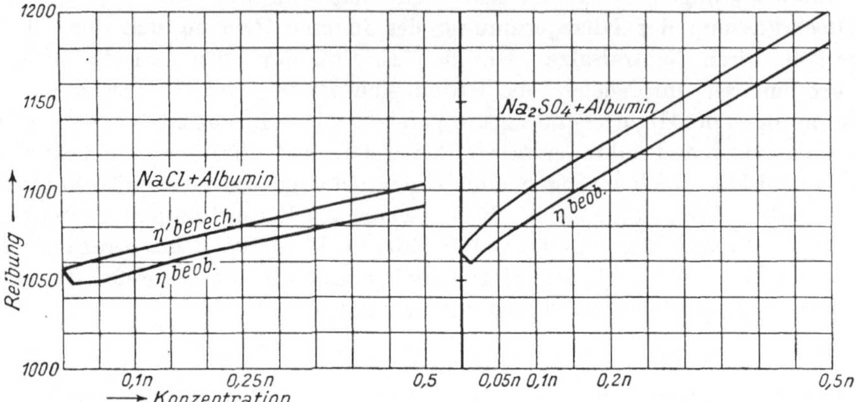

Abb. 106. Erniedrigung der inneren Reibung von Albuminlösungen durch Neutralsalze nach PAULI

grenze in eine Abnahme der Viskosität umschlagen. Die Resultate, die seinerzeit an schwer zugänglicher Stelle veröffentlicht wurden, sind in den folgenden Tabellen wiedergeben.

Tabelle 150. Glutin + Natriumchlorid

T = 35° C, Wasserwert = 536

Endkonzentration	η beob.	η NaCl	η' ber.	η — η'
1% Glutin	1,3974	—	—	—
1% „ + 0,05 n NaCl	1,4189	1,0020	1,4002	0,0187
1% „ + 0,1 n NaCl	1,4366	1,0040	1,4030	0,0336
1% „ + 0,5 n NaCl	1,5125	1,0439	1,4587	0,0538
1% „ + 1,0 n NaCl	1,5623	1,0965	1,4974	0,0649

Tabelle 151. Glutin + Natriumsulfat

T = 35° C, Wasserwert = 536 1/5 Sek.

Endkonzentration	η beob.	η Na_2SO_4	η' ber.	η — η'
1% Glutin	1,3340	—	—	—
1% „ + 0,1 n Na_2SO_4	1,3740	1,0174	1,3572	0,0168
1% „ + 0,25 n Na_2SO_4	1,4352	1,0645	1,4210	0,0142
1% „ + 0,5 n Na_2SO_4	1,5082	1,1153	1,4878	0,0204
1% „ + 1,0 n Na_2SO_4	1,6217	1,2216	1,6296	0,0079

Ähnliches ergab eine Versuchsreihe mit glutinlösenden ($MgCl_2$, $Mg[NO_3]_2$) und fällenden ($MgSO_4$) Magnesiumsalzen. Die ersteren erhöhen die Viskosität fortschreitend mit der Konzentration (bis 2 n untersucht), die letzteren erhöhen erst und zeigen dann einen Umkehrpunkt im Gange der Reibung. Beim Glutin findet sich auch in der Kombination mit Zucker und Antipyrin Reibungsvermehrung. Unzweifelhaft spielt hier zum Unterschiede vom Albumin die Strukturviskosität und ihre Änderung eine große Rolle. In der Tat nimmt auch der Effekt mit dem Abbau des Glutins zu Glutosen größenordnungsmäßig ab. Von den Schwermetallsalzen gibt allein das Silbernitrat mit Glutin einen Reibungsabfall.

Glykokoll und Alanin (0,2 n) zeigen eine geringe Reibungserhöhung mit Neutralsalz, dagegen mit Antipyrin und Rohrzucker Reibungswerte, die genau den nach der Formel von ARRHENIUS berechneten entsprechen.

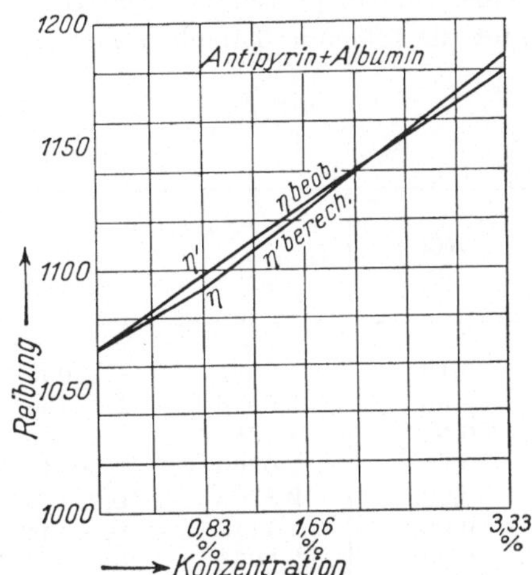

Abb. 107. Innere Reibung einer 1% Albuminlösung + Antipyrin nach PAULI

Von den Neutralsalzen verschieden ist der Einfluß stark hydrolysierender Salze. $AlCl_3$ ruft z. B. schon in kleiner Konzentration eine Erhöhung der inneren Reibung hervor. Diese Wirkung wurde bereits von PAULI auf die gesteigerte H^+-Bindung der hydrolytisch abgespaltenen Säure zurückgeführt. Ebenso wirken Na_3PO_4 und $NaHCO_3$ infolge der freigesetzten Lauge. In allen diesen Fällen ist die Erscheinung infolge der gleichzeitigen Anwesenheit des Salzes und der Hydrolyseprodukte wie $Al(OH)_3$ kompliziert. Diese Salze hemmen gleichfalls die Hitzegerinnung.

PAULI gibt ferner an, daß die Neutralsalze nicht nur die Hitzegerinnung, sondern auch die Alkoholfällung bei Zimmertemperatur hemmen. Dasselbe fand W. O. FENN, der neulich den Einfluß der Salze auf die Alkoholfällbarkeit näher untersucht hat. Er bestimmte die Alkoholzahlen, d. h. die Anzahl Kubikzentimeter 95%igen Alkohols, welche zu 5 ccm wässeriger Protein-Elektrolytlösung zugesetzt gerade einen opaken Niederschlag hervorruft.

Es zeigte sich durch Zusatz 1-1-wertiger Salze in kleiner Konzentration ausnahmslos Erhöhung der Alkoholzahlen, also Steigerung der Stabilität, ebenso wirken 2-1- und 3-1-wertige Elektrolyte. $MnSO_4$, $CuSO_4$ und $ZnSO_4$ begünstigen dagegen die Fällbarkeit in niedrigen Konzentrationen. Einen charakteristischen Teil der Ergebnisse bringt die folgende Abbildung.

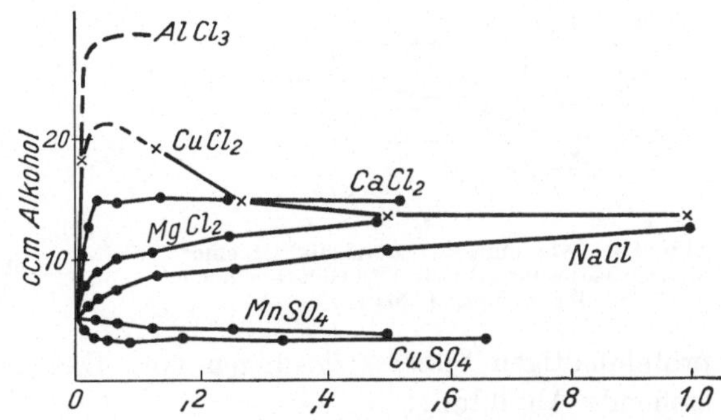

Abb. 108. Die Alkoholzahlen des Ovalbumins in Neutralsalzlösungen nach W. O. FENN

Elektrometrischer und konduktometrischer Nachweis der Ionenbindung. MANABE und MATULA haben in PAULIS Institut mit Hilfe der elektrometrischen Methode gelegentliche Beobachtungen der Chlorbindung in Alkalichloriden gemacht. Eine systematische Untersuchung nahm dann PAULI mit TH. ORYNG in Angriff. Sie verglichen, wie seinerzeit BUGARSZKY und LIEBERMANN, das Potential der Chlorelektrode in reiner und in proteinhaltiger KCl-Lösung. Ihre Befunde an dialysiertem Serum gibt die folgende Tabelle wieder.

Tabelle 152

Serum 1,14% und KCl

KCl n	Nullversuche		Serumversuche		Gebundenes Chlor n
	P_{Cl}	C_{Cl}	P_{Cl}	C_{Cl}	
0,10	1,0651	0,08609	1,0864	0,08196	$0,41 \times 10^{-2}$
0,05	1,3516	0,04450	1,3798	0,04171	$0,28 \times 10^{-2}$
0,02	1,7340	0,01845	1,7668	0,01711	$0,13 \times 10^{-2}$
0,01	2,0265	0,00941	2,0620	0,00867	$0,74 \times 10^{-3}$
0,005	2,3205	0,00478	2,3635	0,00438	$0,40 \times 10^{-3}$
0,002	2,7118	0,00194	2,7756	0,00168	$0,26 \times 10^{-3}$
0,001	3,0094	0,00098	3,0238	0,00095	$0,32 \times 10^{-4}$

Man ersieht daraus bereits eine mit steigender Konzentration des Salzes absolut ansteigende, aber prozentuell abnehmende Bindung. PAULI und ORYNG bringen an diesen Werten, unter Rücksichtnahme auf die erhöhte Löslichkeit des Kalomels in der proteinhaltigen Kalomelhalbkette infolge Bildung eines komplexen Chlorids, eine Korrektur an, indem sie zu jedem Wert der gebundenen Cl-Ionen $3,26 \times 10^{-4}$ addieren.

Reines Serumalbumin zeigt ein nur wenig schwächeres, Glutin und Desaminoglutin ungefähr dasselbe Chlorbindungsvermögen wie Serum.

1,6%iges Glykokoll wies annähernd das gleiche Verhalten auf, während Harnstoff keine Chlorbindung erkennen ließ.

Kurz darauf nahm PAULI mit J. MATULA Ag^+-Aktivitätsbestimmungen in

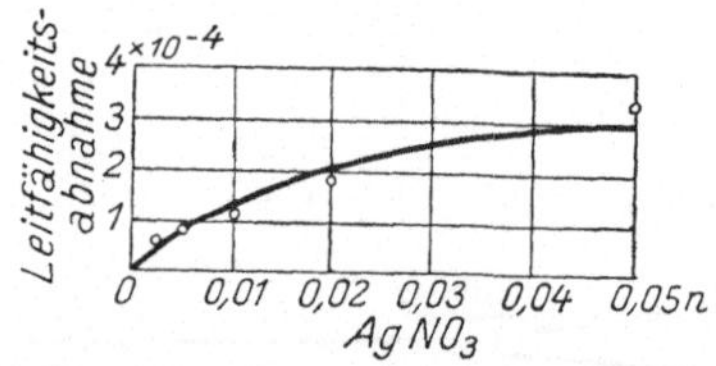

Abb. 109. Abnahme der Leitfähigkeit einer Silbernitratlösung durch 1% Gelatine nach PAULI und J. MATULA

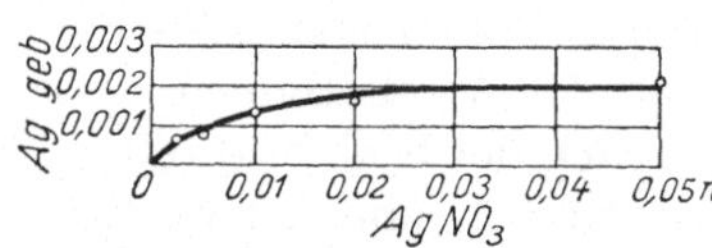

Abb. 110. Bindung der Ag-Ionen durch 1% Gelatine nach PAULI und J. MATULA

proteinhaltigen Silbersalzlösungen vor. Das Ergebnis an Glutin zeigt die vorstehende Abbildung.

Die Autoren maßen auch die Leitfähigkeitsänderung, welche die Elektrolytlösungen beim Zusatz von Glutin erfahren. Da die Leitfähigkeitsmessungen von Halogen- oder Metallionen in niedrigen Konzentrationen bedeutend genauer ausführbar sind als elektrometrische Messungen, so ist eine derartige Prüfung der angenommenen Ionenreaktion von Interesse.

Die Leitfähigkeit des Glutins wurde dabei als Korrekturglied in Abzug gebracht.

Tabelle 153

Spezifische Leitfähigkeit von 1% Glutin, ohne Zusatz: 0,0000386 r. o.

$AgNO_3$-Konzentration der Versuchslösung	Spezifische Leitfähigkeit ($\varkappa$) der puren Lösung	Spezifische Leitfähigkeit ($\varkappa_1$) bei 1% Glutingehalt	$\varkappa - \varkappa_1 + 0{,}0000386$
0,0025 n	0,0003240	0,0003029	0,0000597
0,005 n	0,0006387	0,0005961	0,0000812
0,01 n	0,001246	0,001167	0,0001176
0,02 n	0,002389	0,002246	0,000182
0,05 n	0,005863	0,005542	0,000360

Die Effekte werden bei steigender Glutinkonzentration noch deutlicher:

Tabelle 154

Glutin + 0,01 n-$AgNO_3$, Elektrometrie

Endkonzentration	P_{Ag}	C_{Ag}	Ag (gebunden)
0,01 n-$AgNO_3$	2,0315	0,009302	—
0,01 „ + 0,68% Glutin ...	2,0671	0,008569	0,000788
0,01 „ + 1,36% „ ...	2,1027	0,007894	0,001514
0,01 „ + 2,04% „ ...	2,1411	0,007226	0,002232
0,01 „ + 2,72% „ ...	2,1659	0,006824	0,002665
0,01 „ + 3,4% „ ...	2,2015	0,006288	0,003241

Tabelle 155

Glutin + 0,01 n-$AgNO_3$, Leitfähigkeit

Endkonzentration	x	x′ reine Glutinlösung	Leitfähigkeitsabnahme + x′
0,01 n-$AgNO_3$..................	0,0012451	—	—
0,01 „ + 0,68% Glutin ...	0,0012028	0,0000244	0,0000667
0,01 „ + 1,36% „ ...	0,0011569	0,0000405	0,0001287
0,01 „ + 2,04% „ ...	0,0011180	0,0000565	0,0001836
0,01 „ + 2,72% „ ...	0,0010746	0,0000699	0,0002404
0,01 „ + 3,4% „ ...	0,0010356	0,0000832	0,0002627

Die Tatsache, daß 3,4%iges Glutin trotz seiner Eigenleitfähigkeit die spezifische Leitfähigkeit einer 0,0025 n-$AgNO_3$-Lösung um 15% erniedrigt, spricht zugunsten der Annahme, daß hier eine ausgiebige Ionenreaktion eingetreten ist.

Albumin zeigte ein etwas stärkeres Bindungsvermögen als Glutin. Das unlösliche Kasein in 2%iger Suspension ergab ungefähr dieselbe Silberbindung wie Glutin. Ein Teil ging dabei in Lösung. Da das Verschwinden der Silberionen im Gleichgewichte mit größeren Kaseinmengen stärker wurde, folgern PAULI und MATULA, daß Kasein auch als Bodenkörper an der Ag-Bindung hervorragend beteiligt ist. Die Autoren wiesen ferner nach, daß die Silbersalzglutinverbindung vollständig reversibel ist.

Aus den Untersuchungen an KCl berechnet sich für die Bindung von KCl eine maximale Aufnahme von rund $2{,}2 \cdot 10^{-4}$ Grammäquivalenten Chlor auf ein Gramm Glutin. Praktisch den gleichen Wert erreicht die maximale Bindung von Silber. PAULI zieht daraus den Schluß, daß die Bindung der Kationen und Anionen sowohl aus Alkalichloriden wie aus $AgNO_3$ in äquivalente Mengen erfolgt. Ist das der Fall, so ruft die Ionenaufnahme keine Veränderung des Ladungsverhältnisses des Eiweißes hervor. Elektrophoretische Versuche von PAULI und MATULA bestätigen, daß die Wanderung des Albumins und Glutins in der verwendeten Silbersalzlösung trotz ausgiebiger Silberaufnahme ebenso anodisch erfolgt wie die der reinen Proteine.

Eine besonders eingehende Untersuchung hat PAULI mit M. SCHÖN der Reaktion von $ZnCl_2$-Lösungen mit reinsten Eiweißkörpern gewidmet. Sowohl die H^+- wie die Chlorionenaktivität, ferner die Leitfähigkeit der Mischungen wurden mit denjenigen der reinen Salzlösungen verglichen. Die H-Aktivität blieb in den untersuchten Kombinationen unter $1 \cdot 10^{-5}$ n und, da die reinen Salzlösungen auch keine größere H^+-Aktivität zeigten, wurde die Rolle der Hydrolyse vernachlässigt. Die Ergebnisse waren:

Ov- und Seralbumin sowie Glutin vermindern sowohl die Leitfähigkeit als auch die Chloraktivität von $ZnCl_2$-Lösungen. Die Erniedrigung ist prozentuell in der niedrigsten Konzentration am größten, absolut strebt sie mit steigendem $ZnCl_2$-Gehalt einem Grenzwert zu. Man findet hier die Tatsache, daß die Leitfähigkeitsveränderung kleiner ist, als man aus der Abnahme der Chloraktivität unter Annahme äquivalenter Bindung von Zn berechnet. Man könnte diesen Befund damit erklären, daß eine überschüssige Zn-Bindung stattfindet. Dann müßten positive, komplexe Metall-Proteinionen im Überschuß entstehen. Für diese Annahme spricht der Wanderungssinn. Neben der anodischen Wanderung findet man nämlich in mehr oder weniger ausgeprägtem Maße auch eine kathodische Elektrophorese in diesen Kombinationen.

Löslichkeitsbeeinflussung durch Neutralsalze. Weiteres Material zur Frage der Eiweißsalzbeziehungen konnte von PAULI und SAMEC durch das Studium der Löslichkeitsbeeinflussung der schwerlöslichen Salze durch Proteine beigebracht werden. Es wurde durchwegs analytisch eine Erhöhung der Löslichkeit konstatiert und durch Annahme einer Bindung des Salzes an das Protein gedeutet.

In der neuesten Zeit wurden die Untersuchungen von PAULI und TH. STENZINGER sorgfältig wiederholt und erweitert.

Die Methodik war folgende: Die durch Elektrodialyse hochgereinigten Proteinlösungen wurden mit den schwerlöslichen Salzen $CaSO_4$ und $CaCO_3$ als Bodenkörper bis zur Einstellung des Gleichgewichtes geschüttelt. Darauf wurde die Lösung filtriert und im Filtrat nach Veraschung sowohl der Ca- als auch der SO_4-Gehalt quantitativ bestimmt. Gleichzeitig nahmen die Autoren einen Vergleich der Leitfähigkeit des in Proteinlösung gesättigten Salzes mit derjenigen der in reinem Wasser gesättigten Lösung vor. Alle Manipulationen wurden bei sorgfältigem Einhalten von Temperaturkonstanz (25^0 C $\pm$ $0{,}01^0$) vorgenommen.

Die Ergebnisse mit $CaSO_4$ bringt die folgende Tabelle:

Tabelle 156

Änderung der Löslichkeit (G/100 g) und Leitfähigkeit (k . 10^{-6}) durch $CaSO_4$, 25°

	Wasser	0,5% Seralb.	Unterschied Δ %	0,5% Pseudoglob.	Δ %	0,5% Hämogl.	Δ %
Löslichkeit	0,2094	0,2119	+ 1,2	0,2180	+ 4,1	0,2196	+ 4,8
Leitfähigkeit . 10^{-6}	2222	2151	— 3,2	2172	— 2,3	2166	— 2,5

Es fand also durchwegs eine deutliche Erhöhung der Löslichkeit statt, und zwar für beide Ionen in gleichem Maße. Damit ist die Tatsache in Übereinstimmung, daß die Wanderung der Proteine im elektrischen Strom dieselbe war wie in reinem Wasser.

Eigentümlicherweise war die Reaktion mit einer Erniedrigung der Leitfähigkeit gegenüber der des Salzes in Wasser verbunden. Diese Seite der Erscheinung läßt sich aus der Bindung der beiden Salzionen durch das Protein nicht erklären, da in diesem Falle infolge der Anwesenheit von Bodenkörper in der gesättigten Lösung mindestens die ursprüngliche Leitfähigkeit zu erwarten wäre.

Die nächste Tabelle stellt die Daten mit $CaCO_3$ dar:

Tabelle 157

Änderung der Löslichkeit (G/100 g) und Leitfähigkeit (k . 10^{-6}) durch $CaCO_3$

	Wasser	0,5% Seralb.	Δ %	0,5% Pseudoglob.	Δ %	0,5% Hämogl.	Δ %
Löslichkeit	0,0011	0,0138	+ 1150	0,0074	+ 570	0,0067	+ 510
Leitfähigkeit . 10^{-6}	25,6	175	+ 585	104,1	+ 307	1371	+ 436

Beim Kalziumkarbonat findet sich, gemessen am Ca-Gehalt, eine weit ausgiebigere Löslichkeitserhöhung, welche jedoch im Gegensatze zu $CaSO_4$ mit einer Erhöhung der Leitfähigkeit verknüpft ist. PAULI und STENZINGER weisen nach, daß die Hydrolyse des Salzes für dieses Verhalten verantwortlich ist. Durch Reaktion des Proteins mit $Ca(OH)_2$ findet die Bildung von Kalziumproteinat statt, welche sich auch in der gesteigerten negativen Wanderung des Proteins im Strome kundgibt.

Bei der Messung der Chloraktivitäten in Proteinlösungen niedriger Chloridkonzentrationen mit Hilfe von Kalomelelektroden fanden PAULI und ORYNG eine Löslichkeitserhöhung des Kalomels, welche später auch von PAULI und

F. MODERN untersucht wurde. Während das destillierte Wasser gegenüber 1 n KCl eine elektromotorische Kraft der Hg_2Cl_2/Hg-Elektrode 0,231 Volt gibt, entsprechend der $a_{Cl} = 7{,}4 \cdot 10^{-5}$n im Wasser, liefert dieselbe Kette mit reinem Serum an Stelle von destilliertem Wasser ein EMK = 0,18 Volt, entsprechend einer $a_{Cl} = 4{,}3 \cdot 10^{-4}$n im Serum. Die Autoren nehmen daher an, daß die Hg^+-Ionen durch Eiweiß gebunden werden, wodurch ein komplexes Metall-Proteinkation mit Chlorion als Gegenion entsteht. Durch steigenden Zusatz von H^+-Ionen (H_2SO_4) kann das Hg vom Protein abgedrängt und eine dem Hg_2Cl_2 in Wasser entsprechende Cl-Aktivität in der Serumeiweißlösung mit der Kalomelelektrode bestimmt werden. Weitere Messungen an elektrodialysiertem Eieralbumin, Seralbumin und Glutin haben zu demselben Resultat geführt. Zusatz von H_2SO_4 erhöht die Chloraktivität der Proteinlösungen, wie PAULI annimmt, infolge der Verdrängung der Merkuroionen durch H^+-Ionen.

Nachweis der Ionenbindung auf Grund der Donnan-Verteilung. J. H. NORTHROP und M. KUNITZ bestimmen die Ionenverteilung und das Membranpotential beim Gleichgewichte des im Kollodiumsack eingeschlossenen Proteins mit einer Salzlösung, um daraus die Bindung der einzelnen Ionenarten zu entnehmen.

Die Messung des Membranpotentials nach dem Verfahren von LOEB (das Potential zweier gesättigter KCl-Elektroden, gegeneinandergeschaltet und in die Innen- und Außenlösung eintauchend) liefert unmittelbar das Verhältnis der Aktivitäten jeder Ionenart zu beiden Seiten (außen a_a, innen a_i) der Membran:

$$\pi = \frac{R\,T}{n\,F} \log \frac{a_a}{a_i}$$

Bezeichnet man das Verhältnis der Ionenaktivitäten (welches man für den Fall, daß die Konzentrationen von derselben Größenordnung sind, dem Verhältnis der analytischen Konzentration gleichsetzen kann) mit z, wobei

$$\log z = \pi \frac{n\,F}{R\,T}$$

und die Konzentration des gebundenen Ions mit C_{geb}, so ergibt sich aus den analytisch bestimmbaren Konzentrationen desselben Ions zu beiden Seiten der Membran (C_i und C_a) die Beziehung

$$C_{geb} = C_i - \frac{C_a}{z}$$

Die Menge der gebundenen Ionen ist nämlich identisch mit der Differenz der analytischen Konzentration und der freien Ionen innerhalb der Membran (wieder Gleichheit des Aktivitätskoeffizienten zu beiden Seiten vorausgesetzt).

Die Methode kann nicht nur eine weitere Bestätigung für die mittels Aktivitätsbestimmungen einer Ionenart innerhalb der Proteinlösung festgestellte Bindung liefern, sondern sie ist auch in solchen Fällen anwendbar, wo die Aktivitätsbestimmung der einzelnen Ionen auf Schwierigkeiten stößt. Bei hohen Salzmengen leidet die Genauigkeit der Methode infolge der geringen Größe des Membranpotentials.

Es ist wohl zu beachten, daß dieses Verfahren nicht die Menge des „überschüssig“ gebundenen Ions anzeigt und daher auch bei gleicher Bindung beider Ionen brauchbar ist. In diesem Falle wird das Membranpotential Null. Nach der obigen Gleichung ergibt hier die Differenz in der Konzentration des Salzes inner- und außerhalb der Membran die Konzentration des gebundenen Salzes. Wir haben es dann mit einem Diffusionsgleichgewicht zu tun, bei dem elektrische Kräfte keine Rolle spielen, sondern die eine Molekülart, das Salzprotein, wird in der Zelle zurückgehalten, während die freien Ionen sich gleichmäßig verteilen.

Die folgende Tabelle gibt die Versuchsresultate der amerikanischen Autoren an Gelatine-$CuCl_2$ wieder. Die Salzsäure- und Kupferchloridkonzentration werden dabei variiert. Es ist vor allem das Ergebnis von Wichtigkeit, daß im isoelektrischen Punkt (erste Reihe) eine nicht unbeträchtliche Bindung von Cu^{++} stattfindet. Von 1 g Gelatine werden $7-8 \cdot 10^{-4}$ Mol Cupriion aufgenommen. Durch diese Feststellung erscheint LOEBs allgemein aufgestellte und von PAULI bekämpfte Behauptung, daß in I keine Ionenbindung statt hat, durch seine eigenen Schüler widerlegt. Da von 1 g Gelatine maximal $9 \cdot 10^{-4}$ Mol H^+ gebunden wird, so bedeutet dies so viel, daß diejenigen Gruppen, welche H^+ aufnehmen können, auch durch Cupriionen besetzt werden können, jedoch erst in Anwesenheit einer viel höheren Konzentration des Kupfersalzes als der Säure.

Tabelle 158. Kombination von H^+ und Cu^{++} mit Gelatine nach NORTHROP und KUNITZ

p_H	p. D.	Endkonzentration von Cu^{++} Millimol in 1000 g H_2O		Millimol, verbunden pro Gramm Gelatine		
		Innenseite	Außenseite	Cu^{++}	H^+	$Cu^+ + H^+$
4,7	0,70	104,6	96,6	0,70		0,70
		105,5	96,4	0,80		0,80
4,0	0,73	97,3	92,8	0,53		
3,0	0,53	95,0	96,0	0,16	0,71	0,87
		94,3	96,3	0,11	0,71	0,82
2,5	0,68	96,4	98,3	0,17	0,72	0,89
		96,8	98,1	0,20	0,69	0,89
2,0	0,60	95,5	97,8	0,12	0,85	0,97
		94,6	96,9	0,12	0,85	0,97
		4,5% Gelatine				
2,0	8,3	7,1	12,5	0,01	0,94	0,95
2,0	6,6	16,3	23,8	0,04	0,92	0,96
		16,0	23,5	0,04	0,96	1,00
2,0	3,3	47,6	53,0	0,14	0,79	0,93
		47,3	53,4	0,13	0,79	0,92
2,0	1,9	97,0	101,0	0,21	0,59	0,80
		100,0	100,0	0,29	0,59	0,88

Bei höherer Säurekonzentration nimmt die Kupferbindung ab. Diese Beobachtung ist völlig analog dem Verhalten von Mercuro-Ionen bei Säurezusatz zum Eiweiß in einer Kalomelelektrode, wie es PAULI und ORYNG quantitativ verfolgt hatten. Gleichzeitig findet jedoch eine H^+-Bindung statt, welche ebenfalls berechnet wurde. Wir sehen, daß die Summe der gebundenen Ionen konstant bleibt. Aber auch bei niedrigerem p_H verschwindet die Bindung von Cu^{++} nicht vollständig. Das wird naturgemäß deutlicher in höherer Gelatinekonzentration. Die zweite Hälfte der Tabelle enthält die Daten an 4,5% Gelatine bei dem konstanten $p_H = 2$. Mit wachsender Konzentration des Kupfersalzes werden danach die Wasserstoffionen des Proteinions von den Cu^{++}-Ionen teilweise verdrängt.

Die gebundene Kupfermenge erreicht übrigens nicht einmal 1% der Gesamtmenge desselben in der Innenlösung.

Weiter wurde festgestellt, daß von La^{+++} und Al^{+++} maximal 0,5 Millimole pro Gramm Gelatine aufgenommen werden. Cu^{++}-Aufnahme konnte auf der sauren Seite nicht festgestellt werden, dagegen starke Bindung an der alkalischen (als inaktiviertes Gegenion), bei den Alkalimetallen, sowie NO_3 und SO_4 wurde keine Anlagerung gefunden. Das Vorzeichen des Membranpotentials zeigte in den Chloriden der zwei- und dreiwertigen Metalle positive Ladung, in KCl jedoch negative Ladung des Proteins an.

Nachweis der Ionenbindung mittels Ultrafiltration. Einen weiteren Weg zur Untersuchung der Frage bietet schließlich die Ultrafiltration, wie sie neuestens von H. Bechhold und Mitarbeitern angewendet wurde. Seine „Auswaschmethode" besteht darin, daß man den Rückstand der Ultrafiltration einer Eiweiß-Salzmischung solange am Filter wäscht, bis die Salzionen im Filtrat nicht mehr nachweisbar sind, und darauf in dem Rückstand analytisch die Salzionen bestimmt. Naturgemäß kann dieses Verfahren nur die Bindung solcher Ionen anzeigen, bei denen das Gleichgewicht extrem zugunsten der Aufnahme durch Eiweiß verschoben ist, welche somit in gewissem Sinne „irreversibel" gebunden sind und infolgedessen im Wasser nicht in merklicher Menge abdissoziiert werden. Erdalkalichloride, Nickel- und Kobaltchloride liefern keine derartigen Produkte, dagegen ließen sich Silbernitrat, Zinkchlorid, Aluminiumchlorid und Chromchlorid nicht vollständig auswaschen. Die Metallionen blieben in dem folgenden Verhältnis zurück:

1	Grammäquivalent	Ag	5200 g	Albumin
1	„	Zink:	5100 g	„
1	„	Al:	5200 g	„
1	„	Chrom:	5100 g	„

Mehr leistet Bechholds Methode der „Differentialultrafiltration". Dabei wird ein so kleiner Bruchteil einer Protein-Salz-Lösung durch ein Ultrafilter abgepreßt, daß das Gleichgewicht nicht gestört wird. Das Filtrat wird mit der Flüssigkeit auf dem Filter verglichen. Wenn Ionen des Salzes von dem Protein gebunden sind, gehen sie in kleinerer Konzentration durchs Filter, als ihrem analytischen Gehalt in der Mischung entspricht.

Die Abb. 111 stellt die Ergebnisse an Ovalbumin dar.

Die maximale Bindung pro 1 g Eieralbumin beträgt $4{,}5 \cdot 10^{-4}$ Grammäquivalente Ag. Pauli und Matula fanden elektrometrisch an Seralbumin den Wert von etwa 5×10^{-4}. Beim Goldchlorid und $FeCl_3$ kompliziert die Hydrolyse den tatsächlichen Verlauf der Reaktion.

Allgemeine Folgerungen. In allen diesen Untersuchungen wurde die Behauptung Paulis, daß die Proteine sich mit beiden Ionen eines Neutralsalzes verbinden können, glänzend bestätigt.

J. Loeb glaubte, durch eine Versuchsreihe das Gegenteil nachgewiesen zu haben. Er versetzte Gelatinesuspensionen bei verschiedenem pH mit $AgNO_3$-Lösungen, wusch nachher die Gelatinekörner sechsmal mit Wasser aus und stellte auf Grund der Schwärzung im Licht fest, daß nur in solchen Lösungen, deren pH größer war als 4,7 (isoelektrische Reaktion) Ag zurückgehalten wurde. Analog fand er (mit Hilfe der Berlinerblaureaktion), daß Ferrozyanionen nur in Lösungen, deren pH kleiner als 4,7 war, von der Gelatine festgehalten werden. Er schloß daraus, daß die Proteine sich nur auf der sauren Seite des isoelektrischen Punktes mit Anionen und nur auf der alkalischen Seite mit Kationen sich verbinden. Der Schluß ist nicht richtig.

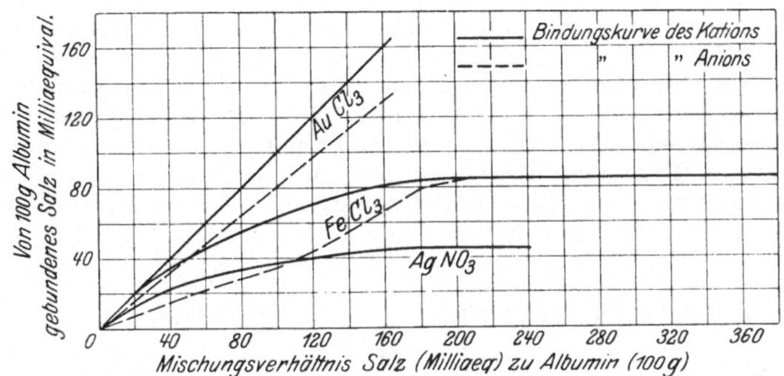

Abb. 111. Ionenbindung durch Albumin in Neutralsalzlösung nach H. Bechhold

Loeb hat nur erwiesen, daß die Bindung unter diesen Umständen irreversibel wird. Zum Verständnis dieser Irreversibilität ist zu beachten, daß die Proteine eben nur beiderseits von I streng einsinnig und mit höherer Wertigkeit geladen sind.

Vielfach wird behauptet, aus der Theorie des isoelektrischen Reaktionspunktes folge, daß die Proteine sich nur auf der alkalischen Seite des isoelektrischen Punktes mit Kationen und nur auf der sauren Seite mit Anionen verbinden können. Der Tatbestand ist jedoch, daß ein derartiges Verhalten lediglich die Voraussetzung für die Gültigkeit der Theorie des isoelektrischen Punktes eines idealen Ampholyten, nicht aber deren Ergebnis bildet.

Durch die in diesem Abschnitt referierten Untersuchungen von Pauli, wie auch durch die späteren von Northrop und Kunitz und von Bechhold ist der Beweis erbracht, daß jene Voraussetzung bei den Proteinionen nicht erfüllt ist. Daraus folgt, daß die Theorie der isoelektrischen Reaktion eines idealen Ampholyten auf den Fall der Proteine ohne Modifikation nicht anwendbar ist. Damit sind die von Pauli tatsächlich beobachteten Abweichungen von der Theorie in gewisser Hinsicht aufgeklärt. So fand er, daß man, um einer Proteinlösung die isoelektrische Reaktion zu erteilen, viel mehr HCl zusetzen muß, als notwendig wäre, um reines Wasser auf dasselbe p_H zu bringen. Nun wissen wir, daß auch aus verdünnter KCl-Lösung ein beträchtlicher Teil der Chlorionen in der reinen Eiweißlösung, welche weniger sauer ist als der isoelektrischen Reaktion entspricht, durch das Protein gebunden wird. In der stärker sauren Lösung mit HCl wird ein noch größerer Bruchteil der Chlorionen gebunden. Die H^+-Ionenaufnahme wird dadurch teilweise kompensiert und erst eine mehrfach größere H^+-Bindung, als der ursprünglichen Reaktion der Proteinlösung entspricht, wird ausreichen, um den Eiweißteilchen einen Überschuß an positiver Ladung zu erteilen.

Über die Natur der Neutralsalzbindung an Eiweißkörper wurden verschiedene Annahmen gemacht. Mit Pauli kann man sich das folgende Bild davon machen, das auch dem elektrochemischen Verhalten der Salzeiweißmischungen sowie den begleitenden Zustandsänderungen der Eiweißkörper (Hemmung der Hitze und Alkoholfällbarkeit) Rechnung trägt:

„Beim Versuch einer konstitutiven Auffassung der Salzeiweißverbindungen wird man die Neutralsalzverbindungen der Aminosäuren und Polypeptide heranziehen müssen, deren Reindarstellung und Analyse wir einer Reihe grundlegender Untersuchungen P. PFEIFFERS und seiner Mitarbeiter verdanken. In biochemischen Arbeiten findet sich immer wieder die Auffassung vertreten, daß die an einfachen Aminosäuren auffindbaren Beziehungen sich bei den Eiweißkörpern schon wegen der niedrigen molekularen Konzentration in weit geringerem Ausmaß wiederfinden dürften. Ganz das Gegenteil ist richtig. Die Proteine, die hochwertige, z. B. 30- bis 40wertige Ampholyte darstellen, treten mit unverhältnismäßig stärkeren, interionischen elektrostatischen Kräften auf als äquivalente, einfache Aminosäuren.

Man wird mit PFEIFFER unter den drei Möglichkeiten für die Neutralsalz-Aminosäureverbindungen, nämlich eines Metallammoniaksalzes (I), eines Amphisalzes (II) oder einer metallsalzartigen Verbindung an Karbonyl (III)

$$\text{I} \quad X_n\,\text{Me}\,(\ldots NH_2RCOOH)_m, \qquad \text{II} \quad XH_3NRCOOMe,$$

$$\text{III} \quad X_n\,\text{Me}\,(\ldots O{=}\underset{\displaystyle\overset{|}{OH}}{C}RNH_2)_m,$$

(Me = n-wertiges Metallion, X = Anion, später Gl = Glykokoll als Typus einfacher Aminosäuren.)

zunächst die Form I ausschließen, weil die Betaine mit ihrem koordinativ gesättigten Stickstoff analoge Metallsalzverbindungen geben wie die Aminosäuren. Der Amphisalzform II, die man heute auch als Zwitterionenverbindung (mit Hauptvalenzen) betrachten kann, lassen sich vor allem die dargestellten Verbindungen MeX_2. Gl entgegenhalten, in denen einer Karboxylgruppe ein zweiwertiges Erdalkalimetall gegenübersteht, während wir abweichend von P. PFEIFFER in dem Bestehen von Verbindungen wie MeX_2 3 Gl und MeX_2 4 Gl kein Hindernis[1] für die Amphisalzform erblicken möchten. Die Form III, eine Molekülverbindung mit nebenvalenzartiger Bindung des Metalles am Karbonylsauerstoff, die am besten die ganze Verbindungsklasse umschließen würde, läßt noch drei Möglichkeiten zu. Je nach der Angliederung könnte das Salzanion X an Me (III a Anlagerung), an NH_3 (III b amphisalzartig) oder in zweiter Sphäre ionogen angeschlossen sein, wobei das Metall mit der Aminosäure ein komplexes Ion (III c Einlagerung) bilden würde.

Unter allen diesen Möglichkeiten ist beim Eiweiß die Entscheidung zum Teil schwieriger, zum Teil schärfer zu treffen als bei den Aminosäuren. So gilt PFEIFFERS Argumentation im Falle II beim Eiweiß nicht, weil hier theoretisch immer auch die nötigen Hauptvalenzen zur Absättigung der Metall- oder Anionen verfügbar werden können. Denn das Protein kann ohne weiteres als polyvalentes Zwitterion reagierend gedacht werden; dann wird eine Inaktivierung äquivalenter Mengen von gleichwertigem Kation und Anion bei kaum geänderter freier Überschußladung des Eiweißes möglich sein, was sich mit der Beobachtung deckt. Dagegen stehen die metallammoniakartige Form (I), sowie die Anlagerungs- und Einlagerungsform (III a und III c) mit den Versuchen am Eiweiß im Widerspruch, da sie auch bei gleichwertigen Salzionen einer Positivierung des Proteins entsprechen würden. Die Amphisalzform II läßt sich hingegen auch mit den bei Verwendung ungleichwertiger Salzionen beobachtbaren Umladungen von Eiweiß vereinen und auf eine asymmetrische Inaktivierung seitens der polyvalenten Zwitterionen zurückführen.

Die Berechnungen aus der Leitfähigkeitsänderung zeigen, daß der elektrostatischen Inaktivierung eine Erhöhung der Löslichkeit entspricht, indem offenbar ein Teil der

[1] Bei dem stark ausgeprägten Dipolcharakter der Aminosäuren und den hohen Konzentrationen, aus denen PFEIFFERS Verbindungen auskristallisieren, kann die Annahme von Molekülassoziationen: 2 Gl, 3 Gl, 4 Gl keinen Ausschließungsgrund bilden.

mit dem Eiweiß in Wechselwirkung getretenen, fest assoziierten Salzionen der Beteiligung am Gleichgewicht $[Ca^{++}] . [SO_4^{--}]$ = konst. entzogen wird. Daß der polyvalente Zwitterionencharakter der Proteine, der durch die große Zahl von einem Molekül Protein inaktivierter, positiver und negativer Ladungen nahegelegt wird, bei der Inaktivierung und Assoziation der Salzionen auch für die Löslichkeitserhöhung sehr wesentlich ist, geht aus den direkten Versuchen von PAULI und M. SAMEC an Fibrinpeptonen und insbesondere reinen Glutinpeptiden hervor. In diesen war die bei negativen Eiweißkörpern der gleichen Gewichtskonzentration bestehende Löslichkeitssteigerung schwerlöslicher Ca-Salze stark herabgesetzt oder nicht mehr nachweisbar."

Literaturverzeichnis

AUDUBERT, R.: C. r. **176**, 838 (1923). — BECHHOLD, H.: Bioch. Z. **199**, 451 (1928). — DERSELBE und H. SCHORN, Bioch. Z. **199**, 458 (1928). — DERSELBE, E. HEYMANN und F. OPPENHEIMER: Bioch. Z. **199**, 468 (1928). — BUGARSZKY, ST., und L. LIEBERMANN: Arch. f. ges. Physiol. **62**, 51 (1898). — FENN, W. O.: Journ. Biol. Chem. **33**, 279, 439 (1918). — HARDY, W. B.: Journ. of Physiol. **33**, 251 (1905). — LOEB, J.: Die Eiweißkörper. Berlin (1924). — MANABE, K., und J. MATULA: Bioch. Z. **52**, 369 (1913). — NORTHROP, H. J., und M. KUNITZ: Journ. gen. Physiol. **7**, 25 (1924). — PAULI, WO.: Kolloidchemie der Eiweißkörper. Dresden (1920). — Zentralbl. f. Balneologie **3**, 13 (1916). — DERSELBE und T. ORYNG: Bioch. Z. **70**, 368 (1915). — DERSELBE und J. MATULA: Bioch. Z. **80**, 187 (1917). — DERSELBE und M. SCHÖN: Bioch. Z. **153**, 253 (1924). — DERSELBE und F. MODERN: Bioch. Z. **156**, 482 (1925). — DERSELBE und M. SAMEC: Bioch. Z. **17**, 235 (1909). — DERSELBE und TH. STENZINGER: Bioch. Z. **205**, 71 (1929). — PFEIFFER, P.: Organische Molekülverbindungen. Stuttgart, 2. Aufl. (1923). — DERSELBE und J. v. MODELSKI: Z. f. physiol. Ch. **81**, 328 (1911).

50. Die Eiweißkörper in konzentrierten Neutralsalzlösungen

Die Wirkung der Neutralsalze auf die Proteine in der Konzentration etwa über 0,1 n soll hier getrennt behandelt werden. Nicht nur deshalb, weil in diesem Gebiet die elektrochemische Verfolgung der Ionenverbindung im allgemeinen infolge des relativ kleinen Bruchteiles der durch die Reaktion aufgebrauchten Ionenmenge gegenüber ihrer Gesamtkonzentration behindert ist, sondern auch, weil in diesem Bereich die Rolle der elektrischen Ladung der Proteine gegenüber anderen spezifischen Einflüssen zurücktritt.

In diesem Gebiet kommt die Sonderstellung der nicht elektrokratischen Kolloide zum Ausdruck, da die elektrokratischen in solchen Elektrolytkonzentrationen bereits entladen und ausgeflockt werden. Auch die nicht elektrokratischen Sole werden, soweit sie eine Gesamtladung besitzen, nur einen mehr oder weniger verschwindenden Bruchteil derselben als freie Ladung behalten.

Theoretische Erwartungen. Voraussagen der Ionenwirkungen sind hier noch weniger möglich, als in dem Gebiete der kleinen Elektrolytkonzentrationen. Im allgemeinen können wir eine Löslichkeitserniedrigung, einen Aussalzeffekt erwarten. Die gelösten neutralen Moleküle (ob molekulardisperser oder kolloider Natur ist für diese Erscheinung wohl gleichgültig) werden, soweit sie die Dielektrizitätskonstante des Lösungsmittels erniedrigen, aus dem elektrischen Feld der Ionen verdrängt (DEBYE). Die Salzionen nehmen das Lösungsmittel sozusagen für sich selbst in Anspruch. Das ist ein sehr häufiger, aber nicht der ausschließliche Fall einer solchen Wechselwirkung (vgl. auch E. A. HAFNER).

Man hat versucht, diesem Umstand dadurch Rechnung zu tragen, daß man die Dampfdruckerniedrigung des Lösungsmittels durch den Elektrolytgehalt berücksichtigte. Bekanntlich ist die molare Dampfdruckdepression in hohen Ionenkonzentrationen abnorm hoch, was man früher der Hydratation zuschrieb. Heute wissen wir, daß diese Hydratation in einer elektrostatischen Wechselwirkung der Ionen mit dem Lösungsmittel begründet ist. Diese Wechselwirkung ist viel komplizierterer Natur, als daß man sie durch eine einzige Größe, nämlich den Dampfdruck erschöpfend kennzeichnen könnte.

Im allgemeinen wäre zu erwarten, daß Ionen mit hoher Ladungsdichte, d. h. kleine und hochwertige Ionen, eine größere Löslichkeitserniedrigung hervorrufen. Man könnte annehmen, daß dabei die Ionengröße in Kristallen ausschlaggebend wäre und nicht die elektrolytische Reibungsgröße, welche bereits durch die Hydratation beeinflußt ist.

Diese Erwartung findet jedoch bereits im Bereiche der Löslichkeitserniedrigung molekular gelöster Substanzen keine Bestätigung.

Die Löslichkeitserniedrigung der Kationen, z. B. in bezug auf Phenylthiokarbamid ergibt nach V. ROTHMUND die folgende Reihe:

$$\mathrm{Cs} < \mathrm{Rb} < \mathrm{Li} < \mathrm{K} < \mathrm{Na},$$

in bezug auf Stickoxydul die Ordnung:

$$\mathrm{Cs} < \mathrm{Li} < \mathrm{Rb} < \mathrm{K} < \mathrm{Na}.$$

Die Reihe der Anionen in bezug der Löslichkeitserniedrigung lautet:

$$\mathrm{J} < \mathrm{Br} < \mathrm{NO_3} < \mathrm{Cl} < \mathrm{SO_4}.$$

Die Abnormität der Gefrierpunktdepression liefert die Reihe:

$$\mathrm{Cs} < \mathrm{Rb} < \mathrm{K} < \mathrm{Na} < \mathrm{Li}$$

und

$$\mathrm{NO_3} < \mathrm{Cl} < \mathrm{Br} < \mathrm{J}.$$

Genau wiederkehrende Gesetzmäßigkeiten wird man im Bereich der kolloiden Lösungen, in welchen auch eine direkte Anlagerungsreaktion mit der Oberfläche mitspielen kann, noch weniger erwarten dürfen. Wo Reste der freien Ladung wirksam sind, können auch Gegenioneffekte den Erscheinungskomplex beeinflussen.

Bevor wir zur Besprechung der Befunde an Proteinen übergehen, sei noch bemerkt, daß sich auch in bezug auf die Beeinflussung der Oberflächenspannung eine Reihe angeben läßt. Sie lautet nach HEYDWEILLER:

$$\mathrm{Li} > \mathrm{Na} > \mathrm{K} > \mathrm{Rb} > \mathrm{Cs},$$

das ist genau die Reihenfolge der Ionengröße in Kristallen und

$$\mathrm{F} > \mathrm{SO_4} > \mathrm{Cl} > \mathrm{Br} > \mathrm{NO_3} > \mathrm{J} > \mathrm{CNS}.$$

Die Oberflächenspannung des Wassers wird durch Li und Fluor am meisten, durch Cs und CNS am wenigstens erhöht. Die negative Adsorption ist also bei Li, bzw F am größten Mit Rücksicht auf die vielfache Beeinflussung der Eigenschaften des Lösungsmittels nennt H. FREUNDLICH diese Reihe lyotrope Reihe.

A. FRUKMIN hat den elektrischen Potentialsprung (e-Potential) an der Grenzfläche Luft/Salzlösung bestimmt. Mit wenig Ausnahmen fand er eine negative Ladung der Luft gegen die Lösung. Er nimmt daher an, daß die Anionen in der äußersten Schicht der Lösung in geringerem Maße negativ adsorbiert werden als die Kationen. Je mehr Anionen in diese Schicht eindringen, um so größer wird die positive Aufladung der Lösung. Für die l-molaren Lösungen einwertiger Anionen mit Alkalikationen wurde die folgende Reihe, nach zunehmender Aufladung geordnet, erhalten:

$$F,\ OH < Cl < CN < Br,\ BrO_3 < CNO,\ NO_3 < MnO_4 < I < ClO_3 < ClO_4 < CNS.$$

Die Reihe stimmt vollständig mit der für die Wirkung auf die Oberflächenspannung der Lösung überein. Es scheint daher, daß die Oberflächenspannung in erster Linie von der Adsorption der Anionen abhängt. Da Fluor am wenigsten befähigt ist, in die Oberflächenschicht einzudringen, vermag es die Oberflächenspannung am stärksten zu erhöhen und wirkt am schwächsten aufladend. —

FRUMKIN will die Reihe auf die Hydratation der Ionen zurückführen. Je mehr ein Ion hydratisiert ist, eine um so größere Arbeit ist erforderlich, um es in die Oberfläche zu bringen. Aus diesem Grunde ladet das am stärksten hydratisierte Fluor am wenigsten auf. (Im Sinne der BORN-FAJANSschen Ionenhydratations-Theorie wäre also in letzter Linie die Ionengröße im nackten Zustand ausschlaggebend für die negative Adsorption. Das kleinste Fluor meidet die Oberfläche am stärksten.)

Es ist interessant zu bemerken, daß die neuesten Auffassungen, die den Ursprung der Ionenreihen auf die Affinität der Ionen zum Wasser zurückführen, der Theorie des Entdeckers der Ionenreihen, F. HOFMEISTER, sehr nahe kommen, der den Ursprung in der verschiedenen ,,wasserentziehenden Wirkung“ der Salze gesucht hatte.

Es sei schließlich erwähnt, daß W. D. BANCROFT die Ionenreihen auf die verschiedenartige Beeinflussung des Assoziationsgleichgewichtes von Wasser und $n\,H_2O \rightleftarrows (H_2O)\,n$ zurückführen will.

Die Hofmeistersche Reihe. Die ersten systematischen Untersuchungen über die Wirksamkeit der Neutralsalze auf kolloide Systeme in hoher Konzentration stammen von FRANZ HOFMEISTER. Er legte Gelatine- und Agarplatten in die Lösungen und stellte ihre Gewichtszunahme fest. Es ergaben sich bei Verwendung verschiedener Salze gesetzmäßig wiederkehrende Ionenreihen der Quellungserniedrigung. Dieselben Reihen fand er früher bei der Untersuchung der Fällung von Globulin (nach abnehmender Fällungswirkung):

Natriumsulfat, -tartrat, -zitrat,
Natriumazetat, Traubenzucker, Rohrzucker,
Wasser,
Natriumchlorid, Kaliumchlorid, Ammoniumchlorid,
Natriumchlorat, Natriumnitrat, Natriumbromid.

In den Lösungen von Salzen der zwei letzten Reihen wird die Quellung gegenüber reinem Wasser gefördert. Die untersuchten Salzkonzentrationen betrugen 0,5 bis 0,2 molar.

Seine ersten Versuche über Globulinfällung deutete HOFMEISTER durch die wasserentziehende Wirkung der Salze. Die Tatsache jedoch, daß im Falle der Quellung auch eine begünstigende Wirkung besteht, läßt diese einfache Deutung nicht zu.

PAULI hat dann die Beeinflussung der Schmelzpunkte einer 10%igen Gelatine untersucht. Ordnet man die Salze nach ihrer Fähigkeit, den Erstarrpunkt der Gallerte zu erhöhen oder zu erniedrigen, so gelangt man nach fallender Erstarrungstemperatur zu der Reihe:

Sulfat > Zitrat > Tartrat > Azetat > Wasser > Chlorid > Chlorat > Nitrat > > Bromid > Jodid.

Übereinstimmende Resultate erhielt P. v. SCHROEDER.

PAULI hat auch die fällende Wirkung der Salze auf natives Ovalbumin einer näheren Untersuchung unterzogen. Die Ergebnisse hat er in der folgenden Tabelle zusammengefaßt:

Tabelle 159

Anionen	Kationen				
	Mg	NH_4	K	Na	Li
I Fluorid	n. u.[1]	+	+	+	n. u.
II Sulfat	+	+	+	+	+
III Phosphat	n. u.	+	+	+	n. u.
IV Zitrat	n. u.	+	+	+	n. u.
V Tartrat	n. u.	+	+	+	n. u.
VI Azetat	—	—	+	+	n. u.
VII Chlorid	—	—	+	+	+
VIII Nitrat	—	—	—	+	+
IX Bromid	—	—	—	—	+
X Jodid	n. u.	—	—	—	n. u.
XI Rhodanid	—	—	—	—	n. u.

In der vertikalen Reihe sind die Anionen nach abnehmendem, in der horizontalen Reihe die Kationen nach zunehmenden gegen rechts wachsendem Fällungsvermögen geordnet. Die Wirkung der Anionen ist in weitem Maße unabhängig von dem hinzugefügten Kation und umgekehrt.

Würde man nun beiden Ionen eine fällende Wirkung zuschreiben, so wäre zu erwarten, daß in genügender Konzentration alle Salze fällend wirken. Die Zeichen der Tabelle bedeuten, ob eine Fällung eingetreten ist oder nicht. Man ersieht daraus, daß z. B. Ammoniumazetat in keiner Konzentration fällend wirkt, obwohl eine Fällung sowohl durch Natriumazetat als auch durch Ammoniumsulfat erfolgt. PAULI nimmt daher an, daß nur die Kationen fällend wirken, die Anionen hemmen dagegen diese fällende Eigenschaft. In der Tat sieht man, daß z. B. kein Rhodanid fällend wirkt, dagegen kann man kein Kation angeben, von dem die Salze nicht fällend wirken. PAULI faßt dieses Verhalten als antagonistische Wirkung der Ionen auf. Die fällende Wirkung der Salze wäre also die algebraische Summe der fällenden Wirkung der Ionen. Diese Gesetzmäßigkeit erstreckt sich auch auf die Mischung mehrerer Elektrolyte. So erzeugt 1,25 n KF eine Trübung, welche jedoch nach Zusatz von 1 n NH_4CNS vollständig verschwindet.

Später hat PAULI mit H. HANDOVSKY den Einfluß der Neutralsalze auf die Hitzegerinnungstemperatur von dialysiertem Serum untersucht. Die erste

[1] n. u. = nicht untersucht, + fällt, — fällt nicht.

folgende Figur zeigt die erhaltenen Resultate an Chloriden, die zweite an Kaliumsalzen.

Während die Erdalkaliionen die Hitzegerinnung von einer bestimmten Konzentration an durchwegs begünstigen, findet durch die Alkalichloride eine Erhöhung der Koagulationstemperatur statt. Interessant ist die enorme Wirkung von Rhodanid und Jodid im Sinne einer Hemmung der Hitzekoagulation.

Betreffs der Analogie mit Befunden von M. SAMEC über die Verkleisterungstemperatur der Stärke siehe Kapitel 65.

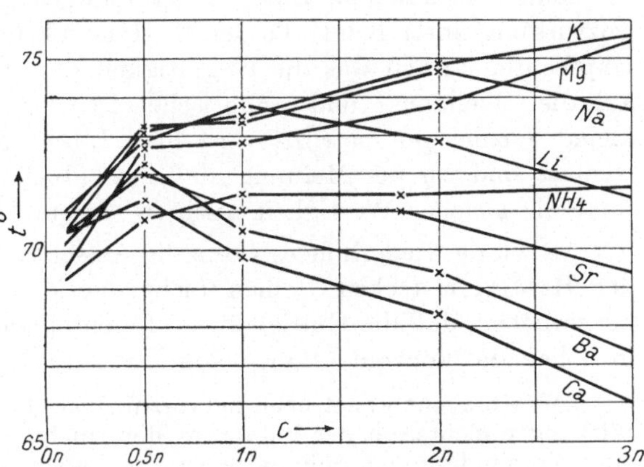

Abb. 112. Beeinflussung der Gerinnungstemperatur von Serumeiweiß durch die Chloride verschiedener Kationen nach PAULI und H. HANDOVSKY

Neulich haben R. A. GORTNER, W. F. HOFFMANN und W. B. SINCLAIR an Pflanzenglobulinen, welche im reinen Wasser unlöslich sind, gefunden, daß das Peptisationsvermögen der Salze in der Reihe

$$F < SO_4 < Cl < \text{Tartrat} < Br < J$$

und

$$Na < K < Li < Ba < Sr < Mg < Ca$$

zunimmt.

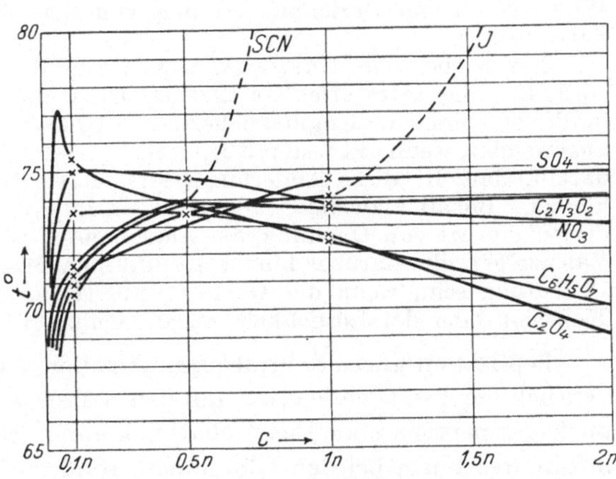

Abb. 113. Einfluß der Neutralsalze auf die Gerinnungstemperatur von Serumeiweiß nach PAULI und H. HANDOVSKY

Der Vergleich der angeführten Ergebnisse zeigt uns, daß, wenn auch die Stellung der einzelnen Ionen, die einander nahe stehen, oft verändert wird, in bezug auf die voneinander weiter abstehenden Ionen die Ordnung fast durchwegs unverändert bleibt. Als vollständigste und am häufigsten gültige Reihe kann die an Albuminfällungen von PAULI festgestellte betrachtet werden.

Die darin hervortretende gegensätzliche Stellung des Fluor- und Rhodanidions wurde durch neuerliche Versuche von H. FREUNDLICH und M. ASCHENBRENNER auch in bezug auf die Löslichkeitsbeeinflussung von Phenylthioharnstoff, sowie die Oberflächenspannung Wasser/Luft und die Verflüssigung von Gelatine bestätigt.

Einige Unregelmäßigkeiten lassen sich dadurch erklären, daß die Reihenfolge sich bei positiver Aufladung der Proteine umkehrt. Eine vergleichbare Gültigkeit ist nur bei annähernd isoelektrischem Eiweiß zu erwarten.

Im allgemeinen muß man diese Wirkung der Salze von ihrer Wirkung auf einsinnig aufgeladene Kolloide sorgfältig abtrennen. Insbesondere trifft das für die Fällung der elektrokratischen Kolloide in niedrigeren Salzkonzentrationen zu. Gegenüber einer häufigen Übereinstimmung, besonders betreffs der Kationenreihe bei negativen Solen, besteht eine völlige Verschiedenheit in bezug auf die Anionenreihe bei positiven Solen.

Man wird daher J. LOEB in der Forderung, die Untersuchung der Neutralsalzwirkung unter Kontrolle der H^+-Ionenaktivitätsbestimmung durchzuführen, beipflichten. Auch was die Ungültigkeit der HOFMEISTERschen Reihe in bezug auf die Quellungs- und osmotische Druckbeeinflussung der Proteine durch kleine Salzmengen betrifft, wird man LOEBS Standpunkt teilen. Nichtsdestoweniger sind wir der Meinung, daß individuelle Unterschiede der Ionenwirkung im Falle gleicher Wertigkeit auch in diesem Gebiet bestehen.

Es wurde wiederholt J. LOEB die Ansicht zugeschrieben, daß er die Existenz der HOFMEISTERschen Reihen nicht anerkenne. Demgegenüber möchten wir hervorheben, daß die Gültigkeit der Ionenreihen für die Quellung und Löslichkeit in hohen Salzkonzentrationen von LOEB ausdrücklich zugegeben wurde:

„Man braucht kaum noch hervorzuheben, daß die von HOFMEISTER gefundenen Wirkungen nichts mit der Förderung der Quellung durch Säure oder Alkali und mit ihrer Verminderung durch Salze zu tun haben, denn die durch Säure und Alkali bewirkte Quellung der Gelatine wird schon durch Salzkonzentrationen unterhalb m/2 völlig aufgehoben. Ferner bedingen Salze hiebei nur eine Verminderung, aber keine Zunahme der Quellung. Offenbar haben die von HOFMEISTER gefundenen Wirkungen keine Beziehung zu den von dem DONNAN-Gleichgewicht abhängigen Salzwirkungen.

Sowohl bei den HOFMEISTERschen wie bei den Versuchen von STIASNY beeinflußten die Salze offenbar Eigenschaften, die beim DONNAN-Gleichgewicht nicht in Frage kommen. Unglücklicherweise wird das Wort Quellung ohne Unterschied angewendet, wenn ein fester Körper in Wasser sein Volumen ändert, ohne Rücksicht darauf, daß die diese Änderung bedingenden Kräfte ganz verschiedener Art sein können. Behält man diese Möglichkeiten im Auge, so kann man festhalten, daß bei derjenigen Art von Quellung, die von einem DONNAN-Gleichgewicht abhängt, nur die Valenzregel gilt; darüber hinaus kann die chemische Natur der Ionen nur dann von Bedeutung sein, wenn die Quellung mit Änderungen kristalloider Kräfte, wie der Kohäsion oder der Löslichkeit, zusammenhängt."

Peptisation durch Neutralsalze. Aus den mitgeteilten Ergebnissen geht ferner deutlich die Tatsache hervor, daß den Salzen nicht nur eine aussalzende, sondern auch eine peptisierende Eigenschaft zukommt. Die letztere offenbart sich nicht nur in direkter Form bei den Globulinen, sondern auch bei der Quellungsförderung der Gelatine, der Verflüssigung der Gelatinegallerte, der Hemmung der Hitzekoagulation des Albumins und der antagonistischen Hemmung der Eiweißflockung durch Neutralsalz.

Diese der Aussalzung entgegengesetzte Wirkung können wir auch bei der Löslichkeitsbeeinflussung molekulardisperser Substanzen auffinden (z. B. der Wirkung von NH_4NO_3 auf Phenylthiokarbamid). C. NEUBERG hat die von ihm als Hydrotropie bezeichnete Erscheinung entdeckt, wonach die Löslichkeit schwerlöslicher Substanzen durch Benzoate, Benzolsulfoate, Phenylazetate usw. stark erhöht wird. Eine derartige Wirkung wäre auch ohne Annahme chemischer Reaktionen möglich.

Anderseits kann kein Zweifel bestehen, daß in der hohen Neutralsalzkonzentration das Eiweiß vorwiegend in der Form einer Salz-Eiweißverbindung in der Lösung vorhanden ist. Die Existenz der Eiweiß-Neutralsalzverbindung wurde in niedriger Salzkonzentration nachgewiesen. Danach dürfen wir ihre gesteigerte Bildung in höheren Salzkonzentrationen voraussehen. Es ist wohl zu erwarten, daß das in hoher Salzkonzentration geflockte Protein eine Salzkombination darstellt. Ein strenger experimenteller Nachweis ließ sich jedoch dafür, trotz der Bemühungen zahlreicher Forscher, nicht erbringen.

Um die Löslichkeit der Globuline in Neutralsalz zu erklären, können wir annehmen, daß das Salzglobulin löslich ist, das Globulin nicht. Globulin selbst ist elektrokratisch: In ungeladener Form unlöslich, als positives oder negatives Ion löslich. Durch kleine Säuremengen läßt sich das Globulin auflösen gemäß der erfolgenden H^+-Bindung. Entzieht man ihm die Ladung durch Laugenzusatz, so flockt es aus. In hoher Salzkonzentration bildet sich das nicht elektrokratische Neutralsalzglobulin. Ein Löslichkeitsminimum besteht im isoelektrischen Punkt dennoch, da hier die löslichen Globulinionen fehlen.

Ob die Löslichkeitserhöhung dadurch zustande kommt, daß das Salzeiweiß stärker hydratisiert ist und infolgedessen der eventuell gleichzeitig bestehenden aussalzenden Wirkung des Salzes mehr Widerstand leistet, oder aber dadurch, daß die an die Teilchen- (oder Mizellen-) Oberfläche angelagerten Ionen die gegenseitige Anziehung der Teilchen durch Absättigung ihrer Nebenvalenzen vermindern, läßt sich nicht entscheiden.

Daß man in dem Bereich hoher Neutralsalzkonzentrationen strenge gültige, einfache, allgemeine Gesetzmäßigkeiten auffindet, ist schwer anzunehmen. Die bisher beobachteten, für die Äquivalentkonzentrationen der Elektrolyte abgeleiteten qualitativen Regelmäßigkeiten müssen eher überraschend wirken, wenn man bedenkt, daß bei den komplizierten und heute noch ganz ungeklärten Verhältnissen in so hohen Elektrolytkonzentrationen eigentlich an Stelle der Äquivalentkonzentration der Ionen ihre Wirksamkeit mit mehr Berechtigung auf die Dampfspannung des Lösungsmittels oder die Ionenaktivität, oder aber auf alle beide bezogen werden müßte. Die Benützung der Äquivalentkonzentrationen in diesem Gebiet erscheint fast so unberechtigt, wie etwa in verdünnten Lösungen der Vergleich von Gewichtskonzentrationen.

Literaturverzeichnis

Bancroft, W. D.: Coll. Symp. Mon. **6**, 79 (1926). — Debye, P.: Z. f. phys. Ch. **130**, 56 (1927). — Freundlich, H.: Kapillarchemie, III. Aufl. Leipzig (1923). — Derselbe und M. Aschenbrenner: Koll. Z. **41**, 35 (1927). — Frumkin, A.: Z. f. phys. Ch. **109**, 34 (1924). — Gustavson, K. H.: Coll. Symp. Mon. **6**, 79, (1926). — Gortner, R. A., F. W. Hoffman und B. Sinclair: Koll. Z. **44**, 97 (1928). — Hafner, E. A.: Bioch. Z. **188**, 259 (1927). — Heydweiller, A.: Ann. d. Phys. (4), **33**, 145 (1910). — Hofmeister, F.: Arch. f. exp. Path. **24**, 247 (1888); **25**, 1 (1888); **27**, 395 (1890); **28**, 210 (1891). — Jäger, F. M.: Z. f. anorg. Ch. **101**, 1 (1917). — Loeb, J.: Die Eiweißkörper. Berlin (1924). — Pauli, Wo.: Pflügers Archiv **71**, 333 (1898); Hofmeisters Beiträge **3**, 225 (1902). — V. Rothmund, Löslichkeit etc., Leipzig 1907. — Schroeder, P. v.: Z. f. phys. Ch. **45**, 75 (1903). — Stiasny, E. und W. Ackermann: Koll. Beih. **17**, 219 (1923).

51. Die optische Drehung der Proteinsalze

Eine systematische Untersuchung der Beeinflussung des optischen Drehungsvermögens von Proteinen durch Elektrolyte wurde zuerst von PAULI und M. SAMEC und zwar zunächst an weitgehend dialysiertem Serum, welches ein Gemisch von Albumin und Pseudoglobulin darstellt, ausgeführt. Die Beobachtungen haben durch die Aufdeckung gewisser, die elektrochemischen Änderungen am Protein begleitenden konstitutiven, Verschiebungen Bedeutung erlangt.

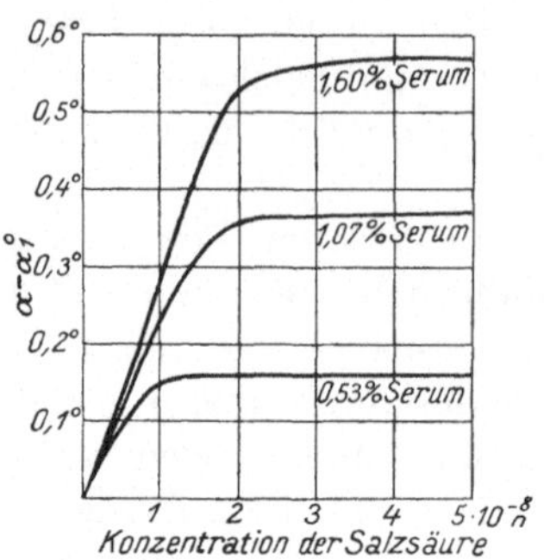

Abb. 114. Beeinflussung der optischen Drehung des Serumeiweiß durch Salzsäure nach PAULI und M. SAMEC

Mit 0,05 n Essigsäure-Azetatpuffer bei einer Variation der H^+-Konzentration zwischen 1×10^{-4} und 5×10^{-6} zeigte sich keine merkliche Beeinflussung. Säuren in höherer Konzentration ergaben dagegen einen zunächst steilen, dann langsamer werdenden Anstieg bis zur schließlichen Konstanz der Drehung der Lösung, entsprechend dem Verlauf der H^+-Bindungskurve.

Tabelle 160. Rinderserum + Salzsäure. Eiweißkonzentration = = 2,14%, α^0

Konzentration der Säure	0,00 n	0,005 n	0,01 n	0,02 n	0,04 n	0,05 n
Serum verdünnt auf $^1/_4$	0,59	0,68	0,74	0,75	0,74	0,75
„ „ „ $^1/_2$	1,02	1,13	1,25	1,38	1,39	1,39
„ „ „ $^3/_4$	1,50	1,62	1,78	2,03	2,07	2,07

Der Schluß daraus, daß nur die Gesamtladung ausschlaggebend ist und die optische Änderung durch die bei der H^+-Anlagerung stattfindende konstitutionelle Veränderung des Proteinmoleküls, bzw. der reagierenden Gruppe eindeutig bestimmt wäre, wäre jedoch voreilig. Dann müßten nämlich verschiedene Säuren gemäß ihrer Dissoziationskonstante wirken, da das Ausmaß der H^+-Bindung in erster Linie von der Stärke der Säuren abhängt. Das ist jedoch nicht der Fall.

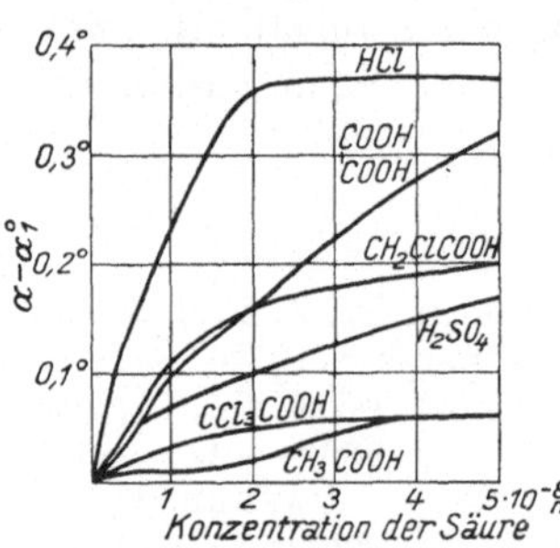

Abb. 115. Beeinflussung der optischen Drehung des Seralbumins durch Säuren nach PAULI und M. SAMEC

So wirkt die starke Trichloressigsäure auf die optische Aktivität der Serumeiweißkörper viel weniger als die schwächere Oxalsäure, und Schwefelsäure viel weniger als Salzsäure. Der Anstieg ist überall von der gleichen Art.

Die Reihenfolge und die relative Wirksamkeit der verschiedenen Säuren ist äußerst ähnlich den Viskositätskurven. Während jedoch die innere Reibung nach Überschreiten eines Maximums wieder abfällt, wie wir annehmen infolge des Ionisationsrückganges, findet in dem untersuchten Bereich nur eine einsinnige Veränderung der Rotation und kein Abfall statt.

Immerhin erscheint eine Rolle der Gegenionen auch bei der optischen

Drehung auf Grund des obigen Befundes sichergestellt. Wahrscheinlich wirkt die Assoziation der Gegenionen zum Proteinion auch auf die Rotation im entgegengesetzten Sinne ein wie die H^+-Anlagerung. Der Gegenioneneffekt hängt hier wohl nicht nur von dem Ausmaße der Assoziation, sondern auch von der spezifischen Eigenart des Gegenions ab. Aus den Untersuchungen von H. VON HALBAN und Mitarbeitern wissen wir übrigens, daß sogar in Lösungen starker Elektrolyte die interionischen Anziehungskräfte viel tiefer gehende optische Veränderungen (wenn auch nur in geringem quantitativem Ausmaß) hervorrufen können. Im allgemeinen weisen die Befunde darauf hin, daß stärkere Neigung der Anionen zur Assoziation eine beträchtlichere Hemmung des H^+-Einflusses auf die Drehung der Proteinsalze zur Folge hat.

Dasselbe läßt sich auch von der OH^--Wirkung sagen (Abb. 116).

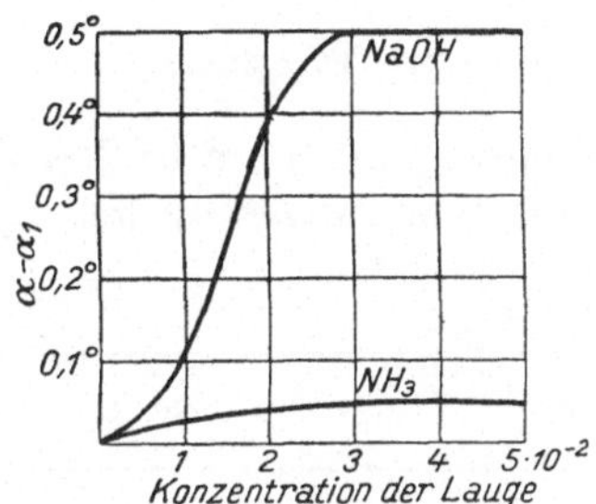

Abb. 116. Beeinflussung der optischen Drehung von Serumeiweiß durch Lauge nach PAULI und M. SAMEC

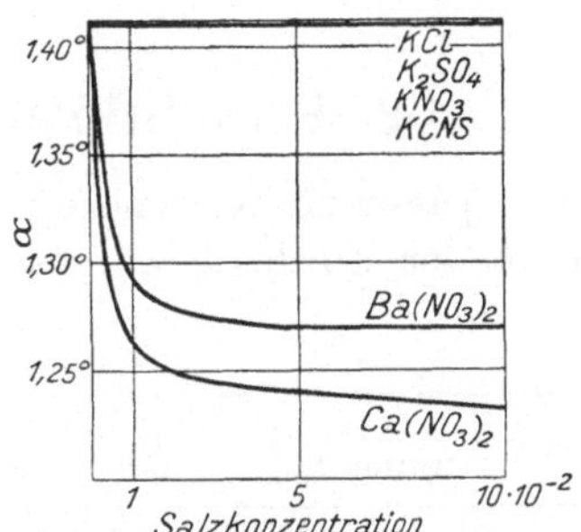

Abb. 117. Einfluß von Neutralsalzen auf die optische Drehung von Seralbumin in alkalischer Lösung nach PAULI und M. SAMEC

Neutralsalze setzen die Drehung sowohl der Säureproteine wie der Alkaliproteinate herab. Bei Säureproteinen wirkt Kaliumsulfat stärker depressorisch als KCl, KNO_3, KCNS oder $BaNO_3$, beim Alkaliproteinat wirken die Erdalkalisalze stark herabsetzend, während die Alkalisalze praktisch ohne Einfluß sind.

Die hervorragende Rolle der Gegenionenvalenz bestätigt die Vermutung, daß die Gegenionenassoziation in bezug auf die optische Drehung dem Einflusse der H^+- oder OH^--Aufnahme entgegenwirkt.

Es wurde später der Nachweis erbracht, daß die Einwirkung der Säurebindung auf die optische Drehung am hochgereinigten Seralbumin genau so stattfindet, wie PAULI und SAMEC sie an Gemischen der Serumproteine gefunden hatten.

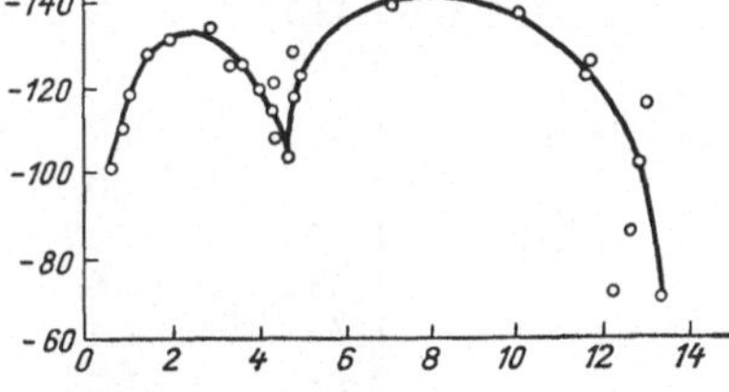

Abb. 118. Spez. Drehung von 2% Gelatine nach R. H. BOGUE und M. T. O. CONNEL Abscisse: p_H, Ordinate: a^0

An Ovalbumin wurde ein schwer deutbarer, unregelmäßiger Gang gefunden.

Dagegen wurde eine Untersuchung an reinster elektrodialysierter Gelatine in der neuesten Zeit von R. H. BOGUE und M. T. O. CONNEL ausgeführt. Natriumgelatinat und Gelatinchlorid scheinen danach ihre Drehung symbat der freien Ladung zu verändern. Im isoelektrischen Punkt besteht ein scharfes Minimum.

E. O. KRAEMER und J. R. FANSELOV einerseits, F. VLÈS und E. VELLINGER anderseits haben die optische Drehung der Gelatine in Abhängigkeit vom p_H bei verschiedenen Temperaturen gemessen und festgestellt, daß das Minimum bei $p_H = 4{,}7$ bei niedrigeren Temperaturen in ein Maximum übergeht. Die Autoren bringen diese Umkehrung mit der Sol-Gel-Umwandlung in Beziehung. Für ein $p_H = 4{,}7$ stellen sowohl die amerikanischen wie die französischen Autoren ein Maximum des TYNDALL-Effektes fest (siehe auch bei O. GERNGROSS).

Literaturverzeichnis

BOGUE, R. H. und M. T. O. CONNEL: Journ. Am. Chem. Soc. **47**, 1694 (1927). — GERNGROSS, O.: Koll. Z. **40**, 278 (1926). — KRAEMER, E. O.: Coll. Symp. Mon. **6**, 102 (1926). — DERSELBE und FAUSELOW, J. R.: Journ. Physic. **32**, 894 (1928). — PAULI WO. und M. SAMEC: Bioch. Z. **59**, 470 (1914). — VLES, F., und VELLINGER, E. C. r. **180**, 439 (1928).

52. Proteinlösungen in reinem Wasser

Durch passende Anwendung der Elektrodialyse (ED) unter Vermeidung denaturierender Einflüsse war es möglich, zu Proteinlösungen zu gelangen, die

Tabelle 161

Protein	Konzentration %	$\varkappa - \varkappa_{H_2O} \cdot 10^6$	Volt ED	$a_H \cdot 10^6$ n	Beobachter
Ovalbumin	3,23	11,4	220	—	PAULI u. SPIEGEL-ADOLF
„	2,0	8,1	220	—	Dieselben
„	3,14	13,25	440	16,7(1,57%)	F. MODERN u. PAULI
„	4,0	—	440	17,5	Dieselben
„	4,0	14,4	440	12,8(1%)	FRISCH, PAULI, VALKÓ
„	4,0	14,0	440	17,5	PAULI u. SPIEGEL-ADOLF
„	1,3	8,2	440	16,5	Dieselben
„	3,68	13,8	220	—	PAULI u. E. WEISS
Glutin	4,604	11,1	440	7,88(1,2%)	MODERN u. PAULI
„	4,684	9,0	440	—	PAULI u. SCHÖN
„	7,735	12,3	440	—	PAULI u. WEISS
„	6,0	12,0	440	—	PAULI u. SPIEGEL-ADOLF
„	2,5	7,93	440	—	Dieselben
„	1,415	—	220	11,7	PAULI u. WIT
„	0,707	—	220	5,97	Dieselben
Seralbumin	4,6	5,3	220	—	PAULI u. SPIEGEL-ADOLF
„	4,0	5,0	220	—	Dieselben
„	1,3	6,42	440	—	MODERN u. PAULI
„	1,63	5,8	440	—	Dieselben
„	1,7	4,42	440	9,5	FRISCH, PAULI, VALKÓ
„	2,18	4,2	220	—	PAULI u. WEISS
Pseudoglobulin	1,438	2,79	220	—	PAULI u. WEISS
„	2,0	1,6	220	1,62	BLANK u. PAULI
Hämoglobin	3,7	2,0	440	0,183	W. SCHWARZACHER
„	8,9	2,85	220	—	Derselbe
„	4,45	0,92	440	0,12	Derselbe

in der Hauptsache (nach Korrektur für die Wasserleitfähigkeit) und bei unmittelbar der ED angeschlossenen Messung die Eigenleitfähigkeit der Proteine anzeigen. Die Werte sind von der Konzentration und der Art desselben abhängig. Sie sind für den gleichen Gehalt am niedrigsten bei Pseudoglobulin und Hämoglobin, dann folgt Seralbumin und Glutin, am höchsten liegen sie bei dem in dieser Gruppe am stärksten sauren Ovalbumin. Auch die in der reinen Proteinlösung mit der rotierenden H_2-Elektrode gemessenen H-Aktivitäten (a_H) zeigen eine ähnliche, wenn auch nicht genau gleiche Reihenfolge, etwa vom Hb an dem einen Ende zum Ovalbumin an dem anderen. In der Tabelle 161 sind eine Reihe verschiedener Beobachtungen dieser Art zusammengestellt. Die relativ geringen Schwankungen in den Werten hängen zum Teil mit der nicht immer genug scharfen Wasserkorrektur, zum Teil mit kleinen Materialverschiedenheiten sowie geringen Differenzen im Zeitpunkt der Messung nach der ED zusammen.

Die angeführten Werte zeigen, daß eine Kontrolle des Reinheitsgrades und eine Charakterisierung der verschiedenen Eiweißkörper durch die Leitfähigkeit möglich ist, und daß für subtile physikalisch-chemische Untersuchungen diese Prüfung und Kennzeichnung der erreichten Reinheit gefordert werden muß. Dieser Forderung wurde nicht allgemein Rechnung getragen.

Die Vergleichbarkeit der Werte ist nur in frisch nach der ED entnommenen Proben gegeben. Pauli und A. Monath beobachteten nämlich, daß in diesen Proben nach kurzem Stehen an der Luft, auch bei sorgfältigem Fernhalten irgendwelcher Zersetzung, ein stetiger Anstieg der Leitfähigkeit erfolgt. Diese von ersterem auf eine Reaktion mit der CO_2 der Luft bezogene, mittels ED reversible Leitfähigkeitserhöhung kann im Gleichgewicht das Drei- bis Fünffache des Ausgangswertes betragen.

So fanden Pauli und Spiegel-Adolf, die den Vorgang näher untersuchten, an einem 4,7%igen Seralbumin nach 48 Stunden einen Anstieg von $5 \cdot 10^{-6}$ auf $29 \cdot 10^{-6}$ r. O bei einer unveränderten H-Aktivität $a_H = 6{,}95 \cdot 10^{-6}$ n. Das stärker saure Ovalbumin (4%) mit einer $a_H = 17{,}5 \cdot 10^{-6}$ n gab an der Luft einen Anstieg von $14 \cdot 10^{-6}$ auf $44 \cdot 10^{-6}$. Auch an dem nahezu neutralen Hämoglobin (4,45%, $a_H = 1{,}2 \cdot 10^{-7}$) fand Schwarzacher diesen Anstieg, und zwar prozentisch noch beträchtlicher, von $0{,}92 \cdot 10^{-6}$, nach 24 Stunden auf $8{,}6 \cdot 10^{-6}$ und nach fünf Tagen auf $13{,}9 \cdot 10^{-6}$ r. O.

Durch Einleiten von CO_2 in diese Eiweißlösungen ist noch eine weitere Erhöhung der Leitfähigkeit zu erzielen, die sehr langsam abklingt, während die in reinem Wasser auf diese Art bewirkte sich rasch verliert. Die mit der rotierenden H-Elektrode meßbare H-Aktivität ist von der CO_2-Reaktion unabhängig und in frisch der ED entnommenen oder vorher mit CO_2 behandelten Proben die gleiche.

Nach diesen Erfahrungen haben Pauli und D. v. Klobusitzky eine weitere Reinigung der Eiweißlösung durch ED in einer N-Atmosphäre (unter Messung der Leitfähigkeit in einer solchen) mittels einer eigenen Apparatur durchgeführt und sind so zu den bisher in bezug auf Elektrolytfreiheit reinsten Proteinlösungen gelangt. Im folgenden sind einige Messungen von v. Klobusitzky (bisher unveröffentlicht) tabellarisch zusammengestellt.

Aus diesen Beobachtungen geht hervor, daß auch in den reinsten bisher bekannten Proteinlösungen, wie eine kleine Berechnung erkennen läßt, die vorhandenen H^+-Ionen neben den zugehörigen negativen Proteinionen zur Deckung der meßbaren Leitfähigkeit nicht ausreichen. Die Entscheidung zwischen den zwei Möglichkeiten — Vorliegen von positiven neben weiteren negativen Proteinionen, oder Mitwirken von nicht zu beseitigenden Resten einer CO_2-Reaktion mit dem Eiweiß — wird noch durch Versuche zu treffen sein.

Tabelle 162

ED 440 Volt

Substanz	Konzentration %	$(\varkappa - \varkappa_{H_2O}) \cdot 10^6$	$a_H \cdot 10^6$
Ovalbumin	3,0	11,91	18,7
„	1,5	8,21	18,1
„	0,75	7,01	17,4
Seralbumin	2,77	4,72	9,33
wasserl. Globulin	2,74	2,83	3,31
„ „	5,94	4,05	—

Über die Natur des biologisch so wichtigen Reaktionsmechanismus der Proteine mit CO_2 liegen aus jüngster Zeit aufklärende Versuche vor. M. SIEGFRIED kam im Jahre 1905 auf Grund von ausgedehnten Untersuchungen an Aminosäuren und Eiweißkörpern zu der Annahme, daß diese Stoffe mit CO_2, bzw. Karbonaten unter Bildung von Karbaminsäure, bzw. Karbaminaten reagieren. Dieser Vorgang müßte nach dem Reaktionsschema

$$R\begin{matrix} \diagup NH_2 \\ \\ \diagdown COOH \end{matrix} + CO_2 \rightarrow R\begin{matrix} \diagup NH \\ \quad | \\ \quad COO \cdot H \\ \diagdown COO \cdot H \end{matrix}$$

eine starke Bildung negativer Proteinionen durch Überführung in eine zweibasische Säure zur Folge haben. Denkt man sich dagegen die Kohlensäure als Säure wie jede andere mit den Eiweißkörpern reagierend, so würde diese Reaktion mit der Bildung positiver Proteinionen einhergehen müssen, unabhängig davon, ob sie durch Umwandlung von Aminogruppen in die Ammoniumform oder an Zwitterionen unter Inaktivierung am Karboxylion erfolgt. Sorgfältige Überführungsversuche von PAULI und TH. STENZINGER in Kohlensäureatmosphäre haben gelehrt, daß sämtliche untersuchten Eiweißkörper, auch das am stärksten negative Ovalbumin durch H_2CO_3 keine kathodische Überführung zeigen also positiviert werden. Es ergab sich keinerlei Anhaltspunkt für eine Karbaminsäurereaktion der Proteine. Damit sind auch Befunde von PAULI und E. WEISS, die eine außerordentliche Erhöhung der Flockungsempfindlichkeit der Proteine gegen negative lyophobe Kolloide (z. B. Gold, Kongoblausol usw.) bei Durchströmung mit CO_2 ergaben, auf eine wechselseitige Ausflockung entgegengesetzt geladener Kolloide zurückgeführt.

Literaturverzeichnis

BLANK, F. und WO. PAULI (bei WO. PAULI, Bioch. Z. **202**, 237 (1928). — FRISCH, J. PAULI, E., VALKO: Bioch. Z. **164**, 401 (1925). — MODERN, F. und WO. PAULI: Bioch. Z. **156**, 482 (1925). — PAULI WO. und M. SPIEGEL-ADOLF: Bioch. Z. **152**, 360 (1924). — DERSELBE und A. MONATH: unveröffentlicht. — DERSELBE und E. WEISS: Bioch. Z. **203**, 103 (1928). — DERSELBE und M. SCHÖN, Bioch. Z. **153**, 253 (1924). — DERSELBE und D. v. KLOBUSITZKY: unveröffentlicht. — DERSELBE und H. WIT: Bioch. Z. **174**, 308 (1926). — DERSELBE und TH. STENZINGER: Bioch. Z. **205**, 71 (1929).

53. Die Edelmetallsole

Die Herstellung der Edelmetallsole kann auf zweifache Weise erfolgen: Durch Reduktion eines Metallsalzes in der Lösung mit Hilfe von verschiedenen Reduktionsmitteln und durch Zerstäubung des kompakten Metalles im elektrischen Lichtbogen nach G. BREDIG.

R. ZSIGMONDY hat zuerst die Beobachtung gemacht, daß die Teilchen der nach der Reduktionsmethode mit Formol hergestellten Goldsole im elektrischen Strome sich gegen die Anode bewegen. WHITNEY und BLAKE sowie BURTON haben später an BREDIGschen Gold-, Silber- und Platinsolen die Geschwindigkeit der gleichfalls anodisch gefundenen Wanderung gemessen.

Über den Ursprung der elektrischen Teilchenladung in Edelmetallsolen wurden im Laufe der Zeit verschiedene Meinungen geäußert. Auch Versuche, die Frage durch geeignete experimentelle Untersuchungen zu lösen, liegen bereits seit längerer Zeit vor.

W. B. HARDY hat die Vermutung ausgesprochen, daß die Ladung durch Annahme einer chemischen Reaktion zwischen Edelmetall und Lösungsmittel zu erklären wäre.

Die Platinsole z. B. wären nach HARDY als Hydride zu betrachten von der Formel PtH. Durch Dissoziation von Wasserstoffionen erhält das kolloide Platin die negative Ladung, es verhält sich wie ein Anion

$$PtH \rightarrow Pt^- + H^+$$

Der größte Teil der Pt^--Ionen hat eine sehr große Masse, wodurch der Kolloidcharakter erklärt wird.

E. JORDIS hat die Edelmetallkolloide als Säuren aufgefaßt, die durch Abdissoziieren von H^+-Ionen die Ladung erhalten.

M. HANRIOT hat in den geschützten Silbersolen säureartige Verbindungen vermutet und den hohen Sauerstoffgehalt ihrer Niederschläge analytisch nachgewiesen.

J. C. BLAKE hat die Meinung geäußert, daß ein Teil des Silbers der nach der BREDIGschen Zerstäubung hergestellten Sole in Form von Hydroxyd (bzw. Oxyd) anwesend ist.

Die erste tiefergreifende Untersuchung auf diesem Gebiete verdanken wir V. KOHLSCHÜTTER.

Untersuchungen Kohlschütters an Silbersolen. Als Versuchsmaterial dienten ihm hauptsächlich Silbersole, welche nach einem eigenen Verfahren, nämlich durch Reduktion von gelöstem Silberoxyd (als Bodenkörper in reinem Wasser) mit gasförmigem Wasserstoff, erhalten wurden. Der Vorteil dieser Methode sollte die Abwesenheit von Fremdelektrolyten sein. Derjenige Teil der Untersuchung, welcher sich mit der Rolle der Gefäßwand und Gestalt beschäftigt (topochemische Einflüsse) liegt außerhalb des Rahmens unserer Darstellung. Um so wichtiger ist für uns das analytische Verfahren, mit welchem KOHLSCHÜTTER diese Sole charakterisiert. Er bestimmt a) den gesamten Silbergehalt der Lösung (Ag ges), b) durch Flockung des kolloiden Anteiles mit Hilfe von Neutralsalz das „Solsilber". Die Differenz liefert den Hydroxydgehalt des Sols: Ag (gefällt) = Ag (ges) — AgHO. c) Schließlich die Leitfähigkeit der Lösung.

KOHLSCHÜTTER verglich zunächst die Leitfähigkeit seiner Sole mit der Leitfähigkeit von Silberhydroxydlösungen. Die folgende Tabelle 163 enthält in der ersten und vierten Spalte die AgOH-Konzentration der reinen Hydroxydlösungen, in der zweiten und fünften Spalte die Konzentration der Sole an AgOH und in der dritten und sechsten Spalte die zur AgOH-Lösung bzw. zum Sol gehörigen beobachteten

Werte der Leitfähigkeit. Wie man sieht, ordnen sich die Werte des letzteren nach dem AgOH-Gehalt ein, so daß danach die Leitfähigkeit der Sole annähernd durch ihren Oxydgehalt bedingt erscheint.

Tabelle 163. Leitfähigkeit von AgOH- und AgOH/Ag-Lösungen. $T = 25^0$

n . 10^4		$\varkappa . 10^6$	n . 10^4		$\varkappa . 10^6$
AgOH	AgOH im Sol		AgOH	AgOH im Sol	
2,0		25,8		4,9	64,7
2,2		27,9		5,3	65,6
2,4		29,3		6,1	73,3
	2,65	33,9	6,4		73,0
3,0		34,0		6,4	81,2
	3,1	36,3		7,2	81,1
3,2		39,25		7,5	80,0
	3,2	41,6		8,4	100,3
4,0		49,6		9,2	107,0
	4,0	52,0		10,8	129,0
4,8		57,8			
	4,8	57,7			
	4,8	61,1			

Eine weitere Reinigung nahm Kohlschütter an den Solen durch Niederschlagen des Ag des Silberhydroxydes vor. Dies wurde in der platingeschwärzten Platinschale durch Einleiten von Wasserstoff vorgenommen, wobei das AgOH zum Metall reduziert wird. Die Leitfähigkeit ging dabei auf etwa den zehnten Teil ihres ursprünglichen Wertes zurück und blieb dann konstant. Diese verbleibende Restleitfähigkeit war immer größer als diejenige des verwendeten destillierten Wassers und betrug in den meisten Fällen $7 - 8 \times 10^{-6}$. Kohlschütter führt sie auf durch Wasserstoff elektromotorisch nicht zersetzbare Silberverbindungen und den Kieselsäuregehalt aus dem verwendeten Glas zurück. Der letztere wurde von ihm auch analytisch bestimmt. Kohlschütter weist auf die Möglichkeit hin, daß dieser unvermeidliche Kieselsäuregehalt für die auffallende Beständigkeit der Sole von Bedeutung ist. Bei der Untersuchung der Spontanbeständigkeit fand Kohlschütter eine Andeutung dafür, daß das anwesende Hydroxyd auch stabilisierend wirkt.

Besonders wichtig für die Solkonstitution erscheint der Befund Kohlschütters, daß die Ag-Konzentration des durch Platin-Wasserstoffbehandlung von AgOH ganz befreiten Sols immer geringer ist als die durch Flockung mit KNO_3 gefundene Solkonzentration an Ag (Ag gefällt). Die Differenz der beiden Ag gef — Ag $= \Delta$ ist in der folgenden Tabelle 164 ebenfalls verzeichnet.

Kohlschütter deutet diese Ergebnisse folgendermaßen:

„a) Das durch den Elektrolyten gefällte kolloide Silber (Ag gefällt) besteht zum Teil aus elektromotorisch wirksamem Silber, offenbar also Silberoxyd; seine Menge im einzelnen Falle ist $= \Delta$.

b) Dieses Silberoxyd wird nicht erst bei der Fällung adsorbiert, ‚mitgerissen', sondern es ist schon vorher als Elektrolyt der Flüssigkeit entzogen, da die Leitfähigkeit der Sole — auch der mit großen Δ-Werten —, dem bei der Fällung in Lösung bleibenden Oxyd entspricht. Es ist jedoch noch als elektromotorisch wirksam anzusehen, weil es beim Behandeln mit Platinwasserstoff gegen Wasserstoff ersetzt werden kann. Dieser Ersatz kann geschehen, ohne daß das Sol in seinem Aussehen eine Veränderung erleidet.

Tabelle 164

Nr.	Gefäß	Farbe der Flüssigkeit		n . 10^4			Ag	Δ	$\frac{Ag}{\Delta}$
		in der Durchsicht	im auffallenden Licht	Ag ges	AgOH	Ag gef			
1	Gewöhnl. Thür. Glas	gelbbraun	grau getrübt	9,5	7,25	2,25	1,0	1,25	0,8
2	,, ,, ,,	,,	,, ,,	8,8	6,4	2,4	1,0	1,4	0,7
3	,, ,, ,,	,,	,, ,,	13,5	7,5	6,0	4,0	2,0	2,0
4	,, ,, ,,	,,	,, ,,	14,2	10,8	3,4	1,6	1,8	0,9
5	,, ,, ,,	,,	,, ,,	6,4	4,8	1,6	0,8	0,8	1,0
6a	,, ,, ,,	,,	,, ,,	5,2	3,4	1,8	1,0	0,8	1,2
6b	,, ,, ,,	braunrot	graugrün	5,2	1,4	3,8	2,6	1,2	2,1
7	,, ,, ,,	rosenrot	gelbgrau	7,8	4,8	3,0	2,8	0,2	14,0
8	Quarz	gelbbraun	grau getrübt	8,0	4,8	3,2	2,0	1,2	1,7
9	,, ...	,,	,, ,,	5,7	4,0	1,7	0,9	0,8	1,1
10	,, ...	,,	,, ,,	4,0	2,4	1,6	0,8	0,8	1,0
11	,, ...	,,	,, ,,	9,4	5,7	3,7	2,3	1,4	1,6
12	Jenenser Ger. Glas	rotviolett	grauschwarz	4,9	2,8	2,1	2,0	0,1	20,0
13	,, ,, ,,	violett	,,	8,2	7,2	1,0	0,8	0,2	4,0
14	,, ,, ,,	blau	,,	4,4	3,1	1,3	1,2	0,1	12,0
15	,, ,, ,,	braunrot	,,	10,8	9,2	1,6	1,2	0,4	3,0
16	,, ,, ,,	rotviolett	,,	7,6	6,2	1,4	1,2	0,2	6,0
17	,, ,, ,,	dunkelblau	,,	9,3	6,8	2,5	2,2	0,3	7,0
18	,, ,, ,,	weinrot	,,	5,2	2,5	2,7	2,4	0,3	8,0
19	,, ,, ,,	braunrot	,,	2,8	0,5	2,3	2,0	0,3	7,0
20	,, ,, ,,	stahlblau	,,	6,8	2,65	4,15	3,9	0,25	18,0
21	,, ,, ,,	violett	grüngrau	6,0	2,9	3,1	2,65	0,45	6,0

c) Das Verhältnis, in dem Oxyd und Silber in dem eigentlichen Kolloid stehen, wird bestimmt durch die Gefäßwand, auf der die Reduktion vor sich geht, es bestimmt seinerseits die Farbe des Sols. Die Menge des von dem Kolloid gebundenen Oxydes ist größer und ziemlich gleich bei den gelbbraunen Solen aus weichen Glas- und Quarzgefäßen, sie ist geringer und sehr wechselnd bei den bunten Solen. Man wird demnach die Bildung des Kolloids im vorliegenden Falle vielleicht folgendermaßen darstellen können:

Zunächst entsteht:

$$(x\,Ag\,OH + y\,Ag)$$

als wenig leitende Verbindung — das Wort im weiten Sinne genommen. In ihr ist Ag gegen H^+ austauschbar, so daß man als den für das Kolloid wesentlichen Bestandteil des Silberhydroxyds das Hydroxylion[1] wird ansehen müssen, dessen große Bedeutung für die Metallsole schon oft diskutiert worden ist, und also das eigentliche Kolloidteilchen

$$(x\,OH' + y\,Ag)$$

wäre.

Man gelangt so auf einem anderen Wege zu Anschauungen über die Konstitution des Kolloids, die sich nahe berühren mit den von Jordis, Lottermoser, Duclaux und anderen vertretenen. Während vielfach das OH-Ion nur als adsorbiert betrachtet wird, indem man vom Kolloid als dem primär gegebenen ausgeht, stellt es nach der hier angedeuteten Auffassung mehr ein komplexbildendes ‚Einzelion' dar,

[1] In Wirklichkeit muß bei der Behandlung mit $Pt + H_2$ neben der Ag-Abscheidung H_2O entstehen, und so zeigt der Versuch, daß gerade das ohne Verlust der Solstabilität entfernbare AgOH in der Solkonstitution nicht den für die Aufladung wesentlichen Bestandteil bilden kann.

welches als ‚Neutralteil' Ag-Metall anlagert — beide Bezeichnungen im Sinne der ABEGG-BODLÄNDERschen Definition der Komplexverbindungen gebraucht."

Der Quotient Ag/Δ entspricht nach der obigen Formulierung für das Kolloidteilchen dem y/x, wenn x = 1 ist. Er bezeichnet nach KOHLSCHÜTTER das Verhältnis der Masse zur Ladung, im Sinne der späteren PAULIschen Definition stellt er das Kolloidäquivalent der Gesamtladung dar.

KOHLSCHÜTTER hält es für möglich, daß der Quotient Ag/Δ mit der Teilchengröße abnimmt, d. h. die größeren Teilchen ein kleineres Kolloidäquivalent hätten (dies wäre der Fall bei konstanter Oberflächendichte der Ladung). Dann wären in den bunten Solen die größeren, in den gelbbraunen die kleineren Teilchen anzunehmen (vgl. die Tabelle). Zugleich scheint ihm nicht undenkbar, daß die Ursache der Farbenverschiedenheit der Sole überhaupt mehr in der chemischen Zusammensetzung des Kolloids als in der Teilchengröße gesucht werden muß, und zwar nicht nur bei seinen Silbersolen, sondern auch bei den Goldsolen.

KOHLSCHÜTTER untersuchte ferner einige BREDIGsche Silbersole. Er stellte fest, daß die Leitfähigkeit des reinen Wassers bei der Zerstäubung steigt, z. B. von 2,5 auf 22,9 . 10^{-6} . r. O. Bei der Behandlung mit Wasserstoff in der Platinschale fand er immer reichliche Ausscheidung kristallinen Silbers. Er folgert daraus, wie früher BLAKE, daß beim Brennen des Lichtbogens unter Wasser durch Elektrolyse oder thermische Zersetzung des Wassers an der Anode Oxydationsprodukte entstehen, die in das Sol übergehen.

Die Analyse einiger BREDIG-Silbersole gibt KOHLSCHÜTTER in der folgenden Tabelle 165 wieder. Man ersieht daraus, daß die Solteilchen zum großen Teil aus Oxyd bestehen.

Tabelle 165

Medium	Ag ges.	AgOH	Ag gef.	Ag	Δ	$\frac{Ag}{\Delta}$
1. Reines Wasser......	3,2	0,85	2,35	1,4	0,95	1,4
2. „ „	3,6	1,2	2,4	1,7	0,7	2,4
3. „ „	3,4	1,0	2,4	1,6	0,8	2,0
4. 0,001 n . NaOH	11,3	4,6	6,7	5,4	1,3	4,1
5. $AgOH_7 . 10^{-4}$ n	12,0	5,4	6,6	4,1	2,5	1,6
6. Reines Wasser......	10,0	1,6	8,4	4,0	4,4	0,9

Die Restleitfähigkeit für die in reinem Wasser und Silberoxydlösung hergestellten Sole bewegte sich nach der Behandlung mit H_2+Pt zwischen 4,25 und 7,5 . 10^{-6} r. O.

V. KOHLSCHÜTTER vertritt also auch bei einem Edelmetallsol einen mehr chemisch-konstitutiven Standpunkt und seine Auffassung kommt damit, wenn auch ihre Begründung und besondere Durchführung heute nicht entsprechen kann, in ihren Grundzügen der von PAULI später allgemein vertretenen sehr nahe, zumal der Autor auch zum ersten Male auf die Möglichkeit einer komplex-chemischen Deutung der die Aufladung der Silberteilchen besorgenden Silberverbindungen kurz hinweist. Während jedoch V. KOHLSCHÜTTERS tatsächliche Ergebnisse große Beachtung und Wertschätzung gefunden hatten, kann das gleiche nicht von seiner Auffassung derselben gesagt werden, die sich in keinem der größeren Werke über Kolloide erwähnt findet. Die Ursache hierfür war wohl darin gelegen, daß die Befunde V. KOHLSCHÜTTERS, wie von PAULI und ERLACH nachgewiesen wurde, für die Aufstellung einer komplex-chemischen Auffassung der Solkonstitution damals keine genügende Unterlage boten, ja sogar bei näherer Betrachtung einer solchen geradezu im Wege zu stehen scheinen.

Weitere Untersuchungen an Reduktionssilber. PAULI und ERLACH haben sechzehn Jahre später die Vorstellungen KOHLSCHÜTTERS, wie auch seine wichtigeren experimentellen Befunde einer Prüfung unterzogen. Sie besprechen die Möglichkeit, daß ein Teil des Ag_2O-Komplexes in der Lösung gehalten wird, indem eine Dissoziation im Sinne der Gleichung $AgOH + Ag_2O \rightarrow Ag_3O^{\cdot} + OH^{\cdot}$ (1) erfolgt, wobei das komplexe Ag_3O-Ion dem Hydroxoniumion an die Seite zu stellen wäre. Doch meinen die Autoren, daß auch diese Vorstellung nur die Aufnahme eines positiven Komplexions seitens der Silberteilchen ergeben und den Widerspruch mit der negativen Solladung nicht beheben würde. Eine Autokomplexionisation

$$2\,Ag_2O \rightarrow [AgO'] \,.\, Ag_3O^{\cdot}$$

könnte zwar negative silberhaltige Komplexionen liefern, doch muß auf alle Fälle die obige Reaktion (1) so stark überwiegen, daß die Bildung nennenswerter Mengen negativer Silberteilchen auf diesem Wege nach dem MWG wenig Wahrscheinlichkeit besitzt. Diese Umstände machen nach PAULI deshalb Schwierigkeiten, weil man nur der Anlagerung komplexer Verbindungen *mit Ag als Zentralion* an den metallischen Kern eine Wahrscheinlichkeit zuschreiben kann, wogegen aus AgOH nach allen Erfahrungen (v. EULER) die Anlagerung von Ag-Ionen an das metallische Silber, den Neutralteil, bevorzugt wäre, was dem Ladungssinn der Teilchen widerspricht.

PAULI und ERLACH gewinnen in der Tat in ihren Versuchen über die KOHLSCHÜTTER-Sole Anhaltspunkte dafür, daß bei der Solbildung andere von KOHLSCHÜTTER nicht bemerkte Umstände die ausschlaggebende Rolle spielen, welche zur Bildung von *negativen aufladenden Argentatkomplexen* den Anlaß geben. Nachdem sie die Resultate KOHLSCHÜTTERS in vielen Punkten bestätigen konnten, stellen sie einen wesentlichen Einfluß des bei der Reduktion verwendeten Kipp-Wasserstoffs fest (Tabelle 166). Es zeigt sich, daß mit zunehmender Reinheit desselben die Solbildung benachteiligt wird. Sie verwenden später Elektrolytwasserstoff und, um den Einfluß der Kieselsäure des Glases auszuschalten, einen Feinsilberkolben. Durch Vorschaltung von Spiralwaschflaschen, welche mit Schwefelsäure gefüllt ist, wird das Gas von mitgerissener Natronlauge der Elektrolysierflüssigkeit befreit. Die folgende Tabelle 167 zeigt, daß durch genügende Reinigung des H die Solbildung verzögert und schließlich völlig gehemmt wird. Es wurde also festgestellt, daß bei *Verwendung von reinstem Ag_2O, sowie von reinstem, elektrolytischem, mit H_2SO_4 gewaschenem H_2* sowohl in Jenaer- als auch im Feinsilbergefäß *eine Solbildung nicht stattfindet.* Dagegen konnte auch im Silberkolben mit Kippwasserstoff ein normales KOHLSCHÜTTER-Sol erhalten werden. Die Kieselsäure aus dem Glase stellt also keinen integrierenden Bestandteil der Solteilchen dar.

Tabelle 166

Sol	Füllung des Kipp	Waschflaschenfüllung	Anmerkung
A	Techn. Schwefelsäure Zn purum	Schwefelsäure, puriss.	in 8 Stunden dichtes Sol
B	detto	Kupfersulfat, Kaliumpermanganat, Silberoxyd	in 8 Stunden normales Sol
C	detto	Kupfersulfat, Kaliumpermanganat, Quecksilberchlorid, Silberoxyd	Solbeginn in 6 Stunden, Ende in 16 Stunden
D	Schwefelsäure puriss. Zn purum	Kupfersulfat, Kaliumpermanganat, Quecksilberchlorid, Silberoxyd	Solbeginn in 12 Stunden Ende in 24 Stunden
E	Schwefelsäure puriss. Zn purissimum	Kupfersulfat, Kaliumpermanganat, Quecksilberchlorid, Schwefelsäure puriss., Schwefelsäure puriss., Silberoxyd	Solbeginn in 30 Stunden, in 48 Stunden dünn, verstärkt sich nicht mehr
F	detto	detto	detto
G	detto	detto	detto

Tabelle 167
(Elektrolytischer Wasserstoff)

Versuch	Erste Waschflasche	Zweite Waschflasche (Spiral-)	Solbeginn nach Stunden	Sol beendigt nach Stunden	Gehalt
1	0	0	3	8	dicht
2	Ag_2O	0	16	60	dünn
3	Ag_2O	Ag_2O	16	72	dünn
4	H_2SO_4	0	12	36	dünn
5	H_2SO_4	H_2SO_4	bis zur 48. Stunde keine Solbildung		
6	H_2SO_4	H_2SO_4	bis zur 72. Stunde keine Solbildung		
7 bis 10	H_2SO_4	H_2SO_4	kein Eintritt einer Solbildung		

Mit Hilfe einer empfindlichen analytischen Methode haben die Autoren nachgewiesen, daß die Gele aus den mit Kipp-H hergestellten Solen, und nur diese, regelmäßig Schwefel enthalten.

Pauli und Erlach kommen für diesen Fall zu der Schlußfolgerung, daß die Bildung negativer, silberhaltiger Komplexe in der Lösung durch Reaktion des Silberoxyds mit dem Hydrosulfidion, das der Kippwasserstoff zuführt, begünstigt wird. Zur vollständigen Überführung des Ag_2O in Ag_2S reicht unter normalen Versuchsbedingungen die geringe verfügbare Sulfidmenge nicht entfernt aus, wie auch die mit dem Pt-H_2-Verfahren an den Solteilchen nachweisbare reichliche Menge Ag_2O anzeigt. Wahrscheinlich entsteht in den mit Kipp-H bereiteten Solen eine Mischform, ein Sulfargentat, als ionogener Oberflächenkomplex.

Während KOHLSCHÜTTERs Sole bei der Dialyse ausflockten, konnten ERLACH und PAULI ihre Sole mittels einiger Kunstgriffe im Faltendialysator weitgehend reinigen. Der in mit Kipp-H_2 erzeugten Solen regelmäßig nachweisbare Schwefel wurde nach der Dialyse in der gleichen Weise in den geflockten Gelen dieser Sole gefunden, er erscheint also an die Kolloidteilchen gebunden. Durch Dialyse gelang es ferner, die Leitfähigkeit unter Erhaltung des Solsilbergehaltes immer unter $10 \cdot 10^{-6}$ herabzudrücken. Im Flockungsfiltrat war dann kein Silber mehr nachweisbar, das gesamte Silber war nur in Form der Solteilchen vorhanden.

Wie bereits KOHLSCHÜTTER in seinen Versuchen, so konnten ERLACH und PAULI ihrerseits auch nachweisen, daß eine erhebliche Menge von Silber in den Solen in Form von Oxyd mit den Solteilchen verbunden, jedoch durch Wasserstoff reduzierbar vorliegt. Sie konnten nämlich einen Teil des Silbers der ausdialysierten Sole durch Einleiten von Wasserstoff auf der Platinschale niederschlagen. Dabei erfuhr die Leitfähigkeit eine kleine Erhöhung, dagegen die während der Dialyse erreichte Wasserstoffionenkonzentration keine Veränderung (Tabelle 168). Die letztere wurde mit Hilfe der Leitfähigkeitstitration bestimmt. Mit dieser Methode haben die Autoren die wichtige Tatsache festgestellt, daß bei fortschreitender Dialyse die ursprünglich (infolge AgOH oder NaOH-Anwesenheit) alkalischen Lösungen eine schwachsaure Reaktion annehmen. Die Wasserstoffionenkonzentration betrug dann bis etwa $2 \cdot 10^{-5}$ n.

Tabelle 168

Sol-Nr.	Silbergehalt in mg	Leitfähigkeit $\varkappa \cdot 10^6$	In Platinschale niedergeschlagen Ag (mg)	H-Ionen-konzentration $n \cdot 10^6$
1 vor Pt + H	36,72	4,5	0	11,4
nach Pt + H	28,4	6,8	8,2	11,4
2 vor Pt + H	34,0	5,6	0	8,6
nach Pt + H	26,3	8,0	7,3	8,4
3 vor Pt + H	20,4	3,8	0	7,6
nach Pt + H	16,1	5,0	—	7,6

Die folgende Tabelle 169 stellt die wichtigsten Resultate dar. Die ersten sechs Sole wurden mit Elektrolyt-H unter Zusatz von K_2CO_3, NaOH und NH_3 dargestellt, die letzten drei mit Kipp-H. Die Werte beziehen sich auf die Sole nach ihrer Dialyse bis zur Leitfähigkeitskonstanz.

Bei Zugrundelegen einer Äquivalentleitfähigkeit von 400 können die Leitfähigkeit und H^+-Konzentration auf Grund der klassischen Elektrolyttheorie miteinander verglichen werden. Es ergibt sich, daß 70 bis 80% der Leitfähigkeit durch die von PAULI und ERLACH angenommene, durch Titration bestimmte Kolloidsäure gedeckt werden kann. Bei der Dialyse erfolgt also infolge Membranhydrolyse gleichzeitig mit der Reinigung ein teilweiser Austausch der Kationen. In den Kippsolen werden die Ag^+-Ionen, in den Elektrolytsolen die Alkaliionen gegen H^+ als Gegenion ausgetauscht.

Tabelle 169

Sol-Nr.	Dargestellt mit	Silbergehalt in mg vor Pt + H	Silbergehalt in mg nach Pt + H	Leitfähigkeit 10^6 vor Pt + H	Leitfähigkeit 10^6 nach Pt + H	S-Bestimmung	H-Ionenkonzentration 10^6 vor Pt + H	H-Ionenkonzentration 10^6 nach Pt + H
1	El-H + K_2CO_3	20,6	16,0	7,2	7,2	neg.	19,0	19,0
2	El-H + K_2CO_3	18,0	14,8	5,5	5,5	„	15,2	15,2
3	El-H + NaOH	25,8	17,98	8,0	7,9	„	19,0	19,0
4	El-H + NaOH	9,5	9,0	5,2	5,1	„	7,6	7,6
5	El-H + NH_3	16,8	14,2	6,1	6,1	„	8,0	8,0
6	El-H + NH_3	15,0	11,1	5,8	5,7	„	7,6	7,6
7	Kipp-H	36,72	28,4	4,5	6,8	pos.	11,4	11,4
8	Kipp-H	34,0	26,3	5,6	8,0	„	8,6	8,4
9	Kipp-H	20,4	16,1	3,8	5,0	„	7,6	7,6

Die Rolle des Alkalihydroxydes, ohne welches bei der Solleitung mit reinstem Elektrolyt-H_2 das Sol ausbleibt, erblicken die Autoren in einer Förderung der Bildung negativer Argentatkomplexe. Ob es sich dabei um die einfachste Type, etwa $(AgO)'Na^{\cdot}$, oder um höher zusammengesetzte Formen handelt, lassen sie unentschieden.

Auch ein anderer Typus von Silbersolen wurde der Untersuchung unterzogen. Pauli und P. Neureiter haben ein Sol durch Reduktion von AgCl in ammoniakalischer Lösung mit Hilfe von Hydrazinhydrat hergestellt und einige orientierende Versuche daran ausgeführt. Das Sol wurde später von Pauli und E. Fried eingehender untersucht. Die Analyse ergab, daß das Gewicht des Gels immer größer war als dessen Silbergehalt entsprach. Sauerstoff konnte nach sorgfältiger Analyse ausgeschlossen werden und so kam nur AgCl als Beimengung in Betracht. Da AgCl auch in dem extrem dialysierten Sol aus demselben Grunde angenommen werden mußte, so muß es als mit den Kolloidteilchen verbunden betrachtet werden. Qualitativ wurde auch der Nachweis der Anwesenheit von Chlor in den Solteilchen erbracht. Es wurde ferner gezeigt, daß bei dieser Solsilberart als Gegenionen nur NH_4-Ionen in Betracht kommen. Bei fortgesetzter Dialyse werden diese teilweise gegen Wasserstoffionen ausgetauscht, deren Konzentration durch konduktometrische Titration bestimmbar ist. In der folgenden Tabelle sind die Meßergebnisse bei lang dauernder Dialyse eines Sols mitgeteilt.

Tabelle 170

Tage Dialyse	$\varkappa - \varkappa_{H_2O}$	H-Ionen gefunden	H-Ionen aus $\varkappa$ berechnet
1	$890 \cdot 10^{-6}$	—	—
5	$41 \cdot 10^{-6}$	—	—
11	$7{,}4 \cdot 10^{-6}$	—	—
14	$7{,}6 \cdot 10^{-6}$	—	—
26	$9{,}2 \cdot 10^{-6}$	—	—
31	$11{,}0 \cdot 10^{-6}$	$1{,}9 \cdot 10^{-5}$ n	$2{,}75 \cdot 10^{-5}$
40	$11{,}7 \cdot 10^{-6}$	$2{,}1 \cdot 10^{-5}$ n	$2{,}92 \cdot 10^{-5}$
47	$11{,}9 \cdot 10^{-6}$	$2{,}8 \cdot 10^{-5}$ n	$2{,}97 \cdot 10^{-5}$

Bemerkenswert ist am Gange der Leitfähigkeit, daß dieselbe durch ein mehrere Tage fast konstantes Minimum hindurchgeht, um dann allmählich anzusteigen. Dieser Anstieg entspricht, wie die Leitfähigkeitstitration zeigte, dem eintretenden Ersatz der NH_4-Ionen durch H-Ionen.

Bredig-Silber. Einige Jahre später haben PAULI und F. PERLAK die BREDIG-Silbersole der physikalisch-chemischen Analyse unterzogen. Während für das kolloide Gold (s. w. u.) schon seit BREDIG feststeht, daß es, in reinem Wasser zerstäubt, kaum haltbare Sole liefert, wurde früher vom Ag angenommen, daß hier wohl Alkalikarbonatzusatz fördernd auf die Solbildung wirkt, daß diese aber auch in Wasser allein (vgl. Tabelle 3) erfolgt. Die Autoren konnten nun auf Grund von Versuchen in Jenaer- und insbesondere in Feinsilberschalen mit frisch destilliertem Wasser feststellen, daß es nicht möglich ist, in reinstem Wasser mittels der elektrischen Zerstäubung unter einwandfreien Bedingungen auch nur die dünnsten stabilen Silbersole zu bereiten.

Weitere Versuche ergaben, daß erst bei einem Zusatz von $1 \cdot 10^{-5}$ n KOH an stabile Sole auftreten. Unter diesem Gehalt setzt die Dispersion in der Regel bis zum vierten Tag vollständig ab. Mit weiterem Ansteigen des Zusatzes bis etwa $5 \cdot 10^{-4}$ n KOH zeigen die Sole bei vollständiger Stabilität einen zunehmenden Ag-Gehalt (bis etwa 0,05 g pro Liter). Erhöht man den Laugenzusatz weiter bis etwa $4 \cdot 10^{-3}$, so sinkt der Ag-Gehalt des gebildeten Sols. Über $5 \cdot 10^{-3}$ n KOH sind die Zerstäubungssole instabil. In $5 \cdot 10^{-2}$ n KOH setzte das Silbersol schon während und unmittelbar nach der Zerstäubung vollständig ab.

Auch eine Versuchsreihe über Zerstäubung in AgOH-Lösungen wurde ausgeführt. Es war wohl möglich, darin stabile Sole zu erzielen, wenn der Gehalt an AgOH sich um $1 \cdot 10^{-5}$ n bewegte. Der Silbergehalt erreichte jedoch höchstens 12 mg/l.

Wie bereits von PAULI und Mitarbeitern an Goldsolen (s. w. u.), so konnte auch hier bei der Dialyse das Auftreten von schwach sauerer Reaktion (mit Hilfe von konduktometrischer Titration) nachgewiesen werden. Auch hier kann, wie bei den KOHLSCHÜTTER-Solen nach PAULI und ERLACH etwa 70% der Leitfähigkeit durch die Kolloidsäure gedeckt gedacht werden. Die nach rund zwei Wochen Leitfähigkeitsabfall auftretende konstante Leitfähigkeit des Dialysats betrug etwa $1{,}4 \cdot 10^{-5}$ r. O.

Nach PAULI genügt es, um diese Erfahrungen zu verstehen, nicht, in der elektrischen Zerstäubung einen rein thermomechanischen Vorgang zu erblicken, zu dem auch eine direkte Verdampfung tritt. Dagegen würde eine gleichzeitige *Elektrolyse*, die durch die hohe Stromdichte an den Drahtspitzen begünstigt wird, die schon von KOHLSCHÜTTER nachgewiesene Oxydbildung im BREDIGschen Silbersol verständlich machen, wobei, wie PAULI annimmt, durch das vorhandene Alkali eine teilweise Überführung des frischen Oxyds in Argentat erfolgt. Die notwendige energische Rührung hätte dann vor allem die Bedeutung, das für die Elektrolyse nötige Material im Bereiche der Metallspitzen immer wieder zu ersetzen. Der ganze Vorgang wäre also eine thermomechanische Dispersion, welche die Teilchen schafft, *an deren Oberfläche durch die begleitende Elektrolyse die zur Aufladung nötigen ionogenen Komplexe entstehen.* Nicht eine Adsorption von negativen Ionen an die dispersen Edelmetallteilchen, welche niemals eine heteropolare Verbindung oder WERNERsche Komplexe liefern könnte, würde demnach vorliegen, sondern eine chemische Reaktion mit den Produkten der Elektrolyse.

In scheinbarem Gegensatze zu dem Befunde (PAULI-ERLACH), daß durch Reduktion mit reinstem H_2 in AgOH-Lösungen keine Solbildung möglich ist, konnten PAULI und PERLAK durch Elektrodispersion in AgOH dünne stabile Sole herstellen. Doch handelt es sich in diesen zwei Fällen um ganz verschiedene Vorgänge. Im ersten Falle kann der solerzeugende Prozeß (die Reduktion mit H_2) nur das metallische Silber, den Neutralteil, nicht aber die negativen Oberflächenkomplexe schaffen, die eben, wie die Versuche lehrten, hier in einer genügenden Konzentration von vorneherein gegeben sein (Erzeugung mit Elektrolyt-H_2 + Alkali) oder gleichzeitig durch eine weitere Begleitreaktion gebildet (Kipp-H_2) werden müssen. Dagegen genügt bei der Elektrodispersion in AgOH die die Zerstäubung begleitende Elektrolyse, um die wenigstens für eine schwache Solbildung nötigen Argentate auf den Teilchen zu erzeugen. Der bestehende quantitative Unterschied in der Solbildung gegenüber der Zerstäubung in Alkalihydroxyd findet wohl seine Aufklärung darin, daß im letzteren Falle die Elektrolyse am Orte der Zerstäubung zu einer kathodischen Anreicherung der Lauge, dagegen beim AgOH infolge metallischer Silberabscheidung zu einer Verarmung an Lauge führt. Dazu kommt, daß die kleinvolumigen Ag-Ionen als Gegenionen weniger geeignet sind.

Wenn nun in reinstem Wasser durch elektrische Zerstäubung keine stabilen Silbersole herstellbar sind und eine Komplexbildung an der Teilchenoberfläche die notwendige Vorbedingung für die Solaufladung darstellt, dann wäre es nicht zu erwarten, daß Zerstäubung in indifferenten Gasen eine nachträglich unmittelbar in Wasser unter Solbildung zerteilbare Dispersion zu liefern vermag. Nun hat tatsächlich schon vor Jahren THE SVEDBERG, dem wir die umfassendsten Untersuchungen und den weiteren Ausbau der elektrischen Dispersionsmethoden verdanken, ein Verfahren angegeben, nach welchem ein in einem Quarzrohre eingeschlossener Lichtbogen, z. B. zwischen Silberdrähten, im N-Strome erzeugt wird. Man kann durch Aufnahme solcher Zerstäubungen in Flüssigkeiten zu Solen kommen, allein nach allen Erfahrungen auch späterer Autoren sind solche Sole entweder instabil oder wahrscheinlich nicht rein. So gibt SVEDBERG ausdrücklich als Nachteil seines Verfahrens an, daß dabei gleichzeitig SiO_2 verdampft, welches kondensiert wird und einen Bestandteil der hergestellten kolloiden Lösung bildet. Nun wissen wir aber aus verschiedenen Beobachtungen, daß die Silikate besonders gute Oberflächenkomplex- und damit auch Solbildner darstellen können.

Goldsole. Das kolloide Gold wurde schon von FARADAY als Zerteilung metallischen Goldes angesprochen. ZSIGMONDY bestimmte 1898 in 0,0612 g eines durch Kochsalzfällung seines Formolgoldsols gewonnenen schwarzen Goldpulvers das beim Glühen entweichende Gas, und zwar in einer Menge von 0,6 ccm, wovon sich nur 0,1 ccm mit Sicherheit als Sauerstoff erwies. Da jedoch die Berechnung des Niederschlages als Goldoxydul zu einem Volum von 1,67 ccm Sauerstoff führte, so hat ZSIGMONDY aus diesem Befunde gefolgert, daß das kolloide Gold lediglich aus metallischem Golde besteht. Daß dies wenigstens für den Hauptanteil der Teilchenmasse in roten Goldsolen gilt, wird heute von keiner Seite bestritten.

BEANS und EASTLACK haben 1915 die BREDIGsche Goldzerstäubung untersucht. Sie fanden, daß Goldsole nach dieser Methode in reinstem Wasser nicht gewonnen werden können, dagegen ist ihre Bildung bei Anwesenheit der Cl, Br, J-Salze der Alkalimetalle möglich, nicht aber bei Anwesenheit von Fluoriden und

Sulfaten derselben. Die amerikanischen Autoren entwickeln auf Grund dieses Befundes eine Auffassung, welche von ihnen zwar als Komplextheorie des kolloiden Goldes bezeichnet wird, jedoch ohne jene Berechtigung, mit welcher diese Bezeichnung der von KOHLSCHÜTTER an kolloidem Silber angedeuteten und später von PAULI allgemein aufgestellten Theorie gebührt. Es wird nämlich von BEANS und EASTLACK „die Bildung eines ‚kolloiden Komplexes' zwischen dem in der hohen Temperatur, welche vom Lichtbogen produziert wird, höchst zerteilten Metall und gewissen in dem Medium anwesenden Ionen angenommen. Diese Ionen können als Kondensationskerne dienen, ähnlich der Kondensation von übersättigtem Wasserdampf auf Gasionen. In einem reinen Medium oder einem solchen, welches kein stabilisierendes Ion enthält, findet die Dispersion wohl statt, aber infolge des Mangels an Kondensationszentren erfolgt die Kondensation an wenigen Punkten und die Partikeln sind infolgedessen größer. Sie fallen demgemäß sehr rasch aus."

Im Gegensatz zu dieser Auffassung, die mit der Bildung von Komplexen (im Sinne WERNERS) auf der Teilchenoberfläche nichts gemein hat, erblickt PAULI die Rolle der Ionen bei der Zerstäubung in einer elektrolytischen Oxydation (Halogenisation usw.) des Metalles. Die durch Oxydation gewonnenen Goldverbindungen bilden dann die aufladenden Komplexe. Gegenüber BEANS und EASTLACK, die den Mangel an Solbildungsfähigkeit von Sulfat und Fluorid aus der mangelnden chemischen Verbindungsfähigkeit des Goldes mit diesen Ionen zu Komplexen ableiten wollen, weist PAULI auf die Tatsache hin, daß Gold schöne Komplexsalze mit SO_4 gibt. Nach ihm ist das Ausbleiben der Solbildung hier darin begründet, daß die elektrolytisch entstehende Schwefelsäure im Gegensatz zu dem elementar ausgeschiedenen Cl, Br und J gegenüber dem Metall nicht genügend reaktionsfähig ist.

Die Frage nach den ionogenen Komplexen an der Oberfläche von Teilchen durch Reduktion hergestellter Goldsole hat zu einer kontroversen Stellungnahme seitens ZSIGMONDYS und PAULIS geführt.

In Verallgemeinerung seiner Theorie der Kolloidaufladung stellte PAULI die Hypothese auf, daß die Ladung der durch Reduktion von Goldsalzlösungen hergestellten roten Goldsole von unreduzierten Goldverbindungen an der Oberfläche der Teilchen herrührt, die eine elektrolytische Dissoziation erleiden. ZSIGMONDYS oben referierten älteren analytischen Versuche lehnte er als Argument gegen eine derartige Auffassung ab, da die von ZSIGMONDY gefundene Sauerstoffmenge für die Beistellung der nötigen Oberflächenkomplexe noch reichlich genügend wäre. Mit E. KAUTZKY führte er eine neue, viel genauere analytische Untersuchung durch. Die durch Reduktion mit Tannin erhaltenen Goldsole wurden geflockt und das erhaltene Goldgel nach Trocknen der Gasanalyse unterworfen. Auf Grund einer einwandfreien Versuchsanordnung kamen sie zu dem Schlusse, daß das Bestehen sauerstoffhaltiger Komplexe am gefällten und gewaschenen kolloiden Gold äußerst unwahrscheinlich ist. Nimmt man die niedrigste Oxydationsstufe an, so ist es sicher, daß nach ihren Analysen mindestens 700 Goldatome, also eine viel zu große Zahl, auf einen solchen Komplex entfallen müßten. Durch weitere Untersuchungen auf Cl wurde von diesen Autoren festgestellt, daß Chlorokomplexe ebenfalls höchstens in diesem Ausmaße im Goldgel vorhanden sind.

BLAKE hat bereits frühzeitig die Adsorption der Gegenionen durch das Goldgel zu prüfen versucht. Er fällte das Goldsol, welches nach einem eigenen Reduktionsverfahren hergestellt war, mit $BaCl_2$ und analysierte es, nach Auswaschen, auf Barium.

Er fand in 1 g Substanz 0,00047 bis 0,0042 g $Ba(OH)_2$. PAULI und KAUTZKY haben nach demselben Prinzip ihre Sole nach Flockung mit Ba- und Mg-Salz untersucht. Sie konnten weder Mg noch Ba in den Koagulaten nachweisen. BLAKEs Befund führen sie auf ungenügendes Waschen des Niederschlages zurück.

A. P. THIESSEN hat später in ZSIGMONDYs Institut die Gele von Formolgoldsolen ebenfalls gasanalytisch auf O und ferner auf Chlor untersucht. Das Ergebnis fiel auch bei ihm negativ aus. Doch ist die Stellungnahme der einzelnen Autoren zu den gleichen Versuchsresultaten in einem wesentlichen Punkt verschieden. ZSIGMONDY-THIESSEN schließen aus der Analyse des gefällten kolloiden Goldes zurück auf die gleiche Zusammensetzung der stabilen Teilchen im roten Sol, während PAULI seine Schlußfolgerungen ausschließlich auf das Objekt der direkten Untersuchung, das Goldgel, einschränkt. Mit dieser Einschränkung wird zugleich auf die Möglichkeit eines Komplexzerfalls bei der Goldflockung hingewiesen, für welchen in der Tat neuere Beobachtungen von M. SHEAR zu sprechen scheinen.

ZSIGMONDY hat die Auffassung PAULIs wiederholt in polemischen Bemerkungen bekämpft, indem er insbesondere auf den Mangel der experimentellen Begründung hinwies. Noch weniger liegen jedoch experimentelle Grundlagen für die Auffassung vor, daß das kolloide Gold die Ladung der Aussendung von Goldionen oder der Aufnahme von Elektronen verdankt. Nur in diesem Falle wäre eine rein metallische Oberfläche denkbar.

Inzwischen hatten jedoch PAULIs Arbeiten in anderer Richtung zu einem wichtigen Resultate geführt. Es wurde von ihm und M. ADOLF die Beobachtung gemacht, daß die Goldsole nach langdauernder Dialyse eine höhere Leitfähigkeit aufweisen als dem verwendeten Außenwasser entspricht. Außerdem treten in dem Sol allmählich Wasserstoffionen auf und die Wasserstoffionenkonzentration bleibt dann bei konstanter Leitfähigkeit während der weiteren Dialyse merklich auf der sauren Seite. So konnte in einem nach der Formolmethode hergestellten Sol nach der Dialyse bei einer Leitfähigkeit von $2{,}1 \cdot 10^{-5}$ r. O. $2 \cdot 10^{-5}$n H im Flockungsfiltrat (gewonnen durch Flockung mit KCl) potentiometrisch nachgewiesen werden, während das nicht dialysierte Sol $4{,}5 \cdot 10^{-7}$nH aufwies. PAULI deutete diesen Befund so, daß die Kaliumionen, die in den ungereinigten Solen mit den Kolloidionen als Gegenionen korrespondieren, im Laufe der Dialyse in H umgetauscht werden. Später wurde die direkte H^+-Bestimmung im Sol, welche potentiometrisch undurchführbar ist, durch Anwendung der Mikroleitfähigkeitstitration ermöglicht. Im Faltendialysator konnte auch die Leitfähigkeit stärker heruntergedrückt werden.

Ein solches Sol von der spezifischen Leitfähigkeit $5 \cdot 10^{-6}$r. O. zeigte im Flockungsfiltrat potentiometrisch eine $C_H = 9{,}52 \cdot 10^{-6}$n, bei der konduktometrischen Titration $C_H = 11{,}4 \cdot 10^{-6}$n.

PAULI hat später mit L. FUCHS die Goldsole mit Hilfe dieser Methoden sehr eingehend untersucht. Auch mußte die Rolle der vom Pergamentpapier während der Dialyse abgegebenen Bestandteile geprüft werden. Es wurde zwar erhoben, daß die Membran merkliche Mengen von Asche abgibt und auch nicht unbeträchtliche Mengen von Kohlehydraten in die Lösung gehen, eine Säuerung der Innenflüssigkeit bei Leerdialyse von destilliertem Wasser unter häufigem Wechsel des Außenwassers war jedoch nicht feststellbar. In dem verwendeten frischen destillierten Wasser konnten keine mit Hilfe der konduktometrischen Titration genau meßbaren H^+-Ionen gefunden werden. Dagegen genügte schon ein 48stündiges Unterbleiben des Wechsels vom Außenwasser, um darin bis $5 \cdot 10^{-6}$n H-Ionen titrimetrisch nachweisbar zu machen. Diese Versuche zeigen mit Sicherheit, daß das Auftreten der H^+-Ionen in der Innenzelle beim häufigen Wechsel des Außenwassers an die Anwesenheit des Goldsols geknüpft ist und nicht freier Kohlensäure zugeschrieben werden kann. Letzteres geht überdies zwingend aus der potentiometrischen H^+-Messung im Flockungsfiltrat mittels der Gaselektrode im strömenden Wasserstoff hervor. Wohl können die Glaswände sehr viel Asche abgeben, dies konnte jedoch durch Verwendung von paraffinierten Wannen bei der Dialyse vermieden werden. Zur Korrektur für die Endleitfähigkeit des dialysierten Goldsols wurde die Leitfähigkeit des zum Schlusse 24 Stunden mit ihm im Gleichgewichte gestandenen Außenwassers benutzt.

Die Versuche an Formolgold (Tabelle 171) lehrten, daß das Auftreten adialysabler H^+-Ionen bei fortschreitender Reinigung von Goldsolen in der Tat eine vollständig reproduzierbare, konstante Erscheinung ist, die in keinem Zusammenhang mit den Schwankungen des verglühbaren Rückstandes oder der neben dem Gold vorhandenen Asche steht. Die gefundenen, sehr kleinen Mengen anorganischen Rückstandes (ohne Gold) lassen für das Vorliegen einer kolloiden Kieselsäure als selbständige Form und als Quelle der nachgewiesenen H^+-Ionen selbst unter der Annahme viel zu niedriger Aggregatgewichte derselben keinen Raum. Zu dem gleichen Ergebnis führt die Berechnung des verglühbaren Rückstandes (mit Einschluß des vorhandenen Wassers) als kolloide, komplexe, organische Säure unter Berücksichtigung der schließlich durch weitgehende Vorbehandlung des Pergamentpapiers erzielten niedrigen Werte. Betrachtet man die korrigierte Leitfähigkeit als Solleitfähigkeit, so findet sich in der Reihe F 8 bis 17 eine mittlere Übereinstimmung von 83% zwischen der gefundenen und aus $\varkappa$ berechneten H-Konzentration.

Infolge höheren Reinheitsgrades noch eindeutiger fielen die Versuche an den Goldsolen aus, welche nach der eigenen Methode der Autoren durch Reduktion mit Elektrolytwasserstoff gewonnen waren (Tabelle 172).

Hier geht die Übereinstimmung der gefundenen und der aus $\varkappa$ berechneten H-Ionen im Mittel über 90%.

R. Wintgen hat später den Befund Paulis, betreffend das Auftreten einer konstanten Eigenleitfähigkeit des Formolsols bei der Dialyse bestätigt. Er faßt diese Leitfähigkeit ebenfalls als Summe der Beweglichkeiten von Kolloidion und Gegenion auf.

Murray J. Shear, ein Schüler von Beans, hat in der neuesten Zeit eine Untersuchung am Bredigschen Goldsol durchgeführt. Er verwendet die Chlorsilberelektroden zur Bestimmung der Chloraktivität jener verdünnten KCl-Lösungen ($8 - 10 \cdot 10^{-3}$n), in welchen die Goldzerstäubung erfolgte, und stellte fest, daß ein großer Teil des Cl — bei genügend langer Lichtbogendauer fast das

Tabelle 171

Sol-Nr.	$\varkappa_{25} \cdot 10^6$		$C_H \cdot 10^6$		mg Gold im Liter Mittelwerte	mg Gesamtrückstand		mg Glühverlust pro Liter	mg Gold im Liter bei der Aschenbestimmung gefunden	mg Asche im Liter	Anmerkung
	unkorrigiert	korrigiert	gefunden	aus $\varkappa_{25}$ berechnet		pro Liter	nach Abzug des Au im Liter				
F 1	—	—	P 0,0114	—	54,50	210,80	156,20	35,20	54,60	121,00	Undialysiertes Sol
F 2	12,0	—	P 10,1	—	51,72	164,10	112,50	107,00	51,60	5,50	P = potentiometrisch bestimmt
F 3	9,0	—	P 9,52 T 11,4	—	48,272	128,40	81,28	—	—	—	T = kondukto-titrimetrisch bestimmt
F 4	11,5	—	P 10,3	—	40,21	92,20	51,90	42,60	40,30	9,30	Das Sol war während der Dialyse stark violett geworden
F 5	12,0	—	—	—	46,68	160,25	113,57	—	—	—	= F 2 nach Abfiltrieren vom ausgefallenen Gold
F 7	10,87	6,5	T 10,24	16,2	44,76	96,00	51,20	47,60	44,80	3,60	18 Tage dialysiert, frisches Pergamentpapier
F 8	7,242	3,1	6,837	7,7	34,21	57,20	22,90	19,20	34,30	3,70	Grobteiliges Sol, brauner Schimmer, 14 Tage dialysiert, Pergamentpapier von F 7
F 9	8,960	4,55	10,10	11,3	48,54	102,30	53,50	48,90	48,80	4,60	16 Tage dialysiert, frisches Pergamentpapier
F 10	6,637	3,76	8,495	9,4	15,58	42,20	26,70	23,80	15,50	2,90	21 Tage dialysiert, Pergamentpapier von F 9, das Sol absichtlich sehr dünn und feinteilig hergestellt
F 11	8,564	4,94	8,902	12,3	44,66	71,40	27,20	24,70	44,20	2,50	22 Tage dialysiert, frisches, aber sehr lange gewaschenes Pergamentpapier
F 12	7,246	3,37	8,702	8,4	32,30	65,10	32,50	28,50	32,60	4,00	23 Tage dialysiert
F 13	8,227	5,25	9,324	13,1	48,687	69,20	20,30	16,90	48,90	3,40	28 Tage dialysiert
F 15	7,586	3,41	8,288	8,5	42,70	59,70	17,30	13,50	42,40	3,80	22 Tage dialysiert
F 16	8,164	4,21	9,324	10,5	46,175	61,20	15,10	13,00	46,10	2,10	22 Tage dialysiert
F 17	9,455	5,56	11,0	13,9	38,313	68,50	30,30	29,00	38,20	1,30	16 Tage dialysiert
F 18	8,969	4,77	23,72	11,9	34,00	152,625	118,425	78,75	34,20	39,675	In einer nicht paraffinierten Wanne 60 Tage dialysiert, frisches Pergamentpapier

ganze, bis auf wenige Prozente — bei der Solbildung aus der Lösung verschwindet. Das hängt zunächst zum Teil mit dem Abgang von elektrolytisch entwickeltem Chlor zusammen, den der Autor mit der gleichen Versuchsanordnung (bei paraffinierten Metallspitzen) abzuschätzen sucht. Die Differenz gegenüber dem bei der Zerstäubung nachweisbar erheblich größeren Cl-Verlust würde dann die zur Solbildung verbrauchten Cl-Ionen ergeben. Gegen die quantitative Auswertung dieses Verfahrens sind immerhin noch Einwendungen möglich. Es gelang jedoch dem Autor durch Koagulation des Goldes mittels Ausfrieren einen reichlichen Zuwachs, also ein Freisetzen von aktivem Chlor in der Lösung in der Größenordnung des früher bei der Solerzeugung ermittelten Chlorverbrauches festzustellen. SHEAR nimmt an, daß diese Chlormenge bei der Zerstäubung von dem Sol adsorbiert war. Sein gleichzeitiger Befund jedoch, daß die Chloraktivität beim Zentrifugieren des Sols abnimmt, ist schwer zu verstehen. Jedenfalls ist eine sorgfältige Wiederholung der ziemlich schwierigen Versuche zur Entscheidung darüber erforderlich.

Tabelle 172

Sol-Nr.	$\varkappa_{25} \cdot 10^6$		$C_H \cdot 10^6$		Mittelwerte mg Gold im Liter	Gesamtrückstand		mg Au im Liter bei der Aschebestimmung gefunden	Glühverlust mg/l	Asche mg/l	Anmerkung	
	unkorrigiert	korrigiert	aus K_{25} berechnet	gefunden		mg/l	nach Abzug des Au/l					
H_2 4	7,296	3,98	9,9	8,702	50,40	64,80	14,40	50,40	14,00	0,40	16 Tage	
H_2 7	6,604	4,0	10,0	11,56	54,40	68,20	14,20	54,00	13,70	0,50	28 Tage	
H_2 8	7,879	4,6	11,5	10,44	45,80	58,40	12,40	46,00	12,20	0,20	19 Tage	dialysiert
H_2 9	8,947	5,6	14,0	10,3	45,54	63,40	18,00	45,40	15,40	2,6	18 Tage	
H_2 10	8,435	4,4	11,0	11,51	49,60	61,40	11,76	49,64	11,20	0,56	17 Tage	

Stand der Aufladungsfrage. Im folgenden wollen wir die Ergebnisse der Untersuchungen und die gegenteiligen Ansichten in bezug der Aufladung und Konstitution des kolloiden Goldes zusammenfassen und den gegenwärtigen Stand der Frage darstellen.

Auf der einen Seite finden wir ZSIGMONDY, der von Anfang an behauptet hatte, daß die Formolgoldsole lediglich aus metallischem Golde bestehen. Jedoch nahm er bereits frühzeitig an, daß die die Solbildung begünstigende Wirkung des Alkali darauf beruht, daß Hydroxylionen an der Teilchenoberfläche adsorbiert werden und dadurch die Ladung erhöhen. Indessen hat er sich später der Meinung zugeneigt, daß Aussendung von Goldionen im Sinne der NERNSTschen Lösungstension oder Aufnahme von Elektronen die Aufladung bewerkstelligen könnte. In der neuesten Zeit wurde von ihm und THIESSEN wieder die Rolle der Anlagerung von Hydroxylionen für die Teilchenladung mehr betont.

Auf der anderen Seite steht PAULI, der zunächst prinzipiell auf Grund der Analogie zu den Oxydsolen auf das Vorhandensein von ionogenen aufladenden Komplexen schloß und diese beim Formolgold in unreduzierten Resten von Goldverbindungen vermutete. Diese Annahme konnte auf analytischem Wege nicht bestätigt werden. Im Gegenteil, mit KAUTZKY hat PAULI festgestellt, daß im Goldgel eine ausreichende Menge an Sauerstoff nicht vorhanden ist (was auch von

THIESSEN bestätigt wurde), und weder im Goldgel noch im Flockungsfiltrat konnten festgehaltene Gegenionen oder Chlor als Bestandteil der aufladenden Komplexe nachgewiesen werden. Für die Möglichkeit, welche PAULI schon früher ebenfalls in Betracht gezogen hat, daß die aufladenden Ionen bei der Flockung freigegeben werden, spricht der bisher unbestätigte Befund von SHEAR, welcher von ihm auch in diesem Sinne interpretiert wird. PAULI hat mit KAUTZKY auch die Feststellung gemacht, daß vom Goldsol eine nicht unbeträchtliche Menge von Wasser (etwa 5 Gewichtspromille des Goldes) hartnäckig beim Trocknen über 100^0 festgehalten wird. PAULI betrachtet dies als chemisch gebunden. Die aufladende Verbindung wäre also eine Goldaquosäure.

Vergleicht man diese letzte Auffassung mit der wenigstens für eine Mitbeteiligung an der Aufladung gemachten Annahme von ZSIGMONDY, einer Adsorption von Hydroxylionen, so findet man gewisse Berührungspunkte. In beiden Fällen muß ein Kation in der Lösung einer Elementarladung der Teilchen korrespondieren, in beiden Fällen kann die analytische Zusammensetzung der Teilchen in dem Sol auf dieselbe Weise dargestellt werden: An der Oberfläche der Teilchen finden sich nach beiden Auffassungen außer dem Gold noch Sauerstoff und Wasserstoff. Die Bindung der Hydroxylionen wird jedoch von PAULI auf chemische, von ZSIGMONDY auf physikalische Kräfte zurückgeführt. Nur im ersten Falle kann es zur Bildung typischer Komplexionen kommen.

Diese Auffassungen erweisen sich jedoch bei näherer Betrachtung trotz der eben hervorgehobenen Ähnlichkeiten als recht verschieden. Sämtlichen Reduktionsverfahren ist gemeinsam, daß das verwendete Goldsalz in Form von Auraten im WERNERschen Sinne, also Komplexionen mit dem positiven Goldion als Zentralion und einer Gruppe von Anionen in der ersten Koordinationssphäre vorliegt. Bei der Reduktion in alkalischer Lösung wird zunächst das ursprünglich vorhandene Chlorokomplexion ($AuCl^-{}_4$) mehr oder minder vollständig in einen Hydroxokomplex $Au(OH)_4{}^-$ übergeführt. Das geht neben älteren Beobachtungen vor allem aus den Versuchen von NAUMOFF und von FUCHS und PAULI hervor. Die letzteren fanden ferner, daß die Solbildung durch Reduktion mit reinstem H_2 erst eintritt, wenn das zugesetzte Alkali nicht nur für die Entstehung von $Au(OH)_3$, sondern auch für dessen vollständige Überführung, z. B. in das Kaliaurat ausreicht und ebenso ist in einer Aufschwemmung von $Au(OH)_3$ keine Solerzeugung möglich. (Dieses Verhalten ist ganz analog der Erfahrung von PAULI-ERLACH am Silbersol, wonach aus reinstem Ag_2O mit Elektrolyt H_2 erst bei Anwesenheit von Alkali Solerzeugung erfolgen kann, wenn also Argentate in der zu reduzierenden Lösung vorliegen.) Aus solchen Solen ist nicht nur beim Niederschlagen ein völlig Cl-freies Gel zu erhalten, sondern auch das Flockungsfiltrat derselben erweist sich nach vorausgegangener gründlicher Soldialyse als vollständig chlorfrei. Solche Komplexe mit einem zentralen Goldion müssen also zugegen sein, damit Solbildung in alkalischer Lösung eintritt und sie werden nach den Ansichten PAULIs bis auf einen Rest, der für die Oberfläche der Goldteilchen übrig bleibt und deren Aufladung vermittelt, zum Metall reduziert.

Nach den Vorstellungen PAULIs liefert auch die Elektrodispersion der Edelmetallsole in Alkali anscheinend analog den in alkalischer Lösung bereiteten Reduktionssolen konstituierte Solteilchen. Man kann sich mit PAULI die Oberflächenreaktion mit den elektrolytischen Produkten, die bei der Elektrodispersion etwa des Goldes den Abschluß der Solbildung bedeutet, schematisch in zwei Stufen verlaufend denken. Bei der Zerstäubung in Salzsäure wären diese: 1. Die Oxydation zu $AuCl_3$ und 2. die Überführung desselben in den aufladenden Komplex etwa $[AuCl_4]$. H. Geht man von vornherein unter den zur Elektrodispersion nötigen Elektrolytgehalt, so wird zunächst oder überwiegend die zweite Reaktion gehemmt, es fehlt die Salzsäure zur Überführung in den Auratkomplex. Hier könne deren sofortige Zufuhr im Anschluß an die Zerstäubung die Stabilität erhöhen und die Bildung eines roten Sols ermöglichen. Nimmt man noch weniger Elektrolyt vor der Zerstäubung, dann reicht die Cl-Elektrolyse auch nicht zur Erzeugung von $AuCl_3$ aus. In diesem Falle vermag jedoch eine Mischung von Chlorwasser und Salzsäure unmittelbar nach der Zerstäubung hinzugefügt einen erkennbaren Stabilisierungseffekt hervorzurufen, wie sehr sorgfältige Versuche von F. EIRICH und PAULI gezeigt haben.

Es gibt nun keinen analytischen Weg, um zwischen dieser und der Auffassung ZSIGMONDYs, einer Adsorption von OH-Ionen an das elementare Edelmetall, zu entscheiden. Der negative Ausfall des O-Gehaltes im geflockten Goldgel trifft beide Anschauungen in gleicher Weise. Dagegen werden die Schwierigkeiten für die physikalische Adsorptionsbetrachtung ZSIGMONDYs außerordentlich, sobald man dieselbe unter Berücksichtigung der neueren Erfahrungen an BREDIG-Goldsolen auf diese Soltype zu übertragen versucht. Die ZSIGMONDYsche Lehre ließe erwarten, daß das zweiwertige SO_4 infolge der weit stärkeren elektrostatischen Wechselwirkung viel intensiver vom Metall adsorbiert wird und dasselbe leichter aufladet. In Wirklichkeit hemmte es in genau vergleichenden Versuchen (z. B. 10^{-5}n . H_2SO_4) die Elektrodispersion in der Goldschale noch mehr als das reinste Wasser. Entsprechend der abnehmenden Reaktionsfähigkeit mit dem metallischen Gold in der Reihe der Elemente Cl, Br, J erwies sich auch die Solentstehung in den genau gleichen Minimalkonzentrationen dieser Alkalihaloide in der gleichen Folge merklich abgeschwächt, während sich in der Adsorbierbarkeit dieser Ionen bis zum leicht deformierbaren J im allgemeinen ein Anstieg findet. Alle diese Beobachtungen sind mit der Anschauung PAULIs im besten Einklange, nach der bei der Elektrodispersion eine Bildung von heteropolaren Komplexen durch die begleitende Elektrolyse den Vorgang der Solerzeugung wesentlich bestimmt. Bei der Zerstäubung, etwa in Halogenwasserstoffsäuren, würden also Halogenokomplexe gebildet, wofür auch die Versuche von SHEAR und Beobachtungen von PAULI und EIRICH sprechen. Der Aufbau dieser Solteilchen dürfte dem von Reduktionssolen aus sauren Lösungen (z. B. $AuCl_4H$ mittels H_2 nach DONAU) analog sein. Die Weiterführung der Versuche in dieser Richtung wird noch ein reiches ergänzendes Material zur Klärung mancher hier noch offen gebliebener Fragen zutage fördern. Beispiele dafür geben die im Gange befindlichen Untersuchungen von EIRICH und PAULI, an denen sich auch der heuristische Wert der Theorie der aufladenden ionogenen Oberflächenkomplexe bewährt hat.

In mehrfacher Hinsicht hat sich da gezeigt, daß die durch Zerstäubung in reinster Lauge und in Halogeniden, z. B. HCl, gewonnenen Sole charakteristische Verschiedenheiten in ihrem Verhalten erkennen lassen, die sich kaum anders als aus konstitutiven Unterschieden der aufladenden Komplexe verstehen lassen. So erweisen sich die Chlorokomplexe weit gefestigter als die Hydrokomplexe.

Sole mit den letzteren, die in einer eben noch ausreichenden Grenzkonzentration Lauge hergestellt sind, brauchen zur Stabilisierung eine längere Zeit als die ersteren. Ferner fanden sich im Einklange damit die Sole mit Hydroxokomplexen, zum Unterschiede von denen mit Halogenoaufbau, sowohl gegen Kochen als auch gegen Einleiten von CO_2 oder gegen Luftkohlensäure unbeständig. Nach der Widerstandsfähigkeit gegen Sieden und CO_2 können auch die aufladenden Verbindungen bei Formolgoldsolen keine reinen HO-Komplexe sein. Bei dem hohen Chloridgehalt ($1{,}10^{-3}$, nKCl) ist hier wohl auch die Bildung von Mischformen wahrscheinlich, unter denen nach allen Erfahrungen die resistenteren auch der Reduktion leichter entgehen werden.

Von besonderem Interesse sind hier ferner Beobachtungen über eine Goldsolreaktion mit sehr kleinen Jodidmengen (2 bis $5{,}10^{-5}$ n), in denen die Sole eine violette Verfärbung erfahren und rasch ausflocken. Es handelt sich dabei, wie die nähere Prüfung lehrte, um eine Reduktion der Auriionen des Komplexes, wobei eine entsprechende Menge Jod freigesetzt wird. Die Zerstörung des aufladenden Komplexes, die hier — zum Unterschiede etwa von der CO_2-Wirkung auf Hydroxosole — an dessen Zentralatom angreift, führt zur Solkoagulation.

Eine in diesem Zusammenhang jedenfalls bemerkenswerte Feststellung ist es auch, daß die recht scharf bestimmbare Minimalelektrolytkonzentration für die Solbildung durch Zerstäubung sowohl in allen Versuchen von PAULI-EIRICH, als auch in den Versuchen am Silber von PAULI-PERLAK bei etwa 1.10^{-5}n lag, derjenigen mittleren Konzentration der H^+-Ionen, welche die durch Dialyse weitgehend gereinigten Edelmetallsole sowie die bei direkter Umsetzung der Gegenionen in H^+ durch Behandeln in der Platinschale mit H_2 gereinigten KOHLSCHÜTTER-Silbersole aufwiesen.

Ladungszahl. Problematischer erscheint zur Zeit noch die Frage nach der Größe des Kolloidäquivalentes der Goldsole. In zweifacher Hinsicht verursacht das Verständnis der von R. WINTGEN bestätigten Befunde PAULIS betreffend die Gegenionen Schwierigkeiten. Eine derselben ist der Zusammenhang zwischen Ladungszahl und Größe der kolloiden Goldteilchen, die andere die Rolle der Luftkohlensäure für die Ausbildung der Azidität der Sole durch Dialyse, auf welche Rolle zuerst von PAULI-FUCHS hingewiesen wurde. Diese Frage wurde an anderer Stelle bereits erörtert. (Kap. 41).

In dem betreffenden Abschnitt des allgemeinen Teiles haben wir die experimentellen Bedingungen und theoretischen Voraussetzungen für die Feststellung eines Zusammenhanges zwischen Ladungszahl und Größe der Kolloidionen dargestellt. Bereits in den dort mitgeteilten Daten zeigte sich eine Diskrepanz in dem Sinne, daß die Ladungszahl bedeutend höher ausfällt als der Erwartung entspräche. Diese Diskrepanz erreicht gerade bei den Goldsolen einen außerordentlichen Grad.

Die Ladungszahl eines Teilchens wurde an kolloidem Gold folgendermaßen bestimmt. Die ultramikroskopische Auszählung gibt die Anzahl der Teilchen pro Liter an (a). Die elektrochemischen Bestimmungen (Leitfähigkeit oder Leitfähigkeitstitration) liefern die Normalität des Sols (n). Durch Multiplizieren mit der LOSCHMIDTschen Zahl erhalten wir die Anzahl der Ladungen pro Liter (nN). Die Division der letzteren durch die Anzahl der Teilchen (a) gibt die Ladungszahl:

$$z = \frac{N\,n}{a}$$

In einem polydispersen System stellt diese Größe eine auf bestimmte Weise definierte mittlere Ladungszahl dar.

Die Normalität des Sols wird unter Annahme der Gültigkeit der unabhängigen Wanderung der Ionen, ferner bestimmter Werte für die Beweglichkeit des Kolloidions, sowie der Art der Gegenionen aus der Leitfähigkeit berechnet.

$$\varkappa = n\,(u + v)\,.\,10^{-3}$$

Oder aber es wird die bei der Leitfähigkeitstitration ermittelte H^+-Konzentration für n eingesetzt.

In der folgenden Tabelle geben wir die von PAULI und FUCHS für ihre Goldsole berechneten Daten wieder. Die Teilchengröße wurde dabei unter zugrundelegen der Würfelform und des spezifischen Gewichts des metallischen Goldes abgeleitet. Die Normalität war aus der Titration bestimmt.

Tabelle 173

Sol-Nr.	Gold mg/l	Teilchenzahl im Liter	Teilchengröße (Kantenlänge)	Scheinbare Ladungszahl (LZ)	K (Kolloidäquivalent)
F 9	48,54	$1{,}51\,.\,10^{14}$	25,24	40530	22
F 13	48,687	$1{,}627\,.\,10^{14}$	24,64	34730	26
F 15	42,70	$1{,}13\,.\,10^{14}$	26,64	44450	26
F 16	46,175	$0{,}974\,.\,10^{14}$	28,59	58010	25
F 17	38,313	$1{,}104\,.\,10^{14}$	25,89	55440	18
H_2 7	54,40	$2{,}056\,.\,10^{14}$	23,65	34690	24
H_2 8	45,80	$2{,}268\,.\,10^{14}$	21,61	27900	23
H_2 9	45,54	$1{,}545\,.\,10^{14}$	24,52	40400	23
H_2 10	49,60	$1{,}883\,.\,10^{14}$	23,62	37040	22

In der nächsten Tabelle sind die von R. WINTGEN an dialysiertem Formolgold gefundenen Daten mitgeteilt.

Tabelle 174

Sol-Nr.	$n\,.\,10^6$	Teilchenzahl im L. 10^{14}	Ladungszahl	K
1	8,45	1,95	26800	34
2	9,70	1,23	47700	57
3	4,27	0,94	27500	25
4	6,46	2,40	16300	41
5	6,48	2,14	18300	52
6	8,40	1,93	26900	37

In der folgenden Tabelle WINTGENs sind die Normalitäten aus der Leitfähigkeitsdifferenz vom Goldsol und seinem Ultrafiltrat berechnet worden.

Tabelle 175

Sol-Nr.	$n\,.\,10^6$	Teilchenzahl im L. 10^{14}	Ladungszahl	K
1	21,0	2,47	51600	17
2	26,0	2,14	75200	17
3	16,2	1,56	62900	21
4	14,8	1,40	64500	20
5	14,8	2,11	42600	24

Schließlich seien vollständigkeitshalber die sonst an dialysierten Gold- oder Silbersolen anderweitig gefundenen Daten mitgeteilt.

Tabelle 176

Autor	Sol	Kantenlänge m μ	Ladungszahl
PAULI-ADOLF	Goldsol	27	57000
PAULI-ERLACH ...	Silbersole nach KOHLSCHÜTTER	15—16	8—10000
PAULI-PERLAK ...	BREDIG-Silber	23	30000
PAULI-PERLAK ...	BREDIG-Silber	25	30000
PAULI-FRIED	PAULI-NEUREITER-Silbersole	14	48700

Die Übereinstimmung in der Größenordnung ist auffallend. Besonders überraschend ist jedoch der nähere Vergleich der Werte. Bedenkt man, daß die Kolloidäquivalente in WINTGENS erster Tabelle bestimmt viel zu hoch sind, da er hier nur H^+ als Gegenion annimmt, in der zweiten Tabelle jedoch zu niedrig sein dürften, da die Ultrafiltration vermutlich eher eine höhere Leitfähigkeit liefert, und daß aus demselben Grunde die Ladungszahlen in entgegengesetztem Sinne verändert werden, so muß man feststellen, daß Ladungszahl und Kolloidäquivalent der untersuchten Goldsole nur innerhalb sehr enger Grenzen variieren. Auch die Werte der auf verschiedene Weise gewonnenen Silbersole liegen sehr nahe zu denjenigen des Goldes. Dieser Befund ist auch deshalb merkwürdig, weil wir gewohnt sind, an anorganischen Solen desselben Typus erheblichere Variationen in der Größenordnung der Kolloidäquivalente anzutreffen. Allerdings liegt der Metallgehalt sämtlicher Sole recht nahe und auch das Herstellungsverfahren derselben ist grundsätzlich nicht verschieden.

Die mittlere Ladungszahl der Goldteilchen ergibt sich zu zirka 40000, der mittlere Radius bei Annahme einer Kugelform zu etwa 16 mμ. Bei Einsetzen des plausiblen mittleren Wertes für die Wanderungsgeschwindigkeit $20 \cdot 10^{-5}$ cm würde jedoch das STOKESsche Gesetz unter Vernachlässigung des Einflusses der Ionenatmosphäre nur eine Ladungszahl von etwa 30 errechnen lassen. Die Abweichung beträgt mehr als das Tausendfache. Berechnet man die Oberflächendichte der Teilchen, so findet man, daß im Mittel die gesamte Oberfläche mit Ladungen bedeckt ist, auf jedes Goldatom an der Gitteroberfläche fällt eine Ladung.

PAULI nahm an, daß die Diskrepanz wenigstens teilweise dadurch bedingt ist, daß die kleinsten Teilchen, welche pro Masseneinheit bedeutend größere Ladungsmengen transportieren können, in dem Ultramikroskop unsichtbar bleiben. Eine Überschlagrechnung zeigt uns, daß durch diese Annahme die Abweichung kaum vollständig eliminiert werden kann. Man müßte dazu Teilchen annehmen, welche vielleicht nur hundert Goldatome und etwa fünf Ladungen tragen, also Teilchen, die eigentlich molekulare Dimensionen haben. Auch ist es nicht leicht zu verstehen, wie dann die Konstanz in der Menge der größeren Teilchen zustande kommt. Immerhin kann durch die obige Annahme die Abweichung auf das Hundertfache vermindert werden.

USHER, der die Abweichung gegenüber dem STOKESschen Gesetz zuerst bemerkt hatte, hat die Methode der Normalitätsbestimmung dafür verantwortlich gemacht. Viel kleiner stellt WINTGEN die Diskrepanz dar, indem er die theoretische Ladungszahl mittels der Kondensatorformel der Doppelschichttheorie berechnet. Dies beruht jedoch auf einem Versehen. Man kann nicht voraussetzen, daß die elektrochemisch bestimmte Ladungszahl die Gesamtladung der Teilchen darstellt, sie repräsentiert nur die freie Ladung derselben, zumindest die freie Ladung der Gegenionen. Es ist jedoch nicht zu erwarten, daß die Beweglichkeit der Kolloidionen infolge der elektrostatischen (interionischen) Kräfte um das 10-, 100- oder 1000fache abnimmt, während die Wirksamkeit der Gegenionen ungehemmt bleibt. Die Verhinderung der elektrolytischen Wirksamkeit kann nur eine wechselseitige sein. Die vorliegende Abweichung läßt sich präzis dahin formulieren, daß zwischen dem Beweglichkeitskoeffizienten der Kolloidionen auf Grund des STOKESschen Gesetzes berechnet und den Gegenionen des kolloiden Goldes auf diese Weise eine größere Verhältniszahl als 1000 gefunden wird.

Wie im Anfang hervorgehoben wurde, berühren diese Betrachtungen die Frage nach der Existenz und Natur der ionogenen Komplexe an der Oberfläche des kolloiden Goldes nicht unmittelbar. Sie betreffen nur die Frage nach der Oberflächendichte der Ladung. ZSIGMONDY und THIESSEN nehmen ja nun auch an, daß das kolloide Gold mit einem entgegengesetzt geladenen Ionenschwarm umgeben ist. Ein Teil der Gegenionen in der diffusen Ionenatmosphäre ist sicherlich frei und besitzt eine gewisse elektrometrische und konduktometrische sowie osmotische Wirksamkeit. PAULI hat zuerst den Versuch unternommen, die Gegenionen mit Hilfe der von ihm eingeführten Methoden nachzuweisen und quantitativ zu bestimmen. Das Ergebnis solcher Versuche kann entscheidend sein für die Frage der Ladungsdichte der Kolloidteilchen, nicht aber für die Frage der Natur der Bindung von aufladenden Ionen.

Uns scheint es kaum zweifelhaft, daß die künftige Erforschung dieser speziellen Probleme die durch die historische Entwicklung in den Vordergrund gerückten Reduktionssole verlassen und die dafür in vieler Hinsicht geeigneteren Elektrodispersionssole bevorzugen wird. Daß jedoch diesen beiden Soltypen im wesentlichen die gleiche Konstitution zuzuschreiben ist, wird durch die grundsätzliche Übereinstimmung ihrer Haupteigenschaften nahegelegt.

Wanderungsgeschwindigkeit der Goldteilchen. Die Angaben über die Wanderungsgeschwindigkeit des kolloiden Goldes sind widersprechend, man kann jedoch nicht immer entscheiden, inwieweit dies auf der verwendeten Methodik oder auf dem verschiedenen Verhalten der untersuchten Sole beruht.

Die meisten Messungen wurden mit Hilfe des Grenzschichtverfahrens ausgeführt. WHITNEY und BLAKE ließen noch die Elektroden unmittelbar in das Sol tauchen. BURTON überschichtete BREDIG-Sole mit Wasser von der gleichen Leitfähigkeit und fand Werte von 24,6 und 37,6 . 10^{-5} cm/sec (auf 25^0 C umgerechnet). GALECKIS anomale Werte an Formolsolen und die von ihm gefundenen Unregelmäßigkeiten beruhen zweifellos auf der Vernachlässigung des ungleichmäßigen Potentialgefälles infolge der Überschichtung mit reinem Wasser. Die besten Resultate dürften diejenigen sein, welche SVEDBERG und ANDERSSON an einem nach der ZSIGMONDYschen Keimmethode gewonnenen Goldsol von 65 $\mu\mu$ Teilchenradius mit Hilfe des ultramikroskopischen Verfahrens gefunden hatten. Diese Werte betragen 16,1 bis 17,7 10^{-5} cm/sec.

PAULI und FUCHS bestimmten die Wanderungsgeschwindigkeit in sämtlichen von ihnen analysierten Formol- und H_2-Solen mit Hilfe des Apparates von PAULI und LANDSTEINER und bei Überschichtung mit KCl-Lösung der gleichen Leitfähigkeit wie das Sol. Die folgende Tabelle enthält ihre Werte und zeigt, daß sie bei den verschieden bereiteten, jedoch auch in ihren sonstigen Eigenschaften sehr ähnlichen, weitgehend dialysierten Solen innerhalb relativ enger Grenzen variieren.

Tabelle 177

Sol Nr.	$\varkappa_{25} \cdot 10^6$ (unkorrigiert)	Teilchengröße (Kantenlänge) $m\mu$	WG . 10^5 (cm/sec 25⁰)
F 7	10,87	—	— 35,1
F 9	8,960	25,24	— 30,3
F 11	8,564	—	— 28,6
F 13	8,227	24,64	— 26,2
F 16	8,164	28,59	— 27,9
F 17	9,455	25,89	— 25,5
H_2 4	7,296	—	— 27,3
H_2 7	6,604	23,65	— 27,6
H_2 8	7,879	21,61	— 25,2
H_2 9	8,947	24,52	— 26,0
H_2 10	8,435	23,62	— 26,8

Undialysierte Sole wiesen unter den gleichen Umständen höhere Wanderungsgeschwindigkeiten auf als die dialysierten. So gab ein undialysiertes Sol bei einer Leitfähigkeit von $3{,}5 \cdot 10^{-4}$ r. O. eine WG von $47{,}6 \cdot 10^{-5}$ und ein ebensolches H_2-Sol von $2{,}26 \cdot 10^{-4}$ r. O. eine WG von $39{,}3 \cdot 10^{-5}$ cm/sec.

Auf Zugabe von K_2CO_3 trat in den dialysierten Solen eine erhebliche Steigerung der WG auf. So gab Sol F 17 mit einer WG $= 25{,}5 \cdot 10^{-5}$ nach einem Zusatz von K_2CO_3 bis zur Endkonzentration $1 \cdot 10^{-3}$n einen Wert WG $=$ $= 34{,}7 \cdot 10^{-5}$.

P. A. THIESSEN und J. HEUMANN haben ebenfalls mit Hilfe der Methode der wandernden Grenzschicht die Beweglichkeit der kolloiden Goldteilchen bestimmt. Sie überschichteten mit dem Ultrafiltrat, welches fast dieselbe Leitfähigkeit hatte wie das Sol. Die erhaltenen Werte zeigt die folgende Tabelle 178.

Sie bestimmten auch die Änderung der WG bei der Koagulation:

Sie finden hier wie PAULI und FUCHS eine kontinuierliche Abnahme. Die Umladung an der Kathodenseite dürfte durch die Anhäufung der Elektrolyseprodukte bedingt sein (Tabelle 179).

In einem einzigen Versuch finden die Autoren, daß ein eine Woche dialysiertes

Tabelle 178

Sole	Durchmesser $m\mu$	WG . 10^4 cm/sec pro Volt/cm
Phosphorgold	4	3,3
Formolgold	15	3,3
Formolgold	23	3,2
Formolgold	46	3,4
Hydroxylamegold	80	3,0

Sol durch Zusatz von $7 \cdot 10^{-3}$n Na_2CO_3 eine Erhöhung der WG von 3,2 auf $3{,}6 \cdot 10^{-4}$ erfährt. Trotz der geringfügigen Differenz schließen sie daraus auf eine vermehrte Adsorption der Hydroxylionen, während PAULI und FUCHS die in ihrem oberwähnten Versuche festgestellte Erhöhung durch Karbonat auf eine Aktivierung der an der Oberfläche befindlichen goldhaltigen undissoziierten Säure zurückführen. Während also THIESSEN und HEUMANN ein Adsorptionsgleichgewicht zwischen der rein metallischen Oberfläche und den Hydroxylionen annehmen, würde es sich hier nach PAULI um eine Oberflächenreaktion handeln, etwa eine Umwandlung einer Aquogruppe der Oberfläche in die geladene Hydroxogruppe, oder einfacher um die Verschiebung eines Dissoziationsgleichgewichtes.

Tabelle 179

ccm 0.01 n $BaCl_2$ zu 25 ccm Sol	Farben nach Zusatz der Elektrolyten	WG 10^4 cm/sec pro Volt/cm
0	hochrot	3,3
0,6	rotviolett	2,5
1,2	violettrot	1,5
2	violettviolettblau	1,3
3	,,	0,9
4	violettblau	0,7
6	,,	0
10	,,	0
20	blauviolett	Umkehr im Kathodenschenkel
30	,,	

An kolloidem Silber hat BURTON den Wert von $WG_{18} = 22{,}4 \cdot 10^{-5}$ cm/sec beobachtet, während PAULI und FRIED an ihren Solen Werte über $40 \cdot 10^{-5}$ cm/sec gefunden hatten. Die Versuche bezüglich des Einflusses kleiner Mengen von Aluminiumsalzen auf die Werte der Wanderungsgeschwindigkeit von kolloidem Gold und Silber haben wir im allgemeinen Abschnitt mitgeteilt.

Die Platinsole. PAULIs Ansichten über den Ursprung der elektrischen Ladung der Edelmetallsole, als Folge einer Dissoziation angelagerter oberflächlicher ionogener Komplexe, und die von ihm angewendeten Methoden fanden in den letzten Jahren in den überaus interessanten Arbeiten von S. W. PENNYCUICK an Platinsolen eine weitgehende Bestätigung und Ergänzung. Das Solmaterial lieferte diesem die elektrische Zerstäubung in Leitfähigkeitswasser von $2-4 \cdot 10^{-7}$r . 0 im Platingefäß. Im Gegensatz zu Gold und Silber vermag das Platin auf diese Weise auch ohne Zusatz von Elektrolyten stabile Sole zu liefern (s. u.). Während der Zerstäubung wächst jedoch die Leitfähigkeit der Lösung und erreicht diejenige Größe, welche PAULI und Mitarbeiter für die kolloidliefernden Elektrolytlösungen im Falle von BREDIG-Gold und -Silber fanden. Die Leitfähigkeit der Sole steigt ferner allmählich beim Stehen und nähert sich nach Tagen einem Grenzwert, welcher auch rasch durch Aufkochen erreicht werden kann.

Tabelle 180 nach PENNYCUICK

Zeit in Stunden	0	1/2	2	4	8	16	24	36	
$\varkappa \cdot 10^{-6}$ (bei 25°)	5,65	6,10	6,58	7,05	7,97	9,23	9,91	10,42	14,3

Die höchste Leitfähigkeit eines Platinsols, welche durch Kochen (in Pyrexglas) erreicht wurde, betrug 66,1 . 10^{-6} r . R, während die Leitfähigkeitszunahme des auf dieselbe Weise behandelten Wassers in der Größenordnung 10^{-7} r . O. blieb.

Mit Hilfe der Leitfähigkeitstitration konnte der australische Forscher dartun, daß die Leitfähigkeit der Sole im wesentlichen durch die Anwesenheit von Wasserstoffionen bedingt ist. Die folgende Tabelle zeigt, daß die aus der Leitfähigkeit unter dieser Annahme berechneten Werte bei den verschiedenen Solen mit den Werten der Konzentration der bis zum Erreichen des Leitfähigkeitsminimums zugesetzten Lauge gut übereinstimmen.

Tabelle 181 nach PENNYCUICK

Sol Nr.	1.	2.	3.	4.	5.	6.	7.
$\varkappa \cdot 10^6$ r . Ω	6,57	7,00	12,76	15,03	15,35	21,46	41,2
$C_H \cdot 10^6$ aus $\varkappa$	19	20	36	43	44	61	120
$C_H \cdot 10^6$ titriert	17	16	37	44	45	65	140

Die Lösung des kolloiden Platins verhält sich danach wie die Lösung einer starken Säure. Anderseits gehen die Minima bei der Titration mit NaOH und $Ba(OH)_2$ auseinander, was eher dem Verhalten einer schwachen Säure korrespondiert. Von Barytlauge muß man etwas mehr hinzusetzen, um das Minimum der Leitfähigkeit zu erreichen.

Während die direkte Messung der Gegenionenaktivität in den anderen Edelmetallsolen noch nicht gelungen ist, konnte PENNYCUICK mit Hilfe der Chinhydronelektrode die Wasserstoffionenaktivität der Platinsole ermitteln. Sie ergab sich zu 2,5—5,2 . 10^{-5} normal.

Über die Natur der ionogenen Verbindung, deren Dissoziation die Wasserstoffionen liefert und deren Anlagerung an die Teilchenoberfläche die Ladung und dadurch die Stabilität bedingt, haben PENNYCUICKs Untersuchungen ebenfalls eine Aufklärung gebracht. Danach soll hauptsächlich die Hexahydroxoplatinsäure $H_2Pt(OH)_6$ und eventuell niedrigere Hydrate derselben in der Lösung anwesend sein und diese Funktion erfüllen. Die Säure würde in dem elektrischen Lichtbogen durch Oxydation des Platins entstehen.

Die Isolation der freien Säure aus dem Platinsol wird durch das Gefrieren desselben erreicht. Beim Auftauen ist die Lösung klar und enthält nur rasch absetzende Partikeln, sie ist von den Kolloidteilchen fast vollständig befreit. Die Identifizierung geschah auf dem Wege der konduktometrischen Titration. Die Leitfähigkeit der gefrorenen Sole ist um etwa 25% niedriger als vor dem Ausfrieren. Im Gegensatz zu den ursprünglichen Solen zeigen die durch Gefrieren und Schmelzen gewonnenen Lösungen nicht nur mit NaOH und KOH, sondern auch mit $Ca(OH)_2$ und $Ba(OH)_2$ die theoretischen Titrationskurven einer starken Säure mit scharfen Minima.

Die zum Vergleich hergestellten Lösungen der Hexahydroxoplatinsäure hatten bei 30° gesättigt nur eine Leitfähigkeit von 7,5 . 10^{-6} r . O. beim Kochen stieg jedoch die Leitfähigkeit aufs Mehrfache. Die Titrationskurve der gekochten Platinsäurelösungen war fast vollständig identisch mit der Titrationskurve eines ausgefrorenen Sols derselben Leitfähigkeit.

Die abnorme Form der Barytlaugetitrationskurve des Sols fand dadurch eine Aufklärung. Sie ist durch die Anwesenheit des kolloiden Platins bedingt. Ein Teil der Platinsäure ist an der Oberfläche der Teilchen gebunden und sie unterliegt dort nur teilweise der elektrolytischen Dissoziation. Der wesentliche Unterschied in der Wirkung der Alkali und Erdalkalilaugen besteht darin, daß während die ersteren mit den kolloiden Platinkomplexen Salze bilden, die weitgehend dissoziiert sind, die letzteren nur sehr schwach ionisierte Kolloidsalze liefern. Unter Berücksichtigung dieses Umstandes läßt sich auf Grund der Titrationskurve die Menge der vom kolloiden Platin selbst aufgenommenen Base abschätzen, sie betrug in einem Fall rund $1 \cdot 10^{-4}$n. In einem anderen Falle betrug sie $6{,}7 \cdot 10^{-5}$n, während sich die Gewichtskonzentration des Sols auf 0,13 g pro Liter stellte. Daraus errechnet sich unter Annahme eines Teilchenradius von $3 \cdot 10^{-7}$ cm eine Oberfläche von $2 \cdot 10^{-16}$ qcm und für das aufladende Ion ungefähr eine vollständige monomolekulare Bedeckung der Oberfläche.

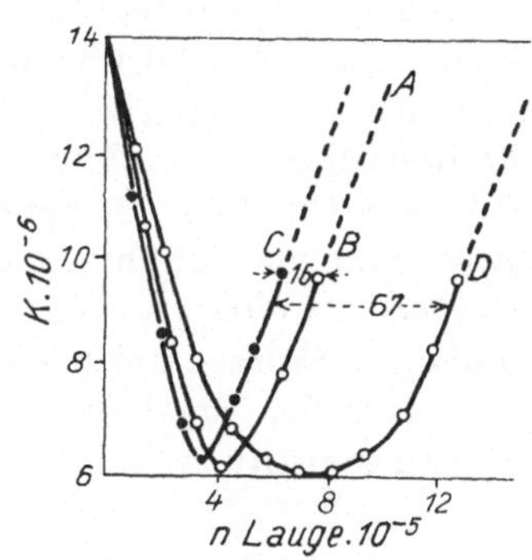

Abb. 119. Konduktometrische Titration eines Pt-Sols nach S. W. PENNYCUICK B: mit NaOH C: (ausgefroren) mit $Ba(OH)_2$, D mit $Ba(OH)_2$

Die Wirkung des Kochens besteht darin, daß ein Teil der an der Oberfläche der Teilchen gelagerten Platinsäure abgespalten wird. Durch langdauerndes Kochen wird das Sol schließlich geflockt.

Durch Versuche mit feiner Platingaze von entsprechender Oberfläche konnte PENNYCUICK zeigen, daß reines Platin $Ba(OH)_2$ nicht zu binden vermag.

Interessante Versuche hat PENNYCUICK über die stabilisierende Wirkung der Basen durchgeführt. Während das reine Sol z. B. bereits mit $4 \cdot 10^{-3}$n NaCl zur Flockung gebracht wird, schützt ein Zusatz von $6{,}7 \cdot 10^{-3}$n NaOH so weit, daß nun $3{,}3 \cdot 10^{-2}$ NaCl zur Ausflockung notwendig ist. Auf dieselbe Weise wird der Schwellenwert des $FeCl_3$ von $1 \cdot 10^{-4}$ auf $9 \cdot 10^{-3}$, d. h. auf das 90fache erhöht.

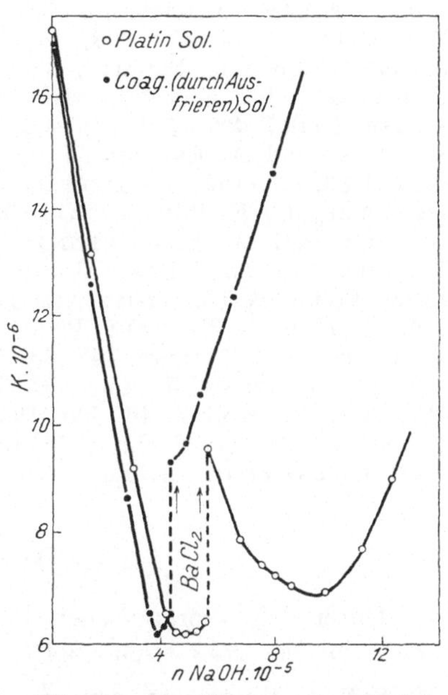

Abb. 120. Die Säuerung eines Pt-Sols durch $BaCl_2$ nach S. W. PENNYCUICK

Auf diesen Verhältnissen beruht die Peptisation des geflockten Platins. Ein Sol z. B., welches durch $7 \cdot 10^{-3}$ NaCl geflockt wurde, kann mit $1 \cdot 10^{-4}$ NaOH vollständig rückpeptisiert werden und bleibt dann monatelang stabil.

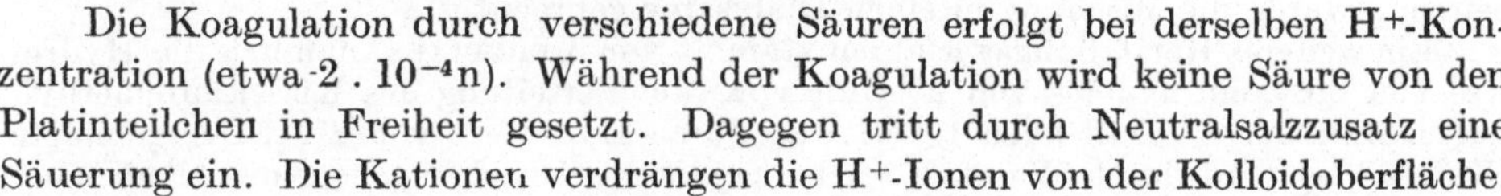

Die Koagulation durch verschiedene Säuren erfolgt bei derselben H^+-Konzentration (etwa $2 \cdot 10^{-4}$n). Während der Koagulation wird keine Säure von den Platinteilchen in Freiheit gesetzt. Dagegen tritt durch Neutralsalzzusatz eine Säuerung ein. Die Kationen verdrängen die H^+-Ionen von der Kolloidoberfläche.

Ein mit Barytlauge bis zum Minimum titriertes Sol zeigt nach Zusatz von $BaCl_2$ auf neuerlichen Zusatz von $Ba(OH)_2$ wiederum Leitfähigkeitsabnahme, das ausgefrorene Sol dagegen nicht (Abb. 120).

Der Unterschied zwischen Pt und Au, indem das erstere auch bei der Zerstäubung in reinstem Wasser zur Solbildung befähigt erscheint das letztere nicht, läßt sich, wie wir glauben, auf Grund der Vorstellungen von W. KOSSEL aus dem stärkeren elektrostatischen Effekt des vierwertigen Pt gegenüber dem dreiwertigen Au als Zentralion eines Komplexes verstehen. Das elektrolytisch gebildete Oxyd des Pt verhält sich infolge der starken Anziehung von OH und Abstoßung von H^+ ähnlich den typischen Säureanhydriden, etwa SO_3 oder P_2O_5, während $Au(OH)_3$ analog dem $Al(OH)_3$ mit reinem Wasser unter Bildung eines ionischen Säurekomplexes nicht zu reagieren vermag.

Nach den Ergebnissen von S. W. PENNYCUICK darf das BREDIGsche Pt-Sol zu den konstitutiv am besten aufgeklärten Edelmetallsolen gezählt werden.

Literaturverzeichnis

BEANS, H. T., und H. EASTLACK: Journ. Am. Chem. Soc. **37**, 2667 (1915). — BLAKE, J. C.: Z. f. anorg. Ch. **39**, 69 (1904). — BREDIG, G.: Z. f. Elektroch. **4**, 514 (1898). — BURTON, E. F.: Phil. Mag. (6) **11**, 440 (1906). — DONAU: Monatshefte **76**, 525 (1905). — GALECKI, A. VON: Z. f. anorg. Ch. **74**, 174 (1912). — HANRIOT, M.: C. r. **136**, 680, 1448 (1903). — HARDY, W. B.: Journ. of Physiol. **33**, 241 (1905). — JORDIS, E.: Ber. d. phys.-med. Soc. Erlangen **39**, 47 (1904). — KOHLSCHÜTTER, V.: Z. f. Elektroch. **14**, 49 (1908). — PAULI WO.: Koll. Z. **28**, 49 (1921). — Gen. Discussion on Colloids. Faraday. Soc. (25. Okt. 1920). — Naturw. **12**, 421 (1924). — DERSELBE und E. KAUTZKY: Koll. Beih. **17**, 294 (1923). — DERSELBE und P. NEUREITER: Koll. Z. **33**, 67 (1923). — DERSELBE und M. ADOLF: Koll. Z. **34**, 29 (1924). — DERSELBE und A. ERLACH: Koll. Z. **34**, 213 (1924). — DERSELBE und E. FRIED: Koll. Z. **36**, 138 (1925). — DERSELBE und L. FUCHS: Koll. Beitr. **21**, 195, 412 (1925).— DERSELBE und F. PERLAK: Koll. Z. **39**, 195 (1926). — DERSELBE und F. EIRICH: Noch unveröffentlicht. — PENNYCUICK, S. W.: Journ. Chem. Soc. S. 2600 (1927).— DERSELBE und R. J. BEST: Journ. Chem. Soc. 551 (1928). — SHEAR, M. J.: Dissertation Columbia University New York (1925). — SVEDBERG, THE: Kolloidchemie. Leipzig (1926). — THIESSEN, P. A.: Z. f. anorg. Ch. **134**, 393 (1924). — DERSELBE und J. HEUMANN: Z. f. anorg. **148**, 382 (1925). — USHER, F. L.: Trans. Far. Soc. **21**, 406 (1925). — WHITNEY, R., und J. C. BLAKE: Journ. Am. Chem. Soc. **26**, 1339 (1904). — WINTGEN, R.: Koll. Z. **40**, 300 (1926). — ZSIGMONDY, R.: Liebigs Annalen. **301**, 30 (1898). — Göttinger Nachr. S. 11 (1916). — Zur Erkenntnis der Kolloide. Jena (1906). — DERSELBE und P. A. THIESSEN: Das kolloide Gold. Leipzig (1925).

54. Die Kieselsäuresole

Unter den anorganischen Kolloiden erscheint die Kieselsäure als das am wenigsten elektrokratische Sol.

Frühere Untersuchungen. Sie wurde zuerst von C. I. B. KARSTEN 1826 untersucht. Große Bedeutung erlangten die Beobachtungen von GRAHAM. Er stellte die Sole durch Zusatz von Natriumsilikatlösung zu Salzsäure dar. Die Säure wurde dabei im Überschuß gelassen. Um das Kolloid von der Salzsäure und dem Natriumchlorid zu befreien, wurde die Mischung in einen Dialysator gebracht.

Ein weiteres Herstellungsverfahren stammt von BERZELIUS, nämlich die Hydrolyse von SiS_2, ein anderes von E. GRIMAUX, die Verseifung des Kieselsäuremethylesters. BERZELIUS erhält auch Kieselsäure durch Hydrolyse von SiF_4. Der gebildete Niederschlag wird durch Waschen wieder peptisiert. Durch Kochen mit Alkali kann man nach BERZELIUS auch getrocknete Kieselsäure peptisieren. Peptisation von Kieselsäuregallerte durch NH_3 wurde bereits von H. KÜHN beobachtet und dieses Verfahren neuerlich von R. SCHWARZ durch nachheriges Verdampfen von NH_3 weiter ausgearbeitet.

EBLER und FELLNER haben Kieselsäuresole durch Einleiten von $SiCl_4$-Dampf in Wasser hergestellt.

Die auf verschiedenen Wegen hergestellten Solen unterscheiden sich dem Aussehen nach nicht voneinander. Sie sind farblos, meist klar, manchmal schwach opalisierend. Im Ultramikroskop sind die Teilchen unsichtbar und auch der Tyndall-Effekt ist häufig nicht sehr ausgeprägt.

Für die chemische Zusammensetzung der Sole sind die Beobachtungen bei der Reinigung von Wichtigkeit. GRAHAM hatte festgestellt, daß das Chlor mittels der Dialyse nach vier Tagen soweit entfernt werden kann, daß die Sole keine Trübung mehr mit $AgNO_3$ geben. Die kolloide Kieselsäure reagiert nach GRAHAM sauer und wird durch 1,85% Kalilauge neutralisiert. Die auf diese Weise hergestellten Produkte nennt GRAHAM Kolli-Silikate. Aus einem solchen Kolli-Silikat mit 1—2% Alkali kann man die Lauge wegdialysieren.

Die GRAHAMschen Angaben wurden von E. JORDIS und R. KANTER in Zweifel gezogen. Sie fanden, daß die nach GRAHAM hergestellte kolloide Kieselsäure bei fortschreitender Reinigung im Dialysator koagulierte. Spuren von Chlor oder Natrium sind nach diesen Forschern wesentlich für den Hydrosolzustand. Gelatinierende Lösungen sind durch Spuren von Natronlauge oder Salzsäure wieder zu stabilisieren. JORDIS faßt diese Ergebnisse folgendermaßen zusammen:

1. Reine Kieselsaure ist schwer löslich, höchstens 1 Mol in 100 l;
2. die kolloide Form der Kieselsäure besteht nicht;
3. was man dafür angesehen hat, sind hochsaure Alkalisalze oder Säuresalze des Siliziumhydroxydes.

Das Hydrosol, welches durch Lauge stabilisiert wird, hat nach JORDIS eine Zusammensetzung, welche durch die Formel $Na_2O(SiO_2)_x$ darstellbar ist, während im Säureüberschuß dem Sol die Formel $[Si(OH)_4]_n\ Si(OCl)_3$ zukommt. Ein Sol der letzten Art soll auch bei der Zersetzung von $SiCl_4$ entstehen. Die aus den Estern hergestellten Sole halten organische Verbindungen als stabilisierende Substanzen hartnäckig zurück. Gegenüber den Angaben von JORDIS konnten ZSIGMONDY und HEYER zeigen, daß die Hydrosole durch Verwendung geeigneter Dialysatoren von Cl und von Na vollkommen zu befreien sind, ohne daß Gallertbildung auftreten würde.

Elektrochemische Konstitution der Grahamschen Sole. Trotz der zahlreichen Untersuchungen fehlten jedoch genaue Daten über die Leitfähigkeit der reinen Sole bis vor kurzem vollständig. Erst PAULI und VALKÓ brachten 1925 ausführlichere Untersuchungsergebnisse. Diese Autoren haben Sole nach dem Darstellungsverfahren von GRAHAM durch Dialyse gereinigt. Das Ausgangsmaterial war ein KAHLBAUM-Präparat mit der annähernden Zusammensetzung $Na_2SiO_3 + 9H_2O$ und reinste Salzsäure. Die Silikatlösung wurde in einem solchen Mengenverhältnis in die Säure eingebracht, daß die Säure im Überschuß blieb. Die Dialyse wurde im Faltendialysator bei häufigem Wasserwechsel mindestens bis zur Konstanz der Leitfähigkeit fortgesetzt. Die Wasserstoffionen wurden mit Hilfe der Wasserstoffelektrode gemessen. Die Ergebnisse sind in der folgenden Tabelle enthalten. Darin fassen die römischen Ziffern gleiche Stammsole zusammen.

Tabelle 182

Sol	Dauer der Dialyse in Tagen	% SiO_2	$\varkappa \cdot 10^6$	$a_H \cdot 10^5$	$\frac{X}{Y}$
III a	10	0,80	41,5	0,1	320
III b	33	0,84	43,5	2,5	440
IV a	24	0,57	37,3	6,4	520
IV b	55	0,52	34,0	6,7	620
VI a	56	0,65	32,9	2,1	420
VIII a	12	1,15	50,2	7,5	690
VIII c	28	1,01	46,8	9,9	960
X a	25	1,54	40,6	2,8	620

Die Tatsache, daß man durch Dialyse einen konstanten Wert der Leitfähigkeit erreichen kann, zeigt mit großer Wahrscheinlichkeit, daß das Sol eine verhältnismäßig beträchtliche Eigenleitfähigkeit besitzt. Falls nicht Verdünnung durch Hineindiffundieren des Außenwassers infolge des osmotischen Druckes oder Verdunsten der Lösung störend einwirkt, bleibt die Leitfähigkeit meistens auch monatelang unverändert. So zeigte Sol IV b während der Dialyse die folgenden Werte des Leitvermögens:

Tag der Messung	24. XI.	9. XII.	19. XII.
$\varkappa\, 10^6$	34,7	35,0	34,0

Würde die Leitfähigkeit großenteils von molekular gelöstem Na-Silikat herrühren, so müßten die Silikationen durch die Pergamentmembran diffundieren und eine Konstanz der Leitfähigkeit wäre nur dann möglich, wenn die Silikationen infolge einer Oberflächenreaktion immer neu entstehen würden. Ein solches Verhalten ist jedoch durchaus unwahrscheinlich und den Beweis, daß es sich da um eine Eigenleitfähigkeit des Kolloids handelt, haben die weiter unten besprochenen Elektrodialysierversuche mit voller Gewißheit erbracht.

Nachdem das Sol bei der Kataphorese anodisch wandert, müssen wir seine Leitfähigkeit aus der Beweglichkeit eines kolloiden Anions, welches die Kieselsäuremoleküle enthält, und der Beweglichkeit von Kationen als Gegenionen zusammengesetzt denken. In Anbetracht der Herstellung kommen, falls Wasserstoffionen in genügender Konzentration nicht anwesend sind, nur Natriumionen in Betracht. Der Vergleich der Leitfähigkeitswerte mit denen der Aktivitäten unter Anwendung des Gesetzes der unabhängigen Wanderung zeigt uns, daß die dialysierten Sole Na- und H-Ionen als Kationen im wechselnden Verhältnis in derselben Größenordnung enthalten. Die nach Erreichung der Leitfähigkeitskonstanz gefundenen Verhältnisse werden durch weiter fortgeführte Dialyse nicht mehr wesentlich geändert.

Die Langsamkeit des Wegdiffundierens von Na-Ionen bei diesem Reinheitsgrad ist auf Grund der membranhydrolytischen Gesetze durchaus verständlich und steht im Einklange mit der Tatsache, daß auch positive Sole, etwa mit Cl als Gegenion, bei einem genügend hohen Reinheitsgrad trotz der großen Äquivalentkonzentration (bis 10^{-2}n) nur äußerst langsam Salzsäure in die Außenflüssigkeit übertreten lassen. An einem Beispiel soll hier der Stand des Membrangleichgewichtes berechnet werden.

Sol IVa hat eine Leitfähigkeit von $37{,}3 \cdot 10^{-6}$ r. O. Die Wasserstoffionenaktivität beträgt $6{,}4 \cdot 10^{-5}$. Nimmt man eine Kolloidionenbeweglichkeit von 20 an, so beträgt die Leitfähigkeit der Kolloidsäure

$$(350 + 20) \cdot 6{,}4 \cdot 10^{-5} \cdot 10^{-3} = 23{,}7 \cdot 10^{-6}$$

Für das Natriumsalz des Kolloids bleibt die Leitfähigkeit $13{,}6 \cdot 10^{-6}$ übrig. Daraus errechnet sich die Äquivalentkonzentration zu

$$\frac{13{,}6 \cdot 15^{6}}{(50 + 20) \cdot 10^{-3}} = 19{,}3 \cdot 10^{-5}$$

also zu rund $20{,}10^{-5}$ normal. Im Sinne der DONNANschen Theorie herrscht dann Gleichgewicht, wenn das Produkt der Ionenkonzentration $[Na^+] \cdot [OH^-]$ innen und außen gleich ist. Nun ist die OH^--Konzentration in der Innenflüssigkeit aus der H^+-Aktivität berechnet rund $1{,}5 \cdot 10^{-8}$. Es gilt also

$$[Na^+] \cdot [OH^-] = 20 \cdot 10^{-5} \cdot 1{,}5 \cdot 10^{-8} = 3 \cdot 10^{-12}$$

Da die Außenflüssigkeit die Ionen Na^+ und OH^- in gleichen Konzentrationen enthält, so beträgt die Laugekonzentration, welche mit der Innenflüssigkeit im Gleichgewichte steht

$$\sqrt{3 \cdot 10^{-12}} = 1{,}7 \cdot 10^{-6}$$

Es genügt also, daß weniger als 1% des Natriums herausdiffundiert (gleiche Volumina innen und außen vorausgesetzt), um das Membrangleichgewicht herzustellen. Nun werden die Volumverhältnisse für das Herausdiffundieren günstiger, da die Außenflüssigkeit viel größer ist. Es ist jedoch zu berücksichtigen, daß die Einstellung des Diffusionsgleichgewichtes um so mehr verlangsamt wird, je näher das System dem Gleichgewichtszustande steht. Die Berücksichtigung dieser Tatsache macht somit das Verhalten des Soles durchaus verständlich. Die notwendige Bedingung für die Langsamkeit der Membranhydrolyse ist der kleine Wert der Hydroxylionenkonzentration in der Innenflüssigkeit, also eine gewisse Stärke der Kolloidsäure.

Tabelle 183

Sol	Dauer der Dialyse in Tagen	Dauer der E. D. in Stunden	SiO_2 %	$\varkappa \cdot 10^6$ r. O	$a_H \cdot 10^5$	C_H (titr. I) $\cdot 10^5$	C_H (titr. II) $\cdot 10^5$	C_H (titr. III) $\cdot 10^5$	$C_H \cdot 10^5$ ber. aus $\varkappa$ (Konduktivität)	$K = \frac{x}{y}$
IIIc	—	48	0,75	80,6	21,1	23,3	20,3	25,3	21,7	600
IIId	10	36	0,76	83,5	—	24,4	19,9	25,3	22,0	670
IVc	24	72	0,52	29,3	7,2	7,7	7,8	10,3	7,9	1400
VIb	56	12	0,57	89,0	22	25,2	23,3	27,2	24,2	450
VIIIb	12	24	6,34	341,6	84,6	118	86,6	110	92,0	1400
VIIIc	12	26	2,56	154,3	39,6	45	37,2	56,2	41,6	1200
VIIId	21	24	3,38	195,3	47,7	55	49,4	64	52,8	1200
VIIIf	28	12	0,95	69,2	18,8	18,1	18,3	20,2	18,1	1000
Xb	25	8	1,28	119,6	32,7	34	29,6	40,2	32,2	780

Den Austausch der Na^+-Ionen gegen H^+-Ionen könnte man durch wiederholtes Versetzen der Lösung mit HCl und nachherige Dialyse bewirken. PAULI und VALKÓ haben jedoch einen anderen Weg eingeschlagen, nämlich die Behandlung durch Elektrodialyse.[1] Die Sole wurden auf diese Weise innerhalb

[1] Für technische Zwecke wurde die elektrodialytische Reinigung bzw. Her-

einiger Stunden quantitativ in rein azidoide Sole übergeführt. In der Tabelle 183 (S. 507) sind die Messungsresultate für die durch anschließende Elektrodialyse gereinigten Sole zusammengestellt.

Die auf Grund der Leitfähigkeitsbestimmung berechneten Werte der freien H^+-Ionen (Konduktivitäten) zeigen mit den potentiometrisch ermittelten (den Aktivitäten) innerhalb der Fehlergrenzen gute Übereinstimmung. Es ergibt sich also, daß das Sol nur H^+-Ionen zu Gegenionen hat und daß die klassische Theorie hier zu keinem Widerspruch führt. Zur Berechnung diente die Formel

$$\varkappa = (u_{\infty}^{G} + v^{koll}) \, . \, C_H \, . \, 10^{-3}$$

wobei für u_{∞}^{G} der richtige Wert 350, für v^{koll} der Wert in dem betreffenden Milieu 20 eingesetzt wurde. Dieser Wert wurde auf Grund der Experimente mit verschiedenen Überschichtungsflüssigkeiten im LANDSTEINER-PAULIschen Überführungsapparat abgeschätzt. Nach der Theorie der Abweichungskoeffizienten erhalten wir jedoch den richtigen Wert der Konduktivität der Gegenionen n_{μ}^{G} aus der Gleichung

$$\varkappa = \left(u_{\infty}^{G} + \frac{v^{koll}}{f_{\mu}^{G}}\right) n_{\mu}^{G} \, 10^{-3}$$

Da $u^G = 350$ ist, v^{koll} dagegen nur 20, so ist die Summe in der Klammer von Schwankungen des f_{μ}^{G} wenig abhängig. Auch wenn $f_{\mu}^{G} = 0{,}5$ (statt 1, wie es oben eingesetzt wurde), unterscheiden sich die Werte von n_{μ}^{G} von denjenigen des C_H nur um 5%, was bei der potentiometrischen Messung 1,2 Millivolt bedeutet, also infolge der etwas schwankenden Konstanz der Wasserstoffpotentiale in den Solen nahe der Fehlergrenze bleibt. Viel kleinere Werte als 0,5 für den Leitfähigkeitskoeffizient der Gegenionen sind mit Rücksicht auf die geringe Ionenkonzentration der Lösungen nicht anzunehmen. Fassen wir also die berechneten Konduktivitäten als die richtigen auf, so ergibt sich eine nahe Übereinstimmung zwischen den Aktivitäts- und Leitfähigkeitskoeffizienten der Gegenionen, welche mit Rücksicht auf die geringe Ionenkonzentration nicht überraschend ist. Die drei anderen Werte der Wasserstoffionenkonzentration (Tabelle 183, C_H titr. I, II und III) sind mit Hilfe der konduktometrischen Titration (mit NaOH) ermittelt. Der erste Wert ist aus der bis zum Erreichen des Leitfähigkeitsminimums notwendigen Menge der Lauge errechnet, der zweite aus der Leitfähigkeit in dem Punkte des Minimums. Das Sol wird dabei als das Natriumsalz der kolloiden Kieselsäure aufgefaßt und die Berechnung auf Grund der unabhängigen Ionenwanderung durchgeführt (Summe der Beweglichkeiten = 70). Der dritte Wert wird aus der Differenz der ursprünglichen und der minimalen Leitfähigkeit auf Grund desselben Prinzips berechnet. Die Leitfähigkeitsabnahme pro H^+-Ion wird einfach der Differenz der Beweglichkeit von H^+ und Na^+ gleichgesetzt. Es ist bemerkenswert, daß der Wert C_H (titr. I) etwas größer, die zwei anderen im allgemeinen etwas kleiner sind als die Werte der Aktivität bzw. Konduktivität. Dieses Ergebnis ist so zu deuten, daß die H^+-Ionen wohl viel stärker festgehalten werden als die Na^+-Ionen (was auf Grund des Verhaltens der schwachen Säuren verglichen mit ihren Alkalisalzen zu erwarten ist), doch wird ein kleiner Teil der H^+-Ionen, welcher ursprüng-

stellung des Kieselsäuresols aus Wasserglas bereits 1913 von der Elektro-Osmose A. G. patentiert.

lich für den Stromtransport unwirksam war, während des Neutralisationsprozesses freigegeben. Die Leitfähigkeit steigt also etwas früher an, als der einfachen Neutralisation entsprechen würde.

Der Vergleich mit den Stammsolen zeigt, daß die Elektrodialyse in den meisten Fällen eine Erhöhung der Leitfähigkeit zur Folge hatte. Offenbar ist diese Erscheinung dadurch hervorgerufen, daß die Alkalikationen gegen Wasserstoffionen ausgetauscht worden sind. Da die Wasserstoffionen eine viel höhere Beweglichkeit besitzen, ist die Äquivalentleitfähigkeit der entstandenen Kolloidsäure viel größer als diejenige des Alkalisalzes derselben.

Auf Grund dieser Resultate schreiben PAULI und VALKÓ den untersuchten Solen die folgende Konstitution zu:

$$[x(SiO_2 + nH_2O)\,y\,SiO_3H^+] + yNa^+ \text{ bzw. } [x(SiO_2 + nH_2O)\,.\,y\,SiO_3H^+] + y\,H^+$$

Das Sol verdankt seine Ladung dem an der Oberfläche der Teilchen vorhandenen ionogenen Molekül Natriumsilikat oder Kieselsäure.

In der letzten Kolonne sind die Werte für das Kolloidäquivalent K angegeben. Auf eine Ladung entfallen danach 420 bis 1400 Kieselsäuremoleküle. Das Äquivalentgewicht beträgt also (ohne Hydratwasser gerechnet) 25000 bis 90000. Da ein Kieselsäureteilchen viele Ladungen trägt, so ist das Molekulargewicht (Mizellargewicht) noch viel höher, wahrscheinlich um einige Größenordnungen, anzunehmen. Bei der Elektrodialyse erfolgt eine geringfügige Steigerung des K-Wertes.

Durch die Untersuchungen von PAULI und VALKÓ ist JORDIS Behauptung „reine Kieselsäure im Solzustande darzustellen, ist vollkommen ausgeschlossen", endgültig widerlegt. Die rein azidoiden Sole von PAULI und VALKÓ sind jahrelang unverändert haltbar.

H. R. KRUYT und J. POSTMA haben insbesondere die Viskosität der GRAHAMschen Sole untersucht. In dieser Arbeit haben sie auch potentiometrische H^+-Bestimmungen an einfach dialysierten Solen durchgeführt. Die gefundenen Werte $p_H = 4{,}5$ bis 6,3 haben dieselbe Größe, wie sie PAULI und VALKÓ an ihren einfach dialysierten, nicht durch Elektrodialyse weiter gereinigten Solen gefunden hatten.

Auch die von W. R. WHITNEY und J. C. BLAKE 1903 gefundenen Leitfähigkeitswerte für dialysierte Kieselsäuresole: $\varkappa = 67{,}6 \cdot 10^{-6}$ für ein Sol mit dem Prozentgehalt 0,56 und $\varkappa = 100 \cdot 10^{-6}$ für ein anderes von 1,43% stimmen damit überein.

A. J. RABINOWITSCH und E. LASKIN haben im Anschluß an die Arbeiten PAULI-VALKÓ neuestens gleichfalls elektrodialytisch gereinigte Kieselsäuresole untersucht. Das p_H der Lösungen von der Gewichtskonzentration $^1/_4$ bis $^1/_2$% schwankte zwischen 3,2 und 4,0. Im allgemeinen war also das Kolloidäquivalent höher als bei PAULI und VALKÓ. Vielleicht beruht die Verschiedenheit auf der Benutzung weit geringerer Salzsäurekonzentrationen bei der Herstellung durch die russischen Autoren. So wie PAULI und VALKÓ erhielten auch sie gute Übereinstimmung zwischen den konduktometrisch bestimmten und den aus der Leitfähigkeit berechneten Werten der H^+-Konzentration.[1] Unter Anwendung

[1] Die elektrometrisch bestimmte $[H^+]$ lag durchschnittlich um 10% höher.

der potentiometrischen Titration haben RABINOWITSCH und LASKIN die scheinbaren Dissoziationskonstanten der kolloiden Säure abgeschätzt.

A. FODOR und A. REIFENBERG erhielten neulich durch Dialyse ein GRAHAM-Sol von dem Gehalt 0,3% und einem $p_H = 5,7$. Bei der Elektrodialyse fiel das p_H auf 3,9. Auch diese Werte stimmen gut mit denen von PAULI und VALKO überein.

E. LASKIN hat festgestellt, daß die Kieselsäure bei der Koagulation durch $BaCl_2$ und andere Salze keine inaktiven H^+-Ionen freigibt. Dagegen konnten sowohl S. GLIXELLI als auch J. N. MUKHERJEE und Mitarbeiter beobachten, daß das Kieselsäuregel den Neutralsalzlösungen saure Reaktion erteilt. („Hydrolytische Adsorption" durch Gegenionenaustausch.)

Sole nach Grimaux. PAULI und VALKÓ haben sodann jene Sole untersucht, die durch Verseifen von Kieselsäuremethylester nach GRIMAUX gewonnen werden. Das Darstellungsverfahren ist deshalb interessant, weil es in Abwesenheit von Elektrolyten vonstatten geht. Die Verseifung dauert in kochendem Wasser etwa zehn Stunden lang. Die bei der Reaktion entstandenen kleinen Mengen von Methylalkohol wurden nicht entfernt, da sie weder für die Eigenschaften der Sole noch für die Messungsergebnisse von Bedeutung sein können. Die Verseifung wurde, um Alkaliabgabe seitens des Glases während des Kochens zu verhindern, im Feinsilberkolben mit Feinsilberkühler vorgenommen. Die Meßergebnisse an einigen undialysierten Solen sind in der folgenden Tabelle mitgeteilt.

Tabelle 184

Sol	SiO_2 %	$\varkappa \cdot 10^6$	$a_H \cdot 10^6$	$C_H \cdot 10^5$ ber.
XI	1,28	7,4	1,8	2,0
XII	1,56	5,2	0,3	1,4
XIII	1,98	7,3	9	2,0
XIX	1,71	7,3	< 1	2,0

Die Leitfähigkeit der Sole ist wohl sehr klein, jedoch durch die freien Wasserstoffionen nicht gedeckt. Da die Präparate vor der Verwendung durch Ausschütteln mit Wasser bzw. Destillation gereinigt wurden, kann nur eine geringfügige Auflösung von Silber für das Verhalten verantwortlich sein. Die Sole wurden der Elektrodialyse (Dauer 5 bis 8 Stunden) unterworfen. Die Wasserstoffionen wurden (aus der zur Neutralisation notwendigen Laugenmenge) durch konduktometrische Titration ermittelt:

Tabelle 185

Sol	SiO_2 %	$\varkappa \cdot 10^6$	$C_H \cdot 10^5$ gef.	$C_H \cdot 10^5$ ber.	K
XI	1,22	13,1	3,4	3,6	6000
XII	2,09	11,0	2,7	3,0	11000
XIII	1,93	9,7	3,1	2,7	12000
XIX	1,22	4,6	1,3	1,3	15000

Die Übereinstimmung der berechneten mit den gefundenen Werten der

Wasserstoffionenaktivität ist nunmehr eine durchwegs befriedigende. Die Fehlergrenze ist hier wegen der Kleinheit der Leitfähigkeit wohl etwas breiter.

Diese GRIMAUX-Sole sind somit durch die Elektrodialyse in reine Azidoide überführbar. Einige darunter haben dabei ihre Leitfähigkeit infolge des Austausches ihrer Kationen durch die mehrfach beweglicheren Wasserstoffionen erhöht. Für die Beweglichkeit der Kolloidionen wurde der auf Grund von Überführungsversuchen abgeschätzte Wert von v = 10 r . O. benutzt.

Die für die GRAHAM-Sole aufgestellte Formel besitzt somit auch für die Verseifungssole Gültigkeit. Das Kolloidäquivalent bewegt sich bei den letzteren zwischen 6000 und 15000. Diese GRIMAUX-Sole enthalten also rund zehnmal weniger Ladung als GRAHAM-Sole von demselben Kieselsäuregehalt. Das Äquivalentgewicht beträgt maximal 900000. Derart hohe Werte sind bisher an keinem anderen anorganischen Sol gefunden worden.

PAULI und VALKÓ haben gezeigt, daß der Unterschied zwischen den beiden Solarten nicht auf dem Kochen beruht, da die GRAHAM-Sole durch das Kochen nur geringfügig verändert werden. Der Unterschied beruht vielmehr auf der Mitwirkung von Säure bei der Herstellung. Ein durch Verseifung von Kieselsäureester in einer normalen Salzsäurelösung hergestelltes Sol hat in der Tat die Eigenschaften der GRAHAM-Sole aufgewiesen.

Die GRIMAUX-Sole sind opaleszierend, jedoch monatelang haltbar.

Wanderungsgeschwindigkeit. Der Wanderungssinn von Kieselsäure wurde bereits von H. KÜHN 1853 bestimmt. Er hat größtenteils Wanderung zur Anode und nur eine geringfügige zur Kathode gefunden. Von W. BILTZ wurde ein Sol nach GRAHAM und ein aus Siliziumtetrachlorid bereitetes untersucht und in beiden anodische Wanderung gefunden. J. BILLITER hat festgestellt, daß die Kieselsäure in alkalischer und schwachsaurer Lösung elektronegativ ist, mit Zunahme des Säuretiters jedoch positiv wird. W. SPRING hat 1899 in alkalischer Lösung positiven Ladungssinn beobachtet und E. JORDIS, der den Ampholytcharakter der Kieselsäure schon vor BILLITERS Versuchen betont hat, war der Meinung, die Kieselsäure wäre im Gegensatz zum Eiweiß in salzsaurer Lösung negativ geladen, in Natronlauge positiv. Im ersten Falle sollten die Cl^--Ionen, im zweiten Falle die Na^+-Ionen die Solbildner sein. BILTZ' Befunde wollte er durch den Säuregehalt seiner beiden Sole erklären. Es kann aber kaum ein Zweifel darüber bestehen, daß SPRINGS Beobachtung irrtümlich war und wahrscheinlich enthielten die BILTZschen Sole zu wenig Salzsäure, um das Kolloid umzuladen. Das Verhalten der Kieselsäuresole gegenüber Säuren und Basen zeigt nach den Untersuchungen von O. LÖSENBECK, W. GRUNDMANN, PAULI und VALKÓ, ferner von FREUNDLICH und H. COHN eindeutig, daß die Kieselsäure wie alle Ampholyte in alkalischer Lösung negativ, in stark saurer Lösung positiv geladen ist. Der isoelektrische Punkt ist wahrscheinlich von der Individualität des Sols abhängig und dürfte in dem Bereich $p_H = 2$ bis 3 liegen. Den negativen Ladungssinn der reinen Sole haben PAULI und VALKÓ an acht verschiedenen Solen festgestellt, KRUYT und POSTMA haben dieselbe Beobachtung in einer Reihe von Fällen gemacht, ebenso R. SCHWARZ mittels Überführungsversuchen.

Quantitative Messungen der Wanderungsgeschwindigkeit haben zuerst O. LÖSENBECK und GRUNDMANN unternommen. In $7 \cdot 10^{-5}$n HCl, deren Einfluß man wohl vernachlässigen kann, fand LÖSENBECK die Beweglichkeit bei $12{,}5^0$

zu 20 rez. O. GRUNDMANN fand auf dieselbe Weise Werte zwischen 35 und 10 bei 13°.

PAULI und VALKÓ haben zahlreiche Bestimmungen im U-Rohr nach der Methode der wandernden Grenzschicht durchgeführt. Sie arbeiteten mit verschiedenen Überschichtungselektrolyten und schätzten die wirklichen Wanderungsgeschwindigkeiten aus dem Gang der beobachteten Werte ab. Sie finden an gut ausdialysierten GRAHAM-Solen den Wert $20 \cdot 10^{-5}$ cm pro sec. pro 1 V/cm und für GRIMAUX-Sole den Wert von etwa 10. Die niedrigen Werte finden ihre Erklärung in dem hohen Reinheitsgrad der Sole. Zusatz von Kaliumkarbonat, welches die Kieselsäure teilweise neutralisiert und ihre negative Ladung erhöht, scheint nach den Versuchen von PAULI und VALKO auch die Wanderungsgeschwindigkeit erheblich zu steigern. Durch Alkalizusatz konnten FREUNDLICH und COHN die Wanderungsgeschwindigkeit des kolloiden Kieselsäureions ebenfalls erhöhen.

Elektrosmotische Versuche an Kieselsäuregallerten wurden von S. GLIXELLI und J. WIERTELAK mit einem modifizierten Apparat nach PERRIN durchgeführt. Nach der HELMHOLTZ-SMOLUCHOWSKIschen Gleichung berechnet sich ein Potential von etwa $\zeta = 0{,}2$ MV in $1 \cdot 10^{-3}$ HNO_3. Beim Verdünnen stieg der Wert bis $5{,}4 \cdot 10^{-3}$ Volt im reinen Wasser. Dieser Wert ist jedoch noch immer abnorm niedrig. Quarzpulver und geglühte Kieselsäure gaben normale, also viel höhere Werte, in $1 \cdot 10^{-3}$ Säure z. B. die Werte 51,0, bzw. $22{,}7 \cdot 10^{-3}$ Volt. In $1 \cdot 10^{-2}$n Säure zeigte Quarzpulver den Wert 10,0 geglühte Kieselsäure $2{,}0 \cdot 10^{-3}$ Volt. Eine Umladung war mit Säuren nicht zu erzielen, sondern nur mit $La(NO_3)_3$. Die entladende Wirkung der Säuren war stärker als die der Salze mit zwei- und dreiwertigem Kation. Sonst trat der Wertigkeitseffekt der Gegenionen deutlich hervor. Der isoelektrische Punkt lag bei $1 \cdot 10^{-2}$ $La(NO_3)_3$, während MUKHERJEE und JYER mit $AlCl_3$ bereits in $1{,}7 \cdot 10^{-3}$n Lösungen die Umladung einer Kieselgallerte erzielten. MUKHERJEE und Mitarbeiter fanden gleichfalls, daß die H^+-Ionen die elektrosmotische Geschwindigkeit stärker herabsetzen als die Ba^{++}-Ionen.

Die Reaktion der Kieselsäure mit Säuren und Basen wurde in dem allgemeinen Teil ausführlich besprochen.

Stabilität. Die Stabilitätsbedingungen der Kieselsäuresole erscheinen noch nicht völlig klargelegt. Gewisse Schwierigkeiten verursacht der Umstand, daß gewöhnlich keine Ausflockung, sondern ein allmähliches Erstarren zu einer Gallerte stattfindet. Häufig ist die Gallerte durch bloßes Schütteln wieder verflüssigbar, so im Falle der von PAULI und VALKÓ untersuchten GRIMAUX-Sole, die innerhalb einiger Wochen spontan erstarrten. Beim Erstarren und Wiederverflüssigen ändert sich die Leitfähigkeit nicht merklich. Auch GRAHAMsche Sole erstarren freiwillig bei hoher Konzentration trotz ihrer stärkeren Ladung. Anderseits zeigten die Versuche von LÖSENBECK, GRUNDMANN sowie PAULI und VALKÓ, daß auch beim isoelektrischen Punkt keine momentane Ausflockung erfolgt, vielmehr nimmt die Erstarrung mehrere Wochen Zeit in Anspruch.

Nach N. PAPPADA erhält man in verdünnten Solen Flockungen, in konzentrierten Solen Gallerten. Die Gelatinierungszeit nimmt ab mit steigender Wertigkeit der koagulierenden Kationen, 0,1 normale Erdalkalisalze gelatinieren auch erst nach Stunden. Unter den Alkaliionen flockt Cäsium am schnellsten,

Li am langsamsten, die Ionen mit höherer Beweglichkeit flocken also stärker. Bei hydrolysierenden Salzen schwacher Säuren erfolgt die Flockung schneller, eine Folge der sensibilisierenden Wirkung der Hydroxylionen.

F. MYLIUS und E. GROSCHUFF nehmen eine molekulardisperse α-Form der Kieselsäure an. Gestützt wird diese Auffassung durch die Beobachtung, daß Eiweiß durch das frisch hergestellte Sol (durch genaue Neutralisation von Natriumsilikat mit Salzsäure bereitet) nicht geflockt wird, sondern erst nach einiger Zeit. Hohe Temperatur, Zusatz von Natriumsilikat (bei nachheriger abermaliger Neutralisation) beschleunigen die Kondensation der molekularen Kieselsäure zum Kolloid, die Umwandlung der α- in die β-Form. Die β-Form flockt Eiweiß. Die Flockungsprodukte sind in Salzlösungen unlöslich, dagegen löslich in stärkeren Säuren und Basen. Diese Auflösung ist vermutlich die Folge der bewirkten gleichsinnigen Aufladung von Kieselsäure und Eiweiß. Es wäre wünschenswert, die Versuche von MYLIUS und GROSCHUFF unter genauer Kontrolle der Wasserstoffionenaktivität der beiden Reaktionskomponenten zu wiederholen, da unter Umständen kleine Änderungen derselben wesentlich sein können, wie bereits von FREUNDLICH und COHN gezeigt wurde. MYLIUS und GROSCHUFF beobachteten während der Umwandlung eine Abnahme des Gefrierpunktes der Kieselsäurelösungen.

WILLSTÄTTER, KRAUT und LOBINGER haben die α-Kieselsäure in reiner Form dargestellt, indem sie aus dem Hydrolyseprodukt von $SiCl_4$ die Salzsäure durch Umsetzung mit AgOH niederschlugen. Sie fanden Flüchtigkeit dieser monomolekularen Kieselsäure im Vakuum bei Zimmertemperatur.

Nach der kryoskopischen Methode wurde ein Wert von 120 für das Molekulargewicht gefunden, was einer Dikieselsäure entspricht. In einigen Tagen sinkt die Gefrierpunktdepression und zeigt dadurch eine weitgehende Kondensation zu hochmolekularen Verbindungen an. Die Umwandlung ist am langsamsten bei $p_H = 2 - 3$ und wird rascher sowohl in saurerem als auch in alkalischerem Medium. Läßt man die Zersetzung von $SiCl_4$ bei dieser H^+-Konzentration vor sich gehen, so entsteht überwiegend die molekular gelöste Monokieselsäure.

Die potentiometrische Titration zeigt eine schwache, einbasische Säure an. Mit zunehmender Kondensation wird die Säurefunktion etwas schwächer.

Die langdauernde Dialyse, während der das Sol verschiedene H^+-Konzentrationen durchläuft, gibt eine Gewähr dafür, daß in den von PAULI und VALKÓ untersuchten Solen keine molekular gelöste Kieselsäure vorhanden war. Eine solche hätte übrigens bei der Elektrodialyse auch rasch hinausgeführt werden müssen.

Das verwickelte System der Kieselsäurehydrate, welches in sehr bemerkenswerten Untersuchungen von WILLSTÄTTER und KRAUT und R. SCHWARZ in der letzten Zeit behandelt worden ist, liegt außerhalb des von uns behandelten Gebietes, da irgendwelche Beziehungen zu den elektrochemischen Eigenschaften vorläufig nicht festgestellt wurden.

Für die Teilchengröße in den Kieselsäuresolen besitzen wir kaum Anhaltspunkte. Aus der Tatsache, daß GRAHAM-Sole durch gewisse Membranfilter zurückgehalten werden, folgert R. ZSIGMONDY auf eine verhältnismäßig beträchtliche Größe. Die Anwendung der STOKESschen Formel auf Grund der elektrochemischen Daten führt in den Berechnungen von PAULI und VALKÓ zu sehr kleinen Dimensionen, während die Größe der Kolloidäquivalenten in Verbindung mit der Tatsache, daß sämtliche Teilchen geladen sind, durch Vergleich mit anderen Solarten auf größere Teilchen schließen läßt. Die Gefrierpunktsmessungen von SABENEJEFF, aus welchen man ein Molekulargewicht von 67000 berechnet hat, sind für die Teilchengrößenbestimmung völlig wertlos, weil die Anwesenheit von Verunreinigungen nicht ausgeschlossen war. Durch osmotische Messungen mit Pergament oder Kollodiummembran ließe sich höchstens der osmotische Druck der Gegenionen ermitteln, gegen welchen der Druck der Kolloidteilchen wohl verschwindet.

Von allen anorganischen Solen zeigt die Kieselsäure die stärkste Analogie zu den Proteinsolen vom Typus der Albumine. Kieselsäure ist das einzige anorganische Sol, dessen Reinigung durch Elektrodialyse sich durchführen ließ. Nur

ODÉN konnte seine Schwefelsole viel früher auf diese Weise reinigen, dabei erlitten jedoch die Sole infolge Entladung an der Membran wahrscheinlich einen beträchtlichen Verlust an Schwefel, während die sorgfältige Durchführung der Elektrodialyse bei Kieselsäure mit keinem Verlust verbunden ist. Auch die geringe Empfindlichkeit gegenüber Elektrolyten weist auf die nicht elektrokratische Natur der Kieselsäuresole hin. Die Flockung in hohen Elektrolytkonzentrationen ist wahrscheinlich eine Art Aussalzung. Durch Säure isoelektrisch gemachte Kieselsäure ist wochenlang haltbar, während bei der Herstellung durch Neutralisation von Na-Silikat mit Salzsäure, wenn nicht für Säureüberschuß gesorgt wird, die hohe Kochsalzkonzentration häufig momentan zur Flockung führt. Auch bei der Besprechung der Alkaliensensibilisierung wurde von uns bereits auf die Analogie zu den Eiweißkörpern hingewiesen, die in neutraler Form salzbeständiger sind als in aufgeladener. Es ist naheliegend, die Hydratation für die Stabilität der Kieselsäuresole verantwortlich zu machen, ohne jedoch damit mehr als eine Beschreibung des experimentell festgestellten Verhaltens zu geben.

Gerade in jener Eigenschaft, welche für eine Hydratation als Maßstab zu dienen pflegt, scheint zwischen dem Verhalten der Kieselsäure und den Proteinen ein Unterschied zu bestehen: in der Viskosität. Bei den Proteinen ist im allgemeinen die Viskosität durch den Ladungszustand gegeben. Nach den Versuchen von KRUYT und POSTMA besteht ein so einfacher Zusammenhang bei der Kieselsäure nicht. Diese Autoren haben Sole nach der GRAHAMschen Methode hergestellt und die zeitlichen Änderungen der Viskosität untersucht. Sie fanden einen ziemlich ausgeprägten zeitlichen Gang, bei den meisten Solen in abnehmender, bei anderen in zunehmender Richtung. Laugezusatz, welcher die Ladung erhöht, führte zwar zu einem höheren Wert der Viskosität, welche aber mit der Zeit abnahm und bald kleiner wurde als die des reinen Sols. FREUNDLICH und COHN fanden Abnahme der Viskosität bei Zusatz kleiner Laugemengen. Die ausgedehnten Versuche von KRUYT und POSTMA über den Einfluß von HCl, Na-Silikat usw. auf die Viskosität und ihren zeitlichen Gang zeigen, daß die Verhältnisse anscheinend komplizierter Natur sind.

Literaturverzeichnis

BILLITER, J.: Z. f. phys. Ch. **51**, 129 (1905). — BILTZ, W.: Ber. **37**, 1100 (1904). — EBLER, E. und M. FELLNER: Ber. **44**, 1111 (1915). — ELEKTROOSMOSE A. G.: D. R. P., 283, 886 (1913). — FODOR, A. und A. REIFENBERG: Koll. Z. **42**, 18 (1927). — FREUNDLICH, H. und H. COHN: Koll. Z. **39**, 26 (1926). — GLIXELLI, S.: C. r. **176**, 1714 (1923). — DERSELBE und J. WIERTELAK: Koll. Z. **43**, 85 (1927); **45**, 197 (1928). — GRIMAUX, E. C. r. **98**, 105 (1884). — GRUNDMANN, W.: Koll. Beih. **18**, 197 (1923). — JORDIS, E.: Ber. d. phys.-med. Soc. Erlangen. **39**, 47 (1904). — DERSELBE und H. KANTER: Z. f. anorg. Ch. **35**, 16 (1903). — KARSTEN, C. J. B.: Pogg. Ann. **6**, 351 (1826). — KRUYT, H. R. und J. POSTMA: Rec. des. tr. ch. des Pays. Bas. **44**, 765 (1925). — KÜHN, H.: Journ. prakt. Ch. **59**, 1 (1853). — LASKIN, E.: Koll. Z. **45**, 129 (1928). — LÖSENBECK, O.: Koll. Beih. **16**, 27 (1922). — MYLIUS, F. und E. GROSCHUFF: Ber. **39**, 116 (1906). — MUKHERJEE, J. N.: und M. P. JYER: Journ. Ind. Chem. Soc. **3**, 307 (1926). — DERSELBE, B. C. GHOSH, K. KRISHNAMURTI, G. N. GHOSH, S. K. MITRA und B. C. ROY: Journ. Chem. Soc. **129**, 3023 (1926). PAPPADA, N.: Koll. Z. **9**, 164 (1911). — PAULI, WO. und E. VALKÓ: Koll. Z. **36**, Erg. Bd. 325 (1925); **38**, 289 (1926). — RABINOWITSCH A. J. und E. LASKIN: Z. f. phys. Ch. **134**, 390 (1928). — SABANEJEW: Ann. Phys. Beih. **15**, 755 (1891). — SCHWARZ, R.: Koll. Z. **34**, 23 (1924). — DERSELBE und H. RICHTER: Ber. **60**, 1111, 2263 (1927). — SPRING, W.:

Bull. de l'Acad. de Belgique. S. 193 (1899). — WILLSTÄTTER, R., H. KRAUT und K. LOBINGER: Ber. 58, 2462 (1925); 61, 2280, (1)1928, — ZSIGMONDY, R. und R. HEYER: Z. f. anorg. Ch. 68, 169 (1910).

55. Die kolloide Zinnsäure

Die Zinnsäuresole wurden von GRAHAM aus einer mit Alkali versetzten $SnCl_4$-Lösung oder aus einer mit Säure versetzten Stannatlösung durch Dialyse gewonnen. R. ZSIGMONDY (1) stellte Sole durch Peptisation des Gels dar, welches infolge Hydrolyse einer weitgehend mit Wasser verdünnten Stannichloridlösung bereitet und durch Dekantieren bis zur Chlorfreiheit gewaschen war. Als Peptisationsmittel konnte Ammoniak verwendet werden, dessen überschüssiger Anteil durch Kochen entfernt wurde. Nach dem Kochen hielt das Sol 1 Mol Ammoniak auf 20 bis 30 Mole SnO_2 zurück.

Wanderung der Zinnsäuresuspension. S. GLIXELLI untersuchte die Wanderungsgeschwindigkeit von absetzenden Zinnsäuregelaufschwemmungen nach der direkten makroskopischen Methode. Als Überschichtungsflüssigkeit diente die Flüssigkeit, aus welcher das Gel sich abgesetzt hatte. Bei Zimmertemperatur betrug die anodische Beweglichkeit des ausgewaschenen Gels $11{,}8 \cdot 10^{-5}$ cm/sec. Er hat auch Gele in Anwesenheit verschiedener Mengen von Salzsäure untersucht, indem er das Gel durch starkes Verdünnen einer Zinnchloridlösung herstellte und die Flüssigkeit über dem absetzenden Gel wiederholt durch Wasser ersetzte, wobei der Säuretiter der Suspension abnahm. Auf dieselbe Weise untersuchte er die Gele aus $SnBr_4$ und SnJ_4. Wie aus seinen Ergebnissen hervorgeht, ist die Beweglichkeit eine, den bei Oberflächenreaktionen üblichen, entsprechende (annähernd hyperbolische) Funktion des Säuretiters, d. h. der Wasserstoffionenkonzentration, und ist unabhängig von der Natur der Anionen. Die Gelpartikeln wandern um so schneller kathodisch, je höher die Konzentration der Säure ist. Beim Verdünnen der Säure nimmt die positive Ladung ab und nach Erreichen des isoelektrischen Punktes bei etwa $1 \cdot 10^{-4}$n Säure gewinnt das Gel eine schwache negative Ladung. Die Zinnsäure verhält sich also wie ein Ampholyt von schwach saurem Charakter. Das gewaschene Gel wird durch schwache Säuren wieder umgeladen, der Vorgang ist reversibel. Essigsäure ist in der gleichen Konzentration weit weniger wirksam als die starken Säuren.

Peptisation, Gesamtladung und Flockung. An dem alkalipeptisierten Hydroxyd der Zinnsäure entwickelte ZSIGMONDY (2) frühzeitig seine Vorstellungen über die Peptisation. Danach verwandelt das Alkali, welches in die Kanäle des Gels hineindringt, einen Teil der Oberflächenmoleküle in Stannat. Die Stannatmoleküle erleiden eine elektrolytische Dissoziation, ihr Anion bleibt durch chemische Kräfte oder durch Adsorption mit den Teilchen verbunden. Auf diese Weise entsteht die Mizelle, in der symbolischen Darstellung ZSIGMONDYS:

$$\left|\begin{matrix} SnO_2 \\ nH_2O \end{matrix}\right| . SnO_3^- + K^+$$

Seine elektrische Ladung verdankt also das alkalipeptisierte Sol der elektrolytischen Dissoziation der oberflächlichen Stannatmoleküle.

In ZSIGMONDYS Institut wurden eine Reihe von Untersuchungen, auch vom elektrochemischen Standpunkte, an den alkalipeptisierten Solen durchgeführt. E. HEINZ hat den Einfluß der Menge des Peptisationsmittels auf die Eigenschaften der Sole untersucht. Bestimmte Mengen des Gels wurden mit wechselnden Mengen Kalilauge versetzt. Im folgenden werden wir mit ZSIGMONDY als Solnummer die Anzahl Mole SnO_2 bezeichnen, auf welche im Peptisationsgemisch ein Mol K_2O fällt. Sol 200 ist also ein Sol, welches bei der Einwirkung von Alkali im Verhältnis von 1 Mol K_2O auf 200 Mol SnO_2 entstanden ist.

Tabelle 186

Hydrosol	SnO_2-Gehalt	Alkalititer des Hydrosols Millimol KH O in 100 ccm		SnO_2-Gehalt des Ultrafiltrates	Alkalititer des Ultrafiltrates Millimol KH O in 100 ccm
		berechnet	gefunden		
200	0,5%	0,033	0,032	—	—
100	0,5%	0,066	0,064	—	—
50	0,5%	0,13	0,13	—	—
25	0,5%	0,26	0,26	0,0012%	0,05
10	0,5%	0,66	0,65	0,453%	0,65
2	0,5%	3,31	3,40	0,500%	3,4

„Sol 200 war durch fünfstündiges Erhitzen erhalten worden, Sol 100 durch ein ungefähr einstündiges; die anderen Hydrosole waren bereits in der Kälte herstellbar. Im Äußeren unterschieden sich die kolloiden Zinnsäuren durch abnehmende Opaleszenz: Sol 200 war am stärksten opaleszierend, Sol 100 weniger; die Sole 10 und 2 waren ungetrübt.

Bei der Ultrafiltration durch dünne Kollodiummembranen zeigten sich beträchtliche Unterschiede (Tab. 186). Die Hydrosole 200 und 100 gaben ein Ultrafiltrat, das weder Zinnsäure noch Alkali in meßbarer Menge enthielt, das ganze Kolloid war als gallertige Masse auf dem Filter geblieben; ähnlich verhielt sich auch Sol 50, dessen Filtrat nur einen ganz geringen Rückstand hinterließ. Bei den Hydrosolen 25, 10 und 2 waren hingegen Zinnsäure wie auch Alkali im Ultrafiltrat vorhanden, und zwar in wachsender Menge mit steigendem Alkaligehalt des Hydrosols.

Sol 10 hinterließ nur einen geringen Rückstand auf dem Filter; Sol 2 lief ganz glatt durch.

Wie zu erwarten war, lösten sich die auf dem Filter hinterbleibenden Rückstände, da sie das gesamte Kalium des Peptisationsmittels enthielten, im nassen Zustande vollkommen in Wasser, so daß man aus dem Filterrückstand 200 oder 100 wieder das ursprüngliche Sol zurückgewinnen konnte.“ Beim Eintrocknen werden diese gallertigen Massen unlöslich.

„Aus der Ultrafiltration wie auch aus der Ultramikroskopie ergibt sich also, daß die Zinnsäuren umso feinere Teilchen enthalten, je mehr Alkali zu ihrer Peptisation angewendet wird.“

ZSIGMONDY folgert aus dem Verhalten der kolloiden Zinnsäure, daß ihre Primärteilchen so klein sind, daß sie ungehindert Ultrafilter aus Kolloidium passieren können. Die Ultramikronen von Sol 100 oder 50 müssen also Sekundärteilchen sein.

Die Hydrosole sind um so beständiger, je mehr Peptisationsmittel sie enthalten.

Analog wie DUCLAUX am Eisenhydroxydsol zuerst gefunden hat, findet HEINZ, daß Salze von mehrwertigen Kationen und von Ag, ferner HCl die Sole in einer dem gesamten Alkaligehalt des Sols annähernd äquivalenten Konzentration fällen, während von einwertigen Kationen eine bedeutend größere Menge nötig ist.

Tabelle 187

Sol	Elektrolyt	Konzentration	Zur vollständigen Fällung erforderliche Menge in ccm	Milliäquivalent pro 10 ccm Lösung	Alkaligehalt von 10 ccm Sol in ccm 1 n KOH
25	NaCl	$^1/_5$ n	1,7	0,34	0,026
25	$NaNO_3$	$^1/_5$ n	1,5	0,30	
25	$Na_2SO_4/2$ . . .	$^1/_5$ n	1,6	0,32	
25	Na_3-Citrat/3 . .	$^1/_5$ n	2	0,40	
25	HCl	$^1/_{10}$ n	0,25	0,025	
25	$AlCl_3/3$	$^1/_{10}$ n	0,25	0,025	
25	$Al(NO_3)_3/3$ . . .	$^1/_{10}$ n	0,25	0,025	
25	$BaCl_2/2$	$^1/_{50}$ n	1,1	0,022	
25	$CaCl_2/2$	$^1/_{50}$ n	1,1	0,022	
25	$AgNO_3$	$^1/_{10}$ n	0,25	0,025	
50	NaCl	$^1/_{10}$ n	2,6	0,26	0,013
50	$NaNO_3$	$^1/_{10}$ n	2,8	0,28	
50	Na-Citrat/3 . .	$^1/_{10}$ n	5,2	0,52	
50	$Na_2SO_4/2$ . . .	$^1/_{10}$ n	2,8	0,28	
50	HCl	$^1/_{100}$ n	1,35	0,0135	
50	$AlCl_3/3$	$^1/_{100}$ n	1,35	0,0135	
50	$Al(NO_3)_3/3$ . . .	$^1/_{100}$ n	1,4	0,0140	
50	$CaCl_2/2$	$^1/_{100}$ n	1,35	0,0135	
50	$BaCl_2/2$	$^1/_{100}$ n	1,30	0,0130	
50	$AgNO_3$	$^1/_{100}$ n	1,8	0,0180	

Die Versuche bedeuten also so viel, daß erstens das Sol erst bei vollständiger Entladung ausfällt und daß zweitens die anwesenden Ca-, Ba-, Al-, H-, Ag-Ionen von den Teilchen vollständig festgehalten werden, wobei deren Ladung neutralisiert wird. Zsigmondy (3) stellt die Reaktion folgendermaßen dar:

$$\square\, n\, SnO_3'' + n\, Ca^{\cdot\cdot} = \square\, n\, SnO_3Ca$$

Wie die Versuche weiter gezeigt hatten, gehen in der Tat die fällenden Ionen in den Niederschlag, während die entsprechenden Kaliumsalze in der Lösung bleiben.

Elektrochemisches Verhalten. Die bisherigen Betrachtungen boten jedoch noch keine quantitative Auskunft über die elektrochemische Konstitution der Sole. Auch wenn man die vollständige Bindung der Lauge und keine Abspaltung von Stannaten annimmt, stellt die Menge des Peptisationsmittels nur die Gesamtladung der Sole dar. Erst G. Varga, ebenfalls unter Zsigmondys Anleitung, unternahm es, die Frage nach der freien Ladung der Zinnsäuresole zu beantworten, die vorher von Pauli und Matula auf andere Weise am Eisenoxydsol behandelt worden war. Die Untersuchung an der reinen und alkaliversetzten Gelsuspension ist infolge der, wohl durch den geringen Wert der Leitfähigkeit (in der Größenordnung 10^{-6}) begründeten, Ungenauigkeit der Leitfähigkeit sowie der H^+-Bestimmungen nach der Indikatorenmethode gescheitert. (Siehe bei Wo. Pauli und R. Zsigmondy (4).) Die Untersuchungen an hitzepeptisierten Solen jedoch, welche in dem Institute Zsigmondys weitergeführt wurden (mit K. Littmann), gestatten nähere Einblicke in die elektrochemische Konstitution des Zinnsäuresols. Sie wurden zusammenfassend von R. Wintgen mitgeteilt.

Die Sole wurden durch Versetzen der gealterten und bis zur verschwindenden Überschußleitfähigkeit des Waschwassers ausgewaschenen Gele mit berechneten Mengen karbonatfreier KOH und mehrstündiges Erhitzen am Rückflußkühler auf dem Wasserbade hergestellt.

Die folgende Tabelle enthält die Aufteilung der spezifischen Leitfähigkeit der Sole ($\varkappa_s$) in die spezifische Leitfähigkeit des Ultrafiltrates ($\varkappa_i$ = intermizellare Leitfähigkeit in der Terminologie der Göttinger Schule) und des Kolloidsalzes ($\varkappa_m = \varkappa_s - \varkappa_i$ = mizellare Leitfähigkeit). Die letzte Spalte bringt die mizellare Leitfähigkeit umgerechnet auf den Gehalt von 5 g SnO_2 pro Liter. Man ersieht aus derselben, daß die auf die gleiche Weise hergestellten Sole bei demselben Gehalt an Zinnsäure nahe identische Werte liefern. Je kleiner die Solnummer (N) ist, d. h. je mehr Peptisationsmittel zugefügt wurde, ein desto größerer Teil der Leitfähigkeit wird durch das Ultrafiltrat getragen.

Tabelle 188

Spezifische Leitfähigkeit von Solen und Ultrafiltraten alkalipeptisierter Zinnsäure

	g SnO_2 pro Liter	N	$\varkappa_s \cdot 10^6$	$\varkappa_i \cdot 10^6$	$\varkappa_m \cdot 10^6$	$\varkappa_m \cdot 10^6$ g = 5
1	5,47	228	14,7	(12,1 ?)	(2,6 ?)	2,4
2	5,47	100	17,5	11,8	5,7	5,2
3	5,47	51,8	35,4	15,6	19,8	18,1
4	5,47	40	39,6	17,7	21,9	20,0
5	4,75	200	11,75	7,14	4,6	4,8
6	4,75	100	19,7	(14,0 ?)	(5,7 ?)	6,0
7	4,75	50	(34,3 ?)	10,7	22,6	23,8
8	4,75	25	86,1	18,3	67,8	71,4
9	10,79	50	65,98	13,64	52,34	24,25
10	10,79	50	64,61	18,27	46,34	21,48
11	10,79	50	71,74	19,20	52,54	24,35

In der Tabelle 189 stellt A die Anzahl der auf eine freie Ladung entfallenden SnO_2-Moleküle, d. h. das Kolloidäquivalent, B die Anzahl der auf eine freie Ladung entfallenden inaktiven (undissoziierten „eingeschlossenen") K-Ionen dar. Die letzte Spalte enthält das Verhältnis von aktivem und analytischem Kalium.

Tabelle 189

Zusammenstellung der A- und B-Werte aus den Leitfähigkeits- und Überführungsmessungen

N	A aus Leitfähigkeit	A aus Überführung	A Mittel	B (in Mol KOH)	Eingeschlossene Mol K_2O	Eingeschlossenes Alkali in Prozent
25	65,0	63,8 (VARGA)	64,4	5,15	2,08	80,6
50	161,3	182,2 „	168,4	6,74	2,87	85,15
50	164,8	165,1 (LITTMANN)				
100	613,7	592,0 (VARGA)	602,8	12,05	5,53	91,70
200	—	(1865) „	(1865)	(18,65)	(8,83)	(94,62)

Die Normalität der freien Ladung wurde aus der spezifischen Leitfähigkeit einerseits mit Hilfe der als Summe der Beweglichkeit von K^+ (bei unendlicher Verdünnung) und nach dem direkten Verfahren ermittelten Wanderungsgeschwindigkeit der Kolloidionen berechnet, andererseits wurde der Berechnung die Überführung zugrunde gelegt. Die beiden Werte zeigten gute Übereinstimmung, was umso leichter möglich war, als die prozentuellen Fehler der Beweglichkeitsbestimmung bei der Berechnung der Äquivalentleitfähigkeit auf $^1/_3$ bis $^1/_6$ herabgesetzt werden.

Das Kolloidäquivalent A wächst bei Erhöhung der Solnummer von 25 auf 100 auf etwa das Zehnfache, da dabei die konduktometrische Wirksamkeit der Alkaliionen prozentuell gesunken ist (auf weniger als die Hälfte). In dem Befund, daß der analytische Leitfähigkeitskoeffizient des Kolloidsalzes bei steigendem Kolloidäquivalent sinkt, erblickt VARGA eine Stütze seiner Auffassung, daß die Inaktivierung der Alkaliionen davon herrührt, daß sie im Innern der Sekundärteilchen, welche bei wachsender Aufladung immer mehr zerfallen, mechanisch eingeschlossen sind, im Gegensatz zu PAULI, der die Inaktivierung primär auf die interionischen elektrostatischen Kräfte zurückführt.

WINTGEN drückt die Struktur der Mizellen folgendermaßen aus, etwa für Sol 25

$$\left(\boxed{64{,}6\,SnO_2;\ 2{,}08\,K_2O;\ xH_2O}\ SnO_3H^-\right)n + nK^+$$

während nach PAULI allgemein für das Kolloidion der Zinnsäure zu schreiben wäre:

$$[x\,(SnO_2 + nH_2O)\,.\,y\,SnO_3HK\,.\,z\,SnO_3H^-] + z\,K^+$$

wobei für $\frac{x}{z}$ der Wert A der Tabelle, für $\frac{y}{z}$ der Wert B einzusetzen ist.

Die Frage nach der chemischen Individualität der in SnO_2-Gelen und Solen enthaltenen Zinnsäure hat in der neuesten Zeit eine lebhafte Diskussion hervorgerufen. W. MECKLENBURG wollte die verschiedenen, aus der analytischen Chemie bekannten α- und β-Modifikationen auf die verschiedene Größe der Primärteilchen zurückführen. ZSIGMONDY (3), der sich dieser Auffassung anschloß, baute sie durch Einführung des Teilchenabstandes zwischen den Primärteilchen innerhalb der Sekundärteilchen aus.

WILLSTÄTTER und KRAUT begründeten auf Grund ihrer Entwässerungskurven eine neue Klassifikation der Zinnsäure, welche ausschließlich auf der chemischen Verschiedenheit der Hydratationsstufen und molekularen Verkettungen beruht. Eine unmittelbare Beziehung zu elektrochemischen Problemen besteht hier nur insoferne, als die verschiedene Peptisierbarkeit durch Laugen und Säuren auf der einen Seite wohl durch die chemische Konstitution der Moleküle bedingt sein kann, welche unter Bildung von basischen oder sauren Salzen auf der Teilchenoberfläche reagieren, jedoch auch durch die eventuelle Verschiedenheit in der Dimension der inneren Oberfläche der Gele.

Literaturverzeichnis

GLIXELLI, S.: Koll. Z. **13**, 144 (1914). — GRAHAM, TH.: Pogg. Ann. **123**, 538 (1864). — HEINZ, E.: Inaug. Dissertation. Göttingen (1914). — MECKLENBURG, W.: Z. f. anorg. Ch. **64**, 368 (1909); **74**, 207 (1912). — PAULI, WO.: Koll. Z. **26**, 20 (1920). — VARGA, G.: Koll. Beitr. **11**, 1 (1919). — WILLSTÄTTER, R., H. KRAUT und FREMERY: Ber. **57**, 65, 1491 (1924). — WINTGEN, R.: Z. f. phys. Ch. **103**, 238 (1923). — ZSIGMONDY, R.: (1) Liebigs Ann. **301**, 369 (1898). — (2) Zur Erkenntnis der Kolloide. Jena (1906). — (3) Kolloidchemie I. II. Leipzig. 5. Aufl. (1925/27). — (4) Koll. Z. **26**, 167 (1920).

56. Eisenhydroxydsole

Die Eisenhydroxydsole gehören zu den elektrochemisch am eingehendsten und häufigsten untersuchten Hydrosolen. G. MALFITANO hat die ersten Ultrafiltrationen damit ausgeführt und die Leitfähigkeit des Ultrafiltrates mit derjenigen des Sols verglichen. Er fand annähernd in beiden dieselbe Leitfähigkeit, da sein Sol sehr elektrolytreich war. Dann hat J. DUCLAUX an den Solen Ultrafiltrationsversuche gemacht, und ihre beträchtliche Eigenleitfähigkeit nachgewiesen. A. DUMANSKI, ferner A. LOTTERMOSER und P. MAFFIA haben die Gleichgewichte des Sols mit Elektrolyten untersucht. PAULI und J. MATULA haben die ersten direkten Ionenkonzentrationsbestimmungen mit Hilfe der potentiometrischen Methode ausgeführt. In dieser, wie in drei nachfolgenden Arbeiten von PAULI und Mitarbeitern wurde das elektrochemische Verhalten in vieler Hinsicht geprüft. R. WINTGEN und M. BILTZ haben dann ebenfalls die Konstitution von einigen Solen ermittelt, wobei wiederum die Ultrafiltrationsmethode von DUCLAUX benutzt wurde. J. A. RABINOWITSCH hat, in Anlehnung an die Methoden von PAULI und Mitarbeitern, in allerneuester Zeit die Ergebnisse von konduktometrischen und potentiometrischen Titrationen an Eisenhydroxydsolen mitgeteilt.

Es sind zwei Verfahren, mit deren Hilfe die untersuchten Sole dargestellt wurden: Die hydrolytische Methode und die Peptisation. Bei der ersten geht man von Ferrichlorid oder Nitrat aus und versetzt die Lösung mit einer Menge NH_3, welche zur vollständigen Neutralisation nicht ausreicht. Das entstehende, intensiv rotbraune Sol wird dann durch Dialyse von NH_4Cl befreit. Die Peptisation führt man mit Hilfe von Salzsäure oder Ferrichlorid am frisch gefällten und gewaschenen Hydroxyd aus.

Bereits seit MALFITANOS und insbesondere DUCLAUX' Untersuchungen herrschten über die Konstitution der Sole in vieler Hinsicht klare Vorstellungen. Als aufladende Ionen wurden die an die Oberfläche der Teilchen angelagerten Ferriionen angenommen, als Gegenionen, je nach der Herstellung, Cl^- oder NO_3^-. Als experimentelle Grundlage für diese Auffassung wurde von DUCLAUX der analytische Chlornachweis und die äquivalente Substituierbarkeit des Chlors durch Anionen zugesetzter, stark fällender Elektrolyte angesehen. W. RUER hat in gleichem Sinne die chemische Chlorbestimmung im Dialysat des Sols verwertet. Dem analytischen Befunde im Sol kommt jedoch naturgemäß keinerlei Beweiskraft für das primäre Vorhandensein von freien Chlorionen zu und der Nachweis von Chlorionen im Dialysat gestattet wiederum keinen sicheren Rückschluß darauf, ob der Chlorionengehalt des Sols genügend groß ist, um dessen elektrisches Verhalten zu erklären, da die Dialyse immmer eine Gleichgewichtsstörung bedeutet.

Neuerdings wurde von J. BÖHM mit Hilfe der Röntgenstrahlenanalyse festgestellt, daß die Kolloidteilchen gealterter GRAHAM-Sole die Gitterstruktur von basischem Eisenchlorid zeigen.

Freie Ladung und Gesamtladung. Der erste unmittelbare experimentelle Nachweis der Richtigkeit der Vorstellung von der Konstitution der Eisenhydroxydsole wurde mit Hilfe der potentiometrischen Ionenaktivitätsbestimmungen von PAULI und MATULA erbracht. Die Einführung dieses Verfahrens in die physikalisch-chemische Analyse der anorganischen Hydrosole hat sich weiterhin als ungemein fruchtbar erwiesen.

Die H^+-Aktivitätsbestimmung hat gezeigt, daß man durch energische Dialyse zu Eisenhydroxydsolen kommen kann, deren Reaktion genau neutral ist. Da die direkte potentiometrische H^+-Bestimmung des Sols nicht sehr verläßlich ist, haben die Autoren diesen Befund durch H^+-Bestimmung im Filtrat des mit KCl ausgeflockten Sols bestätigt. Ein durch Dialyse von Ferrinitrat erhaltenes Sol gab $1{,}97 \cdot 10^{-7}$, das Flockungsfiltrat $4{,}66 \cdot 10^{-7}\,n\,H^+$.

Größere Bedeutung kommt der Untersuchung von aus $FeCl_3$ (durch Versetzen mit NH_3 und Dialyse) gewonnenen Solen zu, bei denen außer $[H^+]$ auch $[Cl^-]$ ermittelt werden konnte.

So wurden bei einem Sol B die folgenden Werte gefunden:

$$[Cl^-] \text{ analytisch: } 16 \cdot 10^{-3} n;\; a_{Cl} = 6 \cdot 10^{-3} n;\; f a Cl = \frac{a_{Cl}}{[Cl^-]} = 0{,}375.$$

Nur 37,5% der anwesenden Chlorionen sind elektrometrisch wirksam. PAULI deutet diese Tatsache dadurch, daß er das Kolloidchlorid als einen mittelstarken Elektrolyt auffaßt. In der an anderer Stelle (Kap. 35) mitgeteilten Verdünnungsreihe findet er einen Anstieg dieses „Dissoziationsgrades" (im Sinne der klassischen Dissoziationstheorie) mit der Verdünnung als weitere Bestätigung seiner Auffassung.

Schwellenwert. DUCLAUXs Befund von der Äquivalenz des Schwellenwertes von fällenden zweiwertigen Anionen mit dem Chlorionengehalt der Sole (Tab. 29, S. 129) wurde von PAULI und MATULA bestätigt. Erst in stärkerer Verdünnung des Sols steigt der Schwellenwert mit Na_2SO_4 merklich über die Äquivalenz. Wahrscheinlich wird in dieser Verdünnung das Sulfation nicht mehr vollständig inaktiviert.

Tabelle 190. Flockung von frischem Sol B durch Natriumsulfat
Analytischer Cl-Gehalt angegeben, nach 24 Stunden abgelesen

Na_2SO_4 Konzentration	$^1/_{10}$ Sol B $1{,}6 \cdot 10^{-3}$ n Cl	$^1/_4$ Sol B $4 \cdot 10^{-3}$ n Cl	$^1/_2$ Sol B $8 \cdot 10^{3}$ n Cl
$1 \cdot 10^{-3}$ n	klar	—	—
$2 \cdot 10^{-3}$ n	geflockt vollständig	—	—
$3 \cdot 10^{-3}$ n	—	klar	—
$4 \cdot 10^{-3}$ n	—	leichte Trübung, dickflüssig	—
$5 \cdot 10^{-3}$ n	—	geflockt vollständig	—
$6 \cdot 10^{-3}$ n	—	—	klar
$7 \cdot 10^{-3}$ n	—	—	dickflüssig
$8 \cdot 10^{-3}$ n	—	—	gelatinös, nicht abgesetzt
$9 \cdot 10^{-3}$ n	—	—	vollständige Ausflockung

Auf den interessanten Befund der Autoren über die Wirkung der gleichnamigen Ionen wurde an anderer Stelle eingegangen (Kap. 21, Abb. 29, 30).

Konstitution von Hydrolytoiden und Peptoiden. In seinen späteren Arbeiten hat PAULI noch eine Reihe von Eisenhydroxydsolen, und zwar sowohl durch Hydrolyse wie auch durch Peptisation gewonnene untersucht. Wir geben die Ergebnisse in PAULIs tabellarischer Zusammenfassung wieder.

Tabelle

Pep-

Sol	Kolloidäquivalent	$n\,Fe \,.\, 10^2$
B	32 $Fe(OH)_3$. 2,16 $FeOCl \,.\, FeO \cdot / Cl'$	5,26
C	96 $Fe(OH)_3$. 8,17 $FeOCl \,.\, FeO \cdot / Cl'$	4,29
E	350 $Fe(OH)_3$. 18 $FeOCl \,.\, FeO \cdot / Cl'$	4,5

Hydro-

Sol	Kolloidäquivalent	$n\,Fe \,.\, 10^2$
I	33 $Fe(OH)_3$. 4,5 $FeOCl \,.\, FeO \cdot / Cl'$	53,08
II	60 $Fe(OH)_3$. 5 $FeOCl \,.\, FeO \cdot / Cl'$	46,00
III	70 $Fe(OH)_3$. 4 $FeOCl \,.\, FeO \cdot / Cl'$	33,56
IV	130,5 $Fe(OH)_3$. 3,5 $FeOCl \,.\, FeO \cdot / Cl'$	7,03
1	35 $Fe(OH)_3$. 5,7 $FeOCl \,.\, FeO \cdot / Cl'$	52,75
2	60,5 $Fe(OH)_3$. 5 $FeOCl \,.\, FeO \cdot / Cl'$	38,04

Die Sole B, C und E stellen verschiedene Reinigungsstufen ein und desselben Sols dar. Ebenso sind die Sole I bis IV aus einem und demselben Stammsol durch fortschreitende Dialyse gewonnen. Dasselbe gilt von Sol 1 und 2.

Die hydrolytoiden Sole zeigen untereinander große Ähnlichkeit, insbesondere in bezug auf die analytischen Aktivitätskoeffizienten der Chlorionen (fa^{Cl}), welche innerhalb sehr enger Grenzen um den Wert von 20% schwanken. Die fortschreitende Membranhydrolyse ist mit einer Zunahme des Kolloidäquivalentes verknüpft, es werden bei der Dialyse die Spaltungsprodukte der Teilchen (vermutlich hauptsächlich HCl) nach und nach entfernt, wobei durch die Verschiebung des Gleichgewichtes der Oberflächenreaktion immer neue Mengen derselben für die Fortschaffung freigegeben werden. Dieser Umstand drückt sich in allen drei untersuchten, untereinander genetisch zusammenhängenden Solgruppen aus.

Die letzte Spalte enthält die auf Grund der klassischen Elektrolyttheorie berechneten Werte der Beweglichkeit von Kolloidionen. Mit Ausnahme zweier abnorm hoher Werte sind sie durchaus plausibel. Die Bestimmung nach dem direkt makroskopischen Verfahren ergab in allen Fällen (auch im Falle der hohen berechneten Werte) Wanderungsgeschwindigkeiten in der Nähe von $40 \,.\, 10^{-5}$ cm.

Bei den peptoiden Eisenoxydsolen zeigt sich, daß der Aktivitätskoeffizient mit wachsendem Reinigungsgrad bzw. Kolloidäquivalent abnimmt. Analoges wurde an peptoiden Zinnsäuresolen von G. Varga und R. Wintgen gefunden und von diesen dadurch zu erklären versucht, daß eine erhöhte Sekundärteilchenbildung unter mechanischem Einschluß größerer Mengen von Gegenionen bei den schwächer aufgeladenen Solen stattfinden soll.

Die Zusammensetzung von Sol E zeigt uns, daß Eisenhydroxydsole trotz nicht unbeträchtlichen Hydroxydgehaltes (0,12% als Fe_2O_3 berechnet) mit minimaler Leitfähigkeit darstellbar sind. Dieses Sol erwies sich, wie zu erwarten, außerordentlich elektrolytempfindlich. Ebenso zeichnet sich das am

191

toide

n Cl	a_{Cl}	fa^{Cl}	$\varkappa . r . \Omega .$	u_{Koll}
$1{,}58 . 10^{-3}$	$5{,}0 . 10^{-4}$	0,31	$5{,}3 . 10^{-5}$	41
$7{,}0 . 10^{-4}$	$7{,}64 . 10^{-5}$	0,109	$9{,}4 . 10^{-6}$	45
$7{,}4 . 10^{-4}$	$3{,}98 . 10^{-5}$	0,054	$4{,}9 . 10^{-6}$	45

lytoide

$n Cl . 10^2$	$a_{Cl} . 10^2$	fa^{Cl}	$\varkappa . 10^4 . r . \Omega .$	u_{Koll}
7,53	1,39	0,1876	15,5	111
4,08	0,654	0,1602	3,04	46,5
2,20	0,449	0,2041	1,89	42,1
0,238	0,0533	0,2235	0,261	48,9
6,933	1,27	0,1832	3,07	166
3,39	0,573	0,169	0,682	43,8

nächsten stehende, schwach aufgeladene Sol IV durch besondere Elektrolytinstabilität aus.

Die Bestimmungen der Teilchengröße und Wertigkeit von Kolloidionen des Eisenhydroxydsoles durch PAULI und KÜHNL haben wir an anderer Stelle diskutiert. Erwähnt sei hier nur, daß die Autoren bei Sol B berechnen, daß mehr als die Hälfte der Oberflächenatome als Ladungsträger fungieren, beim Sol E nur $^1/_{17}$. Diese Werte unterliegen naturgemäß analogen Bedenken wie die Werte von Ladungszahl und Teilchengröße.

Chlorersetzbarkeit. Eingehend hat PAULI mit seinen Mitarbeitern (G. WALTER, F. ROGAN) den Ersatz der Chlorionen durch fällende Anionen verfolgt. Unter Chlorersetzbarkeit verstehen wir denjenigen Prozentsatz des analytischen Chlorgehaltes, welcher bei der Fällung im Überschuß der die Koagulation bewirkenden verschiedenen Ionen von denselben verdrängt und im Flockungsfiltrat nachweisbar wird. Andererseits kann das ins Gel eingetretene Anion als die Differenz zwischen zugesetztem und im Flockungsfiltrat wiedergefundenem Anion ermittelt werden. Es wurden Alkalisulfat, Chromat und Oxalat als fällende Elektrolyte gewählt.

Die Chlorersetzbarkeit blieb unter 100%, d. h. es wurden bei der Fällung nicht sämtliche Chlorionen des Sols verdrängt. Immerhin wurden, wie Tabelle 192 an Sol I zeigt, in diesem Falle z. B. bis 94,5% des analytischen Chlorgehaltes verdrängt, was mehr als das Fünffache der Chloraktivität des Sols beträgt. Der Umstand, daß die Chlorersetzbarkeit von der Natur des Anions abhängig ist, legt die Möglichkeit einer Reaktionszugänglichkeit sämtlicher Chlorionen des Sols nahe, und die erhaltenen Werte spielen diesbezüglich nur die Rolle von Minimalgrößen. Die bemerkenswerte Tatsache, daß bei Chromat und Oxalat eine größere analytisch nachweisbare Menge ins Gel eintritt, als Chlor freigegeben wird, wird von PAULI und ROGAN durch die Mitwirkung der einwertigen $KCrO_4^-$, bzw.

Tabelle 192

Fällung mit	Normalität des austretenden Cl . 10^2	Normalität des eintretenden Anions . 10^2	Chlor-ersetzbarkeit in Prozent	Prozente der Gramm-äquivalente des eintretenden Anions, bezogen auf das Gesamtchlor
		Sol I		
K_2SO_4	5,830	5,79	84,1	—
K_2CrO_4	6,37	7,83	91,8	112,9
$Na_2C_2O_4$	6,55	7,67	94,5	110,6
		Sol II		
K_2SO_4	2,47	2,46	72,8	—
K_2CrO_4	2,60	3,93	76,8	116,0
$Na_2C_2O_4$	2,71	3,86	79,9	113,7

$NaC_2O_4^-$-Ionen und deren Aufnahme durch das Gel erklärt. Die Verdrängung von OH^--Ionen neben Cl^-, die zweite in Betracht kommende Möglichkeit, hätte sich anderseits sehr stark in der Änderung der p_H des Flockungsfiltrates gegenüber dem Sol bemerkbar machen müssen. Die für diesen Fall berechenbare starke Alkalisierung war jedoch mit Phenolphthalein nicht nachweisbar. Von der Ver-

Tabelle

Sol	Cl : Fe in Grammatomen	Grammatome Cl in 1 Liter Sol = m_2	Mol F_2O_3 in 1 Liter Sol = m_1	$\varkappa_m \cdot 10^3$	$\varkappa_i \cdot 10^3$	$u^{Koll} + v^{Cl}_{\infty}$
Duclaux	0,004280	0,00005361	0,006263	0,0015	—	117,7
„	0,02128	0,004902	0,1152	0,1485	0,0435	116,8
„	0,02128	0,002132	0,05010	0,0572	0,0408	117,7
„	0,03703	0,0004639	0,006263	0,0026	—	117,7
Maffia	0,04081	0,001777	0,02177	0,0118	0,0383	100,0
0 frisch	0,0605	0,01763	0,1459	0,1811	0,1772	111,0
0 gealtert	0,0605	0,01763	0,1459	0,2135	0,2487	111,0
Maffia	0,08897	0,03694	0,2076	0,263	0,437	100,0
Duclaux	0,09676	0,001212	0,006263	0,0115	—	117,7
Maffia	0,09874	0,004935	0,02499	0,016	0,075	100,0
1	0,0994	0,03749	0,1887	7,3725	0,1348	110,6
2	0,1132	0,05026	0,2220	0,4720	0,1740	106,4
4	0,1236	0,06568	0,2662	0,5427	0,2117	107,3
5	0,1238	0,07644	0,3076	0,5276	0,3233	106,2
6	0,1311	0,07933	0,3026	0,602	0,6380	106,2
7	0,1354	0,08211	0,3032	0,602	0,6443	104,1
8	0,1451	0,08729	0,3009	0,643	1,082	106,9

Die Messungen von Maffia sind bei 18°, alle anderen bei 25° ausgeführt.

dünnung des Sols erwies sich die Chlorersetzbarkeit unabhängig, während die Menge der mittels Analyse bestimmten eingetretenen Anionen sank und sich dem Wert der Chlorersetzbarkeit näherte. PAULI nimmt an, daß bei der Verdünnung eine Dissoziation der zweiten Stufe der Salze stattfindet und nunmehr nur zweiwertig reagierende Ionen mit dem Sol in Reaktion treten.

Untersuchungen von Wintgen und Biltz. R. WINTGEN und M. BILTZ haben eine Reihe von Eisenhydroxydsolen einer physikalisch-chemischen Untersuchung unterzogen. Ihre Methode unterscheidet sich von der von PAULI benutzten darin, daß sie die Sole auch einer Ultrafiltration unterwerfen und die Leitfähigkeit des Ultrafiltrates mit der Leitfähigkeit der im Sole neben dem Kolloid befindlichen Elektrolyten identifizieren. Sie nehmen an, daß dieser Elektrolyt Salzsäure ist. In der Tat zeigen die im Ultrafiltrat potentiometrisch gemessenen H^+-Aktivitäten Übereinstimmung mit jener Säurekonzentration, welche man aus der Leitfähigkeit des Ultrafiltrates berechnet. Die Beweglichkeit wird mit der direkten Methode und mit Hilfe der HITTORFschen Überführung in einem eigens für diesen Zweck konstruierten Apparat gemessen und die nach beiden Methoden erhaltenen Werte, welche zwischen 24 und $35 \cdot 10^{-5}$ cm/sec pro Volt/cm liegen, zeigen Übereinstimmung. Die Autoren fassen ihre Ergebnisse in der folgenden Tabelle zusammen, wobei sie auch die früheren Daten von DUCLAUX und MAFFIA mit hineinnehmen.

Die zweite Spalte enthält das Verhältnis von analytischem Cl zu Fe. Die ganze Tabelle ist nach steigendem Werte desselben geordnet. Die letzten numerierten Sole wurden von den Autoren aus ein und demselben Stammsol durch fortgesetzte Dialyse gewonnen. Alle Sole waren Hydrolytoide.

Die dritte Spalte bringt den analytischen Chlorgehalt, die vierte die molare

193

A_L	B_L	(Cl_i^-)	(Cl_e^-)	(Cl_k^-)	% Cl_i^-	% Cl_e^-	% Cl_k^-
491,4	3,206	(0,0)	0,00004086	0,00001275	0,00	76,22	23,78
90,61	2,775	0,000103	0,003528	0,001271	2,10	71,97	25,93
103,1	3,189	0,000097	0,001549	0,000486	4,55	72,66	22,79
283,5	20,00	(0,0)	0,0004418	0,0000221	0,00	95,24	4,76
184,5	13,29	0,000100	0,001559	0,000118	5,63	88,24	6,13
89,43	9,55	0,00042	0,01558	0,00163	2,38	88,37	9,25
75,85	7,86	0,00059	0,01512	0,00192	3,34	85,76	10,90
78,94	12,65	0,00114	0,03317	0,00263	3,09	90,09	6,82
64,10	11,40	(0,0)	0,001114	0,000098	0,00	91,91	8,09
156,2	28,73	0,000195	0,004580	0,000160	3,95	93,15	2,90
56,03	10,04	0,00032	0,03380	0,00337	0,85	90,16	8,99
50,04	10,24	0,00041	0,04541	0,00444	0,82	90,35	8,83
52,63	11,89	0,00050	0,06012	0,00506	0,76	91,53	7,70
61,92	14,23	0,00076	0,07071	0,00497	1,00	92,50	6,50
53,38	12,73	0,00151	0,07215	0,00567	1,90	90,95	7,15
52,43	12,93	0,00153	0,07480	0,00578	1,86	91,10	7,04
50,03	13,09	0,00256	0,07872	0,00601	2,93	90,18	6,89

Konzentration von Fe_2O_3. Die fünfte Kolonne enthält die auf den Kolloidelektrolyten entfallende spezifische Leitfähigkeit, d. h. die Differenz der spezifischen Leitfähigkeit des Sols und des Ultrafiltrates (Spalte 6). Im allgemeinen sehen wir keinen unmittelbaren Zusammenhang zwischen dem Verhältnis der Leitfähigkeit des Kolloidchlorids und des Ultrafiltrates einerseits und der Reihenfolge der Sole anderseits, d. h. keinen Zusammenhang zwischen der Hydrolyse der Sole und ihrem Chlorgehalt. Nur die Sole von WINTGEN und BILTZ zeigen den zu erwartenden Zusammenhang: Je größer der Chlorgehalt, eine desto größere Konzentration von Salzsäure steht mit den Kolloidteilchen im Gleichgewicht.

Die siebente Spalte enthält die Werte der Äquivalentbeweglichkeit, berechnet als Summe der experimentell ermittelten Beweglichkeit der Kolloidionen und der Äquivalentbeweglichkeit der Chlorionen bei unendlicher Verdünnung, entsprechend dem Gesetze der unabhängigen Wanderung.

In der achten Spalte folgen die Werte der Kolloidäquivalente, d. h. die Anzahl der auf eine freie Ladung (aus der Konduktivität) entfallenden Mole Fe_2O_3. Auch hier fehlt ein Zusammenhang mit dem analytischen Verhältnis von Cl und Fe. Ebenso bei den in der nächsten Spalte befindlichen Werten der auf eine freie Ladung entfallenden, konduktometrisch unwirksamen, undissoziierten oder nach der Auffassung von WINTGEN und BILTZ eingeschlossenen Chlorionen.

Die nächsten drei Kolonnen bringen die Konzentration der Chlorionen der Ultrafiltrate $[Cl_i]$, dann der „eingeschlossenen" Chlorionen und schließlich der kompensierenden Ionen oder freien Gegenionen. Die letzten drei Spalten stellen die prozentuelle Verteilung der Chlorionen in diesen drei Gruppen dar. Das Verhältnis der Konzentration der kompensierenden Chlorionen zu der Summe der Konzentration von kompensierenden und eingeschlossenen Chlorionen ergibt den „Dissoziationsgrad" des Kolloidsalzes. Er schwankt zwischen etwa 3 und 26%, ohne erkennbaren Zusammenhang mit dem Wert des Kolloidäquivalentes. 74 bis 97% der Gesamtladung ist also inaktiv.

Will man die Solkonstitution durch die übliche schematische Formel

$$[x\,(Fe_2O_3 + nH_2O) + y\,FeOCl\,.\,FeO^+] + Cl^-$$

ausdrücken, so ist bei den einzelnen Solen der Tabelle für $\frac{x}{z}$ der Wert von A, für $\frac{y}{z}$ der Wert von B einzusetzen.

Beim Sol 2 wurde auch die Chlorionenaktivität ermittelt. Sie ergab sich zu 0,00536, während die Leitfähigkeitsbestimmung die Normalität der freien Ladung zu 0,00501 errechnen läßt. Die Meßgenauigkeit reicht jedoch zur Entscheidung über die Gültigkeit der der ganzen Berechnungsweise zugrunde liegenden klassischen Elektrolyttheorie nicht aus.

Bei zwei Solen wurde von WINTGEN und M. BILTZ durch ultramikroskopische Auszählung die Teilchengröße und Ladungszahl das erstemal an Kolloidionen bestimmt. Diese Werte wurden, wie die oben zitierten späteren von PAULI und KÜHNL, im allgemeinen Teil diskutiert (Kap. 29).

Neuerdings wurden von WINTGEN weitere Bestimmungen dieser Art vorgenommen. Auf ein Teilchen entfallen demnach 4000 bis 70000 Ladungen. Die Anzahl der Ladungen pro Teilchen, wie auch die Anzahl der Eisenatome pro Teilchen nimmt mit wachsendem Wert des analytischen Kolloidäquivalents, d. h. mit wachsender Anzahl der auf ein Eisenatom entfallenden Chlorionen ab. Unabhängig von der Teilchengröße entfallen ungefähr 7 Eisenatome der Teilchenoberfläche auf eine freie Ladung. WINTGEN meint, daß die konstante Ladungsdichte in Übereinstimmung sei mit der Kondensatorformel von HELMHOLTZ für den Fall kleiner Doppelschichtdicken und großer Radien (Formeln 90 und 104,

Fall b auf S. 128). Es wird jedoch von WINTGEN die wichtige Tatsache übersehen, daß die HELMHOLTZsche Formel für den Fall konstanten Potentials die Konstanz der Gesamtladung und nicht der freien Ladung verlangt. Gerade nach den Bestimmungen von WINTGEN scheint die Oberflächendichte der Gesamtladung mit wachsender Teilchengröße abzunehmen. In der feinteiligeren Sole entfallen zwei Chlorionen auf ein Eisenatom der Teilchenoberfläche, in den grobteiligeren nur etwa $\frac{1}{2}$ Chlorion.

Jedenfalls zeigen die WINTGENschen Werte dieselbe Diskrepanz zwischen berechneter und ermittelter Ladungszahl, deren Bedeutung im Kap. 29 ausführlich besprochen wurde.

Potentiometrische Flockungstitration. Einige bemerkenswerte Versuche über die Koagulation des Eisenhydroxydsols wurden in der neuesten Zeit von A. J. RABINOWITSCH und V. A. KARGIN veröffentlicht. Diese verfolgten den Koagulationsprozeß potentiometrisch. Ihre Sole wurden in der üblichen Weise durch Hydrolyse von $FeCl_3$ (unter Zusatz von weniger als äquivalentem Ammoniak) und nachfolgende Dialyse hergestellt.

Der Chlorgehalt konnte gravimetrisch in dem durch Säure zerstörten Sol oder potentiometrisch durch Messung der Chloraktivität in der Flüssigkeit über dem mit einem Elektrolyt geflockten Sol ermittelt werden. Die Werte zeigen miteinander Übereinstimmung: Bei der Flockung werden also sämtliche Chlorionen verdrängt.

Tabelle 194. Chlorgehalt in Fe_2O_3-Solen

Sol	Chlor analytisch	Chlor potentiometrisch
II	$p_{Cl} = 1{,}60$	$p_{Cl} = 1{,}61$
III	$p_{Cl} = 1{,}86$	$p_{Cl} = 1{,}85$

Als Beispiel sei hier die Tabelle der potentiometrischen Titration mit Na_2SO_4 wiedergegeben.

Tabelle 195. Potentiometrische Titration von 20 ccm Fe_2O_3-Sol II mit $^1/_2$ norm. Na_2SO_4-Lösung (mit der Kalomelelektrode). $t = 19{,}0^0$

Kubikzentimeter Na_2SO_4	Millivolt	p_{Cl}	Kubikzentimeter Na_2SO_4	Millivolt	p_{Cl}
0,00	158,9	2,10	0,45	136,1	1,71
0,05	148,0	1,91	0,55	134,9	1,69
0,10	145,6	1,87	0,65	132,0	1,64
0,15	143,1	1,83		Koagulation	
0,20	140,5	1,79			
0,25	139,3	1,76	0,70	131,0	1,62
0,30	138,1	1,74	0,75	131,0	1,62
0,35	137,5	1,73	0,80	131,0	1,62
0,40	136,9	1,72	0,90	131,2	1,62

p_{Cl} ($= -\log [Cl^-]$) des Sols sinkt beim Zusatz steigender Sulfatmengen, d. h. die Chloraktivität wächst. Hier kann also die von DUCLAUX und später von PAULI und MATULA beobachtete Verdrängung der Chlorionen durch zugesetzte fällende Anionen unmittelbar als Funktion der Sulfatkonzentration beobachtet werden. Die Flockung tritt in Übereinstimmung mit den alten Beobachtungen, insbesondere von PAULI-WALTER erst ein, wenn p_{Cl} auf 1,64 herabgesetzt wird, d. h. wenn fast sämtliche Chlorionen des Sols freigegeben und durch Sulfat ersetzt werden. Der Schwellenwert des Sulfates ist nahe äquivalent der Chlorkonzentration. Die Titration von verdünntem Sol ergab, daß, wie bereits PAULI gefunden hatte, der Schwellenwert des Sulfates proportional der Konzentration abnimmt. Die Flockung tritt unabhängig von der Solkonzentration dann ein, wenn etwa 90% sämtlicher Chlorionen verdrängt werden.

Anderseits konnte mit Hilfe der $PbSO_4$-Elektrode die Sulfataktivität der Lösung während des Prozesses bestimmt werden. Auf diese Weise fanden die Autoren, daß bei Zusatz von Na_2SO_4 in Anwesenheit des Sols zunächst eine ganz langsame Abnahme von p_{SO_4} stattfindet, d. h. der größte Teil der Sulfationen wird durch die Solteilchen inaktiviert.

Kaliumnitrat in äquivalenter Menge zugefügt, konnte nur 60% des Chlors freisetzen. Es findet scheinbar eine Verteilung statt, wobei die Nitrationen etwas stärker inaktiviert werden als die Chlorionen.

Die p_{Cl}-Kurven von Chromat, Oxalat, Phosphat und Lauge unterscheiden sich nicht wesentlich von denjenigen des Sulfats.

Andere Verhältnisse treten auf bei Zusatz von $AgNO_3$, wobei die Chlorionen in Form von AgCl ganz aus der Lösung geschafft werden. Die Autoren haben sowohl die Chloraktivität mit Hilfe der Kalomelelektroden, als auch die Silberaktivität mit Hilfe von Ag-Elektroden verfolgt. Es zeigte sich, daß im Anfange die Konzentration der Silberionen nur ganz langsam wächst, während die Chlorionen rapid verschwinden. Beide Kurven haben einen gemeinsamen Wendepunkt dort, wo die Chloraktivität und Ag-Aktivität gleich werden, nämlich der Löslichkeit von AgCl entsprechend. In diesem Punkte sind sämtliche reaktionszugänglichen Chlorionen des Sols niedergeschlagen. Bei weiterem Zusatz nimmt die Silberionenkonzentration rasch zu und die Chlorionenaktivität nur ganz allmählich ab (gemäß dem Gesetz des Löslichkeitsproduktes). Dieser Befund ist in völliger Übereinstimmung mit den angeführten älteren Ergebnissen der konduktometrischen $AgNO_3$-Titration etwa an Al_2O_3-Solen.

Bei der Titration mit $K_3Fe(CN)_6$ wurde festgestellt, daß die Koagulation bereits beim Zusatz von etwa der Hälfte der äquivalenten Menge stattfindet, und zwar wieder unabhängig von der Konzentration des Sols. Dabei wird nur etwa die Hälfte der gesamten Chlorionen verdrängt, nach der Koagulation findet bei fortgesetztem Ferrizyanidzusatz eine weitere Verdrängung von Cl aus dem Koagulum statt. RABINOWITSCH faßt diesen Befund als der elektrischen Theorie der Koagulation widersprechend auf. Doch braucht man nicht so weit zu gehen, da es nicht bewiesen ist, daß die Ladung des Kolloides beim Schwellenwert seiner Flockung mit $K_3Fe(CN)_6$ größer war als bei den anderen Elektrolyten. Es ist jedoch durchaus möglich, ja wahrscheinlich, daß die spezifische Struktur und die chemische Zusammensetzung der Teilchenoberfläche die anziehenden Kräfte, welche die Teilchen aufeinander ausüben, mitbestimmt, und widerspricht nicht der Tatsache, daß die gegenseitigen abstoßenden Kräfte rein elektrischer Natur sind. Diese Beobachtungen sind offenbar verwandt mit solchen von PAULI-PETERS an Thoroxydsolen, bei denen die Flockung schon bei Ersatz von 20% des Sol-Cl merklich wird. Auch die auf elektrostatischer Grundlage beruhende

Hydratation wird in solchen Fällen von der spezifischen Art der inaktivierten Gegenionen nicht unabhängig bleiben.

Rabinowitsch findet, daß beim Zusatz von Na_2SO_4 im Anfang viel mehr Chlorionen des Sols frei werden, als der analytischen Konzentration der Sulfationen in der Lösung entspricht und nimmt an, daß diese supraäquivalente „Chlorverdrängung" mit einer Erhöhung der Ladung verbunden ist. Kataphoretische Bestimmungen scheinen in der Tat eine erhöhte Wanderungsgeschwindigkeit anzuzeigen. Bei der Kleinheit des beobachteten Effektes und der Unsicherheit der verwendeten direkten elektrophoretischen Methode kann jedoch die Frage keineswegs als abgeschlossen betrachtet werden.

Auf alle Fälle sprechen Rabinowitsch' Befunde gegen eine rein aktivitätstheoretische Deutung der Flockungserscheinungen. Es ist ja kaum denkbar, daß ein Ion in einer nicht allzu konzentrierten Lösung seine Aktivität beim Zusatz eines mehrwertigen Elektrolyten erhöht, wenn man mit der 100%igen Dissoziationstheorie annimmt, daß alle Ionen vollständig dissoziiert werden. Ohne die Annahme einer festen Assoziation der Sulfationen an die Kolloidionen dürfte die Erhöhung der Chloraktivität beim Zusatz von Na_2SO_4 nicht zu erklären sein.

Angaben über die Konstitution von Eisenhydroxydsolen finden sich noch bei J. Browne, ferner bei A. W. Thomas und A. Frieden.

Thixotropie. Versetzt man ein Eisenhydroxydsol, das nicht allzu verdünnt ist, also etwa 5% Oxyd enthält, mit einer bestimmten Kochsalzmenge, so erstarrt das Ganze in kurzer Zeit zu einer steifen Gallerte. Schüttelt man diese Gallerte, so wird sie zu einem dünnflüssigen Sol verflüssigt. Nach einiger Zeit erstarrt jedoch das Sol wieder. Der Vorgang läßt sich beliebig wiederholen. Die Erscheinung wurde in dieser Form zuerst von A. Szegvari und E. Schalek in H. Freundlichs Institut entdeckt und von Freundlich nach einem Vorschlage T. Péterfis als Thixotropie bezeichnet.

Die Erstarrung des Sols wird auf dieselbe Weise durch Elektrolytzusätze

Tabelle 196. Einfluß der H^+-Ionenkonzentration auf die Erstarrungszeit eines NaCl-haltigen Eisenoxydsols nach H. Freundlich und K. Soellner

Zusatz von NaOH bzw. HCl in Millimol im Liter	p_H	$H^+ . 10^4$	Erstarrungszeit in Sek.
6,3 NaOH	3,86	1,40	82
5,4 ,,	3,78	1,66	140
4,5 ,,	3,73	1,88	200
3,6 ,,	3,65	2,27	300
2,7 ,,	3,56	2,77	440
1,8 ,,	3,50	3,16	750
0,9 ,,	3,43	3,70	1300
0,45 ,,	3,39	4,08	ca. 1600
0 ,,	3,37	4,31	,, 2900
0,45 HCl	3,32	4,76	,, 3300
0,9 ,,	3,26	5,56	,, 4800
1,8 ,,	3,18	6,61	,, 6600
2,7 ,,	3,11	7,71	,, 9000

beeinflußt, wie die Koagulation. In der Messung der Erstarrungszeit hat man ein Mittel zur Messung der Stabilität.

H. Freundlich und A. Rosenthal haben beobachtet, daß Aminosäuren die Erstarrungsgeschwindigkeit erheblich herabsetzen, bzw. das Gel verflüssigen können. Die Autoren nehmen an, daß es sich in diesem Falle um eine Komplexbildung an der Teilchenoberfläche handelt, welche „hydratisierend" und dadurch stabilisierend wirkt.

Freundlich und K. Soellner haben gezeigt, daß die Erstarrungszeit der mit NaCl versetzten Eisenhydroxydsole mit wachsendem p_H abnimmt.

Die H^+-Ionen wirken durch die Erzeugung ionogener Oxymoleküle an der Teilchenoberfläche im Sinne einer Aufladung. Die Herabsetzung der Erstarrungszeit ist ein ebensolches Zeichen der Aufladung, wie die Erhöhung des Schwellenwertes in den Versuchen von Freundlich und G. Lindau. Allein die Geschwindigkeit der thixotropen Erstarrung bildet ein empfindlicheres Maß.

Die Beeinflussung der Erstarrungszeit durch Berührung mit Metallen wurde von Freundlich und Soellner auf die Veränderung der H^+-Aktivität infolge Auflösung des Metalles zurückgeführt.

Die Thixotropie ist nicht auf Eisenhydroxydsole beschränkt, sie ist vielmehr stark verbreitet und wurde u. a. auch an Aluminiumhydroxydsolen von Freundlich und seinen Mitarbeitern eingehend studiert.

Sole mit Bikarbonat-Gegenion. H. Freundlich und S. Wosnessensky haben Eisenhydroxydsole durch Behandlung von Eisenkarbonyl $Fe(CO)_5$ mit Wasserstoffsuperoxyd erhalten. Die Sole, deren Teilchen nach dem Röntgendiagramm die Gitterstruktur des Goethits [FeO(OH)] zeigen, enthalten als einzigen Elektrolyten die Kohlensäure. Die Autoren nehmen daher an, daß die Aufladung der Teilchen durch Kohlensäure bewirkt wird. Entfernt man die Kohlensäure durch Kochen, so flockt das Sol aus. Durch Einleiten von CO_2 wird das Gel wieder peptisiert. Auch HCl HNO_3, Pikrinsäure, $FeCl_3$ und $AlCl_3$ peptisieren. Dabei entstehen positive Sole. KOH und NaOH können gleichfalls als Peptisationsmittel benützt werden, führen jedoch zu negativen Solen.

In jüngster Zeit gibt C. H. Sorum an, chlorfreie Eisenhydroxydsole durch Hydrolyse von $FeCl_3$ hergestellt zu haben. Er dialysierte in dem Heißdialysator von M. Neidle bei 90 bis 97° Eisenchloridlösungen 7 bis 12 Tage lang. Zum Schlusse erhielt er monatelang haltbare Sole mit einem Gehalt von 2 bis 3,6 g Fe pro L. Die angewandte analytische Prüfung zeigte, daß weniger als $1{,}7 \cdot 10^{-5}$ g Cl pro L anwesend war. Mehr als 100000 Fe-Atome entfallen also auf ein Chlor. Das Kolloidäquivalent dieser Sole würde ungewöhnlich groß sein. Es wäre in Betracht zu ziehen, daß in diesen Solen Bikarbonationen als Bestandteil funktionieren können. Allerdings dürfte die hohe Temperatur den Gehalt an Kohlensäure, die hier jedoch mit dem Dialysierwasser ständig zugeführt wird, ungünstig beeinflussen, anderseits konnten auch Freundlich und Wosnessensky in ihren Solen eine Koagulation erst nach längerem Kochen hervorrufen. Jedenfalls wäre die Ionenkonzentration der Sole durch Leitfähigkeitsmessung feststellbar. Wir möchten für wahrscheinlich halten, daß entsprechend den Beobachtungen von Pauli und Kühnl an ihren unter langem Kochen bereiteten Peptoiden auch die Sorumschen Sole wohl gut haltbar, jedoch außerordentlich empfindlich gegen Elektrolytzusätze sein dürften. Leider macht SORUM über diese Umstände keine Angaben.

Literaturverzeichnis

BÖHM, J.: Z. f. anorg. Ch. **149**, 203 (1925). — BROWNE, J.: Journ. Am. Chem. Soc. **45**, 297 (1923). — DUCLAUX, J.: Journ. Chim. Phys. **5**, 29 (1907); **7**, 405 (1909). — DUMANSKI, A.: Koll. Z. **1**, 281 (1906); **2**, Suppl. Heft 18 (1907). — FREUNDLICH, H., und S. WOSNESSENSKY: Koll. Z. **33**, 222 (1923). — DERSELBE und A. ROSENTHAL: Koll. Z. **37**, 129 (1925); Z. f. phys. Ch. **121**, 463 (1926). — DERSELBE und K. SOELLNER: Koll. Z. **44**, 309 (1928). — LOTTERMOSER, A., und P. MAFFIA: Ber. **43**, 3613 (1910). — P. MAFFIA: Koll. Beih. **3**, 85 (1909). — MALFITANO, G.: C. r. **139**, 221 (1904). — NEIDLE, J. M.: Journ. Am. Chem. Soc. **38**, 1270 (1916). — PAULI, WO., und J. MATULA: Koll. Z. **21**, 49 (1917). — DERSELBE und G. WALTER: Koll. Beih. **17**, 256 (1923). — DERSELBE und F. ROGAN: Koll. Z. **35**, 131 (1924). — DERSELBE und N. KÜHNL: Koll. Beih. **20**, 319 (1925). — RABINOWITSCH, A. J., und V. A. KARGIN: Z. f. phys. Ch. **133**, 203 (1928). — RUER, W.: Z. f. anorg. Ch. **43**, 185 (1905). — SZEGVARI, A., und E. SCHALEK: Koll. Z. **32**, 318 (1923); **33**, 326 (1923). — SORUM, C. H.: Journ. Am. Chem. Soc. **50**, 1263 (1928). — THOMAS, A. W., und A. FRIEDEN: Journ. Am. Chem. Soc. **45**, 297 (1923). — WINTGEN, R.: Koll. Z. **40**, 300 (1926). — DERSELBE und M. BILTZ: Z. f. phys. Ch. **107**, 403 (1923). — DERSELBE und O. KÜHNL: Z. f. phys. Ch. **438**, 135 (1928).

57. Das Cerhydroxydsol

Das Cerhydroxydsol wird nach W. BILTZ durch Dialyse einer Ceriammoniumnitratlösung gewonnen. Es ist daher anzunehmen, daß das sich bildende positive Sol NO_3-Ionen als Gegenionen enthält. Das Sol diente als Gegenstand für eine Untersuchung von A. FERNAU und PAULI über den Einfluß des Alterns, sowie des Elektrolytzusatzes und der Bestrahlung auf die innere Reibung. Da diese Untersuchungen für die Theorie der Viskosität von Kolloidelektrolyten wichtige Ergebnisse zutage gefördert hatten, geben wir im folgenden ihren Hauptinhalt wieder.

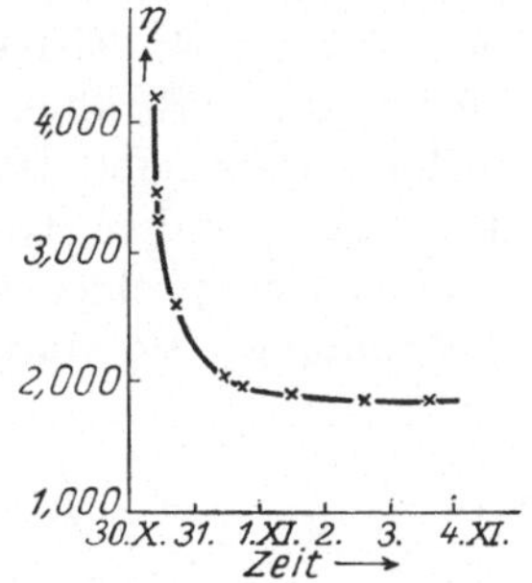

Abb. 121. Spontaner Reibungsabfall eines Cerhydroxydsols nach Herausnahme aus der Dialyse

Alterung. Dem Studium der Beeinflussung durch Strahlung mußte eine genügende Kenntnis der spontanen Änderung des Sols, des sogenannten Alterns, zugrunde liegen. Von Bedeutung ist hier die Tatsache, daß, während frisch bereitete Sole auf Elektrolytzusatz zu einer festen Gallerte erstarren, sie nach längerem Stehen (z. B. zehn Monate) bei Zimmertemperatur die Erstarrfähigkeit durch Elektrolyte einbüßen und nur einen pulverigen Niederschlag geben. Dieser zeitliche Rückgang der „Hydratation" kann durch Erhitzen beschleunigt werden. Eine halbe Stunde Halten bei 100° genügt, um dem Sol das Vermögen der Gallertbildung zu rauben. Die Viskosimetrie bot ein empfindliches Mittel, diese Zustandänderungen genau zu verfolgen. Dazu diente ein OSTWALDsches Viskosimeter im Thermostaten von 25°.

Das Altern macht sich in einem ständigen Reibungsabfall bemerkbar. Infolge der (gegenüber der Dialyse bei etwa 20°) erhöhten Temperatur des Thermostaten (25° C) zeigt sich in den ersten 24 Stunden ein steilerer Reibungsabfall, welcher dann sanfter wird. (Tab. 197 und Abb. 121).

Tabelle. 197. Frisch gewonnenes $Ce(OH)_4$ Sol 4 Tage bei 20° C dialysiert

Tag	Stunde	η	Tag	Stunde	η
30. X.	10 h 15	4,1915	31. X.	11 h 40	2,022
30. X.	10 h 30	3,7021	31. X.	16 h 30	1,9646
30. X.	11 h 10	3,4823	1. XI.	11 h 55	1,9042
30. X.	11 h 35	3,273	2. XI.	13 h 55	1,8794
30. X.	15 h 40	2,6099	3. XI.	16 h 20	1,8581

Gehalt 1,16%, CeO_2, η: Relative Viskosität.

Selbst viele Wochen nach Beginn der Alterung läßt die Abfallskurve der Reibung den charakteristischen, gegen die Abszisse konkaven Verlauf (Abb. 122) erkennen. Die Wirkung des künstlichen Alterns durch vorangehendes Erhitzen (3 Stunden auf 40° C) kommt deutlich in der Zeitkurve der Reibung des erhitzten Sols zum Ausdruck gegenüber der unerhitzten Kontrollprobe (Abb. 123).

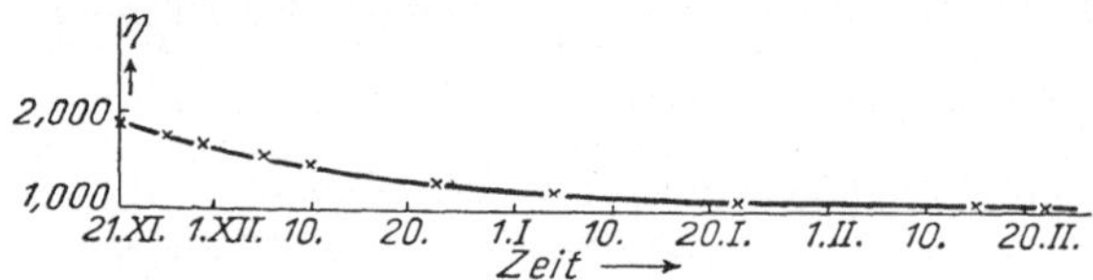

Abb. 122. Spontaner Reibungsabfall eines Cerhydroxydsols einige Wochen nach Abbrechen der Dialyse

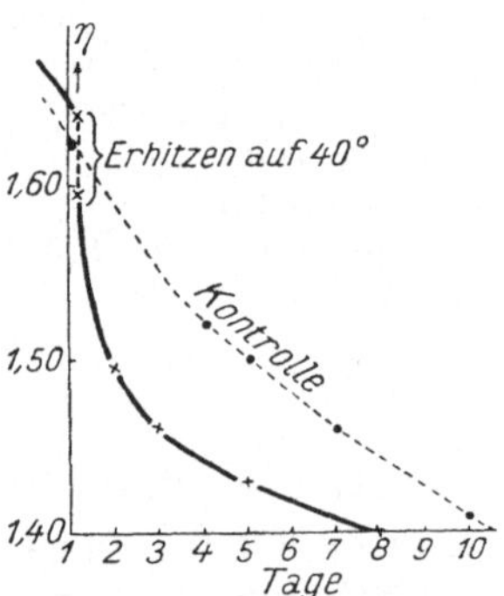

Abb. 123. Spontaner Reibungsabfall eines 5 Tage dialysierten 0,84% $Ce(OH)_4$-Sols. Ausgezogene Kurve: 3 St. lang auf 40° erhitzt. Gestrichelte Kurve: Ohne vorheriges Erhitzen

Bestrahlung. Die Bestrahlungsversuche wurden in der Weise vorgenommen, daß ein Radiumröhrchen in das Viskosimeter versenkt und nur während der Messung mittels eines Seidenfadens aus dem Sol gezogen wurde. Außer einem sogenannten β-Röhrchen mit 78,6 mg Ra-Element, welches 25% der β- und 99,2% der γ-Strahlen durchließ, wurde auch eine γ-Röhre verwendet. Diese enthielt 99,6 mg Ra-Element. Das dünnwandige Glasgefäß war in einem Platinröhrchen eingeschlossen, so daß die β-Strahlung absorbiert, während von der γ-Strahlung 89% durchgelassen wurde.

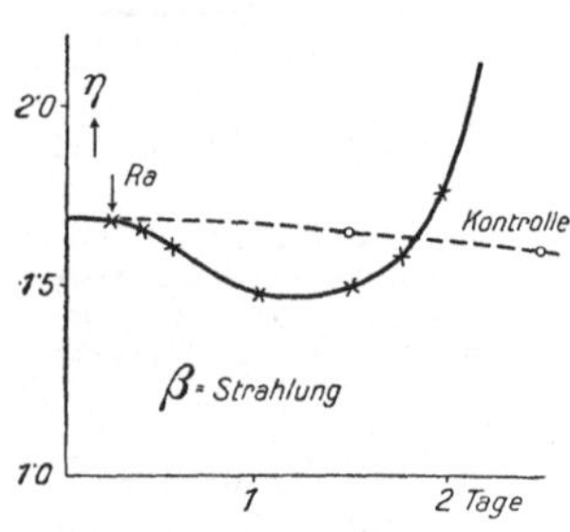

Abb. 124. Einfluß der β-Strahlung auf ein 1,16% $Ce(OH)_4$-Sol

Die Versuche ergaben die für die Kolloidkoagulation wichtige Tatsache, daß die Bestrahlung zunächst eine Depression der Reibung hervorruft, an welche sich ein Anstieg derselben bis zur Gallertbildung anschließt. Die folgenden Abbildungen zeigen, durch den unbestrahlten Kontrollversuch erhärtet, die dem Reibungsanstieg vorangehende Senkung der Viskosität. Das Röhrchen, welches infolge der Absorption der β-Strahlung fast nur die γ-Strahlung austreten läßt, bewirkt ein protrahiertes Depressionsstadium und einen weniger steilen Anstieg der Reibung.

Die Reibungsdepression ließ sich nur ausgiebig nachweisen, wenn das Sol nicht durch zu weitgehende Dialyse eine allzu hohe Empfindlichkeit erlangt hatte. Hochempfindliche Sole, die mit dem β-Röhrchen bestrahlt früher als nach 48 Stunden zur festen Gallerte erstarrten, zeigten schon drei Stunden nach Beginn der Bestrahlung einen deutlichen Reibungsanstieg.

Einen tieferen Einblick in den Zusammenhang dieser Veränderungen lieferten Beobachtungen bei unterbrochener oder fraktionierter Bestrahlung (Abb. 126). Hier wurde die Ra-Einwirkung vor Abschluß der Soländerung ausgesetzt. Abgesehen von der schon erwähnten Verzögerung des Strahlungserfolges bei Verwendung der reinen γ-Strahlung ergab sich dabei folgendes: Entfernt man nach Ablauf der Depression bei schon ausgeprägtem Reibungsanstieg das Ra- Röhrchen, dann geht der Anstieg ohne erkennbare Richtungsänderung der Kurve, also mit derselben Beschleunigung weiter. Ein neuerliches Einsenken des Röhrchens drückt sich nicht merkbar in der Kurve aus.

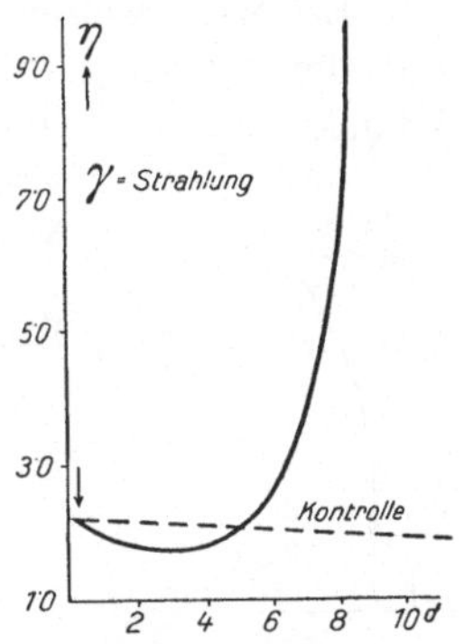

Abb. 125. Einfluß der γ-Strahlung auf ein 1,28-prozentiges $Ce(OH)_4$-Sol

Unterbricht man jedoch die Bestrahlung im allerersten Stadium des Anstieges, der die beginnende Koagulation bedeutet, so zeigt sich eine Reversibilität der Gelbildung. Eine Zeitlang findet wohl noch weiterer Anstieg statt bis zu einem Maximum, dann aber erfolgt ein steiler Abfall bis zum Ausgangswert. Gegenüber neuerlicher Bestrahlung ist nun die Empfindlichkeit etwas herabgesetzt. Die folgende Abbildung 127 zeigt diese interessanten Ergebnisse bei einer β-Bestrahlung.

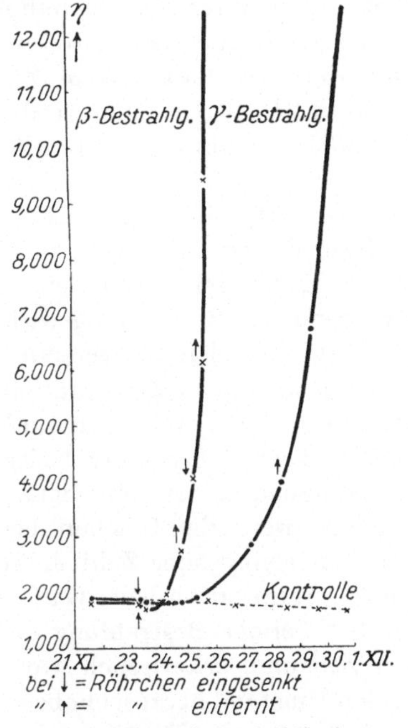

Abb. 126. Einfluß der fraktionierten Bestrahlung auf die Viskosität eines 0,96prozentigen $Ce(OH)_4$-Sols

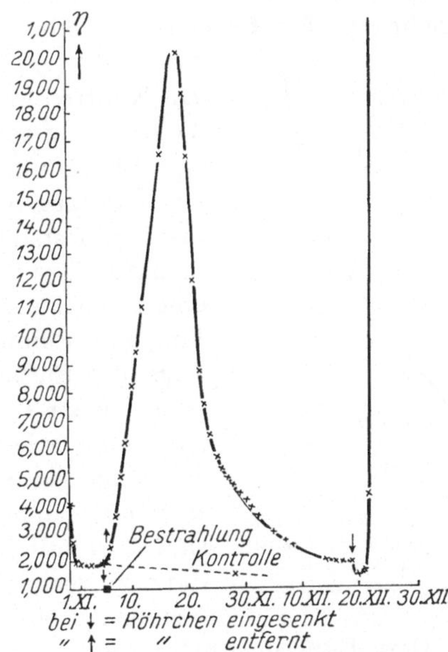

Abb. 127. Einfluß der fraktionierten β-Strahlung auf die Reibung eines 1,16-prozentigen $Ce(OH)_4$-Sols

Die einmal gebildeten festen, wasserklaren Gallerten sind überaus stabil.

Auch an einem Eisenhydroxydsol konnten die zwei Stadien der Bestrahlungswirkung — anfängliche Reibungsdepression und anschließender Anstieg — nachgewiesen werden. Dies ist über haupt der erste Nachweis des Strahlungseffektes an einem reinen Eisenhydroxydsol.

Es war weiter von größtem Interesse, die Wirkung der Bestrahlung mit der Wirkung von Elektrolytzusatz zu vergleichen. Auch beim letzteren konnte eine Reibungsdepression des Ceroxydsols nachgewiesen werden, welche jedoch momentan erfolgt und unmittelbar in den Anstieg übergeht (Tabelle 198 und Abb. 128).

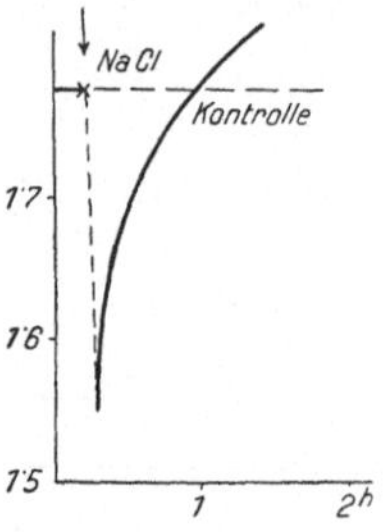

Abb. 128. Einfluß des NaCl-Zusatzes auf die innere Reibung eines 1,16prozent. $Ce(OH)_4$-Sols (Tab. 198)

Tabelle 198. $Ce(OH)_4$: 1,16%, 4 ccm Sol. Endkonz. an Salz 1,25 . 10^{-2} n

Datum	Stunde	η
3. XII. 15.	14 h	1,7739
3. XII. 15.	14 h 15	1,7675
dazu 0,1 ccm 0,5 n NaCl		
3. XII. 13.	14 h 16	1,5542
3. XII. 15.	14 h 20	1,5860
3. XII. 15.	14 h 40	1,6784
3. XII. 15.	15 h	1,7452
3. XII. 15.	15 h 25	1,7930
3. XII. 15.	15 h 40	1,8280

Die Reibungserhöhung geht zunächst mit abnehmender, dann, wie durch weitere Versuche festgestellt wurde, mit nahezu konstanter Geschwindigkeit vor sich. Vor dem Festwerden kommt es zu einer rasch wachsenden Reibungsvermehrung. Die folgende Abbildung 129 bringt dieses Verhalten beim Zusatz von NaCl (Endkonzentration 1,25 . 10^{-2}n) zum Ausdruck. Die Kontrollprobe wurde mit Wasser auf die entsprechende Verdünnung gebracht.

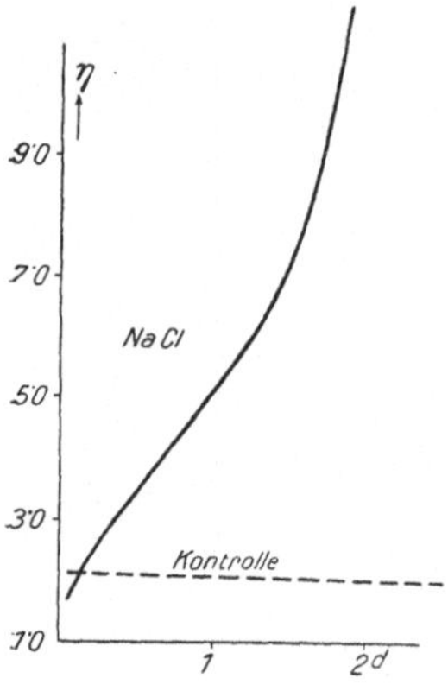

Abb. 129. Die Erstarrung eines 1,16prozentigen $Ce(OH)_4$-Sols infolge NaCl-Zusatz

Ein Unterschied in der Wirkung des Elektrolytzusatzes gegenüber der Bestrahlung läßt sich also nur insofern feststellen, daß die Elektrolytwirkung eine momentane Reaktion ist, während die Bestrahlungswirkung eine zeitliche ist. Der in beiden Fällen eintretende anfängliche Reibungsabfall kann als eine Dehydratation infolge der Entladung aufgefaßt werden, welche in Analogie steht zu der Tatsache, daß die Eiweißkörper in ionisiertem Zustand eine höhere Reibung haben als in neutralem. Der Reibungsanstieg tritt nur auf, wenn die Teilchen bereits in genügendem Maße oder in genügender Zahl entladen sind, um miteinander unter Aggregation bzw. Gallertbildung zu reagieren, wozu eben bei der Bestrahlung in den Versuchen ein erheblicher Zeitraum erforderlich war.

Diese Experimente werden besonders durch den Umstand herausgehoben, daß in allen sonstigen Versuchen an anorganischen Kolloiden nur eine Erhöhung der Viskosität infolge der Entladung konstatiert werden konnte. Im Lichte der Versuche von Fernau und Pauli erscheint diese Viskositätszunahme als ein sekundärer Vorgang, welcher sich an den primären, der Reibungsabnahme anschließt und diesen primären Vorgang in einem späteren Stadium, das eventuell schon nach kurzer Zeit eingetreten sein kann, überdeckt. Pauli und Fernaus Versuche bilden auf anorganischem Gebiete die wertvollste Stütze für die These, daß die Ladung der Kolloidteilchen ihre Hydratation und dadurch die Viskosität ihrer Lösung erhöht.

An den elektronegativen Gold-, Molybdänblau-, Arsen- und Antimontrisulfidsolen konnte von diesen Autoren eine Änderung infolge Bestrahlung nicht nachgewiesen werden. Geringfügige Änderungen am Vanadinpentoxydsol ließen sich auf Peroxydwirkung zurückführen.

Weitere Untersuchungen. Einige Jahre später führten H. K. Kruyt und J. E. M. van der Made an demselben Gegenstand Untersuchungen durch. Neben den Biltzschen Solen stellten sie auch Sole durch Peptisation des gefällten Hydroxyds mittels Salzsäure nach A. Müller dar.

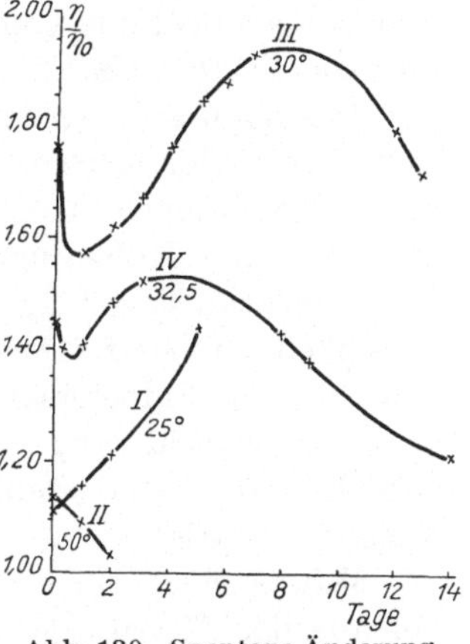

Abb. 130. Spontane Änderung der inneren Reibung eines Ceroxydsols bei verschiedenen Temperaturen nach H. R. Kruyt und J. E. M. van der Made

Während die frisch dialysierten Biltzschen Sole von Fernau und Pauli ihre innere Reibung spontan rasch erniedrigt hatten und in ein gealtertes Sol verwandelt wurden, zeigten die nach derselben Methode hergestellten Sole von Kruyt und van der Made nach Herausnahme aus dem Dialysiersack sofortigen Anstieg der Viskosität bis zum Gallertigwerden. Bei höheren Temperaturen fand sich ein eigenartiger Gang, welcher auf der Abbildung 130 ersichtlich ist. Der von Fernau und Pauli beobachtete Einfluß des Elektrolytzusatzes: zuerst Abnahme, dann Erhöhung der Reibung, konnte trotz diesem Gang bestätigt werden (Abb. 131).

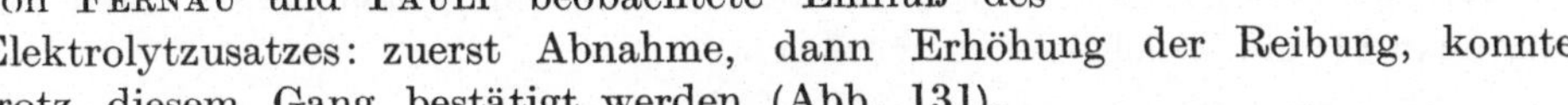

Der Gang der Viskosität, ferner der Einfluß der Dialyse und Verdünnung auf dieselbe, welche von den holländischen Autoren gleichfalls untersucht wurden, ließ sich auf Grund der gleichzeitigen Wirkung der anwesenden Elektrolyte, Salpetersäure und Ammoniumnitrat, erklären.

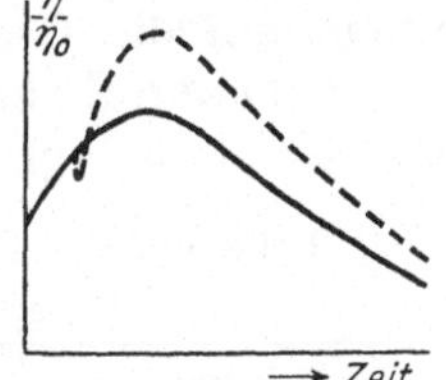

Abb. 131. Einfluß des Elektrolytzusatzes auf die innere Reibung eines Ceroxydsols nach Kruyt und van der Made. Gestrichelte Kurve: Elektrolytzusatz; ausgezogene Kurve: Kontrollprobe

Allerneuestens wurde die Viskosität der Biltzschen Sole durch B. N. Desai untersucht. Wie Kruyt und Made, ferner Fernau und Pauli, so fand auch jener, daß die weitgehende Dialyse des Ceroxydsols zur Bildung einer Gallerte führen kann. In Übereinstimmung mit Kruyt und van der Made findet Desai nach Herausnahme aus dem Dialysator einen plötzlichen Anstieg der inneren Reibung, wohl ein sekundärer Mischungseffekt ungleich dialysierter Solanteile. Auch die oben angeführte Beobachtung, daß die innere Reibung beim Erhitzen abnimmt, wird von ihm bestätigt.

Literaturverzeichnis

Biltz, W.: Ber. **35**, 4431 (1902). — Desai, B. N.: Koll. Beih. **26**, 423 (1928). — Kruyt, H. R., und J. M. van der Made: Rec. trav. chim. Pays-Bas. **42**, 277 (1923). — Pauli, Wo., und A. Fernau: Koll. Z. **20**, 20 (1917).

58. Die Chromhydroxydsole

Untersuchungen Bjerrums. Die erste eingehende elektrochemische Untersuchung am Chromihydroxydsol verdanken wir NIELS BJERRUM. Dieses Sol diente ihm für seine bedeutungsvolle, bereits im allgemeinen Teil wiederholt besprochene Untersuchung über die Theorie der osmotischen Drucke, der Membranpotentiale und der Ausflockung von Kolloiden. Hier wollen wir uns nur mit deren speziell die Konstitution des Chromoxydsols betreffenden Teile beschäftigen.

Das Sol wurde aus der Lösung von blauviolettem Chrominitrat und Natriumhydroxyd in der Konzentration von 0,1 Mol $Cr(NO_3)_3$ und 0,2 Mol NaOH durch viertägiges Kochen hergestellt und, mit Hilfe des SÖRENSENschen Dialysierapparates mit Kollodiummembranen, zuerst konzentriert und dann gereinigt. Es wurde zehn Tage lang gegen 0,01 Mol HNO_3 bei täglichem Wechsel der Außenflüssigkeit dialysiert. Das Sol enthielt also NO_3 als Gegenion und stand im Gleichgewichte mit Salpetersäure. Später wurde das Sol durch Dialyse gegen HCl in das Solchlorid umgewandelt. Durch Messung des osmotischen Druckes, der H^+-Aktivitäten und Membranpotentiale wurde an diesem Sol die DONNANsche Theorie bestätigt.

Mittels eines Näherungsverfahrens (Kap. 28) konnte BJERRUM an diesem Sol aus den Messungen schätzungsweise Werte für Teilchengröße und Ladung ableiten. Die Kolloidpartikeln sind danach große Ionen mit etwa 1000 (auf alle Fälle mehr als 500) Chromatomen und etwa 30 freien positiven Ladungen. Die Gesamtladung ist 5 bis 7mal so groß.

Will man diesen Befund von BJERRUM durch ein Schema ausdrücken, so kann man für ein Teilchen etwa schreiben:

$$[500\,Cr_2O_3 \,.\, 150\,Cr(OH)_2Cl \,.\, 30\,Cr(OH)_2]^{30+} + 30\,Cl^-.$$

Ein anderer Ausdruck ergibt sich, wenn man auch hier die ionogenen Verbindungen nicht in dissoziierte und undissoziierte trennt und das Kolloidäquivalent auf die Gesamtladung bezieht.

BJERRUM findet einen bemerkenswerten Zusammenhang zwischen Säuregrad und Gesamtladung. In der folgenden Tabelle 199 sind die Werte nach sinkender

Tabelle 199. Zusammenhang zwischen Säuregrad, $(H^+)_i$, und Gesamtladung, $p + q$ eines Chromoxydsols

Datum	Außenlösung	(Cr)	$(H^+)_i$	$p + q$
1. V. 1920	0,01 mol. HCl	0,049	0,0090	0,247
6. XI. 1918	0,01 „ HCl	0,076	0,0084	0,25
26. X. 1918	0,01 „ HNO_3	0,112	0,0077	0,253
26. XI. 1919	0,005 „ HCl	0,049	0,0042	0,240
13. XI. 1918	0,005 „ HCl	0,076	0,0037	0,235
13. XI. 1919	0,025 „ HCl	0,051	0,0017	0,200
15. III. 1920	{ 0,001 „ HCl + 0,009 „ NH_4Cl }	0,049	0,009	0,226
5. III. 1920	{ 0,001 „ HCl + 0,004 „ NH_4Cl }	0,040	0,008	0,223
20. XI. 1919	0,001 „ HCl	0,051	0,003	0,176

(H^+_i) H^+ Aktivität der Innenlösung (Sol); (Cr) : molare Konzentration der Chromatome der Innenlösung; $p + q$: Gesamtladung pro Chromatom.

Wasserstoffaktivität der Innenflüssigkeit geordnet, und man sieht dabei ein regelmäßiges Sinken der Gesamtladung. Nach BJERRUM handelt es sich um Hydrolyse. Die Chromoxydmoleküle enthalten offenbar noch basische Hydroxylgruppen, und zwar fallen nach der Schätzung des Autors etwa 0,074 solche Gruppen auf ein Chromatom. Wir haben hier einen Fall der Säurebindung vor uns. Diese Hydroxylgruppen nehmen bei höherer H^+-Aktivität eine steigende Anzahl von Wasserstoffionen auf.

In seinen Flockungsversuchen fand BJERRUM, daß Sulfat in einer Konzentration flockt, welche um etwa 15% höher ist als die der Gesamtladung äquivalente, während von Kaliumferrozyanid die ungefähr äquivalente Menge genügt.

BJERRUM hat in dieser Arbeit zuerst die konduktometrische Flockungstitration an einem Sol ausgeführt. Die Tabelle, welche den Gang der Leitfähigkeit beim Zusatz von $(NH_4)_2SO_4$ enthält, ist hier wiedergegeben.

Man erkennt die Ausflockungszone an einem Wendepunkt, in welchem der anfänglich fast lineare Anstieg der Leitfähigkeit in ein konstantes Beharren übergeht. Auch über die Flockungszone hinaus wird die Leitfähigkeit noch beim Zusatz von $(NH_4)_2SO_4$ nicht verändert. Erst sobald mehr als 50% über das Flockungsäquivalent zugegeben wurden, stieg die Leitfähigkeit wieder an. BJERRUM deutet das Verhalten durch die Annahme, daß im Niederschlag SO_4^{--} (oder 2 Cl) teilweise durch $2\,SO_4H^-$ ersetzt wird. Von RABINOWITSCH, der die Methode später öfters benutzt hat, wurden an seinem Sol Kurven von etwas abweichender Gestalt gewonnen.

Tabelle 200. Konduktometrische Titration eines Chromhydroxydsols nach N. BJERRUM

ccm 0,1 n $(NH)_4\,SO_4$	$\varkappa \cdot 10^5$
0	329
0,2	336
0,4	344
0,6	351
0,8	356
1,0	361
1,2	**365**
1,4	**365**
1,6	**365**
1,8	**365**
2,0	368
2,2	374
2,4	382
2,6	391
2,8	400
3,0	

Untersuchungen von Wintgen und Löwenthal. Eine größere Anzahl Chromhydroxydsole wurde von R. WINTGEN und H. LÖWENTHAL nach den Prinzipien der DUCLAUXschen Ultrafiltrationsmethode untersucht.

Die Sole wurden durch Versetzen von Chromtrichloridlösungen mit NH_3 und Dialyse im NEIDLEschen Heißdialysator hergestellt. Die Lösungen wurden mit einer Dialysedauer von 45 und stufenweise weniger Tagen gereinigt, um Sole mit verschiedenen Kolloidäquivalenten zu erhalten. Bei der Ultrafiltration gewann man Filtrate, deren Leitfähigkeit (intermizellare Leitfähigkeit) etwa 10 bis 50% derjenigen des Sols (Gesamtleitfähigkeit) betrug. Nach den Autoren handelt es sich in dem Ultrafiltrat um NH_4Cl, welches bei der Dialyse nicht entfernt wurde. Gestützt wird diese Annahme durch den Befund, daß die Leitfähigkeit des Ultrafiltrates derjenigen entspricht, welche sich auf Grund des Chlorgehaltes desselben aus der Äquivalentleitfähigkeit von Chlorammonium, ferner in einem Falle qualitativ auch analytisch errechnen läßt. Immerhin bleibt die Frage offen, wieso diese verhältnismäßig große Menge von Verunreinigungen, welche glatt durch das Ultrafilter geht, mittels der sonst genügend wirksamen Dialyse nicht weggeschafft wurde.

Anbei bringen wir die Tabelle der Autoren, welche einen Überblick über die Konstitution der verschiedenen Sole gestattet.

Die erste Horizontalreihe enthält die Anzahl der Chlorionen pro Chromatom, die zweite die Molarität an Chrom (m_1), die dritte von Chlor (m_2) in der Lösung.

Tabelle 201. Elektrochemische Konstitution von Chrom-

Sol	1	2	3	4	5	6
Cl : Cr	0,04005	0,05116	0,08199	0,08956	0,1167	0,1415
m_1	0,05869	0,1153	0,05671	0,1004	0,1768	0,0281
m_2	0,00470	0,01180	0,00930	0,01800	0,04127	0,00795
$\varkappa_s \cdot 10_3$	0,2707	0,6008	0,4948	0,8109	1,566	0,440
$\varkappa_i \cdot 10^3$	0,0518	0,0872	0,0649	0,0699	0,152	0,210
$\varkappa_m \cdot 10^3$	0,2189	0,5136	0,4299	0,7410	1,414	0,230
$\frac{\varkappa_m \cdot 10^3}{m_1}$	3,732	4,454	7,580	7,381	7,997	8,185
u	19,5	19,5	19,5	19,5	19,5	(23,8)
v	75,5	75,5	75,5	75,5	75,5	75,5
λ	95,0	95,0	95,0	95,0	95,0	99,3
A_L	25,46	21,32	12,53	12,87	11,87	12,13
B_L	0,888	1,073	0,957	1,247	1,702	1,83
$[Cl_i]$	0,000348	0,000586	0,000436	0,000470	0,001021	0,0014
$[Cl_k]$	0,002304	0,005406	0,004526	0,007800	0,01489	0,00232
$[Cl_e]$	0,00204	0,00580	0,00433	0,00973	0,02536	0,00423
$[Cl_m]$	0,00435	0,01121	0,00886	0,01753	0,04025	0,00655
% Cl_i	7,40	4,97	4,69	2,61	2,47	17,6
% Cl_k^-	49,04	45,81	48,66	43,33	36,09	29,2
% Cl_e^-	43,56	49,22	46,65	54,06	61,44	53,2
% Cl_m^-	92,60	95,03	95,31	97,39	97,53	82,4
$[Cl : Cr]_m$	0,037	0,0486	0,0781	0,0873	0,1138	0,1165
$[Cr_2O_3 : Cl]_m$ ..	13,48	10,29	6,40	5,73	4,39	4,29

Dann folgen die Gesamtleitfähigkeit $\varkappa_g$, die Ultrafiltratleitfähigkeit $\varkappa_i$ und die als Differenz der beiden sich ergebende Kolloidsalzleitfähigkeit. Dann kommt die Leitfähigkeit pro Chromatom, die experimentell bestimmte Kolloidbeweglichkeit und die Beweglichkeit des Anions bei unendlicher Verdünnung. Die nächste Reihe bringt die Summe der beiden letzteren Werte, d. h. die Äquivalentleitfähigkeit. A_L bedeutet die „Äquivalentaggregation", d. h. die Anzahl Chromatome pro leitfähigkeitswirksames Chlor (Kolloidäquivalent pro freie Ladung), B_L die Anzahl inaktiver Chloratome pro freie Ladung. Weiter schließen an der analytische Chlorgehalt des Ultrafiltrates $[Cl_i]$, ferner die Konzentration der freien Chlorionen $[Cl_k]$, welche nach der klassischen Theorie mit Hilfe des experimentell ermittelten Beweglichkeitswertes für das Kolloidion und des bei unendlicher Verdünnung geltenden Wertes für die Chlorbeweglichkeit errechnet wurde, ferner die Konzentration der inaktiven Chlorionen $[Cl_e]$, und die mizellare Chlorionenkonzentration, d. h. die Gesamtladung des Sols, welche sich wieder als Differenz von Gesamtchlor und Ultrafiltratchlor ergibt $[Cl_m]$. Dann kommen die prozentuellen Werte von Ultrafiltratchlor, freiem Gegenionchlor, undissoziiertem Gegenionchlor und gesamtem Gegenionchlor im Verhältnis zum Gesamtchlor der Lösung. Schließlich enthält die Tabelle das Verhältnis von Chromoxydmolarität und Gegenionenkonzentration, d. h. den Wert des Kolloidäquivalentes in bezug auf Gesamtladung, ferner das Verhältnis von Chromoxyd und freiem Chlor, d. h. Kolloidäquivalent in bezug auf die freie Ladung. Die beiden letzten gehen einander symbat, die Sole 1 bis 9 sind nach den abnehmenden Werten der letzteren geordnet.

Zur Methodik ist zu bemerken, daß die Kolloidbeweglichkeiten nach der Grenzschichtmethode (Überschichtungselektrolyt KCl) ermittelt wurden. Den abgeleiteten Werten ist die Äquivalentleitfähigkeit des Kolloidsalzes im Sinne der klassischen Theorie zugrunde gelegt. Rein empirisch ergibt sich aus der Tabelle, daß die prozentuelle Beteiligung der Verunreinigungen an der Leitfähig-

hydroxydsolen nach R. WINTGEN und H. LÖWENTHAL

7	8	9	6 a	6 b	7 a	7a'	7 b
0,2135	0,4089	0,6537	0,1401	0,1269	0,1992	0,2113	0,1994
0,1124	0,0418	0,1191	0,07725	0,2356	0,2972	0,06198	
0,04800	0,03418	0,1557	0,02163	0,05970	0,1183	0,02620	
1,610	1,900	11,60	0,847		3,795	0,734	
0,208	0,691	7,90	0,221		0,282		
1,402	1,209	3,70	0,626		3,513		
12,47	33,97	31,07	8,104		11,82		
30,6	40,7	46,7	23,8		(29,0)		
75,5	75,5	75,5	75,5		75,5		
106,1	116,2	122,2	99,3		104,5		
8,51	4,02	3,93	12,26		8,84		
2,53	1,84	2,39	2,20		2,46		
0,0014	0,00464	0,0531	0,00148		0,00189		
0,01321	0,01040	0,03028	0,00631		0,0336		
0,03339	0,01914	0,0723	0,01384		0,0828		
0,0466	0,02954	0,1026	0,02015		0,1164		
2,9	13,6	34,2	6,8		1,6		
27,5	30,4	19,4	29,2		28,4		
69,6	56,0	46,4	64,0		70,0		
97,1	86,4	65,8	93,2		98,4		
0,2073	0,3534	0,4306	0,1304		0,1958		
2,41	1,42	1,16	3,83		2,54		

keit mit dem Kolloidäquivalent antibat geht, d. h. mit der fortschreitenden Reinigung die Anzahl der auf ein Chlorion entfallenden Oxydmoleküle zunimmt, wie es auch zu erwarten ist. Sol 9 entspricht der analytischen Zusammensetzung nach schon beinahe einem Chromdihydrochlorid und wurde nur durch ein sehr feinporiges Ultrafeinfilter von ZSIGMONDY zurückgehalten.

Der berechnete scheinbare Dissoziationsgrad (Cl_m/Cl_k) des Kolloidchlorids variiert von 31 bis 55% und nimmt mit steigendem Kolloidäquivalent innerhalb dieser Grenzen zu. In dieser Beziehung verhalten sich die Sole gerade umgekehrt wie die hitzepeptisierten Zinnsäuresole.

WINTGEN und LÖWENTHAL drücken als Beispiel die Zusammensetzung der Kolloidteilchen für Sol 2 durch das folgende Symbol aus:

$$([20{,}82\,Cr_2O_3;\ 1{,}073\,NH_4Cl;\ x\,H_2O]\,CrO^+)_n + n\,Cl^-$$

Das undissoziierte, für die Leitfähigkeit nicht wirksame Chlor des Sols (welches bei der Ultrafiltration nicht durchgeht) wird hier als in der Form von NH_4Cl „eingeschlossen" bezeichnet. Zieht man die Herstellungsmethode in Betracht und den Umstand, daß die Ammonsalze als starke Elektrolyte vollständig ionisiert sind, so erscheint diese Bezeichnungsweise vollständig unbegründet und irreführend, zumal die Konzentration des freien NH_4Cl in den etwa vorhandenen Kanälen der Kolloidteilchen im Sinne der DONNAN-Theorie äußerst gering sein muß. Es kann kaum ein Zweifel bestehen, daß es sich bei diesen Chlorionen ebenfalls um die ionogenen chromoxysalzartigen Verbindungen der Kolloidteilchen handelt, die im reaktionsfähigen Zustande, jedoch durch die interionischen Kräfte (begünstigt eventuell durch topische Umstände) in ihrer Wirksamkeit gehemmt, vorliegen.

Die fünf letzten Sole der Tabelle sind durch Einengen am Ultrafilter und teilweise abermaliges Verdünnen mit reinem Wasser aus den entsprechend bezeichneten Stammsolen hergestellt. Es zeigt sich, daß das Kolloidäquivalent und der Ionisationsgrad vom Sol 7 durch das Einengen auf das Fünffache (7a) nicht wesentlich verändert worden ist. Die Sole über 3,6% werden allmählich mit der Zeit zähflüssig und erstarren.

Neuestens hat R. WINTGEN mit H. WEISBECKER auch die H^+-Bindung an ein Chromoxydsol untersucht. Siehe Kap. 36.

Literaturverzeichnis

BJERRUM, N.: Z. f. phys. Ch. **110**, 656 (1924). — NEIDLE, M.: Journ. Am. Chem. Soc. **38**, 1270 (1916). — WINTGEN, R. und H. LÖWENTHAL: Z. f. phys. Ch. **109**, 378 (1924). — DERSELBE und H. WEISBECKER: Z. f. phys. Ch. **135**, 182 (1928).

59. Die Aluminiumhydroxydsole

Die üblichen Aluminiumoxydsole werden auf zweifachem Wege gewonnen: durch Peptisation von gefälltem Aluminiumhydroxyd, z. B. mit Salzsäure oder $AlCl_3$ nach GRAHAM, oder durch Hydrolyse der käuflichen essigsauren Tonerde mittels Kochen und Waschen des Niederschlages bis zur neuerlichen, nun kolloiden, Lösung nach CRUM.

A. MÜLLER hat in Fortführung der GRAHAMschen Versuche die Peptisation von frisch gefälltem und gewaschenem Hydroxyd mittels bekannter Mengen von 0,05 n HCl vorgenommen. Er hat zur Solbildung mit dem Gehalt von 1,224 g Al_2O_3 9,6 ccm der Säure gebraucht, woraus R. ZSIGMONDY berechnet, daß $^1/_{72}$ der zur Bildung von $AlCl_3$ nötigen Chlormenge bereits zur Solerzeugung genügt.

M. ADOLF und W. PAULI, welche später die Untersuchung der Bildungsbedingungen der GRAHAMschen Sole wieder aufgenommen hatten, bezweifeln die Richtigkeit dieser Angaben, da es nach ihrem Befunde unmöglich ist, durch einfaches Waschen in absehbarer Zeit einen solchen Niederschlag, z. B. aus $AlCl_3$, frei von Säureanionen zu gewinnen, selbst wenn das Waschwasser längst mittels der Silberprobe chlorfrei erscheint. Die im Niederschlag zurückgehaltene Chlormenge soll danach eine sehr beträchtliche sein und die zur Peptisation verwendete weit übertreffen. Nur eine gravimetrische Chloranalyse im zerstörten Sol vermag die notwendigen Daten zu liefern.

Diese Autoren finden, daß die zur Peptisation erforderliche Säuremenge je nach der Gründlichkeit des Auswaschens des Niederschlages verschieden ist. Die weniger lange gewaschenen Niederschläge gehen leicht bereits beim Kochen mit kleineren Mengen Säure in Lösung. Die Analyse dieser Lösungen lieferte in nahezu stöchiometrischem Verhältnis die Zusammensetzung $Al(OH)Cl_2$ und AlOCl. PAULI und ADOLF glauben, in diesen Lösungen die fast reinen Formen dieser Oxysalze vor sich zu haben und unterstützen diese Annahme durch die Feststellung des Verhaltens derselben in bezug auf Leitfähigkeit und Chloraktivität bei der Verdünnung.

Bei tagelangem Kochen eines hochgewaschenen, überschüssigen Aluminiumhydroxyds mit Salzsäure gelangen sie zu Flüssigkeiten von Solcharakter, erkennbar an der Unfähigkeit Pergamentpapier zu durchdringen und an der Koagulierbarkeit durch kleine Elektrolytmengen. Die chemische Zusammensetzung eines solchen Sols wird durch die Formel

$$2\,[Al(OH)_3]\,.\,Al(OH)_2Cl$$

wiedergegeben. Ein Kolloidteilchen dürfte natürlich aus vielen solchen Elementarkomplexen bestehen, außerdem dürfte auch die Zusammensetzung von Teilchen zu Teilchen innerhalb gewisser Grenzen variieren, so daß die obige Formel nur einen annähernden mittleren Wert ausdrückt.

Die Chloraktivitätsbestimmung ergab, daß zirka $^1/_5$ der Chlorionen des Sols frei war.

In diesem Falle stellte sich die zur Solerzeugung notwendige Menge der Säure auf $^1/_9$ derjenigen, welche zur Bildung von $AlCl_3$ genügen würde.

Peptisation. V. Kohlschütter untersuchte Sole, welche durch Peptisation von durch eine topochemische Reaktion gebildeten pseudomorphen Gelen erhalten wurden. Die Pseudomorphosen stellt Kohlschütter auf die folgende Weise her: Kristalle von Ammonium-Aluminiumsulfat werden in konzentrierte Ammoniaklösung eingetragen. Die Kristalle werden auf diese Weise in das Hydroxyd umgewandelt, und der neugebildete feste Körper ist in seiner Form durch den ursprünglichen bestimmt. Die Umbildung geht als eine topochemische Reaktion vor sich und die Kristallkörner bleiben nach ihren Kanten und Flächen erhalten. Das Äußere wird nur insofern verändert, als die Kristalle zu opalisieren beginnen und bald ein porzellanartiges Aussehen annehmen. Die pseudomorphen Hydroxydgele lassen sich mit Wasser auswaschen und die feinkörnigen Präparate können ohne Zerstörung der Struktur auch bei 110° getrocknet werden.

Daß es sich um Gele handelt, zeigt vor allem die Peptisierbarkeit. Die Besonderheit dieser Produkte ist, daß sie „im Raum einer kristallinischen Verbindung entstehen und von ihr Form und Volumen erhalten".

In einer vorangehenden Arbeit und später ausführlicher in Gemeinschaft mit N. Neunschwander untersuchte Kohlschütter die Solbildung aus diesem eigenartigen Gel und stellte einige Eigenschaften dieser Sole fest.

Als Ausgangsmaterial dienten die pseudomorphen Gele nach Auswaschen und Trocknen bei 40°. Es zeigte sich, daß die Eigenschaften der Sole von der Einwirkungszeit der NH_3-Lösung auf die Kristalle abhängen. Sie sind um so trüber, je länger die Einwirkungszeit war. Zum Vergleich wurde auch das Verhalten von wasserfreiem Al_2O_3 aus Rauch untersucht. Dieses läßt sich im Gegensatz zur Pseudomorphose nicht nur mit Säuren, sondern auch mit verdünnten Laugen peptisieren. Die sauren Sole wandern verhältnismäßig schnell kathodisch, die Zerteilungen des Rauches in Alkali bewegen sich wesentlich langsamer nach der Anode.

Die Peptisation wurde konduktometrisch verfolgt. Beim Eintragen der Gele in die Säure trat zunächst eine stetige Zunahme des Widerstandes ein, die dann ziemlich schroff zum Stillstand kam. Die Systeme zeigten nachher wochenlang nur minimale Veränderungen der Leitfähigkeit, auch wenn noch Hydroxyd als Bodenkörper vorhanden war. Durch Ultrafiltration wurde festgestellt, daß ein geringer Teil des Hydroxydes molekular gelöst wird.

Das durchschnittliche Verhältnis der Säure zum maximal peptisierten

Hydroxyd betrug bei einem Präparat mit 1 Stunde Einwirkungszeit 1 HCl auf 1 Al_2O_3, bei einem anderen von 48 Stunden Einwirkungszeit 1 HCl auf 2 Al_2O_3, stand also nahe dem Werte von PAULI. KOHLSCHÜTTER folgert daraus, daß neben den chemischen Eigenschaften der Substanz die spezielle Struktur des verwendeten Materials für die Peptisation maßgebend ist. Immerhin scheint es uns nicht ausgeschlossen, daß die längere Einwirkungszeit eventuell eine andere Hydratstufe im Sinne von WILLSTÄTTER ergibt und erst durch diese chemische Reaktion das Verhalten bedingt. Bei Zusatz von Schwefelsäure zeigt eine starke Leitfähigkeitsabnahme ebenfalls eine erhebliche Säurebindung an das Gel an, Solbildung tritt jedoch nicht ein und die molekular gelöste Menge ist etwas niedriger als bei HCl. 5/1000 Mol Al_2O_3, als Bodenkörper, auf 50 ccm n/50 H_2SO_4 vermag, wie die Titration der filtrierten Flüssigkeit ergeben hat, in fünf Stunden bis 88% der Säure binden. Im Mittel wurde bei zwei Präparaten von verschiedener Einwirkungszeit (1 Stunde und 48 Stunden) übereinstimmend bei 2 bis $6 . 10^{-3}$n Säurekonzentration 0,1 Mol H_2SO_4 auf 1 Mol Al_2O_3 gebunden.

Von Natronlauge wird ebenfalls viel gebunden, z. B. 74,8% beim Eintragen von $5 . 10^{-3}$ Mol Al_2O_3 in 50 ccm n/50 NaOH. Die längere Einwirkungszeit setzt die Laugebindungsfähigkeit herab. Noch ausgeprägter ist dieses bei NH_3. Eine Peptisation tritt, wie erwähnt, nur bei Al_2O_3 aus Rauch ein.

Das KOHLSCHÜTTERsche pseudomorphe Gel diente dann als Material für eine Untersuchung der Peptisation durch Wo. OSTWALD und H. SCHMIDT. Es wird die Kinetik der durch verschiedene Säuren bewirkten Peptisation untersucht, indem nach Einbringen des sorgfältig gewaschenen Gels in die Säure die peptisierte (und gelöste) Menge in gewissen Zeitabständen bestimmt wurde. Die peptisierte Menge, als Funktion der Zeit graphisch dargestellt, ergab S-förmige Kurven, welche Merkmale von autokatalytischen Reaktionen sind. Nach den Autoren kommen in den Kurven die Geschwindigkeiten zweier Vorgänge zum Ausdruck, einerseits diejenige einer topochemischen Dissolution, d. h. einer Ablösung von Komplexsalzen im Sinne von PAULI, aus den bereits bei der Entstehung des Gels vorgebildeten Kapillarkanälen, andererseits des durch die Aufladung bewirkten Zerfalles des „Mizellargitters“.

Die Kurven, peptisierte Menge—Zeit, verlaufen um so höher, je höher die Konzentration der Säure ist. Bei Variation der Bodenkörpermenge und konstanter Säurekonzentration ergibt sich, daß die absolute, peptisierte Menge (zu demselben Zeitpunkt) um so größer ist, je mehr Gel in die Lösung eingetragen wurde. Die peptisierten Gelprozente, d. h. die relativen Mengen, sind jedoch um so geringer (OSTWALD-BUZAGHsche Peptisationsregel). Praktisch vollständige Peptisation tritt ein bei Anwendung von starken Säuren in der Konzentration von etwa 0,01 normal in etwa zehn Stunden, während die verdünnten Säuren in derselben Zeit zu einem praktisch erreichten Grenzwert der peptisierten Gelprozente führen, welcher viel weniger betragen kann.

Die Autoren werfen die Frage auf, ob die peptisierende Wirkung der Säuren allein durch die H^+-Aktivität bestimmt wird, wie nach ihrer Meinung aus der Lehre von S. P. SÖRENSEN, L. MICHAELIS und J. LOEB folgen würde, oder nicht, und kommen zu einer verneinenden Antwort. Sie verfolgen die H^+-Aktivität während der Peptisation potentiometrisch und finden in Übereinstimmung mit

Wo. Pauli und V. Kohlschütter eine mit fortschreitender Peptisation wachsende Säurebindung. Doch ist die Gestalt der H^+-Bindung—Zeit- und der peptisierten Menge—Zeit-Kurven nicht in jedem Falle übereinstimmend.

Nach den Autoren beweist diese Diskrepanz, daß eine eindeutige und einfache Verknüpfung der $[H^+]$ während der Peptisation mit dem eigentlichen Solbildungsvorgang vorläufig nicht möglich ist. Wir möchten jedoch andererseits hervorheben, daß die Versuche jedenfalls die qualitative Aussage gestatten, daß einer fortschreitenden Peptisation eine wachsende H^+-Bindung entspricht.

Die Ansicht, daß die H^+-Aktivität für die Peptisation nicht allein ausschlaggebend ist, wird weiter durch die Feststellung gestützt, daß das Peptisationsvermögen in der Reihenfolge HNO_3, HCl, HBr, HJ deutlich abnimmt, während sich die H^+-Aktivität nach der Reihe HJ, HBr, HCl, HNO_3 abnehmend ordnet. Der Umstand, daß Ameisensäure schwächer wirkt und Essigsäure noch schwächer, stimmt wiederum mit der kleineren $[H^+]$ dieser Säuren überein.

Ostwald und Schmidt stellen ferner auch die Wirksamkeit von Puffergemischen fest. Sie verwenden Mischungen von Ammoniumazetat + Essigsäure im Verhältnis 1 : 1 und in der Konzentration 0,5 und 0,1 n. Die Wasserstoffionenkonzentration beträgt in beiden etwa $10^{-5,2}$. Die Peptisation verlief jedoch ganz verschieden, die konzentriertere Lösung peptisierte viel schneller, und zwar verläuft ihre Kurve ein wenig über derjenigen von 0,5 n Essigsäure, während die des 0,1 n Puffergemisches viel niedriger, aber ein wenig oberhalb der Kurve der 0,1 n Essigsäure gelegen ist. Die reine Säure hat natürlich eine um Größenordnungen höhere H^+-Aktivität, welche auch während des Peptisationsvorganges nicht unter $1 \,.\, 10^{-3}$n sinkt.

Dieses Verhalten ist sehr auffallend, insbesondere wenn man bedenkt, daß die in den Puffergemischen verwendeten Salzkonzentrationen so hoch sind, daß sie nach den bisherigen Erfahrungen die Stabilität der Sole vom Typus des Aluminiumoxyds erheblich herabsetzen können. Für eine Beteiligung der undissoziierten Säure an dem Peptisationsvorgang, welche Möglichkeit Ostwald und Schmidt hinstellen, liegen sonst nirgends Anhaltspunkte vor. Vor einer neuerlichen Untersuchung muß wohl die Frage nach der peptisierenden Wirkung der Puffergemische offen bleiben.

Ostwald und Schmidt schließen aus ihren Versuchen, daß dem „p_H“ keine ausschlaggebende Bedeutung bei der Peptisation zukommt, sondern insbesondere eine spezifische Anionenwirkung zu berücksichtigen ist.

Diese Schlußfolgerung stimmt mit der Auffassung, welche auch in dem allgemeinen Teil dieses Buches vertreten wird und in Paulis früheren Veröffentlichungen zum Ausdruck kommt, durchaus überein. Nach dieser Auffassung sind freie Ladung und Gesamtladung der Kolloidionen voneinander zu unterscheiden: Die Gesamtladung der Kolloidteilchen wird bei gegebener (vorgebildeter) Teilchengröße (Dispersitätsgrad) in den meisten Fällen in erster Linie durch die H^+-Aktivität der Lösung bestimmt, während für die Wirksamkeit der Ladungen die Beziehungen zu den Gegenionen, d. h. die spezifische Art der dem Kolloid entgegengesetzt geladenen Ionen und ihre Konzentration die wichtigste Rolle spielen. Für die Stabilität der Kolloide und, was damit in nächster Beziehung steht, für die Peptisierbarkeit, ist nur die freie Ladung maßgebend. Da die freie Ladung sich als Produkt der Gesamtladung mit einem Koeffizienten (dem scheinbaren Dissoziationsgrad, bzw. Abweichungskoeffizienten, Assoziationsgrad) darstellen läßt, so sind natürlich beide Faktoren, H^+-Aktivität und Gegenionart zu berücksichtigen. Sehr klar kommen diese Verhältnisse bereits in HARDYS Koagulationsreihe zum Ausdruck.

Gegenionenwirkung bei der konduktometrischen Titration. Besonders eindeutige Beispiele für die Gegenionenwirkung bei Aluminiumoxydsolen neben der allgemeinen Charakteristik der Sole lieferten PAULI und E. SCHMIDT in einer ausführlichen Arbeit, aus der einzelne Ergebnisse bereits im allgemeinen Teil besprochen wurden.

Ihre Sole wurden nach einem eigenen Verfahren, durch Peptisation von Aluminiumoxyd „in statu nascendi" hergestellt. Es wird in eine kochende $AlCl_3$-Lösung reiner Al-Gries, welcher vorher mit Sublimatlösung behandelt und gewaschen worden war, eingetragen. Das amalgamierte Metall liefert unter diesen Umständen keinen $Al(OH)_3$-Niederschlag, sondern es entsteht sofort unter lebhafter Wasserstoffentwicklung ein klares Sol. Die ursprünglich $^1/_2{}^0/_0$ igen Sole wurden dann abwechselnder Dialyse und Einengen unterworfen. Die Methode hat unter anderem den Vorteil, daß in das Sol keine anderen Ionen als Al^+ und Cl^- eingebracht werden.

Diese Aluminiumoxydsole eignen sich vorzüglich für eine physikalisch-chemische Untersuchung, da sie auch in reinem Zustande eine verhältnismäßig hohe Leitfähigkeit und hohe meßbare Gegenionen (Cl^-)-Aktivität besitzen und auch die potentiometrische H^+-Bestimmung in ihnen leicht und sicher ausführbar ist.

Die Resultate der physikalisch-chemischen Analyse der untersuchten Sole sind in der folgenden Tabelle zusammengestellt.

Tabelle 202. Physik.-chem. Analyse von Al-Oxydsolen nach PAULI und E. SCHMIDT

Sol	Prozente Al_2O_3	Molarität von Al	normal $Cl \cdot 10^3$ analytisch	normal $Cl \cdot 10^3$ konduktometrisch	$aCl \cdot 10^3$ potentiometrisch	a_H	$\varkappa \cdot 10^4$	faCl	$\frac{mAl}{aCl}$
I.	1,098	0,2142	4,05	4,05	1,26	$2{,}3 \cdot 10^{-6}$	2,13	0,311	170,0
II.	1,008	0,1973	7,80	7,80	2,52	$2{,}5 \cdot 10^{-6}$	3,795	0,323	78,3
III.	2,704	0,529	72,6	72,6	28,1	$5{,}88 \cdot 10^{-5}$	40,06	0,387	18,8

Es wurde auf eine genaue Einhaltung derselben Herstellungsbedingungen kein Gewicht gelegt, jedoch auch keine Variation derselben beabsichtigt. Die Sole unterscheiden sich voneinander sehr stark in bezug auf ihr Kolloidäquivalent. Die Analyse zeigt $^1/_{158}$, $^1/_{74}$ und $^1/_{22}$ des Chlorgehaltes, welcher zur Überführung in $AlCl_3$ ausreichen würde. Man sieht hier deutlich, daß die Zusammensetzung zwischen breiten Grenzen variieren kann, eine Tatsache, welche an den Daten der Eisenhydroxydsole noch deutlicher zu ersehen ist.

Die fünfte Spalte enthält die durch konduktometrische Fällungstitration bestimmte Cl-Konzentration. Der Vergleich mit den gravimetrischen Werten zeigt eine vollständige Übereinstimmung, ein Beweis dafür, daß sämtliche Cl-Ionen sich in momentan reaktionszugänglichem Zustande befinden.

Die nächsten zwei Figuren und die dazugehörige Tabelle 203 geben die näheren Daten über die Ergebnisse der Fällungstitration wieder. Der verschiedene

Leitfähigkeitsabfall beim Austausch des Chlors gegen verschiedene Gegenionen zeigt die Gegenionenwirkung an. Das Nitratsol hat eine nur wenig niedrigere Leitfähigkeit als das ursprüngliche Chloridsol, das Sulfatsol ist wohl infolge der

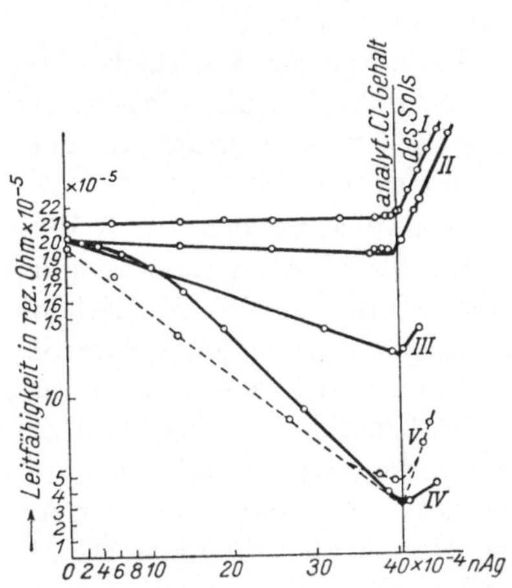

Abb. 132. Konduktometrische Titration eines Aluminiumoxydsols (Sol I) nach PAULI und E. SCHMIDT. I: $AgNO_3$; II: $AgClO_3$; III: $AgCOOCH_3$; IV: Ag_2SO_4; V: AgF

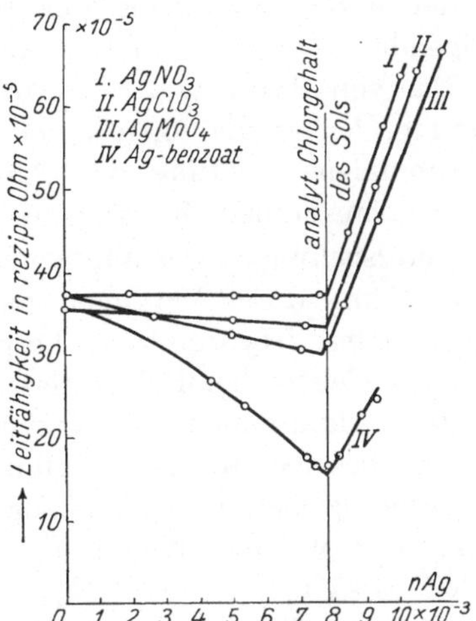

Abb. 133. Konduktometrische Titration eines Aluminiumoxydsols (Sol II) nach PAULI und E. SCHMIDT

Zweiwertigkeit des Gegenions, wie bei allen anderen untersuchten positiven Solen, weitgehend inaktiviert. Ungefähr wie beim Sulfat verläuft die Fluoridkurve.

Tabelle 203

Sol	Chlorid	Chlorat	Nitrat	Permanganat	Azetat	Benzoat	Sulfat	Fluorid
I.	0	6,77	0		38,1		86	86
II.	0	6,72	$^1/_4$	19,8		56,9		
III.	0		1				95	

Tabelle 203 stellt die Werte der prozentuellen Leitfähigkeitsabnahme im Wendepunkt der Kurve gegenüber dem Wert des Chloridsols dar. Man sieht, daß Permanganat-, Azetat- und Benzoat-Sole niedrigere Leitfähigkeiten haben, als nach dem Unterschied der Anionenbeweglichkeiten bei unendlicher Verdünnung zu erwarten wäre. Es findet auch hier erhebliche Inaktivierung trotz der Einwertigkeit dieser Ionen statt. Hier spielen wohl in erster Linie die Polarisierbarkeiten der Ionen für dieses spezifische Verhalten die Hauptrolle.

Die Titrationskurven zeigen in den Fällen, wo die entsprechenden Punkte im Anfangsteil bestimmt wurden, die schon diskutierte eigentümliche Gestalt.

Die bei der völligen Substitution des Chlors durch Sulfat verbleibende Leitfähigkeit (beim Sol I 14%, beim Sol III 5% des ursprünglichen) stellt ein Maß für die maximale Konzentration der molekulardispersen oder sonstigen als Sulfat aktiven Bestandteile der Sole dar.

Die im allgemeinen Teil ausführlich beschriebene Säurebindung ergab an

Sol II, daß $^1/_{18}$ der dem gesamten Aluminium äquivalenten Hydroxylionen H^+-Ionen aufzunehmen vermögen. Die H^+-Kapazität ist viermal so groß als die Gesamtladung des reinen analysierten Sols. Bei der Berechnung blieb immerhin der unter Bewahrung des Solcharakters bei Säurezugabe wahrscheinlich erfolgende Teilchenzerfall mit Abspaltung unberücksichtigt.

Das von PAULI und SCHMIDT studierte Verhalten des Sol III bei der Verdünnung, ferner die mittels der einwandfrei ermittelten Kolloidbeweglichkeit vorgenommene Prüfung der Abweichungskoeffizienten wurden an den entsprechenden Stellen des allgemeinen Teiles referiert.

Untersuchungen von Wintgen und Kühn. Neuestens wurden von R. WINTGEN und O. KÜHN durch Versetzen von Aluminiumchlorid mit Ammoniak und nachherige Dialyse Hydrolytoide hergestellt. Sie wurden nach der Methode von WINTGEN elektrochemisch untersucht. Die Anzahl der auf ein Chloratom entfallenden Aluminiumatome variierte in den Solen zwischen etwa 8 und 30. Die auf dieselbe Menge Aluminiumoxyd entfallende spezifische Leitfähigkeit war um so größer, je mehr Chlor damit verbunden war. Rund 5 bis 60% des Chlors war trotz der langen Dialyse im Ultrafiltrat auffindbar. Nach den Autoren handelt es sich dabei um NH_4Cl und basisches molekulardisperses Oxychlorid. Etwa 40 bis 99% des zum Kolloid gehörenden Chlors war nach den Berechnungen im Sinne der klassischen Theorie für die Leitfähigkeit des Kolloidchlorides wirksam. Der scheinbare Dissoziationsgrad stand in keinem Zusammenhang mit dem Kolloidäquivalent der freien oder der Gesamtladung.

Durch Auszählung der Sole im Ultramikroskop bestimmten WINTGEN und KÜHN die Anzahl der auf ein Teilchen entfallenden Aluminiumatome und daraus die mittlere Ladungszahl. 48,000 bis 664,000 Ladungen sollen danach im Mittel auf ein Teilchen fallen. Auf je 1 bis 2 Aluminiumatome der Teilchenoberfläche fiele eine freie Ladung (unter Annahme von Kugelform). Diese Zahlen sind wieder in dem gleichen starken Widerspruch zu den theoretischen Erwartungen, wie die analogen Zahlen an Eisenhydroxydsolen und an Goldsolen. Wegen der genauen Bedeutung dieser Diskrepanz siehe Kap. 29.

Literaturverzeichnis

GRAHAM, TH.: Liebigs Annalen **121**, 41 (1862). — KOHLSCHÜTTER, V.: Z. f. anorg. Ch. **105**, 1 (1918). — DERSELBE und N. NEUNSCHWANDER: Z. f. Elektroch. **29**, 246 (1923). — MÜLLER, A.: Z. f. anorg. Ch. **57**, 312 (1908). — OSTWALD, WO., und H. SCHMIDT: Koll. Z. **43**, 276 (1927). — PAULI, WO., und M. ADOLF: Koll. Z. **29**, 281 (1921). — DERSELBE und E. SCHMIDT: Z. f. phys. Ch. **129**, 199 (1927). — WINTGEN, R., und O. KÜHN: Z. f. phys. Ch. **138**, 135 (1928).

60. Das Thoroxydsol

Über das Thoriumoxydsol liegen zwei eingehende Untersuchungen vor, eine von V. KOHLSCHÜTTER und A. FREY und eine in der allerletzten Zeit erschienene von PAULI und A. PETERS.

Peptisation. Die früheren Arbeiten betreffen hauptsächlich die Herstellungsmethoden. CLEVE befaßte sich mit dem aus dem Thoriumoxalat durch Glühen gewonnenen Oxyd, welches nach Behandlung mit Salzsäure in Lösung geht. W. BILTZ erhielt Sole durch Dialyse der Thoriumsalze. A. MÜLLER stellte die kolloiden Lösungen durch Peptisation des mit NH_3 gefällten Hydroxyds mittels Thoriumnitrat oder Salzsäure dar. J. DUCLAUX hat zuerst an diesen Solen elektrochemische Untersuchungen ausgeführt. In seiner klassischen Arbeit bildet auch das Thoriumoxyd ein Beispiel derjenigen Sole, von denen osmotischer Druck, Leitfähigkeit und Wanderungsgeschwindigkeit gemessen wurde, wodurch ein Einblick in die Konstitution ermöglicht war.

KOHLSCHÜTTERs inhaltsreiche Arbeit hat die „Kolloidisierung des festen Thoriumoxyds" zum Gegenstande. Es handelt sich um das sogenannte Metathoroxyd, jenes Oxyd, welches aus dem Oxalat durch Glühen erhalten wird und im Gegensatz zu den anderen mittels Glühen hergestellten Oxyden durch verdünnte Säuren sehr leicht peptisierbar ist. Dieses eigentümliche Verhalten wird von KOHLSCHÜTTER darauf zurückgeführt, daß dieses Oxyd als eine besondere „Bildungsform" anzusehen ist, welche sich durch eine äußerst feinporige Struktur auszeichnet.

KOHLSCHÜTTER und FREY untersuchten das Peptisationsvermögen von verschiedenen Säuren. Die Halogenwasserstoffsäuren zeigten in der Reihenfolge HCl zu HBr zu HJ zunehmende Wirkung, dagegen war HF wirkungslos. Schwefelsäure führte in 0,1, bzw. 0,2 n Lösung, in welcher alle Säuren angewendet wurden, zu keiner Zerteilung des Bodenkörpers. Wenn aber die überstehende Flüssigkeit abgehoben und der Bodenkörper mit Wasser übergossen wurde, so kam es zur Solbildung ebenso, wie es bei den übrigen Säuren der Fall war, sobald sie konzentrierter genommen wurden.

Mit Salzsäure wurde die wirksame Konzentration genau ermittelt. Verwendet man die Salzsäure in dem konstanten Verhältnis $ThO_2 : HCl = 5 : 1$ und variiert dabei die Konzentration der Säure zwischen 0,02 n und 2 n, so beobachtet man, daß die niedrigeren Konzentrationen nur unvollständig kolloidisieren, so daß ein Teil des Bodenkörpers übrig bleibt. Bei 0,1 n Lösung wird der geringfügige Rückstand durch Übergießen mit Wasser zerteilt, während von 1 n Zusatz aufwärts keine unmittelbare Lösung stattfindet, sondern der breiige Bodenkörper erst mit Wasser sich sofort in ein Sol umwandelt. Die Abhängigkeit der Peptisation vom Verhältnis des Oxyds zur Säure bildet den Gegenstand der folgenden Tabelle:

Tabelle 204. Temperatur 50^0

	ThO_2 g	HCl ccm	Konzentration normal	Molekularverhältnis $HCl : ThO_2$	Ergebnis
1.	0,05	1,0	$^1/_{50}$	0,1	Vollständige Kolloidisierung nach 4 Stunden
	0,05	0,5	$^1/_{50}$	0,05	Geringe Kolloidisierung nach 24 Stunden
2.	0,5	1,5	$^1/_{20}$	0,04	Noch nicht ganz vollständig nach 220 Stunden
3.	0,5	1,4	$^1/_{10}$	0,07	Vollständig kolloidisiert nach 20 Stunden
	0,5	1,0	$^1/_{10}$	0,05	Eben vollständig kolloidisiert nach 20 Stunden

Es genügt also auf 20 Mole ThO_2 ein Mol Säure, wenn die Konzentration der letzteren 0,1 n beträgt. Je verdünnter die Säure ist, um so weniger Oxydmoleküle entfallen bei gleicher Peptisationsfähigkeit auf ein Säuremolekül.

Die Leitfähigkeitsänderung der peptisierenden Säure in Berührung mit dem Oxyd wurde zeitlich verfolgt. Gewogene Mengen von ThO_2 wurden in die Salzsäure, welche sich in einem Leitfähigkeitsgefäß befand, eingetragen. Die Ergebnisse der Messungen sind in der folgenden Tabelle enthalten.

Tabelle 205. $^1/_{50}$ n . HCl 50 ccm, t = 25°

Gramm ThO_2 zugesetzt	Gramm ThO_2 kolloidisiert	Zeit Stunden	$\varkappa_{25^0}$	Δ	$\frac{\Delta}{\text{Subst.}} \cdot 10^3$
—	—	—	0,00816		
0,1		0	—		
		1	0,00812		
		5	0,00798		
	0,1	Endwert	0,00782	0,00024	2,4
0,1		0	—	0,00043	2,15
		3	0,00773		
	0,2	Endwert	0,00773		
0,1		0	—		
		1½	0,00764		
	0,3	Endwert	0,00703	0,00113	3,7
0,2		0	—		
		½	0,00694		
		³/₄	0,00688		
		5	0,00647		
	0,5	Endwert	0,00640	0,00169	3,6
0,25		0	—		
		¹/₄	0,00574		
	> 0,75 geringer Rest bleibt unkolloidisiert	Endwert	0,00574 keine weitere Änderung	0,00242	> 3,2

Konzentration des Sols > 1,5%.
Molekularverhältnis HCl : ThO_2 = > 0,04.
Leitfähigkeitsabnahme der Säure 26%.

Die erste Spalte enthält die Portionen, die nach vollständiger Peptisation hintereinander in dieselbe Lösung eingetragen wurden, die vorletzte Spalte die Leitfähigkeitsabnahme gegenüber der reinen Säure, die letzte die auf eine bestimmte Oxydmenge entfallende Abnahme. Diese ist nahezu konstant.

Sehr interessant sind die Versuche, den Zusammenhang zwischen der chemischen Wirksamkeit der Säure und ihrem Peptisationsvermögen festzustellen. Zu diesem Zweck behandelten die Autoren das Oxyd mit Säure in hoher Konzentration, bei der keine unmittelbare Solbildung mehr stattfindet. Durch Titration der abgehobenen Flüssigkeit wurde der Verbrauch an Säure festgestellt.

In Übereinstimmung mit dem verhältnismäßig starken Leitfähigkeitsrückgang findet sich also eine beträchtliche Bindung der Säure.

Tabelle 206

ThO_2 g	Säure	Einwirkungsdauer	Verbrauch an Kubikzentimetern normaler bzw. $^1/_{10}$ n NaOH für 10 ccm	Mole Säure verschwunden auf 1000 Mole ThO_2
1. 0,2763	25 ccm normale HCl	$2\frac{1}{2}$ Stunden	9,79 (normal)	517
2. 0,2192	25 „ „ HCl	$2\frac{1}{2}$ „	9,77	687
3. 0,20	25 „ $^1/_{10}$ n H_2SO_4	16 „	9,70 ($^1/_{10}$ n)	48
4. 0,20 bei 740° gewonnen	25 „ $^1/_{10}$ n H_2SO_4	2 Tage	9,4	101
			für 1 ccm	
5. 0,2742	3 „ $^1/_{10}$ n H_2SO_4	4 „	0,81	30

Nun wurde versucht festzustellen, ob das Lösungsvermögen der Säuren mit ihrem Peptisationsvermögen in Beziehung steht oder nicht.

Zu diesem Zwecke wurden wiederum Oxydproben mit zu stark konzentrierter Säure behandelt. In der abgehobenen Flüssigkeit wurde die Menge des gelösten Thoriumsalzes durch Fällung mit NH_3 abgeschätzt. Der Bodenkörper wurde durch Übergießen mit Wasser auf Kolloidisierbarkeit geprüft. Auf diese Weise ergab sich, daß in der salzsauren Lösung nur sehr geringe Mengen gelösten Thoriums nachweisbar sind, obwohl der Bodenkörper vollständig kolloidisiert ist, dagegen löst Schwefelsäure viel von dem Oxyd zum Salz auf, während die Peptisierbarkeit dabei nur geringfügig ist. Das bei höherer Temperatur geglühte Oxyd verlor die Peptisierbarkeit ebenso wie seine chemische Reaktionsfähigkeit.

An Hand des experimentellen Materials entwickelt KOHLSCHÜTTER in der Arbeit theoretische Betrachtungen über den Peptisationsvorgang.

Das Wesen des Vorganges erblickt er im Anschluß an LOTTERMOSER und ZSIGMONDY in der Aufladung der Gelpartikelchen. Die die Aufladung bedingende chemische Reaktion ist die Umwandlung von ThO_2 in ein solbildendes Ion $Th^{\cdot\cdot\cdot\cdot}$ oder wahrscheinlich in $ThO^{\cdot\cdot}$. Diese Reaktion findet in dem Verbande des Teilchens statt, ohne daß das reagierende Ion sich aus dem Verbande lösen würde. Nach KOHLSCHÜTTER findet möglicherweise primär eine Adsorption der Säure an der Oberfläche der festen Masse statt, sekundär erfolgt jedoch die Oberflächenreaktion. Die Tatsache, daß die Thoriumsalze nur in geringerem Maße peptisierend wirken als die entsprechend konzentrierte Säure, beweist, daß nur die Reaktion an der Oberfläche und nicht die nachträgliche Adsorption molekular gelöster Salze die Aufladung bewirkt. Die Peptisation von ThO_2 gehört zu den seltenen Fällen, in denen als sichergestellt betrachtet werden kann, daß reine Dispersionsvorgänge ohne den Zwischenvorgang einer Kondensation von der kompakten Masse zum Sol führen.

Das Verhalten des Oxyds gegen konzentrierte Säuren wird von den Autoren durch die Annahme gedeutet, daß diese die Ionisation der entstehenden aufladenden Verbindungen zurückdrängen.

Die verschiedene Wirksamkeit der Halogensäuren wird auf die verschiedene Löslichkeit der aufladenden Verbindungen zurückgeführt. Das Thoriumfluorid ist unlöslich, infolgedessen liefert die Reaktion mit HF keine ionogene Verbindungen.

KOHLSCHÜTTER und FREY stellten auch ein Sol nach A. MÜLLER durch Peptisation des gefällten Thoriumhydroxyds mit Salzsäure dar.

Sie verglichen unter anderem das Verhalten der zwei verschiedenen Soltypen gegen Elektrolyte.

Tabelle 207

Elektrolyt	Konzentration normal	Fällungswerte (Kubikzentimeter)			
		ThO_2-Sol	$Th(OH)_4$-Sol	dieselben nach 9 Monaten	
				ThO_2-Sol	$Th(Oh)_4$-Sol
HCl	2	0,2	1,25	0,2	1,4
	normal	0,4	k. F.	0,3	k. F.
	$^1/_{10}$	k. F.	k. F.	k. F.	k. F.
HBr	$^1/_{10}$	1,8	3,5	1,85	3,5
HJ	$^1/_{10}$	1,3			
H_2SO_4	2	1 Tr.	1 Tr.[1]	1 Tr.	1 Tr.[1]
	$^1/_{10}$	2 Tr.	3 Tr.[1]	2 Tr.	2 Tr.[1]
HNO_3	$^1/_{10}$	5,0			
NH_3	$^1/_{10}$	0,4	0,1	0,4	0,1
$Ca(OH_2)$	gesättigt	0,5	0,1		
NH_4Cl	2	0,4	0,2		
KF	$^1/_{10}$	0,2			
KCl	normal	0,70		0,6	
	$^1/_{10}$	k. F.			
KBr	normal	1,0			
KJ	normal	1,25			
	$^1/_{10}$	k. F.			
KCy	$^1/_{10}$	0,2			
KNO_3	normal	0,16			
$Th(NO_3)_4$	$^1/_{10}$	0,7	3—5	0,75	3—4
$BaCl_2$	2	2,5	5		

Besonders interessant ist die Wirkung von Schwefelsäure. Ihre Fällungswerte liegen sehr nahe beieinander und niedrig, entsprechend der geringen Peptisationsfähigkeit. Nur das Gel aus dem Hydroxydsol vermag sich jedoch im Überschuß der Säure aufzulösen, offenbar unter Bildung von Thoriumsulfat. Die Autoren glauben auf Grund dieser Beobachtung, daß in dem CLEVE-Sol das Oxyd, in dem MÜLLER-Sol das reaktionsfähigere Hydroxyd vorliegt.

Das Oxydsol ist milchig trüb, das MÜLLER-Sol durchsichtig klar. Die innere Reibung betrug bei beiden bei 1,7% Gehalt 1,02, die von einem 8,19%igen Oxydsol 1,06, lag also verhältnismäßig niedrig.

Durch Eindampfen der Oxydsole erhält man durchsichtige Gele, welche sich in reinem Wasser wieder lösen. Diese Gele sind immer chlorhältig. Nach 15 Minuten Erhitzen auf 300° ergab sich z. B. eine Zusammensetzung von 2,6% Chlor auf 85,6% ThO_2. Erst bei höheren Temperaturen und längerem Erhitzen verliert das Gel die Reversibilität.

Elektrochemische Konstitution. Die Untersuchung von PAULI und A. PETERS war speziell auf die elektrochemischen Fragen gerichtet. Die Sole wurden durch Peptisation eines Thoriumhydroxydes aus $ThCl_4$, welches mit NH_3 gefällt und von letzterem durch Dekantation befreit worden war, hergestellt. Die Peptisation in 0,05 n $ThCl_4$-Lösung erfolgte teils in der Siedehitze, teils bei Zimmertemperatur. Auf diese Weise wurden zwei Soltypen gewonnen: Die hitzepeptisierten waren trüber als die kältepeptisierten und zeigten auch in ihrem elektrochemischen Verhalten einen bemerkenswerten Unterschied. Die Sole waren durch mehrwöchige Dialyse im Faltendialysator gereinigt und durch zwischengeschaltete Vakuumdestillationen, bzw. Kochen eingeengt.

[1] Der Niederschlag löst sich wieder im Überschuß des Fällungsmittels.

Nach dem Befreien von den überschüssigen Elektrolyten konnten durch potentiometrische Bestimmung der H^+- und Cl^--Aktivität, Leitfähigkeitsbestimmungen und die chemische Analyse nähere Daten der Solkonstitution ermittelt werden.

Die Ergebnisse sind in der Tabelle 208 zusammengefaßt:

Tabelle 208

Sol	Herstellung	Aussehen	Dialysedauer Tage	ThO_2 in Prozent	n . 10^3 anal. C	n . 10^3 Cl. kondukt.	$\varkappa . 10^4$	aCl . 10^3 potentiometr.	aH . 10^5
I.	Kältepeptisiert	opalesz.	22	1,58	21,6	21,5	9,256	5,50	21,1
II.	„	fast klar	31	1,4	17,7	—	7,45	5,83	2,92
III.	Hitzepeptisiert	sehr trüb	30	16,33	62,7	61,8	3,97	4,75	0,313
IV.	„	trüb	21	4,27	4,14	4,13	1,22	1,15	1,27
V.	„	„	14	4,44	6,25	6,20	1,33	1,27	0,158

In dieser Tabelle sind für die Leitfähigkeit $\varkappa$, für den analytischen Cl-Gehalt und die Aktivität a_{Cl} die bei den Messungen direkt gefundenen Werte eingetragen, ohne Abzug einer Korrektur für die den gemessenen H^+-Ionen entsprechende Salzsäure und für das Wasser. Die in dieser Richtung korrigierten Werte sind in der folgenden Tabelle 209 zusammengestellt. Dazu die analytischen Aktivitätskoeffizienten des Sols in bezug auf die Gegenionen $\left(fa = \frac{a_{Cl}}{n_{Cl}\text{-}a_H}\right)$ und die Anzahl der auf eine freie Ladung entfallenden ThO_2-Moleküle, das (aktive) Kolloidäquivalent K, ferner die unter Annahme der Gültigkeit der klassischen Dissoziationstheorie, d. h. unter Gleichsetzung des mittleren Leitfähigkeitskoeffizienten mit dem Aktivitätskoeffizienten berechnete Kolloidionenbeweglichkeit u^I.

Tabelle 209

Sol	ThO_2 in Prozent	ThO_2 n . 10^3	$(n_{Cl}\text{-}a_H) . 10^3$	$\varkappa_{(Sol\text{-}H_2O\text{-}HCl)} . 10^4$	$(a_{Cl}\text{-}a_H) . 10^3$	$fa = \frac{a_{Cl}}{n_{Cl}\text{-}a_H}$	$u^I_{25^0}$ rez. Ohm	$K = \frac{mThO_2}{a_{Cl}\text{-}a_H}$
I.	1,58	59,82	21,4	8,33	5,29	0,247	82,47	11,31
II.	1,4	53,03	17,7	7,30	5,80	0,328	50,9	9,14
III.	16,33	618,3	62,7	3,93	4,75	0,076	7,74	130,2
IV.	4,27	161,7	4,13	1,14	1,14	0,276	25	141,8
V.	4,44	168,1	6,25	1,29	1,27	0,203	26,6	132,4

Das Kolloidäquivalent der kältepeptisierten Sole ist also 9 und 11, das der hitzepeptisierten dagegen mehr als zehnmal so hoch. Das hitzepeptisierte Sol III ist nicht nur durch seinen hohen ThO_2-Gehalt, sondern auch durch den kleinen Aktivitätskoeffizienten und kleinen u-Wert ausgezeichnet.

Die Solen erleiden mit der Zeit eigentümliche Veränderungen (Tab. 210). Bemerkenswert ist, daß der starke Leitfähigkeitsanstieg des kältepeptisierten Sols durch Säureabspaltung nicht erklärt werden kann, da auch die in bezug auf HCl korrigierten Leitfähigkeitswerte noch immer einen starken Anstieg zeigen. Das hitzepeptisierte Sol scheint zeitlich stabiler zu sein.

Tabelle 210

Sol I	$\varkappa \cdot 10^4$	$a_H \cdot 10^5$	$\varkappa_{HCl} \cdot 10^5$	$\varkappa_{(Sol\text{-}HCl\text{-}H_2O)} \cdot 10^4$	Sol IV	$\varkappa \cdot 10^4$	$a_H \cdot 10^5$	$\varkappa_{HCl} \cdot 10^6$	$(\varkappa_{Sol}-\varkappa_{HCl}) \cdot 10^4$
13. VII.	7,5	3,18	1,35	7,33	30. XI. ...	1,198	1,27	5,4	1,114
28. VII.	9,256	21,1	8,97	8,33	16. XII. ..	1,227	1,89	8,0	1,117
13, XII. 1926 .	18,08	69,5	29,5	15,10					

Nimmt man für ein Kolloidäquivalent, bezogen auf die Aktivität des Gegenions, die willkürliche Formel an:

$$[x\,(ThO_2 + nH_2O)\,.\,y\,ThO(OH)Cl\,.\,ThO(OH)]^+ + Cl^-$$

so ergeben sich für die fünf Sole die folgenden Werte von x und y:

Tabelle 211

Sol I: $[7{,}26\ ThO_2,\ 3{,}05\ ThO(OH)Cl,\ ThO(OH)]^+\,Cl'$
Sol II: $[6{,}09\ ThO_2,\ 2{,}05\ ThO(OH)Cl,\ ThO(OH)]^+\,Cl'$
Sol III: $[117{,}0\ ThO_2,\ 12{,}2\ ThO(OH)Cl,\ ThO(OH)]^+\,Cl'$
Sol IV: $[138{,}2\ ThO_2,\ 2{,}62\ ThO(OH)Cl,\ ThO(OH)]^+\,Cl'$
Sol V: $[127{,}0\ ThO_2,\ 3{,}92\ ThO(OH)Cl,\ ThO(OH)]^+\,Cl'$

Diese Aufstellung läßt die Unterschiede der kälte- (I, II) und hitzepeptisierten Sole in bezug auf Kolloidäquivalent und inaktiven Cl-Anteil deutlich hervortreten.

Gegenionenwirkung bei der konduktometrischen Titration. Mit einigen Solen wurde die konduktometrische Fällungstitration ausgeführt, wobei die Cl-Gegenionen gegen eine Reihe anderer Anionen auf dem Wege der doppelten Umsetzung mit verschiedenen Silbersalzen ausgetauscht wurden. Die Ergebnisse sind in Tabelle 212 dargestellt.

Tabelle 212

Sol	$n_{Cl} \cdot 10^3$	Substitution $Cl' \cdot 10^3$ ($AgNo_3$)	Anf.-Leitfähigk. — ($HCl + H_2O$) $\cdot 10^4$	Endleitfähigkeit . 10^4 titriert mit				Endleitfähigkeit nach Abzug von Säure und Wasser . 10^4, titriert mit				Abnahme in Prozent titriert mit			
				$AgNo_3$	Ag_2SO_4	AgF	Ag-Benzoat	$AgNO_3$	Ag_2SO_4	AgF	Ag-Benzoat	$AgNO_3$	Ag_2SO_4	AgF	Ag-Benzoat
I.	21,6	21,5	7,33	6,8	—	—	—	6 63	—	—	—	9,4	—	—	—
III.	62,7	61.8	3,93	3,03	—	—	—	3,00	—	—	—	23,66	—	—	—
IV.	4,14	4,13	1,14	1,08	0,21	0,20	0,26	1,00	0,13	0,12	0,23	12,29	88,66	89,47	79,8
V.	6,25	6,20	1,29	1,20	—	—	—	1,16	—	—	—	10,08	—	—	—

Die Versuche zeigten, daß alle untersuchten Sole praktisch das ganze analytische Cl^- momentan für die Fällung freigegeben haben. Die Reaktionszugänglichkeit wurde auf diese Weise für sämtliche Cl-Ionen erwiesen. Besonderes Interesse verdient die Tatsache, daß das Sol III, dessen analytischer Aktivitätskoeffizient nur 7% betrug, in dieser Hinsicht keine Ausnahme bildete. Mit $AgNO_3$ konnten auch hier 99% des analytischen Chlorgehaltes umgesetzt werden.

Als Ausdruck spezifischer Gegenionenwirkungen verdienen diese Versuche besondere Aufmerksamkeit. Die Leitfähigkeiten im Minimum der Titrationskurven stellen bekanntlich die Leitfähigkeit der reinen Sole mit den entsprechenden Gegenionen dar. Auf diese Weise wurde die spezifische Leitfähigkeit der Nitrat-, Sulfat-, Fluorid- und Benzoatsalze des gleichen kolloiden Thorhydroxydes ermittelt und mit dem ursprünglichen Chloridsol verglichen. Es ergibt sich so die Tatsache, daß das Nitratsol eine bedeutend niedrigere Leitfähigkeit hat als das Chloridsol, obwohl die Nitrationbeweglichkeit bei unendlicher Verdünnung nur um etwa 7% niedriger liegt als die Chlorionenbeweglichkeit. Für die spezifische Leitfähigkeit, in welche die Summe der Beweglichkeiten eingeht, hätte diese Beweglichkeitsdifferenz allein nur eine geringere Abnahme bedingen dürfen.

Pauli und Peters führen dieses Verhalten auf die exzentrische Lage der Ladung, auf den dipolartigen Charakter ihrer Verteilung im NO_3' zurück, wie früher Bjerrum den Unterschied im Gefrierpunkt von Alkalichloriden und Nitraten auf diese Weise erklärt hat. Pauli hatte zwischen NO_3' und Cl^- als Gegenionen eines Al_2O_3-Sols keinen merklichen Unterschied gefunden und meint, daß beim Thoroxydsol die stärkere elektrostatische Wechselwirkung zwischen Kolloidion und Gegenion die Erscheinung gesteigert zutage treten läßt. Gestützt wird diese Erklärung dadurch, daß das am stärksten inaktivierende Sol III die größte Leitfähigkeitsabnahme beim Übergang von Cl zu NO_3 als Gegenion aufweist (fast 24%!).

Der starke Abfall der Leitfähigkeit des Solfluorids ist, wie auch Kohlschütter in bezug auf die fehlende Peptisationsfähigkeit mit HF bemerkte, wohl mit der Unlöslichkeit des Thoriumfluorids in Beziehung zu setzen. Die bedeutende Inaktivierung des Sulfates ist eine allgemeine Erscheinung bei den positiven Solen (siehe Eisenhydroxyd und Aluminiumhydroxyd) und dürfte durch dessen Zweiwertigkeit bedingt sein. Die nach Abzug der Säure und Wasserkorrektur verbleibende Restleitfähigkeit im Tiefpunkt der Sulfatkurve, welche 10% der ursprünglichen Leitfähigkeit beträgt, stellt ein Maß für die maximale Konzentration etwaiger ionendispersen Thoriumsalze in dem Sol dar.

Wie die potentiometrische H^+-Bestimmung im Minimum der Benzoattitration zeigt, kann der starke Abfall der Benzoatkurve nicht durch die hydrolytische Abspaltung der ionogenen Verbindungen erklärt werden, sondern dürfte ebenfalls auf einer erhöhten Inaktivierung beruhen.

Koagulation. Vor einigen Monaten erschien eine ausführliche Untersuchung von B. N. Desai über die Koagulation des Thoriumhydroxydsols. Als Maß der Koagulation diente die Lichtzerstreuung, welche mittels einer photoelektrischen Zelle gemessen wurde.

In den Alkali- und Erdalkalichloriden ordneten sich die dem Sol gleichgeladenen Kationen nach dem Flockungsvermögen ihrer Salze in die folgende Reihe

$$\mathrm{Li} > \mathrm{Na} > \mathrm{NH_4} > \mathrm{K}$$

und

$$\mathrm{Mg} > \mathrm{Ca} > \mathrm{Sr} > \mathrm{Ba}$$

Die Nebenionen mit höherer Beweglichkeit begünstigen die Flockung am wenigsten. Die Erdalkalisalze zeigten ein kleineres Flockungsvermögen als die Alkalisalze entsprechend einem Entlastungseffekt der zweiwertigen Kationen.

Die Ergebnisse betreffend die stabilisierende Wirkung der höherwertigen Nebenionen und der H^+-Ionen besprechen wir an anderer Stelle.

Literaturverzeichnis

BILTZ, W.: Ber. **35**, 4431 (19202). — CLEVE: Bull. Soc. Chim. **21**, 116 (1874). — DESAI, B. N.: Koll. Beih. **26**, 357 (1928). — DUCLAUX, J.: Journ. Chim. Phys. **7**, 405 (1909). — KOHLSCHÜTTER, V., und A. FREY: Z. f. Elektroch. **22**, 145 (1916).— MÜLLER, A.: Ber. **39**, 2857 (1906). — PAULI, WO., und A. PETERS: Z. f. phys. Ch. **135**, 1 (1928).

61. Arsentrisulfid- und Antimontrisulfidsole

Eine Reihe für die Elektrochemie der Kolloide grundsätzlich wichtige Feststellungen sind aus der Untersuchung der As_2S_3-Sole hervorgegangen.

Die Sole können vor allem durch die einfache Umsetzung von As_2O_3 mit H_2S in wässeriger Lösung hergestellt werden. Nach Sättigung mit dem Gas wird der überschüssige Schwefelwasserstoff mittels Durchleiten von Luft oder Wasserstoff entfernt und das Sol dadurch gereinigt. Außerdem können As_2S_3-Niederschläge durch Einleiten von H_2S in die Aufschwemmung peptisiert werden.

H. SCHULZE führte seine klassischen Koagulationsversuche, welche zur Grundlage der Wertigkeitsregel dienten, an diesem Objekt aus. H. PICTON und S. E. LINDER beschrieben zuerst das Mitgerissenwerden der koagulierenden Ba-Ionen durch das Koagulum des As_2S_3-Sols. Sie faßten bereits die Rolle von H_2S als stabilisierenden Bestandteil auf. An diesem und anderen Sulfidsolen fanden sie in dem Niederschlag einen starken Überschuß von S gegenüber dem berechneten stöchiometrischen Verhältnis zu As, woraus sie auf die Formel

$$x\,As_2S_3\,.\,SH_2$$

schlossen. Sie stellten auch die ersten elektrophoretischen Versuche mit dem As_2S_3-Sol an und fanden anodische Wanderungsrichtung.

W. R. WHITNEY und J. E. OBER haben dann die ersten quantitativen Bestimmungen der in die Flockung mitgerissenen Ba-, Ca-, Sr-, Mg-Ionen ausgeführt und die Äquivalenz derselben festgestellt. Diese Untersuchung gestattet im Sinne unserer jetzigen Auffassung die Berechnung des Kolloidäquivalentes des Kolloides, wenn man es auf die Gesamtladung bezieht. Es wird dann annähernd das Verhältnis $90\,As_2S_3 : 1\,Ba$ gefunden. Doch stieß damals noch das Verständnis dieser Beobachtungen auf Schwierigkeiten, was im Erklärungsversuch der Autoren deutlich zum Ausdruck kommt:

„Die natürliche Folgerung aus diesen Versuchen besteht darin, daß das Kolloid eine Hydrolyse des Salzes bewirkt und der sich bildende Niederschlag die Base zurückhält, während die in Freiheit gesetzte Säure im Filtrat zurückbleibt. Wie ein solches Mitreißen eines basischen Hydrates unter Freiwerden von Säure zustande kommt, muß allerdings als unerklärt dahingestellt werden."

Untersuchungen von Pauli und Semler. Die ersten Angaben über die freie Ladung des Arsentrisulfidsols und die nähere Charakterisierung der aufladenden ionogenen Komplexe stammen von PAULI und A. SEMLER.

Ihre Sole zeigten nach Entfernen des überschüssigen H_2S mit reinstem elektrolytischen Wasserstoff eine spezifische Leitfähigkeit von 2 bis $13\,.\,10^{-5}$. Innerhalb eines Monates stieg die Leitfähigkeit etwa um 20%. Dieses Verhalten kann, wenigstens zum Teil, die Folge der hydrolytischen Spaltung des Sulfides in arsenige Säure und Schwefelwasserstoff sein, welche von mehreren Autoren beobachtet wurde. Bei der Dialyse sank die Leitfähigkeit bis zu einem Minimum, um dann wieder schwach anzusteigen. Im Minimum betrug die Leitfähigkeit eines Sols $1{,}2 \cdot 10^{-5}$, der ursprüngliche Wert war $13{,}4 \cdot 10^{-5}$.

Da die Teilchenladung negativ ist und als Gegenionen nach der Bildungsweise von vorneherein nur die H^+-Ionen in Betracht kommen, bezeichnen PAULI und SEMLER das Sol als ein primäres Azidoid.

Die Bestimmung der H^+-Ionenaktivität kann man in dem Sol potentiometrisch nicht durchführen, da die Elektrode vergiftet wird. Die Autoren wenden daher — und hier das erstemal an einem Kolloid — die Methode der konduktometrischen Titration an. Andererseits kann man auch aus der Leitfähigkeit unter Annahme eines mittleren Wertes für die Äquivalentleitfähigkeit der Kolloidsäure (400 r. O.) die Äquivalentkonzentration berechnen. Die folgende Tabelle enthält die Daten der lange dialysierten Sole.

Tabelle 213

Nr.	Sol	$\varkappa$ korrigiert $\cdot 10^5$	gAs_2S_3 Liter	g-Mol As_2S_3 im Liter 10^3	Aus $\varkappa$ berechnete $(H^\cdot) \cdot 10^5$	Titrierte $(H) \cdot 10^5$	Moleküle As_2S_3 auf eine freie Ladung
1.	A (gestanden) ..	8,35	1,275	5,183	20,1	22,0	26
2.	B	10,95	2,988	12,715	26,5	37,0	48
3.	C	7,7	2,1	8,536	18,8	29,0	46
4.	IV	3,87	1,96	7,8	9,7	10,8	80
5.	VI	7,11	18,5	75,2	17,8	26,2	422
6.	VI (gestanden) .	10,6	18,5	75,2	26,5	26,2	287

Man sieht zwei Gruppen von Solen, solche, bei denen die zwei Werte der H^+-Ionen nahe identisch sind, und andere, bei denen die titrierten H^+-Ionen einen höheren Wert ergeben (bis um 50%) als die Leitfähigkeit. Es ist naheliegend, anzunehmen, daß die Leitfähigkeitstitration die gesamten verfügbaren H^+-Ionen oder auf alle Fälle einen großen Teil derselben anzeigt, während die Leitfähigkeit ein Maß für die freie Ladung darstellt, da infolge des Verbrauchs der H^+-Ionen das Gleichgewicht in der Richtung der Freigabe weiterer H^+-Ionen verschoben wird.

Das Kolloidäquivalent der freien Ladung variierte zwischen 26 und 422. Soviel Moleküle As_2S_3 entfallen somit auf eine freie Ladung.

Die folgende Abbildung zeigt die Form der konduktometrischen Titrationskurven von Sol VIa und b an. Eigentümlich ist der in den Versuchen reproduzierte zweite Wendepunkt bei dem abgestandenen Sol VIb.

Weitere Titrationen wurden unter Zusatz von Ba-Azetat und Chlorid ausgeführt. Interessant ist das Ergebnis beim $BaCl_2$ (Abb. 135). Die gerade Linie stellt den Gang der Leitfähigkeit beim Zusatz von $BaCl_2$ zu reinem Wasser dar, die gekrümmte Linie ist die Titrationskurve mit dem Sol. RABINOWITSCH, der später diese Versuche wiederholte, hat eine ein wenig abweichende Form gefunden und eine eingehende Diskussion daran geknüpft (siehe weiter unten).

Beim Sol VI wurde auch die vom Koagulum festgehaltene Bariummenge mit dem Gehalt des Sols an H^+-Ionen verglichen. Es fand sich das Verhältnis $4\,H^+ : 1\,\frac{Ba^{++}}{2}$.

PAULI und SEMLER beschäftigen sich auch eingehend mit der Natur der ionogenen Komplexe. Sie halten für wahrscheinlich, daß die Reaktion $As_2S_3 +$ $+ H_2S$ eine sulfarsenige Säure $H_2As_2S_4$ ergibt, welche aus ihren Salzen bekannt ist. Dem Sol käme demnach die Konstitution

$$[x\,As_2S_3 \,.\, y\,As_2S_4H_2 \,.\, z\,As_2S_4H^+] + z\,H^+$$

zu. Daß die nahezu instabile sulfarsenige Säure in dem Sol stabil ist, erklärt PAULI durch Annahme einer elektrostatischen Beeinflussung seitens des Neutralteiles. Die ionogenen Komplexe müssen unter Einwirkung von Kräften stehen, welche vom Neutralteil ausgehen, da sie durch diese Kräfte an die Oberfläche gebunden sind. Diese Kräfte üben bestimmt eine deformierende Wirkung auf das Sulfarsenition aus. Bemerkenswerterweise konnte A. SEMLER in dem ionogenen Komplex jedoch einige Eigenschaften des bekannten Sulfarsenitions nachweisen, vor allem die Farbe. Er zeigte, daß sich entgegen den Beobachtungen von LINDER und PICTON aus dem mit $BaCl_2$ gefällten Niederschlag Ba^+ mit Wasser ausziehen läßt, wobei die rote Farbe des getrockneten Niederschlages in Gelb übergeht. Bariumsulfarsenit hat eine braunrote Farbe. Die Farbe des mit anderen Metallsalzen gefällten Niederschlages stand nahe zu der Farbe des betreffenden Salzes der sulfarsenigen Säure und nicht der Sulfide. Beim Säurezusatz fällt das Sol gelb aus. Dies ist die Farbe vom gewöhnlichen As_2S_3. SEMLER nimmt an, daß dabei die sulfarsenige Säure zerfällt. Möglicherweise geht die Reaktion, welche zur Solentstehung führt, über die Bildung der sulfarsenigen Säure, deren Zerfallprodukt, das Trisulfid, den Neutralteil liefert.

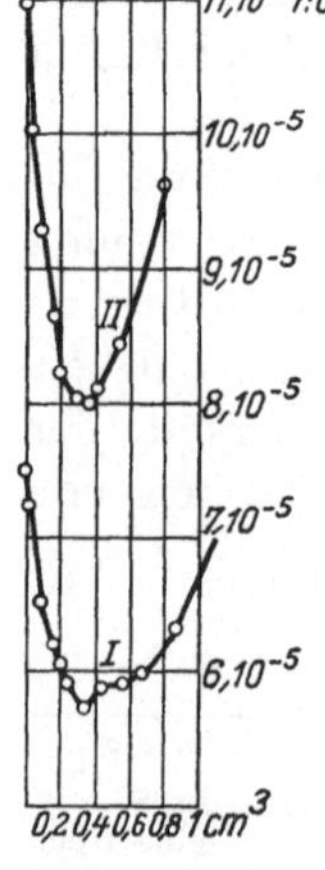

Abb. 134. Konduktometrische Titration der Arsentrisulfidsole mit $Ba(OH)_2$ nach PAULI und A. SEMLER

Untersuchungen von Rabinowitsch. A. J. RABINOWITSCH hat dann den Zusammenhang zwischen freier Ladung, Gesamtladung und Gegenionersetzbarkeit am Arsentrisulfidsol weiter untersucht. Er bestimmte nach dem Vorgehen von PAULI und SEMLER durch konduktometrische Titration die Neutralisationskapazität des Sols, d. h. die Gesamtladung $[H]_t$ und berechnete aus der Leitfähigkeit die Äquivalentkonzentration der freien Ladung $[H]_\varkappa$. Im Flockungsfiltrat hat er ebenfalls die konduktometrische Titration $H_\varkappa$ ausgeführt, außerdem kolorimetrisch die H^+-Ionenkonzentration H_{Kol} ermittelt.

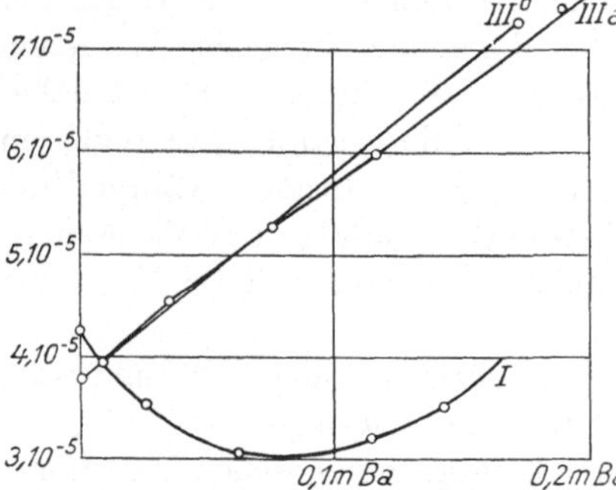

Abb. 135. Konduktometrische Titration eines Arsentrisulfidsols mit $Ba(OH)_2$ (I) und mit $BaCl_2$ (IIIa). IIIb stellt den Einfluß des $BaCl_2$ auf die Leitfähigkeit des Sols dar, den man unter der Voraussetzung, daß keine Wechselwirkung stattfindet, berechnet

Die vom Niederschlag festgehaltene Ba-Menge wurde auf zweifache Weise eruiert: 1. Nach der üblichen Methode, d. h. aus der Differenz zwischen der Konzentration der zugefügten und im Flockungsfiltrat befindlichen Bariumionen. 2. Aus der Gewichtsdifferenz des mit $BaCl_2$ und mit Salpetersäure gefällten getrockneten Gels. Die nach den beiden Methoden errechneten Werte zeigen miteinander eine befriedigende Übereinstimmung, ein Beweis dafür, daß in der Tat das Bariumion festgehalten wird und nicht etwa $Ba(OH)_2$, wie seinerzeit PICTON und LINDER vermutet hatten.

Die Ergebnisse sind in der folgenden Tabelle wiedergegeben.

Tabelle 214

Im Sol		Im Filtrat	Festgehaltenes $\frac{Ba}{2}$
		Sol VII. 4,28 g/l	
$[H]_{Kol.}$ (freie H·) .	—	$4,0 \cdot 10^{-4}$	
$[H]_{\varkappa}$ (freie H·) . . .	$2,0 \cdot 10^{-4}$	—	Von 1 Liter Sol
$[H]_t$ (gesamt-H) .	$4,3 \cdot 10^{-4}$	$4,2 \cdot 10^{-4}$	$4,6 \cdot 10^{-4}$ Grammäquivalent Ba
		Sol VIII. 2,64 g/l	
$[H]_{Kol.}$	—	$3,2 \cdot 10^{-4}$	
$[H]_{\varkappa}$	$2,5 \cdot 10^{-4}$	—	Von 1 Liter Sol
$[H]_t$	$3,7 \cdot 10^{-4}$	$3,4 \cdot 10^{-4}$	$3,5 \cdot 10^{-4}$ Grammäquivalent Ba
		Sol IX. 3,17 g/l	
$[H]_{Kol.}$	—	$5,0 \cdot 10^{-4}$	
$[H]_t$	$5,3 \cdot {}^{-}10^{4}$	$5,1 \cdot 10^{-4}$	Von 1 Liter Sol
			$5,2 \cdot 10^{-4}$ Grammäquivalent Ba
		Sol X. 3,4 g/l	
$[H]_{Kol.}$	—	$5,0 \cdot 10^{-4}$	
$[H]_{\varkappa}$	$3,0 \cdot 10^{-4}$	—	Von 1 Liter Sol
$[H]_t$	$6,3 \cdot 10^{-4}$	$6,0 \cdot 10^{-4}$	$6,2 \cdot 10^{-4}$ Grammäquivalent Ba
		Sol XII. 24,2 g/l	
$[H]_{Kol.}$	—	$2,0 \cdot 10^{-3}$	
$[H]_{\varkappa}$	$6,0 \cdot 10^{-4}$	—	Von 1 Liter Sol
$[H]_t$	$2,2 \cdot 10^{-3}$	$2,05 \cdot 10^{-3}$	$2,04 \cdot 10^{-3}$ Grammäquivalent Ba

Der Autor findet also für die Gesamtladung des Sols durchwegs höhere Werte als für die freie Ladung. Daß im Flockungsfiltrat nach der kolorimetrischen Methode die freien H^+-Ionen der Neutralisationskapazität des Sols entsprechen, zeigt die Tatsache an, daß bei der Flockung eine Ansäuerung stattfindet, wobei von den H^+-Gegenionen des Sols auch die inaktiven durch die Ba^+-Ionen verdrängt werden. RABINOWITSCH stellt dies durch die Formel dar:

$$(As_2S_3)_n\ SH_2 + BaCl_2 \rightarrow (As_2S_3)_n\ SBa + 2\,HCl$$

Die Tatsache, daß eine der Gesamtladung entsprechende Menge Ba^+ vom Gel festgehalten wird, bestätigt diesen Befund.

PAULI und SEMLER haben bei ihrem Sol die vierfache, der Gesamtladung entsprechende Ba^+-Menge in dem Gel gefunden. Wie RABINOWITSCH vermutet, ist für diese Unstimmigkeit der Umstand verantwortlich, daß PAULI und SEMLER mit dialysierten und abgestandenen Solen gearbeitet hatten, während er frische, undialysierte Sole verwendete.

Der Wert des Kolloidäquivalents bewegt sich in denselben Grenzen, wie bei den Solen von PAULI und SEMLER.

Eine weitere Untersuchung der Ansäuerung hat RABINOWITSCH in Gemeinschaft mit W. A. DORFMANN ausgeführt. Sie titrierten das Sol, nach dem Verfahren von PAULI und SEMLER, konduktometrisch mit $BaCl_2$ und erhielten eine zunächst steil dann sanfter verlaufende Kurve. Sie ist ähnlich der von den früheren Autoren erhaltenen. Man ersieht aus der $BaCl_2$-Kurve, daß die Leitfähigkeit des Sols zuerst schneller ansteigt, als der Erhöhung der Elektrolytkonzentration entsprechen würde. Der lineare und weniger steile Gang wird erst später erreicht. Der Wendepunkt fällt mit dem Minimum der Laugentitrationskurve, d. h. mit der Äquivalenz der Gesamtladung zusammen.

Die Erklärung dafür ist folgende: Die ersten zugesetzten Ba^{++}-Ionen werden von den ionogenen Komplexen inaktiviert und festgehalten. Sie verdrängen dabei Wasserstoffionen in die Lösung. Diese Wasserstoffionen waren vorher in inaktiver, undissoziierter Form vorhanden. Beim Zusatz von $BaCl_2$ wird also die Lösung an HCl angereichert. Da die Säure eine viel höhere Leitfähigkeit besitzt als das Bariumsalz, wird, solange der Prozeß vor sich geht, die Leitfähigkeit stärker erhöht, als dem Zusatz von $BaCl_2$ entsprechen würde. Wird das Sol zuerst bis zum Minimum der Leitfähigkeit mit der Lauge neutralisiert, so bewirkt der Zusatz von $BaCl_2$ von Anfang an einen linearen, normalen Gang der Leitfähigkeit, da in diesem Fall nur K-Ionen verdrängt werden (Abb. 136). Konduktometrische Titration mit $Ba(OH^+)_2$ ergibt eine Kurve mit der charakteristischen Form, wie sie in analogen Fällen PAULI (mit SCHMIDT und PETERS) an positiven Solen bei der Silbersulfattitration gefunden hatte.

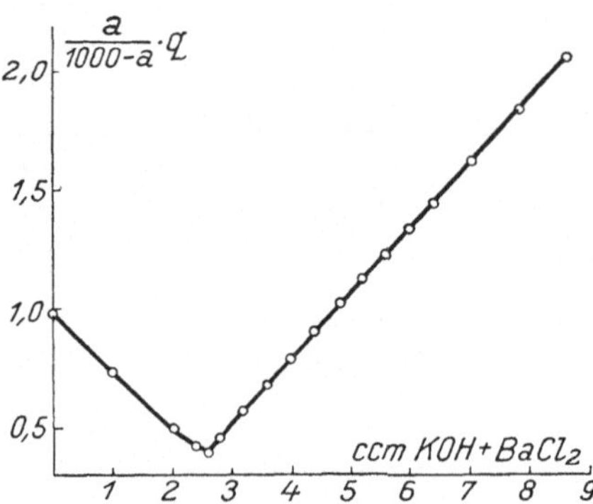

Abb. 136. Konduktometrische Titration eines Arsentrisulfidsols mit Lauge bis zum Leitfähigkeitsminimum und mit $BaCl_2$ nach der Neutralisation nach A. J. RABINOWITSCH und W. A. DORFMANN

Bei der Verdünnung wird der Wendepunkt der $BaCl_2$-Kurve der Konzentration proportional erniedrigt. Die Kurve läßt auf graphischem Wege eine Berechnung der Ansäuerung zu und ergibt Übereinstimmung dieses Wertes mit der Differenz von freier und Gesamtladung des Sols.

Die Autoren haben auch die Kurven für die Titration mit KCl, ferner mit $AlCl_3$, $LaCl_3$ und $ThCl_4$ aufgenommen. Die Form der Kurven bleibt dieselbe wie bei $BaCl_2$, es treten jedoch quantitative Differenzen auf. Bei den höherwertigen Elektrolyten sind die Verhältnisse infolge Hydrolyse kompliziert.

Wie die Versuche von RABINOWITSCH am Eisenhydroxydsol, so sprechen auch die obigen entschieden gegen eine rein aktivitätstheoretische Auffassung der Flockung und zugunsten der Assoziationslehre.

Antimontrisulfid. Von PAULI und F. UNGER[1] wurden die Antimontrisulfidsole einer physikalisch-chemischen Analyse unterzogen. Diese ist hier

[1] Gegenstand einer Doktordissertation aus dem Jahre 1926.

durch das starke Hervortreten zeitlicher Veränderungen erschwert. Die Herstellung der Sole erfolgte, nachdem alle Bemühungen, sie, wie beim As_2S_3-Sol, durch eine direkte Substitutionsreaktion mit dem nicht genügend löslichen Sb_2O_3 in ausreichender Konzentration zu gewinnen, durch eine Modifikation des SCHULZEschen Verfahrens mittels Weinsäure in der folgenden Weise.

Das eingewogene Trioxyd wurde mit der gleichen Menge Weinsäure in 1 Liter destillierten Wassers im Jenaer Kolben durch mehrstündiges Kochen unter Ersatz der verdampften Flüssigkeit zur möglichsten Lösung gebracht, diese nach dem Erkalten vom Rückstande dekantiert, durch drei Stunden mit einem langsamen H_2S-Strom behandelt, der überschüssige H_2S durch 3- bis 5tägiges Durchblasen von H_2 oder Luft entfernt und das dekantierte Sol in den Faltendialysator gebracht.

Durch die Dialyse verschwindet, zum Unterschiede von den As_2S_3-Solen, der H_2S-Geruch vollständig. Die Leitfähigkeit sinkt in zirka 10 Tagen auf ein Minimum, auf dem sie nun beharrt. Unterbrechung der Dialyse bewirkt zunehmenden Anstieg der Leitfähigkeit.

Seiner Herstellung nach handelt es sich um ein primär azidoides Sol, in dem neben H^+ keine anderen Kationen als Gegenionen in Betracht kommen. Diese wurden durch konduktometrische Titration ermittelt, welche im wesentlichen nur die leitfähigkeitsaktiven H-Ionen anzeigt, wie die vielfache Übereinstimmung der aus der Leitfähigkeit berechneten mit den titrierten H-Ionen erkennen läßt (Tabelle 215). Die auf die freie Ladung bezogenen Kolloidäquivalente, deren Werte Minimalgrößen darstellen, da die freie Säure nicht berücksichtigt werden konnte, bewegen sich in einer plausiblen Größenordnung.

Tabelle 215. Phys.-chem. Analyse des Antimontrisulfidsols nach PAULI und F. UNGER

Sol Nr.	Titration mit	$\varkappa_{korr.} \cdot 10^5$	$\varkappa_{min.} \cdot 10^5$	g Sb_2S_3 im Liter	g Mole $Sb_2S_3 \cdot 10^5$ im Liter	$C_H \cdot 10^5$		Mol Sb_2S_3 auf 1 freie Ladung	
						berechnet	titriert	berechnet	titriert
I.	$Ba(OH)_2$	3,15	2,13	0,99	350	7,86	7,53	45	47
	,,	2,77	1,80			6,93	7,53	50	47
III.	,,	3,13	2,18	1,05	365	7,83	7,8	47	47
	,,	3,26	2,17			8,15	7,8	45	47
V.	,,	2,0	1,75	1,88	652	5,0	3,03	130	215
	NaOH	1,95	1,75			4,9	3,02	133	216
VI.	,,	5,60	2,40	1,43	495	14,0	13,9	35	36
	$Ba(OH)_2$	5,70	2,30			14,2	14,1	35	35
VIII.	KOH	1,86	1,48	1,50	513	4,65	4,26	110	120
	$Ba(OH)_2$	1,90	1,36			4,75	4,02	108	128
IX.	NaOH	2,30	2,03	1,67	580	5,75	4,26	101	136
	$Ba(OH)_2$	2,60	1,98			6,5	5,6	89	104
X.	,,	2,94	2,02	1,25	434	7,3	7,2	59	60
	,,	3,00	2,06			7,5	7,2	58	60

Der starke zeitliche Anstieg der Leitfähigkeit dieser Sole wird durch die folgende Tabelle illustriert.

Tabelle 216

Sol							
Sol I.	Tage	0	1	9	15	50	90
	$\varkappa_{Korr.} \cdot 10^5$	2,8	2,9	3,2	3,6	6,5	11,8
Sol IX.	Tage	0	1	12	26	32	100
	$\varkappa_{Korr.} \cdot 10^5$	2,3	2,5	5,7	9,5	10,9	25,2

Daß dieser zeitliche Anstieg, der selbst bis zum 10fachen des ursprünglichen Wertes gehen kann, auf Freisetzung von Weinsäure aus den Solteilchen beruht, lehrten sowohl Ultrafiltrationsversuche als auch die Übereinstimmung der jeweiligen, aus den konduktometrisch titrierten, und der aus der Solleitfähigkeit berechneten $[H^+]$-Werte.

Tabelle 217

Sol Nr.	Seit der 1. Titration verstrichene Tage	Zugesetzte Lauge	$\varkappa_{korr.} \cdot 10^5$	$\varkappa_{min.\,korr.} \cdot 10^5$	C_H ber. $\cdot 10^5$	C_H titriert $\cdot 10^5$
I	5	$Ba(OH)_2$	3,60	2,00	9,00	9,40
	10	,,	4,26	2,14	10,65	9,80
III	14	NaOH	6,70	3,85	16,8	15,1
	18	$Ba(OH)_2$	9,30	4,05	23,2	18,0
	18	NaOH	7,87	4,14	19,7	18,9
	45	,,	11,9	5,52	29,6	27,4
VI	17	KOH	19,1	7,0	47,7	45,7
	19	$Ba(OH)_2$	20,3	4,05	50,8	49,8
	20	,,	20,4	3,4	51,0	49,8
IX	12	,,	5,68	3,62	14,2	13,4
	32	,,	11,14	5,5	28,5	29,6
	112	KOH	24,4	10,8	61,0	54,0
	114	$Ba(OH)_2$	25,2	6,6	63,0	63,8
X	1	,,	3,00	2,06	7,5	7,2
	2	,,	3,24	2,18	8,1	7,2

Schließlich zeigten sorgfältige Analysen der durch Fällung mit $BaCl_2$ gewonnenen Gele, daß nur wenig mehr oder lediglich die dem titrierbaren H^+ äquivalente Menge Ba in das Gel eintritt. Alle Beobachtungen zusammengefaßt lehren, daß es sich bei diesen Solen um eine ionogene komplexe Sulfurotartaro-antimonige Säure mit dem zentralen Sb handelt, die den größten Teil der Weinsäure als nicht durch Metall neutralisierbaren Dipol enthalten dürfte, der mit der Zeit abgespalten wird. Dieser Vorgang wird überdies durch die Anwesenheit von Pt-Moor so stark beschleunigt, daß die Leitfähigkeitsmessungen nur mit geglühten Pt-Elektroden ausführbar waren.

An diesen Solen treten die von vielen Beispielen bekannten besonderen chemischen Beziehungen zu gewissen einwertigen und auch zweiwertigen Kationen besonders stark hervor, welche sich als anomal gesteigertes Koagulationsvermögen derselben kundgeben. Während konform der SCHULZE-HARDYschen Regel die Flockungswerte von $Al^{\cdot\cdot\cdot} : Ba^{\cdot\cdot} : K^{\cdot}$ an den PAULI-UNGERschen Solen sich wie 1 : 22,5 : 1500 verhalten, fand sich $Hg^{\cdot} : Ag^{\cdot} : K = 1 : 5 : 7{,}5$. Ähnlich verhielten sich die zweiwertigen $Zn^{\cdot\cdot} : Mn^{\cdot\cdot} : Ba^{\cdot\cdot} = 1 : 10 : 4{,}5$ in bezug auf die Schwellenwerte der Flockung. Es handelt sich hier, wie PAULI hervorhob, um einen erhöhten Effekt kleinvolumiger, wahrscheinlich auch stärker deformierbarer Atome, denn die Flockungen zeigen auch merkliche Farbvertiefungen an den gebildeten Gelen, auf deren Zusammenhang mit der Deformierbarkeit der Atome FAJANS hingewiesen hat. Einige Beispiele gibt die folgende Tabelle.

Tabelle 218

Zusatz	$HgCl_2$[1]	$ZnCl_2$	H_2SO_4, HCl, KCl, $BaCl_2$	$MnSO_4$, $CdCl_2$, $Al_2(SO_4)_3$, $AlCl_3$	$AgNO_3$[2]	$HgNO_3$[3]
Farbe des Niederschlages	gelbrot	l. ziegelr.	rot	orange	rotbraun	braun

Literaturverzeichnis

PAULI, WO., und A. SEMLER: Koll. Z. **34**, 145 (1924). — PICTON, H., und S. E. LINDER: Journ. Chem. Soc. **61**, 114 (1892); **67**, 63 (1895). — RABINOWITSCH, A. J.: Z. f. phys. Ch. **116**, 97 (1925). — DERSELBE und W. A. DORFMANN: Z. f. phys. Ch. **131**, 313 (1928). — SCHULZE, H.: Journ. f. prakt. Ch. [2] **25**, 431 (1882). — SEMLER, A.: Koll. Z. **34**, 209 (1924). — WHITNEY, W. R., und J. E. OBER: Z. f. phys. Ch. **39**, 630 (1902).

62. Die Schwefelsole

An dem Schwefelsol wurden zuerst von F. SELMI die Natur und viele Eigenschaften der kolloiden Lösungen oder, wie er sie nannte, der Pseudolösungen bereits vor GRAHAM studiert und klar erkannt. Zur Herstellung leitete er Schwefelwasserstoff und Schwefeldioxyd gleichzeitig in destilliertes Wasser ein.

Eine andere Methode zur Bereitung kolloiden Schwefels bietet die Zersetzung einer konzentrierten Natriumthiosulfatlösung durch konzentrierte Schwefelsäure, wie sie von M. RAFFO angegeben wurde. P. P. VON WEIMARN und B. W. MALYSCHEW stellten Sole durch Eingießen einer alkoholischen Schwefellösung in Wasser dar.

Eine besonders sorgfältige und eingehende Bearbeitung fand der kolloide Schwefel durch SVEN ODÉN. Seine in Upsala ausgeführte Untersuchung ergab unter anderem auch eine Reihe für die Elektrolytkoagulation der Kolloide außerordentlich wichtige Feststellungen. Eine neuere interessante Arbeit von H. FREUNDLICH und P. SCHOLZ beschäftigt sich mit der Konstitution der Schwefelsole, insbesondere in bezug auf die Natur der aufladenden ionogenen Komplexe derselben. Allerneuestens hat H. RINDE unter Anwendung der DONNAN-Theorie eine elektrochemische Untersuchung an Schwefelsolen ausgeführt.

Die Untersuchungen Odéns. Bereits von SELMI wurde die Beobachtung gemacht, daß die Flockung seiner Sole durch NaCl-Lösung reversibel ist, d. h. das Koagulum durch Auswaschen wieder gelöst werden kann. ODÉN benützte diese Tatsache nicht nur, wie vorher SVEDBERG, zur Reinigung seiner teils nach RAFFO, teils nach SELMI hergestellten Sole, sondern auch zu ihrer Trennung in Fraktionen nach

[1] Die qualitative Vorflockung mit höheren Konzentrationen ergab einen gelben Niederschlag fast vom Aussehen des As_2S_3.

[2] Innerhalb 48 Stunden war die ursprünglich rotbraune Färbung des Niederschlages in deutliches Lichtrot übergegangen.

[3] Die qualitative Vorflockung mit höheren Konzentrationen ergab Färbungen von Schwarz über Rotbraun nach Rot; ähnlich auch bei $AgNO_3$.

verschiedener Teilchengröße. Die Reinigung geschieht, indem man das Sol mit NaCl flockt, abzentrifugiert, mit reinem Wasser aufnimmt und diese Operation einigemale wiederholt. Die von der Solherstellung stammenden Verunreinigungen werden auf diese Weise entfernt und nur eine gewisse Menge Kochsalz bleibt in dem Sol zurück.

Die Methode zur Herstellung isodisperser Fraktionen beruht auf dem Umstand, daß der Schwellenwert der Flockung von der Teilchengröße abhängt, und zwar flocken die Teilchen bei um so geringeren Konzentrationen des Elektrolyten, je größer sie sind. Die Bedeutung dieser Erscheinung für die Theorie der Stabilität und Koagulation der Kolloide liegt auf der Hand. Die Versuche von ODÉN sollen also etwas näher beschrieben werden.

Sole nach RAFFO und SELMI wurden durch wiederholte Koagulation mit NaCl und Auflösen in Wasser solange gereinigt, bis sie nicht mehr sauer reagierten. Schließlich erhielt man ihre Mischung als eine milchig trübe Flüssigkeit mit 12% Schwefelgehalt. 875 ccm der Lösung wurden mit 125 ccm 2 n NaCl-Lösung versetzt, 15 Minuten in Ruhe gelassen und das Koagulum abzentrifugiert. Der Bodensatz wurde wieder mit Wasser aufgenommen, auf 875 ccm verdünnt und das Verfahren solange wiederholt, bis die über dem Koagulum stehende Flüssigkeit nur Spuren von Schwefel aufwies. Das letzte Koagulum enthält nur Teilchen über einer gewissen Größe, nämlich solche, welche bereits durch 0,25 n NaCl koaguliert werden. Die Teilchen, welche durch diese NaCl-Konzentration noch nicht geflockt werden, befinden sich in den Flüssigkeiten über dem abzentrifugierten Schwefel. Diese können durch eine höhere NaCl-Konzentration vollständig gefällt werden und bilden vereinigt die Fraktion I oder Fraktion (bis 0,25). Die zweite Fraktion wird aus dem von Fraktion (bis 0,25) befreiten Sol auf dieselbe Weise mit Hilfe von 0,20 n NaCl abgetrennt. Auf diese Weise erhält man die Fraktion (0,25 bis 0,20), deren Teilchen durch 0,20 n NaCl noch nicht, jedoch durch 0,25 n bereits geflockt werden.

Der Dispersitätsgrad wurde mit Hilfe der ultramikroskopischen Methode charakterisiert. Die Ergebnisse enthält die nebenstehende Tabelle 219:

Es geht daraus hervor, daß die erhaltenen Fraktionen in der Tat sich in eine Reihe nach steigender Teilchengröße ordnen. Die ersten drei Fraktionen enthalten nur Amikronen. Die letzte, deren Schwellenwert 7/100 n NaCl ist, gehört dagegen schon nicht mehr zum engeren Gebiet der kolloiden Lösungen, sondern zu den feineren Suspensionen.

ODÉN vermutet, daß das fraktionierte Aussalzen der Eiweißkörper nach der Methode von HOFMEISTER ebenfalls auf den Unterschieden in der Teilchengröße beruht. In Ermangelung der Daten für die Teilchengröße der Proteine konnte diese Vermutung noch nicht geprüft werden. Soviel ist jedoch sicher, daß die Proteinfraktionen des Serums sich voneinander nicht nur in dem Dispersitätsgrad, sondern z. B. auch in der chemischen Zusammensetzung unterscheiden.

H. DEBUS und M. RAFFO haben beobachtet, daß die Schwefelsole sich mit ihren Koagulis in einem temperaturabhängigen, reversiblen Gleichgewicht befinden. SVEDBERG hat die Erscheinung eingehend studiert. In Anwesenheit einer bestimmten Menge eines Koagulators, also etwa NaCl, scheidet eine um so größere Menge Schwefel aus dem Sol aus, je niedriger die Temperatur ist. Bei Erhöhung der Temperatur wird der Bodenkörper wieder kolloid gelöst. Die Erscheinung gehorcht dem Exponentialgesetz:

$$S = e^{k(t - t_0)}$$

wobei S die Schwefelkonzentration, t die Temperatur bedeutet. Wie ODÉN gezeigt hat, gilt dieses Gesetz nur für isodisperse Sole, während bei polydispersen Solen

Tabelle 219. Die Eigenschaften von Schwefelhydrosolen verschiedener Teilchengröße

Bezeichnung der Fraktion	Makroskopische Charakteristik	Ultramikroskopische Charakteristik
Fr. (bis 0,25)	In konzentrierter Lösung (25% S) hellgelb und durchsichtig, in der Aufsicht schwach trübe; reflektiertes Licht grünlich.	1%iges Sol zeigt einen schwachen amikroskopischen Lichtkegel, welcher bei der Konzentration 0,05 verschwindet. Keine Submikronen.
Fr. (0,25 bis 0,20)	Konzentrierte Lösungen etwas trüb, 1%ig sind sie in der Durchsicht klar, gelb, in der Aufsicht schwach trübe.	1%iges Sol zeigt einen ziemlich schwachen amikroskopischen Lichtkegel, welcher bei Konzentration 0,02 verschwindet. Keine Submikronen.
Fr. (0,20 bis 0,16)	1%ige Lösungen in der Durchsicht fast klar, gelb, in der Aufsicht trübe. Konzentriert (10%ig) sind sie in der Durchsicht trübe mit rötlicher Färbung.	0,5%iges Sol zeigt starken amikroskopischen Lichtkegel, welcher bei Konzentration 0,008 verschwindet.
Fr. (0,16 bis 0,13)	1%ige Lösungen gelb mit Stich in Rot, schwach trübe. In der Aufsicht milchig trüb. Konzentrierte Lösungen undurchsichtig, milchig weiß.	0,5%iges Sol zeigt starken Lichtkegel von heller, bläulicher Farbe, welcher noch bei Konzentration 0,001 sichtbar ist. Der Lichtkegel besteht aus Teilchen an der Grenze ultramikroskopischer Sichtbarkeit. Teilchen auf ungefähr 25 mμ geschätzt (sehr unsicher).
Fr. (0,13 bis 0,10)	1%ige Lösungen milchig trüb. Verdünnte (0,3%) in der Durchsicht rötlichgelb trübe, in der Aufsicht trübe.	Sichtbare kleine Teilchen von lebhafter Bewegung. Eine Teilchengrößenbestimmung ergab zirka 90 mμ als Teilchendiameter. Kein amikroskopischer Lichtkegel.
Fr. (0,10 bis 0,07)	Milchig trüb auch bei 0,2%. Beim Verdünnen auf 0,05% rötlichbraune Farbe, schwach durchsichtig. Nur geringe Tendenz zur Sedimentation bemerkbar.	Sichtbare Teilchen. Kein amikroskopischer Lichtkegel. Teilchendurchmesser zirka 140 mμ.
Fr. (0,07 bis).....	Noch bei Konzentration 0,02% milchig trüb. Keine ausgesprochene Farbe beim Verdünnen. Die Teilchen sedimentieren nach einigen Tagen.	Große Teilchen von weniger lebhaften Bewegungen. Teilchendurchmesser zirka 210 mμ.

infolge der Teilchengrößenabhängigkeit des Schwellenwertes die Temperaturfunktion der Löslichkeit einen mehr linearen Gang nimmt. Das Verhalten der Schwefelsole ist also ganz verschieden gegenüber denjenigen Proteinen, welche durch Temperaturerhöhung geflockt werden.

Um eine weitgehende Befreiung von Elektrolyten zu erzielen, löst ODÉN das Koagulum in möglichst wenig Wasser und kühlt dann das Sol auf —10° ab.

Das neue Koagulum wird mit Wasser aufgenommen. Die gereinigten Sole sind auch bei hoher Schwefelkonzentration sehr stabil. So konnte ein Sol mit 50% Schwefel und 5% NaCl hergestellt werden. Eine noch weitergehende Reinigung erreichte ODÉN durch Elektrodialyse. Dies war wohl die erste Anwendung des Verfahrens für anorganische Kolloide. Ein Teil des Schwefels fiel zwar irreversibel kristallin an der Membran aus, doch zeigten die so gereinigten Sole große Beständigkeit.

Koagulation. Sehr beachtenswert sind ODÉNs Befunde bezüglich der Wirkung der verschiedenen Ionen auf die Stabilität. Die Sole wandern anodisch, demgemäß hat die Wertigkeit der Kationen bei der Flockung eine ausschlaggebende Rolle. Doch ist auch die Wirkung der gleichwertigen Kationen eine verschiedene und auch die Anionen spielen eine nicht zu vernachlässigende Rolle.

Zunächst soll hier die tabellarische Zusammenfassung der Schwellenwerte eines amikroskopischen Sols folgen.

Tabelle 220. Koagulierende Wirkung der Salze auf Schwefelsole
Versuchstemperatur 18 bis 20° C

Koagulierendes Salz	Schwellenwert in Prozent	Schwellenwert in Mol pro Liter	Molekulares Fällungsvermögen
HCl	ca. 22	6	ca. 0,16
LiCl	3,877	0,913	1,1
NH_4Cl	2,325	0,435	2,3
$(NH_4)_2SO_4$	3,963	½ . 0,600	2 . 1,7
NH_4NO_3	4,044	0,506	2,0
NaCl	0,955	0,153	6,1
Na_2SO_4	1,249	½ . 0,176	2 . 5,7
$NaNO_3$	1,389	0,163	6,1
KCl	0,164	0,021	47,5
K_2SO_4	0,220	½ . 0,025	2 . 39,7
KNO_3	0,220	0,022	45,5
RbCl	0,192	0,016	63
CsCl	0,156	0,009	108
$MgSO_4$	0,112	0,0093	107,5
$Mg(NO_3)_2$	0,117	0,0080	125
$CaCl_2$	0,046	0,0041	245
$Ca(NO_3)_2$	0,066	0,0040	247
$Sr(NO_3)_2$	0,055	0,0025	385
$BaCl_2$	0,043	0,0021	475
$Ba(NO_3)_2$	0,057	0,0022	461
$ZnSO_4$	0,122	0,0756	13,2
$Cd(NO_3)_2$	0,117	0,0493	20,3
$AlCl_3$	0,059	0,0044	227
$CuSO_4$	0,157	0,0098	102
$Mn(NO_3)_2$	0,171	0,0096	105
$Ni(NO_3)_2$	0,816	0,0446	22,4
$UO_2(NO_3)_2$	0,690	0,0137	73

Nach dem Fällungsvermögen (dem reziproken Wert der flockenden Konzentration) ordnen sich die Salze mit einwertigen Kationen folgendermaßen: Nach der koagulierenden Wirkung der Kationen in der Reihe:

$$Cs^+ > Rb^+ > K^+ > Na^+ > NH_4^+ > Li^+ > H^+$$

für die Anionen:

$$Cl^- > NO_3^- > SO_4^{--}$$

Betrachten wir zunächst die Kationenreihe und sehen wir von H^+ ab, so ergibt sich, daß die Ionen um so stärker wirken, je größer ihre Wirkungssphäre (in Kristallen), je kleiner also ihre elektrodynamische Größe und je kleiner ihre Hydratation ist. Lithium, welches das kleinste Ionenvolumen und die kleinste elektrolytische Beweglichkeit besitzt, flockt erst in 100mal größerer Konzentration als Cs, welches auf der anderen Seite der Reihe steht.

Die Gültigkeit der Wertigkeitsregel wird mehrmals durchbrochen, $AlCl_3$ z. B. hat einen größeren Schwellenwert als etwa $CaCl_2$.

Was nun die Rolle von H^+ betrifft, so ist ihm eine außerordentlich starke stabilisierende Wirkung zuzuschreiben in dem Sinne, daß mit Säure versetzte Sole erst durch eine größere Konzentration des Neutralsalzes koaguliert werden als die säurefreien. Die schützende Wirkung der Säuren geht durch ein Maximum. Die antagonistische Wirkung von verschiedenen Säuren wird in Abb. 137 dargestellt. Hier begegnen wir dem paradoxen Tatbestand, daß die Stabilität eines negativen Sols durch Säuren erhöht wird.

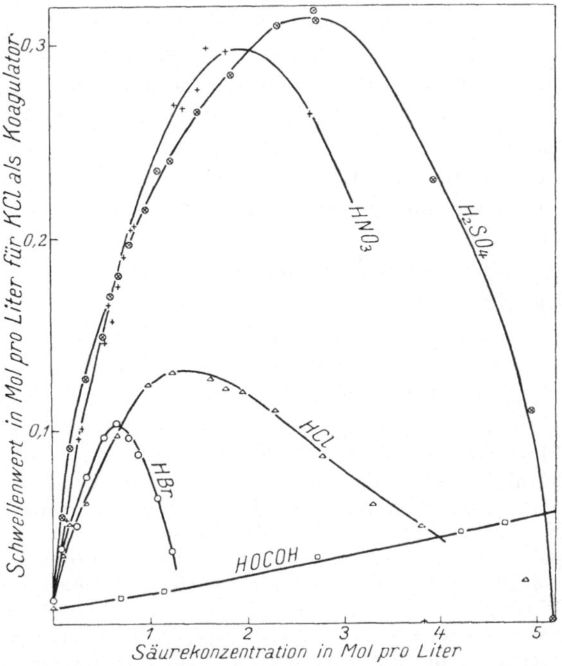

Abb. 137. Antagonistische Wirkung der Säuren auf die Flockung eines Schwefelsols durch KCl nach S. ODÉN

Die optimale Säurekonzentration der Schutzwirkung liegt bei 1 bis 3 Mol pro Liter. Schwefelsäure in dieser Konzentration zugesetzt, vermag den Schwellenwert aufs 40fache zu erhöhen.

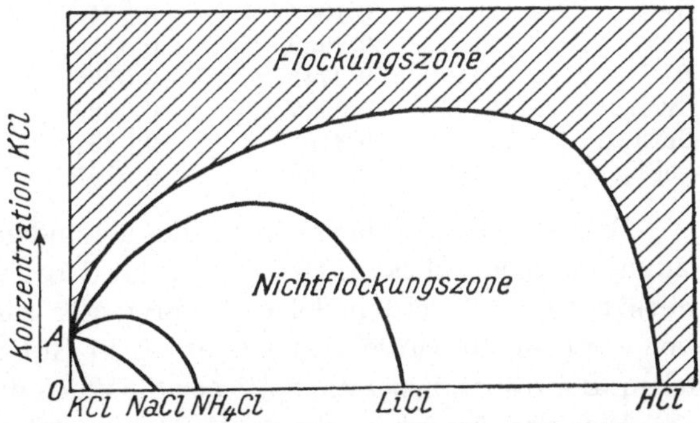

Abb. 138. Schematische Darstellung der antagonistischen Wirkung der Salze auf die Flockung der Schwefelsole durch KCl nach S. ODÉN

Jedoch nicht nur Säuren, sondern auch die Salze anderer Kationen, welche in der Reihe vor Na stehen, üben gegenüber der Flockung durch KCl eine solche protektive Wirkung aus. ODÉN stellt die gefundenen Verhältnisse schematisch durch die obige Figur dar (Abb. 138). Ähnlich wie HCl wirkt also, wenn auch in geringerem Maße LiCl und kaum noch NH_4Cl. Zusatz von NaCl führt bereits zur Herabsetzung des Schwellenwertes in bezug auf

KCl. Entsprechend einem reversiblen Gleichgewichte kann ein durch Salze geflocktes Sol durch Zusatz einer entsprechenden Säuremenge wieder peptisiert werden.

ODÉN erklärt seinen Befund in Anlehnung an die FREUNDLICHsche Auffassung folgendermaßen: Nicht nur die Kationen, sondern auch die Anionen werden durch die Teilchen adsorbiert. Beim Zusatz von HCl werden an das Sol mehr Anionen als Kationen angelagert, so daß die Ladung und somit die Stabilität des Sols gesteigert wird. Erhöht man die Säurekonzentration, so wird ein Punkt erreicht, bei welchem die Adsorptionsisothermen der beiden Ionen einander schneiden. Während bis zu diesem Punkt die Adsorptionsisotherme der Chlorionen höher verlief, werden nun die H^+-Ionen in stärkerem Maße festgehalten. Dieser Punkt ist das Maximum der schützenden Wirkung der Säure. Von KCl wird bereits in den kleinsten untersuchten Konzentrationen mehr K als Cl durch die Kolloidteilchen gebunden. Die Reihenfolge der koagulierenden Wirkung der Anionen in Tabelle 220 ist eigentlich die umgekehrte Reihe der dispergierenden Wirkung derselben, wie aus dem in Abb. 138 dargestellten Befund ODÉNs hervorgeht.

ODÉN hat gezeigt, daß die Kolloidteilchen bei der Flockung beträchtliche Mengen NaCl mitreißen.

Die Bestimmung geschah durch Analyse der über dem Koagulum stehenden Flüssigkeit bei Kenntnis der gesamten zugefügten NaCl-Menge. Bei einem gleichkörnigen Sol fand er die durch das Koagulum gebundene NaCl-Menge proportional dem Schwefelgehalt desselben. Dagegen nimmt das Salzbindungsvermögen des Koagulums mit dem Dispersitätsgrad zu. Daher bindet das Koagulum aus einem polydispersen Sol, in dem zunächst die größeren Teilchen flocken, wie direkt bestätigt wurde, um so mehr NaCl pro Gewichtseinheit Schwefel, je vollständiger die Flockung ist. Eine direkte Analyse des Koagulums bei Flockung durch verschiedene Salze nach Abzentrifugieren und Abpressen ergab in Übereinstimmung mit dem wichtigen Befund von WHITNEY und OBER annähernd gleiche Äquivalente der pro Gewichtseinheit Schwefel gebundenen Salze.

Tabelle 221

Elektrolyt	Analysen: Schwefel Gramm	Analysen: Salzchlorid Gramm	Gramm Salzchlorid pro 100 Gramm Schwefel	Zahl der Kationen-Äquivalente pro 1000 g Schwefel
NaCl	0,1974	0,0216	10,94	1,9
KCl	0,2935	0,0410	13,97	1,9
RbCl	0,2745	0,0557	20,29	1,7
CsCl	0,2327	0,0823	35,37	2,1
$BaCl_2$	0,3153	0,0591	18,75	1,8
$FeCl_3$	0,2860	0,0105	3,59	1,4

Wir können somit in der Menge des gebundenen Salzes ein Maß für die Gesamtladung der Sole erblicken. Die Gesamtladung wächst demnach mit dem Dispersitätsgrad. Bei dem Sol in der vorigen Tabelle, welches eine hochdisperse Fraktion war (—0,30) würde also auf etwa 17 Schwefelatome eine Ladung entfallen. Bei gröber dispersem Sol liegen die Werte dieses „Kolloidäquivalentes" höher.

Was das Aussehen der nach RAFFO und SELMI hergestellten Sole betrifft, so bemerkt ODÉN, daß diejenigen mit amikroskopischen Teilchen im verdünnten Zustande klare, gelbe Flüssigkeiten darstellen, welche bei wachsendem Schwefelgehalt von öliger bis hornartiger Konsistenz sind. Die Sole mit größeren Teilchen zeigen ein milchiges Aussehen. ODÉN nimmt an, daß die Teilchen Schwefel in flüssiger, unterkühlter Formart enthalten, und zwar als sogenanntes S_{μ}, in der auch in Schwefelkohlenstoff unlöslichen Modifikation. In vielen Beziehungen stehen diese Sole den lyophilen Solen nahe. Im Gegensatz dazu besitzen die nach WEIMARN hergestellten Sole einen ausgesprochenen „lyophoben" Charakter. Sie lassen sich überhaupt nicht konzentrieren und die Koagulation ist immer irreversibel. Die WEIMARN-Sole sind auch in kleinen Konzentrationen milchigtrüb. Sie enthalten nach ODÉN die in Schwefelkohlenstoff lösliche Modifikation des Schwefels, S_λ. Durch Zusatz von Alkali werden die RAFFO- und SELMI-Sole zuerst braun, dann trüb und schließlich völlig undurchsichtig. Nach ODÉN handelt es sich dabei um die Umwandlung des S_μ in S_λ, wobei die Teilchen kristallinisch ausscheiden. Dieses ausgeschiedene S_λ enthält nur ganz wenig Glührückstand, im Gegensatz zu dem hohen NaCl-Gehalt der gewöhnlichen Koagula.

Untersuchungen von Freundlich und Scholz. FREUNDLICH und P. SCHOLZ erklären den Unterschied zwischen den RAFFO- und SELMI-Solen einerseits und den WEIMARNschen Solen andererseits auf eine andere Weise wie ODÉN. Danach soll die Pentathionsäure $H_2S_5O_6$ für die Eigenschaft der ersteren, hydrophilen Schwefelsole verantwortlich sein. Zufolge des hohen Schwefelgehaltes der Pentathionsäure besitzt sie eine Affinität zu Schwefel, durch ihren hohen Sauerstoffgehalt zu Wasser und dient somit als eine Brücke zwischen den Teilchen und den Wassermolekülen.

Die Anwesenheit von Pentathionsäure konnte sowohl in den SELMI- wie in den RAFFO-Solen auch nach häufigem Umfällen nachgewiesen werden. Auf Zusatz von Lauge reagiert die Pentathionsäure unter Bildung von Thiosulfat, welches jodometrisch bestimmt werden kann. Bei den SELMI-Solen wurden 0,13 bis 0,15, bei RAFFO-Solen 0,47 bis 0,69 Millimole Pentathionsäure auf 1 g Schwefel gefunden (auf zirka 200, bzw. 40 Mole Schwefel entfällt 1 Mol Pentathionsäure). Durch die Anlagerung von Pentathionsäure soll der Wasserreichtum der Teilchen der SELMI- und RAFFO-Sole bedingt sein, welcher neben der Ladung für die Stabilität der Teilchen ausschlaggebend ist.

Die hydrophoben WEIMARN-Sole enthalten keine Pentathionsäure. Dagegen wird bei der Hydrolyse von SCl_2 neben Schwefel auch Pentathionsäure gebildet, daher gewinnt man auf diese Weise ebenfalls ein hydrophiles Sol.

Die flockende Wirkung der Lauge beruht auf der Fähigkeit der Hydroxylionen, die Pentathionsäure zu zerstören, während die stabilisierende Wirkung der Säuren darin begründet ist, daß sie die Bildung der Pentathionsäure fördern. Die Lauge soll die Teilchen dabei gar nicht entladen. Kataphoretische Messungen (mit destilliertem Wasser als Überschichtung) nach der Grenzschichtmethode ergab, daß beim Laugezusatz in dem vollständig stabil gewordenen Sol die Wanderungsgeschwindigkeit der Teilchen von 2,6 auf $2{,}8 \cdot 10^{-4}$ erhöht wurde. In dem WEIMARNschen Sol ergab eine Bestimmung den Wert $1{,}9 \cdot 10^{-4}$ cm/sec.

Die Konstitution der Teilchen in dem SELMI- und RAFFO-Sol drückt FREUNDLICH durch das Symbol

$$\left|\begin{array}{c} S_\mu \\ S_5O_6H_2 \\ \underline{H_2O} \end{array}\right| S_5O_6''$$

im WEIMARN-Sol durch

$$\left|\begin{array}{c} S_\lambda \\ H_2O \end{array}\right|$$

aus. Die Unterstreichung von $\underline{H_2O}$ im ersten Falle soll den größeren Wassergehalt der Mizellen betonen.

Die Lauge soll primär durch die Zerstörung der Pentathionsäure auf die Kolloidteilchen dehydratisierend wirken und sekundär auch die Umwandlung des S_μ in S_λ hervorrufen.

Die von ODÉN gefundene eigentümliche stabilisierende Wirkung gewisser Salze kann nach FREUNDLICH und SCHOLZ nicht gut auf der Adsorption der Anionen beruhen. Vielmehr soll die Hydratation der Kationen den Wassergehalt der Teilchen günstig beeinflussen. Der Befund ODÉNs betreffend den Antagonismus wurde übrigens von den Autoren an SELMI- und RAFFO-Solen bestätigt. Die WEIMARN-Sole verhalten sich dagegen wie normale hydrophobe Sole. Bereits viel kleinere Elektrolytkonzentrationen wirken flockend (immer irreversibel), H^+ wirkt noch stärker als die übrigen Kationen und bei Anwesenheit des einen Salzes braucht man weniger von einem zweiten zur Flockung als bei dem zweiten allein.

Donnan-Gleichgewicht. H. RINDE hat in DONNANs Institut neuestens eine sehr bemerkenswerte Untersuchung der Reaktion des RAFFOschen Soles mit Salzsäure vom Standpunkte des Membrangleichgewichtes ausgeführt. Er gibt die folgende Methode zur Bestimmung der Adsorption mit Hilfe der DONNAN-Theorie an:

Bekanntlich gilt für ein Kolloid im Gleichgewicht mit Salzen der Satz von der Konstanz des Aktivitätsproduktes von Kation und Anion oder der Aktivität des Salzes innen (Indizes 1) und außerhalb (Indizes 2) der Membran:

$$a_{1+} \cdot a_{1-} = a_{2+} \cdot a_{2-}$$

Bezeichnet y die Konzentration, fy den Aktivitätskoeffizienten des Kations innerhalb der Membran, w und fw dieselben Größen für das Anion und z die Äquivalentkonzentration des nicht dialysablen (kolloiden) Ions, dann gilt im Sinne der Elektroneutralität im Falle, daß die Kolloidionen negativ sind,

$$y = z + w,$$

da innerhalb der Membran die Äquivalentkonzentrationen der positiven und negativen Ionen einander gleich sein müssen. Umgeformt lautet es:

$$z = \frac{a_{1+}}{fy} - \frac{a_{1-}}{fw}$$

Dies ist die gewöhnliche Gleichung zur Ermittlung der Normalität eines Kolloidsalzes im Gleichgewicht mit Elektrolyten aus Aktivitätsbestimmungen (wie dies zuerst von LIEBERMANN und BUGARSZKY an Proteinchlorid benutzt wurde).

Substituiert man in die erste Gleichung, so erhält man

$$z = \frac{a_{1+}}{fy} - \frac{a_{2+}\, a_{2-}}{fwa_{1+}}$$

Diese Gleichung unterscheidet sich von der obigen darin, daß zur Ermittlung der Kolloidnormalität die Bestimmung von Kationen- und Anionenkonzentration in dem Sol nicht notwendig ist. Es genügt vielmehr, in der Innenflüssigkeit nur die Kationenaktivität zu messen, dagegen in der Außenflüssigkeit sowohl die Kationen- als auch die Anionenaktivität zu ermitteln (die Kenntnis des Aktivitätskoeffizienten überall vorausgesetzt). Im allgemeinen ist dieser Weg eher umständlicher als der übliche.

Man kann jedoch im Falle, daß nur je ein Kation und Anion in Betracht kommt, für einen 1-1wertigen Elektrolyten wie HCl unter Annahme der gleichen Aktivitätskoeffizienten von Kation und Anion die Aktivität der beiden Ionen der Außenflüssigkeit einander gleich setzen:

$$a_{2+} = a_{2-} = a_2$$

und man erhält

$$z = \frac{a_2}{f}\left(\frac{a_{1+}}{a_2} - \frac{a_2}{a_1}\right)$$

Es gilt entsprechend für den Fall kolloider Kationen:

$$z = \frac{a_2}{f}\left(\frac{a_2}{a_1^-} - \frac{a_1^-}{a_2}\right)$$

oder, da das Membranpotential

$$E_m = \frac{RT}{F}\, l\, \frac{a_1}{a_2}$$

ist, gilt allgemein

$$z = \frac{a_2}{f}\left(e^{\frac{E_m F}{RT}} - e^{\frac{-E_m F}{RT}}\right)$$

Es genügt also in diesen Fällen die Messung der Kationenaktivität (bzw. Anionenaktivität) inner- und außerhalb der Membran zur Ermittlung der Kolloidladung. Es ist noch zu bemerken, daß unter Kolloidladung oder Normalität hier der Quotient der (bezüglich der Gegenionenaktivität) freien Ladung des Kolloidsalzes und eines mittleren Aktivitätskoeffizienten verstanden wird. Rinde nimmt z. B. in dem System Schwefelsol HCl als Aktivätskoeffizienten der H^+-Ionen, welche auch als Gegenion funktionieren, den mittleren Aktivitätskoeffizienten der HCl der gleichen Aktivität nach Lewis und Randall an.

Das Verfahren von Rinde ist also gerade der umgekehrte Weg, wie der von P. Rona und H. H. Weber begangene. Diese Autoren leiteten nämlich die Werte der Aktivitätskoeffizienten der Gegenionen aus dem Membrangleichgewichte ab.

Rinde geht in seiner Versuchsreihe folgendermaßen vor. Er reinigt die Raffo-Sole durch wiederholtes Flocken mit NaCl und Wiederauflösen und trennt sie in isodisperse Fraktionen nach Odén. Die einzelnen Fraktionen werden mit HCl von verschiedener Menge versetzt und in einer Kollodiumhülse mit einer Außenflüssigkeit stehen gelassen. Das Gleichgewicht stellt sich etwa nach 24 Stunden ein, die Messungen werden jedoch erst nach drei Tagen ausgeführt. Der osmotische Druck wird in der Steigröhre abgelesen und das Membranpotential gemessen, so wie Loeb es getan hat, durch Einführung indifferenter Elektroden (Kalomel unter gesättigter KCl) zu beiden Seiten der Membran. Außerdem wird die H^+-Aktivität sowohl der Innen- wie auch der Außenflüssigkeit bestimmt. Da die Wasserstoffelektrode wegen Vergiftung nicht gut funktioniert, verwendet Rinde die Chinhydronelektrode, welche in einer halben Stunde nach rapidem Anwachsen konstante Werte des Potentials liefert. Dieser konstante Wert wird als der richtige angenommen. Beim Gleichgewicht muß die Differenz der Wasserstoffpotentiale (E_i — E_a) genau mit dem Membranpotential übereinstimmen. Auf diese Weise können die Messungen kontrolliert werden. Nach der obigen Gleichung kann die Normalität des Kolloidsalzes als Überschuß der H^+-Ionen über die dialysierten Anionen in der Innenflüssigkeit berechnet werden. Es ist zu beachten, daß die Normalität auf diese Weise richtig ermittelt wird auch für den Fall, daß andere Anionen als Cl ebenfalls angelagert werden. Die Vorbedingung für die Richtigkeit ist nur die Ausschließlichkeit der H^+-Ionen als nicht kolloide Kationen, ferner die Gültigkeit des mittleren Aktivitätskoeffizienten.

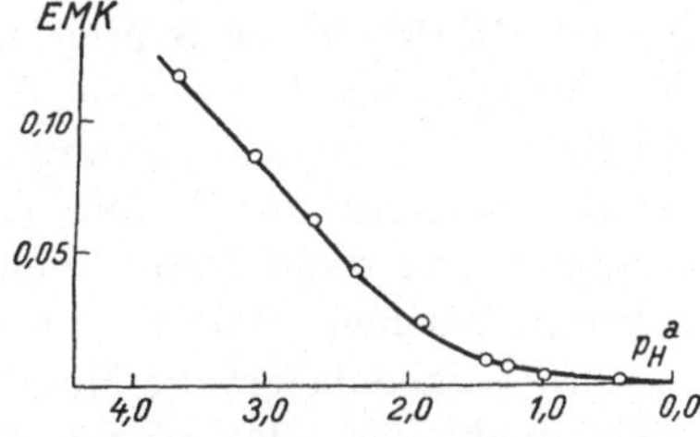

Abb. 139. Abhängigkeit des Membranpotentials eines Schwefelsols von der H^+-Aktivität nach H. Rinde

Rinde beobachtet, daß der osmotische Druck wegen des wachsenden Überschusses der Säure im Sinne der Donnan-Theorie mit abnehmendem p_H der Innenflüssigkeit abnimmt. Den gleichen Gang zeigt auch das Membranpotential (Abb. 139).

Was nun die Kolloidladung betrifft, so stellt Rinde folgendes fest: Mit wachsender Säurekonzentration nimmt die Normalität der Kolloidionen zu (Abb. 140). Und zwar wird die Normalität bei Abnahme des p_H der Innenflüssigkeit von etwa 3 auf 1, auf etwa das Doppelte erhöht. In der Nähe von $p_H = 3$ zeigen die Kurven eine Verflachung im Sinne einer Konstanz; diese Werte dürften der Gesamtladung der gereinigten Sole entsprechen. Die Kolloidnormalitäten, ebenso die ursprünglichen wie diejenigen in hoher Säurekonzentration, sind pro Gewichtseinheit Schwefel um so höher, je feindisperser die Fraktionen sind. Bei der H^+-Aktivität $1 \cdot 10^{-3}$ normal findet er annähernd die folgenden Werte:

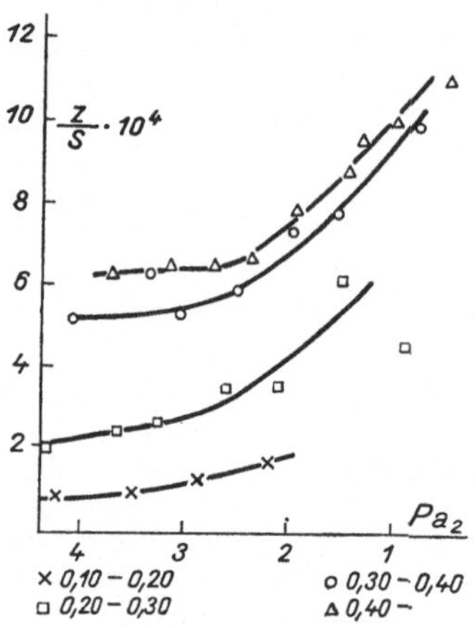

Abb. 140. Normalität der Schwefelsole (in 10^{-4} Mol pro Gramm Schwefel) als Funktion der H^+-Aktivität der Außenlösung und der Teilchengröße

Tabelle 222. Normalitäten der Schwefelsole nach H. Rinde

Fraktion	Kolloidnormalität in Millimol pro Gramm Schwefel
0,10 bis 0,20	0,09
0,20 „ 0,30	0,2
0,30 „ 0,40	0,5
	0,6

Die Zahlen entsprechen annähernd denjenigen Werten, welche von Freundlich und Scholz für die in den reinen Raffo-Solen befindliche Pentathionsäure gefunden wurden.

Durch diese Untersuchung wird die Annahme Odéns, daß die stabilisierende Wirkung der Säuren auf einer stärkeren Anlagerung der Anionen als der Kationen beruht, in dem Sinne bestätigt, daß jedenfalls die Säuren eine Erhöhung der freien Ladung bewirken. Ob vielleicht die besondere Rolle der H^+-Ionen auf der Bildung einer Pentathionsäure im Sinne von Freundlich beruht, lassen diese Daten nicht entscheiden. Im Gegensatz zu den direkten elektrometrischen Bestimmungen der Anionen- und Kationenaktivität der Innenflüssigkeit liefert die Methode von Rinde die Werte der Kolloidnormalität völlig unabhängig davon, was für Anionen sich an der Solaufladung beteiligt. In vielen Fällen führt infolgedessen die Methode von Rinde weiter, im vorliegenden Falle hätte jedoch die direkte potentiometrische Bestimmung der Cl^+-Aktivität und die analytische (eventuell konduktotitrometrische) Cl^--Konzentration der Innenflüssigkeit uns über die Beteiligung der Chlorionen eine Entscheidung gestattet und daher eine willkommene Ergänzung gebildet.

Ebenso wie bei der Methode der direkten elektrometrischen Bestimmung in dem Sol, so wird auch bei der Methode von Rinde in höherer Konzentration der anwesenden Elektrolyte die Fehlergrenze in bezug auf die Kolloidnormalität breiter. Nach der letzteren Methode kommt es auf die Bestimmung des Verhältnisses der H^+-Aktivität in der Innen- und Außenflüssigkeit an und dieses nähert sich bei hohen H^+-Aktivitäten dem Werte 1, die Differenz des Wasserstoffpotentials (der Größe nach identisch mit dem Membranpotential) konvergiert gegen Null. In dem Bereiche, wo das Membranpotential klein wird, geben kleine Schwankungen der Wasserstoffpotentiale große Abweichungen in dem Wert der Kolloidnormalität. In dieser Hinsicht ist der Anwendungsbereich der RINDEschen Methodik ebenso beschränkt wie bei der üblichen.

RINDE stellte fest, daß die Abhängigkeit der Anionenanlagerung von der H^+-Aktivität durch die LANGMUIRsche Gleichung genügend genau dargestellt werden kann und betrachtet daher die Erscheinung als einen Adsorptionsvorgang. Im Sinne unserer Ausführungen würde die Übereinstimumng mit dem LANGMUIRschen Theorem eher für einen chemischen Vorgang sprechen. Entscheidend könnte jedoch nur die genaue Erforschung des Mechanismus der Anlagerung der aufladenden Ionengruppen sein. Die Anlagerung der Pentathionationen an Schwefel durch Restvalenzen im Sinne von FREUNDLICH ist einer chemischen Vorstellung nicht fremd. Es ist jedoch auch denkbar, daß eine Anlagerung von Chlorionen unter Bildung von Chloroverbindungen an der Teilchenoberfläche stattfindet und für die gesteigerte Aufladung wesentlich ist. Immerhin spricht die Tatsache, daß Schwefelsäure gleichfalls stark antagonistisch wirkt, gegen diese Annahme, da Sulfationen geringe Fähigkeit zur Komplexbildung haben. Andererseits reicht die FREUNDLICHsche Erklärung der Säurewirkung nicht aus, um die antagonistische Wirkung der Neutralsalze, etwa des LiCl zu erklären. Es handelt sich wohl hier um einen Fall des interionischen Entlastungseffektes in dem Sinne, wie es im Kap. 21 angedeutet wurde. (Daselbst neuere Versuche von W. A. DORFMANN.)

Die von ODÉN gefundene, von FREUNDLICH und SCHOLZ und von RINDE bestätigte Tatsache, daß die negativen Schwefelsole durch Säure stabilisiert werden, bildet allenfalls eine bemerkenswerte Ausnahme von der allgemeinen Regel der H^+-Wirkung auf negative Kolloide, doch könnte auch die Beobachtung von EIRICH-PAULI, daß bei ungenügendem HCl-Gehalt zerstäubte Goldsole durch weiteren Zusatz von kleinen Mengen HCl stabilisiert werden, in dieses Gebiet gehören.

In letzterem Falle kann nach PAULI der stabilisierende Säureeffekt auf die Ergänzung heteropolarer Moleküle der Goldoberfläche, z. B. $AuCl_3$, zum aufladenden ionogenen Komplex, etwa $(AuCl_4)H$ unter Eintritt eines Säuranions in die erste Sphäre um das Zentralion $Au^{\cdots}$, zurückgeführt werden. — Bei Goldsolen kann aber auch Lauge, durch Beistellung fehlender Hydroxoanionen, inaktive Gruppen der Teilchenoberfläche ionogen machen und die Teilchenladung vermehren. — In dieser Auffassung würde die scheinbare Paradoxie des gleichartigen Verhaltens von Säure und Lauge, innerhalb eines gewissen Konzentrationsbereiches, gegen ein negatives Sol vollkommen verschwinden.

Literaturverzeichnis

DEBUS, H.: Liebigs Annalen **244**, 76 (1888). — DORFMANN, W. A. : Koll. Z. **46**, 186, 198 (1928). — FREUNDLICH, H., und P. SCHOLZ: Koll. Beih. **17**, 234, 267 (1922). — ODÉN, W.: Nova Acta Ups. [IV] **3**, Nr. 4 (1913). — RAFFO, M.: Koll. Z. **2**, 358 (1908). — RINDE, H.: Phil. Mag. [7] **1**, 32 (1926). — SELMI, F.: In Ostwalds Klassiker 217 (Herausgegeben von E. Hatschek). — SVEDBERG, THE: Koll. Z. **4**, 49 (1909). — WEIMARN, P. P. VON, und B. W. MALYSCHEW: Koll. Z. **8**, 214 (1911).

63. Die Seifensole

Einleitung. Die Seifen sind die Alkalisalze der höheren Fettsäuren. In ihren verdünnten, wässerigen Lösungen sind sie vorwiegend molekulardispers, in den konzentrierten Lösungen kolloiddispers verteilt. Ihre Elektrochemie gehört daher in das Gebiet der Elektrochemie der Kolloide.

Unsere Kenntnisse von der Elektrochemie der Seifen verdanken wir in erster Linie den in bezug auf ihre experimentelle Sorgfalt unübertroffenen, seit 20 Jahren geführten Untersuchungen von J. W. McBain und seinen Mitarbeitern. Sämtliche in der Elektrochemie der Kolloide benützten Methoden kamen in diesen Arbeiten zur Anwendung: Messungen der elektrischen Leitfähigkeit, des osmotischen Druckes, der elektrischen Überführung, der Ionenaktivität, der Viskosität, Ultrafiltration usw. wurden vorgenommen und die Ergebnisse theoretisch ausgewertet. McBains Experimente haben auf diesem Gebiete der speziellen Kolloidchemie ein reiches Tatsachenmaterial geschaffen, wie es kaum in einem anderen Abschnitt derselben zur Verfügung steht.

Die theoretische Auswertung der Messungsergebnisse hat McBain auf dem Boden der klassischen Dissoziationstheorie mit Hilfe der Gesetze der verdünnten Lösungen durchgeführt. Eine Erweiterung erfolgte nur durch Einführung des Begriffes der Kolloidionen, wie dies zuerst wohl durch Duclaux und dann insbesondere durch Pauli auf dem Gebiete der anorganischen Kolloide und der Proteinsalze geschah.

Über die Grenzen der Anwendbarkeit der klassischen Dissoziationstheorie herrscht heute nach den Arbeiten von Bjerrum, Milner, Debye auf der einen Seite, Nernst, Drucker u. a. auf der anderen Seite keine volle Sicherheit, wiewohl nun eine Brücke zwischen den zwei Standpunkten geschlagen zu sein scheint.

K. Linderström-Lang hat in der neuesten Zeit versucht, die experimentellen Befunde MacBains auf dem Boden der 100%igen Ionisationstheorie in einer von diesem völlig abweichende Weise zu deuten. In seiner polemischen Erwiderung konnte MacBain zeigen, daß die konsequente Anwendung der 100%igen Ionisationstheorie auf die Seifen zu Widersprüchen führt, während seine Auffassung alle Erscheinungen ohne Widersprüche erklären kann. Wenigstens als Arbeitshypothese ist jedenfalls derzeit die McBainsche Behandlungsweise von Vorteil. In Einzelheiten unterliegt jedoch die uneingeschränkte Benützung der klassischen Theorie in den konzentrierteren Seifenlösungen dieser Ionenkonzentration, die 1-normal übersteigen kann, seitens der modernen Theorie schweren Bedenken. Die Auswirkung der möglichen Abweichungen auf die Konzeption MacBains abzuschätzen, ist mit Rücksicht auf die herrschende Unklarheit in der allgemeinen Theorie nicht möglich. Mit diesem Vorbehalte geben wir weiter unten, nach der kurzen Schilderung der vorausgegangenen historischen Entwicklung, die Untersuchungen McBains wieder, welche auf alle Fälle sehr viel Aufklärung brachten und außerordentlich tiefe Einblicke in die Konstitution derartiger Lösungen gewähren.

Frühere Arbeiten. Daß die Seifen zu den Kolloiden gehören, wurde von F. Krafft proklamiert, und zwar auf Grund seiner Molekulargewichtsbestimmungen aus der mit Hilfe des Beckmannschen Apparates gemessenen Siedepunkterhöhung. Er fand, daß die Seifen in höherer Konzentration überhaupt keine meßbare Siedepunkterhöhung erkennen lassen. Die niedrigen Homologen in der Reihe der Alkalisalze der Fettsäuren zeigen dagegen ein kleineres Molekulargewicht an, als dem stöchiometrischen entspricht, und zwar um so kleiner, je niedriger die Konzentration ist. KRAFFT führte dieses Verhalten auf Hydrolyse zurück, welche erst bei höherer Verdünnung größere Mengen von Lauge freisetzt. Den Befund, daß die Seifen in niedrigeren Konzentrationen meßbare, wenn auch ebenfalls viel zu kleine Werte der Siedepunkterhöhung zeigen, erklärte KRAFFT ebenfalls durch die Annahme einer Hydrolyse. Die Ergebnisse seiner Molekulargewichtsbestimmungen sind in der folgenden Tabelle zusammengefaßt. In wasserfreiem Alkohol erhielt KRAFFT die stöchiometrischen Werte des Molekulargewichtes.

Tabelle 223

Natriumsalze	g auf 100 g H_2O	Scheinbares Molgewicht	Berechnetes Molgewicht	Scheinbares Molgewicht / Berechnetes Molgewicht
Natriumazetat	0,9	50,5	82	0,6
	25,2	40,3		0,5
Natriumpropionat ..	3,0	51,7	96	0,6
	19,8	46,2		0,5
Natriumkapronat...	3,5	72,8	138	0,52
	20,6	77,9		0,56
Natriumnonylat....	3,4	144,1	180	0,8
	20,4	285,5		1,58
Natriumlaurat	3,3	474	222	2,13
	16,1	507		2,28
Natriumpalmitat ...	16,4	za. 1060	278	za. 4
	25	nähert sich ∞		nähert sich ∞
Natriumstearat	16 za.	za. 1500	306	za. 5
	27	nähert sich ∞		nähert sich ∞
Natriumoleat	26,5	nähert sich ∞	304	nähert sich ∞

KRAFFT nahm an, daß die infolge der Hydrolyse gebildete Fettsäure bei höherer Temperatur in der Lösung emulgiert ist. Beim Abkühlen findet die Ausscheidung der Seife bei Temperaturen statt, welche sehr nahe dem Schmelzpunkt der Fettsäure liegen. KRAFFT nannte diesen Zusammenhang das Kristallisationsgesetz der Seifen.

Die Ansichten KRAFFTs erfuhren eine Kritik durch L. KAHLENBERG und O. SCHREINER. Die experimentellen Befunde bezüglich des Ausbleibens einer Siedepunkterhöhung in konzentrierten Lösungen wurden von diesen Autoren bestätigt. Sie untersuchten jedoch auch die Leitfähigkeit der Seifenlösungen, deren Bedeutung für die Charakterisierung des Lösungszustandes von ihnen erkannt wurde. Sie maßen die Leitfähigkeit von Natriumoleat, Kaliumstearat und Palmitat in dem Konzentrationsbereich von $^1/_4$ molar bis $^1/_{1024}$ molar. Für die Äquivalentleitfähigkeit fanden sie bei 25° Werte zwischen 30 und 110, innerhalb dieser Grenzen zeigte sie das regelmäßige Anwachsen mit der Verdünnung und zwar bei hoher Verdünnung schneller, was durch die Autoren, entsprechend auch der Annahme von KRAFFT, im Sinne einer Hydrolyse gedeutet wurde. In Widerspruch zu der Auffassung KRAFFTs steht jedoch die relativ hohe Leitfähigkeit, welche auf einen ionendispersen Lösungszustand hinweist, zumal auch die Temperaturabhängigkeit einen normalen, nahe linearen Gang zeigt.

KAHLENBERG und SCHREINER versuchen den Widerspruch damit zu erklären, daß bei den Siedepunktbestimmungen der Seifenlösungen kein richtiges

Sieden zur Beobachtung komme. KRAFFT verteidigte seine Ansicht durch den Nachweis, daß NaCl in 25%igem Natriumpalmitat nahe die berechnete Siedepunkterhöhung ergibt. SMITS bestimmte die Dampfdruckserniedrigung tensimetrisch und fand bei 1 n Palmitat keine Erniedrigung, bei wachsender Verdünnung jedoch eine zunehmende geringe Erniedrigung, was nach ihm für die Ansichten KRAFFTS im Sinne einer Hydrolyse sprach.

Mc Bains Arbeiten. So stand die Frage nach der Natur der Seifenlösungen, als McBAIN seine entscheidende Untersuchungsreihe begann. Zunächst wies er nach, daß die Siedepunktbestimmungen von KRAFFT zwar reproduzierbar, jedoch unrichtig sind. Die Fehlerquelle liegt in der großen Menge absorbierter Luft. Nach recht mühevollem Entfernen derselben konnte McBAIN durch tensimetrische Bestimmungen zeigen, daß eine 1 n-Palmitatlösung eine Dampfdruckerniedrigung, entsprechend etwa der eines n/4-binären Salzes zeigt. Die spätere Ausarbeitung der Taupunktsmethode lieferte dann noch genauere Daten.

Im folgenden sollen die weiteren Ergebnisse der McBAINschen Untersuchungen zusammenfassend wiedergegeben werden.

Der Molekularzustand der Seifen entspricht einem temperaturabhängigen, völlig reversiblen Gleichgewicht. Im Gegensatz zu den typischen, anorganischen Kolloiden, deren Eigenschaften von der Herstellung abhängen, sind Leitfähigkeit, osmotischer Druck usw. der Seifenlösungen ebenso genau reproduzierbar wie von gewöhnlichen Elektrolyten. Den Einfluß der Luftkohlensäure muß man freilich durch Luftabschluß verhindern und auch denjenigen der Gefäßwände durch Verwendung widerstandsfähiger Materialien (wie Borosilikatglas).

Die Seifen haben einen enorm hohen Temperaturkoeffizienten der Löslichkeit. Bei gewöhnlicher Temperatur ist Na-Palmitat nicht merklich löslich, nahe dem Siedepunkt beträgt die Löslichkeit einige Mole (1 Mol = rund 300 g) pro Liter. Aus diesem Grunde wurde ein großer Teil der Untersuchungen bei 90° ausgeführt. Nach Übersättigung durch Abkühlen bilden die Kaliumseifen Kristalle, die Natriumseifen ein opakes Gel. Die hochkonzentrierten Lösungen sind anisotrope Flüssigkeiten.

Reine Seifenlösungen enthalten keine Ultramikronen.

Tabelle 224. Alkalität von K-Palmitatlösungen

Temperatur	Normalität	Zeit in Minuten Mittel	OH′	Hydrolyse Prozente aus der katalytischen Wirkung	Hydrolyse mittels EMK %
30°	0,050	541,1	0,00097	2,04	—
40°	0,051	514,9	0,000391	0,82	—
70°	0,050	43,1	0 000545	1,14	—
70°	0 100	38,5	0,000612	0,65	—
70°	0,85	395,1	0,0000594	0,009	—
90°	0,019	7,2	0,000757	4,1	5,7
90°	0,042	5,9	0,000928	2,3	2,2
90°	0,1	5,9	0,000927	0,99	1,25
90°	0,302	9,4	0,000580	0,22	0,64
90°	0,85	49,5	0,000110	0,017	0,27

Die Hydrolyse. Bezüglich der Rolle der Hydrolyse wurde von Mc Bain (mit H. E. Mastin und T. R. Bolam) gezeigt, daß sie für die Konstitution der Seifensole ohne Bedeutung ist. In reinen Seifenlösungen übersteigt der Gehalt an OH^--Ionen nicht die Größenordnung von n/1000. Die Bestimmung der Hydrolyse erfolgt durch die Messung der Hydroxylionenkonzentration mit Hilfe von Gasketten und mit Hilfe der Katalyse von Nitrosotriacetonamin. Die Tabelle 224 zeigt als Beispiel die Ergebnisse an Kaliumpalmitat. Man sieht, daß der Hydrolysegrad einerseits mit steigender Temperatur, andererseits mit steigender Verdünnung abnimmt. Bei größerer Konzentration liefert die Katalysemethode, abweichend von der elektrometrischen, abnorm niedrige OH^--Werte, eine Folge der Sorption des Amins durch die Seife. Bei stärkerer Verdünnung ist die Übereinstimmung gut.

Die Alkalität der Kaliumpalmitatlösung zeigt nach den EMK-Messungen ein Maximum bei etwa 0,5 n. Bei höherer Konzentration sinkt die Alkalität. Diese Anomalie wird dadurch erklärt, daß in höherer Konzentration die Palmitationen (unter Bildung von Kolloidteilchen) verschwinden (siehe weiter unten). Bei dieser Annahme kann die Gültigkeit des Massenwirkungsgesetzes in bezug auf die Hydrolyse gewahrt bleiben.

Nahe identische Werte lieferte die titrimetrische Untersuchung des Ultrafiltrates bei 12 bis 18°, obwohl bei dieser Temperatur kleinere Werte der Hydrolyse zu erwarten wären. Die Diskrepanz beruht wohl auf dem Membrangleichgewicht. Im Sinne von Donnan besteht die Tendenz, ein größeres Quantum Lauge durch Membran treten zu lassen, als der aktuellen Konzentration innerhalb der Membran entspricht.

Es wurde ferner gezeigt, daß die geringfügige Hydrolyse auch nicht zur Bildung von freier Fettsäure führt, sondern diese in Form von sauren Seifen, etwa [HP . 2 NaP], in der Lösung vorhanden ist. Zusatz von überschüssiger Fettsäure vermag die Leitfähigkeit und den osmotischen Druck der neutralen Seifenlösungen infolge Bildung der kolloiden sauren Seife erheblich herabzusetzen.

Durch Ausschüttelversuche mit organischen Lösungsmitteln wurde von Mc Bain und R. Buckingham festgestellt, daß bei der Verteilung die organischen Solventien mit der freien Fettsäure nicht gesättigt werden. Trotz der geringen Löslichkeit ist also die wässerige Lösung mit freier Fettsäure nicht gesättigt, sondern diese ist als saure Seife gebunden.

Diese saure Seife ist teilweise dispergiert, teilweise scheidet sie sich am Boden der Lösung aus. Jüngst ist Mc Bain und A. Stewart die Herstellung eines kristallinischen Kaliumwasserstoffdioleates in einer definierten Zusammensetzung gelungen.

Besonders überzeugend betreffs der geringfügigen Rolle der Hydrolyse wirkt der Nachweis, daß die Hexadecansulphosäure als „Wasserstoffseife" alle typischen Merkmale der Seifenlösungen aufweist, worauf schon A. Reychler hinwies. Von McBains Mitarbeiter M. H. Norris wurde festgestellt, daß sowohl in bezug auf die Leitfähigkeit als auch bezüglich des osmotischen Druckes und des Temperaturkoeffizienten der Löslichkeit die genannte Säure eine Zwischenstellung zwischen Natriumstearat und -Behenat einnimmt.

Osmotischer Druck. Der osmotische Druck wurde von McBain und Mitarbeitern mittels viererlei Methoden bestimmt, und zwar:

1. Aus der Gefrierpunkterniedrigung.

2. Aus der Taupunkterniedrigung.
3. Aus dem Minimaldruck zur Ultrafiltration durch eine dichte Membran.
4. Aus der Dampfdruckerniedrigung.

Zum dritten Punkt ist zu bemerken, daß nach McBAIN der minimale Druck, welcher eben hinreicht, um das Lösungswasser durch eine Membran durchzupressen, identisch ist mit dem osmotischen Druck der Lösung bezüglich der membranundurchgängigen Moleküle. In seinen Versuchen benützte McBAIN Kolloidiummembranen, deren Porengröße nach der Methode von BECHHOLD kleiner als 9 mμ gefunden wurde.

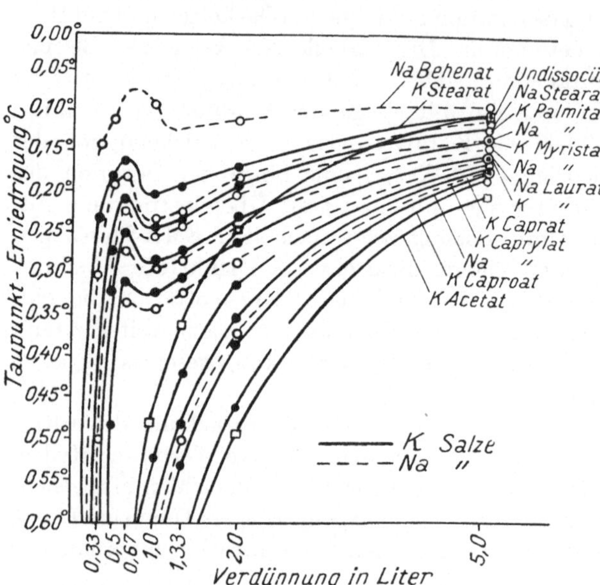

Abb. 141. Taupunkterniedrigung der Seifenlösungen nach J. W. Mc BAIN und C. S. SALMON

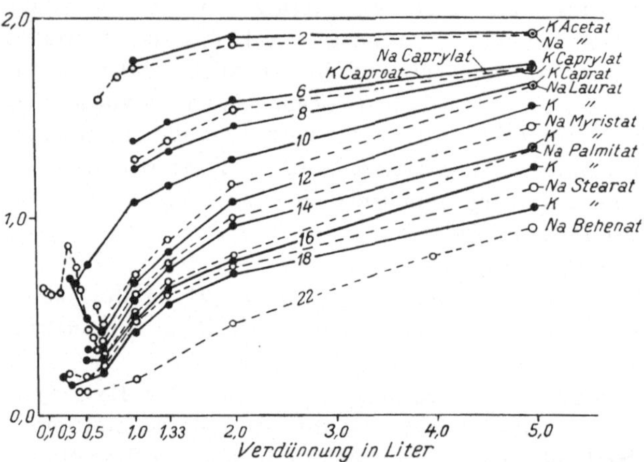

Abb. 142. Der VAN T'HOFFsche i-Faktor der Seifenlösungen auf Grund der Taupunktbestimmungen nach J. W. McBAIN und C. S. SALMON

Die beistehende Abbildung stellt die Ergebnisse der Taupunktbestimmung an den Kalium- und Natriumsalzen der verschiedenen Fettsäuren bei 90° dar. Die Abbildung 142 enthält die daraus berechneten Werte der analytischen osmotischen Koeffizienten. In die Figur 141 sind zum Vergleich auch die für den Fall der vollständigen Dissoziation, ferner für den Fall des molekularen undissoziierten Lösungszustandes geltenden Kurven eingezeichnet. Es zeigt sich folgendes: Je größer das Molekulargewicht ist, um so geringer ist die osmotische Wirksamkeit. Bis zu etwa 10 Kohlenstoffatomen ist wenigstens der Gang mit der Verdünnung normal. Bei den höheren Gliedern der Reihe tritt oberhalb der Konzentration 1 n eine Anomalie auf: eine Maximum- und Minimumbildung der Taupunkterniedrigung. In der konzentrierten Lösung existiert bei diesen Salzen ein Bereich, in dem der osmotische Druck mit wachsender Konzentration abnimmt.

In diesem Bereich findet also ein rapider Abfall des osmotischen Koeffizienten mit der Konzentration statt. In der Nähe der 2-normalen Lösungen schließt sich daran wieder ein starkes Anwachsen des osmotischen Koeffizienten mit steigender Konzentration.

Ein Rückschluß auf den molekularen Zustand der Seifen, ausschließlich auf Grund dieser Daten erscheint nicht möglich. Es wäre völlig verfehlt, etwa bei 0,2 n Kaliumstearat auf Grund der Taupunktbestimmung, die ungefähr 0,2 n als molekulare Konzentration anzeigt, zu behaupten, daß die Seife in dieser Lösung als molekulardisperser Elektrolyt von undissoziierter Form anwesend ist. Die Lösung zeigt nämlich zugleich eine so hohe Leitfähigkeit, daß ein beträchlicher Teil der Moleküle als dissoziiert angenommen werden muß.

Leitfähigkeit. Die Abbildung 143 stellt die Resultate der mit aller erdenklichen Sorgfalt ausgeführten Leitfähigkeitsmessungen der McBainschen Schule an Seifen dar. Die Salze der Fettsäure zeigen auch hier nur bis zu zehn Kohlenstoffketten den normalen Gang. Bei den höheren Gliedern findet sich eine Minimumbildung der Äquivalentleitfähigkeit in der Nähe von 0,1 normal. Von hier ab wächst die Äquivalentleitfähigkeit mit steigender Konzentration, eine Anomalie, welche auch im Bereich der in organischen Medien gelösten Elektrolyte häufig anzutreffen ist (siehe bei P. Walden).

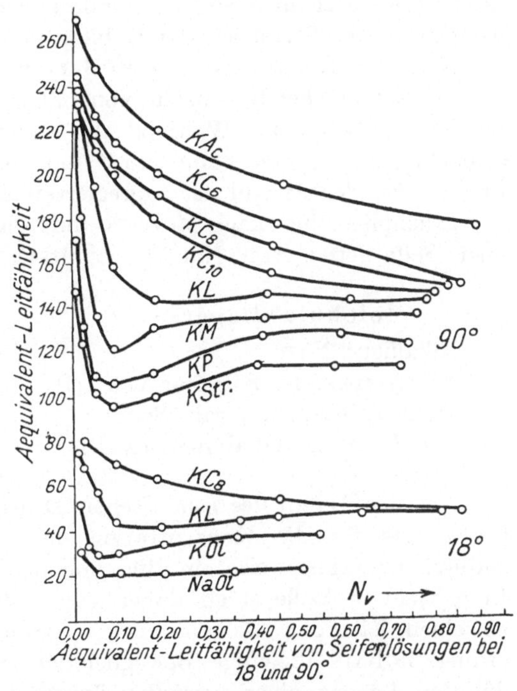

Abb. 143. Leitfähigkeit der Seifenlösungen nach J. W. McBain. (Die Indizes von C bedeuten die Anzahl der Kohlenstoffatome in der Fettsäurekette. Ac = Acetat, L = Laurat, M = Myristat, P = Palmitat, Ol = Oleat, Str = Stearat)

Kombination der osmotischen und konduktometrischen Daten. Auf welche Art und Weise lassen sich die Leitfähigkeitsdaten mit den Werten des osmotischen Druckes vereinigen? Zu diesem Zwecke muß eine Konstitution angenommen werden, welche (wenigstens in gewissen Konzentrationsbereichen) eine doppelt so große Konduktivität[1] als osmotisch wirksame Teilchenkonzentration ermöglicht. Man braucht dafür nur vorauszusetzen, daß die Anionen sich zu größeren Aggregaten vereinigen, wobei ihr Beitrag zur Leitfähigkeit keine Einbuße erleidet. Diese Vereinigung der Fettsäure-Anionen ohne Änderung ihres Dissoziationszustandes bezeichnet McBain als ionische Mizelle. Im Gegensatz zu dem Mizell-Begriff Nägelis, aber auch zum Unterschied von der Mizelle bei

[1] Konduktivität = spez. Leitfähigkeit durch Äquivalentleitfähigkeit, also gleich der leitfähigkeitswirksamen Ionenkonzentration.

Cotton und Mouton (und Duclaux) sowie von Zsigmondy kommt dem Begriff der ionischen Mizelle im obigen Sinne eine spezielle Bedeutung zu.

Durch die neueren theoretischen Auffassungen und experimentellen Untersuchungen über die Orientierung der Moleküle (Langmuir-Harkins) gewann der Begriff der ionischen Mizelle ein anschauliches Bild. Die Ursache der Assoziation der Fettsäureanionen kann in den van der Waalsschen Kräften erblickt werden, welche die langen Paraffinketten aufeinander ausüben. Die dissoziierten Karboxylgruppen zeigen dagegen eine starke Affinität zu den Wassermolekülen und stoßen einander infolge ihrer Ladung elektrostatisch ab. Ohne notwendigerweise eine starre Ordnung anzunehmen, kann man es also für äußerst wahrscheinlich erachten, daß in der ionischen Mizelle die Kohlenstoffketten radial um einen Mittelpunkt angeordnet sind, derart, daß die Karboxylgruppen an der Peripherie der Gebilde sich gegen die Lösung wenden.

Nach der Konzeption von McBain würde eine den assoziierten Fettsäureanionen entsprechende Anzahl von Alkaliionen als freie Gegenionen sich in der Lösung befinden. Während der osmotische Druck der ionischen Mizelle vernachlässigt werden kann, üben die Gegenionen einen osmotischen Druck aus, welcher der Anzahl der aggregierten Anionen entspricht.

Prinzipiell sind nach McBain die folgenden Molekülarten in der Lösung einer Seife (etwa von Natriumpalmitat) anzunehmen.

Molekulardispers:	Kolloiddispers:
Alkaliion: Na^+.	Ionische Mizelle $(P)^{n-}$.
Fettsäureanion: Palmitat usw. $(P)^-$.	Neutrale Mizelle [x NaP].
Undissoziierte, neutrale Seife:	
z. B. Natriumpalmitat (NaP).	

Aus den Daten des osmotischen Druckes und der Leitfähigkeit kann man Grenzwerte für die Konzentration der einzelnen Bestandteile ableiten und dadurch näherungsweise ein Bild von der Konstitution der Lösung gewinnen. Eine wichtige Rolle spielt dabei jedoch die Frage, welche Beweglichkeit den einzelnen leitenden Bestandteilen zugewiesen werden soll. Den Alkaliionen ordnet McBain diejenige Beweglichkeit zu, welche sie in der unendlich verdünnten Lösung eines normalen Salzes besitzen, und den ionischen Mizellen die Grenzbeweglichkeit des Kaliumions. Bei 90° beträgt die Grenzbeweglichkeit des K-Ions 188, die des Natriumions 139, die der höheren Fettsäuren zwischen Behenat und Laurat etwa 90.

Man kann nun die Höchstkonzentration des Alkaliions aus der Leitfähigkeit berechnen unter der Annahme, daß die Äquivalentleitfähigkeit sich als Summe der Beweglichkeiten von Alkaliion und Fettsäureanion ergibt.

Anderseits kann man eine Mindestkonzentration der Kationen aus der Leitfähigkeit unter der Annahme berechnen, daß die Äquivalentleitfähigkeit sich als Summe der Beweglichkeit von Alkaliion und ionischer Mizelle darstellen läßt.

Bei der praktischen Ausführung der Berechnung ergab sich in den meisten Fällen die Notwendigkeit, die Mindestkonzentration der Alkaliionen als Basis zu benützen, da die aus der Leitfähigkeit abgeleitete Höchstkonzentration der Kationen bereits einen Wert liefert, welcher über die osmotische Gesamtkonzentration hinausgeht. Die Annahme einer hohen Anionenbeweglichkeit ist somit auf dem Boden der klassischen Dissoziationstheorie eine Notwendigkeit.

An einigen Beispielen soll dies erläutert werden.

Die folgende Tabelle bringt die Werte der osmotisch wirksamen Konzentration nach der Gefrierpunktmethode. Die Werte beziehen sich denmach auf den Zustand der Lösungen bei 0°.

Tabelle 225. Gesamtkonzentration der Kristalloide in diesen Lösungen, N = Mole in 1000 g Lösung

Substanz	0,1 N.	0,2 N.	0,4 N.	0,5 N.	0,6 N.	1,0 N.	2,0 N.
K-Azetat . .	0,19	0,37	0,76	0,94	1,13	2,03	4,60
Na-Azetat .	—	0,38	0,76	0,95	1,16	2,01	4,36
K-Oktoat .	—	0,37	0,81	1,00	1,13	1,36	1,693
K-Dekaat .	—	0,35	0,39	0,40	0,41	0,55	—
K-Laurat .	0,093	0,136	0,164	0,20	0,24	0,40	0,79
K-Oleat . .	0,046	0,064	0,116	0,15	0,19	—	—
Na-Oleat . .	—	0,051	0,079	—	—	—	—

Die nächste Tabelle enthält die Äquivalentkonzentration aus der Leitfähigkeit, d. h. die Konduktivitäten bei 18°, und zwar a) unter Annahme normaler Anionenbeweglichkeiten, b) unter Annahme hoher Anionenbeweglichkeiten.

Tabelle 226. Gehalt an K oder Na bei 18°

a) Bei Annahme normaler Ionenbeweglichkeiten

Substanz	0,1 N.	0,2 N.	0,4 N.	0,5 N.	0,6 N.	1,0 N.	2,0 N.
K-Azetat . .	0,084	0,159	0,298	0,360	0,422	0,634	1,002
Na-Azetat .	0,069	0,129	0,235	0,278	0,324	0,467	0,680
K-Oktoat .	0,079	0,143	0,251	0,300	0,350	0,551	0,958
K-Laurat .	0,052	0,098	0,207	0,265	0,324	0,551	0,958
K-Oleat . .	0,035	0,078	0,172	0,217	0,262	—	—
Na-Oleat . .	0,032	0,061	0,129	0,165	0,192	—	—

b) Bei Gleichsetzen der Beweglichkeit der Mizellionen mit der des Kalium

Substanz	0,1 N.	0,2 N.	0,4 N.	0,5 N.	0,6 N.	1,0 N.	2,0 N.
K-Oktoat .	0,079	0,143	0,251	0,300	0,342	0,504	0,822
K-Laurat .	0,034	0,065	0,137	0,176	0,214	0,36	0,66
K-Oleat . .	0,023	0,051	0,114	0,143	0,173	—	—
Na-Oleat . .	0,019	0,037	0,077	0,098	0,120	—	—

Mit Ausnahme der stark verdünnten Lösungen ergibt die Berechnung nach 226a für die Seifen höhere Werte der Konduktivität, als die gesamte osmotisch wirksame Konzentration beträgt. Völlig umgekehrt liegen die Verhältnisse bei den Acetaten.

Konstitution der Seifenlösungen. Die auf diese Weise abgeleiteten Grenzmengen für die einzelnen Konstituenten einiger Seifenlösungen auf Grund der obigen Werte der osmotischen und konduktometrischen Wirksamkeit enthält die nachfolgende Tabelle:

Tabelle 227. Grenzwerte für die Konzentration der Anteile in der Seifenlösung

N.	Neutralkolloid $(KP)_x$	Mizelle P_n^{n-}	Einfaches Ion P^-.	Einfaches undissoziiertes KP.	Kation K^+
		K-Oleat bei 0 bis 18°			
1,0	0,00 bis 0,14	0,14 bis 0,00	0,35 bis 0,50	0,50 bis 0,35	0,50
2,0	0,31 „ 1,13	0,82 „ 0,00	0,04 „ 0,82	0,82 „ 0,04	0,82
		K-Laurat bei 0 bis 18°			
0,1	0,01 bis 0,04	0,03 bis 0,00	0,00 bis 0,03	0,06 bis 0,03	0,03
0,2	0,06 „ 0,13	0,07 „ 0,00	0,00 „ 0,07	0,07 „ 0,01	0,07
0,4	0,24 „ 0,26	0,14 „ 0,11	0,00 „ 0,03	0,03 „ 0,00	0,14
0,5	0,30 „ 0,32	0,18 „ 0,16	0,00 „ 0,02	0,02 „ 0,00	0,18
0,6	0,36 „ 0,39	0,21 „ 0,18	0,00 „ 0,03	0,03 „ 0,00	0,21
1,0	0,60 „ 0,64	0,36 „ 0,32	0,00 „ 0,04	0,04 „ 0,00	0,36
2,0	1,21 „ 1,34	0,66 „ 0,53	0,00 „ 0,06	0,13 „ 0,07	0,66
		K-Laurat bei 90°			
0,2	0,00	0,00	0,10	0,10	0,10
0,5	0,00 bis 0,22	0,22 bis 0,00	0,04 bis 0,26	0,24 bis 0,02	0,26
1,0	0,33 „ 0,48	0,52 „ 0,37	0,00 „ 0,15	0,15 „ 0,00	0,52
2,0	1,00 „ 1,11	0,89 „ 0,78	0,00 „ 0,11	0,11 „ 0,00	0,89
		K-Oleat bei 0 bis 18°			
0,1	0,05 bis 0,08	0,02 bis 0,00	0,00 bis 0,02	0,02 bis 0,00	0,02
0,2	0,14 „ 0,15	0,05 „ 0,04	0,00 „ 0,01	0,01 „ 0,00	0,05
0,4	0,28 „ 0,29	0,11	0,00	0,00	0,11
0,5	0,35 „ 0,36	0,14	0,00	0,00	0,14
0,6	0,41 „ 0,43	0,17 bis 0,16	0,00 bis 0,01	0,01 bis 0,00	0,17
		Na-Oleat bei 0 bis 18°			
0,2	0,15 bis 0,16	0,04 bis 0,02	0,00 bis 0,01	0,01 bis 0,00	0,04
0,4	0,32	0,08	0,00	0,00	0,08

Die Berechnung der einzelnen Konstituenten erfolgte in diesem Falle folgendermaßen. Für die Alkalikationen wurde die Konduktivität gemäß der Tabelle 226b angenommen. Die ganze übrigbleibende Alkaliionmenge ergibt dann die Maximalkonzentration des Neutralkolloides (alles ausgedrückt als analytische Molarkonzentration). Die Maximalkonzentration der ionischen Mizelle ist wiederum der Konduktivität gleich. Die Maximalkonzentration der molekulardispersen undissoziierten Seife ergibt sich als Differenz der osmotischen Konzentration und der Konduktivität. Die Maximalkonzentration der einfachen Fettsäureanionen ergibt sich ebenfalls als Differenz der osmotischen Konzentration und der Konduktivität, jedoch höchstens so groß, wie die Konduktivität selbst. Die Mindestkonzentration des neutralen Kolloides erhält man durch Subtraktion der Summe der Konduktivität und der Maximalkonzentration der molekulardispersen Seife von der Gesamtkonzentration. Zur Mindestkonzentration der ionischen Mizelle gelangt man, wenn man von dem Wert der Konduktivität den Höchstwert der einfachen Anionen subtrahiert. Der Mindestwert der Konzentration der einfachen Anionen ergibt sich wieder als Differenz der Konduktivität und des Maximalwertes für die ionische Mizelle. Die Mindestgröße für den molekulardispersen undissoziierten Anteil erhält man schließlich, wenn man von dem Wert der Gesamtkonzentration die Summe der Konzentrationen von Kation und maximaler Neutralkolloidkonzentration subtrahiert.

In den konzentrierten Lösungen von Oleat und Laurat sind die Grenzen für Neutralkolloid und ionische Mizelle ziemlich eng. Dabei liegt der größte Teil der Seife in diesen zwei Formen vor.

Man beachte in den zwei Tabellen, welche sich auf Kaliumlaurat beziehen, die Verschiebung der Grenzen bei der höheren Temperatur zugunsten des molekulardispersen Anteiles. Es handelt sich hier, wie aus weiteren Versuchen hervorging, um eine allgemeine Erscheinung. **Bei höheren Temperaturen nimmt die Aggregation der Seifen ab.**

Eine weitere Fixierung der Aufteilung in die einzelnen Konstituenten an Stelle der Grenzen erhält McBain durch Anwendung einer empirischen Formel für das Dissoziationsgleichgewicht eines 1-1-wertigen starken Elektrolyten, etwa für den Fall des Palmitates, also für den Fall der Dissoziation $Na^+ + P^- \rightleftarrows NaP$. Dann lautet die Formel:

$$\frac{[Na^\cdot]\,0{,}5\,[P']}{[NaP]} = R = 0{,}104,$$

wobei R eine empirische Konstante ist.

Die beistehende Abbildung enthält eine anschauliche graphische Darstellung der für Natriumpalmitat erhaltenen Resultate. Zugrunde gelegt wurden die folgenden Werte für die Beweglichkeiten (bei 90°): Na^+: 139, Palmitat$^-$: 90, ionische Mizelle: 139. Die Menge der sauren Seife von der Formel NaPHP wurde aus der Hydrolyse ermittelt.

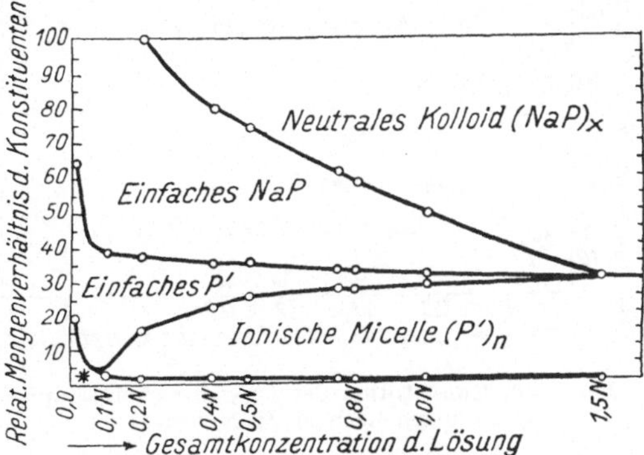

Abb. 144. Konstitution der Natriumpalmitatlösungen nach J. W. McBain, M. Taylor und M. E. Laing

Der dissoziierte Anteil beträgt somit etwa 30% des Gesamtgehaltes. Die relative Menge des einfachen Palmitations nimmt mit der Konzentration ab, um über 1n zu verschwinden. Der Anteil an Neutralkolloid wird erst oberhalb der Konzentration von etwa 0,3n merklich und beträgt bei 1,5n Lösung bereits 70% der Gesamtmenge. In dieser Konzentration sind bereits sämtliche Palmitationen nur in aggregierter Form anwesend. In verdünnterer Konzentration ist dagegen auch die Menge des molekulardispersen neutralen Palmitates beträchtlich, bis zu 0,5n sogar überwiegend.

Derartige Ergebnisse sind für alle Seifensorten von McBain und Mitarbeitern gewonnen worden. Die stärkere Neigung der höheren Fettsäure zu Assoziation kommt, z. B. in dem Diagramm von Natriumbehenat, dadurch zum Ausdruck, daß bereits in über 0,5n die ionische Mizelle und das Neutralkolloid die fast ausschließliche Form repräsentieren. Das gegenteilige Verhalten geht aus dem Bild des Natriumnonoates hervor.

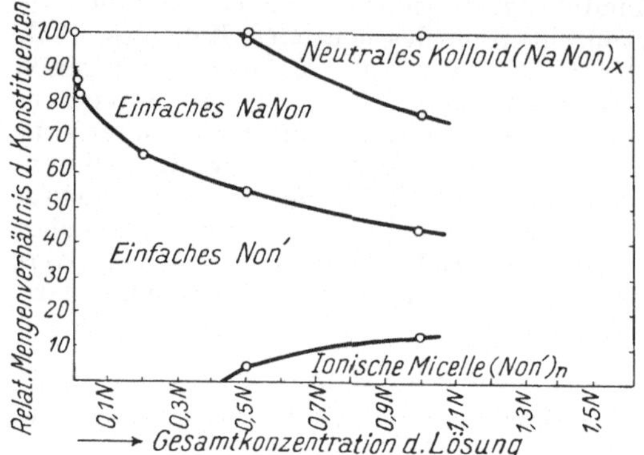

Abb. 145. Konstitution der Natriumnonoatlösungen nach O. J. Flecker und M. Taylor

Die Seifen mit niedrigerem analytischem Molekulargewicht neigen also weniger zur Assoziation.

Schließlich sei die graphische Darstellung der Konstitution der Hexadecansulfosäure (der Cetylsulfosäure) wiedergegeben. Wie daraus hervorgeht, steht diese Wasserstoffseife in bezug auf die Neigung zur Kolloidbildung zwischen Palmitat und Behenat.

Ionenaktivitäten. Eine Bestätigung der angenommenen Konstitution ließ sich mit Hilfe von direkten potentiometrischen Messungen erbringen. Es wurde die Konzentration von Natrium- und Kaliumionen mittels Amalgamelektroden ermittelt (C. S. Salmon).

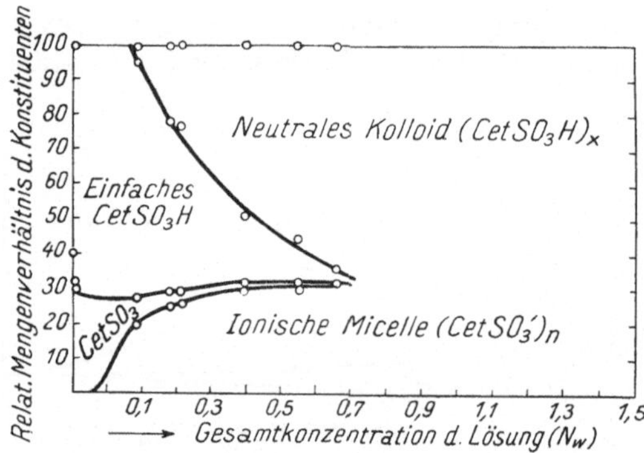

Abb. 146. Konstitution der Hexadecansulfosäurelösungen nach M. H. Norris

Die Tabelle 228 enthält die Daten für Kaliumlaurat. Zum Vergleich sind die entsprechenden Werte der Konduktivität (spez. Leitfähigkeit durch Äquivalentleitfähigkeit) danebengesetzt.

Die Übereinstimmung ist, bis auf die niedrigste Verdünnung, ganz ausgezeichnet. In dem letzten Falle ist jedoch die Konduktivität sicherlich viel zu niedrig. Exakterweise sollte nämlich für die Anionenbeweglichkeit nicht der hohe Wert für die ionische Mizelle benützt werden, welcher der Berechnung zugrunde gelegt wurde, sondern, gemäß der Aufteilung in ionische Mizelle und einfaches Lauration unter Berücksichtigung des niedrigeren Wertes für das letztere, ein mittlerer Wert zwischen beiden eingesetzt werden. Tut man das, so erhält man in guter Übereinstimmung mit der elektrometrischen Bestimmung für die Konduktivität den Wert 0,078.

Beweglichkeit der ionischen Mizelle. Für die hohe Beweglichkeit der Mizellionen, deren Annahme auf Grund der klassischen Theorie notwendig ist, um die osmotischen Werte mit den Leitfähigkeitsdaten in Übereinstimmung zu bringen, gibt McBAIN die folgende Erklärung: Nach dem STOKESschen Gesetz ist die Wanderungsgeschwindigkeit dem Verhältnis von Ladung und Teilchenradius proportional. Bei der Vereinigung der Fettsäureionen zur ionischen Mizelle wächst nun die Ladung rascher als der Radius. Dieses Anwachsen der Wanderungsgeschwindigkeit wird immerhin durch die starke Attraktion der Wassermoleküle, bedingt durch das größere elektrostatische Potential, bis zu einem gewissen Grade gebremst. Die Bildung der beweglichen ionischen Mizelle auf Kosten der einfachen Anionen wird in größerer Konzentration begünstigt und auf diese Weise soll der anomale Gang der Leitfähigkeit in gewissem Konzentrationsbereich, nämlich die Erhöhung der Äquivalentleitfähigkeit mit wachsender Konzentration verständlich werden.

Tabelle 228

Lösung	K^+-Aktivität aus der EMK	Konduktivität aus der Leitfähigkeit
1,0 n K-Laurat	0,33 n	0,36 n
0,5 n ,,	0,17 n	0,176 n
0,2 n ,,	0,082 n	0,065 n

Elektrische Überführung. Eine vom elektrochemischen Gesichtspunkte wichtige Ergänzung der Konstitutionserforschung der Seifen bilden die McBAINschen Bestimmungen der elektrischen Wanderung (mit R. BOWDEN und M. E. LAING). Es wurde die HITTORFsche analytische Methode angewendet. Nach Durchgang einer bestimmten Elektrizitätsmenge wurde die Änderung der Kationen- und Anionenkonzentration im Kathoden- und Anodenraume ermittelt. Die Berechnung erfolgte im Sinne von HITTORF: Die Zunahme der Anionen in dem Anodenraume, dividiert durch die Anzahl der durchgegangenen Faradays ergibt die Überführungszahl des Anions. Ebenso liefert der Verlust an Anionen im Kathodenraume pro Faraday die Überführungszahl des Anions. Der Gewinn an Kationen im Kathodenraume oder Verlust der Kationen im Anodenraume zeigt wiederum die Überführungszahl der Kationen an. Unter Vernachlässigung der geringfügigen Hydrolyse muß die Summe der beiden 1 ergeben. Ist die Überführungszahl des Kations n_K, so läßt sich daraus die Überführungszahl der Anionen

$$n = 1 - n_K$$

angeben. Auf Grund dieses Zusammenhanges sind die Experimentalergebnisse in Termen der Anionenüberführungszahlen ausgedrückt. Ein Beispiel:

Tabelle 229. Überführungszahl für 0,5145 n Natriumoleat bei 17,5° C

	Änderung pro Faraday		Mittelwert
	Na-Analyse	Oleat-Analyse	
Anodenraum	+ 0,089	+ 1,190	1,252
Kathodenraum	— 0,325	— 1,405	

Die Zunahme der Oleatkonzentration im Anodenraum betrug 1,190 Äquivalente pro Faraday. Gleichzeitig hat die Oleatkonzentration im Kathodenraum um 1,405 Äquivalente abgenommen. Bemerkenswerterweise fand an der Kathode eine Abnahme, an der Anode eine Zunahme an Natriumion statt. Die negative Überführungszahl der Kationen zeigt uns, wie in den Überführungsbestimmungen der ZSIGMONDYschen Schule an Kaliumstannat, die Tatsache an, daß beim Stromdurchgang mehr Alkaliionen (in undissoziierter Form) mit den negativ geladenen Partikelchen zur Anode transportiert werden, als freie Natriumionen von dort gemäß ihrem Ladungssinn abwandern. In diesem Fall ist die Überführungszahl der Anionen größer als die Einheit. In den Schwankungen der Einzelwerte kommt die breite Fehlerzone zum Ausdruck.

Eine Übersicht der erhaltenen Daten (Konzentrationen abgerundet) bringt die folgende Tabelle.

Tabelle 230. Überführungszahl des Anions, Natriumoleat

Konzentration n	Überführungszahl
0,6	1,03
0,5	1,09
0,4	1,12
0,2	1,19
0,05	1,22
0,01	0,50

Der kleine Wert der Überführungszahl in der niedrigsten Konzentration weist darauf hin, daß hier bereits die an negative geladene Partikeln gebundenen Natriumionen verschwinden.

Einige Bestimmungen an Kaliumseifen ergaben die folgenden Resultate:

Tabelle 231. Überführungszahl des Anions

Salz	Konzentration	Überführungszahl
Kaliumoleat......	0,5 n	0,70
Kaliumlaurat.....	1 n	0,55
„	0,2 n	0,67
„	0,05 n	0,28

Die beobachtete kleinere Überführungszahl des Kaliumoleates verglichen mit dem Natriumsalz erklärt sich aus der um etwa 50% höheren Beweglichkeit des Kaliumions gegenüber Natrium. Bei Laurat dürfte die geringere Neigung zur Assoziation eine Rolle spielen. Der niedrige Wert für 0,05n Laurat entspricht der Annahme eines molekulardispersen Salzes mit normalen Beweglichkeiten für Anion und Kation.

Die Berechnung der Wanderungsgeschwindigkeit der einzelnen Komponenten aus der Überführungszahl ist natürlich ohne weitere Annahmen nicht möglich.

Hydratation. MC BAIN schließt aus seinen Untersuchungen auf eine starke

Hydratation der ionischen Mizelle und des Neutralkolloids. Die in einem gewissen Konzentrationsbereich stattfindende Zunahme des Dampfdruckes und der demgemäß anomale Gang des osmotischen Druckes kann z. B. durch Abnahme der Hydratation (und dadurch bedingte größere relative Konzentration des freien Lösungsmittels) erklärt werden.

Zur Bestimmung der Hydratation wurden spezielle Versuche unternommen. Eine Seifenlösung wurde in Anwesenheit einer gelösten Bezugsubstanz der Ultrafiltration unterworfen. Die Bezugsubstanz passiert das Ultrafilter, die Seife wird dagegen zurückgehalten. Wenn die Seife hydratisiert ist, wird die effektiv verfügbare Menge des freien Lösungsmittels kleiner, als der analytischen Zusammensetzung entspricht, da ein Teil des Wassers in der Form von Hydratwasser gebunden ist. Die effektive Konzentration der Bezugsubstanz wird dann größer als die analytische. Bei der Ultrafiltration wird das Filtrat die Bezugsubstanz in der effektiven Konzentration enthalten. Aus der Differenz der effektiven und analytischen Konzentration läßt sich dann die Hydratation als die Anzahl jener Wassermoleküle, welche durch ein Seifenmolekül gebunden sind, berechnen. McBain und W. J. Jenkins benützen als Bezugsubstanz KCl, das jedoch zu einem geringen Teil an die Seife gebunden ist, wodurch seine effektive Konzentration vermindert wird. Die erhaltenen Werte, ohne Rücksichtnahme auf ein Festhalten der Bezugsubstanz seitens der Seife, stellen somit Minimalwerte dar.

Tabelle 232

	Konzentration von K-Laurat	Konzentration von KCl	Hydratation gefunden
Anfangsfiltrat	0,000	0,762	
Lösung am Filter	1,129	0,581	11,8 H_2O
Endfiltrat	0,000	0,768	
Anfangslösung am Filter	1,000	1,000	
Filtrat	0,000	1,276	11,6 H_2O
Endlösung am Filter	1,056	0,991	
Na-Oleat			
Anfangslösung am Filter	0,2517	0,1029	
Filtrat	0,0013	0,1077	9,2 H_2O
Endlösung am Filter	0,2770	0,1028	

In diesen Fällen würden also von einem Mol Seife mindestens etwa 10 Mole Wasser gebunden.

Unabhängige Existenz der ionischen Mizelle und des Neutralkolloids. Besonders interessant ist die Frage, welche Beziehung zwischen Neutralkolloid und ionischer Mizelle besteht. Es gibt dafür drei Möglichkeiten:

1. Die zur ionischen Mizelle gerechneten Fettsäureanionen sind an der Oberfläche des Neutralkolloids angelagert. Die Konstitution eines Kolloidteilchens der Seife wäre völlig analog der Konstitution der Oxydsole, wie sie

von DUCLAUX und PAULI angenommen wurde. An der Oberfläche des Neutralteiles lagern die ionogenen Verbindungen:

$$(\mathrm{x\,NaP\,.\,y\,P^-}) + \mathrm{y\,Na^+}.$$

2. Die ionische Mizelle existiert in der Lösung unabhängig neben dem Neutralkolloid. Es sind also die assoziierten Fettsäureanionen vorhanden

$$[\mathrm{n\,P^-}] + \mathrm{n\,Na^+}$$

und daneben das Neutralkolloid

$$(\mathrm{NaP})_x.$$

3. Es sind alle drei Formen vorhanden: Das Neutralkolloid mit den oberflächlich angelagerten Fettsäureionen, die ionische Mizelle und das undissoziierte Neutralkolloid.

MCBAIN wurde, anfangs ohne Anhaltspunkte für eine Entscheidung, im Laufe seiner Untersuchungen zu der Ansicht geführt, daß nur die zweite Möglichkeit mit den experimentellen Tatsachen am besten in Einklang zu bringen ist. Vor allem sind es die Überführungsdaten, welche die unabhängige Existenz der ionischen Mizelle und des Neutralkolloids fordern. (Siehe insbesondere bei M. E. LAING.)

Die Kombination der osmotischen und Leitfähigkeitsdaten, z. B. in Natriumoleatlösungen von 0,4n aufwärts, führt zwangsläufig zur Annahme hoher Beweglichkeiten der Anionen, etwa in der Höhe derjenigen von Kalium, ferner zur Annahme einer Zusammensetzung der Lösung derart, daß nur die Natriumionen als zum osmotischen Druck beitragender, molekulardisperser Konstituent vorhanden sind und rund $^4/_5$ des Oleats undissoziiert vorliegen. Nimmt man nun an, daß das undissoziierte, kolloiddisperse Salz (das Neutralkolloid) mit den assoziierten Fettsäureanionen verbunden ist, so folgt daraus, daß die Wanderungsgeschwindigkeit der derart zusammengesetzten Kolloidionen identisch ist mit der berechneten hohen Wanderungsgeschwindigkeit der Anionen. Unter Berücksichtigung des Umstandes, daß $^4/_5$ der Natriumionen mit den Anionen zur Anode geschleppt werden, würde sich die Überführungszahl der Oleationen zu 3,0, die der Natriumionen zu —4,0 ergeben, da mit jedem Mol dissoziiertes Oleation vier Mole Natriumoleat zur Anode wandern würden. Der experimentell ermittelte Wert der Überführungszahl beträgt jedoch nur ein wenig mehr als 1.

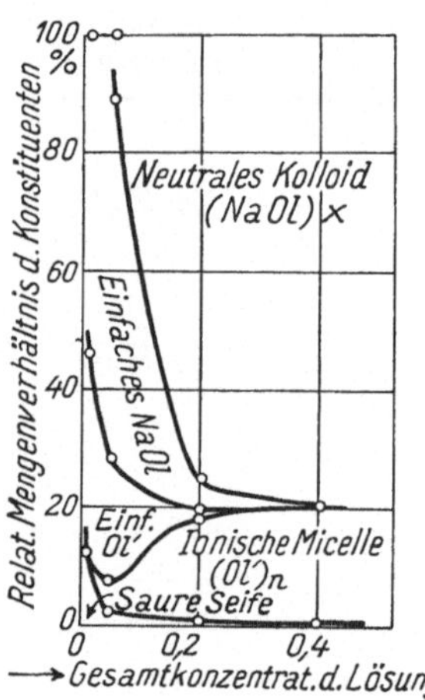

Abb. 147. Konstitution der Natriumoleatlösungen nach J. W. MCBAIN und M. E. LAING

Man kann nun daran denken, daß die Berücksichtigung der Hydratation aus dem experimentell ermittelten Werte der sogenannten scheinbaren Überführungszahl Werte für die wahre Überführungszahl ableiten ließe, welche in der Tat derart hoch liegen würden. Es wurde jedoch berechnet, daß dies nur dann möglich ist, wenn man annimmt, daß $^2/_3$ des gesamten Wassers als Hydratwasser gebunden sind. Allein das ist äußerst unwahrscheinlich, so daß man die Unabhängigkeit der beiden Konstituenten als wahrscheinlicher anzunehmen hat.

Dennoch kann keine vollständige Unabhängigkeit angenommen werden in dem Sinne, daß das gesamte Neutralkolloid als im elektrischen Strome unbeweglich betrachtet wird. Dann wäre nämlich die Überführungszahl bei der angenommenen Beweglichkeit nur 0,60. Einen Teil des Neutralkolloids muß man auf alle Fälle als anionisch transportiert annehmen. Es gibt nur zwei Möglichkeiten. Entweder nimmt man an, daß ein Teil des Neutralkolloids mit der ionischen Mizelle wandert und der andere völlig ungeladen ist. Dann ergibt sich, daß

$$\frac{1{,}28 - 0{,}60}{0{,}60} = 1{,}13$$

(1,28 = empirische Überführungszahl, 0,60 Verhältnis der effektiven Beweglichkeiten von Anion und Natrium) 1,13 Mole NaOl mit 1 Mol Oleation aggregiert sind. Die Konstitution der ionischen Mizelle wäre dann

$$(\text{Ol}' \,.\, 1{,}13\ \text{NaOl},\ 35\ H_2O)\ x,$$

während der übrige und größte Teil des undissoziierten Salzes als ungeladenes Neutralkolloid eine unabhängige Existenz führt.

Oder aber man macht die Annahme, daß das ganze Neutralkolloid anionisch wandert und die ionische Mizelle frei ist von undissoziiertem Salz. Dann beträgt die effektive Beweglichkeit des Neutralkolloides $^2/_7$ derjenigen der ionischen Mizelle, d. h. des Kaliumions. Diese Beweglichkeit würde dieselbe Größe haben wie die sonst gefundenen zuverlässigsten Werte für die Wanderungsgeschwindigkeit gewöhnlicher Kolloidionen (etwa $22 \,.\, 10^{-5}$ cm).

Trotzdem kann bei Voraussetzung genügender Teilchengröße der Beitrag dieser „Kolloidionen" (in unserem Sinne) zur Leitfähigkeit der Lösung infolge des großen Kolloidäquivalentes vernachlässigt werden.

Die direkte Beobachtung der Elektrophorese von Seifengallerte spricht für die letzte Annahme. Infolge der hohen Brechungsindizes beobachtet man dabei die Ausbildung zweier Grenzschichten, von denen die eine, die Grenzschicht einer klaren Flüssigkeit, rascher zur Anode wandert als die andere, die Grenzschicht der Hauptmenge. Die erste dürfte der ionischen Mizelle, die zweite dem Neutralkolloid entsprechen.

Durch Ultrafiltration ließ sich die Unterscheidung zwischen Neutralkolloid und ionischer Mizelle stützen. Es konnte nachgewiesen werden, daß im Natriumoleat Partikeln in der Größe zwischen 450 mμ und 75 mμ vorhanden sind, und zwar genau in der Menge, welche für das Neutralkolloid abgeleitet wurde, ferner daß Teilchen unterhalb der Größe 15 mμ in der für die ionische Mizelle angenommenen Menge in der Lösung enthalten sind.

Gallertstruktur. Beim Abkühlen der Lösungen von Seifen, deren Löslichkeit durchwegs mit der Temperatur stark wächst, erstarren die übersättigten Lösungen gewöhnlich zu weißlich-undurchsichtigen Gelen. Von diesen durchaus verschieden ist eine andere Erscheinungsform der Seife, welche von McBain und M. E. Laing aufgefunden wurde. Diese Autoren haben die Beobachtung gemacht, daß Natriumoleat in gewissen Konzentrationen bei sehr vorsichtigem Erwärmen der Gele zwischen 0° und 25° im Zustand einer klaren, völlig durchsichtigen Gallerte auftreten kann. In diesem Temperaturintervall sind noch zwei andere Zustandsformen möglich, die einer klaren Flüssigkeit und die eines opaken Gels. Mit Ausnahme der Festigkeit und der Elastizität besteht zwischen Lösung und Gallerte gar kein Unterschied. Es ist vor allem die Feststellung wichtig, daß die elektrische Leitfähigkeit des Systems völlig unabhängig davon ist, ob die Lösung zu einer Gallerte erstarrt ist oder nicht. Dasselbe gilt für die Taupunkterniedrigung, ferner auch für das Potential der Amalgamelektrode, d. h. für die Natriumionaktivität. Besonders interessant ist die Tatsache, daß die Überführungszahl in der Lösung und in der Gallerte die gleiche ist, auch dann, wenn im letzten Falle ein elektroosmotischer Wassertransport stattfindet. Die relative Verschiebung der Komponenten gegeneinander pro Stromeinheit bleibt also völlig unverändert.

Tabelle 233. Molekulare Leitfähigkeit von 0,4 n Na-Oleat

Temperatur	Sol	Gallerte	Gel
5°	13,94	13,94	4,248
10°	16,22	16,22	6,015
15°	19,13	19,13	
20°	22,62	22,62	
25°	25,87	25,8	

Tabelle 234. Taupunkterniedrigung von Na-Oleat bei 18°

Konzentration	Gallerte	Lösung
0,6 n	0,06°	0,06°
0,4 n	0,04°	0,04°

Tabelle 235. Überführungszahl von Na-Oleat

Konzentration	Lösung	Gallerte	Gel
0,6	1,05	1,07	4,49
0,5	1,09	1,07	1,69 bis 2,45
0,4	1,12	1,08	2,11 „ 5,27
0,2	1,22	1,19	1,61 „ 1,71

Durchaus verschieden von den Gallerten ist das Verhalten der opaken Gele. Die experimentellen Befunde weisen hier auf eine gröbere heterogene Struktur. Die Ausscheidungsprodukte wirken für den Stromtransport im Sinne einer mechanischen Behinderung und rufen auf diese Weise eine Verminderung der Leitfähigkeit hervor. Die Überführungszahlen zeigen eine quantitative Übereinstimmung mit der Theorie von Mc Bain und Laing, wobei die Konzentration der abpreßbaren Mutterlauge und des eigentlichen Gels separat in die Rechnung zu ziehen sind und dem Gel die Beweglichkeit des Neutralkolloides zugeordnet wird.

Der Befund, daß die Gallerten außer in mechanischer Hinsicht alle Eigenschaften mit den Lösungen gemeinsam haben, gestattet eine Reihe wichtiger Folgerungen für ihre Struktur, welche eine allgemeine Bedeutung besitzen. Vor allem muß man schließen, daß zwischen den Bestandteilen der Lösung und der Gallerte dasselbe Gleichgewicht besteht.

Ferner zeigt die unveränderte Leitfähigkeit, daß der Stromtransport völlig unverändert bleibt und die unveränderten Überführungszahlen zeigen an, daß zwischen Elektrolyse, Elektrophorese und Elektrosmose eine Wesensidentität vorhanden ist.

Der Befund bildet eine wesentliche Stütze für die Auffassung, daß die Gallerte ein loses Netzwerk derselben submikroskopischen Einheiten, welche in der Lösung bereits vorhanden sind, darstellt. Diese Auffassung steht im Gegensatze zu der Auslegung der mikroskopischen Beobachtungen von HARDY und BÜTSCHLI, die eine mikroskopisch heterogene Struktur der Gallerten annahmen und bestätigt die Kritik dieser Annahme seitens PAULIS, wonach die mikroskopisch sichtbare Heterogenität erst als Folge der weiteren Behandlung der Gallerten (z. B. Eintrocknen, Fällung) auftritt.

Die lockere Aggregation des Neutralkolloides soll nach McBAIN nicht nur die Gallertbildung bedingen, sondern im allgemeinen auch für die scheinbare hohe Viskosität der Seifenlösung verantwortlich sein. Die Ordnung der Teilchen in lange, verzweigte Fäden durch die zwischen den Teilchen wirkenden Restvalenzen immobilisiert mehr oder weniger die Lösung.

Viskosität. Die experimentellen Untersuchungen des Einflusses von Salzen auf die Viskosität von konzentrierten Seifenlösungen haben folgendes ergeben. Kleine Salzzusätze rufen zunächst eine Erniedrigung der Viskosität hervor (F. GOLDSCHMIDT-FARROW, A. MAYER-G. SCHAEFFER-E. F. TERROINE.) Dann findet mit zunehmender Salzkonzentration eine Zunahme der Viskosität statt bis zu einem Maximum. Weiterer Zusatz ruft dann Abfall der Viskosität hervor. Der maximale Wert der Viskosität beträgt häufig das Mehrhundertfache des Wertes der reinen Seifenlösung. Das Minimum der Viskosität, welches beim weiteren Salzzusatz bis zu der Konzentration des Aussalzens erreicht wird, ist noch immer mehrmal so groß als der Anfangswert.

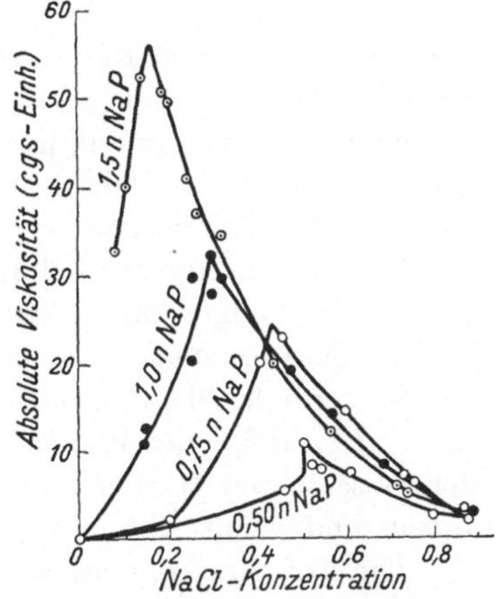

Abb. 148. Beeinflussung der inneren Reibung von Natriumpalmitatlösungen durch Salzzusatz nach J. W. McBAIN, H. J. WILLAVOYS und H. HEIGHINGTON

McBAIN erklärt den Befund auf Grund seiner Theorie der scheinbaren Viskosität. Salzzusatz ruft zunächst infolge Dehydratation (Dampfdruckerniedrigung) stärkere Aggregation der Teilchen des Neutralkolloides in Form einer geordneten Struktur hervor. Beim weiteren Salzzusatz wird jedoch die Packung dichter, wodurch dann weniger von der Flüssigkeit immobilisiert wird.

Die Form der Viskositätkurven zeigt eine äußere Ähnlichkeit mit den entsprechenden Kurven des Systems Protein-Säure, bzw. Protein-Alkali, wie sie von LAQUEUR und SACKUR zuerst an Alkalikaseinat aufgefunden und von PAULI eingehend studiert worden sind. Wenigstens für das Gebiet der ansteigenden Viskosität besteht jedoch zwischen den Systemen Seife-Salz einer seits, Protein-Säure anderseits ein wesentlicher Unterschied. Der Salzzusatz kann nur eine Abnahme der Ladung der Seifenteilchen hervorrufen, der Säure- oder Alkalizusatz geht jedoch zunächst mit einer Erhöhung der Proteinladung einher. Demgemäß muß die Ursache der Viskositätsänderung in beiden Fällen eine ganz verschiedene sein. Weder die erhöhte Hydratation der ionisierten Teilchen im Sinne von PAULI noch das DONNAN-Gleichgewicht im Sinne von LOEB kann bei den Seifen in diesem Gebiet eine Rolle spielen. Für den abfallenden Ast der Kurven kann dagegen möglicherweise ein gemeinsamer Grund existieren, da hier in beiden Fällen Ladungsabnahme stattfindet. Man beachte die Tatsache, daß die Neutralkolloide in der reinen Lösung die normale Beweglichkeit der Kolloidionen haben. Dehydratation oder Abnahme der elektrostatischen Abstoßungskräfte der gleichgeladenen Teilchen, schließlich auch das DONNAN-Gleichgewicht im Sinne von WILSON und LOEB könnte sowohl bei den Proteinen wie auch bei den Seifen für die Erklärung des Viskositätabfalles herangezogen werden. PAULI bevorzugt bei den Proteinen die Annahme, daß die primäre Ionisationsrückdrängung die Hydratation der freien Ladungen herabsetzt, MCBAIN hält für wahrscheinlich, daß der Salzzusatz durch die Dampfdruckerniedrigung die Hydratation der Seifenteilchen vermindert, läßt jedoch auch die Möglichkeit eines DONNAN-Effektes offen.

Interionische Kräfte. Ein durchaus anderer Weg zur Deutung der Erscheinungen der Seifenlösungen wurde in der neuesten Zeit durch K. LINDERSTRÖM-LANG versucht und hat eine ablehnende Antwort seitens MCBAINS zur Folge gehabt. Es ist lohnend, diese Diskussion zu betrachten, da man daraus ein Bild gewinnt, wie weit die Auffassungen MCBAINS als gesichert zu betrachten sind.

Nach LINDERSTRÖM-LANG sind in den Seifenlösungen im Sinne von BJERRUM und DEBYE-HÜCKEL starke interionische Kräfte anzunehmen. Es sei daher unwahrscheinlich, daß die Gasgesetze anwendbar wären. Die Berechnung der wahren Ionenkonzentrationen stößt auf unüberwindliche Schwierigkeiten. Wie bei den gewöhnlichen Elektrolyten, so kann man auch hier die Hypothese der 100%igen Ionisation anwenden. Der abnorm niedrige osmotische Druck (gegenüber der Alkaliionenaktivität) kann ohne Annahme der Aggregation der Fettsäureionen erklärt werden, und zwar auf Grund der starken VAN DER WAALSschen Attraktionskräfte, welche zwischen den langen, extrem deformierbaren Kohlenwasserstoffketten wirken.

In einer 1n-Natriumpalmitatlösung ist die mittlere Entfernung der Na-Ionen etwa $1 \cdot 10^{-7}$ cm, während die Länge eines Palmitations etwa $2{,}5 \cdot 10^{-7}$ beträgt. In dem Zusammenspiel der elektrischen Kräfte der Ionen untereinander und auf die Wassermoleküle, kompliziert durch die Deformation und in ununterbrochener Änderung zufolge der Wärmebewegung, ist es schwer möglich, durch Anwendung der Gesetze der idealen Lösungen die Teilchen als ionische Mizelle, einfache Ionen und Neutralkolloid zu unterscheiden.

Die Annahme der starken Kohäsionskräfte der Fettsäureionen ohne Aggregation im klassischen Sinne könnte die hohe Viskosität wie auch die Gelbildung erklären. Da Natriumpalmitat bis etwa 0,8n bei 90° völlig klar und optisch homogen ist (keine Ultramikronen, kein TYNDALL-Effekt), steht nach LINDERSTRÖM-LANG nichts der Annahme im Wege, daß die Lösungen molekulardispers sind.

MCBAIN weist diesen Versuch, „die Seifenlösungen in das Prokrustesbett der 100%igen Ionisationstheorie einzuzwängen“, unter Berufung auf eine Reihe experimenteller Daten zurück. Dazu gehören vor allem die Ultrafiltrationsversuche. Die Tatsache, daß ionendurchlässige Membranen einen Teil der Seife in dem aus den anderen Daten für den Kolloidanteil berechneten Verhältnis zurückhalten, ist mit der Annahme des molekulardispersen Zustandes kaum vereinbar. Die Tatsache, daß beim Stromdurchgang Kationen an der Anode angereichert werden, läßt sich auf Grund der 100%igen Ionisationstheorie nicht verstehen. Der Einfluß der Salze auf die Viskosität dürfte sich auf derselben Grundlage kaum erklären lassen, ebensowenig der anomale Gang der Hydrolyse. Schließlich sind von LINDERSTRÖM-LANG die Leitfähigkeitsdaten völlig ignoriert worden.

Eine allgemeine Bedeutung für die Kolloidelektrolyte besitzt die Frage nach der Gültigkeit des Gesetzes der Ionenstärke, welche von McBAIN erörtert wird. Die Annahme von etwa 10-wertigen Mizellen würde im Sinne der Theorie der starken Elektrolyte eine enorme inaktivierende Wirkung auf andere zugesetzte Elektrolyte erwarten lassen. Beim Zusatz von NaCl zu Na-Palmitat fand sich jedoch noch immer 75 bis 80% der Dampfdruckerniedrigung, welche die Salze allein hervorrufen würden. Dieses Verhalten entspricht eher der gegenseitigen Beeinflussung 1-1-wertiger Elektrolyte.

Um diese Tatsache zu verstehen, braucht man nur den mittleren Abstand der Ladungen der ionischen Mizelle zu berechnen. Es ergibt sich unter Berücksichtigung der Länge der Kohlenstoffkette rund $20 \cdot 10^{-8}$. Dies entspricht dem mittleren Abstand der Chlorionen in 1n NaCl-Lösung. In der ionischen Mizelle findet also keine übermäßige lokale Kondensation der Ladungen statt. Aus diesem Grunde — schließt McBAIN — ist die ionische Mizelle eine Ausnahme von der Regel der Ionenstärke.

Die Seifen und die Kolloidelektrolyte. Wir wollen im Folgenden kurz das Bild zusammenfassen, welches die McBAINschen Forschungen über die Konstitution der Seifenlösungen bieten und vor allem die Eigenart dieser Gruppe im Reiche der Kolloide kennzeichnen.

Die verdünnten Lösungen der Seifen sind molekulardispers, in den konzentrierteren Lösungen stehen molekulardisperse und kolloiddisperse Teilchen miteinander im Gleichgewicht. Das Gleichgewicht ist momentan einstellbar und völlig reversibel. Bei höherer Temperatur verschiebt sich das Gleichgewicht zugunsten der molekulardispersen Zerteilung. Dies ist in Einklang mit der allgemeinen Natur der Aggregationsgleichgewichte, welche in den meisten Fällen infolge der stärkeren thermischen Molekularbewegung im Sinne eines Zerfalls verschoben werden.

Bereits diese Merkmale sind genügend, um eine Gruppe der kolloiden Lösungen schärfer herauszuheben. Man findet in dieser Gruppe allgemein die Salze und die starken Säuren hochmolekularer Anionen, außer den Seifen auch einen großen Teil der Farbstoffe.

Das Aggregationsgleichgewicht ist hauptsächlich durch zwei Faktoren bedingt: Durch die gegenseitige Abstoßung der Anionen infolge ihrer elektrischen Ladung und durch ihre gegenseitige Anziehung infolge VAN DER WAALSscher Kräfte oder von Restvalenzen, durch die Kräfte, welche auch der gerichteten Struktur der monomolekularen Filme zugrunde liegen.

Der Neutralteil der Elementsole (Edelmetalle, S), der Hydroxydsole und der typischen Salzsole (Sulfide, Halogensilber) besteht aus einer Molekülart, welche infolge ihrer geringen Löslichkeit nur sehr wenig freie Ionen liefert. Der Neutralteil der Seife besteht aus einem leicht löslichen, starken Elektrolyten. Durch diese Eigenschaft unterscheiden sich die Seifen auch von den übrigen isomolekularen Kolloiden, deren Neutralteil und ionogener Anteil, so wie bei den Seifen, aus derselben Molekülart besteht (z. B. gereinigte Kieselsäuresole).

McBain nennt die Gruppe mit den Eigenschaften der Seifen Kolloidelektrolyte. Wir wollen jedoch den Ausdruck Kolloidelektrolyte in einem allgemeinen Sinne gebrauchen und statt dessen hier von seifeartigen, hochmolekularen Elektrolyten sprechen.

McBain definiert die Kolloidelektrolyte folgendermaßen: „Kolloidelektrolyte sind Lösungen von Salzen, deren eines Ion ersetzt ist durch eine stark hydratisierte mehrwertige Mizelle und welche einen äquivalenten Gesamtbetrag der elektrischen Ladungen führen und als ausgezeichnete Leiter der Elektrizität dienen. Zu dieser neuen Klasse gehören wahrscheinlich unter gewissen Bedingungen die meisten organischen Verbindungen, welche mehr als acht Kohlenstoffatome enthalten und zur Ionbildung befähigt sind, dann Lösungen von Säure- und Alkaliproteinen, Farbstoffen, Indikatoren, Sulfonate, Seifen und möglicherweise solche Verbindungen wie Chromchlorid und die Alkaliwolframate, Zinkate, Tellurate und Silikate."

McBain definiert die Gruppe etwas breiter, als wir es getan haben, und schließt daher die Proteinsalze mit ein. Die Proteine unterliegen im allgemeinen (von Glutin abgesehen) keinem nachweisbaren reversiblen und temperaturabhängigen Assoziationsgleichgewicht, das für uns ein wesentliches Charakteristikum der Seife bildet. Der Molekularzustand der neutralen Proteinlösungen, welche schwache Elektrolyte sind, ist wenigstens annähernd derselbe wie der Molekularzustand der starken Proteinsalze, deren kleinster Baustein bereits das Kolloidion ist. Diese Tatsache erklärt die Verschiedenheit der zwei Gruppen und wir halten daher ihren Zusammenschluß in eine nicht für ganz zweckmäßig.

Neutralteil und ionogener Anteil stehen in den am stärksten kolloiden Seifenlösungen zueinander in dem Verhältnis 5 : 1. Das Verhältnis der neutralen Moleküle und der freien Ladungen ist in den anorganischen Solen zumeist ein weit größeres.

Die Äquivalentkonzentration der freien Ladungen kann in den Seifenlösungen einen so großen Betrag erreichen, wie er bei keinem anorganischen Sol möglich ist und bisher auch bei den Proteinsalzen nicht gefunden wurde.

Nach McBain besteht der kolloide Anteil der Seifen aus zwei Teilchenarten: Aus der ionischen Mizelle, gebildet durch Assoziation der Fettsäureionen unter Beibehaltung ihrer Ladung, und aus dem Neutralkolloid, gebildet durch Aggregation von neutralen Seifenmolekülen. Die Neutralkolloide zeigen die normale Wanderungsgeschwindigkeit der Kolloidionen, ja sie unterscheiden sich in ihren wichtigsten Eigenschaften nicht von den Kolloidionen, welche die Kolloidteilchen in allen stabilen anorganischen Solen darstellen. Das Neutralkolloid der Seife im Sinne von McBain ist also nichts anderes als ein Kolloidion in dem üblichen Sinne. Wir halten daher jenen Ausdruck für nicht ganz glücklich gewählt. Er weist allenfalls auf die Tatsache hin, daß darin der allergrößte Teil der Seifenmoleküle undissoziiert ist.

Die ionische Mizelle ist im Gegensatz zum Neutralkolloid eine eigenartige Erscheinungsform der seifenartigen Lösungen.

Seifenartige Konstitution besitzen nach den Untersuchungen von A. Reychler die wässerigen Lösungen von Hexadekyl-Triäthylammoniumjodid [$C_{16}H_{33}$-

$(C_2H_5)_3NJ]$ und von Hexadecyl-Diäthylammoniumchlorid $[C_{16}H_{33}(C_2H_5)_2$-$HNCl]$, ferner nach den Untersuchungen von H. FREUNDLICH und G. ETTISCH die wässerigen Natriumuratlösungen. Nach den Untersuchungen von P. WALDEN kommt auch den Salzen in gewissen, die Ionisation hemmenden Lösungsmitteln eine ähnliche Konstitution zu. Siehe darüber das Kap. 67.

Hydratation und Stabilität. Für die Stabilität des „Neutralkolloides“ erblickt McBAIN einen wesentlichen Faktor in der Hydratation der undissoziierten Doppelschicht an der Oberfläche, welche ihr Maximum in der Nachbarschaft der freien Ladungen erreicht. Wir haben jedoch nirgendwo Anhaltspunkte dafür, daß eine undissoziierte Doppelschicht die Lösungsstabilität fördern würde. Die Salze der wasserlöslichen Proteine, wie Albumin, sind nach Zurückdrängung der Dissoziation kaum so stabil wie das Eiweiß im isoelektrischen Punkt. Wir möchten vielmehr neben der Hydratation der Seifenmoleküle (welche von einer Doppelschichtstruktur unabhängig ist) in erster Linie die freie Ladung des „Neutralkolloides“ für die Stabilität verantwortlich machen, in völliger Übereinstimmung mit den anorganischen Solen und den Proteinen.

Untersuchungen von F. Goldschmidt und R. Zsigmondy. Teilweise gleichzeitig und unabhängig von den Untersuchungen McBAINs erschienen auch andere eingehende Studien über die Elektrochemie der Seifen, welche im allgemeinen übereinstimmende Resultate brachten. In erster Linie sind hier die Karlsruher Dissertationen unter Leitung von F. GOLDSCHMIDT (vorwiegend über technische Seifen) und die Arbeiten aus dem Göttinger Institut ZSIGMONDYs zu nennen. Prinzipielle Widersprüche zwischen den Ergebnissen dieser Untersuchungen bestehen nicht.

Waschwirkung. Grundlegend für die Theorie der Waschwirkung ist der Versuch W. SPRING's, in dem gezeigt wurde, daß eine Suspension von Ruß, welche durch Filtrierpapier zurückgehalten wird und ein klares Filtrat gibt, mit Seifenlösung versetzt glatt durchläuft. Die Deutung kann eine zweifache sein: 1. Peptisation der Sekundärteilchen von Ruß, 2. Aufhebung der Adsorption ans Filtrierpapier. Wahrscheinlich kommt die Waschwirkung durch Zusammenspiel beider Faktoren zustande: Aufhebung der Festhaltung des Schmutzes durch die zu reinigende Oberfläche und Zerteilung des Schmutzes. Warum gerade die Seifen diese Aufgabe am besten erfüllen? In erster Linie wohl durch ihre Neigung, an den Oberflächen dünne (wahrscheinlich monomolekulare) Filme zu geben. Diese Schutzhüllen verleihen den umhüllten Teilchen eine elektrische Ladung, ähnlich der Ladung des sogenannten Neutralkolloides der Seifen. Es findet also Peptisation durch Aufladung statt, wobei als aufladende Moleküle die Fettsäureanionen funktionieren. Schließlich kommt der Umstand hinzu, daß die flockenden mehrwertigen Ionen, und zwar auch solche, welche von OH^--Ionen nicht gebunden werden (z. B. Ca^{++}), mit der Seife ein unlösliches Salz geben, wodurch die peptisierende Wirkung der überschüssigen Seife ungehindert in Aktion treten kann. Außer den oben genannten Gründen besteht eine besondere emulgierende Fähigkeit der Seife für die Fette und Öle infolge der chemischen Verwandtschaft der Fettsäureanionen und der Fettkohlenwasserstoffketten. Durch Emulgieren des Fettes werden die darin verschmierten Schmutzpartikelchen für eine Peptisationswirkung der Seifen freigesetzt.

Auf der oberflächlichen Verseifung beruht die peptisierende Wirkung von Alkali gegenüber den Fetten.

Die peptisierende Wirkung der stark sauren Wasserstoffseifen, zuerst dargetan durch A. REYCHLER, beweist, daß dem durch Hydrolyse gebildeten Alkali keine ausschlaggebende Rolle für die Waschwirkung der Seifen zukommt, obwohl die durch Pufferung gesicherte Hydroxylionenaktivität der Seifenlösungen ungefähr dem Optimum der Reaktion für die Beständigkeit negativ geladener Dispersoide entspricht.

Die starke Schaumfähigkeit der Seifen beruht ebenfalls auf der Tendenz, sich an Oberflächen (in diesem Falle an der Grenzfläche Luft/Lösung) anzureichern. M. E. LAING hat analytisch festgestellt, daß an der Seifenhautbildung neben der neutralen auch saure Seife beteiligt ist. Die Schaumbildung unterstützt mechanisch den Reinigungsvorgang.

Literaturverzeichnis

BOWDEN, C. R.: Journ. Chem. Soc. **99**, 191 (1911). — BUNBURY, H. M. und H. E. MARTIN: Journ. Chem. Soc. **105**, 417 (1914). — ETTISCH, G., L. F. LOEB und B. LANG: Bioch. Z. **184**, 257 (1927). — FARROW: Journ. Chem. Soc. **101**, 347 (1912). — FLECKER, O. J. und M. TAYLOR: Journ. Chem. Soc. **121**, 1101 (1922). — FREUNDLICH, H. und L. F. LOEB: Bioch. Z. **180**, 141 (1927). — GOLDSCHMIDT, F.: Seifensieder Z. **41**, 337 (1915); Z. f. Elektr. **18**, 380 (1912). — DERSELBE und L. WEISSMAN: Koll. Z. **12**, 181 (1913). — KAHLENBERG, L. und O. SCHREINER: Z. f. phys. Ch. **27**, 552 (1898). — KRAFFT, F.: Ber. **29**, 1328 (1896). — LAING, M. E.: Journ. Phys. Chem. **28**, 673 (1924). — Proc. Roy. Soc. London A. **109**, 28 (1925). — LINDERSTRÖM, K.-LANG: C. r. Lab. Carlsberg **16**, Nr. 6 (1926). — MAC BAIN, J. W.: Journ. Phys. Chem. **28**, 706 (1924); **30**, 239 (1926). — Journ. Am. Chem. Soc. **50**, 636 (1928). — DERSELBE und M. TAYLOR: Z. f. phys. Ch. **76**, 179 (1911). — Ber. **43**, 32 (1919). — DERSELBE und E. C. V. CORNISH und R. C. BOWDEN: Journ. Chem. Soc. **105**, 417 (1914). — DERSELBE und H. E. MARTIN: Journ. Chem. Z. **105**, 957 (1914). — DERSELBE und T. R. BOLAM: Journ. Chem. Soc. **113**, 825 (1918). — DERSELBE, M. E. LAING und A. F. TITLEY: Journ. Chem. Soc. **115**, 1279 (1919). — DERSELBE und C. S. SALMON: Journ. Am. Chem. Soc. **42**, 426 (1920). — DERSELBE und M. E. LAING: Journ. Chem. Soc. **117**, 1506 (1920). — DERSELBE, M. TAYLOR und M. E. LAING: Journ. Chem. Soc. **121**, 621 (1922). — DERSELBE und W. J. JENKINS: Journ. Chem. Soc. **122**, 2325 (1922). — DERSELBE und R. BOWDEN: Journ. Chem. Soc. **123**, 2417 (1923). — DERSELBE und A. STEWART: Journ. Chem. Soc. S. 1392 (1927). — DERSELBE und R. BUCKINGHAM: Journ. Chem. Soc. S. 2679 (1927). — DERSELBE, H. J. WILLAWOYS und H. HEIGHINGTON: Journ. Chem. Soc. S. 2689 (1927). — MAYER, A., G. SCHAEFFER und E. F. TERROINE: C. r. **146**, 4847 (1908). — NORRIS, M. H.: Journ. Chem. Soc. **121**, 2161 (1923). — REYCHLER, A.: Koll. Z. **12**, 277; **13**, 252 (1913). — Bull. Soc. Chim. Belg. **27**, 110, 113, 277 (1913). — SALMON, C. A.: Journ. Chem. Soc. **117**, 530 (1920). SMITS, A.: Z. f. phys. Ch. **45**, 608 (1903). — SPRING, W.: Koll. Z. **4**, 161 (1909); **6**, 11, 109, 164 (1910). — WALDEN, P.: Elektrochemie der Lösungen (in Ostwald-Drucker Handbuch) Bd. II, S. 332, Leipzig (1924). — ZSIGMONDY, R.: Lehrbuch. 5. Aufl., II. Bd. Leipzig (1927). — Z. f. phys. Ch. **101**, 292 (1922).

64. Farbstoffsole

Die wässerigen Lösungen einiger hochmolekularer Farbstoffe, vor allem von aminosulfosauren Salzen, wurden auf ihre Leitfähigkeit und ihren osmotischen Druck von mehreren Forschern wiederholt untersucht, ohne daß ihre physikalisch-chemische Konstitution bis zum heutigen Tage eine völlig befriedigende Aufklärung gefunden hätte. Daß diese Farbstofflösungen kolloider Natur sind, beweist vor allem die Tatsache ihrer Undurchgängigkeit durch Pergamentpapier, Kollodium oder Membranfilter.

Farbsäuren. In neuester Zeit sind Kongoblau und Kongorubinblau als allerreinste Farbstoffsole rein azidoiden Charakters hergestellt und elektrochemisch charakterisiert worden (PAULI und E. WEISS). Beide wurden durch Elektrodialyse der Farbstoffe Kongorot und Kongorubin gewonnen.

Den Gang der Äquivalentleitfähigkeit des Kongoblausols mit der Verdünnung gibt die folgende Tabelle 236 wieder.

Tabelle 236

Verdünnung V	$\varkappa$ (spezifische Leitfähigkeit 10^{-6})	$\varkappa \cdot V \cdot 10^5$ (relative Äquivalentleitfähigkeit)
1 (0,19%)	34	3,4
2	18,5	3,7
4	11,2	4,48
8	7,4	5,92
10	6,6	6,6
16	5,3	8,48

Eine potentiometrische Messung der H-Aktivität war infolge einer durch den Farbstoff bedingten Störung weder mit der H_2-, noch der Chinhydronelektrode möglich. Dagegen konnten die neutralisierbaren H-Ionen mittels konduktometrischer Titration bestimmt werden. Berechnet man aus der Leitfähigkeit des Sols die leitfähigkeitsaktiven H-Ionen, so ergibt sich schon in einem Sol von 190 mg Farbstoff im Liter eine 100%ige Beteiligung sämtlicher titrierbaren Gegenionen an der Leitfähigkeit. Das zeigt die folgende Tabelle 237 deutlich.

Tabelle 237. Ionisationszustand der Kongosäure nach PAULI und E. WEISS

Verdünnung V	$\varkappa \cdot 10^5$	n_H titr. H	a_H ber. akt. H	a_H / n_H Verh. des akt. z. Ges.-H	
1 Stammlösung (0,19%)	3,2	14,1 10^{-5}	8,0 10^{-5}	56,74%	57,7%
	3,42	14,8	8,55	57,8	
	3,7	15,8	9,25	58,55	
4	1,09	3,57	2,7	75,63	76,66%
	1,17	3,79	2,9	76,52	
	1,15	3,7	2,88	77,84	
10	0,66	1,65	1,65	100	100%
	0,647	1,624	1,62	99,75	

Die Assoziationskräfte in den Teilchen nehmen beim Erhitzen des Sols und beim begleitenden temperaturreversiblen Übergang in die rote Kongosäure stark ab, wodurch der Dispersitätsgrad und die Leitfähigkeit stark anwächst. Der Temperaturkoeffizient der Leitfähigkeit erhebt sich bei einem Anstieg von 25° auf 75° C von 1,9% auf 4%.

Das blaue Kongorubinsol zeigt einen ähnlichen, stark ansteigenden Verlauf der Äquivalentleitfähigkeit mit der Verdünnung wie das blaue Kongosol. Das blaue Kongorubinsol hat einen höheren Dispersitätsgrad und eine höhere Leitfähigkeit wie ein äquimolekulares Kongoblausol, was konstitutiv verständlich wäre, da hier der Wegfall einer Aminogruppe den ampholytischen Charakter abschwächt und damit die assoziativen Kräfte im Vergleiche mit dem Kongoblau herabsetzt. PAULI und WEISS haben, nachdem bei diesen Farbsolen die molekulare Konzentration bekannt ist, die auf eine freie (leitfähigkeitsaktive) Ladung in beiden Solen entfallende Molekülzahl, das mittlere Kolloidäquivalent, berechnet und fanden in den entsprechend verdünnten Lösungen von nahezu gleicher Leitfähigkeit, für das blaue Kongosol ein Kolloidäquivalent von 17 bis 18, beim Kongorubinsol dagegen 2, ein Befund, der mit dem allgemeinen Verhalten dieser Sole und auch mit dem Unterschiede bei der Ultrafiltration der zugehörigen roten Farbsole des Handels (WO. OSTWALD), im Sinne eines höheren Dispersitätsgrades des Kongorubins, harmoniert.

Farbsalze. Die experimentellen Erfahrungen, welche das Problematische in der physikalisch-chemischen Konstitution hervortreten lassen, sind jedoch die hohe elektrische Leitfähigkeit der Farbstoffsalze neben einem kleinen osmotischen Druck. Dieselben Tatsachen hatten sich auch bei der Untersuchung der Seifen in konzentrierteren Lösungen ergeben, und wir haben in dem vorhergehenden Abschnitt gezeigt, auf welche Weise McBAIN diesen Gegensatz durch die Annahme von hochbeweglichen ionischen Mizellen zu lösen versucht hat. Nach McBAIN haben die kolloiden Farbstofflösungen eine ähnliche Konstitution wie die Seifen. Von den Forschern jedoch, welche die Untersuchung der Farbstoffe durchgeführt haben, scheint diese Auffassung nicht angenommen worden zu sein, eigentümlicherweise wurde sogar auch bis in die allerletzte Zeit ihre Gültigkeit für die Farbstoffe nicht einmal diskutiert.

Bis 1911 verursachte für die Interpretation des osmotischen Druckes von Kolloiden der Umstand die größte Schwierigkeit und Verwirrung, daß eine Theorie der Membrangleichgewichte nicht existierte. Man fand (W. M. BAYLISS, W. BILTZ) verschiedene Werte des direkt gemessenen osmotischen Druckes je nach dem Reinheitsgrad der Lösung, dem Elektrolytgehalt der Außenflüssigkeit, ferner zeitliche Änderungen usw. Infolge der theoretischen Untersuchung der Frage durch DONNAN wurden diese Erscheinungen weitgehend aufgeklärt. In einer experimentellen Untersuchung mit A. B. HARRIS konnte er zeigen, daß das osmometrische Verhalten von Kongorot die Forderungen der Theorie erfüllt. Die Schlüsse, welche man aus diesen Messungen ohne Berücksichtigung des Membrangleichgewichtes auf die Konstitution gezogen hat, sind also hinfällig.

Die Berücksichtigung des Membrangleichgewichtes läßt jedoch den Befund von W. M. BAYLISS unberührt, daß Kongorot (das Natriumsalz einer Diaminodisulfosäure vom Mol. Gew. 694) etwa 90 bis 97% jenes osmotischen Druckes zeigt, welcher unter der Annahme einfacher neutraler Moleküle berechnet wird. Im Falle der reinen Lösung und bei wenig Außenflüssigkeit ist nämlich die Membranhydrolyse und die dadurch bedingte Korrektur des gemessenen Wertes des osmotischen Druckes nur geringfügig. Ähnliche Werte wurden von DONNAN und HARRIS und in der neuesten Zeit auch von ZSIGMONDY gefunden. Diese Messungen erstreckten sich über ein Gebiet von 10^{-2} bis 10^{-3} normal.

Die folgende Tabelle gibt die von DONNAN und HARRIS gefundenen Werte der Leitfähigkeit für durch Dialyse gereinigte Kongorotlösung bei 25° wieder.

Tabelle 238. Leitfähigkeit des Kongorotsalzes nach F. G. DONNAR und A. B. HARRIS

Konzentration des Kongorots Gramm / 100 ccm	Mol. / Liter	Spezifische Leitfähigkeit	Molare Leitfähigkeit
2,667	1/26,1	$4,161 \times 10^{-3}$	108,5
1,333	1/52,2	$2,284 \times 10^{-3}$	119,2
0,667	1/104,4	$1,249 \times 10^{-3}$	130,4
0,333	1/208,8	$0,700 \times 10^{-3}$	146,2
0,1667	1/417,6	$0,390 \times 10^{-3}$	163,1
0,0833	1/835,2	$0,210 \times 10^{-3}$	175,7
0,0417	1/1670,4	$0,110 \times 10^{-3}$	183,5
	N/50-NaCl→	$2,328 \times 10^{-3}$	116,4

Zum Vergleich ist in der letzten Horizontalreihe ein Wert für 0,02n NaCl angeschlossen. Dabei ist der Umstand wohl zu beachten, daß Kongorot eine zweibasische Säure ist. Die Äquivalentleitfähigkeit ist somit nur die Hälfte der angegebenen molaren und nähert sich erst in den höchsten Verdünnungen den Werten, welche einer gewöhnlichen Salzdissoziation entsprechen. Nach den Messungen aus ZSIGMONDYS Institut übersteigt die Hydrolyse auch in diesen Verdünnungen nicht 6%, so daß ihr Einfluß auf die Leitfähigkeit zu vernachlässigen ist.

Der nächstliegende Versuch, den osmotischen Druck mit der Leitfähigkeit in Einklang zu bringen, wäre, wie bereits von DONNAN bemerkt wurde, die Annahme einer praktischen vollständig Dissoziation in der ersten Stufe und weitgehende Aggregation der Anionen unter Erhaltung dieses Ionisationszustandes. Die Schwierigkeit ergibt sich nun aus dem Umstand, daß unter dieser Annahme zu hohe Werte für die Beweglichkeit der komplexen Anionen berechnet werden.

In der neuesten Zeit sind mehrere Erklärungsmöglichkeiten erwogen worden. Die eine von E. HAMMARSTEN. Danach würde auch Kongorot einen abnormal kleinen osmotischen Druck zeigen, welcher dem tatsächlichen Ionisationszustand nicht entspricht.

HAMMARSTEN hatte ja gefunden, daß Säuren und Salze hochmolekularer Anionen mit kleinen Kationen eine kleinere Teilchenzahl in ihrem osmotischen Druck kundgeben, als der meßbaren Aktivität entspricht. Die Anomalie sollte nach ihm darin begründet sein, daß die kleineren Gegenionen in dem System der großen verborgen sind.

ZSIGMONDY hält es im Falle der Kongofarbsalze für wahrscheinlich, daß die interionischen Kräfte eine Abweichung des osmotischen und Leitfähigkeitskoeffizienten in dem Sinne hervorrufen, daß die ersten kleiner ausfallen als die letzteren. An der Annahme der Aggregation hält er fest.

Was nun die McBAINsche Hypothese betrifft, daß die Aggregation der Anionen zur Bildung hochbeweglicher ionischer Mizellen führt, so ist zu bemerken, daß beim Kongorot in dem Sinne eine Schwierigkeit vorzuliegen schien, daß

Tabelle 239. Osmotischer Druck und Leitfähigkeit der Kongosalze nach E. JORPES und E. G. HELLGREN

Untersuchtes Kongosalz	Molare Konzentration: der Stammlösungen und der Innenflüssigkeit im Gleichgewicht, als undissoziiertes Salz berechnet C	Molare Konzentration: der Basen in den Außenflüssigkeiten als undissoziiert berechnet	p_H der Stammlösungen und der Innenflüssigkeiten im Gleichgewicht	Molare Leitfähigkeit	Gefrierpunkt gefunden Δ_i °C	Gefrierpunkt berechnet für C Δ_I °C	Osmotischer Druck in cm Wasser gefunden P_i	Osmotischer Druck in cm Wasser berechnet für C P_I	$\frac{\Delta_i}{\Delta_I}$	$\frac{P_i}{P_I}$
Diammoniumsalz	0,0043	0,000055	5,8	—	—	—	108,2	105,3	—	1,027
	0,00453	0,000055	6,4	—	—	—	107,1	110,9	—	0,965
	0,0037	0,000051	—	—	—	—	88,9	90,7	—	0,98
	0,00337	0,000077	5,7	—	—	—	83,9	81,98	—	1,023
							Mittel		—	0,999
Dinatriumsalz	0,01335	—	—	—	— 0,03	— 0,0252	—	—	1,19	—
	0,0029	0,000031	6,5	194,8	—	—	87,9	71,2	—	1,23
	0,0036	0,000026	6,4	—	—	—	107,8	88,7	—	1,22
	0,0047	0,00005	6,3	—	—	—	133,7	115,5	—	1,157
							Mittel		1,19	1,20
Ditrimethylaminsalz	0,0358	—	6,0	73,5	— 0,084	— 0,68	—	—	1,235	—
	0,0179	—	6,3	—	— 0,042	— 0,34	—	—	1,235	—
	0,002	0,000035	5,4	145	—	—	66,7	48,4	—	1,38
	0,00307	0,000053	5,1	130	—	—	93,7	75,4	—	1,24
	0,00415	0,00003	6,5	—	—	—	118,1	102,1	—	1,16
							Mittel		1,24	1,26
Ditriäthylaminsalz	0,006	—	5,4	97	— 0,0207	— 0,0113	—	—	1,831	—
	0,00545	—	6,2	—	— 0,0188	— 0,0103	—	—	1,825	—
							Mittel		1,83	—
Ditripropylaminsalz	0,00679	—	6,9	—	— 0,031	— 0,0128	—	—	2,42	—
	0,00509	—	6,3	—	— 0,03	— 0,0096	—	—	3,12	—
	0,00543	—	6,5	—	— 0,033	— 0,0104	—	—	3,17	—
							Mittel		2,91	—

die experimentellen Werte, im Gegensatz zu den Seifen, Anionenbeweglichkeiten auch über die Beweglichkeit des Chlorions fordern. In $^1/_{112}$n Lösung errechnet man unter Annahme einer vollständigen erststufigen Dissoziation den Wert 76 als Anionenbeweglichkeit. Ein derartiger Wert wurde noch von McBain bei den Seifen benützt. Die nächste Verdünnung jedoch, in welcher der osmotische Druck ebenfalls bestimmt wurde, ergibt bereits die Beweglichkeit 90. Nun wurden allerdings in der letzten Zeit auch genaue Gefrierpunktmessungen an Kongorot ausgeführt, welche höhere Werte ergaben als die früheren osmometrisch gemessenen. So erhielt E. Jorpes und E. G. Hellgren den 1,19fachen Wert des für undissoziierte Moleküle berechneten und E. Joel ebenfalls einen Faktor über 1. Der osmometrische Wert von E. G. Hellgren und E. Jorpes ist übrigens in Übereinstimmung mit ihren Gefrierpunktbestimmungen. Nimmt man diese Werte als richtig an, so erscheint die McBainsche Annahme der ionischen Mizelle am Kongorot genau so begründet wie an Seifen.

Die nächste Tabelle bringt die Werte des osmotischen Druckes von verschiedenen Kongorotsalzen nach Hellgren und Jorpes.

Danach wächst der osmotische Druck mit wachsendem Kationenvolumen. Diese Tatsache kann mit allen drei Erklärungsmöglichkeiten in Einklang gebracht werden. Nach Hammarsten nähert sich das osmotische Verhalten dem normalen, wenn der Unterschied in den Volumina der beiden Ionenarten kleiner wird. Anderseits sind die interionischen Kräfte bei höherem Ionenvolumen immer geringer. Schließlich wird wahrscheinlich auch die Tendenz zur Dissoziation und dadurch auch zur Aufspaltung der Aggregate beim größeren Gegenion größer sein.

Mit Rücksicht auf diese Umstände kann man den Satz aufstellen, daß das Problem der physikalisch-chemischen Konstitution der Seifen- und der Farbstofflösungen dasselbe ist. Es kann nur gleichzeitig und in derselben Weise für beide Gruppen entschieden werden.

Auf alle Fälle bleibt es eine Besonderheit der Farbstofflösungen, daß sie bereits in einem niedrigen Konzentrationsbereich stärkere Neigung zur Aggregation zeigen als die konzentrierten Seifenlösungen. Berücksichtigt man die Tatsache, daß die Farbstoffe das mehrfache Molekulargewicht der Seifen besitzen, und daß auch die Seifen um so mehr zu Aggregatbildung tendieren, je höher molekular sie sind, so könnte auch dieses Verhalten seine Erklärung finden.

Literaturverzeichnis

Bayliss, W. M.: Proc. Roy. Soc. **81**, 269 (1909). — Biltz, W., und A. v. Vegesack: Z. f. phys. Ch. **68**, 357 (1909). — Derselbe: Z. f. phys. Ch. **77**, 91 (1911); **83**, 625 (1913). — Donnan, F. G., und A. B. Harris: Journ. Chem. Soc. **99**, 1554 (1911). — Hammarsten, E.: Bioch. Z. **144**, 388 (1924). — Jorpes, E., und E. G. Hellgren: Bioch. Z. **145**, 57 (1925). — Pauli, Wo., und E. Weiss: Bioch. Z. **203**, 103 (1928). — Zsigmondy, R.: Z. f. phys. Ch. **111**, 211 (1924).

65. Elektrochemie der polymeren Kohlehydrate

a) Stärke

Die Elektrochemie der Stärkesubstanzen wurde von M. Samec und seinen Mitarbeitern studiert und in einer Reihe veröffentlicht, welche im Institut von PAULI begonnen und im Laibacher Chemischen Institut fortgesetzt wurde. Sie fand in letzter Zeit eine zusammenfassende Darstellung in der „Kolloidchemie der Stärke" von M. SAMEC.

R. O. HERZOG und W. JANCKE haben 1920 festgestellt, daß die Stärke eine geordnete Gitterstruktur besitzt. Nach einer jüngsten Veröffentlichung von K. H. MEYER, H. HOPFF und H. MARK kommt der Stärke eine der Zellulose (siehe weiter unten) ähnliche Struktur zu. Es würden darin die Maltosegruppen durch glukosidische Bindung zu Hauptvalenzketten verknüpft sein. Während in der Zellulose die Zelluloseketten gestreckt sind, haben die Maltoseketten der Stärke eine Zickzackform. Damit würde die Tatsache zusammenhängen, daß die Stärke mit Kristallwasser kristallisiert.

Amylose und Amylopektin. Es war schon seit längerer Zeit bekannt (L. MAQUENNE), daß der Stärkekleister in mehrere Phasen zu trennen ist: In einen Amylopektinanteil, welcher die gallertbildende Substanz ist, und in eine Amylosefraktion, welche ohne Fähigkeit der Kleisterbildung wasserlöslich ist. M. SAMEC und H. HAERDTL gelang es, die Trennung mit Hilfe des PAULIschen Schichtungsphänomens der Elektrodialyse durchzuführen und nachzuweisen, daß der Unterschied der zwei Phasen elektrochemisch begründet ist. Als Ausgangsmaterial diente Kartoffelstärke, welche durch Erhitzen unter Druck in Lösung gebracht wurde. Während der Elektrodialyse schied sich aus dem ursprünglich homogenen Sol eine schwach opake Gallerte am Boden des Apparates aus, während der andere Teil der Stärke in der darüber befindlichen Flüssigkeit blieb. Die gallertige Phase ist phosphorreich, der Solanteil phosphorarm. Das Phosphor ist durch Elektrodialyse nicht entfernbar, es ist organisch an das Amylopektin gebunden, welches nach der Theorie von SAMEC eine Amylophosphorsäure vom Typus $ROP(OH)_2$ darstellt. Dieser Phosphorsäureester ist der Träger der elektrochemischen Eigenschaften der Stärke.

Die Beobachtungen wurden auf verschiedene Stärkearten ausgedehnt. Die folgende Tabelle gibt die Resultate bezüglich der Verteilung der Stärke-

Tabelle 240. Die relativen Mengen der elektrodialytisch erhältlichen Phasen und ihre Leitfähigkeit nach SAMEC

Stärke 2%ig, 1 Stunde bei 120° gelöst, 4 Stunden bei dreimaligem Wasserwechsel elektrodialysiert. Temperatur der Leitfähigkeitsmessungen 25° C

Stärkeart	Konzentration des Amylopektinanteils %	Konzentration des Amylosenanteils %	Amylopektinmenge der Gesamtsubstanz %	Leitfähigkeit $10^5 \cdot \varkappa$ des Amylopektinanteils	Leitfähigkeit $10^5 \cdot \varkappa$ des Amylosenanteils	Leitfähigkeit $10^5 \varkappa$. des Amylopektins in 2%iger Lösung
Kartoffel	1,61	0,58	73,5	6,9	1,1	8,5
Herbstzeitlose	1,20	0,55	68,6	3,8	1,0	5,5
Marantha	1,42	0,53	72,8	3,2	0,33	4,5
Mannihot	1,33	0,68	66,1	1,04	0,36	1,5
Curcuma	1,37	0,73	65,2	13,4	1,2	19,6
Roßkastanie	1,17	0,68	63,5	4,6	0,41	8,5
Weizen	1,21	0,82	59,6	1,7	0,27	2,8
Mais	0,97	1,20	44,7	2,5	0,42	5,6
Reis	0,78	1,26	38,2	5,8	0,44	14,9

substanz auf die zwei Anteile wieder. Man sieht, daß die Leitfähigkeit des ausgeschiedenen Amylopektins bedeutend größer ist, als des darüber befindlichen Amylosesols, welches annähernd die Leitfähigkeit des destillierten Wassers hat.

Die innere Reibung und der Amylopektingehalt der verschiedenen Stärkesole gehen miteinander symbat.

Die elektrochemische Charakterisierung des elektrodialytisch abgeschiedenen Amylopektins verschiedener Stärkearten gestattet interessante Vergleiche.

Tabelle 241. Nach M. Samec

Eigenschaften von Amylopektinen aus verschiedenen, mit verdünnter HCl gewaschenen Stärken, Kleister durch Eingießen einer Stärkesuspension in siedendes Wasser bereitet, nicht weiter erhitzt

	Stärkeart				
	Kartoffel	Tapioka	Reis	Mais	Weizen
Dauer der Elektrodialyse	3 Tage bei 300 V.	5 Tage bei 300 V.	7 Tage bei 150 V.	4½ Tage bei 300 V.	9 Tage bei 150 V.
Aus 100 Teilen Stärke erhaltene Amylopektinmenge	87,6 g	93,9 g	80,3 g	—	87,0 g
Aussehen der 1%igen Lösung	durchscheinend	fast klar	trüb	trüb	trüb
P_2O_5 in 100 g Amylopektin	0,171 g	0,008 g	0,012 g	0,041 g	0,072 g
Zahl der Grammatome P in 1 l 1%iger Lösung	$24 \cdot 10^{-5}$	$1,1 \cdot 10^{-5}$	$1,7 \cdot 10^{-5}$	$5,7 \cdot 10^{-5}$	$10,1 \cdot 10^{-5}$
Normalität der freien H-Ionen in 1%iger Lösung	$16,2 \cdot 10^{-5}$	$6,8 \cdot 10^{-6}$	$1,3 \cdot 10^{-6}$	$0,2 \cdot 10^{-6}$	$0,13 \cdot 10^{-6}$
Zur Neutralisation eines Liters einer 1%igen Lösung nötige Menge Soda in Äquivalenten	$30 \cdot 10^{-5}$	$1,6 \cdot 10^{5}$	$3 \cdot 10^{-6}$	$0,2 \cdot 10^{-6}$	$2,9 \cdot 10^{-6}$
Leitfähigkeit einer 1%igen Lösung[1]	$6,1 \cdot 10^{-5}$	$1,9 \cdot 10^{-5}$	$1,4 \cdot 10^{-6}$	$2,6 \cdot 10^{-6}$	$6,3 \cdot 10^{-6}$

Man ersieht aus der Tabelle, daß die Konzentration der titrierbaren H-Ionen durchwegs höher ist, als die H^+-Aktivität. Ein Teil der Wasserstoffionen ist also direkt abdissoziiert. Die Anzahl der P-Atome auf 1 g Stärke ist ein individuelles Charakteristikum, ebenso das Verhältnis von Phosphor zu freiem Wasserstoffion. Niemals entfällt jedoch mehr als ein aktives Wasserstoffion auf ein Phosphoratom, wohl aber kann das titrierbare H^+ den Phosphorgehalt übersteigen. In diesem Falle funktioniert die Amylophosphorsäure als eine mehr-(zwei)basische Säure.

[1] Nach Abzug der Leitfähigkeit des destillierten Wassers.

Bereits früher hatte SAMEC den Nachweis erbracht, daß die Leitfähigkeit der Stärkesole durch den Phosphorgehalt bestimmt ist. Beim Erhitzen spaltet sich die Phosphorsäure ab, dies gibt sich in einer Leitfähigkeitserhöhung der Lösung kund (die Dissoziation der freien Phosphorsäure scheint also weitgehender zu sein als diejenige ihres Amylokomplexes) und diese molekulardisperse Phosphorsäure kann elektrodialytisch entfernt werden, wodurch die Leitfähigkeit wieder sinkt.

M. SAMEC und V. ISAJEVIC zeigten, daß Glycogen, ebenso wie die Stärke elektrodialytisch in zwei Fraktionen zu trennen ist, von denen die lösliche, gegenüber der unlöslichen durch einen größeren Phosphorgehalt ausgezeichnet ist.

Innere Reibung. Bei Abspaltung der Phosphorsäure nimmt zugleich die innere Reibung ab, welche auch hier, wie bei den Proteinen, anscheinend mit der freien Ladung symbat geht. SAMEC deutet diese Viskosität in Anlehnung an die PAULIsche Theorie als Ausdruck der Hydratation. Erhöhte Ladung bedeutet also erhöhte Hydratation. Auf diese Weise findet auch die Abhängigkeit der Viskosität vom Säure- und Laugezusatz ihre Erklärung. Die diesbezüglichen Untersuchungen stammen gleichfalls von SAMEC. Die folgende Figur stellt die Einwirkung von KOH und HCl auf die Viskosität einer Kartoffelstärkelösung dar, welche verschieden lange Zeit erhitzt wurde.

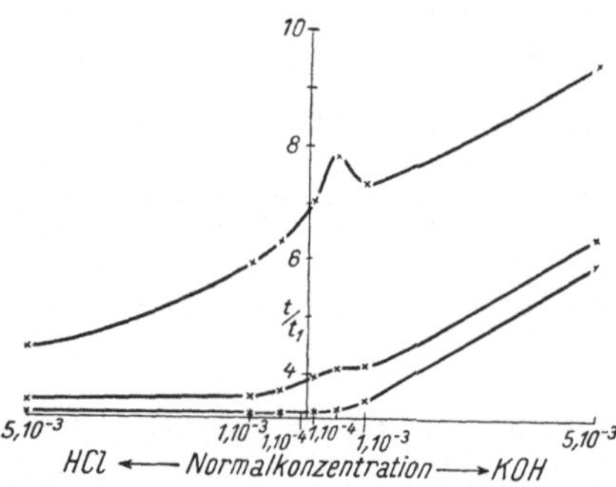

Abb. 149. Einfluß von Säuren und Basen auf die Viskosität von Stärkelösungen nach M. SAMEC. Obere Kurve: nach einer Stunde Erhitzen. Mittlere Kurve: nach drei Stunden Erhitzen. Untere Kurve: nach sechs Stunden Erhitzen

In allen Fällen wirkt Säurezusatz erniedrigend, Laugezusatz anfänglich erhöhend auf die Viskosität. Bei Überschreiten des Neutralpunktes erfolgt keine Richtungsänderung der Elektrophorese. Nimmt man an, daß die Amylophosphorsäure sich wie eine schwache Säure verhält, so folgt daraus, daß ein Säurezusatz die Ionisation zurückdrängen wird, während Alkalizusatz zur Bildung des besser ionisierenden Amylophosphates führt. Somit würden die Kurven die Parallelität der freien Ladung des Kolloidions und der Viskosität des Sols dartun. In stärker alkalischem Gebiet finden wir jedoch einen komplizierten Gang. Nach Erreichen eines Maximums sinkt die Viskosität. Das wäre noch als Ionisationszurückdrängung im Überschuß der Lauge auch im völligen Einklang mit dem Verhalten der Proteine zu deuten. Nach einem Minimum erfolgt jedoch beim weiteren Laugenzusatz wieder ein Anstieg. Hier setzt möglicherweise eine neue Stufe der Alkalibindung, und zwar durch die Stärke selbst ein, nämlich die Amylatbildung. Bei längerer Erhitzungsdauer der Stärkelösung erhält man einen kontinuierlichen Gang der Viskositäts-p_H-Kurve.

Die folgende Figur stellt die Einwirkung der verschiedenen Laugen auf die Viskosität dar. Die Erwartungen bezüglich des Ionisationseinflusses werden bestätigt. KOH und NaOH zeigen nahe identischen Verlauf. Beim $Ba(OH)_2$ wird das Maximum früher erreicht, der nachfolgende Abfall ist steiler und nach dem abermaligen Anstieg bleibt die Reibung auf einer verhältnismäßig niedrigen Stufe praktisch konstant. Dies alles kann man dadurch erklären, daß die Bariumionen als zweiwertige Gegenionen stärker inaktivieren als die Alkaliionen. Das schwache Ammoniak übt nach einem geringfügigen Anstieg beim weiteren Zusatz praktisch keinen Einfluß mehr aus.

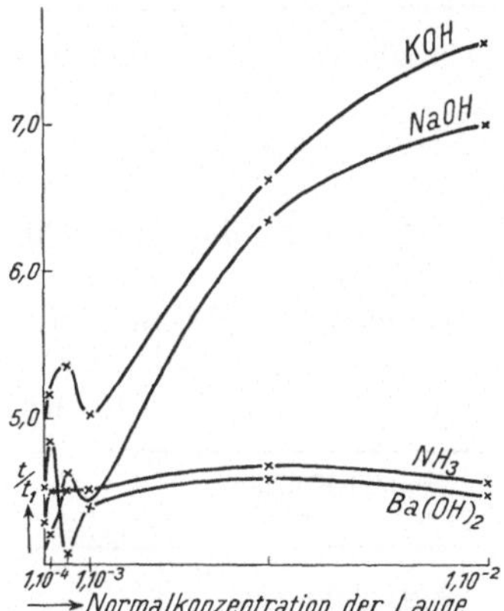

Abb. 150. Beeinflussung der Viskosität der Stärkelösungen durch verschiedene Basen nach M. SAMEC

H. G. BUNGENBERG DE JONG, ein Schüler von H. R. KRUYT, hat an der löslichen Stärke „Merck" denselben Einfluß von Säure und Lauge auf die Viskosität konstatiert wie SAMEC. Absoluter Wert und relative Änderungen sind an der löslichen Stärke kleiner.

Bereits SAMEC hat, im Einklang mit seiner Theorie, gezeigt, daß Neutralsalze in jeder Konzentration eine Reibungsdepression hervorrufen.

H. G. BUNGENBERG DE JONG hat den Einfluß der Salze auf die lösliche Stärke näher untersucht. Er fand genau die gleichen Werte der Viskosität bei gleicher Wertigkeit des Kations und wechselnder des Anions, also etwa bei derselben Konzentration von KCl, K_2SO_4 und $K_4Fe(CN)_6$, dagegen einen großen Einfluß der Kationen in dem Sinne, daß die höherwertigen Kationen stärker erniedrigen. Die folgende Abbildung gibt die Ergebnisse graphisch wieder. Einen abnormalen Gang zeigt nur das Hexolsalz, welches bereits in niedriger Konzentration einen Reibungsanstieg hervorruft.

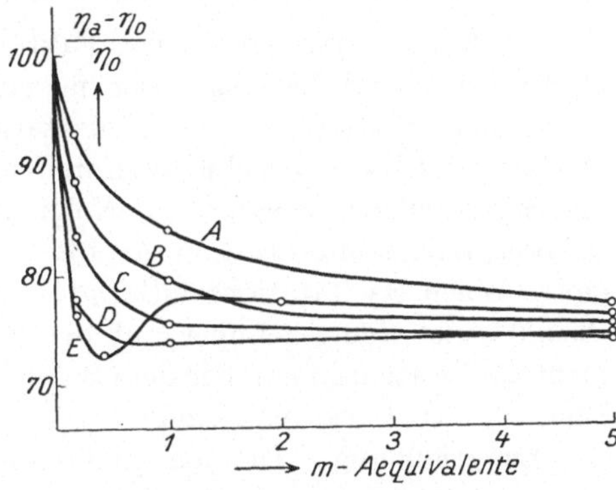

Abb. 151. Einfluß von Salzen auf die innere Reibung der löslichen Stärke nach H. G. BUNGENBERG DE JONG
A: 1-wertiges Kation
B: 2- „ „
C: 3- „ „
D: 4- „ „
E: Hexolsalz

Abgesehen von diesem Ausnahmefall sind die Befunde von DE JONG in völliger Übereinstimmung mit der PAULI-SAMECschen Theorie. Neutralsalz drückt die freie Ladung herab und dadurch die Viskosität. Höherwertige Kationen bilden weniger ionisierte Salze der Amylophosphorsäure.

DE JONG versucht, die Viskositätsbeeinflussung im Sinne der SMOLUCHOWSKIschen Theorie des quasi-viskosen Effektes zu deuten. Diese Theorie bleibt im Gegensatz zu der SAMECschen den Zusammenhang mit der Erklärung des Ladungsursprunges schuldig und wie bereits SMOLUCHOWSKI hervorgehoben hat, unterliegt ihre Anwendung auf lyophile Kolloide schwerwiegenden Bedenken.

Wie PAULI an Eiweißsalzen, so hat SAMEC an Stärke nachgewiesen, daß Ladungs- und Viskositätsabnahme mit einer Erhöhung der Alkoholfällbarkeit verknüpft sind.

Tabelle 242. 2%ige Stärkelösung durch einstündiges Erhitzen auf 120° bereitet, die Kationen elektrodialytisch entfernt
2 ccm einer solchen 1%igen Lösung wurden mit 0,2 ccm 96%igem Alkohol versetzt

Normalkonzentration der KOH	0	1 . 10⁻⁴	5 . 10⁻⁴	1 . 10⁻³	5 . 10⁻³	1 . 10⁻²
Aussehen.......	deutlich trüb	weniger trüb	kaum trüb	sehr deutlich trüb	deutlich trüb	fast klar

De Jong hat den Einfluß von Azeton auf Alkalistärke untersucht.

Tabelle 243. 2 ccm einer alkalischen Lösung der löslichen Stärke „Merck" wurde mit 5 ccm Azeton gefällt
Die Stärke war in der Mischung za. 1%ig

NaOH-Konzentration	0	$5 . 10^{-4}$	$1 . 10^{-3}$	$2{,}5 . 10^{-3}$
Aussehen der Lösung	opaleszent	opaleszent	stärker opaleszent	weniger opaleszent

NaOH-Konzentration	$5 . 10^{-3}$	$10 . 10^{-3}$	$30 . 10^{-3}$	$50 . 10^{-3}$
Aussehen der Lösung	weniger opaleszierend	weniger opaleszierend	trüb koaguliert	trüb koaguliert

Nach de Jong sind zwei Faktoren für die Stabilität ausschlaggebend: Hydratation und Ladung. Der neuerliche Anstieg der Viskosität in höherer Alkalikonzentration ist ein Hydratationseinfluß, welcher auf der lyotropen Wirkung der Lauge beruht. Azeton drückt die Hydratation herunter. Ist jedoch das Stärketeilchen geladen, so erfolgt durch Azeton keine Flockung. Da nun in höherer Laugekonzentration Azeton koagulierend wirkt, nimmt de Jong hier einen reinen Hydratationseinfluß des Alkali an und zweifelt an der Aufladung. Samec weist demgegenüber auf die von mehreren Seiten festgestellte experimentelle Tatsache hin, daß in dem Bereich der steigenden Viskosität eine wachsende Bindung der Lauge stattfindet.

Laugebindung. Die Laugeaufnahme der Stärkelösung in Abhängigkeit von der Laugekonzentration hat zuerst E. Fouard verfolgt. Zu der Stärkelösung wurde die Lauge zugefügt, dann durch überschüssigen Alkohol die Stärke ausgeflockt und der Alkaligehalt der überstehenden Lösung mittels Titration bestimmt. Die Ergebnisse sind in der folgenden Abbildung dargestellt. Die Kurven zeigen die übliche Form einer Oberflächenreaktion. Die oberste Kurve wurde an ultrafiltriertem Stärkesol aufgenommen. Sie scheint sich einem Werte entsprechend der Verbindung $C_6H_{10}O_5 . KOH$ zu nähern. Aus schwachen Laugen wird weniger gebunden, ein Zeichen, daß die Bindung primär durch die Hydroxylionen bedingt wird.

Samec untersuchte die Laugebindung konduktometrisch und elektrometrisch. Sowohl die Leitfähigkeit, wie die OH-Konzentration erleidet in den verdünnten Lösungen durch Lauge eine merkliche Abnahme, welche mit steigender Laugekonzentration absolut anwächst, relativ zum Gesamtwert jedoch geringer wird.

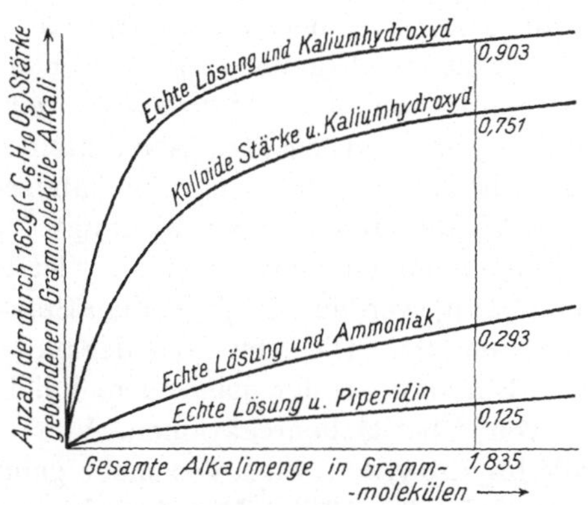

Abb. 152. Laugenbindung der ultrafiltrierten Stärkelösung nach E. Fouard

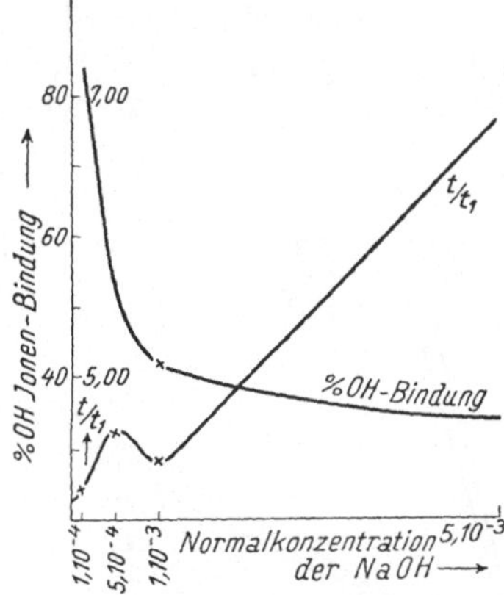

Abb. 153. OH-Bindung und Viskosität der löslichen Stärke nach M. Samec

Tabelle 244. Native Stärke 2 Stunden bei 120° als 2% gelöst, dann als 1% gemessen

Normalkonzentration der Lauge n	H_2O	$1 . 10^{-4}$	$5 . 10^{-4}$	$1 . 10^{-3}$	$5 . 10^{-3}$	$1 . 10^{-2}$
Hydroxylionen						
Lauge allein	.	($9{,}6 . 10^{-5}$)	$2{,}95 . 10^{-4}$	$0{,}74 . 10^{-3}$	$6{,}46 . 10^{-3}$	$1{,}38 . 10^{-2}$
Stärke + Lauge ..	.	($1{,}5 . 10^{-5}$)	$1{,}40 . 10^{-4}$	$0{,}426 . 10^{-3}$	$4{,}26 . 10^{-3}$	$0{,}776 . 10^{-2}$
Gebunden	.	($8{,}1 . 10^{-5}$)	$1{,}55 . 10^{-4}$	$0{,}31 . 10^{-3}$	$2{,}20 . 10^{-3}$	$0{,}60 . 10^{-2}$
Gebunden in Proz. der Lauge	.	84	53	42	34	44
Leitfähigkeit $\varkappa . 10^5$						
Lauge allein	.		11 72	20,9	97,1	194,3
Lauge + Stärke gef. ...	2,70		8,96	15,4	75,4	151,1
Lauge + Stärke ber. ...	2,70		14,42	23,6	99,8	197,0
Differenz	.		5,46	8,2	24,4	45,9
Prozentiger Leitfähigkeitsverlust.	.		46,6	39,2	25,1	23,1
t/t_1	4,12	4,20	4,62	4,41	6,83	6,96

Dieser Befund ist die wichtigste Stütze für die Theorie von Samec, daß die starke Reibungserhöhung in Anwesenheit von Lauge über $1 . 10^{-3}$n durch eine Amylatbildung hervorgerufen wird. Die Laugenbindung wird dabei in dem Bereich $1 . 10^{-3}$n bis $1 . 10^{-2}$n auf das 20fache erhöht.

Das Säure-, Lauge- und Salzbindungsvermögen des Stärkekornes wurde von A. Rakowsky untersucht. Er fand eine verhältnismäßig geringe Aufnahme von Säuren und Neutralsalz, eine beträchtliche Aufnahme jedoch von Lauge. 10 g Stärkekorn wurden mit 100 ccm Lauge geschüttelt und nach Einstellung des Gleichgewichtes die Endkonzentration der Lauge titrimetrisch bestimmt. Die Stärke war mit Wasser, Alkohol und Äther gereinigt.

Die Untersuchung wurde in einem Bereich von $2 \cdot 10^{-2}$ normal Gesamtgehalt bis 1,6 bzw. $3{,}6 \cdot 10^{-1}$n ausgeführt, bei welcher Konzentration die Verkleisterung erfolgt. Die Abbildung 154 stellt die Ergebnisse graphisch dar.

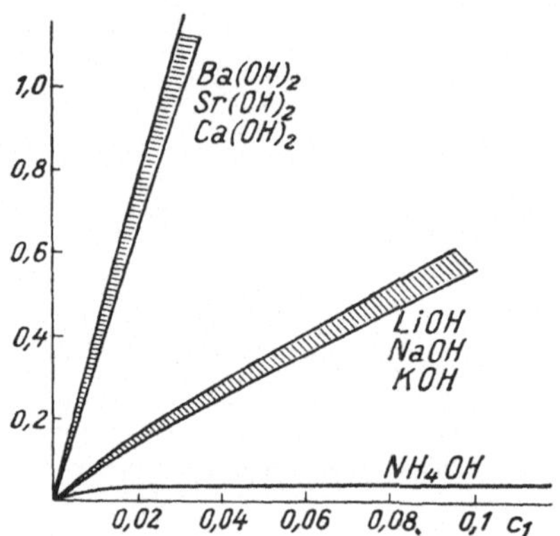

Abb. 154. Die Aufnahme verschiedener Laugen durch das Stärkekorn nach A. Rakowsky. Abszisse: Gleichgewichtskonzentration der Lösung in Milligramm. Ordinate: die Menge der von 1 g Stärke aufgenommenen Lauge in Milligrammäquivalenten

Die Resultate an Alkalihydroxyden geben ein eng zusammengerücktes Kurvenbündel, die mit Erdalkalihydroxyden ein anderes. Von den Alkalihydroxyden wird anfangs etwa 46% aufgenommen und noch im letzten Punkt (0,16n) werden 35% von dem Stärkekorn festgehalten. Die Abnahme der prozentuellen Bindung erfolgt nach der üblichen Form von Oberflächenreaktionen. Von den Erdalkalihydroxyden wird viel mehr gebunden: etwa 78 bis 73%. Die Abnahme der relativen Bindung ist also viel kleiner, die Kurve verläuft viel steiler. Bei beiden Kurven ist das Bereich, in dem die Bindung sich einem Grenzwert nähert, noch nicht erreicht. Das Maximum der Bindung dürfte bei einer viel höheren Konzentration liegen. Die NH_3-Bindungskurve verläuft gemäß der geringen Dissoziation der Base niedrig.

Neutralsalze erhöhen die Laugenbindung des Stärkekorns durchwegs. Die Resultate lassen sich annähernd durch die allgemeine Adsorptionsformel ausdrücken. Rakowsky zeigte, daß die Benützung der Hydrolysengleichung unter der Annahme, daß die Basen mit der Stärke alkoholartige Amylate bilden und mit einem Alkaliatom drei $C_6H_{10}O_5$-, mit einem Erdalkaliatom dagegen nur eine $C_6H_{10}O_5$-Gruppe zum Amylat vereinigt sind, die experimentellen Befunde noch besser wiedergibt.

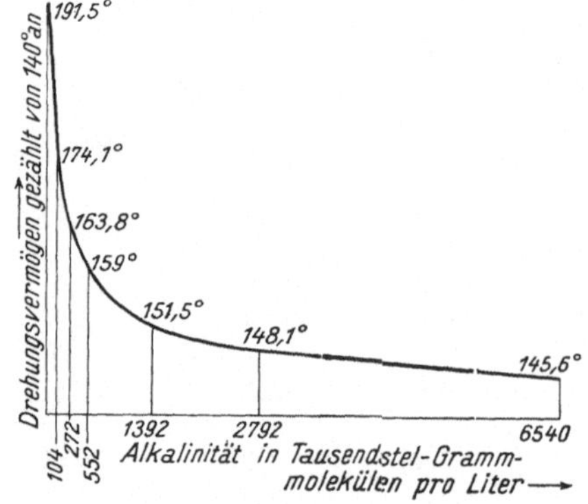

Abb. 155. Die Abhängigkeit der optischen Drehung ultrafiltrierter Kartoffelstärkelösung von der Laugenkonzentration nach E. Fouard

Optische Drehung. Fouard hat die Beeinflussung der optischen Drehung ultrafiltrierter Stärkesole durch Alkalihydroxydlösungen festgestellt. Die Abbildung 155 gibt seinen Befund wieder. Der Kurvenverlauf entspricht wiederum dem normalen Gang der Anlagerungsgleichgewichte und weist daraufhin, daß die Laugenbindung eine äquivalente Änderung der optischen Drehung hervorruft.

Wie Fouard nachwies, ist die optische Drehung der Sole bei derselben

OH-Konzentration unabhängig von der Natur der Lauge. FOUARD selbst deutete den festgestellten Gang der Drehung als eine Folge der Peptisation.

Kataphorese. Wie F. BOTTAZZI und C. VICTOROW beobachtet haben, zeigt die gereinigte Stärke anodische Wanderung, welche sowohl in merklich starken Säuren als auch in Alkalilösungen aufhört. Z. GRUZEWSKA beobachtete eine deutliche anodische Wanderung des Amylopektins. M. SAMEC hat festgestellt, daß auch die Amylosen eine geringfügige anodische Wanderung aufweisen.

Die Stärke als Kolloidsäure. Über die Natur des Stärke-Alkalikomplexes gehen die Meinungen auseinander. E. FOUARD betrachtete ihn als Adsorptionsverbindung und stützte diese Auffassung auf den Nachweis der variablen Zusammensetzung. A. REYCHLER wies darauf hin, daß der Gang der Zusammensetzung einem Hydrolysegleichgewicht entspricht und A. RAKOWSKY schloß sich dieser Auffassung an.

REYCHLER betrachtet die Stärke als eine schwache Säure, welche mit Lauge nach der folgenden Formel reagiert:

$$C_6H_9O_4(OH) + KOH = H_2O + C_6H_9O_4(OK)$$

Im Sinne unserer Überlegungen über die Oberflächenreaktionen brauchen wir nicht anzunehmen, daß die einzelnen $(C_6H_{10}O_5)$-Gruppen in der Lösung eine selbständige Existenz führen. Sie können wohl in der Weise wie dies KURT H. MEYER und H. MARK für hochpolymere Kolloide ausgeführt haben, durch Hauptvalenzen aneinander gekettet sein, jedoch derart, daß je eine saure Gruppe pro $C_6H_5O_5$ reaktionsfähig bleibt. Eine solche Auffassung wäre in Übereinstimmung mit sämtlichen experimentellen Tatsachen.

Elektrochemisch wesentlich ist die Frage, wie weit dem gebildeten Alkaliamylat eine Salznatur zukommt. Ist es elektrolytisch in das komplexe Amylation und in ein Alkaliion dissoziiert? Die bisherigen Versuche lassen leider noch keine sichere Entscheidung zu. In Analogie zu dem Verhalten der Proteine spricht jedoch die Abhängigkeit der inneren Reibung von der Valenz der Gegenionen sehr für die Salznatur des Alkaliamylates. Auch die Zahlenwerte von SAMEC zeigen, daß die Leitfähigkeitsabnahme eher einer Neutralisation der Lauge zu einem dissoziierten Salz als einem völligen Verschwinden beider Ionenarten entspricht. Die prozentuelle Leitfähigkeitsabnahme ist ja wesentlich kleiner, als der Hydroxylionenverbrauch ergeben würde.

Nimmt man die Salznatur des Amylates an, so könnte man den ganzen Gang der inneren Reibung, wie beim Eiweiß, als eine Funktion der freien Ladung betrachten.

Im Falle einer elektrolytischen Dissoziation der gebildeten Salze muß für die Alkalibindung der Stärke das DONNAN-Gleichgewicht als gültig angenommen werden und die gefundenen Werte sind im Sinne dieser Theorie zu korrigieren. Möglicherweise liegt die Erklärung für die stärkere Bindung der Hydroxylionen in den Erdalkalilösungen darin, daß im Sinne der DONNAN-Theorie die Anwesenheit der zweiwertigen Kationen die gleichmäßigere Verteilung der OH-Ionen zwischen dem Gel und dem Quellungsbad begünstigt.

HOFMEISTERsche Reihe. Wie SAMEC gezeigt hat, üben die Salze in hoher Konzentration auf die Stärke teilweise eine verkleisternde Wirkung aus, teilweise wirken sie einer solchen entgegen. Er maß diesen Effekt an der Veränderung der Verkleisterungstemperatur und fand, daß die Wirkung der Reihe und dem Ausmaß nach sehr ähnlich ist der von PAULI beobachteten Wirkung der Neutralsalze auf die Gerinnungstemperatur von Eiweiß.

Neuere Untersuchungen über diesen Gegenstand stammen von A. REYCHLER und von WO. OSTWALD-G. FRÄNKEL. H. FREUNDLICH und H. NITZE haben festgestellt, daß die Beeinflussung der Viskosität und Fließelastizität des Stärkekleisters durch Elektrolyte eine der HOFMEISTERS entsprechende Reihe ergibt.

b) Agar

Elektrochemische Konstitution. C. NEUBERG und H. OHLE einerseits, SAMEC und V. ISAJEVIC andererseits sind zuerst zur Ansicht gelangt, daß die in der Asche von Agar-Agar nachweisbare Schwefelsäure für dessen Eigenschaften eine bedeutende Rolle spielt und daß man an eine organische Bindung derselben denken muß.

SAMEC und ISAJEVIC haben Agar-Agar der elektrodialytischen Reinigung unterworfen. Der Aschegehalt schwankte vor der Reinigung zwischen 4,18 und 3,66%, nach 3 Monaten Dialyse betrug er noch immer 2,40% und nach einer siebentägigen Elektrodialyse sank er auf 1,79%.

Die folgende Tabelle zeigt, daß die Erniedrigung des Aschegehaltes vor allem auf Kosten der Kationen ging und namentlich bei der ED. weder SO_4 noch SiO_2 mehr entfernt wurde. Schwefelsäure und Kieselsäure müssen daher an das Agar gebunden sein. Eine 0,45% Gallerte aus dem elektrodialysierten Gel bereitet, war schwach sauer ($4,10^{-4}$n H^+).

Tabelle 245. Gehalt an Schwefelsäure und Kieselsäure im Naturagar

	In Prozenten der Trockensubstanz			In Prozenten der Asche	
	Asche	SO_4	SiO_2	SO_4	SiO_2
Käufliche Droge	3,66	1,74	0,44	47,74	12,11
Nach dreimonatlicher Dialyse ..	2,40	1,03	0,16	42,92	6,66
Nach dreimonatlicher Dialyse und Elektrodialyse	1,79	1,09	0,17	60,89	9,49

SAMEC und ISAJEVIC nehmen die Existenz einer Geloseschwefelsäure, eines Agaropektins, an, dessen Formel nach dem analytischen Befund sich zu $(C_6H_{10}O_5)_{54}\ SO_4H$ ergibt. Das Äquivalentgewicht ermittelt sich zu 8900. Eine vollständige Dissoziation der einbasischen Säure würde den Wert $H^+ = 5 \cdot 10^{-4}$n für die Gallerte liefern, deren $[H^+]$ sich zu $4 \cdot 10^{-4}$n ergab. Der osmotische Druck entspricht einer Teilchenkonzentration $5 \cdot 10^{-5}$n und dürfte im Sinne der DONNAN-Theorie durch die H^+-Ionen als Gegenionen bedingt sein.

Durch Kochen entsteht neben der Geloseschwefelsäure eine Substanz, welche bereits bei gewöhnlicher Temperatur in Lösung geht. Gelanteil und Solanteil lassen sich, wie bei der Stärke, elektrodialytisch trennen, der Solanteil ist jedoch meist ganz schwefelfrei. Andererseits wird durch Kochen der S-Gehalt des Gelanteiles erniedrigt. Die Schwefelsäure spaltet sich also beim Kochen langsam ab. Die abgespaltene freie Schwefelsäure bewirkt bei anhaltendem Kochen eine weitergehende Zersetzung der Substanz.

Die innere Reibung von Agar hängt von der Erhitzungsdauer und auch vom Elektrolytgehalt ab. Die Abb. 156 veranschaulicht die Ergebnisse.

Lauge wirkt danach viskositäterhöhend bis zu einem Maximum, bei weiterem Zusatz erfolgt Abfall. Säure wirkt auch in kleinen Mengen reibungserniedrigend. Der anfänglich steile Anstieg bei Laugenzusatz entspricht der Neutralisation der Agarschwefelsäure. Die gekochten Agarlösungen zeigen niedrigere Viskosität und schwächere Beeinflußbarkeit derselben. Auch das Maximum erscheint in niedrigere Laugekonzentrationen gerückt, entsprechend dem verminderten Schwefelgehalt.

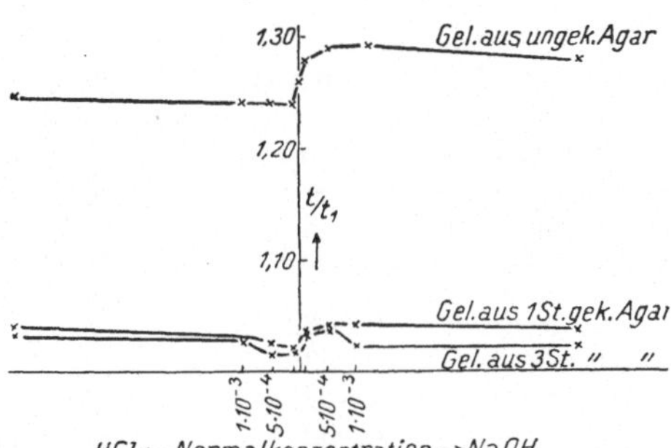

Abb. 156. Beeinflussung der Viskosität von Agarsolen durch Säuren und Laugen nach verschiedener Kochdauer

Ein eingehendes Studium der Elektrodialyse von Agar haben dann W. F. Hoffman und R. A. Gortner ausgeführt. 4%ige Agarsuspension wurde 18 Stunden lang mit 220 Volt Spannung elektrodialysiert. Im Kationenraum war Kalzium nachweisbar, im Anionenraum weder Kohlehydrat noch Schwefel. Die Stromstärke stieg während der Elektrolyse von etwa 0,15 auf 1,00 Ampère, die Leitfähigkeit somit auf das Sechsfache an. Diese Änderung rührt nach den Autoren von dem Unterschied in der Beweglichkeit des Kalziumions (51 bei 18^0) und des Wasserstoffions (315) her. Nach der Elektrodialyse wurden die Körner etwas aufgequollen zurückerhalten. Die Flüssigkeit selbst enthielt 0,7% Trockensubstanz, welche sich als ein wirksames Schutzkolloid erwies.

Die folgende Tabelle enthält die analytischen Daten des ursprünglichen und des elektrodialysierten Agars. Man ersieht daraus, daß vom Schwefel durch die ED nichts entfernt wurde, während Kalzium praktisch vollständig durch den Strom hinausgeführt wird. SiO_2 blieb gleichfalls im Gel zurück.

Tabelle 246. Aschengehalt von Agar nach Hoffmann und Gortner

	Urspr.	E. D.
Asche	4,66%	0,70%
Schwefel	1,01%	1,01%
CaO	0,99%	0,04%
SiO_2	0,53%	0,57%

Die Wasserstoffionenaktivität der 4%igen Agarsuspension betrug $1 . 10^{-2}$. Auf 1% verdünnt gab sie ein $p_H = 2 . 475$, also so groß wie in einer $^1/_{100}$ normalen Schwefelsäurelösung.

Die Alkalibindung des 1%igen Agars bis zur Neutralisation bringt die Tabelle 247.

Zur Neutralisation braucht man somit $5 . 10^{-2}$n Lauge. Während der Neutralisation liefert das Agar mehr als die Hälfte der aktiven H^+-Ionen nach. Die Agarschwefelsäure ist somit nur zu 56% dissoziiert, sie verhält sich wie eine schwache Säure. Der Gehalt an titrierbaren H^+-Ionen ist fast genau äquivalent der Säuremenge, berechnet aus dem Schwefelgehalt nach der Formel $R.O.SO_2.OH$. Diese Berechnung führt nämlich zu dem Wert 0,0056 n.

Durch Neutralisation mit NaOH, $Ba(OH)_1$, $Sr(OH)_2$ und LiOH erhielten die Autoren die entsprechenden Salze des Agars, welche sich als gallertbildend erwiesen, während die freie Säure nach Erwärmen und Abkühlen auch in 5% Lösung flüssig bleibt.

Das Äquivalentgewicht ergibt sich zu rund 3000.

H. R. KRUYT und H. G. DE JONG haben einige interessante Versuche am Agarsol durchgeführt.

Die Untersuchung der Beeinflussung der Viskosität durch Neutralsalze hat einen ausschlaggebenden Einfluß der Kationenvalenz ergeben.

Kataphoretische Versuche haben gezeigt, daß $1 \cdot 10^{-2}$ n $[Co(NH_3)_6]Cl_3$ die Wanderungsgeschwindigkeit auf $^1/_3$ des ursprünglichen Wertes herabsetzt.

Alkohol und Azeton verwandelten die optisch homogene Lösung in ein trübes Sol mit starkem Tyndalleffekt und zahlreichen Ultramikronen. Das alkoholische und azetonische Sol (5 ccm Alkohol oder Azeton + 1 ccm wässeriges Agarsol) wird durch Elektrolyte, welche das Hydrosol nicht koagulieren, geflockt.

Tabelle 247. Laugenbindung von Agar nach HOFFMANN und GORTNER

NaOH zugesetzt	a_H
—	0,00327
$5 \cdot 10^{-4}$	0,00303
$10 \cdot 10^{-4}$	0,00274
15	0,00245
20	0,00213
25	0,00179
30	0,00106
35	0,000651
40	0,000343
45	$0,811 \cdot 10^{-4}$
50	$0,333 \cdot 10^{-5}$
55	$0,292 \cdot 10^{-9}$

Diese Versuche haben den Autoren den Anlaß gegeben, über die Stabilität der Sole einige interessante Überlegungen anzustellen.

Sie versuchen den Gegensatz der „kapillarelektrischen" und „elektrochemischen" Auffassung der Kolloide durch den Nachweis zu überbrücken, daß in dem Agarsol — einem typischen Emulsoid (welches sonst den rein chemischen Gesetzen zu folgen scheint) — die elektrische Ladung kapillarelektrischen Charakter hat.

„Wir haben nun ausführliche Untersuchungen am Agarsol angestellt, das ein höheres Kohlehydrat und deshalb keinesfalls ein Elektrolyt ist, dennoch aber ein typisches lyophiles Sol liefert."

Fast gleichzeitig mit der Arbeit KRUYT und DE JONG erschien jedoch die Untersuchung von SAMEC und ISAJEVIC. Durch diese Arbeit, sowie durch die nachfolgende Untersuchung von HOFFMAN und GORTNER wurde der Ladungsursprung von Agar aufgeklärt. Das Agarsol erwies sich im Gegensatz zu KRUYTS Annahme als ein Vertreter der Kolloidelektrolyte „par excellence". Selbst der schärfste Gegner der „rein chemischen" Auffassung wird anerkennen müssen, daß die Aufladung des Agarsols auf die elektrolytische Dissoziation der hochmolekularen Säure oder ihres Salzes zurückzuführen ist.

KRUYT und DE JONG fassen die Beeinflussung der Viskosität als einen „quasi-viskosen" Effekt auf. Wir weisen demgegenüber auf das Bedenken hin, welches SMOLUCHOWSKI gegenüber einem Versuch geäußert hat, seine Theorie auf die Befunde PAULIS an Proteinen auszudehnen. Das viskosimetrische Verhalten von Agar schließt sich — wie bereits SAMEC bemerkte — widerspruchslos dem Verhalten der Proteine an: Die innere Reibung ist eine eindeutige Funktion der freien Ladung. Der Unterschied gegen die Proteine ist nur, daß diese amphoter sind und Agar eine Säure.

Den Schlußfolgerungen der Autoren können wir vollinhaltlich beistimmen: „Das emulsoide Sol besitzt zwei Stabilitätsfaktoren: Elektrische Ladung und Hydratation, die man ihm beide zu nehmen hat, falls man Ausfällung zu erzielen beabsichtigt. Nimmt man ihm nur die Ladung, so bleibt ein lyophiles Sol, nimmt man ihm seine Hydratation, so resultiert ein Suspensoid."

Die gleiche Auffassung bezüglich der beiden Stabilitätsbedingungen wurde schon vorher, von den Proteinen ausgehend, von PAULI hinsichtlich der lyophilen im reinen Wasser lösungsstabilen Kolloide ausgesprochen. Von diesem Autor waren auch zuerst die durch Alkoholzusatz nachweisbaren Hydratationsdifferenzen zu einer Bestimmungsmethode des isoelektrischen Punktes von Albuminen, Glutin u. ä. ausgearbeitet worden.

Hofmeistersche Reihe. S. DOKAN hat auf Anregung von L. MICHAELIS die Wirkung der Elektrolyte auf die Quellung von Agargallerte, deren Gesetze zuerst von FRANZ HOFMEISTER anläßlich des Studiums der Neutralsalzwirkungen festgestellt worden waren, untersucht. Es wurden Agargallertstücke in die Lösung gelegt und nach einem Tag gewogen. Am größten war die Quellung in reinem Wasser, alle Elektrolyte riefen eine Herabsetzung der Quellung hervor. Die Abb. 157 stellt die Ergebnisse an verschiedenen Chloriden dar. Auf der Abszisse sind die Konzentrationen, und zwar im logarithmischen Maß, auf der Ordinate die Quellung aufgetragen, ausgedrückt als Bruchteil der Quellung in reinem Wasser. Man ersieht daraus, daß die gleichwertigen Chloride nahe in der gleichen Weise die Wasseraufnahme herabsetzen, die Chloride der zweiwertigen Kationen stärker als die der Alkaliionen, das dreiwertige Aluminium stärker als die zweiwertigen Metallionen. Am tiefsten verläuft die Kurve der Salzsäure. In Konzentrationen über $^1/_{10}$n hört dieser regelmäßige Gang auf und die Beziehungen werden verwickelter.

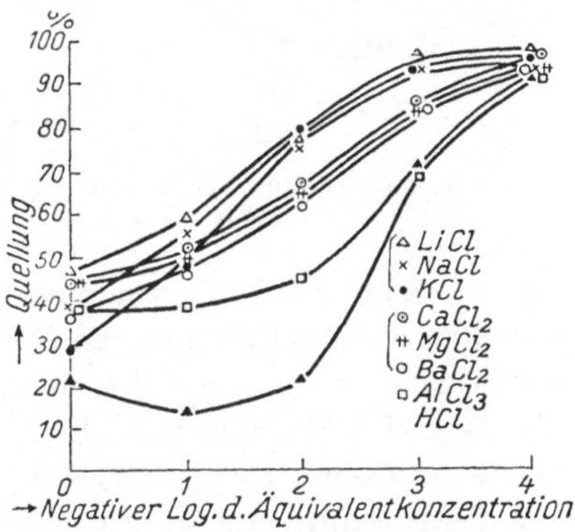

Abb. 157. Einfluß der Chloride auf die Quellung von Agar nach S. DOKAN

Der Befund läßt sich durch die Annahme deuten, daß die Quellung eine zunehmende Funktion der freien Ladung ist. In $^1/_{10}$n Lösung dürfte bereits das Agarsalz völlig entladen sein, hier treten andere Erscheinungen auf, bis zu dieser Konzentration wird Agarsol mit steigenden Mengen von Salz mehr und mehr entladen, und zwar um so stärker, je höher die Wertigkeit des Gegenions ist.

Die Abb. 158 bringt die Ergebnisse in verschiedenen Säurelösungen. Auf der Abszisse sind die Werte von p_H aufgetragen, wobei natürlich einer schwächeren Säure eine größere Gesamtkonzentration entspricht. Die Kurve zeigt, daß die quellungshemmende, d. h. entladende Wirkung der Säuren durch die H^--Ionenkonzentration wenigstens bis etwa 0,1n a_H eindeutig bestimmt ist.

Schließlich sei die Quellung in den Kaliumsalzen verschiedener Anionen wiedergegeben. Auch hier bleibt die Natur der Anionen fast bis 0,1n gleichgültig. In konzentrierteren Lösungen treten jedoch deutliche Unterschiede auf, und zwar ergibt sich die bekannte HOFMEISTERsche Reihe mit zunehmender

Quellung: Citrat, Sulfat, Chlorid, Bromid, Rhodanid und Jodid. Die letzteren scheinen sogar die Quellung zu fördern. Wie bereits erwähnt, kann es sich hier kaum mehr um eine Dissoziationsbeeinflussung des Agar selbst handeln, da dasselbe bereits durch den Salzüberschuß entionisiert ist.

Pektinstoffe. Als Pektinstoffe bezeichnet man gewisse Substanzen der Pflanzenwelt, die mit Wasser stark quellbar sind und stark viskose Lösungen

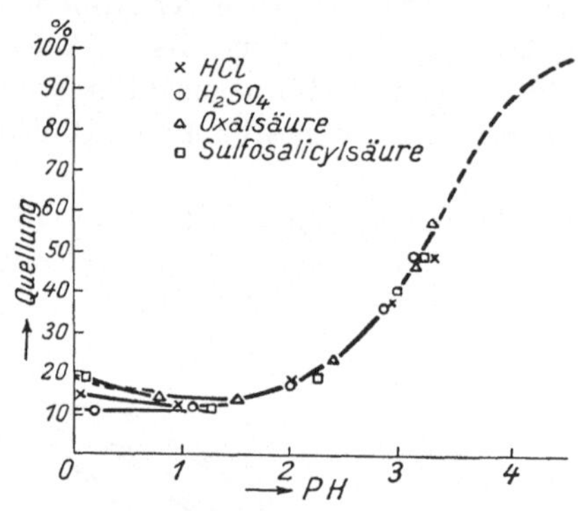

Abb. 158. Einfluß der Säuren auf die Quellung von Agar nach S. DOKAN

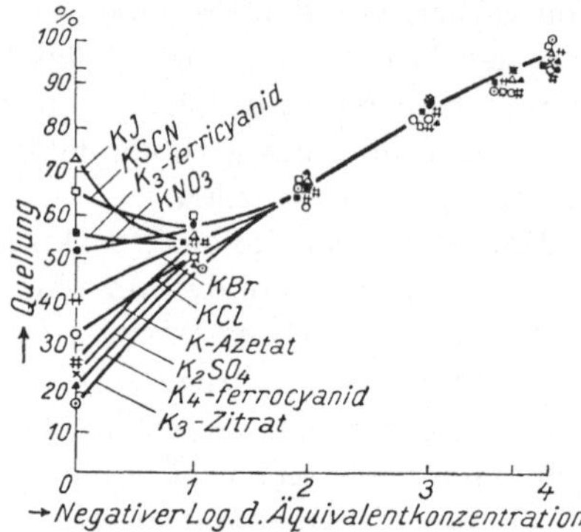

Abb. 159. Einfluß der Kaliumsalze auf die Quellung von Agar nach S. DOKAN

liefern. Nach den Untersuchungen von TH. V. FELLENBERG und von F. EHRLICH bestehen die Pektinstoffe aus einem Komplex von Kohlehydrat und einer hochmolekularen Säure, der Pektinsäure. Die Pektinsäure liegt in nativem Zustand als Ca-, oder Mg-Salz vor. Sie ist aller Wahrscheinlichkeit nach eine polymere Galakturonsäure $(C_6H_{10}O_7—H_2O)_x$, also eine Karbonsäure. Die Alkalisalze der Pektinsäure, die Pektate, sind wasserlöslich, auf Zusatz von Säure fallen sie aus. Die Pektinsäure stellt eine Kolloidsäure vor. Ebenso wie die Phosphorsäure in der Stärke, ist die Karboxylgruppe der Pektinstoffe der Träger der Quellung dieser Substanzen.

Zu den Pektinstoffen gehört auch das arabische Gummi, das neulich durch A. W. THOMAS und H. A. MURRAY elektrodialytisch gereinigt und elektrochemisch untersucht wurde. Der Aschengehalt der elektrodialysierten Produkte war minimal. Das elektrochemische Äquivalent der Gummi als Kolloidsäure ergab sich aus der Säurebindung zu 1000 bis 1200.

c) Zellulose

Alkalibindung der Zellulose. Die Reaktion der Zellulose mit Laugen wurde ungemein häufig und eingehend untersucht. Den Anstoß zu diesen Untersuchungen gab die Entdeckung von J. MERCER (1844), daß die Baumwolle durch Behandlung mit Alkali und nachheriges Auswaschen eine Änderung ihrer Eigenschaften in technisch vorteilhaftem Sinne erfährt. Das Verfahren der Mercerisation hat bekanntlich eine wirtschaftlich überragende Bedeutung erlangt. Eine neuerliche Anregung bot die Erfindung der Viskose-Kunstseide durch C. F. CROSS, E. J. BEVAN und C. BEADLE im Jahre 1892. Bei diesem Verfahren wird die Zellulose, nach vorherigem Aufquellen in Alkalilösung, mit Schwefelkohlenstoff in Reaktion gebracht.

Wie in der Elektrochemie der Proteine, so hat man auch auf diesem Gebiete die Frage, ob die Bindung des Alkali eine „chemische“ oder eine „adsorptive“ ist, häufig mit ungeeigneten Mitteln zu entscheiden versucht. Weder die Irreversibilität der Bindung, noch die Unstetigkeiten der Bindungskurve sind in dieser Hinsicht von entscheidender Bedeutung, da eine rein chemische Bindung, sofern sie massenwirkungsgemäß erfolgt, stetig und reversibel verlaufen kann. In der Tat scheint die Bindung des Alkali an Zellulose nach den experimentellen Befunden stetig und reversibel zu erfolgen. Auch dem Umstand, ob die Haltepunkte in der Bindungskurve, soweit sie vorhanden sind, und die Sättigung einer stöchiometrischen Beziehung zwischen gebundenem Na einerseits und $(C_6H_{10}O_5)_x$ andererseits entsprechen oder nicht, kommt nur eine bedingte Bedeutung zu. Es ist nämlich auch der Fall möglich, daß die Laugenbindung eine Auflockerung der Struktur hervorruft, jedoch derart, daß an der Bindungsgrenze noch nicht das ganze Adsorptivum in einem gleichmäßig reaktionsfähigen Zustande vorliegt.

Als wichtigstes Merkmal der Laugenbindung der Zellulose sei hervorgehoben, daß dabei die Zellulose ein verhältnismäßig niedriges Äquivalentgewicht zeigt, so daß die Bindung sich bis in hohe Laugenkonzentration bequem bestimmen läßt und die Sättigung erst in etwa 20 bis 40%iger Natronlauge erreicht wird. Dabei liegt die Zellulose (eventuell zu einem sehr geringen Teil gelöst) als mehr oder minder gequollener Bodenkörper vor. Für die Genauigkeit der Bestimmung ist eine möglichst große Menge Zellulose auf eine bestimmte Menge Lösung günstig; eine mechanische Verhinderung der Durchtränkung (Zusammenpressen) muß natürlich vermieden werden.

Der erste Forscher, der die bereits von Mercer angenommene Verbindung der Baumwolle mit Alkali nachzuweisen versuchte, war J. H. Gladstone (1852). Gewogene Mengen der getrockneten Baumwolle wurden 10 bis 30 Minuten in die Lauge eingetaucht, dann mit Alkohol abgewaschen und nach dem Trocknen analysiert. Diese Methode kann zu sehr fehlerhaften Resultaten führen. Erstens wird durch das Verdünnen mit Alkohol das Gleichgewicht verändert, zweitens liegt in alkoholischer Lauge das Gleichgewicht zugunsten der Bindung verschoben (J. F. Briggs, W. Vieweg). Die richtige Methode besteht jedenfalls in der Feststellung der Abnahme des Alkalititers der Lösung, der nach Entfernen der Zellulose gemessen wird. Die Mehrzahl der späteren Untersucher bediente sich dieses Verfahrens.

Von den Forschern, die sich mit der Frage befaßt hatten, seien hier genannt: J. H. Gladstone, C. F. Cross, J. T. Bevan und C. Beadle, Crum, J. F. Briggs, W. Vieweg, J. Hübner und F. Teltscher, O. Miller, F. H. Thies, P. Karrer, B. Rassow und M. Wadewitz, P. Karrer und N. Nishida, E. Heuser, J. d'Ans und A. Jäger, A. Leighton, Tr. Dehnert und W. König, W. v. Neuenstein, S. Liepatoff, E. Knecht und J. H. Platt, P. N. Pawlow, K. Hess, R. O. Herzog, E. Thiele, J. R. Katz.

Die neueren Versuche scheinen durchwegs dafür zu sprechen, daß die Sättigung einer stöchiometrischen Beziehung entspricht. So fanden Karrer und Nishida in 20%iger Lauge die Bindung von rund 14 g NaOH auf 100 g Zellulose, was genügend genau dem theoretischen Verhältnis $(C_6H_{10}O_5)_2 : NaOH = 100 : 12{,}3$ entspricht. Bis zu 40%iger Lauge fanden diese Autoren keine weitere Bindung. Sie berücksichtigten auch die infolge Alkalientziehung bewirkte Volumänderung der Lösung. In guter Übereinstimmung mit KARRER und NISHIDA fanden KNECHT und PLATT die Bindungsgrenze bei der Zusammensetzung $(C_6H_{10}O_5)_2$ NaOH und bei $(C_6H_{10}O_5)_2$ KOH, E. HEUSER bei $(C_6H_{10}O_5)_2$ LiOH; $(C_6H_{10}O_5)_3$. NaOH und $(C_6H_{10}O_5)_2$. KOH, F. DEHNERT und W. KÖNIG bei $(C_6H_{10}O_5)_2$. NaOH; $(C_6H_{10}O_5)_2$ KOH und $(C_6H_{10}O_5)_2$. LiOH. Einige Forscher fanden dagegen, daß nach einer Verflachung der Bindungskurve bei der angegebenen Grenze in höherer Konzentration eine weitere Bindung erfolgt. Eigentümlich ist der Befund von HEUSER, wonach von CsOH nur entsprechend dem Verhältnis $(C_6H_{10}O_5)_3$ CsOH gebunden wird. Abgesehen von diesem Befund tritt die Tendenz zur Bindung in dem gleichen molekularen Verhältnis in allen Versuchen unzweifelhaft hervor.

Chemie der Alkalibindung der Zellulose. Mehr als das stöchiometrische Verhältnis, das, wie oben erwähnt, infolge des stufenweisen Charakters der Reaktion verschleiert werden kann, könnte ein direkter Nachweis chemischer Valenzkräfte zwischen der Lauge und der Zellulose die Erkenntnis dieser Reaktion fördern. Es gibt zwei Auffassungen von der Natur dieser Valenzkräfte: man vermutet entweder, daß hier Molekularverbindungen in der Art innerer Salze entstehen, oder aber, daß es sich um eine gewöhnliche Salzbildung handelt, wobei die schwache Säure Zellulose durch die Natronlauge neutralisiert wird. Die Bindungskurve würde in diesem Falle die hydrolytische Dissoziationsrestkurve darstellen.

Nun ist seit längerer Zeit bekannt, daß zwischen Aldehyden, Alkoholen und Zuckerarten einerseits, und Laugen andererseits Verbindungen bestehen. Man kennt solche Verbindungen in kristallisiertem Zustande und man hat sie dann in den meisten Fällen als Molekularverbindungen angesprochen; man kennt solche Verbindungen in der Lösung und hat sie dann am häufigsten als ionisierende Salze aufgefaßt.

Von den kristallisierten Verbindungen seien die von A. GRÜN und J. HUSMANN untersuchten Komplexverbindungen des Glyzerins mit Erdalkalihydroxyden genannt.

$Ca(OH)_2,\ 2\,C_3H_8O_3,\ H_2O$	$Sr(OH)_2,\ 3\,C_3H_8O_3$
$Ca(OH)_2,\ 3\,C_3H_8O_3$	$Ba(OH)_2,\ 3\,C_3H_8O_3$

Die Autoren fassen sie als Molekularverbindungen von der Formel

$$\left[\mathrm{Me}\begin{matrix}\cdots\\ \cdots\end{matrix}\begin{pmatrix}\mathrm{HO}\,.\,\mathrm{CH_2}\\ \mathrm{HO}\,.\,\mathrm{CH_2}\,.\,\mathrm{OH}\end{pmatrix}_3\right](\mathrm{OH})_2 \quad (\mathrm{Me} = \mathrm{Ca, Sr, Ba})$$

auf. Sie wären demnach die Hydroxyde komplexer Kationen.

Auch die kristallisierten Verbindungen der einfachen Alkohole mit Basen sind wohl bekannt, desgleichen die kristallisierten Verbindungen der Zuckerarten mit Basen, etwa

$$Sr(OH)_2\,C_{12}H_{22}O_{11}\,.\,4\,H_2O$$

(siehe bei P. PFEIFFER). Ob diese Verbindungen als salzartige Substitutionsprodukte oder innere salzartige Verbindungen aufzufassen sind, ist unentschieden.

Wichtig für uns ist, daß in den inneren Salzen die organischen Moleküle in der ersten Sphäre mit dem Zentralkation zu einem Komplexkation verbunden gedacht werden müssen. Dazu im Gegensatze steht die Auffassung, welche einfache Neutralisationsprodukte annimmt. Wie erwähnt, ist diese Auffassung bei denjenigen Forschern, die in wässerigen Lösungen gearbeitet hatten, eine ganz allgemeine. E. COHEN hat 1900 zuerst auf die Bindung des Alkali durch Zucker hingewiesen und J. OSAKA berechnete in demselben Jahr für Glucose als Säure die Dissoziationskonstante zu $5{,}9 \cdot 10^{-13}$. Als Argument für die Salznatur der Verbindung Lauge—Zucker führte er die Beobachtung von H. FREY an, wonach Zusatz von Glucose die elektrische Leitfähigkeit der Ammoniaklösungen steigert. T. MADSEN hat die Dissoziationskonstanten von Saccharose, Glucose und Fructose aus der Veränderung der Verseifungsgeschwindigkeit von Äthylazetat in Lauge durch Zusatz von Zucker ermittelt. Die Werte liegen in der Größenordnung 10^{-13}. H. und A. v. EULER zeigten, daß Formaldehyd sich gleichfalls wie eine schwache Säure verhält, deren Natriumsalz in $1\,n$ Lösung zu 50% dissoziiert ist. Desgleichen wird von H. v. EULER die Ansicht experimentell begründet, daß Azetaldehyd, Chloralhydrat und die Zucker ionisierende Salze mit Basen bilden. Dieselbe Ansicht liegt einer Untersuchung von L. MICHAELIS und P. RONA zugrunde, in der mit Hilfe elektrometrischer H^+-Ionenmessungen festgestellt wird, daß die Konstante der mehrwertigen Alkohole die Größenordnung 10^{-15}, die der Zucker 10^{-13} besitzt.

In der neuesten Zeit erschien eine Arbeit von P. HIRSCH und R. SCHLAGS über das Laugenbindungsvermögen der wichtigsten Zuckerarten. In dieser Arbeit konnte durch Kombination von elektrometrischen und konduktometrischen Messungen das Äquivalentleitvermögen der Zuckersalze des Natriums ermittelt werden. Für die Lösungen von der Konzentration in der Größenordnung 10^{-1} normal schwankte es innerhalb der Grenzen 55 und 28 (bei 25°), und zwar für Glucose, Fructose, Saccharose, Lactose und Maltose ebenso, wie für Dextrin und die lösliche Stärke. Diese Werte liegen zwar auffallend niedrig, jedoch in der Größenordnung der normalen Äquivalentleitfähigkeit der Salze. Die Messungen ergaben ferner die wichtige Tatsache, daß die Zucker pro Molekül mehr als eine OH-Gruppe zu binden befähigt sind. Sie verhalten sich daher wie zweibasische Säuren. Die erste Konstante ist von der Größenordnung $1, 10^{-12}$ bis 10^{-13}, die zweite von der Größenordnung 10^{-14}. Besonders bedeutungsvoll erscheint die Schlußfolgerung der Autoren, daß die Alkalibindung nicht an das Vorhandensein von freien Aldehyd- oder Ketongruppen geknüpft ist, da die Saccharose genau dieselbe Alkalibindung zeigt, wie die anderen Zucker.

Die Übertragung dieser Erfahrungen auf die Alkalibindung der Zellulose und der Amylose, deren Mechanismus chemisch wesensidentisch sein dürfte (vielleicht topochemisch in der Reaktionszugänglichkeit der Gruppen etwas verschieden), erfolgt auf dieselbe Art, wie in der Elektrochemie der Proteine das Verhalten der Aminosäuren als Grundlage der Theorie der Säure- und Alkalibindung dient. Allein im Falle der Kohlehydrate ist die Sachlage komplizierter wegen der zweierlei Möglichkeiten: Innerer Salze mit Komplexkationen und Basenfunktion oder in Komplexanionen ionisierender Salze. Man könnte die Behauptung aufstellen, daß die Bildung der GRÜNschen Salze auf den kristallisierten Zustand beschränkt ist und in der Lösung normale Salze gebildet werden, die erst bei der Kristallisation eine Umlagerung erfahren. Die Schwierigkeit liegt nun in der Tatsache, daß der Zustand der Alkalisalze der Zellulose (der

Zellulate) ein Mittelding zwischen gelöstem und kristallisiertem Zustand darstellt. Der Lösungszustand drückt sich in der starken Quellung und in dem quasi homogenen Verlauf der Bindung an der benetzten Oberfläche aus, der kristallisierte Zustand in der Bildung und Beibehaltung des geordneten Raumgitters infolge der großen Kohäsionskräfte zwischen den Hauptvalenzketten. Es ist ferner zu beachten, daß die konzentrierten Laugenlösungen merkliche Mengen von assoziierten Ionenpaaren, ja undissoziierte Neutralmoleküle der Lauge enthalten und ihr Zustand gleichfalls bereits nahe dem festen liegt.

Trotz dieser Schwierigkeiten erscheint uns äußerst wahrscheinlich, daß die Zellulate als ionisierte Alkalisalze der Zellulosesäure aufzufassen sind, die infolge der interionischen elektrostatischen Kräfte eine mehr oder minder starke Inaktivierung erfahren, welche sekundär in eine konstitutive Umlagerung (wie bei den Eiweißsalzen) übergehen kann. Durch diese Auffassung wird das Gebiet der Zellulate und Amylate dem der Proteinsalze näher gebracht.

Topochemie der Alkalibindung. Die Alkalibindung der Zellulose erfolgt, indem die Zellulose als eine makroskopisch getrennte, zweite (feste) Phase mit der Laugelösung in Berührung gebracht wird. Wir können dabei die Zellulose als ein Gel auffassen, in welchem die regierenden Gruppen homogen verteilt sind. Vom Solzustand unterscheidet sich dieser Zustand dadurch, daß die Teilchen infolge der Kohäsionskräfte in der freien Diffusion behindert sind. Man kann das Gel durch ein Sol ersetzt denken, welches in eine semipermeable, für die Zellulose undurchlässige, für molekulardisperse Salze und das Lösungsmittel durchlässige Membran eingeschlossen ist. Wir können daher das Prinzip der Oberflächenreaktionen und das MWG ohne weiteres anwenden, nur ist die Tatsache zu beachten, daß die Laugelösung die Rolle einer „Außenflüssigkeit“ spielt.

Indessen ist die Alkalibindung der Zellulose dank der Anwendung der Röntgenstrahlenanalyse die topochemisch am gründlichsten untersuchte Gelreaktion. Es ist daher sehr lohnend, auf die Topochemie dieser Reaktion etwas näher einzugehen.

Bekanntlich wurde an der Zellulose von R. O. Herzog, W. Jancke und M. Polanyi sowie gleichzeitig von P. Scherrer das erstemal die Faserstruktur röntgenographisch festgestellt. In der Zellulosefaser liegen danach die Kristallite zur Faser parallel gerichtet. Die scheinbaren Widersprüche zwischen dem chemischen Verhalten und der Gelstruktur wurden erst in der neuesten Zeit durch die Arbeiten von K. H. Meyer und H. Mark gelöst. Nach ihrer Auffassung, die experimentell weitgehend begründet ist, sind die Glucosereste in der Zellulose durch Hauptvalenzen zu Ketten geknüpft. Die Hauptvalenzketten sind im Kristalliten (Mizelle) durch Assoziationskräfte parallel aneinander geheftet. Eine Mizelle hat das Volumen von etwa 1 bis $2 \cdot 10^{-18}$ cm^3, sie enthält 6000 bis 12.000 Glucosereste. Die Mizellen sind länglich. Ihre Länge beträgt etwa 50 mμ, die beiden anderen Kanten haben die Länge von etwa 5 mμ. Die Größe der Mizellen entspricht also dem kolloiden Gebiet.

Bereits R. O. Herzog und W. Jancke haben festgestellt, daß die durch Mercerisation gewonnene Hydrozellulose eine von der unbehandelten etwas verschiedene Gitterstruktur hat. Herzog und G. Landberg fanden, daß die in 17% NaOH ohne Spannung mercerisierte Baumwolle nach dem Auswaschen keine Faserstruktur mehr aufweist, die Kristallite liegen darin ungeordnet, ebenso wie, nach dem Befund von HERZOG und JANCKE, in der Viscose. Mercerisiert man dagegen unter Spannung, so bleibt die Faserstruktur erhalten, das Diagramm ist jedoch etwas verändert. J. R. KATZ hat gezeigt, daß die Quellung der Zellulose in reinem Wasser (die höchstens zur Aufnahme von 23% Wasser führt) keine Änderung der Röntgenbilder bewirkt. Eine sehr eingehende Untersuchung der Veränderung des Röntgenogrammes bei der Mercerisation verdanken wir J. R. KATZ und H. MARK. Sie fanden, daß die Quellung in Natronlauge, sobald die Konzentration 8% nicht übersteigt, das Röntgenbild völlig unverändert läßt. In 10% Lauge treten neben den Streifen der ursprünglichen Diagramme neue Streifen auf. In 12% Lauge sind die ursprünglichen Streifen verschwunden und nur die neuen vorhanden. Das Diagramm der nativen Zellulose geht also plötzlich und nicht kontinuierlich in ein anderes Diagramm über. Bei Anwendung bis zu 8% Lauge erhält man nach dem Auswaschen die Streifen des ursprünglichen Diagramms wieder, dagegen bewirkt das Auswaschen der mit konzentrierteren Laugen behandelten Zellulose ein Zurückkehren der ursprünglichen neben völliger Erhaltung der neuen Streifen. Erst in 27%-Lauge oder in 15%iger bei längerer Einwirkung bewirkt die Mercerisation eine Verschmierung des Punktdiagramms, d. h. die Aufhebung der Parallelordnung. Spannung während der Mercerisation konserviert die Orientierung der Kristallite. KOH und LiOH rufen dieselben Änderungen hervor wie NaOH, nur die Grenzkonzentrationen für das Verschwinden der ursprünglichen Interferenzen liegen verschieden, und zwar bei etwa 24% KOH und 9% LiOH. Die neuen Streifen finden sich in allen drei Laugen an genau der gleichen Stelle.

Die Zellulate haben also ein anderes Röntgendiagramm als die Zellulose und auch als die Hydrozellulose, deren Diagramm nur wenig gegenüber dem ursprünglichen hauptsächlich durch eine Dilatation des Gitters verändert ist. Das Auftreten neuer Interferenzen weist jedenfalls auf eine chemische Änderung hin, sie kann sowohl auf die Bildung der Alkaliverbindungen, als auch auf eine reversible Umlagerung der Zellulose zurückgeführt werden. K. HESS befürwortet die Auffassung, daß das neue Diagramm ein Ionengitter der Alkaliverbindung darstellt. Das Röntgenspektrum der getrockneten Zellulate wurde von J. R. KATZ studiert.

Eine eingehende Diskussion der Topochemie der Alkalibindung haben allerneuestens H. MARK und K. H. MEYER gegeben. Sie unterscheiden zwischen der mizellaren Oberflächenreaktion und der permutoiden Reaktion. Da die Quellung in verdünnten Laugen das Röntgenogramm nicht verändert, so ist anzunehmen, daß sie intermizellar verlauft. Es dringen daher auch die Ionen noch nicht zwischen die Hauptvalenzketten ein, so daß für die Bindung nur die Oberfläche der Mizellen zur Verfügung steht. Nach der angegebenen Größe der Mizellen enthalten sie je 40 bis 60 Glucoseketten, von denen jede einzelne 40 bis 60 Glucosereste enthält. Daraus folgt, daß etwa 40 bis 50% der OH-Gruppen an der Oberfläche liegen. Es können daher im Sättigungszustand pseudostöchiometrische Verhältnisse auftreten, die durch das rationale Verhältnis von Oberfläche und Inhalt bedingt sind. In höherer Laugekonzentration wird dagegen, wie das Röntgendiagramm zeigt, das Gitter aufgelockert, so daß ein permutoides Durchreagieren stattfindet.

Es sei hier eine Kurve nach J. LIEPATOFF wiedergegeben. Der daraus ersichtliche steile Anstieg der Alkalibindung in der Konzentration der Mercerisierung weist wohl auf die Erschließung neuer reagierender Gruppen hin.

Rolle der Ladung für den Zustand der Zellulate. Es erhebt sich nun die Frage, ob eine Ionisation der Zellulate ihren Zustand irgendwie beeinflußt oder nicht? Vor allem ist ein solcher Einfluß auf die Quellung in Betracht zu ziehen.

Was nun die Ionisation betrifft, so möchte man die Zellulate in Analogie zu den Saccharaten als weitgehend dissoziiert auffassen. Zwei Umstände sind jedoch zu beachten: erstens die Abhängigkeit der Oberflächendichte der Ladungen von der Nähe der reagierenden Gruppen, zweitens die hohe Elektrolytkonzentration.

Nimmt man eine freie Ladung an, so sind die Gesetze der DONNAN-Theorie für Ionenverteilung gültig. Das intermizellare Quellungswasser würde daher eine andere Zusammensetzung an freien Ionen haben, als die Außenflüssigkeit. Dieser Umstand könnte die scheinbaren Bindungskurven stark beeinflussen. Diejenige Lösung, mit der die Zellulose im unmittelbaren Hydrolysengleichgewicht steht, würde viel weniger Alkali enthalten, als die Außenflüssigkeit.

In hoher Laugekonzentration wird die Ionenverteilung gleichmäßiger: erstens nimmt die freie Ladung der Zellulate infolge der interionischen Kräfte ab, zweitens bewirkt der überschüssige Gehalt an freien Ionen auch eine Nivellierung der Ionenkonzentrationen innen und außen gemäß den Gesetzen des Membrangleichgewichts. Es ist hier jedoch die enorme hohe Konzentration der Gesamtladung in dem Quellungswasser zu beachten. Während der DONNAN-Effekt bei der Gelatine unter normalen Versuchsbedingungen bereits in 10^{-1} n-Lösung verschwindet, könnte bei den Zellulaten mit ihrem kleineren Äquivalentgewicht und ihrer größeren Gewichtskonzentration bis in höhere Laugenkonzentrationen ein merklicher Effekt, eine nicht allzu geringfügige Ionisation vorausgesetzt, vorhanden sein.

S. LIEPATOFF beobachtete die auffällige Tatsache, daß aus gleich konzentrierten Lösungen der Barytlauge viel mehr Hydroxyd (in Prozenten der Konzentration) durch Zellulose gebunden wird, als aus Alkalilaugen. Diese in verdünnten Lösungen gemachte Beobachtung steht in guter Übereinstimmung mit dem Befund von A. RAKOWSKY an Stärke. Beide könnten als Folge des DONNAN-Gleichgewichtes aufgefaßt werden, da im Sinne der Theorie die Verteilung der Hydroxyde von zweiwertigen Kationen in Anwesenheit kolloider Anionen eine gleichmäßigere ist, als die Verteilung der Hydroxyde von einwertigen Kationen. Auch die stärkere Inaktivierung von Ba^{++} würde die stärkere Bindung begünstigen.

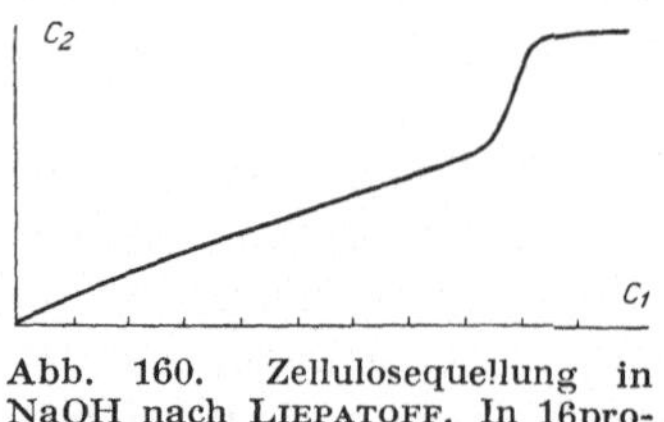

Abb. 160. Zellulosequellung in NaOH nach LIEPATOFF. In 16prozentiger NaOH steiler Anstieg dann horizontaler Verlauf

P. N. PAWLOW vertritt die Auffassung, daß das Quellungswasser keine freie Lauge enthält. (Die DONNAN-Theorie würde dies wohl nur für nicht zu konzentrierte Lösungen annähernd begründen.) Unter dieser Annahme berechnet PAWLOW Werte für die „wahre Adsorption", die bedeutend höher liegen als für die „scheinbare". Die Bindung kann nach ihm bis 4 Na pro $C_6H_{10}O_5$ betragen. Sieht man jedoch von einem DONNAN-Gleichgewicht ab, so würde die Ansicht, daß die freie Lauge sich im

Quellungswasser nicht löst, kaum begründet erscheinen. Adsorption und Ionisation und Quellung sind nach PAWLOW einander eng verknüpft.

Nimmt man das Bestehen von Ionisation an, so könnte die Quellung mit der freien Ladung ebenso zusammenhängen wie bei der Gelatine. Die Auflockerung des Gitters ließe sich mit der elektrostatischen Abstoßung der gleichgeladenen Hauptvalenzketten in Verbindung bringen und auch eine osmotische Quellungsbeeinflussung im Sinne von PROCTER und WILSON wäre nicht ausgeschlossen.[1]

Die starke Aufquellung ist nicht auf die Lösungen von Laugen beschränkt, auch Neutralsalze und Säuren können ähnlich wirken. Dieser Umstand, wie überhaupt die Tatsache der hohen Elektrolytkonzentration mahnt bei der Übertragung der an verdünnten Lösungen gewonnenen allgemeinen Erfahrungen zur Vorsicht.[1]

MEYER und MARK nehmen an, daß die schnellere Wirkung des LiOH bei der Mercerisation gegenüber NaOH darauf zurückzuführen ist, daß „das kleine LiOH" leichter diffundiert. CsOH soll daher umgekehrt so gut wie gar nicht mercerisieren. Die Geschwindigkeit des Eindringens des hydratisierten Alkali in die Hauptvalenzkette soll für die mercerisierende Wirkung ausschlaggebend sein. Nun ist gerade das in nacktem Zustande kleinste Lithium unter den Alkaliionen im hydratisierten Zustande am größten und Cs hat die größte Beweglichkeit. Es scheint daher, wie bereits von R. O. HERZOG betont wurde, eher die Hydratation und nicht die Beweglichkeit ausschlaggebend zu sein. Ob dabei die geringere Inaktivierung der hydratisierten Ionen, d. h. die höhere freie Ladung eine Rolle spielt, muß einstweilen dahingestellt bleiben. Jedenfalls ist auch diese Möglichkeit in Betracht zu ziehen.

Anschließend sei noch erwähnt, daß nach P. KARRER diejenigen kristallisierten Amylosen (Abbauprodukte der Stärke), die im Wasser nicht löslich sind, durch verdünntes Alkali gelöst werden. Mit Alkohol fallen aus diesen Lösungen wohldefinierte Verbindungen aus, wie

$$C_{12}H_{20}O_{10} \,.\, NaOH$$
$$(C_{12}H_{20}O_{10} \,.\, NaOH)_2 \text{ usw.}$$

Auch durch Ansäuern sind sie ausfällbar. Hier dürfte wohl die stärkere Hydratation infolge der ionischen Aufladung die Auflösung bedingen. KARRER nimmt dagegen Molekülverbindungen an.

Verbindungen der Zellulose mit Säuren. Im Gegensatz zu den Laugen bewirken starke Säurekonzentrationen nicht nur Quellung, sondern in kurzer Zeit Auflösung der Zellulose. Die Säuren führen nämlich schnell zu einem hydrolytischen Abbau. Nachdem die glucosidischen Bindungen zerstört sind, zerfallen die Hauptvalenzketten. Immerhin lassen sich die Fasern in ungebleichtem Zustande mit konzentrierter Salpetersäure in der Kälte längere Zeit behandeln, wobei sie eine starke Aufquellung ohne Auflösung erfahren.

[1] J. R. KATZ weist in seiner jüngsten vorzüglichen Zusammenfassung „Mizellartheorie und Quellung der Zellulose" (in K. HESS, Chemie der Zellulose usw., 1928) bei Erörterung der stärkeren Wasseraufnahme der Zellulose aus Elektrolytlösungen gleichfalls auf den verwickelten Charakter dieser Erscheinungen hin, bei denen freie Ladungen der Micellen, Hydratationen, elektrostatische Lockerung des Gelgefüges, DONNAN-Gleichgewicht und interionische Kräfte zusammenwirken. Vgl. dazu für Gelatine [PAULI, Koll. Beih. **3**, 375, (1912)].

E. KNECHT hat nachgewiesen, daß dabei eine erhebliche Bindung der Salpetersäure erfolgt. Der Grenzwert scheint bei der Aufnahme von 1 HNO_3 auf 1 $C_6H_{10}O_5$ zu liegen. Diese durch Wasser leicht spaltbare Verbindung ist von Nitrozellulose, die in viel konzentrierterer Lösung in der Hitze gebildet wird, wohl zu unterscheiden.

Daß die Alkohole (und im allgemeinen sauerstoffhaltige Verbindungen) Säuren zu binden vermögen, ist vor allem seit den Untersuchungen von A. BAEYER und V. VILLIGER wohl bekannt. Es handelt sich um die Bildung von Oxoniumsalzen. Nach A. HANTZSCH kommt ihnen die Konstitution:

$$\left[\begin{matrix}R\\H\end{matrix} : O\,.\,H\right]X$$

zu, wobei $\begin{matrix}R\\H\end{matrix} : O$ den Alkohol, HX die Säure bedeuten. P. PFEIFFER nimmt an, daß die KNECHTsche Verbindung dieselbe Konstitution besitzt. Während in der Alkalizellulose der Zellulose aller Wahrscheinlichkeit nach die Rolle des komplexen Anions zukommt, tritt sie in dem Zellulosenitrat als komplexes Kation auf. Die Zellulose wäre also amphoter.

MEYER und MARK nehmen an, daß die Auflösung der Zellulose in Säuren auf der Bildung von Oxoniumsalzen beruht, wobei die Bruchstücke der Kristallite positiv aufgeladen werden. Nun sind kolloide Teilchen elektrokratischer Sole im allgemeinen in derart konzentrierten Säurelösungen instabil. Es bedarf also noch einer Prüfung der besonderen Umstände, welche im Falle der Zellulose die Bildung eines stabilen positiven Sols in hohen Säurekonzentrationen ermöglichen, das sich in bezug auf seine Ionisation — Abstand der Ladungen — wie ein molekulardisperser Elektrolyt verhalten müßte. Die langgestreckte Teilchenform und die Dimension des Elementarkörpers könnten hier ein solches Verhalten in der Tat zulassen, so daß die freie Ladung neben der Hydratation der OH-Gruppen eine Rolle für die Stabilität spielen würde. In diesem Zusammenhang wäre ferner das hydrophile Schwefelsol anzuführen, welches erst durch 6 n HCl geflockt wird.

J. R. KATZ und K. HESS haben beobachtet, daß die Röntgenstruktur der Zellulose in konzentrierter Salpetersäure dieselben Änderungen erfährt, wie in Laugen. Wie bei der Alkalizellulose, so wurde am KNECHTschen Nitrat das Auftreten eines eigenen Spektrogramms festgestellt.

Bezüglich der Rolle der Ionisation gelten für die Säurelösungen die oben für die Alkalizellulose gemachten Bemerkungen.

Zellulose in Neutralsalzlösungen. Daß gewisse Salze, wie $CaCl_2$, in konzentrierten Lösungen die Zellulose zu starker Quellung bringen und auflösen können, ist seit langer Zeit bekannt. P. P. v. WEIMARN hat gezeigt, daß dazu mehr oder minder alle Salze befähigt sind. Er fand, daß das Dispergierungsvermögen der Salze um so größer ist, in je stärkerem Maße sie hydratisiert sind und bei je höherer Konzentration sie zur Anwendung kommen. Höhere Temperatur und Druck erwiesen sich als vorteilhaft. R. O. HERZOG und F. BECK haben später die Quellung der Zellulose in konzentrierten Salzlösungen gleichfalls untersucht und die Angabe WEIMARNS bestätigt. Sie fanden die Quellungswirkung um so stärker, je höher die Löslichkeit des Salzes, d. h. je größer, im Sinne von FAJANS, die Differenz in der Hydratation der beiden Ionen ist. Die Jodide der Alkalimetalle und die Rhodanide der Erdalkalimetalle quellen besonders stark.

Was den chemischen Mechanismus des Vorganges betrifft, so wurde wiederholt auf die Neutralsalzverbindungen der Alkohole verwiesen. Da sind z. B. die Einlagerungsverbindungen von Glykol mit zweiwertigen Schwermetallionen zu nennen (A. GRÜN)

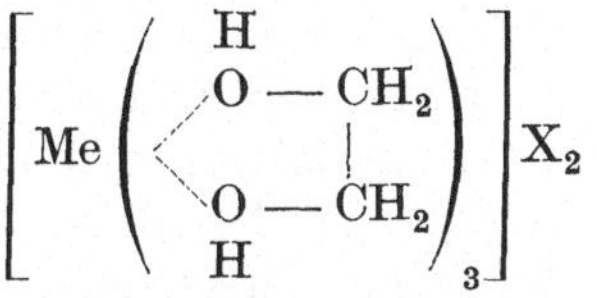

$$\left[Me \left(\begin{matrix} H & \\ O - CH_2 \\ & | \\ O - CH_2 \\ H & \end{matrix} \right)_3 \right] X_2$$

und die zahlreichen Ca- und Mg-Verbindungen der einwertigen Alkohole:

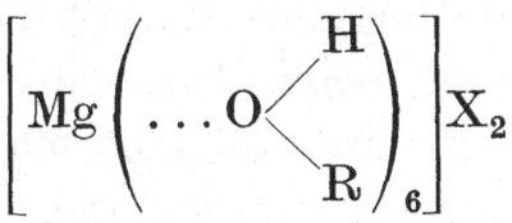

$$\left[Mg \left(\ldots O \begin{matrix} H \\ \\ R \end{matrix} \right)_6 \right] X_2$$

(ausführlich bei P. PFEIFFER). Insbesondere sei jedoch auf die Verbindungen von Glucose, Fructose und Saccharose mit Neutralsalzen hingewiesen (gleichfalls bei PFEIFFER). In diesen Verbindungen sind die organischen Gruppen, ebenso wie bei den Oxoniumsalzen, in dem komplexen Kation gebunden.

KATZ und MARK haben festgestellt, daß die Quellung der Zellulose in konzentrierten Salzlösungen im Gegensatz zu dem Verhalten in Laugen nach dem Auswaschen keine Änderung des Röntgenspektrogrammes erkennen läßt. Bereits WEIMARN hatte bemerkt, daß die Wirkung der Salze mit einem chemischen Eingriff verbunden ist. Nach MEYER und MARK wirken gewisse Salze ebenso hydrolysierend auf die glucosidische Bindung wie die Säuren. Die Autoren bringen dieses Verhalten mit dem Befund von H. MEERWEIN in Beziehung, wonach gewisse Salze in konzentrierten Lösungen als Anhydrosäuren funktionieren, d. h. durch Aufnahme von Wassermolekülen Komplexsäuren bilden.

Es sei an dieser Stelle betont, daß eine nahe Beziehung zwischen der Wirkung der Neutralsalze in konzentrierter wäßriger Lösung auf Proteine und auf Zellulose äußerst wahrscheinlich ist. Wie in dem betreffenden Kapitel ausgeführt, üben gewisse Salze eine dispergierende bzw. lösende Wirkung aus. Gerade die Rhodanide und Jodide, die auf Proteine lösend oder quellungsfördernd wirken, sind auch bei der Zellulose im gleichen Sinne wirksam. Es sei daher auf die Erörterung im Kapitel 50 hingewiesen.

Schließlich seien einige Angaben über die technisch bedeutungsvolle SCHWEIZERsche Zelluloselösung angeführt. Sie wird hergestellt durch Einwirkung von $[Cu(NH_3)_4](OH)_2$ auf Zellulose. W. TRAUBE zeigte, daß die analogen Komplexverbindungen, welche in der ersten Sphäre Äthylendiamin an Stelle von NH_3 enthalten, die Zellulose gleichfalls auflösen können, ferner, daß diese Verbindungen als starke Basen mit Polyhydroxydverbindungen (etwa Glyzerin) unter Bildung alkoholatartiger Körper reagieren. Dabei findet ein Ersatz von Wasserstoffatomen der Hydroxylverbindung durch Kupfer statt. Die Übertragung dieser Auffassung auf Zellulose ergibt als Konstitution für die SCHWEIZERsche Lösung derselben

$$[Cu(NH_3)_4][C_6H_7O_5)_x Cu]_2$$

Die Zellulose bildet mit Cu ein komplexes Anion. K. HESS und E. MESSMER schlossen auf Grund des beobachteten Zusammenhanges der optischen Drehung mit der Zusammensetzung der Lösung, daß x in der Formel durch 1 zu ersetzen ist und die Reaktion dem Massenwirkungsgesetz folgt. Die Zellulose reagiert so, als ob sie das Molekulargewicht $C_6 H_{10}O_5$ in der Kupferlösung hätte. Von MARK und MEYER wurde betont, daß es experimentell nicht begründet ist, aus diesem Verhalten auf die Teilchengröße zu schließen, da es eine Folge des permutoiden Durchreagierens sei. KATZ und MARK zeigten, daß die Quellung der Zellulose in verdünntem Kupferamminhydroxyd genau dieselben Änderungen des Röntgendiagrammes bewirkt wie die Behandlung mit starken Laugen. R. O. HERZOG und D. KRÜGER berechnen auf Grund von Diffusionsversuchen den Radius der Zelluloseteilchen in Kupferamminlösungen zu rund 5 mμ. Berücksichtigt man jedoch die Möglichkeit, daß das Zelluloseteilchen ein mehrwertiges Ion bildet und daher seine Diffusion durch das Auftreten eines Diffusionspotentials beschleunigt wird, so sieht man im Sinne der NERNSTschen Formel 165 (S. 264) keine Möglichkeit, aus einem großen Diffusionskoeffizienten, wie der vorliegende, einen sicheren Schluß auf die Teilchengröße zu ziehen.

Zusammenfassendes zur Elektrolytbeziehung der polymeren Kohlenhydrate. M. SAMEC hat zuerst die Ansicht ausgesprochen, daß

„überhaupt die Fähigkeit zur Gallertbildung nur gewissen kolloiden Ionen eigen ist, gleichgültig, ob diese Ionen durch Veresterung elektroneutraler Polysacharide mit Säuren, durch Überführung der Polysaccharide in die entsprechenden Karbonsäuren oder durch eine andere genügend feste Verknüpfung saurer oder alkalischer Atomgruppen mit dem Kohlehydrat zustande kommen."

Dieser zunächst als Arbeitshypothese 1922 ausgesprochene Satz hat sich auch in den nachfolgenden Untersuchungen bewahrheitet und R. O. HERZOG konnte 1926 abermals die Behauptung aufstellen:

„Elektrolytfreie Polysacharide (oder allgemeine homöopolare Verbindungen) sind in Wasser nicht quellungsfähig; sie werden es erst durch die Wechselbeziehung mit Elektrolyten durch die Umwandlung in heteropolare Systeme."

Zu den stark quellbaren Kohlehydraten gehören: Amylopektin, Alkaliamylat, Agar, allgemein Pektinstoffe, arabisches Gummi, Alkalizellulat, Zellulosenitrat, Salzzellulose usw. Zu der anderen Gruppe, die eine viel geringere Affinität zum Lösungsmittel zeigt, gehören Amylose und Zellulose in reinem Wasser.

Die hervorragende Rolle der Ionenladungen, die durch die bisherigen Untersuchungen dargetan wurde, läßt erhoffen, daß eine ausgiebigere Benützung elektrochemischer Arbeitsmethoden neue Erkenntnisse von den Zustandsänderungen der Kohlehydrate zutage fördern wird. Dadurch dürften auch die mannigfachen Beziehungen zwischen den die Zustandsänderungen bestimmenden Gesetzmäßigkeiten bei den Proteinen und Kohlehydraten, welche bereits an den betreffenden Stellen der Darstellung angedeutet wurden, noch merklicher hervortreten.

ζ-Potential der Zellulose. Das ζ-Potential der Zellulose wurde neulich in seiner Abhängigkeit von der Elektrolytkonzentration aus Messungen der Strömungspotentiale durch D. R. BRIGGS abgeleitet. Es wurden die Lösungen der Chloride verschiedener Kationen in Konzentrationen bis $1{,}6 \cdot 10^{-3}$ n untersucht. Die Alkalisalze bis 5.10^{-4} oder $1 \cdot 10^{-3}$ n bewirkten eine Erhöhung des negativen ζ-Potentials, dann Abnahme desselben. In Erdalkalisalzen erfolgte ein schnellerer Abfall des Potentials. Noch stärker erniedrigend wirkt Al^{+++} und Th^{+++}. Das letztere ladet um, HCl wirkt nur entladend. Es zeigt sich also ein weitgehend uniformes Verhalten der negativen Oberfläche. Sehr eigenartig sind die Befunde von BRIGGS, betreffend die Oberflächenleitung der Zellulose, die im Kap. 30 behandelt wurde.

Literaturverzeichnis

D'ANS, J., und A. JÄGER: Zellulosechemie **6**, 137 (1925). — BAEYER, A., und V. VILLIGER: Ber. **34**, 2679, 3612 (1901); **35**, 1201 (1902). — BOTTAZZI, F., und C. VICTOROW: Atti Accad. Lincei [5] **18**, 87 (1909). — BRIGGS, D. R.: Journ. Phys. Chem. **32**, 41, 1046 (1928). — BRIGGS, J. F.: Ch. Z. **34**, 455 (1910). — BUNGENBERG DE JONG, H. G.: Rec. trav. chim. Pays-Bas **5**, 197 (1924). — COHEN, E.: Kon. Akad. Wetens. Amsterdam (1900). — CROSS, C. F., E. J. BEVAN und C. BEADLE: Ber. **26**, 1090 (1893). — DEHNERT, FR., und W. KÖNIG: Zellulosechemie **5**, 107 (1924); **6**, 1 (1925). — DEMOUSSY, E.: C. r. **142**, 933 (1906). — DOKAN, S.: Koll. Z. **34**, 185 (1924). — EHRLICH, F.: Z. f. angew. Ch. **40**, 1305 (1927). — DERSELBE und R. VON SOMMERFELD: Bioch. Z. **159**, 262 (1925). — EULER, H.: Ber. **38**, 2551 (1905). — FELLENBERG, TH. VON: Bioch. Z. **85**, 118 (1915). — FOUARD, E.: L'état colloidal de l'amidon. — FREUNDLICH, H., und H. NITZE: Koll. Z. **41**, 206 (1927). — FREY, H.: Z. f. phys. Ch. **22**, 424 (1897). — GLADSTONE, J. H.: Z. f. prakt. Ch. **56**, 247 (1852). — GRUZEWSKA, Z.: Journ. Phys. et Path. gen. **14**, 7 (1912). — GRÜN, A. und F. BOCKISCH: Ber. **41**, 3465 (1908). — DERSELBE und J. HUSSMANN: Ber. **43**, 1291, (1910). — HANTZSCH, A.: Ber. **55**, 953 (1922). — HERZOG, R. O.: Z. f. phys. Ch. **127**, 108 (1927); Ber. **60**, 600 (1927). — Koll Z. **39**, 98 (1926). – DERSELBE und W. JANCKE: Ber. **53**, 2162 (1920). — DIESELBEN und M. POLANYI: Z. f. Physik **3**, 343 (1920). — DERSELBE und F. BECK: Z. f. physiol. Ch. **111**, 287 (1920). — DERSELBE und G. LONDBERG: Ber. **57**, 329 (1924). — DERSELBE und D. KRÜGER: Koll. **39**, 250 (1926). — HEUSER, E.: Z. f. angew. Ch. **37**, 1011 (1924). — DERSELBE und NIETHAMMER: Ch. Ztg. **48**, 252, 742 (1924). — HESS, K.: Chemie der Zellulose. Leipzig (1928). — Z. f. Elektroch. **31**, 319 (1925). — DERSELBE und E. MESSMER: Ber. **54**, 834 (1921); **55**, 2432 (1922). — HIRSCH, P. und R. SCHLAGS: Z. f. phys. Ch. **141**, 387 (1929). — HÜBNER, J., und F. TELTSCHER: Journ. Soc. Chem. Ind. **28**, 641 (1909). — HOFFMANN, W. F., und R. A. GORTNER: Journ. of biol. Chem. **65**, 379 (1925). — KARRER, P.: Polymere Kohlehydrate. Leipzig (1925). — Helv. Acta Chim. **4**, 811 (1911). — Zellulosechemie **2**, 126 (1921); **7**, 69 (1924). — DERSELBE und N. NISHIDA: Zellulosechemie **5**, 69 (1924). — KATZ, J. R.: „Quellung" in der „Chemie der Zellulose" von K. HESS. Leipzig (1928). — Phys. Z. **25**, 321 (1924). — Z. f. phys. Ch. **124**, 352 (1925). — DERSELBE und H. MARK: Z. f. phys. Ch. **115**, 385 (1925). — Z. f. Elektroch. **31**, 105 (1925). — DERSELBE und K. HESS: Z. f. phys. Ch. **122**, 126 (1926). — KNECHT, E.: Ber. **37**, 551 (1904). — DERSELBE und J. H. PLATT: Journ. Soc. Dyers Coulors **41**, 53 (1925). — KRUYT, H. R. und, H. G. DE JONG: Z. f. phys. Ch. **100**, 250 (1922). — LEIGHTON, A.: Journ. Phys. Chem. **20**, 188 (1916). — LIEPATOFF, L.: Koll. Z. **36**, 148 (1925). — MADSEN, TH.: Z. f. phys. Ch. **35**, 661 (1900). — MAQUENNE, L., und E. ROUX: C. r. **140**, 1303 (1905). — MARK, H. und, K. H. MEYER: Z. f. phys. Ch. [B] **2**, 115 (1929). — MEERWEIN, H.: Annalen **455**, 227 (1927). — MEYER, K. H., und H. MARK: Ber. **61**, 593 (1928). — DERSELBE, H. HOPFF und H. MARK: Ber. **62**, 1103 (1929). — MICHAELIS, L.: Ber. **46**, 3683 (1913). — DERSELBE und P. RONA: Bioch. Z. **49**, 232 (1913). — MILLER, O.: Ber. **40**, 4903 (1907). — NEUBERG, C., und H. OHLE: Bioch. Z. **125**, 311 (1921). — NEUENSTEIN, W. v.: Koll. Z. **43**, 241 (1927). — OSAKA, J.: Z. f. phys. Ch. **35**, 661 (1900). — OSTWALD, WO., und G. FRENKEL: Koll. Z. **43**, 297 (1927). — PAWLOW, P. N.: Koll. Z. **44**, 44 (1928). — PFEIFFER, P.: Organische Molekülverbindungen. II. Aufl. Stuttgart (1927). — RAKOWSKY, A.: Koll. Z. **11**, 52 (1912); **12**, 128, 177 (1913). — RASSOW, B., und M. WADEWITZ: Journ. f. prakt. Ch. **106**, 270 (1923). — REYCHLER, A.: Bull. Soc. Belg. **23**, 378 (1909); **29**, 118 (1920). — SAMEC, M.: Kolloidchemie der Stärke. Leipzig und Dresden (1927). — Koll. Beih. **3**, 133 (1912); **8**, 33 (1916). — DERSELBE und F. VON

HOEFFT: Koll. Beih. 5, 176 (1913). — DERSELBE und H. HAERDTL: Koll. Beih. 12. 281 (1920). — DERSELBE und V. ISAJEVIC: C. r. 176, 1419 (1923). — Koll. Beih. 16, 285 (1922). — SCHERRER, P.: In „Kolloidchemie“ von R. ZSIGMONDY, III. Aufl. (1920). — THIELE, E.: Ch. Z. 25, 610 (1901). — THIES, F. H.: Färber Z. 24, 393 (1913). — THOMAS, A. W., und H. A. MURRAY: Journ. Phys. Chem. 32, 676 (1928). — WEIMARN, P. P. VON: Koll. Z. 11, 41 (1912); 36, 340 (1925); 44, 212 (1928).

66. Die Harzsole

Mastix. Die Auffassung, daß die Teilchen der Harzsole ihre Aufladung der oberflächlichen Dissoziation von Harzsäuren verdanken, liegt der Arbeit von L. MICHAELIS und A. DOMBOVICEANU zugrunde, in welcher der Einfluß der H-Ionenaktivität auf die kataphoretische Geschwindigkeit der Mastixteilchen untersucht wird. Die Bestimmung erfolgte im U-Rohr. Die Sole wurden mit Na-Azetat-Puffer versetzt und mit demselben überschichtet. Die Ergebnisse stellt die folgende Figur dar.

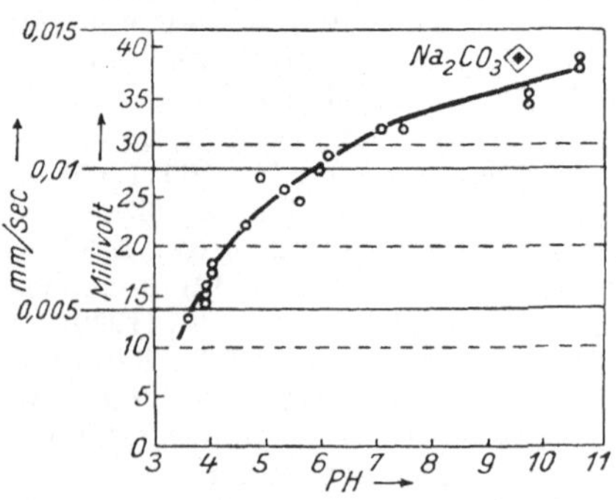

Abb. 161. Abhängigkeit der Wanderungsgeschwindigkeit der Mastixteilchen von dem p_H nach L. MICHAELIS und A. DOMBOVICEANU

Erhöhung der Azidität setzt also die Beweglichkeit herab, Alkali erhöht sie, wie dies bei einem negativen Sol zu erwarten ist. Bei neutraler Reaktion ist die Geschwindigkeit $1 \,.\, 10^{-4}$ cm/sec, im Punkte der Flockung, welche bei $p_H = 3{,}7$ eintritt, etwa $5 \,.\, 10^{-5}$. Der höchste Wert der Wanderungsgeschwindigkeit wurde in der untersuchten am meisten alkalischen Lösung ($[OH] = 10^{-3}$) zu $12 \,.\, 10^{-5}$ cm/sec gefunden. Diese relativ niedrigen Werte sind vielleicht durch den Salzgehalt der Pufferlösung hervorgerufen.

Die Tatsache, daß das nach der HELMHOLTZschen Theorie der Beweglichkeit proportionale, elektrokinetische Potential bei einer Änderung des p_H um eine Einheit sich nur um 3,7 bis 7,0 MV ändert, spricht für die Unabhängigkeit desselben von dem thermodynamischen Potential, dessen Änderung, wenn das Teilchen als Wasserstoffelektrode funktioniert, etwa 57 MV pro Einheit p_H betragen müßte.

In der neueren Zeit haben verschiedene Autoren die Konstitution der Mastixsole untersucht.

A. J. RABINOWITSCH und R. BURSTEIN arbeiteten mit zwei Arten von Mastixsolen: Mit solchen, welche durch Eingießen der 5%igen alkoholischen Lösung in die 20fache Wassermenge gewonnen waren (a-Sole) und solchen, bei deren Bereitung das Wasser zur alkoholischen Lösung zugefügt wurde (b-Sole). Ohne weitere Reinigung erfolgte die Untersuchung mit Hilfe der konduktometrischen und der potentiometrischen Titration. Die a-Sole ergaben die für azidoide Sole typische konduktometrische Kurve mit gut ausgebildetem Minimum als Indikator für die Neutralisation, die b-Sole zeigten sofort nach Zusatz der kleinsten Laugenmengen Anstieg der Leitfähigkeit. Die elektrometrische Titration mit Kalilauge ergab bei beiden Solarten das Vorhandensein eines Wendepunktes. Als dritte Methode berechneten die Autoren die Wasserstoffionenkonzentration aus der Leitfähigkeit.

Tabelle 248

Bereitungsweise	Konduktometr. Minimum (M) oder Wendepunkt (W). ccm Lauge (0,005n) pro Liter Sol	Elektrometr. Wendepunkt. ccm Lauge (0,005n) pro Liter Sol	h_x aus Leitfähigkeit	h_p aus elektrometrischer p_H-Messung	p_H des Sols
a + b (Mischung)	W 23,7	—	—	$6,29 \cdot 10^{-5}$	4,20
a-Sol	M 30,0	110	$1,45 \cdot 10^{-4}$	$1,45 \cdot 10^{-4}$	3,84
	30,0		$1,62 \cdot 10^{-4}$	$1,62 \cdot 10^{-4}$	3,79
				$1,74 \cdot 10^{-4}$	3,76
a-Sol	M 18,7	80	(29. VII.) $9,55 \cdot 10^{-5}$	$9,54 \; 10^{-5}$	4,02
	21,2		(11. VIII.) $1,67 \cdot 10^{-4}$	$1,69 \cdot 10^{-4}$	3,77
b-Sol	—	65	(4. VIII.) $1,66 \cdot 10^{-4}$	$1,45 \cdot 10^{-5}$	4,84
			(11. VIII.) —	$2,51 \cdot 10^{-5}$	4,60

Die Übereinstimmung zwischen H^+ aus der ursprünglichen Leitfähigkeit und der Titration ist gut, ein Zeichen dafür, daß das Sol rein azidoid ist.

Das Fehlen des Minimum bei der Leitfähigkeitstitration der b-Sole erklären die Autoren durch die Annahme, daß diese Sole schwächere Säure sind als die a-Sole. Die Lage der Wendepunkte der elektrometrischen Titration unterstützt diese Annahme.

Bei der Koagulation mit $BaCl_2$ war keine Ansäuerung weder mit Hilfe der Leitfähigkeitsmessung noch der direkten H^+-Messung nachweisbar.

Gleichzeitig mit dieser Arbeit erschien eine Untersuchung von K. Hotta aus dem Institute Paulis. Neben dem Studium der Einwirkung von Mastixsol auf Proteine beschäftigt sich Hotta auch mit der elektrochemischen Charakterisierung des Mastixsols. Die Sole waren durch Eingießen der alkoholischen Lösung in die vierfache Wassermenge gewonnen, das Material durch Elektrodialyse gereinigt. Die Leitfähigkeit der zirka 0,5%igen Sole schwankte zwischen 3 und $17 \cdot 10^{-6}$. Die H^+-Ionenaktivität betrug in Übereinstimmung mit der Leitfähigkeit 1,8 bis $7,2 \cdot 10^{-5}$n.

Die Sole zeigten einen deutlichen zeitlichen Anstieg der Leitfähigkeit und parallel damit der H^+-Aktivität. Fallweise erhöhte sich die Leitfähigkeit in acht Tagen auf das Dreifache.

H. V. Tartar und C. Z. Draves beschäftigen sich hauptsächlich mit der Beeinflussung der Salzstabilität von Mastixsolen, welche mittels Eingießen von Wasser in die alkoholische Lösung gewonnen waren, durch Säurezusatz. Die H^+-Aktivität der reinen Sole schwankte zwischen $p_H = 3,47$ bis 4,08, war also größer als in den oben genannten Solen. Zwischen p_H 2,5 bis 4 zeigt sich eine lineare Abhängigkeit des Schwellenwertes von der p_H gegenüber KCl in dem Sinne, daß je höher die Azidität ist, um so weniger Salz zur Flockung gebracht wird. Oberhalb

$p_H = 6$, also im neutralen und alkalischen Gebiet, war der Schwellenwert unabhängig von dem Säuregehalt. Ähnliche Ergebnisse zeitigten die früher über denselben Gegenstand ausgeführten Untersuchungen von L. MICHAELIS und N. HIRABAYASHI. Wahrscheinlich wird das Sol im sauren Gebiet infolge der Dissoziationsrückdrängung, wie auch die Wanderungsgeschwindigkeiten anzeigen, teilweise entladen und daher instabiler. Im alkalischen Gebiet bleibt die Aufladung konstant eine optimale.

TARTAR und DRAVES zeigten, daß das Ultrafiltrat die gleiche H^+-Aktivität aufweist wie das Sol, und folgern daraus, daß nur ein geringer Bruchteil der dissoziierten Harzsäuren an der Teilchenoberfläche angelagert ist.

Gummigutt. Das Sol des Gummigutharzes diente, auf dieselbe Weise wie Mastix gewonnen, als Material für die Untersuchungen von PERRIN und SVEDBERG zur Ermittlung der LOSCHMIDTschen Zahl. Es läßt sich jedoch im Gegensatz zu Mastix auch durch bloßes Zerreiben in reinem Wasser zerteilen, wobei ein stark heterodisperses System resultiert. Auch nach Reinigung durch Dialyse oder Elektrodialyse übersteigt die Leitfähigkeit und die H^+-Aktivität das Mehrfache derjenigen des verwendeten destillierten Wassers.

Einige interessante Versuche mit dem Gummiguttsol hat F. L. USHER ausgeführt. Darüber haben wir bereits im allgemeinen Teil referiert. Die Oberfläche vermag danach bei der Flockung so viele Gegenionen mitzureißen, als einer vollständigen Bedeckung entspricht. Da hier die Kugelform der Teilchen sichergestellt und eine innere Oberfläche ausgeschlossen ist, kommt diesem Ergebnis eine besondere Bedeutung zu.

Latex. Wegen der großen wirtschaftlichen Bedeutung wird ein besonderes Augenmerk dem Kautschukmilchsaft gewidmet. Der Latex enthält ein sehr kompliziertes Gemisch gröber disperser, kolloider und molekular gelöster Stoffe. Neben den Kohlenwasserstoffteilchen, deren Größe sich meist in der Nähe von $1\,\mu$ bewegt, und welche den Hauptanteil des 30 bis 40% betragenden Trockengewichtes ausmachen, sind stickstoffhaltige, hochmolekulare Substanzen, wahrscheinlich Proteine, ferner Zuckerarten, Harze und Harzsäuren, schließlich Phosphat-, Kalium- und Magnesiumionen anwesend. Reiner Latex ist außerordentlich labil und koaguliert ohne Zusatz spontan in kurzer Zeit, er kann jedoch mit 2% Ammoniak stabilisiert werden. Nur in dieser Form (oder neuestens eingedickt mit Seife) wird Kautschukmilchsaft versendet. Da der hohe NH_3-Gehalt chemische Änderungen verursacht (Hydrolyse der Proteine usw.), kann die Untersuchung von Latex, sofern sie sich auf das unveränderte Naturprodukt beziehen soll, nur an Ort und Stelle des Abzapfens in den Tropen ausgeführt werden.

VICTOR HENRI hat bereits frühzeitig festgestellt, daß die Kautschukteilchen des Latex bei der Elektrophorese zur Anode wandern. Diese Eigenschaft fand in der neuesten Zeit durch das Verfahren von P. KLEIN, ferner von S. E. SHEPPARD eine industrielle Anwendung.

W. N. C. BELGRAVE zeigte, daß der Wanderungssinn durch Säurezusatz umgekehrt werden kann. Frischer Latex hat ein p_H von etwa 6. Bei $p_H = 4{,}8$ tritt Flockung ein, unter $p_H = 4{,}5$ bleibt das Sol stabil und wandert kathodisch. Hier liegt also der isoelektrische Punkt für die Kautschukteilchen. Für die Flockung von neutralem Latex ist die Wertigkeit der Kationen ausschlaggebend, in dem sauren Latex dagegen die der Anionen, entsprechend der SCHULTZE-HARDYschen Regel.

Für den Mechanismus der Aufladung und der Flockung sind zwei Möglichkeiten vorhanden. Erstens können die Eiweißkörper, zweitens die Harzsäuren die wesentliche Rolle spielen. Entweder sind die Partikeln mit einer Proteinhülle umgeben, oder aber mit einer Hülle ionogener Harzsäuren. Wahrscheinlich nehmen sowohl die Proteine als auch die Harzsäuren Anteil an dem elektrochemischen Verhalten der Teilchen. Vor allem für die Umladung muß eine Schutzwirkung der Eiweißkörper angenommen werden, da reine Harzsole im allgemeinen nicht umgeladen werden können. Daß jedoch auch in dem reinen, frischen Latex die Proteine oder ein Bruchteil von ihnen mit den Kautschukteilchen irgendwie vereinigt sind, ist nicht erwiesen, wenn auch bei deren Ampholytcharakter wohl denkbar, während bei den Harzsäuren die chemische Verwandtschaft für die Annahme einer Anlagerung an die Kautschukteilchenoberfläche sprechen könnte.

Die örtliche Gebundenheit der Forschung und der Umstand, daß eine vollständige Reinigung von den Salzen in dem erforderlichen Maße unter Erhaltung der Stabilität zur Zeit kaum ausführbar ist, bereitet hier der genauen Untersuchung der elektrochemischen Konstitution derzeit noch große Schwierigkeiten.

Literaturverzeichnis

BELGRAVE, W. N. C.: Malay. Agr. Journ. XI. Dez. 1923. — FREUNDLICH, H. und E. A. HAUSER: Koll. Z. **36**, Erg. Bd. 15 (1925). — HAUSER, E. A.: Der Latex. Dresden (1927). — HENRI, V.: Le Caoutchouc et la Guttap. **3**, 510 (1906). — HOTTA, K.: Bioch. Z. **183**, 72 (1927). — MICHAELIS, L. und N. HIRABAYASHI: Koll. Z. **30**, 209 (1922). — MICHAELIS, L, und A. DOMBOVICEANU: Koll. Z. **34**, 322 (194). — RABINOWITSCH, A. J. und R. BURSTEIN: Bioch. Z. **182**, 110 (1927). — TARTAR, H. V. und C. Z. DRAVES: Journ. Phys. Chem. **30**, 763 (1926). — USHER, F. L.: Trans. Far. Soc. **21**, 406 (1925).

67. Organosole

Über die Elektrochemie der Organosole sind wir noch sehr mangelhaft unterrichtet. Systematische Studien fehlen überhaupt, begreiflicherweise, da die Methoden der Erforschung der Hydrosolkonstitution in nicht wässerigen Lösungsmitteln mehr oder weniger versagen. Die Reindarstellung der Solventien und die notwendige Fernhaltung von Luftfeuchtigkeit, welche die Eigenschaften wesentlich beeinflussen kann, erschweren das Arbeiten außerordentlich. Doch gibt es einige wertvolle und interessante Untersuchungen, welche speziellen Fragen gewidmet sind.

Rolle der Dielektrizitätskonstante. A. COEHN hat die Hypothese aufgestellt, daß Teilchen, welche eine größere Dielektrizitätskonstante (D) haben als das Medium, sich gegen das letztere positiv aufladen, während Teilchen, die ein kleineres D haben, eine negative Ladung erhalten. Die experimentellen Befunde haben jedoch erwiesen, daß dieser Gesetzmäßigkeit keine allgemeine Bedeutung zukommt. Für ionisierende Medien gilt sie überhaupt nicht, da hier den Ladungssinn neben dem chemischen Charakter der dispergierten Phase auch der Elektrolytgehalt des Mediums bestimmt.

J. PERRIN hat, in Verbindung mit der Rolle der Ladung für die Stabilität der Hydrosole, die Hypothese aufgestellt, daß in Medien mit kleiner Dielektrizitätskonstante, in welchen keine elektrolytische Dissoziation stattfindet, keine stabilen Sole zu erhalten sind, während die Dispersionsmittel mit höheren Dielektrizitätskonstanten stabile Sole liefern können. SVEDBERG, der die Organosolherstellung von Elementen mit Hilfe der elektrischen Dispersion sehr eingehend studiert hat, konnte diese Hypothese PERRINS experimentell widerlegen, wie aus der folgenden Tabelle zu ersehen ist:

Tabelle 249. Platin-Organosole bei 17°

Stabile Zerteilungen in	D	Instabile Zerteilungen in	D
Amylazetat	4,81	Äthyläther	4,37
Äthylazetat	6,11	Chloroform	5,20
Amylalkohol	15,9	Äthylalkohol	28,8
iso-Butylalkohol	18,9	Methylalkohol	35,4
Azeton	21,8		
n-Propylalkohol	22,5		
Wasser	81,7		

In der neuesten Zeit hat Wo. OSTWALD die Rolle der Dielektrizitätskonstante für die Stabilität der Organosole sehr ausführlich und eingehend diskutiert. Er nimmt an, daß nicht die Dielektrizitätskonstante, welche die Wirkung der Deformierbarkeit der Elektronenbahnen, der Verschiebbarkeit der Atome im Molekülverband und der Orientierbarkeit der Moleküle summarisch zum Aus-

Tabelle 250. Dielektrizitätskonstante, Orientierungspolarisation und Stabilität der Organosole nach Wo. OSTWALD

	D	Molekularpolarisation berechnet nach LORENZ-LORENTZ	Spezifische Polarisation	Orientierungspolarisation	10^{18} Einzelmomente	Autor	
Amylazetat	4,79	0,639	83,0	(>40)	1,8	WILLIAMS	stabil
Äthylazetat	5,85 bis 6,4	0,69 bis 0,71	61,0 bis 62,0	39,4	1,74	WILLIAMS	stabil
n-Amylalkohol	16,0	1,03	90,6	69,2	1,83	LANGE	stabil
iso-Amylalkohol	15,6 (bis 14,6)	1,025	90,2	63,9	1,76	LANGE	stabil
iso-Butylalkohol	20,0	1,06	78,8	51,3	1,72	LANGE	stabil
Azeton	20,7	1,10	63,7	35,2	2,70	WILLIAMS	stabil
Prophylalkohol	22,2	1,09	65,1	48,2	(>) 1,53	LANGE	stabil
Wasser	81,1	0,966	17,4	13,8	1,70	WILLIAMS	stabil
					1,87	JONA	stabil
Äthyläther	4,3	0,736	54,6	31,5	1,22	LANGE u. WILLIAMS	instabil
Chloroform	5,2	0,392	46,8	23,9	1,10 bis 1,15	WILLIAMS	instabil
Äthylalkohol	25,8	1,13	52,1	39,8	1,43	LANGE	instabil
Methylalkohol	31,2	1,15	36,8	28,7	1,25	LANGE	instabil

druck bringt, sondern nur die Orientierungspolarisation oder aber das Dipolelement der Moleküle der Lösungsmittel ausschlaggebend ist. Auf diese Weise lassen sich die Ergebnisse SVEDBERGS erklären.

Die Orientierungspolarisation ist, da sie durch die Wärmebewegung gestört wird, der absoluten Temperatur umgekehrt proportional. Auf diese Beziehung führt OSTWALD die von SVEDBERG festgestellte Tatsache zurück, daß viele Organosole, z. B. Platin in Äther nur unterhalb einer bestimmten Temperatur zu erhalten sind und bei Erwärmung oberhalb dieser Temperatur ausflocken. Auch die ebenfalls von SVEDBERG beobachtete stabilisierende Wirkung durch kleine Mengen von „Fremdstoffen" wird von OSTWALD so gedeutet, daß infolge ihrer Anwesenheit die Anzahl der Dipole pro Volumeinheit erhöht wird. Besonders gilt dies für den Wassergehalt der Sole.

Die stabilisierende Wirkung der Orientierungspolarisation liegt nach OSTWALD darin, daß die Dipole an der Oberfläche der Teilchen gerichtet und fixiert werden und auf diese Weise die Teilchen wie eine Hülle umgeben.

Unter den gleichen Gesichtspunkten betrachtet Wo. OSTWALD die Stabilitätsverhältnisse an dem Zerstäubungsol des Platins im Alkohol, welche von J. ERRERA untersucht worden sind. ERRERA fand, daß der Zusatz eines Lösungsmittels von niedrigerer D das Sol ausflockt.

Abweichungen von dieser Regel fand ERRERA regelmäßig an einem HgS-Sol, welches durch Einleitung von H_2S in die alkoholische Lösung von Quecksilberzyanid hergestellt wurde. OSTWALD nimmt an, daß dieses Sol die Aufladung einer elektrischen Doppelschicht verdankt und Stoffe von höherer bzw. Orientierungspolarisation das Anlagerungsgleichgewicht der Ionen stören und dadurch eine Entladung herbeiführen können, daß sie die Ionen von der Kolloidteilchenoberfläche verdrängen.

Es ist noch zu bemerken, daß SVEDBERG die stabilisierende Wirkung von salzartigen Stoffen in seinen Organosolen auf elektrische Aufladung der Teilchen zurückführt. Er hält es für eine Bedingung der stabilisierenden Wirkung, daß das Kation eine viel geringere Beweglichkeit besitzen soll als das Anion, da dieses für die Aufladung der negativen Teilchen günstig ist. In der Tat wurden elektrophoretische Erscheinungen auch an Organosolen wiederholt beobachtet.

BURTON war der erste, der die Kataphorese von kolloiden Metallen in organischen Solventien untersucht hat.

Tabelle 251. ζ-Potentiale in Volt[1]

Metalle	In Wasser D = 80	In Äthylmalonat D = 10,6	In Äthylalkohol D = 25,8	In Methylalkohol D = 33
Platin	— 0,031	— 0,054	—	—
Gold...........	— 0,033	— 0,033	—	—
Silber	— 0,036	— 0,040	—	—
Blei	+ 0,018	—	+ 0,023	+ 0,044
Wismut	+ 0,017	—	—	+ 0,022

[1] Berechnet nach der HELMHOLTZschen Formel.

[2] D = Dielektrizitätskonstante.

Bei der Deutung seiner Versuche neigte BURTON zu einer chemischen Erklärung der Stabilität und Wanderungsrichtung, indem er Reaktionen der Metalle mit den Ionen des Lösungsmittels unter Bildung ionisierender Verbindungen als aufladende Moleküle annahm.

P WALDEN hat auf breiter experimenteller Grundlage mit besonderem Nachdruck auf die Bedeutung der Dielektrizitätskonstante des Lösungsmittels für den Assoziationsgrad der Elektrolyte hingewiesen. Sehr interessant ist sein Befund betreffend die Lösung von Tetraamyl-ammonium-jodid $[N(C_5H_{11})_4]J$ in Benzol und Tetrachlorkohlenstoff. Diese Lösungen zeigen praktisch keine Siedepunkterhöhung, dagegen eine nicht unbeträchtliche Leitfähigkeit. Das Äquivalentleitvermögen in Abhängigkeit von der Konzentration durchläuft ein Maximum. Dieses Verhalten entspricht demjenigen der Seifen im Wasser. Es ist daher anzunehmen, daß diese Lösungen analog wie die Seifen konstitutioniert sind.

Nickelsole in Benzol. Von WA. OSTWALD wurde angegeben, daß kolloides Nickel in Benzol durch Erhitzen von $Ni(CO)_4$-Lösung und Zerfall des Karbonyls unter CO-Entwicklung darstellbar ist. E. HATSCHEK und P. C. L. THORNE haben das Sol näher untersucht. Um das Sol zu stabilisieren, war es notwendig, ein Schutzkolloid hinzuzufügen. Als geeignet erwies sich Kautschuk. Wenn die benzolische Karbonyllösung mit 3 bis 6 ccm 1%igem Kautschuksol versetzt war, bildete sich beim Erhitzen ein haltbares, braunes Sol. Auf dieselbe Weise konnte ein schwarzes Toluolsol hergestellt werden mit 10% Benzol, 0,166% Kautschuk und 0,105% Nickel.

Um die elektrischen Eigenschaften des Sols kennen zu lernen, wurde es der Elektrolyse unterworfen. Bei einem Potentialgefälle von 400 V/cm fanden die Autoren beide Elektroden mit einem braunen Überzug bedeckt. Das Gewicht der Elektroden hatte in etwa 15 Stunden um rund 0,5 g zugenommen. Die Differenz beider in der Gewichtszunahme betrug nur 6%. In dem Niederschlag war das Gewicht von Nickel größer als von Kautschuk, und zwar an beiden Elektroden, während im Sol selbst das umgekehrte Verhältnis gilt. Kautschuksol ohne Nickel in demselben Lösungsmittel und bei denselben Versuchsbedingungen lieferte keinen elektrolytischen Niederschlag.

Der spezifische Widerstand des Sols war $0{,}96 \cdot 10^{12}\,\Omega$, infolge des Benzolgehaltes etwas niedriger als der von Toluol. Die Stromstärke bei dem Versuch lag unterhalb der Meßgrenze des Instrumentes $1{,}6 \cdot 10^{-8}$ Ampère.

Bei Variation der Feldstärke ergab sich, daß die elektrolytische Ausbeute der ersten oder einer etwas niedrigeren Potenz derselben proportional ist. Die Ladungen sind also nicht induziert, da in diesem Falle eine Proportionalität mit dem Quadrat der Feldstärke zu erwarten wäre.

Die direkte ultramikroskopische Beobachtung der elektrischen Wanderung bot ein eigentümliches Bild. Die Teilchen bewegen sich je nach der Höhe entweder in der Richtung der einen oder anderen Elektrode. Bei Polumkehr wird jedoch die Richtung häufig beibehalten. Wenn das Feld aufhört, verfallen die Teilchen augenblicklich in die normale BROWNsche Bewegung.

Wie F. EVERS mitteilt, hat er 1923 als Mitarbeiter von C. HARRIES die Entstehung von Platinsol in Gegenwart von Kautschuk in Benzol beobachtet. Bei der Reduktion von Kautschuk in benzolischer Lösung unter Druck, mit feinverteiltem Platin als Katalysator, entsteht eine schwarzgefärbte Lösung, welche neben Perhydrokautschuk auch kolloides Platin enthält. Eine Trennung von Kautschuk und Platin konnte nur durch Anlegung eines starken elektrischen Potentialgefälles bewirkt werden. Die Feldstärke betrug in diesen Versuchen 40000 Volt/cm. In Übereinstimmung mit den Angaben von HATSCHEK und THORNE schlug sich auch hier das kolloide Metall auf beiden Elektroden nieder.

Wegen der besonderen Störungen, welche infolge der Benutzung hoher Feldstärken bei den üblichen direkten Verfahren, sowohl der wandernden Grenzschicht wie auch der ultramikroskopischen Beobachtung während der kataphoretischen Messungen in organischen Solventien auftreten, wurde von R. H. HUMPHRY eine neue Methode angegeben. Man läßt das Sol zwischen zwei ebenen, parallelen Elektroden im dünnen Strahl in das reine Dispersionsmittel fließen. Beim Einschalten des Stromes (Potentialgefälle 400 Volt/cm) kann man ein unmittelbares Abschwenken des Strahles nach der einen oder anderen Seite beobachten. Das HATSCHEK-THORNEsche Nickelsol in Toluol zeigte in Übereinstimmung mit den Beobachtungen dieser Autoren eine fächerförmige Teilung des Strahles in beiden Richtungen, d. h. die Anwesenheit positiver und negativ geladener Teilchen. Die mit Wollfett als Schutzkolloid nach der Methode von C. AMBERGER in Benzol, Toluol und Petroläther hergestellten Silbersole zeigten eine negative Ladung.

Von R. H. HUMPHRY und R. S. JANE wurde später das Verfahren durch Anwendung der TOEPLERschen Schlierenmethode verbessert. Diese beruht auf der Beobachtung des Unterschiedes im Brechungsindex vom Sol und Dispersionsmittel. Die Anordnung der kataphoretischen Zelle zeigt die Abb. 162 Die Elektroden haben die Größe 2 . 2,5 cm, den Abstand 1 cm oder 1,5 cm. Die benutzten Potentialgefälle waren 68 und 133 V/cm.

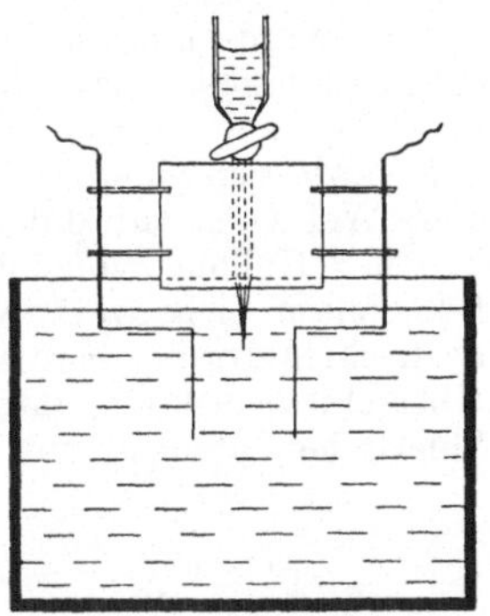

Abb. 162. Bestimmung des Ladungssinnes der Teilchen in Organosolen nach HUMPHRY und JANE

Um elektrostatische Wirkungen zu eliminieren, wurde ein Sol von annähernd gleicher Dielektrizitätskonstante des Dispersionsmittels und der dispersen Phasen benutzt, nämlich Kautschuk in Benzol. Um den Einfluß der Feuchtigkeit auszuschalten, wurden zwei Sole benutzt, das eine im Gleichgewicht mit der Luftfeuchtigkeit und das andere getrocknet. Das feuchte Sol zeigte die fächerförmige Ausbreitung um so stärker, je größer die Feldstärke war. Auch dieses Sol enthielt also Teilchen beiderlei Ladungssinnes. Beim trockenen Sol blieb dieser Effekt aus.

Auf Zusatz von Benzoe- oder Dichloressigsäure in Konzentrationen, bei denen eine Viskositätsabnahme der Sole gefunden wurde, haben HUMPHRY und JANE keine Ladungsabnahme des feuchten Sols konstatiert. Aus dieser Tatsache, ferner aus dem Umstand, daß die Viskositätsbeeinflussung sowohl beim trockenen als auch beim feuchten Sol beobachtet wurde (siehe weiter unten), schließen die Autoren, daß es sich hier um keinen elektro-viskosen Effekt, sondern um Verringerung der Solvatisierung handelt.

Wertigkeitsregel an Organosolen. A. STRICHLER und J. H. MATHEWS maßen mit dem modifizierten Apparat von BRIGGS (Abb. 46, S. 220) die Geschwindigkeit des elektrosmotischen Transportes von organischen Lösungsmitteln durch Filtrierpapier in Anwesenheit verschiedener Salze. Ihre Ergebnisse zeigen eine starke Abhängigkeit der Beweglichkeit sowohl von der Natur des Mediums als auch der Salze. Die Autoren deuten ihren Befund durch Annahme einer spezifischen Ionenadsorption, die auch vom Medium abhängt. Ein Einfluß der Ionenwertigkeit als wesentlicher Faktor hat sich in den Versuchen nicht ergeben.

Eine wertvolle Untersuchung über die Organosole des Arsentrisulfids verdanken wir J. J. BIKERMAN. Es wurden Sole in Nitrobenzol und in Azetessigester durch Auflösen von $AsCl_3$ und Einleiten von H_2S dargestellt. Mittelst Durchleiten von Luft wurden sie von HCl und überschüssigem H_2S befreit. Der Gehalt betrug in allen Solen nur einige Millimole As_2S_3 pro Liter. Die Lösungsmittel wurden vor der Verwendung sehr sorgfältig gereinigt und getrocknet. Ohne Zusätze aufbewahrt waren die Sole stabil. Die Farbe der Sole war eigelb. Im Nitrobenzol findet bei 100^0 ein Farbenumschlag ins Rote statt, welcher bei der Abkühlung wieder zurückgeht. Mit dieser Erscheinung ist die Sulfarsenittheorie des Farbenumschlages des getrockneten Hydrosols durch Erwärmen im Sinne von SEMLER nicht leicht in Einklang zu bringen. In beiden Fällen ist wohl ein verschiedener Mechanismus anzunehmen.

An den Solen wurden elektrophoretische Messungen unter Zusatz verschiedener Elektrolyte ausgeführt.

Es wurde das direkte makroskopische Verfahren angewendet. Als Überschichtungsflüssigkeit diente dasselbe Lösungsmittel mit demselben Gehalt an Salz. Nur beim $FeCl_3$ in Nitrobenzol hatte dieses die gleiche Leitfähigkeit wie das Sol. Das Sol wurde von einer Elektrode bis zur anderen und zurück geschickt. Es wurde auf diese Weise erreicht, daß sich die obere und untere Flüssigkeit nur durch die Anwesenheit des Kolloids voneinander unterschieden. Da bei dieser Manipulation die Leitfähigkeiten nicht verändert werden sollten, wurde die Wanderungsgeschwindigkeit nach einer Formel berechnet, in der die Verschiedenheit der Potentialgefälle in der Überschichtungsflüssigkeit und Sol berücksichtigt ist. Daraus wurde das elektrokinetische Potential von der Formel

$$\zeta = W \cdot \frac{4\pi\eta}{D}$$

Tabelle 252. Abhängigkeit der elektrophoretischen Geschwindigkeit eines As_2S_3 Sols im Nitrobenzol vom Zusatz von $FeCl_3$ nach J. J. BIKERMAN

Nr. des Sols	Elektrolyt und seine Konz. (C) Mol/Liter . 10^6 $FeCl_3$	Geschwindigkeit v in μ	Potentialsprung ζ Volt
I	1,9	— 1,55	— 0,097
I	5,6	1,185	0,074
I	15,4	0,935	0,059
II	40,9	0,86	0,054
I	77,6	0,735	0,046
I	130	0,645	0,040
I	140	0,52	0,033
0	196	0,46	0,029

abgeleitet, wobei für η und D die Werte der Viskosität und Dielektrizitätskonstante des Lösungsmittels eingesetzt sind.

Mit denselben Elektrolyten, deren Auswahl natürlich durch die Löslichkeit sehr beschränkt war, wurden auch Koagulationsversuche ausgeführt. Als Beispiel seien in Tab. 252 die Ergebnisse mit $FeCl_3$ an dem Nitrobenzolsol mitgeteilt.

Man sieht, daß die Kolloidteilchen eine negative Ladung tragen, welche schon durch sehr kleine Zusätze des Salzes merklich erniedrigt wird. Die höchste beobachtete Wanderungsgeschwindigkeit ist etwas niedriger als die in stabilen Hydrosolen vorkommende, das Potential ist eher etwas höher.

Der Vergleich der Wirkung von Ferrichlorid und Tetraalkylammonium jedoch zeigt, daß die Wertigkeitsregel auch für diese nichtwässerigen Dispersionsmittel gilt. Das dreiwertige Fe^{+++}-Ion erniedrigt das Potential viel stärker als das einwertige $N(C_3H_7)_4$- oder $N(C_2H_5)_4$-Ion.

Bikerman findet an seinen Organosolen das Gesetz vom kritischen Potential bestätigt. Auch in diesen Medien tritt die Flockung unabhängig von der Natur des flockenden Salzes bei ungefähr dem gleichen Wert ein, und zwar bei etwa 30 . 10^{-3} Volt. Diesen Wert hat Powis auch am wässerigen As_2S_3-Sol gefunden.

Das kritische Potential erweist sich also als unabhängig von der Dielektrizitätskonstante des Mediums, welche sich auf das Fünffache ändern kann ($D_{Wasser} = 81$, $D_{Nitrobenzol} = 34$, $D_{Azetessigester} = 16$). Nun müßte man, wie Bikerman bemerkt, „wenn die Ausflockung der Mizellen mit Abschwächung ihrer elektrostatischen Abstoßung zusammenhängt, einen Einfluß der Dielektrizitätskonstante auf die die Ausflockung bestimmenden Größen erwarten". Es sind jedoch neben diesen Kräften wohl auch die anziehenden Kräfte in Betracht zu ziehen und diese können durch das Medium ebenfalls beeinflußt werden.

Ferner ist zu beachten, daß das Gleichbleiben des Potentials bei Änderung der D nicht notwendig mit einer Änderung der elektrischen Energie verknüpft ist. Wenden wir etwa die Beziehungen des Plattenkondensators an, so ergibt sich die elektrische Energie zu

$$E = \frac{1}{2} e \zeta = \frac{e \sigma \delta}{D}$$

worin σ die Ladungsdichte, δ die Doppelschichtdicke bedeutet. Nehmen wir an, daß die Änderung der Dielektrizitätskonstante durch die proportionale Abnahme der Doppelschichtdicke kompensiert wird, so bleibt die Ladungsdichte und damit auch die elektrische Energie unverändert. Der Schluß von Bikerman scheint also keinesfalls bindend.

In wasserhaltigen methylalkoholischen Solen von Bariumsulfat fanden P. C. L. Thorne und C. G. Smith eine mit der Wertigkeit steigende Flockungswirkung der Anionen auf das positiv geladene Sol.

Beeinflussung der Viskosität der benzolischen Kautschuklösung durch Salze. O. de Vries bemerkte, daß in den benzolischen Kautschuklösungen die Viskosität durch wenig Alkali gesteigert, durch wenig Säure herabgesetzt wird. H. R. Kruyt und W. A. N. Eggink haben den Einfluß der Elektrolyte auf Kautschuksole näher studiert. Das Sol war eine Lösung von 1 g Crèpe-Rohgummi in 600 ccm Benzol. Auf Trocknung und Fernhalten von Feuchtigkeit wurde kein Gewicht gelegt, so daß das Sol bestimmt eine gewisse Menge Wasser enthielt. NH_3, welches vermutlich mit dem Wasser unter Bildung von NH_4OH reagierte, erhöht in kleinen Mengen die relative Viskosität des Sols bis zu einem Maximum bei etwa $2 \cdot 10^{-3}$ Mol im Liter. Hg_2Cl_2, Ameisensäure, Benzoesäure, Schwefelwasserstoff, Schwefeldioxyd und Salzsäure erhöhen die relative Viskosität in der angegebenen Reihenfolge zunehmend stärker. Die Abb. 163 zeigt als Beispiel die Änderung der Viskosität des Kautschuksols in Gegenwart von Elektrolyten. Ohne Zusatz des Elektrolyten ist die Viskosität des Sols 1,7mal so groß wie die des reinen Benzols, mit $2 \cdot 10^{-1}$ Elektrolyt ist die relative Viskosität nur 1,52. Bei der Empfindlichkeit des Viskosimeters handelt es sich also um eine sehr markante Erscheinung.

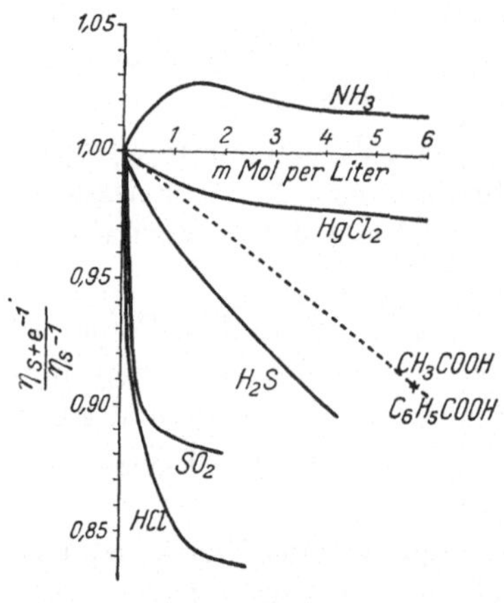

Abb. 163. Einfluß der Salze auf die innere Reibung der Benzosole von Kautschuk nach KRUYT und EGGINK

Die folgende Abbildung stellt die Ergebnisse, ausgedrückt als Quotienten $\frac{\eta_{\varsigma+\varepsilon}-1}{\eta_\varepsilon-1}$ dar. $\eta_{\varsigma+\varepsilon}$ bedeutet die Viskosität des Systems Sol + Elektrolyt, η_ε die Viskosität der benzolischen Elektrolytlösung.

KRUYT und EGGINK deuten ihren Befund im Sinne eines „elektroviskosen Effektes". Ammoniak sollte also die Ladung des Kautschuks erhöhen, die Säuren (und Hg_2Cl_2) sie herabsetzen. Die verschiedene Wirkung der Säure würde mit der Verschiedenheit des freien H^+ in der Lösung zusammenhängen.

G. S. WITHBY und R. S. JANE widmeten demselben Gegenstande ein weiteres Studium. Sie verwendeten getrocknetes Benzol und getrockneten Pale-Crèpe-Kautschuk und fanden einen zeitlichen Gang der Viskosität beim Zusatz der Fremdsubstanzen. Nach mehreren Stunden war die Änderung nur geringfügig. Nichtelektrolyte (auch der flockende Alkohol) zeigten im Verhältnis zu Elektrolyten wenig Einfluß auf die Viskosität. Eine Ausnahme bilden Jod und Brom, welche im Sinne einer chemischen Reaktion wirken und eine starke Erniedrigung der Viskosität hervorrufen. Im Gegensatz zu der Elektrolytwirkung wird hier ein Gleichgewichtszustand auch nach Stunden nicht erreicht. Organische Säuren wie auch Basen bewirken eine Erniedrigung, und zwar um so stärker, je größer ihre Dissoziationskonstante ist. Die Autoren betrachten die Erscheinung ebenfalls als einen quasi-viskosen Effekt, für die erniedrigende Wirkung der organischen Basen finden sie jedoch keine Erklärung. Die reibungserhöhende Wirkung von Ammoniak wird in einem Versuch in Übereinstimmung mit KRUYT und EGGINK festgestellt. Kalilauge (zugesetzt in Form einer alkoholischen Lösung) erhöht die Viskosität ebenfalls bis zu einem Maximum (bei 10 mg pro Liter). Weiterer Zusatz bewirkt einen rapiden Abfall unter den ursprünglichen Wert.

Über die Versuche von HUMPHRY und JANE, welche die von KRUYT und WITHBY erwartete Beeinflussung der Ladung durch Zusatz von Benzoesäure und Dichloressigsäure nicht feststellen konnten, haben wir weiter oben berichtet.

Literaturverzeichnis

AMBERGER, C.: Koll. Z. **11**, 92 (1912). — BIKERMAN, J. J.: Z. f. phys. Ch. **115**, 261 (1925). — BURTON, E. F.: Phil. Mag. [6] **11**, 425 (1906). — COEHN, J. A.: Wied. Ann. **64**, 217 (1898). — ERRERA, J.: Koll. Z. **32**, 240 (1923). — EWERS, F.: Koll. Z. **36**, 206 (1925). — HARRIES, C. D., und F. EWERS: Ber. **56**, 1048 (1923). — HATSCHEK, E., und P. C. L. THORNE: Koll. Z. **33**, 1 (1923). — HUMPHRY, R. S., und J. S. JANE: Koll. Z. **41**, 293 (1927). — DERSELBE: Koll. Z. **38**, 306 (1926). — KRUYT, H. R., und W. A. N. EGGINK: Proc. Roy. Acad. Amsterdam **26**, 43 (1923). — OSTWALD, WA.: Koll. Z. **15**, 204 (1914). — OSTWALD, WO.: Koll. Z. **45**, 56, 114, 331 (1928). — PERRIN, J.: C. r. **136**, 1388, 1441 (1902); **137**, 513, 564 (1903). Journ. Chim. Phys. **2**, 60 (1904); **3**, 51 (1905). — SVEDBERG, THE: Koll. Z. **1**, 161, 257, 269 (1906). — THORNE, P. C. L. und C. G. SMITH: Koll. Z. **42**, 328 (1927). — WALDEN, P.: Koll. Z. 27, 97 (1920). — WITHBY, G. S. und J. S., JANE: Coll. Symp. Mon. **2**, 16 (1925).

Namenverzeichnis

Sachverzeichnis